신통방통 
KB090014

수리논술 1권

수학 Ⅰ·Ⅱ, 확률과 통계 과정

구자관 저

YBM

구자관

서울대학교 공과대학 졸업

수학 참고서 및 문제집 다수 집필

30여 년 동안 대입수학 강의 – 서울학원, 한빛학원(대치동 소재), 청솔학원, 종로학원 등

2005년부터 수리논술 강의 – 청솔학원, 종로학원, 정일학원, 이투스학원 등

전국 수리논술 담당 교사 및 강사를 대상으로 강연

신통 수리논술 1, 2권 집필, 하이라이트 수학(지학사) 집필

현재 다수 학원 및 방과 후 학교에서 수리논술 전문 강사로 강의

E-mail kjk9112s@hanmail.net

펴낸곳 | YBM **펴낸이** | 오재환 **펴낸날** | 2015년 9월 18일 1쇄

지은이 | 구자관 **편집** | 박창석, 이성주

마케팅 | 정세동, 김근수, 김승은, 김태형, 이원주, 안창순, 문지은, 유효선

디자인 | 디자인스튜디오 랑

영업문의 | 02)2000-0515 **팩스** | 02)2271-0172

학습문의 | 서울특별시 종로구 종로 98 8층 (우)110-122 **전화** | 02)2000-0591

ISBN | 978-89-17-22406-1 **홈페이지** | www.ybmtext.com

도서주문 | http://www.ybmbooks.com

Copyright © 2015. (주)와이비엠

YBM의 허락 없이 이 책의 일부 또는 전부를 무단 복제, 전재, 발췌하는 것을 금합니다.

낙장 및 파본은 교환해 드립니다.

구입철회는 구매처 규정에 따라 교환 및 환불 처리됩니다.

신통

수리논술 1권

이 책을 내면서

수험생이 대학에 진학하기 위해 치르는 시험 전형에는 크게 수시 전형과 정시 전형이 있습니다. 수시 전형은 학생부 성적, 논술이 큰 영향을 미치는 반면 정시 전형은 수능 점수에 의해 결정됩니다.

그런데 수시 전형을 통해 선발하는 학생 수는 매년 증가하여 현재는 그 비율이 70% 정도로 확대되었습니다.

상위권에 속하는 대학의 대부분은 우수한 학생을 선발하기 위해 다양한 방법을 강구하고 있고, 그 방법의 하나로 논술 전형을 실시하고 있습니다.

현재 자연계 학생으로서 성적이 매우 우수한 학생은 물론이고 전과목을 잘하지는 못하지만 수학, 과학 등에서 뛰어난 능력을 갖추고 있거나, 학생부 성적이 우수하지 못한 학생들도 상위권 대학으로의 진학이 가능한 전형이 논술 전형이라고 할 수 있습니다.

그러나 자연계 논술을 준비하는 학생을 위한 참고서는 시중에 거의 없다 시피합니다. 있더라도 기출문제 해설서에 불과합니다. 수리논술 문제의 난이도는 교육부의 관리에 의해 점점 낮아지고 있지만 아직도 짧은 시간에 해결하기에는 어려운 수준입니다.

제대로 된 논술 참고서는 없는 상황에서 논술을 준비하지 못해 방황하는 수험생과 이들을 가르치기 위해 노력하시는 수리논술 담당 선생님을 생각하면 너무나 가슴이 아픕니다.

2006년도에 수리논술 교재를 집필하고, 2011년도에 개정판을 내면서 기존 책과는 다른 체제와 풍부한 배경지식으로 많은 사랑을 받은 바 있습니다. 그런데 수학 교육과정이 개정되고 논술 시험 경향의 변화가 있어 여기에 맞추어 다시 수리논술을 체계적으로 준비할 수 있는 학습 자료를 만들기로 하였습니다.

이미 발간된 내용을 바탕으로 더욱 진화, 발전한 주제를 설정하고 깊고 풍부한 배경지식(주제별 강의)과 기출문제에 대한 쉽고 자세한 해설을 추가하였습니다. 내신과 수능에 대비하여 열심히 공부하는 학생이라면 충분히 스스로 학습이 가능하도록 배려하였습니다. 아울러 2017학년도 대학입시를 치르는 수험생부터는 개정 교육과정으로 공부를 하기 때문에 이에 맞게 목차를 정하였습니다.

아무쪼록 이 책으로 공부하는 수험생과 학생 여러분에게 좋은 결과가 있기를 기원합니다.

끝으로 집필 과정에서 많은 도움을 주시고 아낌없는 조언을 해 주신 여러 선생님들과 출판사 YBM 민선식 부회장님을 비롯한 모든 직원 여러분께도 깊은 감사의 마음을 전해드립니다.

서릿골 연구실에서

구 자 관

이 책의 차례

수학 I

수학 II

Ⅶ 확률 268

Ⅷ 통계 316

신통 수리논술 2권 차례

※ 2권 목차는 추후 변경될 수 있습니다.

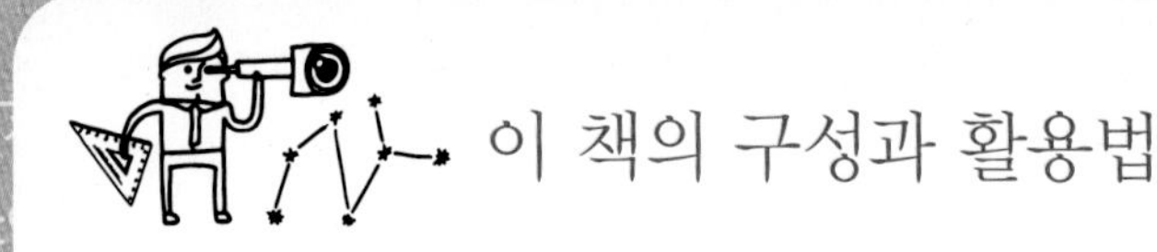

이 책의 구성과 활용법

교육과정의 교과목 순서대로 내용을 실어, 체계적인 수리논술 학습이 이루어질 수 있도록 하였으며,
각 단원에 관련된 주제를 찾아 단원별로 공부할 수 있도록 하였다.

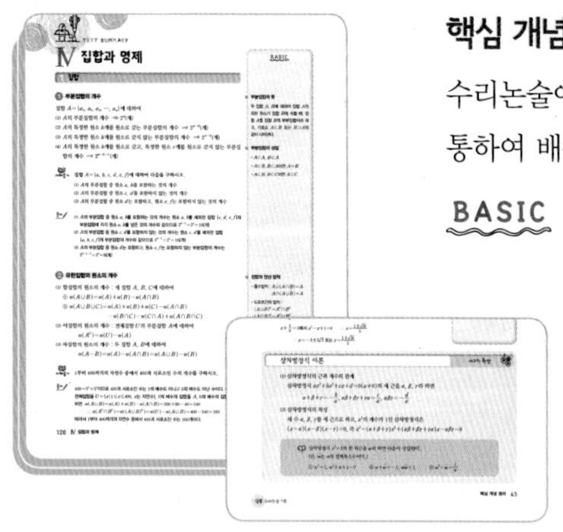

핵심 개념 정리

수리논술에서 필요한 핵심 개념을 발췌하여 실었으며, 이해 돕기(예)를 통하여 배운 내용을 확실히 복습할 수 있도록 하였다.

BASIC 기본적으로 알고 있어야 할 개념과 핵심 개념 정리의 기초적인 설명이나 용어의 정의, 공식 등을 수록하였다.

사고의 확장

교육과정을 바탕으로 확장시켜 이해할 수 있는 부분의 내용을 쉽고 친절하게 수록하였다. 또한, 핵심 개념 정리 외에 교육과정에 빠져 있는 공식 설명이나 증명 등을 수록하였다.

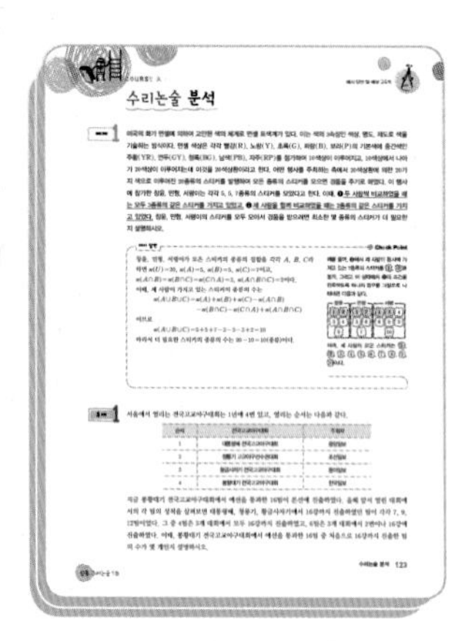

수리논술 분석(예제)

수리논술 문제를 풀기 위해서는 문제가 요구하는 풀이를 정확히 써야 한다. 체크포인트(check point)를 통해 문제의 정확한 해석과 접근 방법 및 해결 방법을 제시하여 수리논술 문제의 거부감을 줄였다. 일정 수준의 사고력 증진을 위한 과정이다.

예제의 풀이 방법을 바탕으로 유사한 문제를 연습하는 과정이다.

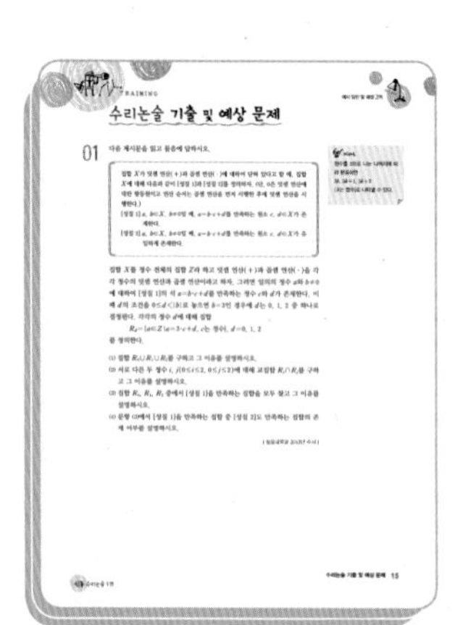

수리논술 기출 및 예상 문제

기존의 대학별 고사에서 출제되었던 기출 문제를 수록하고, 자세한 해설을 제시하였다. 또 기출문제의 분석을 토대로 앞으로 출제될 예상 문제를 함께 실었다.

Hint 문제를 풀기 위한 실마리를 제공하였다.

대학 수시 전형의 새로운 패러다임에 맞춘 신경향 수리논술 교재!

주제별 강의

기존에 많이 출제되었던 주제를 엄선하여 집중적으로 다루었다.
교과서에서 다루지 않았던 수리논술에 필요한 주제를 확실히 이해하고 활용할 수 있는 과정이다.

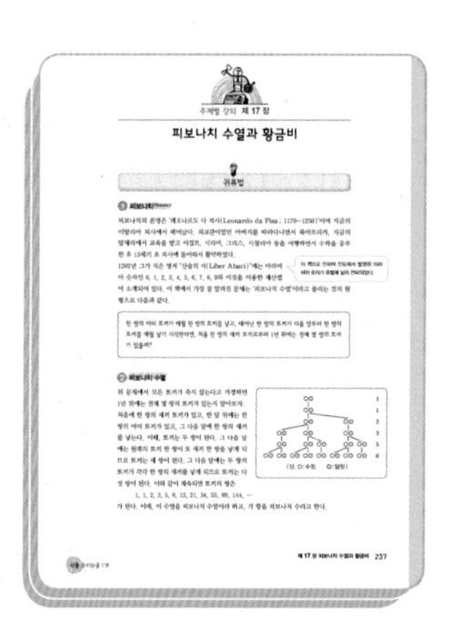

주제별 강의 예시 및 문제

주제별 강의에서 설명만으로는 부족한 내용을 예시와 문제로 이해할 수 있도록 집중적으로 연습하는 과정이다.

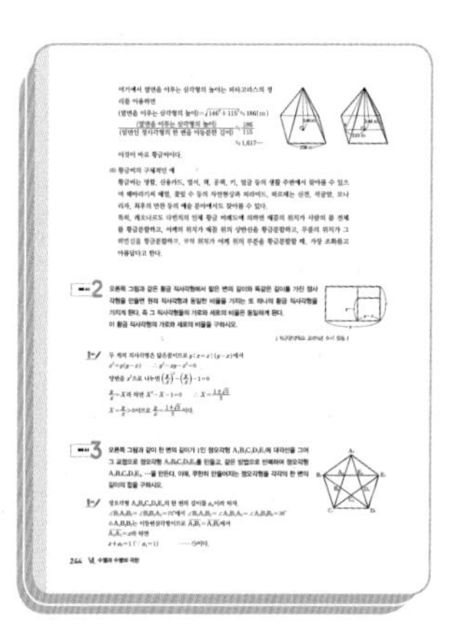

예시 답안 및 해설

지금까지 나와 있는 수리논술 문제집의 단점은 어려운 풀이에 있었다.
쉬운 표현으로 누구나 쉽게 이해할 수 있도록 상세히 기술하였다.

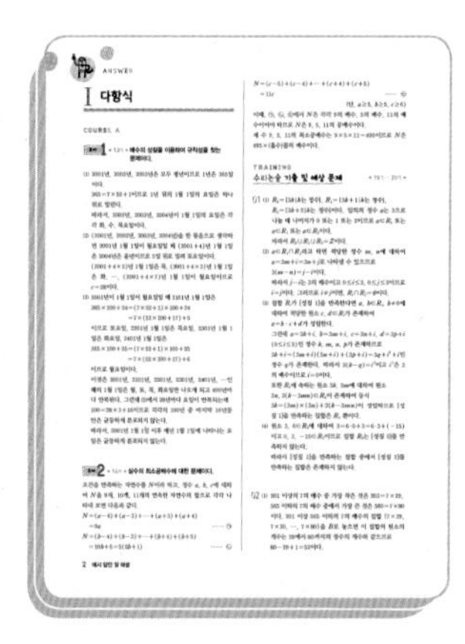

자연계 수리논술 이렇게 대비하자.

1 자연계 수리논술의 유형

많은 대학의 자연계 수리논술의 유형이 유사해지고 정형화되고 있지만 각 대학마다 출제 경향 및 유형에는 다소 차이가 있다. 이를 크게 나누면 다음과 같다.

첫째 수리논술 + 과학논술을 보는 유형

- 자연계 논술 시험 문항에 수리에 관한 문항 1~2개, 과학에 관한 문항 1~2개(물리, 화학, 생물 등에서 선택)가 출제되는 유형이다.
- 서울대, 연세대, 고려대, 성균관대, 중앙대, 경희대, 건국대, 동국대, 숭실대, 가톨릭대, 부산대, 경북대 등에서 출제되는 유형이다.

둘째 수리논술만 보는 유형

- 자연계 논술 시험 문항에 수리에 관한 문항만 2개 이상 출제되는 유형이다. 특히 수학에 뛰어난 능력이 있는 학생에게 유리한 전형이라고 할 수 있다.
- 서강대, 한양대, 이화여대, 서울시립대, 홍익대, 한양대(에리카), 세종대, 단국대, 서울과기대, 한국항공대, 광운대, 인하대, 아주대, 연세대(원주) 등에서 출제되는 유형이다.

2 수리논술의 이해와 대비

첫째 수리논술이란?

수리논술은 수능에서와 같이 단순히 문제를 풀어 답을 내는 것이 아니고, 반드시 문제를 푸는 과정마다 수학적 원리나 개념에 바탕을 둔 논리적인 근거를 제시하는 논리적 서술이다. 즉, 결과를 보는 것이 아니라 해결하는 과정을 보는 수학 시험이라고 할 수 있다. 따라서 수리논술의 답안 작성은 논리적으로 서술하여 상대방을 설득할 수 있어야 한다. 이때 자신이 주장하는 내용에는 주어진 제시문이나 자신이 알고 있는 수학적 원리와 개념을 적절한 수식이나 그림, 그래프를 활용하여 표현하는 것이 바람직하다.

둘째 수리논술의 문항은?

수능 문제와 달리 수리논술 문제는 제시문과 논제의 두 부분으로 구성된다. 제시문은 논제의 이해를 돕기 위한 내용 또는 문제를 풀기 위한 자료(필요한 개념, 공식) 등과 같은 힌트라고 볼 수 있다. 논제는 좁은 의미에서 논술 문제를 뜻하는데, 구하는 것이 무엇인지, 어떻게 써야 하는지를 제시하고 있다. 따라서 답안 작성을 할 때 용어는 되도록 제시문 또는 논제에서 주어진 것을 그대로 사용하고, 제시문과 논제에서 언급하지 않은 문자나 기호를 사용할 경우에는 정의를 하고 사용해야 한다.
그리고 많은 대학들이 하나의 문제를 몇 개의 소문항으로 세분화하여 단계적으로 연계하여 출제하고 있다.
특히 소문항 중 첫 번째 문항은 가장 쉬운 문제이므로 가능하면 빨리 정확하게 풀어내야 한다. 주어진 시간적인 제약도 고려해야 하기 때문이다.
대체로 뒤의 소문항들은 앞의 소문항의 결과를 이용하여 풀게 되어 있으므로 소문항들을 차근차근 풀게 되면 마지막 문항의 답을 얻을 수 있다. 뒤로 갈수록 문항의 난이도는 높아지지만 소문항들은 연결된 경우가 많으므로 앞의 소문항의 해결이 어려우면 다음 소문항의 내용에서 문제 풀이의 방향에 대한 힌트를 얻을 수도 있다. 따라서 소문항들로 이루어진 논제 전체에 대한 이해를 하는 것이 문제를 풀기 위한 첫걸음이다.

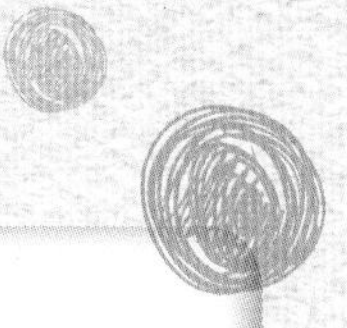

셋째 제시문과 논제의 최선의 활용은?

대학에 따라 제시문의 양은 다르다. 특히 제시문의 양이 많은 경우에는 논제를 먼저 이해를 하여 무엇을 구하는지를 이해하고 제시문에서 주어진 자료 또는 공식을 확인하여 문제 풀이의 방향성을 정한다.
즉, 답을 구하는 방법이 여러 가지인 경우에 제시문과 논제에서 제시한 방법이 아닌 경우에는 좋은 점수를 받을 수 없다.

넷째 수리논술 논제의 유형은?

논제는 각 문제들이 요구하는 것에 따라 정답 요구 유형과 증명, 설명 요구 유형 등으로 나눌 수 있다.

(1) 정답 요구 유형
수리논술에서 가장 많이 출제되는 유형으로 제시문에 있는 내용(배경지식, 활용할 공식 등)을 이용하여 문제에서 요구하는 답을 찾는 문제이다. 이 유형은 수능 문제와 비슷하지만 여기에서 구하는 것은 수능과는 달리 수치로 나타내는 답뿐만 아니라 관계식, 함수 등과 같이 여러 가지로 다양하다. 이 유형에서는 정답을 구하는 것뿐만 아니라 논리적 서술 과정이 더욱 더 주요한 평가 요소임에 주의해야 한다. 즉, 논리적 과정없이 답만 구해서는 안 된다. 예를 들어 미분계수를 구할 때 로피탈의 정리를 이용하지 않고 정의를 이용하여 구하는 연습이 필요하다.

(2) 증명, 설명 요구 유형
수능에서 출제되는 전체 풀이 과정의 일부를 비워두고 물어보는 유형과 유사하다고 볼 수 있는데 수리논술에서는 풀이 전체를 힌트없이 해결해야 하는 부담이 큰 유형이다. 예를 들어 수학적 귀납법으로 증명하는 유형이 이 유형에 속한다. 논제에서 요구하는 증명 또는 설명은 수학적으로 증명하거나 논리적으로 설명해야 하는데 수학 교과서에 나오는 공식의 증명 또는 이해를 평소에 연습해 두어야 한다. 예를 들어 삼각함수의 덧셈정리, 평균값 정리 등에 대한 것이다.

다섯째 수리논술 문제에 대한 연습은?

논술의 유형은 대학별로 조금씩 차이가 있다. 그 이유는 각 대학의 논술 문제를 출제하는 교수님이 한정되어 있고, 그 교수님의 수학에서의 전공 분야가 다르기 때문이다. 그리고 대학별로 원하는 학력의 학생을 뽑기 위해 문제의 난이도도 다르다. 따라서 자신이 지원할 대학의 논술 유형을 파악하기 위해 그 대학의 기출문제와 모의논술 문제를 꾸준히 풀어 보아야 한다. 또한 자신이 지원할 대학뿐만 아니라 다른 여러 대학의 문제까지도 풀어 보면 사고의 폭이 넓어진다.

여섯째 신통 수리논술의 장점의 활용은?

신통 수리논술의 커다란 장점은 〈주제별 강의〉에 있다.
시중에 나와 있는 다른 수리논술 책들은 대부분 기출문제만 수록되어 있어 앞으로 출제될 문제에 대한 대비책은 부족할 수밖에 없다.
대학별로 출제되는 문제의 유형과 난이도는 차이가 있어도 출제되는 주제의 공통성은 있다. 이러한 자주 출제되는 관심 분야를 폭넓게, 그리고 깊이있게 개념을 정리하여 쉽게 접근할 수 있도록 하였다. 여기에 있는 내용은 수능을 준비하는 지식만으로는 해결할 수 없는 문제까지 다룰 수 있도록 하여 지적 결핍을 뛰어넘을 수 있다.
더욱이 개념 정리를 하는 중간에 〈예시〉문제를 통하여 개념을 쉽게 이해할 수 있도록 하였으며, 같은 주제의 여러 대학의 기출문제를 한 곳에 모아 정리 및 연습을 쉽게 할 수 있도록 하였다. 따라서 잡은 고기를 주는 것이 아니라 고기를 잡는 방법을 습득하도록 하는 차원에서 같은 주제의 문제가 다르게 변형되는 경우에도 적응이 가능하다. 또 〈예시 답안 및 해설〉은 최대한 쉬운 풀이와 함께 여러 가지 풀이법을 제시하여 다양한 사고를 충족시키고 있다. 대학에서 제시한 답안의 경우에도 과정의 생략이나 참고 그림이 부족한 관계로 쉽게 이해하기 어려운 경우가 많이 있다. 이러한 어려움을 해결하고자 많은 참고 그림을 추가하고 많은 다른 방법을 제시하여 이해를 쉽게 하도록 하였다.

 아무쪼록 신통 수리논술을 잘 이용하여 합격의 영광을 꼭 얻기 바란다.

초혼招魂

김소월

산산히 부서진 이름이여!
허공虛空 중에 헤어진 이름이여!
불러도 주인 없는 이름이여!
부르다가 내가 죽을 이름이여!

심중心中에 남아 있는 말 한 마디는
끝끝내 마저 하지 못하였구나.
사랑하던 그 사람이여!
사랑하던 그 사람이여!

붉은 해는 서산西山 마루에 걸리었다.
사슴의 무리도 슬피 운다.
떨어져 나가 앉은 산 위에서
나는 그대의 이름을 부르노라.

설움에 겹도록 부르노라.
설움에 겹도록 부르노라.
부르는 소리는 비껴가지만
하늘과 땅 사이가 너무 넓구나.

선 채로 이 자리에 돌이 되어도
부르다가 내가 죽을 이름이여!
사랑하던 그 사람이여!
사랑하던 그 사람이여!

수학 Ⅰ

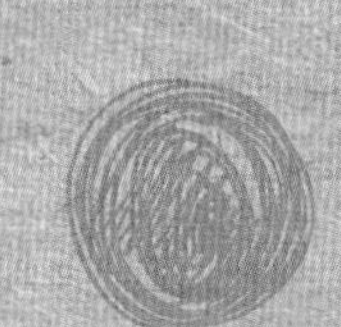

TEXT SUMMARY

I 다항식

1 실수

1 실수

(1) 닫혀 있다 : 공집합이 아닌 집합 S의 임의의 두 원소 a, b에 대하여 어떤 연산을 한 결과가 S의 원소가 될 때, 집합 S는 그 연산에 대하여 '닫혀 있다'라고 한다.

(2) 사칙연산 중에서 자연수, 정수, 유리수, 실수, 복소수의 집합이 닫혀 있는 연산을 알아보면 다음과 같다. (단, 닫혀 있으면 ○,닫혀 있지 않으면 ×로 표시하고, 0으로 나누는 것은 제외한다.)

집합 \ 연산	덧셈	뺄셈	곱셈	나눗셈
자연수	○	×	○	×
정수	○	○	○	×
유리수	○	○	○	○
실수	○	○	○	○
복소수	○	○	○	○

2 연산법칙, 항등원과 역원

(1) 연산법칙

집합 S가 연산 $*$, $\circ$에 대하여 닫혀 있을 때, S의 임의의 세 원소 a, b, c에 대하여

① 교환법칙 : $a*b=b*a$

② 결합법칙 : $(a*b)*c=a*(b*c)$

③ 분배법칙 : $a*(b\circ c)=(a*b)\circ(a*c)$

(2) 항등원과 역원

집합 S가 연산 $*$에 대하여 닫혀 있을 때

① 항등원 : S의 임의의 원소 a에 대하여 $a*e=e*a=a$를 만족하는 $e(e\in S)$를 연산 $*$에 대한 항등원이라고 한다.

② 역원 : e가 항등원일 때, S의 한 원소 a에 대하여 $a*x=x*a=e$를 만족하는 $x(x\in S)$를 연산 $*$에 대한 a의 역원이라고 한다.

이해돕기 임의의 두 실수 a, b에 대하여 연산 $*$를 $a*b=a+b+ab$로 정의할 때, 다음 물음에 답하시오.

(1) 연산 $*$에 대한 항등원을 구하시오.

(2) 1의 역원을 구하시오.

풀이 (1) 연산 $*$에 대한 항등원을 e라 하면 $a*e=e*a=a+e+ae=a$, $e+ae=0$
이때, 이 식은 임의의 실수 a에 대하여 성립해야 하므로 항등원은 $e=0$이다.

(2) 연산 $*$에 대한 1의 역원을 x라 하면 $1*x=x*1=1+x+x=0$, $2x=-1$
따라서 연산 $*$에 대한 1의 역원은 $x=-\frac{1}{2}$이다.

BASIC

실수의 항등원과 역원

- 실수 전체의 집합에서 덧셈에 대한 항등원은 0, 곱셈에 대한 항등원은 1이다.
- 실수 a의 덧셈에 대한 역원은 $-a$, 곱셈에 대한 역원은 $\frac{1}{a}(a\neq0)$이다.
- 주어진 연산에 대하여 교환법칙이 성립할 때에만 항등원과 역원이 존재한다. 또한, 항등원이 존재할 때에만 역원이 존재한다.

2 다항식과 그 연산

1 나머지정리와 인수정리

(1) 나머지정리

x에 대한 다항식 $f(x)$를 일차식 $x-\alpha$로 나누었을 때의 나머지를 R라 하면

$$R=f(\alpha)$$

(2) 인수정리

x에 대한 다항식 $f(x)$가 일차식 $x-\alpha$로 나누어 떨어지기 위한 필요충분조건은

$$f(\alpha)=0$$

2 조립제법

다항식 $f(x)=a_0x^3+a_1x^2+a_2x+a_3$을 $x-\alpha$로 나눌 때, 계수만을 차례로 나열하여 몫과 나머지를 구하는 방법을 조립제법이라고 한다.

이때, 몫은 $Q(x)=b_0x^2+b_1x+b_2$이고 나머지는 R이다.

$$\begin{array}{c|cccc} \alpha & a_0 & a_1 & a_2 & a_3 \\ & & \alpha b_0 & \alpha b_1 & \alpha b_2 \\ \hline & a_0 & a_1+\alpha b_0 & a_2+\alpha b_1 & a_3+\alpha b_2=R \\ & \| & \| & \| & \\ & b_0 & b_1 & b_2 & \end{array}$$

이해돕기 다음 물음에 답하시오.

(1) 다항식 $f(x)=x^3+x^2-5x+1$을 $x-2$로 나눈 나머지를 구하시오.

(2) 다항식 $f(x)$를 $x+1$로 나누었을 때 나머지가 4, $x-2$로 나누었을 때 나머지가 -2라 한다. 이때, $f(x)$를 $(x+1)(x-2)$로 나누었을 때의 나머지를 구하시오.

풀이

(1) [방법 1] 실제 나누는 경우

$$\begin{array}{r} x^2+3x+1 \\ x-2\,\overline{)\,x^3+\ x^2-5x+1} \\ \underline{x^3-2x^2\qquad\quad} \\ 3x^2-5x\quad \\ \underline{3x^2-6x\quad} \\ x+1 \\ \underline{x-2} \\ 3 \end{array}$$

[방법 2] 나머지정리 이용

$f(2)=2^3+2^2-5\cdot2+1$

$=3$

[방법 3] 조립제법 이용

$$\begin{array}{c|cccc} 2 & 1 & 1 & -5 & 1 \\ & & 2 & 6 & 2 \\ \hline & 1 & 3 & 1 & \boxed{3} \end{array}$$

따라서 $f(x)$를 $x-2$로 나눈 나머지는 3이다.

(2) $f(x)$를 $x+1$과 $x-2$로 나누었을 때의 나머지가 각각 4, -2이므로

$f(-1)=4, f(2)=-2$ ⋯⋯ ㉠

$f(x)$를 $(x+1)(x-2)$로 나누었을 때의 몫을 $Q(x)$, 나머지를 $ax+b$라 하면

$f(x)=(x+1)(x-2)Q(x)+ax+b$ ⋯⋯ ㉡

㉠, ㉡에서 $f(-1)=-a+b=4, f(2)=2a+b=-2$

$\therefore a=-2, b=2$

따라서 구하는 나머지는 $-2x+2$이다.

BASIC

● 항등식

$(2x+1)^2=4x^2+4x+1$과 같이 x에 어떤 값을 대입하여도 항상 참이 되는 등식을 x에 대한 항등식이라고 한다.

● 항등식의 성질

다음 등식이 x에 대한 항등식일 때

• $ax^2+bx+c=0$
$\Longleftrightarrow a=b=c=0$

• $ax^2+bx+c=a'x^2+b'x+c'$
$\Longleftrightarrow a=a', b=b', c=c'$

3 인수분해, 약수와 배수

1 고차식의 인수분해

① 주어진 식을 $f(x)$로 놓고 $f(\alpha)=0$을 만족하는 상수 α의 값을 구한다.

② 조립제법을 이용하여 $f(x)$를 $x-\alpha$로 나누었을 때의 몫 $Q(x)$를 구한다.

③ $f(x)=(x-\alpha)Q(x)$의 꼴로 인수분해한다.

이해돕기 $x^4+4x^3-4x^2-16x+15$를 인수분해하시오.

풀이 $f(x)=x^4+4x^3-4x^2-16x+15$로 놓으면 $f(1)=0$, $f(-3)=0$이므로 $f(x)$는 $x-1$, $x+3$을 인수로 갖는다. 따라서 조립제법을 이용하면

$$\begin{array}{r|rrrrr} 1 & 1 & 4 & -4 & -16 & 15 \\ & & 1 & 5 & 1 & -15 \\ \hline -3 & 1 & 5 & 1 & -15 & 0 \\ & & -3 & -6 & 15 & \\ \hline & 1 & 2 & -5 & 0 & \end{array}$$

$\therefore f(x)=(x-1)(x+3)(x^2+2x-5)$

그러므로 주어진 식을 인수분해하면 $(x-1)(x+3)(x^2+2x-5)$이다.

2 약수와 배수

(1) 약수와 배수

① 정수 a, b, q에 대하여 $a=bq(b\neq0)$인 관계가 있을 때 b를 a의 약수, a를 b의 배수라고 한다.

② 다항식 A, B, Q에 대하여 $A=BQ(B\neq0)$인 관계가 있을 때 B를 A의 약수, A를 B의 배수라고 한다.

(2) 최대공약수와 최소공배수의 성질

최고차항의 계수가 1인 두 다항식 A, B의 최대공약수를 G, 최소공배수를 L이라 하고 $A=aG$, $B=bG$ (단, a, b는 서로소)라 하면

① $L=abG=aB=bA$

② $AB=abG^2=LG$

③ $A+B=(a+b)G$, $A-B=(a-b)G$

이해돕기 이차항의 계수가 1인 두 이차다항식의 최대공약수가 $x-1$이고, 최소공배수가 $x^3-6x^2+11x-6$일 때, 두 다항식을 구하시오.

풀이 구하는 두 다항식을 A, B라 하고, 최대공약수를 G, 최소공배수를 L이라 하면

$A=aG=a(x-1)$, $B=bG=b(x-1)$ (단, a, b는 서로소)

$L=x^3-6x^2+11x-6$을 조립제법을 이용하여 인수분해하면

$$\begin{array}{r|rrrr} 1 & 1 & -6 & 11 & -6 \\ & & 1 & -5 & 6 \\ \hline & 1 & -5 & 6 & 0 \end{array}$$

$L=(x-1)(x^2-5x+6)$

$=(x-1)(x-2)(x-3)$

$=(x-2)(x-3)G=abG$

따라서 구하는 두 다항식은 $(x-1)(x-2)$, $(x-1)(x-3)$이다.

BASIC

인수분해 공식

- $ma+mb=m(a+b)$
- $a^2+2ab+b^2=(a+b)^2$
- $a^2-2ab+b^2=(a-b)^2$
- $a^2-b^2=(a+b)(a-b)$
- $x^2+(a+b)x+ab$ $=(x+a)(x+b)$
- $acx^2+(ad+bc)x+bd$ $=(ax+b)(cx+d)$
- $a^3+3a^2b+3ab^2+b^3=(a+b)^3$
- $a^3-3a^2b+3ab^2-b^3=(a-b)^3$
- $a^3+b^3=(a+b)(a^2-ab+b^2)$
- $a^3-b^3=(a-b)(a^2+ab+b^2)$
- $a^2+b^2+c^2+2ab+2bc+2ca$ $=(a+b+c)^2$

다항식에서 공약수와 공배수

- 두 개 이상의 다항식의 공통인 약수를 이들 다항식의 공약수, 공통인 배수를 이들 다항식의 공배수라고 한다.
  또, 공약수 중에서 차수가 가장 높은 것을 최대공약수(G.C.D.), 공배수 중에서 차수가 가장 낮은 것을 최소공배수(L.C.M.)라고 한다.

예시 답안 및 해설 2쪽

수리논술 분석

예제 1 우리가 사용하는 달력은 평년에는 1년이 365일로 되어 있고, 윤년은 4년마다 돌아오는데 1년이 366일로 되어 있다. 윤년을 찾는 방법은 서기 연수가 4로 나누어 떨어지는 해가 윤년이다. 그러나 4로 나누어 떨어지는 해 중 100으로 나누어 떨어지지만 400으로 나누어 떨어지지 않는 해는 평년이다. 예를 들어, 2000년은 윤년이고 2100년은 평년이다. 그런데 서기 연수의 아래 두 자리 수가 00인 해, 즉 2000년, 2100년, 2200년, …인 해의 1월 1일의 요일은 일요일, 화요일, 목요일인 경우가 없다고 한다. 2000년 1월 1일이 토요일임을 이용하여 그 이유를 설명하시오.

예시 답안

$365=7\times52+1$이므로 평년인 경우 1년 뒤의 1월 1일의 요일은 하나 뒤로 밀린다. 그러나 윤년인 경우에는 다음해 1월 1일의 요일은 둘 뒤로 밀린다.
2000년 1월 1일은 토요일이고, 2000년 1월 2일부터 2100년 1월 1일까지 윤달이 있는 해는 25번 있다.

$$\begin{aligned}365\times100+25&=(7\times52+1)\times100+25\\&=7\times(52\times100+17)+6\end{aligned}$$

그러므로 2100년 1월 1일은 금요일이다.
또한, 2100년 1월 2일부터 2200년 1월 1일까지 윤달이 있는 해는 24번 있다.

$$\begin{aligned}365\times100+24&=(7\times52+1)\times100+24\\&=7\times(52\times100+17)+5\end{aligned}$$

그러므로 2200년 1월 1일은 수요일이다.
같은 방법으로 2300년 1월 1일까지 100년간 윤달이 있는 해는 24번이므로 2300년 1월 1일은 월요일이고, 2400년 1월 1일까지 100년간 윤달이 있는 해는 24번이므로 2400년 1월 1일은 토요일이다.
또한, 2500년 1월 1일까지 100년간 윤달이 있는 해는 25번이므로 2500년 1월 1일은 금요일이다.
이와 같이 1월 1일의 요일은 2000년부터 시작하여 토요일, 금요일, 수요일, 월요일이 계속 반복된다. 따라서 서기 연수의 아래 두 자리 수가 00인 해의 요일에는 일요일, 화요일, 목요일이 나타나지 않는다.

Check Point

윤년은 2월이 29일까지 있는 윤달이 있는 해를 말한다. 문제에서 2000년 1월 2일부터 2100년 1월 1일까지 윤년은 25번, 2100년 1월 2일부터 2200년 1월 1일까지 윤년은 24회 있다.

유제 1 다음 물음에 답하시오.

(1) 2001년 1월 1일은 월요일이다. 2002년, 2003년, 2004년의 1월 1일이 각각 무슨 요일인지 구하시오.

(2) $2001+c$, $2002+c$, $2003+c$, $2004+c$년이 각각 2001년, 2002년, 2003년, 2004년의 1월 1일과 요일이 같게 되는 자연수 c의 최솟값을 구하시오.

(3) 2001년 1월 1일 이후 매년 1월 1일에 나타나는 요일이 균등하게 분포하는지 알아보시오. 또 그 이유를 설명하시오.

| KAIST 2013년 심층면접 |

자연수 N이 9의 배수일 때, 자연수 N의 각 자리의 숫자를 더한다. 이때 더한 결과가 두 자리 수 이상이 되면 또다시 얻은 수의 각 자리의 숫자를 더한다. 이런 방법으로 각 자리의 숫자를 더한 결과가 한 자리의 수가 될 때까지 계속할 때 나오는 마지막 한 자리의 수를 구하고, 일반적으로 그 값이 나오는 이유를 설명하시오.

예시 답안

자연수 N이 k자리의 수라 하면 다음과 같이 나타낼 수 있다.

$$N=a_1 10^{k-1}+a_2 10^{k-2}+\cdots+a_{k-1}10+a_k$$

(단, $a_1, a_2, \cdots, a_k$는 $a_1>0$, $0\le a_2, a_3, \cdots, a_k\le 9$인 자연수)

$$N=a_1(\underbrace{999\cdots9}_{(k-1)\text{개}}+1)+a_2(\underbrace{999\cdots9}_{(k-2)\text{개}}+1)+\cdots+a_{k-1}(9+1)+a_k$$

$$=(a_1\times\underbrace{999\cdots9}_{(k-1)\text{개}}+a_2\times\underbrace{999\cdots9}_{(k-2)\text{개}}+\cdots+a_{k-1}\times9)+(a_1+a_2+\cdots+a_k)$$

N이 9의 배수이고

$(a_1\times\underbrace{999\cdots9}_{(k-1)\text{개}}+a_2\times\underbrace{999\cdots9}_{(k-2)\text{개}}+\cdots+a_{k-1}\times9)$가 9의 배수이므로

$(a_1+a_2+\cdots+a_k)$도 역시 9의 배수이다. 그런데 $(a_1+a_2+\cdots+a_k)$는 원래의 수 N의 자리 수보다 자리 수가 작다.

따라서 9의 배수인 어떤 수의 각 자리의 숫자를 더하면 원래의 수보다 더 작은 자리의 9의 배수가 된다.

이러한 과정을 계속 반복하면 한 자리의 9의 배수를 얻게 되고, 그 한 자리 수는 9이다.

Check Point

십진법의 전개식을 이용하여 9의 배수인 자연수 N을 나타내 본다.

예를 들어, 9의 배수인 자연수 87777은

$$87777=8\times10^{5-1}+7\times10^{5-2}+7\times10^{5-3}+7\times10^{5-4}+7$$

$$=8\times(9999+1)+7\times(999+1)+7\times(99+1)+7\times(9+1)+7$$

$$=\underbrace{(8\times9999+7\times999+7\times99+7\times9)}_{9\text{의 배수}}+\underbrace{(8+7+7+7+7)}_{9\text{의 배수}}$$

따라서 $8+7+7+7+7=36$이고 $3+6=9$이다.

자연수 중에서 연속한 9개의 자연수의 합으로 나타낼 수 있고, 연속한 10개의 자연수의 합으로 나타낼 수 있으며, 연속한 11개의 자연수의 합으로도 나타낼 수 있는 수는 존재하는가? 만약 존재한다면 그 자연수를 찾을 수 있는 방법을 자유롭게 설명하시오.

예시 답안 및 해설 2쪽

수리논술 기출 및 예상 문제

01

다음 제시문을 읽고 물음에 답하시오.

> 집합 X가 덧셈 연산$(+)$과 곱셈 연산$(\cdot)$에 대하여 닫혀 있다고 할 때, 집합 X에 대해 다음과 같이 [성질 1]과 [성질 2]를 정의하자. (단, 0은 덧셈 연산에 대한 항등원이고 연산 순서는 곱셈 연산을 먼저 시행한 후에 덧셈 연산을 시행한다.)
>
> [성질 1] a, $b \in X$, $b \neq 0$일 때, $a = b \cdot c + d$를 만족하는 원소 c, $d \in X$가 존재한다.
>
> [성질 2] a, $b \in X$, $b \neq 0$일 때, $a = b \cdot c + d$를 만족하는 원소 c, $d \in X$가 유일하게 존재한다.

집합 X를 정수 전체의 집합 Z라 하고 덧셈 연산$(+)$과 곱셈 연산$(\cdot)$을 각각 정수의 덧셈 연산과 곱셈 연산이라고 하자. 그러면 임의의 정수 a와 $b \neq 0$에 대하여 [성질 1]의 식 $a = b \cdot c + d$를 만족하는 정수 c와 d가 존재한다. 이때 d의 조건을 $0 \leq d < |b|$로 놓으면 $b=3$인 경우에 d는 0, 1, 2 중 하나로 결정된다. 각각의 정수 d에 대해 집합

$$R_d = \{a \in Z \mid a = 3 \cdot c + d,\ c\text{는 정수}\},\ d = 0,\ 1,\ 2$$

를 정의한다.

(1) 집합 $R_0 \cup R_1 \cup R_2$를 구하고 그 이유를 설명하시오.

(2) 서로 다른 두 정수 i, $j\,(0 \leq i \leq 2,\ 0 \leq j \leq 2)$에 대해 교집합 $R_i \cap R_j$를 구하고 그 이유를 설명하시오.

(3) 집합 R_0, R_1, R_2 중에서 [성질 1]을 만족하는 집합을 모두 찾고 그 이유를 설명하시오.

(4) 문항 (3)에서 [성질 1]을 만족하는 집합 중 [성질 2]도 만족하는 집합의 존재 여부를 설명하시오.

| 광운대학교 2013년 수시 |

Hint
정수를 3으로 나눈 나머지에 따라 분류하면
$3k$, $3k+1$, $3k+2$
(k는 정수)로 나타낼 수 있다.

02

집합 $A=\{1, 2, 3, \cdots, n\}$의 원소들이 집합 $B=\{b_1, b_2, b_3, \cdots, b_n\}$의 원소들과 일대일 대응이 될 때 B의 원소의 개수를 n이라 한다. 이를테면, 집합 $A=\{1, 2, 3, \cdots, n+1\}$의 원소들이 함수 $f(x)=x-1$(x는 A의 원소)에 의하여 집합 $B=\{0, 1, 2, \cdots, n\}$의 원소들과 일대일 대응이 되므로 0에서 자연수 n까지 정수의 개수는 $n+1$이다.
조금 더 일반화하면, 두 정수 m, $n(m\le n)$에 대하여 집합 $A=\{1, 2, 3, \cdots, n-m+1\}$의 원소들이 함수 $f(x)=x+m-1$(x는 A의 원소)에 의하여 집합 $B=\{m, m+1, m+2, \cdots, n\}$의 원소들과 일대일 대응이 되므로 m에서 n까지 정수의 개수는 $n-m+1$이다.

(1) 201에서 565까지의 자연수에서 7의 배수는 몇 개인지 답하고, 그렇게 답한 이유를 일대일 대응 함수를 사용하여 논술하시오.
(2) 301에서 665까지의 자연수에서 7의 배수는 몇 개인지 답하고, 그렇게 답한 이유를 일대일 대응 함수를 사용하여 논술하시오.
(3) 1년은 365일이다. 이 중에서 토요일은 몇 번 있는가? 가능한 경우들을 모두 답하고 그 이유를 논술하시오.

| 경북대학교 2009년 수시 |

Hint
(1) 201 이상 565 이하의 자연수 중 7의 배수를
$7\times a$(a는 자연수)
꼴로 나타내 본다.
(2) 301 이상 665 이하의 자연수 중 7의 배수를
$7\times a$(a는 자연수)
꼴로 나타내 본다.

03

자연수 n의 모든 양의 약수들의 합이 $2n$일 때, n의 모든 양의 약수의 역수들의 합을 구하시오.

| KAIST 2008년 심층면접 |

Hint
예를 들어, 6의 양의 약수는 1, 2, 3, 6이고 이것은 $\frac{6}{1}, \frac{6}{2}, \frac{6}{3}, \frac{6}{6}$과 같이 나타낼 수도 있다.

04

어떤 사람의 출생년도 $n(1 \le n \le 2010)$은 2에서 12까지 11개의 자연수 중 정확히 9개를 약수로 가지고 있다. 영희는 다음과 같은 과정을 통해, 위의 조건을 만족하는 n을 구하고자 하였다.

(가) n이 2의 배수가 아니라고 가정하면 4, 6, 8, 10, 12도 n의 약수가 아니다. 따라서 n이 11개의 자연수 중에서 9개를 약수로 가진다는 조건에 모순되므로, n은 2의 배수임을 알 수 있다.

(나) n이 5의 배수가 아니라고 가정하면, 10도 n의 약수가 아니므로, 나머지 2, 3, 4, 6, 7, 8, 9, 11, 12는 n의 약수이다.
따라서 n은 $2^3 \cdot 3^2 \cdot 7 \cdot 11 = 5544$의 배수이어야 하는데, 이는 2010보다 작다는 조건을 만족하지 않으므로, n은 5의 배수임을 알 수 있다.

약수	2	3	4	5	6	7	8	9	10	11	12	n
(가)	×		×		×		×		×		×	불능
(나)	○	○	○	×	○	○	○	○	×	○	○	$2^3 \cdot 3^2 \cdot 7 \cdot 11 = 5544$

위와 같은 과정을 적용하여 주어진 조건을 만족하는 n의 값을 찾는 방법을 설명하고 그 값들을 모두 구하시오.

| 이화여자대학교 2011년 수시 |

Hint
제시문에 의해 n이 2, 5의 배수이므로 n은 2, 4, 5, 6, 8, 10, 12를 약수로 가질 가능성이 있다.

05

번호가 1에서 100까지 붙어 있는 창문이 100개 있고 창문들은 모두 열려 있다. 100명의 사람이 각자 1에서 100까지의 수 중 하나를 가지고 있고, 1을 가지고 있는 사람부터 순서대로 창문을 지나가면서 자신이 가지고 있는 수의 배수의 창문이 열려 있으면 닫고, 닫혀 있으면 연다. 100명이 모두 지나간다면 닫혀 있는 창문은 모두 몇 개가 되는지 설명하시오. 또한, 창문은 100개 있고 90명의 사람이 각자 1에서 90까지의 수 중 하나를 가지고 있다고 한다. 위와 같은 방법으로 진행한다면 닫혀 있는 창문은 몇 개가 되는지 설명하시오.

Hint
처음 창문이 열려 있는 상태에서 번호 1인 창문을 1을 가지고 있는 사람이 지나가면서 모두 닫게 된다. 이후로는 번호 1인 창문은 변화가 없다. 그런데 번호 2인 창문은 2를 가지고 있는 사람이 지나가면서 열게 된다. 이와 같이 닫힌 후 변화가 없는 창문들의 번호의 규칙성을 찾는다.

06

한 모서리의 길이가 1인 정육면체가 $3\times5\times6^5$개 있다. 오른쪽 그림과 같이 이 정육면체를 쌓아서 가로와 세로의 길이가 a이고 높이가 b인 정사각기둥을 만들고자 한다.

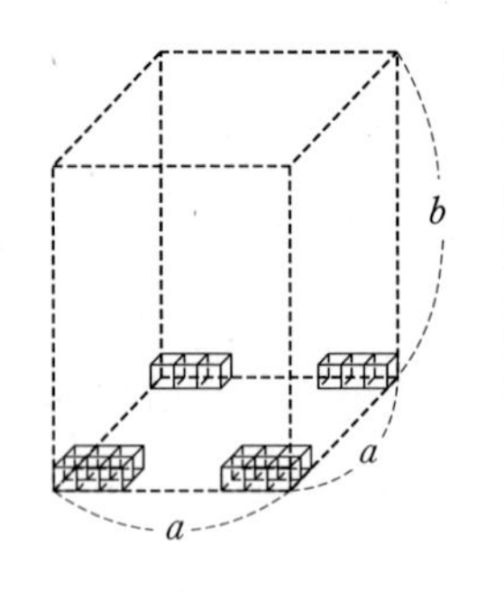

(1) 가능한 정사각기둥은 모두 몇 가지인지 말하시오.

(2) 가능한 정사각기둥 중 밑면의 넓이가 최대인 것의 높이를 구하시오.

| 건국대학교 2006년 수시 |

Hint
한 모서리의 길이가 1인 정육면체 $3\times5\times6^5$개로 이루어진 정사각기둥의 부피는 $3\times5\times6^5$이다.

07

어느 부부가 아홉 쌍의 부부를 집으로 초대하여 파티를 열었다. 이 자리에 모인 열 쌍의 부부는 서로 아는 사이도 있고, 처음 만나는 사이도 있다. 이들 가운데 서로 알던 사람들은 악수를 하지 않았지만, 처음 만나는 사람들은 정중하게 악수를 한 번씩 나누었다. 저녁 식사가 끝나고 집 주인은 그 자리에 모인 19명(집주인의 부인과 손님들)에게 오늘 모임에서 악수를 몇 번 하였는지 질문하였다. 놀랍게도 이들이 악수한 횟수는 모두 달랐다. 이때, 집 주인의 부인은 악수를 몇 번이나 하였을지 생각해 보고, 부인이 악수한 횟수를 일반화하여 설명하시오.

| 서울대학교 2008년 예시 |

Hint
파티에 참석한 사람은 자신과 자신의 배우자를 제외한 사람과 악수할 수 있다.

예시 답안 및 해설 4쪽

08 다음 제시문을 읽고 물음에 답하시오.

> 오늘날 은행 등 여러 곳에서 널리 사용되고 있는 비밀번호나 공인인증 등은 모두 정보를 보호하기 위한 방법이다. 이와 같이 정보를 보호하는 방법에서 약수와 배수 이론이 널리 응용되고 있다.
> 비교적 작은 수가 어떤 수의 배수인지를 알아보는 가장 간단한 방법은 직접 나눗셈을 해 보면 된다. 그러나 다음의 두 사실을 이용하면 직접 나누어 보지 않고도 약수와 배수의 문제를 좀 더 간단히 해결할 수 있는 경우가 많다.
>
> 두 정수 a, b를 자연수 n으로 나눈 나머지를 각각 r_a, r_b라 하자.
> [사실 1] $a+b$를 n으로 나눈 나머지와 r_a+r_b를 n으로 나눈 나머지는 서로 같다.
> [사실 2] $a\times b$를 n으로 나눈 나머지와 $r_a\times r_b$를 n으로 나눈 나머지는 서로 같다.

(1) [사실 2]를 증명하시오.

(2) 자연수 a를 십진법으로 나타내어

$$a=a_m10^m+a_{m-1}10^{m-1}+\cdots+a_1 10+a_0$$

이라고 하자. [사실 1]과 [사실 2]를 이용하여 a와 $a_0+a_1+\cdots+a_m$을 각각 3으로 나눈 나머지가 서로 같음을 설명하시오.

(3) [사실 1]과 [사실 2]를 이용하여 $k=0,\ 1,\ 2,\ \cdots,\ 10$에 대하여 10^k을 7로 나눈 나머지들을 차례대로 구하고, 이를 이용하여 37423476672를 7로 나눈 나머지를 구하고 그 과정을 설명하시오. (단, 직접적인 나눗셈은 하지 않는다.)

(4) 위의 (2)와 (3)의 결과를 이용하여 37423476672를 21로 나눈 나머지를 구하고 그 과정을 설명하시오. (단, 직접적인 나눗셈은 하지 않는다.)

| 단국대학교 2011년 모의논술 |

Hint

(1) $a=nk+r_a$, $b=nl+r_b$ (단, k, l은 정수)로 놓는다.

(2) 10을 3으로 나눈 나머지가 1이므로 10^2, 10^3, $\cdots$, 10^m을 3으로 나눈 나머지도 1이다.

09 음료수를 생산하는 공장이 있다. 이곳에서는 음료수 캔 밑면에 아래와 같은 10자리의 제품 식별 번호를 인쇄하여 유통시킨다.

$$07-1012-892-2$$

처음 6자리는 제품 생산 날짜를 나타내고(위의 경우, 2007년 10월 12일이다.) 그 다음 3자리는 제품 생산 라인의 고유번호이다. 그리고 각 자리 수를 a_1, a_2, $\cdots$, a_{10}이라 하였을 때, 마지막 자리 수 a_{10}은 아래 주어진 값 S를 11로 나누었을 때의 나머지이다.

$$S=a_1+2a_2+3a_3+a_4+2a_5+3a_6+a_7+2a_8+3a_9$$

(단, 나머지가 10일 경우 a_{10}은 알파벳 X를 사용한다.)

(1) 시중에 유통된 불량품을 회수하여 제품 번호를 확인한 결과

$$05-0812-8?7-5,\quad 05-081?-627-3$$

등 한 자리 수가 훼손되어 있는 것들이 나타났다. 본래의 제품 번호로 각각 복원할 수 있는가? 복원할 수 있다면 그 값은 얼마인가?

(2) 제조월에 해당하는 두 자리 수가 훼손된 제품 번호

$$06-??22-071-X$$

가 주어졌다. 최대 몇 %의 정확도로 본래의 제품 번호를 예측할 수 있는가?

(3) S를 10으로 나누었을 때의 나머지가 a_{10}이라고 가정하였을 때, 문제 (1)의 질문에 답하시오.

| 서울시립대학교 2008년 심층면접 |

Hint

(1) 예를 들어, 첫 번째 수에서 ?의 자리의 수를 x(단, x는 $0\le x\le 9$인 정수)로 놓고 제시문의 계산법에 따라 앞의 9자리의 수로 계산한 값을 11로 나눈 나머지는 5이다.

주제별 강의 **제 1 장**

소수

소수

❶ 소수의 정의

2, 3, 5, 7, 11, 13, …과 같이 자연수 중에서 1과 자기 자신만으로 나누어 떨어지는 수를 소수라고 한다. 즉, 1과 자기 자신만을 양의 약수로 가지는 수가 소수이다.
이때, 1은 소수일까?

소수는 약수가 2개인 수이다. 1은 약수가 1뿐이므로 소수가 아니다.
또한, 1보다 큰 소수가 아닌 자연수는 소수의 곱으로 분해(소인수분해)되고 그 결과는 순서를 무시할 때 오직 한 가지뿐이라는 사실(소인수분해의 일의성)에 위배된다.
예를 들어, 6을 소인수분해하면 $6=2\times3$뿐이고, 1을 소수라 가정하면

$$6=2\times3=1\times2\times3=1\times1\times2\times3=\cdots$$

과 같이 여러 가지 방법으로 소인수분해된다.
따라서 1은 소수가 아니다.

❷ 소수의 개수

소수는 몇 개나 있을까?

소수의 개수는 무수히 많다. 이것을 귀류법을 이용하여 증명해 보자.

증명 소수의 개수가 유한하다고 가정하여 n개의 소수를

$$p_1,\ p_2,\ p_3,\ \cdots,\ p_n\ (1<p_1<p_2<p_3<\cdots<p_n)$$

이라 하자.
어떤 자연수 $N=p_1\times p_2\times p_3\times\cdots\times p_n$에 대하여 $N+1=p_1\times p_2\times p_3\times\cdots\times p_n+1$을 생각하자.
이때, $N+1$은 $p_1,\ p_2,\ p_3,\ \cdots,\ p_n$의 곱으로 나타내어지거나 그 자신이 소수가 될 것이다. 그런데 N은 $p_1,\ p_2,\ p_3,\ \cdots,\ p_n$으로 나누어 떨어지지만 $N+1$은 $p_1,\ p_2,\ p_3,\ \cdots,\ p_n$으로 나누어 떨어지지 않으므로 $N+1$은 p_n보다 큰 소수들의 곱으로 나타내어지거나 그 자신이 p_n보다 큰 소수이다.
이것은 소수의 개수가 유한하다는 가정에 모순이다.
따라서 소수의 개수는 무수히 많다.

실생활 속에 숨어 있는 소수

❶ 소주 1병에 들어 있는 소주의 양

소주 1병에 들어 있는 소주의 양은 소주 회사에서 만든 잔으로 대체로 7잔이 된다고 한다. 왜 소주의 양을 이렇게 정했을까?

7은 소수이기 때문에 2, 3, 4, 5, 6으로 나누어 떨어지지 않고 나머지가 남게 된다. 즉, 소주 1병을 두 명이 마시면 한 사람당 3잔씩 마시고 1잔이 남게 되고, 세 명이 마시면 한 사람당 2잔씩 마시고 1잔이 남게 되며, 네 명이 마시면 한 사람당 2잔씩 마시기에는 1잔이 모자란다. 또, 같은 방법으로 다섯 명이 마시면 2잔이 남고, 여섯 명이 마시면 1잔이 남게 된다. 이와 같이 보통의 경우에 소주를 나누어 마시면 조금 남거나 모자르게 하여 소주를 더 시키도록 유도하는 판매 전략이 숨어 있는 것이다.

❷ 매미의 수명

한여름에 나무가 있는 곳에서는 대체로 매미의 울음소리를 들을 수 있다. 이것은 수컷 매미가 종족 보존을 위하여 암컷 매미를 부르는 소리라 한다. 매미는 곤충 중에서 가장 오래 사는 것으로 알려져 있다. 우리나라에 사는 많은 매미는 수명이 대체로 7년 정도 되는데 땅속에서 애벌레로 6년 11개월 정도 살다가 지상으로 올라와 짧은 생애를 보내게 된다. 그런데 어떤 매미는 17년이 지나야 매미가 되어 세상 밖으로 나온다고 한다. 즉, 알에서 부화한 매미의 유충은 땅속에서 길고 긴 세월을 애벌레로 지내다가 17년이 지나서 매미가 되어 나오게 되는 것이다.

그러면 매미의 수명이 7년, 17년 등 소수인 이유는 무엇일까?

한 학설은 옛날에 매미의 몸 안에 주로 서식하는 기생충이 있었는데 매미가 가능한 한 이 기생충이 자신의 몸 안으로 들어오는 것을 피하려는 방법이란 것이다.
기생충의 수명이 2년이라면 매미는 2로 나누어 떨어지는 수명을 피하고 싶었을 것이다. 그렇지 않으면 종족 보존에 치명적인 타격을 받을 것이기 때문이다.
마찬가지로 기생충의 수명이 3년이라면 매미는 3의 배수에 해당하는 수명을 피하려고 할 것이다. 이런 식으로 진화해 온 매미는 결국 기생충의 수명이 몇 년이건 간에 이들과 수명 주기를 달리하는 최선의 방법이 소수에 해당하는 수명을 사는 것임을 터득했다는 것이다.
기생충은 매미의 수명을 따라가려고 노력했으나 17년을 살기 위해 꼭 거쳐가야 하는 16년 수명의 단계에서 매미와 272(16과 17의 최소공배수)년만에 한 번씩 만나게 되어 그들의 수명이 16년이 되는 순간 272년 동안 매미를 보지 못하고 멸종해 버리게 된다. 따라서 매미는 소수의 수명을 유지하는 것이 종족 보존에 유리한 조건임을 터득하였던 것이다.

한 자리 수 x, y에 대하여 $xyxy$꼴로 나타나는 어떤 4자리 자연수를 n이라 할 때 다음 물음에 답하시오.

(1) n을 나누는 가장 큰 소수를 구하시오.

(2) $n=m^2$을 만족하는 정수 m이 존재하는가?

| 서강대학교 2007년 수시 |

(1) $n=xyxy$
$=1000x+100y+10x+y$
$=101(10x+y)$

(2) (1)에서 $n=101(10x+y)$이고 $n=m^2$(m은 정수)을 만족하려면 $10x+y$가 $101k^2$(k는 정수)의 꼴이어야 한다.

n이 $n\geq 2$인 자연수일 때 자연수 $10^{2n-1}+10^{2n-3}+\cdots+10^3+10+n$이 소수가 아님을 보이시오.

| 성균관대학교 2010년 심층면접 |

n이 짝수일 때와 n이 홀수일 때로 나누어 생각한다.

다음 제시문을 읽고 물음에 답하시오.

고대 그리스 인들은 어떤 숫자는 그보다 작은 숫자에 의해서 나뉠 수 있는 반면에 다른 숫자들은 이런 특성이 없다는 관찰을 했다. 자연수 중에서 1과 자신을 제외한 어떤 숫자로도 나뉠 수 없는 숫자를 소수(素數)라 부른다. 또한, 소수가 아닌 자연수 중에서 1이 아닌 수를 합성수라 부른다. 언뜻 생각하기에는 소수와 합성수의 구분이 아무런 의미도 없는 것처럼 보인다. 그러나 소수는 매우 중요하다는 사실이 밝혀졌고, 수학자들이 소수에 대해서 더 많은 사실을 발견할수록 그 중요성은 더 높이 평가되고 있다. ⓐ소수가 그처럼 중요한 이유 중 하나는 자연수에서 소수가 하는 역할이 화학에서 원자의 역할과 같다는 것이다.
소수에 대한 분명한 물음은 이런 것이다. 도대체 얼마나 많은 소수가 있는 것일까? 유클리드는 그의 저서 "기하학 원론"에서 소수의 개수가 무한하다는 것을 증명했다. 그의 증명을 간략히 서술하면 아래와 같다.

"소수가 유한개 존재한다고 가정하자. 이 유한개의 소수들을 모두 곱한 값에 1을 더하면 그것 역시 소수이며, 처음에 가정한 유한한 소수 집합에 속하지 않는다. 그러므로 소수가 유한하다는 가정은 모순이 됨을 알 수 있다."

어떤 자연수 N이 소수인지 여부를 검사하는 가장 확실한 방법은 소인수분해를 하는 것이다. ⓑ이를 위해서는 $\sqrt{N}$ 이하의 모든 소수들로 N을 나누어 보아야 한다. 이때, N이 실제로 소수일 때가 제일 큰 문제이다. 소인수분해를 사용하여 소수 여부를 검사하는 방법은 N이 아주 큰 수라면 최고 성능의 컴퓨터로 계산한다고 하더라도 매우 오랜 시간이 걸릴 수 있다. 그렇지만 수학자들은 소수의 패턴을 연구함으로써 여러 대안적 소수 검사 방법을 고안할 수 있었다. 실제로 현재의 대형 컴퓨터와 ARCLP와 같은 소수 검사 방법을 사용하면 100자리에 이르는 소수 두 개를 쉽게 찾을 수 있다. 이 두 소수를 곱하면 200자리의 수인 합성수 하나가 만들어진다. 다른 한편, 이 200자리의 숫자가 매우 큰 두 개의 소수의 곱이라는 것을 알고 있고, 현재 가용한 가장 빠른 컴퓨터를 사용한다고 하더라도 이 정도 크기의 합성수를 소인수분해하는 것은 실질적으로 불가능하다고 할 만큼 오랜 시간이 걸린다. 소수 검사가 가능한 수의 크기와 소인수분해가 가능한 수의 크기 사이에 있는 이 커다란 불균형을 이용하여 수학자들은 '공유 열쇠(public key)' 암호 체계를 고안했다.

곤충 매미는 식물의 조직 속에 알을 낳는데, 우리나라에서 잘 알려진 유지매미와 참매미는 산란한 해부터 치면 7년째에 성충이 된다. 또, 늦털매미는 5년째에 성충이 된다고 알려졌다. 매미탑이라고 불리는 북아메리카에 사는 매미는 산란에서부터 성충이 되기까지 13년이 걸리는 종과 17년이 걸리는 종으로 나뉘고, 그 형태나 울음 소리에도 차이가 있는 것이 확인되었다. 이와 같이 위에서 소개한 여러 종류의 매미가 산란에서 성충이 되기까지 걸리는 시간은 보통 5년, 7년, 13년, 17년이다. 이와 같은 매미의 생존 주기에서 발견될 수 있는 공통점은 그것들이 모두 소수라는 점이다.
"왜, 하필 소수를 주기로 생활할까?"라는 의문에 대한 설명으로 유력한 두 학설이 있는데, 한 가지는 주기가 소수가 되면 매미가 천적을 피하기 쉽다는 것이고, 또 다른 학설은 동종간의 경쟁을 피하기 위한 스스로의 조정이라고 알려져 있다.

(1) 밑줄 친 ⓐ의 논리와 ⓑ의 근거에 대하여 각각 논술하시오.

(2) 소수의 개수가 무한하다는 유클리드의 증명을 부연하여 논술하시오.

(3) 매미가 소수를 주기로 생존하는 이유를 설명하는 두 가지 학설에 대해 각각의 근거와 예를 사용하여 논술하시오.

| 서강대학교 2007년 수시 |

(1) 자연수 N을 나누는 최소의 소수가 p이면 $N=p\times q(p\leq q)$ 이다.

다음 제시문을 읽고 물음에 답하시오.

우리는 자연수의 개수가 유한하지 않으며, 홀수, 짝수의 개수 또한 각각 무한함을 알고 있다. 다음 [명제 1]과 [명제 2]는 자연수 중 특별한 존재인 소수의 개수에 관한 것이다.

$f(x)$를 실수 x보다 크지 않은 소수들의 개수라 정의하자.

[명제 1] $x\geq1$이면 $\ln x\leq f(x)+1$이다. (단 $\ln x=\log_e x$)

수열 $\{A_n\}$을 다음과 같이 정의하자.

$$A_n=2^{2^n}+1,\quad n=0,\ 1,\ 2,\ \cdots$$

[명제 2] $n\neq m$이면 A_n과 A_m은 서로소이다.

(1) [명제 1]이 참일 때 소수들의 총 개수를 구하시오.

(2) [명제 2]가 참일 때 소수들의 총 개수를 구하시오.

(3) $A_n-(A_0A_1\cdots A_{n-1})$의 값을 구하시오. (단, $n\geq1$)

(4) 위 (3)의 답을 이용하여 [명제 2]가 참임을 보이시오.

| 한양대학교 2012년 수시 |

(3) $A_0A_1\cdots A_{n-1}=P$라 하면 $(2-1)P=2^{2^n}-1$이다.

n진법

기수법

1 기수법

수를 나타내는 방법을 기수법이라 하는데 2진법, 5진법, 10진법, 12진법, 16진법, 20진법, 60진법 등이 우리 생활에서 이용되고 있다.

아주 옛날 사람들은 짐승을 사냥하거나 물고기를 잡을 때, 같이 일하고 같이 분배하기 위하여 수를 세어야 했다. 처음에는 손가락으로 헤아리다 보니 수량이 10개를 넘게 되면 손가락셈을 더 이상 할 수 없게 되었다. 이때, 10개가 될 때마다 돌멩이나 나뭇가지를 하나씩 이용하였다. 이러한 과정에서 10진법으로 수를 세는 방법이 탄생한 것으로 추측된다.

또, 연필 12자루를 1다스라 하고, 1년이 12달이라는 것에서 12진법의 흔적을 찾을 수 있다. 그런데 12진법이 10진법보다 편리한 점도 있다고 한다.
12가 10보다 약수가 많아서 12진법을 소수로 표시할 때 유한소수가 많다는 것이다.
예를 들어, $\frac{5}{6}=\frac{10}{12}(=0.83333\cdots)$, $\frac{11}{12}(=0.91666\cdots)$은 10진법에서는 무한소수이지만, 12진법에서는 10, 11을 각각 a, b라 하면 $\frac{10}{12}=0.a$, $\frac{11}{12}=0.b$로 간단히 나타낼 수 있다.
또, 시간의 단위에서 1시간=60분, 1분=60초이고, 각도의 단위에서 $1°=60'$(1도=60분), $1'=60''$(1분=60초)로 60진법의 수가 이용되고 있다.
이처럼 시간과 각도를 나타낼 때 10진법으로 쓰지 않고 60진법으로 쓰는 이유는 소수(少數)는 손가락으로 셀 수 없기 때문이다.
예를 들어, $\frac{1}{2}$, $\frac{1}{3}$, $\frac{1}{4}$, $\frac{1}{5}$, $\frac{1}{6}$은 분모인 2, 3, 4, 5, 6의 최소공배수 60을 곱하면 정수가 될 수 있고, 이때에는 손가락으로 셀 수 있게 된다. 즉,
$\frac{1}{2}=\frac{30}{60}$이므로 $\frac{1}{60}$이 30개, $\frac{1}{3}=\frac{20}{60}$이므로 $\frac{1}{60}$이 20개, $\frac{1}{4}=\frac{15}{60}$이므로 $\frac{1}{60}$이 15개,
$\frac{1}{5}=\frac{12}{60}$이므로 $\frac{1}{60}$이 12개, $\frac{1}{6}=\frac{10}{60}$이므로 $\frac{1}{60}$이 10개이다.

또, 60진법의 장점은 $\frac{1}{3}$은 10진법에서는 무한소수가 되지만 60진법에서는 $\frac{1}{3}$시간은 20분, $\frac{1}{3}$분은 20초가 되어 편리하다는 것이다.

이와 같은 이유로 각도와 시간에서 60진법을 사용하게 되었고, 그 편리함 때문에 천문학과 역법에서 세계 과학자들이 오랫동안 사용하고 있다.

참고 진법이 실생활에서 활용되는 경우의 예

① 고등어 한 손은 2마리, 쌀 한 섬은 2가마 : 2진법
② 달걀 1꾸러미는 10개 : 10진법
③ 연필 1다스는 12자루, 1년은 12개월, 1피트는 12인치 : 12진법
④ 오징어 한 축은 20마리 : 20진법
⑤ 1시간은 60분, 1분은 60초 : 60진법

이진법

1 이진법

오늘날 우리 생활에서 없어서는 안 될 컴퓨터의 시스템이 기본적으로 판단할 수 있는 숫자는 0과 1 두 가지뿐이다. 컴퓨터는 이 두 숫자를 이용하여 문자를 나타내기도 하고 계산도 한다. 즉, 컴퓨터는 이진법의 원리로 움직이는 기계이다.

십진법에서는 0부터 9까지의 10개의 기본수가 있고, 9에서 10으로 넘어갈 때 한 자리 수에서 두 자리 수로 올라간다. 이와 달리 0과 1을 기본수로 가지는 이진법에서는 1에서 2로 넘어갈 때 한 자리 수에서 두 자리 수로 올라간다.

서양에서 이진법을 처음으로 발명한 사람은 독일의 유명한 수학자 라이프니츠(Leibniz, G.W.;1646~1716)이다. 그는 0은 아무것도 없는 무를 나타내고, 1은 신을 나타낸다고 상상하여 이진법에서 0과 1로 모든 수를 표현할 수 있는 것과 같이 신은 무로부터 모든 것을 창조했다고 생각하였다.

중국의 주(周)나라 시대의 유명한 책 "주역"은 천지만물이 끊임없이 변화하는 원리를 설명하는 책으로 이진법의 원리로 되어 있다. 주역의 기본 단위인 효(爻)에는 양(—)과 음(- -)이 있는데 각각 1과 0에 해당된다. 0을 나타내는 음(- -)은 양(—)의 가운데에 구멍을 뚫어 빈 공간을 둔 모양인데, 여기에는 비어 있다는 0의 의미가 들어 있다. 주역에는 6개의 효(爻)를 조합하여 만든 64개의 괘(卦)가 있다. 각 효에는 양(—)과 음(- -)의 2가지가 올 수 있으므로 6개의 효를 조합하는 방법은 $2^6=64$가지가 된다.

한편, 우리나라 태극기의 네 귀퉁이에는 건(하늘), 곤(땅), 감(달), 이(해)의 네 개의 괘가 그려져 있다. 실제로 3개의 효를 배열하여 만들 수 있는 괘는 모두 8가지로 초기의 태극기에는 8괘가 모두 포함되어 있었다.

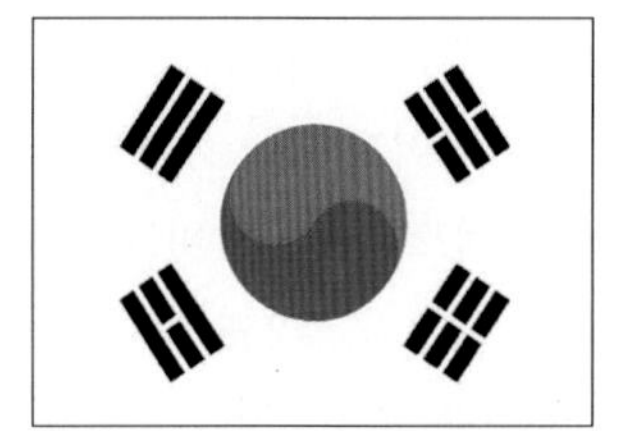

양(—)과 음(- -)에 각각 1과 0을 대응시키면 다음과 같이 8괘를 이진법의 수로 표현할 수 있다.

8괘	☰	☱	☲	☳	☴	☵	☶	☷
이진법의 수	$111_{(2)}$	$110_{(2)}$	$101_{(2)}$	$100_{(2)}$	$011_{(2)}$	$010_{(2)}$	$001_{(2)}$	$000_{(2)}$
	건(乾)	태(兌)	이(離)	진(震)	손(巽)	감(坎)	간(艮)	곤(坤)

8괘(八卦)는 앞의 표에서와 같이 8가지인데 양(—), 음(--)을 각각 1, 0으로 생각하고 고쳐 쓰면 $000_{(2)}$, $001_{(2)}$, $010_{(2)}$, $011_{(2)}$, $100_{(2)}$, $101_{(2)}$, $110_{(2)}$, $111_{(2)}$과 같이 10진법의 0부터 7까지의 수와 꼭 들어맞는다.

음양사상이란 태양과 달, 남자와 여자, 홀수와 짝수 등과 같이 세상의 모든 것을 음과 양으로 분류해서 생각하는 사상이다. 이러한 음양사상이 유럽으로 전해졌으며 위대한 철학자, 과학자 중에서 그 영향을 받은 사람이 적지 않았다. 대표적인 예로 라이프니츠의 이진법을 들 수 있다.

2 이진법과 컴퓨터

왜 이진수가 컴퓨터의 기본 구성이 되었을까?

이진수란 0과 1, 두 개의 숫자로 수를 표현하는 것을 말한다. 컴퓨터의 경우는 신호를 진실(true)과 거짓(false)으로 구분한다. 전자제품으로서의 컴퓨터는 '전자'를 이용하여 모든 정보를 인식하고 활동하는 것을 의미하는데, 컴퓨터가 인식하는 것은 이 전자가 통하느냐, 통하지 않느냐 하는 것이다. 보다 쉽게 말하면 신호가 오면 그것은 진실(1)로 처리되고, 오지 않으면 거짓(0)으로 처리된다.

컴퓨터의 기억장치는 모든 신호를 이진수로 고쳐 기억하며, 이진수에서의 숫자 0, 1과 같이 신호를 나타내는 최소의 단위를 비트(bit)라고 한다. 즉, 이진수에서 0과 1 하나 하나를 비트라고 부른다. 예를 들어, 십진수의 수 10을 이진수의 수로 표현한 $1010_{(2)}$은 4비트이다.

컴퓨터, 소프트웨어, 데이터 전송 등과 정보이론 분야에서 비트 단위가 사용되는데, 비트가 컴퓨터나 데이터 전송에서 사용되는 이유는 논리의 조립이 간단하고 컴퓨터 등에서 사용하는 소자가 이진수를 나타내는 데 편리하다는 점 때문이다. 이진수는 0 또는 1의 값밖에 없으므로 한 자리로는 두 가지를 구별하고, n자리로는 2^n가지를 구별할 수 있다.

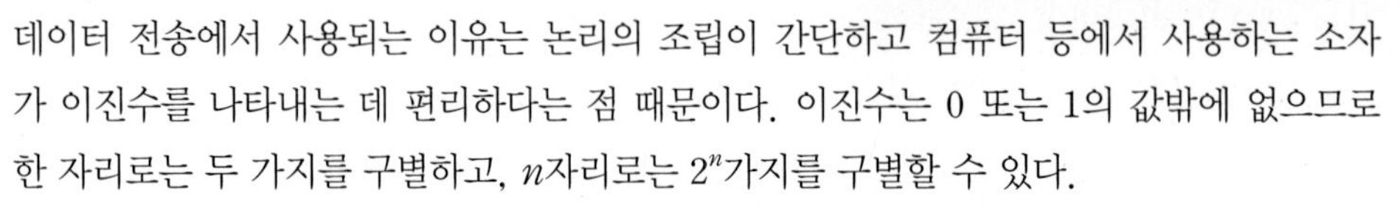

예를 들어, 이진수의 세 자리를 써서 신호를 만들면 $2^3=8$개의 신호, 네 자리를 써서 신호를 만들면 $2^4=16$개의 신호를 만들 수 있다. 영어의 한 문자를 나타내려면 8비트가 필요하며 조립된 8비트는 아라비아 숫자를 두 개까지 나타낼 수 있다.

다시 말하면 비트 하나로는 0 또는 1의 두 가지 표현밖에 할 수 없으므로 일정한 단위로 묶어서 바이트(Byte)라 하고, 바이트는 정보를 표현하는 기본 단위로 삼고 있다.

일반적으로 8개의 비트를 묶어서 바이트로 표현한다. 다시 말해 1바이트는 8비트이므로 1바이트는 $2^8=256$(종류)의 정보를 나타낼 수 있어 숫자, 영문자, 특수 문자 등을 모두 표현할 수 있다.

1바이트는 1캐릭터(Character)라고도 부른다. 1바이트를 가지고 한 개의 문자, 즉 캐릭터를 표현할 수 있기 때문이다. 이는 영어권의 경우이고 한글과 같은 동양권 문자를 표기하기 위해서는 한 문자당 2바이트를 사용해야 한다. 한글 코드가 2바이트 조합형이니 완성형이니 하는 것은 바로 이 때문이다.

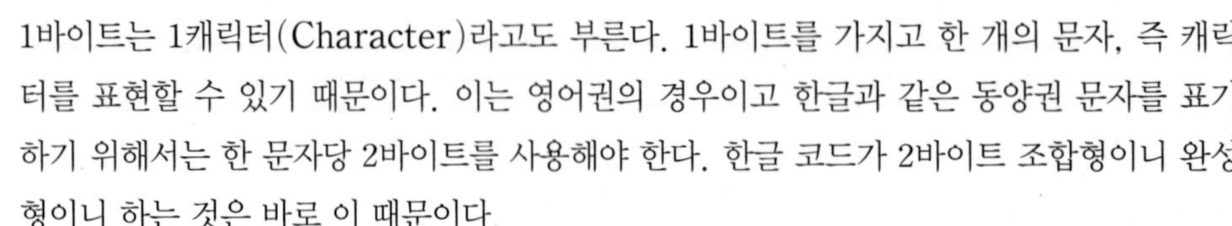

따라서 동양권 문자나 통신에 필요한 여러 부호, 특히 멀티미디어 표현에 필요한 각종 정보, 통신상의 주소 등은 2개, 4개, 8개 등의 바이트를 묶어서 표현한다. 관련된 용어로는 4비트 묶음을 나타내는 니블(Nibble), 2개 비트인 쿼터(Quarter) 등이 있다. 또, 대용량 기억장치의 용량 또는 정보량을 나타내는 단위로는 보통 킬로바이트(Kilo Bite : KB), 메가바이트(Mega Bite : MB), 기가바이트(Giga Bite : GB) 등을 사용한다.
이때, $1\text{ KB}=2^{10}\text{ B}$, $1\text{ MB}=2^{20}\text{ B}$, $1\text{ GB}=2^{30}\text{ B}$이다.

예시 1 다음 물음에 답하시오.

(1) 픽셀 수는 100만 개, 각 픽셀이 구현할 수 있는 색깔의 가짓수가 2^{10}개인 모니터가 있다. 이 모니터를 조작하는 데 쓰이는 컴퓨터 프로세스는
① 각 픽셀에 투사할 색깔을 결정하는 데는 몇 번의 연산이 필요한가?
② 화면에 나타나는 영상 하나를 제어하는 데는 몇 번의 연산이 필요한가?
(단, 이 프로세스는 한 번에 하나씩의 연산만을 처리한다고 하자.)

(2) 해상도가 600 DPI(Dots Per Inch)인 컬러 프린터의 경우 대략 한 장의 용지에 500만 개의 점을 찍을 수 있다. 이 프린터가 구현할 수 있는 색상은 2^{10}개이다. 출력하는 과정을 제어하기 위한 컴퓨터 프로세스는
① 한 점에 인쇄될 색깔을 결정하는 데는 몇 번의 연산이 요구되는가?
② 한 장의 인쇄물을 출력하는 데는 몇 번의 연산을 수행해야 하는가?
(단, 이 프로세스는 한 번에 하나씩의 연산만을 처리한다고 하자.)

| 성균관대학교 2005년 수시 면접 |

풀이
(1) ① 컴퓨터의 데이터는 모두 0 또는 1로만 표현하므로 각 픽셀이 구현할 수 있는 색깔의 가짓수가 2^{10}개라는 것은 0 또는 1을 10자리에 늘어놓은 경우의 수와 같다. 그러므로 각 자리에 한 번씩의 연산이 필요하므로 총 10번의 연산이 필요하다.
② 화면 하나를 구성하는 픽셀의 수가 100만 개이므로 필요한 연산의 수는 10×100만, 즉 1000만 번이다.

(2) ① 주어진 프린터가 구현할 수 있는 색상이 2^{10} 개이므로 10자리의 이진법의 수에서 각 자리의 수를 결정하는 수만큼의 연산이 요구된다. 즉, 10번이 필요하다.

□□□□□□□□□□$_{(2)}$
$2^9\ 2^8\ 2^7\ 2^6\ 2^5\ 2^4\ 2^3\ 2^2\ 2^1\ 2^0$

에서 2^0, 2^1, 2^2, $\cdots$, 2^9의 각 자리에 0 또는 1을 결정하는 연산이 수행되므로 한 점에 인쇄될 색깔을 결정하는 데는 10번의 연산이 요구된다.
② 한 장의 용지에 500만(5×10^6) 개의 점을 찍을 수 있고, ㈎에서 한 점에 인쇄될 색깔을 결정하는 데 10번의 연산이 요구되므로 한 장의 인쇄물을 출력하는 데는 10×500만, 즉 5000만 번의 연산을 수행해야 한다.

수의 표시

❶ 십진법

수의 자리가 왼쪽으로 하나씩 올라감에 따라 자리의 값이 10배씩 커지는 수의 표시법을 십진법이라고 한다. 또, 다음과 같이 10의 거듭제곱을 사용하여 십진법의 수를 나타낸 식을 십진법의 전개식이라고 한다.

$$9683=9\times10^3+6\times10^2+8\times10+3\times1$$

$$0.357=3\times10^{-1}+5\times10^{-2}+7\times10^{-3}$$

❷ 이진법

수의 자리가 왼쪽으로 하나씩 올라감에 따라 자리의 값이 2배씩 커지는 수의 표시법을 이진법이라고 한다. 또, 이진법으로 나타낸 수 1101을 십진법으로 나타낸 수와 구별하기 위하여 $1101_{(2)}$와 같이 나타내고, '이진법으로 나타낸 수 일일영일'이라고 읽는다. 이진법으로 나타낸 수는 숫자 0, 1만을 사용하여 나타낸다. 또, 다음과 같이 2의 거듭제곱을 사용하여 이진법의 수를 나타낸 식을 이진법의 전개식이라고 한다.

$$1101_{(2)}=1\times2^3+1\times2^2+0\times2+1\times1$$

$$0.111_{(2)}=1\times2^{-1}+1\times2^{-2}+1\times2^{-3}$$

❸ 십진법과 이진법의 관계

(1) 십진법으로 나타낸 수를 이진법으로 나타내기

십진법으로 나타낸 수를 이진법으로 나타내려면 십진법으로 나타낸 수를 몫이 0이 될 때까지 계속 2로 나눈 다음, 나머지를 맨 나중의 것부터 차례로 쓴다.

예를 들어, 십진법으로 나타낸 수 23을 이진법으로 나타내면 오른쪽과 같다. 따라서 $23=10111_{(2)}$이다.

```
2)23
2)11 …1
2) 5 …1
2) 2 …1
2) 1 …0
   0 …1
```

(2) 이진법으로 나타낸 수를 십진법으로 나타내기

이진법으로 나타낸 수를 십진법으로 나타내려면 이진법으로 나타낸 수를 이진법의 전개식으로 나타낸 다음, 이것을 계산하여 십진법으로 나타낸다.

예를 들어, 이진법으로 나타낸 수 $10111_{(2)}$을 십진법으로 나타내면

$$\begin{aligned}10111_{(2)}&=1\times2^4+0\times2^3+1\times2^2+1\times2+1\times1\\&=16+0+4+2+1=23\end{aligned}$$

4 십진법의 수와 여러 진법의 수의 비교

10진법	2진법	5진법	8진법	12진법	16진법
0	0	0	0	0	0
1	1	1	1	1	1
2	10	2	2	2	2
3	11	3	3	3	3
4	100	4	4	4	4
5	101	10	5	5	5
6	110	11	6	6	6
7	111	12	7	7	7
8	1000	13	10	8	8
9	1001	14	11	9	9
10	1010	20	12	A	A
11	1011	21	13	B	B
12	1100	22	14	10	C
13	1101	23	15	11	D
14	1110	24	16	12	E
15	1111	30	17	13	F
16	10000	31	20	14	10
17	10001	32	21	15	11
18	10010	33	22	16	12
19	10011	34	23	17	13

5 n진법의 특징

이진법에서는 0과 1, 십진법에서는 0, 1, 2, 3, 4, 5, 6, 7, 8, 9의 숫자를 사용하는 것과 같이 n진법에서 사용되는 숫자의 개수는 n개이고, n진법에서 끝자리가 0으로 끝나는 수는 n의 배수이다.

또, 이진법에서는 1이 2개 모이면 한 자리를 밀어 올리게 되고, 십진법에서는 1이 10개 모이면 한 자리를 밀어 올리는 것과 같이 n진법에서는 1이 n개 모이면 한 자리 수를 밀어 올린다.

마지막으로 이진법에서 $0 \le x < 2^1$이면 한 자리 수, $2^1 \le x < 2^2$이면 두 자리 수, …와 같이 n진법에서 $n^k \le x < n^{k+1}$이면 $k+1$자리 수가 된다.

예시 2 9진법으로 나타낸 두 자리 수를 7진법의 수로 나타내었더니, 두 숫자의 자리의 위치가 바뀌었다고 한다. 이 수를 10진법으로 나타내시오.

풀이 9진법의 수를 ab로 놓으면 $ab_{(9)}=ba_{(7)}$ (단, $0\le a<7$, $0\le b<7$)

$9a+b=7b+a$, $8a=6b$ $\qquad \therefore 4a=3b$

a, b는 $0\le a<7$, $0\le b<7$인 정수이므로 $a=3$, $b=4$

따라서 구하는 수는 $34_{(9)}$, $43_{(7)}$이므로 $34_{(9)}$를 10진법의 수로 고치면 $34_{(9)}=3\times9+4=31$

예시 3 10진법으로 나타낸 수 357을 x진법의 수로 나타내었더니 $2412_{(x)}$가 되었다.
이때, 자연수 x를 구하시오.

풀이 2412가 x진법의 수라 하면 $357=2412_{(x)}$

$2\times x^3+4\times x^2+1\times x+2=357$에서 $2x^3+4x^2+x-355=0$

$(x-5)(2x^2+14x+71)=0$ $\qquad \therefore x=5$

따라서 2412는 5진법의 수이다.

$\log 2=0.3010$, $\log 3=0.4771$일 때, 3^{10}을 십진법으로 나타내었을 때의 자리 수와 이진법으로 나타내었을 때의 자리 수를 구하시오.

풀이 3^{10}을 십진법으로 나타내었을 때의 자리 수를 구하면

$\log 3^{10}=10\log 3=10\times0.4771=4.771$이므로 5자리 수이고

3^{10}을 이진법으로 나타내었을 때의 자리 수를 구하면

$$\log_2 3^{10}=10\log_2 3=10\times\frac{\log 3}{\log 2}=10\times\frac{0.4771}{0.3010}=15.85\cdots$$

이므로 16자리 수이다.

예시 5 $k=1, 2, 3, 4, \cdots$에 대하여 a_k가 0 또는 1이고 $\log_9 2=\frac{a_1}{2}+\frac{a_2}{2^2}+\frac{a_3}{2^3}+\frac{a_4}{2^4}+\cdots$일 때, a_1, a_2, a_3의 값을 순서대로 적으시오.

풀이

$\log_9 2=\frac{a_1}{2}+\frac{a_2}{2^2}+\frac{a_3}{2^3}+\frac{a_4}{2^4}+\cdots$의 양변에 2를 곱하면

$$2\log_9 2=a_1+\frac{a_2}{2}+\frac{a_3}{2^2}+\frac{a_4}{2^3}+\cdots$$

$2\log_9 2=\log_9 4<1$이므로 $a_1=0$

$\log_9 4=\frac{a_2}{2}+\frac{a_3}{2^2}+\frac{a_4}{2^3}+\cdots$의 양변에 2를 곱하면

$$2\log_9 4=a_2+\frac{a_3}{2}+\frac{a_4}{2^2}+\cdots$$

$2\log_9 4=\log_9 16$은 1과 2 사이의 수이므로 $a_2=1$

$2\log_9 4-1=\frac{a_3}{2}+\frac{a_4}{2^2}+\cdots$의 양변에 2를 곱하면

$$2\log_9 \frac{16}{9}=a_3+\frac{a_4}{2}+\cdots$$

$2\log_9 \frac{16}{9}=\log_9 \frac{256}{81}<1$이므로 $a_3=0$

$$\therefore a_1=0,\ a_2=1,\ a_3=0$$

6 마법의 카드

다음과 같이 1부터 63까지의 숫자 중 32개의 숫자가 적혀 있는 6장의 카드가 있다.

①

1	9	17	25	33	41	49	57
3	11	19	27	35	43	51	59
5	13	21	29	37	45	53	61
7	15	23	31	39	47	55	63

②

2	10	18	26	34	42	50	58
3	11	19	27	35	43	51	59
6	14	22	30	38	46	54	62
7	15	23	31	39	47	55	63

③

4	12	20	28	36	44	52	60
5	13	21	29	37	45	53	61
6	14	22	30	38	46	54	62
7	15	23	31	39	47	55	63

④

8	12	24	28	40	44	56	60
9	13	25	29	41	45	57	61
10	14	26	30	42	46	58	62
11	15	27	31	43	47	59	63

⑤

16	20	24	28	48	52	56	60
17	21	25	29	49	53	57	61
18	22	26	30	50	54	58	62
19	23	27	31	51	55	59	63

⑥

32	36	40	44	48	52	56	60
33	37	41	45	49	53	57	61
34	38	42	46	50	54	58	62
35	39	43	47	51	55	59	63

이 카드를 이용하면 상대방이 임의로 생각한 63 이내의 숫자나 63세 이내의 상대방의 나이 등을 쉽게 알아낼 수 있다.

9라는 숫자를 생각해 보자.

9는 ①~⑥의 카드 중에서 ①, ④의 카드에 들어 있다.

이때, ①, ④의 카드 각각에서 첫 번째 나오는 수, 즉 가장 작은 수인 1, 8을 찾아서 더하면 $1+8=9$를 구할 수 있게 된다.

또, 37이라는 숫자를 생각해 보자.

37은 ①~⑥의 카드 중에서 ①, ③, ⑥의 카드에 들어 있다.

이때, ①, ③, ⑥의 카드 각각에서 첫 번째 나오는 수, 즉 가장 작은 수인 1, 4, 32를 찾아서 더하면 $1+4+32=37$을 구할 수 있게 된다.

그 원리를 살펴보면 앞의 마법의 카드는 2진법을 이용하여 만든 것이다. 즉, 1부터 63까지의 수를 2진법으로 나타내어 끝자리 수부터 세어 첫째 자리에 1이 있으면 카드 ①에 그 수를 적고, 둘째 자리에 1이 있으면 카드 ②에 적는다. 같은 방법으로 하여 셋째, 넷째, 다섯째, 여섯째 자리에 1이 있으면 각각 카드 ③, 카드 ④, 카드 ⑤, 카드 ⑥에 그 수를 적어 넣는다. 이렇게 하여 만든 것이 마법의 카드이다.

이 결과에서 카드 ①~⑥에 들어 있는 수는 2진법으로 나타내면 각각 1, 2, 2^2, 2^3, 2^4, 2^5의 자리에 있는 값이 1인 수이다.

앞에서 든 예에서 9를 2진법으로 고치면 $1001_{(2)}$이므로 뒤에서부터 세어 첫째, 넷째에 1이 나오므로 9는 카드 ①, 카드 ④에 적히게 되는 것이다.

또, 37을 2진법으로 고치면 $100101_{(2)}$이므로 뒤에서부터 세어 첫째, 셋째, 여섯째에 1이 나오므로 37은 카드 ①, 카드 ③, 카드 ⑥에 적히게 되는 것이다.

'12진법의 모임'의 회원들은 자연수를 다음 표와 같이 대응하여 적는다고 한다.

10진법	1	2	3	4	5	6	7
12진법	1	2	3	4	5	6	7
10진법	8	9	10	11	12	13	…
12진법	8	9	x	y	10	11	…

12진법의 덧셈의 예를 들면 $1+9=x$, $x+y=19$일 때, 12진법의 두 수 xxx와 yyy의 합, $xxx+yyy$의 값을 12진법으로 나타내는 방법을 설명하시오.

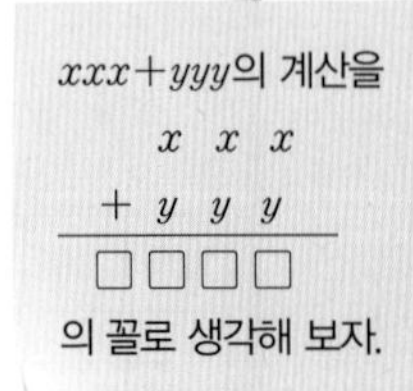

1이 2번만 나타나는 이진법의 수를 작은 수부터 차례로 배열하여 얻은 수열

$$11_{(2)},\ 101_{(2)},\ 110_{(2)},\ 1001_{(2)},\ 1010_{(2)},\ 1100_{(2)},\ \cdots$$

의 제 56항을 구하는 방법을 자유롭게 설명하시오.

$11_{(2)}$, $(101_{(2)}, 110_{(2)})$,
$(1001_{(2)}, 1010_{(2)}, 1100_{(2)})$,
……
로 묶어서 생각한다.

K군의 집에는 대대로 보관되어 오는 족보가 있다. K군은 그 족보를 쉽게 알아보기 위하여 다음과 같이 번호를 붙였다.

> 내가 1번, 아버지는 2번, 어머니는 3번, 아버지의 아버지는 4번, 아버지의 어머니는 5번, 어머니의 아버지는 6번, 어머니의 어머니는 7번, 아버지의 아버지의 아버지는 8번, 아버지의 아버지의 어머니는 9번, …

예를 들어, K군의 어머니의 어머니의 어머니의 어머니의 번호는 31일 때, 128번의 조상과 K군과의 관계를 자유롭게 설명하시오.

K군이 붙인 번호의 수를 이진법으로 고쳐 본다.

문제 4 다음 물음에 답하시오.

(1) 이진수는 각 자리가 0 또는 1로 표현된다. 디지털 파일은 하드디스크에 이진수로 저장되는데, 한 자리의 저장 공간을 1비트라 한다. 또한 8비트를 묶어서 1바이트라 한다. 예를 들어 8자리의 이진수 10111101을 하드디스크에 저장하기 위해서는 8비트, 즉 1바이트의 공간이 필요하다. 한편 생물의 DNA는 4가지의 염기가 연결되어 만들어지며, 이들의 연결 순서에 유전 정보가 담겨 있다. 어떤 생물의 DNA 한 가닥이 4×10^9개의 염기로 이루어져 있다고 할 때, 염기들의 순서를 하드디스크에 기록한다면 최소한 몇 바이트의 저장 공간이 필요한지 설명하시오.(DNA는 두 가닥이 이중나선을 이루지만 두 가닥은 정보가 중복되므로 한 가닥만 고려하여야 한다.)

(2) 단백질은 DNA의 유전정보에 따라 아미노산이 연결된 사슬이다. 아미노산은 20가지가 있는데 DNA를 이루는 염기는 4가지 밖에 없으므로, 아미노산을 구별하여 DNA에 기록하기 위해서는 인접한 일정 수의 염기 n개를 묶어 아미노산 하나에 대응시켜야 한다. 이때 n은 최소 얼마가 되어야 하는지 설명하시오. 또한 아미노산 300개로 이루어진 단백질의 아미노산 연결 순서를 기록하려면 DNA는 최소 몇 개의 염기로 이루어져 있어야 하는지 설명하시오.

| 숭실대학교 2013년 수시 |

컴퓨터에 저장하는 기본 단위가 8 bit, 즉 1바이트이고 염기는 4가지이므로 각 염기에 2 bit씩 대응시켜 각 염기는 이진법의 수 중 두 자리로 표현하여 (00, 01, 10, 11)로 나타낼 수 있다.

다음 제시문을 읽고 물음에 답하시오.

(가) 아날로그와 디지털의 차이는 크게 선과 숫자로 구별된다. 즉 아날로그는 곡선의 형태로 정보를 전달하고, 디지털은 0과 1이라는 숫자를 통해 정보를 전달하는 것이다. 예를 들면, 아날로그 신호는 전류의 주파수나 진폭 등 연속적으로 변화하는 형태로 전류를 전달하고, 디지털 신호는 전류가 흐르지 않는 상태(0)와 흐르는 상태(1)의 두 가지를 조합하여 전달한다. 디지털 정보의 기본 단위는 이진법 숫자(binary digit)를 줄인 bit(비트)이다. 1 bit는 두 가지 정보를 나타내는 단위로 0과 1로 표시된다.

아날로그 방식의 정보를 디지털 방식의 정보로 바꾸는 과정을 디지털화라고 한다. (중략) 예를 들어 3 bit로 온도 값을 디지털화시켜 기록하면 기록할 수 있는 온도 값의 개수는 $2^3=8$개이다. 이렇게 하면 저장하는 정보의 양은 줄어들지만 원래의 정보를 정확하게 기록하지는 못한다. 원래의 정보에 가깝게 하려면 기록하는 bit수를 늘려야 하는데 8 bit를 사용하면 $2^8=256$개, 16 bit를 사용하면 $2^{16}=65,536$개의 값을 기록할 수 있다. 이렇게 bit수를 늘릴수록 점점 더 정확한 값을 기록할 수 있지만, 정보를 저장해야 하는 공간이 더 많이 필요하게 된다.

(나) 바코드(barcode)는 검은 선과 흰 선의 조합으로 영어, 숫자 또는 특수 기호를 광학적으로 판독하기 쉽게 부호화한 것이다. 이러한 바코드는 상점에 가서 물건을 사고 계산할 때 주로 사용된다. 굵기가 다른 여러 개의 막대를 이용하여 제품을 생산한 국가, 생산 회사, 제품 번호 등을 나타내도록 고안된 바코드는 색깔에 따라 빛의 반사율이 다른 것을 이용하여 정보를 저장한다. 따라서 바코드에 저장된 정보를 읽어내기 위해서는 리더기를 바코드에 가까이 가져간 다음, 빛을 내보내고 바코드에 의해 반사된 빛을 읽어야 한다. 바코드에 읽어 들인 숫자 정보는 리더기가 이미 갖고 있던 데이터를 이용하여 해석한다.

(다) QR코드(Quick Response code)는 2차원 바코드로 일반 바코드보다 더 많은 정보를 담을 수 있으며 주로 휴대 전화로 읽어 낸 정보를 웹사이트에서 처리하는 용도로 사용된다.

[그림 1] 바코드(좌)와 QR코드(우)

(라) 먼 곳에 있는 물체는 빛의 회절 현상 때문에 인접한 두 물체를 구분하기 어렵다. 두 물체의 형태를 구분해 내는 능력을 분해능이라고 한다.

가로, 세로 방향 모두 2 mm의 분해능을 가지고 동일한 방식으로 바코드와 QR코드를 모두 인식해낼 수 있는 어떤 리더기가 존재한다고 가정하자. 바코드의 검사용 기호와 QR코드의 버전 및 형태정보용 기호, 인식 오류 복원용 기호, 위치 및 방향 조정용 기호 등을 모두 포함하지 않은 채 코드 인쇄 영역의 모든 면적이 단지 사용자가 정의한 코드 값들로만 구성된다고 한다면, 너비 20 cm, 높이 1 cm의 바코드와 너비 2 cm, 높이 2 cm의 QR코드 중 어떤 방식이 보다 많은 디지털 정보를 포함할 수 있는지를 제시문 (가)~(라)를 참고해 설명하시오. 또한, 이러한 QR코드를 사용할 경우 8 bit로 표현되는 디지털 정보를 몇 개나 저장할 수 있는지 설명하시오.

(단, 바코드의 경우 가로(너비) 방향으로만 정보를 가지고 있다.)

| 동국대학교 2015년 모의논술 |

주어진 리더기는 가로, 세로 모두 2 mm의 분해능을 가지므로 2 mm 이상 떨어진 코드만 구분해 인식이 가능하다.

 다음 제시문을 읽고 물음에 답하시오.

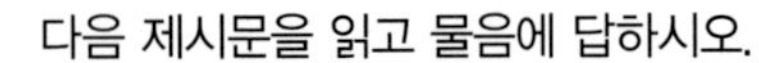

> 컴퓨터는 우리가 사용하는 문자를 0과 1로 구성된 비트(bit)를 일정한 방식으로 조합하여 인식한다. 예를 들어, 사용하는 문자가 A, C, G, T 네 개라면, 각 문자에 비트의 조합 00, 01, 10, 11을 배정하여 컴퓨터에 기억시킬 수 있다. 이러한 배정방식에서 GATT라는 문자열을 컴퓨터는 10001111로 인식하고, 역으로 컴퓨터에 기억된 000111을 우리는 ACT로 인식한다. 컴퓨터에 비트의 조합을 어떤 방식으로 배정하느냐에 따라 메모리와 같은 컴퓨터 자원의 효율성이 달라질 수 있다.

(1) ACGTACGACA라는 문자열이 있다고 하자. 이때, A, C, G, T에 배정되는 비트의 조합을 각각 00, 01, 10, 11로 주는 방식 Ⅰ과 0, 10, 111, 110으로 주는 방식 Ⅱ의 차이점을 컴퓨터 자원의 효율성 측면에서 설명하시오.

(2) TGCATGCTGT라는 새로운 문자열에 대하여 방식 Ⅰ과 방식 Ⅱ에서 사용된 비트의 조합을 그대로 적용한다고 하자. 컴퓨터자원의 효율성 측면에서 이때의 결과와 (1)의 경우를 비교하여 다른 결과가 나온다면, 그 이유를 밝히고 비트의 조합을 배정할 때, 어떤 점을 고려해야 하는지 설명하시오.

| 중앙대학교 2006년 수시 |

컴퓨터자원의 효율성은
(문자 수)×(문자에 배정된 비트 수)
=(메모리의 크기)
가 작은 것이 더 좋다.

다음 제시문을 읽고 물음에 답하시오.

(가) 사용가능한 문자가 '0'과 '1'밖에 없다고 하자. 가령 '적기가 남쪽으로부터 날아오고 있다.'와 같은 메시지를 나타내는 1101을 통신로를 통하여 전송하는 경우를 생각해 보기로 한다. 1101을 '부호화'하지 않고 그대로 보내면 통신로에서 잡음이 들어가서 0이 1로 또는 1이 0으로 바뀔 수 있다. 예컨대 메시지가 0101로 바뀔 수 있으며, 이로 인해 수신자는 아무 의미가 없는 메시지를 받거나, 아니면 잘못된 정보를 받을 수 있다. 이를 극복하기 위하여 메시지에 여분의 자리(0과 1로 된)를 덧붙여서 원래의 메시지 대신 이 부호화된 메시지(부호화된 메시지는 채택된 '부호'의 원소이며, 부호는 일정한 길이를 갖는 0, 1 수열의 집합이다.)를 전송한다. 그러면 대부분의 경우 오류가 발생하여도 수정 가능하고 따라서 원래 의도한 메시지로 바르게 복호할 수 있다. 이와 같은 기술은 우주선으로부터 지구로의 사진전송, CD플레이어, 이동통신, 컴퓨터의 데이터 압축 등에 광범위하게 응용되고 있다.

(나) 통신로는 '메시지 → 부호기 → 통신로 → 수신된 메시지 → 복호기 → 메시지'와 같은 도식으로 표현할 수 있다. 메시지가 단순히 0과 1이고 부호기에서 0은 000으로, 1은 111로 전환하여 전송하는 경우(즉, 이 경우 채택된 부호는 {000, 111}이다.)를 생각해 보자. 통신로가 신뢰할 만하여 1개 이하의 오류만 발생가능하다고 하면, 통신로에서의 잡음으로 인하여 111이 101로 수신되어도 복호기는 이를 111로 바르게 복호하여 원래의 메시지 1을 회복할 수 있을 것이다. 즉, 1 → 111 → 잡음 → 101 → 111 → 1의 단계를 거친다. 이 경우 복호 알고리즘은 단순히 "(a) 수신된 메시지에서 0과 1의 개수를 센다. (b) x(x는 0 또는 1)가 더 많이 나타나면 이를 x로 복호한다."일 것이다.

(다) 이제 메시지 집합이 길이가 4인 0, 1 수열 전체(총 16개)인 경우를 생각해 보자. 어떤 부호기를 통해 0과 1로 이루어진 길이가 4인 메시지 $x_1x_2x_3x_4$를 길이가 7인 메시지 $x_1x_2x_3x_4x_5x_6x_7$로 전환하여 전송한다고 하자. 이때, 여분의 자리 x_5, x_6, x_7을 결정하기 위하여 부호기는 다음과 같은 규칙을 사용한다. 그것은

$$A=\{x_1,\ x_3,\ x_4,\ x_5\},\ B=\{x_1,\ x_2,\ x_4,\ x_6\},\ C=\{x_1,\ x_2,\ x_3,\ x_7\}$$

세 집합 각각에서의 1의 개수가 항상 짝수 개(중복 셈 허용)가 되도록 하는 것이다. 가령 1101은 부호기에서 1101010으로 전환되어 전송된다.

(1) (나)를 참조하여, (다)의 부호를 채택한 경우, 1개 이하의 오류는 항상 바르게 복호 가능하다고 말할 수 있는지를 복호 알고리즘과 관련하여 논술하시오.

(2) (다)의 부호를 채택한 경우, 2개의 오류가 있을 때의 복호 가능성에 대하여 논술하시오.

| 서강대학교 2007년 수시 |

(1) 각 집합별로 1의 개수가 짝수인지 홀수인지 조사한다.
(2) 2개의 오류가 있을 때의 모든 경우의 수를 구한다.

다음 제시문을 읽고 물음에 답하시오. (단, 분량 제한 없음)

자연수에 대한 기수법(記數法)으로 우리는 진법을 사용한다.
인류의 역사를 살펴보면 12진법, 60진법을 사용했던 적이 있고 컴퓨터 프로그래밍에서는 2진법, 16진법 등이 유용하게 쓰이기도 한다. 자연수의 기수법에서 어떤 진법을 사용하느냐에 따라 같은 수가 다르게 표현된다. 진법을 이용한 기수법의 특징은 어떤 수를 하나의 단위로 정하고 이 수의 거듭제곱을 이용하여 자연수를 나타내는 것이다. 이러한 방법을 이용하면 큰 수를 표시하는 데 편리하다.
p진법에서는 p개의 숫자 $0, 1, 2, \cdots, p-1$을 사용하여 자연수를 표현한다. 맨 오른쪽 자리의 단위는 $p^0(=1)$이며, 수의 자리가 왼쪽으로 하나씩 올라감에 따라 자리의 단위가 p배씩 커지게 된다. 어떤 자연수 N이 $0, 1, 2, \cdots, p-1$ 중의 한 값을 가지는 $a_i(i=0, 1, 2, \cdots, n)$에 대하여

$$N=a_n\cdot p^n+a_{n-1}\cdot p^{n-1}+\cdots+a_1\cdot p^1+a_0\cdot p^0 \text{ (단, } a_n\neq 0)$$

을 만족하면, N을 p진법으로 $a_n a_{n-1}\cdots a_1 a_{0(p)}$로 표기한다. 여기서 (p)는 p진법으로 나타낸 수임을 의미하는데, 10진법은 가장 많이 사용되므로 (10)을 생략한다. 예를 들어, 10진법의 수 427을 5진법으로 나타내면 $427=3\cdot 5^3+2\cdot 5^2+0\cdot 5^1+2\cdot 5^0$이므로 $3202_{(5)}$가 된다.
p^{-1}의 거듭제곱을 이용하면 양의 실수도 자연수의 기수법인 p진법을 확장해 나타낼 수 있다. 양의 실수를 표현할 때 진법과 더불어 사용하는 것이 소수표기법이다. 소수점 왼쪽은 양의 실수의 자연수 부분을 나타내며, 소수점 오른쪽은 0과 1 사이의 수를 나타낸다. 소수점 아래 첫 번째 자리의 단위는 p^{-1}이며, 수의 자리가 오른쪽으로 하나씩 내려갈 때마다 자리의 단위가 p배씩 작아지게 된다.
가령, 194.7603은

$$1\cdot 10^2+9\cdot 10^1+4\cdot 10^0+7\cdot 10^{-1}+6\cdot 10^{-2}+0\cdot 10^{-3}+3\cdot 10^{-4}$$

을 의미한다.
이제 0과 1 사이의 실수를 p진법으로 표현하는 문제를 생각해 보자. 예를 들면, $\frac{3}{8}$은 10진법으로 0.375인데, 이는 다음과 같은 방법으로 구할 수 있다. $\frac{3}{8}$이 10진법으로 표현되어 $0.b_1b_2b_3b_4\cdots$라 하자. 즉, b_n은 $0\leq b_n<10(n=1, 2, 3, \cdots)$을 만족하는 정수이고,

$$\frac{3}{8}=b_1\cdot 10^{-1}+b_2\cdot 10^{-2}+b_3\cdot 10^{-3}+b_4\cdot 10^{-4}+\cdots \quad \cdots\cdots ⓐ$$

이 성립한다고 하자.
식 ⓐ의 양변에 10을 곱하면

$$3+\frac{3}{4}=b_1+b_2\cdot 10^{-1}+b_3\cdot 10^{-2}+b_4\cdot 10^{-3}+\cdots \quad \cdots\cdots ⓑ$$

이 된다. 이때, b_1은 10보다 작으며 음이 아닌 정수이고,

$$0\leq b_2\cdot 10^{-1}+b_3\cdot 10^{-2}+b_4\cdot 10^{-3}+\cdots<1 \quad \cdots\cdots ⓒ$$

이 성립한다. 따라서 식 ⓑ의 양변을 비교하면 $b_1=3$이고

$$\frac{3}{4}=b_2\cdot 10^{-1}+b_3\cdot 10^{-2}+b_4\cdot 10^{-3}+\cdots \quad \cdots\cdots ⓓ$$

이 된다. 이제 식 ⓓ에 대하여 위의 과정을 반복하면 $b_2=7$, $b_3=5$, $b_4=b_5=\cdots=0$을 얻는다.

(1) 제시문의 식 ⓒ가 성립하는 이유를 논리적으로 설명하시오.

(2) 제시문을 참고하여 $\frac{3}{5}$을 4진법으로 나타내시오.

| 한국외국어대학교 2010년 수시 |

문제 9 다음 제시문을 읽고 물음에 답하시오.

(가) 큰 자연수를 나타낼 때, 어떤 수의 거듭제곱을 사용하면 편리한 경우가 있다. 예를 들어, 30400000은 오른쪽 끝으로부터 연속하여 5개의 0이 나타나므로 10의 거듭제곱을 이용하여 나타내면 $30400000=304\times10^5$이다. 다른 경우로 29282는 11의 거듭제곱을 이용하여 $29282=2\times11^4$과 같이 나타낼 수 있다.

자연수 100의 팩토리얼, 즉 $100!=100\times99\times98\times\cdots\times2\times1$을 계산하여 십진법 수로 표현했을 때, 오른쪽 끝으로부터 연속하여 나타나는 0의 개수를 구하여 보자. 1에서 100까지의 수 각각을 소인수분해할 때, 소인수 5는 5의 배수마다 한 번씩 나오고, 또 5^2의 배수마다 한 번씩 더 나오므로, 100!의 소인수분해에 나타나는 2의 지수를 p, 5의 지수를 q라고 하면,

$q=\left[\frac{100}{5}\right]+\left[\frac{100}{25}\right]=20+4=24$이고, $p>q$이다.(이 식에서 기호 $[x]$는 x 이하의 정수 중 가장 큰 것을 뜻한다.) 따라서 100!의 약수 중에서 10의 거듭제곱 꼴로서 지수가 가장 큰 것은 $10^q=10^{24}$이고, 100!의 십진법 수 표현에서 오른쪽 끝으로부터 연속하여 나타나는 0은 24개이다.

(나) 수를 표현하는 다른 방법으로 12진법을 생각해보자. 예를 들어, 12진법으로 표현한 네 자리 수 $abcd_{(12)}$는 십진법 수로 $abcd_{(12)}=a\times12^3+b\times12^2+c\times12+d$와 같이 계산된다. 어떤 자연수를 12진법 수로 표현했을 때 오른쪽 끝으로부터 연속하여 나타나는 0의 개수를 구하려면, 그 자연수의 약수 중에서 12^r 꼴로서 지수 r이 가장 큰 것을 찾아야 한다.

(다) 0 이상의 정수를 표현하는 방법으로 1!의 자리, 2!의 자리, 3!의 자리, 4!의 자리, … 등을 사용하는 팩토리얼 진법이 있다. 팩토리얼 진법의 n자리 수 $(a_na_{n-1}\cdots a_2a_1)_{(!)}$는 십진법 수로 $(a_na_{n-1}\cdots a_2a_1)_{(!)}=\sum_{k=1}^{n}a_k\times k!$과 같이 계산된다. 여기에서 가장 높은 자리인 $n!$의 자리의 수 a_n은 1, 2, …, n 중 하나이고, $k<n$이면 $k!$의 자리의 수 a_k는 0, 1, 2, …, k 중 하나이다.

예를 들어, $1320_{(!)}=1\times4!+3\times3!+2\times2!+0\times1!=24+18+4=46$을 나타낸다.
그리고 팩토리얼 진법으로 표현한 네 자리 수 가운데 가장 큰 자연수는
$4321_{(!)}=4\times4!+3\times3!+2\times2!+1\times1!=96+18+4+1=119$이다. 팩토리얼 진법에서 10!의 자리 이상은 그 자리의 수가 10 이상이 될 수 있으므로, 10, 11, 12, …를 다른 기호, 예를 들어 알파벳 A, B, C, …등으로 나타내어
$\mathrm{BA}070000010_{(!)}=11\times11!+10\times10!+7\times8!+1\times2!$과 같이 표현한다. 하지만 자리가 높아질수록 그 자리에 쓸 수 있는 수들을 나타낼 기호가 점점 더 많이 필요하게 된다는 단점이 있다.

하나의 자연수에 대한 팩토리얼 진법 표현은 유일하다. 이 사실은 팩토리얼 진법으로 표현된 n자리 수 P는 n이 아닌 다른 개수의 자리들로는 표현할 수 없음을 보이고, 이후 P가 n 자리의 다른 팩토리얼 진법 표현을 가진다고 가정하면 모순이 생김을 보임으로써 증명할 수 있다.

(1) 100!을 12진법 수로 표현했을 때 오른쪽 끝으로부터 연속하여 나타나는 0의 개수를 구하시오.

(2) 팩토리얼 진법으로 표현한 수 $10120_{(!)}$을 십진법 수로 나타내시오.
그리고, 그 수의 팩토리얼을 계산하여 30진법 수로 표현했을 때 오른쪽 끝으로부터 연속하여 나타나는 0의 개수를 구하고, 그 과정을 설명하시오.

| 성신여자대학교 2011년 수시 응용 |

TEXT SUMMARY

Ⅱ 방정식과 부등식

1 복소수

1 복소수의 뜻

(1) 허수단위 i : 제곱하여 -1이 되는 수를 i로 나타내고 이를 허수단위라고 한다. 즉,

$i^2=-1(i=\sqrt{-1})$

(2) 복소수 $a+bi$

임의의 실수 a, b와 허수단위 i를 써서 $a+bi$꼴로 나타낼 수 있는 수를 복소수라고 한다. 이때, $b=0$이면 실수, $b\neq0$이면 허수이고 $a=0$, $b\neq0$이면 순허수이다.

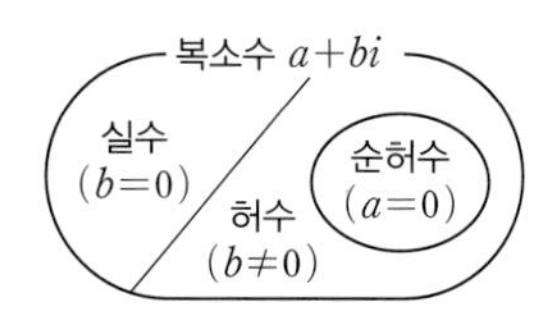

(3) 복소수가 서로 같을 조건

a, b, c, d가 실수일 때 $a+bi=c+di \Longleftrightarrow a=c$, $b=d$,

특히 $a+bi=0 \Longleftrightarrow a=0$, $b=0$

(4) 켤레복소수

① a, b가 실수일 때, $a+bi$와 $a-bi$를 서로 켤레복소수라 하고, 이때 $a+bi$의 켤레복소수를 $\overline{a+bi}$로 나타낸다. 즉, $\overline{a+bi}=a-bi$

② 복소수 $z=a+bi$(a, b는 실수)에 대하여 $\bar{z}=a-bi$이므로

(ⅰ) $z+\bar{z}=2a$(실수), $z\bar{z}=a^2+b^2$(실수)

(ⅱ) z가 실수이면 $z=\bar{z}$ (ⅲ) z가 순허수이면 $z+\bar{z}=0$

이해돕기 $\alpha+\beta=4+3i$일 때, $\alpha\bar{\alpha}+\alpha\bar{\beta}+\bar{\alpha}\beta+\beta\bar{\beta}$의 값을 구하시오. (단, $\bar{\alpha}$, $\bar{\beta}$는 각각 α, β의 켤레복소수이고, $i=\sqrt{-1}$이다.)

풀이 $\alpha\bar{\alpha}+\alpha\bar{\beta}+\bar{\alpha}\beta+\beta\bar{\beta}=\alpha(\bar{\alpha}+\bar{\beta})+(\bar{\alpha}+\bar{\beta})\beta=(\alpha+\beta)(\bar{\alpha}+\bar{\beta})=(\alpha+\beta)(\overline{\alpha+\beta})$

$\alpha+\beta=4+3i$이므로 $\overline{\alpha+\beta}=4-3i$

$\therefore (\alpha+\beta)(\overline{\alpha+\beta})=(4+3i)(4-3i)=4^2+3^2=25$

(5) 음수의 제곱근

① $a>0$일 때, $\sqrt{-a}=\sqrt{a}i$이고 $-a$의 제곱근은 $\pm\sqrt{a}i$이다.

② $a\leq0$, $b\leq0$일 때, $\sqrt{a}\sqrt{b}=-\sqrt{ab}$

③ $a\geq0$, $b<0$일 때, $\dfrac{\sqrt{a}}{\sqrt{b}}=-\sqrt{\dfrac{a}{b}}$

이해돕기 a, b는 실수이고 $a<0$, $b<0$일 때, 다음 중 성립하지 않는 것은?

① $\sqrt{ab^3}=-b\sqrt{ab}$ ② $\sqrt{a}\sqrt{b}=-\sqrt{ab}$ ③ $\dfrac{\sqrt{a}}{\sqrt{b}}=\sqrt{\dfrac{a}{b}}$

④ $\sqrt{\dfrac{a}{b^2}}=\dfrac{\sqrt{a}}{b}$ ⑤ $\sqrt{a^2}\sqrt{b^2}=ab$

풀이 ④ $\sqrt{\dfrac{a}{b^2}}$에서 $b<0$이므로 $\sqrt{\dfrac{a}{b^2}}=\dfrac{\sqrt{a}}{\sqrt{b^2}}=-\dfrac{\sqrt{a}}{b}$

BASIC

복소수의 사칙연산

실수 a, b, c, d에 대하여

- $(a+bi)+(c+di)$
  $=(a+c)+(b+d)i$
- $(a+bi)-(c+di)$
  $=(a-c)+(b-d)i$
- $(a+bi)(c+di)$
  $=(ac-bd)+(ad+bc)i$
- $\dfrac{a+bi}{c+di}$
  $=\dfrac{(a+bi)(c-di)}{(c+di)(c-di)}$
  $=\dfrac{ac+bd}{c^2+d^2}+\dfrac{bc-ad}{c^2+d^2}i$
  (단, $c+di\neq0$)

복소수의 연산에서는 다음과 같은 성질을 알아두면 편리하다.

두 복소수 α, β와 그 켤레복소수 $\bar{\alpha}$, $\bar{\beta}$에 대하여

- $\overline{\alpha+\beta}=\bar{\alpha}+\bar{\beta}$
- $\overline{\alpha-\beta}=\bar{\alpha}-\bar{\beta}$
- $\overline{\alpha\beta}=\bar{\alpha}\bar{\beta}$
- $\overline{\left(\dfrac{\alpha}{\beta}\right)}=\dfrac{\bar{\alpha}}{\bar{\beta}}$
- $\overline{(\bar{\alpha})}=\alpha$
- $\alpha+\bar{\alpha}$, $\alpha\bar{\alpha}$는 항상 실수

2 방정식

1 고차방정식의 풀이

(1) 인수정리와 조립제법을 이용한 풀이

① 주어진 방정식을 $f(x)$로 놓고, $f(\alpha)=0$인 α를 찾는다.

② $f(x)=(x-\alpha)g(x)$의 꼴로 인수분해한다. 이때, $g(x)$는 조립제법을 이용하여 구한다.

(2) $ax^4+bx^2+c=0(a\neq0)$꼴의 복이차방정식의 풀이

① $x^2=t$로 치환하여 푼다.

② $A^2-B^2=0$의 꼴로 만들어 $A^2-B^2=(A+B)(A-B)=0$을 이용하여 푼다.

(3) $ax^4+bx^3+cx^2+bx+a=0(a\neq0)$꼴의 상반방정식의 풀이

① 양변을 x^2으로 나눈 후, $x+\frac{1}{x}=t$로 치환한다.

② t에 대한 이차방정식을 푼 후, 다시 x에 대한 이차방정식을 푼다.

이해돕기 방정식 $x^4+5x^3-4x^2+5x+1=0$을 푸시오.

풀이 양변을 x^2으로 나누면 $x^2+5x-4+\frac{5}{x}+\frac{1}{x^2}=0$

$\left(x^2+\frac{1}{x^2}\right)+5\left(x+\frac{1}{x}\right)-4=0$, $\left(x+\frac{1}{x}\right)^2+5\left(x+\frac{1}{x}\right)-6=0$

$x+\frac{1}{x}=t$로 치환하면 $t^2+5t-6=0$

$(t+6)(t-1)=0$ $\quad\therefore t=-6$ 또는 $t=1$

$x+\frac{1}{x}=-6$에서 $x^2+6x+1=0$ $\quad\therefore x=-3\pm2\sqrt{2}$

$x+\frac{1}{x}=1$에서 $x^2-x+1=0$ $\quad\therefore x=\frac{1\pm\sqrt{3}i}{2}$

$\therefore x=-3\pm2\sqrt{2}$ 또는 $x=\frac{1\pm\sqrt{3}i}{2}$

이차방정식의 판별식

이차방정식 $ax^2+bx+c=0(a\neq0)$의 근 $x=\frac{-b\pm\sqrt{b^2-4ac}}{2a}$에서 b^2-4ac를 판별식이라 하고, $D=b^2-4ac$로 나타낸다. 이때,

- $D>0 \Longleftrightarrow$ 서로 다른 두 실근을 갖는다.
- $D=0 \Longleftrightarrow$ 서로 같은 두 실근(중근)을 갖는다.
- $D<0 \Longleftrightarrow$ 서로 다른 두 허근을 갖는다.

참고 x의 계수가 짝수인 이차방정식 $ax^2+2b'x+c=0$에서는 D대신 $\frac{D}{4}=b'^2-ac$를 이용한다.

이차방정식의 근과 계수의 관계

- 이차방정식 $ax^2+bx+c=0(a\neq0)$의 두 근을 α, β라 하면 $\alpha+\beta=-\frac{b}{a}$, $\alpha\beta=\frac{c}{a}$

삼차방정식 이론

사고의 확장 

(1) 삼차방정식의 근과 계수의 관계

삼차방정식 $ax^3+bx^2+cx+d=0(a\neq0)$의 세 근을 α, β, γ라 하면

$$\alpha+\beta+\gamma=-\frac{b}{a},\ \alpha\beta+\beta\gamma+\gamma\alpha=\frac{c}{a},\ \alpha\beta\gamma=-\frac{d}{a}$$

(2) 삼차방정식의 작성

세 수 α, β, γ를 세 근으로 하고, x^3의 계수가 1인 삼차방정식은

$(x-\alpha)(x-\beta)(x-\gamma)=0$, 즉 $x^3-(\alpha+\beta+\gamma)x^2+(\alpha\beta+\beta\gamma+\gamma\alpha)x-\alpha\beta\gamma=0$

참고 삼차방정식 $x^3=1$의 한 허근을 ω라 하면 다음이 성립한다.
(단, $\overline{\omega}$는 ω의 켤레복소수이다.)

① $\omega^3=1$, $\omega^2+\omega+1=0$ ② $\omega+\overline{\omega}=-1$, $\omega\overline{\omega}=1$ ③ $\omega^2=\overline{\omega}=\frac{1}{\omega}$

2 연립방정식의 풀이

(1) 미지수가 3개인 연립일차방정식

미지수를 하나 소거하여 미지수가 2개인 연립일차방정식을 만들어 푼다.

(2) 연립이차방정식

① 일차식과 이차식을 연립하는 경우는 일차식을 이차식에 대입하여 푼다.

② 이차식과 이차식을 연립하는 경우는 인수분해, 상수항 소거, 이차항 소거 등을 이용하여 일차식으로 만들어 푼다.

이해돕기 연립방정식 $\begin{cases} x^2-3xy+2y^2=0 & \cdots\cdots ㉠ \\ x^2+xy+y^2=63 & \cdots\cdots ㉡ \end{cases}$을 푸시오.

풀이 ㉠에서 $(x-y)(x-2y)=0$ $\quad\therefore x=y$ 또는 $x=2y$

(i) $x=y$일 때, ㉡에서 $y^2+y^2+y^2=63$, $y^2=21$ $\quad\therefore x=y=\pm\sqrt{21}$

(ii) $x=2y$일 때, ㉡에서 $4y^2+2y^2+y^2=63$, $y^2=9$ $\quad\therefore y=\pm3$, $x=\pm6$(복부호동순)

따라서 구하는 해는 $x=y=\pm\sqrt{21}$ 또는 $x=\pm6$, $y=\pm3$(복부호동순)이다.

3 부정방정식

(1) 정수 조건의 부정방정식

(일차식)×(일차식)=(정수)의 꼴로 변형하여 푼다.

(2) 실수 조건의 부정방정식

① 한 문자에 대한 이차방정식인 경우에는 $D\geq0$임을 이용하여 푼다.

② $A^2+B^2=0$의 꼴일 때, $A=0$, $B=0$임을 이용하여 푼다.

이해돕기 다음 물음에 답하시오.

(1) x, y가 정수일 때, 방정식 $xy-3x-3y+2=0$의 근을 구하시오.

(2) 방정식 $3x^2+19y^2-12xy-12x+10y+19=0$을 만족하는 실수 x, y의 값을 구하시오.

풀이 (1) 주어진 방정식을 (일차식)×(일차식)=(정수)의 꼴로 변형하면

$x(y-3)-3(y-3)=-2+9$, 즉 $(x-3)(y-3)=7$

이때, x, y가 정수이므로 $x-3$, $y-3$도 정수이다.

$\therefore (x-3, y-3)=(1, 7), (7, 1), (-1, -7), (-7, -1)$

$\therefore (x, y)=(4, 10), (10, 4), (2, -4), (-4, 2)$

따라서 $\begin{cases} x=4 \\ y=10 \end{cases}$ 또는 $\begin{cases} x=10 \\ y=4 \end{cases}$ 또는 $\begin{cases} x=2 \\ y=-4 \end{cases}$ 또는 $\begin{cases} x=-4 \\ y=2 \end{cases}$ 이다.

(2) 주어진 방정식을 x에 대하여 정리하면

$3x^2-12(y+1)x+19y^2+10y+19=0$

위의 식을 $A^2+B^2=0$의 꼴로 적절히 변형하면

$3\{x^2-4(y+1)x\}+19y^2+10y+19=0$

$3\{x-2(y+1)\}^2-12(y+1)^2+19y^2+10y+19=0$

$3(x-2y-2)^2+7y^2-14y+7=0$

$3(x-2y-2)^2+7(y-1)^2=0$

이때, x, y가 실수이므로 $x-2y-2$, $y-1$도 실수이다.

따라서 $x-2y-2=0$, $y-1=0$에서 $x=4$, $y=1$이다.

BASIC

미지수의 개수보다 방정식의 개수가 적으면 해가 무수히 많아서 그 근을 분명하게 정할 수 없다. 이러한 방정식을 부정방정식이라고 하는데, 보통은 문제에서 '자연수' 또는 '정수' 조건이 주어진다.

3 부등식

1 절댓값 기호를 포함한 부등식의 풀이

(1) a, b가 양수일 때

① $|x|<a \Longleftrightarrow -a<x<a$

② $|x|>a \Longleftrightarrow x<-a$ 또는 $x>a$

③ $a<|x|<b \Longleftrightarrow a<x<b$ 또는 $-b<x<-a$

(2) 절댓값 기호가 2개 이상인 경우 절댓값 기호 안의 식의 값이 0이 되도록 하는 x의 값을 기준으로 구간을 나누어서 푼다.

이해돕기 부등식 $|x-1|+|x+1|<5$를 푸시오.

풀이

(i) $x<-1$일 때, $-(x-1)-(x+1)<5$에서 $x>-\frac{5}{2}$ $\quad\therefore -\frac{5}{2}<x<-1$

(ii) $-1\le x<1$일 때, $-(x-1)+x+1<5$에서 $2<5$ $\quad\therefore -1\le x<1$

(iii) $x\ge 1$일 때, $x-1+x+1<5$에서 $x<\frac{5}{2}$ $\quad\therefore 1\le x<\frac{5}{2}$

따라서 구하는 해는 (i), (ii), (iii)에서 $-\frac{5}{2}<x<\frac{5}{2}$이다.

2 이차부등식의 풀이

(1) 이차방정식 $ax^2+bx+c=0\,(a>0)$이 서로 다른 두 실근 α, $\beta\,(\alpha<\beta)$를 가질 때

① $ax^2+bx+c>0 \Rightarrow x<\alpha$ 또는 $x>\beta$

② $ax^2+bx+c<0 \Rightarrow \alpha<x<\beta$

(2) 이차방정식 $ax^2+bx+c=0\,(a>0)$의 근이 $x=\alpha$이고 $D=b^2-4ac$라 하면

	$D=0$일 때	$D<0$일 때
$ax^2+bx+c>0$의 해	$x\ne\alpha$인 모든 실수	모든 실수
$ax^2+bx+c\ge 0$의 해	모든 실수	모든 실수
$ax^2+bx+c<0$의 해	해는 없다.	해는 없다.
$ax^2+bx+c\le 0$의 해	$x=\alpha$	해는 없다.

(3) 이차방정식 $ax^2+bx+c=0\,(a\ne 0)$에 대하여 $D=b^2-4ac$라 할 때

① $ax^2+bx+c>0$이 항상 성립하면 $a>0$, $D<0$이다.

② $ax^2+bx+c<0$이 항상 성립하면 $a<0$, $D<0$이다.

이해돕기 x에 대한 이차부등식 $ax^2-2x+a>0$이 항상 성립할 때, a 값의 범위를 구하시오.

풀이

(i) $a>0$

(ii) $\frac{D}{4}=1-a^2<0$에서 $a^2-1>0$, $(a+1)(a-1)>0$이므로 $a<-1$ 또는 $a>1$이다.

따라서 (i), (ii)로부터 구하는 범위는 $a>1$이다.

BASIC

● 부등식의 기본 성질

- $a>b$, $b>c$이면 $a>c$
- $a>b$이면 $a+c>b+c$
  $a-c>b-c$
- $a>b$이고 $c>0$이면
  $ac>bc$, $\frac{a}{c}>\frac{b}{c}$
- $a>b$이고 $c<0$이면
  $ac<bc$, $\frac{a}{c}<\frac{b}{c}$
- $ab>0$, 즉 a, b가 같은 부호이고
  $a>b$이면 $\frac{1}{a}<\frac{1}{b}$
- $ab<0$, 즉 a, b가 다른 부호이고
  $a>b$이면 $\frac{1}{a}>\frac{1}{b}$

● 이차부등식

부등식에서 모든 항을 좌변으로 이항하여 정리하였을 때, 좌변이 미지수 x에 대한 이차식이 되는 부등식을 이차부등식이라고 한다.

COURSE A

수리논술 분석

예제 1 다음 방정식이 실근 x, y를 갖는 실수 z의 범위를 구하시오.

$$\begin{cases} x+2y+2z=6 \\ xyz^2=8 \end{cases}$$

| 성균관대학교 2011년 심층면접 |

예시 답안

$x+2y=6-2z$, $x(2y)=\dfrac{16}{z^2}$이므로 x와 $2y$를 두 근으로 하는 이차방정식은

$$t^2-2(3-z)t+\frac{16}{z^2}=0\text{이다.}$$

이 방정식은 두 실근 x와 $2y$를 가지므로

$\dfrac{D}{4}=(3-z)^2-\dfrac{16}{z^2}\geq 0$을 만족한다.

$(3-z)^2z^2-16\geq 0$에서 $\{(z-3)z\}^2\geq 4^2$

$(z-3)z\geq 4$또는 $(z-3)z\leq -4$이다.

$z^2-3z-4\geq 0$인 경우는 $(z+1)(z-4)\geq 0$이므로 $z\geq 4$ 또는 $z\leq -1$

$z^2-3z+4\leq 0$인 경우는 $\left(z-\dfrac{3}{2}\right)^2+\dfrac{7}{4}\leq 0$을 만족하는 수 z의 값은 존재하지 않는다.

따라서 $z\geq 4$ 또는 $z\leq -1$이다.

Check Point

x, y가 실수이므로 x, $2y$를 실근으로 가지는 이차방정식을 근과 계수의 관계를 이용하여 만들고 이 방정식이 실근을 가질 조건을 알아본다.

유제 1 연립일차방정식 $\begin{cases} (a^2-k)x+(2a+3)y=0 \\ ax+(a^2+3a-k)y=0 \end{cases}$이 $x=0$, $y=0$ 이외의 해를 가지는 서로 다른 실수 k가 두 개 이상 존재하는 a의 범위를 구하시오.

| 성균관대학교 2010년 심층면접 |

170명의 회원이 있는 인터넷 카페 동호회에서 3명의 대표를 뽑는 선거에 5명이 입후보하였다. 회원은 1표씩 투표하고 기권은 없으며 득표 수가 많은 순으로 대표를 뽑는 방법을 택한다. 이때, 3명이 대표로 확실하게 당선되기 위해 얻어야 되는 최소의 득표 수를 구하는 방법을 설명하시오.

예시 답안

입후보한 5명이 얻은 득표 수를
$x_1, x_2, x_3, x_4, x_5 (x_1 \ge x_2 \ge x_3 \ge x_4 \ge x_5)$라 하면

$x_1+x_2+x_3+x_4+x_5=170$ …… ㉠

또한, 3등으로 당선이 확실하게 되는 경우는 $x_3 > x_4+x_5$ …… ㉡

㉠, ㉡에서 $x_4+x_5=170-(x_1+x_2+x_3)<x_3$

그런데 $x_1+x_2+x_3 \ge x_3+x_3+x_3=3x_3$이므로 $-(x_1+x_2+x_3) \le -3x_3$

$170-(x_1+x_2+x_3) \le 170-3x_3 < x_3$

$4x_3 > 170,\ x_3 > 42.5 \qquad \therefore x_3 \ge 43$

따라서 3명이 대표로 확실하게 당선되는 최소의 득표 수는 43표이다.

다른 답안

3명이 대표로 확실하게 당선되는 최소의 득표 수를 x라 할 때 1, 2, 3등의 득표 수를 x, x, x라 하고 5등의 득표 수가 0인 경우라고 가정하면 x가 4등의 득표 수 $170-3x$보다 크면 된다.

즉, $x > 170-3x,\ 4x > 170,\ x > 42.5 \qquad \therefore x \ge 43$

따라서 3명이 대표로 확실하게 당선되는 최소의 득표 수는 43표이다.

Check Point

① 이 경우에 최소의 득표 수를 $\frac{170}{3}=56.666\cdots$에서 57표라고 해서는 안 된다.
예를 들어, 입후보한 5명이 얻은 득표 수가
(43, 43, 43, 41, 0),
(50, 45, 44, 20, 11), …
등과 같은 경우가 있을 수 있다.

② 일반적으로 m명이 기권 없이 한 표씩 투표할 때 출마자 중 n명을 선출하는 경우 당선되기 위하여 얻어야 되는 최소의 득표 수는 $\frac{m}{n+1}$보다 작지 않은 최소의 정수이다.

1부터 8까지의 번호가 쓰여 있는 8개의 구슬의 무게가 각각 $a_1, a_2, a_3, \cdots, a_8$이다. 이 8개의 구슬 중 7개는 무게가 같고 나머지 한 개의 구슬은 무게가 다르다. 다음 두 조건이 성립할 때, 무게가 다르다고 주장할 수 있는 구슬을 구하는 방법을 설명하시오.

(가) $a_1+a_2+a_3 < a_5+a_6+a_7$　　(나) $a_4+a_5+a_6 < a_1+a_7+a_8$

TRAINING

수리논술 기출 및 예상 문제

01

다음 물음에 답하시오.

(1) 오른쪽 그림과 같이 한 변의 길이가 1인 정사각형을 나누어 얻어지는 네 직사각형의 넓이를 각각 A, B, C, D라 하자.

$A:B:C=1:2:3$이라면 $\frac{D}{B}$는 얼마인가?

A	B
C	D

(2) 위의 (1)에서 정사각형의 한 변의 길이가 a라면 답이 달라지는가?

| 홍익대학교 2008년 수시 |

Hint
네 직사각형의 가로, 세로의 길이를 각각 정하여 계산한다.

02

A 도서관에서는 소장하고 있는 세 종류의 책(교양과학서, 아동도서, 백과사전)을 책장에 채워 넣기 위하여 책장 한 칸을 채우는 데 몇 권의 책이 필요한지 알아보고자 한다. 이를 위하여 도서관장은 갑, 을, 병에게 조사를 의뢰하였고 다음과 같은 결과를 얻었다.

> 갑 : 교양과학서 2권, 아동도서 3권, 백과사전 3권으로 한 칸을 빈틈없이 채울 수 있다.
> 을 : 교양과학서 4권, 아동도서 3권, 백과사전 2권으로 한 칸을 빈틈없이 채울 수 있다.
> 병 : 교양과학서 4권, 아동도서 4권, 백과사전 3권으로 한 칸을 빈틈없이 채울 수 있다.

한편, 도서관장도 책장을 채우려 시도하였고 다음과 같은 사실을 알게 되었다.

> (가) 동일한 종류의 책들은 같은 두께를 가진다.
> (나) 세 종류의 도서 중 특정한 한 종류의 도서로만 책장 한 칸을 빈틈없이 채울 수 있다.
> (다) (나)와 같이 한 종류로 책장 한 칸을 채우는 경우 15권의 책이 필요하다.

(1) 갑, 을, 병의 조사 결과 중 하나는 잘못되었다. 누구의 결과가 잘못되었는지 판단하고 그 이유를 설명하시오.

(2) 책장 한 칸을 빈틈없이 채울 수 있는 도서는 어떤 종류인지 밝히고 그 근거를 제시하시오.

| 이화여자대학교 2010년 수시 |

Hint
각 종류의 책의 두께를 x, y, z라 하고 책장 한 칸의 너비를 w로 놓은 후 연립방정식을 세운다. 이 연립방정식의 해에서 모순을 찾는다.

03

영화 '다이하드 3'에서 악당이 사건을 해결하려는 형사에게 다음과 같은 퀴즈 문제를 내는 장면이 나온다.

> 눈금이 없는 3갤런의 물통과 5갤런의 물통이 있다. 이를 이용하여 정확히 4갤런의 물을 가늠하여 저울 폭탄 위에 올려 놓아라. 4갤런에 미치지 못하거나 넘을 경우 폭탄은 터지게 되어 있으니 잘해보라고…… (1갤런≒3.78 L)

위의 문제에 대한 해결 방법을 자유롭게 설명하시오.

Hint
5갤런의 물통과 3갤런의 물통을 이용하여 2갤런의 물을 만들 수 있다. 또, 2갤런의 물을 3갤런의 물통에 부으면 남은 공간에 1갤런의 물을 부을 수 있다.

04

다음 제시문을 읽고 물음에 답하시오.

> (가) 주어진 정수 n에 대하여, $n=de$가 되는 정수 d와 e가 존재할 때 d와 e를 n의 약수라고 부른다.
> 예를 들어 4의 모든 약수들은 1, -1, 2, -2, 4, -4이다.
>
> (나) 무리수들로 이루어진 집합의 부분집합 S를 다음과 같이 정의하자.
> $S=\{p+q\sqrt{5} \mid p, q$는 유리수이고 p와 q 중 적어도 하나는 0이 아니다.$\}$
> 집합 S의 원소 α에 대해 다음 세 가지 조건을 만족하는 순서쌍 (a, b, c)를 생각하자.
> (i) $a>0$
> (ii) a, b, c는 모두 정수이고, 이 세 정수의 공통약수는 1과 -1밖에 없다.
> (iii) $a\alpha^2+b\alpha+c=0$
> 이때 α의 판별식 $D(\alpha)$를 $D(\alpha)=b^2-4ac$로 정의하자.
>
> (다) 집합 S의 두 부분집합 T와 R를 각각 다음과 같이 정의하자.
> $T=\{\alpha\in S \mid D(\alpha)=5\}$
> $R=\{\alpha\in T \mid \alpha>1,\ -1<\alpha'<0\}$
> (위에서 α'은 α의 켤레무리수로서 $\alpha=p+q\sqrt{5}$일 때, $\alpha'=p-q\sqrt{5}$로 정의된다.)

(1) 집합 S의 원소 α에 대응하는 순서쌍 (a, b, c)는 유일하게 존재함에 대하여 논하시오.

(2) 집합 T의 원소의 개수가 무한함에 대하여 논하시오.

(3) 집합 R의 원소의 개수가 유한함에 대하여 논하시오.

| 한양대학교 2013년 모의논술 |

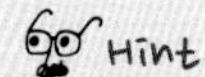
Hint
(1) $\alpha=p+q\sqrt{5}$를 변형하여 $a\alpha^2+b\alpha+c=0$ 꼴이 될 수 있는가를 확인한다.

05 다음 제시문을 읽고 물음에 답하시오.

(가) 임의의 복소수를 계수로 하는 방정식

$$a_nx^n+a_{n-1}x^{n-1}+\cdots+a_1x+a_0=0$$

은 복소수에서 근을 갖는다.

(나) 복소수를 계수로 하는 두 다항식 $f(x)$, $g(x)$에 대하여

$$f(x)=Q(x)g(x)+r(x)$$

를 만족하는 복소수를 계수로 하는 다항식 $Q(x)$, $r(x)$가 존재한다. 단, $r(x)=0$이거나 $r(x)$의 차수는 $g(x)$의 차수보다 낮다. 이때, $r(x)=0$이면 $g(x)$는 $f(x)$의 약수라 부르고, $f(x)$는 $g(x)$의 배수라 부른다.

(다) 임의의 복소수 z_1, z_2에 대해

(i) $\overline{z_1+z_2}=\overline{z_1}+\overline{z_2}$ (ii) $\overline{z_1-z_2}=\overline{z_1}-\overline{z_2}$

(iii) $\overline{z_1z_2}=\overline{z_1}\cdot\overline{z_2}$ (iv) $\overline{\left(\frac{z_2}{z_1}\right)}=\frac{\overline{z_2}}{\overline{z_1}}$ (단, $z_1\neq0$)

을 만족한다. 단, $\overline{z}$는 z의 켤레복소수를 의미한다.

(라) 복소수 z가 실수일 필요충분조건은 $\overline{z}=z$이다.

(1) 복소수 z가 복소수를 계수로 하는 방정식 $a_nx^n+a_{n-1}x^{n-1}+\cdots+a_1x+a_0=0$의 근이라면 $(x-z)$가 복소수를 계수로 하는 다항식 $f(x)=a_nx^n+a_{n-1}x^{n-1}+\cdots+a_1x+a_0$의 약수임을 설명하시오.

(2) 제시문 (다)와 (라)를 이용하여, 복소수 z가 실수를 계수로 하는 방정식

$$a_nx^n+a_{n-1}x^{n-1}+\cdots+a_1x+a_0=0$$

의 근이면, 그 켤레복소수 $\overline{z}$도 방정식의 근이 됨을 설명하시오.

(3) 복소수를 계수로 하는 다항식은 복소수를 계수로 하는 일차식의 곱으로 인수분해됨을 이용하여 실수를 계수로 하는 다항식을 실수를 계수로 하는 다항식의 곱으로 나타내고자 한다. 약수의 차수를 최대한 낮추었을 때 실수를 계수로 하는 다항식은 몇 차 이하의 다항식의 곱으로 분해될지 논하시오.

| 한양대학교 2014년 모의논술 |

Hint

(1) $f(x)=(x-z)Q(x)+r(x)$로 놓고 $r(x)=0$임을 보인다.

(2) $a_nz^n+a_{n-1}z^{n-1}+\cdots+a_1z+a_0=0$일 때 $a_n(\overline{z})^n+a_{n-1}(\overline{z})^{n-1}+\cdots+a_1(\overline{z})+a_0=0$임을 보인다.

예시 답안 및 해설 12쪽

06

1번부터 5번까지의 농구 선수가 한 줄로 섰는데 모든 선수의 키가 앞뒤 선수의 평균키보다 크다고 한다. 즉, i번 선수의 키를 x_i라고 하면
$x_{i+1}>\frac{x_i+x_{i+2}}{2}$, $i=1, 2, 3$이다. 이때, 짝수번 선수들의 평균키가 홀수번 선수들의 평균키보다 큼을 보이시오.

| KAIST 2011년 심층면접 |

Hint
$x_2>\frac{x_1+x_3}{2}$, $x_4>\frac{x_3+x_5}{2}$를 이용한다.

07

$[x]$는 x보다 크지 않은 최대의 정수를 나타낼 때 $[\sqrt{x}]+[\sqrt{x^2+y^2}]\leq 1$의 영역을 나타내고 그 넓이를 구하시오.

| 성균관대학교 2011년 심층면접 |

Hint
양수 p, q에 대해 $[p]+[q]\leq 1$을 만족하는 순서쌍 $([p], [q])$는 $(0, 0)$, $(0, 1)$, $(1, 0)$이다.

주제별 강의 **제 3 장**

천칭저울로 불량 동전을 찾는 방법

천칭저울(양팔저울)

(1) 모양과 크기가 같은 9개의 금화 중 가짜 금화가 1개 있고, 그 가짜 금화는 진짜 금화보다 가볍다고 한다. 천칭저울을 최소 몇 번 사용하여야 가짜 금화를 찾을 수 있을까?

9개의 금화를 3개씩 세 묶음으로 나누어 세 묶음 중 두 묶음을 양쪽 접시에 올려 놓는다. 이때, 한쪽 저울이 기울면 가벼운 쪽에 가짜 금화가 있다. 그런데 저울이 어느 쪽으로도 기울지 않으면 남아 있는 묶음 속에 가짜 금화가 있다.
이제 가짜 금화가 있는 묶음의 세 개를 다시 1개, 1개, 1개로 나누어 두 개를 양쪽 접시에 1개씩 올려 놓는다. 이때, 한쪽 저울이 기울면 가벼운 쪽의 것이 가짜 금화이고, 저울이 어느 쪽으로도 기울지 않으면 남아 있는 것이 가짜 금화이다.
따라서 가짜 금화를 찾기 위해서 저울을 사용한 횟수는 2회이다.

위의 문제에서 가짜 금화가 진짜 금화보다 가벼운지 무거운지 모르는 경우일 때, 가짜 금화를 찾는 방법은 무엇일까?

우선 9개의 금화를 3개씩 A, B, C의 세 묶음으로 나누고 A, B를 양쪽 접시에 올려 놓는다. 이때, A, B의 무게가 같으면 다시 A, C를 양쪽 접시에 올려 놓아 C가 무거우면 가짜 금화는 진짜 금화보다 무거운 경우이고 C가 가벼우면 가짜 금화는 진짜 금화보다 가벼운 경우이다.
만약 A, B의 무게가 다르면, 즉 $A>B$이면 다시 A, C의 무게를 비교하여 $A>C$일 때에는 가짜 금화는 A의 묶음에 있게 되고 무거운 경우이다. 그런데 이 경우에 $A<C$인 경우는 있을 수 없다. $A=C$인 경우는 가짜 금화가 B에 있고 가벼운 경우이다.
또, $A<B$이면 다시 A, C의 무게를 비교하여 $A<C$일 때에는 가짜 금화는 A의 묶음에 있게 되고 가벼운 경우이다.
이제 가짜 금화가 있는 묶음에서 1개씩 양쪽 접시에 올려보면 가짜 금화를 찾을 수 있다.
따라서 가짜 금화를 찾기 위해서 저울을 사용한 횟수는 3회이다.

(2) 모양과 크기가 같은 27개의 금화 중 가짜 금화가 1개 있고, 그 가짜 금화는 진짜 금화보다 가볍다고 한다. 천칭저울을 최소 몇 번 사용하여야 가짜 금화를 찾을 수 있을까?

27개의 금화를 9개씩 세 묶음으로 나누어 두 묶음을 양쪽 접시에 올려 놓는다. (1)에서와 같은 방법으로 가짜 금화가 들어있는 묶음을 찾게 되고 (1)에서의 진행을 따라 하면 가짜 금화를 찾을 수 있다. 이때, 저울을 사용한 횟수는 3회이다.
일반적으로 모양과 크기가 같은 금화의 개수가 3^n개이고 가벼운 가짜 금화가 1개 포함되어 있을 때 가짜 금화를 찾을 수 있는 저울의 최소 사용 횟수는 n회임을 알 수 있다.

(3) 모양과 크기가 같은 3000개의 금화 중 가짜 금화가 1개 있고, 가짜 금화는 진짜 금화보다 가볍다고 한다. 천칭저울을 최소 몇 번 사용하여야 가짜 금화를 찾을 수 있을까?

3000개를 1000개씩 세 묶음으로 나누어 (1)에서와 같은 방법으로 하여 가짜 금화가 들어있는 묶음을 찾아낸다. 이때, 저울을 사용한 횟수는 1회이다.
$3^6=729$, $3^7=2187$이므로 $3^6<1000<3^7$이다.
따라서 가짜 금화가 들어 있는 1000개짜리 묶음에서 1000개와 진짜 금화로만 되어 있는 2000개짜리 묶음에서 $2187-1000=1187$(개)를 가져와 가짜 금화가 포함된 금화의 개수 $2187=3^7$(개)를 만들 수 있다. 이제, (2)와 같은 방법으로 하여 저울을 7회 사용하면 가짜 금화를 찾을 수 있다.
따라서 가짜 금화를 찾기 위해서 저울을 사용한 횟수는 $1+7=8$(회)가 된다.

(4) 모양과 크기가 같은 12개의 금화 중 가짜 금화는 1개 있다. 가짜 금화가 진짜 금화보다 가벼운지 무거운지 모르는 경우일 때 천칭저울을 최소 몇 번 사용하여야 가짜 금화를 찾을 수 있을까?

12개의 금화를 4개씩 A, B, C의 세 묶음으로 나누고 A, B를 양쪽 접시에 올려 놓는다. 이때, A와 B의 무게를 비교하고 다음 (ㄱ), (ㄴ)의 두 가지로 나누어 알아보자.
(ㄱ) A, B의 무게가 같은 경우 : A, B에 있는 8개의 금화의 무게는 같고, 무게가 다른 한 개의 가짜 금화는 C에 있다. 이때, A에 있는 금화 중 임의로 3개를 골라 C에 있는 임의의 3개의 금화와 무게를 비교해 본다.

① A와 C에서 선택한 3개의 금화의 무게가 같으면 가짜 금화는 C에 남아 있는 것이 된다(천칭저울 2번 사용). 이때, A의 금화 한 개와 C에 남아 있는 가짜 금화를 비교하면 가짜 금화가 가벼운지 무거운지 알 수 있다(천칭저울 3번 사용).

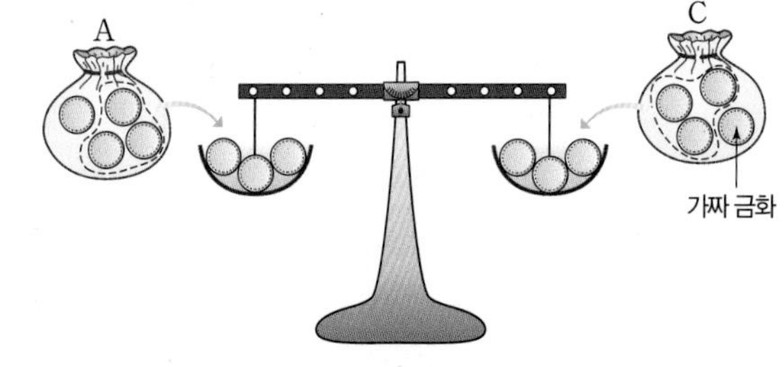

② A와 C에서 선택한 3개의 금화의 무게가 다르면 C에서 고른 3개 중의 하나가 가짜 금화이다. 이때, 가짜 금화가 가벼운지 무거운지는 바로 알 수 있다. 또, C에서 선택한 금화 3개에서 ①의 방법으로 한 번 더 천칭저울을 이용하면 알 수 있다(천칭저울 3번 사용).

(ㄴ) A, B의 무게가 다른 경우 : C에 있는 모든 금화는 진짜이고, 가짜 금화는 A 또는 B에 있다. 이때, A가 B보다 가볍다 또는 무겁다로 생각할 수 있는데, 이 중에서 A가 B보다 무겁다고 가정하자. A의 금화를 a_1, a_2, a_3, a_4, B의 금화를 b_1, b_2, b_3, b_4로 놓고, $\{a_1, a_2, b_1\}$, $\{a_3, a_4, b_2\}$의 무게를 비교해 보자.

① $\{a_1, a_2, b_1\}$과 $\{a_3, a_4, b_2\}$의 무게가 같은 경우 : 이들의 무게가 서로 같으면 무게가 다른 금화는 b_3이거나 b_4이다. 그런데 b_3, b_4는 가벼운 묶음에서 나왔으므로 가짜 금화는 가볍다. 이제 세 번째로 천칭저울을 사용하여 b_3, b_4의 무게를 비교하면 가벼운 것이 가짜 금화이다.

② $\{a_1, a_2, b_1\}$이 $\{a_3, a_4, b_2\}$보다 무거울 경우 : 위의 (ㄴ)에서 A가 B보다 무겁다고 가정했고, $\{a_1, a_2, b_1\}$이 $\{a_3, a_4, b_2\}$보다 무겁다고 했으므로, 무거운 쪽에 가짜 금화가 있는 경우에는 a_1, a_2이고 가벼운 쪽에 가짜 금화가 있는 경우에는 b_2이다. 따라서 a_1, a_2, b_2 중에서 가짜 금화를 찾으면 된다. 세 번째로 a_1, a_2를 저울에 달아 비교해 보자.

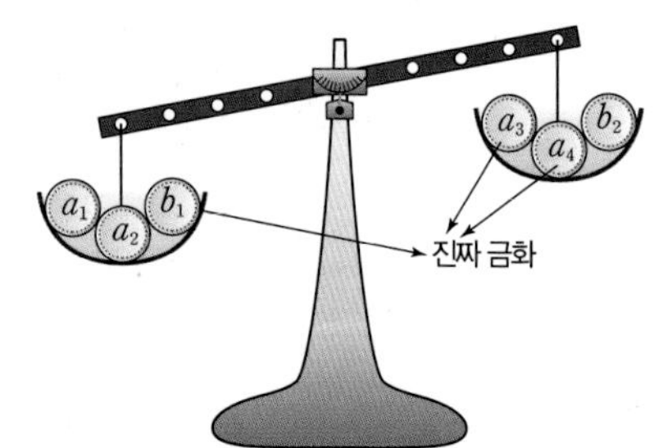

가짜 금화가 무거운 것에 있다면 a_1, a_2에 있고, 가벼운 것에 있다면 b_2이다.

(i) a_1, a_2가 서로 무게가 같을 경우는 가짜 금화는 b_2이고, 진짜 금화보다 가볍다.

(ii) a_1, a_2가 서로 무게가 다르면 a_1, a_2는 A에 속하므로 둘 중에서 무거운 것이 가짜 금화이다.

한편, ②에서 $\{a_3, a_4, b_2\}$가 $\{a_1, a_2, b_1\}$보다 무거운 경우에도 위의 경우와 같이 생각할 수 있다.

이상에서 어떠한 경우라도 천칭저울을 3번 사용하면 가짜 금화가 무거운지 가벼운지 알 수 있고 또 그것을 찾을 수 있다.

(5) 모양과 크기가 같은 80개의 금화 중 가짜 금화가 1개 있고, 그 가짜 금화는 진짜 금화보다 가볍다. 천칭저울을 네 번만 사용하여 가짜 금화를 찾을 수 있을까?

우선 80개의 금화를 40개씩 두 묶음으로 나누어 무게를 비교해 보자. 이들 중 가벼운 것에 가짜 금화가 들어 있다. 이제 무게가 가벼운 묶음을 다시 20개씩 두 묶음으로 나누어 무게를 비교해서 가벼운 쪽을 찾는다. 계속해서 이런 방법으로 진행하면 천칭저울을 네 번 사용한 후에 5개의 금화가 남게 되어 천칭저울을 네 번만 사용하여 가짜 금화를 찾을 수 없다.

이제 금화들을 27개, 27개, 26개씩 세 묶음으로 나누어 보자.

먼저 27개씩의 두 묶음의 무게를 서로 비교한다. 만약 무게가 서로 같다면 무게가 가벼운 가짜 금화는 26개 묶음에 들어 있다. 또, 두 묶음의 무게가 서로 다르면 이들 중 무게가 작은 묶음에 가짜 금화가 들어 있다. 따라서 다음의 두 가지로 나누어 알아보자.

(ㄱ) 27개씩의 두 묶음의 무게가 같은 경우 : 가짜 금화는 26개의 묶음에 있고, 26개의 금화를 9개, 9개, 8개씩의 세 묶음으로 나눈다. 다시 9개, 9개의 두 묶음의 무게를 비교하는 방법으로 계속해서 진행하면 9개 또는 8개의 묶음에서 가짜 금화를 찾게 된다. 또다시 계속해서 진행하면 3개 또는 2개의 묶음에서 가짜 금화를 찾게 되어 천칭저울을 네 번만 사용하여 가짜 금화를 찾을 수 있다.

(ㄴ) 27개의 두 묶음의 무게가 서로 다른 경우 : 27개의 묶음 중 무게가 가벼운 쪽에 가짜 묶음이 들어 있다. 따라서 무게가 가벼운 27개를 9개, 9개, 9개씩 세 묶음으로 나누어 두 묶음의 무게를 비교해 나간다. 그러면 다시 3개의 묶음만을 남길 수 있고 천칭저울을 네 번만 사용하여 가짜 금화를 찾을 수 있다.

(6) 모양과 크기가 같은 24개의 금화가 있다. 이 중에 몇 개는 가짜 금화가 섞여 있고, 가짜 금화는 진짜 금화보다 더 무겁다고 한다. 그리고 진짜 금화끼리, 가짜 금화끼리는 각각 무게가 서로 같다. 이때, 천칭저울을 최소 몇 번 사용하면 진짜 금화와 가짜 금화의 개수를 각각 알아낼 수 있을까?

두 개의 금화를 골라 서로 무게를 비교해 본다. 그러면 금화 두 개의 무게는 서로 다르거나, 서로 같은 두 경우가 생기므로 다음과 같이 (ㄱ), (ㄴ)으로 나누어 알아보자.

(ㄱ) 금화 두 개의 무게가 서로 다른 경우 :

무게가 무거운 것은 가짜 금화이고, 가벼운 것은 진짜 금화인데 이 두 개의 금화를 천칭저울의 한쪽에 함께 올려 놓고 새로운 금화 두 개를 골라 저울의 다른 한쪽에 올려 놓아 무게를 비교한다.

새로운 두 개의 금화가 더 무거우면 두 개 모두 가짜 금화이고, 더 가벼우면 두 개 모두 진짜 금화이다. 또, 새로운 두 개의 금화가 처음 두 개의 금화와 무게가 서로 같으면 새로운 두 개의 금화는 진짜와 가짜가 각각 1개씩이다.

위의 세 가지 경우 중 어떤 것도 새로운 두 개의 금화 중 진짜와 가짜의 금화 개수를 알 수 있다. 여기에서 진짜 금화와 가짜 금화를 서로 구별해 내는 것이 아니고 그 개수를 구하는 것임에 주목하자.

위와 같은 진행을 계속하면서 진짜 금화와 가짜 금화의 개수를 종이에 적어 나간다.

그러므로 천칭저울을 $1+\frac{22}{2}=12$(번) 사용하여 무게를 비교하면 전체 금화 중 진짜 금화와 가짜 금화의 개수를 알 수 있다.

(ㄴ) 금화 두 개의 무게가 서로 같은 경우 :

두 개의 금화 모두 진짜이거나 가짜이다.

이제 이 두 개의 금화를 천칭저울의 한쪽에 함께 올려 놓고 새로운 금화 두 개를 골라 저울의 다른 한 쪽에 올려 놓아 무게를 비교한다.

만약 무게가 서로 같으면 새로운 두 개의 금화는 처음 두 개의 금화와 같은 종류가 된다. 그러나 아직은 진짜인지 가짜인지는 모른다. 무게가 다른 두 개의 금화가 나올 때까지 계속하여 같은 방법으로 진행한다.

k번째 고른 두 개의 금화의 무게가 달라졌다고 가정하자. 만약 k번째 고른 두 개의 금화가 무거우면 앞에 나온 금화들은 진짜 금화이고, 가벼우면 앞에 나온 금화들은 가짜 금화이다.

이제 k번째 고른 두 개의 금화가 무거웠다면(가벼운 경우도 마찬가지로 생각할 수 있다.) 이 두 개의 금화의 무게를 비교해 본다. 이 두 개의 금화의 무게가 같으면 두 개 모두 가짜 금화이다. 또, 두 개의 금화의 무게가 서로 다르면 하나는 진짜 금화, 다른 하나는 가짜 금화이다.

어느 경우이든지 k번째 고른 두 개의 금화 중에서 가짜 금화를 고르고, 처음 두 개의 금화는 모두 진짜 금화이므로 이 중에서 진짜 금화 한 개를 택한다.

그러면 이 두 개의 금화를 이용하여 첫 번째 경우의 방법으로 나머지 금화들의 무게를 비교할 수 있다.

따라서 천칭저울을 $1+(k-1)+1+\frac{24-2k}{2}=13$(번) 사용하여 진짜 금화와 가짜 금화의 개수를 알 수 있다.

(7) 모양과 크기가 같은 금화가 가득 들어 있는 자루가 7개 있다. 그런데 한 개의 자루에는 다른 6개의 자루에 있는 금화보다 1개당 1 g이 가벼운 가짜 금화만 들어 있다. 직접 들어 보아서는 알 수 없다고 하면 그램(g)까지 정확하게 달 수 있는 저울을 한 번만 사용하여 가짜 금화가 들어 있는 자루를 찾을 수 있을까?

7개의 자루에 각각 1, 2, 3, ⋯, 7의 번호를 부여하고 1번 자루에서 금화 1개, 2번 자루에서 금화 2개, 3번 자루에서 금화 3개, ⋯, 7번 자루에서 금화 7개를 꺼낸다.

$1+2+3+\cdots+7=28$(개)의 금화를 한꺼번에 저울에 달아 무게를 측정한다.

진짜 금화 1개의 무게가 a g이라면 전체의 무게가 $28a$ g이어야 하는데 여기에서 1 g이 부족하면 1번 자루가, 2 g이 부족하면 2번 자루가, ⋯, 7 g이 부족하면 7번 자루가 가짜 금화가 들어 있는 자루가 되어 가짜 금화가 들어 있는 자루를 찾을 수 있게 된다.

따라서 저울을 한 번만 사용하여 가짜 금화가 들어 있는 자루를 찾을 수 있다.

천칭(대칭저울)을 사용하여 구슬의 무게를 비교하는 방법으로 여러 개의 구슬 중 가장 무거운 것, 두 번째로 무거운 구슬과 세 번째로 무거운 구슬을 가려내고자 한다. 구슬의 수가 많은 경우, 가급적 비교 횟수를 적게 하여 구슬의 무게를 가려내는 방법을 논리적으로 설명하시오. 그리고 이 비교의 결과로 가장 무거운 구슬, 두 번째 무거운 구슬과 세 번째로 무거운 구슬이 판정된 후 감독관이 그 판정이 옳다는 것을 검증하려면 적어도 몇 차례의 비교를 시행해야 하는가를 설명하시오. (단, 각각의 수정구슬은 무게가 모두 서로 다르다고 가정한다.)

| 서강대학교 2006년 수시 |

3개의 구슬의 무게를 비교하려면 천칭을 최소한 2회 사용해야 한다.

TEXT SUMMARY

III 도형의 방정식

1 삼각형의 성질

1 삼각형의 닮음조건

(1) 삼각형의 닮음조건

두 삼각형은 다음의 각 경우에 서로 닮은 도형이다.

① SSS닮음 : 세 쌍의 대응하는 변의 길이의 비가 같을 때

② SAS닮음 : 두 쌍의 대응하는 변의 길이의 비가 같고, 그 끼인각의 크기가 같을 때

③ AA닮음 : 두 쌍의 대응하는 각의 크기가 각각 같을 때

(2) 직각삼각형의 닮음

$\angle A=90^\circ$인 직각삼각형 ABC의 꼭짓점 A에서 빗변 BC에 수선 AH를 그으면

① $\overline{AB}^2=\overline{BH}\cdot\overline{BC}$ ($\because$ $\triangle ABC \backsim \triangle HBA$)

② $\overline{AC}^2=\overline{CH}\cdot\overline{CB}$ ($\because$ $\triangle ABC \backsim \triangle HAC$)

③ $\overline{AH}^2=\overline{HB}\cdot\overline{HC}$ ($\because$ $\triangle HBA \backsim \triangle HAC$)

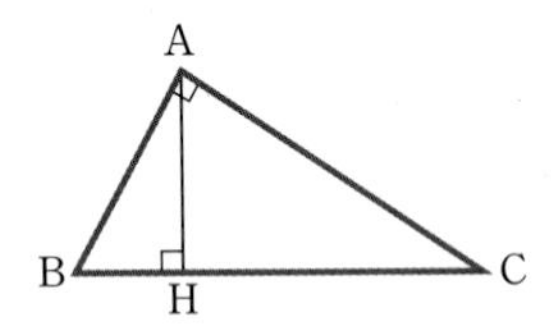

2 닮은 도형의 넓이의 비와 부피의 비

(1) 닮은 두 평면도형의 닮음비가 $m:n$일 때, 넓이의 비는 $m^2:n^2$이다.

(2) 닮은 두 입체도형의 닮음비가 $m:n$일 때, 겉넓이의 비는 $m^2:n^2$이고, 부피의 비는 $m^3:n^3$이다.

주의 (1) 높이가 같은 두 삼각형

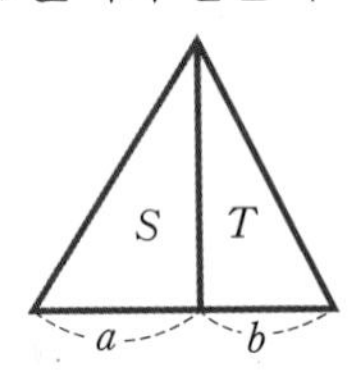

$S:T=a:b$

(2) 닮은 두 삼각형

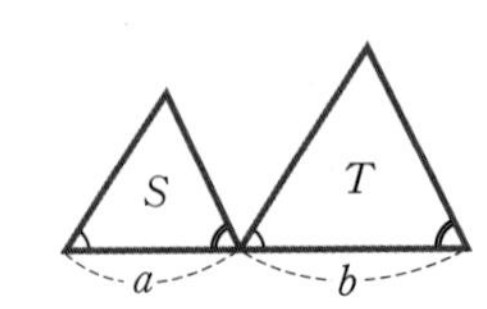

$S:T=a^2:b^2$

3 삼각형과 평행선

(1) 삼각형에서 평행선에 의한 선분의 길이의 비

$\triangle ABC$에서 점 D, E가 각각 $\overline{AB}$, $\overline{AC}$ 위에 있거나 그 연장선 위에 있을 때

$\overline{BC} /\!/ \overline{DE}$이면

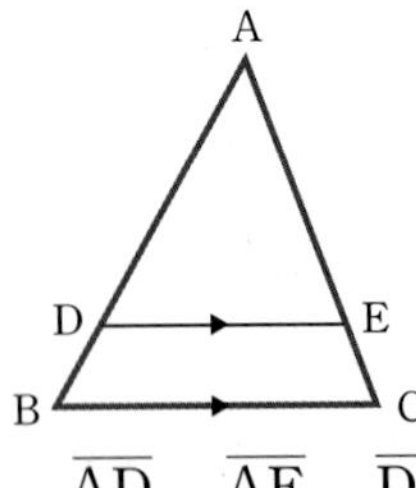

① $\dfrac{\overline{AD}}{\overline{AB}}=\dfrac{\overline{AE}}{\overline{AC}}=\dfrac{\overline{DE}}{\overline{BC}}$

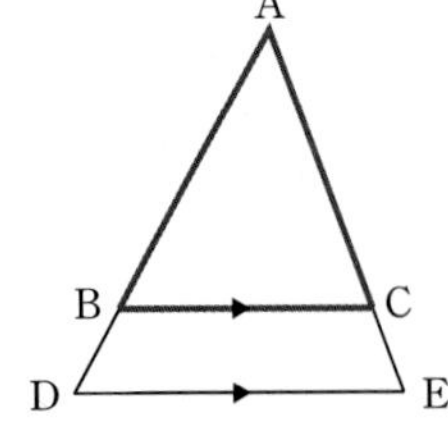

② $\dfrac{\overline{AB}}{\overline{AD}}=\dfrac{\overline{AC}}{\overline{AE}}=\dfrac{\overline{BC}}{\overline{DE}}$

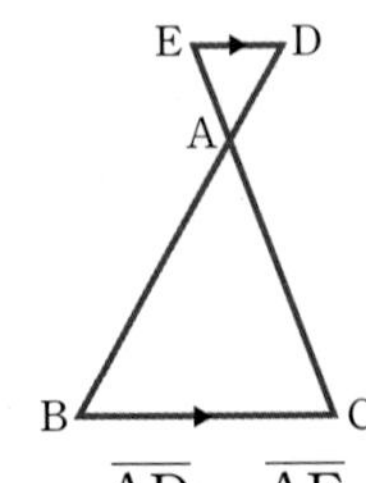

③ $\dfrac{\overline{AD}}{\overline{DB}}=\dfrac{\overline{AE}}{\overline{EC}}$

BASIC

● 삼각형의 합동조건

• 세 변의 길이가 각각 같을 때 (SSS합동)

• 두 변의 길이가 각각 같고, 그 끼인 각의 크기가 같을 때 (SAS합동)

• 한 변의 길이가 같고, 그 양 끝각의 크기가 각각 같을 때 (ASA합동)

● 닮은 도형의 성질

• 대응하는 변의 길이의 비는 일정하다.

• 대응하는 각의 크기는 같다.

(2) 삼각형의 각의 이등분선

① 삼각형의 내각의 이등분선

$\triangle ABC$에서 $\angle A$의 내각의 이등분선과 변 BC의 교점을 D라 하면

$$\overline{AB}:\overline{AC}=\overline{BD}:\overline{CD}$$

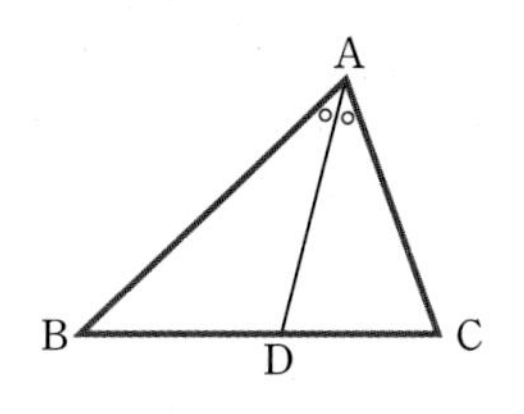

② 삼각형의 외각의 이등분선

$\triangle ABC$에서 $\angle A$의 외각의 이등분선이 변 BC의 연장선과 만나는 점을 D라 하면

$$\overline{AB}:\overline{AC}=\overline{BD}:\overline{CD}$$

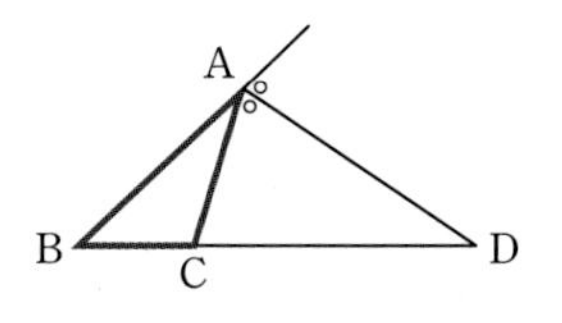

이해돕기 $\overline{BA}$의 연장선을 긋고 점 C를 지나면서 $\overline{DA}$와 평행한 직선을 그어 그 교점을 E라 하면

$\angle BAD=\angle AEC$(동위각),

$\angle DAC=\angle ACE$(엇각)

$\therefore \angle ACE=\angle AEC$

$\triangle ACE$는 이등변삼각형이므로 $\overline{AC}=\overline{AE}$

$\triangle BCE$에서 $\overline{AD}/\!/\overline{EC}$이므로

$\overline{BA}:\overline{AE}=\overline{BD}:\overline{DC}$

$\therefore \overline{AB}:\overline{AC}=\overline{BD}:\overline{CD}$

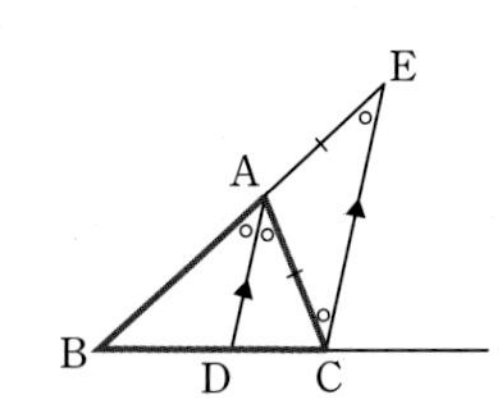

BASIC

평행선의 성질

서로 평행한 두 직선이 다른 한 직선과 만날 때,

- 동위각의 크기는 서로 같다.
- 엇각의 크기는 서로 같다.

4 삼각형의 중점연결정리

(1) 삼각형의 두 변의 중점을 연결한 선분은 나머지 변과 평행하고, 그 길이는 나머지 변의 길이의 $\frac{1}{2}$이다.

즉, $\triangle ABC$에서 점 M, N이 각각 $\overline{AB}$, $\overline{AC}$의 중점이면

$$\overline{MN}/\!/\overline{BC},\ \overline{MN}=\frac{1}{2}\overline{BC}$$

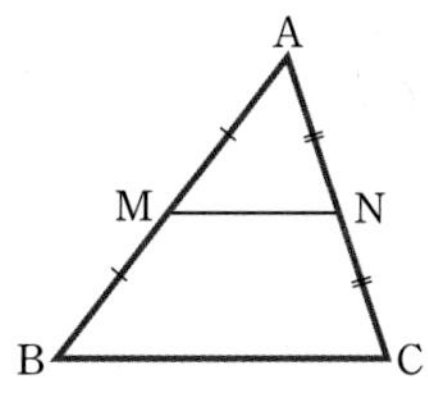
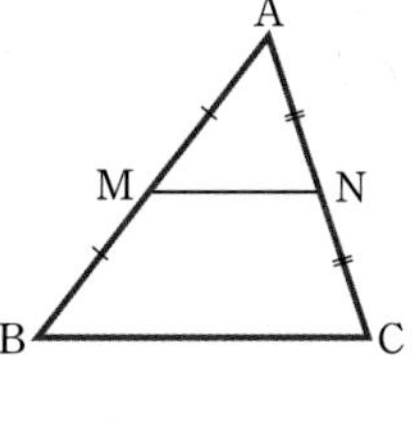

(2) 삼각형의 한 변의 중점을 지나서 다른 한 변에 평행한 직선은 나머지 한 변의 중점을 지나고, 그 길이는 나머지 변의 길이의 $\frac{1}{2}$이다.

즉, $\triangle ABC$에서 $\overline{AM}=\overline{MB}$, $\overline{MN}/\!/\overline{BC}$이면

$$\overline{AN}=\overline{NC},\ \overline{MN}=\frac{1}{2}\overline{BC}$$

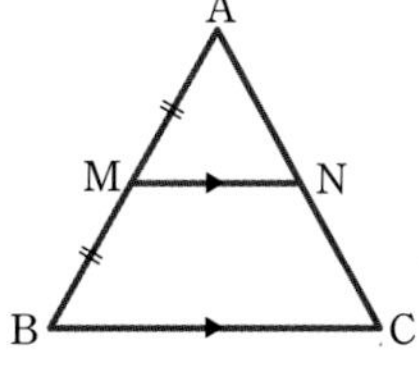
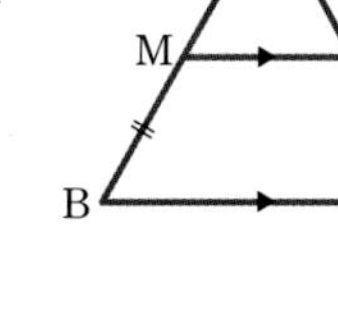

이해돕기 오른쪽 그림에서 $\overline{CA}$, $\overline{CB}$, $\overline{DA}$, $\overline{DB}$의 중점을 각각 P, Q, R, S라 하면

$$\overline{PQ}=\overline{RS},\ \overline{PQ}/\!/\overline{RS}$$

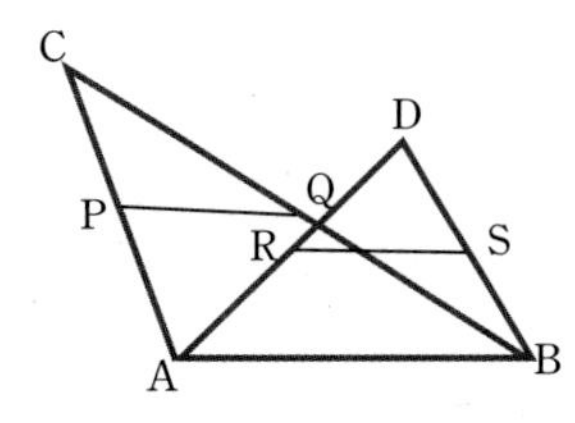

2 삼각형의 내심, 외심, 무게중심

BASIC

1 삼각형의 내심

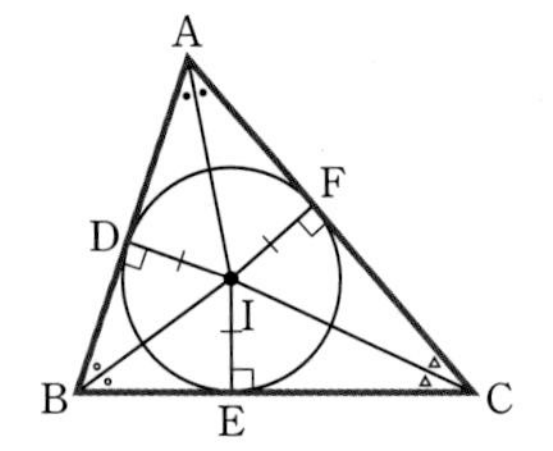

(1) 삼각형의 세 내각의 이등분선은 한 점에서 만나며 이 점을 내심이라고 한다. 이때, 내심에서 삼각형의 세 변까지의 거리는 같다.

즉, △ABC에서 점 I가 삼각형의 내심이면

$\overline{ID}=\overline{IE}=\overline{IF}$

(2) △ABC의 세 변의 길이가 a, b, c이고 넓이가 S일 때 △ABC의 내접원의 반지름의 길이를 r라 하면

$$r=\frac{2S}{a+b+c}$$

이해돕기 △ABC의 넓이는 세 삼각형 BCI, CAI, ABI의 넓이의 합과 같으므로

$$S=\frac{1}{2}ar+\frac{1}{2}br+\frac{1}{2}cr=\frac{1}{2}(a+b+c)r$$

$$\therefore r=\frac{2S}{a+b+c}$$

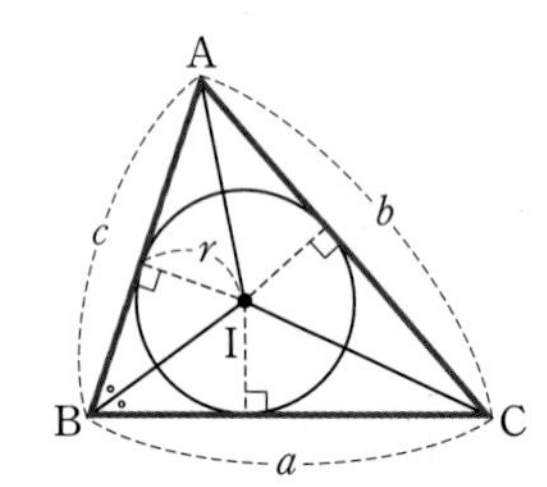

삼각형의 내심의 위치
모든 삼각형의 내심은 삼각형의 내부에 있다.
- 이등변삼각형의 내심은 꼭지각의 이등분선 위에 있다.

삼각형의 내심의 활용

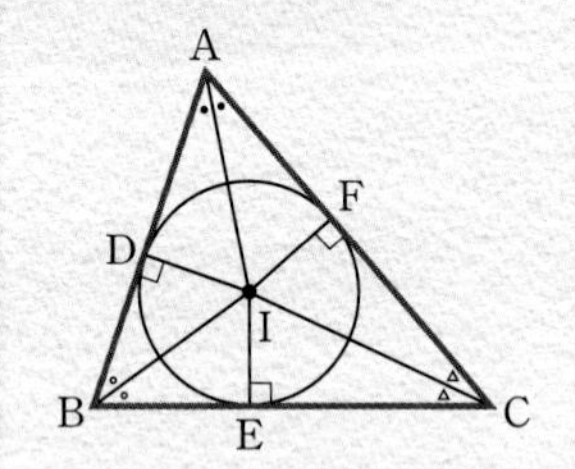

△ADI≡△AFI(RHA 합동)
이므로 $\overline{AD}=\overline{AF}$
△BDI≡△BEI(RHA 합동)
이므로 $\overline{BD}=\overline{BE}$
△CEI≡△CFI(RHA 합동)
이므로 $\overline{CE}=\overline{CF}$

2 삼각형의 외심

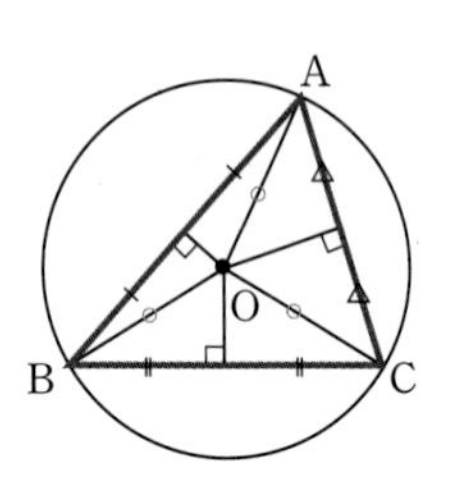

(1) 삼각형의 세 변의 수직이등분선은 한 점에서 만나며 이 점을 외심이라고 한다. 이때, 외심에서 삼각형의 세 꼭짓점까지의 거리는 같다.

즉, △ABC에서 점 O가 삼각형의 외심이면

$\overline{OA}=\overline{OB}=\overline{OC}$

(2) △ABC의 외접원의 반지름의 길이를 R라 하면

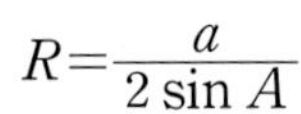

$$R=\frac{a}{2\sin A}$$

참고 사인법칙

△ABC에서 $\dfrac{a}{\sin A}=\dfrac{b}{\sin B}=\dfrac{c}{\sin C}=2R$

이해돕기 호 BC에 대한 원주각의 크기는 같으므로 ∠A=∠A′
이때, 반원에 대한 원주각의 크기는 90°이므로

∠A′BC=90°

△A′BC에서 $\sin A'=\dfrac{\overline{BC}}{\overline{A'C}}$ $\quad\therefore \sin A=\dfrac{a}{2R}$

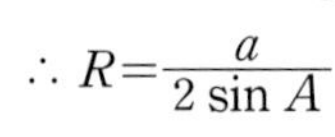

$$\therefore R=\frac{a}{2\sin A}$$

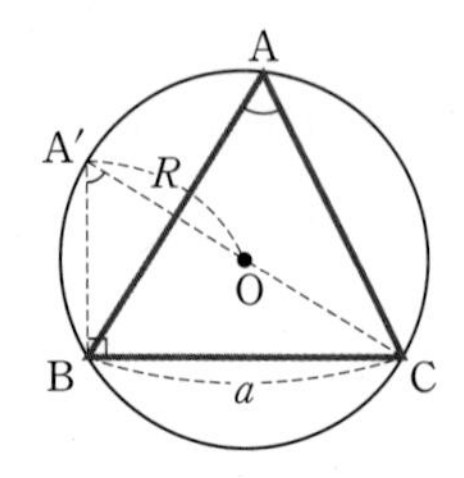

삼각형의 외심의 위치
- 예각삼각형 : 삼각형의 내부
- 직각삼각형 : 빗변의 중점
- 둔각삼각형 : 삼각형의 외부
- 정삼각형의 외심과 내심은 일치한다.

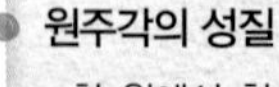

원주각의 성질
- 한 원에서 한 호에 대한 원주각의 크기는 모두 같다.
- 반원(또는 지름)에 대한 원주각의 크기는 90°이다.

❸ 삼각형의 무게중심

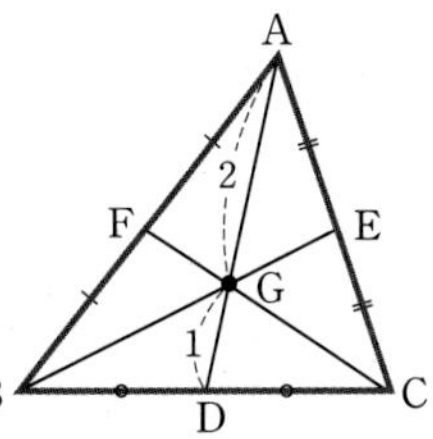

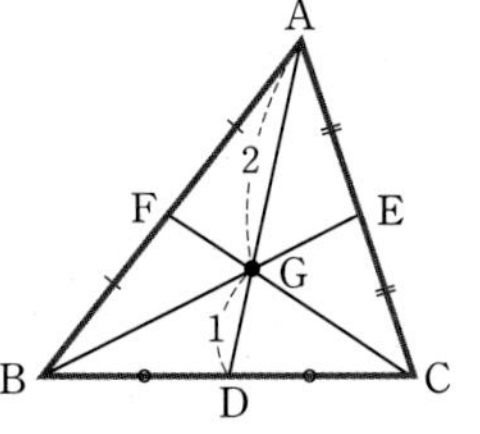

(1) 삼각형의 세 중선은 한 점에서 만나며 이 점을 무게중심이라고 한다. 이때, 무게중심은 삼각형의 세 중선을 꼭짓점에서부터 2 : 1로 내분한다.

즉, $\triangle$ABC에서 점 G가 삼각형의 무게중심이면

$$\overline{AG}:\overline{GD}=\overline{BG}:\overline{GE}=\overline{CG}:\overline{GF}=2:1$$

(2) 삼각형의 무게중심과 세 꼭짓점을 이어서 생기는 세 삼각형의 넓이는 같다. 즉,

$$\triangle GAB=\triangle GBC=\triangle GCA=\frac{1}{3}\triangle ABC$$

(3) 삼각형의 세 중선에 의해 삼각형의 넓이는 6등분된다. 즉,

$$\triangle GAF=\triangle GBF=\triangle GBD=\triangle GCD=\triangle GCE=\triangle GAE=\frac{1}{6}\triangle ABC$$

이해돕기 $\overline{AG}:\overline{GD}=2:1$이므로 $\triangle GAB=\frac{2}{3}\triangle ABD=\frac{2}{3}\left(\frac{1}{2}\triangle ABC\right)=\frac{1}{3}\triangle ABC$

마찬가지로 $\triangle$GBC와 $\triangle$GCA의 넓이도 모두 $\frac{1}{3}\triangle$ABC이므로

$$\triangle GAB=\triangle GBC=\triangle GCA$$

- **삼각형의 중선**
  삼각형에서 한 꼭짓점과 그 대변의 중점을 이은 선분
- **삼각형의 중선의 성질**
  삼각형의 중선은 삼각형의 넓이를 이등분한다.
- **삼각형의 무게중심의 위치**
  - 정삼각형은 무게중심, 외심, 내심, 수심이 모두 일치한다.
  - 이등변삼각형의 무게중심, 외심, 내심은 모두 꼭지각의 이등분선 위에 있다.

삼각형의 수심과 방심

사고의 확장 

(1) 삼각형의 수심

삼각형의 세 꼭짓점에서 대변에 내린 세 수선은 한 점에서 만나며 이 점을 수심이라고 한다.

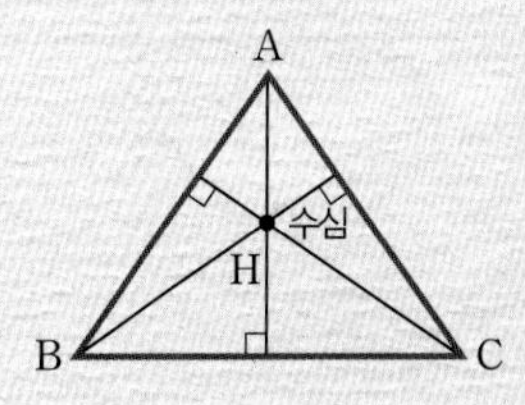

(2) 삼각형의 방심

① 삼각형의 한 내각의 이등분선과 다른 두 외각의 이등분선은 한 점에서 만나며 이 점을 방심이라고 한다. 이때, 방심을 중심으로 삼각형의 한 변과 다른 두 변의 연장선에 접하는 원을 그릴 수 있다.

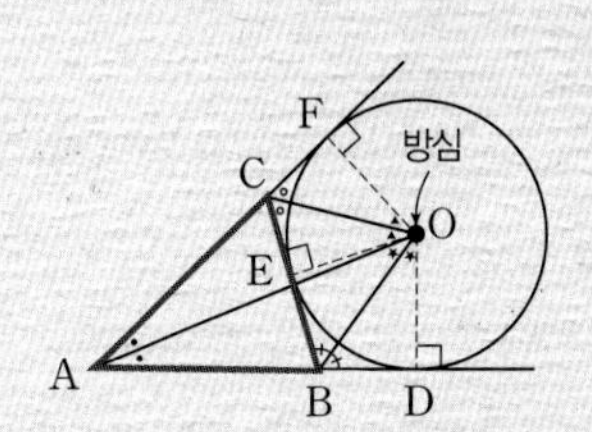

② $\triangle$ABC의 둘레의 길이는 $2\overline{AD}$의 길이와 같다.

③ $\angle BOC=90°-\frac{1}{2}\angle BAC$

이해돕기 ② $\triangle OCE\equiv\triangle OCF$(RHA합동), $\triangle OBE\equiv\triangle OBD$(RHA합동)이고 $\overline{AF}=\overline{AD}$이므로

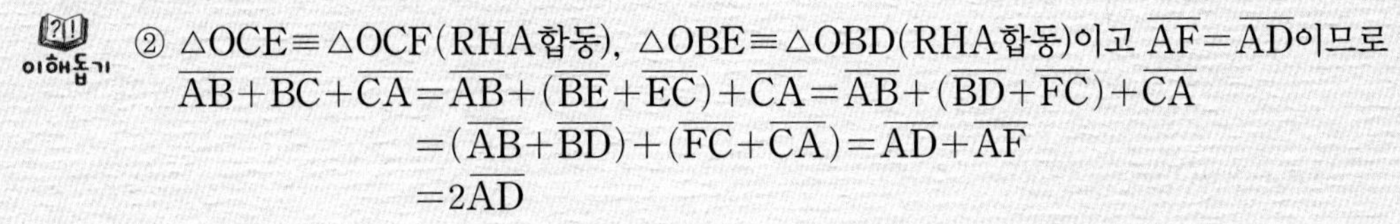

$$\begin{aligned}\overline{AB}+\overline{BC}+\overline{CA}&=\overline{AB}+(\overline{BE}+\overline{EC})+\overline{CA}=\overline{AB}+(\overline{BD}+\overline{FC})+\overline{CA}\\&=(\overline{AB}+\overline{BD})+(\overline{FC}+\overline{CA})=\overline{AD}+\overline{AF}\\&=2\overline{AD}\end{aligned}$$

③ □ADOF에서 $\angle BAC+\angle DOF=180°$이고 $\angle BOC=\frac{1}{2}\angle DOF$이므로

$$\angle BOC=\frac{1}{2}(180°-\angle BAC)\qquad\therefore\ \angle BOC=90°-\frac{1}{2}\angle BAC$$

3 원의 성질

1 원의 접선과 반지름

(1) 원의 접선은 원과 만나는 점에서 원의 반지름과 수직이다. 즉, 원 O의 외부에 있는 한 점 P에서 원 O에 그은 접선이 원과 만나는 점을 A라 하면

$\overline{PA} \perp \overline{OA}$

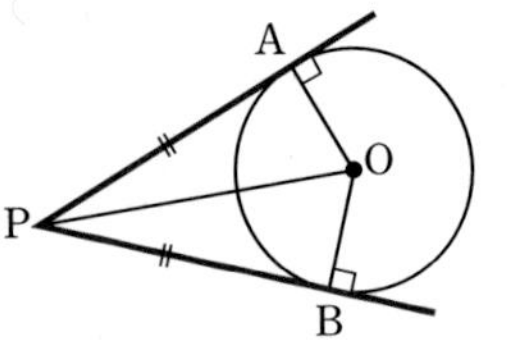

(2) 원 밖의 한 점에서 원에 그을 수 있는 접선은 2개이고, 두 접선의 길이는 같다. 즉, 원 밖의 한 점 P에서 원에 그은 두 접선이 원과 만나는 점을 A, B라 하고 두 직선 PA, PB가 원 O의 접선일 때

$\overline{PA} = \overline{PB}$

원 O의 외부에 있는 한 점 P에서 그 원에 두 접선 PA, PB를 그으면 $\triangle PAO$와 $\triangle PBO$에서

$\angle PAO = \angle PBO = 90^\circ$, $\overline{PO}$는 공통, $\overline{OA} = \overline{OB}$

$\therefore \triangle PAO \equiv \triangle PBO$ (RHS 합동)

$\therefore \overline{PA} = \overline{PB}$

BASIC

접선의 길이

원 O의 외부에 있는 한 점 P에서 그 원에 접선을 그을 때, 접점을 각각 A, B라 하면 $\overline{PA}$, $\overline{PB}$의 길이를 접선의 길이라고 한다.

2 원주각

(1) 원주각과 중심각의 관계

한 원에서 한 호에 대한 원주각의 크기는 중심각의 크기의 $\frac{1}{2}$ 이다.

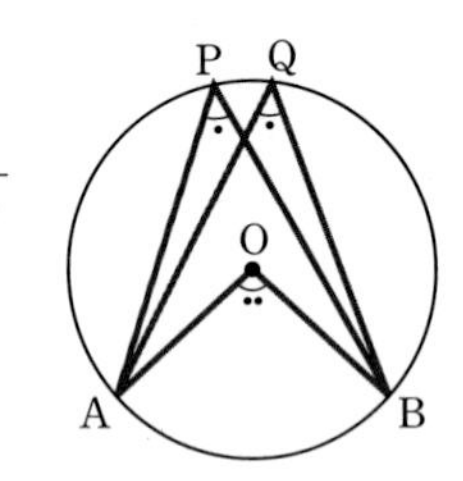

(2) 원주각의 성질

한 원에서 한 호에 대한 원주각의 크기는 모두 같다. 즉,

$$\angle APB = \angle AQB = \frac{1}{2}\angle AOB$$

참고 원의 지름에 대한 원주각의 크기는 90°이다. 즉, $\overline{AB}$가 원 O의 지름이면

$\angle APB = \angle AQB = 90^\circ$

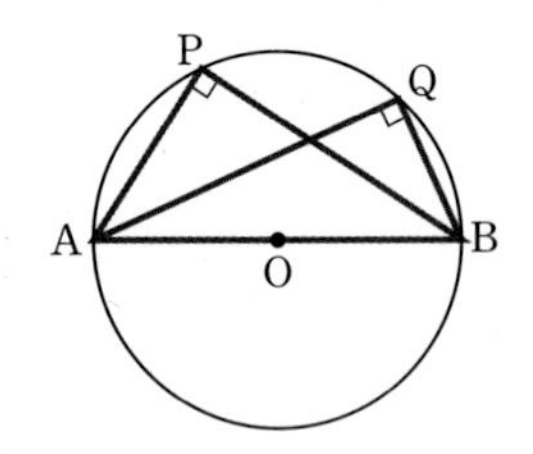

이해돕기 오른쪽 그림에서 $\triangle OPA$, $\triangle OPB$는 이등변삼각형이고, 삼각형의 외각의 성질에 의하여

$\angle AOC = 2\angle OPA$, $\angle BOC = 2\angle OPB$

$\angle AOB = \angle AOC + \angle BOC$

$= 2(\angle OPA + \angle OPB)$

$= 2\angle APB$

$\therefore \angle APB = \frac{1}{2}\angle AOB$

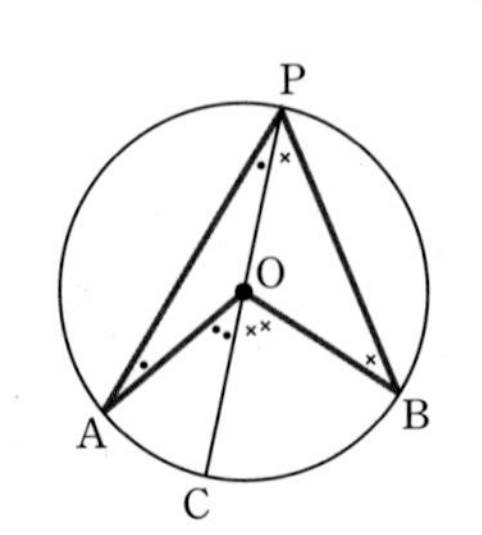

삼각형의 외각

삼각형의 한 외각의 크기는 그와 이웃하지 않는 두 내각의 크기의 합과 같다. 즉,

$\angle ACD = \angle A + \angle B$

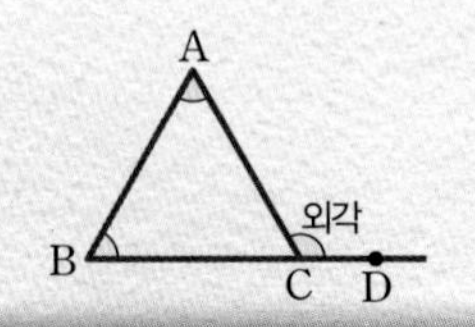

BASIC

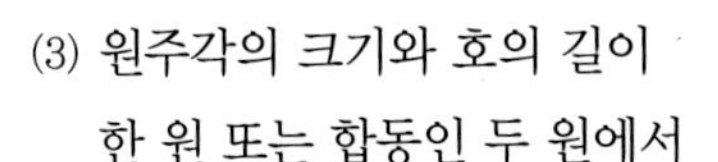

(3) 원주각의 크기와 호의 길이

한 원 또는 합동인 두 원에서

① 길이가 같은 호에 대한 원주각의 크기는 서로 같다. 즉,

$\widehat{AB}=\widehat{CD}$이면 $\angle APB=\angle CQD$

② 크기가 같은 원주각에 대한 호의 길이는 서로 같다. 즉,

$\angle APB=\angle CQD$이면 $\widehat{AB}=\widehat{CD}$

참고 ①과 ②는 서로 역인 명제이다.

③ 원주각의 크기와 호의 길이는 정비례한다.

참고 원주각(또는 중심각)의 크기와 현의 길이는 정비례하지 않는다.

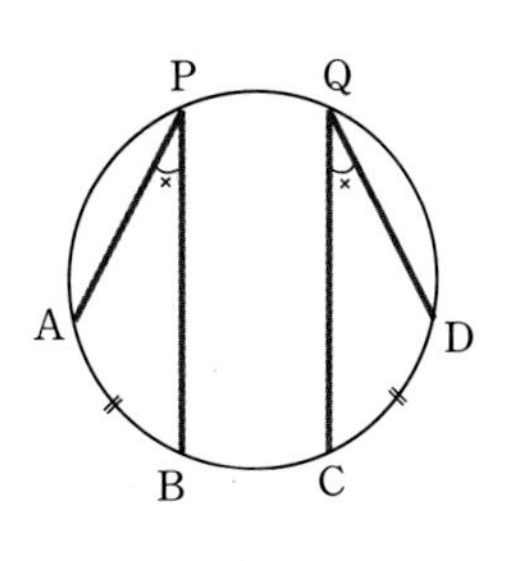

이해돕기 오른쪽 그림에서 원의 중심을 O라 할 때

$\widehat{AB}=\widehat{CD}$이면 $\angle AOB=\angle COD$

$\angle APB=\frac{1}{2}\angle AOB$,

$\angle CQD=\frac{1}{2}\angle COD$

$\therefore \angle APB=\angle CQD$

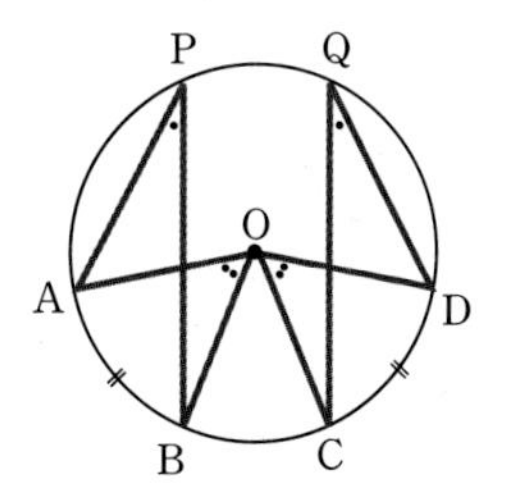

3 원과 사각형

(1) 원에 외접하는 사각형의 성질

원에 외접하는 사각형에서 두 쌍의 대변의 길이의 합은 서로 같다. 즉, □ABCD가 원 O에 외접하는 사각형이면

$\overline{AB}+\overline{CD}=\overline{AD}+\overline{BC}$

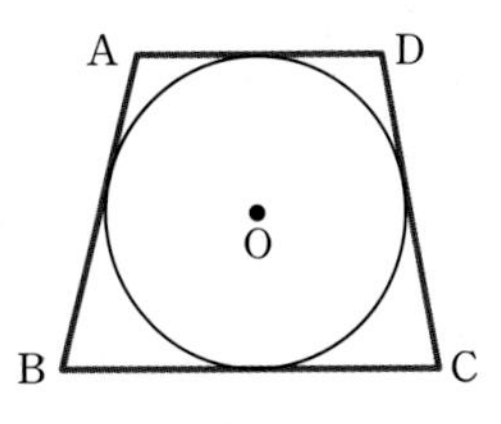

(2) 원에 내접하는 사각형의 성질

원 O에 내접하는 사각형 ABCD에서

① 한 쌍의 대각의 크기의 합은 180°이다. 즉,

$\angle ADC+\angle ABC=180°$

$\angle DAB+\angle DCB=180°$

② 한 외각의 크기는 그 내대각의 크기와 같다. 즉,

$\angle CBE=\angle ADC$

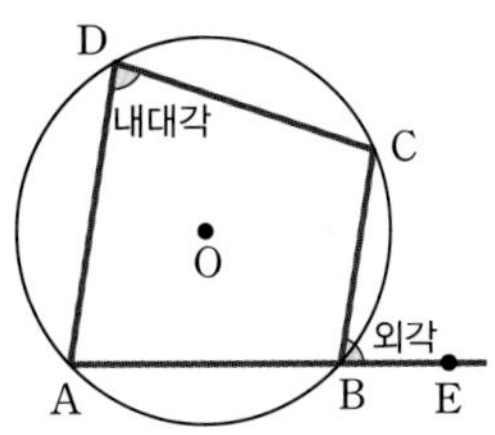
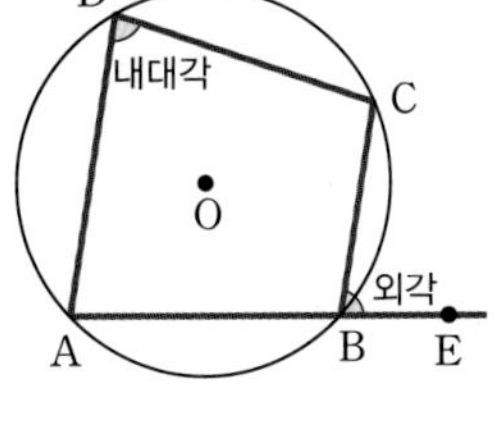

● 사각형이 원에 내접하기 위한 조건

• 한 쌍의 대각의 크기의 합이 180°인 사각형은 원에 내접한다.

• 한 외각의 크기가 그 내대각의 크기와 같은 사각형은 원에 내접한다.

이해돕기 $\overline{AE}=\overline{AF}$, $\overline{BF}=\overline{BG}$, $\overline{CG}=\overline{CH}$, $\overline{DH}=\overline{DE}$이므로

$\overline{AB}+\overline{CD}=(\overline{AF}+\overline{BF})+(\overline{CH}+\overline{DH})$

$=(\overline{AF}+\overline{DH})+(\overline{CH}+\overline{BF})$

$=(\overline{AE}+\overline{DE})+(\overline{CG}+\overline{BG})$

$=\overline{AD}+\overline{BC}$

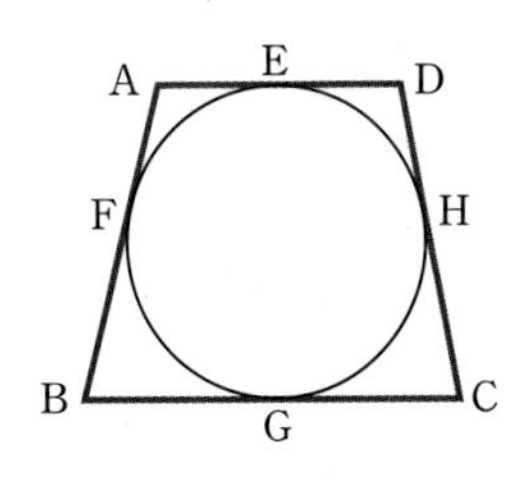

(4) 접선과 현이 이루는 각

원의 접선 AT와 현 AB가 이루는 각의 크기는 호 AB에 대한 원주각의 크기와 같다. 즉,

$\angle BAT = \angle ACB$

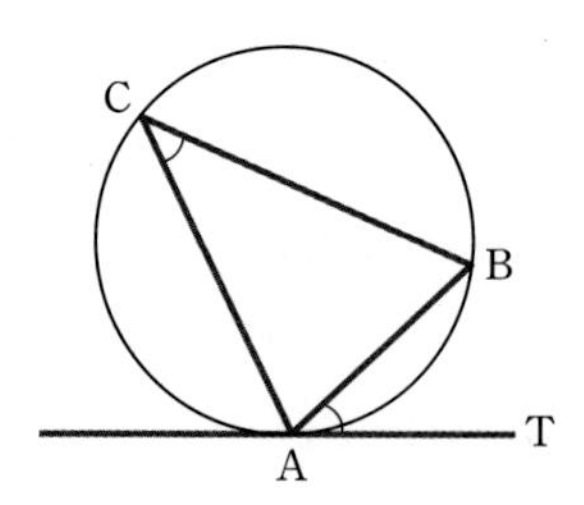

이해돕기 오른쪽 그림과 같이 원의 지름 AQ를 그으면 $\widehat{AB}$에 대한 원주각의 크기가 같으므로

$\angle APB = \angle AQB$

이때, $\angle ABQ = 90°$, $\angle QAT = 90°$이므로

$\angle AQB = \angle BAT$

$\therefore \angle APB = \angle BAT$

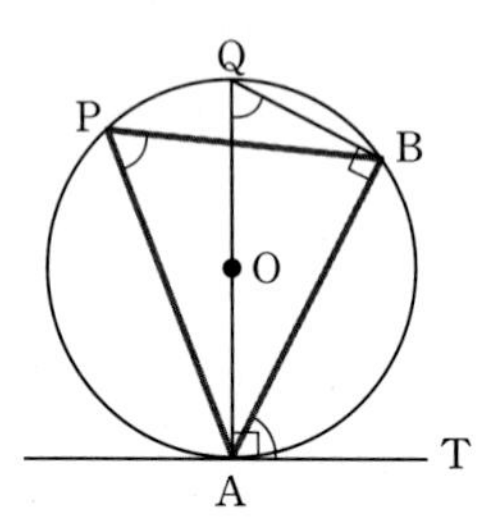

BASIC

4 원과 비례

(1) 한 원의 두 현 AB, CD 또는 그 연장선이 만나는 점을 P라 하면

$\overline{PA} \cdot \overline{PB} = \overline{PC} \cdot \overline{PD}$

① 교점 P가 원의 내부에 있을 때,

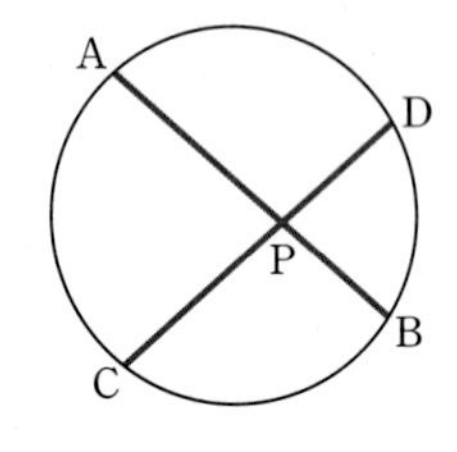

② 교점 P가 원의 외부에 있을 때,

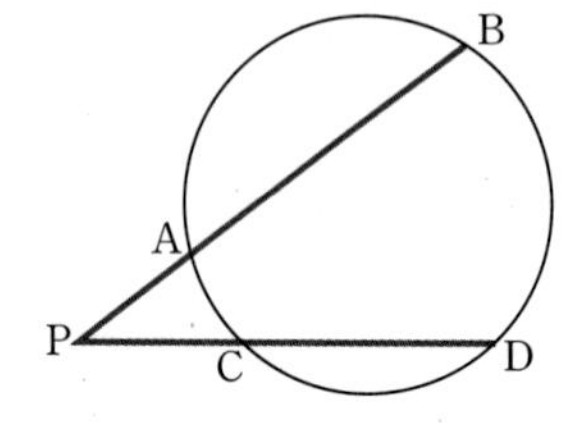

(2) 한 원의 현 AB의 연장선과 점 T에서의 접선이 점 P에서 만날 때,

$\overline{PT}^2 = \overline{PA} \cdot \overline{PB}$

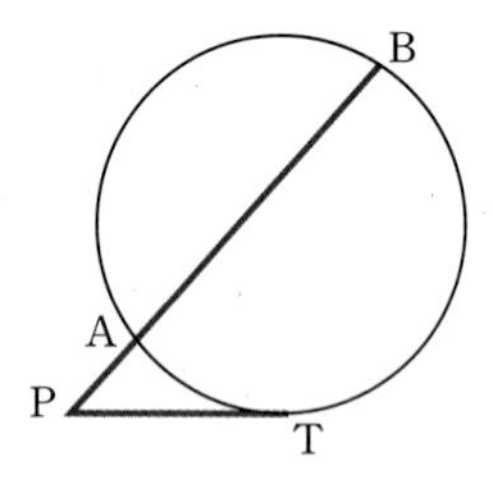

● 원의 접선이 되기 위한 조건

한 직선 위에 세 점 P, A, B가 있고, 이 직선 밖에 점 T가 있을 때, $\overline{PT}^2 = \overline{PA} \cdot \overline{PB}$이면 직선 PT는 세 점 A, B, T를 지나는 원의 접선이다.

이해돕기 $\triangle PAT$와 $\triangle PTB$에서

$\angle PTA = \angle PBT$, $\angle P$는 공통

$\triangle PAT \sim \triangle PTB$ (AA 닮음)이므로

$\overline{PA} : \overline{PT} = \overline{PT} : \overline{PB}$

$\therefore \overline{PT}^2 = \overline{PA} \cdot \overline{PB}$

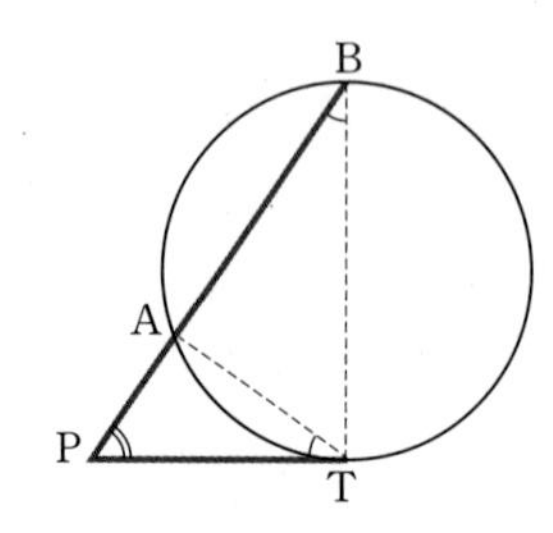

4 도형의 방정식

1 점과 좌표

(1) 좌표평면 위의 두 점 사이의 거리

두 점 $\mathrm{A}(x_1, y_1)$, $\mathrm{B}(x_2, y_2)$ 사이의 거리 $\overline{\mathrm{AB}}$는

$$\overline{\mathrm{AB}}=\sqrt{(x_2-x_1)^2}+\sqrt{(y_2-y_1)^2}$$

특히, 원점 O와 점 $\mathrm{P}(x, y)$ 사이의 거리 $\overline{\mathrm{OP}}$는

$$\overline{\mathrm{OP}}=\sqrt{x^2+y^2}$$

(2) 좌표평면 위의 선분의 내분점과 외분점

좌표평면 위의 두 점 $\mathrm{A}(x_1, y_1)$, $\mathrm{B}(x_2, y_2)$를 양끝으로 하는 선분 AB가 있을 때, $\overline{\mathrm{AB}}$를 $m:n$으로 내분하는 점을 P, 외분하는 점을 Q, $\overline{\mathrm{AB}}$의 중점을 M이라 하면

① 선분 AB를 $m:n$으로 내분하는 점 P의 좌표는

$$\mathrm{P}\left(\frac{mx_2+nx_1}{m+n}, \frac{my_2+ny_1}{m+n}\right) \text{ (단, } m>0,\ n>0)$$

② 선분 AB를 $m:n$으로 외분하는 점 Q의 좌표는

$$\mathrm{Q}\left(\frac{mx_2-nx_1}{m-n}, \frac{my_2-ny_1}{m-n}\right) \text{ (단, } m>0,\ n>0,\ m\neq n)$$

③ 선분 AB의 중점 M의 좌표는

$$\mathrm{M}\left(\frac{x_1+x_2}{2}, \frac{y_1+y_2}{2}\right)$$

이해돕기 좌표평면 위의 두 점 A(1, 2), B(4, 5)를 양 끝으로 하는 선분 AB가 있을 때, 다음을 구하시오.

(1) 선분 AB를 1 : 2로 내분하는 점 P
(2) 선분 AB를 4 : 1로 외분하는 점 Q
(3) 선분 AB의 중점 M

풀이

(1) $\mathrm{P}\left(\frac{1\times4+2\times1}{1+2}, \frac{1\times5+2\times2}{1+2}\right)$ $\quad\therefore \mathrm{P}(2, 3)$

(2) $\mathrm{Q}\left(\frac{4\times4-1\times1}{4-1}, \frac{4\times5-1\times2}{4-1}\right)$ $\quad\therefore \mathrm{Q}(5, 6)$

(3) $\mathrm{M}\left(\frac{1+4}{2}, \frac{2+5}{2}\right)$ $\quad\therefore \mathrm{M}\left(\frac{5}{2}, \frac{7}{2}\right)$

(3) 삼각형의 무게중심

세 점 $\mathrm{A}(x_1, y_1)$, $\mathrm{B}(x_2, y_2)$, $\mathrm{C}(x_3, y_3)$을 꼭짓점으로 하는 삼각형의 무게중심 G의 좌표는

$$\mathrm{G}\left(\frac{x_1+x_2+x_3}{3}, \frac{y_1+y_2+y_3}{3}\right)$$

2 직선의 방정식

(1) 직선의 방정식

① 기울기가 a이고, y절편이 b인 직선의 방정식 : $y=ax+b$

② 기울기가 m이고, 점 (x_1, y_1)을 지나는 직선의 방정식 : $y-y_1=m(x-x_1)$

BASIC

● **수직선 위의 두 점 사이의 거리**

수직선 위의 두 점 $\mathrm{A}(x_1)$, $\mathrm{B}(x_2)$ 사이의 거리 $\overline{\mathrm{AB}}$는

$$\overline{\mathrm{AB}}=|x_2-x_1|$$

● **수직선 위의 선분의 내분점과 외분점**

수직선 위의 두 점 $\mathrm{A}(x_1)$, $\mathrm{B}(x_2)$를 이은 선분 AB에 대하여

• $m:n$으로 내분하는 점 : $\frac{mx_2+nx_1}{m+n}$ (단, $m>0$, $n>0$)

• $m:n$으로 외분하는 점 : $\frac{mx_2-nx_1}{m-n}$ (단, $m>0$, $n>0$, $m\neq n$)

• 중점 : $\frac{x_1+x_2}{2}$

③ 두 점 (x_1, y_1), (x_2, y_2)를 지나는 직선의 방정식

㉠ $x_1=x_2$일 때 : $x=x_1$　　㉡ $y_1=y_2$일 때 : $y=y_1$

㉢ $x_1 \neq x_2$일 때 : $y-y_1=\dfrac{y_2-y_1}{x_2-x_1}(x-x_1)$

④ x절편이 a, y절편이 b인 직선의 방정식 : $\dfrac{x}{a}+\dfrac{y}{b}=1$ (단, $a\neq 0$, $b\neq 0$)

(2) 직선의 방정식의 일반형

직선의 방정식은 x, y에 대한 일차방정식 $ax+by+c=0$ (단, $a\neq 0$ 또는 $b\neq 0$) 이고 역으로 이 일차방정식의 그래프는 직선이다.

(3) 두 직선의 위치 관계

직선 / 위치 관계	$\begin{cases} y=mx+n \\ y=m'x+n' \end{cases}$	$\begin{cases} ax+by+c=0 \\ a'x+b'y+c'=0 \end{cases}$	연립방정식의 해
평행하다.	$m=m', n\neq n'$	$\dfrac{a}{a'}=\dfrac{b}{b'}\neq\dfrac{c}{c'}$	해가 없다.
일치한다.	$m=m', n=n'$	$\dfrac{a}{a'}=\dfrac{b}{b'}=\dfrac{c}{c'}$	해가 무수히 많다.
수직이다.	$mm'=-1$	$aa'+bb'=0$	교점의 좌표
한 점에서 만난다.	$m\neq m'$	$\dfrac{a}{a'}\neq\dfrac{b}{b'}$	교점의 좌표

이해돕기 직선 $l : x+ay+1=0$이 직선 $m : 2x-by+1=0$과는 수직이고, 직선 $n : x-(b-3)y-1=0$과는 평행할 때, a^2+b^2의 값을 구하시오.

(단, $ab\neq 0$, $b\neq 3$)

풀이

$l\perp m$이므로 $1\times 2+a\times(-b)=0$　　$\therefore ab=2$

$l /\!/ n$이므로 $\dfrac{1}{1}=\dfrac{a}{-(b-3)}\neq\dfrac{1}{-1}$, $a=-(b-3)$　　$\therefore a+b=3$

$\therefore a^2+b^2=(a+b)^2-2ab=3^2-2\times 2=5$

(4) 두 직선의 교점을 지나는 직선

① 두 직선 $ax+by+c=0$과 $a'x+b'y+c'=0$의 교점을 지나는 직선의 방정식은

$ax+by+c+k(a'x+b'y+c')=0$ (단, k는 상수)

② 두 직선 $ax+by+c=0$, $a'x+b'y+c'=0$이 한 점에서 만날 때, 방정식 $(ax+by+c)+k(a'x+b'y+c')=0$의 그래프는 상수 k의 값에 관계없이 두 직선 $ax+by+c=0$, $a'x+b'y+c'=0$의 교점을 지나는 직선이다.

이해돕기 두 직선 $2x-y+5=0$, $x-3y-5=0$의 교점을 지나고, 직선 $7x+2y=1$에 수직인 직선의 방정식을 구하시오.

풀이

$(2x-y+5)+k(x-3y-5)=0$에서

$(2+k)x-(1+3k)y+5(1-k)=0$　　……㉠

㉠이 직선 $7x+2y-1=0$에 수직이므로

$7(2+k)-2(1+3k)=0$　　$\therefore k=-12$　　……㉡

㉡을 ㉠에 대입하면 $-10x+35y+65=0$

$\therefore 2x-7y-13=0$

BASIC

기울기

$(\text{기울기})=\dfrac{(y\text{의 값의 증가량})}{(x\text{의 값의 증가량})}=\tan\theta$

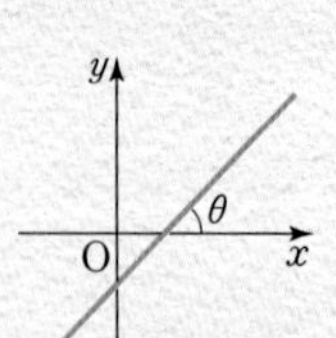

절편

x절편 : x축과 만나는 점의 x좌표

y절편 : y축과 만나는 점의 y좌표

(5) 점과 직선 사이의 거리

점 $P(x_1, y_1)$에서 직선 $ax+by+c=0$까지의 거리 d는

$$d=\frac{|ax_1+by_1+c|}{\sqrt{a^2+b^2}}$$

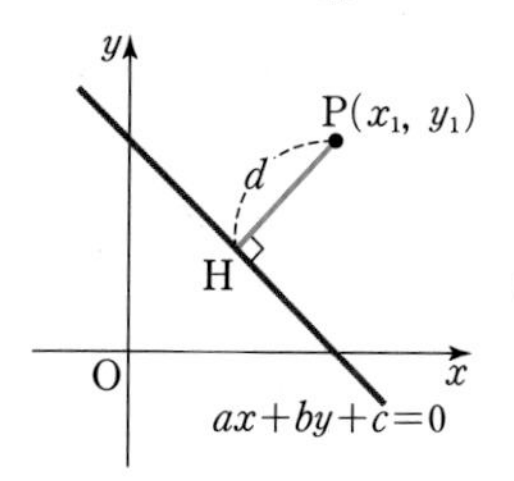

BASIC

점과 직선 사이의 거리

한 점 P에서 직선 l에 수선의 발 H를 내려 두 점 P, H를 이은 $\overline{PH}$를 점 P와 직선 l 사이의 거리라고 한다.

 x축의 양의 방향과 $60°$의 각을 이루고, 점 $(1, \sqrt{3})$과의 거리가 2인 직선의 방정식을 구하시오.

풀이 직선의 기울기는 $\tan 60°=\sqrt{3}$이므로 구하는 직선의 방정식을 $y=\sqrt{3}x+b$라 하면

점 $(1, \sqrt{3})$에서 직선 $\sqrt{3}x-y+b=0$까지의 거리가 2이므로

$$\frac{|\sqrt{3}\times 1-\sqrt{3}+b|}{\sqrt{(\sqrt{3})^2+(-1)^2}}=2,\ |b|=4 \qquad \therefore b=\pm 4$$

따라서 구하는 직선의 방정식은 $y=\sqrt{3}x\pm 4$이다.

3 원의 방정식

(1) 원의 방정식

① 원의 방정식의 표준형

중심이 (a, b)이고, 반지름의 길이가 r인 원의 방정식은

$$(x-a)^2+(y-b)^2=r^2$$

특히, 중심이 원점이고, 반지름의 길이가 r인 원의 방정식은

$$x^2+y^2=r^2$$

② 원의 방정식의 일반형

$$x^2+y^2+Ax+By+C=0 \text{ (단, } A^2+B^2-4C>0)$$

$x^2+y^2+Ax+By+C=0$

$\Longleftrightarrow \left(x+\frac{A}{2}\right)^2+\left(y+\frac{B}{2}\right)^2=\left(\frac{\sqrt{A^2+B^2-4C}}{2}\right)^2$

• 중심 : $\left(-\frac{A}{2}, -\frac{B}{2}\right)$

• 반지름의 길이 : $\frac{\sqrt{A^2+B^2-4C}}{2}$

(2) 원과 직선의 위치 관계

원 $x^2+y^2+Ax+By+C=0$과 직선 $ax+by+c=0$에 대하여 두 방정식을 연립하여 얻은 이차방정식의 판별식을 D라 하고, 원의 중심에서 직선까지의 거리를 d, 원의 반지름의 길이를 r라 하면

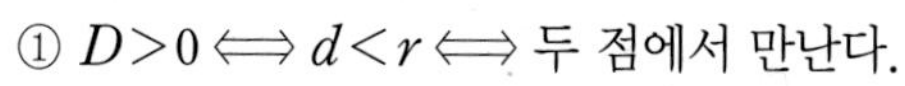

① $D>0 \Longleftrightarrow d<r \Longleftrightarrow$ 두 점에서 만난다.

② $D=0 \Longleftrightarrow d=r \Longleftrightarrow$ 접한다.

③ $D<0 \Longleftrightarrow d>r \Longleftrightarrow$ 만나지 않는다.

D>0
D=0
D<0

(3) 원의 접선의 방정식

① 원 $x^2+y^2=r^2$에 접하고, 기울기가 m인 접선의 방정식 : $y=mx\pm r\sqrt{m^2+1}$

② 원 $x^2+y^2=r^2$ 위의 점 (x_1, y_1)에서 그은 접선의 방정식 : $x_1x+y_1y=r^2$

③ 원 $(x-a)^2+(y-b)^2=r^2$ 위의 점 (x_1, y_1)에서 그은 접선의 방정식 :

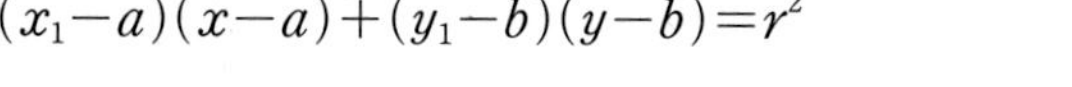

$$(x_1-a)(x-a)+(y_1-b)(y-b)=r^2$$

이해돕기 원 $x^2+y^2=2$ 밖의 점 $(2,\ 0)$에서 원에 그은 접선의 방정식을 구하시오.

풀이 접점의 좌표를 $(x_1,\ y_1)$이라 하면 $(x_1,\ y_1)$에서 그은 접선의 방정식은

$x_1x+y_1y=2$

이 직선이 점 $(2,\ 0)$을 지나므로 $2x_1=2$

$\therefore\ x_1=1$ ……㉠

한편, 점 $(x_1,\ y_1)$은 원 $x^2+y^2=2$ 위의 점이므로 $x_1^2+y_1^2=2$

$x_1=1$이므로 $y_1=\pm1$ ……㉡

㉠, ㉡을 $x_1x+y_1y=2$에 대입하면

$x+y-2=0,\ x-y-2=0$

BASIC

- **원의 접선의 방정식 구하기**
  기울기 m이 주어진 경우의 접선의 방정식은 다음 중 하나를 이용한다.
  - (원의 중심에서 접선까지의 거리) =(원의 반지름의 길이)를 이용
  - 원과 접선의 방정식을 연립하여 얻은 이차방정식의 판별식 $D=0$을 이용

(4) 두 원의 위치 관계

반지름의 길이가 각각 $r,\ r'(r>r')$인 두 원의 중심 사이의 거리가 d일 때

① $d>r+r'$ ⟺ 두 원은 서로 밖에 있으며 만나지 않는다.

② $d=r+r'$ ⟺ 외접

③ $r-r'<d<r+r'$ ⟺ 두 점에서 만난다.

④ $d=r-r'$ ⟺ 내접

⑤ $d<r-r'$ ⟺ 한 원이 다른 원의 내부에 있으며 만나지 않는다.

① 외부에 있다.

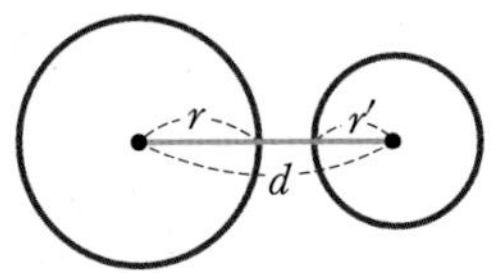

$d>r+r'$

② 외접한다.

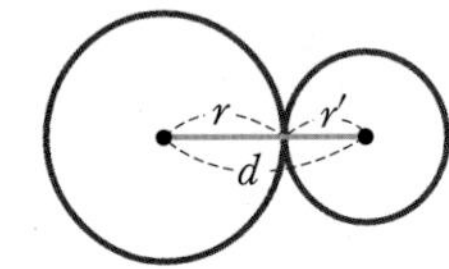

$d=r+r'$

③ 두 점에서 만난다.

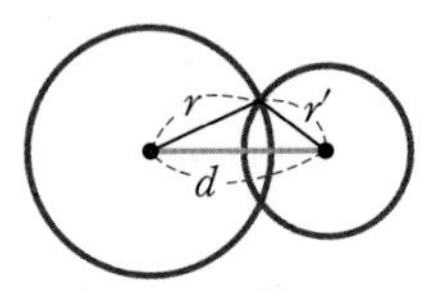

$r-r'<d<r+r'$

④ 내접한다.

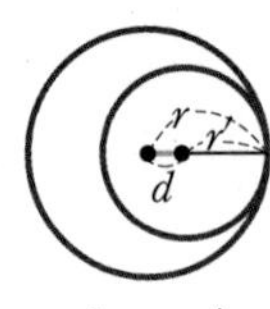

$d=r-r'$

⑤ 내부에 있다.

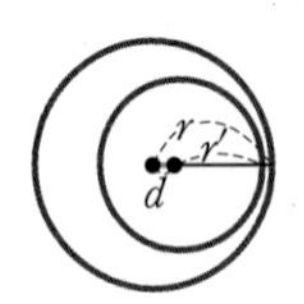

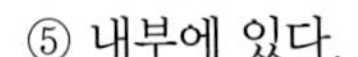

$d<r-r'$

(5) 두 원의 교점을 지나는 원의 방정식

두 원 $x^2+y^2+ax+by+c=0,\ x^2+y^2+a'x+b'y+c'=0$의 교점을 지나는 원의 방정식은

$$x^2+y^2+ax+by+c+k(x^2+y^2+a'x+b'y+c')=0$$

- 특히, $k=-1$일 때에는 두 원의 교점을 지나는 직선, 즉 공통현의 방정식이 된다.

4 도형의 이동

(1) 평행이동

① 점의 평행이동 : 점 $\mathrm{P}(x,\ y)$를 x축, y축의 방향으로 각각 $a,\ b$만큼 평행이동시킨 점 P'의 좌표는 $\mathrm{P}'(x+a,\ y+b)$

② 도형의 평행이동 : $f(x,\ y)=0$인 도형을 x축, y축의 방향으로 각각 $a,\ b$만큼 평행이동시킨 도형의 방정식은 $f(x-a,\ y-b)=0$

- x축, y축의 방향으로 a만큼 평행이동
  - $a>0$일 때 : x축, y축의 양의 방향
  - $a<0$일 때 : x축, y축의 음의 방향

(2) 대칭이동

대칭조건	점의 대칭이동	$f(x, y)=0$의 대칭이동
x축에 대한 대칭이동	$(x, y) \to (x, -y)$	$f(x, -y)=0$
y축에 대한 대칭이동	$(x, y) \to (-x, y)$	$f(-x, y)=0$
원점에 대한 대칭이동	$(x, y) \to (-x, -y)$	$f(-x, -y)=0$
직선 $y=x$에 대한 대칭이동	$(x, y) \to (y, x)$	$f(y, x)=0$
직선 $y=-x$에 대한 대칭이동	$(x, y) \to (-y, -x)$	$f(-y, -x)=0$
직선 $x=a$에 대한 대칭이동	$(x, y) \to (2a-x, y)$	$f(2a-x, y)=0$
직선 $y=b$에 대한 대칭이동	$(x, y) \to (x, 2b-y)$	$f(x, 2b-y)=0$
점 (a, b)에 대한 대칭이동	$(x, y) \to (2a-x, 2b-y)$	$f(2a-x, 2b-y)=0$

BASIC

● 대칭이동

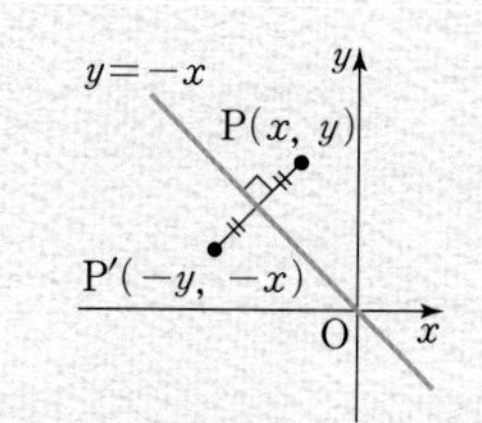

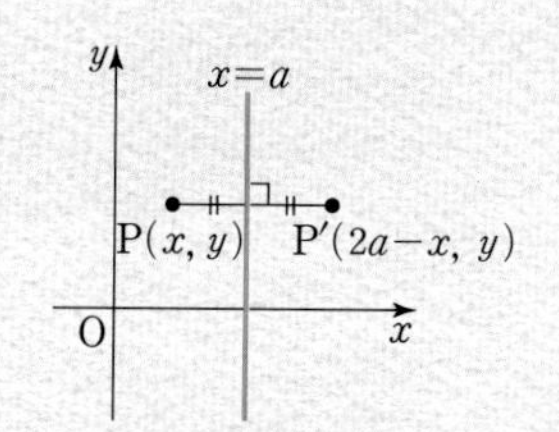

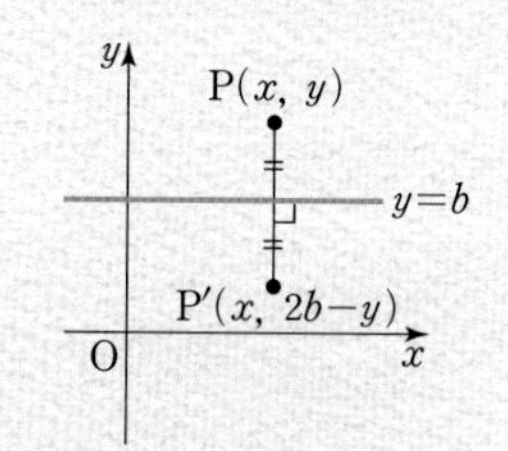

이해돕기 점 $P(x, y)$를 직선 $x=a$에 대하여 대칭이동한 점을 구하시오.

풀이 점 $P(x, y)$를 직선 $x=a$에 대하여 대칭이동한 점 $P'(x', y')$은 점 P와 y좌표는 같고, $\overline{PP'}$의 중점이 $x=a$ 위에 있다. 즉, $a=\frac{x+x'}{2}$, $x'=2a-x$ $\quad\therefore P'(x', y')=(2a-x, y)$

이해돕기 직선 $y=\frac{1}{2}x+4$와 y축에 대하여 대칭인 직선에 수직이고, 점 $(2, 3)$을 지나는 직선의 방정식을 구하시오.

풀이 y축에 대하여 대칭인 직선은 x대신 $-x$를 대입한다. 즉,

$$y=-\frac{1}{2}x+4$$

직선 $y=-\frac{1}{2}x+4$에 수직인 직선의 기울기는 2이고 구하는 직선은

점 $(2, 3)$을 지나므로 $y-3=2(x-2)$

$\therefore y=2x-1$

5 부등식의 영역

1 부등식의 영역

(1) 부등식 $y>f(x)$, $y<f(x)$꼴의 부등식의 영역

① $y>f(x)$의 영역 : 도형 $y=f(x)$의 윗부분

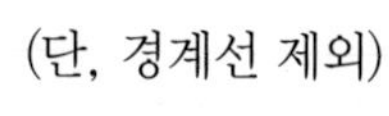
(단, 경계선 제외)

② $y<f(x)$의 영역 : 도형 $y=f(x)$의 아랫부분

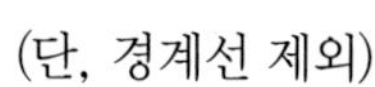
(단, 경계선 제외)

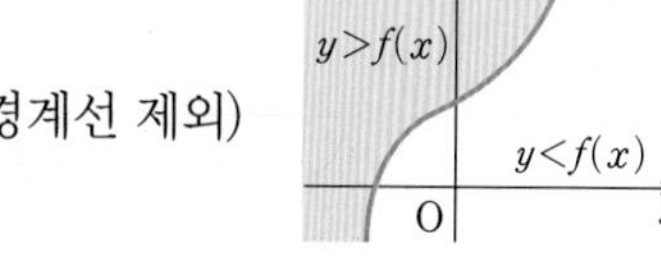

(2) $f(x, y)>0$, $f(x, y)<0$꼴의 부등식의 영역

① $f(x, y)=0$의 그래프를 그린다.

② $f(x, y)=0$의 그래프 위에 있지 않은 임의의 점을 부등식에 대입하여 부등식을 만족시키면 그 점이 있는 쪽이 구하는 영역이고 부등식을 만족시키지 않으면 그 점이 있지 않은 쪽이 구하는 영역이다.

참고 원의 내부와 외부

- 부등식 $(x-a)^2+(y-b)^2<r^2$의 영역
  $\Longleftrightarrow$중심이 (a, b), 반지름의 길이가 r인 원의 내부 (단, 경계선 제외)
- 부등식 $(x-a)^2+(y-b)^2>r^2$의 영역
  $\Longleftrightarrow$중심이 (a, b), 반지름의 길이가 r인 원의 외부 (단, 경계선 제외)

이해돕기 부등식 $x(x-y)(x^2+y^2-4)<0$의 영역을 나타내시오.

풀이 좌표평면 위에 $x=0$, $x-y=0$, $x^2+y^2-4=0$의 그래프를 그리면 좌표평면은 여덟 부분으로 나뉘어진다.
경계선에 있지 않은 한 점 $(1, 0)$의 좌표를 주어진 부등식에 대입하면

$1\cdot(1-0)(1^2+0^2-4)<0$

이 성립하므로 주어진 부등식의 영역을 만족한다.
따라서 점 $(1, 0)$을 포함하는 평면으로부터 교대로 색칠하면 구하는 부등식의 영역이 된다. 이때, 경계선은 제외한다.

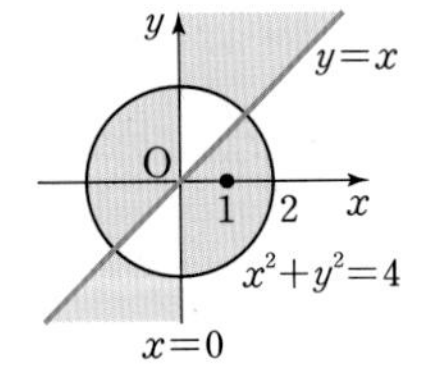

다른 풀이

부등식 $x(x-y)(x^2+y^2-4)<0$의 영역은

$x<0\begin{cases}x-y>0,\ x^2+y^2-4>0 & \Rightarrow ① \\ x-y<0,\ x^2+y^2-4<0 & \Rightarrow ②\end{cases}$

$x>0\begin{cases}x-y>0,\ x^2+y^2-4<0 & \Rightarrow ③ \\ x-y<0,\ x^2+y^2-4>0 & \Rightarrow ④\end{cases}$

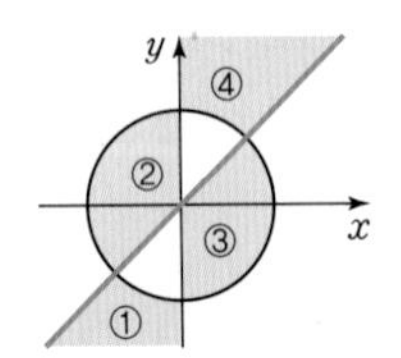

BASIC

곱의 꼴로 표현된 부등식 $f(x, y)\cdot g(x, y)>0$의 영역

① $f(x, y)=0$, $g(x, y)=0$의 그래프를 그린다.
② 경계선 위에 있지 않은 한 점을 대입한다.
③ 대입한 결과를 이용하여 구하는 영역에 색칠한다.

2 부등식의 영역과 최대 · 최소

조건이 부등식으로 주어질 때의 최대 · 최소 문제는 다음과 같이 푼다.

(1) 조건식을 만족시키는 점 (x, y)의 영역을 그린다.
(2) 최댓값 또는 최솟값을 구하려는 식 $f(x, y)$를 $f(x, y)=k$로 놓고, 이 그래프를 (1)의 영역 안에서 움직여 본다.
(3) k의 최댓값, 최솟값을 구한다. 대체로 최대, 최소가 되는 경우는 접할 때와 교점을 지날 때이다.

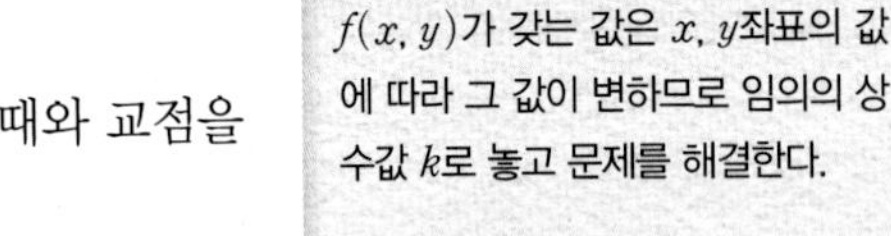

$f(x, y)=k$로 놓는 이유

$f(x, y)$가 갖는 값은 x, y좌표의 값에 따라 그 값이 변하므로 임의의 상수값 k로 놓고 문제를 해결한다.

이해돕기 연립부등식 $\begin{cases}y\ge x^2 \\ y\le -x+2\end{cases}$를 만족시키는 실수 x, y에 대하여 $y-x$의 최댓값, 최솟값을 구하시오.

풀이 $y=x^2$, $y=-x+2$의 교점의 좌표는

$(-2, 4)$, $(1, 1)$

$y-x=k$로 놓으면 $y=x+k$ ……㉠

(i) ㉠이 점 $(-2, 4)$를 지날 때, k가 최대이므로 k의 최댓값은 $4-(-2)=6$

(ii) ㉠이 $y=x^2$에 접할 때, k가 최소이므로

$x^2=x+k$, $x^2-x-k=0$

$D=1+4k=0 \quad \therefore k=-\frac{1}{4}$

따라서 $y-x$의 최댓값은 6, 최솟값은 $-\frac{1}{4}$이다.

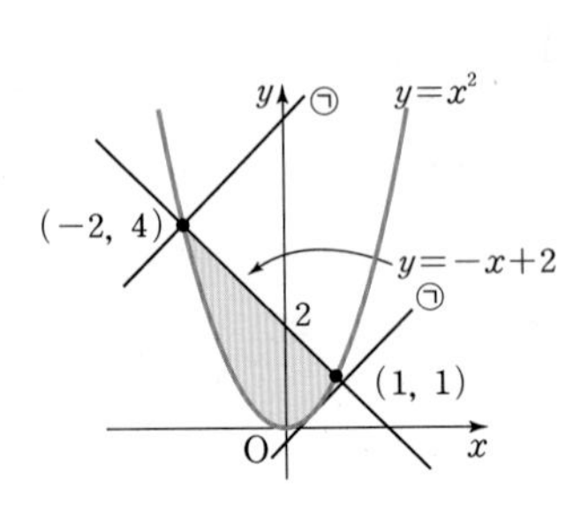

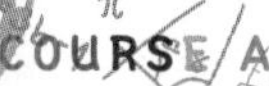

예시 답안 및 해설 13쪽

수리논술 분석

예제 1

이탈리아 피사에 있는 피사의 사탑은 기울어져 있다는 특징이 있다. 이 탑은 매년 1 mm씩 기울어지고 있어 그대로 두면 이 탑이 쓰러지게 되어 이탈리아 정부는 1990년부터 보수공사를 한 바 있다. 현재 이 탑은 높이가 약 56 m, 지름이 16 m인 원기둥 모양의 8층 건물이며, 수직축에서 약 5°30′ 정도 기울어져 있다고 한다. 물리학의 이론으로 볼 때 세워져 있는 어떤 물체의 무게중심이 밑면의 경계선을 벗어나면 그 물체는 쓰러지게 된다고 할 때, 피사의 사탑을 지면에 올려놓은 원기둥으로 생각하여 이 탑이 쓰러지지 않게 되는 옆면의 모선의 기울기를 구하는 방법을 논술하시오.

예시 답안

피사의 사탑의 무게중심 G가 y축 위에 오도록 다음 그림과 같이 x축, y축을 잡으면 $\triangle OAB \backsim \triangle GBO$이므로 $\overline{AB}:\overline{OA}=\overline{BO}:\overline{GB}$이다.

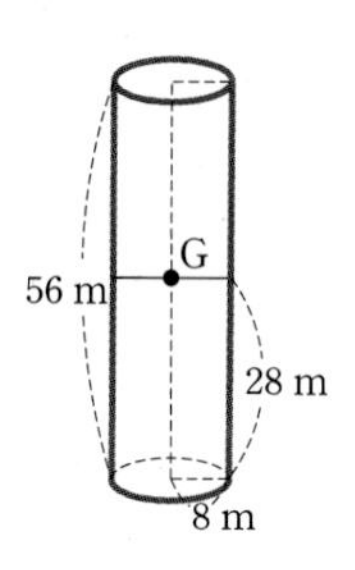

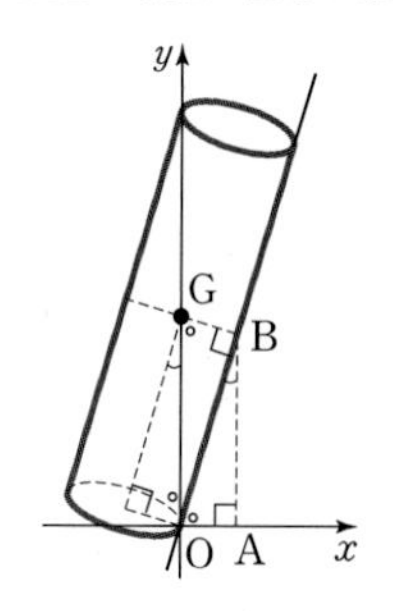

이때, $\overline{GB}=8$ m, $\overline{OB}=28$ m이므로 원기둥 옆면의 모선의 기울기는 다음과 같다.

$$\frac{\overline{AB}}{\overline{OA}}=\frac{\overline{BO}}{\overline{GB}}=\frac{28}{8}=3.5$$

따라서 탑이 쓰러지지 않으려면 지면에 대하여 탑의 기울기가 3.5보다 커야 한다.

Check Point

- 원기둥의 무게중심은 회전축을 품고 자른 단면인 직사각형의 대각선의 교점에서 찾을 수 있다.
- 다음 그림과 같이 원기둥의 무게중심 G가 밑면의 경계선을 벗어나면 이 원기둥은 쓰러진다.

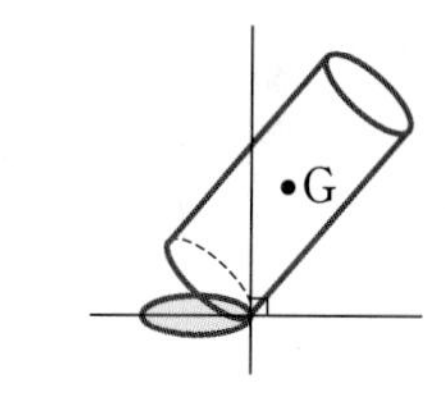

유제 1

평면 위의 두 점 A, B를 잇는 선분 위에 놓여 있는 한 점 O의 고유좌표를 정의하고자 한다. 점 O가 $\overline{AB}$를 $m:n$으로 내분하는 위치에 있을 때, 점 O의 고유좌표를 $\left(\frac{m}{m+n}, \frac{n}{m+n}\right)$으로 정의하고, 이 개념을 확장하여 넓이의 비를 이용하여 $\triangle ABC$ 내의 점 O의 고유좌표를 정의하고자 한다. 이때, $\triangle OAB$, $\triangle OBC$, $\triangle OCA$의 넓이를 각각 a, b, c라 하면 점 O의 고유좌표를 $\left(\frac{a}{a+b+c}, \frac{b}{a+b+c}, \frac{c}{a+b+c}\right)$로 정의할 수 있다. 다음 물음에 답하시오.

(1) 위의 정의에 의하여 $\overline{AB}$의 중점과 $\triangle ABC$의 무게중심의 좌표를 설정하시오.

(2) 위의 정의에 의하여 $\triangle ABC$ 내의 한 점 O가 하나의 꼭짓점으로 이동할 때, 점 O의 좌표는 어떤 값에 접근하는지 설명하시오.

| 연세대학교 2008년 예시 응용 |

예제 2 입체도형 A와 B의 닮음비가 $m:n$이면 겉넓이의 비는 $m^2:n^2$이고, 부피의 비는 $m^3:n^3$이다. 음식물을 먹을 때, 꼭꼭 오랫동안 씹어 넘겨야 소화가 잘 된다는 사실을 도형의 닮음을 이용하여 수학적으로 설명하시오.

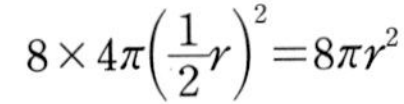

예시 답안

음식물 알갱이를 반지름의 길이가 r인 구 모양이라 하면, 이 구의 부피는 $\frac{4}{3}\pi r^3$이 된다. 음식물 알갱이를 잘게 씹어서 구의 반지름의 길이가 $\frac{1}{2}r$가 되면 부피는 $\frac{4}{3}\pi\left(\frac{1}{2}r\right)^3=\frac{\pi r^3}{6}$, 즉 원래 크기의 $\frac{1}{8}$이 되므로 원래의 음식물 알갱이가 8개의 작은 구로 쪼개지고, 그 부피의 합은 변함이 없다. 이때, 겉넓이를 비교하여 보면 처음 음식물 알갱이의 겉넓이는 $4\pi r^2$이고, 반지름이 $\frac{1}{2}r$인 8개의 부서진 음식물 알갱이의 겉넓이는

$$8\times4\pi\left(\frac{1}{2}r\right)^2=8\pi r^2$$

이다. 따라서 음식물을 작은 알갱이로 쪼개어서 위로 보낼수록 음식물 알갱이의 겉넓이가 넓어지므로 음식물과 소화액이 닿는 부분이 넓어져서 소화가 잘 된다.

Check Point

처음 먹은 음식물의 알갱이를 구 모양이라 가정하고 음식물 알갱이를 잘게 씹었을 때, 부서진 음식물의 알갱이도 구 모양이라고 가정한다. 예를 들어, 처음 음식물 알갱이의 반지름의 길이를 r라 하고, 잘게 씹었을 때, 부서진 음식물의 알갱이의 반지름의 길이를 $\frac{1}{2}r$라 하면 처음 음식물 알갱이의 부피와 부서진 음식물 알갱이 하나의 부피의 비는 8 : 1이 된다.

유제 2 다음과 같이 다섯 명의 사람이 자신의 생각을 말하였다. 이 중 옳지 않은 생각을 말한 사람을 찾아 그 내용을 바르게 고쳐 서술하시오.

A : 원뿔을 뒤집어 놓은 모양의 컵에 가득 담긴 콜라를 마시는 경우를 생각해 봐. 남은 콜라의 양이 컵 높이의 $\frac{1}{2}$ 정도가 되었을 때, 반 쯤 마셨다고 생각하지만 사실 남은 콜라는 처음의 $\frac{1}{8}$로 부피가 줄어 있는 거야.

B : 원통형으로 된 두루마리 화장지의 경우, 원통의 높이는 일정하므로 부피는 원의 넓이에 비례하는 거야. 따라서 화장지의 밑면(원)의 넓이가 $\frac{1}{2}$로 줄었을 때, 남은 화장지의 양은 처음의 $\frac{1}{4}$밖에 안 되는 거지.

C : 지도의 축척은 지도 상에서의 거리와 지표에서의 실제 거리의 비율을 말하는 거야. 축척이 1만분의 1인 지도는 5천분의 1인 지도와 비교하여 거리를 2분의 1로 축소하여 그린 지도가 되는 거야.

D : 농구공은 탁구공보다 반지름의 길이가 6배가 커. 그러니까 두 공의 두께를 무시하면 농구공에 들어간 공기의 부피는 탁구공에 들어간 공기의 부피의 18배라고 할 수 있어.

E : TV의 화면 크기는 대각선 길이로 나타내니까 화면의 가로, 세로 길이의 비율이 동일한 60인치 TV와 30인치 TV의 화면 넓이는 60인치가 30인치의 4배가 되는 거야.

예시 답안 및 해설 14쪽

수리논술 기출 및 예상 문제

01

다음 제시문을 읽고 물음에 답하시오.

> **Hint**
> (1) 점 (x_1, y_1)과 직선 $ax+by+c=0$ 사이의 거리를 구할 때에는 반드시 원점과 직선 사이의 거리를 이용해야 하므로 점 (x_1, y_1)을 원점으로 이동시킨 후의 직선의 방정식을 생각하자.

(가) 르네 데카르트는 1637년에 발간된 '방법서설'을 통하여 수학적 방법을 어떻게 철학을 비롯한 다른 학문에 적용할 수 있는지를 설명하였는데, 그 책의 부록인 '기하학'에서 평면좌표를 도입하여 대수적인 방법으로 중요한 기하학적 문제들을 해결할 수 있었다. 평면에 좌표계를 도입하면 각 점은 실수의 순서쌍으로 표현될 수 있고, 기하 곡선은 대수방정식으로 표현되며, 두 곡선이 만나는 점은 연립방정식을 통하여 구할 수 있기 때문이다. 데카르트의 좌표계는 그때까지 누구도 알지 못했던 대수와 기하 사이의 연결 고리를 찾았다는 점에서 역사적인 혁명과도 같았다. 특히, 좌표평면에서 그래프를 통해 데카르트는 대수방정식을 기하 곡선으로, 마찬가지로 기하곡선을 대수방정식, 즉 수치로 나타내는 법을 발견하였고, 두 곡선을 같은 좌표계에 그릴 수 있으며, 이 두 곡선의 교차점은 두 곡선으로 나타내어지는 연립방정식의 해가 된다는 것도 같이 발견하였다. 이로서 데카르트는 오랜 세월 동안 별개라고 생각되었던 대수와 기하를 통합함으로써 해석기하학이라는 분야의 초석을 다지게 되었다.

(나) 삼각형의 면적을 이용하여 좌표평면 위에서 원점과 직선 사이의 거리를 구하는 방법에 대하여 살펴본다. 먼저, 원점과 직선 $4x+3y=12$와의 거리 d를 구하기 위해 이 직선의 x절편, y절편과 원점이 이루는 삼각형의 면적을 두 가지 방법으로 구해서 서로 같게 놓음으로써 $d=\frac{12}{5}$를 얻을 수 있다. 이를 일반화하여 원점과 직선의 x절편, y절편을 꼭짓점으로 하는 삼각형의 면적을 이용하면 a와 b가 0이 아닌 실수일 때 원점 $(0, 0)$과 직선 $ax+by+c=0$ 사이의 거리 d는 $d=\frac{|c|}{\sqrt{a^2+b^2}}$임을 보일 수 있다.

(다) 아래 그림과 같이 수직으로 교차하는 두 길에서 A는 P지점에서 출발하여 O지점을 향해 시속 30 km의 균일한 속력으로 달리고, 동시에 B는 O지점에서 출발하여 Q지점을 향해 시속 40 km의 균일한 속력으로 달린다. P지점과 O지점 사이의 거리가 30 km일 때, 출발 이후 A와 B 사이의 거리의 최솟값을 점과 직선 사이의 거리 공식을 이용하여 구할 수 있음을 살펴보자. 좌표평면에서 A의 위치를 원점으로 고정한 상태에서 B의 상대적인 위치를 생각해 보면, A와 B 사이의 거리의 최솟값은 원점과 직선 $4x-3y+120=0$ 사이의 거리임을 알 수 있다. 그러므로 A와 B 사이의 거리의 최솟값은 $\frac{120}{\sqrt{4^2+3^2}}=24$이다.

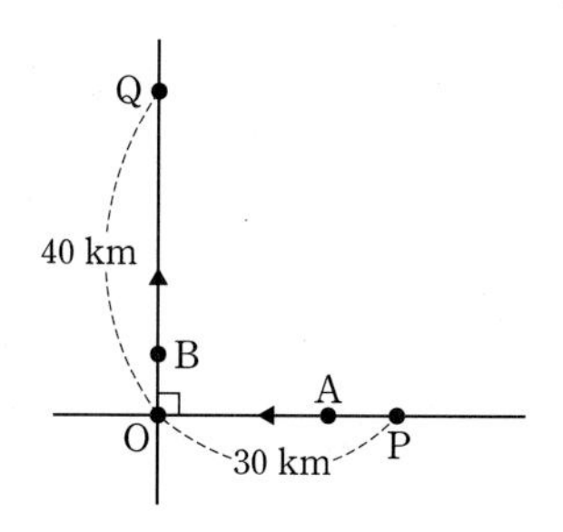

㈑ 좌표평면의 점 (x, y)를 x축에 대하여 대칭이동한 점의 좌표는 $(x, -y)$이고, (x, y)를 직선 $y=x$에 대하여 대칭이동한 점의 좌표는 (y, x)이다. 점의 대칭이동을 이용하고, 삼각형에서 두 변의 길이의 합은 다른 한 변의 길이보다 항상 크다는 사실을 이용하여 a와 b가 실수일 때, 좌표평면 위의 세 점 (a, a), $(b, 0)$ 그리고 $(2, 1)$을 꼭짓점으로 하는 삼각형의 둘레의 길이의 최솟값 $\sqrt{10}$은 점 $(2, 1)$을 x축에 대하여 대칭이동한 점과 $(2, 1)$을 직선 $y=x$에 대하여 대칭이동한 점 사이의 거리이다.

(1) 제시문 ㈏의 밑줄 친 부분을 직접 계산을 통해 증명하고, 이를 이용하여 a와 b가 0이 아닌 실수일 때, 점 (x_1, y_1)과 직선 $ax+by+c=0$ 사이의 거리를 구하시오.

(2) 제시문 ㈐의 밑줄 친 부분에서 A와 B 사이의 거리의 최솟값을 원점과 직선 $4x-3y+120=0$ 사이의 거리로 해석할 수 있는 이유를 설명하시오.

(3) 주어진 자연수 n과 삼각형 ABC에서 변 BC를 $n:1$로 내분하는 점을 D라고 하자. $(\overline{BD}:\overline{DC}=n:1)$

이때 다음의 결과가 성립함을 보이시오.

$$\overline{AB}^2+n\overline{AC}^2=(n+1)(\overline{AD}^2+n\overline{CD}^2)$$

(4) 제시문 ㈑에서 언급한 세 점 (a, a), $(b, 0)$ 그리고 $(2, 1)$을 꼭짓점으로 하는 삼각형의 둘레의 길이의 최솟값은 $\sqrt{10}$임을 보이시오.

| 서강대학교 2013년 수시 |

02

예각삼각형 ABC에서 $\overline{AB}=c$, $\overline{BC}=a$, $\overline{CA}=b(a<b<c)$라 하고, $\triangle ABC$의 경계 및 내부에 위치한 점을 P라 하자. 점 P와 $\overline{BC}$ 사이의 거리와 P와 $\overline{CA}$ 사이의 거리를 합한 값을 $f(\mathrm{P})$라 한다.

(1) $f(\mathrm{P})$가 최대가 되는 점 P는 $\overline{AB}$ 위에 있음을 보이시오.

(2) (1)에서 구한 점 P가 어디에 있을 때 $f(\mathrm{P})$가 최대가 되는가? 이때 $f(\mathrm{P})$의 값을 삼각형의 넓이 S와 a, b, c로 나타내시오.

| 서울대학교 2013년 심층면접 |

Hint
$\triangle ABC$의 내부에 점 P를 잡아 $\overline{CP}$의 연장선이 $\overline{AB}$와 만나는 점 P′을 생각하자.

03

오른쪽 그림은 세 개의 원을 겹치게 하여 생기는 교점을 이어 삼각형 ABC를 만든 것이다. 이때 삼각형의 각 변은 각 원에 내접하는 정 p, q, r각형의 변이라 하자.

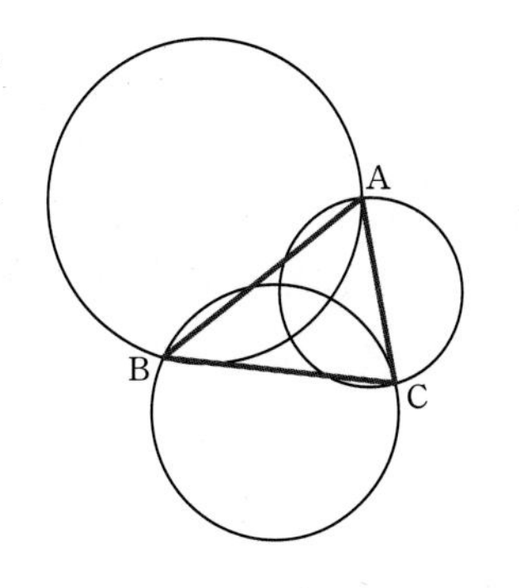

(1) p, q, r의 관계식을 구하시오.

(2) (1)을 만족하는 p, q, r을 구하시오.

| 서강대학교 2013년 심층면접 |

Hint
원에 내접하는 정n각형에서 원의 중심을 꼭짓점으로 하는 n개의 삼각형의 원의 중심에 대한 내각의 크기는 $\frac{2\pi}{n}$이다.

04

갑과 을 두 사람이 O지점에서 축구공을 찬 후, 떨어진 C지점에서 다시 한 번 차서 지점에 '더 가까이 도달하기' 시합을 했다.

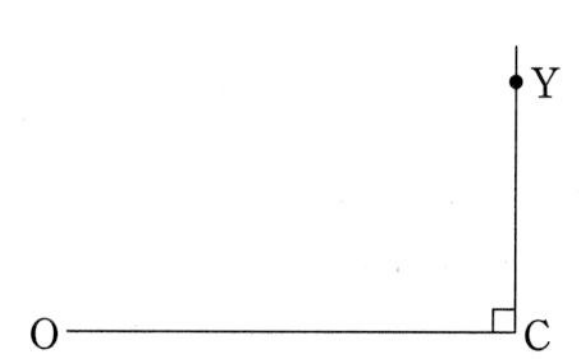

갑이 첫 번째 찬 공은 C 방향으로 40 m 날아가서 떨어졌고, 그 지점에서 두 번째 찰 때는 30 m 날아가서 반직선 $\overrightarrow{CY}$ 위의 A 지점에 떨어졌다. 을이 첫 번째 찬 공은 C 방향으로 60 m 날아가서 떨어졌고, 그 지점에서 두 번째 찰 때는 10 m 날아가서 반직선 $\overrightarrow{CY}$ 위의 B 지점에 떨어졌다.

(1) A와 B 사이의 거리를 선분 OC의 길이에 대한 함수로 나타내시오.

(2) 선분 OC의 길이가 몇 미터일 때 A와 B 사이의 거리가 가장 멀어지는지 구하고, 이때 A와 B 사이의 거리를 구하시오.

| 서울과학기술대학교 2015년 모의논술 |

Hint
점 O를 원점, 직선 OC를 x축의 양의 방향으로 하는 좌표평면에서 $\overline{OC}=x$로 놓는다.

05

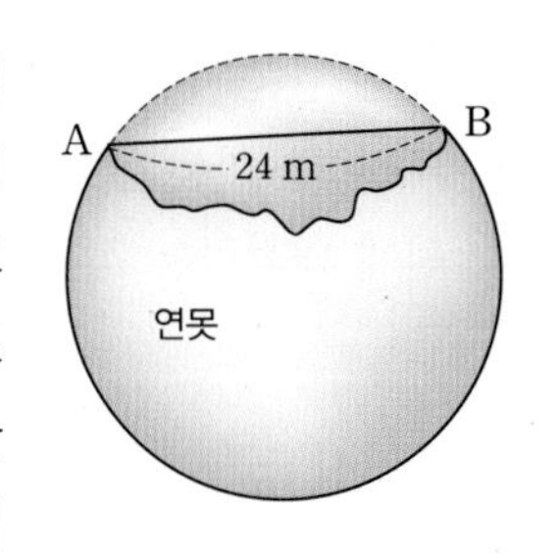

오른쪽 그림과 같은 원 모양의 연못이 있다. 그런데 여름에 태풍의 영향으로 이 연못의 둑 일부가 무너져서 다시 이 연못을 완전한 원 모양으로 복구하려고 한다. 그러기 위해서는 오른쪽 그림에서 점선으로 표시된 호 AB를 그린 후 흙을 파내야 한다. 이 원의 반지름의 길이는 20 m이고 $\overline{AB}=24$ m일 때, 이 원에서 호 AB를 그리는 방법을 생각해 보면 가장 쉬운 방법은 컴퍼스로 원을 그리는 것처럼 길이가 20 m인 줄의 한 끝을 원의 중심에 고정시키고, 나머지 한 끝을 돌려서 호 AB 위의 점들을 찾는 것이다. 그러나 이 방법은 중심의 위치가 연못 내부에 있어서 사용할 수 없고 다른 방법을 찾아야 한다. 호 AB를 그리는 방법을 자유롭게 논하시오.

> **Hint**
> 현의 수직이등분선을 그어 원과의 교점을 구하는 작업을 반복한다.

06

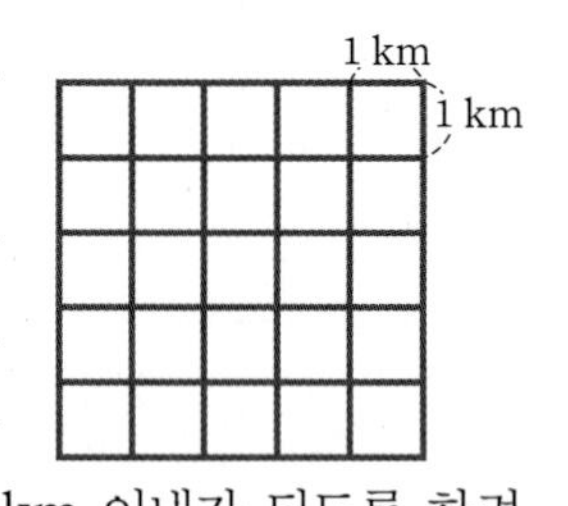

신도시에 가로와 세로의 길이가 각각 5 km인 새로운 택지를 개발하려고 한다. 오른쪽 그림과 같이 세로 방향으로 간격이 1 km인 도로를 여섯 개씩 만들 예정이다. 택지 경계선을 포함하여 36개의 교차로 중 몇 곳에 주민센터를 건설하고자 한다. 모든 교차로에서 가장 가까운 주민센터까지의 거리가 반경 2 km 이내가 되도록 하려고 한다. (단, 도로의 폭은 고려하지 않기로 한다.)

(1) 4개의 주민센터로 위의 조건을 만족할 수 있는 경우가 3가지 있다. 각각의 경우에 주민센터를 36개 교차로 중 어디에 만들어야 하는지 그림으로 제시하시오.

(2) 위의 조건을 만족하기 위해서는 적어도 4개의 주민센터가 필요함을 논리적으로 밝히시오.

| 이화여자대학교 2010년 수시 |

> **Hint**
> (1) 각 교차점에서 반경 2 km인 원을 그리면서 교차점이 중첩하지 않고 모두 포함되는 경우를 찾는다.

07

지구에서 보는 달과 태양의 크기는 거의 비슷하다. 태양 빛이 지구에 도달하는 데 약 8분 걸리고 달빛이 지구에 도달하는 데 약 1초 걸린다는 사실로부터 실제 태양의 지름은 달의 지름의 몇 배 정도인지 추론해 보시오.

| 숙명여자대학교 2005년 수시 면접 |

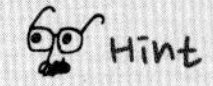

지구는 점, 달과 태양은 두 개의 원으로 하는 도형에서 닮은 꼴을 이용한다.

08

완전한 구 모양의 항성 S, 행성 E, 위성 M으로 구성된 행성계에서 항성 S의 주위를 도는 행성 E의 공전궤도와 행성 E의 주위를 도는 위성 M의 공전궤도가 같은 평면 상의 완전한 원이라 하자. 행성 E에 있는 천문학자가 위의 행성계에 대하여 다음과 같은 관측 자료를 얻었다고 한다. 물음에 답하시오.

① 항성 S의 반지름은 10만 km이다.
② 행성 E의 반지름은 1만 km이다.
③ 위성 M의 반지름은 5천 km이다.
④ 항성 S의 중심으로부터 행성 E의 중심까지의 거리는 30만 km이다.
⑤ 행성 E의 중심으로부터 위성 M의 중심까지의 거리는 2만 km이다.

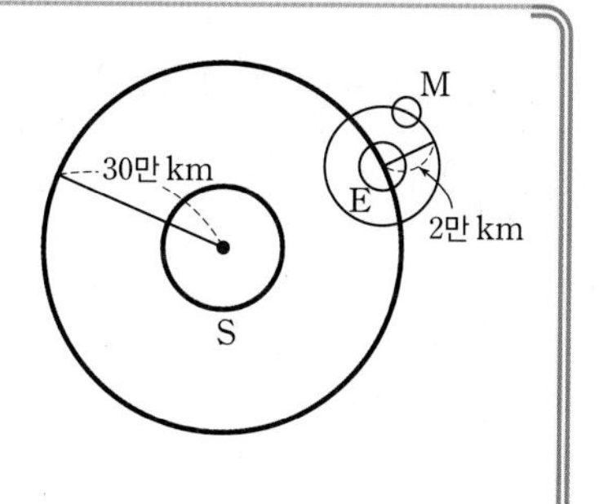

(1) 위의 천문학자가 "매 보름마다 행성 E의 그림자에 가려지는 월식이 생기며, 그 때마다 보름달의 모양은 반지 모양으로 보인다."라는 결론을 이끌어 냈다. 이러한 결론에 도달하는 데 필요한 조건을 위 관측 자료로부터 모두 나열하고, 그 이유를 논하시오.

(2) 같은 천문학자가 "행성 E에서는 위성 M이 항성 S를 가리는 일식 현상을 관찰할 수 있으며, 행성 E의 낮 시간인 어느 곳에서도 완전히 어두워지는 개기 일식을 관찰할 수는 없다."라는 가설에 도달하였는데, 이러한 가설의 타당성 여부를 논하시오.

| 이화여자대학교 2006년 모의 논술 |

(2) 일식 현상이 일어나는 경우의 항성, 위성, 행성의 위치를 그림으로 나타내 본다.

09 다음 제시문을 읽고 물음에 답하시오.

> 홍익이는 초등학교에서 분수의 덧셈을 처음 배웠을 때 $\frac{1}{2}+\frac{1}{3}$을 $\frac{1+1}{2+3}=\frac{2}{5}$로 잘못 계산하곤 하였다. 그러나 선생님은 홍익이에게 비록 덧셈은 잘못되었지만 이런 연산도 흥미로운 성질을 가질 수 있다고 말씀하셨다. 이제 대입 논술 시험을 앞둔 홍익이는 이런 연산이 어떤 성질을 갖는지 살펴보기로 했다.
> 유리수는 두 정수의 비 $\frac{p}{q}(q\neq0)$로 표현할 수 있다. 분모 q는 항상 양수라고 가정하자.

Hint
네 점 $(0, 0)$, (b, a), (d, c), $(b+d, a+c)$를 꼭짓점으로 하는 사각형은 평행사변형이다.
(2) 두 원이 외접할 때 직각삼각형에서 피타고라스의 정리를 이용한다.

(1) 유리수 $\frac{p}{q}$는 좌표평면에서 원점과 점 (q, p)를 지나는 직선의 기울기로 볼 수 있다. 두 유리수 $\frac{a}{b}$, $\frac{c}{d}\left(\frac{a}{b}<\frac{c}{d}\right)$를 [그림 1]과 같이 나타내자. 여기에 기울기가 $\frac{a+c}{b+d}$인 직선을 그리고 이를 이용하여 부등식 $\frac{a}{b}<\frac{a+c}{b+d}<\frac{c}{d}$가 성립함을 보이시오.

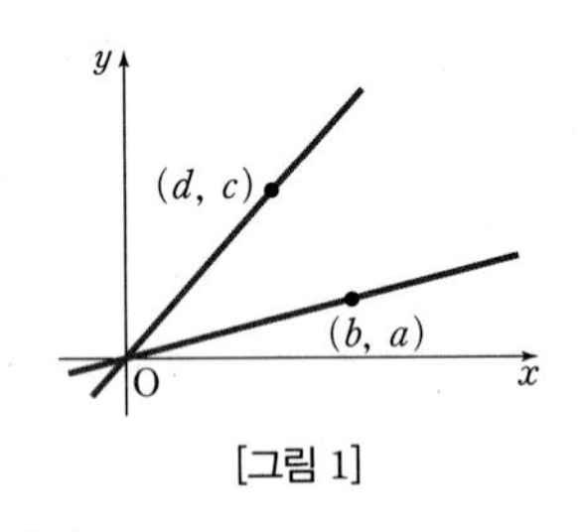

[그림 1]

(2) [그림 2]와 같이 x축 위의 서로 다른 두 유리수 $\frac{a}{b}$와 $\frac{c}{d}$에서 x축과 접하고 각각의 반지름의 길이가 $\frac{1}{2b^2}$과 $\frac{1}{2d^2}$인 두 원이 있다.

① [그림 2−a]와 같이 두 원이 서로 접할 필요충분조건은 $|ad-bc|=1$임을 보이시오.

② $|ad-bc|=1$일 때, $\frac{a}{b}$와 $\frac{c}{d}$는 기약분수임을 보이시오. $\frac{p}{q}$가 기약분수임을 보이기 위해서는 양수 k를 p, q의 공약수라 할 때 $k=1$임을 보이면 된다.

③ $|ad-bc|\neq1$일 때 [그림 2−b]와 같이 두 원은 서로 만나지 않음을 보이시오.

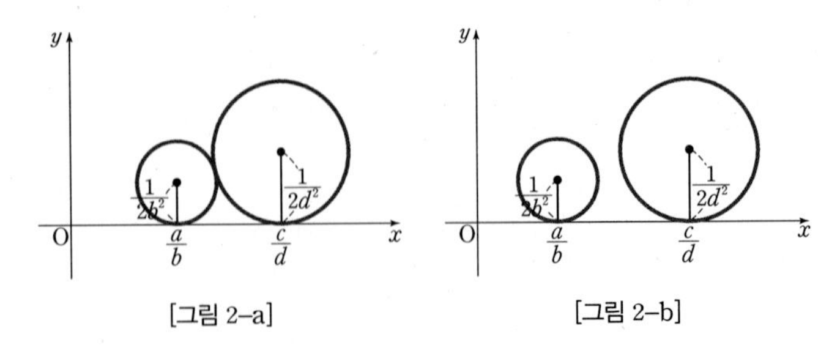

[그림 2−a] [그림 2−b]

(3) x축 위의 서로 다른 세 유리수 $\frac{a}{b}$, $\frac{c}{d}$, $\frac{a+c}{b+d}$에서 x축과 접하며 반지름의 길이가 각각 $\frac{1}{2b^2}$, $\frac{1}{2d^2}$, $\frac{1}{2(b+d)^2}$인 세 원이 있다. 이때, $|ad-bc|=1$이라고 하자.

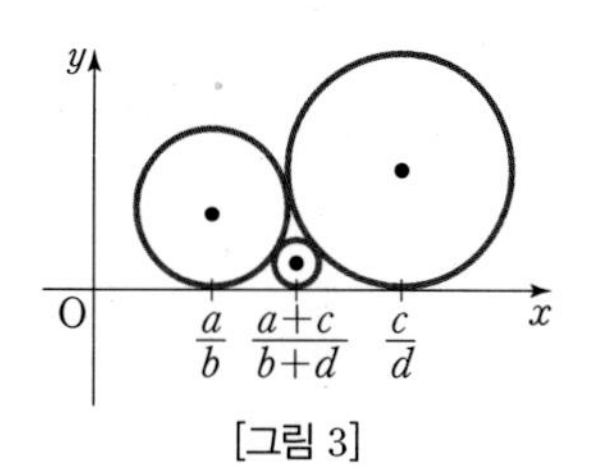

[그림 3]

① [그림 3]과 같이 세 개의 원이 서로 접함을 보이시오.

② $\frac{a+c}{b+d}$가 기약분수임을 보이시오.

홍익이는 원기둥 모양의 파이프들을 지면 위에 배치하는데 [그림 4−a]와 같이 이웃하는 두 개의 파이프와 지면 사이에 생기는 공간을 줄이기 위해 계속해서 더 작은 파이프를 집어넣는다. 이를 단순화하기 위해 직선 위에 원을 그리는 문제로 바꾸어 생각하였다. [그림 4−b]와 같이 x축의 0과 1에 그려진 크기가 같은 두 원이 서로 접한다.

1단계인 [그림 4−c]에서는 두 원과 x축 사이에 생긴 1개의 틈에 두 원에 접하는 원을 x축 위에 그린다.

2단계인 [그림 4−d]에서는 원들과 x축 사이에 생긴 2개의 틈에 원들과 접하는 2개의 원을 x축 위에 그린다.

3단계에서는 새로 생긴 4개의 틈에 4개의 원을 그리게 될 것이다.

이런 과정을 계속 반복한다.

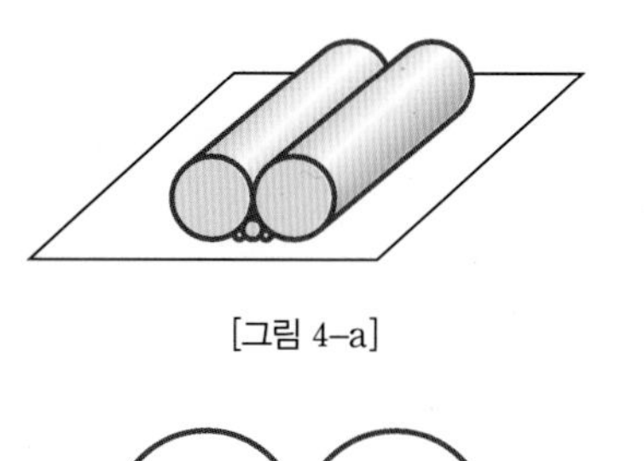

[그림 4-a]

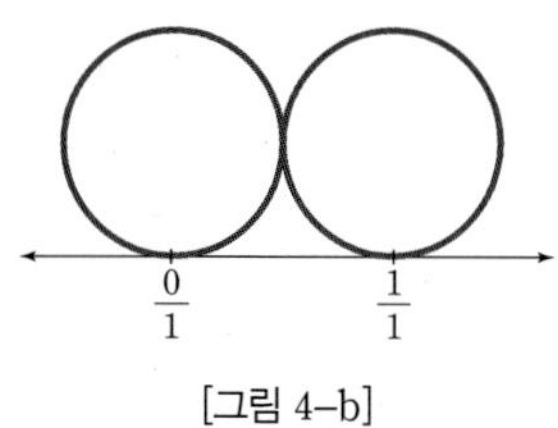

[그림 4-b]

0/1 1/2 1/1

[그림 4-c]

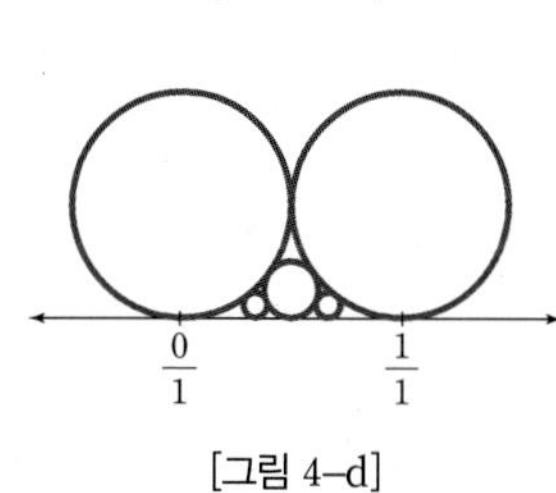

[그림 4-d]

---

(4) 위의 과정에서 반지름의 길이가 $\frac{1}{50}$인 원은 몇 개를 그리게 되는가?

(5) 홍익이는 위와 같이 원을 그릴 때 x축 위의 0과 1 사이의 임의의 유리수, 예를 들어 $\frac{256}{365}$에 접하는 원을 그리게 될지 궁금했다. 복잡한 계산을 거치지 않고 이를 알아낼 수는 없을까? 홍익이는 $\frac{256}{365}$에 접하는 원을 그리는 단계가 존재한다는 성질을 다음과 같이 보이려 한다.

어떤 단계에서도 $\frac{256}{365}$에 접하는 원이 그려지지 않는다고 하자. 원을 그리는 단계가 반복될수록 원들과 x축 사이의 틈이 작아지므로, 결국 어느 단계에 이르면 반지름의 길이가 $\frac{1}{2\cdot365^2}=\frac{1}{266450}$인 원을 0과 1 사이의 어디에도 접하도록 그릴 수 없다.……

위에서 보이고자 하는 성질을 부정함으로써 모순을 이끌어내는 방법을 설명하였다. 앞의 (2)의 결과를 이용하여 이 증명의 나머지 부분을 완성하시오.

| 홍익대학교 2014년 수시 |

10

다음 물음에 답하시오.

(1) 오른쪽 그림과 같은 극장이 있고 높이 b의 위치에 세로의 길이가 a인 면이 설치되어 있다. 그림과 같이 관객의 시야각을 θ로 하였을 때, 최대 시야각을 확보하기 위하여 관객은 x의 어느 위치에 앉아야 하는지 설명하시오. (단, 관객은 앞뒤로만 움직일 수 있다고 가정한다.)

(2) (1)에서 구한 최적의 위치 $x^\star$에 의자가 설치된 바닥면을 ϕ만큼 회전 시킨 후, 아래 그림과 같이 바닥면을 다시 평행하게 만들어 새로운 원점 O′으로부터 의자까지의 거리를 $\bar{x}$라 하자. 새로 만들어진 바닥면에서 다시 최대 시야각을 확보하기 위해서 이 의자를 앞으로 옮겨야 할지, 뒤로 옮겨야 할지를 판별하시오. (단, 회전각 ϕ는 충분히 작다고 가정한다.)

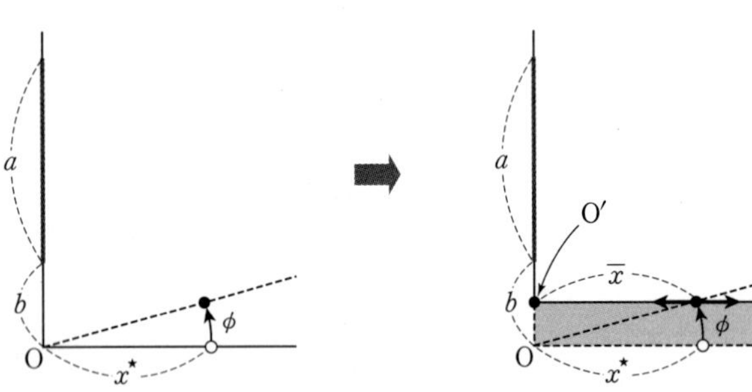

(3) 객석을 만들 공간이 한정되어 관객의 위치가 오른쪽 그림의 p와 q 사이로 제한된다고 하고, 화면의 크기는 $a=3b$로 정해진다고 하자. p와 q 사이에 위치한 관람객들의 시야각의 최대 차이가 가장 작도록 극장을 설계하려면 b를 어떻게 정해야 하는지 설명하시오. (단, p와 q 사이에 (1)에서 구한 최대의 시야각을 주는 자리를 포함하도록 설계한다.)

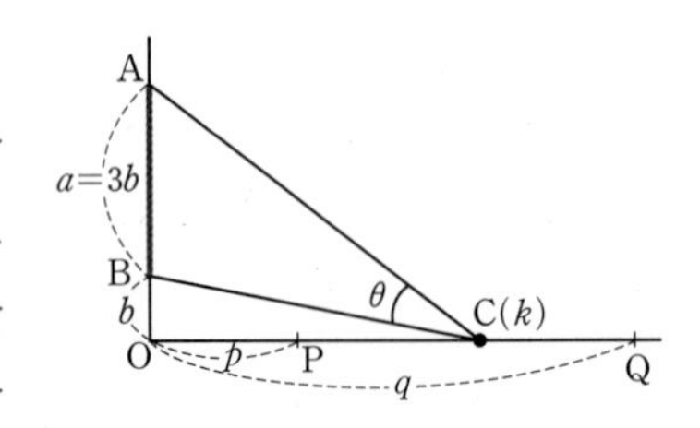

| 서울대학교 2010년 심층면접 |

Hint 화면을 현으로 가지는 원과 바닥과의 위치를 고려하여 시야각의 변화를 생각한다.

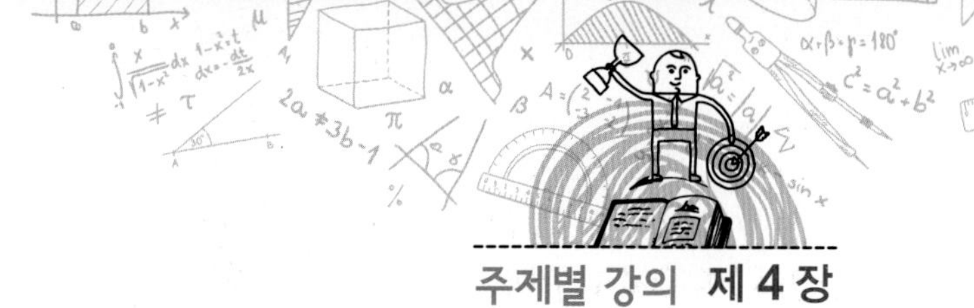

삼각형의 무게중심, 페르마의 점

삼각형과 무게중심

1 나폴레옹 삼각형

(1) 임의의 삼각형 ABC에 대하여 다음 순서에 의하여 삼각형 XYZ를 만들어 보자.

1단계 : 변 AB를 한 변으로 하는 정삼각형 ADB를 △ABC 밖에 그린다.

2단계 : 변 BC를 한 변으로 하는 정삼각형 BEC를 △ABC 밖에 그린다

3단계 : 변 CA를 한 변으로 하는 정삼각형 CFA를 △ABC 밖에 그린다.

4단계 : △ABD, △BEC, △CFA의 무게중심을 구하여 각각 X, Y, Z라 한다.

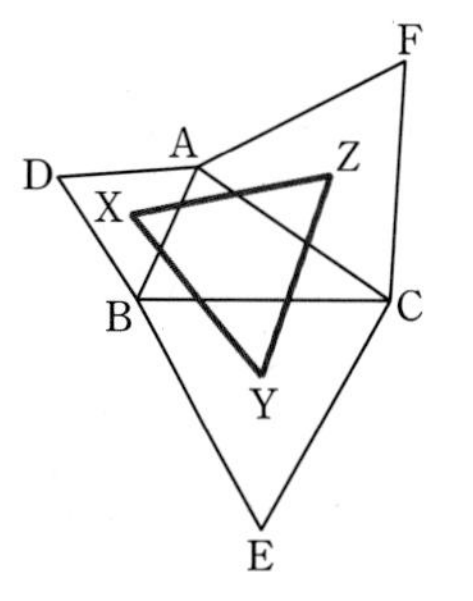

여기에서 얻어지는 △XYZ는 항상 정삼각형이 되고, 이때의 △XYZ를 '나폴레옹 삼각형' 이라고 한다.

(2) $A(0, 0)$, $B(1, \sqrt{3})$, $C(2, 0)$인 △ABC에 대하여 $\overline{AB}$, $\overline{BC}$, $\overline{CA}$를 각각 한 변으로 하는 3개의 정삼각형을 오른쪽 그림과 같이 그리면

△ABD에서

$D(-1, \sqrt{3})$이고 무게중심은 $X\left(0, \frac{2\sqrt{3}}{3}\right)$,

△BCE에서

$E(3, \sqrt{3})$이고 무게중심은 $Y\left(2, \frac{2\sqrt{3}}{3}\right)$,

△AFC에서

$F(1, -\sqrt{3})$이고 무게중심은 $Z\left(1, -\frac{\sqrt{3}}{3}\right)$이다.

이때, △XYZ에서 $\overline{XY}=\overline{YZ}=\overline{ZX}=2$이므로 △XYZ는 정삼각형이다.

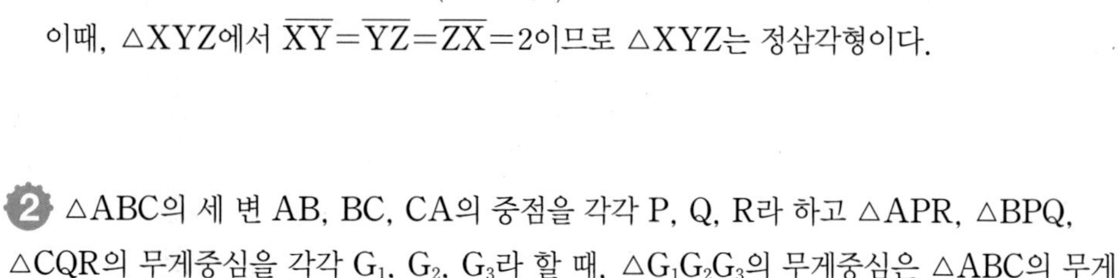

2 △ABC의 세 변 AB, BC, CA의 중점을 각각 P, Q, R라 하고 △APR, △BPQ, △CQR의 무게중심을 각각 G_1, G_2, G_3라 할 때, $\triangle G_1G_2G_3$의 무게중심은 △ABC의 무게중심과 일치한다.

증명

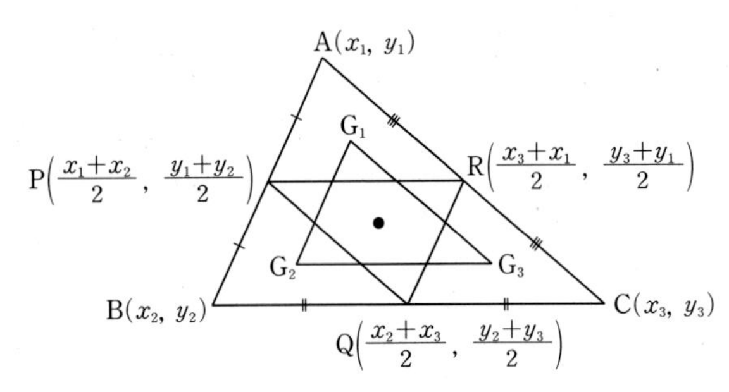

$A(x_1, x_1)$, $B(x_2, y_2)$, $C(x_3, y_3)$라 하면

$P\left(\frac{x_1+x_2}{2}, \frac{y_1+y_2}{2}\right)$, $Q\left(\frac{x_2+x_3}{2}, \frac{y_2+y_3}{2}\right)$, $R\left(\frac{x_3+x_1}{2}, \frac{y_3+y_1}{2}\right)$이고

$$G_1\left(\frac{2x_1+\frac{x_2+x_3}{2}}{3}, \frac{2y_1+\frac{y_2+y_3}{2}}{3}\right)$$

$$G_2\left(\frac{2x_2+\frac{x_3+x_1}{2}}{3}, \frac{2y_2+\frac{y_3+y_1}{2}}{3}\right)$$

$$G_3\left(\frac{2x_3+\frac{x_1+x_2}{2}}{3}, \frac{2y_3+\frac{y_1+y_2}{2}}{3}\right)$$

$$\frac{2x_1+\frac{x_2+x_3}{2}}{3}+\frac{2x_2+\frac{x_3+x_1}{2}}{3}+\frac{2x_3+\frac{x_1+x_2}{2}}{3}$$

$$=\frac{3x_1+3x_2+3x_3}{3}=x_1+x_2+x_3$$

$$\frac{2y_1+\frac{y_2+y_3}{2}}{3}+\frac{2y_2+\frac{y_3+y_1}{2}}{3}+\frac{2y_3+\frac{y_1+y_2}{2}}{3}$$

$$=\frac{3y_1+3y_2+3y_3}{3}=y_1+y_2+y_3$$

이므로 $\triangle G_1G_2G_3$의 무게중심은 $\left(\frac{x_1+x_2+x_3}{3}, \frac{y_1+y_2+y_3}{3}\right)$

따라서 $\triangle G_1G_2G_3$의 무게중심은 $\triangle ABC$의 무게중심과 일치한다.

 $\triangle ABC$에서 세 변 AB, BC, CA를 $m:n$(단, $m>0$, $n>0$)으로 내분(외분)하는 점을 차례로 D, E, F라 하면 ($\triangle ABC$의 무게중심)=($\triangle DEF$의 무게중심)이 된다.

증명

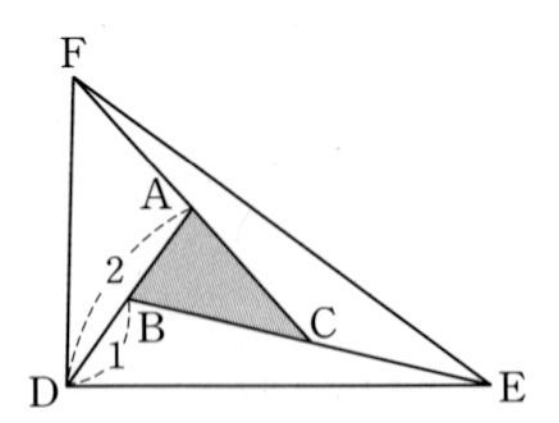

$\triangle ABC$에서 $A(x_1, y_1)$, $B(x_2, y_2)$, $C(x_3, y_3)$이라 하고 세 변 AB, BC, CA를 2 : 1로 외분하는 점을 각각 D, E, F라 하면

$D(2x_2-x_1, 2y_2-y_1)$, $E(2x_3-x_2, 2y_3-y_2)$,

$F(2x_1-x_3, 2y_1-y_3)$이다.

이때, $\triangle DEF$의 무게중심을 (x, y)라 하면

$$x=\frac{(2x_2-x_1)+(2x_3-x_2)+(2x_1-x_3)}{3}$$

$$=\frac{x_1+x_2+x_3}{3}$$

$$y=\frac{(2y_2-y_1)+(2y_3-y_2)+(2y_1-y_3)}{3}$$

$$=\frac{y_1+y_2+y_3}{3}$$

그러므로 $\triangle DEF$의 무게중심은 $\left(\frac{x_1+x_2+x_3}{3}, \frac{y_1+y_2+y_3}{3}\right)$

따라서 $\triangle DEF$의 무게중심은 $\triangle ABC$의 무게중심 $G\left(\frac{x_1+x_2+x_3}{3}, \frac{y_1+y_2+y_3}{3}\right)$와 일치한다.

4 △ABC에서 $\overline{PA}^2+\overline{PB}^2+\overline{PC}^2$의 값이 최소가 되게 하는 점 P는 △ABC의 무게중심이 된다.

증명

△ABC에서 $A(x_1, y_1)$, $B(x_2, y_2)$, $C(x_3, y_3)$이라 하면 임의의 한 점 $P(x, y)$에 대하여

$$\begin{aligned}\overline{PA}^2+\overline{PB}^2+\overline{PC}^2&=(x-x_1)^2+(y-y_1)^2+(x-x_2)^2+(y-y_2)^2+(x-x_3)^2+(y-y_3)^2\\&=3x^2-2(x_1+x_2+x_3)x+(x_1^2+x_2^2+x_3^2)\\&\qquad+3y^2-2(y_1+y_2+y_3)y+(y_1^2+y_2^2+y_3^2)\\&=3\left(x-\frac{x_1+x_2+x_3}{3}\right)^2+3\left(y-\frac{y_1+y_2+y_3}{3}\right)^2+k(\text{단, } k\text{는 상수})\end{aligned}$$

따라서, $x=\frac{x_1+x_2+x_3}{3}$, $y=\frac{y_1+y_2+y_3}{3}$일 때, $\overline{PA}^2+\overline{PB}^2+\overline{PC}^2$의 값이 최소가 된다.

이때, 점 P는 △ABC의 무게중심이 된다.

예를 들어 세 점 $A(1, 0)$, $B(3, 5)$, $C(5, 1)$에 대하여 세 점 A, B, C와의 거리의 제곱의 합이 최소가 되게 하는 점 P를 구해 보면 $\overline{PA}^2+\overline{PB}^2+\overline{PC}^2$의 값이 최소일 때이다.

따라서 점 P는 △ABC의 무게중심이 된다.

$$\therefore P\left(\frac{1+3+5}{3}, \frac{0+5+1}{3}\right)=P(3, 2)$$

예시 1

철수, 영희, 준호가 사는 마을에 우물을 만들려고 한다. 각 집에서 우물까지 길을 만들려고 하는데 길을 만드는 데 드는 비용은 거리의 제곱에 비례한다. 집의 위치가 오른쪽 그림과 같을 때 우물까지 길을 만드는 비용을 가장 적게 들도록 하는 우물의 위치에 대하여 논하시오.

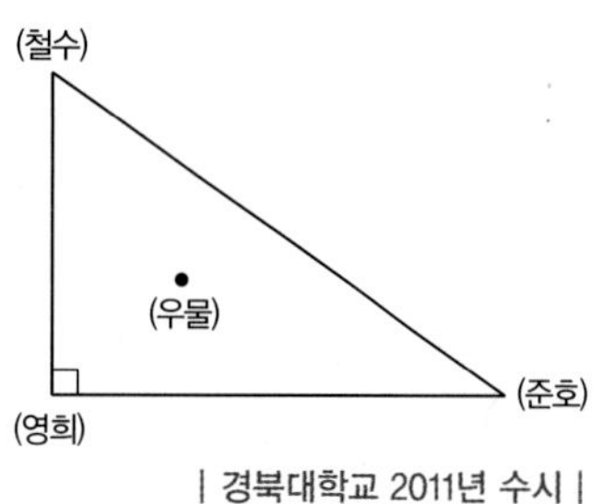

| 경북대학교 2011년 수시 |

풀이

영희의 집을 원점으로 하는 xy 좌표평면에서 준호, 철수의 집의 좌표를 각각 $(a, 0)$, $(0, b)$라 하고 우물의 위치를 (x, y)라 하자.

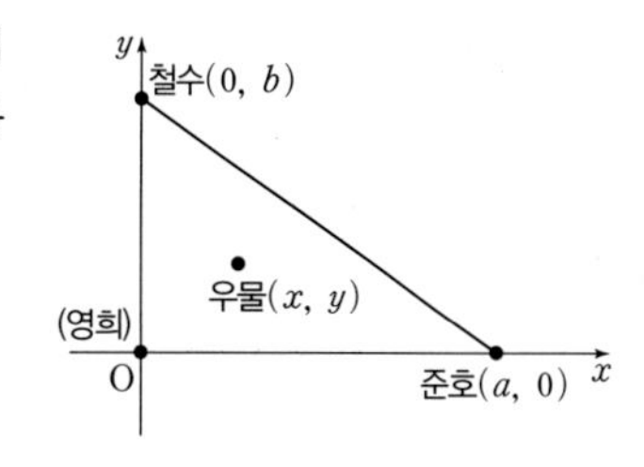

각 집에서 우물까지의 거리의 제곱은

$$\begin{aligned}&x^2+y^2+(x-a)^2+y^2+x^2+(y-b)^2\\&=3x^2+3y^2-2ax-2by+a^2+b^2\\&=3\left(x-\frac{a}{3}\right)^2+3\left(y-\frac{b}{3}\right)^2+\frac{2}{3}(a^2+b^2)\end{aligned}$$

이므로 $x=\frac{a}{3}$, $y=\frac{b}{3}$일 때, 최소이다.

따라서 우물의 위치는 $\left(\frac{a}{3}, \frac{b}{3}\right)$이고 이 점은 세 집의 위치의 무게중심이다.

페르마의 점

1 삼각형에서의 페르마의 점 Fermat's Point

(1) 다음 그림과 같이 삼각형의 세 변을 각각 한 변으로 하는 3개의 정삼각형을 그렸을 때 세 삼각형의 외접원의 교점을 '페르마의 점' 이라고 한다.
또, 페르마의 점에서 꼭짓점을 잇는 선분을 그렸을 때, 세 선분이 이루는 각의 크기는 모두 $120°$이고, 세 점 (A, P, E), (B, P, F), (C, P, D)는 각각 일직선 위에 있게 된다.

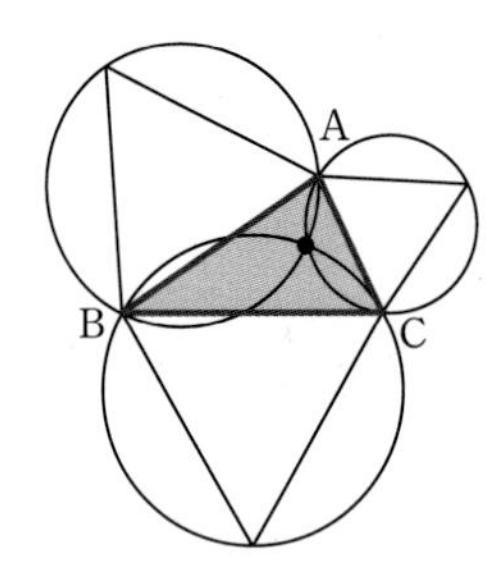

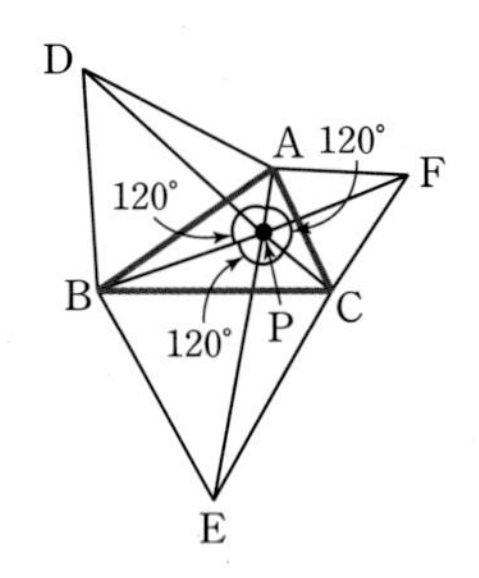

(2) 삼각형의 각 꼭짓점으로부터 거리의 합이 최소가 되는 점은 페르마의 점이다. 즉, $\triangle ABC$에서 $\overline{PA}+\overline{PB}+\overline{PC}$의 값이 최소가 되는 점 P는 페르마의 점이다.

증명

오른쪽 그림과 같이 $\triangle ABC$에서 점 B를 중심으로 왼쪽으로 $\overline{BP}$를 $60°$ 회전시키고 $\overline{BA}$를 $60°$회전시키면 $\triangle BPP'$, $\triangle BAD$는 정삼각형이 된다.

이때 $\triangle BPA \equiv BP'D$ (SAS 합동)이므로

$$\overline{PA}=\overline{P'D},\ \overline{PB}=\overline{P'B} \qquad \therefore \overline{PB}=\overline{P'P}$$

$$\therefore \overline{PA}+\overline{PB}+\overline{PC}=\overline{DP'}+\overline{P'P}+\overline{PC}$$

한편, 이것이 최소인 경우는 두 점 D와 C를 일직선으로 연결하는 경우이다.

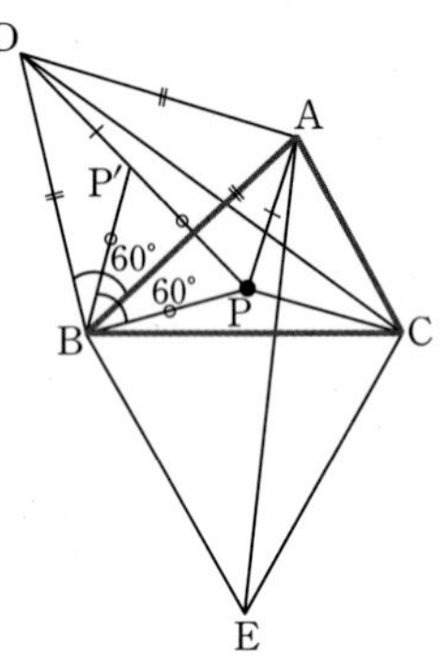

$\overline{PA}+\overline{PB}+\overline{PC}$의 최솟값은 $\overline{DC}$의 길이이고 점 P는 $\overline{DC}$ 위에 놓이게 된다. 같은 방법으로 하여 정삼각형 BEC를 만들면 점 P는 $\overline{AE}$ 위에 놓이게 된다.
따라서, 점 P는 $\overline{DC}$와 $\overline{AE}$의 교점이 되며, 이 때의 점 P는 페르마의 점이 된다.

2 페르마의 점은 비누막에서도 찾을 수 있다.

비누막이 형성될 때, 표면장력에 의하여 가능한 한 표면이 공기에 닿는 면이 가장 작게 퍼지려하므로 비누방울의 모양이 구의 형태를 띠게 된다.
이러한 비누방울이 모여 거품을 이룰 때, 비누방울의 가장 자리가 $120°$의 각도로 삼각교차를 하여 만나는 형태가 된다.
이때, 삼각교차점은 $120°$의 각을 이루므로 페르마의 점이라고 할 수 있다.

❸ 실생활에서의 페르마의 점

세 도시간의 정보통신망을 구축하기 위해 케이블을 설치할 때 케이블 설치 비용과 케이블을 설치하기 위한 인건비 등의 여러 경비를 최소화하기 위한 노력을 한다. 케이블의 길이를 가장 짧게 하려면 세 도시의 페르마의 점을 통해 연결하면 된다.
또, 3개의 아파트 단지 사이에 복지시설과 같은 공공시설을 설치할 때도 페르마의 점을 적용하여 3개의 아파트 단지로부터의 거리의 합이 최소인 곳을 정한다.

오른쪽 그림은 일본 본토와 하와이 그리고 괌을 연결하는 케이블 공사를 기념한 일본우표를 간단히 나타낸 것이다. 여기서 케이블이 갈라지는 지점을 어떻게 잡아야 경제적일까? 주어진 삼각형에서 세 꼭짓점과의 거리의 합이 가장 최소가 되는 점을 페르마 점(Fermat's point)이라고 한다.

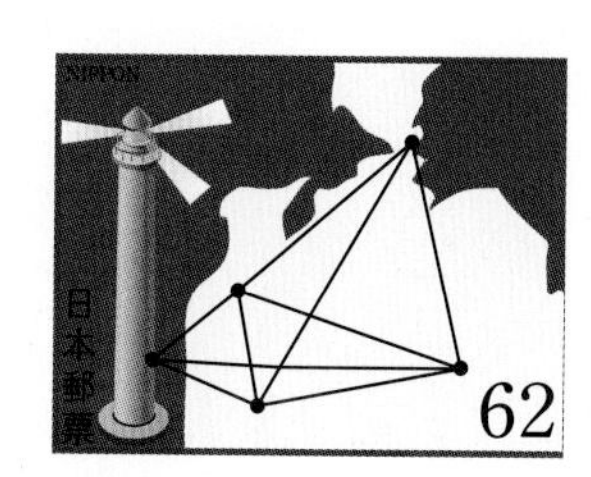

예시 2 광섬유를 사용하여 도시 사이의 정보통신망을 구축하려고 할 때, 연결하려는 도시 사이의 연결망은 땅을 파고 케이블을 설치하여야 한다. 이 때의 비용은 설치하는 케이블과 케이블을 놓게 될 땅을 파기 위해 동원되는 중장비, 노동자의 비용이다. 따라서, 이 비용을 최소화하기 위하여 케이블을 설치할 때 그 길이는 가장 짧게 하여야 한다. 이제 세 도시 A, B, C를 연결하는 정보통신망을 구축하려면 어떤 형태로 연결하여야 할 것인지 논하시오.(단, 세 도시 A, B, C는 일직선 상에 있지 않다.)

풀이 세 도시 A, B, C를 연결하는 케이블의 길이가 최소가 되어야 하므로 $\triangle ABC$의 내부의 각 꼭짓점까지의 거리의 합이 최소가 되는 점, 즉 페르마의 점 P에서 세 도시를 연결하면 된다. 그 위치를 찾는 방법은 다음과 같다.

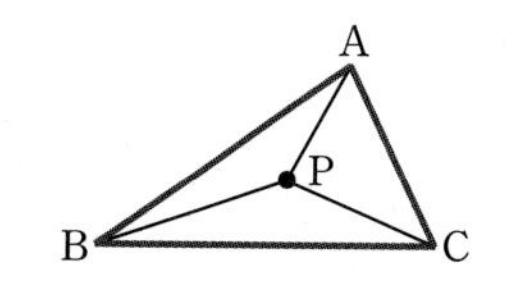

오른쪽 그림과 같이 $\triangle ABC$에서 점 B를 중심으로 왼쪽으로 $\overline{BP}$를 $60°$ 회전시키고, $\overline{BA}$를 $60°$ 회전시키면 $\triangle BPP'$, $\triangle BAD$는 정삼각형이 된다.
이때, $\triangle BPA \equiv \triangle BP'D$(SAS 합동)이므로 $\overline{PA}=\overline{P'D}$, $\overline{PB}=\overline{P'B}$

$\therefore \overline{PB}=\overline{P'P}$

$\therefore \overline{PA}+\overline{PB}+\overline{PC}=\overline{DP'}+\overline{P'P}+\overline{PC}$

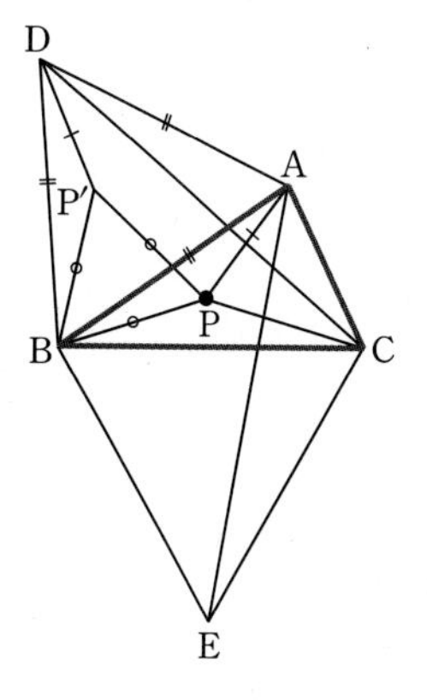

한편, 이것이 최소인 경우는 두 점 D와 C를 일직선으로 연결하는 경우이므로 $\overline{PA}+\overline{PB}+\overline{PC}$의 최솟값은 $\overline{DC}$의 길이이고 점 P는 $\overline{DC}$ 위에 놓이게 된다.
같은 방법으로 하여 정삼각형 BCE를 만들면 점 P는 $\overline{AE}$ 위에 놓이게 된다.
따라서, 점 P의 위치는 $\overline{DC}$와 $\overline{AE}$의 교점으로 찾을 수 있다.

오른쪽 그림과 같이 $\angle BAC=90°$이고 $\overline{BC}=6$인 직각이등변삼각형 ABC에 대하여 선분 BC의 중점을 M이라 하고, 선분 AM 위의 한 점을 P라 하자. $\overline{PA}+\overline{PB}+\overline{PC}$의 값이 최소일 때, $\overline{PM}$의 값을 구하시오.

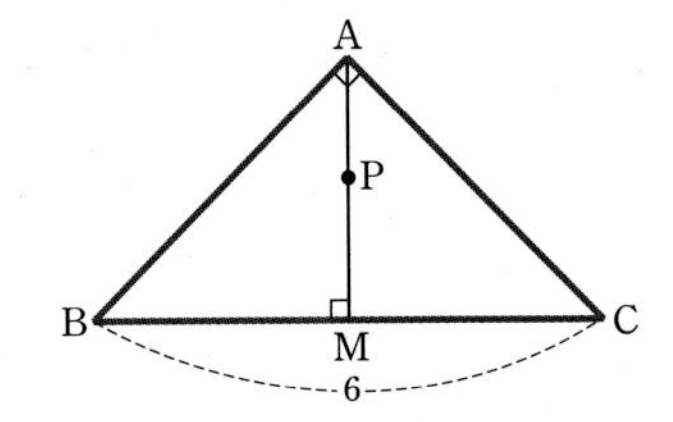

$\triangle ABC$에서 $\overline{PA}+\overline{PB}+\overline{PC}$의 값이 최소인 점 P는 페르마의 점이다.

좌표평면에서 세 점 $A(x_1, y_1)$, $B(x_2, y_2)$, $C(x_3, y_3)$이 원 $x^2+y^2=9$ 위에 있을 때, 다음 물음에 답하시오.

(1) 삼각형 ABC의 무게중심이 $(1, 0)$이면 삼각형 ABC가 직각삼각형임을 보이시오.

(2) 삼각형 ABC의 무게중심이 $(1, 0)$일 때,
$|x_1|+|x_2|+|x_3|+|y_1|+|y_2|+|y_3|$의 값의 범위에 대하여 논하시오.

(3) 삼각형 ABC의 무게중심이 원 $x^2+y^2=1$ 위에 있으면 삼각형 ABC가 어떤 꼴의 삼각형인지 논하시오.

| 서울시립대학교 2010년 모의 논술 |

(2) 원에 내접하는 삼각형을 원의 중심을 중심으로 회전시켜도 삼각형의 모양은 변하지 않는다.

문제 3 다음 제시문을 읽고 물음에 답하시오.

(가) 평면 위의 점들을 표시하는 방법에는 우리가 흔히 쓰는 직교좌표계처럼 두 실수의 순서쌍을 이용하는 방법도 있지만 세 실수의 순서쌍을 이용하는 다음과 같은 방법도 있다. 먼저 [그림 1]과 같이 평면 위의 세 점 A, B, C를 한 직선 위에 있지 않도록 정하자. 이제 삼각형 ABC 내부의 점 P의 위치에 따라 삼각형 PBC, PCA, PAB의 넓이 u, v, w가 변하는데 우리는 이 순서쌍 $(u,\ v,\ w)$로 점 P의 위치를 나타내고자 한다. 삼각형 ABC의 넓이를 m이라고 할 때, 가령 점 P가 삼각형 ABC의 무게중심에 위치한다면 점 P를 나타내는 좌표는 $\left(\frac{3}{m},\ \frac{3}{m},\ \frac{3}{m}\right)$이 된다. 위의 정의를 확장하면 삼각형 ABC 둘레 위의 점은 물론이고 특히 u, v, w에 음수를 허용할 경우 삼각형 ABC 외부의 점도 표현할 수 있어 결국 평면 위의 모든 점을 나타낼 수 있다. 이렇게 정의되는 평면 좌표계를 무게중심 좌표계라 한다. [그림 2]에서는 넓이가 8인 삼각형 ABC 둘레 위의 점들 중에서 정수값의 좌표를 가지는 것들을 따로 표시하였다.

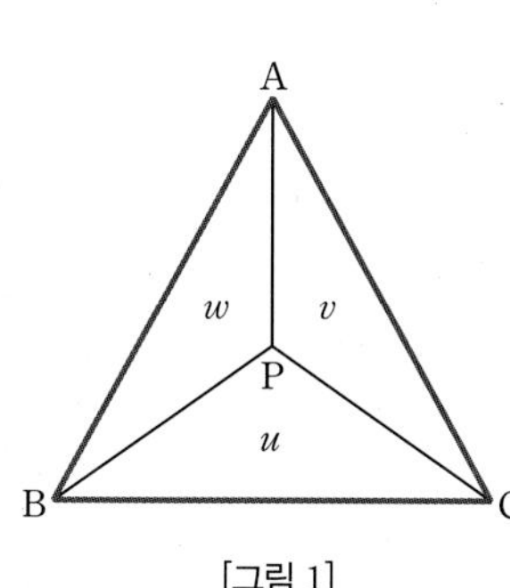

[그림 1]

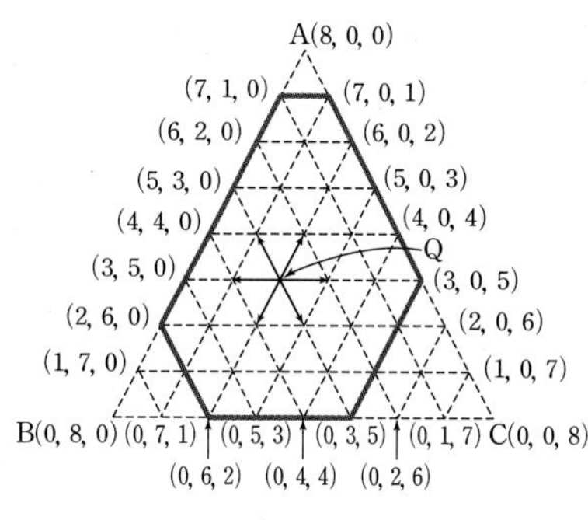

[그림 2]

(나) 무게중심 좌표계를 이용하면 컵에 든 물을 옮겨 원하는 물의 양을 얻는 문제를 편리하게 해결할 수 있다. 각각 용량이 $7l$, $6l$, $5l$인 세 개의 컵 A, B, C에 $8l$의 물을 적당히 나누어 담았다고 하자. 세 컵에 담겨 있는 물의 양을 순서대로 u, v, w라고 하면 물이 배분되어 있는 상태는 [그림 2]의 삼각형 ABC 위의 한 점의 무게중심 좌표에 대응된다. 먼저 삼각형 ABC의 모든 점이 물의 배분 상태에 대응되는 것은 아님에 주의하자. 예를 들어 좌표가 $(1,\ 1,\ 6)$인 점은 컵 C의 용량을 고려할 때 실현 불가능하다. 이와 같이 각 컵의 용량을 고려하여 실현 가능한 점들을 모두 찾아보면 그 분포는 [그림 2]의 굵은 선으로 둘러싸인 영역이 된다. 어느 한 컵에서 다른 한 컵으로 물을 옮기는 과정은, 도중에 물의 손실이 없다면, 삼각형 ABC의 한 점이 적당한 규칙에 따라 이동하는 것에 대응된다. 예를 들어 점 $\mathrm{Q}(3,\ 3,\ 2)$가 한 번의 옮겨 담기 과정으로 이동할 수 있는 방향은 [그림 2]에서처럼 정확히 6가지가 있고, 옮겨 담는 물의 양에 따라 실제 이동 거리가 결정된다.

(1) 제시문 (가)에서 임의의 u, v, w 값에 대하여 무게중심 좌표를 $(u,\ v,\ w)$로 갖는 점이 항상 존재하는지 논하시오. 또한 u, v, w 중 어느 한 성분이 상수인 점들의 자취에 대하여 서술하시오.

(2) 제시문 (나)의 세 컵에 눈금이 없어 한 컵에서 다른 컵으로 물을 옮길 때 그 중 한 컵을 완전히 채우거나 비우는 것만 가능하다고 하자. 이러한 조건으로 물을 옮기는 과정에 대응되는 삼각형 ABC 위에서의 이동 규칙을 유추하고, 반복 시행을 통해 어느 한 컵에 정확히 $4l$의 물을 담는 것을 가능하게 하는 물의 초기 배분 상태에 관해 추론하시오.

| 경희대학교 2011년 수시 |

한 변의 길이가 2인 정사각형 ABCD의 내부 또는 경계에 있는 점 P에서 정사각형의 네 꼭짓점에 이르는 거리를 각각 a, b, c, d라 할 때, 다음 물음에 답하시오.

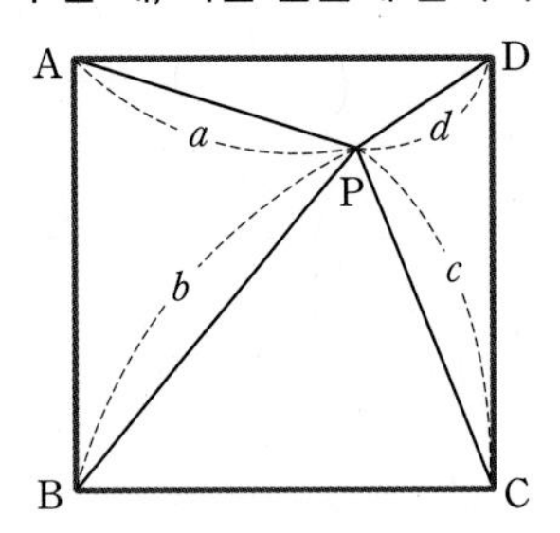

(1) $a^2+b^2+c^2+d^2$의 최솟값과 최댓값을 구하시오.

(2) $a^2+b^2+c^2+d^2=12$를 만족하는 점 P로 이루어진 도형을 정사각형 ABCD 안에 그리시오.

(3) 선분 $\overline{\mathrm{AD}}$의 중점을 M이라 할 때, 세 점 M, B, C를 지나는 포물선의 아래 영역과 문항 (2)에서 구한 도형의 내부와의 공통부분의 넓이를 구하시오.

(4) $a+b+c+d$의 최댓값을 구하시오.

| 서울시립대학교 2011년 수시 |

좌표평면 위에 점 B를 원점 O로 놓은 정사각형을 그려 생각하면 편리하다.

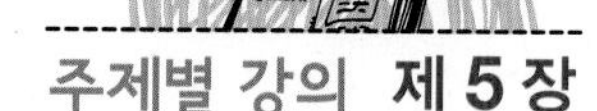

주제별 강의 제 5 장

아폴로니오스의 원

아폴로니오스의 원

1 아폴로니오스의 원

(1) 아폴로니오스의 원

두 정점 A, B로부터 거리의 비가 $m:n$(단, $m\neq n$)으로 일정한 점의 자취는 원이 된다. 이 원을 아폴로니오스의 원이라고 한다.

즉, 오른쪽 그림에서

$\overline{\mathrm{PA}}:\overline{\mathrm{PB}}=m:n$

인 점 P의 자취를 아폴로니오스의 원이라고 한다.

한편, $m=n$일 때에는 점 P의 자취는 $\overline{\mathrm{AB}}$의 수직이등분선이 된다.

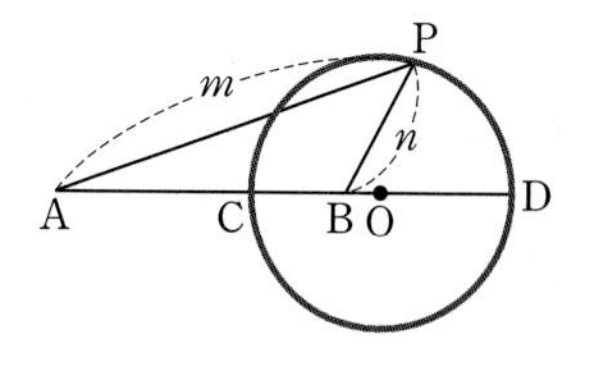

(2) 두 정점 A, B에서 거리의 비가 $m:n$(단, $m\neq n$)인 점 P의 자취는 $\overline{\mathrm{AB}}$를 $m:n$으로 내분하는 점 C와 $m:n$으로 외분하는 점 D를 지름의 양끝으로 하는 원 O가 된다.

예 두 정점 A$(-2, 0)$, B$(1, 0)$으로부터 거리의 비가 $2:1$인 점 P(x, y)의 자취를 구해 보면

$\overline{\mathrm{PA}}:\overline{\mathrm{PB}}=2:1$에서

$$\overline{\mathrm{PA}}=2\overline{\mathrm{PB}}$$

$$\sqrt{(x+2)^2+y^2}=2\sqrt{(x-1)^2+y^2}$$

양변을 제곱하면

$$(x+2)^2+y^2=4\{(x-1)^2+y^2\}$$

$$3x^2+3y^2-12x=0$$

$$x^2+y^2-4x=0$$

$$\therefore (x-2)^2+y^2=2^2 \qquad \cdots\cdots ㉠$$

따라서 이 원은 중심이 $(2, 0)$, 반지름이 2인 원이다.

한편, 두 정점 A$(-2, 0)$, B$(1, 0)$일 때,

$\overline{\mathrm{AB}}$를 $2:1$로 내분한 점 C의 좌표는

$\mathrm{C}\left(\frac{2\cdot 1+1\cdot(-2)}{2+1}, \frac{2\cdot 0+1\cdot 0}{2+1}\right)$, 즉 C$(0, 0)$,

$\overline{\mathrm{AB}}$를 $2:1$로 외분한 점 D의 좌표는

$\mathrm{D}\left(\frac{2\cdot 1-1\cdot(-2)}{2-1}, \frac{2\cdot 0-1\cdot 0}{2-1}\right)$, 즉 D$(4, 0)$

이다. 이때, 두 점 C, D를 지름의 양끝으로 하는 원의 방정식은 $\overline{\mathrm{CD}}$의 중점 $(2, 0)$이 원의 중심이고, 반지름의 길이는 2가 되므로

$$(x-2)^2+y^2=2^2 \qquad \cdots\cdots ㉡$$

따라서 ㉠, ㉡에서 구한 원의 방정식은 일치함을 알 수 있다.

(3) 두 정점 A, B에서 거리의 비가 $m:n$(단, $m \neq n$)으로 일정한 점의 자취를 기하학적으로 구해 보자.

△PAB에서 ∠APB를 이등분하는 직선이 직선 AB와 만나는 점을 C라 하면

$m:n=\overline{PA}:\overline{PB}=\overline{AC}:\overline{BC}$가 되어 점 C는 $\overline{AB}$를 $m:n$으로 내분하는 점이 된다.

이때, 점 C는 정점이 된다.

또한, △PAB에서 ∠APB의 외각 ∠BPQ를 이등분하는 직선이 직선 AB와 만나는 점을 D라 하면 $m:n=\overline{PA}:\overline{PB}=\overline{AD}:\overline{BD}$가 되어 점 D는 $\overline{AB}$를 $m:n$으로 외분하는 점이 된다.

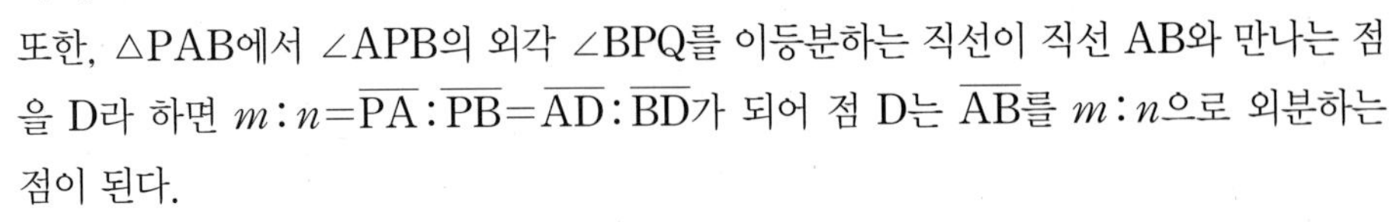

이때, 점 D는 정점이 된다.

여기에서 작도의 결과에 의하여 ∠CPD$=90°$이다.

따라서 점 P는 일정한 $\overline{CD}$를 지름으로 하는 원의 자취가 되고, 이 원은 '아폴로니오스의 원'이다.

예시 1 $\overline{AB}=8$인 두 정점 A, B로부터 거리의 비가 $3:1$인 점 P가 있다. ∠PAB가 최대일 때, $\sin(\angle PAB)$의 값을 구하고, △PAB의 넓이의 최댓값을 구하시오.

풀이 $\overline{AB}=8$이므로 A$(-4, 0)$, B$(4, 0)$으로 놓으면 점 P의 자취는 $\overline{AB}$를 $3:1$로 내분하는 점 $(2, 0)$과 $3:1$로 외분하는 점 $(8, 0)$을 지름의 양끝으로 하는 원이다.

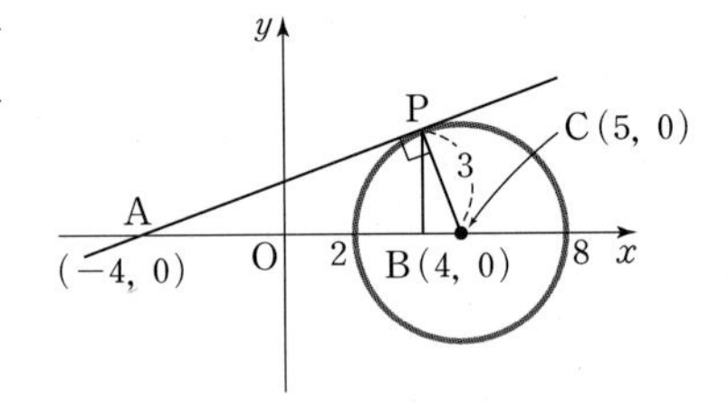

즉, 중심은 C$(5, 0)$, 반지름의 길이는 3인 원이다.

∠PAB가 최대인 경우는 직선 AP가 원에 접할 때이므로 △PAC에서

$$\sin(\angle PAB)=\sin(\angle PAC)=\frac{3}{9}=\frac{1}{3}$$

또한, △PAB의 넓이가 최대인 경우는 밑변의 길이는 $\overline{AB}=8$로 일정하므로 높이가 최대일 때이다.

따라서 점 P의 좌표가 $(5, 3)$일 때 높이가 최대이므로 넓이의 최댓값은

$$\frac{1}{2}\times 8\times 3=12$$

이다.

다음 제시문을 읽고 물음에 답하시오.

2006년 4월 18~21일 칠레에서 열리고 있는 제 9차 아시아 · 태평양 해사안정청장회의에 참가 중인 우리나라 대표단이 20일 당초 의제에 없던 긴급제안으로 '동원 628호 피랍사건과 관련한 성명서'를 발표했다. 사건 개요는 아프리카 소말리아 인근 해역에서 조업 중이던 동원수산 소속 동원 628호를 소말리아 무장세력이 소말리아 공해 상에서 불법으로 조업을 했다면서 나포한 뒤, 선원 25명을 억류한 채 풀어주지 않은 것이다. 이와 관련 해양부는 아시아 · 태평양 지역의 국제적 공감대가 형성된 '해적퇴치를 위한 국제해사기구(IMO)의 적극적인 역할 촉구'에 대한 의제를 관련국과 공동으로 제출해 제 2의 동원 628호 사건이 재발되지 않도록 총력을 기울일 방침이다.

위의 내용은 신문 기사의 일부이다. 만약 우리 해군의 군함이 바다에서 해적선을 발견했을 때 해군의 군함이 해적선보다 속도가 빠르다면, 최단시간에 해적선을 추적하여 나포할 수 있는 방법을 설명하시오. (단, 해적선은 일정한 방향으로 진행하고, 군함과 해적선의 속도는 각각 일정하다.)

우리 해군 군함이 해적선을 발견했을 때의 위치에서 군함과 해적선은 일정한 속도로 진행하므로 속도의 비가 거리의 비가 된다.

전자제품 대리점 A, B가 출장 수리를 할 때 받는 출장 비용을 비교하였더니 단위거리당 출장비는 대리점 A가 대리점 B의 $\frac{1}{2}$이라 한다. 출장비만을 고려할 때, 대리점 A보다 대리점 B에서 출장 수리를 받는 쪽이 유리한 지역에 대하여 설명하시오.

(단, 대리점 A와 B 사이의 직선거리는 일정하다.)

두 대리점 A, B에서 출장비가 같은 지점까지의 거리의 비는 2 : 1이다.

주제별 강의 제 6 장

최단거리 찾기

선대칭이동을 이용하는 경우

1 좌표평면에서 선대칭이동을 이용한 최단거리

예시 1 $A(-1, 2)$, $B(3, 4)$일 때, x축 위를 움직이는 점 P에 대하여 $\overline{PA}+\overline{PB}$의 최솟값을 구하시오.

풀이 점 A를 x축에 대하여 대칭이동한 점을 $A'(-1, -2)$라 하면
$\overline{PA}=\overline{PA'}$이므로

$$\overline{PA}+\overline{PB}=\overline{PA'}+\overline{PB}$$

이다. 이때, 세 점 A′, P, B가 일직선 위에 있도록 점 P를 움직이면 $\overline{PA}+\overline{PB}$의 값이 최소가 된다. 즉, $\overline{PA}+\overline{PB}$의 최솟값은 $\overline{A'B}$의 길이이다.

$$\therefore \overline{A'B}=\sqrt{(3+1)^2+(4+2)^2}=2\sqrt{13}$$

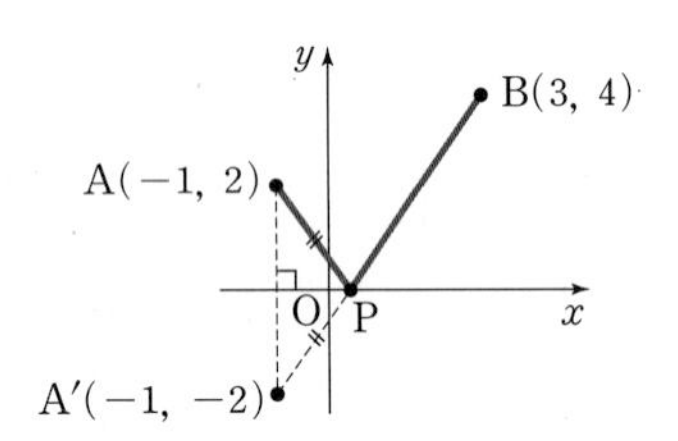

2 실생활에서 선대칭이동을 이용한 최단거리

예시 2 오른쪽 그림과 같이 해안선이 45°의 각도를 이루는 해안의 점 O에서 3 km 떨어진 곳에 섬 A가 있다. 섬 A에서 유람선이 출발하여 두 해변 P, Q를 경유하여 섬 A로 돌아오는 최단거리를 구하시오.

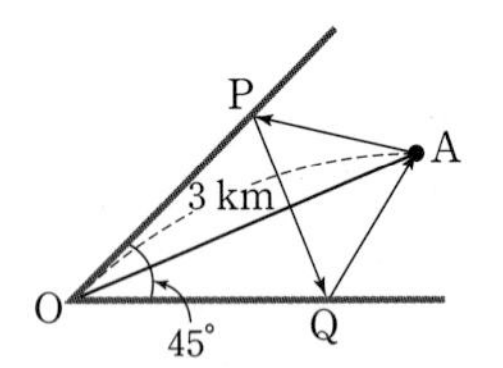

풀이 오른쪽 그림과 같이 점 A를 두 해안선에 대하여 대칭이동한 점을 각각 A′, A″이라 하자.
이때, $\overline{AP}=\overline{A'P}$, $\overline{AQ}=\overline{A''Q}$이므로

$$\overline{AP}+\overline{PQ}+\overline{QA}=\overline{A'P}+\overline{PQ}+\overline{QA''}$$

이고, 이것의 최솟값은 $\overline{A'A''}$의 길이이다.
$\angle AOP=\angle A'OP$, $\angle AOQ=\angle A''OQ$이므로

$$\angle A'OA''=2\angle POQ=90^\circ$$

이고, $\overline{OA'}=\overline{OA}=\overline{OA''}=3\,\text{km}$이다.
따라서 $\triangle OA'A''$은 직각이등변삼각형이므로 유람선이 이동한 최단거리는 $\overline{A'A''}=3\sqrt{2}\,\text{km}$이다.

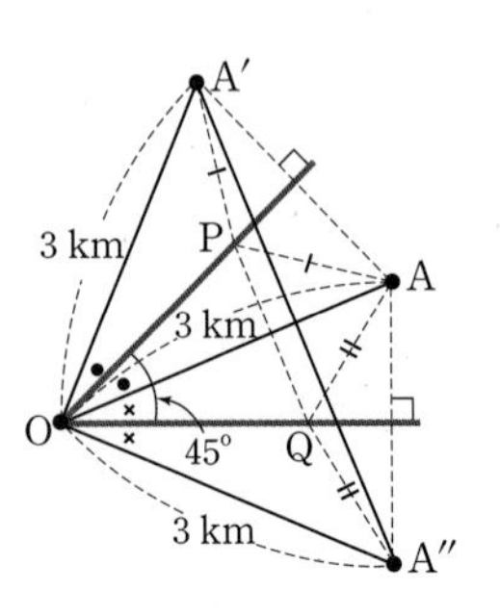

3 도형에서 선대칭이동을 이용한 최단거리

예시 3 오른쪽 그림과 같이 반지름의 길이가 3이고, 중심각의 크기가 60°인 부채꼴 AOB가 있다. 호 AB 위에 점 P, 그리고 $\overline{OA}$, $\overline{OB}$ 위에 각각 점 Q, R를 잡을 때, △PQR의 둘레의 길이의 최솟값을 구하시오.

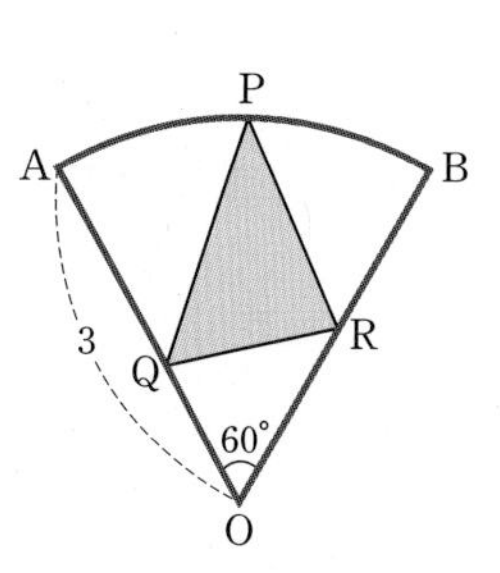

풀이 오른쪽 그림과 같이 점 P를 $\overline{OA}$, $\overline{OB}$에 대하여 대칭이동한 점을 각각 P′, P″이라 하자.

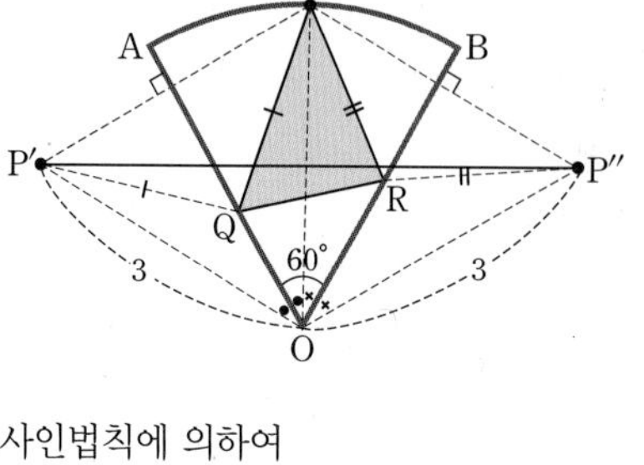

이때, $\overline{PQ}=\overline{P'Q}$, $\overline{PR}=\overline{P''R}$이므로

$$\overline{PQ}+\overline{QR}+\overline{RP}=\overline{P'Q}+\overline{QR}+\overline{P''R}$$

이고 이것의 최솟값은 $\overline{P'P''}$의 길이이다.

$\angle AOP=\angle AOP'$, $\angle BOP=\angle BOP''$이므로

$\angle P'OP''=2\angle AOB=120°$이고, $\overline{P'O}=\overline{PO}=\overline{P''O}=3$

따라서 $\triangle OP'P''$은 꼭지각이 120°인 이등변삼각형이므로 코사인법칙에 의하여

$$\overline{P'P''}^2=3^2+3^2-2\times3\times3\times\cos120°=27$$

$$\therefore\ \overline{P'P''}=3\sqrt{3}$$

참고 코사인법칙

△ABC에서 세 각 A, B, C의 대변을 각각 a, b, c라 하면

$a^2=b^2+c^2-2bc\cos A$, $\quad b^2=c^2+a^2-2ca\cos B$, $\quad c^2=a^2+b^2-2ab\cos C$

회전이동을 이용하는 경우

1 도형에서 회전이동을 이용한 최단거리(1)

예시 4 한 변의 길이가 3인 정삼각형 ABC의 내부에 점 P를 잡을 때, $\overline{PA}+\overline{PB}+\overline{PC}$의 최솟값을 구하시오.

풀이 오른쪽 그림과 같이 △ABC에서 점 B를 중심으로 하여 $\overline{BP}$, $\overline{BA}$를 각각 반시계 방향으로 60°만큼 회전하여 정삼각형 BPP′, BAA′을 만들자.

$\overline{PB}=\overline{PP'}$이고 $\triangle BPA\equiv\triangle BP'A'$ (SAS 합동)이므로

$\overline{PA}=\overline{P'A'}$이다.

이때, $\overline{PA}+\overline{PB}+\overline{PC}=\overline{P'A'}+\overline{PP'}+\overline{PC}$이고 이것의 최솟값은 $\overline{A'C}$의 길이이다.

△A′BC는 꼭지각이 120°인 이등변삼각형이고 $\overline{A'B}=\overline{BC}=3$이므로 코사인법칙에 의하여

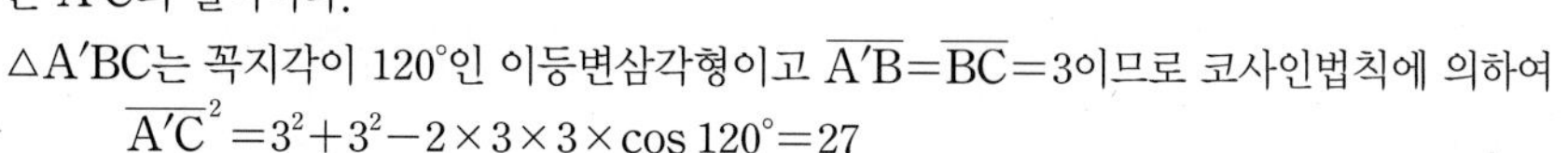

$$\overline{A'C}^2=3^2+3^2-2\times3\times3\times\cos120°=27$$

$$\therefore\ \overline{A'C}=3\sqrt{3}$$

② 도형에서 회전이동을 이용한 최단거리(2)

오른쪽 그림과 같이 한 변의 길이가 3인 정사각형 ABCD의 내부에 점 E, F를 잡을 때, $\overline{AE}+\overline{BE}+\overline{EF}+\overline{CF}+\overline{DF}$의 최솟값을 구하시오.

풀이 다음 그림과 같이 점 B를 중심으로 하여 $\overline{BA}$, $\overline{BE}$를 각각 반시계 방향으로 60°만큼 회전하여 정삼각형 AA′B, EE′B를 만들자.
또한, 점 C를 중심으로 하여 $\overline{CD}$, $\overline{CF}$를 각각 시계 방향으로 60°만큼 회전하여 정삼각형 DCD′, FCF′을 만들자.
이때, $\overline{BE}=\overline{E'E}$이고 $\triangle ABE\equiv\triangle A'BE'$ (SAS 합동)이므로 $\overline{AE}=\overline{A'E'}$이다.
또한, $\overline{CF}=\overline{FF'}$이고 $\triangle DCF\equiv\triangle D'CF'$ (SAS 합동)이므로 $\overline{DF}=\overline{D'F'}$이다.
따라서 $\overline{AE}+\overline{BE}+\overline{EF}+\overline{CF}+\overline{DF}=\overline{A'E'}+\overline{E'E}+\overline{EF}+\overline{FF'}+\overline{D'F'}$이고 이것의 최솟값은 $\overline{A'D'}$의 길이이다.

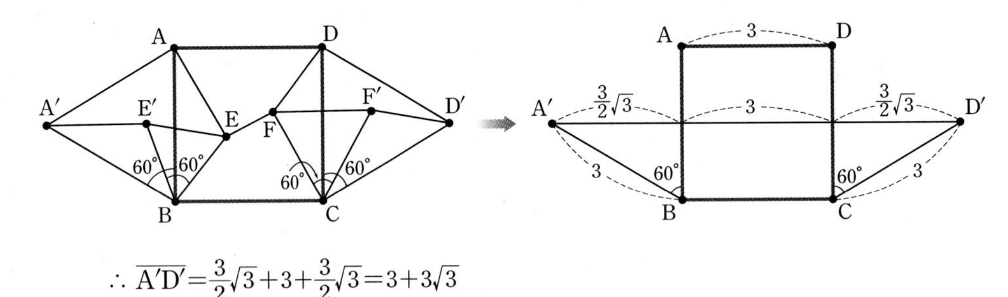

$$\therefore \overline{A'D'}=\frac{3}{2}\sqrt{3}+3+\frac{3}{2}\sqrt{3}=3+3\sqrt{3}$$

대각선의 교점을 이용하는 경우

① 평면도형의 대각선의 교점을 이용한 최단거리

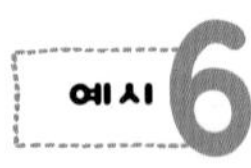

좌표평면 위에 네 점 A(0, 0), B(1, 4), C(6, 6), D(7, 1)이 있다. $\overline{PA}+\overline{PB}+\overline{PC}+\overline{PD}$의 값을 최소가 되게 하는 점 P의 좌표를 구하시오.

풀이 오른쪽 그림과 같이 점 P가 임의의 사각형 ABCD의 내부의 점일 때, $\overline{PA}+\overline{PB}+\overline{PC}+\overline{PD}$의 값을 최소가 되게 하는 점 P는 두 대각선 AC, BD의 교점이다. 즉,

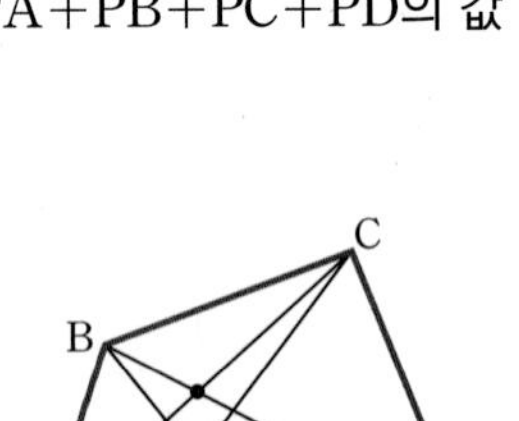

$$\overline{PA}+\overline{PC}\geq\overline{AC},\ \overline{PB}+\overline{PD}\geq\overline{BD}$$
$$\therefore \overline{PA}+\overline{PC}+\overline{PB}+\overline{PD}\geq\overline{AC}+\overline{BD}$$

이때, 네 점 A(0, 0), B(1, 4), C(6, 6), D(7, 1)을 좌표평면 위에 나타내면 직선 AC의 방정식은 $y=x$이고, 직선 BD의 방정식은

$$y-4=\frac{1-4}{7-1}(x-1),\ y=-\frac{1}{2}x+\frac{9}{2}$$

따라서 두 직선의 교점은 P(3, 3)이다.

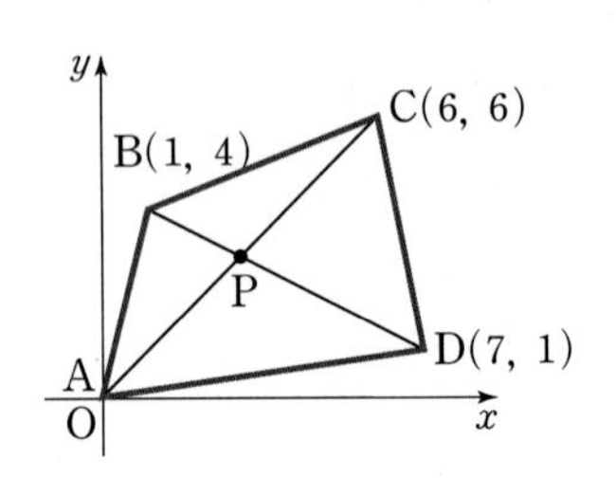

전개도를 이용하는 경우

1 원뿔에서 전개도를 이용한 최단거리

예시 7 오른쪽 그림과 같이 밑면의 반지름의 길이가 3, 모선의 길이가 9인 직원뿔이 있다. 밑면의 한 점 P에서 옆면을 따라 움직여 모선 OQ를 지나 다시 점 P로 돌아오는 최단거리를 구하시오.

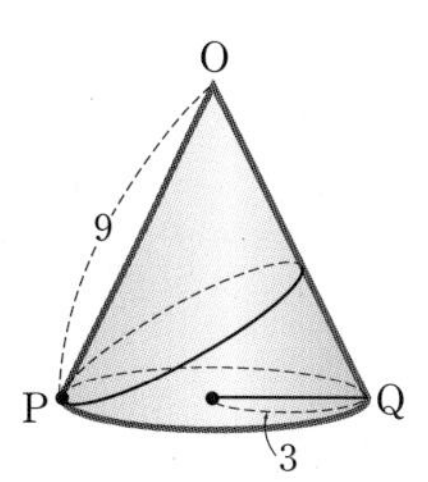

풀이 오른쪽 그림과 같이 원뿔의 옆면의 전개도에서 P′은 P와 같은 점이므로 구하는 최단거리는 $\overline{PP'}$의 길이이다.
이때, 직원뿔의 밑면인 원의 둘레는 전개도에서 호 PP′이 되고, 그 길이는 6π이다.
전개도에서

$$9\times\angle POP'=6\pi,\ \angle POP'=\frac{6\pi}{9}=\frac{2\pi}{3}$$

$\triangle OPP'$에서 코사인법칙에 의하여

$$\overline{PP'}^2=9^2+9^2-2\times9\times9\times\cos\frac{2\pi}{3}$$
$$=243$$
$$\therefore\ \overline{PP'}=9\sqrt{3}$$

따라서 구하는 최단거리는 $9\sqrt{3}$이다.

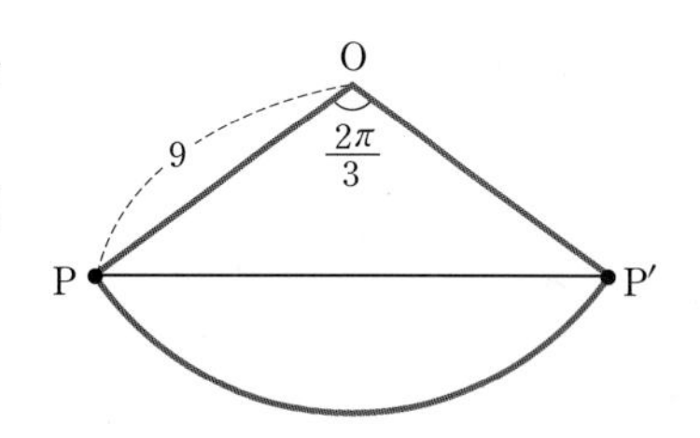

반지름의 길이가 r이고 중심각의 크기가 θ인 부채꼴의 호의 길이 l은 $l=r\theta$이다.

2 원기둥에서 전개도를 이용한 최단거리

예시 8 오른쪽 그림과 같이 밑면의 둘레의 길이가 30, 높이가 16인 원기둥 모양의 유리컵이 있다. 이 유리컵의 안쪽 높이의 중간지점에 있는 개미가 유리컵 바닥에 있는 꿀을 먹으러 가는 최단거리를 구하시오.

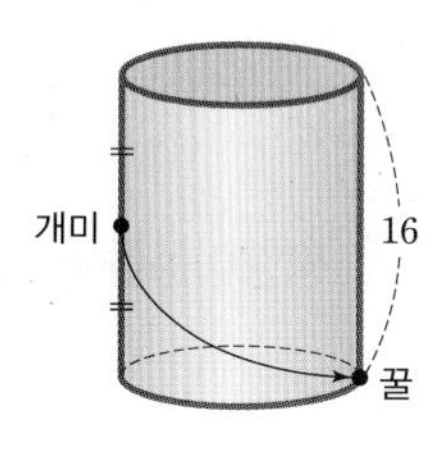

풀이 원기둥의 옆면의 전개도에서 구하는 최단거리는 오른쪽 그림과 같으므로 피타고라스의 정리에 의하여

$$\sqrt{15^2+8^2}=\sqrt{289}=17$$

이다.

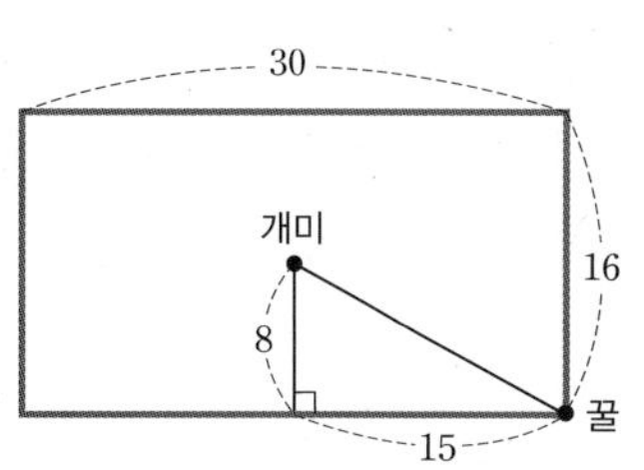

3 여러 가지 최단거리

예시 9 높이가 h로 같은 다음의 세 가지 물체를 밑면 바깥쪽의 한 점에서부터 밑면과 θ의 각도를 이루면서 실을 감을 때, 실의 길이를 비교하시오.

풀이 오른쪽 그림과 같이 직각삼각형의 한 각이 θ이고 높이가 h이므로 삼각형이 유일하게 결정되어 $\dfrac{h}{(\text{실의 길이})}=\sin\theta$이므로 실의 길이는 모두 $\dfrac{h}{\sin\theta}$로 같다.

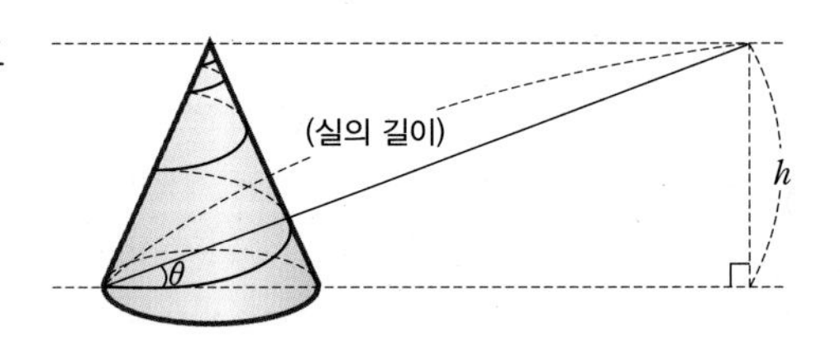

예시 10 오른쪽 그림의 직사각형 ABCD는 가로와 세로의 길이의 비가 $2:1$이다. 점 A에서 θ의 각도로 나간 빛이 벽에 3번 반사되어 점 D로 들어갈 때, $\tan\theta$의 값을 구하시오. (단, 입사각과 반사각의 크기는 서로 같다.)

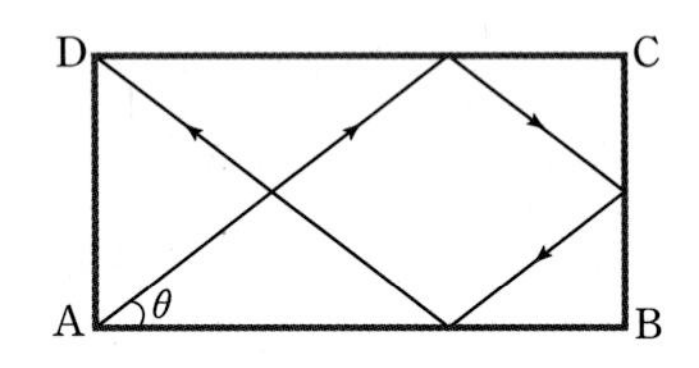

풀이 오른쪽 그림과 같이 빛의 경로를 펼쳐서 생각하자.

$\therefore \tan h=\dfrac{3}{4}$

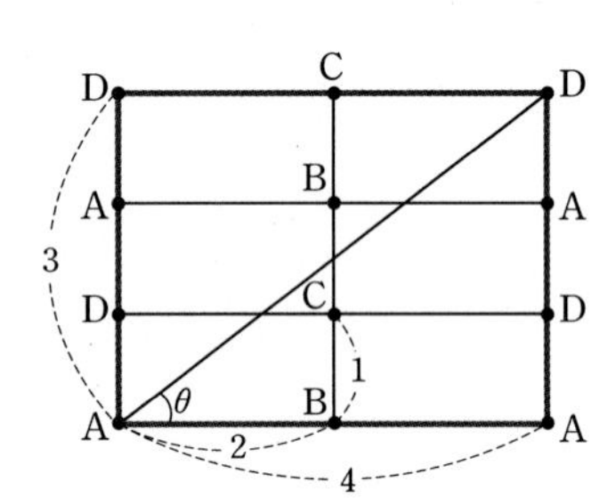

평행이동을 이용하는 경우

1 평행이동을 이용한 최단거리

예시 11 오른쪽 그림과 같이 평행한 강변에 수직으로 다리를 놓을 때, A에서 B로 가는 거리가 최소가 되게 하려면 다리를 어디에 놓아야 하는지 설명하시오.

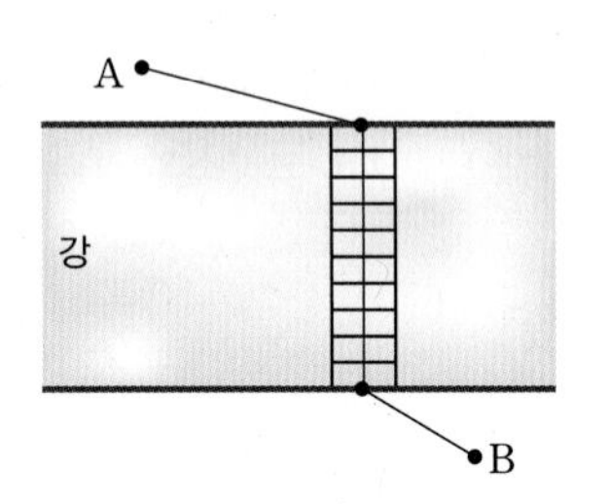

풀이 다리 양쪽의 끝점을 P, Q라 하면 $\overline{AP}+\overline{PQ}+\overline{QB}$에서 다리의 길이 $\overline{PQ}$는 일정하므로 $\overline{AP}+\overline{QB}$의 길이가 최소인 경우를 생각하자.
따라서 $\overline{AP}$를 다리의 길이 $\overline{PQ}$ 만큼 아래로 평행이동하여 $\overline{A'Q}+\overline{QB}$의 길이가 최소인 경우를 구하면 된다.
즉, $\overline{A'B}$와 아래쪽 강변이 만나는 지점 Q′에 강을 가로지르는 다리를 놓으면 된다.

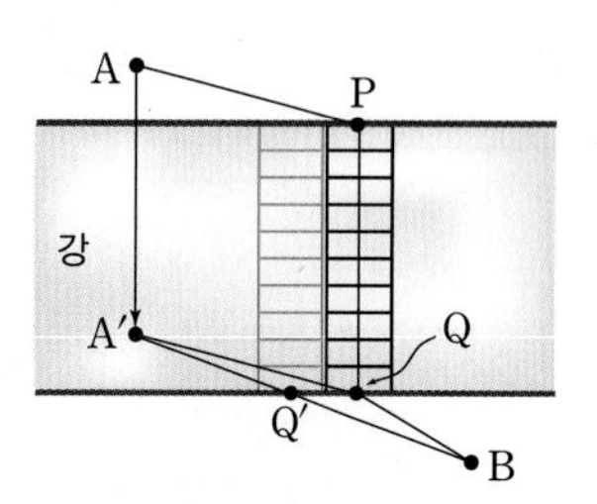

문제 1

나팔꽃은 한해살이 덩굴식물로 이른 아침에 피었다가 낮에 오므라지는 꽃이다. 덩굴식물은 막대나 다른 나무 등을 감으면서 뻗어 나가는데, 그 이유는 더 많은 양분과 에너지를 얻는 데 필요한 햇빛을 많이 받기 위해서이다. 그러므로 나팔꽃은 본능적으로 예쁜 꽃을 피우려 하고 좋은 씨를 남기기 위하여 되도록 빨리, 멀리 그 줄기를 뻗으려 한다. 일반적으로 나무의 줄기는 원통형으로 모든 방향에서 불어오는 바람의 피해를 최소한으로 줄인다. 나팔꽃이 나무의 줄기를 나선형으로 감아 올라간다면, 그 이유를 수학적인 사고를 하여 논하시오.

나팔꽃이 감아 올라간 원통형 나무 줄기의 전개도를 생각한다.

2

오른쪽 그림과 같이 높이가 4 cm이고, 밑면의 둘레의 길이가 2 cm인 원통에서 중심축의 대각 꼭짓점 P, Q를 실로 1.5번 감았을 때, 최소의 길이를 가지는 곡선은 어떤 것이며 그 길이는 얼마인지 말하시오.

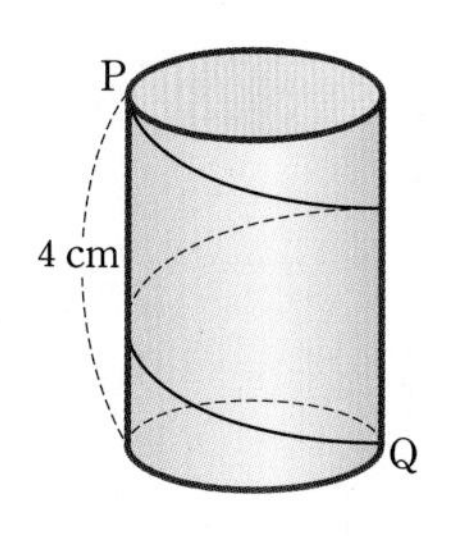

원통의 옆면의 전개도를 그린다.

다음 제시문을 읽고 물음에 답하시오.

(가) 제 1사분면에 두 점 P와 Q가 있다. x축과 y축을 적어도 한 번 이상 만나며 두 점 P와 Q를 연결하는 가장 짧은 경로는 아래 그림과 같은 세 선분으로 구성된다. 점 P의 y축 대칭점을 P′, 점 P′의 x축 대칭점을 P″라고 할 때, 두 점 P와 Q를 잇는 가장 짧은 경로의 길이는 선분 P″Q의 길이와 같다.

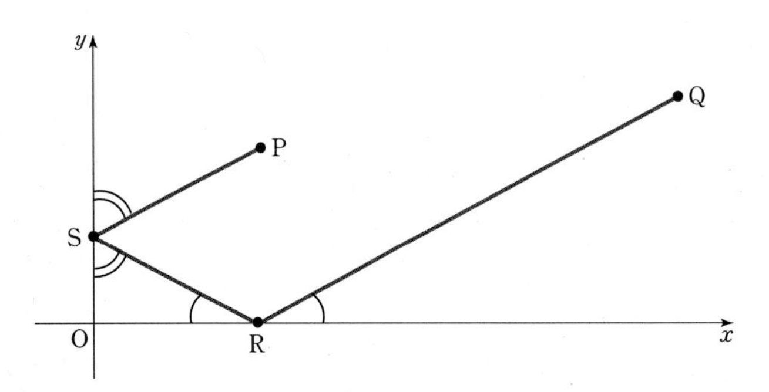

(나) 한 변의 길이가 1인 정사각형이 있다. 꼭짓점 O에서 사각형의 내부 방향으로 반직선 l을 그었다. l은 정사각형의 변과 만나면 레이저 광선처럼 입사각과 반사각의 크기가 같도록 반사하며 계속 진행한다. 이 과정을 반복하여 l을 계속 진행하게 함으로써 정사각형 속에 놓인 꺾은선 도형을 얻을 수 있다. 이때, l이 정사각형의 한 꼭짓점에 도달하면 더 이상 진행하지 않고 정지한다.

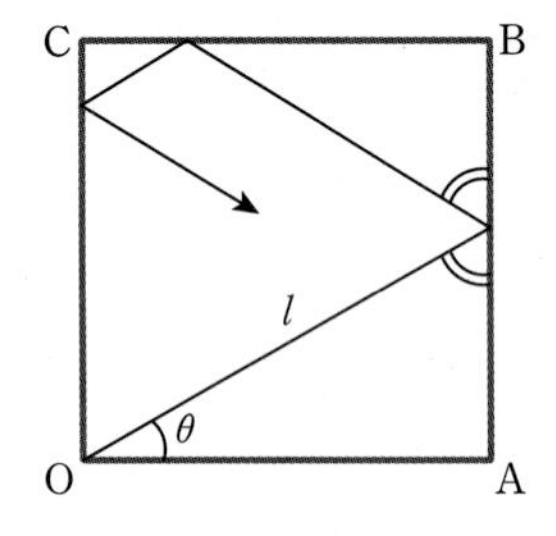

꺾은선 위의 점 P에 대하여, 점 O에서 점 P까지 이르는 꺾은선의 길이는 대칭이동을 이용하여 구할 수 있다. 출발점 O에서 l을 따라 진행하다 정사각형의 변을 만나면 그 변을 대칭축으로 정사각형(지나온 부분을 제외한 꺾은선 포함)을 대칭이동한다. (아래 그림 (a) ⇒ (b)) 대칭이동한 정사각형에서 꺾은선을 따라 계속 진행하다 다시 변을 만나면 그 변에 대한 사각형의 대칭이동을 같은 방법으로 반복한다. (아래 그림 (b) ⇒ (c)) 이러한 과정을 반복하여 정사각형 속의 꺾은선을 평면 위의 선분으로 바꾼다. 처음 꺾은선의 길이는 선분의 길이와 같다. (아래 그림 (c)의 선분 OP″)

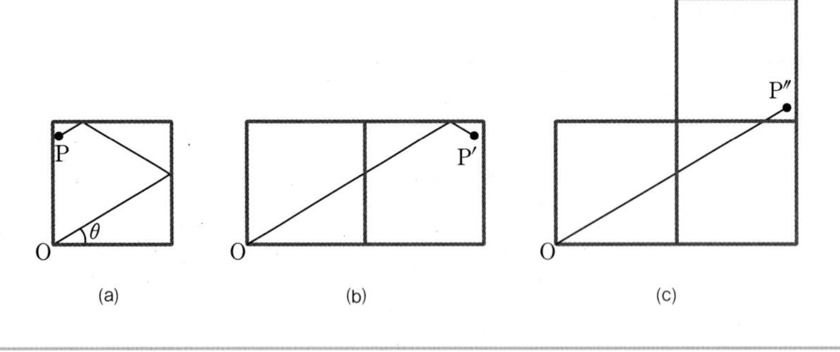

(1) (가)에서 점 R과 점 S는 두 점 P와 Q를 연결하는 꺾은선의 길이가 가장 짧은 때의 x축과 y축 위의 점이다. 점 P와 점 Q의 좌표가 각각 $(1, 3)$, $(2, 6)$일 때, 직선 RQ의 기울기를 구하고 풀이 과정을 설명하시오.

(2) (나)에서 반직선 l의 출발 기울기 $\tan\theta$가 $\frac{2}{3}$일 때 얻어진 꺾은선 도형의 길이를 제시문 (나)에 근거하여 구하고 풀이 과정을 설명하시오.

(3) (나)의 정사각형의 꼭짓점 O, A, B, C의 좌표가 각각 $(0,\ 0)$, $(1,\ 0)$, $(1,\ 1)$, $(0,\ 1)$이라고 하자. 반직선 l의 출발 기울기가 $\frac{q}{p}$(p, q는 서로소인 자연수)일 때 얻어진 꺾은선 도형의 길이를 구하는 방법을 설명하시오.

| 경북대학교 2014년 논술전형 |

(2) 제시문 (나)와 같이 반직선이 변과 만날 때마다 변에 대하여 대칭시키면서 순차적으로 그림을 그려 본다.

두 직선 $y=\frac{1}{\sqrt{3}}x$, $y=\sqrt{3}x$를 각각 l, m이라 하고, 직선 l 위에 점 $A_1(\sqrt{3},\ 1)$이 있다. 직선 m 위를 움직이는 점 P와 x축 위를 움직이는 점 Q에 대하여 $\overline{A_1P}+\overline{PQ}+\overline{QA_1}$의 값이 최소가 되는 두 점 P, Q를 각각 P_1, Q_1이라 하고, 선분 P_1Q_1과 직선 l의 교점을 A_2라 하자.
$\overline{A_2P}+\overline{PQ}+\overline{QA_2}$의 값이 최소가 되는 두 점 P, Q를 각각 P_2, Q_2라 하고, 선분 P_2Q_2와 직선 l의 교점을 A_3이라 하자. 이와 같이 모든 자연수 n에 대하여 직선 m 위를 움직이는 점 P와 x축 위를 움직이는 점 Q에 대하여 $\overline{A_nP}+\overline{PQ}+\overline{QA_n}$의 값이 최소가 되는 두 점 P, Q를 각각 P_n, Q_n이라 하고, 선분 P_nQ_n과 직선 l의 교점을 A_{n+1}이라 하자. $\overline{P_nQ_n}=a_n$이라 할 때, $\sum_{n=1}^{\infty} a_n$의 값을 구하시오.

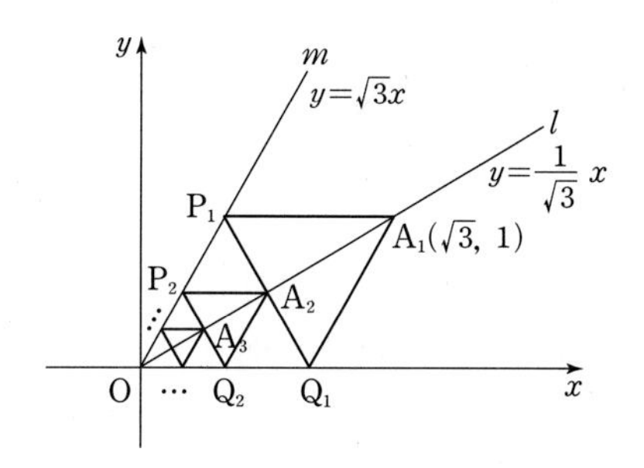

점 A_n을 직선 m과 x축에 대하여 대칭이동시킨 다음 a_{n+1}과 a_n의 관계식을 구한다.

주제별 강의 **제 7 장**

맨홀 뚜껑이 원, 음료수 캔이 원기둥인 이유

맨홀 뚜껑이 원인 이유

1 맨홀 뚜껑이 원 모양인 이유

(1) 넓이를 최대로 하기 위해서이다.

둘레의 길이가 l인 정삼각형, 정사각형, 정육각형의 넓이를 비교하여 보자.

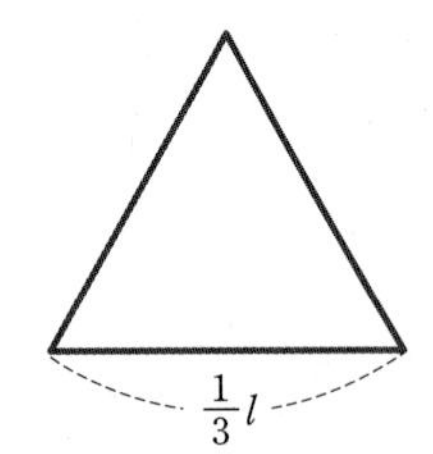

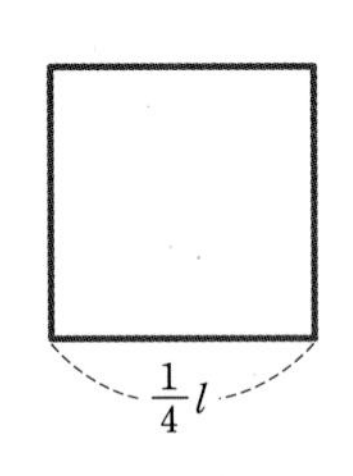

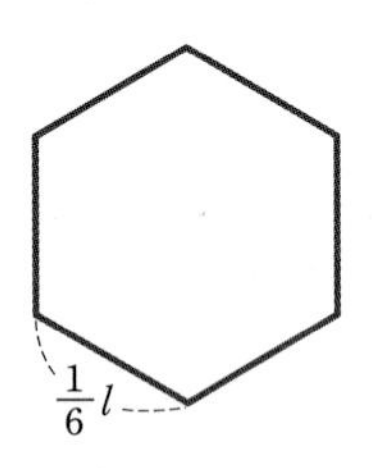

둘레의 길이가 l인 정삼각형의 한 변의 길이는 $\frac{1}{3}l$이므로 정삼각형의 넓이는

$\frac{\sqrt{3}}{4}\left(\frac{1}{3}l\right)^2=\frac{\sqrt{3}}{36}l^2 \fallingdotseq 0.048l^2$이다.

둘레의 길이가 l인 정사각형의 한 변의 길이는 $\frac{1}{4}l$이므로 정사각형의 넓이는

$\left(\frac{1}{4}l\right)^2=\frac{1}{16}l^2=0.0625l^2$이다.

둘레의 길이가 l인 정육각형의 한 변의 길이는 $\frac{1}{6}l$이므로 정육각형의 넓이는

$\frac{\sqrt{3}}{4}\left(\frac{1}{6}l\right)^2\times 6=\frac{\sqrt{3}}{24}l^3 \fallingdotseq 0.072l^2$이다.

따라서 둘레의 길이가 일정한 정삼각형, 정사각형, 정육각형 중에서 넓이가 가장 큰 도형은 정육각형이다. 위의 결과에서 둘레의 길이가 일정한 정n각형의 넓이는 n이 클수록 크다는 것을 알 수 있다. 따라서 자연수 n을 무한히 보내면 평면도형에서 둘레의 길이가 일정할 때 넓이가 가장 큰 도형은 원이 됨을 추측할 수 있다. 그러므로 맨홀뚜껑이 원 모양인 이유 중 한 가지는 같은 길이로 더 넓은 공간을 만들 수 있기 때문에 작업을 할 때 더 넓은 공간을 확보할 수 있어서이다.

(2) 맨홀 뚜껑을 열었을 때 뚜껑이 구멍에 빠지지 않게 하기 위해서이다.

삼각형이나 사각형으로 맨홀 뚜껑을 만들면 재는 위치에 따라 폭이 달라지므로 뚜껑과 구멍의 폭의 차이로 구멍에 빠질 수 있다. 예를 들면, 정사각형이나 직사각형의 경우는 대각선의 길이가 변의 길이보다 길기 때문에 세로로 세우면 빠진다. 그런데 원의 지름은 어느 방향으로 재어도 길이가 같기 때문에 원 모양의 뚜껑은 세워도 구멍에 빠지지 않는다.

(3) 운반에 있어 용이한 점이 있다.

맨홀 뚜껑을 원 모양으로 하면 굴려서 이동할 수 있으므로 운반하기 쉽다.

2 우리 생활 주변에서의 원

우리 생활 주변에서 원을 이용하는 경우를 살펴보자.

칼과 화살로 전쟁을 하던 시대에는 둥근 방패가 병사들에게 최소한의 재료와 무게로 최대한의 보호를 제공하였다. 또, 서부 영화에서 인디언의 습격을 받은 짐마차들의 행렬은 방어를 위해 짐마차를 원형으로 배치하여 가장 많은 공간을 확보하면서 동시에 외부의 공격에 노출되는 면은 최소가 되게 한다.

둥근 접시는 다른 모양의 접시보다 더 많은 음식을 담을 수 있으며 테이블 가장 자리로 떨어질 가능성도 가장 작게 해준다.

음료수 캔이 원기둥인 이유

1 음료수 캔이 원기둥 모양인 이유

음료수병이나 보온병 등 액체를 담는 용기들은 비용을 줄이기 위해 재료를 적게 들이면서 많은 양의 액체를 담을 수 있어야 한다.

원은 동일한 넓이를 가지는 평면도형 중 둘레의 길이가 가장 짧은 도형이다. 예를 들어, 음료수 캔의 밑면이 정삼각형, 정사각형, 원 모양인 경우를 비교해 보자.

정삼각형의 한 변의 길이가 a이고 넓이가 S일 때,

$S=\frac{\sqrt{3}}{4}a^2$, $a^2=\frac{4}{\sqrt{3}}S$, $a\fallingdotseq 1.52\sqrt{S}$

이므로 둘레의 길이는 $3a\fallingdotseq 4.56\sqrt{S}$

또, 정사각형의 한 변의 길이가 b이고 넓이가 S일 때,

$S=b^2$, $b=\sqrt{S}$

이므로 둘레의 길이는 $4b=4\sqrt{S}$

또, 원의 반지름의 길이가 r이고 넓이가 S일 때,

$S=\pi r^2$, $r^2=\frac{1}{\pi}S$, $r\fallingdotseq 0.56\sqrt{S}$

이므로 둘레의 길이는 $2\pi r\fallingdotseq 2\pi\times 0.56\sqrt{S}\fallingdotseq 3.52\sqrt{S}$

따라서 세 도형의 넓이는 같지만 둘레의 길이는 원이 가장 작다.

같은 넓이를 가질 때 둘레의 길이가 가장 작은 도형이 원이 되는 것과 마찬가지로 같은 부피를 가지면서 겉넓이가 최소인 입체도형은 구가 된다. 하지만 음료수의 용기를 구로 만든다면 사용이 불편하기 때문에 다른 모양의 용기를 만들어야 한다.

만약 넓이가 각각 같은 정삼각형, 정사각형, 원을 밑면으로 하는 기둥의 부피를 생각하면 세 기둥의 높이가 같을 때에는 세 기둥에 담기는 액체의 부피는 같지만 겉넓이는 원기둥이

가장 작다. 왜냐하면 기둥의 옆면을 이루는 부분의 넓이는 (밑면의 둘레의 길이)×(높이)이므로 높이가 같을 때에는 밑면의 둘레의 길이가 작은 원기둥이 옆면의 겉넓이가 가장 작기 때문이다. 따라서 원기둥일 때 전체 겉넓이가 최소이며 용기를 만들기 위한 비용이 최소가 된다.

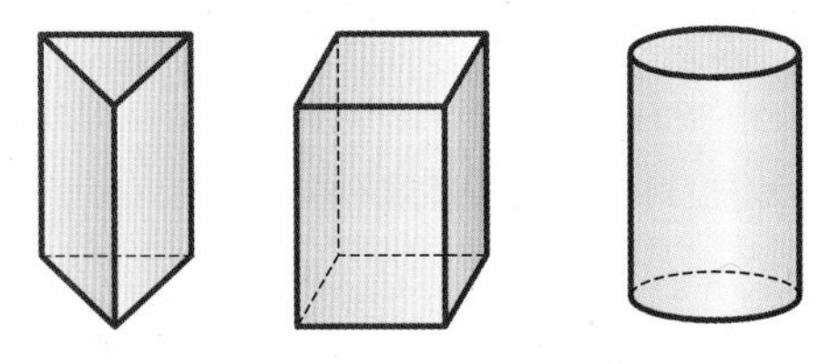

한편, 탱크로리도 같은 이유로 원통형으로 만들고 있는데 여기에는 이유가 한 가지 더 있다. 탱크로리는 휘발유나 화학 제품 등을 주로 싣는데, 이러한 제품은 특히 마찰이나 충격에 민감하며 심하면 폭발할 위험이 크다. 충격을 받았을 때 충격을 가장 잘 분산시키는 도형이 원이므로 원통형의 용기가 가장 견고하다. 즉, 원통형의 용기는 대칭형이므로 내부에서 충격을 고루 분산시킬 수 있어 다른 모양의 용기에 비해 안전하다.

러시아의 작가 톨스토이가 쓴 단편소설 가운데 "사람에게는 얼마만큼의 땅이 필요한가?"에 다음과 같은 내용이 있다.

> 평생 넓고 기름진 땅을 소유하기를 원했던 농부 바흠은 어느 날 한 상인으로부터 싼 값에 많은 땅을 살 수 있는 곳의 이야기를 듣고 찾아간다.
> 그 마을 촌장이 내걸은 조건은 하루를 걸어서 차지한 만큼의 땅을 소유할 수 있는데 반드시 해가 지기 전까지는 출발지점에 되돌아와야 한다는 것이다.
> 다음 날 바흠은 조금이라도 더 많은 땅을 차지하기 위해서 더위와 싸우고 졸음을 견디면서 땅을 넓히기 위하여 계속해서 걸었다. 해가 서서히 지기 시작하자 해가 떨어지기 전에 돌아가야 땅을 소유할 수 있다는 생각에 신발도 벗어 던지고 발이 찢어지고 피가 나도록 달려갔다. 그러나 너무 힘들게 달려온 까닭에 출발지점에 도착하자마자 쓰러져 죽었다.

만약 바흠이 출발지점에서 정북 쪽으로 50 km를 간 지점에서 정서 쪽으로 30 km를 더 가고, 그 지점에서 정남 쪽으로 10 km를 더 간 다음에 직선거리로 출발지점으로 되돌아 왔다고 하자. 이 과정에서 바흠이 무리를 하여 죽음에 도달하였다면, 처음부터 어떻게 진행하는 것이 가장 적당하겠는지 논하시오.

둘레의 길이가 같을 때, 넓이가 가장 큰 도형은 원이다.

다음 제시문을 읽고 물음에 답하시오.

여러 사물들은 제 각각의 특성을 지닌 채 자기만의 모양을 가지고 있다. 이러한 사물들을 이루는 가장 기본적인 요소들은 점, 선, 면이라고 할 수 있다. 그와 같은 기하학적 도형 중에서도 가장 기본적인 것은 직선과 원이다. 그리스인들은 직선과 원이야말로 기하학적 도형이며 완전하다고 생각하고 집중적으로 연구하였다. 이러한 믿음을 배경으로 그리스인들은 작도의 도구를 오직 원과 직선만을 그릴 수 있는 '자'와 '컴퍼스'에 국한시켰던 것이다.
수학적으로 모든 원은 닮은 꼴이며 같은 원에서는 어느 접점에서나 굽은 정도가 같다.
따라서 물체의 바퀴는 거의 대부분 원형이다. 또한 원은 어느 방향으로 재든지 폭(지름의 길이)은 일정하며 이 개념을 확장한 것이 정폭도형이다. 맨홀의 뚜껑 중 원 모양이 많은 것은 이를 이용한 대표적인 예라고 할 수 있다.
원과 관련된 유용한 정리로 등주정리와 등적정리를 꼽을 수 있다. 등주정리는 같은 둘레의 길이를 가지는 도형 중에서 넓이가 최대가 되는 것은 원이라는 것이며, 등적정리는 같은 넓이를 가지는 도형 중에서 둘레의 길이가 최소가 되는 것은 원이라는 사실이다.
우리 생활 속에서 볼 수 있는 간단한 예는 두루마리 화장지의 심(화장지를 감는 축)이 원형이라는 것에서 찾아 볼 수 있다.

(1) 둘레의 길이가 일정한 직사각형 중에서 넓이가 가장 큰 것을 구하는 방법에 대하여 논술하시오.

(2) 밑줄 친 "두루마리 화장지의 심(화장지를 감는 축)이 원형이라는 것에서 찾아 볼 수 있다."의 이유를 논술하시오.

(3) 원과 임의의 도형을 이용하여 등주정리로부터 등적정리를 유도하는 방법과 등적정리로부터 등주정리를 유도하는 방법에 대하여 논술하시오.

| 경희대학교 2010년 예시 |

둘레의 길이가 같은 평면도형 중 원의 넓이가 가장 넓다. 또 넓이가 같은 평면도형 중 원의 둘레의 길이가 가장 짧다.

주제별 강의 제 8 장

테셀레이션(tessellation)

테셀레이션

1 테셀레이션 tessellation

욕실 바닥에 깔려있는 타일과 길거리의 인도에 깔려있는 보도블록처럼 평면이나 공간을 틈과 포개짐이 전혀 없이 일정한 모양의 도형으로 가득 채우는 것을 테셀레이션이라고 한다. 달리 표현하면 똑같은 모양 또는 여러 가지 모양의 도형이나 사물들을 빈틈이나 겹침이 없이 잘 조화시킨 디자인(모자이크)이라 할 수 있다.

2 역사 속의 테셀레이션

스페인 그라나다에 있는 이슬람식 건축물인 알함브라 궁전(Alhambra)의 마루, 벽, 천장들은 반복되는 문양으로 테셀레이션 되어 있다. 그리고 이슬람 문화권의 융단, 깔개, 타일, 아라베스크 무늬 등과 우리나라의 사각형 창살문양 또한 대표적인 테셀레이션이다.

알함브라 궁전의 벽

3 테셀레이션과 화가 '에셔'

네덜란드의 화가 에셔(Escher, M.C.; 1898~1972)는 알함브라 궁전의 타일 모자이크에서 영감을 얻어 단순한 기하학적 무늬에서 수학적 변환을 이용하여 창조적인 형태(새, 물고기, 도마뱀, 개, 나비, 사람)의 테셀레이션 작품 세계를 구축하여 테셀레이션이 미술의 한 장르로 정착하는 데 이바지하였다.

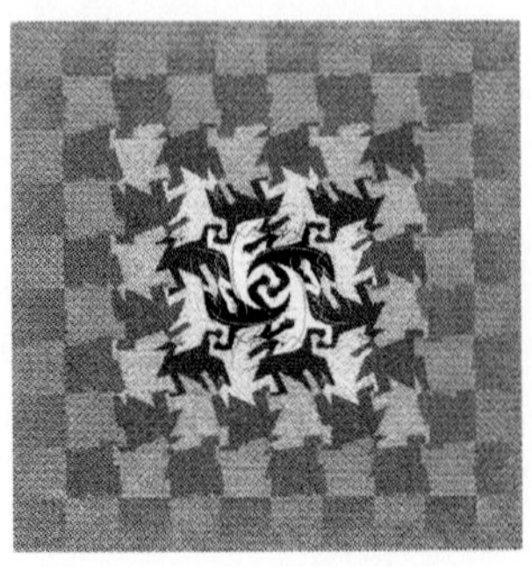

Development I, 1937

Sun and Moon, 1948

테셀레이션과 수학

1 한 종류의 정다각형으로 테셀레이션 만들기

한 종류의 정다각형으로 테셀레이션을 만들려고 한다. 가능한 정다각형은 무엇일까?

다각형들을 한 꼭짓점에 모이게 하였을 때 모인 다각형의 내각의 합이 360°가 되지 않으면 모자라는 부분이 생기고, 내각의 합이 360°를 넘으면 겹치는 부분이 생긴다. 정삼각형은 한 꼭짓점에 6개가 모여 360°를 이루고, 정사각형과 정육각형은 한 꼭짓점에 각각 4개, 3개가 모여 360°를 이룰 수 있으므로 이들 정다각형은 평면을 빈틈없이 완벽하게 채울 수 있다.

그러면 정오각형으로도 한 평면을 채울 수 있을까?
정오각형은 한 내각의 크기가 108°이므로 한 꼭짓점에 n개가 모여 360°가 될 수 없다. 즉, $108° \times n = 360°$인 자연수 n이 존재하지 않는다. 따라서 정오각형만으로는 평면을 빈틈없이 채울 수 없다.

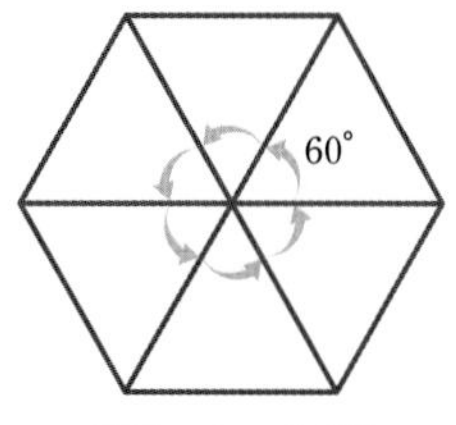

$60° \times 6 = 360°$

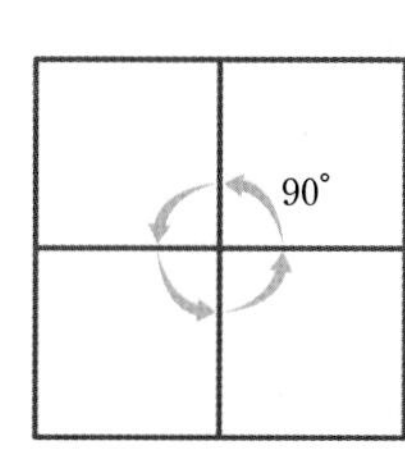

$90° \times 4 = 360°$

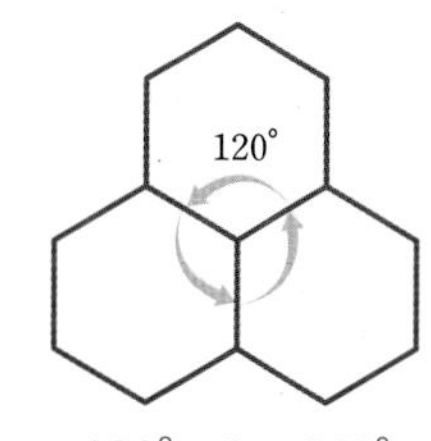

$120° \times 3 = 360°$

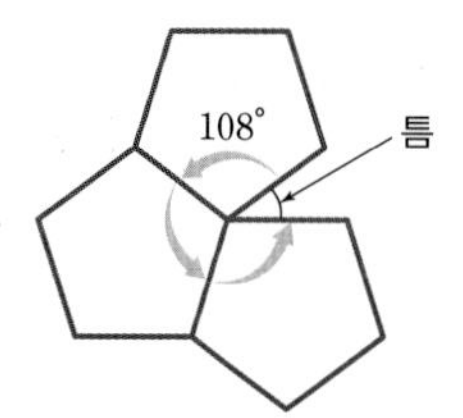

한 종류의 정다각형만으로 테셀레이션을 만들 때 사용가능한 도형은 정삼각형, 정사각형, 정육각형뿐임을 수학적으로 밝혀보자.

정n각형의 내각의 총합은 $(n-2) \times 180°$이고, 정n각형의 한 내각의 크기는 $\frac{(n-2) \times 180°}{n}$이다.

한 꼭짓점에서 정n각형이 k개 모여 평면을 빈틈없이 채우면

$$\frac{(n-2) \times 180°}{n} \times k = 360° \ (k\text{는 자연수})$$

이다. 이때, k는 자연수이므로

$$k = \frac{360°}{\frac{(n-2) \times 180°}{n}} = \frac{2n}{n-2} = 2 + \frac{4}{n-2}$$

이다. 따라서 $n-2$는 4의 약수이어야 하므로

$$n-2 = 1,\ 2,\ 4 \qquad \therefore n = 3,\ 4,\ 6$$

그러므로 한 종류의 정다각형으로 테셀레이션을 만들 때 가능한 것은 정삼각형, 정사각형, 정육각형뿐이다.

❷ 두 종류 이상의 정다각형을 이용한 테셀레이션

두 종류 이상의 정다각형으로 테셀레이션을 만들 때 어떤 조건들을 생각해야 하는가?

첫째, 모든 정다각형의 한 변의 길이는 같다.
둘째, 각 정다각형의 꼭짓점은 다른 정다각형의 꼭짓점과 공유한다.
셋째, 모든 꼭짓점에서 정다각형의 배열은 같다.

(1) 두 종류의 정다각형을 이용하여 테셀레이션을 만드는 경우

① 정삼각형과 정사각형 여러 개를 이용하여 테셀레이션을 만들 때, 한 꼭짓점에서 모이는 정삼각형과 정사각형의 개수를 각각 x개, y개라 하면 $60^\circ \times x+90^\circ \times y=360^\circ$에서 $2x+3y=12$이다.
이때, x, y는 자연수이므로 $x=3$, $y=2$이다.
따라서 한 꼭짓점에 모이는 정삼각형과 정사각형의 개수는 각각 3개, 2개이고 테셀레이션을 만들면 다음 그림과 같다.

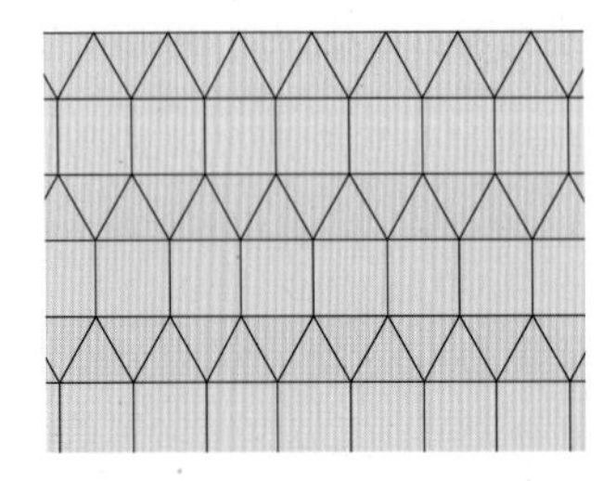
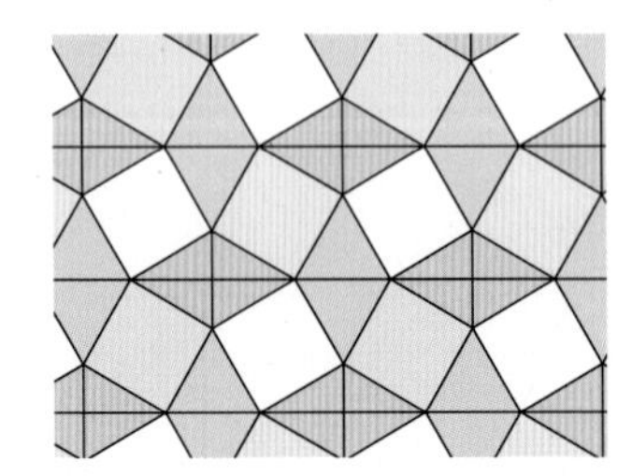

② 정삼각형과 정육각형 여러 개를 이용하여 테셀레이션을 만들 때, 한 꼭짓점에서 모이는 정삼각형과 정육각형의 개수를 각각 x개, y개라 하면 $60^\circ \times x+120^\circ \times y=360^\circ$에서 $x+2y=6$이다.
이때, x, y는 자연수이므로 $x=2$, $y=2$ 또는 $x=4$, $y=1$이다.
따라서 한 꼭짓점에 모이는 정삼각형과 정육각형의 개수는 각각 2개, 2개 또는 4개, 1개이고 테셀레이션을 만들면 다음 그림과 같다.

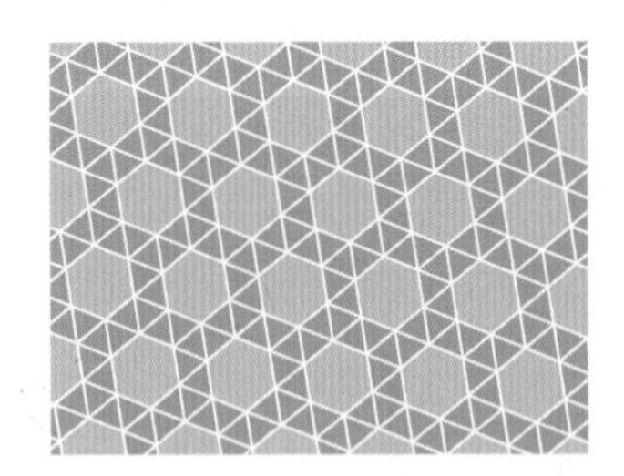

③ 정사각형과 정팔각형 여러 개를 이용하여 테셀레이션을 만들 때, 한 꼭짓점에서 모이는 정사각형과 정팔각형의 개수를 각각 x개, y개라 하면
$90^\circ \times x+135^\circ \times y=360^\circ$에서 $2x+3y=8$이다.
이때, x, y는 자연수이므로 $x=1$, $y=2$이다.
따라서 한 꼭짓점에 모이는 정사각형과 정팔각형의 개수는 각각 1개, 2개이고 테셀레이션을 만들면 오른쪽 그림과 같다.

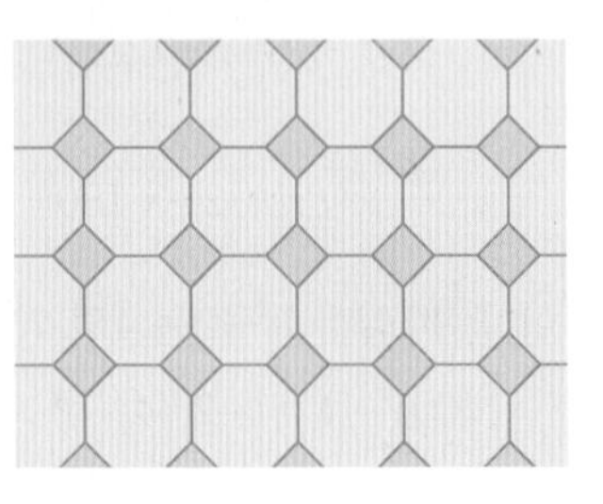

(2) 세 종류의 정다각형을 이용하여 테셀레이션을 만드는 경우

① 정삼각형, 정사각형, 정육각형 여러 개를 이용하여 테셀레이션을 만들 때, 한 꼭짓점에서 모이는 정삼각형, 정사각형, 정육각형의 개수를 각각 x개, y개, z개라 하면 $60° \times x + 90° \times y + 120° \times z = 360°$에서 $2x + 3y + 4z = 12$이다.

이때, x, y, z는 자연수이므로 $x=1$, $y=2$, $z=1$이다.

따라서 한 꼭짓점에 모이는 정삼각형, 정사각형, 정육각형의 개수는 각각 1개, 2개, 1개이고 테셀레이션을 만들면 오른쪽 그림과 같다.

② 정사각형, 정육각형, 정십이각형 여러 개를 이용하여 테셀레이션을 만들 때, 한 꼭짓점에서 모이는 정사각형, 정육각형, 정십이각형의 개수를 각각 x개, y개, z개라 하면 $90° \times x + 120° \times y + 150° \times z = 360$ 에서 $3x + 4y + 5z = 12$이다.

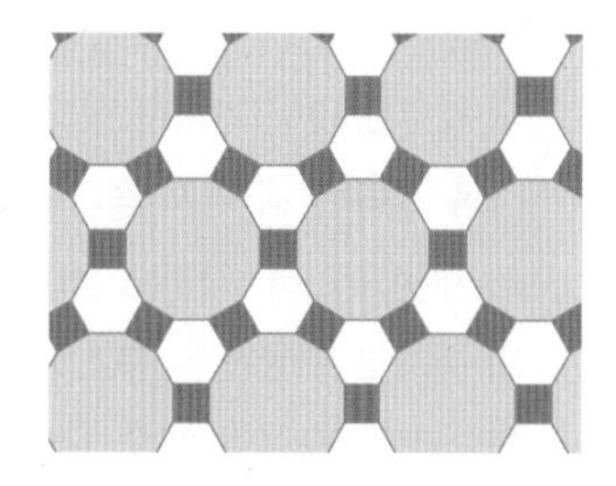

이때, x, y, z는 자연수이므로 $x=1$, $y=1$, $z=1$이다.

따라서 한 꼭짓점에 모이는 정사각형, 정육각형, 정십이각형의 개수는 각각 1개씩이고 테셀레이션을 만들면 오른쪽 그림과 같다.

문제 1

적당한 크기의 여러 가지 모양의 정다각형의 타일들을 섞거나 또는 한 종류만으로 겹치지 않게 붙여서 평면을 빈틈없이 채울 수 있다. 정삼각형, 정사각형, 정육각형, 정팔각형 모양의 타일 중 서로 다른 두 가지를 택하여 평면을 빈틈없이 채우려 할 때, 어떤 경우가 가능한지 논하시오. 또한, 세 가지를 택하여 평면을 빈틈없이 채울 수 있는지 논하시오.

두 가지 정다각형을 택하는 경우는 모두 6가지이다. 각 경우에 대하여 한 꼭짓점에 모이는 정다각형의 개수를 각각 m개, n개라 할 때, 한 꼭짓점에서 모인 정다각형의 내각의 크기의 합이 360°가 되는 경우를 찾는다.

문제 2 다음 제시문을 읽고 물음에 답하시오.

자연은 우리가 생각하는 것 이상으로 효율적인 시스템으로 설계되어 있다. 생물체의 호흡에서 절대적인 요소인 산소와 이산화탄소의 순환, 먹이 사슬, 종족을 보존하려는 본능 등은 그 증거이다. 집단생활을 하는 것으로 알려진 벌에게서도 이러한 증거를 발견할 수 있다. 벌이 육각형 모양으로 집을 짓는 것도 효율성을 구현하는 예이다. 육각형은 공간을 빈틈없이 채우면서도 삼각형, 사각형에 비해 둘레의 길이가 일정할 때 넓이가 크기 때문에 벌집을 짓기 위한 재료를 아낄 수 있는 구조이다.

(1) 제시문의 정육각형으로 만들어진 벌집처럼 합동인 정다각형으로 평면을 빈틈없이 겹치지 않게 채우는 것이 가능한 정다각형을 모두 구하여라.

(2) 다음 그림은 세 가지 정다각형(정4각형, 정6각형, 정12각형)으로 평면을 빈틈없이 겹치지 않게 채운 것이다. 각 꼭짓점마다 정4각형, 정6각형, 정12각형 또는 정4각형, 정12각형, 정6각형의 순서로 모여 있는 구조이다. 이것을 $(4,\ 6,\ 12)$로 나타내기로 하자. 두 가지 이상의 정다각형으로 평면을 빈틈없이 겹치지 않게 채우면서 각 꼭짓점마다 모인 정다각형의 순서가 일정하게 되는 경우를 모두 찾아라. 단, 한 점에 모이는 정다각형의 개수는 3개인 경우로 제한한다.

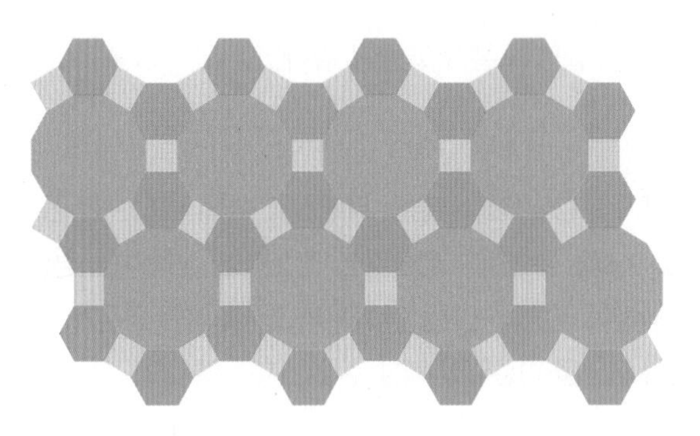

| 인하대학교 수리논술 자료집 응용 |

(2) 한 꼭짓점에서 정a각형, 정b각형, 정c각형이 모였다면 한 꼭짓점에 모인 다각형의 내각의 크기의 합이 $360°$가 되어야 한다.

학교 앞에 보도블록을 새로 깔려고 한다. 보도의 가장자리에는 블록을 잘라서 사용할 수 있지만 그 외의 부분은 블록을 자르지 않고 틈새가 없게 맞춰 넣어야 한다. 그런데 보도블록 설치자는 보도블록 제작자로부터 기계의 오류로 인하여 정사각형으로 제작되어야 할 보도블록들이 정사각형이 아닌 다른 사각형으로 제작되었다는 연락을 받았다. 제작된 모든 블록들은 크기와 모양이 동일하다고 한다. 한정된 예산과 일정 때문에 보도블록 설치자는 제작된 블록을 그대로 가져오라고 해야 할지 아니면 원래 주문한 것처럼 정사각형으로 다시 만들어 달라고 요구를 해야 할지 결정해야 한다. 예를 들어, 제작된 보도블록이 직사각형 모양이라면 보도블록 설치자는 새로 보도블록을 주문할 필요 없이 이미 만들어진 직사각형 보도블록을 이용하여 보도를 채울 수 있다. 만약, 잘못 제작된 보도블록이 어떤 모양의 사각형일 때 그대로 사용할 수 있는지, 그리고 어떤 모양의 사각형일 때는 반드시 새로 제작하도록 해야 하는지를 결정하고 그 이유를 설명하시오. 그리고 보도블록이 사각형이 아닌 다른 다각형일 경우, 보도블록으로 사용할 수 있는 경우와 사용할 수 없는 경우의 예를 하나씩 들고 그 이유를 설명하시오.

(단, 보도블록은 위아래가 구분되어 있어 뒤집어 깔 수는 없다.)

| 고려대학교 2006년 수시 |

한 종류의 다각형들을 한 꼭짓점에 모았을 때, 다각형들의 내각의 합이 360°보다 작으면 모자라는 부분이 생기고, 360°보다 크면 겹치는 부분이 생긴다.

다음 물음에 답하시오.

(1) 아래 왼쪽 그림과 같은 4×4격자 판에서 임의의 위치에 있는 정사각형 하나를 뺀 나머지 부분을 아래 오른쪽 그림처럼 3개의 정사각형으로 이루어진 도형으로 중복 없이 덮을 수 있는지 설명하시오.

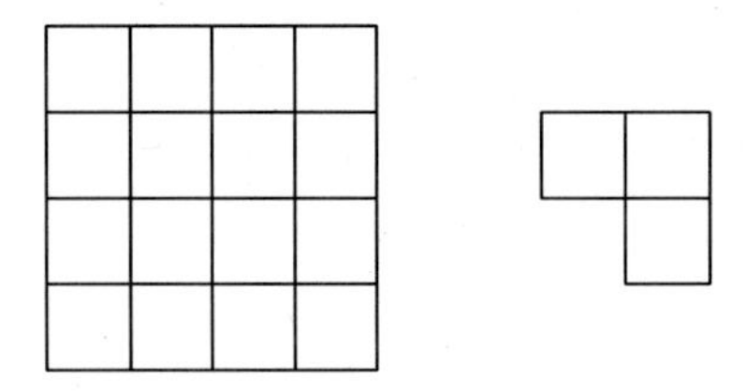

(2) 문제 (1)에서처럼 16×16 격자판에서 임의의 위치에 있는 정사각형 하나를 뺀 나머지 부분을 문제 (1)의 오른쪽 그림처럼 3개의 정사각형으로 이루어진 도형으로 중복없이 덮을 수 있는지 설명하시오.

| POSTECH 2004년 심층면접 |

(1) 가운데 정사각형을 하나 빼는 경우와 그 외의 부분에서 정사각형을 하나 빼는 경우로 나누어 생각한다.

커다란 직사각형 모양의 탁자를 500원짜리 동전을 사용하여 다음 두 가지 방법으로 가능하면 완전히 덮으려고 한다.

(A) 각각의 동전을 행과 열을 맞추어 직사각형 모양으로 덮는 방법이다. 각각의 동전은 좌우와 상하에 네 개의 동전과 접하게 된다. (직각으로 덮는 방법)

(B) 동전을 가로와 세로로 서로 엇갈리게 하여 각각의 동전이 여섯 개의 동전과 이웃하도록 덮는 방법이다. (육각으로 덮는 방법)

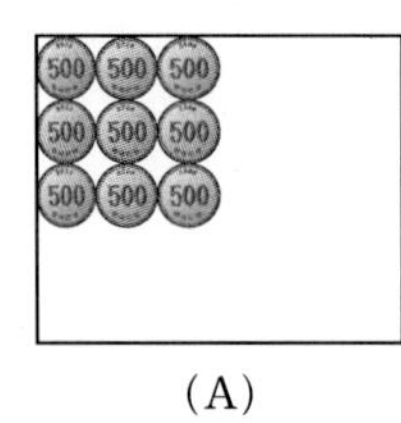

(A) (B)

위의 두 가지 방법에서 어떤 방법이 탁자를 덮는 데 더 효율적인지 논하시오.

탁자 위에 동전으로 덮이는 비율을 계산한다.

예시 답안 및 해설 29쪽

문제 6

다음 문제를 해결할 수 있는 논리적 방법을 생각하여 설명하시오.

(1) [꿀벌의 집]

곤충의 눈, 잠자리의 날개, 꿀벌의 집 등을 보면 육각형이 서로 이어 붙어 평면을 구성하고 있음을 알 수 있습니다. 수학적으로 볼 때 정다각형 중에서도 오직 정삼각형, 정사각형, 정육각형 등만이 이차원 평면을 빈틈없이 덮을 수 있습니다. 꿀벌이 정삼각형이나 정사각형이 아닌 정육각형으로 집을 짓게 된 이유 중 두 가지를 논리적 근거를 들어 설명하시오.

(2) [음료수의 캔 채우기]

① 지름이 10 cm인 원기둥 모양 음료수 캔을 가로 160 cm, 세로 100 cm의 직사각형 상자에 똑바로 세워서 한 층으로만 가득 채워 담으려고 합니다. 다음 그림과 같이 가로와 세로를 각각 같은 개수로 나란히 채우는 [방법 A]와 서로 엇갈리게 채우는 [방법 B]를 고려하여 최대 몇 개의 캔을 담을 수 있는지에 대해서 논리적인 계산 근거와 함께 설명하시오.

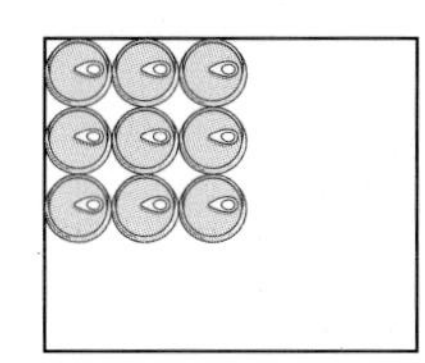

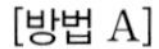

[방법 A]

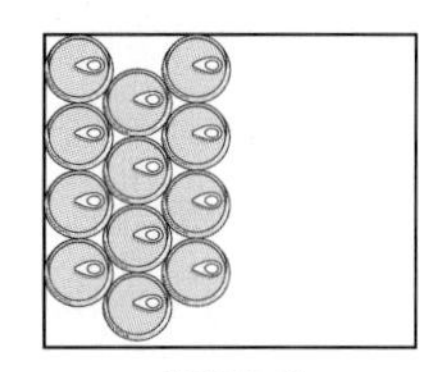

[방법 B]

② 캔의 지름을 D, 상자의 가로의 길이를 xD, 세로의 길이를 yD라 하고($x>y$이고 x, y는 모두 짝수라 하자.), [방법 A]보다 [방법 B]로 캔 3개를 더 채우려고 할 때, x, y가 만족하여야 할 조건을 구하시오.

| 중앙대학교 2004년 수시 |

(2) [방법 B]의 경우 세로줄에 놓는 캔을 10개, 9개, 10개, 9개, …를 엇갈리게 놓으면 된다.

주제별 강의 제 9 장

부등식의 영역에서의 최대 · 최소

선형계획법

❶ 선형계획법

(1) 선형계획법(線形計劃法, linear programming, LP)은 이익의 최대화 또는 비용의 최소화 등과 같은 목적을 이루기 위하여 여러 가지 제한된 자원을 어떻게 분배하는 것이 가장 합리적인가를 수리적으로 다루는 분야이다.

(2) 선형계획법은 최적화 문제의 일종으로 기업 활동에 필요한 제한된 자원(자금, 원자재, 노동력, 시간 등)을 최적화하는 기법으로써 목표 달성을 위한 자원을 합리적으로 배분하는 장점이 있어 조직 내의 의사결정 문제를 해결하기 위해 널리 사용되고 있다.

(3) 운용과학(operations research, OR)은 제2차 세계대전 중 영국에서 잠수함 탐색, 군수물자 수송 문제 등을 제한된 군사력으로 효율적으로 운용하기 위하여 시작되었으며, 전후에 경영분야에서 활발히 활용하게 되었다.
이것은 수학적, 통계적 모형 등을 활용하여 효율적인 의사결정을 돕는 기법으로 수학적 기술을 많이 사용하며 OR을 잘 이용하기 위한 방법의 하나로 선형계획법, 시뮬레이션, 게임이론, PERT 등이 광범위하게 응용되고 있다.

❷ 선형계획법과 부등식의 영역

(1) 선형계획법은 주어진 부등식의 영역에서 어떤 함수의 최댓값 또는 최솟값을 구하는 문제를 다루는 수학의 한 분야이며 선형(linear)은 일차식을 의미한다.

(2) 부등식의 영역은 변수가 2개인 경우에 보통 다각형으로 둘러싸인 영역으로 표현되며 일차식의 최댓값 또는 최솟값을 갖는 점은 다각형의 꼭지점으로 나타나게 된다. 따라서, 선형계획법의 문제는 최적의 꼭짓점을 찾는 문제로 바꾸어 정리될 수 있다.

예시 1 어느 공장에서 생산하는 두 제품 A, B에 대하여 제품 A, B를 각각 1개씩 만드는 데 필요한 원료 P, Q의 소모량이 오른쪽 표와 같다. 하루에 공급되는 원료 P, Q의 총량이 각각 10 kg, 14 kg이고 제품 A, B 1개에 대하여 각각 2000원, 3000원의 이익을 얻는다고 한다. 이 공장에서 하루에 최대 이익을 얻는 방법을 설명하고 제품 A, B의 생산량을 구하시오.

원료 \ 제품	A	B
P	100 g	100 g
Q	50 g	200 g

풀이 하루에 제품 A, B를 각각 x개, y개를 생산한다고 하면

$x\geq 0$, $y\geq 0$

$100x+100y\leq 10000$, 즉

$x+y\leq 100$

$50x+200y\leq 14000$, 즉

$x+4y\leq 280$

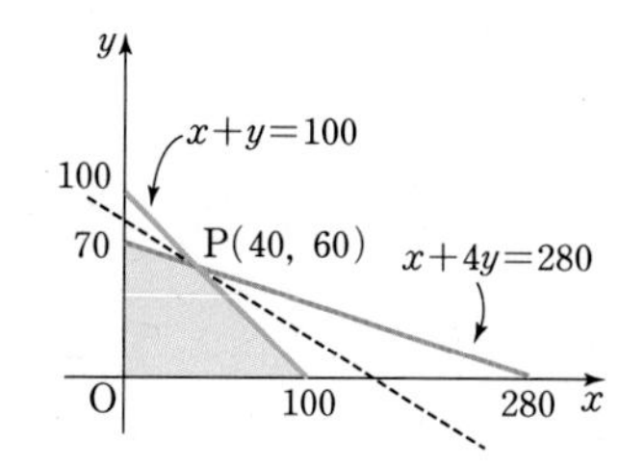

이때, $2000x+3000y=k$로 놓으면 이 직선이 두 직선

$x+y=100$, $x+4y=280$의 교점 $P(40, 60)$을 지날 때 k가 최대가 된다.

따라서 제품 A, B의 생산량이 각각 40개, 60개일 때 최대 이익을 얻는다.

문제 1

기업은 일정한 생산요소를 완전히 사용하여 생산활동을 할 때 기술적으로 가능한 여러 가지 생산물 조합을 그래프로 나타낸 생산 가능 곡선(Production Possibility Curve)을 이용하여 생산에 임하고 있다고 한다. S기업은 A와 B의 두 제품을 동시에 생산할 수 있다. 그러나 제한된 인력, 자금력 등에 의하여 어느 한 제품만을 무한히 생산하는 것은 불가능하고 어떤 한 제품을 더 생산하려고 하면 다른 제품의 생산을 줄여야 한다. 따라서 S기업은 자신의 여건을 최대로 활용하여 효율적으로 생산하려 할 때, 두 제품의 생산량 사이에는 일정한 관계가 존재하고, 이 관계를 그래프 또는 수식으로 나타내면 이것이 이 회사의 생산 가능 곡선이 된다. S기업의 두 제품 A, B의 판매 가격은 1단위에 각각 30원, 40원일 때, 다음 물음에 답하시오.

(단, 두 제품의 생산량은 0 이상의 실수값을 갖는다.)

> 총 매출액이 $30x+40y$(원)이므로 이를 k로 놓고 주어진 생산 가능 곡선을 지날 때, k의 최댓값을 구한다.

(1) S기업의 두 제품 A, B의 생산량을 각각 x단위, y단위라 할 때, 생산 가능 곡선이 $x+y=100$이면 총 매출액을 최대로 하기 위한 생산 전략을 구하고, 그 이유를 설명하시오.

(2) S기업의 생산 가능 곡선이 $x^2+y^2=10000$으로 바뀌었다면, 총 매출액을 최대로 하기 위한 생산 전략은 어떻게 바뀌어야 하는지 설명하시오.

| 중앙대학교 2006년 수시 응용 |

문제 2

올해 K 농원에서는 7000 kg의 생산물을 수확하였다. 이것을 올 가을에 판매하는 것보다 내년 봄에 판매하는 것이 가격에 유리하다. 올해 지출한 경비를 조달하기 위하여 3000 kg 이상을 올 가을에 1 kg당 5000원을 받고 팔고, 나머지는 내년 봄에 1 kg당 7000원을 받고 팔 수 있다고 한다. 그런데 내년 봄에 팔 생산물은 냉장 보관을 하여야 하는데 공동으로 운영하는 냉장 보관 시설의 부족으로 각 생산자의 수확 생산물의 절반까지만 냉장 보관할 수 있고, 냉장 보관 비용은 1 kg당 1000원이 든다고 한다. 최대의 수익을 얻기 위한 K 농원의 판매 전략을 논하시오.

> 올 가을과 내년 봄에 판매할 생산물의 양을 각각 x kg, y kg으로 놓고 만족하는 영역을 좌표평면 위에 나타내어 판매 수익이 최대일 때를 찾는다.

○○사와 △△공단은 지역사회 발전을 위하여 함께 KTX신축역사(驛舍) 및 지하차도를 건설하려고 한다. 이를 위해 ○○사는 46억원, △△공단은 376억원의 공사(工事) 관련 예산을 확보하였다. 다음은 공사에 관한 참고 사항이다.

항목	지하차도	신축역사
당초 사업 목표	200 m	9,240 m^2
단위 당 공사비	0.4억원/m	0.04억원/m^2
공사비 부담	○○사와 △△공단이 항상 절반씩 분담	△△공단이 전담

만약 당초 사업 목표에 미달된 상태로 공사를 마무리하면 사회갈등이 발생하고, 이로 인한 경제적 손실은 미달된 분량에 대해 지하차도의 경우 1.5억원/m, 신축역사의 경우 0.25억원/m^2씩 발생하게 된다. 그런데 공사를 시작하기도 전에 △△공단이 내부 사정을 이유로 이 사업을 포기하려고 하자 ○○시와 지역 주민들이 반발하려고 한다. 이에 정부의 갈등조정협의회는 당초 사업 목표에 미달하더라도 두 공공기관의 예산 범위 내에서 사업을 진행하자는 조정안을 구상 중이다. 물론 지하차도든 신축역사든 당초 사업 목표를 초과하는 공사는 전혀 고려하지 않는다.

그렇다면 완공할 지하차도의 길이와 신축역사 면적을 각각 얼마로 하는 조정안이 총지출*을 최소화할 수 있으며, 현재처럼 사업을 포기하려는 경우보다 총지출 측면에서 얼마나 개선되는지 풀이과정과 함께 제시하시오.

완공할 지하차도의 길이를 x m, 신축역사의 면적을 y m^2라 잡아 x, y의 조건을 생각한다.

*(총지출)=(지하차도 공사 목표 미달로 인한 경제적 손실) + (신축역사 공사 목표 미달로 인한 경제적 손실) + (○○시가 지출한 공사비) + (△△공단이 지출한 공사비)

| 경희대학교 사회계 2014년 수시 |

다음 제시문을 읽고 물음에 답하시오.

> 우리나라 H기업의 미국 앨라배마 공장에서 소형 승용차 A와 대형 승요차 B를 생산하고 있다. 자동차 생산은 프레스 공정과 조립 공정을 거치게 되는데, 생산 라인 수와 인력을 고려할 때 공정별 일일 이용 가능 시간은 각각 300시간과 90시간이다. 차종 A의 경우 대당 2.5시간의 프레스 공정과 0.6시간의 조립 공정 시간이 소요되고, 차종 B의 경우 대당 5시간의 프레스 공정과 2.4시간의 조립 공정 시간이 소요된다. 이때 차종 B에 장착되는 고성능 GPS는 공급이 원활하지 못해 하루 최대 30개까지만 조달 가능하다. 자동차 생산은 프레스 공정과 조립 공정으로만 구성되고, 앨라배마 공장에서 생산되는 A와 B는 생산되는 전량이 판매된다고 가정한다. 또한 차종 A와 B의 대당 판매 이익은 각각 160만원과 400만원이라고 한다.

H기업은 현재의 생산능력 범위 안에서 전체 판매 이익이 최대가 되도록 차종 A와 B의 일일 생산 대수를 결정하였다. 그런데 H기업은 차종 B에 장착되는 고성능 GPS의 가격 변화에 따라 차종 B의 대당 판매 이익이 변할 수 있는 상황도 고려해야 했다. 앞에서 결정한 최적의 일일 생산 계획 대수 계획을 수정할 필요가 없는 차종 B의 대당 판매 이익의 범위를 구하시오.

차종 B의 대당 판매이익을 미지수로 놓고 이미 정해진 차종 A와 B의 일일 생산대수를 지날 수 있는 범위를 생각한다.

| 중앙대학교 2015년 모의논술 |

다음 제시문을 읽고 아래 논제에 답하시오.

컴퓨터의 '바탕화면'은 아이콘과 같은 그래픽 요소를 이용하여 사용자가 컴퓨터를 편리하게 사용할 수 있도록 돕는 그래픽 사용자 인터페이스(graphical user interface, GUI)이다. 바탕화면의 어느 한 지점에 정지해 있는 마우스 포인터를 이동하여 특정 지점에 있는 아이콘을 클릭할 때까지 걸리는 이동시간 T는 다음과 같이 계산된다.

$$T=a+b\log_2\left(\frac{2D}{W}\right)$$

(D : 마우스 포인터로부터 아이콘 중심까지의 거리, W : 아이콘의 폭, a, b: 상수)

따라서, 마우스 포인터로부터 아이콘 중심까지의 거리가 멀수록, 아이콘의 폭이 좁을수록 이동시간이 길어진다.

다음 조건을 만족하는 바탕화면의 아이콘을 디자인하고자 한다.

- 아이콘을 4개를 만들고, 이들은 [그림]과 같이 바탕화면의 중심을 기준으로 상하좌우 대칭이다.
- 아이콘이 놓이는 바탕화면은 폭과 높이가 모두 22 cm인 정사각형이다.
- 아이콘은 한 변의 길이(W)가 1 cm 이상인 정사각형 모양이고, 아이콘 전체가 바탕화면 안에 들어간다.
- 아이콘 사이의 간격(M)은 1 cm 이상이다.
- 아이콘 사이의 간격(M)과 아이콘의 폭(W)의 차이는 5 cm 이하이다.
- 최초 구동 시 마우스 포인터는 바탕화면의 중심에 위치하며, 이 경우 마우스 포인터로부터 아이콘 중심까지의 거리(D)는 $2D:(W+M)=\sqrt{2}:1$을 만족한다.

(1) 위 조건에 따라 아이콘을 디자인할 때, 아이콘의 폭(W)과 아이콘 사이의 간격(M)에 대한 조건들을 부등식으로 나타내고, 이를 만족하는 부등식의 영역을 W를 가로축, M을 세로축으로 하는 좌표평면에 표시하시오. 그리고 구한 영역에서 W의 최댓값과 M의 최댓값을 각각 구하시오.

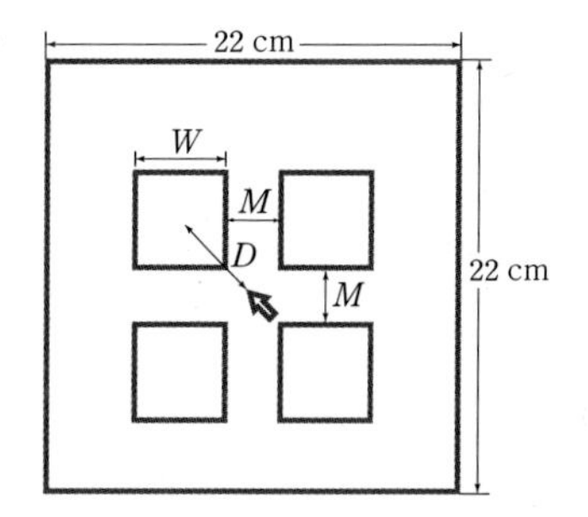

(2) 상수 $a=1$, $b=2$라고 가정하자. 문항 (1)에서 구한 W와 M의 영역을 활용하여, 위의 조건을 만족하는 아이콘 디자인 중에서, '최초 구동 시 아이콘 클릭을 위한 이동시간(T)'를 최소로 하는 아이콘의 폭(W)과 아이콘 사이의 간격(M)을 구하시오.

| 숭실대학교 2014년 수시 |

(2) $2D:(W+M)=\sqrt{2}:1$을 이용하여 T의 식을 W와 M으로 나타낸다.

다음 제시문과 논제를 읽고 물음에 답하시오.

(가) 사람은 상품을 소비함으로써 만족을 얻을 수 있다. 상품을 소비하여 얻는 주관적인 만족감을 효용(效用, utility)이라고 한다. 효용은 소비활동의 궁극적인 목표라 할 수 있다. 소비자가 얻는 효용의 크기는 소비하는 상품의 양과 관계가 있다. 따라서 효용의 크기는 소비하는 각 상품량의 함수로 표시할 수 있다. 이러한 함수를 효용함수(效用函數, utility function)라고 한다. 예를 들어 어떤 상품을 x만큼 소비할 때 $U(x)$만큼의 효용을 얻는다면 효용함수는 다음과 같은 형태로 나타낼 수 있다.

$$U=U(x)$$

만일 소비 대상이 되는 상품이 X와 Y 두 종류라면 효용함수는 두 상품 소비량의 함수로써 다음과 같이 나타낼 수 있다.

$$U=U(x, y),\ x\text{는 } X\text{의 소비량},\ y\text{는 } Y\text{의 소비량}$$

(나) 소비자가 두 상품 X와 Y만을 소비한다고 가정할 때, 두 상품의 소비량 x, y의 순서쌍 (x, y) 중에서 동일한 효용을 주는 순서쌍들을 좌표평면에 나타낸 곡선을 무차별곡선(無差別曲線, indifference curve)이라 한다. 예를 들어 두 상품을 소비할 때 동일한 효용 U_0를 갖는 소비량이 [표]와 같은 경우, 제시된 자료를 좌표평면에 옮기고 연속적인 곡선으로 연결하면 [그림 1]의 오른쪽 그림과 같은 무차별곡선 I_0를 얻을 수 있다.

[표] 동일한 효용을 제공하는 X, Y 상품 조합

상품 X의 소비량(x)	4	5	6	8	10	14
상품 Y의 소비량(y)	12	8	6	4	3	2

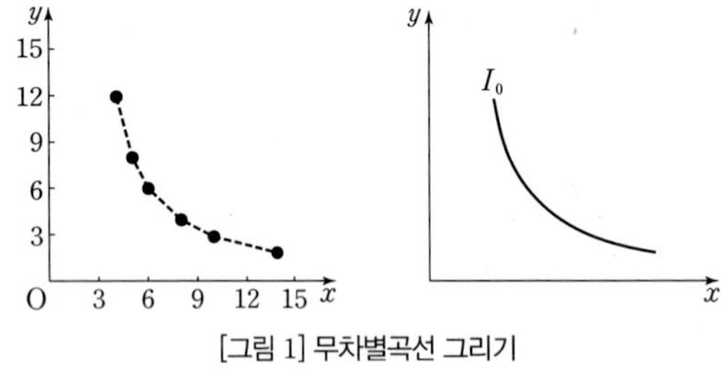

[그림 1] 무차별곡선 그리기

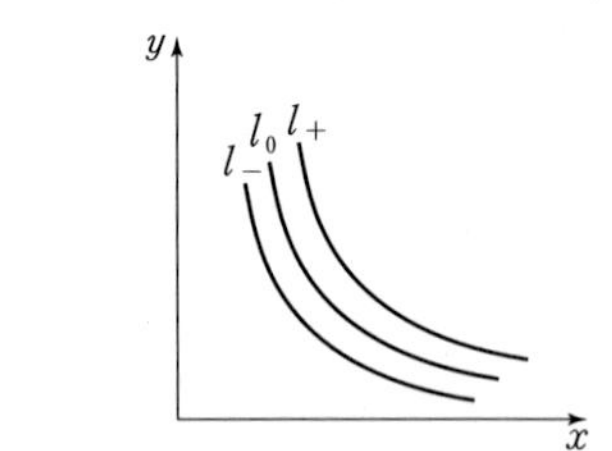

[그림 2] 서로 다른 효용들에 대한 무차별곡선

앞의 표에서 가정한 효용 U_0보다 더 큰 효용을 주는 무차별곡선 I_+, 그리고 U_0보다 더 작은 효용을 주는 무차별곡선 I_-를 그려 보면 [그림 2]와 같이 마치 지도의 등고선처럼 된다.

(다) 상품을 많이 소비할수록 더 큰 효용을 얻을 수 있다. 그러나 자원이 한정되어 있고 소비자의 예산 또한 제한되어 있어 상품의 소비량에는 한계가 있기 마련이다. 따라서 소비자는 주어진 예산한도 내에서 선택을 통하여 효용을 극대화시키는 행동을 하게 된다. 즉 모든 소비행동에는 제한된 예산이라는 제약이 따르는 것이다.

소비자의 예산을 B라 하자. 구입하는 상품 X와 Y의 가격을 각각 P_X, P_Y라 하고, 구입량을 각각 x, y라 하자. 소비자가 예산 전부를 상품 X와 Y의 구입에 지출하는 경우, 다음과 같은 조건식이 성립한다.

$$x\times P_X+y\times P_Y=B$$

위 식을 그래프로 표현한 것을 예산선이라 한다.

[논제] 다음 글은 회사원 A가 국내여행 및 해외여행으로부터 얻은 효용에 관한 내용이다.

회사원 A가 일 년 동안 국내여행에 보낸 시간(x)과 해외여행에 보낸 시간(y)을 통해 얻는 효용을 효용함수로 나타내면 다음과 같다.

$$U(x, y)=\frac{xy}{10}$$

국내여행에는 시간당 10,000원, 해외여행에는 시간당 40,000원의 여행경비가 소요된다고 한다. 회사원 A가 일 년 동안 여행에 사용할 수 있는 예산 한도는 4,000,000원이며, 주어진 예산을 모두 여행하는데 소비한다고 한다.

(1) 1200의 효용을 얻는 경우의 무차별곡선과 회사원 A의 예산선을 하나의 좌표평면에 그리고, 주어진 예산 한도 내에서 효용 1200을 달성할 수 있는지에 대해 논하시오.

(2) 주어진 예산 한도 내에서 효용을 극대화하는 국내여행 시간과 해외여행 시간을 각각 구하고, 이때의 효용을 계산하시오.

| 숭실대학교 2009년 수시 |

(1) 무차별곡선과 예산선을 나타내는 직선을 연립하여 알아본다.

다음 제시문을 읽고 물음에 답하시오.

어떤 기업에서 두 가지 제품 A, B를 생산하고 있다. A와 B를 만드는데 공통의 원료가 사용되며, A 제품을 q kg 생산하는데 이 원료가 $0.1q^2$ kg 사용되고 B 제품을 q kg 생산하는데 이 원료가 $0.2q^2$ kg 사용된다. 제조공정의 특성상 이 두 제품은 여러 번 나누어서 생산할 수 없으며, 한 번의 공정으로 전량 생산해야 한다. 두 제품을 생산하는데 이 원료를 최대 30 kg까지 사용할 수 있으며, A와 B의 kg 당 판매가는 각각 10,000원, 20,000원이다. 이러한 상황에서 총판매액을 최대화하기 위한 각 제품의 생산량을 결정하고자 한다.

(1) A의 생산량을 x, B의 생산량을 y로 정의(단, $x \geq 0$, $y \geq 0$)할 경우 총판매액(z)을 x, y의 함수로 나타내시오. 또 원료 사용량에 따른 제약조건을 부등식으로 나타내고, 이를 xy좌표평면 상의 영역으로 나타내시오.

(2) 총판매액을 최대화하는 A와 B의 생산량을 구하시오. 이때 총판매액은 얼마인지 구하시오.

| 숭실대학교 2013년 모의논술 |

(1) 원료 사용량의 제약 조건은 $0.1x^2+0.2y^2 \leq 30$, $x \geq 0$, $y \geq 0$이다. 따라서 xy좌표평면의 1사분면에 그려진다.

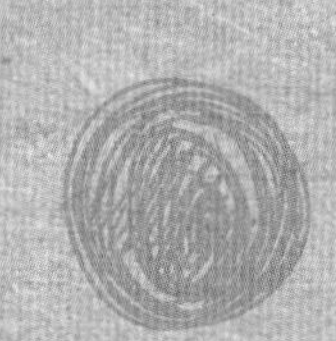

수학 Ⅱ

TEXT SUMMARY

Ⅳ 집합과 명제

1 집합

1 부분집합의 개수

집합 $A=\{a_1, a_2, a_3, \cdots, a_n\}$에 대하여

(1) A의 부분집합의 개수 ➡ 2^n(개)

(2) A의 특정한 원소 k개를 원소로 갖는 부분집합의 개수 ➡ 2^{n-k}(개)

(3) A의 특정한 원소 k개를 원소로 갖지 않는 부분집합의 개수 ➡ 2^{n-k}(개)

(4) A의 특정한 원소 k개를 원소로 갖고, 특정한 원소 r개를 원소로 갖지 않는 부분집합의 개수 ➡ 2^{n-k-r}(개)

이해돕기 집합 $A=\{a, b, c, d, e, f\}$에 대하여 다음을 구하시오.

(1) A의 부분집합 중 원소 a, b를 포함하는 것의 개수

(2) A의 부분집합 중 원소 c, d를 포함하지 않는 것의 개수

(3) A의 부분집합 중 원소 d는 포함하고, 원소 e, f는 포함하지 않는 것의 개수

풀이 (1) A의 부분집합 중 원소 a, b를 포함하는 것의 개수는 원소 a, b를 제외한 집합 $\{c, d, e, f\}$의 부분집합에 각각 원소 a, b를 넣은 것의 개수와 같으므로 $2^{6-2}=2^4=16$(개)

(2) A의 부분집합 중 원소 c, d를 포함하지 않는 것의 개수는 원소 c, d를 제외한 집합 $\{a, b, e, f\}$의 부분집합의 개수와 같으므로 $2^{6-2}=2^4=16$(개)

(3) A의 부분집합 중 원소 d는 포함하고, 원소 e, f는 포함하지 않는 부분집합의 개수는 $2^{6-1-2}=2^3=8$(개)

2 유한집합의 원소의 개수

(1) 합집합의 원소의 개수 : 세 집합 A, B, C에 대하여

① $n(A\cup B)=n(A)+n(B)-n(A\cap B)$

② $n(A\cup B\cup C)=n(A)+n(B)+n(C)-n(A\cap B)$
$-n(B\cap C)-n(C\cap A)+n(A\cap B\cap C)$

(2) 여집합의 원소의 개수 : 전체집합 U의 부분집합 A에 대하여

$n(A^C)=n(U)-n(A)$

(3) 차집합의 원소의 개수 : 두 집합 A, B에 대하여

$n(A-B)=n(A)-n(A\cap B)=n(A\cup B)-n(B)$

이해돕기 1부터 400까지의 자연수 중에서 400과 서로소인 수의 개수를 구하시오.

풀이 $400=2^4\times5^2$이므로 400과 서로소인 수는 2의 배수도 아니고 5의 배수도 아닌 수이다. 이때, 전체집합을 $U=\{x\,|\,1\le x\le 400,\ x\text{는 자연수}\}$, 2의 배수의 집합을 A, 5의 배수의 집합을 B라 하면 $n(A\cup B)=n(A)+n(B)-n(A\cap B)=200+80-40=240$

$\therefore n(A^C\cap B^C)=n((A\cup B)^C)=n(U)-n(A\cup B)=400-240=160$

따라서 1부터 400까지의 자연수 중에서 400과 서로소인 수는 160개이다.

BASIC

부분집합의 뜻

두 집합 A, B에 대하여 집합 A의 모든 원소가 집합 B에 속할 때, 집합 A를 집합 B의 부분집합이라 하고, 기호로 $A\subset B$ 또는 $B\supset A$와 같이 나타낸다.

부분집합의 성질

- $A\subset A$, $\varnothing\subset A$
- $A\subset B$, $B\subset A$이면 $A=B$
- $A\subset B$, $B\subset C$이면 $A\subset C$

집합의 연산 법칙

- 흡수법칙 : $A\cup(A\cap B)=A$
  $A\cap(A\cup B)=A$
- 드모르간의 법칙 :
  $(A\cup B)^C=A^C\cap B^C$
  $(A\cap B)^C=A^C\cup B^C$

2 명제

1 명제와 조건

(1) 참, 거짓을 판별할 수 있는 문장 또는 식을 명제라 하고, x의 값에 따라 참, 거짓을 판별할 수 있는 문장 또는 식을 조건이라고 한다.

(2) 전체집합 U의 원소 중에서 조건 p를 참이 되게 하는 모든 원소의 집합을 진리집합이라고 한다.

(3) 조건 p, q의 진리집합을 각각 P, Q라 할 때

① $p \Longrightarrow q$이면 $P \subset Q$　　② $p \not\Longrightarrow q$이면 $P \not\subset Q$　　③ $p \Longleftrightarrow q$이면 $P = Q$

참고 $\sim(\sim p) = p$: $(P^C)^C = P$

$\sim(p$ 또는 $q) \Longleftrightarrow \sim p$ 그리고 $\sim q$: $(P \cup Q)^C = P^C \cap Q^C$

$\sim(p$ 그리고 $q) \Longleftrightarrow \sim p$ 또는 $\sim q$: $(P \cap Q)^C = P^C \cup Q^C$

$\sim$(모든 x에 대하여 p) $\Longleftrightarrow$ 어떤 x에 대하여 $\sim p$

$\sim$(어떤 x에 대하여 p) $\Longleftrightarrow$ 모든 x에 대하여 $\sim p$

이해돕기 명제 '$-1 \le x \le 1$이면 $a \le x \le 2$이다.'가 참이 되도록 실수 a의 값의 범위를 정하시오.

풀이 '$-1 \le x \le 1$'을 조건 p, '$a \le x \le 2$'를 조건 q라 하고, 조건 p, q의 진리집합을 각각 P, Q라 하면

$P = \{x \mid -1 \le x \le 1\}$, $Q = \{x \mid a \le x \le 2\}$

이때, 명제 $p \rightarrow q$가 참이기 위해서는 $P \subset Q$이어야 하므로 오른쪽 그림과 같이 $a \le -1$이다.

2 명제의 역, 이, 대우

(1) 명제 $p \rightarrow q$에 대하여 $q \rightarrow p$, $\sim p \rightarrow \sim q$, $\sim q \rightarrow \sim p$를 각각 명제 $p \rightarrow q$의 역, 이, 대우라 한다. 명제 $p \rightarrow q$와 그 역, 이, 대우 사이의 관계는 오른쪽 그림과 같다.

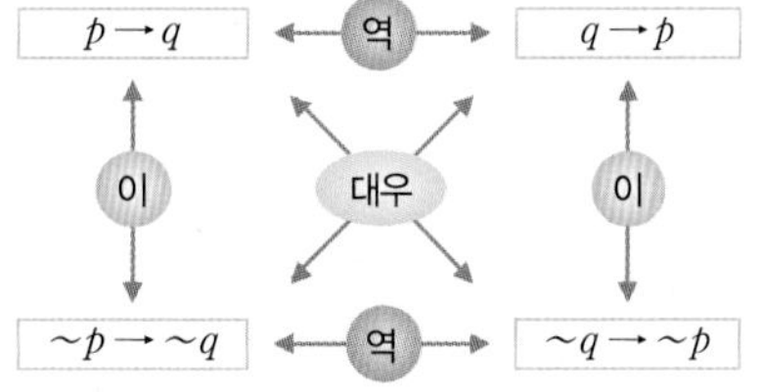

(2) 명제 $p \rightarrow q$가 참이면 그 대우 $\sim q \rightarrow \sim p$도 반드시 참이다. 그러나 명제가 참이라 해서 그 역이나 이가 반드시 참인 것은 아니다.

(3) 삼단논법 : $p \Longrightarrow q$이고 $q \Longrightarrow r$이면 $p \Longrightarrow r$이다.

이해돕기 명제 '$x > 2$이면 $x^2 > 4$이다.'의 역, 이, 대우를 각각 말하고, 그것의 참, 거짓을 판별하시오.

풀이 역 : $x^2 > 4$이면 $x > 2$이다. (거짓)

이 : $x \le 2$이면 $x^2 \le 4$이다. (거짓)

대우 : $x^2 \le 4$이면 $x \le 2$이다. (참)

BASIC

명제의 부정

명제 p에 대하여 'p가 아니다.'를 p의 부정이라 하고, 기호로 $\sim p$와 같이 나타낸다. 이때, 명제 p가 참이면 $\sim p$는 거짓이고, 명제 p가 거짓이면 $\sim p$는 참이다.

집합과 명제

- 전체집합 U에서의 두 조건 p, q를 만족하는 집합을 각각 P, Q라 할 때, 명제 $p \rightarrow q$가 참이면 $P \subset Q$이므로 $Q^C \subset P^C$이다. 따라서 명제 $\sim q \rightarrow \sim p$가 참이다.
- 전체집합 U에서의 세 조건 p, q, r를 만족하는 집합을 각각 P, Q, R라 할 때,
  명제 $p \rightarrow q$, $q \rightarrow r$가 참이면 $P \subset Q$, $Q \subset R$이므로 $P \subset R$이다. 따라서 명제 $p \rightarrow r$도 참이다.

3 필요조건과 충분조건

(1) 두 조건 p, q에 대하여 명제 $p \rightarrow q$가 참일 때, 기호로 $p \Longrightarrow q$와 같이 나타내고, p는 q이기 위한 충분조건, q는 p이기 위한 필요조건이라고 한다. 또, 명제 $p \rightarrow q$와 그 역 $q \rightarrow p$가 모두 참일 때, 기호로 $p \Longleftrightarrow q$와 같이 나타내고, p는 q이기 위한 필요충분조건이라고 한다.

(2) 두 조건 p, q의 진리집합을 각각 P, Q라 할 때

① p는 q이기 위한 충분조건 ⇨ $(p \Longrightarrow q) \Longleftrightarrow P \subset Q$

② p는 q이기 위한 필요조건 ⇨ $(p \Longleftarrow q) \Longleftrightarrow P \supset Q$

③ p는 q이기 위한 필요충분조건 ⇨ $(p \Longleftrightarrow q) \Longleftrightarrow P = Q$

BASIC

- p는 q이기 위한 충분조건 : $p \underset{\times}{\overset{\bigcirc}{\rightleftarrows}} q$

  예 $p : x=3$, $q : x^2=9$

- p는 q이기 위한 필요조건 : $p \underset{\bigcirc}{\overset{\times}{\rightleftarrows}} q$

  예 $p : x^2=4$, $q : x=2$

- p는 q이기 위한 필요충분조건 : $p \underset{\bigcirc}{\overset{\bigcirc}{\rightleftarrows}} q$

  예 $p : x=2$ 또는 $x=-2$, $q : x^2=4$

4 절대부등식

(1) 기본적인 절대부등식 : a, b, c가 실수일 때

① $a^2 \pm ab + b^2 \geq 0$ (단, 등호는 $a=b=0$일 때 성립)

② $a^2+b^2+c^2-ab-bc-ca \geq 0$ (단, 등호는 $a=b=c$일 때 성립)

③ $a^3+b^3+c^3 \geq 3abc$ (단, a, b, c는 양수이고 등호는 $a=b=c$일 때 성립)

(2) 산술평균과 기하평균 및 조화평균의 관계 : $a>0$, $b>0$, $c>0$일 때

① $\dfrac{a+b}{2} \geq \sqrt{ab} \geq \dfrac{2ab}{a+b}$ (단, 등호는 $a=b$일 때 성립)

② $\dfrac{a+b+c}{3} \geq \sqrt[3]{abc}$ (단, 등호는 $a=b=c$일 때 성립)

(3) 코시-슈바르츠의 부등식 : a, b, c, x, y, z가 실수일 때

① $(a^2+b^2)(x^2+y^2) \geq (ax+by)^2$ $\left(\text{단, 등호는 } \dfrac{x}{a}=\dfrac{y}{b}\text{일 때 성립}\right)$

② $(a^2+b^2+c^2)(x^2+y^2+z^2) \geq (ax+by+cz)^2$

$\left(\text{단, 등호는 } \dfrac{x}{a}=\dfrac{y}{b}=\dfrac{z}{c}\text{일 때 성립}\right)$

③ $({a_1}^2+{a_2}^2+\cdots+{a_n}^2)({b_1}^2+{b_2}^2+\cdots+{b_n}^2) \geq (a_1b_1+a_2b_2+\cdots+a_nb_n)^2$

$\left(\text{단, 등호는 } \dfrac{b_1}{a_1}=\dfrac{b_2}{a_2}=\cdots=\dfrac{b_n}{a_n}\text{일 때 성립}\right)$

절대부등식

부등식에 어떠한 실수값을 대입하여도 항상 성립하는 부등식을 절대부등식이라고 한다. 한편, 부등식에 특정한 값을 대입할 때에만 성립하는 부등식을 조건부등식이라고 한다.

부등식의 증명에 이용되는 실수의 성질

a, b가 임의의 실수일 때

- $a>b \Longleftrightarrow a-b>0$
- $a^2 \geq 0$
- $a^2+b^2=0 \Longleftrightarrow a=b=0$
- $|a|^2=a^2$, $|ab|=|a||b|$
- $a>0$, $b>0$일 때, $a>b \Longleftrightarrow a^2>b^2$

이해돕기 다음 물음에 답하시오.

(1) $a>0$, $b>0$일 때, 부등식 $\left(a+\dfrac{1}{b}\right)\left(b+\dfrac{9}{a}\right)$의 최솟값을 구하시오.

(2) a, b, x, y는 실수이고 $a^2+b^2=1$, $x^2+y^2=4$일 때, $ax+by$의 값의 범위를 구하시오.

풀이 (1) $\left(a+\dfrac{1}{b}\right)\left(b+\dfrac{9}{a}\right)=ab+\dfrac{9}{ab}+10 \geq 2\sqrt{ab \times \dfrac{9}{ab}}+10=16$

따라서 주어진 부등식의 최솟값은 16이다.

(2) 코시-슈바르츠의 부등식에 의하여 $(a^2+b^2)(x^2+y^2) \geq (ax+by)^2$이므로

$1 \times 4 \geq (ax+by)^2$ $\quad \therefore -2 \leq ax+by \leq 2$

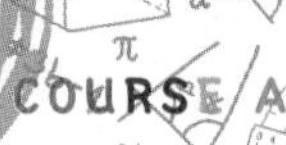

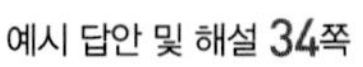

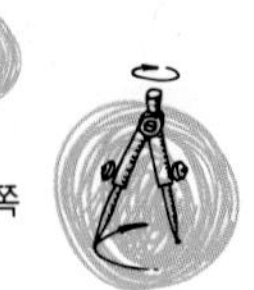

COURSE A

예시 답안 및 해설 34쪽

수리논술 분석

예제 1 미국의 화가 먼셀에 의하여 고안된 색의 체계로 먼셀 표색계가 있다. 이는 색의 3속성인 색상, 명도, 채도로 색을 기술하는 방식이다. 먼셀 색상은 각각 빨강(R), 노랑(Y), 초록(G), 파랑(B), 보라(P)의 기본색에 중간색인 주황(YR), 연두(GY), 청록(BG), 남색(PB), 자주(RP)를 첨가하여 10색상이 이루어지고, 10색상에서 나아가 20색상이 이루어지는데 이것을 20색상환이라고 한다. 어떤 행사를 주최하는 측에서 20색상환에 의한 20가지 색으로 이루어진 20종류의 스티커를 발행하여 모든 종류의 스티커를 모으면 경품을 주기로 하였다. 이 행사에 참가한 창윤, 민형, 서령이는 각각 5, 5, 7종류의 스티커를 모았다고 한다. 이때, ❶ 두 사람씩 비교하였을 때는 모두 3종류의 같은 스티커를 가지고 있었고, ❷ 세 사람을 함께 비교하였을 때는 2종류의 같은 스티커를 가지고 있었다. 창윤, 민형, 서령이의 스티커를 모두 모아서 경품을 받으려면 최소한 몇 종류의 스티커가 더 필요한지 설명하시오.

예시 답안

창윤, 민형, 서령이가 모은 스티커의 종류의 집합을 각각 A, B, C라 하면 $n(U)=20$, $n(A)=5$, $n(B)=5$, $n(C)=7$이고,
$n(A\cap B)=n(B\cap C)=n(C\cap A)=3$, $n(A\cap B\cap C)=2$이다.
이때, 세 사람이 가지고 있는 스티커의 종류의 수는

$$n(A\cup B\cup C)=n(A)+n(B)+n(C)-n(A\cap B)-n(B\cap C)-n(C\cap A)+n(A\cap B\cap C)$$

이므로

$$n(A\cup B\cup C)=5+5+7-3-3-3+2=10$$

따라서 더 필요한 스티커의 종류의 수는 $20-10=10$(종류)이다.

Check Point

예를 들어, ❷에서 세 사람이 동시에 가지고 있는 2종류의 스티커를 1, 2로 놓자. 그리고 이 상태에서 ❶의 조건을 만족하도록 하나의 경우를 그림으로 나타내면 다음과 같다.

이때, 세 사람이 모은 스티커는 1, 2, 3, 4, 5, 6, 7, 8, 9, 10이다.

유제 1 서울에서 열리는 전국고교야구대회는 1년에 4번 있고, 열리는 순서는 다음과 같다.

순서	전국고교야구대회	주최자
1	대통령배 전국고교야구대회	중앙일보
2	청룡기 고교야구선수권대회	조선일보
3	황금사자기 전국고교야구대회	동아일보
4	봉황대기 전국고교야구대회	한국일보

지금 봉황대기 전국고교야구대회에서 예선을 통과한 16팀이 본선에 진출하였다. 올해 앞서 열린 대회에서의 각 팀의 성적을 살펴보면 대통령배, 청룡기, 황금사자기에서 16강까지 진출하였던 팀이 각각 7, 9, 12팀이었다. 그 중 4팀은 3개 대회에서 모두 16강까지 진출하였고, 6팀은 3개 대회에서 2번이나 16강에 진출하였다. 이때, 봉황대기 전국고교야구대회에서 예선을 통과한 16팀 중 처음으로 16강까지 진출한 팀의 수가 몇 개인지 설명하시오.

한반도의 유명한 산인 백두산, 한라산, 금강산, 설악산, 지리산의 사진을 놓고 번호를 ①에서 ⑤까지 매긴 후에 다섯 학생 A, B, C, D, E에게 2개의 사진을 골라 산 이름을 쓰게 하였더니 다섯 학생 모두 2개 중 하나씩만 맞혔다고 한다. 학생 5명이 쓴 답이 오른쪽과 같을 때, 각 번호의 산 이름을 바르게 말하고, 그 이유를 논리적으로 설명하시오.

학생	번호와 산 이름	
A	② 백두산	③ 한라산
B	① 금강산	② 설악산
C	③ 설악산	⑤ 금강산
D	② 백두산	④ 지리산
E	④ 지리산	① 한라산

예시 답안

학생 A의 답에서 ②가 백두산이라면 학생 D의 답에서 ④는 지리산이 아니다. 또한, 학생 E의 답으로부터 ①은 한라산이어야 하고, 학생 B의 답에서 ②는 설악산이어야 하므로 모순이다.
따라서 학생 A의 답에서 ③이 한라산이고, ③이 한라산이므로 학생 C의 답에서 ⑤가 금강산이다.
이때, 학생 B의 답에서 ②는 설악산이고, 학생 D의 답에서 ②가 백두산이 아니므로 ④가 지리산이다.
따라서 각 번호의 산 이름을 바르게 말하면 오른쪽 표와 같다.

번호	산 이름
①	백두산
②	설악산
③	한라산
④	지리산
⑤	금강산

Check Point

학생 A의 답에서 ② 백두산을 바르게 말한 경우, ③ 한라산을 바르게 말한 경우로 나누어 나머지 경우의 참, 거짓을 따진다.
예를 들어 ②백두산을 바르게 말한 경우

학생	번호와 산 이름		
A	② 백두산	~~③ 한라산~~ (×)	
B	① 금강산	~~② 설악산~~ (×)	
C	③ 설악산	~~⑤ 금강산~~ (×)	
D	② 백두산	~~④ 지리산~~ (×)	
E	④ 지리산	① 한라산	모순

아버지가 여행을 다녀오신 뒤 세 아이 A, B, C에게 선물을 나누어 주었다. 아버지는 A가 제일 앞에 서고 B는 그 바로 뒤에, C는 B의 바로 뒤에 서게 한 후, 흰색 열쇠고리 3개와 파란색 열쇠고리 2개를 가져와서 3명의 아이들에게 눈을 감고 하나씩 뽑도록 하였다. 자기 열쇠고리는 보지 않고 뒤에 서 있는 아이들에게만 보여주도록 한 후에 다음과 같은 대화를 하였다고 한다.

> 아버지 : C는 네가 가지고 있는 열쇠고리 색깔을 알 수 있겠니?
> C : 모르겠는데요.
> 아버지 : 그러면 B는 열쇠고리 색깔을 알 수 있겠니?
> B : (조금 생각하더니) 모르겠는데요.
> 아버지 : A는 열쇠고리 색깔을 알 수 있겠니?
> A : (조금 생각하더니) 예, 흰색입니다.

위의 대화로부터 A가 어떻게 자신의 열쇠고리를 보지도 않고 흰색이라고 말할 수 있었는지 설명하시오.

거짓말 동아리의 회원은 항상 거짓말만 하고, 참말 동아리의 회원은 항상 참말만 한다고 한다. 어떤 모임에서 거짓말 동아리 또는 참말 동아리에 가입한 세 사람에게 어떤 사람이 "당신들은 거짓말 동아리의 회원입니까?"라고 물었더니 세 사람의 대답이 다음과 같았다고 할 때, 거짓말 동아리의 회원은 누구인지 설명하시오.

A : ……
(A가 무엇인가를 중얼거렸는데 잘 알아들을 수 없었다.)
B : A는 거짓말 동아리에 가입하지 않았다고 말했고, 실제로 A는 거짓말 동아리에 가입하지 않았다. 나도 역시 거짓말 동아리에 가입하지 않았다.
C : B는 거짓말을 하고 있다. A는 거짓말 동아리의 회원이다.

예시 답안

거짓말 동아리의 회원을 ○, 참말 동아리의 회원을 ×로 나타내어 다음과 같이 8가지의 경우를 생각해 보자.

	1	2	3	4	5	6	7	8
A	○	○	○	○	×	×	×	×
B	○	○	×	×	○	○	×	×
C	○	×	○	×	○	×	○	×

B의 대답이 거짓말이면 (A=○, B=○)이고,
참말이면 (A=×, B=×)이므로 위의 1, 2, 7, 8의 경우 중 하나가 된다. 그런데 ❶B와 C는 서로 반대의 사실을 주장하므로 (A=○, C=×) 또는 (A=×, C=○)이다. 따라서 2, 7의 경우만 남는다.
여기에서 A가 중얼거린 내용을 생각해 보면, A는 항상 "나는 거짓말 동아리의 회원이 아니다."라고 할 것이다. 왜냐하면 A가 거짓말 동아리의 회원이 아니라면 거짓말을 하지 않으므로 사실대로 거짓말 동아리의 '회원이 아니다.'라고 할 것이고, A가 거짓말 동아리의 회원이라면 거짓말을 하므로 '회원이 아니다.'라고 할 것이다. 그러므로 B는 A가 말한 내용을 그대로 전달하였으므로 거짓말을 하지 않았다. 즉, B는 거짓말 동아리의 회원이 아니다.
따라서 A=×, B=×, C=○인 7의 경우가 되므로 거짓말 동아리의 회원은 C이다.

Check Point

❶ B가 참말, C가 참말을 했을 때 둘의 주장은 서로 모순이고, B가 거짓말, C가 거짓말을 했을 때에도 둘의 주장은 서로 모순이다.
따라서 B가 참말, C가 거짓말을 한 경우든, B가 거짓말, C가 참말을 한 경우든 두 가지 경우 모두 B와 C는 서로 반대의 사실을 주장한 것이 된다.

여행을 좋아하는 사람들의 모임의 회원 A, B, C, D 네 사람 중 한 사람이 제주도를 다녀온 것을 알고 있는 사람이 "누가 제주도를 다녀왔는가?"라는 질문을 하였더니 A, B, C, D가 다음과 같이 대답하였다. 한 사람만이 참말을 하는 경우에 제주도를 다녀온 사람과 한 사람만이 거짓말을 하는 경우에 제주도를 다녀온 사람은 누구인지 설명하시오.

A : C가 다녀왔다.
B : 나는 다녀오지 않았다.
C : D가 다녀왔다.
D : C는 거짓말을 하였다.

수리논술 기출 및 예상 문제

01

100명의 학생을 모집단으로 하여 실시한 두 번의 설문조사 응답 현황이 아래 표에 소개되어 있다. 아래 표에 따르면 1차 설문에는 대상자 55명에게 설문지를 배포하여 이 중 40명이 설문에 응답하였고 15명은 설문 응답을 거부하였다.

설문조사 응답 현황표

설문 차수 / 유형	1차	2차
설문 응답자	40	a
응답 거부자	15	20
대상 제외자	45	b

이 두 번의 설문조사에서, 1차와 2차에 모두 응답한 사람은 30명이었고 2차에만 응답한 사람은 5명이었다.

(1) 2차 설문 응답자 수와 1차 설문에만 응답한 사람의 수를 구하는 과정을 설명하시오.

(2) 위 자료에서 한 번도 조사 대상이 되지 않은 사람 수의 최솟값을 구할 수 있는지 논하시오.

| 이화여자대학교 2006년 수시 |

(1) 두 집합 A, B에 대하여 $n(B)=n(A\cap B)+n(A^C\cap B)$

(2) 응답 거부자의 수가 최대일 때 한 번도 조사 대상이 되지 않은 사람의 수는 최소가 된다.

02

수리능력 검정시험의 두 가지 유형 (Ⅰ형)과 (Ⅱ형) 중에 응시생은 한 가지만 응시할 수 있다. 이번 수리능력 검정시험에는 두 유형에 각각 100명씩 응시하였다. 이들 200명의 응시자를 집단별로 분류하면, 집단 ㈎의 응시인원이 100명, 집단 ㈏의 응시인원도 100명이고, 집단 ㈎의 전체 합격자는 시험 (Ⅰ형)과 (Ⅱ형)의 합격자를 합하여 모두 42명이다.

아래 그림은 이번 시험에 응시한 두 집단에 대해 각 시험유형별로 합격자 수와 불합격자 수를 나타내고 있으며, 색칠된 부분의 숫자는 합격자 수이다. 예를 들어 집단 ㈎의 경우 시험 (Ⅰ형)에 40명이 합격하였고, 집단 ㈏의 경우 시험 (Ⅱ형)에 64명이 불합격하였다.

Hint
주어진 조건에 따라 A, B, C, D를 차례로 구한다. 예를 들어 40+B=42이다.

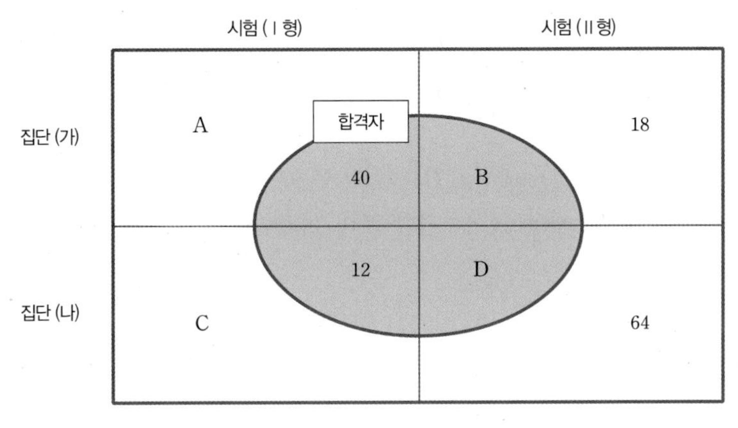

(1) 위 그림에서 각 집단의 시험유형별 합격자 수 혹은 불합격자 수인 A, B, C, D의 값을 구하시오.

(2) 위 시험 결과에 대한 다음 세 주장의 참, 거짓을 각각 판별하고 그 이유를 설명하시오.

① 집단 ㈏의 시험 (Ⅰ형) 합격률이 집단 ㈎의 시험 (Ⅰ형) 합격률보다 높다.
② 집단 ㈏의 시험 (Ⅱ형) 합격률이 집단 ㈎의 시험 (Ⅱ형) 합격률보다 높다.
③ 집단 ㈏의 전체 합격률이 집단 ㈎의 전체 합격률보다 높다.

| 이화여자대학교 2011년 수시 |

03

다음 제시문을 읽고 물음에 답하시오.

> (가) 자연수들로 이루어진 집합 U의 각 원소는 2, 3, 5 중 적어도 1개 이상의 수로 나누어 떨어진다. U의 원소 중 2의 배수들의 집합을 A, 3의 배수들의 집합을 B, 5의 배수들의 집합을 C라 하자.
>
> (나) $n(X)$가 집합 X의 원소의 개수를 나타낸다고 할 때, $n(A)=19$, $n(B)=18$, $n(C)=21$이다. 또 2, 3, 5 중 적어도 2개 이상의 수로 나누어 떨어지는 U의 원소의 개수는 23이다. 그리고 2, 3, 5 모두 나누어 떨어지는 U의 원소의 개수는 5이다.

(1) 집합 U의 원소의 개수를 구하시오.

(2) $2n(A\cap B)=n(A\cap C)+n(B\cap C)$라 할 때, $n(A\cup B)$의 값을 구하시오.

(3) $n(A\cap B)+1=n(A\cap C)$, $n(A\cap B)-1=n(B\cap C)$라 할 때, $n(A\cap(B\cup C)^C)$의 값을 구하시오.(단, X^C는 집합 X의 여집합을 나타낸다.)

| 한양대학교 에리카 2015년 모의논술 |

Hint

(1)

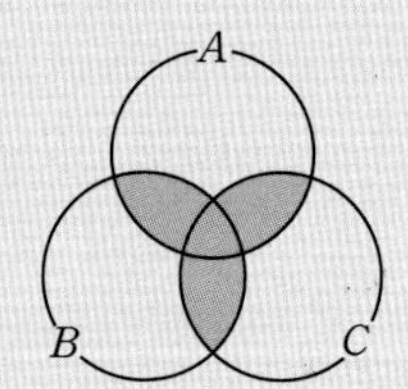

2, 3, 5 중 적어도 2개 이상의 수로 나누어 떨어지는 집합은 $(A\cap B)\cup(A\cap C)\cup(B\cap C)$이다.
벤 다이어그램을 이용하면
$n((A\cap B)\cup(A\cap C)\cup(B\cap C))$
$=n(A\cap B)+n(A\cap C)+n(B\cap C)-2n(A\cap B\cap C)$
이다.
이것을 제시문의 내용을 이용하여 유도해야 한다.

04

다음 제시문을 읽고 물음에 답하시오.

> 집합 S는 다음 조건 (a)~(e)를 만족한다.
>
> (a) 집합 S에는 CURVE라 불리는 부분집합이 적어도 하나 존재한다.
> (b) 각 CURVE는 집합 S의 원소 n개 이상으로 이루어져 있다.
> (c) 각 CURVE는 집합 S의 진부분집합이다.
> (d) 집합 S의 서로 다른 두 원소를 포함하는 CURVE가 항상 존재한다.
> (e) 서로 다른 두 CURVE의 교집합은 한 개의 원소로 이루어져 있다.
>
> 만약 조건 (b)에서 $n=2$라고 하자. 이때 집합 S를 $\{a_1, a_2, a_3\}$이라 하고, S의 원소 2개로 이루어져 있는 CURVE C_{12}, C_{13}, C_{23}을 각각 $\{a_1, a_2\}$, $\{a_1, a_3\}$, $\{a_2, a_3\}$이라면, 조건 (a)~(e)를 만족함을 알 수 있다. 또한, 집합 S는 조건 (a)~(e)를 만족하는 가장 작은 집합이고 CURVE라 불리는 부분집합의 개수는 3개임을 알 수 있다.

조건 (b)에서 $n=3$이라고 할 때, 위의 조건 (a)~(e)를 만족하는 집합 S 중 원소의 개수가 가장 적은 것은 몇 개로 이루어져 있는지 논하시오.
또, 위에서 구한 집합 S에서 CURVE의 개수를 구하시오.

| 한양대학교 2012년 모의논술 |

Hint

$n=3$일 때 조건에 맞는 CURVE인 집합은
$\{a_1, a_2, a_3\}$, $\{a_1, a_4, a_5\}$, $\{a_2, a_4, a_6\}$, $\{a_2, a_5, a_7\}$, $\{a_3, a_4, a_7\}$, $\{a_3, a_5, a_6\}$, $\{a_1, a_6, a_7\}$이다.

05

네 사람 A, B, C, D 중에 어떤 사건의 범인이 한 사람 있다. 그런데 네 사람 중에 세 사람은 거짓말을 하는 사람이고, 참말을 하는 사람은 한 사람뿐이다. 다음 네 사람이 한 말을 근거로 하여 범인을 밝히고, 참말을 한 사람이 누구인지 논하시오.

A : 범인은 B입니다.
B : 범인은 D입니다.
C : 나는 범인이 아닙니다.
D : B는 거짓말쟁이입니다.

Hint
참말을 하는 사람을 한 명씩 가정해 보고 모순되는 경우를 찾아 제외한다.

06

우주정거장에서 수리를 마친 우주선은 운항에 필요한 최소한의 인원만을 태우고 지구로 귀환하고자 한다. 탑승 후보로 10명의 승무원이 선정되었으며, 이들에게는 1부터 10까지의 번호가 부여되었다. A부터 I는 우주선 운항을 위하여 모두 필요한 기능이며, 승무원 각각은 세 가지 기능을 수행할 수 있다. 아래의 표는 각 후보 승무원이 수행할 수 있는 기능을 나타낸 것이다. 우주선을 운항하는 데 필요한 최소 인원의 승무원들을 선택하여 승무원들의 번호를 제시하고, 선택한 이유를 논리적으로 설명하시오.

후보 승무원 번호	1	2	3	4	5	6	7	8	9	10
수행 가능한 기능	B, E, H	D, G, H	C, E, I	B, F, G	A, G, I	B, E, F	C, G, H	B, E, I	C, F, H	A, C, I

| 성균관대학교 2007년 수시 |

Hint
수행 가능한 기능에 따라 승무원을 분류해 본다.

07 다음 제시문을 읽고 물음에 답하시오.

애니팡 게임을 좋아하는 다섯 사람 A, B, C, D, E가 있다. 이들 중 어떤 두 사람이 서로 하트를 주고받은 적이 있는 경우 그 두 사람을 서로 친구라 하자. A와 B가 친구일 때, A — B로, 친구가 아닐 때 A······B로 나타내면 친구 관계를 그림으로 나타낼 수 있다. 예를 들면 오른쪽 그림에서 A와 B, C와 D가 친구이고 A와 D는 친구가 아니라는 것을 알 수 있다.

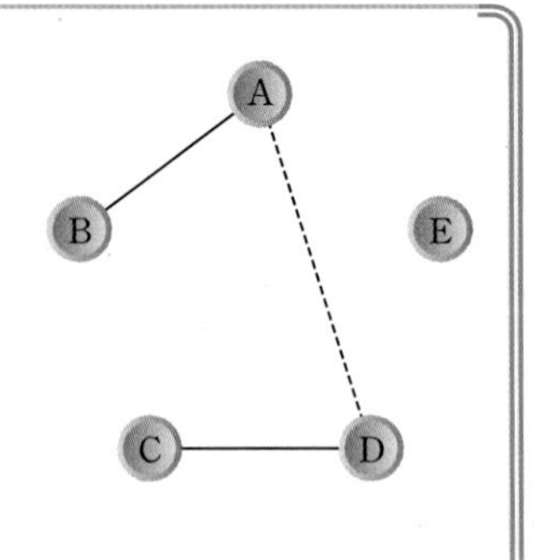

다섯 사람의 친구 관계는 아래와 같은 조건을 만족한다.

(ㄱ) 다섯 사람 모두는 각각 적어도 한 사람과 친구이다.
(ㄴ) B는 정확히 한 사람과 친구이다.
(ㄷ) A는 D와 친구가 아니다.
(ㄹ) A와 친구인 사람은 모두 D와도 친구이다.
(ㅁ) 만약 C와 D가 친구라면 C와 E는 친구가 아니다.

(1) A와 E, B와 D, C와 E, D와 E가 각각 서로 친구이고, 다른 어떤 두 사람도 서로 친구가 아닌 경우가 있는지 설명하시오.
(2) 만약 친구가 4명인 사람이 있다면 A와 E는 반드시 친구인지 말하고 그 이유를 설명하시오.
(3) 만약 정확히 세 사람이 각각 C와 친구라면 서로 친구인 관계는 최대 몇 쌍이 있을 수 있는지 설명하고, 그 때 서로 친구인 모든 쌍을 말하시오.

| 국민대학교 2013년 수시 |

Hint
조건에 맞는 그림을 완성해 본다.
(ㅁ)에서 대우는 「만약 C와 E가 친구이면 C와 D는 친구가 아니다」.

08

아래 문제를 해결할 수 있는 논리적 방법을 생각하여 각 물음에 답하시오.

(단, 문제 (1)과 (2)는 연결된 문제임.)

(1) 오른쪽 그림은 다섯 문제로 구성된 진위형(○, ×로 표기) 시험에서 어느 학생 A가 작성한 답안지의 모습이다. 아직 채점하지 않은 상태이며, 점수의 배점은 1번은 1점, 2번은 2점 식으로 문제 번호가 점수가 되어 전체 15점 만점이다. 이때, 시험공부를 전혀 하지 못한 어느 학생이 다섯 문제의 답안을 모두 ○로 표기하거나 또는 모두 ×로 표기하려고 한다. 만일 A 학생의 점수가 7점이라 한다면 이 두 경우 중 어느 경우가 얼마나 더 유리한지 구체적으로 서술하시오.

A
1. ○
2. ×
3. ○
4. ○
5. ×

(2) 오른쪽은 B, C 두 학생의 답안지이다. 다만 C의 경우, 답안지가 훼손되어 4, 5번의 답안을 알 수가 없다. C의 정답의 수와 점수를 알고 있는 D, E, F 세 학생에게 다음과 같은 질문들을 하였다. (단, D, E, F 세 학생 중 두 학생은 적어도 한 번 이상 거짓말을 한다.)

B	C
1. ○	1. ×
2. ○	2. ○
3. ○	3. ○
4. ×	4.
5. ○	5.

- D와 E에게 C의 정답의 수를 물었을 때, D는 3개, E는 4개라고 답하였다.
- E와 F에게 C의 점수를 물었을 때, E는 7점, F는 8점이라고 답하였다.
- 마지막으로 D와 F에게 C의 정답의 수를 물었을 때, D는 2개, F는 2개라고 답하였다.

만일 C의 점수가 B의 점수보다 높다고 할 때, C의 4, 5번 답안과 이 문제의 정답 5개를 순서대로 나열하시오.

| 중앙대학교 2005년 수시 |

Hint

(1) A 학생의 점수가 7점이므로 (1+2+4)점, (3+4)점, (2+5)점인 세 가지 경우를 통해 올바른 답을 유추한다.

(2) 모순되는 말을 한 학생을 통해 참말만 한 학생을 찾을 수 있다.

주제별 강의 제 10 장

귀류법을 이용하는 증명

귀류법

1 어떤 명제가 참임을 증명할 때 그 명제를 부정하거나 그 명제의 결론을 부정하여 가정 또는 공리, 정리 등에 모순됨을 보여 간접적으로 그 결론이 성립한다는 것을 보이는 방법을 귀류법이라고 한다.
명제 '$p \longrightarrow q$가 참'임을 보이는 대신 그 대우 명제 '$\sim q \longrightarrow \sim p$가 참'임을 보이는 것도 귀류법의 하나이다.

예시 1 다음 물음에 답하시오.

(1) $\sqrt{2}$가 무리수임을 증명하시오.

(2) $\sqrt{2}$가 무리수임을 이용하여 $\sqrt{2}+3$이 무리수임을 증명하시오.

증명

(1) $\sqrt{2}$가 유리수라 하면 $\sqrt{2}=\frac{a}{b}$(a, b는 서로소인 자연수)로 놓을 수 있다.

양변을 제곱하여 정리하면

$$2=\frac{a^2}{b^2},\ a^2=2b^2$$

이 성립한다.

a^2이 2의 배수이므로 a도 2의 배수이다. 따라서

$$a=2k(k\text{는 자연수})$$

로 놓아 $a=2k$를 $a^2=2b^2$에 대입한 후 정리하면

$$(2k)^2=2b^2,\ b^2=2k^2$$

이다. b^2이 2의 배수이므로 b도 2의 배수이다.

이것은 a, b가 모두 2의 배수가 되어 'a, b가 서로소인 자연수이다.' 라는 가정에 모순이다.

따라서 $\sqrt{2}$는 무리수이다.

(2) $\sqrt{2}+3$이 유리수라 가정하면

$\sqrt{2}+3=\frac{a}{b}$(a, b는 서로소인 자연수)로 놓을 수 있다.

$\sqrt{2}=\frac{a-3b}{b}$에서 $\frac{a-3b}{b}$는 유리수이므로 $\sqrt{2}$가 유리수가 되어야 한다.

그런데 $\sqrt{2}$는 무리수이므로 이것은 모순이다.

따라서 $\sqrt{2}+3$은 무리수이다.

예시 답안 및 해설 38쪽

「$ax^2+bx+c=0\ (a\neq0)$에서 $a,\ b,\ c$가 모두 홀수이면 정수의 근을 갖지 않는다.」를 증명하시오.

| POSTECH 2001년 심층면접 |

주어진 명제가 참임을 증명하기 위해 그 대우인「$ax^2+bx+c=0(a\neq0)$이 정수의 근을 가지면 $a,\ b,\ c$ 중 적어도 하나는 짝수이다.」가 참임을 보이면 된다.
정수는 짝수와 홀수로 나뉘므로 다음 두 경우로 생각하자.
(i) $x=2n$(n은 정수)일 때,
$a(2n)^2+b(2n)+c=0$에서 $2(2an^2+bn)=-c$이므로 c는 짝수이다.
(ii) $x=2n+1$(n은 정수)일 때,
$a(2n+1)^2+b(2n+1)+c=0$에서 $4an^2+4an+2bn+a+b+c=0$이므로
$a+b+c$가 짝수이다. 즉, $a,\ b,\ c$ 중 적어도 하나는 짝수이다.
따라서, 방정식 $ax^2+bx+c=0(a\neq0)$은 $a,\ b,\ c$가 모두 홀수이면 정수의 근을 갖지 않는다.

$\beta=\sqrt[3]{2}+\sqrt[3]{4}$일 때 다음 물음에 답하시오.

(1) 계수가 정수이고 3차항의 계수가 1인 3차 다항식 $f(x)$ 중에서 $f(\beta)=0$인 $f(x)$를 하나 구하시오.

(2) β가 무리수임을 밝히시오.

| 서울대학교 1994년 |

(1) $\beta=\sqrt[3]{2}+\sqrt[3]{4}$의 양변을 세제곱하여 β에 관하여 정리해 본다.

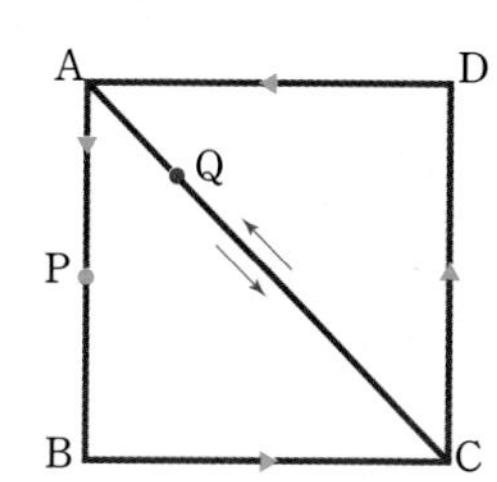

오른쪽 그림과 같이 동점 P는 정사각형 ABCD의 둘레 위를 시계 반대 방향으로 돌고, 동점 Q는 대각선 AC 위를 왕복한다. 두 점 P, Q가 동시에 점 A를 출발하여 같은 속력으로 움직인다고 할 때, 두 점 P, Q는 다시 만날 수 있는지, 없는지 설명하시오.

두 점 P, Q가 만난다는 가정에서 출발하여 모순이 있는지, 없는지를 판단한다.

개미 한 마리가 모서리의 길이가 3인 정육면체의 한 꼭짓점 A에서 출발하여 오른쪽 그림과 같이 표면을 따라 60°의 각도로 일직선으로 나아갈 때, 어떤 꼭짓점을 지날 수도 있고 그렇지 않을 수도 있다. 만약 개미가 지나게 되는 꼭짓점이 존재하는 경우가 있다면 개미가 처음으로 지나게 되는 꼭짓점에 도착할 때까지 면을 몇 개 지나게 되는지 구하고, 만약 그러한 꼭짓점이 존재하지 않는다면 그 이유를 설명하시오.

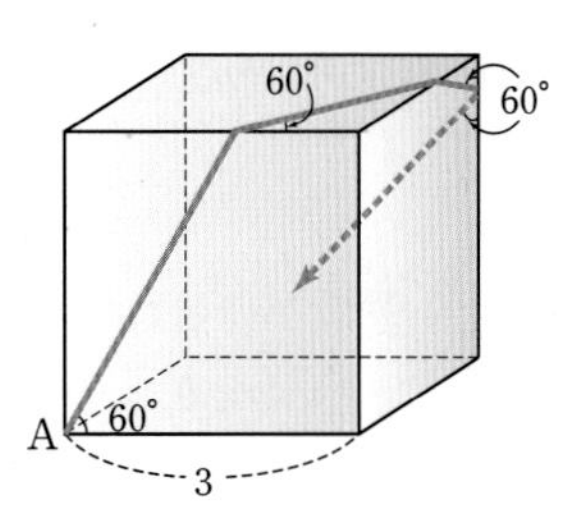

정육면체의 전개도를 이용한다.

$p(x)$가 n차 다항식일 때 방정식 $p(x)=0$의 근의 개수는 n보다 클 수 없음을 증명하시오.

| 서울대학교 2005년 수시 |

귀류법을 이용하여 증명한다.

자연수 n, p가 $n \geq 2$이고 p는 소수일 때 방정식 $x^n+x^{n-1}+\cdots+x+p=0$이 정수해를 가지지 않음을 보이시오.

| KAIST 2009년 심층면접 |

방정식 $x^n+x^{n-1}+\cdots+x+p=0$이 정수해 x를 가진다고 가정한 후 증명한다.

반지름이 r인 원 Q가 있다.

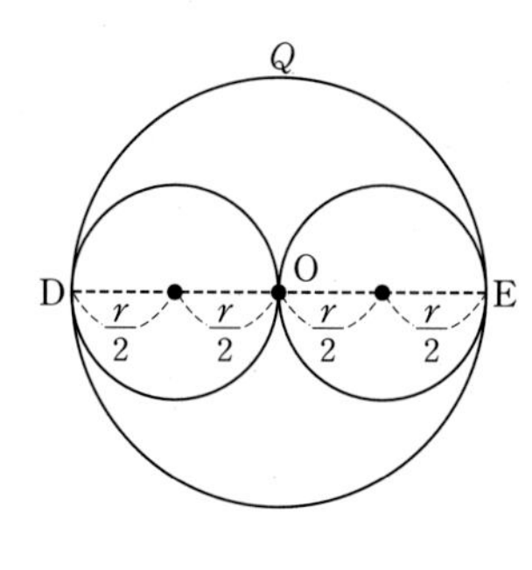

(1) 원 Q의 내부에 반지름이 각각 $\frac{r}{2}$인 두 원들을 오른쪽 그림과 같이 겹치지 않게 넣었다.(여기에서 선분 $\overline{\mathrm{DE}}$는 원 Q의 지름이고 점 O는 원 Q의 중심이다.) 이 두 원들을 원 Q의 내부에 다른 형태로 겹치지 않게 넣을 수 있겠는가? 가능하다면 예를 들고, 아니라면 그 근거를 수학적으로 논술하시오.

(2) 원 Q의 내부에 반지름이 $\frac{r}{2}$인 세 원들을 겹치지 않게 넣을 수 있는가? 가능하다면 예를 들고, 아니라면 그 근거를 수학적으로 논술하시오.

| 덕성여자대학교 2008년 수시 |

(1), (2) 모두 가능하다고 가정하여 모순임을 보인다.

다음 제시문을 읽고 물음에 답하시오.

(가) 0보다 크거나 같고 1보다 작거나 같은 기약분수들 중에서 분모가 n 이하인 기약분수들을 크기 순으로 나열한 것을 F_n이라 두자. 예를 들어,

$$F_1=\left(\frac{0}{1}, \frac{1}{1}\right), F_2=\left(\frac{0}{1}, \frac{1}{2}, \frac{1}{1}\right), F_3=\left(\frac{0}{1}, \frac{1}{3}, \frac{1}{2}, \frac{2}{3}, \frac{1}{1}\right)$$

(나) 두 분수 $\frac{a}{b}$와 $\frac{c}{d}$가 다음 조건을 만족한다고 하자.

$$0 \le \frac{a}{b} \le \frac{c}{d} \le 1,\ bc-ad=1$$

(1) 제시문 (나)에 주어진 조건을 만족하는 두 분수 $\frac{a}{b}$와 $\frac{c}{d}$는 기약분수임을 설명하시오.

(2) 제시문 (나)에 주어진 조건을 만족하는 두 분수 $\frac{a}{b}$와 $\frac{c}{d}$가 F_{b+d}에서 연속한 위치에 놓여있지 않음을 설명하시오.

(3) 제시문 (나)에 주어진 조건을 만족하는 두 분수 $\frac{a}{b}$와 $\frac{c}{d}$가 F_n에 놓여 있고, 또한 연속한 위치에 놓이기 위해 n이 만족해야 할 필요충분조건을 구하시오.

| 한양대학교 2013년 모의논술 |

(1) '$\frac{a}{b}$와 $\frac{c}{d}$가 (모두) 기약분수이다.'의 부정은 '$\frac{a}{b}$ 또는 $\frac{c}{d}$가 기약분수가 아니다.'이다.

예시 답안 및 해설 40쪽

다음 물음에 답하시오.

(1) $\log_3 4$는 무리수임을 증명하시오.

(2) $\log_3 4$는 무리수임을 이용하여 무리수 a, b에 대하여 a^b이 유리수가 되는 a, b의 값을 하나만 구하시오.

(1) $\log_3 4=\frac{a}{b}$(단, a, b는 서로소인 자연수)로 놓아 모순임을 보인다.

(2) $a^{\log_a b}=b$인 성질을 이용한다.

$\sin 10°$가 무리수임을 보이시오.(단, $\sin 3\alpha=3\sin\alpha-4\sin^3\alpha$이다.)

$\sin 30°=\frac{1}{2}$,

$\sin 30°=\sin(3\times 10°)$
$=3\sin 10°-4\sin^3 10°$

인 것을 이용하자.

함수 $f(x)$가 $x=0$에서 n차 미분가능하면

$f(x)=f(0)+\frac{f'(0)}{1!}x+\frac{f''(0)}{2!}x^2+\frac{f'''(0)}{3!}x^3+\cdots+\frac{f^{(n)}(0)}{n!}x^n+\cdots$

(Maclaurin급수)가 성립한다.

$f(x)=e^x$일 때 위의 내용을 적용하면 $f(x)=e^x=1+\frac{x}{1!}+\frac{x^2}{2!}+\frac{x^3}{3!}+\cdots$가 성립하고,

$x=1$을 대입하면 $e=1+\frac{1}{1!}+\frac{1}{2!}+\frac{1}{3!}+\cdots$가 성립한다.

이것을 이용하여 e가 무리수임을 증명하시오.

e가 무리수임을 보이려면 $\frac{1}{1!}+\frac{1}{2!}+\frac{1}{3!}+\cdots$이 무리수임을 보이면 된다.

주제별 강의 **제 11 장**

의사결정의 최적화(게임이론)

게임이론(theory of games)

게임(game)은 우리말로 놀이, 오락, 경기 등의 의미를 갖고 있는데 장기, 바둑과 같이 두 사람이 하는 2인 게임과 화투, 포커(poker)와 같이 여러 사람이 하는 다수 게임(n인 게임)이 있다. 다수 게임인 운동경기로는 야구, 축구, 농구, 테니스 등이 있다.

일반적으로 게임에는 몇 가지 공통점이 있다.
첫째, 모든 게임은 일정한 규칙(rule)에 의하여 진행된다. 게임의 주체가 되는 경기자(player) 또는 팀의 구성, 게임에 참가한 선수가 할 수 있는 일, 할 수 없는 일 등을 규정한다.

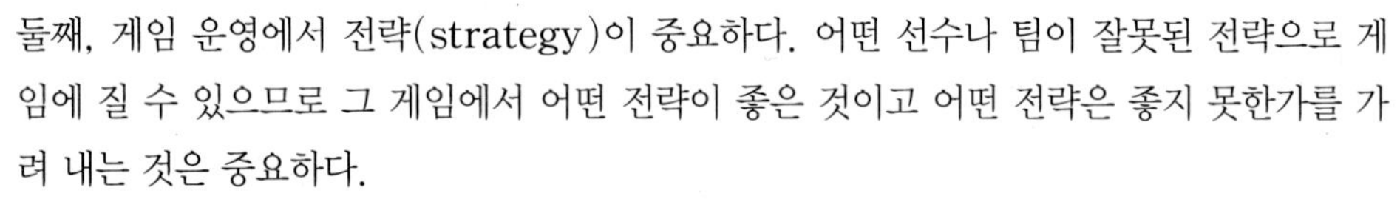

둘째, 게임 운영에서 전략(strategy)이 중요하다. 어떤 선수나 팀이 잘못된 전략으로 게임에 질 수 있으므로 그 게임에서 어떤 전략이 좋은 것이고 어떤 전략은 좋지 못한가를 가려 내는 것은 중요하다.
셋째, 모든 게임에는 최종적인 결과(outcome)가 있다. 게임에는 이기는 경우, 지는 경우, 비기는 경우의 세 가지 중 하나의 결과가 최종적으로 나타난다.
넷째, 게임의 결과는 전략적 상호작용(strategic interaction)에 의하여 결정된다. 게임에서 내가 좋은 전략을 쓰더라도 상대방이 나보다 더 훌륭한 전략을 쓰면 게임에서 지게 된다.

예를 들어, 삼국지의 적벽대전에서 조조의 위나라 병사들은 육전에 강하고 수전에 약하여 배들을 연결하는 연환계의 전략을 세웠지만, 제갈공명과 연합한 오나라 병사들은 작은 배에 불에 잘 타는 짚으로 가득 채워 위나라 배에 가까이 보내 불을 지르는 화공법으로 무찌른 바 있다.

경쟁 관계에 있는 기업 관계를 살펴보자.
각 기업에는 정관, 지분 및 소유권, 정부 규제 등의 회사 운영과 경쟁에는 일정한 법적, 윤리적인 규정, 즉 규칙이 있다.

또, 기업간의 경쟁에서 CEO의 영입, 생산량과 가격의 결정, 광고 등의 전략의 수립이 중요하며, 그 결과의 매출액 때문에 기업이 이익 또는 손실을 보는 것은 자기 회사가 택한 전략과 경쟁 회사들이 택한 전략 사이의 상호 작용에 의한 것으로 볼 수 있다. 따라서 기업간의 경쟁도 규칙, 전략, 결과, 전략적 상호 작용이라는 게임의 필수 요건을 모두 갖추고 있으므로 경제학자들은 같은 업종에 대한 기업의 경쟁을 게임과 같이 보고 있다.

한편, 노사간 임금 협상도 게임으로 해석이 가능하다. 임금 협상의 과정은 법률적, 사회적으로 정해져 있으며, 노동자는 파업, 태업 등의 전략을 사용하겠다고 위협하거나 실제로 행할 수 있고, 사용자는 단계적인 임금 인상안, 복지시설 향상 등의 약속의 전략을 적절히 사용하여 각자의 이익을 극대화할 수 있다. 이때, 노사간의 전략이 상호작용하여 조업 중단, 임금 동결, 소폭 인상, 대폭 인상 등의 결과 중 하나가 이루어진다.

이와 같이 생각하면 일상 생활에서 게임으로 해석할 수 있는 경우가 많이 있으며 게임을 이해하기 위한, 또 유리한 결과를 이루기 위한 최적 전략을 체계화시킨 것이 게임이론(theory of games)이다.

게임이론의 역사

현대적 게임이론은 헝가리 출신의 수학자 폰 노이만(John Von Neumann)과 오스트리아 출신의 경제학자 모르겐슈테른(Oskar Morgenstern)이 1944년 출간한 "게임이론과 경제 형태(Theory of Games and Economic Behavior)"에서 찾아볼 수 있다.

이들은 이 책에서 경제학의 많은 분야를 게임이론으로 접근하는데, 예를 들어 두 명의 경제 주체가 자신의 이익을 최대화하기 위해 경쟁을 할 때, 가장 최적의 행동을 찾는 방법에 대한 이론을 다루고 있다.

이 책은 A, B 두 사람의 게임에서 A의 이익이 곧 B의 손해가 되어 두 사람의 수익의 합이 0이 되는 게임을 "2인 제로섬게임(two-person zero-sum game, 2인 적대적 게임)"이라고 정의하였다.

또, 이길 수 없는 게임에서 상대방을 압박하여 최대의 손실을 비교하여 손실의 정도를 최소로 줄인다는 미니맥스(mini max)의 개념을 정의하였다. 이것을 게임에서의 타협점은 말안장의 중심점과 같다는 것에서 안장점(saddle point)이라고도 한다.

예를 들어, A와 B 두 사람이 하나의 케이크를 나눠 먹으려 하는데 서로 조금이라도 더 많이 먹으려 하는 상황이다. 그래서 해결책으로 A가 케이크를 적당한 크기로 둘로 나누고 B가 두 조각 중 하나를 먼저 선택하기로 했다.

A는 케이크를 정확히 절반으로 나눌 수도 있고, 크기가 다르게 나눌 수도 있으며, B는 나누어진 케이크 중 큰 것을 선택할 수도, 작은 것을 선택할 수도 있다.

A와 B의 이런 가능한 행위들로부터 A가 얻게 될 결과를 표로 나타내면 다음과 같다.

		B	
		큰 조각 선택	작은 조각 선택
A	정확하게 절반으로 나눔	① A는 절반을 얻음	② A는 절반을 얻음
	크기가 다르게 나눔	③ A는 작은 조각을 얻음	④ A는 큰 조각을 얻음

B가 합리적이라면 A가 나눈 케이크의 큰 조각을 선택할 것이고, 이러한 사실을 알고 있을 정도로 합리적인 A는 케이크를 정확하게 절반으로 나눌 것이다.
따라서 A와 B의 합리적 결정이 만나는 부분은 ①이 된다.
①이 안장점(saddle point)이 되고, 이때 A, B가 선택한 전략의 쌍은 '평형 상태(equilibrium)'에 있다고 한다. 이러한 게임이론이 2차 세계대전 이후 냉전시대에 핵무기로 무장한 동서양 진영에 영향을 주어 3차 세계대전을 무기한으로 연기시키는 효과를 가져왔다.

1950년 존 내쉬(John Forbes Nash)가 게임에 참가하는 선수들이 약속된 규칙을 가지고 하는 게임, 즉 협조적 게임(cooperative game)에서 협상(bargaining)이론을 발표하고 게임에 참가하는 선수들이 서로 사전에 정해진 규칙이 없이 주어진 조건에서 자신의 이익을 극대화하기 위해 합리적으로 최선의 전략을 찾으려는 게임, 즉 비협조적 게임(noncooperative game)에서 균형(equilibrium)의 개념을 제안하고 그것이 항상 존재함을 증명하였다.
이것이 유명한 '내쉬균형이론'이다. 내쉬는 경쟁 관계에 있는 개인, 기업, 또는 조직들이 동시에 결정을 내려야 하는 경우에 자신의 선택이 상대방의 결정에 영향을 미치고 반대로 상대방의 전략이 자신에게 어떤 영향을 미치는가를 고려하여 게임 참가자가 어떻게 결정을 내리는지 이론적으로 설명한다.
이런 과정을 통하여 게임 참가자들 모두가 상대방이 내린 선택 결과에서 자신의 선택이 최선이라고 판단하는 결과에 이르면 이것을 '내쉬균형(Nash Equilibrium)'에 도달했다고 한다.

실비아 네이사(Sylvia Nasar) 원작의 영화 "뷰티플 마인드(A Beautiful Mind)"는 내쉬의 삶에 관한 이야기인데 다음과 같은 내용이 나온다.
내쉬가 프린스턴 대학에 다닐 때 술집에서 친구들과 여자들에게 데이트 신청을 하려고 할 때이다. 친구들이 여자들 중 가장 매력적인 금발여자에게 접근하려고 할 때, 만약 모두가 금발여자에게 접근하면 그녀는 콧대가 높아 실패를 할 것이고, 그런 다음에 다른 여자에게 데이트 신청을 하면 다른 여자들이 기분이 나빠져 모두 실패할 확률이 높아진다.
그러므로 가장 매력적인 금발여자를 무시하고 모두가 다른 여자들에게 따로따로 데이트 신청을 하면 서로 다툼도 없고 다른 여자들이 마음을 다치지 않으므로 성공할 확률이 높아진다.

일종의 내쉬의 균형이론을 쉽게 설명하려는 의도인 것 같은데, 현실에서 내쉬의 균형이론이 적용되는 경우의 예를 들어보자.
두 남녀가 데이트를 하여 영화를 보러가는데 액션을 좋아하는 남자와 멜로를 좋아하는 여자는 각자 좋아하는 영화를 따로 보는 것보다는 같이 보는 쪽을 택하게 된다. 이때, 상대방의 선택을 예상하여 각자가 결정한 결과가 내쉬균형이다.
또, 각종 경매에서 각각의 입찰자는 타인의 입찰 예상액을 고려하여 자신의 입찰액을 결정하게 된다. 이때, 모든 입찰자가 합리적으로 생각하여 각자가 결정한 결과가 내쉬균형이 된다.

경매에서 게임이론에 대한 유명한 일화가 있다.
미국에서 1994년 12월 5일 셀 방식 통신 서비스권을 경매를 통한 판매로 100억 달러 이상의 자금을 조달하였다. 이러한 존 내쉬의 공이 인정되어 1994년 노벨 경제학상을 수상하였다.
2005년에는 이스라엘 헤브루대학교의 교수 로버트 오먼(Robert John Aumann)과 미국 메릴랜드대학교 교수겸 하버드대학교 명예교수인 토머스 셸링(Thomas Crombie Schelling)이 게임이론으로 갈등과 협력에 대한 이론을 만든 공로로 노벨 경제학상을 수상하였다.
오먼 교수와 셸링 교수의 연구는 전쟁, 무역 분쟁, 조직범죄, 정치적 결정, 임금 협상 등을 게임이론으로 설명해 냈다는 평가를 받았다. 특히, 존 내쉬의 이론을 한 단계 발전시켜 갈등 상황이 협력을 통해 해결되는 '협조적 게임이론'을 발전시킨 공로를 인정받았다.
이와 같이 게임이론은 경제는 물론 정치, 사회적 분야로까지 발전하게 되었다.

게임과 의사결정

1 결정게임

(1) 상대방의 전략에 관계없이 자신의 최선의 전략이 결정되는 게임을 결정게임이라고 한다.

(2) 두 사람 A, B가 동전을 하나씩 가지고 동시에 동전을 꺼내 보여주는 게임을 할 때, A의 입장에서 게임의 결과를 정리하면 오른쪽 표와 같다.

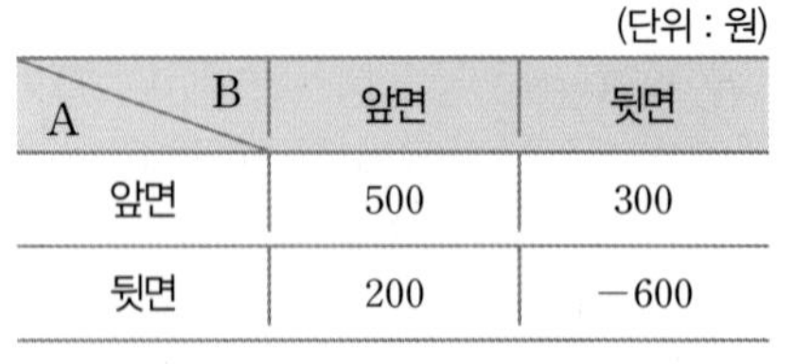

(단위 : 원)

A \ B	앞면	뒷면
앞면	500	300
뒷면	200	−600

A의 입장에서의 게임 결과

즉, A, B가 모두 앞면을 내면 A가 500원 이익이고, A, B가 모두 뒷면을 내면 A가 600원 손해이다.
이 게임에서 A, B가 취할 수 있는 최선의 전략은 각각 이 동전을 낼 때 일어날 수 있는 최악의 경우를 생각하고, 그 최악의 경우 중에서 보다 나은 쪽을 선택하는 것이다.

① A의 최선의 전략을 알아보자.

(i) A가 동전의 앞면을 내는 경우

B가 동전의 앞면을 내면 → A는 500원 이익

B가 동전의 뒷면을 내면 → A는 300원 이익

그러므로 A는 최악의 경우 300원의 이익을 얻을 수 있다.

(ⅱ) A가 동전의 뒷면을 내는 경우

B가 동전의 앞면을 내면 → A는 200원 이익

B가 동전의 뒷면을 내면 → A는 600원 손해

그러므로 A는 최악의 경우 600원의 손해를 볼 수 있다.

따라서 A는 (ⅰ), (ⅱ)의 최악의 경우 중 300원의 이익을 얻을 수 있는 (ⅰ)의 경우를 선택하여 동전의 앞면을 내는 것이 최선이다.

② B의 최선의 전략을 알아보자.

(ⅰ) B가 동전의 앞면을 내는 경우

A가 동전의 앞면을 내면 → B는 500원 손해

A가 동전의 뒷면을 내면 → B는 200원 손해

그러므로 B는 최악의 경우 500원 손해를 볼 수 있다.

(ⅱ) B가 동전의 뒷면을 내는 경우

A가 동전의 앞면을 내면 → B는 300원 손해

A가 동전의 뒷면을 내면 → B는 600원 이익

그러므로 B는 최악의 경우 300원 손해를 볼 수 있다.

따라서 B는 (ⅰ), (ⅱ)의 최악의 경우 중 300원의 손해를 볼 수 있는 (ⅱ)의 경우를 선택하여 동전의 뒷면을 내는 것이 최선이다.

(3) 앞의 표를 행렬로 나타내면 $\begin{pmatrix} 500 & 300 \\ 200 & -600 \end{pmatrix}$으로 나타낼 수 있으며 (2)에서 A, B의 최선의 선택의 결과는 A는 행렬의 각 행의 최솟값 중 가장 큰 값이 포함되어 있는 행을, B는 각 열의 최댓값 중 가장 작은 값이 포함되어 있는 열을 선택하는 것과 같다.

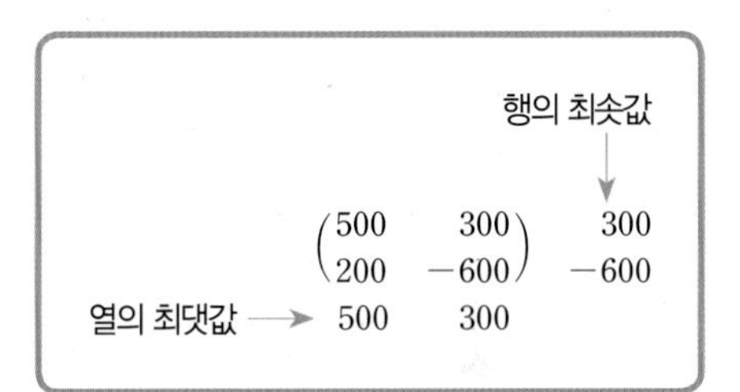

여기에서 행의 최솟값 중 가장 큰 값과 열의 최댓값 중 가장 작은 값이 300으로 일치하고, 이것은 게임의 결과가 A에게 300원의 이익임을 뜻한다.

이때, 이 값을 그 행렬의 안장점이라고 한다.

(4) 결정게임에서 최선의 전략을 찾는 방법

(ⅰ) 주체의 입장을 행으로, 상대의 입장을 열로 놓아 수익을 나타내는 행렬을 만든다.

(ⅱ) 주체는 각 행의 성분의 최솟값을 구하여 이들 중 가장 큰 값을 선택한다.

(ⅲ) 상대는 각 열의 성분의 최댓값을 구하여 이들 중 가장 작은 값을 선택한다.

이때, (ⅱ), (ⅲ)에서 선택한 값은 일치한다.

즉, 각 행의 최솟값 중 최댓값과 열의 최댓값 중 최솟값은 일치한다.

예시 1 경쟁 관계에 있는 두 마트 A, B는 손님 유치를 위해 다음과 같은 마케팅 전략 중 한 가지만을 쓰고 있다.

> 전략 ① : 세일 안내 광고를 한다.
> 전략 ② : 세일 안내 광고를 하지 않는다.

어떤 경제연구소가 두 마트의 전략과 손님 수의 변화에 대하여 다음과 같이 예상하였다.

> A, B 모두 (전략 ①) 선택 : A의 손님 수가 B의 손님 수보다 20 % 증가
> A는 (전략 ①), B는 (전략 ②) 선택 : A의 손님 수가 B의 손님 수보다 30 % 증가
> A는 (전략 ②), B는 (전략 ①) 선택 : A의 손님 수가 B의 손님 수보다 10 % 감소
> A, B 모두 (전략 ②) 선택 : A, B의 손님 수는 변화가 없음

이때, A와 B가 선택하게 될 최선의 전략에 대하여 설명하시오.

풀이 마트 A의 입장에서 전략 ①, ②에 따른 손님의 수의 변화를 표로 나타내고 이것을 행렬로 나타내 보자.

A \ B	전략 ①	전략 ②
전략 ①	20	30
전략 ②	−10	0

(단위 : %)

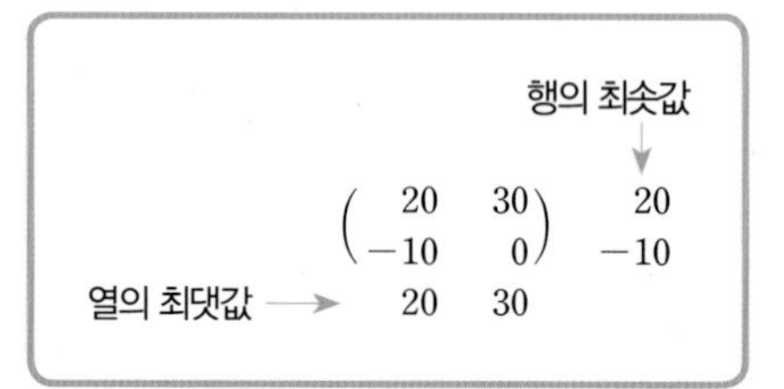

A는 각 행에서 성분의 최솟값 중 최댓값인 20을 선택하고,
B는 각 열에서 성분의 최댓값 중 최솟값인 20을 선택하게 된다.
따라서 A, B 모두 (전략 ①)을 최선의 전략으로 선택하게 된다.

2 비결정게임

(1) 상대방의 전략에 따라 자신의 전략이 달라지는 게임을 비결정게임이라고 한다.

(2) 갑, 을 두 사람의 게임에서 갑이 취할 수 있는 전략은 A, B이고, 을이 취할 수 있는 전략은 C, D이다. 오른쪽 표는 갑, 을의 게임에서 각자가 취할 수 있는 전략과 그 결과를 갑의 입장에서 나타낸 것이다. 표에서 500은 갑에게 500만큼 유리함을, −400은 갑에게 400만큼 불리함을 뜻한다.

갑 \ 을	전략 C	전략 D
전략 A	500	−400
전략 B	−200	100

이 표를 행렬로 나타내어 결정게임에서와 같이 각 행의 최솟값 중 최댓값은 −200, 각 열의 최댓값 중 최솟값은 100이므로 일치하지는 않는다.

행의 최솟값

$$\begin{pmatrix} 500 & -400 \\ -200 & 100 \end{pmatrix} \quad \begin{matrix} -400 \\ -200 \end{matrix}$$

열의 최댓값 → 500 100

이 게임에서 을이 전략 D를 선택하면 갑은 전략 B를 선택하는 것이 유리하며, 갑이 전략 B를 선택하면 을은 전략 C를 선택하는 것이 유리하다. 또, 을이 전략 C를 선택하면 갑은 전략 A를 선택하는 것이 유리하고, 갑이 전략 A를 선택하면 을은 전략 D를 선택하는 것이 유리하다.

(3) (2)의 비결정게임을 여러 번 반복할 때 누구에게 유리한가 알아보자.

갑은 전략 A, B를 선택하는 비율이 1 : 0, 을은 전략 C, D를 선택하는 비율이 1 : 1이라 하면 갑, 을이 선택하는 전략에 대한 확률은 오른쪽 표와 같다.

갑	전략 A	전략 A	전략 B	전략 B
을	전략 C	전략 D	전략 C	전략 D
확률	$\frac{1}{2}$	$\frac{1}{2}$	0	0
이익	500	-400	-200	100

여기에서 게임을 한 번 할 때마다 갑의 이익의 기댓값은

$$500\times\frac{1}{2}+(-400)\times\frac{1}{2}+(-200)\times0+100\times0=50$$

이다. 이것은 게임을 한 번 할 때마다 갑이 50만큼 유리함을 의미하므로 이 게임은 을에게 불리하다.

(4) (2)의 비결정게임에서 을이 1 : 1의 비율로 전략 C, D를 선택하는 것을 갑이 미리 알고 있을 때 갑의 기댓값을 최대가 되도록 하는 갑의 전략 A, B의 선택 비율을 알아보자.

갑	전략 A	전략 A	전략 B	전략 B
을	전략 C	전략 D	전략 C	전략 D
확률	$\frac{1}{2}p$	$\frac{1}{2}p$	$\frac{1}{2}(1-p)$	$\frac{1}{2}(1-p)$
이익	500	-400	-200	100

갑이 전략 A를 선택할 확률을 $p(0\le p\le1)$라 하면 전략 B를 선택할 확률은 $1-p$가 된다.

위 표에서 갑의 기댓값은

$$500\times\frac{1}{2}p+(-400)\times\frac{1}{2}p+(-200)\times\frac{1}{2}(1-p)+100\times\frac{1}{2}(1-p)$$
$$=100p-50$$

따라서 $p=1$일 때 기댓값은 최대가 되므로 갑은 전략 A, B를 1 : 0의 비율로 선택하는 것이 가장 유리하다.

야구 경기에서 타자 K가 투수의 볼이 직구라 예상하고 투수의 직구와 변화구를 쳤을 때 안타가 될 확률은 각각 0.4, 0.3이다. 또 투수가 던지는 볼이 변화구라 예상하고 투수의 직구와 변화구를 쳤을 때 안타가 될 확률은 각각 0.2, 0.5라고 한다. 평소 타율이 0.350인 타자 K가 타석에서 직구와 변화구를 1 : 1의 비율로 예상하고 타격을 한다면 투수는 직구와 변화구를 어떤 비율로 던져야 유리한가를 설명하시오.

타자 \ 투수	직구	변화구
직구	0.4	0.3
변화구	0.2	0.5

풀이

투수가 직구와 변화구를 던지는 확률을 각각 p, $1-p$라 하면 타자 K가 직구와 변화구를 예상하는 확률은 각각 $\frac{1}{2}$이므로 타자 K가 한 번 칠 때 안타를 칠 확률을 구해 보자.

타자	직구	직구	변화구	변화구
투수	직구	변화구	직구	변화구
확률	$\frac{1}{2}p$	$\frac{1}{2}(1-p)$	$\frac{1}{2}p$	$\frac{1}{2}(1-p)$
안타율	0.4	0.3	0.2	0.5

오른쪽 표에서 타자 K가 한 번 칠 때 안타를 칠 확률은

$0.4\times\frac{1}{2}p+0.3\times\frac{1}{2}(1-p)+0.2\times\frac{1}{2}p+0.5\times\frac{1}{2}(1-p)$

$=-0.1p+0.4$이다.

투수에게 유리하려면 이 확률이 K의 평소 타율 0.350보다 낮으면 되므로 $-0.1p+0.4<0.35$, $0.1p>0.05$에서 $p>0.5$이다.

따라서 투수는 직구를 던지는 비율이 0.5보다 크도록 던져야 한다.

수인의 딜레마(죄수의 딜레마, Prisoner's Dilemma)

(1) 내쉬의 균형이론에는 몇 가지 문제가 있다.

첫째, 균형의 결과가 바람직하지 않는 경우가 가끔 생긴다. 수인의 딜레마가 그 예이다.

둘째, 내쉬의 균형이 다수로 나타나는 경우가 있다. 내쉬의 협상 게임에서 많은 균형이 존재하는데, 내쉬는 공리적(axiomatic) 접근 방법에 의해 다수의 해 중 바람직한 해를 골라 냈다.

(2) 수인의 딜레마

어떤 범죄를 지은 두 공범 A와 B가 경찰에 붙잡혀 왔는데 증거는 없고 심증만 있어 범인들의 자백이 없이는 기소가 불가능하다. 경찰은 A와 B를 각각 격리시켜 놓고, 각자에게 다음과 같이 제안한다.

(i) 어느 한 사람만이 자백하면 그는 즉시 석방되고 다른 한 사람은 징역 10년형을 받는다.

(ii) 두 사람이 모두 자백하면 두 사람 모두 징역 5년형을 받는다.

(iii) 두 사람 모두 자백하지 않으면 두 사람 모두 징역 2년형을 받는다.

A \ B	자백	함구
자백	5 / 5	0 / 10
함구	10 / 0	2 / 2

(단위 : 년)

여기에서 A와 B의 최선의 선택(전략)은 모두 함구하는 것인데 결과는 다르게 나오게 된다. A입장에서 생각하면 B가 자백할지 함구할지 모르기 때문에 두 가지 경우를 모두 생각해야 한다.

B가 자백을 하는 경우에 A가 함구를 하면 징역이 10년, 자백을 하면 징역이 5년이므로 자백을 해야 한다. 또, B가 함구를 하는 경우에 A는 자백을 하면 당장 무죄로 풀려나고 함구하면 징역이 2년이므로 자백을 해야 한다. 즉, A의 입장에서 B가 자백을 하든지 함구를 하든지 자백을 해야 하고 B의 입장에서도 마찬가지이므로 둘 다 자백을 하게 되어 모두 징역 5년을 살아야 한다는 결론에 다다르게 된다. 이것은 불확실한 상황에서 최악의 상황만은 피해야 한다는 것이 합리적 선택의 기준이 되어 더 좋은 결과가 있음에도 좋지 못한 결과를 낳게 된 것이다. 이것이 '수인의 딜레마'이다. 이 수인의 딜레마의 모형은 개인의 합리적인 선택이 사회 전체로는 비합리적인 결과로 이어질 수 있는 상황을 잘 보여준다.

A의 입장에서 징역을 받는 형량은 이익에 반하는 값이므로 다음과 같이 표로 표현하고 행렬로 나타내어 보자.

A \ B	자백	함구
자백	−5	0
함구	−10	−2

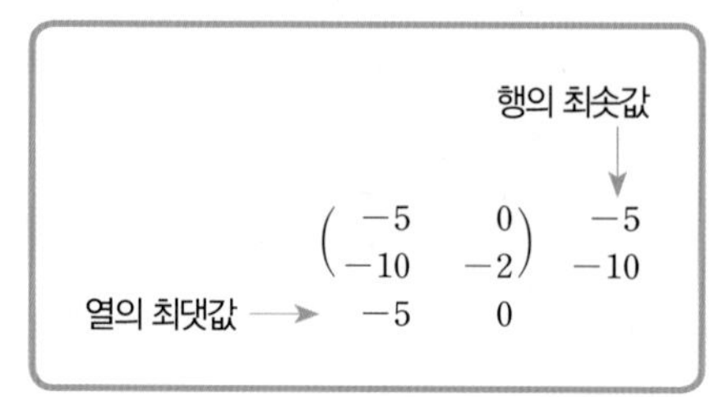

여기에서도 미니맥스의 개념이 적용됨을 확인할 수 있다.

(3) 존 내쉬에 이어 게임이론을 발전시킨 두 교수 오먼과 셸링에 의하면 '수인의 딜레마'에서 피의자(죄수)들이 단 한 번만 선택해야 했기 때문에 죄를 모두 자백하지만 선택을 여러 번 반복하면 서로 최적의 해법을 알게 된다는 것이다.
이것이 그들이 처음 개발한 '무한 반복 게임'으로 처음에 서로를 의심했던 개인이나 공동체가 나중에 어떻게 협력하게 되는지를 수학적으로 풀이한 것이다.

(4) 수인의 딜레마와 같은 유형
석유 수출국 기구(OPEC)에 가입한 두 나라 A, B는 하루에 원유 생산량을 200만 배럴과 400만 배럴 중 하나를 택하기로 하였다. 두 나라의 결정에 의해 두 나라의 하루 원유 생산량의 합은 400만 배럴, 600만 배럴, 800만 배럴 중 하나로 결정될 것이다.
이때, 원유의 가격은 하루 원유 생산량의 합에 따라 각각 1배럴에 70달러, 50달러, 30달러로 결정된다.
원유 생산비용은 1배럴에 A, B는 각각 5달러, 7달러가 필요할 때 두 나라의 하루에 생기는 원유 판매 이익은 오른쪽 표와 같다.

A \ B	2백만 배럴	4백만 배럴
2백만 배럴	130 \ 126	90 \ 172
4백만 배럴	180 \ 86	100 \ 92

(단위 : 백만 달러)

예를 들면, A, B가 하루 원유 생산량을 각각 200만 배럴씩으로 한다면 A는 배럴당 비용을 제외한 이익이 $70-5=65$(달러)이고 200만 배럴을 생산하므로 하루 이익은
$65 \times 2000000 = 130000000$(달러)이다.
여기에서 두 나라는 각각 절대 우위전략(Dominant Strategy)을 가지고 있다.
즉, A의 경우 200만 배럴을 생산할 때보다 400만 배럴을 생산하는 경우가 더 큰 이익을 볼 수 있다.
한편, B의 경우도 같은 입장이다. 그러므로 두 나라는 각자 절대 우위전략을 택하게 되어 하루 원유 생산량이 400만 배럴이므로, 각각의 이익은 A는 100백만 달러, B는 92백만 달러이다. 따라서 두 나라는 하루 원유 생산량을 모두 200만 배럴로 하면 각각의 이익은 A는 130백만 달러, B는 126백만 달러라는 더 큰 이익이 생기는 것을 놓치게 된다.
이와 같이 수인의 딜레마에서는 각자의 이익을 최대로 하기 위하여 각각 절대 우위전략을 취하더라도 각자의 이익이 최대가 되는 것이 아니다.

(5) 공유지의 비극(Tragedy of the commons)
공유지의 비극은 가렛 하딘(Garrett Hardin)이 1968년 사이언스에 발표한 논문에서 제기하였다.
어느 마을에서 소를 풀어 풀을 먹일 수 있는 목초공유지가 있다. 소 주인들이 소를 무제한으로 방목하면 풀이 채 자라기 전에 소가 풀을 뜯어먹어 목초공유지는 황폐해지고 말 것이므로 목초공유지를 보존하기 위해서 소 주인들이 번갈아가며 소를 방목하거나 또는 방목하는 시간의 제한과 같은 규칙이 필요하다.
소 주인들이 모두 그 규칙을 잘 지키면 목초공유지는 계속 유지된다. 그러나 '만약 다른 사람들이 모두 그 규칙을 잘 지키면 나 하나쯤은 규칙을 어겨도 큰 문제가 생기지 않을 것이고 나는 다른 사람들과 비교하여 큰 이익이 생길 것이다.'라고 생각하기 쉽다. 그런데 이러한 생각을 다른 소 주인들도 똑같이 하여 그 규칙은 잘 지켜지지 않게 되고, 결국 목초공유지는 황폐화된다.

이것을 게임 상황으로 해석해 보자.

A와 B는 목초공유지에 소를 방목하는 소 주인이고 두 사람 모두 규칙을 지키는 경우에는 각각 10의 이익을 가지고, 두 사람 중 한 사람만 규칙을 지키는 경우에는 규칙을 지키는 사람의 이익은 5, 규칙을 지키지 않는 사람의 이익은 15이고, 두 사람 모두 규칙을 지키지 않는 경우에는 각각 5의 이익을 갖는다고 하자.

A \ B	규칙 지킴	규칙 어김
규칙 지킴	10, 10	5, 15
규칙 어김	15, 5	5, 5

각자의 입장에서 보면 두 사람은 규칙을 어길 때가 더 많은 이익을 가져오므로 두 사람 모두 규칙을 어기고 몰래 공유지에 소를 방목할 것이고, 따라서 공유지의 목초는 점점 사라지게 될 것이다.

이것은 수인의 딜레마의 또 다른 형태라고 볼 수 있다.

여러 가지 게임 이론의 예

예시 3 다리로 강을 건너려는 A, B, C, D 네 사람이 있다. 이때, 건너야 할 다리가 너무 낡아 동시에 두 명까지만 건널 수 있으며 때는 밤이라 너무 어두워 하나밖에 없는 손전등을 이용해야 한다. 또, A, B, C, D가 다리를 건널 때 걸리는 시간은 A는 1분, B는 2분, C는 5분, D는 10분이 걸리며 두 사람이 함께 건너는 경우는 느린 사람의 시간만큼 걸린다. 네 사람 모두 최단 시간에 다리를 건널 수 있는 방법을 설명하고 이때의 최단 시간을 구하시오.

풀이 ① 가장 빨리 건너는 A가 손전등을 가지고 왕복하는 경우를 생각해 보자. 먼저, (A, B)가 함께 건너가 B를 두고 A가 돌아와서 (A, C)가 함께 건너가 C를 두고 A가 또 돌아와서 (A, D)가 함께 건너가면 이때 걸리는 시간은

$2+1+5+1+10=19$(분)

이다.

(A, B)	2분 →	A, B
A	1분 ←	B
(A, C)	5분 →	A, B, C
A	1분 ←	B, C
(A, D)	10분 →	A, B, C, D

② 처음에는 가장 빠른 사람 둘이 건너가고 두 번째 갈 때에는 가장 느린 사람 둘이 건너가는 경우를 생각해 보자.

먼저, (A, B)가 함께 건너가 B를 두고 A가 돌아오고, (C, D)가 함께 건너가고 B가 돌아와 (A, B)가 다시 함께 건너가면 이때 걸리는 시간은

$2+1+10+2+2=17$(분)

이다.

(A, B)	2분 →	A, B
A	1분 ←	B
(C, D)	10분 →	B, C, D
B	2분 ←	C, D
(A, B)	2분 →	A, B, C, D

이상에서 네 사람이 최단 시간에 모두 건널 수 있는 방법은 ②의 경우이고 이때의 최단 시간은 17분이다.

예시 4 나이가 서로 다른 $2n$명의 사람이 강의 다리를 건너려고 한다. 이때, 건너야 할 다리가 너무 낡아 동시에 두 명까지만 건널 수 있으며 때는 밤이라 너무 어두워 하나밖에 없는 손전등을 이용해야 한다. 가장 나이가 적은 사람부터 시작하여 나이 순서로 K번째 사람이 다리를 건너는 데는 K분이 걸리고, 두 사람이 함께 건너는 경우는 느린 사람의 시간만큼 걸린다. $2n$명이 모두 다리를 건너는 데 필요한 시간의 최솟값을 구하시오.

풀이 첫 번째는 시간이 가장 적게 걸리는 두 사람이 건너고, 그 다음에는 시간이 가장 많이 걸리는 두 사람이 건너고 다시 남아 있는 구성원 중 가장 시간이 적게 걸리는 두 사람이 건너고 그 다음에는 시간이 가장 많이 걸리는 두 사람이 건너는 식으로 반복하여 건너면 된다.

$n \geq 2$일 때 나이 순서로 가장 나이가 적은 사람부터 번호를 1, 2, 3, 4, $\cdots$, $2n$번으로 정하자.

첫 번째, 1, 2, 3, 4, $\cdots$, $2n-1$, $2n$번이 있는 상태에서

1, 2가 다리를 건너가고

1이 되돌아 온 후 $2n-1$, $2n$이 다리를 건넌 다음 2가 되돌아온다.

이때 걸리는 시간은 $2+1+2n+2=2n+5$

두 번째, 1, 2, 3, 4, $\cdots$, $2n-3$, $2n-2$번이 남은 상황에서

1, 2가 다리를 건너가고

1이 되돌아 온 후 $2n-3$, $2n-2$가 다리를 건넌 다음 2가 되돌아온다.

이때 총 걸리는 시간은 $2+1+(2n-2)+2=2n+3$

$n-1$번째, 1, 2, 3, 4번이 남은 상황에서

1, 2가 다리를 건너가고

1이 되돌아 온 후 3, 4가 다리를 건넌 다음 2가 되돌아온다.

이때 총 걸리는 시간은 $2+1+4+2=9$

n번째, 1, 2번이 남은 상황에서

1, 2가 다리를 건너가면 걸리는 시간은 2

따라서 구하는 시간의 최솟값은

$2+\{9+11+\cdots+(2n+3)+(2n+5)\}$

$=2+\sum_{k=1}^{n-1}(2k+7)=2+2\times\frac{n(n-1)}{2}+7(n-1)=n^2+6n-5$

예시 5 평평한 직사각형 모양의 탁자에 두 사람이 500원짜리 동전을 충분히 가지고 탁자 위에 올려 놓는 게임을 한다. 동전을 탁자 위에 평평하게 서로 겹치지 않도록 놓아야 하고, 동전이 탁자의 가장 자리를 조금도 벗어나서는 안된다. 이러한 방법으로 계속 동전을 올려 더 이상 동전을 올리지 못하도록 마지막 동전을 올려 놓는 사람이 이 게임을 이기는 것으로 한다. 이 게임에서 먼저 시작한 사람이 항상 이기는 전략을 설명하시오.

풀이 먼저 시작하는 사람은 첫 번째 동전의 중심을 탁자의 중심과 일치하도록 올려 놓아야 한다. 그 다음부터는 두 번째 사람이 동전을 놓을 때마다 첫 번째 사람은 탁자의 중심에 대하여 그 동전과 대칭이 되도록 자신의 동전을 올려 놓으면 된다. 이와 같이 계속하여 진행하면 두 번째 사람이 동전을 올려 놓으면 첫 번째 사람은 항상 동전을 올려 놓을 수 있지만, 두 번째 사람은 언젠가는 동전을 놓을 수 있는 부분이 없게 된다.

따라서 첫 번째로 탁자에 동전을 올려 놓는 사람이 가장 마지막으로 동전을 올려 놓는 사람이 될 수밖에 없다.

예시 6 두 사람이 100개의 구슬이 들어 있는 주머니에서 한 번에 1~6개의 구슬을 가져가는 게임을 한다. 마지막으로 구슬을 가져가는 사람이 이 게임에서 이긴다고 할 때 먼저 시작한 사람이 게임에서 항상 이길 수 있는 전략을 설명하시오.

풀이 구슬을 먼저 가져가는 사람을 A, 나중에 가져가는 사람을 B라 하면 A가 무조건 이기는 전략을 구하면 된다.
A가 마지막에 가져갈 수 있는 구슬이 있으려면 바로 앞의 B의 차례에서 남아 있는 구슬의 수가 1~6개이면 B가 모두 가져가 B가 게임에서 이기므로 남아 있는 구슬의 개수가 7개 이상이어야 A에게 차례가 온다.
이때, 7개일 때가 가장 유리하므로 A, B의 차례로 1회 실시한 A, B가 가져간 구슬의 개수의 합이 7개가 되도록 조절하는 것이다.
100에서 매회 7개씩 줄여나가면 $100=7\times14+2$이므로 A가 첫 번째 가져가는 구슬의 개수를 2개로 하면 항상 이기게 된다.
즉, A가 첫 번째 2개의 구슬 가져가고 남은 98개의 구슬에 대하여 B가 $x(1\le x\le6)$개를 꺼내면 A는 $7-x$개를 꺼낸다. B가 꺼낸 구슬의 개수와 이어서 A가 꺼내는 구슬의 합이 7개가 되도록 하는 것이다. 그러면 최종적으로 7개가 남으므로 A가 이길 수 있다.

예시 7 동전을 쌓아놓은 두 개의 더미가 있다. 각각의 더미에 있는 동전의 개수는 같을 수도 있고 다를 수도 있다. 게임 규칙은 두 사람이 교대로 한 번에
(i) 한쪽 더미에서 개수에 제한 없이 동전을 가져가거나
(ii) 양쪽 더미에서 똑같은 개수의 동전을 가져가는 것이다.
마지막으로 동전을 가져가는 사람이 게임에서 이긴다고 하면 먼저 시작한 사람이 이기는 전략을 설명하시오.

① 두 개의 더미에 있는 동전의 개수를 (x, y)라 하면 이 게임에서 명백하게 이기는 상황의 예는 $(1, 0)$이다. 이것을 발전시키면 k가 양의 정수일 때 $(k, 0)$이면, 이기는 상황이 된다. 이 경우에는 규칙 (i)에 의하여 한쪽 더미에 있는 동전을 모두 가져갈 수 있기 때문이다.

② 또 다른 경우로는 $k\ge2$일 때 $(k, k+1)$의 상황도 항상 이길 수 있다.
이 경우에는 규칙 (ii)에 의하여 양쪽 더미에서 각각 $(k-1)$개의 동전을 가져감으로써 상대방은 $(1, 2)$의 상황에 처하게 되어 상대방은 질 수밖에 없다. 왜냐하면,
첫째, 상대방이 첫 번째 더미에서 동전을 모두 가져가면 $(0, 2)$가 되어 먼저 시작한 사람이 두 번째 더미의 동전을 모두 가져 가게 되어 게임에서 이기게 된다.
둘째, 상대방이 두 번째 더미에서 동전을 모두 가져가면 $(1, 0)$의 상황이 되므로 먼저 시작한 사람이 이기게 된다.
셋째, 상대방이 양쪽 더미에서 각각 1개씩 동전을 가져가면 $(0, 1)$의 상황이 되므로 먼저 시작한 사람이 이기게 된다.
넷째, 상대방이 두 번째 더미에서 1개만 가져가면 $(1, 1)$의 상황이 되므로 먼저 시작한 사람이 양쪽 더미의 동전을 모두 가져갈 수 있으므로 먼저 시작한 사람이 이기게 된다.

③ $k\ge3$일 때, $(1, k)$의 상황이 되면 항상 이기게 된다.
왜냐하면 $(1, k)$의 상황에서 두 번째 더미에서 $(k-2)$개의 동전을 가져와 $(1, 2)$의 상황을 만들 수 있기 때문이다.

다음 그림은 어느 도시의 구시가 지역의 교차로 A, B, C, D와 이들을 연결하는 도로를 일방통행 방식으로 바꾼 결과의 차량 통행 방향을 나타내고 있다. 이때, 그림의 숫자는 시간당 평균 통과 차량 수로 정의된 교통량을 표시한 것이다. 구시가 지역의 재개발 사업에 의하여 교차로 A와 D 사이의 도로를 폐쇄하여 차 없는 도로 또는 어린이를 위한 놀이터를 조성하려고 한다. 따라서 이들 교차로 A와 B, B와 C, C와 D 사이의 도로 중에서 최대 교통량을 가진 도로부터 확장하려고 한다. 어느 도로부터 확장하는 것이 좋은지 결정하고, 그 이유를 논하시오.

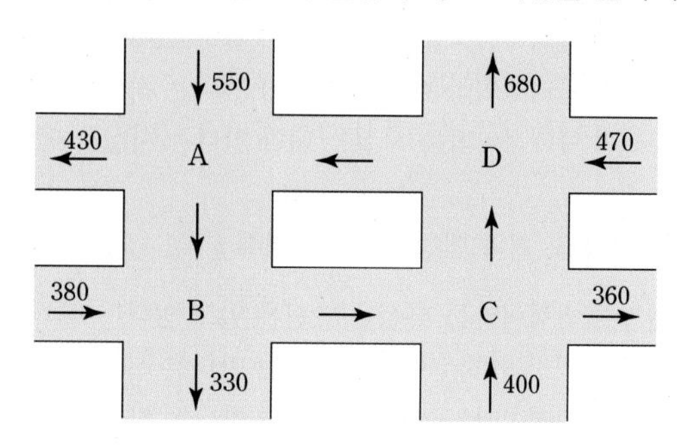

| 이화여자대학교 2006년 수시 모의논술 응용 |

각 교차로 사이의 도로의 시간당 교통량을 문자로 나타내어 시간당 각 교차로에 들어가고 나가는 교통량이 같음을 이용하여 식을 세운다.

강 A와 강 B가 만나는 지점 C에 위치한 마을은 폭우에 의하여 강물의 양이 늘어나면 홍수의 위협에 처할 수 있다. 갑자기 폭우가 강 A와 강 B의 상류에 쏟아지기 시작하였다. 이와 같은 비가 오면 강 A와 강 B의 상류에서는 수위가 즉각적으로 변하지만, 지점 C에서는 강 A에서 유입되는 강물로 2시간 후 수위가 1 m 높아지고, 강 B에서 유입되는 강물로 5시간 후 수위가 2 m 높아진다. 지점 C는 대피령 발령 수위에서 현재 2.5 m의 여유가 있는 상태이다. 홍수 대책 책임자로서 앞으로 몇 시간 동안 이와 같은 폭우가 계속될지에 따라 그에 맞는 대피령 발령 여부에 대한 계획을 세워 보시오.

| 이화여자대학교 2007년 수시 |

시간대별로 강 A, B에서 유입되는 물에 의한 수위 상승의 변화를 표로 만들어 본다.
이때, 강의 지형적 특징을 고려했다는 흔적이 있어야 감점을 받지 않는다.

다음 제시문을 읽고 물음에 답하시오.

(가) 경제학의 패러다임 중 하나는 모든 의사결정의 주체는 합리적이라는 가정이다. 특히 게임이론에서는 게임을 하는 모든 경기자들이 합리적이라는 것이 주지의 사실(common knowledge)이라는 가정이 중요한 역할을 하게 된다. 경기자의 합리성이 주지의 사실이라는 것은 다음의 무한명제

당신이 합리적이라는 사실을 나는 알고 있다.
당신이 합리적이라는 사실을 내가 안다는 사실을 당신은 알고 있다.
당신이 합리적이라는 사실을 내가 안다는 사실을 당신이 안다는 사실을 나는 알고 있다.
⋮
가 참이고, 이와 대칭적인 무한명제

내가 합리적이라는 사실을 당신은 알고 있다.
내가 합리적이라는 사실을 당신이 안다는 사실을 나는 알고 있다.
내가 합리적이라는 사실을 당신이 안다는 사실을 내가 안다는 사실을 당신은 알고 있다.
⋮
또한 참임을 뜻한다.

(나) 어떤 게임의 경우 종종 게임이론이 제시하는 결과와 실제 그 게임을 해 보았을 때 나타나는 결과는 차이를 보인다. 그 이유는 실제 의사결정 주체들의 합리성이나 계산능력이 제한되어 있기 때문일 수 있다. 그러나 비록 모든 의사결정 주체들이 합리적이라 하더라도 이것이 주지의 사실이 아니라면 이러한 차이가 발생할 수 있다.

(다) 다음은 '숫자 고르기 게임'의 규칙이다.
경기자들은 1부터 100까지의 숫자 중 하나를 선택한다. 이때 경기자들은 자신이 선택하는 숫자를 다른 경기자들이 보지 못하도록 한다. 이 게임의 승자는 경기자들이 선택한 숫자들을 평균한 값의 $\frac{2}{3}$에 가장 가까운 숫자를 선택한 경기자가 된다. 예를 들어 경기자들이 선택한 숫자들의 평균이 72라면 48에 가장 가까운 숫자를 적어낸 경기자가 승자가 된다.

(라) 어느 날 ○○고등학교 영철이네 반 수학시간에 선생님이 학생들을 대상으로 제시문 (다)의 '숫자 고르기 게임'을 하였다. 승자는 상품으로 문화상품권을 받는다. 승자가 두 명 이상일 경우에도 모든 승자들이 문화상품권을 받는다. 선생님이 (다)의 규칙을 학생들에게 설명한 후 학생들에게 동시에 숫자를 적어서 제출하도록 하였다. 영철이네 반 학생들은 모두 승자가 되기를 원하였다. 계산을 마친 후 선생님은 게임의 결과를 학생들에게 알려 주었는데, 평균은 27.5였다. 18을 적어내었던 영철이는 승자가 되어 문화상품권을 받았다.

(1) 영철이네 반 학생들이 모두 합리적이며 이것이 주지의 사실일 경우 예상되는 '숫자 고르기 게임'의 결과를 설명한 후, 제시문 (가)와 (나)를 참고하여 제시문 (라)의 결과를 설명하시오. 아울러 이를 근거로 게임에서 영철이가 합리적인 의사결정을 하지 못하였다고 결론지을 수 있는지 논하시오.

(2) 다음 수학시간에 선생님이 동일한 학생들을 대상으로 이 게임을 다시 한 번 하였다고 하자. 승자가 선택한 숫자가 어떻게 될지 답하고 그 이유를 설명하시오. 아울러 이 게임이 계속 반복된다면 승자가 선택한 숫자가 어떻게 될 지 설명하시오.

| 한양대학교 2010년 수시 |

첫 번째 단계에서는 전체 숫자의 평균의 $\frac{2}{3}$인 34를 생각할 수 있다. 그런데 다른 학생들도 같은 생각을 할 것으로 판단하는 두 번째, 세 번째 단계도 고려해야 한다.

원에 1부터 n까지의 수를 순서대로 배열한다. 1을 지우지 않고, 2를 지우고, 3을 지우지 않고, 4를 지우고 …… 번갈아 지워가며 남는 마지막 숫자를 $f(n)$이라 하자. 예를 들면 1~5를 배열하면 지우는 순서는 2, 4, 1, 5이므로 마지막에 남는 숫자는 3이다. 즉, $f(5)=3$이다.

$n, m, r \in Z$이고 $n=2^m+r(0<r<2^m)$일 때 $f(n)=2r+1 \cdots\cdots (*)$이다.

(1) $f(2012)$를 구하시오.

(2) $(*)$를 사용하지 않고 $f(2k)$와 $f(k)$의 관계를 설명하시오.

(3) $(*)$를 사용하지 않고 $f(2k+1)$과 $f(k)$의 관계를 설명하시오.

(4) $(*)$를 증명하시오.

| KAIST 2012년 심층면접 |

$f(n)=2r+1=a$(홀수)의 뜻은 1과 a 사이의 수 중 $\frac{a-1}{2}$개의 숫자는 지워지고 $n-\frac{a-1}{2}=n-r=2^m$에서 남은 숫자는 2의 거듭제곱개라는 것이다.

사람들은 같은 금액인 경우, 가능하면 적은 장수의 지폐를 소지하고자 한다. 예를 들어, 1만 6천 원의 경우 1천 원권 16장보다는 1만 원권 1장과 5천 원권 1장, 1천 원권 1장으로 총 3장의 지폐를 소지하고자 한다. 한국은행이 지폐 인쇄 비용을 최소화하는 방법은 사람들이 소지하고자 하는 총 장수에 비례하여 각 지폐를 공급하는 것이다. (단, 이 문제에서 동전 사용은 없고, 권종별 인쇄 비용은 동일한 것으로 가정한다.)

(1) 사람들이 소지하는 금액 중 1만 원 단위 미만인 0원, 1천 원, 2천 원, …, 9천 원의 10가지 경우가 모두 균일한 분포를 이룬다고 가정하자. 한국은행이 지폐 인쇄 비용을 최소화하기 위하여 1천 원권과 5천 원권을 어떤 비율로 공급해야 하는지 설명하시오.

(2) 사람들이 소지하는 금액이 증가함에 따라, 기존 1만 원권에 추가하여 5만 원권 또는 10만 원권 중 1종의 고액권을 발행한다면 사람들이 소지하는 금액에 따라 새로 발행할 고액권 종류의 선택 방법을 지폐 인쇄 비용 최소화의 관점에서 논하시오.

(1) 소지금액에 따른 1천원권, 5천원권의 출현 빈도수를 비교한다.

| 이화여자대학교 2008년 수시 |

어떤 강의 상류에는 염색공장이 있고 하류에는 양식장이 있는데, 염색공장에서 강으로 흘려보내는 폐수가 강물을 오염시켜 양식장에 피해를 주고 있다. 염색공장의 생산량이 늘어날수록 강물의 오염이 심해져서 양식장의 피해가 증가한다. 양식장의 피해를 줄이기 위해서는 염색공장의 생산량을 줄여 폐수의 방출량을 줄이는 것이 유일한 방법이라고 하자. 염색공장의 생산량 변화에 따른 염색업자와 양식업자의 이윤은 아래 표와 같다.

염색공장 생산량(단위/월)	0	1	2	3
염색업자 이윤(만 원/월)	0	40	80	120
양식업자 이윤(만 원/월)	300	290	270	240

염색공장 생산량(단위/월)	4	5	6	7
염색업자 이윤(만 원/월)	160	200	240	280
양식업자 이윤(만 원/월)	200	150	90	20

물의 사용에 대한 권리는 염색업자에게 있다. 염색업자는 매월 7단위를 생산하여 월 280만 원의 이윤을, 양식업자는 월 20만 원의 이윤을 얻고 있다. 이때, 양식장 주인은 염색업자에게 적정한 보상을 해주고 염색공장의 생산량을 줄이게 하여 자신의 이윤을 증가시킬 수도 있다. 예를 들어, 염색공장의 한 달 생산량이 7단위에서 6단위로 줄어드는 경우, 염색업자의 이윤은 월 40만 원 감소하고 양식업자의 이윤은 월 70만 원 증가한다. 따라서 양식업자가 월 40만 원과 70만 원 사이의 적절한 금액을 염색업자에게 보상하고 염색공장의 생산량을 6단위로 줄이도록 협상하면 양식업자와 염색업자 모두 이윤을 증가시킬 수 있다.

양식업자가 염색업자와의 협상을 통해 어떻게 그리고 어느 수준에서 서로의 이윤을 극대화시키면서 강물 이용에 따른 문제를 원만히 해결할 수 있는지에 대해 설명하시오.

염색공장의 생산량을 7단위에서 6단위로, 5단위로, …로 변화시킬 때 염색업자의 이윤 손실과 양식업자의 이윤 증가를 비교해 본다.

| 고려대학교 2006년 수시 |

제주도에서 대학생 단편영화제가 총 열흘간 개최될 예정이다. 주최측은 전국의 대학생 영화감독들을 초청하여 각 영화마다 5회씩 시사회를 개최할 계획이다. 그 중 서울에 사는 5명의 대학생 영화감독이 시사회에 참석하기로 한 일정은 아래 표에 ■로 표시되어 있다. 주최측이 제공하는 경비는 제주도에 머무는 기간 동안의 호텔 숙박비와 서울－제주간 왕복 항공료이고, 주최측은 경비를 줄이기 위해 시사회가 없는 날 해당 대학생을 서울에 갔다 다시 돌아오게 하거나 제주도에 머무르게 할 수 있다. 주최측이 비용을 절감하기 위해서 영화제에 참석한 5명의 영화감독들의 체류 일정을 어떻게 결정해야 할지 호텔 숙박요금과 항공료를 고려하여 논하시오.

영화감독 \ 행사일	1	2	3	4	5	6	7	8	9	10
감독 A	■	■	■			■	■			
감독 B				■	■	■		■	■	
감독 C			■	■				■	■	■
감독 D		■	■	■	■					■
감독 E		■		■	■	■				■

| 이화여자대학교 2007년 모의논술 |

시사회가 없는 날 동안 제주도에 체류했을 때의 호텔 숙박요금과 서울에 다녀오는 항공료를 비교해 본다.

주어진 예산으로 휴대폰, MP3 플레이어, 전자수첩을 각각 하나씩 사고자 한다. 각 물품의 만족도는 가격이 상승함에 따라 증가한다고 가정하자. 오른쪽 표는 휴대폰, MP3 플레이어, 전자수첩의 가격별 만족도를 나타낸 것이다.

물품의 가격별 만족도

물품 \ 가격	10만 원	20만 원	30만 원	40만 원	50만 원
휴대폰		30	42	50	55
MP3 플레이어	20	30	37	41	
전자수첩	10	19	25	28	30

(1) 90만 원의 예산으로 총 만족도가 최대가 되도록 구매하고자 할 때, 구매할 물품들의 가격을 결정하는 방법을 설명하시오.

(2) 위의 표와는 다르게 각 물품의 단위가격당 만족도 증가량이 일정한 경우를 생각해 보자. 단위가격당 만족도는 휴대폰이 가장 많이 증가하고, 그 다음은 MP3 플레이어, 전자수첩 순이다. 총 만족도가 최대가 되도록 하려면 임의의 주어진 예산으로 어떻게 물품들을 구매해야 하는지 설명하시오.

(1) 세 가지 물품의 가격의 합이 90만 원이 되게(휴대폰, MP3 플레이어, 전자수첩)의 가격의 조합에 따른 만족도의 합을 비교해 본다.

| 이화여자대학교 2007년 수시 |

남태평양에 있는 어떤 화산섬이 폭발할 것이라는 보고를 받고 한국의 119구조대가 긴급 출동하였다.

이 섬은 정상에서 해안까지의 거리가 4 km인 원뿔 모양이다. 용암은 섬 윗부분부터 균일하게 덮으며 내려오고, 용암으로 덮인 넓이는 시간에 비례하여 증가하고 있어 얼마 후 섬 전체가 덮일 것으로 예상된다. 구조대가 섬의 해안에 있는 C지점에 도착하니 화산분출이 시작된 지 이미 25분이 지나 흘러내린 용암이 정상에서 1 km 내려온 지점에 도달하였다.

현재 정상에서 2 km 내려온 A 지점에 조난자 3명과 3 km 내려온 B지점에 조난자 12명이 구조를 기다리고 있다. 구조대는 구조선이 대기하고 있는 C지점으로 조난자를 모두 대피 시켜야 하는데, 구조대의 이동 속도는 조난자 운송과 관계없이 항상 분당 100 m이고, 구조대는 한 팀으로 구성되어 있으며 한 번에 한 명씩만 운송할 수 있다. 단, A, B, C지점과 정상은 일직선상에 있다.

이 상황에서 조난자 구출 방법을 놓고 A지점의 조난자를 B지점으로 일단 옮기자는 의견, A지점 조난자부터 먼저 구조해야 한다는 의견 또는 제3의 지점으로 모두 운송한 후 C지점으로 운송하자는 의견들을 포함하여 온갖 다양한 의견들이 제시되었다. 이때, 구조 대장이 취해야 할 합리적인 판단과 그 근거에 대하여 논술하시오.

(i) 제시문에서 제시한 세 가지 의견을 비교해 본다.
(ii) 용암으로 덮인 넓이는 시간에 비례하여 증가하므로 용암이 정상에서 내려온 (거리)^{2}이 시간에 비례한다.

| 고려대학교 2006년 수시 |

한 혹성의 북극과 남극에 과학기지가 있다. 어느 순간부터 시작해서 한 시간마다 한 번씩 혹성이 내부 폭발을 일으키고 그 순간마다 혹성의 부피가 8배씩 늘어나고 있다. 이때, 북극기지에 문제가 생겨 남극기지에서 북극기지로 구조대를 보내고 싶은데, 구조 차량의 속력은 최대 시속 16 km이다.

혹성이 막 팽창하여 부피가 4000 km^{2}가 된 직후, 남극기지 소장은 구조대를 출발시킬 것이냐 말 것이냐를 결정해야 한다. 24시간 안에 구조대가 도착하지 않으면 북극기지 대원 전원이 사망하게 된다. 차량의 속력은 유한한 데 반하여 남극과 북극 사이의 거리가 자꾸 커지고 있어 구조대가 과연 북극에 도착할 수 있을지 조차도 의문시되고 있는 이 상황에서, 남극기지 소장은 위에 주어진 여러 정보들로부터 어떠한 결론들을 내릴 수 있는지 논리적으로 설명하시오.

북극

남극

| 고려대학교 2006년 수시 |

구조대가 24시간 안에 도착할 수 있다면 그 시간을 n시간 후라 놓고 (n시간 후 혹성의 남극과 북극 간의 거리)<(n시간 후 구조대의 이동거리)인 식을 생각한다.

문제 11

다음 제시문을 읽고 물음에 답하시오.

> 어떤 사람에게 자유의지가 있다면 그가 제약이 없는 상태에서 행하는 선택을 타인이 정확하게 예측하는 것은 불가능하다. 예를 들어, 내가 당신에게 당신의 의지대로 오른손 또는 왼손을 들라고 한다고 하자. 당신이 자유의지를 가지고 있다면 나는 당신이 오른손을 들지 왼손을 들지를 정확하게 예측할 수 없다.
> 당신 앞에 두 개의 상자가 있는데 하나는 투명하고 다른 하나는 불투명하다. 투명한 상자 안에는 일백만 원이 들어 있다. 불투명한 상자 안에는 일억 원이 있을 수도 있고 아무것도 없을 수도 있는데 당신은 그 안을 들여다 볼 수 없다.
> 당신은 다음의 두 가지 중 하나를 선택하여 가능한 한 많은 금전적 이득을 얻고자 한다.
> (1) 불투명한 상자 하나만을 취한다.
> (2) 두 개의 상자를 모두 취한다.
> 그런데 당신에게는 다음과 같은 정보가 있다. '상당히 뛰어난 예측력을 지닌 어떤 존재가 당신이 할 선택을 미리 예측하고 그 예측의 내용에 따라 불투명한 상자에 일억 원을 넣어 둘지 말지를 결정한다. 만약 그 존재가 당신이 (1)을 선택할 것이라고 예측한다면 그는 불투명한 상자에 일억 원을 넣는다. 만약 그 존재가 당신이 (2)를 선택할 것이라고 예측한다면 그는 불투명한 상자에 아무것도 넣지 않는다.'

제시문의 상황을 두고, 어떤 사람들은 당신이 (1)을 선택해야 한다고 주장하고 다른 사람들은 당신이 (2)를 선택해야 한다고 주장한다. 자유의지의 문제와 관련하여 두 주장을 각각 뒷받침하는 논리적 근거를 추론하시오. (서술을 위주로 답안을 전개하되 수식이나 표를 사용할 수 있음.)

수인의 딜레마와 같은 표를 작성하여 보자.

| 고려대학교 2009년 수시 |

문제 12

차 재배지에서 차를 오늘 수확하는 대신 하루 더 재배하여 내일 수확하면 1.5배의 양을 수확할 수 있다고 한다. 내일 비가 오지 않으면 차 값은 수확시기에 관계없이 3(천 원/kg)으로 일정하지만, 내일 비가 올 경우 오늘 수확한 차는 4(천 원/kg), 내일 수확할 차는 2(천 원/kg)이 된다. 내일 비 올 확률 p를 알 수 없어서, 오늘 전량 수확하면 얻을 수 있는 400 kg의 일정 비율 $x(0 \le x \le 1)$만 오늘 수확하고, 나머지는 하루 더 재배하여 내일 수확하려고 한다.

(1) 내일 비가 오지 않는 경우($p=0$)와 비가 오는 경우($p=1$) 각각에 대하여, 수확비율 x에 대한 수입 기댓값 $E_0(x)$와 $E_1(x)$를 구하고, 수입을 최대로 하기 위한 수확비율 x를 결정하시오.

(2) 앞의 계산 결과를 이용하여, 내일 비 올 확률이 p인 경우, 수확비율 x에 대한 수입 기댓값 $E_p(x)$를 구하고 수입을 최대로 하기 위한 최선의 선택이 무엇인가를 논하시오.

(2) (1)에서 구한 $E_0(x)$와 $E_1(x)$에 대해 확률 p를 고려하여 $E_p(x)$를 구한다.

| 이화여자대학교 2009년 수시 |

아래 제시문 ㈎와 ㈏를 근거로 하여 주어진 문제에 답하시오.

㈎ '죄수의 딜레마'로 알려진 다음과 같은 상황을 고려해 보자. 두 용의자 A, B가 격리되어 조사를 받고 있는데 자백 여부에 따라 형량이 달라진다.

- 한 명은 자백을 하고 다른 한 명은 안 할 경우, 전자는 풀려나고 10년형을 받는다.
- 두 명 모두 자백을 하면 각각 5년형을 받는다.
- 두 명 모두 자백을 하지 않으면 각각 1년형을 받는다.

내가 용의자 A라면 어떤 선택을 해야 할까? 먼저 용의자 B가 자백을 할 경우를 생각해 보자. 만일 나도 자백한다면 5년형을 받지만 내가 자백하지 않는다면 10년형이다. 따라서 나는 자백해야 한다. 한편 용의자 B가 자백하지 않을 경우 내가 자백하면 풀려나고 자백하지 않으면 1년형을 받는다. 이 경우도 자백해야 한다. 따라서 나의 선택은 명백하다.

㈏ 확률변수의 기댓값은 각 사건이 벌어졌을 때의 이득과 그 사건이 벌어질 확률을 곱한 것을 전체 사건에 대해 합한 값이다. 이것은 어떤 확률적 사건에 대한 평균의 의미로 생각할 수 있다. 예를 들어, 주사위를 한 번 던졌을 때 각 눈의 값이 나올 확률은 $\frac{1}{6}$이고 주사위 값의 기댓값은 각 눈의 값에 그 확률은 곱한 값의 참인 3.5가 된다.

세계적으로 지구온난화를 우려하여 이산화탄소의 배출을 줄이려는 시도가 이루어지고 있다. 이산화탄소 감축을 외면하면 이에 대한 비용은 줄지만 결과적으로 지구온난화에 따른 자연재해로 엄청난 비용을 지불하게 된다. 어떤 도시에서 이산화탄소 감축을 준수하면 얻게 되는 이익이 다음과 같이 결정되는 상황을 생각해 보자.

		B	
		이산화탄소 감축 준수	이산화탄소 감축 외면
A	이산화탄소 감축 준수	(10, 10)	(2, 7)
	이산화탄소 감축 외면	(7, 2)	(5, 5)

A가 이산화탄소 감축을 준수하고 B가 이산화탄소 감축을 외면하는 경우를 나타내는 (2, 7)은 A의 이익이 2, B의 이익이 7이 됨을 의미한다. A와 B 모두가 이산화탄소 감축을 준수하면 둘 다 이익이 10이 되고, 모두 이산화탄소 감축을 외면하면 둘 다 이익이 5가 된다.

(1) 이 도시에서 이산화탄소 감축을 준수하려는 성향을 가진 사람들이 인구의 30%이고 감축을 외면하려는 성향을 가진 사람들이 인구의 70%라고 하자. 이때, 이 도시로 새로 이사 온 사람이 이산화탄소 감축을 준수할 경우 그가 받을 수 있는 기댓값과 이산화탄소 감축을 외면할 경우의 기댓값을 각각 구하시오. 계산한 기댓값과 제시문 ㈎를 근거로 하여 새로 이사 온 사람이 어떤 선택을 할 것인가를 설명하고, 이 도시가 앞으로 어떤 성향의 사람들로 구성될 수 있는가에 대하여 예측하시오.

(2) 이 도시에 새로 이사 온 사람이 이산화탄소의 감축을 준수할 경우가 이산화탄소 감축을 외면할 경우와 비교하여 항상 더 큰 이익을 얻게 되는 이 도시의 인구 성향에 대한 비율을 결정하시오. 그리고 이때 새로 이사 온 사람이 얻을 수 있는 이익을 구하시오.

이 도시의 사람을 A, 이 도시에 이사온 사람을 B라 생각하자.

| 가톨릭대학교 2012년 수시 |

주제별 강의 제 12 장

산술평균과 기하평균, 조화평균

산술평균과 기하평균, 조화평균

1 산술평균과 기하평균 및 조화평균의 정의

어떤 학생이 100점 만점의 수학 시험을 10회 본 결과가 다음과 같다고 하자.

점수(점)	80	85	90	95	100	합계
횟수(회)	1	2	3	2	2	10

이 학생의 점수를 대표하는 값으로 평균을 구하면

$$\frac{80\times1+85\times2+90\times3+95\times2+100\times2}{10}=91(\text{점})$$

이 된다. 이와 같이 주어진 값들을 모두 더한 뒤에 주어진 값들의 개수로 나누어 얻는 평균을 산술평균(arithmetic mean)이라고 한다.

또, 기하평균(geometric mean)은 인구변동률, 물가상승률, 수질오염에 관한 변동률 등과 같이 변화하는 비율을 나타낼 때 주로 이용되는 평균이다.
예를 들어, 올해의 물가 P에 대하여 다음 해의 물가는 올해의 a배가 되고, 그 다음 해에는 전년도에 비해 b배가 되었다고 하자. 이때, 2년 동안 물가가 매년 x배가 되었다고 하면

$$P\times x\times x=P\times a\times b,\ x^2=ab\text{에서 } x=\sqrt{ab}$$

이다. 이처럼 a, b의 기하평균은 $\sqrt{ab}$가 되므로 대체로 무리수가 된다.
기하평균이라는 용어는 고대 그리스에서부터 사용되기 시작하였다. 고대 그리스에서는 무리수를 수로 인정하지 않았기 때문에 이와 같이 구한 평균은 기하학적인 의미만을 갖는다고 하여 기하평균이라는 이름을 붙였다. 예를 들어, 두 변의 길이가 각각 a, b인 직사각형과 같은 넓이를 갖는 정사각형의 한 변의 길이는 기하평균인 $\sqrt{ab}$가 된다.

또, 두 도시 P, Q 사이의 거리가 S km이고 P에서 Q로 갈 때의 속력은 a km/시, Q에서 P로 돌아올 때의 속력이 b km/시였을 때, P와 Q를 왕복하는 동안의 평균속력을 구하면

$$\frac{2S}{\frac{S}{a}+\frac{S}{b}}=\frac{2}{\frac{1}{a}+\frac{1}{b}}=\frac{2}{\frac{a+b}{ab}}=\frac{2ab}{a+b}$$

이다. 이때, $\frac{2ab}{a+b}$를 두 값 a, b의 조화평균(harmonic mean)이라고 한다.
그런데 조화평균은 음악의 음계와 관련이 있다. 예를 들어, 현악기에서 원래 현의 길이를 1이라고 할 때, 길이를 $\frac{1}{2}$로 줄이면 한 옥타브 높은 음이 되며, 여기서 1과 $\frac{1}{2}$의 조화평균을 구하면

$$\frac{2\times1\times\frac{1}{2}}{1+\frac{1}{2}}=\frac{1}{\frac{3}{2}}=\frac{2}{3}$$

이다. 현악기의 현의 길이를 $\frac{2}{3}$로 하면 5도 높은 음을 얻게 되는데 1도와 5도, 즉 '도'와 '솔'은 잘 어울리는 음이다. 이처럼 조화평균은 하모니를 이루는 조화로운 음을 만든다는 의미에서 붙여진 이름이다.

2 산술평균과 기하평균 및 조화평균의 관계

$a>0$, $b>0$일 때

$$\frac{a+b}{2}\ge\sqrt{ab}\ge\frac{2ab}{a+b}\text{(단, 등호는 } a=b\text{일 때 성립)}$$

가 성립한다.

이때, $\frac{a+b}{2}$를 산술평균, $\sqrt{ab}$를 기하평균, $\frac{2ab}{a+b}$를 조화평균이라고 한다.

위의 부등식을 증명해 보자.

증명

(i) $\frac{a+b}{2}-\sqrt{ab}=\frac{1}{2}(a+b-2\sqrt{ab})=\frac{1}{2}\{(\sqrt{a})^2-2\sqrt{a}\sqrt{b}+(\sqrt{b})^2\}$

$=\frac{1}{2}(\sqrt{a}-\sqrt{b})^2\ge0$ (단, 등호는 $a=b$일 때 성립)

(ii) $\sqrt{ab}-\frac{2ab}{a+b}=\sqrt{ab}\left(1-\frac{2\sqrt{ab}}{a+b}\right)=\sqrt{ab}\times\frac{a+b-2\sqrt{ab}}{a+b}$

$=\sqrt{ab}\times\frac{(\sqrt{a}-\sqrt{b})^2}{a+b}\ge0$ (단, 등호는 $a=b$일 때 성립)

따라서 (i), (ii)에서 $\frac{a+b}{2}\ge\sqrt{ab}\ge\frac{2ab}{a+b}$ (단, 등호는 $a=b$일 때 성립)

다시 말해 두 수 a, b의 등차중항을 $A=\frac{a+b}{2}$, 양의 등비중항을 $G=\sqrt{ab}$, 조화중항을 $H=\frac{2ab}{a+b}$라고 하면

(1) a, b가 $a>0$, $b>0$인 실수일 때, $A\ge G\ge H$

(2) A, G, H는 이 순서에 따라 등비수열을 이룬다. 즉, $G^2=AH$

3 3개 이상의 항에 대한 산술평균과 기하평균 및 조화평균의 관계

(1) $a>0$, $b>0$, $c>0$, $d>0$일 때

$$\frac{a+b+c}{3}\ge\sqrt[3]{abc}\ge\frac{3}{\frac{1}{a}+\frac{1}{b}+\frac{1}{c}}\text{(단, 등호는 } a=b=c\text{일 때 성립)}$$

$$\frac{a+b+c+d}{4}\ge\sqrt[4]{abcd}\ge\frac{4}{\frac{1}{a}+\frac{1}{b}+\frac{1}{c}+\frac{1}{d}}\text{(단, 등호는 } a=b=c=d\text{일 때 성립)}$$

$a>0$, $b>0$, $c>0$일 때, 다음을 증명해 보자.

$$\frac{a+b+c}{3}\ge\sqrt[3]{abc}\ge\frac{3}{\frac{1}{a}+\frac{1}{b}+\frac{1}{c}}\text{(단, 등호는 } a=b=c\text{일 때 성립)}$$

증명

$$a^3+b^3+c^3-3abc=(a+b+c)(a^2+b^2+c^2-ab-bc-ca)$$
$$=\frac{1}{2}(a+b+c)\{(a-b)^2+(b-c)^2+(c-a)^2\}\geq 0$$

이므로 $a^3+b^3+c^3\geq 3abc$가 성립한다.

여기에서 a, b, c 대신에 각각 $\sqrt[3]{a}$, $\sqrt[3]{b}$, $\sqrt[3]{c}$를 대입하면

$$a+b+c\geq 3\sqrt[3]{a}\sqrt[3]{b}\sqrt[3]{c},\ \frac{a+b+c}{3}\geq\sqrt[3]{abc} \quad \cdots\cdots ①$$

또, ①에 a, b, c 대신에 $\frac{1}{a}$, $\frac{1}{b}$, $\frac{1}{c}$을 각각 대입하면

$$\frac{\frac{1}{a}+\frac{1}{b}+\frac{1}{c}}{3}\geq\sqrt[3]{\frac{1}{a}\cdot\frac{1}{b}\cdot\frac{1}{c}},\ \frac{\frac{1}{a}+\frac{1}{b}+\frac{1}{c}}{3}\geq\frac{1}{\sqrt[3]{abc}}$$ 이다.

여기에서 각 항의 역수를 취하면 $\sqrt[3]{abc}\geq\dfrac{3}{\frac{1}{a}+\frac{1}{b}+\frac{1}{c}}$ $\cdots\cdots$ ②

①, ②에서 $\dfrac{a+b+c}{3}\geq\sqrt[3]{abc}\geq\dfrac{3}{\frac{1}{a}+\frac{1}{b}+\frac{1}{c}}$ (단, 등호는 $a=b=c$일 때 성립)이다.

(2) $a_1>0$, $a_2>0$, $a_3>0$, $\cdots$, $a_n>0$일 때

$$\frac{a_1+a_2+a_3+\cdots+a_n}{n}\geq\sqrt[n]{a_1a_2a_3\cdots a_n}\geq\frac{n}{\frac{1}{a_1}+\frac{1}{a_2}+\frac{1}{a_3}+\cdots+\frac{1}{a_n}}$$

(단, 등호는 $a_1=a_2=a_3=\cdots=a_n$일 때 성립)

$a_1>0$, $a_2>0$, $a_3>0$, $\cdots$, $a_n>0$일 때 다음을 증명해 보자.

$$\frac{a_1+a_2+a_3+\cdots+a_n}{n}\geq\sqrt[n]{a_1a_2a_3\cdots a_n}$$

(단, 등호는 $a_1=a_2=a_3=\cdots=a_n$일 때 성립)

젠센의 부등식을 이용한 증명

$a_1>0$, $a_2>0$, $a_3>0$, $\cdots$, $a_n>0$일 때, 함수 $f(x)=\log x$에 젠센의 부등식을 적용시킨다. 이때, 함수 $y=\log x$의 그래프는 위로 볼록하므로

$$\frac{\log a_1+\log a_2+\log a_3+\cdots+\log a_n}{n}\leq\log\left(\frac{a_1+a_2+a_3+\cdots+a_n}{n}\right)$$

에서 좌변을 로그의 성질을 이용하여 정리하면

$$\frac{\log a_1+\log a_2+\log a_3+\cdots+\log a_n}{n}=\frac{\log(a_1\times a_2\times a_3\times\cdots\times a_n)}{n}$$
$$=\log(a_1\times a_2\times a_3\times\cdots\times a_n)^{\frac{1}{n}}$$
$$=\log\sqrt[n]{a_1\times a_2\times a_3\times\cdots\times a_n}$$

$$\therefore \log\sqrt[n]{a_1\times a_2\times a_3\times\cdots\times a_n}\leq\log\left(\frac{a_1+a_2+a_3+\cdots+a_n}{n}\right)$$

이때, 식이 log(기하평균)≤log(산술평균)이 되며, 로그함수는 증가함수이므로 (산술평균)≥(기하평균)이다.

$$\therefore \frac{a_1+a_2+a_3+\cdots+a_n}{n}\geq\sqrt[n]{a_1a_2a_3\cdots a_n}$$ (단, 등호는 $a_1=a_2=a_3=\cdots=a_n$일 때 성립)

참고 젠센의 부등식

(1) 임의의 n개의 항을 a_1, a_2, a_3, $\cdots$, a_n이라 하고 함수 $f(x)$의 그래프가 아래로 볼록할 때

$$\frac{f(a_1)+f(a_2)+f(a_3)+\cdots+f(a_n)}{n}\geq f\left(\frac{a_1+a_2+a_3+\cdots+a_n}{n}\right)$$

을 만족한다. 만약, 함수 $f(x)$의 그래프가 위로 볼록하면 부등호의 방향이 바뀐다.

(2) $y=f(x)$가 아래로 볼록할 때, 두 수 a, b에 대하여 $\frac{f(a)+f(b)}{2} \geq f\left(\frac{a+b}{2}\right)$가 성립함을 알아보자.

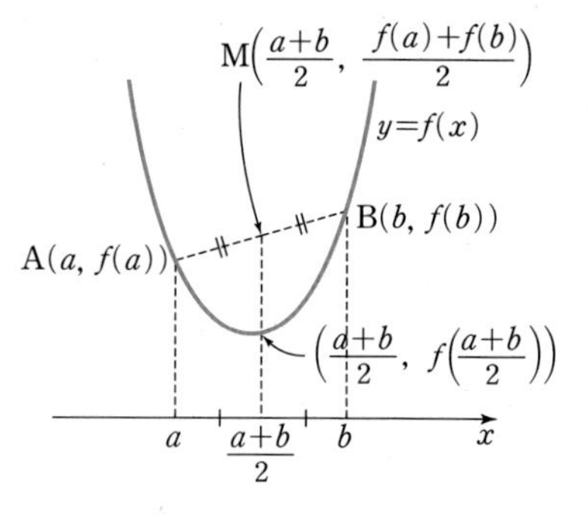

오른쪽 그림에서 $y=f(x)$ 위의 두 점 $\mathrm{A}(a, f(a))$, $\mathrm{B}(b, f(b))$를 이은 선분의 중점의 좌표는

$$\mathrm{M}\left(\frac{a+b}{2}, \frac{f(a)+f(b)}{2}\right)$$

점 M에서 x축에 수선을 내리면 그 점의 좌표는 $\left(\frac{a+b}{2}, 0\right)$이 되고, 이때 $y=f(x)$의 값은 $f\left(\frac{a+b}{2}\right)$

$y=f(x)$의 그래프가 아래로 볼록하므로 $\frac{f(a)+f(b)}{2} \geq f\left(\frac{a+b}{2}\right)$가 성립한다.

수학적귀납법을 이용한 증명

$a_1>0$, $a_2>0$, $a_3>0$, $\cdots$, $a_n>0$일 때

$$\left(\frac{a_1+a_2+a_3+\cdots+a_n}{n}\right)^n \geq a_1a_2a_3\cdots a_n \text{ (단, 등호는 } a_1=a_2=a_3=\cdots=a_n\text{일 때 성립)}$$

(i) $n=1$일 때, 성립한다.

(ii) $n=k-1(n\geq 2)$일 때, 성립한다고 가정하고 번호를 다시 붙이면 다음과 같다.

$0<a_1\leq a_2\leq a_3\leq\cdots\leq a_k$ …… ㉠

$m=\frac{1}{k}(a_1+a_2+a_3+\cdots+a_k)$로 놓으면 ㉠에서 $a_1\leq m\leq a_k$이므로

$(m-a_1)(m-a_k)\leq 0$, $a_1a_k\leq(a_1+a_k-m)m$ …… ㉡

이때, 가정에 의하여

$$a_2a_3a_4\cdots a_{k-1}(a_1+a_k-m)\leq\left\{\frac{a_2+a_3+a_4+\cdots+a_{k-1}+(a_1+a_k-m)}{k-1}\right\}^{k-1}$$

그런데 $\frac{a_2+a_3+a_4+\cdots+a_{k-1}+(a_1+a_k-m)}{k-1}=\frac{mk-m}{k-1}=m$이므로

$a_2a_3a_4\cdots a_{k-1}(a_1+a_k-m)\leq m^{k-1}$ …… ㉢

㉡, ㉢에서 $a_1a_2a_3\cdots a_{k-1}a_k\leq m^k$

즉, $\sqrt[k]{a_1a_2a_3\cdots a_{k-1}a_k}\leq\frac{1}{k}(a_1+a_2+a_3+\cdots+a_k)$

(i), (ii)에서 $\left(\frac{a_1+a_2+a_3+\cdots+a_n}{n}\right)^n \geq a_1a_2a_3\cdots a_n$ (단, 등호는 $a_1=a_2=a_3=\cdots=a_n$일 때 성립)

문제 1 어느 자동차 회사에서 자동차 보관소를 건설하는데 자동차 보관소의 토지 사용료는 자동차 전시장으로부터의 거리에 반비례하고, 자동차 운반비는 자동차 전시장으로부터의 거리에 비례한다고 한다. 자동차 전시장으로부터 10 km 떨어진 곳의 토지 사용료는 500만 원이고, 이때의 자동차 운반비는 20만 원이라고 한다. 토지 사용료와 자동차 운반비의 합이 최소가 되게 하려면 자동차 전시장에서 몇 km 떨어진 지점에 자동차 보관소를 세워야 하는지 설명하시오.

$x>0$일 때 $x+\frac{1}{x}$(역수의 합)인 꼴의 범위(최솟값)를 구할 때에는 산술평균, 기하평균의 관계를 이용한다.

즉, $x>0$일 때 $x+\frac{1}{x}\geq 2$이다.

오른쪽 그림과 같이 두 개의 직사각형을 각각의 한 모서리에서 서로 붙였다. 그리고 각 직사각형에서 이 모서리와 만나지 않는 두 변의 연장선을 그린 후, 그림과 같이 큰 직사각형을 만들었다. 처음 두 직사각형의 넓이가 1 m^2와 4 m^2로 일정하다고 가정할 때 큰 직사각형의 넓이의 최솟값을 구하는 문제를 다음과 같이 풀었다. 이 풀이의 타당성을 판단하고 문제점이 있으면 그것을 지적하고 올바르게 설명하시오

1 m^2

4 m^2

[풀이] 넓이가 1 m^2와 4 m^2인 두 직사각형의 가로의 길이를 각각 x와 y라 하자. 그러면 세로의 길이는 각각 $\frac{1}{x}$과 $\frac{4}{y}$이다. 이때, 큰 직사각형의 가로의 길이는 $x+y$이고, 이 길이는 '산술평균이 기하평균보다 항상 크거나 같다.'라는 정리를 사용하면 $2\sqrt{xy}$보다 크거나 같게 된다. 같은 방법으로 세로의 길이는 $\frac{1}{x}+\frac{4}{y}$이므로 $2\sqrt{\frac{4}{xy}}$보다 크거나 같다. 따라서 큰 직사각형의 넓이는 $2\sqrt{xy}\times2\sqrt{\frac{4}{xy}}=8$보다 크거나 같다. 그러므로 큰 직사각형의 넓이의 최솟값은 8 m^2이다.

| 고려대학교 2006년 수시 |

[풀이]의 과정은
$x+y\geq2\sqrt{xy}$, $\frac{1}{x}+\frac{4}{y}\geq2\sqrt{\frac{4}{xy}}$
가 성립하므로
$(x+y)\left(\frac{1}{x}+\frac{4}{y}\right)$
$\geq2\sqrt{xy}\times2\sqrt{\frac{4}{xy}}$
가 성립한다는 내용이므로, 이 과정에서 오류를 찾는다.

명제 $p(n)(n=1, 2, 3, \cdots)$은 다음과 같은 명제를 나타낸다.

$x_1, x_2, \cdots, x_n$이 모두 양의 실수일 때 $\left(\frac{x_1+x_2+\cdots+x_n}{n}\right)^n\geq x_1x_2\cdots x_n$

$p(2)$는 "둘레의 길이가 같은 직사각형 중 정사각형이 가장 넓이가 크다."라는 명제를 함축하고 있음을 설명하시오. 또 $p(3)$으로부터 이와 유사한 '직육면체'와 '정육면체'에 대한 명제를 이끌어 내어 보시오.

| 한양대학교 2011년 모의논술 응용 |

$p(2)$: $\left(\frac{x_1+x_2}{2}\right)^2\geq x_1x_2$
$(x_1, x_2>0)$에서
x_1, x_2를 각각 직사각형의 가로와 세로의 길이라 생각하자.

다음 제시문을 읽고 물음에 답하시오.

평균은 사회현상 또는 과학적 사실에서 얻어지는 데이터를 이용하여 그 현상 또는 사실의 대표적인 성향을 나타낼 때 자주 사용되는 개념이다. 일반적으로 가장 널리 사용되는 평균으로서 산술평균, 기하평균, 조화평균을 들 수 있다. 유한개의 수 a_1, a_2, a_3, $\cdots$, a_n에 대한 산술평균 A는 덧셈의 효과를 고려하여

$$nA=a_1+a_2+a_3+\cdots+a_n$$

으로 주어지며 우리가 흔히 평균의 개념으로 인식하는 것이다. 기하평균 G는 곱셈의 효과를 고려하여 얻어지는 평균의 개념으로서

$$G^n=a_1\times a_2\times a_3\times\cdots\times a_n$$

으로 정의되며, 수 a_1, a_2, a_3, $\cdots$, a_n이 양수일 때 사용된다. 조화평균 H는 역수들의 덧셈 효과를 고려하여

$$\frac{n}{H}=\frac{1}{a_1}+\frac{1}{a_2}+\frac{1}{a_3}+\cdots+\frac{1}{a_n}$$

의 공식으로 정의된다. 실생활에서 자연스럽게 대두되는 이들 세 평균은 모든 수가 같은 경우를 제외하면 $H<G<A$의 대소 관계가 성립함이 수학적으로 잘 알려져 있지만, 어떤 평균을 적용해야 하는지는 데이터의 성격이나 고려하고자 하는 효과에 따라 다르다고 할 수 있다.

(1) 어떤 도시는 두 지점 A와 F를 잇는 도로를 도로의 상태와 주변 시가지에 미치는 소음효과 등을 고려하여, 오른쪽 그림과 같이 간격이 동일한 다섯 개의 구간으로 균등 분할하고, 각 구간의 자동차 최고속도를 각각 시속 60 km/h, 40 km/h, 30 km/h, 80 km/h, 90 km/h로 제한하였다고 한다.

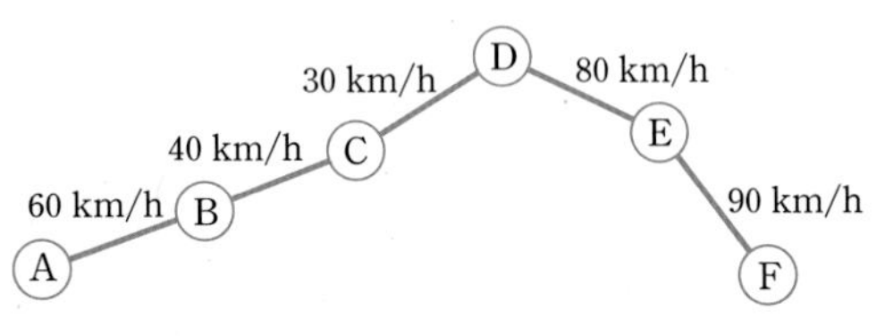

두 지점 A와 F를 잇는 이 도로의 평균 제한최고속도는 얼마라고 해야 하는지 지문에서 제시한 평균을 적절히 적용하여 설명하시오.

(2) 한 국가의 연간 경제성장률은 1년 동안 그 국가경제규모의 실질적인 증가 정도를 나타내는 중요한 지표로서, 기준년도 가격 국내총생산(GDP)의 전년비 증가율로 나타낸다. 예를 들어, 총 GDP가 1000억 달러인 어떤 국가가 5.3 %의 경제성장률을 달성했다고 하면, 1년 후 그 국가의 총 GDP는 $1000\times(1+0.053)=1053$(억) 달러이다. 다음의 도표는 IMF 금융통화위기의 해인 1998년부터 2002년까지 5년 동안 국민의 정부 시기에 우리나라의 경제성장률을 나타낸 통계청의 자료이다.

한국의 경제성장률(1998~2002)

연도	1998	1999	2000	2001	2002
경제성장률	−6.9 %	9.5 %	8.5 %	3.8 %	7.0 %

한 언론매체의 보도에 의하면, 국민의 정부 시기에 우리나라는 연평균 4.38 %의 경제성장을 이루었다고 한다. 이 언론매체가 적용한 산술평균에 대하여 적절성의 여부를 판단하고, 만일 적절하지 않다고 판단될 경우 올바른 평균을 제시하시오.

(단, 수치의 정확한 계산을 반드시 할 필요는 없다.)

| 중앙대학교 2006년 수시 |

다음 물음에 답하시오.

(1) [그림 1]과 같이 서로 외접하는 두 원의 면적의 합이 일정하다고 한다. 이 두 원의 중심들 사이의 거리가 최대가 될 때, 두 원의 반지름들은 어떠한 관계를 가지는지 설명하시오.

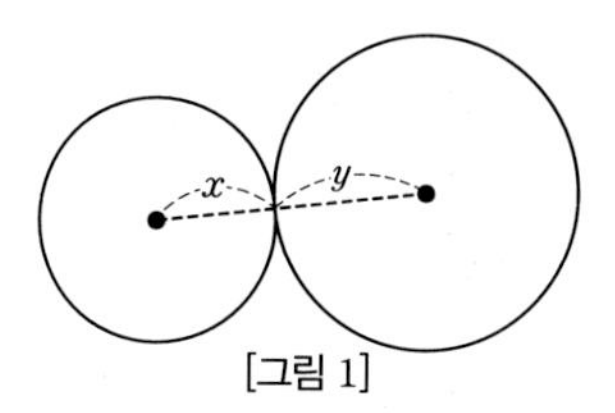

[그림 1]

(2) [그림 2]와 같이 서로 외접하는 세 원의 면적의 합이 일정하다고 한다. 이 세 원의 중심들 사이의 거리의 합이 최대가 될 때, 세 원의 반지름들은 어떠한 관계를 가지는지 설명하시오.

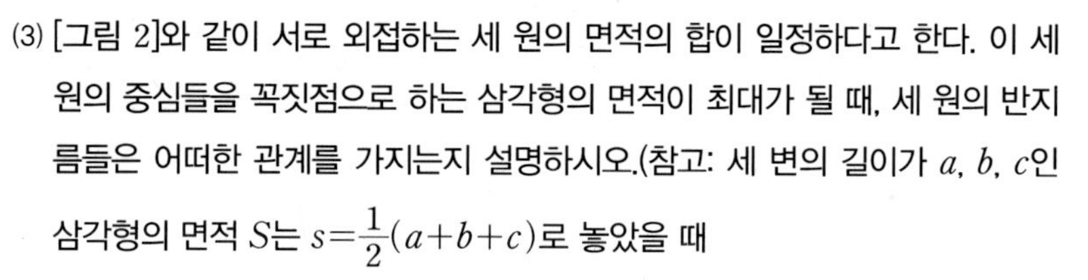

(3) [그림 2]와 같이 서로 외접하는 세 원의 면적의 합이 일정하다고 한다. 이 세 원의 중심들을 꼭짓점으로 하는 삼각형의 면적이 최대가 될 때, 세 원의 반지름들은 어떠한 관계를 가지는지 설명하시오.(참고: 세 변의 길이가 a, b, c인 삼각형의 면적 S는 $s=\frac{1}{2}(a+b+c)$로 놓았을 때 $S=\sqrt{s(s-a)(s-b)(s-c)}$이다.)

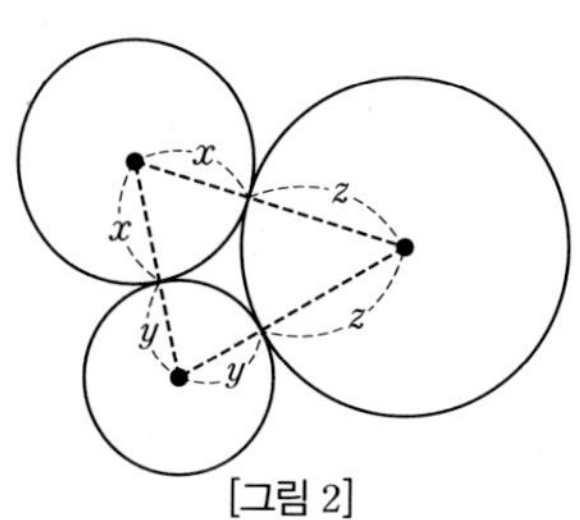

[그림 2]

| 덕성여자대학교 2010년 수시 |

(1) 두 원의 면적의 합은 $\pi(x^2+y^2)=\pi r^2$(일정)으로 놓는다.
$x>0$, $y>0$일 때
$x^2+y^2\geq 2\sqrt{x^2y^2}=2xy$임을 이용한다.

다음 제시문을 읽고 물음에 답하여라.

(가) 양의 정수 n과 양의 실수 $a_1, a_2, \cdots, a_n$에 대하여, 산술평균과 기하평균 사이에는 부등식 $\sqrt[n]{a_1a_2\cdots a_n}\leq\frac{a_1+a_2+\cdots+a_n}{n}$이 성립한다.
단, 등호는 $a_1=a_2=\cdots=a_n$일 때만 성립한다.

(나) 양의 실수 $a_1, a_2, \cdots, a_n$과 $b_1, b_2, \cdots, b_n$에 대하여, $a_1\leq b_1$, $a_2\leq b_2$, $\cdots$, $a_n\leq b_n$이 성립하면 $a_1a_2\cdots a_n\leq b_1b_2\cdots b_n$이 성립한다.

$\frac{1}{1+x_1}+\frac{1}{1+x_2}+\frac{1}{1+x_3}+\frac{1}{1+x_4}=1$을 만족시키는 양의 실수 x_1, x_2, x_3, x_4의 곱 $x_1x_2x_3x_4$의 최솟값을 구하시오.

$a_i=\frac{1}{1+x_i}\,(i=1, 2, 3, 4)$로 놓으면
$a_1+a_2+a_3+a_4=1$이므로
$\sqrt[3]{a_2a_3a_4}\leq\frac{a_2+a_3+a_4}{3}$
$=\frac{1-a_1}{3}$
과 같이 변형시킨다.

| 부산대학교 2014년 수시 |

다음 제시문을 읽고 물음에 답하시오.

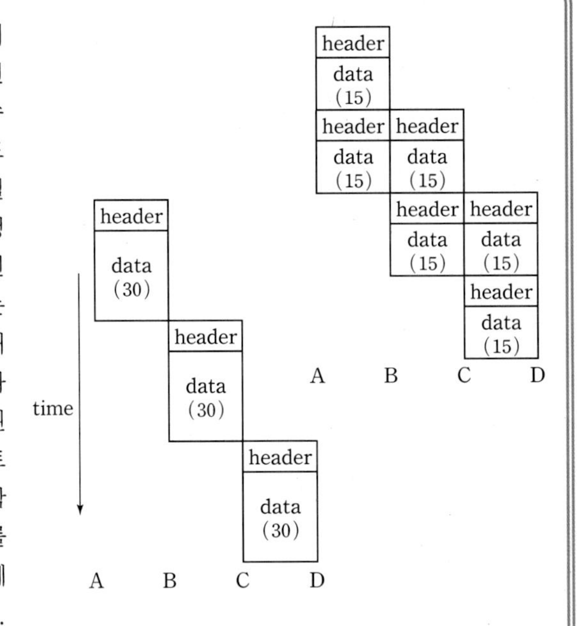

컴퓨터 네트워크에서 데이터는 '패킷'이라고 불리는 단위로 전송된다. 각 노드(node)에서 패킷은 수신되고, 잠시 저장되며, 다음 노드로 이동한다. 네트워크에서 사용될 패킷의 크기는 설계상의 중요한 쟁점이다. 만일 소스(source)에 긴 발신 메시지가 있다면, 메시지는 일련의 패킷들로 쪼개진다. 각 패킷에는 사용자의 데이터 일부와 함께 약간의 제어 정보가 포함된다. 제어 정보에는 최소치로 네트워크가 필요로 하는 정보가 포함되는데, 이는 패킷이 네트워크를 통해 발송되고 예정된 목적지에 도달할 수 있게 하기 위해서이다.
패킷의 크기와 전송 시간 사이에는 중요한 관계가 있다. 예를 들어 A정거장에서 노드 B와 노드 C를 거쳐 D정거장에 이르는 가상적 경로가 있다고 하자. 송신될 메시지는 30바이트이고 각 패킷에는 3바이트의 제어 정보가 포함되어 있는데, 이는 각 패킷의 초기점에 위치하며 '헤더'라고 불린다. 만일 전체 메시지가 33바이트의 단일 패킷으로 송신된다면(헤더 3바이트+데이터 30바이트), 패킷은 우선 A에서 B로 전송된다. 전체 패킷이 수신되면, 이제 B에서 C로 전송될 수 있을 것이다. D에서의 총 전송시간은 99바이트 타임이다. (33바이트×3패킷 전송)
이제 메시지를 두 패킷으로 나누어 각각 15바이트의 메시지가 포함되도록, 물론 헤더 또는 제어 정보는 각각 3바이트가 된다고 해 보자. 이 경우 노드 B는 첫 번째 패킷이 A로부터 수신이 완료되자마자 그것을 전송하기 시작할 수 있는데, 이때 두 번째 패킷은 수신이 완료되는 것을 기다리지 않아도 된다. 이처럼 전송이 중복됨으로써 총 전송 시간은 72바이트 타임으로 감소한다.

위의 내용은 컴퓨터 통신에서 전송하고자 하는 데이터의 크기와 전송 시간과의 관계를 잘 설명하고 있다. 큰 데이터를 하나의 패킷에 넣어 목적지 컴퓨터에 보낼 때보다, 작은 양으로 나누어 보낼 때 오히려 전체의 전송 시간은 감소함을 앞의 예에서 볼 수 있다.
<u>만일 앞의 예에서 헤더의 크기가 4바이트, 그리고 전송하고자 하는 데이터가 36바이트라고 가정하면, 전송 시간을 최소화하는 패킷의 크기 N(N은 자연수)을 구할 수 있을 것이다.</u> 밑줄 친 부분을 제시문에서 제시한 기본 원리에 기초하여 설명하고 최소 전송 시간을 구하시오.

| 서강대학교 2005년 수시 응용 |

메시지를 n패킷으로 나누어 전송하면 A에서 D를 거치는 동안 각 시간별로 처리된 패킷의 수는 $n+2$개이다.

다음 제시문을 읽고 물음에 답하시오.

정해진 범위 내의 모든 실수에 대해 성립하는 부등식을 절대부등식이라 한다. 실수의 제곱은 항상 음이 아니므로, $x^2\geq 0$은 가장 간단한 형태의 절대부등식이다.
유명한 산술평균 기하평균 부등식은 $a_1,\ a_2,\ \cdots,\ a_n\geq 0$이면 항상

$$\frac{a_1+a_2+\cdots+a_n}{n}\geq \sqrt[n]{a_1a_2\cdots a_n}$$

이 성립한다는 것이다. 여기서 등호가 성립하기 위한 필요충분조건은

$$a_1=a_2=\cdots=a_n$$

이다. 산술평균 기하평균 부등식은 다른 절대부등식을 증명하거나 함수의 최솟값 또는 최댓값을 구하는 데 많이 이용된다.

예제 1. 실수 $x>0,\ y>0$에 대하여 $\frac{x}{y}+\frac{y}{x}$의 최솟값을 구해 보자.
$n=2$인 경우의 산술평균 기하평균 부등식을 적용하면,

$$\frac{x}{y}+\frac{y}{x}\geq 2\sqrt{\frac{x}{y}\times\frac{y}{x}}=2$$

이다. 그런데 $x=y$일 때 등호가 성립하므로 실제로 최솟값이 2임을 알 수 있다.

2. $n=2$인 경우의 산술평균 기하평균 부등식을 증명해 보자.
$a\geq 0,\ b\geq 0$일 때, $\frac{a+b}{2}\geq\sqrt{ab}$를 보이면 된다.
$a=x^2(x\geq 0),\ b=y^2(y\geq 0)$으로 놓으면 위의 부등식은

$$\frac{x^2+y^2}{2}\geq xy$$

와 동치이다. 그런데 양변에 2를 곱하고 좌변으로 옮기면 $(x-y)^2\geq 0$이므로 부등식이 증명된다. 등호가 성립하기 위한 필요충분조건은 $x=y$, 즉 $a=b$임을 알 수 있다.

(1) 양의 실수 $x_1,\ x_2,\ \cdots,\ x_n$이 주어졌을 때,

$$S=x_1+x_2+\cdots+x_n,\ L=\ln x_1+\ln x_2+\cdots+\ln x_n$$

이라 하자. 부등식 $L\leq n\ln\frac{S}{n}$가 성립함을 증명하시오.

(2) 실수 $x>0,\ y>0$에 대하여 $\frac{x}{y}+\sqrt{\frac{y}{x}}$의 최솟값을 구하시오. 또 최소가 될 때 y를 x의 식으로 나타내시오.

(3) $n=2$인 경우의 산술평균 기하평균 부등식을 이용하여 $n=4$인 경우의 산술 · 기하평균 부등식을 증명하시오. 즉, $a,\ b,\ c,\ d\geq 0$일 때, $\frac{a+b+c+d}{4}\geq\sqrt[4]{abcd}$을 증명하시오.

(4) $a,\ b,\ c$가 양의 실수일 때, $\frac{a}{b+c}+\frac{b}{c+a}+\frac{c}{a+b}$의 최솟값을 구하시오.

| 아주대학교 2011년 수시 |

(2) $\frac{x}{y}+\sqrt{\frac{y}{x}}=\frac{x}{y}+\frac{1}{2}\sqrt{\frac{y}{x}}+\frac{1}{2}\sqrt{\frac{y}{x}}$이다.
(4) $\frac{a_1+a_2+a_3}{3}\geq\sqrt[3]{a_1a_2a_3}$ 인 것을 이용한다.

다음 제시문을 읽고 물음에 답하시오.

(가) 거리함수란 주어진 집합에 속한 임의의 두 원소 간의 거리를 정하는 함수이다. 거리라는 개념은 유클리드 기하에서와 같이 우리가 그동안 사용해 오던 방식으로 정할 수 있지만, 수학적으로 더욱 일반화할 수도 있다. 구체적으로 집합 X의 임의의 두 원소 P, Q에 대하여 실수 $d(\mathrm{P},\ \mathrm{Q})$가 주어져 있다고 하자. X에 속하는 모든 원소 P, Q, R에 대하여 다음 성질들이 성립할 때 d를 X 위의 거리함수라고 한다.

(i) $d(\mathrm{P},\mathrm{Q}) \geq 0$

(ii) $d(\mathrm{P},\mathrm{Q})=0 \Longleftrightarrow \mathrm{P}=\mathrm{Q}$

(iii) $d(\mathrm{P},\mathrm{Q})=d(\mathrm{Q},\ \mathrm{P})$

(iv) $d(\mathrm{P},\mathrm{R}) \leq d(\mathrm{P},\ \mathrm{Q})+d(\mathrm{Q},\ \mathrm{R})$

이 성질들은 우리가 평소에 사용하는 거리라는 개념의 일반적인 성질들을 나타낸다. 거리는 음이 아닌 실수값을 가지고, 같은 점 사이의 거리는 0이지만 서로 다른 두 점 사이의 거리는 양수이다. 또한, 두 점 P와 Q 사이의 거리와 같다.
거리함수의 성질 중 (iv)는 삼각부등식으로 알려져 있으며, 삼각형에서 두 변의 길이의 합은 나머지 한 변의 길이보다 크다는 사실을 일반화한 것이다. 아래 그림에서와 같이 평면 위의 서로 다른 세 점 P, Q, R이 삼각형을 이루는 경우 $\overline{\mathrm{PQ}}+\overline{\mathrm{QR}}>\overline{\mathrm{PR}}$이고, 세 점 P, Q, R이 차례대로 일직선 위에 있는 경우에는 $\overline{\mathrm{PQ}}+\overline{\mathrm{QR}}=\overline{\mathrm{PR}}$이 성립한다. 이로부터 삼각부등식은 거리함수의 자연스러운 성질임을 확인할 수 있다.

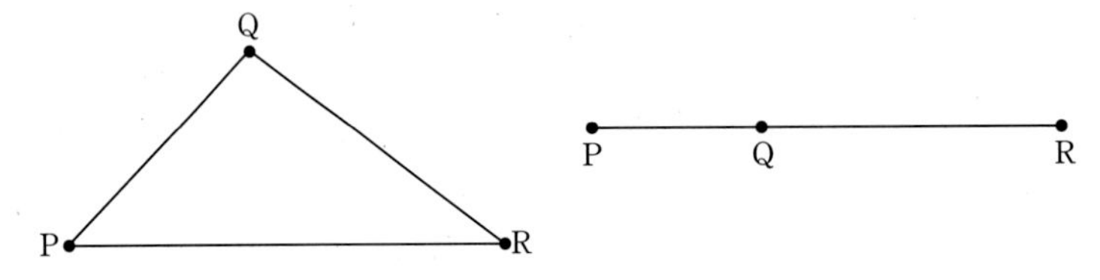

예제 1

평면 위의 두 점 $\mathrm{P}(x_1,\ y_1)$, $\mathrm{Q}(x_2,\ y_2)$에 대하여 $d(\mathrm{P},\ \mathrm{Q})$를
$d(\mathrm{P},\ \mathrm{Q})=\sqrt{(x_1-x_2)^2+(y_1-y_2)^2}$으로 정의하면 d는 거리함수가 된다.
성질 (i), (ii), (iii)은 쉽게 확인 가능하다. 성질 (iv)를 증명해 보자.
$\mathrm{P}(x_1,\ y_1)$, $\mathrm{Q}(x_2,\ y_2)$, $\mathrm{R}(x_3,\ y_3)$에 대하여

$$\begin{aligned}&(d(\mathrm{P},\ \mathrm{Q})+d(\mathrm{Q},\ \mathrm{R}))^2-(d(\mathrm{P},\ \mathrm{R}))^2\\&=(x_1-x_2)^2+(y_1-y_2)^2+(x_2-x_3)^2+(y_2-y_3)^2\\&\quad+2\sqrt{(x_1-x_2)^2+(y_1-y_2)^2}\sqrt{(x_2-x_3)^2+(y_2-y_3)^2}-(x_1-x_3)^2-(y_1-y_3)^2\\&=2\sqrt{(x_1-x_2)^2+(y_1-y_2)^2}\sqrt{(x_2-x_3)^2+(y_2-y_3)^2}\\&\quad-2(x_1-x_2)(x_2-x_3)-2(y_1-y_2)(y_2-y_3)\end{aligned}$$

이 성립한다. 코시-슈바르츠 부등식, 즉 $|a_1b_1+a_2b_2| \leq \sqrt{a_1^2+a_2^2}\sqrt{b_1^2+b_2^2}$을 적용하면
$(d(\mathrm{P},\ \mathrm{Q})+d(\mathrm{Q},\ \mathrm{R}))^2-(d(\mathrm{P},\ \mathrm{R}))^2 \geq 0$을 얻는다.
따라서 $d(\mathrm{P},\ \mathrm{Q})+d(\mathrm{Q},\ \mathrm{R}) \geq d(\mathrm{P},\ \mathrm{R})$이 성립한다.

예제 2

실수들의 집합에서 두 실수 a와 b에 대하여 $d(a,\ b)=\sqrt{|a-b|}$로 정의하면 d는 거리함수이다. 성질 (i), (ii), (iii)은 쉽게 확인 가능하다. 성질 (iv)는 아래 식으로부터 확인할 수 있다.

$$\begin{aligned}&(\sqrt{|a-b|}+\sqrt{|b-c|})^2-(\sqrt{|a-c|})^2\\&=|a-b|+|b-c|+2\sqrt{|a-b|}\sqrt{|b-c|}-|a-c|\\&\geq |a-c|+2\sqrt{|a-b|}\sqrt{|b-c|}-|a-c|=2\sqrt{|a-b|}\sqrt{|b-c|} \geq 0\end{aligned}$$

예제 3

실수들의 집합에서 두 실수 a와 b에 대하여 $d(a, b)=(a-b)^2$으로 정의하면 d가 거리함수인지 알아보자.

d는 거리함수가 아니다. $d(0, 2)=2^2=4$, $d(0, 1)=1$, $d(1, 2)=1$로부터 성질 (iv)가 성립하지 않음을 확인할 수 있다.

(나) 세 양수가 주어졌을 때 평면에서 이 수들을 세 변의 길이로 갖는 삼각형이 존재하기 위한 필요충분조건은 가장 큰 수가 나머지 두 수의 합보다 작다는 것이다. 이 사실을 바탕으로 등비수열을 이루는 세 양수 a, ar, ar^2이 삼각형의 세 변의 길이가 되기 위한 조건을 살펴보자.

우선 $r\geq 1$인 경우 ar^2이 가장 큰 수이므로 $1+r>r^2$이다. 이를 풀면 $1\leq r<\varphi$이 된다. 여기서 φ는 황금비가 불리며 $\varphi^2-\varphi-1=0$을 만족하는 양의 실수이다.

한편 $0<r<1$인 경우는 a가 가장 큰 수이므로 $r+r^2>1$이고, 이를 풀면 $\varphi-1<r<1$을 얻는다.

따라서 a, ar, ar^2이 삼각형의 세 변의 길이가 되기 위한 필요충분조건은 $\varphi-1<r<\varphi$임을 알 수 있다.

(1) 임의의 두 실수 a, b에 대하여

$$d(a, b)=\frac{(a-b)^2}{1+|a-b|}$$

와 같이 정의된 d가 실수 집합 위의 거리함수인지 여부를 제시문 (가)에 근거하여 논하시오.

(2) 집합 X 위의 거리함수 d가 주어져 있다. X의 임의의 두 원소 P, Q에 대하여 f를

$$f(\mathrm{P}, \mathrm{Q})=\frac{\sqrt{d(\mathrm{P}, \mathrm{Q})}}{1+\sqrt{d(\mathrm{P}, \mathrm{Q})}}$$

와 같이 정의하면 f는 X 위의 거리함수임을 보이시오.

(3) 두 양수 a, b의 산술평균$\left(A=\frac{a+b}{2}\right)$, 기하평균$(G=\sqrt{ab})$, 조화평균$\left(H=\frac{2ab}{a+b}\right)$이 삼각형의 세 변의 길이가 될 필요충분조건은

$$\alpha_1+\beta_1\varphi+\gamma_1\sqrt{1+2\varphi}<\frac{b}{a}<\alpha_2+\beta_2\varphi+\gamma_2\sqrt{1+2\varphi}$$

이다. 유리수 α_1, α_2, β_1, β_2, γ_1, γ_2의 곱을 구하시오.

| 아주대학교 2015년 수시 |

(3) $\lambda=\frac{b}{a}>0$이라 하고
조화평균, 기하평균, 산술평균이 이 순서로 등비수열을 이루는 것을 이용한다.

주제별 강의 제 13 장

코시−슈바르츠 부등식

코시-슈바르츠 부등식

1 코시−슈바르츠 부등식

(1) 코시−슈바르츠 부등식

① a, b, x, y가 실수일 때

$$(a^2+b^2)(x^2+y^2) \geq (ax+by)^2 \left(\text{단, 등호는 } \frac{x}{a}=\frac{y}{b}\text{일 때 성립}\right)$$

② a, b, c, x, y, z가 실수일 때

$$(a^2+b^2+c^2)(x^2+y^2+z^2) \geq (ax+by+cz)^2 \left(\text{단, 등호는 } \frac{x}{a}=\frac{y}{b}=\frac{z}{c}\text{일 때 성립}\right)$$

③ a_1, a_2, $\cdots$, a_n과 b_1, b_2, $\cdots$, b_n이 실수일 때

$$(a_1{}^2+a_2{}^2+\cdots+a_n{}^2)(b_1{}^2+b_2{}^2+\cdots+b_n{}^2) \geq (a_1b_1+a_2b_2+\cdots+a_nb_n)^2$$

$$\left(\text{단, 등호는 } \frac{b_1}{a_1}=\frac{b_2}{a_2}=\cdots=\frac{b_n}{a_n}\text{일 때 성립}\right)$$

a_1, a_2, $\cdots$, a_n과 b_1, b_2, $\cdots$, b_n이 실수일 때

$$(a_1{}^2+a_2{}^2+\cdots+a_n{}^2)(b_1{}^2+b_2{}^2+\cdots+b_n{}^2) \geq (a_1b_1+a_2b_2+\cdots+a_nb_n)^2$$

$$\left(\text{단, 등호는 } \frac{b_1}{a_1}=\frac{b_2}{a_2}=\cdots=\frac{b_n}{a_n}\text{일 때 성립}\right)$$

을 증명해 보자.

증명 1

모든 실수 t에 대하여

$(a_1t-b_1)^2+(a_2t-b_2)^2+\cdots+(a_nt-b_n)^2 \geq 0$

이 성립한다. 즉,

$(a_1{}^2+a_2{}^2+\cdots+a_n{}^2)t^2-2(a_1b_1+a_2b_2+\cdots+a_nb_n)t+(b_1{}^2+b_2{}^2+\cdots+b_n{}^2) \geq 0$

이 모든 실수 t에 대하여 성립하므로

$a_1{}^2+a_2{}^2+\cdots+a_n{}^2 \neq 0$일 때,

$\frac{D}{4}=(a_1b_1+a_2b_2+\cdots+a_nb_n)^2-(a_1{}^2+a_2{}^2+\cdots+a_n{}^2)(b_1{}^2+b_2{}^2+\cdots+b_n{}^2) \leq 0$

이어야 한다. 따라서

$(a_1{}^2+a_2{}^2+\cdots+a_n{}^2)(b_1{}^2+b_2{}^2+\cdots+b_n{}^2) \geq (a_1b_1+a_2b_2+\cdots+a_nb_n)^2$

$$\left(\text{단, 등호는 } \frac{b_1}{a_1}=\frac{b_2}{a_2}=\cdots=\frac{b_n}{a_n}\text{일 때 성립}\right)$$

이다.

증명 2

a_1, a_2, $\cdots$, a_n과 b_1, b_2, $\cdots$, b_n이 실수일 때

$\vec{a}=(a_1,\ a_2,\ \cdots,\ a_n)$, $\vec{b}=(b_1,\ b_2,\ \cdots,\ b_n)$이라고 하면

$\vec{a}\cdot\vec{b}=|\vec{a}||\vec{b}|\cos\theta$에서 $(\vec{a}\cdot\vec{b})^2=|\vec{a}|^2|\vec{b}|^2\cos^2\theta$이다.

$\vec{a}\cdot\vec{b}=a_1b_1+a_2b_2+\cdots+a_nb_n$, $|\vec{a}|=\sqrt{a_1{}^2+a_2{}^2+\cdots+a_n{}^2}$, $|b|=\sqrt{b_1{}^2+b_2{}^2+\cdots+b_n{}^2}$이므로

$(a_1b_1+a_2b_2+\cdots+a_nb_n)^2=(a_1^2+a_2^2+\cdots+a_n^2)(b_1^2+b_2^2++b_n^2)\cos^2\theta$이다.
$\cos^2\theta\le 1$이므로
$(a_1^2+a_2^2+\cdots+a_n^2)(b_1^2+b_2^2+\cdots+b_n^2)\ge(a_1b_1+a_2b_2+\cdots+a_nb_n)^2$이다.
등호가 성립하는 경우는 $\cos^2\theta=1$, 즉 $\vec{a}$와 $\vec{b}$가 평행할 때이므로 $\vec{b}=k\vec{a}$(k는 상수)에서
$\frac{b_1}{a_1}=\frac{b_2}{a_2}=\cdots=\frac{b_n}{a_n}=k$일 때이다.

예시 1 다음 식의 대소를 비교하시오.(단, 문자는 모두 실수이다.)

(1) x^2+y^2과 $\frac{1}{2}(x+y)^2$

(2) $x^2+y^2+z^2+u^2$과 $\frac{1}{4}(x+y+z+u)^2$

풀이 (1) $x^2+y^2-\frac{1}{2}(x+y)^2=\frac{1}{2}(x^2+y^2-2xy)=\frac{1}{2}(x-y)^2\ge 0$ (단, 등호는 $x=y$일 때 성립)

이므로 $x^2+y^2\ge\frac{1}{2}(x+y)^2$이다.

다른 답안

코시－슈바르츠의 부등식에 의하여
$(1^2+1^2)(x^2+y^2)\ge(x+y)^2$이 성립한다.

따라서 $x^2+y^2\ge\frac{1}{2}(x+y)^2$ (단, 등호는 $x=y$일 때 성립)

이다.

(2) 모든 실수 t에 대하여 항상
$(t-x)^2+(t-y)^2+(t-z)^2+(t-u)^2\ge 0$
이 성립한다. 즉,
$4t^2-2(x+y+z+u)t+(x^2+y^2+z^2+u^2)\ge 0$
이 부등식이 모든 실수 t에 대하여 성립하므로
$\frac{D}{4}=(x+y+z+u)^2-4(x^2+y^2+z^2+u^2)\le 0$
이어야 한다. 따라서

$x^2+y^2+z^2+u^2\ge\frac{1}{4}(x+y+z+u)^2$ (단, 등호는 $x=y=z=u$일 때 성립)

이다.

다른 답안

코시－슈바르츠의 부등식에 의하여
$(1^2+1^2+1^2+1^2)(x^2+y^2+z^2+u^2)\ge(x+y+z+u)^2$
이 성립한다. 따라서

$x^2+y^2+z^2+u^2\ge\frac{1}{4}(x+y+z+u)^2$ (단, 등호는 $x=y=z=u$일 때 성립)

이다.

적분 가능한 함수 $f(x)$, $g(x)$에 대하여
$\left(\int_a^b f(x)g(x)dx\right)^2\le\int_a^b(f(x))^2dx\cdot\int_a^b(g(x))^2dx$가 성립한다.
(적분에서의 코시－슈바르츠 부등식)
이것을 증명해 보자.

증명 1

모든 실수 t에 대하여 $(f(x)t-g(x))^2\geq 0$이 성립한다.

$\int_a^b (f(x)t-g(x))^2 dx\geq 0$이므로

$\int_a^b \{(f(x))^2t^2-2f(x)g(x)t+(g(x))^2\}dx\geq 0$,

$t^2\int_a^b (f(x))^2dx-2t\int_a^b f(x)g(x)dx+\int_a^b (g(x))^2dx\geq 0$이다.

위의 식은 모든 실수 t에 대하여 성립하므로

$\frac{D}{4}=\left(\int_a^b f(x)g(x)dx\right)^2-\int_a^b (f(x))^2dx\cdot\int_a^b (g(x))^2dx\leq 0$,

$\left(\int_a^b f(x)g(x)dx\right)^2\leq\int_a^b (f(x))^2dx\cdot\int_a^b (g(x))^2dx$이다.

등호가 성립하는 경우는 $f(x)t-g(x)=0$에서 $\frac{g(x)}{f(x)}=t$, 즉 $\frac{g(x)}{f(x)}$가 상수일 때이다.

증명 2

$a_1, a_2, \cdots, a_n$과 $b_1, b_2, \cdots, b_n$이 실수일 때 **코시-슈바르츠 부등식**

$(a_1^2+a_2^2+\cdots+a_n^2)(b_1^2+b_2^2+\cdots+b_n^2)\geq(a_1b_1+a_2b_2+\cdots+a_nb_n)^2$

즉, $\left(\sum_{k=1}^{n}a_k^2\right)\left(\sum_{k=1}^{n}b_k^2\right)\geq\left(\sum_{k=1}^{n}a_kb_k\right)^2$이 성립한다.

여기에서 $a_k=f(x_k)$, $b_k=g(x_k)(k=1, 2, \cdots, n)$라고 하면

$\left(\sum_{k=1}^{n}(f(x_k))^2\right)\left(\sum_{k=1}^{n}(g(x_k))^2\right)\geq\left(\sum_{k=1}^{n}f(x_k)g(x_k)\right)^2$이다.

구간 $[a, b]$에서 $x_k=a+k\Delta x\left(\Delta x=\frac{b-a}{n}, k=1, 2, \cdots, n\right)$로 놓으면

$\lim_{n\to\infty}\left(\sum_{k=1}^{n}f(x_k)g(x_k)\Delta x\right)^2\leq\lim_{n\to\infty}\left(\sum_{k=1}^{n}(f(x_k))^2\Delta x\right)\left(\sum_{k=1}^{n}(g(x_k))^2\Delta x\right)$

이 성립하므로

$\left(\int_a^b f(x)g(x)dx\right)^2\leq\int_a^b (f(x))^2dx\cdot\int_a^b (g(x))^2dx$

이다.

등호는 $\frac{b_1}{a_1}=\frac{b_2}{a_2}=\cdots=\frac{b_n}{a_n}$, 즉 $\frac{g(x_1)}{f(x_1)}=\frac{g(x_2)}{f(x_2)}=\cdots=\frac{g(x_n)}{f(x_n)}$

일 때 성립하므로 $\frac{g(x)}{f(x)}=$(상수)일 때 성립한다.

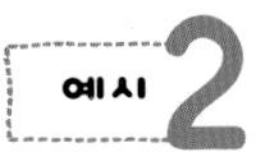
예시 2 $\left(\int_a^b f(x)dx\right)^2\leq(b-a)\int_a^b (f(x))^2dx$**가 성립함을 보이시오.**

풀이

코시-슈바르츠 부등식 $\left(\sum_{k=1}^{n}a_kb_k\right)^2\leq\left(\sum_{k=1}^{n}a_k^2\right)\left(\sum_{k=1}^{n}b_k^2\right)$이 성립하므로 위의 [증명 2]와 같이 하면 적분에서의 코시-슈바르츠 부등식

$\left(\int_a^b f(x)g(x)\right)^2\leq\int_a^b (f(x))^2dx\cdot\int_a^b (g(x))^2dx$

를 만들 수 있다.

여기에서 $g(x)=1$을 대입하면

$\left(\int_a^b f(x)dx\right)^2\leq\int_a^b (f(x))^2dx\cdot\int_a^b 1dx=(b-a)\int_a^b (f(x))^2dx$

가 성립한다.

자연수 n에 대하여 실수 수열 $x_1, x_2, \cdots, x_n$과 $y_1, y_2, \cdots, y_n$이 있을 때 코시-슈바르츠 부등식 $(x_1y_1+\cdots+x_ny_n)\le(x_1^2+\cdots+x_n^2)^{\frac{1}{2}}(y_1^2+\cdots+y_n^2)^{\frac{1}{2}}$이 성립한다. 이때, 지수조건이 필요조건인지 확인하고자 한다. 다음 물음에 답하시오.

(1) $(x_1y_1+\cdots+x_ny_n)\le(x_1^2+\cdots+x_n^2)^{\frac{1}{2}}(y_1^2+\cdots+y_n^2)$을 만족하지 않는 예를 드시오.

(2) 항상 $(x_1y_1+\cdots+x_ny_n)\le(x_1^2+\cdots+x_n^2)^{\frac{1}{2}}(|y_1|+\cdots+|y_n|)$이 성립함을 증명하시오.

(3) $(x_1y_1+\cdots+x_ny_n)\le C(x_1^2+\cdots+x_n^2)^{\frac{1}{2}}(y_1^4+\cdots+y_n^4)^{\frac{1}{4}}$을 항상 만족하는 상수 C가 존재하는 것은 아님을 보이시오.

| KAIST 2013년 심층면접 |

코시-슈바르츠 부등식
$(x_1y_1+x_2y_2+\cdots+x_ny_n)^2 \le(x_1^2+x_2^2+\cdots+x_n^2)(y_1^2+y_2^2+\cdots+y_n^2)$
를 변형하면
$(x_1y_1+x_2y_2+\cdots+x_ny_n) \le(x_1^2+x_2^2+\cdots+x_n^2)^{\frac{1}{2}}(y_1^2+y_2^2+\cdots+y_n^2)^{\frac{1}{2}}$
이다.
(1) x_i, $y_i(i=1, 2, \cdots n)$에 구체적인 숫자를 대입해 본다.

문제 2 다음 제시문을 읽고, 물음에 답하시오.

(가) 공집합이 아닌 집합 D에서 실수 전체의 집합 R로 가는 함수 $f: D \longrightarrow R$를 생각해 보자. 만약 모든 $x \in D$에 대하여 $f(x) \le f(x_{\max})$인 $x_{\max} \in D$가 존재하면 함수 f는 $x_{\max}$에서 최댓값 $f(x_{\max})$를 갖는다고 말하고, 모든 $x \in D$에 대하여 $f(x) \ge f(x_{\min})$인 $x_{\min} \in D$가 존재하면 함수 f는 $x_{\min}$에서 최솟값 $f(x_{\min})$을 갖는다고 말한다. 다시 말하면, f의 최댓값(또는 최솟값)은 f가 가질 수 있는 가장 큰 (또는 작은) 값이다. 정의에 의해서 모든 $x \in D$에 대하여 $f(x) \le M$가 성립하더라도 $f(x_{\max}) = M$인 $x_{\max} \in D$가 존재하지 않으면 실수 M은 f의 최댓값이 될 수 없다. 예를 들어, 실수 전체의 집합 R에서 정의된 함수 $f(x) = 1 - x^2$을 생각하면 모든 $x \in R$에 대하여 $f(x) \le 2$이지만 $f(x_{\max}) = 2$인 $x_{\max} \in R$가 존재하지 않으므로 2는 f의 최댓값이 될 수 없다. 사실 모든 $x \in R$에 대하여 $f(x) \le 1$이고 $f(0) = 1$이므로 f는 0에서 최댓값 1을 갖는다.

(나) 함수 $f: D \longrightarrow R$의 최댓값 또는 최솟값을 구하는 문제는 가장 고전적이면서도 중요한 수학 문제 중의 하나이다. D가 실수 전체의 집합 R 또는 그 곱집합인 R^n의 부분집합이면 f의 최댓값 또는 최솟값을 구하는 간단하면서도 매우 유용한 방법은 절대부등식을 이용하는 것이다. 임의의 실수 $a_1, \cdots, a_n$에 대하여 성립하는 부등식

$$a_1^2 + \cdots + a_n^2 \ge 0$$

은 가장 간단한 절대부등식이며 등호는 $a_1 = \cdots = a_n = 0$일 때만 성립한다. 특히 유용한 절대부등식은 음이 아닌 임의의 실수 $a_1, \cdots, a_n$에 대한 산술 · 기하평균 부등식

$$\frac{a_1 + \cdots + a_n}{n} \ge \sqrt[n]{a_1 \cdot \cdots \cdot a_n}$$

이며 등호는 $a_1 = \cdots = a_n$일 때만 성립한다.

(다) 임의의 실수 $a_1, b_1, \cdots, a_n, b_n$에 대하여 코시-슈바르츠(Cauchy-Schwarz) 부등식

$$(a_1b_1 + \cdots + a_nb_n)^2 \le (a_1^2 + \cdots + a_n^2)(b_1^2 + \cdots + b_n^2)$$

이 성립하며 등식은 모든 $k = 1, \cdots, n$에 대하여 $\alpha a_k = \beta b_k$인 상수 α, β(동시에 0은 아님)가 존재할 때만 가능하다.

코시-슈바르츠 부등식을 최댓값 · 최솟값 문제에 응용할 수 있다.

예를 들어, $2x^2 + y^2 = 1$을 만족하는 임의의 실수 x, y에 대하여

$$(x+2y)^2 = \left\{\left(\frac{1}{\sqrt{2}}\right)(\sqrt{2}x) + 2y\right\}^2 \le \left\{\left(\frac{1}{\sqrt{2}}\right)^2 + 2^2\right\}\{(\sqrt{2}x)^2 + y^2\} = \frac{9}{2}$$

이고 등호는

$$\frac{\sqrt{2}x}{\frac{1}{\sqrt{2}}} = \frac{y}{2}, \text{ 즉 } 4x = y$$

일 때 성립한다. 또한 $2x^2 + y^2 = 1$이고 $4x = y$인 실수 x와 y의 쌍이 아래와 같이 두 개 존재한다.

$$(x, y) = \left(\pm\frac{1}{3\sqrt{2}}, \pm\frac{4}{3\sqrt{2}}\right)$$

따라서 R^2의 부분집합 $D = \{(x, y) \in R^2 \mid 2x^2 + y^2 = 1\}$에서 정의된 함수

$f(x, y) = x + 2y$의 최솟값은 $-\frac{3}{\sqrt{2}}$이고 최댓값은 $\frac{3}{\sqrt{2}}$이다.

(1) 닫힌 구간 $[a, b]$에서 정의된 연속함수는 항상 최댓값과 최솟값을 갖는다. 그러나 열린 구간 (a, b)에서 정의된 연속함수에 대해서는 그렇지 않을 수도 있음을 제시문 (가)에 근거하여 설명하시오.

(2) m과 n을 임의의 자연수라고 하자. 산술 · 기하평균 부등식을 응용하여
$D=\{(x,\ y)\in R^2 \mid x^m+y^n=m+n,\ x>0,\ y>0\}$에서 정의된 함수 $f(x)=xy$의 최댓값을 구하시오.

(3) $b_1^{\ 2}+\cdots+b_n^{\ 2}>0$일 때, 코시-슈바르츠 부등식
$(a_1b_1+\cdots+a_nb_n)^2\le(a_1^{\ 2}+\cdots+a_n^{\ 2})(b_1^{\ 2}+\cdots+b_n^{\ 2})$
이 성립함을 증명하고 등호는 모든 $k=1,\ \cdots,\ n$에 대하여 $a_k=\beta b_k$인 상수 β가 존재할 때만 가능하다는 것을 보이시오.

(4) $a^2+8b^2=2$인 두 양수 $a,\ b$에 대하여

$$f(x,\ y)=\left(x+\frac{a}{y}\right)\left(y+\frac{b}{x}\right)\ (x>0,\ y>0)$$

의 최솟값을 $m(a,\ b)$라고 할 때, $m(a,\ b)$의 최댓값을 구하시오.

| 서강대학교 2014년 수시 |

(1) 구체적인 함수를 예로 든다.

(2) $\dfrac{x^m+y^n}{m+n}=1$이므로

$$\frac{x^m+y^n}{m+n}=\frac{\frac{1}{n}x^m+\cdots+\frac{1}{n}x^m+\frac{1}{m}y^n+\cdots+\frac{1}{m}y^n}{n+m}$$

에서 산술평균, 기하평균의 관계를 적용해 본다.

TEXT SUMMARY

V 함수

1 함수

1 함수

공집합이 아닌 두 집합 X, Y에서 X의 각 원소에 Y의 원소가 하나씩만 대응할 때, 이 대응을 X에서 Y로의 함수라 하고, 기호

$$f: X \longrightarrow Y \text{ 또는 } X \xrightarrow{f} Y$$

로 나타낸다.

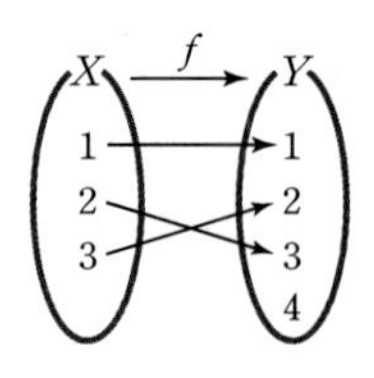

2 여러 가지 함수

함수 $f: X \longrightarrow Y$에 대하여

(1) 항등함수 : 정의역 X의 임의의 원소 x에 그 자신인 x가 대응하는 함수, 즉 $f(x)=x$를 만족하는 함수

(2) 상수함수 : 정의역 X의 모든 원소가 공역 Y의 한 원소에만 대응하는 함수, 즉 $f(x)=c$ (c는 상수)인 함수

(3) 일대일함수 : $x_1 \in X$, $x_2 \in X$에 대하여

$$x_1 \neq x_2 \text{이면 } f(x_1) \neq f(x_2)$$

를 만족하는 함수

(4) 일대일 대응 : 일대일함수이고 치역과 공역이 같은 함수

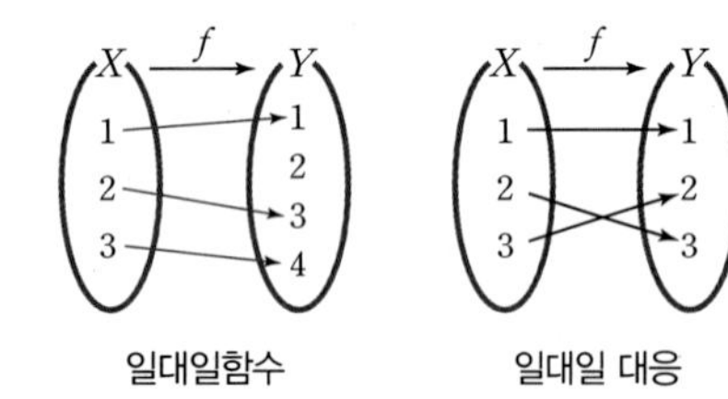

일대일함수 일대일 대응

3 합성함수

(1) 합성함수의 정의

$f: X \longrightarrow Y$, $g: Y \longrightarrow Z$인 두 함수 $y=f(x)$, $z=g(y)$에 대하여 X의 각 원소 x에 Z의 원소 z를 대응시키는 새로운 함수 $z=g(f(x))$를 f와 g의 합성함수라 하고, 기호

$$g \circ f: X \longrightarrow Z,\ (g \circ f)(x)=g(f(x))$$

로 나타낸다.

(2) 합성함수의 성질

① $f \circ g \neq g \circ f$ ② $(f \circ g) \circ h = f \circ (g \circ h)$

③ $f \circ I = I \circ f = f$ (단, I는 항등함수)

BASIC

- 함수가 서로 같을 조건
  - 정의역과 공역이 각각 같다.
  - 정의역의 모든 원소에 대하여 함숫값이 같다.

- 일대일 대응이면 일대일함수이지만 일대일함수라고 해서 일대일 대응인 것은 아니다.

4 역함수

(1) 역함수의 정의

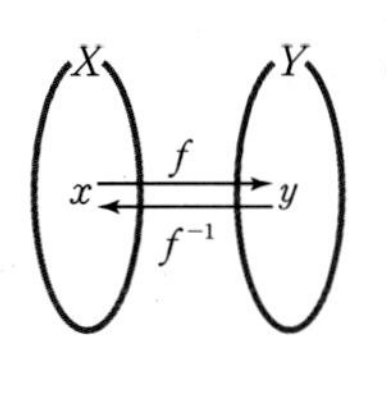

함수 $f: X \longrightarrow Y$가 일대일 대응이면 Y의 각 원소 y에 대하여 $y=f(x)$를 만족하는 X의 원소 x가 단 하나 존재한다. 따라서 Y의 각 원소 y에 $y=f(x)$인 X의 원소 x가 대응할 때, Y를 정의역으로 하고 X를 공역으로 하는 새로운 함수를 정의할 수 있다. 이 새로운 함수를 f의 역함수라 하고, 기호 $f^{-1}: Y \longrightarrow X$로 나타낸다.

(2) 역함수를 구하는 방법

일대일 대응인 함수 $y=f(x)$의 역함수는

(i) $y=f(x)$를 x에 대하여 풀어 $x=g(y)$의 꼴로 고친다.

(ii) $x=g(y)$에서 x와 y를 바꾸어 $y=g(x)$를 구한다.

(3) 역함수의 성질 (단, I는 항등함수)

두 함수 f, g의 역함수 f^{-1}, g^{-1}가 존재할 때

① $(f^{-1})^{-1}=f$

② $(f \circ g)^{-1}=g^{-1} \circ f^{-1}$

③ $f \circ f^{-1}=f^{-1} \circ f=I$

(4) 역함수의 그래프

함수 $y=f(x)$의 그래프와 그 역함수 $y=f^{-1}(x)$의 그래프는 직선 $y=x$에 대하여 대칭이다.

이해돕기 함수 $y=x^2+1(x \geq 1)$의 역함수를 구하시오.

풀이 $y=x^2+1(x \geq 1)$에서 $y \geq 2$이고 $x^2=y-1$, $x=\pm\sqrt{y-1}$

$x \geq 1$이므로 $x=\sqrt{y-1}$

여기에서 x와 y를 바꾸면 $y=\sqrt{x-1}$ (단, $x \geq 2$)

BASIC

- **함수 f의 역함수가 존재하기 위한 조건**

  함수 f가 일대일 대응이어야 한다.

- 함수 f의 정의역은 역함수 f^{-1}의 치역이 되고, f의 치역은 역함수 f^{-1}의 정의역이 된다.

- 세 함수 f, g, h의 역함수 f^{-1}, g^{-1}, h^{-1}가 존재할 때, $(f \circ g \circ h)^{-1}=h^{-1} \circ g^{-1} \circ f^{-1}$

5 다항함수의 그래프

(1) 일차함수 $y=ax+b$의 그래프

일차함수 $y=ax+b\,(a \neq 0)$의 그래프는 기울기가 a이고 y절편이 b인 직선이다.

특히, $y=ax$의 그래프는 원점을 지나는 직선이다.

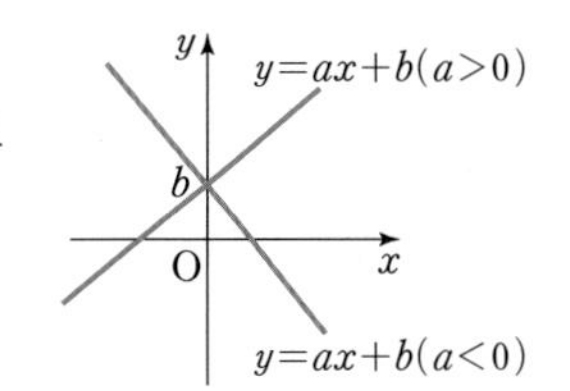

(2) 이차함수 $y=ax^2+bx+c$의 그래프

① $y=ax^2+bx+c=a\left\{x-\left(-\dfrac{b}{2a}\right)\right\}^2-\dfrac{b^2-4ac}{4a}$

② 대칭축의 방정식은 $x=-\dfrac{b}{2a}$이고,

꼭짓점의 좌표는 $\left(-\dfrac{b}{2a}, -\dfrac{b^2-4ac}{4a}\right)$이다.

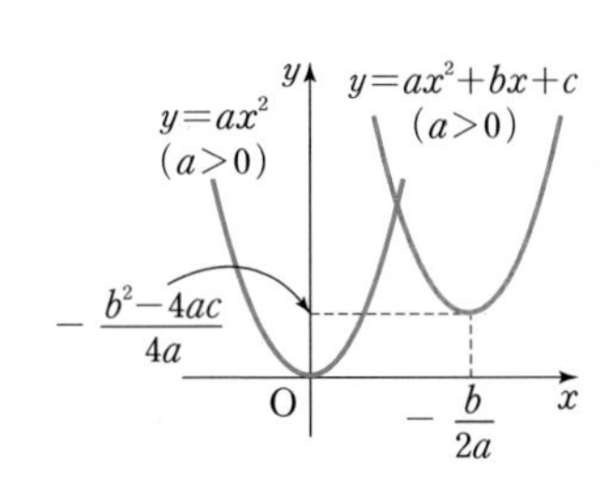

- **이차함수 $y=ax^2+bx+c$에서 a, b, c의 부호**
  - a의 부호
    그래프의 모양이 아래로 볼록하면 $a>0$, 위로 볼록하면 $a<0$이다.
  - b의 부호
    축이 y축의 왼쪽에 있다면 a, b의 부호는 같고 y축의 오른쪽에 있다면 a, b의 부호는 다르다.
  - c의 부호
    y절편이 음수이면 $c<0$
    y절편이 0이면 $c=0$
    y절편이 양수이면 $c>0$

6 절댓값 기호를 포함한 식의 그래프

BASIC

(1) 그래프를 그리는 일반적인 방법

절댓값 기호 (| |) 안이 0이 되는 x의 값을 경계로 구간을 나누어 그리는 것이 일반적이다.

> 첫째 : 절댓값 안을 0으로 하는 x의 값을 구한다.
> 둘째 : 구한 x의 값을 경계로 그 값보다 클 때와 작을 때로 구분한다. (수직선 활용)
> 셋째 : 범위에 적합하도록 그래프를 그린다.

(2) 절댓값 기호를 포함한 식의 그래프

① $y=|x-a|$ ② $y=|x-a|+|x-b|$ (단, $a<b$) ③ $y=|x-a|+|x-b|+|x-c|$ (단, $a<b<c$)

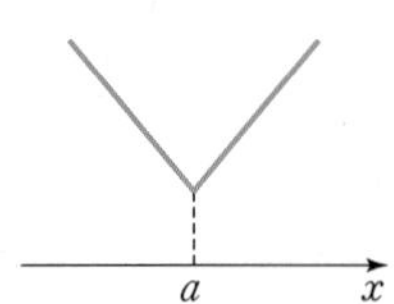

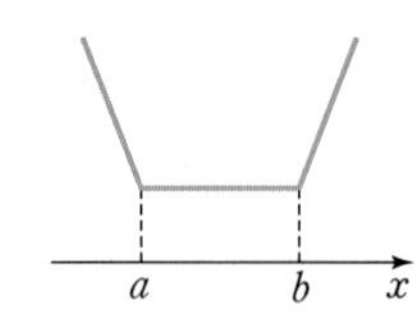

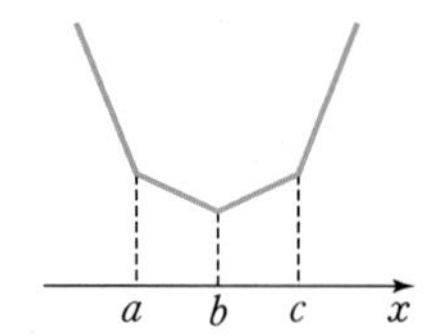

● 절댓값 기호를 포함한 식의 그래프는 절댓값 기호 안의 식의 값을 0으로 하는 값에서 꺾인다.

이해돕기 다음 각 함수의 그래프를 그려 보시오.

(1) $y=|x-2|-1$
(2) $y=|x-2|+|x+3|$
(3) $y=|x+1|+|x|+|x-1|$

풀이

(1) $y=|x-2|-1$

(i) $x<2$일 때, $y=-(x-2)-1$
$\therefore y=-x+1$

(ii) $x\geq2$일 때, $y=(x-2)-1$
$\therefore y=x-3$

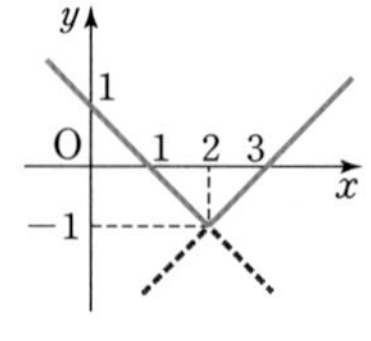

(2) $y=|x-2|+|x+3|$

(i) $x<-3$일 때, $y=-(x-2)-(x+3)$
$\therefore y=-2x-1$

(ii) $-3\leq x<2$일 때, $y=-(x-2)+(x+3)$
$\therefore y=5$

(iii) $x\geq2$일 때, $y=(x-2)+(x+3)$
$\therefore y=2x+1$

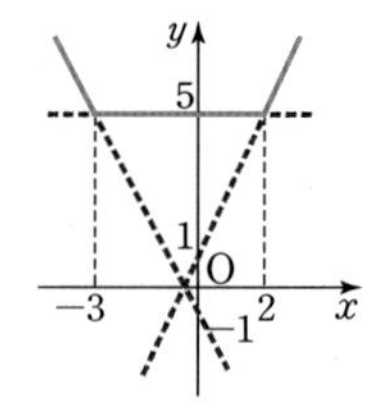

(3) $y=|x+1|+|x|+|x-1|$

(i) $x<-1$일 때, $y=-(x+1)-x-(x-1)$
$\therefore y=-3x$

(ii) $-1\leq x<0$일 때, $y=(x+1)-x-(x-1)$
$\therefore y=-x+2$

(iii) $0\leq x<1$일 때, $y=(x+1)+x-(x-1)$
$\therefore y=x+2$

(iv) $x\geq1$일 때, $y=(x+1)+x+(x-1)$
$\therefore y=3x$

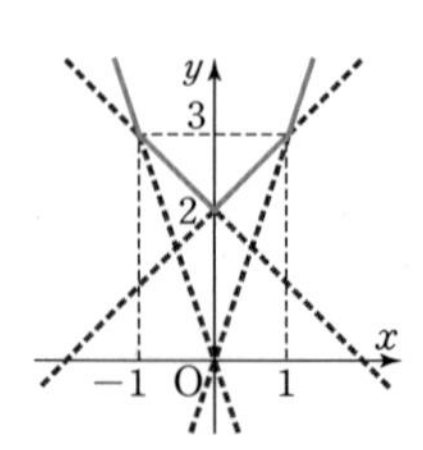

(3) 특별한 경우의 절댓값 기호를 포함하는 식의 그래프(대칭을 이용한 방법)

식	그래프	예
$y=\|f(x)\|$	$f(x)$의 그래프에서 (x축 윗부분)+(x축 아랫부분을 x축에 대하여 대칭이동한 부분)	$y=\|x-3\|$
$y=f(\|x\|)$	$f(x)$의 그래프에서 (y축 오른쪽 부분)+(y축 오른쪽 부분을 y축에 대하여 대칭이동한 부분)	$y=\|x\|-3$
$\|y\|=f(x)$	$f(x)$의 그래프에서 (x축 윗부분)+(x축 윗부분을 x축에 대하여 대칭이동한 부분)	$\|y\|=x-3$
$\|y\|=f(\|x\|)$	$f(x)$의 그래프에서 (제1사분면에 해당하는 부분) +(x축, y축, 원점에 대하여 대칭이동한 부분)	$\|y\|=\|x\|-3$

BASIC

7 가우스 기호를 포함한 함수

(1) 가우스 기호 $[x]$의 뜻

실수 x에 대하여 x를 넘지 않는 최대의 정수를 기호 $[x]$로 나타낸 것이다. 즉,
$n \le x < n+1$일 때, $[x]=n$ (단, n은 정수)

(2) 가우스 기호를 포함한 함수의 그래프

① $y=[x]$의 그래프

⋮

$-1 \le x < 0$일 때, $[x]=-1$ $\therefore y=-1$

$0 \le x < 1$일 때, $[x]=0$ $\therefore y=0$

$1 \le x < 2$일 때, $[x]=1$ $\therefore y=1$

$2 \le x < 3$일 때, $[x]=2$ $\therefore y=2$

$3 \le x < 4$일 때, $[x]=3$ $\therefore y=3$

⋮

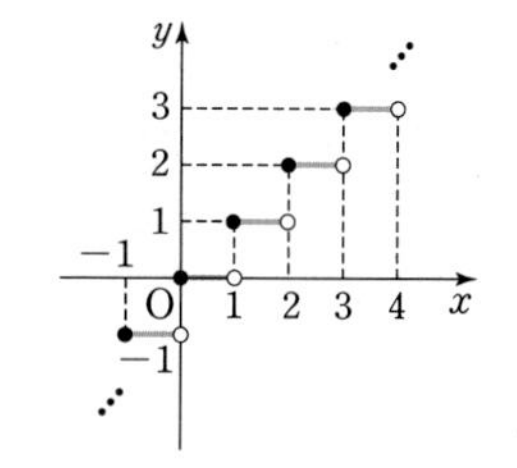

② $y=x-[x]$의 그래프

⋮

$-1 \le x < 0$일 때, $y=x-(-1)=x+1$

$0 \le x < 1$일 때, $y=x-0=x$

$1 \le x < 2$일 때, $y=x-1$

$2 \le x < 3$일 때, $y=x-2$

$3 \le x < 4$일 때, $y=x-3$

⋮

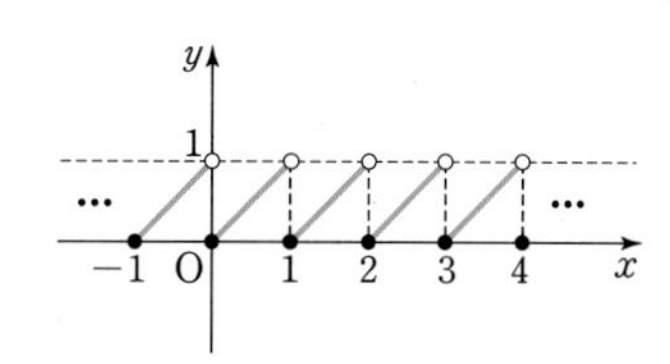

● $y=[x]$의 치역은 정수 전체의 집합이다.

BASIC

이해돕기 두 함수 $f(x)=[x^2]$과 $g(x)=[x]^2$에 대하여 다음 물음에 답하시오.
(단, $[x]$는 x보다 크지 않은 최대의 정수이다.)

(1) $f(\sqrt{2})$와 $g(\sqrt{2})$의 크기를 비교하시오.

(2) x가 정수일 때, $f(x)=g(x)$가 성립함을 보이고 그 역은 성립하지 않음을 설명하시오.

풀이

(1) $f(\sqrt{2})=[(\sqrt{2})^2]=[2]=2$

$g(\sqrt{2})=[\sqrt{2}]^2=[1.4\cdots]^2=1^2=1$

$\therefore f(\sqrt{2})>g(\sqrt{2})$

(2) $x=n$(정수)이라 하면 $[x]=n$이고 $x^2=n^2$(정수)이므로

$f(n)=[n^2]=n^2$, $g(n)=[n]^2=n^2$ $\quad\therefore f(x)=g(x)$

따라서 x가 정수이면 $f(x)=g(x)$이다.

그러나 역인 「$f(x)=g(x)$이면 x는 정수이다.」는 성립하지 않는다.

(반례) $x=2.1$이면

$f(2.1)=[2.1^2]=[4.41]=4$

$g(2.1)=[2.1]^2=2^2=4$

이므로 $f(x)=g(x)$가 성립하여도 x가 반드시 정수인 것은 아니다.

2 이차함수의 활용

1 이차함수의 최대 · 최소

(1) x의 값의 범위가 주어지지 않은 경우

$y=a(x-m)^2+n$에서

$a>0$이면 $x=m$일 때, 최솟값은 n이고 최댓값은 없다.

$a<0$이면 $x=m$일 때, 최댓값은 n이고 최솟값은 없다.

즉, 이차함수의 최댓값 또는 최솟값은 꼭짓점의 y좌표이다.

(2) x의 값의 범위가 주어진 경우

$\alpha\le x\le\beta$일 때, $f(x)=a(x-m)^2+n\,(a\ne0)$에 대하여

① 꼭짓점의 x좌표가 범위에 포함될 때,

$a>0$이면 꼭짓점 $x=m$에서 최솟값을 갖고

$f(\alpha)$, $f(\beta)$ 중 큰 쪽이 최댓값이다.

$a<0$이면 꼭짓점 $x=m$에서 최댓값을 갖고

$f(\alpha)$, $f(\beta)$ 중 작은 쪽이 최솟값이다.

② 꼭짓점의 x좌표가 범위에 포함되지 않을 때,

$f(a)$, $f(b)$ 중 큰 쪽이 최댓값이고, 작은 쪽이 최솟값이다.

● 이차함수 $y=ax^2+bx+c$의 최댓값과 최솟값은 $y=a(x-m)^2+n$의 꼴로 고쳐서 구한다.

이해돕기 이차함수 $y=x^2-2x+3$의 정의역이 다음과 같을 때, 최댓값과 최솟값을 구하고 그 때의 x의 값을 구하시오.

(1) $-1\le x\le2$ (2) $-1\le x\le0$

BASIC

풀이 $y=x^2-2x+3=(x-1)^2+2$이므로 꼭짓점의 좌표는 $(1, 2)$이다.

(1) 꼭짓점의 x좌표가 $-1\le x\le 2$에 포함되고

$x=1$일 때, $y=2$

$x=-1$일 때, $y=6$

$x=2$일 때, $y=3$

이므로 최솟값 $2\ (x=1)$, 최댓값 $6\ (x=-1)$

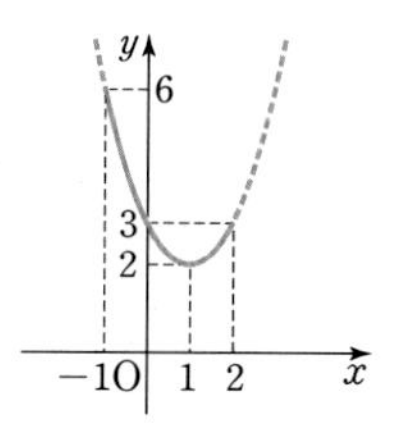

(2) 꼭짓점의 x좌표가 $-1\le x\le 0$에 포함되지 않고

$x=-1$일 때, $y=6$

$x=0$일 때, $y=3$

이므로 최솟값 $3\ (x=0)$, 최댓값 $6\ (x=-1)$

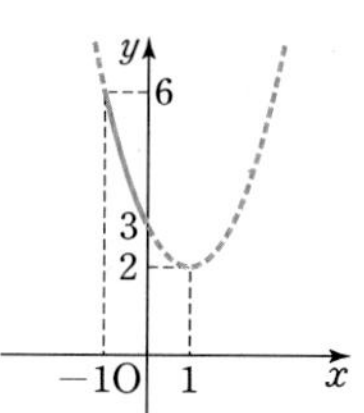

(3) 조건식이 있는 함수의 최대 · 최소

① 조건식을 이용하여 함수식을 변형할 수 있는 경우

(i) 조건식을 이용하여 x(또는 y)만의 이차함수로 고친다.

(ii) 이때, x의 범위(또는 y의 범위)에 주의한다.

② 조건식을 이용하여 함수식을 변형할 수 없는 경우

(i) (결과식)$=k$라 놓고 조건식에 대입하여 x(또는 y)만의 이차방정식을 만든다.

(ii) $D\ge 0$을 이용하여 k의 값의 범위를 구한다.

2 이차함수의 그래프와 이차방정식 · 이차부등식

(1) 이차함수 $y=ax^2+bx+c\,(a\ne 0)$의 그래프와 직선 $y=mx+n$의 위치 관계

이차함수 $y=ax^2+bx+c$의 그래프와 직선 $y=mx+n$의 교점의 x좌표는 이차방정식 $ax^2+bx+c=mx+n$, 즉 $ax^2+(b-m)x+c-n=0$의 실근과 같다.

$ax^2+(b-m)x+c-n=0$의 판별식을 D라 하면

(i) $D>0 \Longleftrightarrow$ 서로 다른 두 점에서 만난다.

(ii) $D=0 \Longleftrightarrow$ 한 점에서 만난다.(접한다.)

(iii) $D<0 \Longleftrightarrow$ 만나지 않는다.

$D>0$
$D=0$
$D<0$

• 두 함수 $y=f(x)$, $y=g(x)$의 그래프의 교점의 x좌표는 방정식 $f(x)=g(x)$의 실근과 같다.

(2) 이차함수의 그래프와 이차방정식, 이차부등식의 관계

이차방정식 $ax^2+bx+c=0\,(a>0)$의 두 근을 α, $\beta\,(\alpha\le\beta)$라 하자.

$ax^2+bx+c=0$의 판별식	$b^2-4ac>0$	$b^2-4ac=0$	$b^2-4ac<0$
$y=ax^2+bx+c$의 그래프	α β x	$\alpha=\beta$ x	x
$ax^2+bx+c=0$의 해	실근 α, β	실근 $\alpha=\beta=-\dfrac{b}{2a}$	해는 없다.
$ax^2+bx+c>0$의 해	$x<\alpha$ 또는 $x>\beta$	$x\ne\alpha$인 모든 실수	모든 실수
$ax^2+bx+c<0$의 해	$\alpha<x<\beta$	해는 없다.	해는 없다.

• x축은 직선 $y=0$과 같으므로 이차함수 $y=ax^2+bx+c$의 그래프와 x축의 위치 관계는 이차함수 $y=ax^2+bx+c$의 그래프와 직선 $y=0$의 위치 관계와 같다.

(3) 모든 실수 x에 대하여 성립하는 이차부등식

모든 실수 x에 대하여

① $ax^2+bx+c>0\,(a\neq0)$이 성립할 조건은 $a>0$, $D<0$

② $ax^2+bx+c<0\,(a\neq0)$이 성립할 조건은 $a<0$, $D<0$

3 이차방정식의 근의 분리

(1) 이차방정식 $ax^2+bx+c=0\,(a>0)$에서 $y=f(x)=ax^2+bx+c$로 놓는다.

(2) $y=f(x)$의 그래프를 조건에 맞게 그린다.

(3) 그래프에서 $\begin{cases} \text{판별식 } D \\ f(p)\text{의 부호} \\ \text{대칭축 } \left(x=-\dfrac{b}{2a}\right)\text{의 위치} \end{cases}$를 확인하여 공통부분을 구한다.

(i) 두 근 α, β가 p보다 클 때,

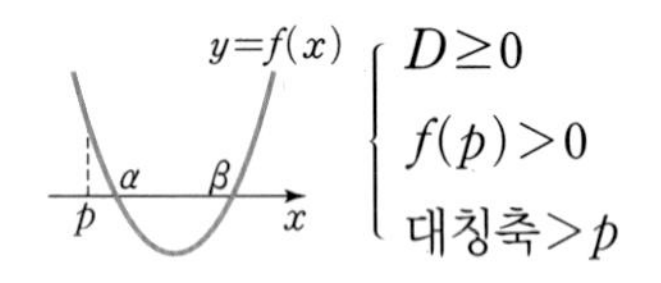

$\begin{cases} D\ge0 \\ f(p)>0 \\ \text{대칭축}>p \end{cases}$

(ii) 두 근 α, β가 p보다 작을 때,

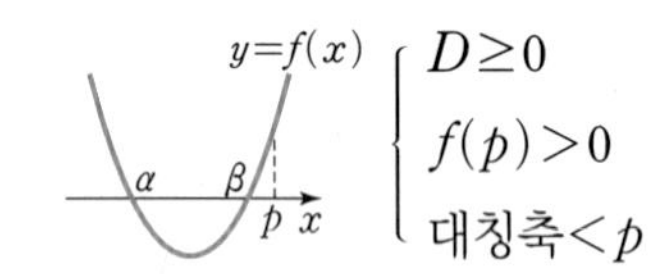

$\begin{cases} D\ge0 \\ f(p)>0 \\ \text{대칭축}<p \end{cases}$

(iii) 두 근 α, β가 p, q 사이에 있을 때,

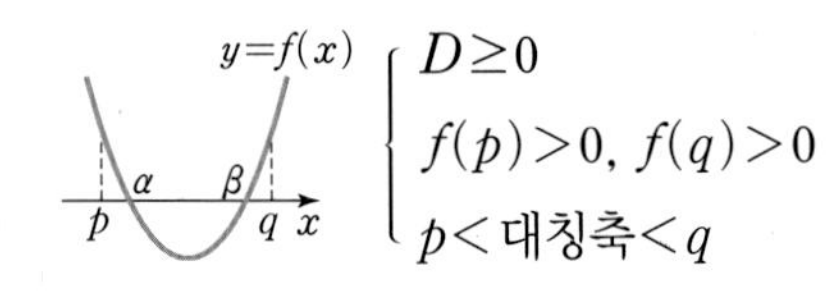

$\begin{cases} D\ge0 \\ f(p)>0,\ f(q)>0 \\ p<\text{대칭축}<q \end{cases}$

(iv) 두 근 α, β 사이에 p가 있을 때,

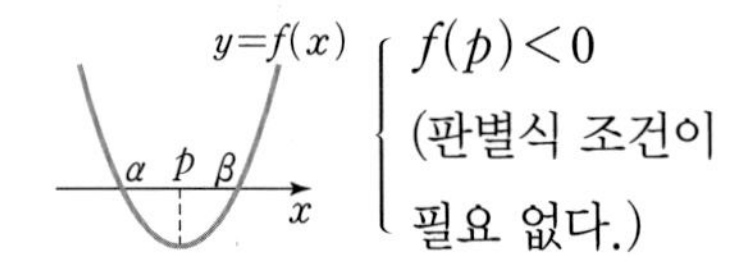

$\begin{cases} f(p)<0 \\ \text{(판별식 조건이} \\ \text{필요 없다.)} \end{cases}$

BASIC

계수가 실수인 이차방정식

$ax^2+bx+c=0$의 두 실근을 α, β라 하고, 판별식을 D라 하면

• 두 근이 모두 양수
$\Longleftrightarrow D\ge0$, $\alpha+\beta>0$, $\alpha\beta>0$

• 두 근이 모두 음수
$\Longleftrightarrow D\ge0$, $\alpha+\beta<0$, $\alpha\beta>0$

• 두 근이 서로 다른 부호
$\Longleftrightarrow \alpha\beta<0$

이해돕기 이차방정식 $x^2-2(m-4)x+2m=0$의 근에 대하여 다음 조건을 만족하도록 실수 m의 값의 범위를 정하시오.

(1) 두 근이 모두 2보다 크다.　　(2) 두 근이 모두 2보다 작다.

(3) 두 근 사이에 2가 있다.

풀이 $f(x)=x^2-2(m-4)x+2m$으로 놓고 두 근을 α, β라 하면

(1) $\dfrac{D}{4}=(m-4)^2-2m\ge0$에서

$m^2-10m+16\ge0$, $(m-2)(m-8)\ge0$

$\therefore m\le2$ 또는 $m\ge8$

$f(2)=-2m+20>0$에서 $m<10$

(대칭축)$=m-4>2$에서 $m>6$

이상에서 공통 범위를 구하면 $8\le m<10$

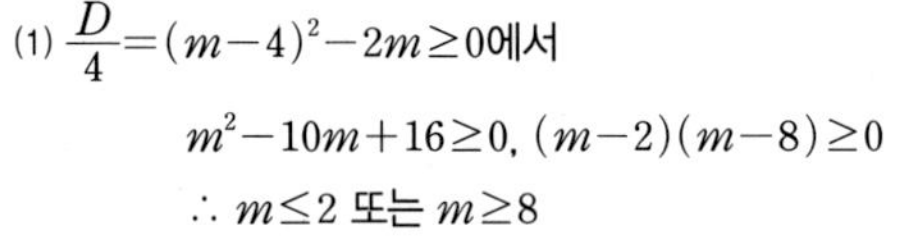

(2) $\dfrac{D}{4}=(m-4)^2-2m\ge0$에서

$m\le2$ 또는 $m\ge8$

$f(2)=-2m+20>0$에서 $m<10$

(대칭축)$=m-4<2$에서 $m<6$

이상에서 공통 범위를 구하면 $m\le2$

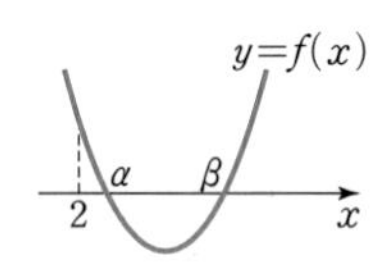

(3) $f(2)=-2m+20<0$에서 $m>10$

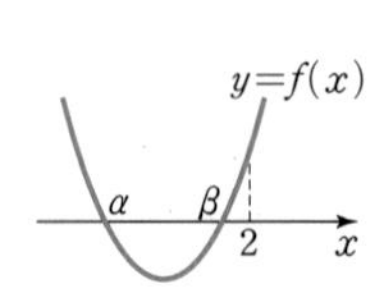

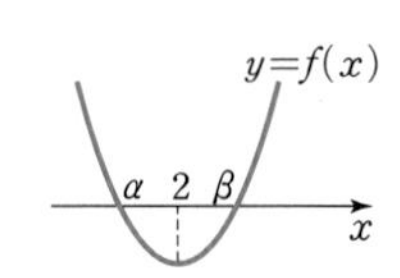

3 유리함수와 무리함수

1 유리함수

(1) $y=\frac{k}{x}(k\neq0)$의 그래프

① 정의역과 치역은 모두 $R-\{0\}$이다. 즉, $x=0$에 대응하는 그래프 위의 점은 없다.

② 원점에 대하여 대칭이다.

③ 점근선은 x축, y축이다.

④ $k>0$이면 그래프는 제1, 3사분면에 있고,

$k<0$이면 그래프는 제2, 4사분면에 있다.

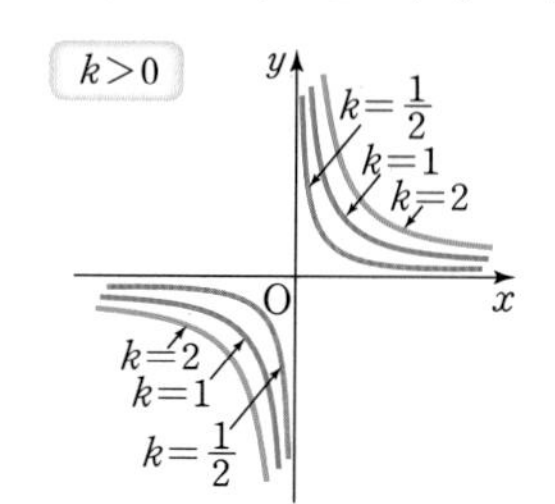

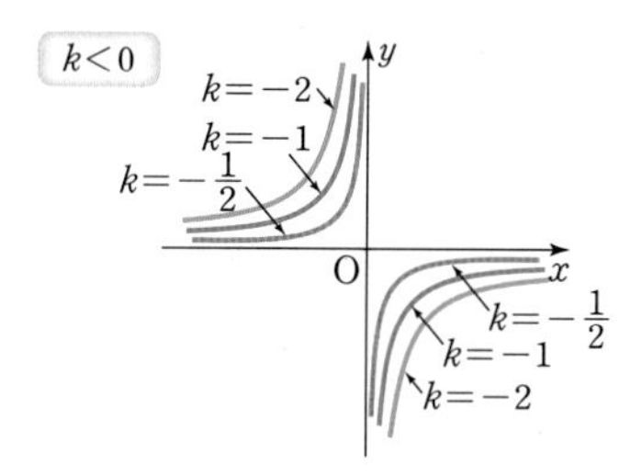

(2) $y=\frac{k}{x-p}+q(k\neq0)$의 그래프

$y=\frac{k}{x}(k\neq0)$의 그래프를 x축의 방향으로 p만큼, y축의 방향으로 q만큼 평행이동시킨 것이다. 이때, 점근선은 두 직선 $x=p$, $y=q$이다.

2 무리함수

(1) $y=\sqrt{kx}(k\neq0)$의 그래프

$k>0$일 때 정의역은 $\{x|x\geq0\}$, 치역은 $\{y|y\geq0\}$

$k<0$일 때 정의역은 $\{x|x\leq0\}$, 치역은 $\{y|y\geq0\}$

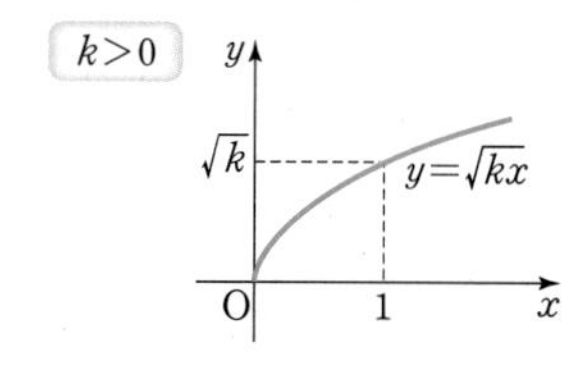

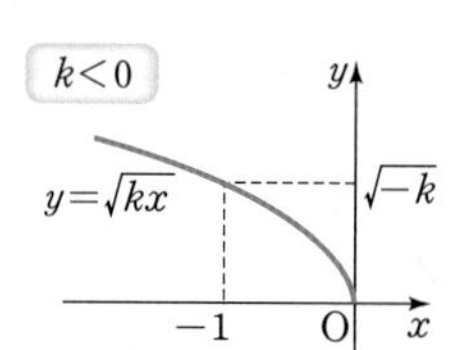

(2) $y=-\sqrt{kx}(k\neq0)$의 그래프

$k>0$일 때, 정의역은 $\{x|x\geq0\}$, 치역은 $\{y|y\leq0\}$

$k<0$일 때, 정의역은 $\{x|x\leq0\}$, 치역은 $\{y|y\leq0\}$

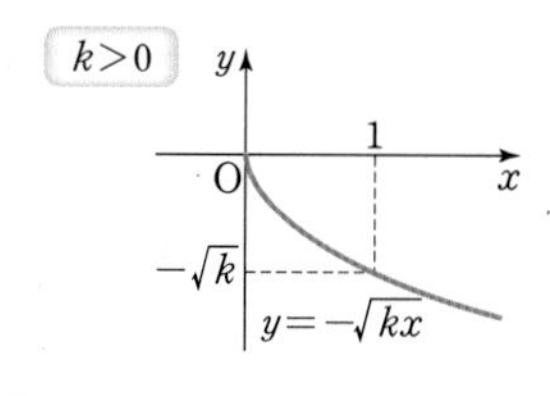

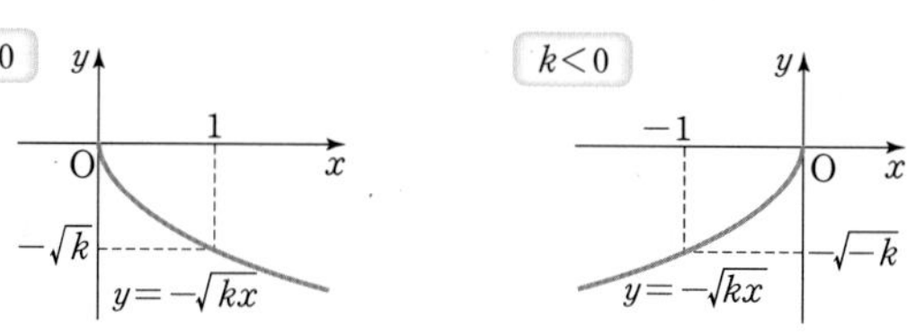

(3) $y=\sqrt{k(x-p)}+q(k\neq0)$의 그래프

$y=\sqrt{kx}(k\neq0)$의 그래프를 x축의 방향으로 p만큼, y축의 방향으로 q만큼 평행이동시킨 것이다.

BASIC

- 유리함수 : $y=f(x)$에서 $f(x)$가 x에 대한 유리식인 함수
- 분수함수 : $y=f(x)$에서 $f(x)$가 x에 대한 분수식으로 나타내어진 함수

$y=\frac{k}{x}(k\neq0)$의 그래프

$|k|$가 클수록 그래프는 원점에서 멀어진다.

$y=\frac{k}{x-p}+q(k\neq0)$의 그래프

- 정의역 : $\{x|x\neq p$인 실수$\}$
  치역 : $\{y|y\neq q$인 실수$\}$
- 점 (p, q)에 대하여 대칭인 곡선

무리함수에서 정의역이 명시되어 있지 않을 때에는 근호 안의 식의 값이 음이 아닌 실수 전체의 집합을 정의역으로 한다.

$y=\sqrt{k(x-p)}+q$의 그래프

- $k>0$일 때,
  정의역 : $\{x|x\geq p\}$
  치역 : $\{y|y\geq q\}$
- $k<0$일 때,
  정의역 : $\{x|x\leq p\}$
  치역 : $\{y|y\geq q\}$

COURSE A

수리논술 분석

예제 1 용수철이나 고무줄과 같이 외부의 힘에 의하여 그 모양이 변한 물체가 힘이 제거되었을 때 원래의 모양으로 돌아가려는 성질을 탄성이라고 하며, 이때 원래의 상태로 돌아가려는 힘을 탄성력이라고 한다. 훅의 법칙(Hooke's law)에 의하면 탄성한계 내에서 용수철의 늘어난 길이는 외력에 비례한다고 한다. 수면으로부터 70 m 높이에 대를 만들고 길이가 30 m인 특수끈을 연결하여 번지점프대를 설치하였다. 이 특수끈의 탄성계수는 30 N/m이고 번지점프대에서 사람이 뛰어내릴 때 수면으로부터 최소한 2 m 이상의 높이를 유지하여야 안전하다고 한다. 이 번지점프대에서 뛰어내려 안전할 수 있는 사람의 몸무게에 대하여 논하시오.

(단, 1 kg의 몸무게는 10 N이고, 공기저항 및 끈의 무게는 무시한다.)

예시 답안

Check Point

F를 외력, 용수철이 늘어난 길이를 x라 할 때, 훅의 법칙은 $F=kx$로 나타낼 수 있다. 따라서 사람의 몸무게를 m kg이라 하면 $F=10m$ N이다.

용수철에 작용하는 외력을 F, 용수철이 늘어나는 길이를 x라 하면

$F=kx$ (k는 탄성계수)

가 성립한다.

사람의 몸무게를 m kg$=10m$ N, 번지점프대의 끈이 늘어나는 길이를 x m라 하면 탄성계수는 $k=30$ N/m이므로 $10m=30x$이다.

그런데 처음 끈의 길이가 30 m이고 사람이 번지점프대에서 뛰어내려 수면으로부터 2 m 이상의 높이를 유지하여야 하므로 이 끈이 늘어날 수 있는 최대 길이는 $70-30-2=38$(m)이다.

$10m\le30\times38$인 경우에 번지점프대에서 뛰어내린 사람이 안전하므로 $m\le114$에서 이 번지점프대에서 뛰어내려 안전할 수 있는 사람의 몸무게는 최대 114 kg이다.

유제 1 자동차가 고속도로에서 v의 속력으로 일정하게 달릴 때, 자동차가 이동한 거리 S km는 움직인 시간 t에 대하여 $S=vt$로 표현되므로 S는 t에 대한 일차함수가 된다. 이와 같이 자연 현상이나 일상 생활에서 이차함수가 사용되는 예를 하나 찾고 어떻게 사용되는지를 자세히 설명하시오.

| 고려대학교 2006년 수시 응용 |

예시 답안 및 해설 53쪽

H 자동차 회사는 오른쪽 그림과 같이 A, B, C, D, E 지점에 자동차 전시장을 가지고 있다. 이 회사에서 자동차 보관소를 건설하려고 한다. A, B, C, D, E 전시장에서 거리의 합이 최소인 곳에 자동차 보관소를 건설하려면 그림에서 어떤 장소가 가장 좋은가를 설명하시오. (단, 자동차는 그림의 도로를 따라서만 움직일 수 있다.)

| 서강대학교 2006년 수시 응용 |

예시 답안

오른쪽 그림과 같이 각 지점의 좌표를 $A(x_1,\ y_1)$, $B(x_2,\ y_2)$, $C(x_3,\ y_3)$, $D(x_4,\ y_4)$, $E(x_5,\ y_5)$라 하자.
이때, $x_1<x_2<x_3<x_4<x_5$이고, $y_4<y_2<y_5<y_1<y_3$임을 알 수 있다.
자동차 보관소의 위치를 $P(x,\ y)$, 각 전시장까지의 거리의 합을 S라 하면 다음과 같다.

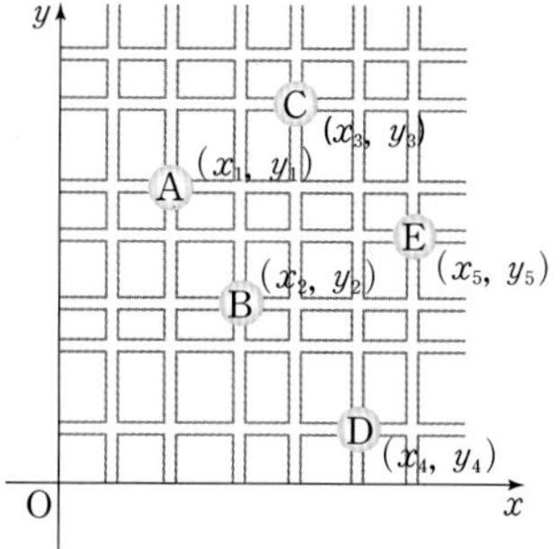
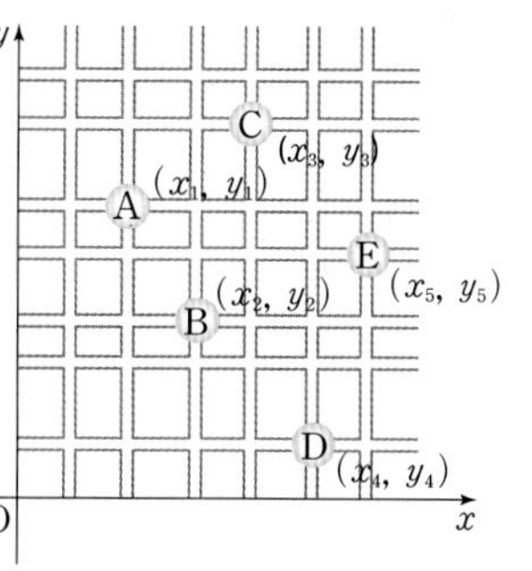

$$\begin{aligned}S&=(|x-x_1|+|y-y_1|)\\&\quad+(|x-x_2|+|y-y_2|)+(|x-x_3|+|y-y_3|)\\&\quad+(|x-x_4|+|y-y_4|)+(|x-x_5|+|y-y_5|)\\&=(|x-x_1|+|x-x_2|+|x-x_3|+|x-x_4|+|x-x_5|)\\&\quad+(|y-y_1|+|y-y_2|+|y-y_3|+|y-y_4|+|y-y_5|)\end{aligned}$$

여기에서 $f(x)=|x-x_1|+|x-x_2|+|x-x_3|+|x-x_4|+|x-x_5|$,
$g(y)=|y-y_1|+|y-y_2|+|y-y_3|+|y-y_4|+|y-y_5|$로 놓으면
$S=f(x)+g(y)$이므로 $f(x)$, $g(y)$가 각각 최소인 경우를 찾으면 된다.
$y=f(x)$의 그래프를 그려 보면 오른쪽 그림과 같다.
$x_1<x_2<x_3<x_4<x_5$이므로 $f(x)$는 $x=x_3$에서 최솟값을 갖는다.
$g(y)$도 같은 방법으로 하면 $y=y_5$에서 최솟값을 갖는다.
따라서 S는 $P(x_3,\ y_5)$에서 최솟값을 갖는다.
이것은 그림에서 C지점의 세로 방향과 E지점의 가로 방향이 교차하는 지점을 가리킨다.

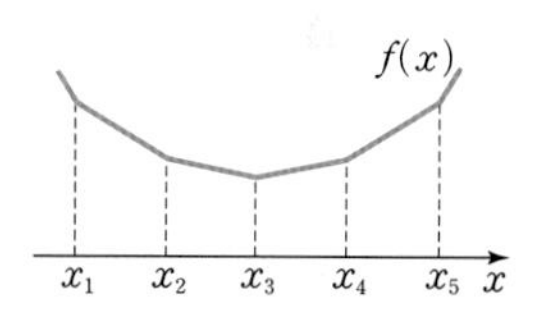

Check Point

(i) 자동차는 그림의 도로를 따라서만 움직일 수 있으므로 두 점 $P(x_1,\ y_1)$, $Q(x_2,\ y_2)$ 사이의 거리는 $\overline{PQ}=|x_2-x_1|+|y_2-y_1|$ 이 된다.
이를 이용하여 자동차 보관소를 $(x,\ y)$로 놓고 각 지점까지의 거리를 식으로 나타낸다.

(ii) $y=|x-x_1|+|x-x_2|+\cdots+|x-x_{2m-1}|$
(단, $x_1<x_2<\cdots<x_{2m-1}$)
이때, 이 그래프는 $x=x_m$에서 최솟값을 갖는다.

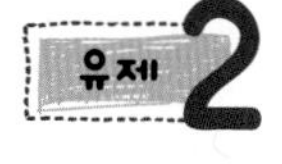

함수 $f(x)=\sum_{n=1}^{9}|x-2^n|$의 최솟값을 구하시오.

TRAINING

수리논술 기출 및 예상 문제

01

다음 제시문을 읽고 질문에 답하시오.

> 집합에 대한 이론은 수학 뿐 아니라 컴퓨터과학, 물리학, 공학 등 거의 모든 이공계 분야에서 가장 기초가 되는 이론이다. 따라서 집합에 대한 기본 개념을 아는 것은 이공계를 전공하고자 하는 학생들에게 매우 중요한 과제이다.
> 집합론의 창시자로 알려져 있는 러시아 태생의 독일 수학자 칸토어(Cantor, 1845~1918)는 임의의 두 집합 A와 B에 대하여, A에서 B로의 일대일 대응 함수가 존재하면 A와 B의 크기가 서로 같다고 정의하였다. 또 어떤 집합이 자기 자신과 크기가 같은 진부분집합을 가지면 무한집합이고, 그렇지 않으면 유한집합이라고 정의하였다.

(1) 자연수 전체의 집합을 N이라 할 때, N과 $N\cup\{0\}$의 크기가 서로 같은지 또는 같지 않은지를 판단하고, 그에 대한 이유를 설명하시오.

(2) 칸토어의 정의에 따라 집합 $A=\{1, 2, 3\}$이 유한집합임을 보이시오.

(3) 자연수 전체의 집합을 N이라 할 때, 칸토어의 정의에 따라 N이 무한집합임을 보이시오.

| 단국대학교 2011년 수시 |

Hint

(1) N에서 $N\cup\{0\}$로의 일대일 대응이 될 수 있는 구체적인 함수 f의 예를 생각한다.

(3) 제시문이 정의에 따라 자연수의 집합이 무한집합임을 보여 일대일 대응을 이용한다.

02

정의역과 공역이 모두 자연수인 함수 f가 아래 두 조건을 만족한다고 할 때, 다음 물음에 답하시오.

(A) $f(n+1)>f(n)$ (B) $f(n+f(m))=f(n)+m+1$

(1) 모든 n에 대하여 $f(n)>n$이 성립함을 보이시오.

(2) 위의 두 조건을 만족하는 $f(n)$을 모두 찾아 n에 대한 식으로 나타내고 그 근거를 제시하시오.

| 이화여자대학교 2013년 예시 |

Hint

(1) 직접적으로 설명하기 힘들 때에는 귀류법을 이용한다.

(2) 먼저 $f(1)=t$로 놓아 조건 (A), (B)를 이용하여 $f(1)$의 값을 구한다.

03

정의역과 공역이 모두 양의 실수인 함수 $f(x)$가

$\frac{p}{r}=\frac{s}{q}$를 만족하는 모든 양수 p, q, r, s에 대하여,

$\frac{(f(p))^2+(f(q))^2}{f(r^2)+f(s^2)}=\frac{2(p^2+q^2)}{r^2+s^2}$를 만족한다. 이러한 조건을 만족하는 함수 $f(x)$와 함숫값 $f(1)$, $f(2)$를 모두 구하시오.

| 이화여자대학교 2013년 수시 |

Hint
$\frac{r}{p}=\frac{s}{q}$를 만족하는 (p, q, r, s)의 쌍을 이용한다.

04

모든 실수 x에 대하여

$4(1-x)^2f\left(\frac{1-x}{2}\right)+16f\left(\frac{1+x}{2}\right)=16(1-x)-(1-x)^4$을 만족하는 함수 $f(x)$를 모두 조사하고 그 근거를 서술하시오.

| 경희대학교 2012년 수시 응용 |

Hint
$\frac{1-x}{2}=t$로 놓아 정리하여 $f(t)$와 $f(1-t)$에 관한 식을 유도한다.

05

다음 그림은 A, B 두 상품의 소비자가격의 연도별 변동을 그래프로 나타낸 것이다.

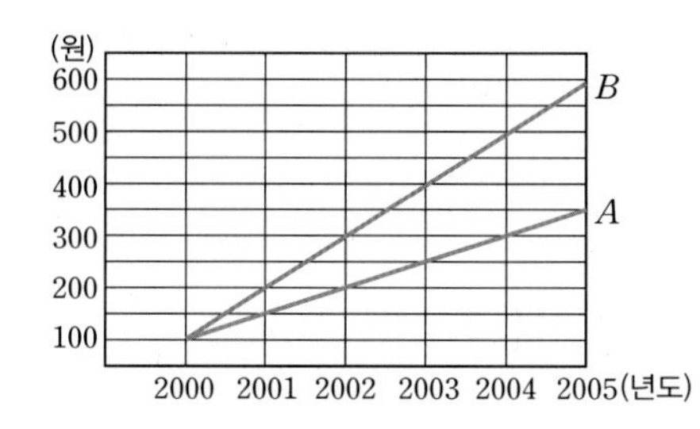

(금년 가격 인상률)$=\frac{\text{(금년 가격)}-\text{(작년 가격)}}{\text{(작년 가격)}}\times 100(\%)$으로 정의할 때, 2001년도부터 2005년도까지의 두 상품 A, B의 전년도 대비 가격 인상률에 대한 해석이 다음과 같다.

> "최근 몇 년간 우리나라 경제 성장률은 감소하고 있지만 A와 B의 가격 인상률은 매년 증가하고 있다."

이 해석에는 우리나라 경제 성장률에 상관없이 큰 오류가 존재한다. 그 오류가 무엇인지 지적하고, 일상생활에서 경험할 수 있는 이와 같은 오류의 다른 예를 들어보시오.

Hint
가격 인상률과 가격 인상은 전혀 다른 것이다. 가격 인상률이 둔화 또는 감소해도 가격은 여전히 상승한다.

06

아래 제시문을 읽고 다음 물음에 답하시오.

(주)용두리자동차는 중요한 물건이나 서류를 보관하기 위해 특수하게 제작된 디지털금고를 구입하였다. 디지털금고는 n차 다항식
$f(x)=a_nx^n+\cdots+a_1x+a_0$
을 암호생성 알고리즘으로, 계수 $(a_n, a_{n-1}, \cdots, a_0)$을 열쇠로 사용한다. 사장은 n의 값과 열쇠 $(a_n, a_{n-1}, \cdots, a_0)$의 값을 선택하여 디지털금고를 초기화시켜야 한다. 디지털금고는 초기화 시 설정된 개수 이상의 암호가 입력되어야 개방되며, 각 암호는 입력된 값 x와 함숫값 $f(x)$의 순서쌍 $(x, f(x))$로 구성된다. 설정된 개수 이상의 암호가 입력되면 열쇠가 계산되지만, 그보다 적은 개수의 암호로는 계산되지 않는다. 디지털금고는 계산된 열쇠와 설정된 열쇠가 서로 일치하면 개방된다.
사장은 n을 2로, 열쇠를 (A, B, C)로 선택하여 디지털금고를 초기화하고, 아래와 같은 다섯 개의 암호를 생성하여 임원들에게 안전하게 분배하였다.

〈암호－1〉 : (3, 85)
〈암호－2〉 : (5, 187)
〈암호－3〉 : (7, 329)
〈암호－4〉 : (11, 733)
〈암호－5〉 : (13, 995)

(1) 디지털금고를 개방하려면 다섯 개의 암호 중 최소 몇 개의 암호가 필요한지 말하고 그 이유를 설명하시오.
(2) 암호를 필요한 최소 개수만큼 차례대로 〈암호－1〉부터 선택하여 열쇠 (A, B, C)를 계산하시오.

| 국민대학교 2012년 수시 |

Hint
사장이 n을 2로, 열쇠를 (A, B, C)로 선택하였으므로 이차 다항식 $f(x)=Ax^2+Bx+C$를 생각한다.

07

아래 그림은 지하철 노선도이다. 각 역간의 거리와 이동 시간은 동일하다고 가정하자.

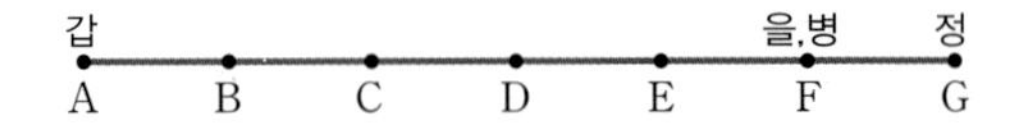

갑은 A역 부근에 살고 을과 병은 F역 부근, 정은 G역 부근에 산다. 갑, 을, 병, 정은 같은 역에서 모이기로 하였다. 이들이 만날 역을 결정함에 있어 택할 수 있는 합리적 기준들을 제시하고, 각각의 기준에 따라 만날 역을 결정하는 방법을 설명하시오.

| 이화여자대학교 2007년 수시 |

Hint
갑, 을, 병, 정의 네 사람이 이동하는 거리의 합이 최소가 되는 경우와 네 사람이 이동하는 각각의 시간이 일정 시간을 넘지 않는 경우, 이동하는 사람의 수가 가장 적은 경우로 생각해 본다.

08

다음 제시문을 읽고 물음에 답하시오.

추석에 서울에서 지방으로 귀향길에 오르는 사람들이, 고속도로를 이용하여 각자의 고향까지 자가용으로 가는 데 걸리는 예상 운전시간을 알고 싶어 한다. 서울에서 고향까지의 거리를 x km라 하고, 이때 고향까지 도착하는 데 걸리는 시간을 y분이라 하면, "y는 원점을 지나는 x의 일차함수"라고만 알려져 있고 그 구체적인 함수식은 알려져 있지 않다. 이 일차함수를 찾아내기 위하여 세 사람으로부터 다음의 자료를 얻었다.

$$\{(x_1, y_1), (x_2, y_2), (x_3, y_3)\}$$

여기서 (x_i, y_i)는 i번째 사람의 고향까지의 거리 x_i와 고향까지 걸리는 시간 y_i이다. 하지만, 여러 가지 이유(휴게소에서 머무는 횟수와 시간의 차이, 기상 상태의 차이, 개인의 운전 속도의 차이 등)로 이 세 사람의 자료들이 한 직선 위에 있지 않고 벗어나 있다. 철수와 영희는 이 자료를 이용하여 각자가 생각한 합리적인 방법으로 원점을 지나는 일차함수를 구해보고자 한다.
단, (x_i, y_i)들이 원점과 이루는 각은 모두 다르다고 하자.

(1) 철수는 이 일차함수를 구하기 위하여, "자료와의 차이의 제곱의 합을 최소로 하는 일차함수"를 찾는 것이 합리적이라 생각하여 이 방법으로 일차함수를 찾기로 하였다. 이 일차함수를 구하는 과정과 결과를 제시하시오.

(2) 영희는 철수가 제시한 방법에서 자료와의 차의 제곱을 최소로 하는 일차함수를 찾는 것은 그 차의 제곱을 이용하는 것이기에 불합리하다 생각하여, "자료와의 차의 절댓값의 합을 최소로 하는 일차함수"를 찾는 것이 합리적이라 생각하였다. 이 일차함수를 구하는 과정과 결과를 제시하시오.

(3) 만약 한 자료 (x_4, y_4)가 추가적으로 얻어졌다면, 영희의 방법으로 구한 결과는 어떤 변화를 가지게 되는지 (2)의 결과와 비교 설명하시오.
단, 네 자료는 원점과 이루는 각이 모두 다르다고 하자.

(4) 추가되어진 네 번째 자료는 자료 수집 · 입력 과정에서 실수로 분 단위의 자료가 아닌 시 단위의 자료로 입력되어 실제 자료의 60분의 1로 축소된 결과가 입력되었다고 하자. 이 사실을 모르는 경우에 철수의 방법과 영희의 방법 중 어느 방법으로 일차함수를 구하는 것이 구해진 일차함수의 신빙성을 보장하기에 좋은지에 대하여 논하시오.

| 덕성여자대학교 2009년 수시 |

Hint

(1) 구하는 일차함수를 $y=ax$라고 하면 자료와의 차의 제곱의 합 $S(a)$는
$S(a)$
$=(y_1-y)^2+(y_2-y)^2+(y_3-y)^2$
$=(y_1-ax_1)^2+(y_2-ax_2)^2+(y_3-ax_3)^2$

(2) 자료와의 차의 절댓값의 합 $D(a)$는
$D(a)=|y_1-ax_1|+|y_2-ax_2|+|y_3-ax_3|$

09

일상생활에서 일정한 시간 또는 거리, 무게에 따라 요금이 부과되는 경우가 있다. 즉, 일정한 범위의 값이 하나의 값에 대응하는 체계이다.
이러한 경우에는 다음과 같은 두 가지 함수를 이용하면 편리하다.

(A) 어떤 실수값에 대하여 크지 않은 최대의 정수로 정한다.
(B) 어떤 실수값에 대하여 작지 않은 최소의 정수로 정한다.

공중전화 요금은 통화시간이 3분 이내일 때 기본요금이 70원이고, 통화시간이 3분을 초과할 때에는 3분 단위로 70원씩 추가된다. 통화시간에 따른 요금의 변화를 위의 두 함수를 이용하여 설명하시오.

Hint
어떤 실수값 x보다 크지 않은 최대의 정수를 $[x]$, x보다 작지 않은 최소의 정수를 $\langle x\rangle$라고 하면
$n\le x<n+1$일 때 $[x]=n$,
$n<x\le n+1$일 때 $\langle x\rangle=n+1$
이고 $\langle x\rangle=-[-x]$의 관계가 성립한다.

10

어느 통신회사에서는 장거리 전화요금에 처음 2분 동안은 300원, 추가 요금은 1분 단위로 100원씩 부과하는 A요금제를 시행하고 있다. 이 통신회사가 새로운 요금제를 시행하려고 한다.

(1) A요금제의 경우 전화요금이 시간에 따라 어떻게 변하는가를 설명하시오.
(2) 정액 요금제 B를 시행할 때 한 달 20000원으로 책정한다면 사용시간이 월 몇 분부터 정액제가 유리할 것인가를 설명하시오.
(3) 처음 100분간은 10000원의 요금을 받고 추가 요금은 10분당 500원씩 부과하는 특별회원 요금제 C를 새로 개발하였다. 각 시간별로 A, B, C요금제 중 어떤 요금제를 고객이 선택하는 것이 유리한지 설명하시오.

Hint
(1) 시간에 따른 요금의 변화를 그래프로 나타낸다.

11

어떤 은행에 연이율이 같은 1년 만기 정기예금 A와 B 두 종류가 있다. 정기예금은 만기시에는 원금과 이자를 지급하며, 중도 해약시에는 원리금에서 해약부담금을 뺀 나머지 금액을 지급한다.
두 상품 A, B의 해약부담금에 대한 규정은 다음과 같다.

> 상품 A : $(\text{해약부담금})=a\times(\text{원금})\times\dfrac{(\text{잔여일 수})}{365}$
> 상품 B : $(\text{해약부담금})=b\times(\text{원금})$

K씨는 일정 금액을 이 은행의 1년 만기 정기예금에 예탁하기로 마음먹었다.

(1) K씨가 1년 이내에 해약할 때 받는 금액에 대해 알아보고자 한다. 위의 두 상품에 대하여 K씨가 받는 금액을 해약 시점에 따른 모형으로 각각 표현하고, 이를 동일한 좌표상에 그리시오. (단, 해약 시점은 0과 365 사이의 연속적인 값으로 가정한다.)

(2) K씨가 중도 해약의 가능성을 고려하여 두 상품 A, B 중 하나를 선택하고자 한다. 중도 해약이 예상되는 시점이 있을 때, 어느 상품을 선택하는 것이 유리할 것인지, 해약부담금의 규정에 명시된 a, b를 이용하여 논리적으로 설명하시오.

| 중앙대학교 2004년 수시 |

Hint
- 해약 시점에서 받는 금액은 해약 시점까지의 원리금에서 해약부담금을 제외한 것이다.
- (원리금)
$=(\text{원금})\times\left(1+\text{이율}\times\dfrac{(\text{해약 시점까지의 날 수})}{365}\right)$

12

다음과 같은 가상적 상황을 전제로 하여 아래 물음에 답하시오.

> 영희가 A라는 통신회사를 이용하여 정보를 제공하는 인터넷 사이트를 운영하고자 한다. 모든 사용자의 월별 총 이용량이 t시간일 때, 통신회사 A에 지불해야 하는 비용은 다음과 같다.
> $0\le t\le 3000$일 때, $40t+10000$원
> $3000<t$일 때, $20t+70000$원
> 시장 조사 결과, 이 사이트의 사용자들로부터 정보 이용료로 시간당 x원을 받을 때(단, $0\le x\le 100$), 월별 이용량이 $100(100-x)$시간이 될 것으로 예측되었다.

(1) 정보 이용료를 시간당 50원으로 정한다면 이 인터넷 사이트의 운영에서 기대되는 이윤은 얼마인가?

(2) 이 사이트의 이윤을 최대로 하기 위하여 정보 이용료를 얼마로 책정하여야 하는가?

(3) 영희가 다른 통신회사 B를 이용하면 B사에 지불하는 비용은 단위 이용시간당 a원이 된다. A사에서 B사로 옮길 때 더 높은 이윤이 보장될 수 있다면 a는 어느 범위에 있는가?

| 중앙대학교 2002년 수시 |

영희가 인터넷 사이트를 운영하여 얻은 이윤은
(시간당 요금)×(월별 이용량)
−(통신회사에 지불하는 비용)

13

아래 문제를 해결할 수 있는 논리적 방법을 생각하여 물음에 답하시오.
최근 들어 국내 기업에 도입되고 있는 임금피크제는 일정 연령에 도달하거나 일정 연봉을 초과한 직원에게 정년을 보장해 주는 대신 연봉을 삭감하는 제도이다.
어떤 두 회사 A와 B의 직원 정년은 모두 58세이며, 임금피크제의 적용을 받기 전까지 50세 이상 직원의 연봉은 두 회사 모두 $\{5500+(\text{연령}-50)\times 200\}$만 원이다. A, B 두 회사에서 채택한 임금피크제는 다음과 같다.

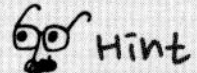

(2) A회사에 근무하는 갑의 명예퇴직 연령을 54년, 55년, 56년, 57년으로 잡고 (연봉 누적합)+(퇴직금)+(명예퇴직금)이 가장 큰 연령을 찾는다.

> A회사 : 직원의 연령이 56세가 되면 55세 때 연봉의 75%, 57세가 되면 55세 때 연봉의 60%, 58세가 되면 55세 때 연봉의 50%를 지급
> B회사 : 직원의 연봉이 6000만 원을 초과하면 그 다음 해부터 매년 전년도 연봉의 5%를 삭감하여 지급

현재 나이가 54세인 회사원 갑과 을은 31세 되는 해에 각각 A회사와 B회사에 입사하여 현재까지 근무하고 있다고 하자.

(1) 갑과 을이 52세부터 정년까지 받게 되는 연봉을 각 소속회사의 임금피크제에 의거하여, 하나의 좌표 상에 꺾은선그래프로 도시하고 이를 비교하여 설명하시오.
(2) A회사의 54세 이상 직원은 매년 연말에 명예퇴직을 결정할 수 있고, 명예퇴직을 할 때, $\{(\text{근무년수})\times(\text{재직 중 연봉 최고액})\times 0.1\}$에 상당하는 퇴직금과 함께 $\{(\text{정년까지 남아있는 기간})\times(\text{현재 연봉})\times 0.8\}$에 상당하는 명예퇴직금도 추가로 받게 된다. 갑이 명예퇴직을 한다면 언제 하는 것이 가장 경제적인지를 54세부터 명예퇴직을 할 때까지 회사로부터 받는 총소득에 근거하여 논하시오.
(3) A회사는 현재 나이가 54세인 직원들에게 명예퇴직을 권장하기 위하여 명예퇴직금을 $\{(\text{정년까지 남아있는 기간})\times(\text{현재 연봉})\times k\}$로 수정하려 한다. 단, 명예퇴직을 할 때 받게 되는 퇴직금은 $\{(\text{근무년수})\times(\text{재직 중 연봉 최고액})\times 0.1\}$로 (2)와 동일하다. 현재 나이가 54세이고 근무년수가 24년인 직원들의 명예퇴직을 유도하고자 할 때, 회사가 지급하게 되는 총비용을 최소화할 수 있는 k의 값에 대하여 설명하시오.

| 중앙대학교 2005년 수시 |

주제별 강의 제 14 장

합성함수 $f\circ f\circ f\circ\cdots\circ f$의 그래프

$f\circ f\circ f\circ\cdots\circ f$꼴의 함수

예컨대, $f(x)=\begin{cases}-2x+1 & \left(0\le x\le\frac{1}{2}\right)\\ 2x-1 & \left(\frac{1}{2}\le x\le 1\right)\end{cases}$

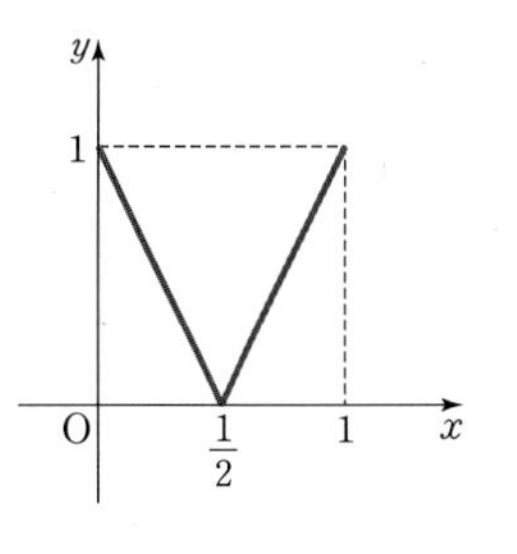

일 때 합성함수 $f\circ f$의 그래프를 구해 보자.

$f(x)=\begin{cases}-2x+1 & \left(0\le x\le\frac{1}{2}\right)\\ 2x-1 & \left(\frac{1}{2}\le x\le 1\right)\end{cases}$이므로

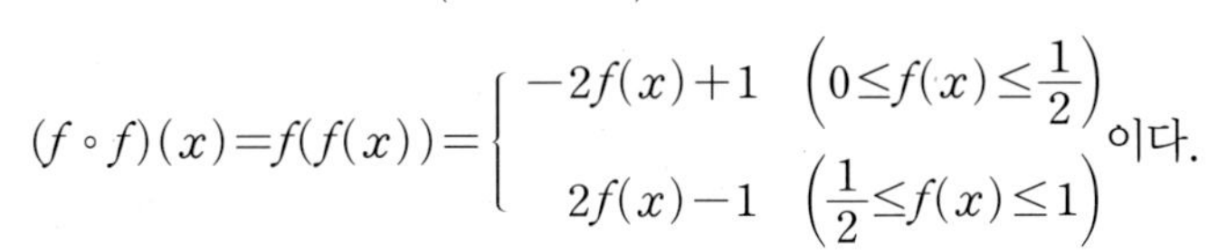

$(f\circ f)(x)=f(f(x))=\begin{cases}-2f(x)+1 & \left(0\le f(x)\le\frac{1}{2}\right)\\ 2f(x)-1 & \left(\frac{1}{2}\le f(x)\le 1\right)\end{cases}$이다.

그림에서 $0\le f(x)\le\frac{1}{2}$인 x의 값은 $\frac{1}{4}\le x\le\frac{1}{2}$, $\frac{1}{2}\le x\le\frac{3}{4}$이고, $\frac{1}{2}\le f(x)\le 1$인 x의 값은 $0\le x\le\frac{1}{4}$, $\frac{3}{4}\le x\le 1$이다.

$$(f\circ f)(x)=\begin{cases}-2f(x)+1 & \left(\frac{1}{4}\le x\le\frac{1}{2}\right)\\ -2f(x)+1 & \left(\frac{1}{2}\le x\le\frac{3}{4}\right)\end{cases}\quad 0\le f(x)\le\frac{1}{2}$$
$$\qquad\qquad\begin{cases}2f(x)-1 & \left(0\le x\le\frac{1}{4}\right)\\ 2f(x)-1 & \left(\frac{3}{4}\le x\le 1\right)\end{cases}\quad \frac{1}{2}\le f(x)\le 1$$

$$=\begin{cases}-2(-2x+1)+1 & \left(\frac{1}{4}\le x\le\frac{1}{2}\right)\\ -2(2x-1)+1 & \left(\frac{1}{2}\le x\le\frac{3}{4}\right)\\ 2(-2x+1)-1 & \left(0\le x\le\frac{1}{4}\right)\\ 2(2x-1)-1 & \left(\frac{3}{4}\le x\le 1\right)\end{cases}$$

$$=\begin{cases}-4x+1 & \left(0\le x\le\frac{1}{4}\right)\\ 4x-1 & \left(\frac{1}{4}\le x\le\frac{1}{2}\right)\\ -4x+3 & \left(\frac{1}{2}\le x\le\frac{3}{4}\right)\\ 4x-3 & \left(\frac{3}{4}\le x\le 1\right)\end{cases}$$

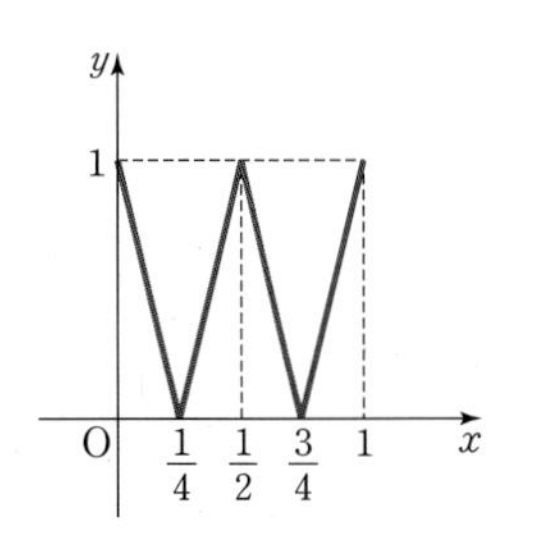

따라서 $y=(f\circ f)(x)$의 그래프는 그림과 같다.

같은 방법으로 합성함수 $f\circ f\circ f\circ\cdots$의 그래프를 추적하면 다음과 같다.

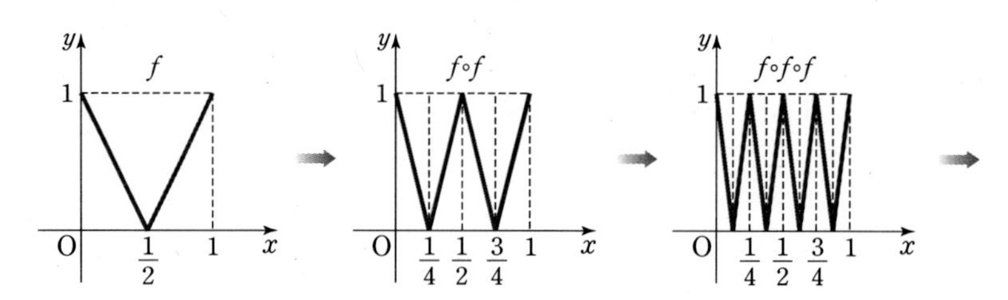

또 $f(x)=4\left(x-\frac{1}{2}\right)^2(0\le x\le 1)$일 때 f, $f\circ f$, $f\circ f\circ f$, $\cdots$의 그래프를 추적하면 다음과 같다.

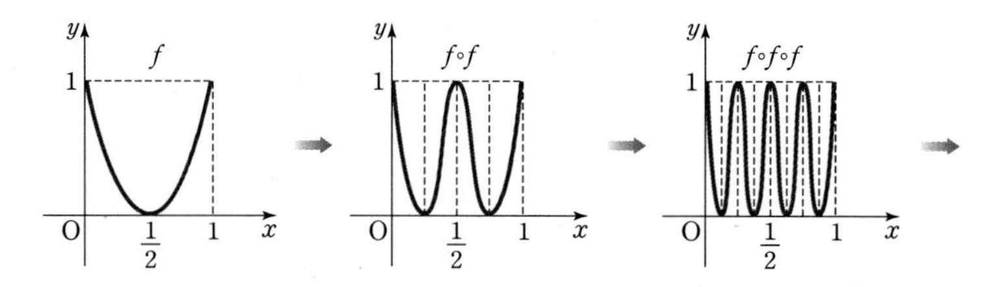

예시 1 오른쪽 그림은 함수 $f(x)=2\left|x-\frac{1}{2}\right|(0\le x\le 1)$의 그래프이다.

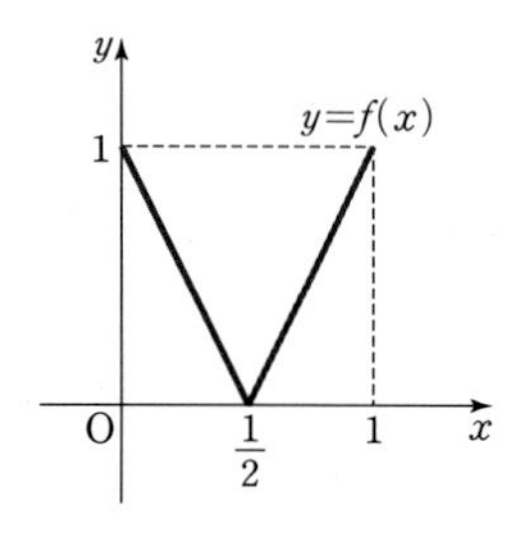

자연수 n에 대하여 집합 A_n을

$$A_n=\{x|f^n(x)=1,\ 0\le x\le 1\}$$

이라 할 때, 집합 A_n의 원소의 개수를 a_n이라 하자. 예를 들어 $A_1=\{0,\ 1\}$, $A_2=\left\{0,\ \frac{1}{2},\ 1\right\}$이므로 $a_1=2$, $a_2=3$이다.

$\lim_{n\to\infty}\frac{a_n}{a_{n+1}}$의 값을 구하시오. 단, $f^1=f$, $f^{n+1}=f\circ f^n\ (n=1,\ 2,\ 3,\ \cdots)$이다.

풀이

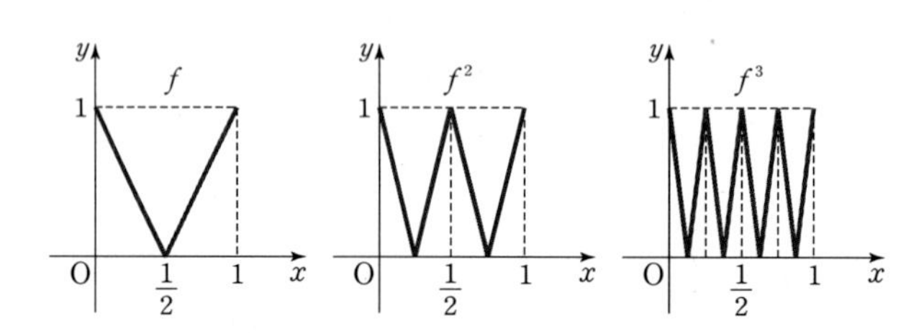

위의 그림에서 함수 $y=f^n(x)(0\le x\le 1)$의 그래프와 x축과의 교점의 개수는 $n=1,\ 2,\ 3,\ 4,\ \cdots$일 때 각각 $1,\ 2,\ 4,\ 8,\ \cdots,\ 2^{n-1},\ \cdots$이고 함수 $y=f^n(x)(0\le x\le 1)$의 그래프와 $y=1$과의 교점의 개수는 $n=1,\ 2,\ 3,\ 4,\ \cdots$ 일 때 각각 $1+1,\ 2+1,\ 4+1,\ 8+1,\ \cdots,\ 2^{n-1}+1,\ \cdots$이다.

따라서, $a_n=2^{n-1}+1(n=1,\ 2,\ 3,\ \cdots)$이므로 $\lim_{n\to\infty}\frac{a_n}{a_{n+1}}=\lim_{n\to\infty}\frac{2^{n-1}+1}{2^n+1}=\frac{1}{2}$이다.

한 변의 길이가 1인 정사각형 모양의 장치가 있는데 마주보는 두 변에 그림과 같이 거울이 설치되어 있다. (가) 지점에서 발사 각도를 일정한 규칙에 따라 변화시키면서 레이저 신호를 거울에 반사되게 하여 (나) 지점에 도달하도록 하는 실험을 하고 있다. 첫 번째 발사에서 레이저의 궤적은 그림과 같다.

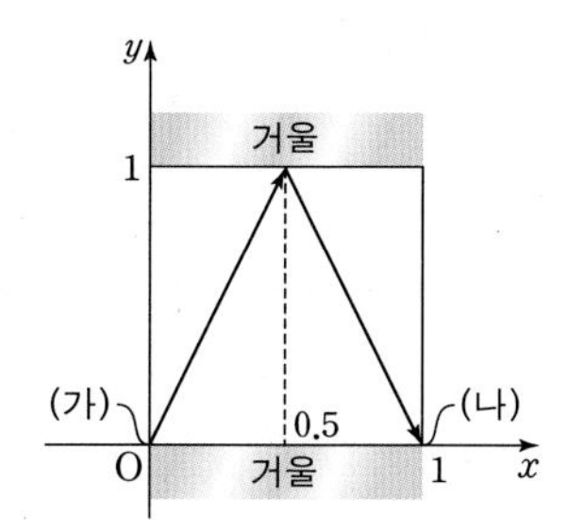

이 궤적을 어떤 함수 f의 주어진 구간에서의 그래프라고 하자. n번째 발사에서 레이저의 궤적은 f를 n번 합성한 함수의 그래프와 같다.

이 실험을 통하여 다양한 수열을 관찰할 수 있다. 예를 들어, n번째 발사된 레이저의 (가)에서 (나)까지 궤적의 길이를 일반항으로 가지는 수열을 생각할 수 있다. 이와 같이 위의 실험에서 유도할 수 있는 수열을 사용하여 수렴하는 무한급수와 발산하는 무한급수의 예를 각각 하나씩 들고 수렴, 발산하는 이유를 설명하시오.

(단, 상수로 이루어진 수열은 제외한다. 그리고 지문에 있는 예는 사용하지 마시오.)

| 고려대학교 2006년 수시 |

레이저의 궤적이 거울에 반사되는 횟수, 궤적의 길이, 직선 $y=k(0<k<1)$과 궤적이 만나는 횟수 등 여러 가지 경우를 생각해 본다.

TEXT SUMMARY

Ⅵ 수열과 수열의 극한

1 등차수열과 등비수열

1 등차수열과 등비수열의 일반항

(1) 등차수열의 일반항 : 첫째항이 a, 공차가 d인 등차수열의 일반항을 a_n이라 하면

$$a_n=a+(n-1)d\ (n=1,\ 2,\ 3,\ \cdots)$$

(2) 등비수열의 일반항 : 첫째항이 a, 공비가 r인 등비수열의 일반항을 a_n이라 하면

$$a_1=a,\ a_n=ar^{n-1}\ (n=1,\ 2,\ 3,\ \cdots)$$

참고 등차수열, 등비수열을 나타내는 식

등차수열	등비수열
$a_{n+1}=a_n+d\,(a_{n+1}-a_n=d)$	$a_{n+1}=ra_n\left(\frac{a_{n+1}}{a_n}=r\right)$
$2a_{n+1}=a_n+a_{n+2}(n=1, 2, 3, \cdots)$	${a_{n+1}}^2=a_n\cdot a_{n+2}(n=1, 2, 3, \cdots)$

2 등차수열의 합, 등비수열의 합

(1) 등차수열의 합 : 등차수열의 첫째항을 a, 공차를 d, 제n항(끝항)을 l이라 할 때, 첫째항부터 제n항까지의 합 S_n은

① 첫째항과 공차를 알 때, $S_n=\frac{n\{2a+(n-1)d\}}{2}$

② 첫째항과 제n항(끝항)을 알 때, $S_n=\frac{n(a+l)}{2}$

(2) 등비수열의 합 : 등비수열의 첫째항을 a, 공비를 r라 할 때, 첫째항부터 제n항까지의 합 S_n은

① $r\neq1$일 때, $S_n=\frac{a(1-r^n)}{1-r}=\frac{a(r^n-1)}{r-1}$

② $r=1$일 때, $S_n=na$

이해돕기 수열 $2+\frac{1}{2},\ 4+\frac{1}{4},\ 6+\frac{1}{8},\ 8+\frac{1}{16},\ \cdots$의 첫째항부터 제10항까지의 합을 구하시오.

풀이

$$S_{10}=\left(2+\frac{1}{2}\right)+\left(4+\frac{1}{4}\right)+\left(6+\frac{1}{8}\right)+\cdots+\left(20+\frac{1}{2^{10}}\right)$$

$$=(2+4+6+\cdots+20)+\left(\frac{1}{2}+\frac{1}{4}+\frac{1}{8}+\cdots+\frac{1}{2^{10}}\right)$$

$$=\frac{10(2\times2+9\times2)}{2}+\frac{\frac{1}{2}\left\{1-\left(\frac{1}{2}\right)^{10}\right\}}{1-\frac{1}{2}}=111-\frac{1}{2^{10}}$$

3 수열의 합과 일반항 사이의 관계

수열 $\{a_n\}$의 첫째항부터 제n항까지의 합을 S_n이라 하면

$$a_1=S_1,\ a_n=S_n-S_{n-1}\ (n\geq2)$$

BASIC

등차중항, 등비중항

- 등차중항 : 세 수 a, b, c가 이 순서로 등차수열을 이룰 때, b를 a, c의 등차중항이라 하고 다음 관계가 성립한다.

$b=\frac{a+c}{2},\ 2b=a+c$

- 등비중항 : 세 수 a, b, c가 이 순서로 등비수열을 이룰 때, b를 a, c의 등비중항이라 하고 다음 관계가 성립한다.

$b^2=ac,\ b=\pm\sqrt{ac}$

등차수열의 합 S_n의 특징

수열 $\{a_n\}$의 첫째항부터 제n항까지의 합 S_n이

$S_n=An^2+Bn+C$ (단, A, B, C는 상수)일 때,

(ⅰ) $C=0$이면, 수열 $\{a_n\}$은 첫째항부터 등차수열을 이룬다.

(ⅱ) $C\neq0$이면, 수열 $\{a_n\}$은 둘째항부터 등차수열을 이룬다.

$a_n=S_n-S_{n-1}$에 $n=1$을 대입하면 $a_1=S_1-S_0$이다. 그러나 S_0은 정의되지 않으므로 $n\geq2$인 조건이 반드시 필요하다. 한편, $n=1$인 경우는 수열의 합 S_n의 정의에 의하여 $a_1=S_1$임을 알 수 있다.

2 여러 가지 수열

BASIC

1 합의 기호 $\sum$의 정의와 성질

(1) $\sum$의 정의

수열 $\{a_n\}$의 첫째항부터 제n항까지의 합 $a_1+a_2+a_3+\cdots+a_n$을 기호 $\sum$를 사용하여 다음과 같이 간단하게 나타낸다.

$$a_1+a_2+a_3+\cdots+a_n=\sum_{k=1}^{n}a_k$$

(2) $\sum$의 성질

① $\sum_{k=1}^{n}(a_k \pm b_k)=\sum_{k=1}^{n}a_k \pm \sum_{k=1}^{n}b_k$ (복부호동순)

② $\sum_{k=1}^{n}ca_k=c\sum_{k=1}^{n}a_k$ (단, c는 상수)

③ $\sum_{k=1}^{n}c=cn$ (단, c는 상수)

● 주의해야 할 $\sum$의 계산

• $\sum_{k=1}^{n}a_k \cdot \sum_{k=1}^{n}b_k \neq \sum_{k=1}^{n}a_kb_k$

• $\sum_{k=1}^{n}\frac{a_k}{b_k} \neq \frac{\sum_{k=1}^{n}a_k}{\sum_{k=1}^{n}b_k}$

2 여러 가지 수열의 합

(1) 자연수의 거듭제곱의 합

① $1+2+3+\cdots+n=\sum_{k=1}^{n}k=\frac{n(n+1)}{2}$

② $1^2+2^2+3^2+\cdots+n^2=\sum_{k=1}^{n}k^2=\frac{n(n+1)(2n+1)}{6}$

③ $1^3+2^3+3^3+\cdots+n^3=\sum_{k=1}^{n}k^3=\left\{\frac{n(n+1)}{2}\right\}^2$

(2) 여러 가지 수열의 합

① $\sum_{k=1}^{n}\frac{1}{k(k+1)}=\sum_{k=1}^{n}\left(\frac{1}{k}-\frac{1}{k+1}\right)$

② $\sum_{k=1}^{n}\frac{1}{k(k+1)(k+2)}=\frac{1}{2}\sum_{k=1}^{n}\left\{\frac{1}{k(k+1)}-\frac{1}{(k+1)(k+2)}\right\}$

③ $\sum_{k=1}^{n}\frac{1}{\sqrt{k+1}+\sqrt{k}}=\sum_{k=1}^{n}(\sqrt{k+1}-\sqrt{k})$

● 부분분수의 분해

• $\frac{1}{AB}=\frac{1}{B-A}\left(\frac{1}{A}-\frac{1}{B}\right)$ (단, $A \neq B$)

• $\frac{1}{ABC}=\frac{1}{C-A}\left(\frac{1}{AB}-\frac{1}{BC}\right)$ (단, $A \neq C$)

이해돕기 수열 $\frac{1}{1}, \frac{1}{1+2}, \frac{1}{1+2+3}, \cdots, \frac{1}{1+2+3+\cdots+n}$의 합을 구하시오.

풀이 주어진 수열의 일반항을 a_n이라 하면

$$a_n=\frac{1}{1+2+3+\cdots+n}=\frac{1}{\frac{n(n+1)}{2}}=\frac{2}{n(n+1)}$$

$$\therefore S_n=\sum_{k=1}^{n}a_k=\sum_{k=1}^{n}\frac{2}{k(k+1)}$$

$$=2\sum_{k=1}^{n}\frac{1}{k(k+1)}=2\sum_{k=1}^{n}\left(\frac{1}{k}-\frac{1}{k+1}\right)$$

$$=2\left\{\left(1-\frac{1}{2}\right)+\left(\frac{1}{2}-\frac{1}{3}\right)+\left(\frac{1}{3}-\frac{1}{4}\right)+\cdots+\left(\frac{1}{n}-\frac{1}{n+1}\right)\right\}$$

$$=2\left(1-\frac{1}{n+1}\right)=2\times\frac{n}{n+1}=\frac{2n}{n+1}$$

3 계차수열

(1) 계차수열

수열 $\{a_n\}$에서 이웃하는 두 항의 차 $b_n=a_{n+1}-a_n(n=1, 2, 3, \cdots)$을 a_n과 a_{n+1}의 계차라 하고, 계차로 이루어진 수열 $\{b_n\}$을 수열 $\{a_n\}$의 계차수열이라고 한다.

(2) 계차수열과 수열의 일반항

수열 $\{a_n\}$의 계차수열을 $\{b_n\}$이라 할 때

$$a_n=a_1+(b_1+b_2+b_3+\cdots+b_{n-1})=a_1+\sum_{k=1}^{n-1}b_k\ (n\ge2)$$

BASIC

• 계차수열 $\{b_n\}$의 합은 $\sum_{k=1}^{n}b_k$가 아니라 $\sum_{k=1}^{n-1}b_k$임에 주의한다.

4 군수열

수열 (1), (1, 2), (1, 2, 3), (1, 2, 3, 4), …와 같이 어떤 규칙에 따라 몇 개의 항을 짝지어 새로운 수열의 각 항으로 할 때, 이 새로운 수열을 '군수열'이라고 한다. 군수열에 대한 문제는 다음을 이용하여 푼다.

(1) 군수열의 제n군의 첫째항 ➡ 각 군의 첫째항으로 이루어진 수열에서 일반항을 구한다.

(2) 제n군의 총합 ➡ 제n군의 첫째항, 항수를 구하고 제n군의 규칙을 조사한다.

(3) 제1군부터 제n군까지의 합 ➡ $\sum_{k=1}^{n}$(제k군의 합의 일반항)을 구한다.

이해돕기 군수열 (1), (2, 3), (4, 5, 6), (7, 8, 9, 10), …에서 제n군의 합을 구하시오.

풀이 각 군의 첫째항으로 이루어진 수열은

1, 2, 4, 7, …
 1 2 3 …

이므로 제n군의 첫째항을 a_n이라 하면

$$a_n=1+\{1+2+3+\cdots+(n-1)\}=1+\frac{(n-1)\{1+(n-1)\}}{2}=\frac{n^2-n+2}{2}$$

이때, 제n군은 첫째항이 $\frac{n^2-n+2}{2}$, 공차가 1, 항수가 n인 등차수열이므로 제n군의 합은

$$\frac{n\left\{2\times\frac{n^2-n+2}{2}+(n-1)\times1\right\}}{2}=\frac{1}{2}n(n^2+1)$$

3 수학적 귀납법

1 수열의 귀납적 정의와 점화식

(1) 수열의 귀납적 정의 : 첫째항 a_1과 이웃하는 항 사이의 관계식을 써서 수열을 정의하는 것을 수열의 귀납적 정의라 하고, 이웃하는 항 사이의 관계식을 수열의 점화식이라고 한다.

(2) 기본적인 점화식

① $a_{n+1}-a_n=d$(일정) 또는 $2a_{n+1}=a_n+a_{n+2}$ ➡ 등차수열

② $a_{n+1}\div a_n=r$(일정) 또는 $a_{n+1}{}^2=a_n\cdot a_{n+2}$ ➡ 등비수열

• 수열 $\left\{\frac{1}{a_n}\right\}$이 등차수열인 것을 나타내는 점화식

① $\frac{1}{a_{n+1}}-\frac{1}{a_n}=d$(일정)

② $\frac{1}{a_{n+1}}-\frac{1}{a_n}=\frac{1}{a_{n+2}}-\frac{1}{a_{n+1}}$

$\Longleftrightarrow \frac{2}{a_{n+1}}=\frac{1}{a_n}+\frac{1}{a_{n+2}}$

(3) 여러 가지 점화식

① $a_{n+1}=a_n+f(n)$

➡ $f(n)$이 수열 $\{a_n\}$의 계차수열이므로 $a_n=a_1+\sum_{k=1}^{n-1}f(k)\ (n\ge 2)$

② $a_{n+1}=a_n\cdot f(n)$

➡ n에 1, 2, 3, …, $n-1$을 차례로 대입하여 변끼리 곱하면

$$a_n=a_1f(1)f(2)f(3)\cdots f(n-1)\ (n\ge 2)$$

③ $a_{n+1}=pa_n+q\,(p\ne 0,\ p\ne 1,\ q\ne 0)$

➡ $a_{n+1}-\alpha=p(a_n-\alpha)$꼴로 변형하면 수열 $\{a_n-\alpha\}$는 첫째항이 $a_1-\alpha$, 공비가 p인 등비수열이므로 $a_n-\alpha=(a_1-\alpha)p^{n-1}$

④ $pa_{n+2}+qa_{n+1}+ra_n=0\,(p+q+r=0,\ pqr\ne 0)$

➡ $p(a_{n+2}-a_{n+1})=r(a_{n+1}-a_n)$꼴로 변형하면 계차수열 $\{a_{n+1}-a_n\}$은 첫째항이 a_2-a_1, 공비가 $\frac{r}{p}$인 등비수열이므로

$$a_n=a_1+\sum_{k=1}^{n-1}(a_2-a_1)\left(\frac{r}{p}\right)^{k-1}\ (n\ge 2)$$

⑤ $a_{n+1}=\frac{pa_n}{qa_n+r}(pqr\ne 0)$

➡ 양변에 역수를 취하여 ③의 꼴로 변형한다.

BASIC

• $a_{n+1}=a_n+f(n)$의 풀이법

$$\begin{array}{rl} & a_2=a_1+f(1) \\ & a_3=a_2+f(2) \\ & \vdots \\ +) & a_n=a_{n-1}+f(n-1) \\ \hline & a_n=a_1+f(1)+f(2)+\cdots+f(n-1) \end{array}$$

• $a_{n+1}=a_n\cdot f(n)$의 풀이법

$$\begin{array}{rl} & a_2=a_1\cdot f(1) \\ & a_3=a_2\cdot f(2) \\ & \vdots \\ \times) & a_n=a_{n-1}\cdot f(n-1) \\ \hline & a_n=a_1\cdot f(1)\cdot f(2)\cdot\cdots\cdot f(n-1) \end{array}$$

이해돕기 다음과 같이 귀납적으로 정의된 수열 $\{a_n\}$의 일반항을 구하시오. (단, $n=1, 2, 3, \cdots$)

(1) $a_1=5,\ a_{n+1}=a_n+2n$

(2) $a_1=1,\ a_{n+1}=\left(1+\frac{1}{n}\right)a_n$

(3) $a_1=1,\ a_{n+1}=\frac{1}{2}a_n+1$

(4) $a_1=1,\ a_2=2,\ a_{n+2}-3a_{n+1}+2a_n=0$

(5) $a_1=1,\ a_{n+1}=\frac{3a_n}{1+a_n}$

풀이

(1) $a_n=a_1+\sum_{k=1}^{n-1}2k=5+2\times\frac{(n-1)n}{2}=n^2-n+5$

(2) $a_{n+1}=\left(\frac{n+1}{n}\right)a_n$ $\quad\therefore a_n=a_1\times\frac{2}{1}\times\frac{3}{2}\times\frac{4}{3}\times\cdots\times\frac{n}{n-1}=1\times\frac{n}{1}=n$

(3) $a_{n+1}-2=\frac{1}{2}(a_n-2)$에서

$$a_n-2=\left(\frac{1}{2}\right)^{n-1}(a_1-2)=\left(\frac{1}{2}\right)^{n-1}(1-2)\qquad\therefore a_1=1,\ a_n=2-\left(\frac{1}{2}\right)^{n-1}$$

(4) $a_{n+2}-3a_{n+1}+2a_n=0$에서 $a_{n+2}-a_{n+1}=2(a_{n+1}-a_n)$

이때, 수열 $\{a_n\}$의 계차수열은 첫째항이 a_2-a_1, 공비가 2인 등비수열이므로

$$a_n=a_1+\sum_{k=1}^{n-1}(a_2-a_1)2^{k-1}=a_1+\frac{(a_2-a_1)(2^{n-1}-1)}{2-1}=1+(2-1)(2^{n-1}-1)$$

$\therefore a_1=1,\ a_n=2^{n-1}$

(5) $a_{n+1}=\frac{3a_n}{1+a_n}$에서 역수를 취하면 $\frac{1}{a_{n+1}}=\frac{1+a_n}{3a_n}=\frac{1}{3a_n}+\frac{1}{3}$

이때, $\frac{1}{a_n}=b_n$으로 놓으면 $b_{n+1}=\frac{1}{3}b_n+\frac{1}{3}$, $b_{n+1}-\frac{1}{2}=\frac{1}{3}\left(b_n-\frac{1}{2}\right)$

$b_1=\frac{1}{a_1}=1$이므로 $b_n-\frac{1}{2}=\left(\frac{1}{3}\right)^{n-1}\left(b_1-\frac{1}{2}\right)=\left(\frac{1}{3}\right)^{n-1}\left(1-\frac{1}{2}\right)$

$$\therefore b_n=\frac{1}{2}+\frac{1}{2}\left(\frac{1}{3}\right)^{n-1}=\frac{3^{n-1}+1}{2\cdot 3^{n-1}}$$

따라서 $\frac{1}{a_n}=\frac{3^{n-1}+1}{2\cdot 3^{n-1}}$이므로 $a_1=1,\ a_n=\frac{2\cdot 3^{n-1}}{3^{n-1}+1}$이다.

② 수학적 귀납법

명제 $p(n)$이 모든 자연수 n에 대하여 성립하는 것을 증명하려면 다음 두 가지를 보이면 된다.

(i) $n=1$일 때, 명제 $p(n)$이 성립한다.

(ii) $n=k$일 때, 명제 $p(n)$이 성립한다고 가정하면 $n=k+1$일 때에도 명제 $p(n)$이 성립한다.

이와 같은 방법으로 자연수 n에 대한 명제가 참임을 증명하는 방법을 수학적 귀납법이라고 한다.

BASIC

- '$n \geq a$(a는 2 이상의 자연수)인 모든 자연수 n에 대하여 명제 $p(n)$이 성립한다.'를 증명할 때에도 다음 두 가지를 보이면 된다.
  (i) $n=a$일 때, 명제 $p(n)$이 성립한다.
  (ii) $n=k(k \geq a)$일 때, 명제 $p(n)$이 성립한다고 가정하면, $n=k+1$일 때에도 명제 $p(n)$이 성립한다.

이해돕기 모든 자연수 n에 대하여 등식 $1^2+2^2+3^2+\cdots+n^2=\frac{1}{6}n(n+1)(2n+1)$이 성립함을 수학적 귀납법으로 증명하시오.

풀이 (i) $n=1$일 때, (좌변)$=1^2=1$, (우변)$=\frac{1}{6}\cdot1\cdot2\cdot3=1$

즉, $n=1$일 때, 주어진 등식은 성립한다.

(ii) $n=k$일 때, 주어진 등식이 성립한다고 가정하면

$$1^2+2^2+3^2+\cdots+k^2=\frac{1}{6}k(k+1)(2k+1) \quad \cdots\cdots ㉠$$

등식 ㉠의 양변에 $(k+1)^2$을 더하면

$$\begin{aligned}1^2+2^2+3^2+\cdots+k^2+(k+1)^2&=\frac{1}{6}k(k+1)(2k+1)+(k+1)^2\\&=\frac{1}{6}(k+1)(k+2)(2k+3)\\&=\frac{1}{6}(k+1)\{(k+1)+1\}\{2(k+1)+1\}\end{aligned}$$

즉, $n=k+1$일 때에도 주어진 등식은 성립한다.

따라서 (i), (ii)에 의하여 모든 자연수 n에 대하여 주어진 등식은 성립한다.

4 수열의 극한

① 수열의 수렴, 발산

(1) 극한(값)

수열 a_1, a_2, a_3, $\cdots$, a_n, $\cdots$에서 n이 한없이 커질 때, a_n이 일정한 값 α에 한없이 가까워지면 수열 $\{a_n\}$은 α에 수렴한다고 하며, α를 수열 $\{a_n\}$의 극한값 또는 극한이라고 한다. 이를 기호로 $n \to \infty$일 때 $a_n \to \alpha$ 또는 $\lim_{n\to\infty} a_n=\alpha$와 같이 나타낸다.

(2) 수열의 수렴, 발산

① $\lim_{n\to\infty} a_n=\alpha$(일정한 값) $\Longleftrightarrow$ 수열 $\{a_n\}$의 극한값은 α이다.
$\Longleftrightarrow$ 수열 $\{a_n\}$은 α에 수렴한다.

② $\lim_{n\to\infty} a_n=\pm\infty$ 또는 진동 $\Longleftrightarrow$ 수열 $\{a_n\}$의 극한값은 없다.
$\Longleftrightarrow$ 수열 $\{a_n\}$은 발산한다.

2 극한값의 계산

(1) 수열의 극한값의 성질

수렴하는 두 수열 $\{a_n\}$, $\{b_n\}$에 대하여 $\lim_{n\to\infty} a_n=\alpha$, $\lim_{n\to\infty} b_n=\beta$일 때

① $\lim_{n\to\infty} ca_n=c\alpha$ (c는 상수)　　② $\lim_{n\to\infty}(a_n\pm b_n)=\alpha\pm\beta$ (복부호동순)

③ $\lim_{n\to\infty} a_nb_n=\alpha\beta$　　④ $\lim_{n\to\infty}\dfrac{a_n}{b_n}=\dfrac{\alpha}{\beta}$(단, $b_n\neq0$, $\beta\neq0$)

⑤ 모든 자연수 n에 대하여 $a_n\le b_n$이면 $\alpha\le\beta$

⑥ 수열 $\{c_n\}$이 모든 자연수 n에 대하여 $a_n\le c_n\le b_n$이고 $\alpha=\beta$이면 $\lim_{n\to\infty} c_n=\alpha$

(2) 수열의 극한값의 계산

① $\dfrac{\infty}{\infty}$꼴 ➡ 분모의 최고차항으로 분모, 분자를 각각 나눈다.

② $\infty-\infty$꼴($\sqrt{\ }$ 포함) ➡ 유리화한다.

이해돕기 다음 수열 $\{a_n\}$의 극한값을 구하시오.

(1) $\dfrac{1^2}{1}, \dfrac{2^2}{1+2}, \dfrac{3^2}{1+2+3}, \cdots$　　(2) $\{\sqrt{n}(\sqrt{n+1}-\sqrt{n-1})\}$

풀이

(1) $a_n=\dfrac{n^2}{1+2+3+\cdots+n}=\dfrac{n^2}{\frac{n(n+1)}{2}}=\dfrac{2n}{n+1}$

$\therefore \lim_{n\to\infty} a_n=\lim_{n\to\infty}\dfrac{2n}{n+1}=2$

(2) $a_n=\sqrt{n}(\sqrt{n+1}-\sqrt{n-1})=\sqrt{n^2+n}-\sqrt{n^2-n}$

$$\therefore \lim_{n\to\infty} a_n=\lim_{n\to\infty}(\sqrt{n^2+n}-\sqrt{n^2-n})=\lim_{n\to\infty}\frac{(n^2+n)-(n^2-n)}{\sqrt{n^2+n}+\sqrt{n^2-n}}$$

$$=\lim_{n\to\infty}\frac{2n}{\sqrt{n^2+n}+\sqrt{n^2-n}}=\lim_{n\to\infty}\frac{2}{\sqrt{1+\frac{1}{n}}+\sqrt{1-\frac{1}{n}}}$$

$$=\frac{2}{\sqrt{1}+\sqrt{1}}=1$$

3 등비수열의 극한

등비수열 $\{r^n\}$의 수렴, 발산

$$\lim_{n\to\infty} r^n=\begin{cases}0 & (-1<r<1)\\ 1 & (r=1)\end{cases}\text{수렴}\qquad \begin{cases}\infty & (r>1)\\ \text{진동} & (r\le-1)\end{cases}\text{발산}$$

이해돕기 수열 2, 4, 8, 16, …의 제n항을 a_n, 첫째항부터 제n항까지의 합을 S_n이라 할 때, $\lim_{n\to\infty}\dfrac{a_n}{S_n}$의 값을 구하여라.

풀이 $a_n=2\cdot2^{n-1}=2^n$, $S_n=\dfrac{2(2^n-1)}{2-1}=2^{n+1}-2$

$$\therefore \lim_{n\to\infty}\frac{a_n}{S_n}=\lim_{n\to\infty}\frac{2^n}{2^{n+1}-2}=\lim_{n\to\infty}\frac{\frac{1}{2}}{1-\frac{1}{2^n}}=\frac{1}{2}$$

BASIC

- 수열의 극한값의 성질은 수렴하는 수열에 대해서만 성립한다.
- ∞는 수가 아닌 한없이 커지는 상태를 나타내는 기호이므로 $\dfrac{\infty}{\infty}\neq1$, $\infty-\infty\neq0$임에 주의한다.
- **$\dfrac{\infty}{\infty}$꼴의 극한값을 빨리 구하는 방법**
  - (분자의 차수)=(분모의 차수) ⇨ 극한값 : 최고차항의 계수의 비
  - (분자의 차수)<(분모의 차수) ⇨ 극한값 : 0
  - (분자의 차수)>(분모의 차수) ⇨ 극한값 : 없다.
- 등비수열의 첫째항이 0이면 모든 항이 0이 되므로 이 수열은 0에 수렴한다. 따라서 등비수열 $\{ar^{n-1}\}$의 수렴 조건은 $a=0$ 또는 $-1<r\le1$이다.

5 급수

BASIC

1 급수의 수렴, 발산

(1) 급수의 뜻

① 수열 $\{a_n\}$의 각 항을 첫째항부터 차례로 덧셈 기호 $+$로 연결한 식, 즉

$a_1+a_2+a_3+\cdots+a_n+\cdots$을 급수라 하고, $\sum_{n=1}^{\infty}a_n$과 같이 나타낸다.

② 급수 $\sum_{n=1}^{\infty}a_n$의 첫째항부터 제n항까지의 합

$S_n=a_1+a_2+a_3+\cdots+a_n=\sum_{k=1}^{n}a_k$를 급수의 제$n$항까지의 부분합이라고 한다.

(2) 급수의 수렴, 발산

① 급수의 합

급수 $\sum_{n=1}^{\infty}a_n$의 부분합으로 이루어진 수열 $\{S_n\}$이 일정한 값 S에 수렴할 때,

즉 $\lim_{n\to\infty}S_n=\lim_{n\to\infty}\sum_{k=1}^{n}a_k=S$일 때, 급수 $\sum_{n=1}^{\infty}a_n$은 S에 수렴한다고 한다. 이때,

S를 이 급수의 합이라고 한다.

② 급수의 수렴, 발산

㉠ $\lim_{n\to\infty}S_n=S$(일정한 값) $\Longleftrightarrow$ 급수 $\sum_{n=1}^{\infty}a_n$은 S에 수렴

$\Longleftrightarrow$ 합은 S이다.

㉡ $\lim_{n\to\infty}S_n=\pm\infty$ 또는 진동 $\Longleftrightarrow$ 급수 $\sum_{n=1}^{\infty}a_n$은 발산

(3) 항의 부호가 교대로 변하는 급수의 수렴, 발산

각 항의 부호가 교대로 $+$, $-$가 되는 급수의 수렴과 발산은 홀수 번째 항까지의 부분합 S_{2m-1}과 짝수 번째 항까지의 부분합 S_{2m}의 극한값을 구한 후

㉠ $\lim_{m\to\infty}S_{2m}=\lim_{m\to\infty}S_{2m-1}=\alpha$ ➡ 급수는 수렴하고, 그 합은 α이다.

㉡ $\lim_{m\to\infty}S_{2m}\neq\lim_{m\to\infty}S_{2m-1}$ ➡ 급수는 발산한다.

● 급수의 합 구하는 방법

① 첫째항부터 제n항까지의 부분합 S_n을 구한다.

② 급수의 합 S는 $\lim_{n\to\infty}S_n$의 값으로 구한다. 즉,

$S=\lim_{n\to\infty}S_n$, $\sum_{n=1}^{\infty}a_n=\lim_{n\to\infty}\sum_{k=1}^{n}a_k$

● 발산하는 급수에 대해서는 그 합을 생각하지 않는다.

이해돕기 다음 급수의 수렴, 발산을 조사하시오.

(1) $1-\frac{1}{2}+\frac{1}{2}-\frac{1}{3}+\frac{1}{3}-\frac{1}{4}+\frac{1}{4}-\cdots$

(2) $\frac{1}{2}-\frac{2}{3}+\frac{2}{3}-\frac{3}{4}+\frac{3}{4}-\frac{4}{5}+\frac{4}{5}-\cdots$

풀이 첫째항부터 제n항까지의 합을 S_n이라 하면

(1) (ⅰ) $n=2m$일 때

$$S_n=S_{2m}=\left(1-\frac{1}{2}\right)+\left(\frac{1}{2}-\frac{1}{3}\right)+\left(\frac{1}{3}-\frac{1}{4}\right)+\cdots+\left(\frac{1}{m}-\frac{1}{m+1}\right)=1-\frac{1}{m+1}$$

$$\therefore \lim_{n\to\infty}S_n=\lim_{m\to\infty}S_{2m}=\lim_{m\to\infty}\left(1-\frac{1}{m+1}\right)=1$$

(ⅱ) $n=2m-1$일 때

$$S_n=S_{2m-1}=1+\left(-\frac{1}{2}+\frac{1}{2}\right)+\left(-\frac{1}{3}+\frac{1}{3}\right)+\left(-\frac{1}{4}+\frac{1}{4}\right)+\cdots+\left(-\frac{1}{m}+\frac{1}{m}\right)=1$$

$$\therefore \lim_{n\to\infty}S_n=\lim_{m\to\infty}S_{2m-1}=1$$

(ⅰ), (ⅱ)에서 $\lim_{m\to\infty}S_{2m}=\lim_{m\to\infty}S_{2m-1}=1$이므로 주어진 급수는 1로 수렴한다.

(2) (i) $n=2m$일 때

$$S_n=S_{2m}=\left(\frac{1}{2}-\frac{2}{3}\right)+\left(\frac{2}{3}-\frac{3}{4}\right)+\left(\frac{3}{4}-\frac{4}{5}\right)+\cdots+\left(\frac{m}{m+1}-\frac{m+1}{m+2}\right)=\frac{1}{2}-\frac{m+1}{m+2}$$

$$\therefore \lim_{n\to\infty}S_n=\lim_{m\to\infty}S_{2m}=\lim_{m\to\infty}\left(\frac{1}{2}-\frac{m+1}{m+2}\right)=\frac{1}{2}-1=-\frac{1}{2}$$

(ii) $n=2m-1$일 때

$$S_n=S_{2m-1}=\frac{1}{2}+\left(-\frac{2}{3}+\frac{2}{3}\right)+\left(-\frac{3}{4}+\frac{3}{4}\right)+\left(-\frac{4}{5}+\frac{4}{5}\right)+\cdots+\left(-\frac{m}{m+1}+\frac{m}{m+1}\right)=\frac{1}{2}$$

(i), (ii)에서 $\lim_{m\to\infty}S_{2m}\neq\lim_{m\to\infty}S_{2m-1}$이므로 주어진 급수는 발산한다.

(4) 급수의 수렴 조건

① 급수 $\sum_{n=1}^{\infty}a_n$이 수렴하면 $\lim_{n\to\infty}a_n=0$이다. (역은 성립하지 않는다.)

② $\lim_{n\to\infty}a_n\neq0$이면 급수 $\sum_{n=1}^{\infty}a_n$은 발산한다. (①의 대우)

이해돕기 다음이 성립함을 증명하시오.

(급수 $\sum_{n=1}^{\infty}a_n$이 수렴) $\underset{\times}{\overset{\circ}{\rightleftarrows}}$ ($\lim_{n\to\infty}a_n=0$)

증명 (→의 증명) $S_n=a_1+a_2+a_3+\cdots+a_n$이라 하자. 이때, 급수 $\sum_{n=1}^{\infty}a_n$이 수렴하므로 그 합을 S라 하면 $\lim_{n\to\infty}S_n=S$, $\lim_{n\to\infty}S_{n-1}=S$이고 $a_n=S_n-S_{n-1}$이므로

$$\lim_{n\to\infty}a_n=\lim_{n\to\infty}(S_n-S_{n-1})=\lim_{n\to\infty}S_n-\lim_{n\to\infty}S_{n-1}=S-S=0$$

(←의 반례) 급수 $1+\frac{1}{2}+\frac{1}{3}+\frac{1}{4}+\cdots+\frac{1}{n}+\cdots$에서 $\lim_{n\to\infty}a_n=\lim_{n\to\infty}\frac{1}{n}=0$이다. 그런데

$$1+\frac{1}{2}+\frac{1}{3}+\frac{1}{4}+\frac{1}{5}+\frac{1}{6}+\frac{1}{7}+\frac{1}{8}+\cdots+\frac{1}{n}+\cdots$$
$$>1+\frac{1}{2}+\left(\frac{1}{4}+\frac{1}{4}\right)+\left(\frac{1}{8}+\frac{1}{8}+\frac{1}{8}+\frac{1}{8}\right)+\cdots$$
$$=1+\frac{1}{2}+\frac{1}{2}+\frac{1}{2}+\cdots=\infty$$

따라서 급수 $1+\frac{1}{2}+\frac{1}{3}+\frac{1}{4}+\cdots+\frac{1}{n}+\cdots$은 발산한다.

2 등비급수

등비급수 $\sum_{n=1}^{\infty}ar^{n-1}=a+ar+ar^2+\cdots+ar^{n-1}+\cdots(a\neq0)$은

① $|r|<1$일 때 ➡ 수렴하고, 그 합은 $\frac{a}{1-r}$이다.

② $|r|\geq1$일 때 ➡ 발산한다.

이해돕기 급수 $\sum_{n=1}^{\infty}\left(\frac{1}{2}\right)^n\sin\frac{n\pi}{2}$의 합을 구하시오.

풀이

$$\sum_{n=1}^{\infty}\left(\frac{1}{2}\right)^n\sin\frac{n\pi}{2}=\frac{1}{2}\sin\frac{\pi}{2}+\left(\frac{1}{2}\right)^2\sin\frac{2\pi}{2}+\left(\frac{1}{2}\right)^3\sin\frac{3\pi}{2}+\cdots$$
$$=\frac{1}{2}-\left(\frac{1}{2}\right)^3+\left(\frac{1}{2}\right)^5-\cdots=\frac{\frac{1}{2}}{1-\left(-\frac{1}{4}\right)}=\frac{2}{5}$$

BASIC

- ①에서 $\lim_{n\to\infty}a_n=0$인 것은 급수 $\sum_{n=1}^{\infty}a_n$이 수렴하기 위한 필요조건이다. ②에서 $\lim_{n\to\infty}a_n\neq0$인 것은 급수가 발산하기 위한 충분조건이다.

- 등비급수 $\sum_{n=1}^{\infty}ar^{n-1}$의 수렴 조건은 $a=0$ 또는 $|r|<1$이다.

- **급수의 성질**

급수 $\sum_{n=1}^{\infty}a_n$, $\sum_{n=1}^{\infty}b_n$이 수렴하고, $\sum_{n=1}^{\infty}a_n=S$, $\sum_{n=1}^{\infty}b_n=T$라 할 때,

• $\sum_{n=1}^{\infty}(a_n\pm b_n)=\sum_{n=1}^{\infty}a_n\pm\sum_{n=1}^{\infty}b_n=S\pm T$ (복부호동순)

• $\sum_{n=1}^{\infty}ka_n=k\sum_{n=1}^{\infty}a_n=kS$ (k는 상수)

수리논술 분석

예제 1 요즘의 사진기는 대부분 자동카메라 또는 디지털카메라로 초점, 거리의 조정 없이 간단히 사용할 수 있다. 그러나 작품사진, 예술사진 등을 찍을 때에는 고가의 수동카메라를 이용한다. 수동카메라를 사용할 때에는 거리 조정은 물론이고, 날씨의 맑고 흐림에 따라 F수라는 것을 조절하여야 한다. 이 F수는 카메라의 렌즈를 둘러싸고 있는 둥근 원통 모양의 겉면에 1.4, 2, 2.8, 4, 5.6, 8, 11, 16이라 새겨진 숫자를 말하고, 이 숫자들은 카메라로 사진을 찍을 때 빛의 양을 조절하는 조리개 수치를 나타낸다. 카메라의 조리개는 카메라에 빛이 들어오는 통로의 크기를 조절하여 통과하는 빛의 양을 조절한다. 밝은 날에는 빛이 들어오는 양을 줄여야 하므로 F수를 11, 16 등으로 크게 하고, 흐린 날에는 빛이 들어오는 양을 늘려야 하므로 F수를 1.4, 2 등으로 작게 하여야 한다. 이때, F수에는 어떠한 규칙이 있는지 발견하고, 그 이유를 수학적으로 설명하시오.

예시 답안

F수 1.4, 2, 2.8, 4, 5.6, 8, 11, 16에서 1.4는 $\sqrt{2}$의 근삿값이고, 2는 $\sqrt{2}$를 두 번 곱한 값이며, 2.8은 $\sqrt{2}$를 세 번 곱한 값의 근삿값이다.
따라서 F수는 $\sqrt{2}$부터 시작하여 차례로 $\sqrt{2}$를 곱해서 얻어지는 등비수열의 각 항의 근삿값이다.
F수를 한 단계 늘리면 원 모양의 렌즈를 통해 들어오는 빛의 양이 반으로 줄어들게 된다. 즉, 카메라의 조리개가 렌즈를 적당히 가려 빛이 들어오는 부분의 넓이가 $\frac{1}{2}$이 된다.

그런데 원의 넓이는 πr^2(r는 원의 반지름의 길이)이므로 넓이가 $\frac{1}{2}$이 되려면 반지름의 길이를 $\frac{1}{\sqrt{2}}$만큼 줄여야 한다. 이렇게 줄어드는 수의 역수를 택한 것이 F수이다.
따라서 F수는 조리개를 한 단계 줄일 때, 앞의 수에 $\sqrt{2}$를 곱한 값의 근삿값이다.

Check Point

주어진 F수는 첫째항이 $\sqrt{2}$이고 공비가 $\sqrt{2}$인 수열의 각 항의 근삿값이다.
즉, $\sqrt{2} \fallingdotseq 1.4$, $(\sqrt{2})^2=2$, $(\sqrt{2})^3=2\sqrt{2} \fallingdotseq 2.8$, $(\sqrt{2})^4=4$, $(\sqrt{2})^5=4\sqrt{2} \fallingdotseq 5.6$, $(\sqrt{2})^6=8$, $(\sqrt{2})^7=8\sqrt{2} \fallingdotseq 11$, $(\sqrt{2})^8=16$이다.

서양 음악의 12음계에서 음의 주파수는 반음 올라갈 때마다 일정 비율로 높아져 12반음 올라가면 2배가 되는 등비수열을 이룬다. 오른쪽 그림의 피아노 건반에 표시된 도, 미, 솔의 주파수 비 $a_1 : a_5 : a_8$에 가장 가까운 정수비에 대하여 설명하시오. $\left(\text{단, } 2^{\frac{1}{3}} \fallingdotseq \frac{5}{4},\ 2^{\frac{5}{12}} \fallingdotseq \frac{4}{3},\ 2^{\frac{7}{12}} \fallingdotseq \frac{3}{2}\text{으로 계산한다.}\right)$

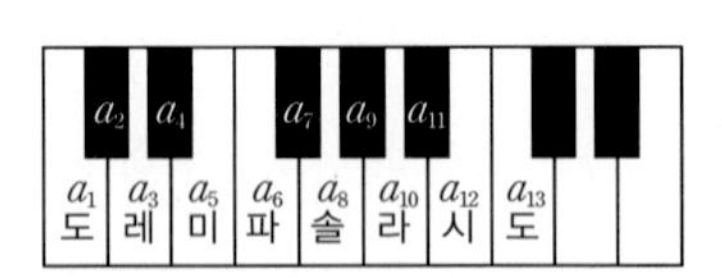

예시 답안 및 해설 62쪽

예제 2 양수의 제곱근을 구할 때 계산기를 이용하면 쉽게 구할 수 있다. 어떤 휴대용 계산기에서 근호가 표시된 키를 누르면 계산기는 화면에 나타낸 수의 양의 제곱근의 근삿값을 구한다. 예를 들어, 화면에 300이 나타나 있을 때 근호 키를 한 번 누르면 17.32050⋯이 나타난다. 그런데 계산기가 없을 경우에 양수의 제곱근을 구할 때에는 원래의 양수에서 1, 3, 5, ⋯의 홀수를 순서대로 뺀다. 이때, 빼고 남은 수가 음이 되기 직전까지 이 과정을 계속하면 그 뺀 횟수가 구하는 제곱근의 정수 부분이 되어 대체적인 근삿값을 추측할 수 있다고 한다. 그 이유를 설명하고, 이 방법에 의하여 7의 양의 제곱근을 소수 첫째 자리까지 구하시오.

예시 답안

어떤 양수 N에서 1, 3, 5, ⋯, $2n-1$의 n개의 수를 차례로 빼면 양수가 되고 1, 3, 5, ⋯, $2n-1$, $2n+1$의 $(n+1)$개의 수를 차례로 빼면 음수가 된다고 하자. 즉,

$1+3+5+\cdots+(2n-1)<N<1+3+5+\cdots+(2n-1)+(2n+1)$,

$1+3+5+\cdots+(2n-1)=\sum_{k=1}^{n}(2k-1)=2\times\frac{n(n+1)}{2}-n=n^2$

이므로 $N=n^2+\alpha$(n은 자연수, $0<\alpha<2n+1$)로 나타낼 수 있다.

$\sqrt{N}=\sqrt{n^2+\alpha}=n.\cdots$이므로 $\sqrt{N}$의 정수 부분은 n이 된다.

이것은 홀수 1, 3, 5, ⋯, $2n-1$의 개수와 일치한다.

또한, 700의 양의 제곱근 $\sqrt{700}$은 $n^2<700$을 만족하는 정수 n의 최댓값이 $n=26$이므로 $\sqrt{700}=26.\cdots$, $\sqrt{700}=10\sqrt{7}$, 즉 $\sqrt{7}=2.6\cdots$이다.

따라서 7의 양의 제곱근을 소수 첫째 자리까지 구하면 2.6이 된다.

Check Point

주어진 방법은 어떤 수의 제곱근의 정수 부분을 구하는 것이므로 7의 양의 제곱근을 소수 첫째 자리까지 구하기 위해서는 $\sqrt{700}$의 정수 부분을 구한 후, $\sqrt{700}=10\sqrt{7}$이므로 $\sqrt{700}$의 정수 부분을 10으로 나누어 소수 첫째 자리까지 구한다.

유제 2 6개의 계단에 아래쪽에서부터 1, 2, 3, 4, 5, 6의 숫자가 차례로 적혀 있다. 1번 계단에서부터 출발하여 한 걸음에 한 계단씩, 다음과 같은 규칙으로 계단을 오르내리고 있다. (단, 6개의 계단에서 끝까지 올라가면 내려오고, 내려오면 다시 올라가는 것을 반복한다.)

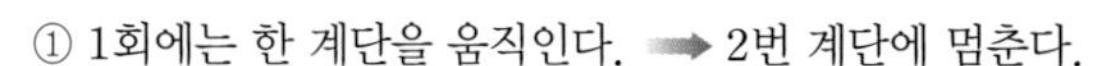

① 1회에는 한 계단을 움직인다. ➡ 2번 계단에 멈춘다.
② 2회에는 두 계단을 움직인다. ➡ 4번 계단에 멈춘다.
③ 3회에는 세 계단을 움직인다. ➡ 5번 계단에 멈춘다.
⋮

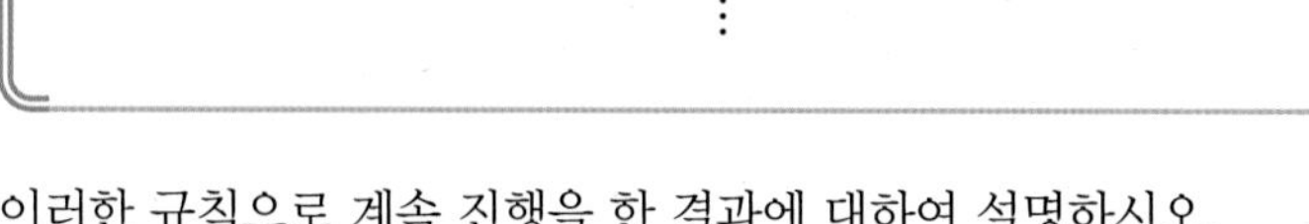

이러한 규칙으로 계속 진행을 한 결과에 대하여 설명하시오.

A그릇과 B그릇에 농도가 $a\,\%$, $b\,\%$인 소금물이 각각 100 g씩 들어 있다. A, B그릇에서 동시에 각 그릇의 소금물을 $\frac{1}{10}$씩 퍼내어 서로 바꾸어 넣는 시행을 무한히 반복하였을 때 A, B그릇에 들어 있는 소금물의 농도에 대하여 논하시오.

예시 답안

A, B그릇에서 동시에 각 그릇의 소금물을 $\frac{1}{10}$씩 퍼내어 서로 바꾸어 넣는 시행을 n회 반복한 후 A, B그릇의 소금물의 농도를 각각 $a_n\,\%$, $b_n\,\%$라 하면 다음과 같은 식이 성립한다.

$$a_{n+1}=\frac{90\times\frac{a_n}{100}+10\times\frac{b_n}{100}}{100}\times100=\frac{9}{10}a_n+\frac{1}{10}b_n \quad \cdots\cdots ㉠$$

$$b_{n+1}=\frac{10\times\frac{a_n}{100}+90\times\frac{b_n}{100}}{100}\times100=\frac{1}{10}a_n+\frac{9}{10}b_n \quad \cdots\cdots ㉡$$

㉠+㉡에서 $a_{n+1}+b_{n+1}=a_n+b_n$이므로 a_n+b_n은 일정하다.
이 일정한 값을 S(상수)라 하면 $a_n+b_n=S$이다. ……㉢
㉢에서 $b_n=S-a_n$을 ㉠에 대입하면

$a_{n+1}=\frac{9}{10}a_n+\frac{1}{10}(S-a_n)$, $a_{n+1}=\frac{4}{5}a_n+\frac{1}{10}S$이다.

$a_{n+1}=\frac{4}{5}a_n+\frac{1}{10}S$에서 $a_{n+1}-\frac{S}{2}=\frac{4}{5}\left(a_n-\frac{S}{2}\right)$이므로 $a_n=\left(a_1-\frac{S}{2}\right)\left(\frac{4}{5}\right)^{n-1}+\frac{S}{2}$이다.

따라서 $\lim_{n\to\infty}a_n=\lim_{n\to\infty}\left\{\left(a_1-\frac{S}{2}\right)\left(\frac{4}{5}\right)^{n-1}+\frac{S}{2}\right\}=\frac{S}{2}$이다.

$b_n=S-a_n$이므로 $\lim_{n\to\infty}b_n=\lim_{n\to\infty}(S-a_n)=S-\lim_{n\to\infty}a_n=S-\frac{S}{2}=\frac{S}{2}$이다.

처음 A, B그릇의 소금물의 농도가 각각 $a\,\%$, $b\,\%$이므로 주어진 시행을 무한히 반복하였을 때 A, B그릇의 소금물의 농도는 각각 $\frac{a+b}{2}\,\%$로 같아진다.

참고 $\lim_{n\to\infty}a_n=\lim_{n\to\infty}a_{n+1}=\alpha$, $\lim_{n\to\infty}b_n=\lim_{n\to\infty}b_{n+1}=\beta$ (α, β는 상수)라 하면 ㉠, ㉡, ㉢에서

$\alpha=\frac{9}{10}\alpha+\frac{1}{10}\beta$, $\beta=\frac{1}{10}\alpha+\frac{9}{10}\beta$, $\alpha+\beta=S$

따라서 $\alpha=\beta=\frac{S}{2}$이다.

Check Point

- A, B 두 그릇의 소금물에 들어 있는 소금의 양의 합이 일정하므로 두 그릇의 소금물의 농도의 합도 일정하다.
- 수열 $\left\{a_n-\frac{S}{2}\right\}$는 첫째항이 $a_1-\frac{S}{2}$, 공비가 $\frac{4}{5}$인 등비수열이므로
$a_n-\frac{S}{2}=\left(a_1-\frac{S}{2}\right)\left(\frac{4}{5}\right)^{n-1}$
$\therefore a_n=\left(a_1-\frac{S}{2}\right)\left(\frac{4}{5}\right)^{n-1}+\frac{S}{2}$

A그릇과 B그릇에 농도가 $a\,\%$, $b\,\%$인 소금물이 각각 100 g씩 들어 있다. A그릇의 소금물의 $\frac{1}{10}$을 B그릇에 넣은 후 B그릇의 소금물의 $\frac{1}{10}$을 A그릇에 넣는 시행을 무한히 반복하였을 때 A, B그릇의 소금물의 양과 농도에 대하여 논하시오.

예시 답안 및 해설 62쪽 ~ 63쪽

수리논술 기출 및 예상 문제

01

A와 B가 다음과 같은 규칙에 따라 교대로 수를 말하여 100을 말하는 사람이 이기는 게임을 한다.

규칙

① 처음에 A가 10 이하의 자연수 중 하나를 말한다.

② 다음 사람은 앞 사람이 말한 수보다 1 이상 7 이하만큼 큰 수 중 하나를 말한다.

이때, A가 반드시 이기기 위한 방법에 대하여 논술하시오.

Hint

A가 100을 말하기 위하여 그 전 차례에서 어떤 수를 말해야 하는지 알아본다.

02

실수를 원소로 하는 두 집합 A, B에 대하여 $A+B=\{a+b \mid a \in A,\ b \in B\}$로 정의한다. $A=\{a,\ b,\ c,\ d\}$일 때, $A+A$의 원소의 개수가 7개인 경우에 집합 A의 네 원소 a, b, c, d의 관계를 설명하시오.

| POSTECH 2004년 응용 |

Hint

집합 $A+A$의 원소를 구해 보고 a, b, c, d가 서로 다른 실수임을 이용하여 중복되는 원소가 어떤 것인지 추측해 본다.

03

개미가 무한히 늘어날 수 있는 고무로 된 띠 위를 $\frac{1}{3}$ m/분의 속력으로 한 끝에서 출발하여 늘어나는 방향으로 일정한 직선 위를 기어가고 있다. 처음 띠의 길이는 1 m이고 1분이 지날 때마다 띠의 길이가 $\frac{4}{3}$배씩 늘어난다고 하자. 띠의 한쪽 끝에서 출발한 개미가 띠의 다른 쪽 끝에 도달할 수 있는지 도달 가능성 여부를 논술하시오. (단, $\log 2=0.3010$, $\log 3=0.4771$)

| 중앙대학교 2003년 수시 응용 |

Hint

띠가 늘어나기 전과 후의 개미의 위치를 구해 본다.

04

오른쪽 그림과 같이 왼쪽 벽에 접해 있던 물체가 $v=5\text{ m/s}$의 속력으로 왼쪽 벽을 출발하여 거리 $l=14\text{ m}$만큼 떨어져 있는 두 벽 사이에서 왕복 운동을 하며, 벽과 비탄성 충돌을 한다. 이 물체가 오른쪽 벽과 충돌할 때 충돌 후의 속력이 충돌 전 속력의 $\frac{1}{4}$로 감소하고 왼쪽 벽과 충돌할 때는 충돌 후의 속력이 충돌 전 속력의 $\frac{1}{2}$로 감소한다. 물체가 출발한 후, 두 벽 사이를 연속하여 20회 왕복하는 데 걸리는 시간을 구하시오.

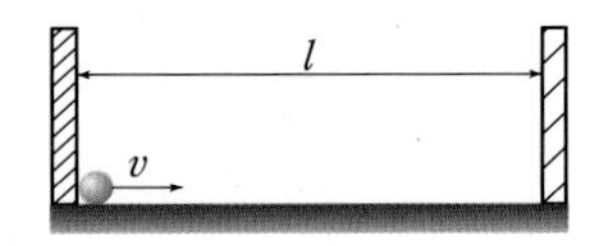

(단, 물체는 회전하지 않으며 물체의 크기, 마찰 및 중력은 무시한다.)

| 건국대학교 2013년 수시 |

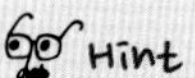

물체가 왼쪽 벽, 오른쪽 벽에 충돌한 후의 속력은 각각 등비수열이다.

05

집합 $U=\{1, 2, 3, \cdots, 100\}$의 부분집합의 열을 $A_1, A_2, \cdots, A_n$이라 하고, A_k의 원소의 합을 $S(A_k)$라 한다.

(1) $\sum_{k=1}^{n} S(A_k)$를 구하시오.

(2) 위의 부분집합 중 적어도 한 개 이상의 짝수를 원소로 가지는 부분집합의 열을 $B_1, B_2, \cdots, B_m$이라 하면 $\sum_{k=1}^{m} S(B_k)$를 구하시오.

(1) 집합 $A=\{a_1, a_2, \cdots, a_k, \cdots, a_n\}$의 부분집합의 개수는 2^n이고, $a_1, a_2, \cdots, a_k$(k개)를 포함하는 부분집합의 개수는 2^{n-k}이다.
따라서, 집합 A의 부분집합 중 a_1을 반드시 포함하는 것은 2^{n-1}개 있다.

(2) 여사건을 이용한다.

06

집합 $S=\{1, 2, \cdots, 2012\}$의 부분집합 $M(\neq\phi)$에 대해 $a(M)$을 M에 포함된 모든 원소들의 곱으로 정의한다. 이때, 다음의 합을 구하시오.

(1) $\sum_{\phi\neq M\subset S} a(M)$ (2) $\sum_{\phi\neq M\subset S} \frac{1}{a(M)}$

| 성균관대학교 2012년 심층면접 응용 |

Hint

(1) 예컨대 집합 $S=\{1, 2, 3\}$의 공집합이 아닌 부분집합은 $\{1\}, \{2\}, \{3\}, \{1, 2\}, \{1, 3\}, \{2, 3\}, \{1, 2, 3\}$
부분집합 각각에서 원소들을 곱한 값의 합은
$(1+2+3)$
$+(1\cdot2+1\cdot3+2\cdot3)$
$+1\cdot2\cdot3$
이다.

07

방정식 $x^5=1$의 다섯 개의 근을 α_1, α_2, α_3, α_4, α_5라고 할 때

$$\sum_{n=1}^{101}(\alpha_1^{\ n}+\alpha_2^{\ n}+\alpha_3^{\ n}+\alpha_4^{\ n}+\alpha_5^{\ n})$$

의 값을 구하시오.

| POSTECH 2012년 심층면접 |

Hint

n차 방정식
$ax^n+bx^{n-1}+\cdots+(\text{상수})=0$에서 n개의 근의 합은 $-\frac{b}{a}$이다.

08

자연수 n에 대하여 $a_n=\underbrace{11\cdots11}_{n\text{개}}.\underbrace{11\cdots11}_{n\text{개}}$로 정의하자. 예를 들어, $a_1=1.1$, $a_2=11.11$, $\cdots$ 이다. 이때, $\sum_{n=1}^{2012}a_n$의 값을 구하시오.

| 성균관대학교 2012년 심층면접 |

Hint

수열 9, 99, 999, $\cdots$, $\underbrace{999\cdots9}_{n\text{개}}$의 일반항은 $a_1=10-1$, $a_2=10^2-1$, $a_3=10^3-1$, $\cdots$ 이므로 $a_n=10^n-1$이다.

09

제시문 (가)~(마)를 읽고 물음에 답하시오.

(가) 어느 도로상에 n개의 휴게소 P_1, P_2, $\cdots$, P_n이 있다.
(나) A는 자동차로 P_1에서 출발하여 P_2, P_3, P_4, $\cdots$의 순서로 이동하고, B는 자동차로 P_n에서 출발하여 P_{n-1}, P_{n-2}, P_{n-3}, $\cdots$의 순서로 이동한다.
(다) A가 P_k에서 P_{k+1}로 이동할 때, 시간은 $3k$분이 걸리고 휘발유는 $22-\frac{32}{k(k+1)}$데시리터를 사용한다.(단, 1데시리터는 0.1리터이다.)
(라) B가 P_k에서 P_{k-1}로 이동할 때, 시간은 k분이 걸리고 휘발유는 $20+(-1)^k$데시리터를 사용한다.
(마) A와 B는 n개의 휴게소 중 한 휴게소에서 만나려고 한다.

(1) $n=20$일 때, 두 사람이 사용하는 휘발유의 총량을 최소화하기 위해서는 어느 휴게소에서 만나야 하는지 논술하시오.
(2) $n=2m$이고 A와 B가 동시에 출발한다고 할 때, 가장 빨리 만나려면 어느 휴게소에서 만나야 하는지 논술하시오.(단, m은 주어진 자연수이다.)

| 가톨릭대학교 2015년 수시 |

(1) 두 사람이 사용하는 휘발유 양의 합이 최소가 되는 경우를 구한다.
(2) 우선 A, B 두 사람의 소요시간이 거의 같은 경우를 찾는다.

10

두 무한수열 $\{a_n\}$과 $\{b_n\}$에 대하여 새로운 수열 $\{c_n\}$을 다음과 같이 정의한다.

$$c_n=\sum_{k=1}^{n} a_k b_{n+1-k}(n\geq 1)$$

(즉, $c_1=a_1b_1$, $c_2=a_1b_2+a_2b_1$, $c_3=a_1b_3+a_2b_2+a_3b_1$, $\cdots$)

이때, $\{c_n\}=\{a_n\}\diamond\{b_n\}$이라고 하자.

수열 $\{a_n\}$을 $\{a_n\}=(a_1, a_2, a_3, \cdots)$로 나타낼 때, 다음은 연산 $\diamond$을 적용한 예이다.

$(0, 1, 2, 0, 0, 0, 0, \cdots)\diamond(1, 1, 1, 0, 0, 0, 0, \cdots)$

$=(0, 1, 3, 3, 2, 0, 0, \cdots)$

$(1, -1, 0, 0, 0, 0, 0, \cdots)\diamond(1, 1, 1, 1, 1, 1, 1, \cdots)$

$=(1, 0, 0, 0, 0, 0, 0, \cdots)$

모든 무한수열들의 집합을 S라고 하면, 연산 $\diamond$는 S에서 정의된 연산이다.
임의의 세 수열 $\{a_n\}$, $\{b_n\}$, $\{c_n\}$에 대하여
$\{a_n\}\diamond(\{b_n\}\diamond\{c_n\})=(\{a_n\}\diamond\{b_n\})\diamond\{c_n\}$이 성립한다.

다음을 만족하는 수열을 $\{e_n\}$이라고 하자.

임의의 수열 $\{a_n\}$에 대하여 $\{a_n\}\diamond\{e_n\}=\{a_n\}$이다.

다음 물음에 답하시오.

(1) 수열 $\{e_n\}$을 구하시오.

(2) 임의의 자연수 m에 대하여 수열 $\{a_n\}=(1, 1, 0, 0, 0, \cdots)$을 m번 반복 연산하여 얻은 수열 $\underbrace{\{a_n\}\diamond\cdots\diamond\{a_n\}}_{m}$($m=2$인 경우, $\{a_n\}\diamond\{a_n\}$을 의미함)의 일반항을 구하시오. (단, 증명할 필요 없음)

(3) 수열 $\{3^{n-1}\}=(1, 3, 9, 27, 81, \cdots)$에 대하여 $\{3^{n-1}\}\diamond\{b_n\}=\{e_n\}$을 만족하는 수열 $\{b_n\}$을 구하여라. 또한 수열 $\{n\cdot 3^{n-1}\}=(1, 6, 27, 108, \cdots)$에 대하여 $\{n\cdot 3^{n-1}\}\diamond\{c_n\}=\{e_n\}$을 만족하는 $\{c_n\}$을 $\{b_n\}$을 이용하여 나타내시오.

| 서울시립대학교 2013년 수시 |

Hint

(1) $\{a_n\}=(a_1, a_2, a_3, \cdots)$일 때 임의의 수열 $\{a_n\}$에 대하여 $\{a_n\}\diamond\{e_n\}=\{a_n\}$을 만족하는 식은 연산 $\diamond$의 항등식이다.

11

$a_1=10^4$, $a_1+2a_2+3a_3+\cdots+(n-1)a_{n-1}+na_n=n^3a_n\ (n\geq 1)$으로 정의되는 수열 $\{a_n\}$의 제100번째 항 a_{100}을 구하시오.

| 성균관대학교 2010년 수시 면접 |

Hint
$n^3a_n-(n-1)^3a_{n-1}$을 구한다.

12

함수 $f_n(x)$가 다음과 같은 점화식으로 정의되어 있다.

$$f_1(x)=(x+1)^{2011},\ f_n(x)=\{f_{n-1}(x)-2\}^2,\ n\geq 2$$

수열 a_n과 b_n을 각각 $f_n(x)$의 상수항과 일차항의 계수라고 할 때, $\sum_{n=1}^{2011} a_n$과 $\sum_{n=1}^{2011} b_n$을 구하시오.

| 성균관대학교 2011년 심층면접 |

Hint
$f_n(x)=a_n+b_nx+\cdots$로 놓는다.

13

다음 수열에 대한 A, B, C의 주장에 대하여 틀린 부분이 있으면, 그 이유를 설명하시오.

프랑스의 작가 베르나르 베르베르가 쓴 소설 '개미'에 오른쪽과 같은 수열이 나온다. 이 수열의 규칙에 대하여 알아보자.

1
1 1 ➡ 윗줄에 1이 1개
1 2 ➡ 윗줄에 1이 2개
1 1 2 1 ➡ 윗줄에 1이 1개, 2가 1개
1 2 2 1 1 1 ➡ 윗줄에 1이 2개, 2가 1개, 1이 1개
1 1 2 2 1 3 ➡ 윗줄에 1이 1개, 2가 2개, 1이 3개
1 2 2 2 1 1 3 1 ➡ 윗줄에 1이 2개, 2가 2개, 1이 1개, 3이 1개
⋮ ⋮

제1행 1
제2행 1 1
제3행 1 2
제4행 1 1 2 1
제5행 1 2 2 1 1 1
제6행 1 1 2 2 1 3
⋮ ⋮

A : 제7행에 나오는 1의 개수는 4개이다.
B : 3개의 3이 연속으로 나올 수 있다.
C : 제20행 이후에 4가 나올 수 있다.

Hint
B의 경우에는 제n행에서 3이 처음으로 333과 같이 3개 연속으로 나온다고 가정하였을 때 모순점이 있나, 없나를 따져본다.

14 용량이 10 L인 어항과 광물질의 농도가 1 g/L인 상수원이 있다. 어항에 이 상수원의 물을 가득 채운 상태에서 증발에 의하여 8 L 남았을 때, V L의 물을 더 덜어 내고 같은 상수원의 물을 가득 채워 넣는다. 이와 같이 물갈이를 무한히 반복했을 때, 어항 속의 물에 녹아 있는 광물질의 최대 농도가 1.5 g/L를 넘지 않도록 하는 V의 최솟값을 구하시오.

(단, 광물질은 증발하지 않는다고 가정한다.)

| 한양대학교 2002년 수시 |

Hint
물갈이를 무한히 반복했을 때, 어항 속의 물에 녹아 있는 광물질의 농도가 1.5 g/L를 넘지 않으므로 어항 속의 물에 녹아 있는 광물질의 양은 어떤 값에 수렴한다.

15 댐의 건설로 인하여 현재 넓이가 A인 호수가 있다. 물의 증발을 고려하지 않으면 강물의 유입으로 호수의 넓이가 매월 일정하게 B만큼 커진다. 또, 기후로 인한 물의 증발만을 고려하면 매월 호수 넓이의 1 %가 줄어든다.

(1) B가 $\frac{A}{100}$보다 크다고 가정하였을 때, 시간이 지나면서 호수의 넓이가 어떻게 변화하는가를 논리적으로 설명하시오.

(2) 그리고 호수에 유입되는 물의 양과 똑같은 양의 물을 전력생산, 식수, 농업용수 등으로 사용해서 없앤다고 하면, 오랜 시간이 지났을 때 호수의 넓이가 어떻게 될지를 설명하시오.

(3) 우리 주변의 실생활에서 접하게 되는 문제들 중에서 (1)과 비슷한 수학적 원리로 설명할 수 있는 예를 하나 드시오.

| 서강대학교 2006년 수시 |

(1) n개월 후와 $n+1$개월 후의 호수의 넓이의 관계를 식으로 나타낸다.

16

고대 바빌로니아의 건축가들은 건물을 설계하는 데 자연수의 제곱근을 구할 필요가 있었다. 이를 위하여 제곱근의 근삿값을 구하는 방법을 고안하였는데, $\sqrt{2}$의 경우를 예로 들면 다음과 같다.

$$a_1=1,\ b_n=\frac{2}{a_n},\ a_{n+1}=\frac{a_n+b_n}{2}\ (\text{단, } n=1,\ 2,\ 3,\ \cdots)$$

이 방법을 이용하면 아래의 표와 같이 $\sqrt{2}$의 근삿값을 얻게 된다.

n	1	2	3	4	5	$\cdots$
a_n	1	1.5	1.4166⋯	1.4142⋯	1.4142⋯	$\cdots$
b_n	2	1.3333⋯	1.4117⋯	1.4142⋯	1.4142⋯	$\cdots$

(1) 위에 주어진 표를 참고하여 a_n의 값이 $\sqrt{2}$의 근삿값으로 적절한지 판단하시오.

(2) $\sqrt{2}$는 항상 a_n과 b_n 사이에 있음을 보이고, n이 증가할수록 a_n이 $\sqrt{2}$로 점점 더 가까워지는 이유를 설명하시오.

(3) 앞의 결과들을 참고하여 $\sqrt{7}$의 근삿값을 구하는 방법에 대하여 논하시오.

| 이화여자대학교 2009년 수시 |

Hint
(2) 수직선 위에서 a_n과 b_n의 위치를 생각한다.

17

다음 제시문을 읽고 물음에 답하시오.

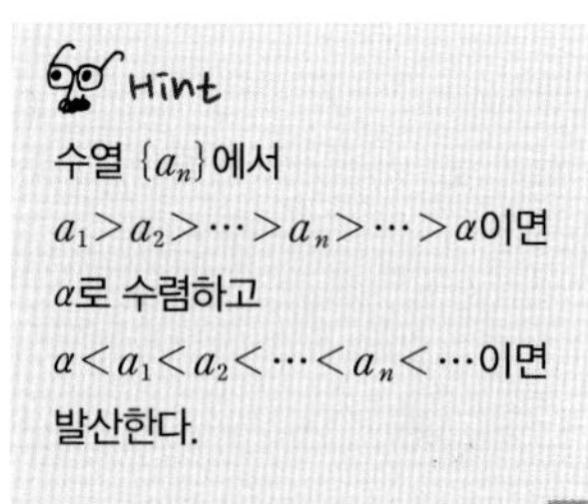

어떤 학생이 점화식으로 주어진 수열의 극한은 쉽게 결정할 수 있다고 생각했다. 다음은 이 학생이 예를 들어 설명한 방법이다.

(가) 점화식 $a_1=\frac{1}{3},\ a_{n+1}=\frac{a_n}{2a_n+1}\ (n=1,\ 2,\ 3,\ \cdots)$으로 주어진 수열 $\{a_n\}$이 수렴한다고 가정하고, 그 극한값을 α라 하자. $\lim\limits_{n\to\infty}a_n=\lim\limits_{n\to\infty}a_{n+1}=\alpha$이므로,

$$\alpha=\lim_{n\to\infty}a_{n+1}=\lim_{n\to\infty}\frac{a_n}{2a_n+1}=\frac{\lim\limits_{n\to\infty}a_n}{2\lim\limits_{n\to\infty}a_n+1}=\frac{\alpha}{2\alpha+1}\text{이다.}$$

따라서 $\alpha=0$이다.

(나) 점화식 $b_1=2,\ b_{n+1}=\frac{b_n^{\ 2}+1}{b_n-1}\ (n=1,\ 2,\ 3,\ \cdots)$으로 주어진 수열 $\{b_n\}$이 수렴한다고 가정하고, 그 극한값을 β라 하자. $\lim\limits_{n\to\infty}b_n=\lim\limits_{n\to\infty}b_{n+1}=\beta$이므로,

$$\beta=\lim_{n\to\infty}b_{n+1}=\lim_{n\to\infty}\frac{b_n^{\ 2}+1}{b_n-1}=\frac{\left(\lim\limits_{n\to\infty}b_n\right)^2+1}{\lim\limits_{n\to\infty}b_n-1}=\frac{\beta^2+1}{\beta-1}\text{이다.}$$

따라서 $\beta=-1$이다.

제시문에 주어진 수열 $\{a_n\}$, $\{b_n\}$이 실제로 α, β로 수렴하는지 판정하고, 이 학생이 제시한 방법이 타당한지 설명하시오.

| 한양대학교 2014년 수시 |

18 다음 글을 읽고, 물음에 답하시오.

> 실수의 완비성을 공리로 구성하는 방법은 여러 가지가 있으며, 그 방법들은 각각 서로 동치이다. 그 중 하나는 위로 유계인 단조증가 수열이 반드시 실수값의 극한을 갖는다고 가정하는 것이다. 이를 수학적으로 표현하면
>
> 무한수열 $\{a_n\}$과 어떤 양수 M이 있어, 모든 자연수 n에 대하여 $a_n \le a_{n+1}$이고 $a_n < M$이면, 수열 $\{a_n\}$은 적당한 실수 α에 수렴한다. 즉, $\lim_{n\to\infty} a_n = \alpha$이다.
>
> 위에서 언급한 실수의 성질을 수학자들이 공리로 받아들임으로써 순환하지 않는 무한소수까지도 모두 실수에 속하게 된다.
> 단조증가 수열의 대표적인 예는 음이 아닌 항들로 구성된 급수의 부분합 수열이다. 무한수열 $\{a_n\}$의 각 항을 모두 더한 식을 무한급수 또는 간단히 급수라 하고 $\sum_{k=1}^{\infty} a_k$로 나타낸다. 이 급수에서 첫째항부터 n항까지의 합 $S_n = \sum_{k=1}^{n} a_k$를 급수의 제 n 부분합 또는 간단히 부분합이라 부른다.
> 이렇게 정의된 부분합의 수열 $\{S_n\}$이 S에 수렴할 때, 급수 $\sum_{k=1}^{\infty} a_k$는 S에 수렴한다고 정의하고 $\sum_{k=1}^{\infty} a_k = S$라 표기한다. 이러한 정의에 따르면 급수 $\sum_{k=1}^{\infty} a_k$가 수렴하는 경우 $\lim_{n\to\infty} a_n = 0$이다.① 또한 두 수열 $\{a_n\}$, $\{b_n\}$이 각각 α와 β에 수렴할 때, 임의의 실수 p, q에 대해 수열 $\{pa_n + qb_n\}$은 $p\alpha + q\beta$에 수렴한다는 것으로부터, 두 급수 $\sum_{k=1}^{\infty} a_k$, $\sum_{k=1}^{\infty} b_k$가 각각 s와 t에 수렴하는 경우 임의의 실수 p, q에 대하여, 급수 $\sum_{k=1}^{\infty} (pa_k + qb_k)$는 $ps + qt$에 수렴함을 알 수 있다.
> 위에서 언급한 실수의 완비성을 무한급수에 적용하면, 모든 n에 대하여 $0 \le b_n \le c_n$이고 급수 $\sum_{k=1}^{\infty} c_k$가 수렴하는 경우, 급수 $\sum_{k=1}^{\infty} b_k$도 수렴하게 된다.②
> 마찬가지로 수열 $\{b_n\}$의 각 항이 음수가 아닐 때, 모든 n에 대하여 $\sum_{k=1}^{n} b_k \le a_n$을 만족하고 수열 $\{a_n\}$이 수렴하면, 급수 $\sum_{k=1}^{\infty} b_k$도 적당한 실수에 수렴한다.

(1) 밑줄 친 ①을 증명하시오.

(2) 실수의 수열 $\{a_n\}$에서 무한급수 $\sum_{k=1}^{\infty} |a_k|$가 수렴하면, $\sum_{k=1}^{\infty} a_k$도 수렴함을 증명하시오. (밑줄 친 ②와 $0 \le |a_k| - a_k \le 2|a_k|$임을 이용할 것)

(3) 두 급수 $\sum_{k=1}^{\infty} (2a_k + 3b_k)$과 $\sum_{k=1}^{\infty} (a_k - 2b_k)$가 모두 수렴할 때, 두 수열 $\{a_n\}$, $\{b_n\}$은 모두 수렴하는지 조사하시오.

| 서강대학교 2011년 수시 응용 |

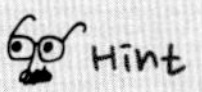

(2) $0 \le |a_k| - a_k \le 2|a_k|$ 이고 급수 $\sum_{k=1}^{\infty} 2|a_k| = 2\sum_{k=1}^{\infty} |a_k|$가 수렴하므로 $\sum_{k=1}^{\infty} (|a_k| - a_k)$도 수렴한다.

19

집합 S는 $\frac{1}{a_n}$로 구성된 무한집합으로서 a_n은 0을 자리 숫자로 가지지 않는 자연수이다. 예를 들면, $\frac{1}{271}$은 S의 원소이나 $\frac{1}{305}$은 S의 원소가 아니다. 아래 물음에 답하시오.

(1) 임의의 자연수 n에 대하여 10^n에서 10^{n+1}사이에 있는 자연수 중에서 0을 자리 숫자로 가지지 않는 자연수들의 개수를 구하시오.

(2) S의 모든 원소의 합 $\sum_{\frac{1}{a_n}\in S}\frac{1}{a_n}$의 수렴성에 대하여 논하시오.

| 이화여자대학교 2012년 모의 논술 |

Hint

(2) 모든 n에 대하여 $0\le a_n\le b_n$이고 급수 $\sum_{n=1}^{\infty}b_n$이 수렴하면 급수 $\sum_{n=1}^{\infty}a_n$도 수렴한다.

20

$0<y<x$이고 $a_1=\log(x+y)$, $a_2=\log(x+y)+\log(x^2+y^2)$, $\cdots$, $a_n=\log(x+y)+\log(x^2+y^2)+\cdots+\log(x^{2^{n-1}}+y^{2^{n-1}})$일 때, $\{a_n\}$이 수렴하는 조건을 구하고 수렴할 때 $\lim_{n\to\infty}a_n$의 값을 구하시오.

| 이화여자대학교 2013년 심층면접 |

Hint

$$a_n=\log(x+y)+\log(x^2+y^2)+\cdots+\log(x^{2^{n-1}}+y^{2^{n-1}})$$
$$=\log x\left(1+\frac{y}{x}\right)+\log x^2\left(1+\frac{y^2}{x^2}\right)+\cdots+\log x^{2^{n-1}}\left(1+\frac{y^{2^{n-1}}}{x^{2^{n-1}}}\right)$$

로 변형해 본다.

21

다음 제시문을 읽고 물음에 답하시오.

(가) 급수의 값을 구하는 방법으로, 급수의 각 항을 부분항들의 합 또는 차로 나타내는 것을 생각할 수 있다. 예를 들어, 아래의 급수에서

$$\frac{1}{1\cdot2}+\frac{1}{2\cdot3}+\frac{1}{3\cdot4}+\frac{1}{4\cdot5}+\cdots$$

k번째 항은 $\frac{1}{k(k+1)}=\frac{1}{k}-\frac{1}{k+1}$로 나타낼 수 있으므로 제1항에서 제$n$항까지의 부분합 S_n을 다음과 같이 나타낼 수 있다.

$$S_n=\sum_{k=1}^{n}\left(\frac{1}{k}-\frac{1}{k+1}\right)=1-\frac{1}{n+1}$$

따라서, 급수의 값은 $\lim_{n\to\infty}S_n=\lim_{n\to\infty}\left(1-\frac{1}{n+1}\right)=1$이 된다.

(나) 다음 급수의 값을 구해보자.

$$\frac{3}{1\cdot2\cdot3}+\frac{5}{2\cdot3\cdot4}+\frac{7}{3\cdot4\cdot5}+\frac{9}{4\cdot5\cdot6}+\cdots$$

급수의 k번째 항을 $\frac{A}{k}+\frac{B}{k+1}+\frac{C}{k+2}$의 꼴로 생각한 후, 이를 이용해 제1항에서 제n항까지의 부분합 S_n을 표현한다. 부분항들이 서로 상쇄되는 것을 생각하면, 최종적으로 S_n을 다음과 같이 간단히 쓸 수 있고 급수의 값이 $\frac{5}{4}$임을 알 수 있다.

$$S_n=\frac{5}{4}-\frac{D}{n^2+3n+2}$$

(다) 조금 더 복잡한 꼴의 급수를 생각해 보자.

$$\begin{aligned}S&=\sum_{n=1}^{\infty}\frac{1}{n(n+2)}\left(1+\frac{1}{2}+\frac{1}{3}+\cdots+\frac{1}{n+2}\right)\\&=\sum_{n=1}^{\infty}\frac{1}{2}\left(\frac{1}{n}-\frac{1}{n+2}\right)\left(1+\frac{1}{2}+\frac{1}{3}+\cdots+\frac{1}{n+2}\right)\\&=\frac{1}{2}\left[\left(1-\frac{1}{3}\right)\left(1+\frac{1}{2}+\frac{1}{3}\right)+\left(\frac{1}{2}-\frac{1}{4}\right)\left(1+\frac{1}{2}+\frac{1}{3}+\frac{1}{4}\right)\right.\\&\qquad\left.+\left(\frac{1}{3}-\frac{1}{5}\right)\left(1+\frac{1}{2}+\frac{1}{3}+\frac{1}{4}+\frac{1}{5}\right)+\cdots\right]\\&=\frac{1}{2}\left[\left(1+\frac{1}{2}+\frac{1}{3}\right)+\frac{1}{2}\left(1+\frac{1}{2}+\frac{1}{3}+\frac{1}{4}\right)+E\right]\end{aligned}$$

(1) 제시문 (나)에 알맞은 상수 A, B, C를 찾으시오.

(2) 제시문 (나)에 알맞은 n에 대한 다항식 D를 찾으시오.

(3) 제시문 (다)에 알맞는 실수 E의 값을 구하시오.

| 한양대학교 2014년 모의 논술 |

Hint

(2) 제시문의 내용으로 식을 정리하면

$$\frac{1}{2}\left(1+\frac{1}{2}+\frac{1}{3}+\cdots+\frac{1}{n}\right)+\left(\frac{1}{2}+\frac{1}{3}+\frac{1}{4}+\cdots+\frac{1}{n+1}\right)-\frac{3}{2}\left(\frac{1}{3}+\frac{1}{4}+\cdots+\frac{1}{n}+\frac{1}{n+1}+\frac{1}{n+2}\right)$$

이므로 이때 소거되는 항은 소거하고 식을 정리한다.

22

다음과 같이 급수 문제를 여러 학생들에게 풀게 한 결과가 아래와 같았다.

> 다음 급수의 합을 구하여라.
> (1) $1-1+1-1+1-1+\cdots$
> (2) $1-2+4-8+16-32+\cdots$
>
> (1) (학생 A) (주어진 식)$=(1-1)+(1-1)+(1-1)+\cdots=0$
> (학생 B) (주어진 식)$=1-(1-1+1-1+1-1+\cdots)=1$
> (학생 C) $S=1-1+1-1+1-1+\cdots$이라 하면
> $S=1-(1-1+1-1+\cdots)=1-S \quad \therefore S=\frac{1}{2}$
> (2) (학생 D) (주어진 식)$=1+(-2+4)+(-8+16)+\cdots$
> $=1+2+8+\cdots=\infty$
> (학생 E) (주어진 식)$=(1-2)+(4-8)+(16-32)+\cdots$
> $=-1-4-16-\cdots=-\infty$
> (학생 F) $S=1-2+4-8+16-32+\cdots$라 하면
> $S=1-2(1-2+4-8+16-\cdots)=1-2S \quad \therefore S=\frac{1}{3}$

이상에서 보면, 각각은 모두 3가지 방법에 의하여 풀이되었으나 그 답은 유일하지 않다. 과연 어느 것이 정답이겠는가? 풀이의 어느 부분이 잘못되었는가? 수학적인 근거를 제시하여 논술하시오.

Hint
- 항의 개수가 홀수개인 경우와 짝수개인 경우로 나누어 생각해 본다.
- 등비급수가 수렴하기 위한 조건은 공비 r의 값의 범위가 $-1<r<1$이다.

23

다음 그림과 같이 반지름의 길이가 1, 2, r, x인 네 원이 서로 접하고 있다. r가 무한히 커질 때의 x의 값에 대하여 설명하시오. (단, $0<x<1$, $r>2$)

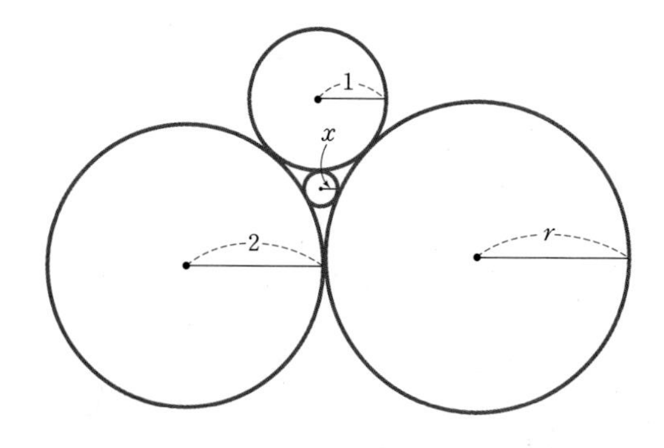

| 한양대학교 2005년 수시 응용 |

Hint
반지름의 길이가 r인 원의 반지름 r가 무한히 커지면 다른 두 원과 만나는 호를 직선으로 생각해도 된다.

24 다음 그림과 같이 두 직선 $l_1 : y=\frac{1+\tan\theta}{1-\tan\theta}x$와 $l_2 : y=\frac{1-\tan\theta}{1+\tan\theta}x$에 동시에 접하는 원 C_1이 있다. 두 직선 l_1, l_2와 원 C_1에 접하는 더 작은 원을 C_2라 고 하고, 같은 방법으로 n번째 원 C_n과 두 직선 l_1, l_2에 접하는 C_n보다 작은 원을 C_{n+1}이라고 할 때 다음 물음에 답하시오. $\left(\text{단, } 0<\theta<\frac{\pi}{4}\right)$

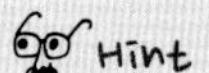
Hint

(1) • 두 직선 l_1과 l_2는 기울기가 역수임에 주의하자.

• 원과 직선이 접할 때 원의 중심에서 직선까지의 거리는 반지름의 길이와 같다.

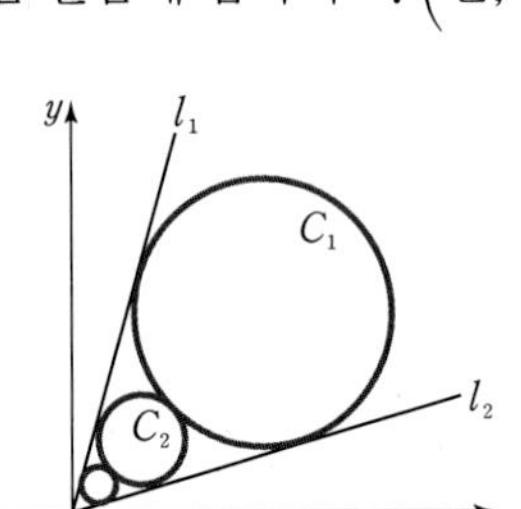

(1) 원 C_n의 반지름을 r_n이라 할 때, 원의 중심의 좌표 (x_n, y_n)을 반지름 r_n으로 나타내시오.

(2) 서로 이웃하는 두 원 C_n, C_{n+1}에 대하여 반지름의 비 $\frac{r_{n+1}}{r_n}$을 상수 θ의 관계식으로 나타내시오.

(3) 원 C_1의 반지름의 길이가 2015라고 할 때 원 C_n들의 둘레의 길이의 합을 구하시오. $(n=1, 2, 3, \cdots)$

(4) 원 C_1의 반지름의 길이가 1일 때, 다음의 값을 구하시오.

$$\lim_{\theta\to+0}\theta\left(\sum_{n=1}^{\infty}\frac{2\sqrt{r_n r_{n+1}}}{\sqrt{r_n}+\sqrt{r_{n+1}}}\right)$$

| 이화여자대학교 2015년 모의 논술 |

여러 가지 점화식

점화식의 해법

1 연립점화식의 해법

주어진 연립점화식에서 $a_n+b_n=S$(상수)가 유도되는 경우에 대해 생각해 보자.
예컨대, 좌표평면 위의 점 $(x_1, y_1)=(8, 7)$이고 점 (x_n, y_n)과 점 (x_{n+1}, y_{n+1}) 사이에

$$x_{n+1}=\frac{1}{2}x_n+\frac{1}{3}y_n \cdots ①, \qquad y_{n+1}=\frac{1}{2}x_n+\frac{2}{3}y_n \cdots ② \ (n=1,\ 2,\ \cdots)$$

인 관계가 성립할 때 x_n, y_n을 구해보자.
①+②를 하면 $x_{n+1}+y_{n+1}=x_n+y_n$이므로 $x_n+y_n=x_1+y_1=15$이다.
$y_n=15-x_n$을 ①에 대입하면 $x_{n+1}=\frac{1}{2}x_n+\frac{1}{3}(15-x_n)$, $x_{n+1}=\frac{1}{6}x_n+5$이다.
$x_{n+1}-6=\frac{1}{6}(x_n-6)$이므로 $x_n-6=(x_1-6)\left(\frac{1}{6}\right)^{n-1}=2\left(\frac{1}{6}\right)^{n-1}$, $x_n=6+2\left(\frac{1}{6}\right)^{n-1}$이다.
이때, $y_n=15-x_n=9-2\left(\frac{1}{6}\right)^{n-1}$이다.

참고 n이 한없이 커질 때 $\lim_{n\to\infty} x_n=6$, $\lim_{n\to\infty} y_n=9$이므로 점 (x_n, y_n)은 점 $(6, 9)$에 가까워진다.

예시 1 바다 위 A, B 두 지역에 쓰레기 부유물이 모여 있다. A, B 외의 다른 지역으로부터 부유물의 유입이 없고, 부유물이 새로 생성되거나 사라지지 않는다고 한다.
1월 초 두 지역 A, B의 부유물 양이 각각 10000톤, 70000톤이고, 매월 지역 A의 부유물 $\frac{1}{3}$이 지역 B로 이동하고 지역 B의 부유물의 $\frac{1}{3}$이 지역 A로 동시에 이동하면서 두 지역 A, B의 부유물의 양은 시간이 지남에 따라 각각 x, y로 수렴한다. 이때 x, y를 구하시오.

| 동국대학교 2011년 수시 응용 |

풀이 n월초 두 지역 A, B의 부유물의 양을 각각 a_n, b_n이라 하면 $a_1=10000$, $b_1=70000$이고
$a_{n+1}=\frac{2}{3}a_n+\frac{1}{3}b_n$, $b_{n+1}=\frac{1}{3}a_n+\frac{2}{3}b_n$이 성립한다.
두 식을 더하면 $a_{n+1}+b_{n+1}=a_n+b_n(n=1,\ 2,\ \cdots)$이므로
$a_n+b_n=a_{n-1}+b_{n-1}=\cdots=a_1+b_1=80000(n=1,\ 2,\ \cdots)$이다.
그런데, $\lim_{n\to\infty} a_n=x$, $\lim_{n\to\infty} b_n=y$라고 하면 $\lim_{n\to\infty} a_{n+1}=x$, $\lim_{n\to\infty} b_{n+1}=y$이므로 위의 두 식은
$x=\frac{2}{3}x+\frac{1}{3}y$, $y=\frac{1}{3}x+\frac{2}{3}y$이고 $x=y$이다.
따라서, $x+y=\lim_{n\to\infty}(a_n+b_n)=80000$이고 $x=y$이므로 $x=40000$, $y=40000$이다.

다른 답안

두 식 $a_{n+1}=\frac{2}{3}a_n+\frac{1}{3}b_n$, $b_{n+1}=\frac{1}{3}a_n+\frac{2}{3}b_n$을 더하면 $a_{n+1}+b_{n+1}=a_n+b_n(n=1, 2, 3, \cdots)$이다.
그러므로 $a_1=10000$, $b_1=70000$으로부터
$a_n+b_n=a_{n-1}+b_{n-1}=\cdots=a_1+b_1=80000(n=1, 2, 3, \cdots)$이 성립함을 알 수 있다.
또한, 두 식 $a_{n+1}=\frac{2}{3}a_n+\frac{1}{3}b_n$, $b_{n+1}=\frac{1}{3}a_n+\frac{2}{3}b_n$이 성립하므로,

$a_{n+1}=\frac{2}{3}a_n+\frac{1}{3}(80000-a_n)=\frac{1}{3}a_n+\frac{80000}{3}$이다. $x=\lim_{n\to\infty}a_n$이므로 $x=\frac{1}{3}x+\frac{80000}{3}$에서

$x=40000$, 이때 $a_n+b_n=80000$에서 $x+y=80000$이므로 $y=40000$이다.
따라서, $x=\lim_{n\to\infty}a_n=40000$, $y=\lim_{n\to\infty}b_n=40000$이다.

2 $pa_{n+2}+qa_{n+1}+ra_n=0(pqr\neq0, n=1, 2, \cdots)$꼴의 해법

(1) $p+q+r=0$일 때,

$q=-(p+r)$이므로 $p(a_{n+2}-a_{n+1})-r(a_{n+1}-a_n)=0$, $a_{n+2}-a_{n+1}=\frac{r}{p}(a_{n+1}-a_n)$

으로 변형하여 수열 $\{a_{n+1}-a_n\}$이 첫째항이 a_2-a_1, 공비가 $\frac{r}{p}$인 등비수열임을 이용한다.

예컨대, $a_1=1$, $a_2=2$, $a_{n+2}+2a_{n+1}-3a_n=0(n=1, 2, \cdots)$으로 정의된 수열 $\{a_n\}$에 대하여 a_n을 구해보자.

$a_{n+2}-a_{n+1}=-3(a_{n+1}-a_n)$이므로 수열 $\{a_{n+1}-a_n\}$은 첫째항이 $a_2-a_1=1$, 공비가 -3인 등비수열이므로

$a_{n+1}-a_n=(-3)^{n-1}$, $a_{n+1}=a_n+(-3)^{n-1}(n=1, 2, \cdots)$이다.

따라서, $a_n=a_1+\sum_{k=1}^{n-1}(-3)^{k-1}=1+\frac{1-(-3)^{n-1}}{1-(-3)}=\frac{5-(-3)^{n-1}}{4}$이다.

(2) $p+q+r\neq0$일 때,

방정식 $pt^2+qt+r=0$의 두 근을 α, β라고 하면 $\alpha+\beta=-\frac{q}{p}$, $\alpha\beta=\frac{r}{p}$이다.

이때 $a_{n+2}+\frac{q}{p}a_{n+1}+\frac{r}{p}a_n=0$은 $a_{n+2}-(\alpha+\beta)a_{n+1}+\alpha\beta a_n=0$,

$(a_{n+2}-\alpha a_{n+1})=\beta(a_{n+1}-\alpha a_n)$이 된다.

여기에서 수열 $\{a_{n+1}-\alpha a_n\}$은 첫째항이 $a_2-\alpha a_1$, 공비가 β인 등비수열임을 이용한다.

예컨대, $a_1=0$, $a_2=1$, $a_{n+2}-2a_{n+1}-3a_n=0(n=1, 2, \cdots)$으로 정의되는 수열 $\{a_n\}$에서 a_n을 구해보자.

$a_{n+2}-2a_{n+1}-3a_n=0$에서 이차방정식 $t^2-2t-3=0$의 두 근을 α, β라 하면
$\alpha+\beta=2$, $\alpha\beta=-3$이다.
이때, $\alpha=-1$, $\beta=3$ 또는 $\alpha=3$, $\beta=-1$이다.
$a_{n+2}-(\alpha+\beta)a_{n+1}+\alpha\beta a_n=0$이 성립하므로 $a_{n+2}-\alpha a_{n+1}=\beta(a_{n+1}-\alpha a_n)$이다.
수열 $\{a_{n+1}-\alpha a_n\}$은 첫째항이 $(a_2-\alpha a_1)$, 공비가 β인 등비수열이므로
$a_{n+1}-\alpha a_n=\beta^{n-1}(a_2-\alpha a_1)$이다.

(i) $\alpha=-1$, $\beta=3$일 때, $a_{n+1}+a_n=3^{n-1}$ $\cdots$ ①

(ii) $\alpha=3$, $\beta=-1$일 때, $a_{n+1}-3a_n=(-1)^{n-1}$ $\cdots$ ②

①−②를 하면 $4a_n=3^{n-1}-(-1)^{n-1}$이므로

$a_n=\frac{1}{4}\{3^{n-1}-(-1)^{n-1}\}(n=1, 2, \cdots)$이다.

$a_1=1$, $a_2=1$, $a_{n+2}-a_{n+1}-a_n=0(n=1, 2, \cdots)$으로 정의되는 수열 $\{a_n\}$에서 a_n을 구하시오.

풀이 $t^2-t-1=0$의 두 근을 α, β라 놓으면 $\alpha+\beta=1$, $\alpha\beta=-1$이다.

이때 $\alpha=\frac{1+\sqrt{5}}{2}$, $\beta=\frac{1-\sqrt{5}}{2}$ 또는 $\alpha=\frac{1-\sqrt{5}}{2}$, $\beta=\frac{1+\sqrt{5}}{2}$이다.

$a_{n+2}-(\alpha+\beta)a_{n+1}+\alpha\beta a_n=0$이 성립하므로

$(a_{n+2}-\alpha a_{n+1})-\beta(a_{n+1}-\alpha a_n)=0$, $a_{n+2}-\alpha a_{n+1}=\beta(a_{n+1}-\alpha a_n)$이다.

수열 $\{a_{n+1}-\alpha a_n\}$은 첫째항 $(a_2-\alpha a_1)$, 공비 β인 등비수열이므로

$a_{n+1}-\alpha a_n=\beta^{n-1}(a_2-\alpha a_1)$이다.

(i) $\alpha=\frac{1+\sqrt{5}}{2}$, $\beta=\frac{1-\sqrt{5}}{2}$일 때 $a_1=1$, $a_2=1$이므로

$$a_{n+1}-\frac{1+\sqrt{5}}{2}a_n=\left(\frac{1-\sqrt{5}}{2}\right)^{n-1}\left(1-\frac{1+\sqrt{5}}{2}\right)=\left(\frac{1-\sqrt{5}}{2}\right)^n \cdots ①$$

(ii) $\alpha=\frac{1-\sqrt{5}}{2}$, $\beta=\frac{1+\sqrt{5}}{2}$일 때,

$$a_{n+1}-\frac{1-\sqrt{5}}{2}a_n=\left(\frac{1+\sqrt{5}}{2}\right)^{n-1}\left(1-\frac{1-\sqrt{5}}{2}\right)=\left(\frac{1+\sqrt{5}}{2}\right)^n \cdots ②$$

②−①을 하면 $\sqrt{5}a_n=\left(\frac{1+\sqrt{5}}{2}\right)^n-\left(\frac{1-\sqrt{5}}{2}\right)^n$이므로

$a_n=\frac{1}{\sqrt{5}}\left\{\left(\frac{1+\sqrt{5}}{2}\right)^n-\left(\frac{1-\sqrt{5}}{2}\right)^n\right\}(n=1, 2, \cdots)$이다.

3 $a_{n+1}=\frac{ra_n+s}{pa_n+q}(n=1, 2, \cdots)$꼴의 해법

예컨대, $a_1=\frac{5}{3}$, $a_{n+1}=\frac{3a_n-2}{a_n}(n=1, 2, \cdots)$을 만족하는 수열 $\{a_n\}$의 일반항 a_n을 구해 보자.

| 고려대학교 2013년 수시 응용 |

방법1 n대신 1, 2, 3, 4, …를 대입하면

$$a_1=\frac{5}{3}=1+\frac{2}{3},\ a_2=\frac{9}{5}=1+\frac{4}{5},\ a_3=\frac{17}{9}=1+\frac{8}{9},\ a_4=\frac{33}{17}=1+\frac{16}{17},\ \cdots$$

이므로 $a_n=1+\frac{2^n}{2^n+1}=\frac{2^{n+1}+1}{2^n+1}(n=1, 2, \cdots)$이다.

방법2 n대신 1, 2, 3, 4, …를 대입하여 얻은 수열

$$a_1=\frac{5}{3},\ a_2=\frac{9}{5},\ a_3=\frac{17}{9},\ a_4=\frac{33}{17},\ \cdots$$

에서 분모의 수로 이루어진 수열 3, 5, 9, 17, …의 계차수열이 2, 4, 8, …인 등비수열이므로(제n항의 분모)는 $3+(2+4+8+\cdots)=3+\frac{2(2^{n-1}-1)}{2-1}=2^n+1$이다.

따라서, $a_n=\frac{2^{n+1}+1}{2^n+1}(n=1, 2, \cdots)$이다.

방법3 후진대입법을 이용하여 구하면

$$a_n=\frac{3a_{n-1}-2}{a_{n-1}}=\frac{3\cdot\frac{3a_{n-2}-2}{a_{n-2}}-2}{\frac{3a_{n-2}-2}{a_{n-2}}}=\frac{7a_{n-2}-6}{3a_{n-2}-2}$$

$$=\frac{7\cdot\frac{3a_{n-3}-2}{a_{n-3}}-6}{3\cdot\frac{3a_{n-3}-2}{a_{n-3}}-2}=\frac{15a_{n-3}-14}{7a_{n-3}-6}=\cdots$$

이므로

$a_n=\frac{(2^n-1)a_1-(2^n-2)}{(2^{n-1}-1)a_1-(2^{n-1}-2)}=\frac{2^n(a_1-1)-a_1+2}{2^{n-1}(a_1-1)-a_1+2}$이다.

여기에 $a_1=\frac{5}{3}$를 대입하면 $a_n=\frac{2^{n+1}+1}{2^n+1}(n=1, 2, \cdots)$이다.

방법4 $\frac{a_{n+1}-\alpha}{a_{n+1}-\beta}=\frac{\frac{3a_n-2}{a_n}-\alpha}{\frac{3a_n-2}{a_n}-\beta}=\frac{(3-\alpha)a_n-2}{(3-\beta)a_n-2}$

$$=\frac{3-\alpha}{3-\beta}\cdot\frac{a_n-\frac{2}{3-\alpha}}{a_n-\frac{2}{3-\beta}}$$

로 변형하면 $\frac{2}{3-\alpha}=\alpha$, $\frac{2}{3-\beta}=\beta$이므로

α, β는 $\frac{2}{3-x}=x$, $x^2-3x+2=0$의 두 근이다.

따라서 $(x-1)(x-2)=0$에서 $\alpha=1$, $\beta=2$ 또는 $\alpha=2$, $\beta=1$이다.

(i) $\alpha=1$, $\beta=2$일 때

$\frac{a_{n+1}-1}{a_{n+1}-2}=2\cdot\frac{a_n-1}{a_n-2}$이므로 수열 $\left\{\frac{a_n-1}{a_n-2}\right\}$은 $a_1=\frac{5}{3}$를 대입하면

첫째항이 $\frac{a_1-1}{a_1-2}=-2$, 공비가 2인 등비수열이므로

$\frac{a_n-1}{a_n-2}=-2\cdot2^{n-1}=-2^n$이다.

이것을 정리하면 $a_n=\frac{2^{n+1}+1}{2^n+1}(n=1, 2, \cdots)$이다.

(ii) $\alpha=2$, $\beta=1$일 때

$\frac{a_{n+1}-2}{a_{n+1}-1}=\frac{1}{2}\cdot\frac{a_n-2}{a_n-1}$이므로 수열 $\left\{\frac{a_n-2}{a_n-1}\right\}$는 $a_1=\frac{5}{3}$를 대입하면

첫째항이 $\frac{a_1-2}{a_1-1}=-\frac{1}{2}$, 공비가 $\frac{1}{2}$인 등비수열이므로

$\frac{a_n-2}{a_n-1}=-\frac{1}{2}\cdot\left(\frac{1}{2}\right)^{n-1}=-\left(\frac{1}{2}\right)^n$이다.

이것을 정리하면 $a_n=\frac{2^{n+1}+1}{2^n+1}(n=1, 2, \cdots)$을 얻을 수 있다.

수열 $\{a_n\}$이 $a_1=4$, $a_{n+1}=\dfrac{3a_n+2}{a_n+4}(n=1, 2, \cdots)$를 만족할 때 a_n을 구하시오.

풀이

$$\frac{a_{n+1}-\alpha}{a_{n+1}-\beta}=\frac{\dfrac{3a_n+2}{a_n+4}-\alpha}{\dfrac{3a_n+2}{a_n+4}-\beta}=\frac{(3-\alpha)a_n+(2-4\alpha)}{(3-\beta)a_n+(2-4\beta)}=\frac{3-\alpha}{3-\beta}\cdot\frac{a_n+\dfrac{2-4\alpha}{3-\alpha}}{a_n+\dfrac{2-4\beta}{3-\beta}}$$

로 변형하면 $\dfrac{2-4\alpha}{3-\alpha}=-\alpha$, $\dfrac{2-4\beta}{3-\beta}=-\beta$이므로

α, β는 $\dfrac{2-4x}{3-x}=-x$, $x^2+x-2=0$의 두 근이다.

따라서 $(x+2)(x-1)=0$에서 $\alpha=1$, $\beta=-2$ 또는 $\alpha=-2$, $\beta=1$이다.

$\alpha=1$, $\beta=-2$일 때

$\dfrac{a_{n+1}-1}{a_{n+1}+2}=\dfrac{2}{5}\cdot\dfrac{a_n-1}{a_n+2}$이므로 수열 $\left\{\dfrac{a_n-1}{a_n+2}\right\}$은 $a_1=4$를 대입하면

첫째항이 $\dfrac{a_1-1}{a_1+2}=\dfrac{1}{2}$, 공비가 $\dfrac{2}{5}$인 등비수열이므로 $\dfrac{a_n-1}{a_n+2}=\dfrac{1}{2}\left(\dfrac{2}{5}\right)^{n-1}$이다.

이것을 정리하면 $a_n=\dfrac{1+\left(\dfrac{2}{5}\right)^{n-1}}{1-\dfrac{1}{2}\cdot\left(\dfrac{2}{5}\right)^{n-1}}=\dfrac{5^{n-1}+2^{n-1}}{5^{n-1}-2^{n-2}}(n=1, 2, \cdots)$이다.

두 수열 $\{a_n\}$과 $\{b_n\}$이 다음의 식을 만족한다.

$$\begin{cases} a_{n+1}=a_na_1+b_nb_1 \\ b_{n+1}=b_na_1+a_nb_1 \end{cases}$$

이때 $a_n^2-b_n^2$을 a_1과 b_1을 이용하여 나타내시오.

| 고려대학교 2012년 수시 |

a_n, b_n이 포함된 연립점화식의 해법은 주어진 두 식을 더하거나 빼면 규칙을 찾을 수 있다.

 다음 제시문을 읽고 물음에 답하시오.

세 종류의 물질 a, b, c의 농도는 시간에 따라 변한다. 시간 t에서 물질 a, b, c의 농도를 각각 $A(t)$, $B(t)$, $C(t)$라 할 때 초기의 농도는 각각 $A(0)=10$, $B(0)=20$, $C(0)=30$이다. 세 물질이 반응을 시작하여 n초 후 농도와 $n+1$초 후 농도는 다음 관계식을 만족한다.

$$A(n+1)=(1-K_{ab}-K_{ac})A(n)+K_{ab}B(n)+K_{ac}C(n)$$
$$B(n+1)=K_{ab}A(n)+(1-K_{ab}-K_{bc})B(n)+K_{bc}C(n)$$
$$C(n+1)=K_{ac}A(n)+K_{bc}B(n)+(1-K_{ac}-K_{bc})C(n)$$

여기서 K_{ab}, K_{ac}, K_{bc}는 양의 상수이고, n은 0보다 크거나 같은 정수이다.

(1) 물질 a, b, c의 농도의 합은 시간에 관계없이 항상 일정함을 보이고, 그 값을 구하시오.

(2) $K_{ab}=\frac{1}{2}$이고 $K_{ac}=K_{bc}=\frac{1}{6}$이라고 하자. 시간 $t=2011$초에서 물질 a와 b의 농도의 합 $A(2011)+B(2011)$을 구하시오. 또한 n이 한없이 커질 때 물질 c의 농도 $C(n)$이 어떤 값으로 수렴하는지 구하시오.

| 성균관대학교 2011년 수시 |

(1) 주어진 식을 각 변끼리 더하여 본다.
(2) 각각을 대입하여 정리한 식을 연립하여 푼다.

 1 L의 물을 A, B 두 그릇에 적당히 나누어 담는다. 이때, A그릇에 있는 물의 일부를 B그릇으로 옮긴 다음 B그릇에 있는 물의 $\frac{1}{3}$을 A그릇으로 옮기는 시행을 무한히 반복하면 A, B그릇의 물의 양이 같아진다고 한다. 처음 A그릇에 있는 물의 일부를 B그릇으로 옮길 때 얼마만큼의 양을 옮겨야 하는지를 논술하시오.

(단, A그릇에 있는 물의 일부를 B그릇으로 옮길 때 같은 비율로 옮긴다.)

n번 시행했을 때의 물의 양과 $n+1$번 시행했을 때의 물의 양의 관계를 식으로 나타낸다.

예시 답안 및 해설 71쪽 ~ 72쪽

어떤 정보가 여러 사람을 거쳐 전달될 때, 각 사람은 앞 사람에게서 전달받은 내용을 그대로 다음 사람에게 전하거나 정반대로 전한다고 한다. 도시 A의 시민들이 전달받은 내용을 그대로 전할 확률은 0.8이고, 정반대로 전할 확률은 0.2이다. 도시 B의 시민들이 전달받은 내용을 그대로 전할 확률은 0.6이고, 정반대로 전할 확률은 0.4이다. 갑은 '많은 사람을 거쳐 전달된 내용이 첫 정보와 동일할 확률은 도시 A가 도시 B보다 높다.'고 주장한다. 한편, 을은 '아래와 같은 실험으로부터 위의 정보 전달 과정의 결과를 유추할 수 있다.'고 주장한다.

> [실험 내용] 외부와 완전히 차단되고 한 가운데 특수막이 설치된 상자가 있다. 상자에는 빨간색 연기 분자가 1000개 들어 있고, 단위 시간당 일정한 비율의 연기 분자가 특수막을 통과하여 반대쪽으로 이동한다. 모든 연기 분자가 특수막 왼쪽에 있는 상태에서 실험을 시작한다. 특수막 왼쪽의 연기 분자의 수가 시간에 따라 어떻게 변하는지 관측한다.

수리적 논리에 근거하여 갑의 주장과 을의 주장의 타당성을 각각 논하시오.

| 이화여자대학교 2007년 수시 |

도시 A의 경우 n번째 전달받은 내용이 처음 정보와 동일할 확률을 a_n, 처음 정보와 정반대일 확률을 b_n이라 하면 $n+1$번째인 경우는
$a_{n+1}=0.8a_n+0.2b_n$,
$b_{n+1}=0.2a_n+0.8b_n$
이다.

문제 5 다음 제시문을 읽고 물음에 답하시오.

(가) 아래 그림에서 점 O로부터 화살표를 따라 점 P_n, $Q_n(n=1, 2, 3, \cdots)$으로 갈 수 있는 경로의 수를 각각 x_n, y_n이라 하자.

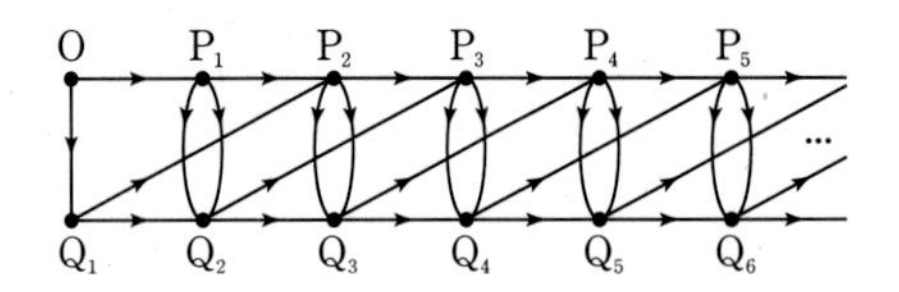

예를 들면, $x_1=1$, $x_2=2$, $x_3=5$, $y_1=1$, $y_2=3$, $y_3=7$이다.

(나) 위의 (가)에 주어진 수열 $\{x_n\}$, $\{y_n\}$에 대해, 수열 $\{z_n\}$은 $z_n=\dfrac{y_n}{x_n}$으로 정의된다.

(1) (가)에 주어진 경로의 수 x_n, y_n에 대해, 수열 $\{y_n+\sqrt{2}x_n\}$, $\{y_n-\sqrt{2}x_n\}$의 일반항을 각각 구하시오.

(2) (나)에 주어진 수열 $\{z_n\}$의 일반항을 구하시오. 이를 이용해 이 수열의 극한값을 구하시오.

(3) (1), (2)의 과정과 같은 방법으로 임의의 자연수 c에 대해 $\sqrt{c}$로 수렴하는 유리수들의 수열을 구할 수 있다. 이 방법으로 5로 수렴하는 수열을 구했을 때, 이 수열의 첫 다섯 항을 쓰시오.

| 한양대학교 2014년 수시 |

(가) 점 O에서 점 P_{n+1}, 점 Q_{n+1}로 갈 수 있는 경로의 수 x_{n+1}, y_{n+1}을 x_n, y_n으로 표현해 본다.

다음 제시문을 읽고 물음에 답하시오.

대호는 점화식

$$pa_{n+2}+qa_{n+1}+ra_n=0(p\neq0,\ n\geq1) \quad \cdots\cdots ㉠$$

을 만족하는 수열 $\{a_n\}$의 일반항을 구하려고 여러 가지 시도를 하다가, 수열이 등비수열 또는 등비수열들의 합의 형태로 나타난다고 예상을 하였다. 실제 $p+q+r=0$인 경우, 어떤 0이 아닌 t에 대해 등비수열 $\{t^n\}$이 점화식 ㉠을 만족한다고 가정하면

$pt^{n+2}+qt^{n+1}+rt^n=0$이므로 $pt^2-(p+r)t+r=0$이 되어

$$(pt-r)(t-1)=0$$

을 만족한다. 즉 $t=\frac{r}{p}$ 또는 $t=1$이 되어, 등비수열 $\left\{\left(\frac{r}{p}\right)^n\right\}$ 또는 $\{1^n\}$이 점화식 ㉠을 만족한다. 뿐만 아니라, 임의의 c_1, c_2에 대해 수열

$$\left\{c_1\left(\frac{r}{p}\right)^n+c_2(1)^n\right\}$$

역시 점화식 ㉠을 만족한다.

(1) 대호의 방법을 사용하여 다음 점화식

$$a_1=0,\ a_2=1,\ a_{n+2}=2a_{n+1}+3a_n(n\geq1)$$

을 만족하는 수열의 일반항을 구하시오.

(2) 초기값 a_1과 a_2가 어떻게 주어지더라도 점화식 ㉠을 만족하는 등비수열의 합으로 이루어진 수열 $\{a_n\}$이 단 하나 존재할 조건을 논하시오.

| 한양대학교 2011년 수시 |

(1) 대호의 방법에 의해 $t^2=2t+3$의 두 근이 α, β일 때 $a_n=\alpha^n$ 또는 $a_n=\beta^n$ 또는 $a_n=c_1\alpha^n+c_2\beta^n$이다.

(2) $a_n=c_1\alpha^n+c_2\beta^n$이므로 $c_1\alpha+c_2\beta=a_1$, $c_1\alpha^2+c_2\beta^2=a_2$를 만족하는 $(c_1,\ c_2)$가 단 한 쌍 존재할 조건을 구한다.

문제 7 다음 제시문을 읽고 물음에 답하시오.

(가) 첫째항 a_1과 둘째항 a_2가 주어지고 $p+q+r=0$인 실수 p, q, r과 모든 자연수 n에 대하여 등식

$$pa_{n+2}+qa_{n+1}+ra_n=0$$

을 만족하는 수열 $\{a_n\}$이 있을 때 $q=-p-r$을 주어진 식에 대입하고 정리하면

$$p(a_{n+2}-a_{n+1})=r(a_{n+1}-a_n)$$

즉, 등식

$$a_{n+2}-a_{n+1}=\frac{r}{p}(a_{n+1}-a_n)$$

을 만족하므로 $\{a_n\}$의 계차수열은 공비가 $\frac{r}{p}$인 등비수열이다. 이때 $a_{n+1}-a_n=b_n$이라 놓으면,

$$b_{n+1}=\frac{r}{p}b_n,\ b_1=a_2-a_1$$

이므로 모든 자연수 n에 대하여

$$b_n=(a_2-a_1)\left(\frac{r}{p}\right)^{n-1}$$

이다. 그러므로 $n>1$에 대하여

$$a_n=a_1+\sum_{k=1}^{n-1}(a_2-a_1)\left(\frac{r}{p}\right)^{k-1}=a_1+\frac{(a_2-a_1)\left\{1-\left(\frac{r}{p}\right)^{n-1}\right\}}{1-\frac{r}{p}}$$

이다.

(나) 수열 $\{a_n\}$이 $p+q+r\neq0$인 실수 p, q, r과 모든 자연수 n에 대하여

$$pa_{n+2}+qa_{n+1}+ra_n=0$$

을 만족하는 경우

$$(a_{n+2}-\alpha a_{n+1})=\beta(a_{n+1}-\alpha a_n)$$

을 성립하게 하는 실수 α, β를 찾는다.

먼저 $\alpha=\beta$인 경우를 살펴보자. 예를 들어, 수열 $\{a_n\}$이 모든 자연수 n에 대하여

$$a_{n+2}-4a_{n+1}+4a_n=0$$

을 만족할 때, 식

$$(a_{n+2}-\alpha a_{n+1})=\beta(a_{n+1}-\alpha a_n)$$

으로부터 $\alpha+\beta=4$, $\alpha\beta=4$를 얻고 이를 풀면 $\alpha=\beta=2$를 얻는다. 이 경우 수열 $\{a_n\}$은

$$(a_{n+2}-2a_{n+1})=2(a_{n+1}-2a_n)$$

을 만족한다.

<u>이때 $a_{n+1}-2a_n=b_n$이라 놓으면, $b_{n+1}=2b_n$, $b_1=a_2-2a_1$이므로 $b_n=(a_2-2a_1)2^{n-1}$이고, 이로부터 수열의 일반항 a_n을 구할 수 있다.①</u>

α, β가 서로 다른 실수 $(\alpha\neq\beta)$인 경우에는 두 식

$$(a_{n+2}-\alpha a_{n+1})=\beta(a_{n+1}-\alpha a_n)$$

과

$$(a_{n+2}-\beta a_{n+1})=\alpha(a_{n+1}-\beta a_n)$$

이 모든 자연수 n에 대하여 성립하고, 이는 두 수열 $\{a_{n+1}-\alpha a_n\}$과 $\{a_{n+1}-\beta a_n\}$이 각각 공비가 β와 α인 등비수열이라는 것을 의미한다. 따라서 모든 자연수 n에 대하여

$$a_{n+1}-\alpha a_n=(a_2-\alpha a_1)\beta^{n-1}$$
$$a_{n+1}-\beta a_n=(a_2-\beta a_1)\alpha^{n-1}$$

이 성립하고, 이 두 개의 식 중 위의 식에서 아래의 식을 빼고 정리하면 수열의 일반항 a_n을 구할 수 있다.

(다) 두 개의 용기 A, B에 현재 적당한 양의 물이 들어있는데, 용기 A에 담긴 물의 양의 10 %를 용기 B로 옮겨 담는 동시에 용기 B에 담긴 물의 양의 20 %를 용기 A로 옮겨 담는 작업을 매 1분마다 지속적으로 반복한다. 즉, 현재부터 매 1분마다 용기 A에는 담겨 있던 물의 10 %가 빠져나가는 동시에 용기 B에 담겨져 있던 물의 20 %가 들어오는 것이 반복된다. 이때 아주 오랜 시간이 지난 후 두 용기에 담긴 물의 양의 비율은 일정한 값으로 수렴한다.

(1) $p+q+r\neq0$인 실수 p, q, r와 모든 자연수 n에 대하여 $pa_{n+2}+qa_{n+1}+ra_n=0$을 만족하는 수열 $\{a_n\}$이 수렴할 때, $\lim_{n\to\infty} a_n=0$을 설명하시오. 또한, $p+q+r=0$인 경우에도 $pa_{n+2}+qa_{n+1}+ra_n=0$을 만족하는 수열 $\{a_n\}$이 수렴할 때 항상 $\lim_{n\to\infty} a_n=0$이 성립하는지 설명하시오.

(2) 제시문 (나)의 밑줄 친 ①에서 언급한 수열에서 $a_1=1$, $a_2=4$일 때 일반항 a_n을 구하시오. 또한, 제시문 (나)를 참조하여 $a_1=1$, $a_2=4$ 그리고 모든 자연수 n에 대하여 $a_{n+2}-4a_{n+1}+3a_n=0$을 만족하는 수열 $\{a_n\}$의 일반항을 구하시오.

(3) 제시문 (다)에서 아주 오랜 시간이 지난 후에 용기 A에 담긴 물의 양은 용기 B에 담긴 물의 양의 2배의 값으로 수렴함을 설명하시오.

| 서강대학교 2014년 모의 논술 |

(1) 수열 $\{a_n\}$이 수렴하므로 $\lim_{n\to\infty} a_n=\alpha$라 놓고 주어진 등식에 극한값을 취해 본다.

오른쪽 그림과 같이 가로로 2칸, 세로로 충분한 개수의 칸을 잡고 각 칸에 위에서부터 차례로 0 또는 1의 수를 채우는 작업을 한다. 이때, 0은 좌우 또는 상하 연속으로 채울 수 없다고 한다. 세로로 n번째 칸에 0 또는 1의 수를 채우는 방법의 수를 a_n이라 할 때 수열 $\{a_n\}$을 귀납적으로 정의(점화식으로 표현)하시오.

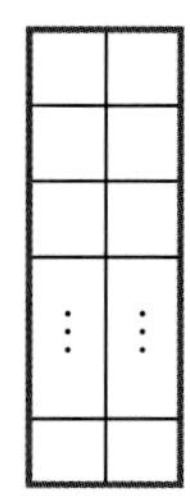

세로로 n번째 칸에 0 또는 1을 채우는 경우는 $(0, 1)$, $(1, 0)$, $(1, 1)$이므로 각각의 경우에 대하여 $(n-1)$번째 칸에 0 또는 1을 채우는 경우의 수를 생각해 본다.

빨강(R), 파랑(B), 노랑(Y)의 세 종류의 공이 있다. 공을 일렬로 나열하되, 노란 공은 두 개씩 묶어 나열한다고 하자. 이러한 방법으로 n개의 공을 나열하는 방법의 가짓수를 a_n라 하자.(예를 들어 $n=7$인 경우, 다음 그림의 왼쪽은 가능한 나열 방법이지만 오른쪽은 세 개의 노란 공이 배열될 수 없으므로 불가능한 나열 방법이다.)

(1) a_7을 구하고 그 방법을 설명하시오.

(2) 이웃한 두 항 a_n, $a_{n+1}(n=1, 2, 3, \cdots)$은 서로소임을 밝히시오.

| 중앙대학교 2013년 모의 심층면접 |

(1) a_1은 B, R
a_2는 R−R, B−B, Y−Y
R−B, B−R
이므로 $a_1=2$, $a_2=7$
이다.

주제별 강의 **제 16 장**

추론과 수학적 귀납법의 응용

추론

추론이란, 이미 알려진 전제로부터 어떤 결론을 이끌어 내는 과정이나 절차를 말한다.
이때, 전제가 결론에 결정적인 근거를 제공하느냐, 아니면 결론이 참이 되는 상당한 근거를 제공하느냐에 따라 연역추론과 귀납추론으로 나누어진다.
흔히 연역과 귀납의 주장을 위치(처음이냐 끝이냐)로 판단하는데, 이것은 옳지 않다. 전제와 결론의 관계가 필연적(반드시 그렇다)이면 연역추론, 개연적(그럴 것이다)이면 귀납추론으로 판단하면 된다.

1 연역추론

연역추론은 이미 알고 있는 하나 또는 둘 이상의 일반적인 명제를 전제로 하여 명확히 규정된 논리적 형식들에 근거해 새로운 명제의 결론을 이끌어 내는 추리의 방법을 말한다.
결론이 전제로부터 필연적으로 귀결되기 때문에 전제가 참이고 사고 과정이 논리적으로 타당하면 결론의 타당성이 보장되는 추론이다.
연역추론에는 직접추론과 간접추론이 있는데, 연역추론의 전형적 양식은 삼단논법으로 알려진 간접추론이다.

(1) 직접추론

직접추론은 단 하나의 전제로부터 다른 개념의 매개 없이, 결론인 새로운 명제를 이끌어 내는 추론이다.

예 어류는 모두 물속에 산다. (전제)
➡ 물속에 살지 않는 것은 모두 어류가 아니다. (결론)
➡ 물속에 사는 것 중에는 어류가 아닌 것도 있다. (결론)

(2) 간접추론(삼단논법)

간접추론은 둘 이상의 전제로부터 새로운 결론을 도출해 내는 추론으로 삼단논법은 '대전제, 소전제 ➡ 결론'으로 이루어진다.

삼단논법에서 결론의 주어 개념을 '소개념', 결론의 술어 개념을 '대개념', 대전제와 소전제에 공통으로 들어 있어 두 전제를 연결하여 주는 개념을 '매개념'이라고 한다. 이를 도식화하면 오른쪽과 같다.

모든 M은 P이다. (대전제)	P : 대개념
모든 S는 M이다. (소전제)	M : 매개념
그러므로 모든 S는 P이다.(결론)	S : 소개념

예 모든 동물은 죽는다. (죽는다 − 대개념)
사람은 동물이다. (동물 − 매개념)
그러므로 사람은 죽는다. (사람 − 소개념)

❷ 귀납추론

귀납추론은 특수한 또는 개별적 사실로부터 일반적인 결론을 이끌어 내는 사고 작용을 말한다. 따라서 연역이 설명을 위한 논리라면 귀납은 발견을 위한 논리라고 할 수 있다. 실제로 귀납은 형식논리라고 할 만큼 확률을 기반으로 하기 때문에 확률적 사고라 할 수 있으며, 그러기에 필연성보다는 개연성이 중시된다.

또, 확률적 사고의 대상이 되는 것에 판단의 정당성을 주기 위해서는 개연성은 물론, 유관성, 표본성 등도 그 요소가 된다.

> 개연성이란, 어떤 일이 같은 조건에서 계속적으로 혹은 빈번하게 발생했을 경우 앞으로도 동일한 조건이나 비슷한 상황 아래서 계속적으로 또는 빈번하게 같은 일이 발생할 것이라고 생각되는 성질이다.

(1) 완전 귀납추론 : 관찰하고자 하는 집합의 전체를 다 검증함으로써 대상의 공통 특징을 밝혀내는 방법으로 결론의 확실성은 보장되나 객관적 현실을 인식하는 데에는 적절한 방법이 되지 못한다.

예 1, 2, 3, …, 9, 10에서 $1+10$, $2+9$, $3+8$, $4+7$, $5+6$의 계산을 다 해 보고 난 후에 1부터 10까지 수의 앞과 뒤로부터 차례로 두 수를 더하면 11이 된다는 사실을 밝혀내었다.

(2) 통계적 귀납추론 : 일련의 같은 종류의 대상들에 동일한 속성이 반복하여 나타나고 있으며, 또 그와 모순되는 사례가 발견되지 않는다는 사실을 근거로 하여 같은 종류의 모든 대상들에 그 속성이 있을 것이라는 결론을 이끌어 내는 방법이다.

예 스승이 제자에게 땅콩이 가득 담긴 부대를 내어 주며 그 부대에 담긴 땅콩이 모두 속꺼풀이 있는지의 여부를 알아오라고 하자, 제자는 부대에 담긴 땅콩 중 잘 여문 것, 덜 여문 것, 한 알박이와 두알박이, 세알박이 등 여러 가지를 몇 개씩 골라 내어 겉 껍데기를 벗겨 보았더니 모두 속꺼풀이 있었다. 그래서 제자는 부대에 담긴 모든 땅콩에 속꺼풀이 있다는 결론을 내렸다.

(3) 인과적 귀납추론 : 어떤 부류의 일부 대상들이 가지고 있는 필연적 연결 관계를 인식한 기초 위에서 부류 전체에 대한 일반적인 결론을 이끌어 내는 방법이다.

예 그리스의 위대한 학자인 아르키메데스는 왕관을 손상시키지 않고 왕관이 순금으로 만들어졌는지 알아보라는 국왕의 명령을 받고 난감해 했다. 간단하게 왕관을 녹여 정육면체로 만들고 같은 크기의 금과 무게를 비교해 볼 수도 있었지만 왕은 아름다운 왕관을 부수고 싶어 하지 않았다. 결국 며칠 동안 이 문제에 몰두해 있던 아르키메데스는 머리도 식힐 겸 목욕탕에 갔다. 목욕탕에 물을 가득 부어 놓고 욕조에 들어가 앉은 아르키메데스는 우연히 새로운 사실을 발견하게 되었다. 그것은 물이 밖으로 흐른다는 사실이었다. 다시 욕조에 물을 가득 담고 이번에는 자신의 몸을 욕조 깊숙이 담가 보았다. 그랬더니 더 많은 물이 넘쳐흘렀다. 그러자 아르키메데스는 '나는 알았다.'라고 외치면서 벌거벗은 몸으로 밖으로 뛰어 나왔다. 실험실에 돌아온 그는 용기에 물을 가득 부어 왕관을 집어넣어 흘러나온 물을 담아 부피를 구했다. 그리고 왕관의 무게와 똑같은 순금 덩어리를 같은 실험 절차를 통해 흘러나온 물과 비교해 보았다. 그 결과 왕관을 넣어 흘러나온 물이 순금을 넣어 흘러나온 물보다 더 많음을 알아내었고, 그래서 아르키메데스는 왕에게 왕관이 순금으로 되어 있지 않다고 자신 있게 말했다. (인과적 귀납)

> 인과적 귀납이란, 관찰된 사례들이 지니고 있는 인과관계를 인식하여 전체적인 결론을 이끌어 내는 것이다. 즉, 'S_1은 P이다, S_2는 P이다, …, S_n은 P이다'에서 S_1, S_2, …, S_n을 S의 부류라 하고, 이것들과 P 사이에는 필연적인 관계가 있다. 따라서 S는 P이다. 예를 들어, '철은 열을 받으면 부피가 증가한다. 구리는 열을 받으면 부피가 증가한다. 납은 열을 받으면 부피가 증가한다.'에서 철, 구리, 납은 금속의 일종이고 이는 열을 가할 때, 금속 분자의 응집력이 작아져 그 부피가 증가한다. 따라서 모든 금속은 열을 받으면 그 부피가 증가한다.

(4) 유비 추론 (유추) : 두 개의 상이한 대상이나 사물이 몇 가지 성질들을 공유할 때, 이것에 의해 한쪽에서 볼 수 있는 성질을 다른 쪽도 역시 갖고 있으리라고 추리하는 방법이다.

예 고등 포유동물은 복잡하고 영리한 지능 활동을 할 수 있는데, 이것은 대뇌의 발달 정도, 특히 대뇌 표면의 주름 잡힌 피질과 관련된다. 영리한 동물인 원숭이의 뇌는 아주 발달하였는데, 중량이 크고, 복잡한 피질에 덮여 있다. 그런데 돌고래의 뇌도 원숭이의 뇌와 비슷하여 많은 피질을 가지고 있다. 그러므로 돌고래도 지능 활동을 하는 영리한 동물일 것이다.

수학적 귀납법

1 수학적 귀납법

도미노(domino)패가 무한히 세워진 것을 쓰러뜨리는 도미노 게임을 한다고 생각하자. 이 무한개의 도미노패가 실패 없이 잘 쓰러지려면 첫 번째 패가 넘어지면 반드시 두 번째 패가 넘어지고, 두 번째 패가 넘어지면 반드시 세 번째 패가 넘어지고, …, 이러한 과정을 무한히 반복해야 한다.

이 현상은 첫 번째 패가 넘어지면 반드시 두 번째 패가 넘어지고, k번째 패가 넘어지면 반드시 $(k+1)$번째 패가 넘어짐을 보여줌으로써 간단히 설명할 수 있는데 이러한 방법으로 수학에서 명제 $p(n)$이 성립함을 증명하는 것을 수학적 귀납법이라고 한다.

명제 $p(n)$이 모든 자연수 n에 대하여 성립하는 것을 증명하려면 다음을 보이면 된다.

(i) $n=1$일 때, 명제 $p(n)$이 성립한다.

(ii) $n=k$일 때, 명제 $p(n)$가 성립한다고 가정하면
$n=k+1$일 때도 명제 $p(n)$이 성립한다.

이와 같은 방법으로 모든 자연수 n에 대하여 명제 $p(n)$이 성립함을 보이는 것이 수학적 귀납법이다.

예1 모든 자연수 n에 대하여

$$\frac{1}{1\cdot2}+\frac{1}{2\cdot3}+\frac{1}{3\cdot4}+\cdots+\frac{1}{n(n+1)}=\frac{n}{n+1} \qquad \cdots\cdots ㉠$$

이 성립함을 수학적 귀납법으로 증명해 보자.

(i) $n=1$일 때, (좌변)=(우변)$=\frac{1}{2}$이므로 ㉠이 성립한다.

(ii) $n=k$일 때, ㉠이 성립한다고 가정하면

$$\frac{1}{1\cdot2}+\frac{1}{2\cdot3}+\frac{1}{3\cdot4}+\cdots+\frac{1}{k(k+1)}=\frac{k}{k+1}$$

양변에 $\frac{1}{(k+1)(k+2)}$을 더하면

$$\frac{1}{1\cdot2}+\frac{1}{2\cdot3}+\frac{1}{3\cdot4}+\cdots+\frac{1}{k(k+1)}+\frac{1}{(k+1)(k+2)}$$
$$=\frac{k}{k+1}+\frac{1}{(k+1)(k+2)}=\frac{(k+1)^2}{(k+1)(k+2)}=\frac{k+1}{k+2}$$

즉, $n=k+1$일 때에도 ㉠이 성립한다.

(i), (ii)에 의하여 모든 자연수 n에 대하여 ㉠이 성립한다.

영희와 철수는 '귀납적 추리'와 '수학적 귀납법'을 적용한 논증을 제시하려 하고 있다. 누가 어떤 논법을 적용하고 있는지 판단하여 이들의 논증에 문제점이 있으면 지적하고, 각자의 주장을 정당화하기 위한 올바른 논법을 선택한 후 합리적인 논증을 제시하시오.

영희 : 태권도가 올림픽 정식종목으로 채택된 첫 번째 대회에서 우리나라는 한 개 이상의 금메달을 획득했지. 지난 2004년 올림픽의 태권도 종목에서 한 개 이상의 금메달을 획득했기 때문에 다음 2008년 올림픽의 태권도 종목에서도 한 개 이상의 금메달을 획득할 것이 틀림없어. 마찬가지로 생각하면 앞으로도 모든 올림픽의 태권도 종목에서 우리나라는 한 개 이상의 금메달을 획득할 거야.(단, 현재의 시점은 2006년이다)

철수 : 1부터 100까지의 자연수들의 합은 101을 백 번 더해서 2로 나눈 것과 같고, 1부터 1000까지의 자연수들의 합은 1001을 천 번 더해서 2로 나눈 것과 같고, 1부터 10000까지의 자연수들의 합은 10001을 만 번 더해서 2로 나눈 것과 같잖아. 이와 같이 모든 자연수 n에 대하여 1부터 n까지의 자연수들의 합은 $n+1$을 n번 더해서 2로 나눈 수와 같을 거야. 아직까지 이 조건이 성립하지 않는 예를 발견한 사람은 없잖아?

| 고려대학교 2006년 수시 |

영희는 수학적 귀납법을, 철수는 귀납적 추리로 자신의 주장을 펴고 있다. 각 논증 방법의 적용의 문제점을 파악한다.

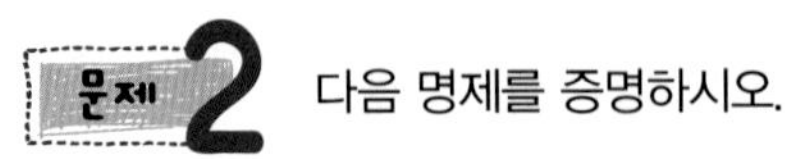

다음 명제를 증명하시오.

"임의의 자연수 n과 구간 $[0, 1]$에 들어있는 n개의 실수 $x_1, x_2, \cdots, x_n$에 대하여 부등식

$$(1-x_1)(1-x_2)\cdots(1-x_n) \geq 1-x_1-x_2-\cdots-x_n$$

이 성립한다."

수학적 귀납법을 이용한다.

다음 제시문을 읽고 물음에 답하시오.

> 함수 $f:\left(-\frac{\pi}{2}, \frac{\pi}{2}\right) \to (-\infty, \infty)$는 일대일 대응이고, 다음 등식
> $$f(x+y)=\frac{f(x)+f(y)}{1-f(x)\cdot f(y)}\left(-\frac{\pi}{2}<x, y<\frac{\pi}{2}\right)$$
> 을 만족한다.

(1) 수열 $\{a_n\}_{n=1}^{\infty}$이 점화식 $a_1=a_2=1$, $a_{n+1}=a_n+a_{n-1}(n\geq 2)$을 만족할 때, 임의의 자연수 n에 대하여 관계식

$$a_{2n-1}a_{2n+1}={a_{2n}}^2+1$$

이 성립함을 보이시오.

(2) $\{a_n\}_{n=1}^{\infty}$은 위 (1)에서 주어진 수열일 때, 모든 양의 정수 n에 대하여 함숫값

$$f\left(f^{-1}\left(\frac{1}{a_{2n+1}}\right)+f^{-1}\left(\frac{1}{a_{2n+2}}\right)\right)$$

은 무엇인지 구하시오.

| 한양대학교 2012년 모의 심층면접 |

(2) 함수 f의 역함수가 f^{-1}일 때
$f(f^{-1}(x))=x$
인 것을 이용한다.

수열 $\{a_n\}$이 $a_1=1$, $a_2=2$, $a_{n+2}=2a_{n+1}+a_n(n=1, 2, \cdots)$을 만족한다.

(1) 모든 자연수 n에 대해 등식

$$a_{n+2}a_n-{a_{n+1}}^2=(-1)^{n+1}$$

이 성립함을 보이시오.

(2) (1)의 결과를 이용하여 수열 $\left\{\frac{a_{n+1}}{a_n}\right\}$의 극한이 존재함을 보이고, 그 값을 구하시오.

| 한양대학교 2013년 모의 심층면접 |

(2) (1)의 등식에
$a_{n+2}=2a_{n+1}+a_n$을 대입하여 a_{n+1}에 관한 이차방정식에서 a_{n+1}을 구한다.

문제 5 다음 제시문을 읽고 물음에 답하시오.

> 수열 $\{a_n\}$과 $\{b_n\}$을 다음과 같은 점화식을 이용하여 정의하자.
>
> $a_0=2,\ a_1=9,\ a_n=4a_{n-1}+a_{n-2}(n\geq 2)$
>
> $b_0=1,\ b_1=4,\ b_n=4b_{n-1}+b_{n-2}(n\geq 2)$
>
> 위에서 정의된 두 수열 $\{a_n\}$과 $\{b_n\}$은 모든 양의 정수 k에 대하여 다음의 관계식을 만족한다.
>
> $a_{k-1}b_k-a_kb_{k-1}=(-1)^k$

(1) 모든 양의 정수 k에 대하여 등식 $\sqrt{5}=\dfrac{(\sqrt{5}+2)a_k+a_{k-1}}{(\sqrt{5}+2)b_k+b_{k-1}}$이 성립함을 보이시오.

(2) (1)과 제시문을 이용하여 부등식 $\left|\dfrac{a_k}{b_k}-\sqrt{5}\right|<\dfrac{1}{{b_k}^2}$이 성립함을 설명하시오.

| 한양대학교 2013년 심층면접 |

(2) $\sqrt{5}$대신에 (1)의 식을 대입하여 변형시켜 본다.

문제 6 다음과 같이 정의된 수열 $\{a_n\}$이 있다.

$a_1=1,\ a_n=1+a_1a_2\cdots a_{n-1}(n\geq 2)$

이때, $S_n=\dfrac{1}{a_1}+\dfrac{1}{a_2}+\cdots+\dfrac{1}{a_n}$이라 하자.

(1) 모든 자연수 n에 대하여 $S_n=2-\dfrac{1}{a_{n+1}-1}$임을 보이시오.

(2) $\lim\limits_{n\to\infty} S_n=2$임을 보이시오.

| 인하대학교 2013년 모의 논술 |

(2) $\lim\limits_{n\to\infty} S_n=2$임을 보이려면 $\lim\limits_{n\to\infty} a_n=\infty$임을 보이면 된다.

문제 7

다음 제시문을 읽고 물음에 답하시오.

두 개의 저항을 [그림 1]과 같이 연결하는 방법을 직렬 연결이라 하고, [그림 2]와 같이 연결하는 방법을 병렬 연결이라 한다. 크기가 R_1과 R_2인 두 개의 저항을 직렬 연결할 때, 합성 저항 R은 각 저항의 합과 같다($R=R_1+R_2$). 그리고 크기가 R_1과 R_2인 두 개의 저항을 병렬 연결할 때, 합성 저항의 역수의 합과 같다$\left(\frac{1}{R}=\frac{1}{R_1}+\frac{1}{R_2}\right)$.

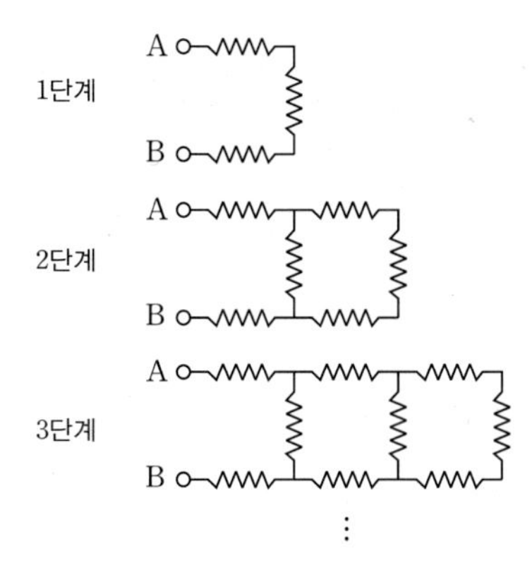

[그림 1] [그림 2]

아래 그림과 같이 1Ω의 저항을 각 단계마다 계속해서 세 개씩 붙여나갈 때, n단계의 합성저항을 a_n(Ω)이라 한다. a_n과 a_{n+1}의 관계식을 구하고 이것과 수학적 귀납법을 이용하여 A와 B 사이의 합성 저항이 감소함을 설명하고 합성 저항의 극한값에 대하여 서술하시오.

| 고려대학교 2008년 수시 응용 |

주어진 그림에서
$a_1=3$
$a_2=2+\cfrac{1}{\cfrac{1}{1}+\cfrac{1}{a_1}}$
이다.

다음 제시문을 읽고 물음에 답하시오.

(가) [외판원 문제] 어느 외판원이 n개의 도시를 방문하여 제품을 판매하려고 한다. 모든 도시를 한 번씩만 방문하려고 할 때, 어느 순서로 도시를 방문해야 여행 거리가 최소가 되는가? 이러한 물음을 일반적으로 "외판원 문제"라고 한다. 여행 거리가 최소인 경로를 찾는 한 방법으로 다음을 생각해 볼 수 있다. n개의 도시를 방문하는 여행 경로는 $n!$개가 있다. 각각의 여행 경로에 대해 여행 거리를 계산하면 여행 거리가 최소인 경로를 찾을 수 있다. 비록 이론적으로는 도시의 수에 상관없이 이 방법을 적용할 수 있지만, 실질적으로는 작은 n에 대해서만 이 방법을 적용할 수 있다. 그 이유는 n이 아주 크지 않은 경우라도 계승 $n!$은 현실적으로 다룰 수 없을 정도로 매우 크기 때문이다. 예를 들어, 방문해야 할 도시의 수가 50이라면 모든 경로의 수는

$$50!=30414093201713378043612608166064768844377641568960512000000000000>10^{64}$$

이다. 이 경우, 각 여행 거리를 아주 빠른 컴퓨터를 사용하여 계산한다고 해도 엄청난 시간이 걸린다. 한 예로, 1초에 100조$(=10^{14})$개의 여행 거리를 계산할 수 있는 컴퓨터 1억$(=10^{8})$대를 사용하면, 답을 구하는 데 적어도 10^{42}초가 필요하다. 참고로 우주의 나이는 약 4×10^{17}초라고 알려져 있다. 계승은 이처럼 빨리 커지는 수인데, 이 성질을 **계승은 지수함수보다 훨씬 빨리 커진다**는 표현으로 나타낸다. 이 표현의 타당성은 임의의 실수 t에 대해, $n!$과 t^n의 비가 n이 커질 때 어떻게 되는지를 보고 판단할 수 있다. 계승의 이런 성질로 인해서 외판원 문제는 어려운 문제로 알려져 있다.

(나) [자연로그의 밑 e] 일반항 $a_n=\left(1+\frac{1}{n}\right)^n$인 수열 $\{a_n\}$은 증가수열이다. 즉, 모든 자연수 n에 대하여 $a_n<a_{n+1}$을 만족한다. 그리고 n이 무한히 커지면 수열 $\{a_n\}$은 자연로그의 밑 e에 한없이 가까워진다. 즉, $\lim_{n\to\infty}a_n=e=2.718\cdots$이다.

(다) [수학적 귀납법] 자연수 n에 대한 명제 $p(n)$이 모든 자연수 n에 대하여 성립함을 증명하려면 다음의 두 가지를 보이면 된다.

① $n=1$일 때 명제 $p(n)$이 성립한다.
② $n=k$일 때 명제 $p(n)$이 성립한다고 가정하면 $n=k+1$일 때도 명제 $p(n)$이 성립한다.

(라) [조임 정리] 세 수열 $\{x_n\}$, $\{y_n\}$, $\{z_n\}$이 모든 자연수 n에 대해 $x_n<y_n<z_n$을 만족한다고 하자. 만약 수열 $\{x_n\}$과 $\{z_n\}$이 수렴하고 그 극한값이 C로 같다면, 즉, $\lim_{n\to\infty}x_n=\lim_{n\to\infty}z_n=C$라면, 수열 $\{y_n\}$은 수렴하고 $\lim_{n\to\infty}y_n=C$이다.

(마) [극한의 성질] 수열 $\{b_n\}$이 $\lim_{n\to\infty}b_n=0$을 만족하면, $\lim_{n\to\infty}(b_n)^n=0$이다.

(1) (나)와 (다)를 이용하여 모든 자연수 n에 대해서 $\frac{1}{n!}<\frac{e^n}{n^n}$이 성립함을 논술하시오.

(2) 임의의 실수 t에 대해 $\lim_{n\to\infty}\frac{t^n}{n!}$의 값을 구하여라. 단, 반드시 (1)에서 증명한 부등식, (라), (마)를 이용하라. 이 결과를 바탕으로 (가)에 있는 '계승은 지수함수보다 훨씬 빨리 커진다'는 주장의 타당성에 대해서 논술하시오.

| 가톨릭대학교 2014년 수시 |

(1) $\lim_{n\to\infty}\left(1+\frac{1}{n}\right)^n=e$이므로 $\left(1+\frac{1}{n}\right)^n<e$이다.

주제별 강의 제 17 장

피보나치 수열과 황금비

귀류법

1 피보나치 Fibonacci

피보나치의 본명은 '레오나르도 다 피사(Leonardo da Pisa ; 1170~1250)'이며 지금의 이탈리아 피사에서 태어났다. 외교관이었던 아버지를 따라다니면서 북아프리카, 지금의 알제리에서 교육을 받고 이집트, 시리아, 그리스, 시칠리아 등을 여행하면서 수학을 공부한 후 13세기 초 피사에 돌아와서 활약하였다.

1202년 그가 지은 명저 "산술의 서(Liber Abaci)"에는 아라비아 숫자인 0, 1, 2, 3, 4, 5, 6, 7, 8, 9와 이것을 이용한 계산법이 소개되어 있다. 이 책에서 가장 잘 알려진 문제는 '피보나치 수열'이라고 불리는 것의 원형으로 다음과 같다.

이 책으로 인하여 인도에서 발명된 아라비아 숫자가 유럽에 널리 전파되었다.

> 한 쌍의 어미 토끼가 매월 한 쌍의 토끼를 낳고, 태어난 한 쌍의 토끼가 다음 달부터 한 쌍의 토끼를 매월 낳기 시작한다면, 처음 한 쌍의 새끼 토끼로부터 1년 뒤에는 전체 몇 쌍의 토끼가 있을까?

2 피보나치 수열

위 문제에서 모든 토끼가 죽지 않는다고 가정하면 1년 뒤에는 전체 몇 쌍의 토끼가 있는지 알아보자. 처음에 한 쌍의 새끼 토끼가 있고, 한 달 뒤에는 한 쌍의 어미 토끼가 있고, 그 다음 달에 한 쌍의 새끼를 낳는다. 이때, 토끼는 두 쌍이 된다. 그 다음 달에는 원래의 토끼 한 쌍이 또 새끼 한 쌍을 낳게 되므로 토끼는 세 쌍이 된다. 그 다음 달에는 두 쌍의 토끼가 각각 한 쌍의 새끼를 낳게 되므로 토끼는 다섯 쌍이 된다. 이와 같이 계속되면 토끼의 쌍은

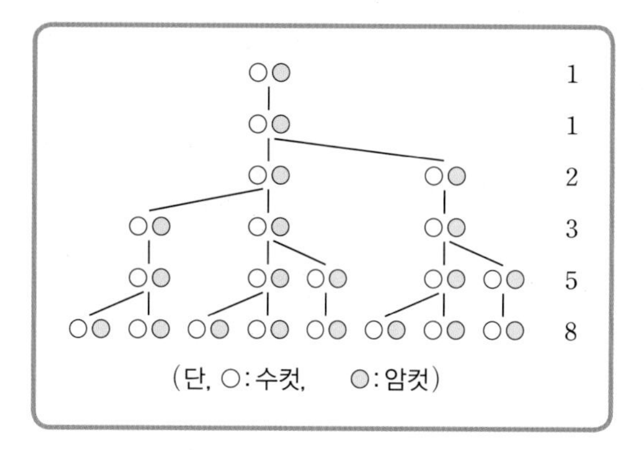

$$1,\ 1,\ 2,\ 3,\ 5,\ 8,\ 13,\ 21,\ 34,\ 55,\ 89,\ 144,\ \cdots$$

가 된다. 이때, 이 수열을 피보나치 수열이라 하고, 각 항을 피보나치 수라고 한다.

③ 소설 "다 빈치 코드The Da Vinci Code"에 나오는 피보나치 수열

13−3−2−21−1−1−8−5
오, 드라코 같은 악마야! (O, Draconian devil!)
오, 불구의 성인이여! (Oh, lame saint!)

댄 브라운이 쓴 다빈치 코드라는 소설은 예수에 얽힌 비밀, 시온 수도회 등의 종교적 소재를 다룬 미스터리 스릴러 추리소설인데, 그 내용 중에는 수학적인 요소가 다분히 포함되어 있다. 소설의 도입부에서 프랑스 루브르 박물관장 소니에르는 피살되면서 위와 같은 내용을 남긴다.

이 내용에서 영어로 된 부분은 알파벳의 위치를 조정하여

'레오나르도 다빈치! (Leonardo da Vinci!), 모나리자! (The Mona Lisa!)'

로 바꿀 수 있음을 알 수 있다.

한편, 숫자로 된 부분은 우리가 알고 있는 피보나치 수열의 일부분인 1, 1, 2, 3, 5, 8, 13, 21을 적당히 섞어 놓은 것이다. 이것은 이 소설에서 안전금고 은행의 계좌번호(비밀번호)가 된다.

피보나치 수열의 예

① 자연계에서 볼 수 있는 피보나치 수열의 예

(1) 주변에 피어 있는 꽃의 꽃잎의 수를 세어 보면 거의 모든 꽃잎이 3장, 5장, 8장, 13장, …으로 되어 있다. 백합과 붓꽃은 꽃잎이 3장, 채송화, 패랭이, 동백, 들장미, 매발톱꽃, 미나리아재비, 양지꽃은 5장, 모란, 코스모스는 8장, 금불초와 금잔화는 13장이다. 애스터와 치코리는 21장, 질경이와 데이지는 34장, 쑥부쟁이는 종류에 따라 55장과 89장이다.

나무가 자라면서 뻗어 나가는 가지의 수도 피보나치 수열을 따른다.

대부분의 꽃잎의 수는 피보나치 수로 데이지는 34장, 코스모스는 8장이다.

(2) 피보나치 수열은 해바라기나 데이지 꽃머리의 씨앗 배치에도 존재한다. 최소 공간에 최대의 씨앗을 촘촘하게 배치하는 '최적의 수학적 해법'으로 꽃은 피보나치 수열을 선택한다. 씨앗은 꽃머리에서 왼쪽과 오른쪽 두 개의 방향으로 엇갈리게 나선 모양으로 자리잡는다.

데이지 꽃머리에는 서로 다른 34개와 55개의 나선이 있고, 해바라기 꽃머리에는 55개와 89개의 나선이 있다.

해바라기 꽃머리에 씨앗이 배열된 모습에서 나선형 곡선이 오른쪽과 왼쪽 방향으로 나타남을 볼 수 있는데, 씨앗이 나선형 곡선으로 배열되어 있어 길쭉한 모양의 많은 씨앗이 중앙과 가장 자리까지 골고루 분포될 수 있다.

(3) 자연계에서 피보나치 수열이 가장 잘 나타나는 것은 식물의 잎차례이다. 잎차례는 줄기에서 잎이 나와 배열하는 방식으로 $\frac{t}{n}$와 같이 표시된다. t번 회전하는 동안 잎이 n장 나오는 비율이 참나무, 벚꽃, 사과는 $\frac{2}{5}$이고, 포플러, 장미, 배, 버드나무는 $\frac{3}{8}$, 갯버들과 아몬드는 $\frac{5}{13}$이다. 이는 모두 피보나치 수로 이루어진 분수이다.

식물의 대부분이 피보나치 수열의 잎차례를 따르고 있다. 이처럼 잎차례가 피보나치 수열을 따르는 것은 잎이 바로 위의 잎에 가리지 않고 햇빛을 최대한 받을 수 있는 수학적 해법이기 때문이다.

(4) 자연에서 나선형 곡선 구조를 쉽게 관찰할 수 있는데 솔방울의 나선의 수를 세어 보면 1, 2, 3, 5, 8 등의 나선의 개수를 가지고 있음을 알 수 있다.

(5) 다음 그림과 같이 한 변의 길이가 피보나치 수 1, 1, 2, 3, 5, 8, 13인 정사각형을 그린 다음 곡선으로 연결하면 나선형 곡선이 됨을 알 수 있다. 고둥도 한 변의 길이가 피보나치 수인 정사각형들이 만들어 낸 나선 모양을 하고 있다.

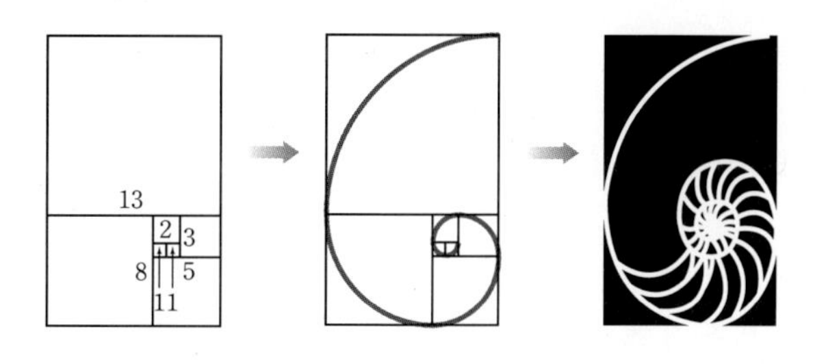

② 피보나치 수열이 되는 여러 가지 예

수열 1, 1, 2, 3, 5, 8, 13, 21, 34, 55, 89, 144, 233, ⋯, x, y, $x+y$, ⋯에서 제n항을 a_n이라 하고, 수열 $\{a_n\}$을 귀납적으로 정의하면 다음과 같다.

$$a_1=1,\ a_2=1,\ a_{n+2}=a_{n+1}+a_n \ (\text{단, } n=1,\ 2,\ 3,\ \cdots)$$

피보나치 수열이 이용되는 여러 가지 예를 수열의 귀납적 정의로 나타내어 보자.

> 계단이 하나일 때 오르는 방법의 수, 계단이 둘일 때 오르는 방법의 수, …로 생각하여 본다.
> 아래에 제시된 징검다리, 바구니에 들어 있는 과일의 경우, …에도 마찬가지로 생각한다.

(1) 계단을 한 계단씩 또는 두 계단씩 오를 때, n개의 계단을 오르는 방법의 수를 a_n이라 하면

$$a_1=1,\ a_2=2,\ a_{n+2}=a_{n+1}+a_n \ (\text{단, } n=1,\ 2,\ 3,\ \cdots)$$

(2) 징검다리를 건너는 데 한 번에 징검다리를 이루는 돌을 한 개씩 또는 두 개씩 건널 때, n개의 돌로 이루어진 징검다리를 건너가는 방법의 수를 a_n이라 하면

$$a_1=1,\ a_2=2,\ a_{n+2}=a_{n+1}+a_n \ (\text{단, } n=1,\ 2,\ 3,\ \cdots)$$

(3) 바구니에 들어 있는 과일을 한 번에 한 개씩 또는 두 개씩 다른 바구니로 옮길 때, n개의 과일을 옮기는 방법의 수를 a_n이라 하면

$a_1=1,\ a_2=2,\ a_{n+2}=a_{n+1}+a_n$ (단, $n=1, 2, 3, \cdots$)

(4) 50원짜리 동전과 100원짜리 동전만을 이용할 수 있는 자판기에 $(50\times n)$원을 넣을 수 있는 방법의 수를 a_n이라 하면

$a_1=1,\ a_2=2,\ a_{n+2}=a_{n+1}+a_n$ (단, $n=1, 2, 3, \cdots$)

(5) 어떤 미생물 A, B 한 쌍에 약물을 투여한 결과 2시간 후부터 매 시간마다 똑같이 생긴 미생물 A, B 한 쌍을 복제한다. 또, 새로 만들어진 미생물 A, B 한 쌍도 2시간 후부터 매 시간마다 한 쌍을 복제한다. 미생물이 모두 죽지 않는다고 할 때, 처음 미생물 A, B 한 쌍으로부터 n시간 후의 미생물 A, B의 쌍의 수를 a_n이라 하면

$a_1=1,\ a_2=2,\ a_{n+2}=a_{n+1}+a_n$ (단, $n=1, 2, 3, \cdots$)

(6) 바둑판의 n개의 칸에 바둑돌을 일렬로 배열할 때 흰 바둑돌끼리는 이웃하지 않도록 채우는 방법의 수를 a_n이라 하면

$a_1=2,\ a_2=3,\ a_{n+2}=a_{n+1}+a_n$ (단, $n=1, 2, 3, \cdots$)

검은 돌을 '검', 흰 돌을 '흰'이라 하면, 한 칸일 경우 (검), (흰)의 2가지, 두 칸일 경우 (검, 흰), (흰, 검), (검, 검)의 3가지이다.

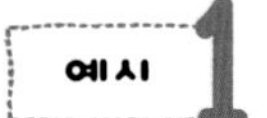

이웃한 두 변의 길이가 1, 2인 직사각형 모양의 종이를 이어 붙여 가로의 길이가 n, 세로의 길이가 2인 직사각형을 만드는 방법의 수를 a_n이라 하자. 다음 그림에서 $a_1=1$, $a_2=2$임을 확인할 수 있다.

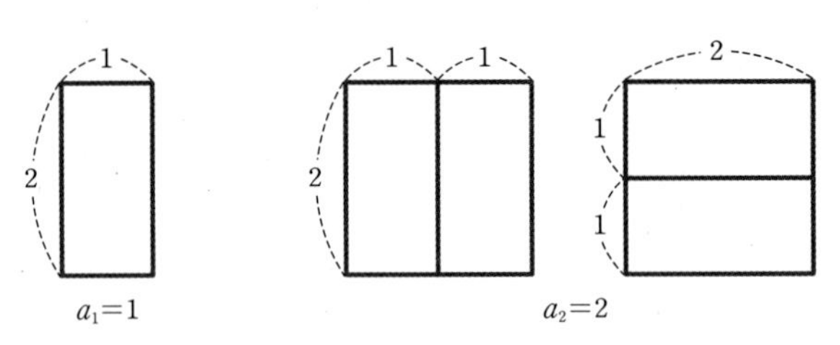

a_n, a_{n+1}, a_{n+2}의 관계식을 구하고, a_8의 값을 구하시오.

풀이 가로의 길이가 $n+2$, 세로의 길이가 2인 직사각형을 만드는 방법은 다음 두 가지 중 하나이다.

(i) 가로의 길이가 n, 세로의 길이가 2인 직사각형을 만들고 오른쪽 그림과 같이 두 개의 직사각형을 이어 붙인다.
이때, 방법의 수는 $a_n\times 1=a_n$(가지)

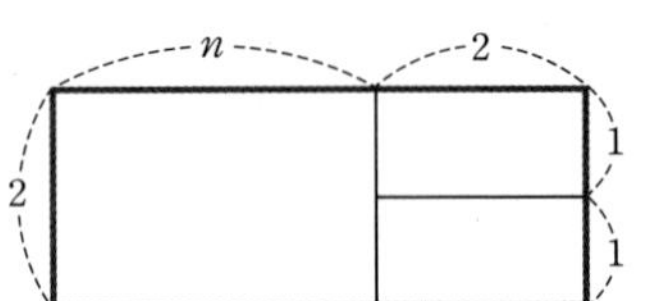

(ii) 가로의 길이가 $n+1$, 세로의 길이가 2인 직사각형을 만들고 오른쪽 그림과 같이 한 개의 직사각형을 이어 붙인다.
이때, 방법의 수는 $a_{n+1}\times 1=a_{n+1}$(가지)

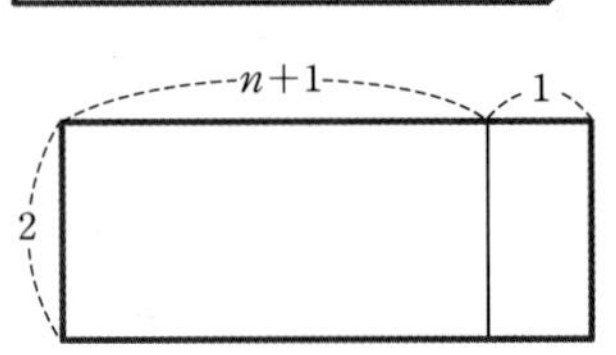

따라서 가로의 길이가 $n+2$, 세로의 길이가 2인 직사각형을 만드는 방법의 수 a_{n+2}는 $a_{n+2}=a_{n+1}+a_n\ (n=1, 2, 3, \cdots)$으로 나타낼 수 있다.
또, $a_1=1$, $a_2=2$이므로
$a_3=3$, $a_4=5$, $a_5=8$, $a_6=13$, $a_7=21$, $a_8=34$이다.

피보나치 수열의 수학적 성질

피보나치 수열 1, 1, 2, 3, 5, 8, 13, …에서 제n항을 a_n이라 하면 $a_1=1$, $a_2=1$, $a_{n+2}=a_{n+1}+a_n$ (단, $n\geq1$)이 성립한다. 이 수열은 다음과 같은 성질을 갖는다.

(1) $a_1+a_2+a_3+\cdots+a_n=a_{n+2}-1$ (단, $n\geq1$)

$a_{n+2}=a_{n+1}+a_n$에서 $a_n=a_{n+2}-a_{n+1}$

$$\begin{aligned} a_1+a_2+a_3+\cdots+a_n &= (a_3-a_2)+(a_4-a_3)+(a_5-a_4)+\cdots+(a_{n+2}-a_{n+1}) \\ &= a_{n+2}-a_2=a_{n+2}-1 \end{aligned}$$

(2) $a_1^2+a_2^2+a_3^2+\cdots+a_n^2=a_n\cdot a_{n+1}$ (단, $n\geq2$)

(i) $n=2$일 때, (좌변)$=a_1^2+a_2^2=1^2+1^2=2$, (우변)$=a_2\cdot a_3=1\times2=2$

즉, $n=2$일 때, 주어진 등식은 성립한다.

(ii) $n=k$일 때, 주어진 등식이 성립한다고 가정하면

$$a_1^2+a_2^2+a_3^2+\cdots+a_k^2=a_k\cdot a_{k+1}$$

양변에 a_{k+1}^2을 더하면

$$\begin{aligned} a_1^2+a_2^2+a_3^2+\cdots+a_k^2+a_{k+1}^2 &= a_k\cdot a_{k+1}+a_{k+1}^2 \\ &= a_{k+1}(a_k+a_{k+1})=a_{k+1}\cdot a_{k+2} \end{aligned}$$

즉, $n=k+1$일 때에도 주어진 등식은 성립한다.

따라서 (i), (ii)에 의하여 $n\geq2$인 모든 자연수 n에 대하여 주어진 등식은 성립한다.

(3) $a_1+a_3+a_5+\cdots+a_{2n-1}=a_{2n}$(단, $n\geq1$)

증명

$a_{n+1}=a_{n+2}-a_n$이므로 n대신 2, 4, 6, …, $2n-2$를 대입하면

$$\begin{aligned} a_1+a_3+a_5+a_7+\cdots+a_{2n-1} &= a_1+(a_4-a_2)+(a_6-a_4)+(a_8-a_6)+\cdots+(a_{2n}-a_{2n-2}) \\ &= a_1-a_2+a_{2n} \\ &= a_{2n} \end{aligned}$$

(4) $a_2+a_4+a_6+\cdots+a_{2n}=a_{2n+1}-1$ (단, $n\geq1$)

(5) $a_{n-1}\cdot a_{n+1}-a_n^2=(-1)^n$ (단, $n\geq2$)

(6) $\displaystyle\sum_{k=1}^{n}\frac{a_k}{a_{k+1}a_{k+2}}=\frac{1}{a_2}-\frac{1}{a_{n+2}}$

$a_k=a_{k+2}-a_{k+1}$이므로

$$\begin{aligned} \sum_{k=1}^{n}\frac{a_k}{a_{k+1}a_{k+2}} &= \sum_{k=1}^{n}\frac{a_{k+2}-a_{k+1}}{a_{k+1}a_{k+2}}=\sum_{k=1}^{n}\left(\frac{1}{a_{k+1}}-\frac{1}{a_{k+2}}\right) \\ &= \left(\frac{1}{a_2}-\frac{1}{a_3}\right)+\left(\frac{1}{a_3}-\frac{1}{a_4}\right)+\left(\frac{1}{a_4}-\frac{1}{a_5}\right)+\cdots+\left(\frac{1}{a_{n+1}}-\frac{1}{a_{n+2}}\right)=\frac{1}{a_2}-\frac{1}{a_{n+2}} \end{aligned}$$

(7) $a_{n+1}={}_nC_0+{}_{n-1}C_1+{}_{n-2}C_2+\cdots$ (단, $n\geq1$)

(8) a_n과 a_{n+1}은 서로소이다.

(9) $a_4=3$을 제외하고, a_n이 소수이면 n도 소수이다.

(10) $a_n=\dfrac{1}{\sqrt{5}}\left\{\left(\dfrac{1+\sqrt{5}}{2}\right)^n-\left(\dfrac{1-\sqrt{5}}{2}\right)^n\right\}$ (단, $n\geq1$)

(11) $\displaystyle\lim_{n\to\infty}\frac{a_{n+1}}{a_n}=\frac{\sqrt{5}+1}{2}=1.618\cdots$ (황금비)

황금비와 황금분할

1 황금비와 황금분할

선분을 한 점에 의하여 2개의 부분으로 나누어 그 한쪽의 제곱을 나머지와 전체와의 곱과 같아지게 해 보자.

$\overline{AB}$에서 그 위의 한 점 P를 잡아 $\overline{AP}:\overline{PB}=\overline{PB}:\overline{AB}$, 즉 $\overline{PB}^2=\overline{AP}\cdot\overline{AB}$를 만족할 때, $\overline{AP}$와 $\overline{PB}$의 비를 황금비 또는 황금비율이라고 한다.

또한, 이와 같이 황금비로 내분하는 것을 황금분할이라 하고, 점 P는 $\overline{AB}$를 황금분할한다고 한다.

$\overline{AP}=1$, $\overline{PB}=x$로 놓으면 $1:x=x:(1+x)$에서

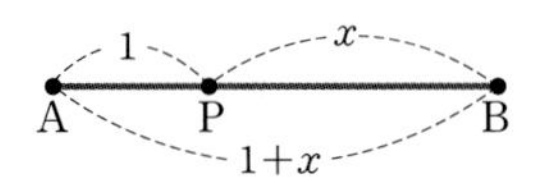

$x^2=1+x$, $x^2-x-1=0$ $\quad\therefore x=\dfrac{\sqrt{5}+1}{2}=1.618\cdots$

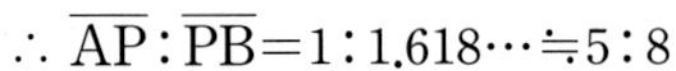

$\therefore \overline{AP}:\overline{PB}=1:1.618\cdots\fallingdotseq 5:8$

2 황금비의 여러 가지 예

(1) 피보나치 수열과 황금비

피보나치 수열 1, 1, 2, 3, 5, 8, 13, 21, 34, …에서 뒤의 항을 앞의 항으로 나누면

$$\frac{8}{5}=1.6,\ \frac{13}{8}=1.625,\ \frac{21}{13}=1.615\cdots,\ \frac{34}{21}=1.619\cdots$$

가 되어 점점 황금비의 값으로 수렴한다.

이때, 앞의 항을 a, 뒤의 항을 b라 하면 피보나치 수열은

$\cdots,\ a,\ b,\ a+b,\ \cdots$이므로 $\dfrac{b}{a}\fallingdotseq\dfrac{a+b}{b}$가 성립한다.

> 피보나치 수열 $\cdots,\ a_n,\ a_{n+1},\ a_{n+2}(=a_n+a_{n+1}),\ \cdots$에서 $\lim_{n\to\infty}\dfrac{a_{n+1}}{a_n}=\lim_{n\to\infty}\dfrac{a_{n+2}}{a_{n+1}}=1.618\cdots$이다.

이때, $\dfrac{b}{a}=\dfrac{a}{b}+1$에서 $\dfrac{b}{a}=x$로 놓으면

$x=\dfrac{1}{x}+1$, $x^2-x-1=0$ $\quad\therefore x=\dfrac{\sqrt{5}+1}{2}$ $(\because x>0)$

따라서 $x=\dfrac{\sqrt{5}+1}{2}=1.618\cdots$이므로 피보나치 수열에서 이웃하는 두 항의 비는 황금비로 접근함을 알 수 있다.

(2) 정오각형과 황금비

정오각형에서 한 대각선이 다른 대각선에 의하여 나누어질 때 생기는 두 부분의 길이의 비는 황금비가 된다.

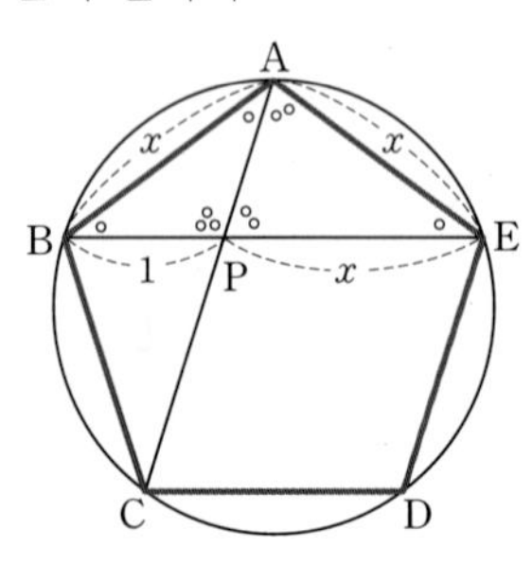

오른쪽 그림과 같이 정오각형 ABCDE에서 두 대각선 $\overline{AC}$와 $\overline{BE}$가 만나는 점을 P라 하면 $\triangle ABE \backsim \triangle PBA$이다.

$\overline{AB}:\overline{BE}=\overline{PB}:\overline{BA}$이므로 $\overline{AB}^2=\overline{BE}\cdot\overline{PB}$가 성립한다.

$\overline{BP}=1$, $\overline{PE}=x(x>1)$로 놓으면

$x^2=(1+x)\times 1$, $x^2-x-1=0$에서 $x=\dfrac{\sqrt{5}+1}{2}$이다.

따라서 $\overline{BP}:\overline{PE}=\overline{AP}:\overline{PC}=1:\dfrac{\sqrt{5}+1}{2}=1:1.618\cdots\fallingdotseq 5:8$이다.

(3) 오각형별과 황금비

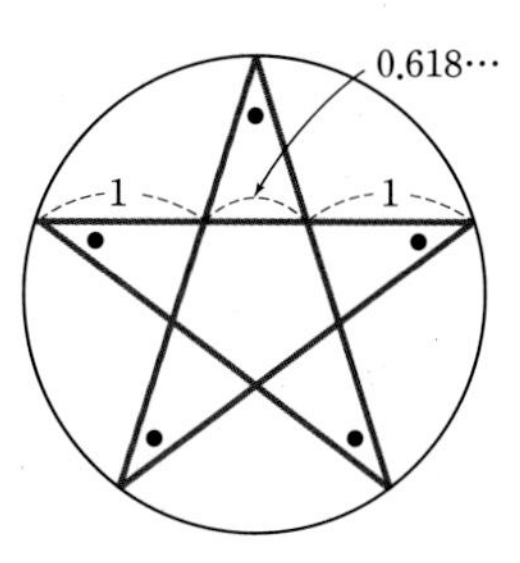

정오각형에서 대각선으로 만들어지는 오각형별은 황금분할의 비가 내재되어 있다. 이 별은 오각형의 꼭짓점을 이은 다섯 개의 대각선을 그리면 얻을 수 있기 때문에 펜타그램(Pentagram)이라고 불린다. 특히, 변의 길이가 모두 같은 정오각형에서 얻을 수 있는 펜타그램에는 인간이 가장 아름답다고 인식하는 황금비가 들어 있다.

이러한 현상은 '모든 것의 근원은 수'라고 생각했던 고대 피타고라스 학파 사람들에게는 경이적인 사실로 받아들여졌으며, 이 황금비율 안에서 우주 질서의 비밀을 느꼈다. 그들은 이 황금비율을 단순한 숫자로 생각하기보다는 신성한 하나의 상징으로 인식하여 황금분할의 비율이 내재된 오각형별을 피타고라스 학파의 상징으로 삼았다.

한편, 플라톤(Platon)은 이 황금비를 이 세상 삼라만상을 지배하는 힘의 비밀을 푸는 열쇠라고 하였으며, 그리스의 수학자 에우독소스(Eudoxos)가 황금비라는 명칭을 붙였고, 당시 그리스의 가장 유명한 조각가였던 페이디아스(Pheidias)의 이름에서 황금비(φ)를 파이(Phi)라고 부르게 되었다.

(4) 직사각형과 황금비

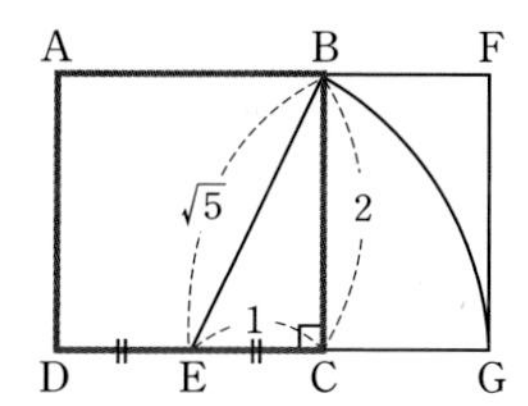

한 변의 길이가 2인 정사각형 ABCD에서 $\overline{CD}$의 중점 E와 점 B를 연결하면 직각삼각형 BCE를 얻는다. 이때, 피타고라스의 정리에 의하여 $\overline{BE}=\sqrt{5}$가 된다.

또한, $\overline{EG}=\sqrt{5}$가 되게 $\overline{DC}$를 연장하여 직사각형 ADGF를 만든다.

이때, $\overline{DG}=\sqrt{5}+1$, $\overline{CG}=\sqrt{5}-1$, $\overline{FG}=2$이므로

$$\frac{\overline{DG}}{\overline{FG}}=\frac{\sqrt{5}+1}{2}=1.618\cdots,$$

$$\frac{\overline{CG}}{\overline{FG}}=\frac{\sqrt{5}-1}{2}=0.618\cdots$$

황금비가 내재된 직사각형 ADGF와 직사각형 BCGF를 '황금 직사각형(Golden Rectangle)'이라고 한다.

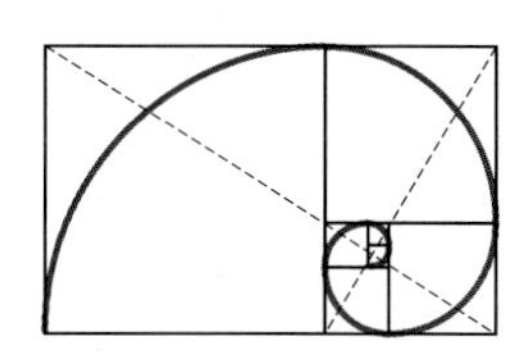

인간의 몸에서 두개의 앞니는 황금 직사각형을 이루고 있다.

오른쪽 그림과 같이 황금비가 내재한 직사각형을 계속 만들어 나가고 각 정사각형에 내재한 사분원의 원호를 그려 나가면 나선형 구조의 호들이 연결된 형태가 나타난다. 이 나선을 '황금나선(Golden Spiral)'이라고 한다. 이 황금나선의 이웃한 각 호들의 상호 비율을 측정해 보면 황금비율을 내재하고 있는 사실을 발견할 수 있다. 그리고 이러한 황금나선은 앵무조개의 껍질 등에서 발견할 수 있다.

(5) 피라미드와 황금비

이집트의 카이로 교외의 기자(Giza)에 있는 쿠푸왕의 대피라미드는 높이가 146 m(현재는 137 m)이고 밑면은 한 변의 길이가 230 m인 정사각형이며, 밑면의 각 변은 동서남북 네 방위를 정확하게 가리키고 있다.

옆면은 네 개의 삼각형이 경사각 51° 52′으로 안정감 있게 모이는 정사각뿔이다.

여기에서 옆면을 이루는 삼각형의 높이는 피타고라스의 정리를 이용하면

(옆면을 이루는 삼각형의 높이) $=\sqrt{146^2+115^2}\fallingdotseq186$ (m)

$$\frac{\text{(옆면을 이루는 삼각형의 높이)}}{\text{(밑면인 정사각형의 한 변을 이등분한 길이)}}\fallingdotseq\frac{186}{115}\fallingdotseq1.617\cdots$$

이것이 바로 황금비이다.

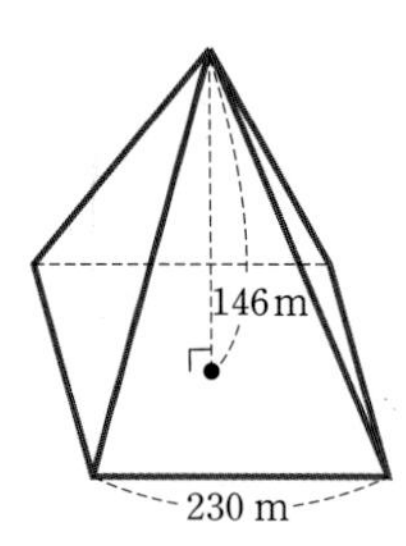

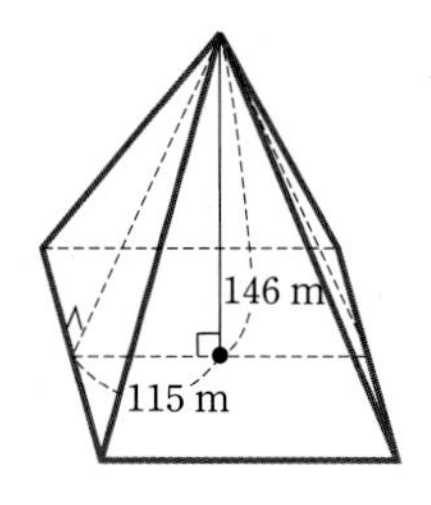

(6) 황금비의 구체적인 예

황금비는 명함, 신용카드, 엽서, 책, 공책, 키, 얼굴 등의 생활 주변에서 찾아볼 수 있으며 해바라기씨 배열, 꽃잎 수 등의 자연현상과 피라미드, 파르테논 신전, 석굴암, 모나리자, 최후의 만찬 등의 예술 분야에서도 찾아볼 수 있다.

특히, 레오나르도 다빈치의 인체 황금 비례도에 의하면 배꼽의 위치가 사람의 몸 전체를 황금분할하고, 어깨의 위치가 배꼽 위의 상반신을 황금분할하고, 무릎의 위치가 그 하반신을 황금분할하고, 코의 위치가 어깨 위의 부분을 황금분할할 때, 가장 조화롭고 아름답다고 한다.

오른쪽 그림과 같은 황금 직사각형에서 짧은 변의 길이와 똑같은 길이를 가진 정사각형을 만들면 원래 직사각형과 동일한 비율을 가지는 또 하나의 황금 직사각형을 가지게 된다. 즉 그 직사각형들의 가로와 세로의 비율은 동일하게 된다.
이 황금 직사각형의 가로와 세로의 비율을 구하시오.

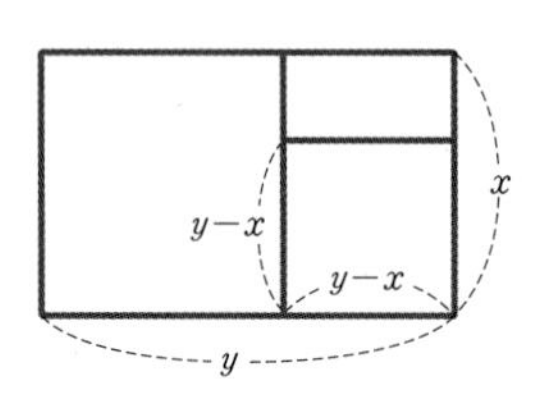

| 성균관대학교 2005년 수시 응용 |

풀이 두 개의 직사각형은 닮은꼴이므로 $y:x=x:(y-x)$에서

$x^2=y(y-x)\qquad\therefore y^2-xy-x^2=0$

양변을 x^2으로 나누면 $\left(\frac{y}{x}\right)^2-\left(\frac{y}{x}\right)-1=0$

$\frac{y}{x}=X$라 하면 $X^2-X-1=0\qquad\therefore X=\frac{1\pm\sqrt{5}}{2}$

$X=\frac{y}{x}>0$이므로 $\frac{y}{x}=\frac{1+\sqrt{5}}{2}$이다.

오른쪽 그림과 같이 한 변의 길이가 1인 정오각형 $A_1B_1C_1D_1E_1$에 대각선을 그어 그 교점으로 정오각형 $A_2B_2C_2D_2E_2$를 만들고, 같은 방법으로 반복하여 정오각형 $A_3B_3C_3D_3E_3$, …을 만든다. 이때, 무한히 만들어지는 정오각형들 각각의 한 변의 길이의 합을 구하시오.

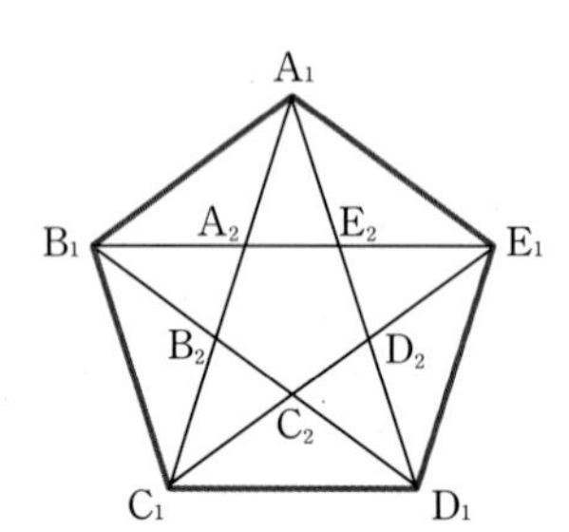

풀이 정오각형 $A_nB_nC_nD_nE_n$의 한 변의 길이를 a_n이라 하자.

$\angle B_1A_2B_2=\angle B_1B_2A_2=72°$에서 $\angle B_1A_1B_2=\angle A_1B_1A_2=\angle A_2B_1B_2=36°$

$\triangle A_1B_1B_2$는 이등변삼각형이므로 $\overline{A_1B_1}=\overline{A_1B_2}$에서

$\overline{A_1A_2}=x$라 하면

$x+a_2=1\ (\because a_1=1)\qquad\cdots\cdots$ ㉠이다.

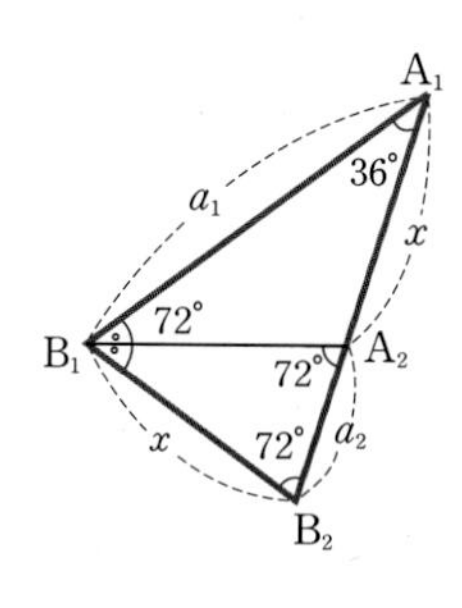

$\triangle A_1B_1B_2 \backsim \triangle B_1B_2A_2$ (AA 닮음)이고

$\overline{A_1B_1} : \overline{B_1B_2} = \overline{B_1B_2} : \overline{B_2A_2}$에서 $a_1 : x = x : a_2$이므로

$a_2 = x^2$ ($\because$ $a_1 = 1$) ⋯⋯ ㉡이다.

㉠, ㉡에서 $a_2 = (1-a_2)^2$, $a_2^2 - 3a_2 + 1 = 0$이므로 $a_2 = \frac{3-\sqrt{5}}{2}$ ($\because$ $0 < a_2 < 1$)이다.

같은 방법으로 a_n을 구하면 $a_n = \frac{3-\sqrt{5}}{2}a_{n-1}$이므로 $a_n = \left(\frac{3-\sqrt{5}}{2}\right)^{n-1}$이다.

따라서 $a_1 + a_2 + a_3 + \cdots = \frac{1}{1-\frac{3-\sqrt{5}}{2}} = \frac{2}{\sqrt{5}-1} = \frac{\sqrt{5}+1}{2} = 1.618\cdots$이다.

다른 답안

$\triangle A_1C_1D_1$과 $\triangle A_1A_2E_2$는 닮은꼴이고 $\overline{C_1D_1} : \overline{A_2E_2} = \frac{\sqrt{5}+1}{2} : \frac{\sqrt{5}-1}{2}$,

즉 $1 : \overline{A_2E_2} = \frac{\sqrt{5}+1}{2} : \frac{\sqrt{5}-1}{2}$이므로

$$\overline{A_2E_2} = \frac{\frac{\sqrt{5}-1}{2}}{\frac{\sqrt{5}+1}{2}} = \frac{(\sqrt{5}-1)^2}{4} = \frac{3-\sqrt{5}}{2}$$이다.

같은 방법으로 하면 정오각형 $A_3B_3C_3D_3E_3$의 한 변의 길이는 $\left(\frac{3-\sqrt{5}}{2}\right)^2$이다.

따라서, 구하는 합은

$$1 + \frac{3-\sqrt{5}}{2} + \left(\frac{3-\sqrt{5}}{2}\right)^2 + \cdots = \frac{1}{1-\frac{3-\sqrt{5}}{2}} = \frac{\sqrt{5}+1}{2}$$이다.

다음 제시문을 읽고 물음에 답하시오.

> 신종 컴퓨터바이러스가 출현하여, 초기에는 한 대의 컴퓨터가 감염되어 있다. 이 신종 바이러스는 침입한 지 1시간이 지나면 관리자 권한을 획득하여 컴퓨터 시스템을 완전히 장악하게 된다. 그런 다음, 이제부터는 1시간마다 1대씩 인터넷망을 통하여 다른 컴퓨터에게 동일한 바이러스를 전파시킨다고 가정하자.
>
> ○ : 초기 감염 컴퓨터
> ● : 성장된 바이러스 컴퓨터
> 초기 1시간 2시간 3시간 4시간 후

(1) 신종 바이러스가 출현한 뒤 최초 시점부터 12시간이 지나서야 비로소 신종 바이러스의 확산을 감지하였다. 이 시점에서 몇 대의 컴퓨터가 이 신종 바이러스에 의해 감염되는가를 설명하시오.

(2) 신종 바이러스의 출현을 감지한 후에(12시간 후에) 네트워크 시스템의 방화벽이 가동되어 새로운 컴퓨터에 바이러스를 침투시키는 비율이 절반으로 줄어들었다. 그렇다면, 임의의 n 시간이 지난 후에 감염된 컴퓨터의 수를 $V(n)$이라고 할 때, 이것을 수학식(점화식)으로 표현하시오.

| 경북대학교 2010년 수시 |

$V(n)$=(1시간 전에 감염된 컴퓨터의 수)+(2시간 전의 컴퓨터에 의해 새로 감염된 컴퓨터의 수)

50원짜리와 100원짜리 동전을 이용하는 커피 자동판매기가 있고, 이 커피 자동판매기 이용자에게 50원짜리 동전과 100원짜리 동전이 충분히 있다고 한다. 어떤 금액을 만드는 데 사용되는 50원짜리 동전의 최대 개수를 n이라 하고, 그 금액을 만드는 방법의 수를 $f(n)$으로 표현하자. 예를 들어, 200원을 만드는 데 사용될 수 있는 50원짜리 동전의 최대 개수는 4이므로 $n=4$이고, 200원을 만드는 방법의 수는 다섯 가지이므로 $f(4)=5$이다.

$f(n+2)$, $f(n+1)$, $f(n)$(단, $n=1, 2, 3, \cdots$)

사이의 관계를 논술하시오.

| 중앙대학교 2003년 수시 응용 |

50원짜리 동전을 1, 100원짜리 동전을 2로 놓고
50원 ⇨ (1)
100원 ⇨ (1, 1), (2)
…
와 같이 나타내어 본다.

다음 [그림 1]과 같이 직사각형 ABCD에서 짧은 변 AD를 한 변으로 하는 정사각형 F_1을 만들면 남은 직사각형 BCFE는 처음 직사각형 ABCD와 닮음이고, 마찬가지로 남은 직사각형 BCFE에서 짧은 변 CF를 한 변으로 하는 정사각형 F_2를 만들면 남은 직사각형 EBHG는 또다시 먼저의 직사각형 BCFE와 닮음이다. 이와 같은 성질이 한없이 반복되는 직사각형 모양의 종이 ABCD에서 $\overline{\text{AD}}=20(\text{cm})$이다. 여기에 [그림 2]와 같이 첫 번째 만들어진 정사각형에 사분원 S_1을 그리고, 두 번째 만들어진 정사각형에 사분원 S_2를, 세 번째 만들어진 정사각형에 사분원 S_3를 이어서 그린다. 이와 같이 과정을 한없이 반복하여 정사각형과 사분원을 그릴 때 사분원의 넓이의 합이 수렴하는 값을 구하시오.

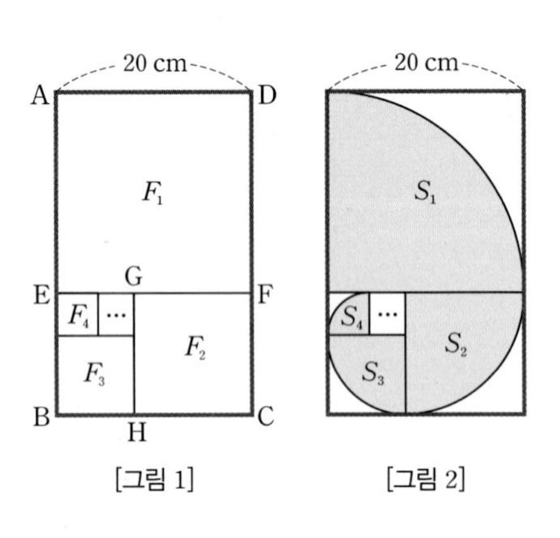

[그림 1] [그림 2]

$\overline{\text{AD}}:\overline{\text{DC}}=1:x$로 놓아 x의 값을 구한다.

방정식 $x^2-x-1=0$의 두 근을 α, $\beta(\alpha>\beta)$라 한다.

(1) $\alpha-\beta$, $\alpha^2-\beta^2$, $\alpha^3-\beta^3$의 값을 각각 구하시오.

(2) n을 자연수라 할 때, $\alpha^{n+2}-\beta^{n+2}=\alpha^{n+1}-\beta^{n+1}+\alpha^n-\beta^n$이 성립함을 보이시오.

(3) $\alpha^{10}-\beta^{10}$의 값을 구하시오.

(4) 극한값 $\lim_{n\to\infty}\frac{\alpha^{n+1}-\beta^{n+1}}{\alpha^n-\beta^n}$을 구하시오.

| 고려대학교 2005년 수시 |

(1) 의 결과를 이용하여 수열 $\{\alpha^n-\beta^n\}$의 규칙성을 찾고 (2)가 성립함을 보인다.

수열 $\{f_n\}$이 $f_1=1$, $f_2=1$, $f_{n+2}=f_{n+1}+f_n$을 만족할 때, 이 수열을 피보나치 수열이라 하고, 수열 $\{l_n\}$이 $l_1=1$, $l_2=3$, $l_{n+2}=l_{n+1}+l_n$을 만족할 때, 이 수열을 루카스 수열이라고 한다.

(1) $a_n=\frac{1}{\sqrt{5}}\left\{\left(\frac{1+\sqrt{5}}{2}\right)^n-\left(\frac{1-\sqrt{5}}{2}\right)^n\right\}$인 수열 $\{a_n\}$이 피보나치 수열임을 보이고, 자연수 n에 대하여 a_n이 자연수임을 보이시오.

(2) 피보나치 수열 $\{f_n\}$이 다음 식을 만족함을 보이시오.

$$f_1f_2+f_2f_3+f_3f_4+\cdots+f_{2n-1}f_{2n}={f_{2n}}^2$$

(3) (1)을 참조하여 루카스 수열의 일반항을 구하시오.

(4) 루카스 수열 $\{l_n\}$에 대하여 극한값 $\lim_{n\to\infty}\frac{l_{n+1}}{l_n}$을 구하시오.

| 서울시립대학교 2011년 수시 |

(1) $a_1=1$, $a_2=1$, $a_{n+1}+a_n=a_{n+2}$ 가 성립함을 보인다.
(2) 수학적 귀납법을 이용한다.

한 사람이 계단을 매 걸음마다 한 계단 또는 두 계단씩 올라간다고 하자. n개의 계단을 올라가는 모든 가능한 방법의 수를 a_n이라 할 때, 다음 물음에 답하시오.

(1) 서로 다른 n에 대한 a_n들 사이의 관계를 설명하시오.

(2) $\lim_{n\to\infty}\frac{a_{n+1}}{a_n}$이 존재한다. 그 값을 계산하시오.

| 고려대학교 2006년 모의 논술 |

(1) $a_3=a_1+a_2$, $a_4=a_2+a_3$, $\cdots$ 인 것을 파악하고 설명할 수 있도록 한다.

다음 제시문을 읽고 물음에 답하시오.

피보나치 수열(Fibonacci sequence) $\{a_n\}_{n=1}^{\infty}$은 귀납적으로

$$a_1=1,\ a_2=1,\ a_{n+2}=a_{n+1}+a_n(n\ge1)$$

으로 정의된 수열이다. 이 수열의 항을 순서대로 적어보면 1, 1, 2, 3, 5, 8, 13, 21, 34, 55, 89, $\cdots$이다. 이때 극한 $\lim_{n\to\infty}\frac{a_{n+1}}{a_n}$이 존재하고, 그 극한값 $g=\lim_{n\to\infty}\frac{a_{n+1}}{a_n}$를 황금비(golden ratio)라고 한다.

(1) 황금비 g가 이차방정식 $x^2-x-1=0$의 근임을 보이고, g의 값을 구하시오.

(2) β가 이차방정식 $x^2-x-1=0$의 근이면, 모든 $n\ge2$에 대하여, $\beta^n=a_n\beta+a_{n-1}$이 성립함을 증명하시오.

(3) $n\ge1$에 대하여, $a_n=\frac{1}{\sqrt{5}}\left\{\left(\frac{1+\sqrt{5}}{2}\right)^n-\left(\frac{1-\sqrt{5}}{2}\right)^n\right\}$이 성립함을 증명하시오.

(4) $n\ge1$에 대하여, 실수 $\frac{1}{\sqrt{5}}g^n$에 가장 가까운 자연수가 a_n임을 증명하시오.

| 부산대학교 2014년 모의 논술 |

(1) $a_{n+1}=a_n-a_{n-1}(n\ge2)$ 이므로 $g=\lim_{n\to\infty}\frac{a_n-a_{n-1}}{a_n}$에서 g의 값을 구한다.

지구상의 3만종 이상의 벌들 중 가장 흔한 종인 꿀벌은 벌집을 짓고 집단생활을 한다. 꿀벌의 벌집에는 일을 하지 않는 수벌과 모든 일을 도맡아 하는 암벌(일벌)이 있는데, 암벌이 태어나려면 어머니와 아버지가 모두 있어야 되지만 수벌은 무정란에서 태어나므로 어머니만 있으면 된다. 만약 수벌 한 마리가 있을 때 그 조상의 수를 조사해 보자.

수벌은 암벌 한 마리로부터 태어난다. 이 암벌이 태어나려면 암벌과 수벌이 필요하므로 수벌의 조부모는 암벌과 수벌, 두 마리이다. 이와 같은 방법으로 증조부모는 암벌 두 마리와 수벌 한 마리로 모두 세 마리임을 알 수 있다. 처음 수벌을 a_1 부모 세대를 a_2, 조부모 세대를 a_3와 같이 표시하고 조상을 따라가며 그 수를 세어 보면 다음과 같은 수열을 얻는다.

a_1	a_2	a_3	a_4	a_5	a_6	a_7	a_8	a_9	a_{10}	a_{11}	a_{12}	$\cdots$
1	1	2	3	5	8	13	21	34	55	89	144	$\cdots$

이 수열을 자세히 살펴보면 n대 조상의 수는 이전 두 세대의 수를 더한 값과 같다는 것을 알 수 있다.

여기서 우리는 이 수열의 성질 중 주목할 만한 사실을 연속된 두 수의 비에서 찾을 수 있다. 이 수열에서 연속된 두 수의 비를 나열해 보면

$$\frac{a_2}{a_1}=\frac{1}{1},\ \frac{a_3}{a_2}=\frac{2}{1},\ \frac{a_4}{a_3}=\frac{3}{2},\ \frac{a_5}{a_4}=\frac{5}{3},\ \frac{a_6}{a_5}=\frac{8}{5},\ \frac{a_7}{a_6}=\frac{13}{8},\ \frac{a_8}{a_7}=\frac{21}{13},\ \cdots$$

가 되는데, 이 수를 계산해서 소수점 아래 세 자리까지 나타내 보면

1, 2, 1.5, 1.667, 1.6, 1.625, 1.615, $\cdots$

이다. 실제로 이 값은 어떤 특별한 값으로 수렴한다는 것이 알려져 있다.

(1) 선분을 두 부분으로 나눌 때 긴 부분의 길이와 짧은 부분의 길이의 비가 선분 전체의 길이와 긴 부분의 길이의 비와 같을 때 이 비를 황금비라 한다. 제시문의 내용을 이용하여 연속된 두 수의 비로 이루어진 수열 $\left\{\frac{a_{n+1}}{a_n}\right\}$이 황금비에 수렴하는 것을 설명하시오.

(2) 어떤 소문은 다음과 같은 과정으로 퍼진다고 한다.

소문을 들은 사람은 그날은 소문을 퍼뜨리지 않지만 다음날에는 $2a$명에게, 또 그 다음날에는 a명에게 소문을 이야기 한다. 그러나 그 다음부터는 소문에 대한 흥미가 떨어져 더 이상 이야기 하지 않는다.

제시문의 내용을 이용하여 n번째 날에 새로 소문을 들은 사람의 수를 나타내는 방법을 설명하시오. 어느 날 한 사람이 어떤 이야기를 들었을 때 그 이야기가 위의 과정과 같이 퍼져 나갔는데 4번째 날에 새로 소문을 들은 사람의 수가 80명이었다. 이때 a를 구하는 과정을 보이고 a의 값을 구하시오.

| 숙명여자대학교 2015년 모의 논술 |

(1) 첫 번째, 선분에서 비를 이용하여 황금비를 구한다.
두 번째, 수열 $\left\{\frac{a_{n+1}}{a_n}\right\}$의 극한값이 이 값과 같음을 보인다.

다음 제시문을 읽고 물음에 답하시오.

두 개의 2리터 들이 용기 A, B에 현재 물이 각각 1리터씩 들어 있고, 두 용기의 물의 양은 매 1분마다 변하는데, 다음과 같이 두 용기 속의 물의 양이 조절된다고 하자.

(가) n분 후에 용기 A에 들어 있게 되는 리터 단위의 물의 양을 a_n 그리고 n분 후에 용기 B에 들어 있게 되는 리터 단위의 물의 양을 b_n이라 할 때, 현재 물의 양은 $a_0=b_0=1$이며 수열 $\{a_n\}$은 항상 양의 값을 가지면서 $n\ge0$인 모든 정수에 대하여 $a_{n+2}=a_n-a_{n+1}$을 만족하도록 하고, 수열 $\{b_n\}$은 $c_0=c_1=1$, $c_{n+2}=c_n+c_{n+1}$로 정의된 피보나치 수열 $\{c_n\}$에 대하여 $b_n=\frac{c_{n+1}}{c_n}$로 정의되도록 물의 양을 조절한다고 가정하자. 이때, 피보나치 수열의 특성에 의하여 극한값 $\lim_{n\to\infty} b_n$이 존재한다는 것이 널리 알려져 있고, 또한 $a_1>a_2>a_3>\cdots>0$이므로 수열 $\{a_n\}$도 극한값 $\lim_{n\to\infty} a_n$을 갖는다.

(나) 앞서 (가)에서 설명한 방식으로 용기 A, B의 물의 양을 조절하다가 적당한 $(m>1)$분이 지난 후에, 즉 두 용기의 물의 양이 각각 α리터, β리터가 되었을 때, (가)에서 설명한 방식의 물의 양 조절을 멈추고 그 대신 용기 A에 담긴 물의 양의 10 %를 용기 B로 옮겨 담는 동시에 용기 B에 담긴 물의 양의 20 %를 용기 A로 옮겨 담는 작업을 매 1분마다 지속적으로 반복한다. 즉, 현재부터 m분 이후 매분마다 용기 A에는 담겨 있던 물의 10 %가 빠져나가는 동시에 용기 B에 담겨져 있던 물의 20 %가 들어오는 것이 반복된다.

(1) (가)에서 극한 $\lim_{n\to\infty} a_n$, $\lim_{n\to\infty} b_n$이 존재한다는 것을 가정했을 때 각각의 극한값은 $\lim_{n\to\infty} a_n=0$이고 $\lim_{n\to\infty} b_n=\frac{1+\sqrt{5}}{2}$임을 증명하시오.

(2) (가)에서 정의한 수열 $\{a_n\}$과 $\{c_n\}$에 대하여 $a_1=t$라 하면, $n\ge2$일 때 $a_n=(-1)^{n-1}(tc_{n-1}-c_{n-2})$임을 보이시오.

(3) (가)에서 정의한 수열 $\{a_n\}$과 $\{c_n\}$에서 모든 자연수 n에 대하여 $\frac{c_{2n-1}}{c_{2n}}<a_n<\frac{c_{2n}}{c_{2n+1}}$임을 보이고, 이를 이용하여 a_1을 구하시오.

(4) (나)에서 아주 오랜 시간이 지난 후에 용기 A에 담긴 물의 양이 수렴하는 값을 α와 β로 나타내시오.

| 서강대학교 2011년 모의 논술 |

(2) 수학적 귀납법을 이용한다.
(3) 두 수열 $\{a_n\}$, $\{b_n\}$에 대하여 $\lim_{n\to\infty} a_n=\alpha$, $\lim_{n\to\infty} b_n=\beta$ 일 때, 수열 $\{c_n\}$이 $a_n\le c_n\le b_n$이고 $\alpha=\beta$이면 $\lim_{n\to\infty} c_n=\alpha$이다.

다음 제시문을 읽고 물음에 답하시오.

> xy평면 위에 중심이 원점이고 반지름이 1인 단위원 C가 있다. 고정점 $\mathrm{A}(-1, 0)$부터 시계 방향으로 원 C 위의 한 점 P까지의 호의 길이를 $l(\mathrm{P})$라고 하자. 원 C 위의 임의의 두 점 P_1과 P_2에 대하여 연산 $\mathrm{P}_1 \oplus \mathrm{P}_2$를 점 P_1부터 원 C를 따라 시계 방향으로 $l(\mathrm{P}_2)$만큼 더 이동하여 얻어지는 점으로 정의하자. 그러면 이 연산은 교환법칙과 결합법칙을 만족함을 쉽게 알 수 있다.

(1) 점 P가 원 C 위의 임의의 한 점이라고 할 때, 연산 $\oplus$에 대하여 항등원과 P의 역원을 나타내는 점은 어떠한 점인지 각각 설명하시오.

(2) 원 C 위의 점으로 이루어진 수열 $\{\mathrm{P}_n\}$이 P_0, P_1, $\mathrm{P}_n = \mathrm{P}_{n-1} \oplus \mathrm{P}_{n-2}$(단, 2, 3, 4, $\cdots$)로 정의된다.

① $\mathrm{P}_0 = \mathrm{A}$이고, P_1은 $l(\mathrm{P}_1) = \frac{\pi}{3}$인 원 C 위의 점일 때, $\mathrm{P}_n = \mathrm{A}$를 만족하는 자연수 n의 최솟값을 구하시오.

② k가 임의의 자연수이고, $\mathrm{P}_0 = \mathrm{A}$이며, P_1은 $l(\mathrm{P}_1) = \frac{2\pi}{k}$인 원 C 위의 점일 때, $\mathrm{P}_n = \mathrm{A}$를 만족하는 자연수 n의 최솟값을 구하는 방법에 대하여 논하시오.

(3) 원 C 위의 서로 다른 네 점 P_1, P_2, Q_1, Q_2가 관계식 $\mathrm{P}_1 \oplus \mathrm{P}_2 = \mathrm{Q}_1 \oplus \mathrm{Q}_2$를 만족한다면 두 점 P_1과 P_2를 지나는 직선과 두 점 Q_1과 Q_2를 지나는 직선이 평행임을 논리적으로 설명하시오.

| 연세대학교 2009년 수시 |

- $l(\mathrm{P}_1 \oplus \mathrm{P}_2) = l(\mathrm{P}_1) + l(\mathrm{P}_2)$
- 점 P의 항등원을 점 E라고 하면 $\mathrm{P} \oplus \mathrm{E} = \mathrm{E} \oplus \mathrm{P} = \mathrm{P}$이고 점 P의 역원을 점 X라고 하면 $\mathrm{P} \oplus \mathrm{X} = \mathrm{X} \oplus \mathrm{P} = \mathrm{P}$이다.

다음 제시문을 읽고 물음에 답하시오.

(가) 수열 $\{a_n\}$에서 이웃하는 두 항의 차

$$b_n=a_{n+1}-a_n(n=1,\ 2,\ 3,\ \cdots)$$

으로 이루어진 수열 $\{b_n\}$을 수열 $\{a_n\}$의 계차수열이라고 한다. 계차수열을 이용하여 수열의 일반항을 구할 수 있다. 수열 $\{a_n\}$의 계차수열 $\{b_n\}$이라고 하면, 정의로부터

$$b_1=a_2-a_1$$
$$b_2=a_3-a_2$$
$$b_3=a_4-a_3$$
$$\vdots$$
$$b_{n-1}=a_n-a_{n-1}$$

이므로 위의 $(n-1)$개의 등식을 더하면 $b_1+b_2+b_3+\cdots+b_{n-1}=a_n-a_1$이다. 따라서 다음 식을 얻는다.

$$a_n=a_1+\sum_{k=1}^{n-1} b_k(\text{단, } n\geq 2)$$

(나) 중세 이탈리아의 수학자 피보나치는 그의 저서에서(생물학적으로 비현실적이지만) 이상적인 토끼의 개체 수 변화를 생각하였다. 한 쌍의 새끼 토끼가 한 달이 되면 성숙하여 다음 달부터 매월 한 쌍의 새끼를 낳는다. 또, 새로 태어난 한 쌍의 토끼도 한 달이 지나면 성숙하여 그 다음 달부터 매월 한 쌍의 새끼를 낳는다. 이와 같은 식으로 계속해 갈 때, 제 n월의 전체 토끼의 쌍의 수를 f_n이라 하자. 제 $(n+2)$월의 성숙한 토끼의 쌍의 수는 제 $(n+1)$월의 전체 토끼의 쌍의 수와 같고, 새끼 토끼 쌍의 수는 제 n월 전체 토끼의 쌍의 수와 같으므로 수열 $\{f_n\}$은 아래 식들을 만족하게 된다.

(ㄱ) $f_1=1,\ f_2=1$

(ㄴ) $f_{n+2}=f_{n+1}+f_n(n\geq 1)$

이와 같이 정의된 수열 $\{f_n\}$을 피보나치(Fibonacci) 수열이라 한다.

(다) 피보나치 수열의 일반항은 간단히 표현할 수 있다. 이 공식은 드 므와브르(De Moivre)에 의하여 처음으로 발견되었지만 비네(Binet)의 공식으로 더 잘 알려져 있다. 점화식으로부터 비네의 공식을 얻는 과정을 알아보자. 우선 점화식 (ㄴ)을

$$f_{n+2}-\alpha f_{n+1}=\beta(f_{n+1}-\alpha f_n)$$

으로 바꾸어 적는다. 이렇게 변형하기 위해서는 $\alpha+\beta=1$, $\alpha\beta=-1$을 만족하는 두 수 α, β를 구해야 한다. 즉, α, β는 t에 관한 이차방정식 $t^2-t-1=0$의 두 근이다. 따라서 수열 $\{f_{n+1}-\alpha f_n\}$은 첫째항이 $f_2-\alpha f_1=1-\alpha=\beta$이고 공비가 β인 등비수열이므로 $f_{n+1}-\alpha f_n=\beta^n(n\geq 1)$을 얻는다. 이 식의 양변을 α^{n+1}로 나누면 $\dfrac{f_{n+1}}{\alpha^{n+1}}-\dfrac{f_n}{\alpha^n}=\dfrac{1}{\alpha}\left(\dfrac{\beta}{\alpha}\right)^n$이므로 수열 $\left\{\dfrac{f_n}{\alpha^n}\right\}$의 계차수열을 얻는다. 계차수열로부터 원래 수열의 일반항을 구하는 공식을 적용하면 $n\geq 2$에 대한 아래 식을 얻는다.

$$\frac{f_n}{\alpha^n}=\frac{1}{\alpha}+\sum_{k=1}^{n-1}\frac{1}{\alpha}\left(\frac{\beta}{\alpha}\right)^k=\frac{1}{\alpha}+\frac{\frac{1}{\alpha}\left(\frac{\beta}{\alpha}\right)}{\frac{\beta}{\alpha}-1}\left(\left(\frac{\beta}{\alpha}\right)^{n-1}-1\right)=\frac{1}{\beta-\alpha}\left(\left(\frac{\beta}{\alpha}\right)^n-1\right)$$

이제 이 식의 양변에 α^n을 곱하여 피보나치 수열의 일반항에 관한 비네의 공식을 얻게 된다.

$$f_n=\frac{1}{\beta-\alpha}(\beta^n-\alpha^n)$$

비네의 공식은 피보나치 수열과 관련된 여러 식을 증명할 때 유용하다. 예를 들어, 비네의 공식으로부터 다음 극한 공식을 쉽게 확인할 수 있다.

$$\lim_{n\to\infty}\frac{f_{n+1}}{f_n}=\frac{1+\sqrt{5}}{2}$$

㈑ 두 양수 a, b(단, $a>b$)가 황금비(golden ratio)를 이룬다는 것은 큰 수에 대한 두 수의 합의 비가 작은 수에 대한 큰 수의 비와 같을 때이다. 오른쪽 그림은 이와 같은 관계를 잘 나타낸다.

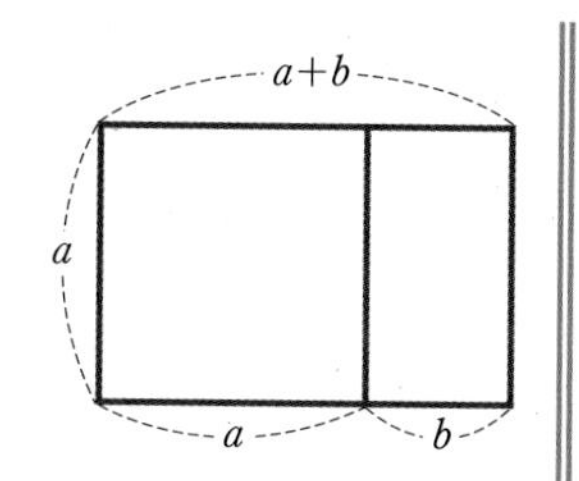

이를 수식으로 표현하면 $(a+b):a=a:b$, 즉 $\frac{a+b}{a}=\frac{a}{b}$가 성립한다. 이때 $\frac{a}{b}$를 황금비라고 한다. 황금삼각형(golden triangle)이라 부르는 특별한 형태의 이등변삼각형이 있다. 이 이등변삼각형은 한 밑각의 이등분선이 만드는 두 작은 삼각형 중 하나와 닮은꼴이다. 황금삼각형은 황금비와 같은 관련이 있다.

(1) $a_1=1$, $(2^n+3^n)a_na_{n+1}=a_n-a_{n+1}(n\geq1)$로 정의되는 수열 $\{a_n\}$에 대하여 $\lim_{n\to\infty}\frac{a_{n+2}}{a_n}$를 구하시오.

(2) 피보나치 수열 $\{f_n\}$에 대하여, 무한급수 $\sum_{n=1}^{\infty}\frac{f_{n+1}}{f_nf_{n+2}}$의 합을 구하시오.

(3) 2 이상의 모든 짝수 k에 대하여 아래 식이 성립함을 보이시오.

$$f_{k-1}f_{2k}-f_k=f_kf_{2k-1}$$

(4) ㈑의 내용을 바탕으로

① 황금비가 만족하는 정수 계수의 이차방정식을 유도하시오.

② ①에서 구한 방정식을 이용하여 황금비와 황금비의 역수는 소수점 이하의 값이 일치함을 보이시오.

(5) 오른쪽 그림과 같이 한 변의 길이가 1인 정오각형 ABCDE가 있다.

① 세 꼭짓점으로 이루어진 삼각형 ACD가 황금삼각형임을 보이시오.

② 선분 $\overline{AC}$의 길이를 구하시오.

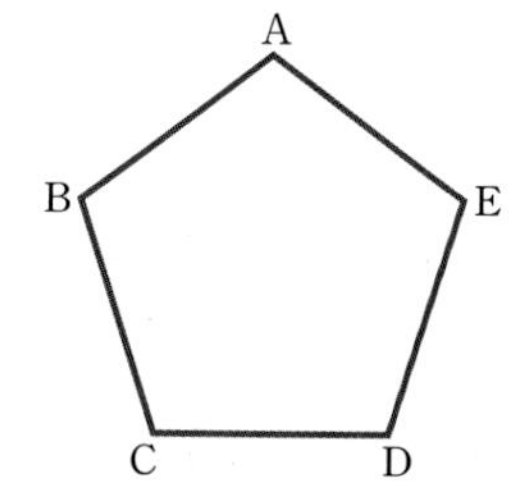

| 아주대학교 2013년 수시 |

(1) 양변을 a_na_{n+1}로 나누어 본다.
(2) $f_{n+2}=f_{n+1}+f_n$을 변형한다.
(3) $f_n=\frac{1}{\beta-\alpha}(\beta^n-\alpha^n)$을 이용한다.

주제별 강의 제 18 장

프랙탈

프랙탈의 정의

프랑스의 수학자 만델브로트(Benoit B. Mandelbrot ; 1924~2010)는 1967년 영국에서 발행되는 과학 잡지 "사이언스"에「영국을 둘러싸고 있는 해안선의 길이는 얼마인가?」라는 제목의 글을 발표하였다.

만델브로트는 1 cm 단위의 자로 재었을 때와 1 m 단위의 자로 재었을 때 해안선의 길이는 엄청난 차이가 난다고 주장하였다.

그 이유는 영국의 리아스식 해안에서 움푹 들이긴 해안선 안에 또 들어가고 나오는 해안선이 계속되었기 때문이다.

그는 이와 같이 같은 모양이 반복되는 구조를 '프랙탈(fractal)'이라고 부르기 시작했고 이 프랙탈 구조를 이용하여 계산한 해안선의 길이는 무한대가 되었다.

'프랙탈'이라는 용어는 만델브로트가 IBM에서 연구원으로 근무하던 중 자신이 연구하던 것들을 책으로 출간하기 위하여 책의 제목을 생각하다가 라틴어의 '부서지다'라는 뜻의 동사 'frangere'에서 파생한 '부서진'이라는 뜻의 형용사 'fractus'라는 말에서 '프랙탈(fractal)'을 만들었다는 설이 있다. 또, 프랙탈 기하학이 정수가 아닌 분수(fractional) 차원을 가진다는 의미에서 프랙탈(fractal)이라는 용어를 만들었다는 설도 있다.

1 프랙탈과 자연현상

프랙탈은 작은 구조가 전체 구조와 비슷한 형태로 끝없이 되풀이 되는 구조를 말한다. 즉, 프랙탈 도형은 부분의 부분 또 그 부분을 반복하여 계속 진행하여도 도형의 구조는 본질적으로 변하지 않는다. 무한히 계속하여도 전체와 일치하는 자기닮음 구조로 되어 있는 것이다.

따라서 프랙탈은 부분과 전체가 똑같은 모양을 하고 있다는 '자기 유사성(Self-Similarity)'과 '순환성(Recursiveness)'이라는 특징을 기하학적으로 해석한 것이다.

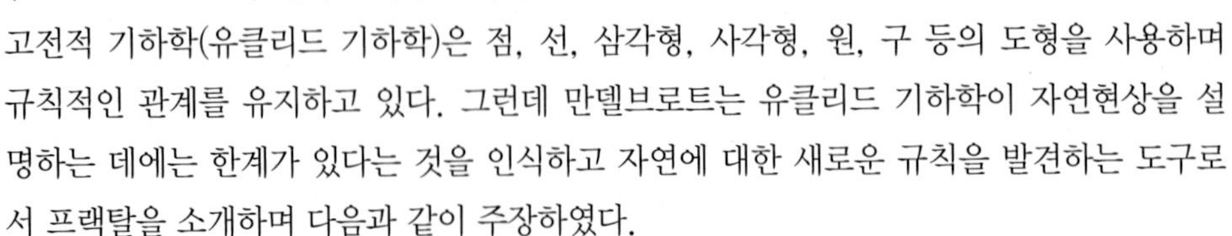

고전적 기하학(유클리드 기하학)은 점, 선, 삼각형, 사각형, 원, 구 등의 도형을 사용하며 규칙적인 관계를 유지하고 있다. 그런데 만델브로트는 유클리드 기하학이 자연현상을 설명하는 데에는 한계가 있다는 것을 인식하고 자연에 대한 새로운 규칙을 발견하는 도구로서 프랙탈을 소개하며 다음과 같이 주장하였다.

"구름은 구가 아니고, 산은 원뿔이 아니며, 해안선은 원이 아니다. 여러 가지 자연의 패턴

은 불규칙하고 고도로 복잡하며, 복잡한 정도는 각각 다르다."
프랙탈이 고전적인 유클리드 기하학보다 자연현상을 더 잘 표현할 수 있는 이유는 자기 유사성(자기닮음) 때문이다.
예를 들어, 강의 큰 줄기나 그 지류는 서로 비슷한 모양의 닮음, 즉 프랙탈의 관계에 있다. 또, 뇌에는 커다란 주름이 있고 자세히 보면 다시 더 작은 주름이 계속되고 있다. 뇌가 프랙탈 구조를 갖는 이유는 좁은 공간에 가능하면 더 많은 뇌세포를 배치하기 위해서이다. 이외에도 나무나 혈관의 가지, 해안선과 산, 구름의 울퉁불퉁한 모양, 꽃양배추식물의 모양, 번개의 모양, 주가의 그래프, 밤하늘의 별의 분포 등이 모두 프랙탈의 구조를 갖는다.

2 프랙탈과 카오스 Chaos

카오스(Chaos)라는 말은 '혼돈'이라는 뜻으로 번역이 되는데, 이 말의 근원은 그리스에서 나왔으며 그 뜻은 세상의 여러 가지 무질서한 상태, 즉 우주가 생성되는 과정 중에서 최초의 단계로 질서가 없는 상태를 말한다. 그러나 이 단어의 내면에는 천지창조의 근원이라는 의미가 포함되어 있다.

담배를 피울 때 나오는 담배 연기는 아무런 규칙없이 제멋대로 움직이는 것을 볼 수 있다.
겉으로 보기에는 불규칙해 보이는 이러한 현상에서도 자세히 관찰하여 보면 어떤 규칙성이 존재한다는 것이 카오스 이론(Chaos Theory)이다. 즉, 카오스 이론은 무질서하고 불규칙한 것처럼 보이는 운동에서 새로운 규칙성을 찾아낼 수 있다는 것이다.
카오스 이론에서 많이 나오는 말이 '나비 효과'인데 브라질의 아마존 밀림에서 나비 한 마리가 날개를 펄럭거린 영향이 수개월 뒤 뉴욕에 폭풍을 가져올 수 있다는 것이다.
예를 들어, 아마존 밀림의 한 구석에서 나비 한 마리의 날개 짓에 의하여 옆의 나뭇잎에 있는 작은 벌레가 떨어졌다고 하자. 이 벌레가 나무 밑에서 놀고 있는 원숭이의 털 속에 떨어진다. 원숭이는 벌레 때문에 가려워 긁다가 옆 나무의 열매를 떨어뜨리고, 그 열매는 돌에 부딪혀 돌을 구르게 한다. 이 돌이 시냇물에 빠지고 시냇물에 흐르던 나뭇가지, 다른 부폐물들이 이 돌 주위에 쌓인다. 점점 시냇물의 흐름이 바뀌고 이것에 의하여 지형의 변화가 생긴다. 이때, 지반이 약한 부분이 침강하고 그 영향으로 휴화산이 폭발하고 화산재는 대기의 흐름을 바꿀 수 있다. 이것에 의하여 바다가 대류 변화를 일으켜서 커다란 폭풍을 일으킬 수 있다는 것이다.

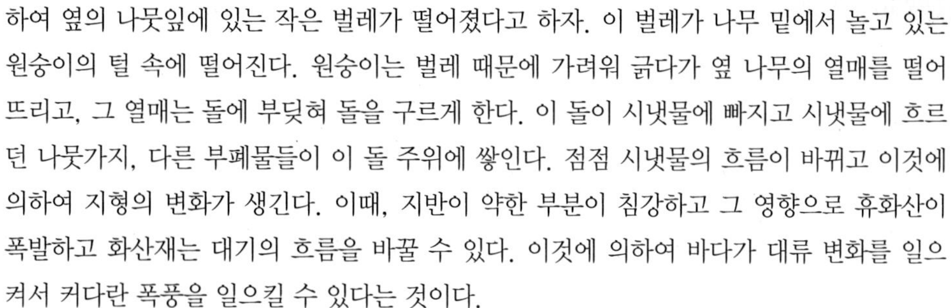

이와 같이 카오스 이론의 핵심적인 내용은 초기 조건이 미세하더라도 결과는 증폭되어 엄청난 차이를 가져올 수 있다는 것이다. 이 카오스 이론의 기본적인 전제는 자연현상에 내재된 복잡성의 원인이 무규칙적인 것은 아니고 단지 예측 불가능이라는 데 있다. 그러나 예측이 불가능하기 때문에 무의미한 이론인 것은 아니고, 수많은 초기 조건 중에서 관련된 초기 조건을 제대로 찾아내면 결국은 복잡성 속에 숨어 있는 질서를 찾아낼 수 있다는 것이다.

따라서 카오스 이론은 복잡한 자연현상에도 어떤 보편성(규칙성)이 있는 것이고 적당한 변수와 방정식을 입력하고 컴퓨터의 엄청난 능력을 빌리면 충분히 계산 가능하다고 주장하고 있다.

혼돈 속에 숨어 있는 질서정연한 자연현상을 밝혀낼 수 있는 가능성을 열어준 카오스 이론은 수학, 물리학, 생물학, 의학, 기상학, 천문학, 경제학 등 여러 분야에서 새로운 사고방식이 적용되는 계기가 되었다. 이 카오스 이론에서 혼돈된 상태의 공간적 구조로 기하학적이고 규칙적으로 나타난 모형이 프랙탈 구조로서, 프랙탈은 혼돈계의 불규칙성과 비예측성을 분석할 수 있는 새로운 기하학으로 볼 수 있다.

자연계에서의 프랙탈 모양은 아무리 복잡해 보여도 간단한 기본 모양에서 전체를 생성하는 재생산 규칙을 알아내기만 하면 컴퓨터로 알아낼 수 있다. 컴퓨터 상에 기상 생태계를 만들어 긴 세월 동안 일어나는 진화의 과정을 짧은 시간에 재현해 낼 수 있고, 마구잡이로 개발하여 지구 환경의 파괴로 인한 지구 환경 상태를 미리 예측하여 보호 조치를 강구할 수도 있을 것이다.

프랙탈의 차원

선분 1개를 2등분하면 2개의 선분으로 나누어지고, 3등분하면 3개의 선분으로 나누어진다. 이것은 각각 $2=2^1$, $3=3^1$으로 나타낼 수 있으므로 선분은 1차원이다.

정사각형의 각 변을 2등분하면 정사각형 4개로 나누어지고, 3등분하면 정사각형 9개로 나누어진다. 이것은 각각 $4=2^2$, $9=3^2$으로 나타낼 수 있으므로 정사각형은 2차원이다.

정육면체의 각 모서리를 2등분하면 정육면체 8개로 나누어지고, 3등분하면 27개로 나누어진다. 이것은 각각 $8=2^3$, $27=3^3$으로 나타낼 수 있으므로 정육면체는 3차원이다.

이와 같이 어떤 도형의 변 또는 모서리를 x등분하여 같은 모양의 것을 y개로 나눌 때, $y=x^n$의 관계가 성립하면 n을 그 도형의 차원이라고 한다.

유클리드 기하학의 세계에서 점은 0차원, 직선이나 곡선은 1차원, 삼각형이나 사각형은 2차원, 정육면체나 구면 등의 입체는 3차원과 같이 정수로 표시되는 차원을 가진다. 이때, 길이, 넓이, 부피 등의 여러 가지 양의 크기를 측도라고 하는데 1차원 도형의 측도는 길이, 2차원 도형의 측도는 넓이, 3차원 도형의 측도는 부피가 된다.

그런데 프랙탈은 선이 곡선에 가까운 정도에 따라 1차원과 2차원 사이의 차원이 된다. 곡선이 직선과 유사할수록 더 매끄럽고 프랙탈 차원은 1에 가까워진다. 또, 거칠게 움직이면서 평면을 가득 채워가는 곡선은 2차원에 가까운 프랙탈 차원을 갖게 된다. 프랙탈 차원이 높아질수록 도형은 더욱 복잡해진다.

일반적으로 사용하는 자기닮음 차원을 구하는 방법은 N을 조각의 개수, D를 프랙탈 차원, r를 축소율이라 할 때

$$N=\left(\frac{1}{r}\right)^D,\ \text{즉 } D=\frac{\log N}{\log \frac{1}{r}}$$

이다.

도형	1개의 선, 변, 모서리를 n등분한 후			차원(D)
	등분의 수	전체 조각의 개수 N	축소율 r	
선분	2	$2^1=2$	$\frac{1}{2}$	$\frac{\log 2}{\log 2}=1$
	3	$3^1=3$	$\frac{1}{3}$	$\frac{\log 3}{\log 3}=1$
	4	$4^1=4$	$\frac{1}{4}$	$\frac{\log 4}{\log 4}=1$
정사각형	2	$2^2=4$	$\frac{1}{2}$	$\frac{\log 4}{\log 2}=2$
	3	$3^2=9$	$\frac{1}{3}$	$\frac{\log 9}{\log 3}=2$
	4	$4^2=16$	$\frac{1}{4}$	$\frac{\log 16}{\log 4}=2$
정육면체	2	$2^3=8$	$\frac{1}{2}$	$\frac{\log 8}{\log 2}=3$
	3	$3^3=27$	$\frac{1}{3}$	$\frac{\log 27}{\log 3}=3$
	4	$4^3=64$	$\frac{1}{4}$	$\frac{\log 64}{\log 4}=3$
코흐 곡선	$3=3^1$	$4=4^1$	$\frac{1}{3}$	$\frac{\log 4}{\log 3}\fallingdotseq 1.26$
	$9=3^2$	$16=4^2$	$\frac{1}{9}$	$\frac{\log 16}{\log 9}\fallingdotseq 1.26$
	3^k	4^k	$\frac{1}{3^k}$	$\frac{\log 4^k}{\log 3^k}\fallingdotseq 1.26$

※ 코흐 곡선의 단계

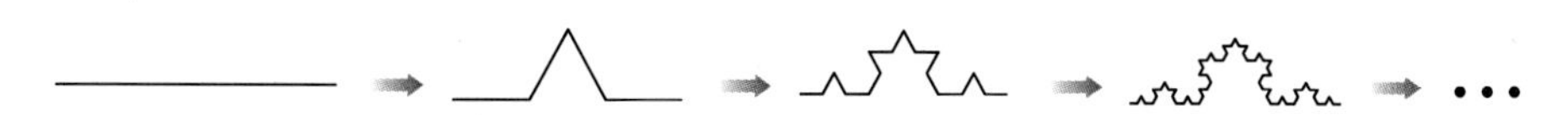

프랙탈 도형 그리기

1 칸토어 먼지(칸토어 집합 Cantor Set)

칸토어(Cantor) 먼지는 0과 1 사이의 실수로 이루어진 집합으로 만드는 방법은 다음과 같다.

길이가 1인 선분을 3등분하여 가운데 $\frac{1}{3}$ 부분을 잘라내고, 남은 부분을 또 3등분하여 각각 가운데 $\frac{1}{3}$ 부분을 잘라내는 일을 무한히 계속하면 무수히 많은 점들이 나타난다.

여기에서 알 수 있는 것은 잘라낸 길이들의 합은 $\frac{1}{3}+\frac{2}{9}+\frac{4}{27}+\cdots$이고, 이 값을 구하면 1이 되므로 남아 있는 점들의 길이는 0이 된다는 것이다.

그러나 남아 있는 점들의 차원을 구하면 $\frac{\log 2}{\log 3}\fallingdotseq\frac{0.3010}{0.4771}\fallingdotseq 0.6309$이다. 이와 같이 유클리

드 기하학에서는 이 무수한 점들의 차원이 0이지만 프랙탈 기하학에서는 1보다 작고 0보다는 큰 차원으로 정의된다.

또, 칸토어 먼지에서 수학적 의미를 찾아보면 남아 있는 선분의 개수는 2^1, 2^2, 2^3, …이 되고, 남아 있는 선분 중 1개의 길이는 $\frac{1}{3}$, $\left(\frac{1}{3}\right)^2$, $\left(\frac{1}{3}\right)^3$, …이 되어 각각 등비수열이 된다.

잘라낸 선분들의 길이의 합은

$$\frac{1}{3}\times 1+\left(\frac{1}{3}\right)^2\times 2+\left(\frac{1}{3}\right)^3\times 2^2+\cdots=\frac{\frac{1}{3}}{1-\frac{2}{3}}=1$$

이므로 남아 있는 점들의 길이의 합은 0이 된다.

그런데 앞에서와 같이 $\frac{1}{3}$로 잘라내지 않고 $\frac{2}{9}$로 잘라내면 잘라낸 선분들의 길이의 합은

$$\frac{2}{9}+\left(\frac{2}{9}\right)^2\times 2+\left(\frac{2}{9}\right)^3\times 2^2+\cdots=\frac{\frac{2}{9}}{1-\frac{4}{9}}=\frac{2}{5}=0.4$$

이므로 남아 있는 선분들의 길이의 합은 0.6이 된다. 이때의 차원은 $\dfrac{\log 2}{\log \frac{9}{2}}\fallingdotseq 0.46$이 된다.

앞의 경우와 같이 길이나 부피가 0이 되는 경우의 프랙탈을 홀쭉이 프랙탈(thin fractal)이라 하고, 뒤의 경우와 같이 길이나 부피가 0이 아닌 경우의 프랙탈을 뚱뚱이 프랙탈(fat fractal)이라고 한다.

뚱뚱이 프랙탈의 좋은 예로는 우리 몸 속의 혈관의 분포, 기관지의 분포, 콩팥의 배뇨관 분포, 신경계의 분포 등이 있다.

2 코흐 곡선

프랙탈 도형을 만들 때 최초의 선분이나 도형이 필요한데 이것을 창시자(initiator)라고 한다.

여기에 프랙탈 도형을 만드는 규칙에 의하여 생기는 도형을 생성자(generator)라고 부른다. 이 생성자의 반복 형태에 따라서 조금씩 다른 프랙탈 도형이 얻어진다.

코흐 곡선의 생성자는 선분이고 이 선분을 3등분하여 가운데 부분을 없애고 그 자리에 없어진 부분의 선분과 같은 길이의 정삼각형의 두 변과 같은 모양을 만든다. 이때, 생기는 생성자는 처음 선분 길이의 $\frac{1}{3}$이 되고 선분의 개수는 4개가 된다. 이 생성자를 축소해 가면서 새로운 4개의 선분으로 바꾸어 가는 과정을 무한히 반복하면 코흐 곡선을 얻을 수 있다.

여기에서 알 수 있는 것은 코흐 곡선은 무한히 뻗어 나가는 곡선이 아님에도 진행 과정을 계속 확대하면 길이가 무한히 커지게 된다. 즉, 코흐 곡선의 총 길이는 무한대로 발산하게 된다.

처음 선분의 길이를 1로 하면 그 다음 단계 선분들의 길이는

$$\frac{1}{3}\times 4,\ \left(\frac{1}{3}\right)^2\times 4^2,\ \cdots,\ \left(\frac{1}{3}\right)^n\times 4^n,\ \cdots$$

이 되므로 코흐 곡선의 전체 길이는 무한대로 발산함을 알 수 있다. 이때, 코흐 곡선의 차

원은

$$\frac{\log 4}{\log 3} \fallingdotseq \frac{2\log 2}{\log 3} = \frac{2\times 0.3010}{0.4771} \fallingdotseq 1.26$$

이 되고 코흐 곡선은 직선과 같은 1차원도 아니고, 넓이를 잴 수 있는 2차원도 아닌 1차원과 2차원의 중간적인 성격을 띠게 된다.

한편, 앞에서 코흐 곡선을 만들 때 선분을 3등분하여 가운데 부분을 꺾어서 위로 솟아오르게 하였는데 이 작업을 위로만 솟아오르게 하지 않고 오른쪽 그림과 같이 위와 아래를 번갈아 가면서 솟아 오르게 하면 아주 다른 이미지가 나타난다. 오른쪽 그림은 마치 어느 리아스식 해안선의 모습처럼 보인다. 그리고 이것을 랜덤코흐라인(Random Koch)이라고 한다.

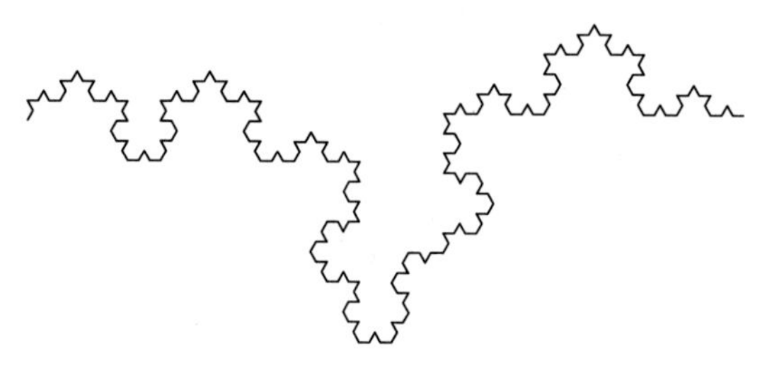

또, 정삼각형에서 각 변을 삼등분하여 가운데 부분을 없애고 그 자리에 없어진 부분의 선분과 같은 길이의 정삼각형의 두 변을 꼭짓점이 바깥쪽으로 향하도록 연결하여 별 모양으로 만드는 조작을 무한히 반복하여 얻어지는 도형을 코흐의 눈송이(Koch Snowflake)라고 한다.

1단계 → 2단계 → 3단계 → 4단계 → …

여기에서 정삼각형의 한 변의 길이를 1이라 하자.

변의 개수는 1단계, 2단계, 3단계, …에서 각각 3, 3×4, 3×4^2, …이므로 n단계에서 얻어지는 도형의 변의 개수는 $3\times 4^{n-1}$(개)이다.

또, 한 변의 길이는 1단계, 2단계, 3단계, …에서 각각 1, $\frac{1}{3}$, $\left(\frac{1}{3}\right)^2$, …이므로 n단계에서 얻어지는 도형의 한 변의 길이는 $\left(\frac{1}{3}\right)^{n-1}$이다.

따라서 도형의 둘레의 길이는 1단계, 2단계, 3단계, …에서 각각 3×1, $3\times 4\times \frac{1}{3}$, $3\times 4^2\times \left(\frac{1}{3}\right)^2$, …이므로 n단계에서 얻어지는 도형의 둘레의 길이는 $3\left(\frac{4}{3}\right)^{n-1}$이 된다.

이때, $\lim_{n\to\infty} 3\left(\frac{4}{3}\right)^{n-1}=\infty$이므로 코흐의 눈송이의 변의 길이의 합은 무한대로 발산한다.

또, n단계의 넓이의 합을 S_n이라 하면 $S_1=\frac{\sqrt{3}}{4}\times 1^2=\frac{\sqrt{3}}{4}$이므로

$$S_n=S_1+\left(\frac{1}{3}\right)^2 S_1\times 3+\left(\frac{1}{3}\right)^4 S_1\times 4\times 3+\left(\frac{1}{3}\right)^6 S_1\times 4^2\times 3+\cdots+\left(\frac{1}{3}\right)^{2(n-1)} S_1\times 4^{n-2}\times 3$$

이고,

$$\lim_{n\to\infty} S_n=S_1+\left\{\left(\frac{1}{3}\right)^2 S_1\times 3+\left(\frac{1}{3}\right)^4 S_1\times 4\times 3+\left(\frac{1}{3}\right)^6 S_1\times 4^2\times 3+\cdots\right\}$$

$$=S_1+\frac{\frac{1}{3}S_1}{1-\frac{4}{9}}=S_1+\frac{3}{5}S_1=\frac{8}{5}S_1=\frac{8}{5}\times\frac{\sqrt{3}}{4}=\frac{2}{5}\sqrt{3}$$

이상에서 코흐의 눈송이는 유한한 넓이의 도형 안에 무한한 길이를 갖는 선이 포함되어 있는 현상임을 알 수 있다.

우리 몸의 대동맥에서 실핏줄로 이어지는 혈관은 미세하게 계속 갈라지는데 이것을 길이로 따지면 엄청나지만 핏줄이 차지하는 공간은 제한적이므로 코흐의 눈송이와 같은 현상을 발견할 수 있다.

3 시어핀스키 삼각형 Sierpinski Triangle

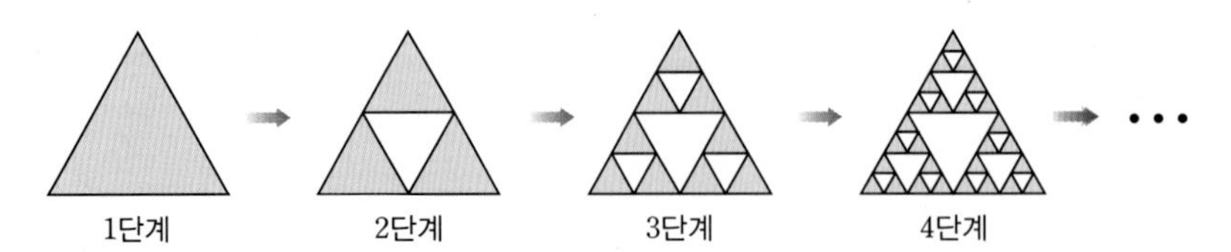

위 그림은 폴란드의 수학자 시어핀스키(W. Sierpinski; 1882~1969)가 만든 프랙탈 도형인데 시어핀스키 삼각형 또는 시어핀스키 개스킷(gasket)이라고 한다. 이것은 칸토어 먼지를 확대하여 평면차원, 즉 삼각형에 적용한 것이다. 시어핀스키 삼각형은 다음과 같이 만든다.

(1단계) 임의의 정삼각형 전체를 색칠한다.

(2단계) 주어진 정삼각형에서 각 변의 중점을 연결하여 4개의 작은 정삼각형을 만들고 가운데 부분의 작은 정삼각형을 제외한다. 이때, 3개의 작은 정삼각형이 색칠되어 있다.

(3단계) 2단계에서 색칠한 세 개의 작은 정삼각형 각각에 대하여 2단계의 방법을 반복한다. 이때, 9개의 작은 정삼각형이 색칠되어 있다.

(4단계) 이와 같은 방법으로 작업을 반복하여 시행한다.

위의 결과에 의하여 정삼각형에 점들의 집합이 나타나는데 이것이 시어핀스키 삼각형이다.

처음 정삼각형의 한 변의 길이를 1이라 하자. 각 단계별로 얻어지는 정삼각형의 개수는 각각 1, 3, 3^2, …이므로 n단계에서 얻어지는 삼각형의 개수는 3^{n-1}개이다. 또, 정삼각형의 한 변의 길이는 각 단계별로 1, $\frac{1}{2}$, $\frac{1}{2^2}$, …이므로 n단계에서는 $\frac{1}{2^{n-1}}$이다.

이때, 시어핀스키 삼각형의 차원은

$$\frac{\log 3}{\log 2} \fallingdotseq \frac{0.4771}{0.3010} \fallingdotseq 1.585$$

이것은 시어핀스키 삼각형이 직선들로 이루어진 것처럼 보이지만 직선들의 길이의 합은 무한대로 발산하여 구할 수 없으므로 1차원이 아니고, 삼각형의 내부를 차지하는 도형의 넓이는 무한히 작업을 계속 진행하면 0이 되므로 2차원이라고도 할 수 없다. 따라서 1.585의 차원인 시어핀스키 삼각형은 1차원 직선과 2차원 평면의 중간적인 성격을 지닌다.

4 프랙탈 도형의 차원에 대한 해석

프랙탈 곡선은 직선과 평면의 중간적인 성격을 지니고 있으므로 1과 2 사이의 차원을 가지게 된다. 여기에서 1에 가까운 차원을 가지는 곡선은 직선에 가까운 부드러운 형태가 되고, 차원이 2에 가까워질수록 곡선은 점점 더 심한 굴곡을 나타내면서 평면의 대부분을 채워나간다. 공간에서도 차원이 3에 가까워질수록 곡면은 더 심한 굴곡을 나타내면서 공간의 많은 부분을 차지하게 된다.

5 일반 도형과 프랙탈 도형의 차이

이등변삼각형에서 길이가 같은 두 변을 이등분하여 나눈 변의 위쪽 반을 각각 밑변을 향해 꺾어 내려보면 작은 이등변삼각형이 생긴다. 이 조작을 새로 생긴 이등변삼각형에 대해서도 똑같이 실행하고 이러한 조작을 무한히 반복하여 보자.

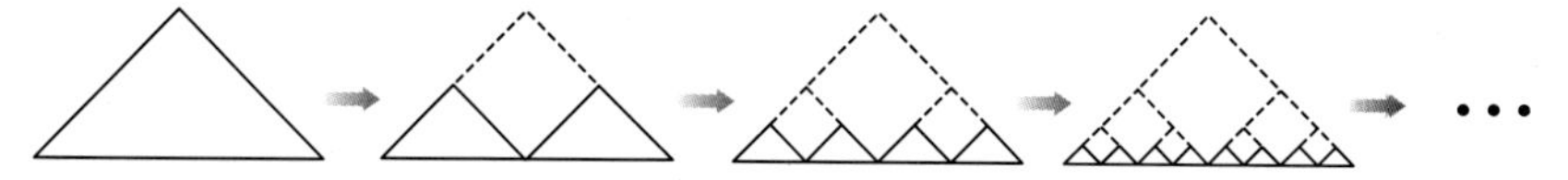

여기에서 새로운 선분의 길이의 합은 원래 삼각형의 둘레의 길이와 같다.

이 도형은 작은 구조가 전체 구조와 비슷한 형태로 끝없이 반복되므로 프랙탈처럼 보이지만 프랙탈이 아니다.

코흐의 눈송이와 같은 경우는 생성자의 조작을 무한히 반복하면 길이는 무한대로 발산하지만 이 경우는 그렇지 않다. 또, 코흐의 눈송이는 생성자를 복잡하게 여러 방향으로 반복하지만 이 도형은 단순히 2등분하여 반복적으로 같은 방향으로 꺾어 나갈 뿐이다. 즉, 단순함과 복잡함의 차이로 일반 도형과 프랙탈이 구분된다.

위의 도형과 코흐의 눈송이는 반복 횟수가 거듭될수록 변의 개수(선분의 개수)에서도 크게 차이가 나는데 위의 이등변삼각형의 경우에 변의 개수는 3×1, 3×2, 3×2^2, 3×2^3, $\cdots$으로 늘어나는 데 반해 코흐의 눈송이의 변의 개수는 3×1, 3×4, 3×4^2, 3×4^3, $\cdots$으로 늘어나므로 코흐의 눈송이의 변의 개수가 더 빠르게 증가한다.

예시 1

한 변의 길이가 2인 정삼각형을 색칠한 후 다음과 같은 단계를 한없이 계속하여 생기는 도형을 생각하자.

(1단계) 삼각형의 각 변의 중점을 연결하여 4개의 작은 삼각형을 만들고 가운데 부분을 제외한다.

(2단계) 1단계에서 색칠한 3개의 삼각형에 대하여 1단계의 방법을 반복한다.

(3단계) 이와 같은 방법으로 작업을 반복하여 시행한다.

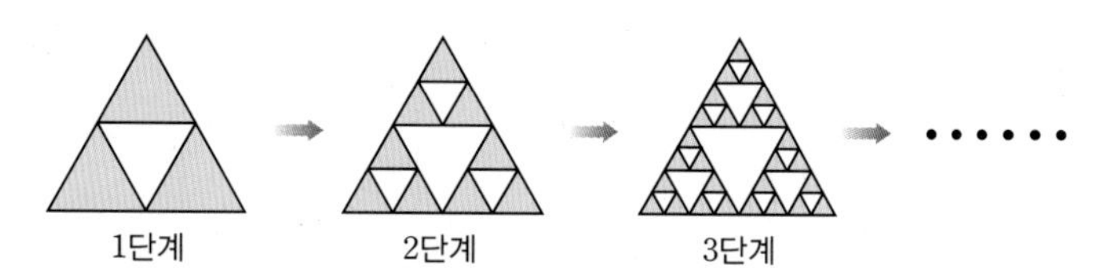

n단계의 도형에서 색칠하지 않은 삼각형의 개수를 구하시오.

풀이

n단계의 도형에서 색칠하지 않은 삼각형의 개수를 a_n이라 하면

$a_1=1$, $a_2=3a_1+1=4$, $a_3=3a_2+1=13$, $\cdots$

$\therefore a_{n+1}=3a_n+1\,(n=1, 2, 3, \cdots)$

$a_{n+1}+\frac{1}{2}=3\left(a_n+\frac{1}{2}\right)$에서 수열 $\left\{a_n+\frac{1}{2}\right\}$은 첫째항이 $a_1+\frac{1}{2}=\frac{3}{2}$이고, 공비가 3인 등비수열이므로

$a_n+\frac{1}{2}=\frac{3}{2}\cdot3^{n-1}$

$\therefore a_n=\frac{1}{2}(3^n-1)$

예시 2

한 변의 길이가 3인 정사각형이 있다. 첫 번째 시행에서 아래 그림과 같이 9등분하여 중앙의 정사각형을 제거한다. 두 번째 시행에서는 첫번째 시행의 결과로 남은 8개의 정사각형을 각각 다시 9등분하여 중앙의 정사각형을 제거한다. 이와 같은 시행을 계속한다고 할 때, n번째 시행 후 제거되지 않고 남아 있는 도형의 넓이의 합을 구하시오.

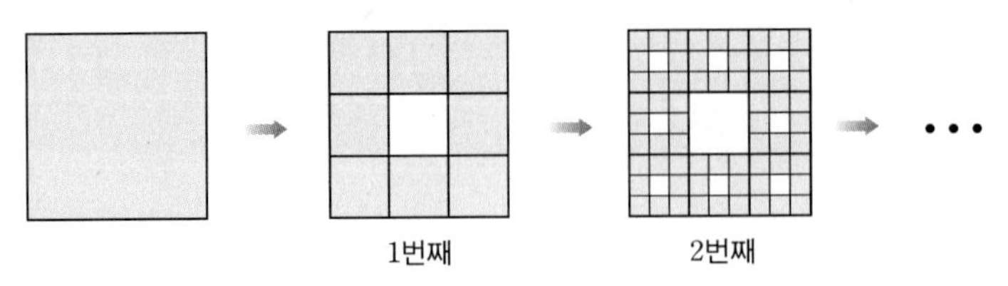

풀이 한 번 시행할 때마다 정사각형의 개수는 8배가 되고, 제거되지 않고 남아 있는 정사각형 한 개의 넓이는 $\frac{1}{9}$배가 된다. 따라서 한 번 시행할 때마다 남아 있는 정사각형의 넓이의 합은 $\frac{8}{9}$배가 되므로

1번째 시행 후 남아 있는 도형의 넓이의 합은 $3^2\times\frac{8}{9}$,

2번째 시행 후 남아 있는 도형의 넓이의 합은 $3^2\times\left(\frac{8}{9}\right)^2$,

$\cdots$

따라서 n번째 시행 후 남아 있는 도형의 넓이의 합은 $3^2\times\left(\frac{8}{9}\right)^n$이다.

예시 3

다음 그림과 같이 한 변의 길이가 1인 정사각형에서 한 변의 길이가 $\frac{1}{2}$인 정사각형을 잘라낸 후 남은 ㄩ 모양의 도형을 A_1이라 하자. 한 변의 길이가 $\frac{1}{4}$인 정사각형에서 한 변의 길이가 $\frac{1}{8}$인 정사각형을 잘라낸 후 남은 ㄩ 모양의 도형 2개를 A_1의 위쪽 두 변에 각각 붙인 도형을 A_2라고 하자. 한 변의 길이가 $\frac{1}{16}$인 정사각형에서 한 변의 길이가 $\frac{1}{32}$인 정사각형을 잘라낸 후 남은 ㄩ 모양의 도형 4개를 A_2의 위쪽 네 변에 각각 붙인 도형을 A_3라고 하자. 이와 같은 과정을 계속하여 얻은 n번째의 도형을 A_n이라 하고 그 넓이를 S_n이라 할 때, $\lim_{n\to\infty} S_n$의 값을 구하시오.

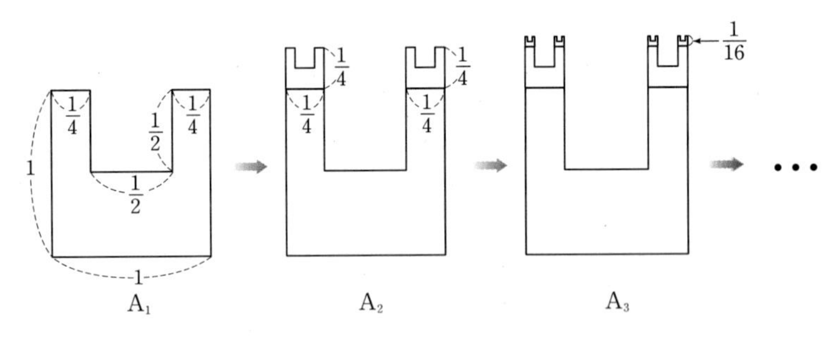

풀이 $S_1=1-\left(\frac{1}{2}\right)^2=\frac{3}{4}$이고, A_2에서 추가되는 넓이는 $2\left\{\left(\frac{1}{4}\right)^2-\left(\frac{1}{8}\right)^2\right\}=\frac{3}{32}=\frac{3}{4}\times\frac{1}{8}$이다.

도형 A_{n+1}에서 n번째 붙인 도형과 도형 A_{n+2}에서 $(n+1)$번째 붙인 도형의 닮음비는 $4:1$이고 넓이의 비는 $16:1$이다. 그런데 양쪽에 도형 두 개를 붙이므로 뒤의 도형의 넓이는

$\left\{(\text{앞의 도형에 붙인 도형의 넓이})\times\frac{1}{16}\times2\right\}$만큼 증가하게 된다.

$$\therefore \lim_{n\to\infty} S_n=\frac{3}{4}+\frac{3}{4}\times\frac{1}{8}+\frac{3}{4}\times\left(\frac{1}{8}\right)^2+\cdots=\frac{\frac{3}{4}}{1-\frac{1}{8}}=\frac{6}{7}$$

문제 1 다음을 읽고 물음에 답하시오.

(가) 프랙탈(fractal)곡선은 반복적으로 자기 유사성을 형성하는 기하학적 형태를 일컫는다. 아래 그림은 프랙탈의 하나인 코흐(Koch) 폐곡선의 단계별 모습을 보여주고 있다. 이 폐곡선은 각 변의 길이가 1인 정삼각형을 시작으로 매 단계에서 각 선분을 3등분(等分)한 후 가운데 부분이 정삼각형의 형태로 튀어나오면서 점차 눈송이 모양으로 변화한다.

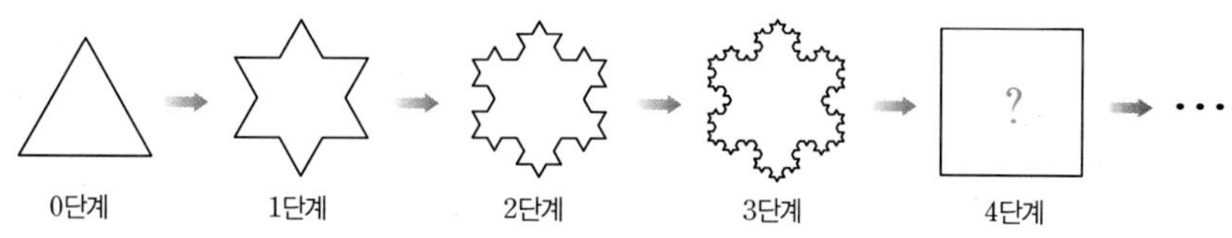

(나) 아래 그림은 유클리드 공간에서 단위 길이(=1)로 구성된 각 도형을 각 차원에 대해 l 등분 했을 때의 모습이다. 예를 들어, 2등분의 경우($l=2$) 1차원 선분은 길이 $\frac{1}{2}$인 2개의 선분으로 나뉘며, 2차원 정사각형은 각 변의 길이가 $\frac{1}{2}$인 $4(=2^2)$개의 정사각형으로 나뉜다. 마찬가지로 3차원 정육면체는 각 변의 길이가 $\frac{1}{2}$인 정육면체 $8(=2^3)$개로 분할된다.

	$D=1$	$D=2$	$D=3$
$l=1$, $\varepsilon=1$	$N=1$	$N=1$	$N=1$
$l=2$, $\varepsilon=\frac{1}{2}$	$N=2$	$N=4$	$N=8$
$l=3$, $\varepsilon=\frac{1}{3}$	$N=3$	$N=9$	$N=27$

이와 같이, 유클리드 공간에서 D차원 도형을 각 차원에 대해 l등분하면, 각 변의 길이가 $\varepsilon\left(=\frac{1}{l}\right)$인 동일한 도형 N개로 나뉘며, 이때 $N=N(l)=l^D$ 또는 $N=N(\varepsilon)=\left(\frac{1}{\varepsilon}\right)^D$로 표현된다. 이를 바꾸어 생각하면, 균일하게 분할된 D차원 도형에 대해 $D=\frac{\log N(l)}{\log l}=\frac{\log N(\varepsilon)}{\log \frac{1}{\varepsilon}}$임을 알 수 있다. 자연수를 포함한 실수 영역으로 차원 D를 확장하면 $D=\lim_{\varepsilon\to\infty}\frac{\log N(\varepsilon)}{\log \frac{1}{\varepsilon}}=\lim_{l\to\infty}\frac{\log N(l)}{\log l}$과 같이 정의할 수 있다.

(1) (가)그림에서 물음표(?)로 표시된 4단계에 나타날 폐곡선의 길이를 파악하는 과정을 기술하시오.

(2) (나)를 활용하여 코흐 폐곡선의 차원을 제시하시오. (단, $\log 2=0.3010$, $\log 3=0.4771$)

(3) ∞단계에서 코흐 폐곡선의 길이와 폐곡선으로 둘러싸인 넓이에 대해 기술하시오.

| 한국외국어대학교 2010년 수시 |

(3) n단계에서 만들어지는 코흐 폐곡선의 길이와 넓이를 n에 대한 식으로 나타낸 후 $n\to\infty$일 때, 극한값을 구해 본다.

다음 제시문과 그림을 참고하여 물음에 답하시오.

(가) 한 도형을 일정한 비율로 확대하거나 축소하여 얻은 도형과 합동인 도형을 처음 도형과 서로 닮음인 관계에 있다고 하며, 닮음인 관계에 있는 두 도형을 닮은 도형이라고 한다. 서로 닮은 다각형에서 대응하는 변의 길이의 비와 대응하는 각의 크기가 각각 같다. 역으로 대응하는 변의 길이의 비가 모두 같고, 대응하는 각의 크기도 각각 같은 두 다각형은 서로 닮은 도형이다. 서로 닮은 다각형에서 대응하는 변의 길이의 비를 닮음비라고 한다. 예를 들면, 변의 길이가 1인 정삼각형과 닮음비가 $1:\frac{1}{2}$인 도형은 변의 길이가 $\frac{1}{2}$인 정삼각형이다.

(나) 수열 $\{a_n\}$의 각 항을 차례대로 덧셈 기호 +를 사용하여 연결한 식

$$a_1+a_2+a_3+\cdots+a_n+\cdots$$

을 급수라 하고, $\sum_{n=1}^{\infty} a_n$으로 나타낸다. 그리고 급수 $\sum_{n=1}^{\infty} a_n$에서 첫째항부터 제 n항까지의 합인

$$S_n=a_1+a_2+a_3+\cdots+a_n=\sum_{k=1}^{n} a_k$$

를 이 급수의 제 n항까지의 부분합이라고 한다. 이 부분합으로 이루어진 수열 S_1, S_2, S_3, $\cdots$, S_n, $\cdots$이 일정한 값 S에 수렴할 때, 즉

$$\lim_{n\to\infty} S_n=S$$

이면 급수 $\sum_{n=1}^{\infty} a_n$은 S에 수렴한다고 한다. 이때 S를 급수의 합이라 한다. 한편 급수 $\sum_{n=1}^{\infty} a_n$의 부분합으로 이루어진 수열 $\{S_n\}$이 발산할 때, 이 급수는 발산한다고 한다.

(다) 해안선, 나뭇가지, 번개, 구름 등 자연 속에서 찾을 수 있는 프랙털(fractal) 도형은 일부분의 구조가 전체의 구조와 서로 닮은 도형이다. 프랙털은 영어의 'fractured(부서진)'에서 파생된 말로, 잘게 쪼개진 그림을 말한다. 코흐(von Koch, H. : 1870~1924)가 발견한 '눈송이 곡선'은 영역의 넓이는 유한하지만 둘레의 길이는 무한대인 프랙털의 전형적인 예이다.

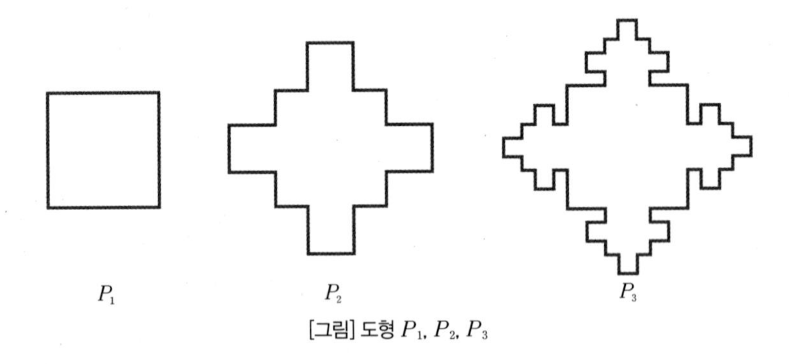

[그림] 도형 P_1, P_2, P_3

실수 r를 $0<r<1$인 상수라고 할 때, 좌표평면 상의 도형 P를 다음과 같이 정의한다.

(ㄱ) 변의 길이가 2인 정사각형을 S_1이라고 하고, S_1과 합동이면서 중심이 원점, 한 변이 x축과 평행한 도형을 P_1이라고 하자.

(ㄴ) 정사각형 S_1과 닮음비가 $1:r$인 정사각형을 S_2라고 하고, 도형 P_1에 S_2와 합동인 네 개의 정사각형을 위의 그림과 같이 변의 중점들이 일치하도록 외부에 붙이고, 붙인 변이 겹치는 부분을 지워서 도형 P_2를 만든다.

(ㄷ) 정사각형 S_2와 닮음비가 $1:r$인 정사각형을 S_3이라고 하고, 도형 P_2를 만들 때 (ㄴ)에서 붙인 각 정사각형의 남은 세 변에 S_3과 합동인 정사각형을 한 개씩 (ㄴ)과 같은 방법으로 붙여서 도형 P_3을 만든다.

(ㄹ) $n \geq 3$일 때, (ㄷ)의 과정을 도형 P_n에 적용하여 도형 P_{n+1}을 만든다.

이 과정을 한없이 반복하여 만든 도형을 P라고 하자.

(1) 도형 P를 만들기 위하여 사용된 모든 정사각형들(S_1도 포함됨)의 넓이의 합이 수렴하도록 r의 값의 범위를 정하고, 그 합을 구하시오. 그리고 그 근거를 논술하시오.

(2) 도형 P를 만들기 위하여 사용된 모든 정사각형들(S_1도 포함됨)의 각 변에서 지워지지 않은 부분의 길이의 합이 수렴하도록 r의 값의 범위를 정하고, 그 합을 구하시오. 그리고 그 근거를 논술하시오.

(3) $r=\frac{1}{\sqrt{2}}$인 경우, P_3을 만들 때 추가되는 정사각형들의 일부가 서로 겹쳐짐을 논술하시오. 한편, $r=\frac{1}{\sqrt{5}}$인 경우, 어떤 단계에서 추가되는 정사각형들의 일부가 앞 단계 도형의 일부와 겹쳐짐을 논술하시오. 단, 두 다각형이 면의 일부가 겹치지 않으면서 점 또는 변의 일부에서만 만나면 겹치지 않는다고 생각한다.

(4) 도형 P를 만들 때 사용되는 모든 정사각형 중 어떤 두 정사각형도 겹치지 않도록 r의 값의 범위를 정하고, 그 근거를 논술하시오. 단, 두 다각형이 면의 일부가 겹치지 않으면서 점 또는 변의 일부에서만 만나면 겹치지 않는다고 생각한다.

| 경희대학교 2015년 의학계 수시 |

• 도형 P_2, P_3, …에 붙인 각각 합동인 정사각형의 개수는 3, 3^2, …개이다.
• 정사각형 S_2, S_3, …의 넓이는 r^2S_1, r^4S_1, …이다.

문제 3 다음을 읽고 물음에 답하시오.

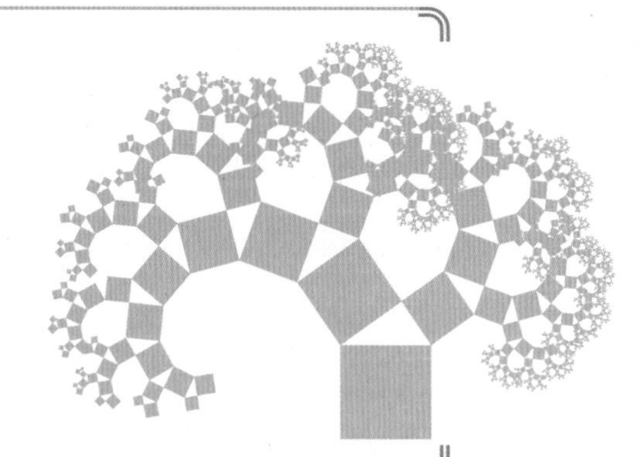

(가) 프랙탈은 대부분 컴퓨터의 재귀적이거나 반복적인 작업에 의한 반복되는 패턴으로 이루어진다. 이 도형의 두드러진 특징은 자기닮음성이다. 프랙탈이 고전적인 기하보다 자연현상을 더 잘 표현할 수 있는 이유는 자기닮음 때문이다. 자연에는 자기유사성의 특징이 많다. 일정기간의 날씨 패턴은 긴 주기 날씨 패턴과 닮았고, 나뭇가지는 나무와 닮았다. 프랙탈은 과학, 의학, 컴퓨터 등의 응용 분야가 많다.

(나) 자기닮음도형의 차원에 대하여 알아보자. 선은 1차원, 면은 2차원, 입체는 3차원으로 알고 있을 것이다. 프랙탈 도형의 차원에 대하여 알아보기 전에 차원이 무엇인지 잠깐 생각해 보자.
먼저 선분은 1차원의 이야기이다. 주어진 선분을 등분하여 길이가 처음 길이의 r배가 되는 작은 선분이 N개 생기면 이들 관계식은 $N=\left(\frac{1}{r}\right)^1$이다. 2차원으로 옮겨가 보자. 정사각형의 각 변을 등분하여 한 변의 길이가 처음 길이의 r배가 되는 N개의 작은 정사각형이 생기면 이들 관계식은 $N=\left(\frac{1}{r}\right)^2$이다. 이제 마지막으로 3차원으로 가보자. 먼저, 정육면체의 각 모서리를 등분하여 한 모서리의 길이가 처음 길이의 r배가 되는 N개의 작은 정육면체가 생기면 이들의 관계식은 $N=\left(\frac{1}{r}\right)^3$이다. 이를 종합하면 주어진 도형을 등분하여 크기가 r배인 N개의 작은 도형으로 만들어질 때, 식 $N=\left(\frac{1}{r}\right)^D$를 만족하는 D가 존재한다. 이때의 지수 D를 주어진 도형의 차원이라고 한다. 식 $N=\left(\frac{1}{r}\right)^D$의 양변에 상용로그를 택하면 $\log N=D\log\frac{1}{r}$이므로 차원 $D=\dfrac{\log N}{\log\frac{1}{r}}$이다. 예를 들면, 선분을 2등분하면 새로 생기는 작은 도형은 2개이고 그 크기는 원래의 $\frac{1}{2}$이므로 $N=2$, $r=\frac{1}{2}$이다. $2=\left(\dfrac{1}{\frac{1}{2}}\right)^D$에서 $D=1$이므로 선분은 1차원 도형이다.

(1) 세 점 $(0, 0)$, $(1, 0)$, $(0, 1)$을 잇는 선분으로 이루어진 삼각형의 둘레와 내부를 T_0라 한다.
$f:(x, y)\to\left(\frac{x}{2}, \frac{y}{2}\right)$, $g:(x, y)\to\left(\frac{x}{2}+\frac{1}{2}, \frac{y}{2}\right)$, $h:(x, y)\to\left(\frac{x}{2}, \frac{y}{2}+\frac{1}{2}\right)$
라 할 때 처음 도형 T_0를 각각 f, g, h에 의하여 변형된 도형을 T_1이라 한다. T_1이 다시 f, g, h에 의하여 변형된 도형을 T_2, T_2가 다시 f, g, h에 의하여 변형된 도형을 T_3라고 할 때, 도형 T_3를 좌표평면에 나타내시오.

> 주어진 세 점이 f, g, h에 의해 변형된 점을 찾고 그 점들을 이어 T_n을 좌표평면에 나타내어 본다.

(2) ① 위 문제 (1)의 과정을 되풀이한다고 하자. T_n의 둘레의 길이와 넓이를 n에 관한 식으로 나타내고 $n\to\infty$일 때의 각각의 극한값을 구하시오.
② 위에서 단계를 반복하여 얻은 도형 T_n은 제시문 (가)에서 설명한 프랙탈로 자기닮은도형이다. 제시문 (나)를 이용하여 이 도형의 차원을 구하시오.
단, $\log 2\fallingdotseq 0.30$, $\log 3\fallingdotseq 0.48$로 한다.

| 인하대학교 수리논술 교실 응용 |

확률과 통계

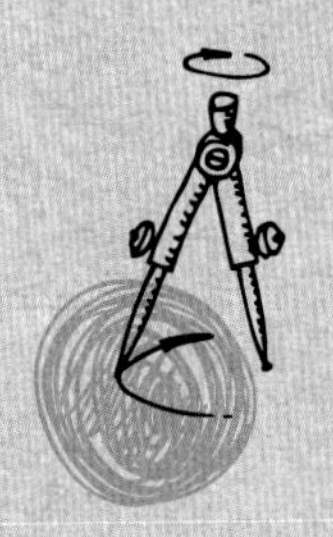

TEXT SUMMARY

VII 확률

1 순열과 조합

1 경우의 수

(1) 합의 법칙

두 사건 A, B가 동시에 일어나지 않을 때, 두 사건 A, B가 일어나는 경우의 수를 각각 m, n이라 하면 사건 A 또는 사건 B가 일어나는 경우의 수는 $m+n$이다.

참고 두 사건이 동시에 일어나는 경우의 합의 법칙

두 사건 A, B가 일어나는 경우의 수를 각각 m, n, 두 사건 A, B가 동시에 일어나는 경우의 수를 l이라 하면 사건 A 또는 사건 B가 일어나는 경우의 수는 $m+n-l$이다.

(2) 곱의 법칙

사건 A가 일어나는 경우의 수를 m, 그 각각에 대하여 사건 B가 일어나는 경우의 수를 n이라 하면 두 사건 A, B가 동시에(잇달아) 일어나는 경우의 수는 $m\times n$이다.

이해돕기 1, 2, 3, 4, 5를 일렬로 배열한 것을 순서쌍 $(a_1, a_2, a_3, a_4, a_5)$로 나타낼 때, $(a_1, a_2, a_3, a_4, a_5)$ 중 $a_1\neq1$, $a_2\neq2$, $a_3\neq3$, $a_4\neq4$, $a_5\neq5$를 전부 만족시키는 것의 개수를 구하시오.

풀이 $a_1=2$일 때 조건에 맞는 경우의 수는 다음의 11가지가 있다.

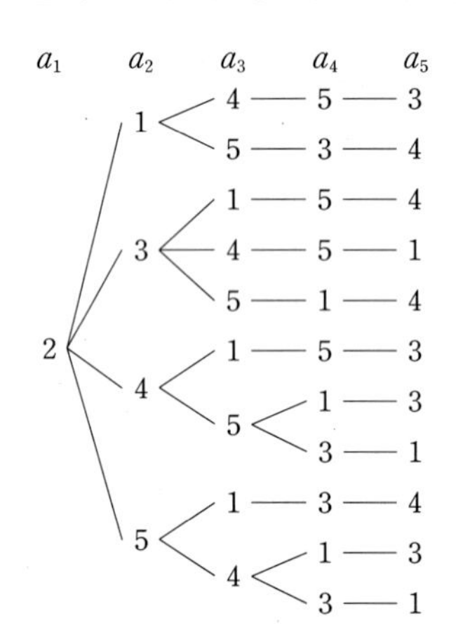

a_1이 3, 4, 5일 때에도 마찬가지로 각각 11가지씩 있으므로 구하는 경우의 수는 $11\times4=44$(개)이다.

2 순열

(1) 서로 다른 n개에서 $r(r\le n)$개를 택하여 일렬로 배열하는 것을 n개에서 r개를 택하는 순열이라 하고, 이 순열의 수를 기호로 ${}_n\mathrm{P}_r$와 같이 나타낸다. 이때, ${}_n\mathrm{P}_r$는

$${}_n\mathrm{P}_r=\overbrace{n(n-1)(n-2)\cdots(n-r+1)}^{r\text{개}}=\frac{n!}{(n-r)!}\ (\text{단, } 0\le r\le n)$$

로 계산한다.

BASIC

- 사건 : 실험이나 관찰을 통하여 얻어지는 결과
- 경우의 수 : 어떤 사건이 일어날 수 있는 가짓수

- ${}_n\mathrm{P}_r$를 '엔피아르'라고 읽는다. 이때, P는 Permutation(순열)의 첫 글자이다.

특히, 서로 다른 n개에서 n개 모두를 택하는 순열의 수는 $r=n$일 때이므로

$${}_{n}\mathrm{P}_{n}=n(n-1)(n-2)\cdots3\cdot2\cdot1$$

이다. 이와 같은 1에서 n까지의 모든 자연수의 곱을 n의 계승이라 하고, 이것을 기호로 $n!$과 같이 나타낸다.

(2) ${}_{n}\mathrm{P}_{0}=1$, $0!=1$로 정한다.

BASIC

${}_{n}\mathrm{P}_{r}=\frac{n!}{(n-r)!}$에서 $r=n$이면 ${}_{n}\mathrm{P}_{n}=n!=\frac{n!}{0!}$이다. 이 식이 성립하게 하기 위하여 $0!=1$로 정한다. 또, $r=0$이면 ${}_{n}\mathrm{P}_{0}=\frac{n!}{n!}$로 $r=0$일 때에도 성립하게 하기 위하여 ${}_{n}\mathrm{P}_{0}=1$로 정한다.

이해돕기 남자 5명, 여자 3명을 한 줄로 세울 때, 여자끼리 모두 이웃하는 경우의 수와 여자끼리 이웃하지 않는 경우의 수를 각각 구하시오.

풀이

(i) 여자끼리 모두 이웃하는 경우의 수 : ○○●●●○○○

여학생 3명을 한 묶음으로 묶으면 전체 순열의 수는 $6!$이고 각 경우에 묶음 속 여학생 3명을 세우는 방법의 수는 $3!$이므로 $6!\times3!=720\times6=4320$(가지)이다.

(ii) 여자끼리 이웃하지 않는 경우의 수 : ˅○˅○˅○˅○˅○˅

남학생 5명을 먼저 한 줄로 세우는 방법의 수는 $5!$이고 양 끝과 사이사이에 여학생이 설 수 있는 곳은 6자리이므로 여학생을 세우는 방법의 수는 ${}_{6}\mathrm{P}_{3}$이다.

따라서 $5!\times{}_{6}\mathrm{P}_{3}=120\times120=14400$(가지)이다.

3 원순열

서로 다른 n개를 원형으로 배열하는 순열을 원순열이라고 한다.

(1) 서로 다른 n개를 원형으로 배열하는 원순열의 수는 $\frac{{}_{n}\mathrm{P}_{n}}{n}=\frac{n!}{n}=(n-1)!$

(2) 서로 다른 n개에서 r개를 택하여 원형으로 배열하는 방법의 수는 $\frac{{}_{n}\mathrm{P}_{r}}{r}$

이해돕기 세 쌍의 부부가 원탁에 둘러 앉을 때, 남편 세 사람이 모두 자기 부인과 이웃하여 앉는 방법의 수를 구하시오.

풀이

남편을 a, b, c라 하고, 각각의 부인을 a', b', c'이라 하면 a, a', b, b', c, c'을 원형으로 배열하되 a와 a', b와 b', c와 c'이 이웃하는 방법의 수이므로 (a, a'), (b, b'), (c, c')의 원순열을 생각하면

$$(3-1)!\times2!\times2!\times2!=16\text{(가지)}$$

이다.

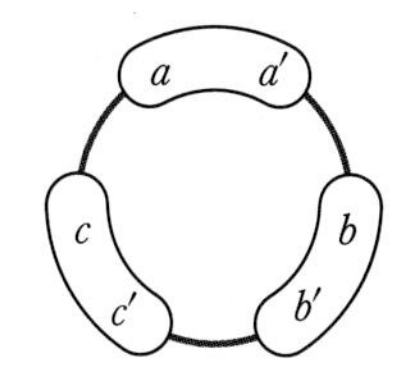

4 중복순열

서로 다른 n개에서 중복을 허락하여 r개를 택하는 순열을 n개에서 r개를 택하는 중복순열이라 하고, 이 중복순열의 수를 기호로 ${}_{n}\Pi_{r}$와 같이 나타낸다. 이때, ${}_{n}\Pi_{r}=n^{r}$으로 계산한다.

참고 ${}_{n}\mathrm{P}_{r}$에서는 $n\geq r$이어야 하지만 ${}_{n}\Pi_{r}$에서는 $n<r$일 수도 있다.

이해돕기 세 자리의 양의 정수 중 0을 적어도 하나 갖는 것의 개수를 구하시오.

풀이

세 자리의 양의 정수의 개수는 $999-99=900$(개)이고, 세 자리의 양의 정수 중 0을 하나도 갖지 않는 것의 개수는 ${}_{9}\Pi_{3}=9^{3}=729$(개)이므로 구하는 개수는 $900-729=171$(개)이다.

5 같은 것이 있는 경우의 순열

(1) n개 중에서 서로 같은 것이 각각 $p, q, r, \cdots, s$개씩 있을 때, 이들을 모두 일렬로 배열하는 순열의 수는 $\dfrac{n!}{p!q!r!\cdots s!}$ (단, $p+q+r+\cdots+s=n$)

(2) 서로 다른 n개를 일렬로 배열할 때, n개 중 r개의 순서가 정해진 순열의 수는 $\dfrac{n!}{r!}$

이해돕기 coffee라는 단어를 이루는 문자를 전부 사용하여 일렬로 배열하는 방법의 수를 구하시오.

풀이 같은 문자는 f, e의 2개로 각각 2개씩 있으므로 구하는 방법의 수는

$$\frac{6!}{2!2!}=180(\text{가지})$$

이다.

6 조합

(1) 서로 다른 n개에서 순서를 생각하지 않고 $r(r\le n)$개를 택할 때, 이것을 n개에서 r개를 택하는 조합이라 하고, 이 조합의 수를 기호로 ${}_n\mathrm{C}_r$와 같이 나타낸다. 이때, ${}_n\mathrm{C}_r$는

$${}_n\mathrm{C}_r=\frac{{}_n\mathrm{P}_r}{r!}=\frac{n(n-1)(n-2)\cdots(n-r+1)}{r!}=\frac{n!}{r!(n-r)!} \ (\text{단, } 0\le r\le n)$$

로 계산한다.

(2) ${}_n\mathrm{C}_n=1$이고, ${}_n\mathrm{C}_0=1$로 정한다.

(3) 조합의 공식

① ${}_n\mathrm{C}_r={}_n\mathrm{C}_{n-r}\ (0\le r\le n)$

② ${}_n\mathrm{C}_r={}_{n-1}\mathrm{C}_{r-1}+{}_{n-1}\mathrm{C}_r\ (1\le r\le n-1)$

③ $r\cdot{}_n\mathrm{C}_r=n\cdot{}_{n-1}\mathrm{C}_{r-1}$

이해돕기 오른쪽 그림과 같이 반원 위에 7개의 점이 있다. 이 중 세 점을 연결하여 만들 수 있는 삼각형의 개수를 구하시오.

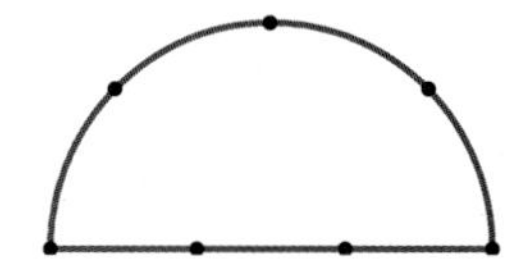

풀이 7개의 점 중에서 3개를 택하는 조합의 수는

$${}_7\mathrm{C}_3=\frac{7!}{3!4!}=35$$

이고, 한 직선 위에 있는 4개의 점 중에서 3개를 택하는 조합의 수는 ${}_4\mathrm{C}_3=\frac{4!}{3!}=4$이다.

이때, 한 직선 위에 있는 세 점으로 삼각형을 만들 수 없으므로 구하는 삼각형의 개수는 $35-4=31$(개)이다.

7 중복조합

서로 다른 n개에서 중복을 허락하여 r개를 택하는 조합을 중복조합이라 하고, 중복조합의 수를 기호로 ${}_n\mathrm{H}_r$와 같이 나타낸다. 이때, ${}_n\mathrm{H}_r={}_{n+r-1}\mathrm{C}_r$로 계산한다.

BASIC

- ${}_n\mathrm{C}_r$를 '엔씨아르'라고 읽는다. 이때, C는 Combination(조합)의 첫 글자이다.

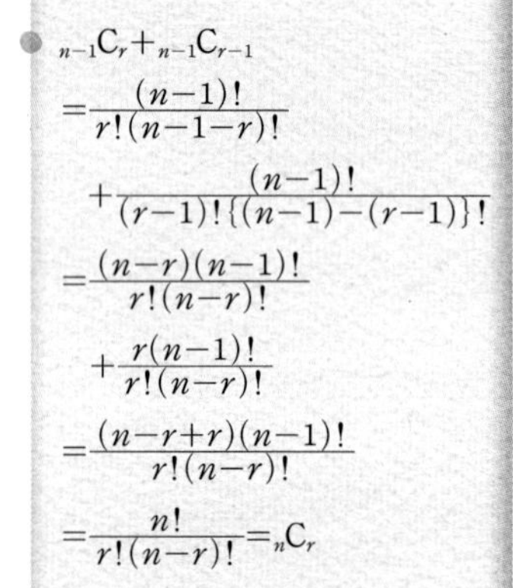

- ${}_{n-1}\mathrm{C}_r+{}_{n-1}\mathrm{C}_{r-1}$

$$=\frac{(n-1)!}{r!(n-1-r)!}+\frac{(n-1)!}{(r-1)!\{(n-1)-(r-1)\}!}$$
$$=\frac{(n-r)(n-1)!}{r!(n-r)!}+\frac{r(n-1)!}{r!(n-r)!}$$
$$=\frac{(n-r+r)(n-1)!}{r!(n-r)!}$$
$$=\frac{n!}{r!(n-r)!}={}_n\mathrm{C}_r$$

이해돕기 $x+y+z=7$을 만족하는 음이 아닌 정수해의 쌍 (x, y, z)의 개수와 양의 정수해의 쌍 (x, y, z)의 개수를 구하시오.

풀이 음이 아닌 정수해의 쌍 (x, y, z)의 개수는 ${}_3H_7={}_{3+7-1}C_7={}_9C_7={}_9C_2=36$이고, 양의 정수해의 쌍 (x, y, z)의 개수는 ${}_3H_4={}_{3+4-1}C_4={}_6C_4={}_6C_2=15$이다.

BASIC

${}_3H_4$는 3개에서 중복을 허락하여 4개를 택하는 것을 의미한다. 즉, $x+y+z=7$에서 $x\ge1$, $y\ge1$, $z\ge1$이므로 $x=a+1$, $y=b+1$, $z=c+1$이라 하면
$x+y+z$
$=(a+1)+(b+1)+(c+1)$
$=a+b+c+3=7$
에서 $a+b+c=4$이므로 ${}_3H_4$인 것을 알 수 있다.

8 분할과 분배

(1) 분할의 수

서로 다른 n개의 물건을 p개, q개, r개$(p+q+r=n)$의 세 묶음으로 분할(나누는) 방법의 수는

① p, q, r가 모두 다른 수이면 ➡ ${}_nC_p\times{}_{n-p}C_q\times{}_rC_r$

② p, q, r중 어느 두 수가 같으면 ➡ ${}_nC_p\times{}_{n-p}C_q\times{}_rC_r\times\dfrac{1}{2!}$

③ p, q, r의 세수가 모두 같으면 ➡ ${}_nC_p\times{}_{n-p}C_q\times{}_rC_r\times\dfrac{1}{3!}$

(2) 분배의 수

서로 다른 n개의 물건을 k묶음으로 분할하여 k명에게 분배하는(나누어 주는) 방법의 수는 ➡ (k묶음으로 분할하는 방법의 수)$\times k!$

(3) 집합의 분할

① 유한집합을 공집합이 아닌 서로소인 몇 개의 부분집합으로 나누는 것을 집합의 분할이라고 한다.

② 원소의 개수가 n인 집합을 $k(1\le k\le n)$개의 서로소인 부분집합으로 분할하는 방법의 수를 $S(n, k)$와 같이 나타낸다.

③ 원소의 개수가 n인 집합의 분할의 수는
$S(n, 1)+S(n, 2)+S(n, 3)+\cdots+S(n, n)$

④ $1<k<n$일 때 $S(n, k)=S(n-1, k-1)+kS(n-1,k)$

- $S(n, k)$에서 S는 Stirling numbers(스털링의 수)이 첫 글자이다.
- $S(n, 0)=0$, $S(n, 1)=1$, $S(n, n)=1$
- $S(n, k)$는 서로 다른 n개의 물건을 똑같은 k개의 접시에 빈 접시가 없도록 담는 방법의 수와 같다.
예를 들어
$S(4, 2)=7$,
$S(3, 1)+2S(3, 2)$
$=1+2\times3=7$에서
$S(4, 2)=S(3, 1)+2S(3, 2)$

(4) 자연수의 분할

① 어떤 자연수를 순서를 생각하지 않고 몇 개의 자연수의 합으로 나타내는 것을 자연수의 분할이라고 한다.

② 자연수 n을 $k(1\le k\le n)$개의 자연수로 분할하는 방법의 수를 기호로 $P(n, k)$와 같이 나타낸다.

③ 자연수 n의 분할의 수는

$$P(n, 1)+P(n, 2)+P(n, 3)+\cdots+P(n, n)$$

④ $1<k<n$일 때, 자연수 n을 k개의 자연수로 분할하는 방법의 수 $P(n, k)$에 대하여

(i) $P(n, k)=P(n-1, k-1)+P(n-k, k)$ (단, $n\ge2k$, $k\ge2$)

(ii) $P(n, k)=P(n-k, 1)+P(n-k, 2)+\cdots+P(n-k, k)$

예 (i) $P(7, 3)=P(6, 2)+P(4, 3)$, $P(6, 3)=P(5, 2)+P(3, 3)$

(ii) $P(10, 3)=P(7, 1)+P(7, 2)+P(7, 3)$

- $P(n, k)$에서 P는 Partition(분할)의 첫글자이다.
- $P(n, 1)=1$, $P(n, n)=1$
- $P(n, k)$는 똑같은 n개의 물건을 똑같은 k개의 접시에 빈 접시가 없도록 담는 방법의 수와 같다.

이해돕기 다음을 구하시오.

(1) 자연수 770을 1보다 큰 두 자연수의 곱으로 나타내는 방법의 수

(2) 자연수 6을 3개의 자연수의 합으로 나타내는 방법의 수

풀이 (1) $770=2\times5\times7\times11$이므로 구하는 방법의 수는 집합 $\{2, 5, 7, 11\}$을 2개의 부분집합으로 분할하는 방법의 수 $S(4, 2)$와 같다.

(i) (3개, 1개)로 분할하는 방법의 수는

$${}_4C_3\times{}_1C_1=4$$

(ii) (2개, 2개)로 분할하는 방법의 수는

$${}_4C_2\times{}_2C_2\times\frac{1}{2!}=3$$

(i), (ii)에서 구하는 방법의 수는

$$S(4, 2)=4+3=7$$

(2) $6=4+1+1=3+2+1=2+2+2$이므로

$$P(6, 3)=3$$

2 이항정리

1 이항정리

자연수 n에 대하여 $(a+b)^n$의 전개식을 구하면

$$(a+b)^n={}_nC_0a^n+{}_nC_1a^{n-1}b+{}_nC_2a^{n-2}b^2+\cdots+{}_nC_ra^{n-r}b^r+\cdots+{}_nC_nb^n$$
$$=\sum_{r=0}^{n}{}_nC_ra^{n-r}b^r$$

이고, 이 식을 이항정리라고 한다. 이때, 전개식의 각 계수 ${}_nC_0$, ${}_nC_1$, ${}_nC_2$, $\cdots$, ${}_nC_r$, $\cdots$, ${}_nC_n$을 이항계수라 하고, ${}_nC_ra^{n-r}b^r$을 이 전개식의 일반항이라고 한다.

이해돕기 $(a+b)^{19}$을 a에 대하여 오름차순으로 전개하였다. $a:b=3:1$일 때, r번째 항과 $r-1$번째 항의 비가 $2:1$이 되는 r의 값을 구하시오.

풀이 $(a+b)^{19}$을 a에 대하여 오름차순으로 전개하였으므로 $(b+a)^{19}$의 전개식을 생각한다. 즉,

$(b+a)^{19}={}_{19}C_0b^{19}+{}_{19}C_1b^{18}a+\cdots+{}_{19}C_{r-2}b^{19-(r-2)}a^{r-2}+{}_{19}C_{r-1}b^{19-(r-1)}a^{r-1}+\cdots+{}_{19}C_{19}a^{19}$

에서 r번째 항은 ${}_{19}C_{r-1}b^{19-(r-1)}a^{r-1}$, $r-1$번째 항은 ${}_{19}C_{r-2}b^{19-(r-2)}a^{r-2}$이다.

따라서 ${}_{19}C_{r-1}b^{20-r}a^{r-1}:{}_{19}C_{r-2}b^{21-r}a^{r-2}=2:1$로부터

$$\frac{19!}{(r-1)!(20-r)!}b^{20-r}a^{r-1}=2\times\frac{19!}{(r-2)!(21-r)!}b^{21-r}a^{r-2},\quad \frac{1}{r-1}a=\frac{2}{21-r}b$$

그런데, $a:b=3:1$에서 $a=3b$이므로 $\frac{3b}{r-1}=\frac{2b}{21-r}$, $3(21-r)=2(r-1)$이다.

따라서 $r=13$이다.

2 이항계수의 성질

(1) ${}_nC_0+{}_nC_1+{}_nC_2+{}_nC_3+\cdots+{}_nC_n=2^n$

(2) ${}_nC_0-{}_nC_1+{}_nC_2-{}_nC_3+\cdots+(-1)^n{}_nC_n=0$

(3) ${}_nC_0+{}_nC_2+{}_nC_4+\cdots={}_nC_1+{}_nC_3+{}_nC_5+\cdots=2^{n-1}$

BASIC

• $\{2, 5, 7, 11\}$을 2개의 부분집합으로 나누면
$\{2\}$와 $\{5, 7, 11\}$
$\{5\}$와 $\{2, 7, 11\}$
$\{7\}$과 $\{2, 5, 11\}$
$\{11\}$과 $\{2, 5, 7\}$
$\{2, 5\}$와 $\{7, 11\}$
$\{2, 7\}$과 $\{5, 11\}$
$\{2, 11\}$과 $\{5, 7\}$
모두 7가지이다.

• 이항정리에서 $a=1$, $b=x$로 놓으면

$$(1+x)^n={}_nC_0+{}_nC_1x+{}_nC_2x^2+\cdots+{}_nC_rx^r+\cdots+{}_nC_nx^n=\sum_{r=0}^{n}{}_nC_rx^r$$

이다.

• ${}_nC_1+2\cdot{}_nC_2+3\cdot{}_nC_3+\cdots+n\cdot{}_nC_n=n\cdot2^{n-1}$

• ${}_nC_0+\frac{{}_nC_1}{2}+\frac{{}_nC_2}{3}+\cdots+\frac{{}_nC_n}{n+1}=\frac{2^{n+1}}{n+1}$

BASIC

이해돕기 $(1+i)^{16}$의 전개식을 이용하여 ${}_{16}C_0-{}_{16}C_2+{}_{16}C_4-{}_{16}C_6+\cdots-{}_{16}C_{14}+{}_{16}C_{16}$의 값을 구하시오. (단, $i=\sqrt{-1}$)

풀이

$$\begin{aligned}(1+i)^{16}&={}_{16}C_0i^0+{}_{16}C_1i^1+{}_{16}C_2i^2+\cdots+{}_{16}C_{16}i^{16}\\&=({}_{16}C_0i^0+{}_{16}C_2i^2+\cdots+{}_{16}C_{16}i^{16})+({}_{16}C_1i^1+{}_{16}C_3i^3+\cdots+{}_{16}C_{15}i^{15})\\&=({}_{16}C_0-{}_{16}C_2+\cdots+{}_{16}C_{16})+({}_{16}C_1-{}_{16}C_3+\cdots-{}_{16}C_{15})i\end{aligned}$$

따라서 ${}_{16}C_0-{}_{16}C_2+{}_{16}C_4-{}_{16}C_6+\cdots-{}_{16}C_{14}+{}_{16}C_{16}$은 $(1+i)^{16}$의 실수 부분이다.

이때, $(1+i)^2=2i$이므로 $(1+i)^{16}=(2i)^8=2^8=256$

$\therefore {}_{16}C_0-{}_{16}C_2+{}_{16}C_4-{}_{16}C_6+\cdots-{}_{16}C_{14}+{}_{16}C_{16}=256$

3 다항정리

$(a+b+c)^n=\sum\frac{n!}{p!q!r!}a^pb^qc^r$ $(p+q+r=n$이고, $p,\ q,\ r\ge0)$에 대하여

(1) 일반항 : $\frac{n!}{p!q!r!}a^pb^qc^r$

(2) $a^pb^qc^r$의 계수 : $\frac{n!}{p!q!r!}$

이해돕기 x에 대한 다항식 $(x^2+x+1)^6$의 전개식에서 x^3의 계수를 구하시오.

풀이 $(x^2+x+1)^6$의 전개식에서 일반항을 구하면 $\frac{6!}{p!q!r!}(x^2)^p(x)^q(1)^r=\frac{6!}{p!q!r!}x^{2p+q}$이므로

$\begin{cases}p+q+r=6\\2p+q=3\end{cases}$ (단, $p,\ q,\ r$는 음이 아닌 정수)

이다. 이때, 위의 두 식을 만족하는 정수 $p,\ q,\ r$를 구하면

$(p,\ q,\ r)=(0,\ 3,\ 3),\ (1,\ 1,\ 4)$

이다. 따라서 x^3의 계수는 $\frac{6!}{0!3!3!}+\frac{6!}{1!1!4!}=20+30=50$이다.

● $a^pb^qc^r$의 계수는 n개 중 서로 같은 것이 a가 p개, b가 q개, c가 r개가 있을 때, 이들을 일렬로 배열하는 방법의 수 $\frac{n!}{p!q!r!}$과 같다.
(단, $p+q+r=n$)

3 확률

1 확률의 뜻

(1) 수학적 확률

어떤 시행에서 일어날 수 있는 모든 경우의 수가 n이고, 각 경우가 일어날 가능성이 모두 같다고 할 때, 사건 A가 일어날 경우의 수가 r이면 $\frac{r}{n}$를 사건 A가 일어날 확률이라 하고 $\mathrm{P}(A)=\frac{r}{n}$와 같이 나타낸다. 이와 같이 정의한 확률을 수학적 확률이라고 한다.

(2) 통계적 확률

동일한 조건에서 같은 시행을 n번 반복하였을 때 사건 A가 일어난 횟수를 r_n이라 하면, n이 한없이 커짐에 따라 상대도수 $\frac{r_n}{n}$은 일정한 값 p에 가까워진다. 이때, p를 사건 A가 일어날 통계적 확률이라고 한다.

● **시행**
같은 조건에서 몇 번이고 반복할 수 있으며 그 결과가 우연에 의해 결정되는 실험이나 결과

● $\mathrm{P}(A)=\lim_{n\to\infty}\frac{r_n}{n}=p$

(3) 기하학적 확률

표본공간 S와 사건 A가 무한집합일 때, 즉 사건이 일어나는 경우의 수가 연속적인 값을 가질 때 사건 A가 일어나는 확률 $\mathrm{P}(A)$는

$$\mathrm{P}(A)=\frac{(\text{사건 }A\text{가 일어날 수 있는 영역의 크기})}{(\text{표본공간 }S\text{가 갖는 전체 영역의 크기})}$$

BASIC

- 표본공간 : 어떤 시행에서 일어날 수 있는 모든 결과의 집합
- 사건 : 표본공간의 부분집합

이해돕기 $x+y=8$을 만족하는 점 (x, y) 중에서 $xy\geq 12$를 만족시킬 확률을 구하시오.
(단, x, y는 양수)

풀이 $x+y=8$, $xy=12$에서
$x=2$, $y=6$ 또는 $x=6$, $y=2$
이다. 따라서 구하는 확률은 $\overline{\mathrm{AB}}$, $\overline{\mathrm{CD}}$의 길이의 비이다.
즉, $\mathrm{P}=\frac{\overline{\mathrm{CD}}}{\overline{\mathrm{AB}}}=\frac{4\sqrt{2}}{8\sqrt{2}}=\frac{1}{2}$이다.

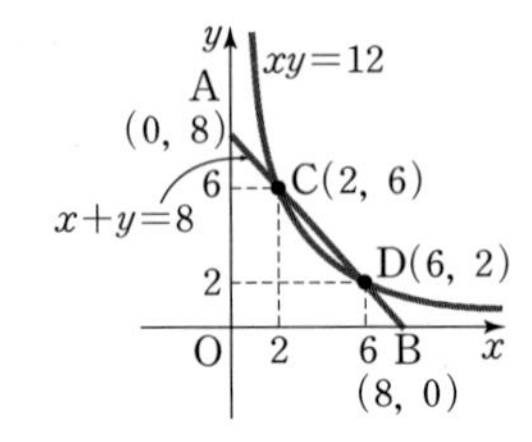

2 확률의 기본 성질

(1) 확률의 기본 성질

① 임의의 사건 A에 대하여 $0\leq \mathrm{P}(A)\leq 1$

② 표본공간 S에 대하여 $\mathrm{P}(S)=1$

③ 공집합($\varnothing$)에 대하여 $\mathrm{P}(\varnothing)=0$

(2) 확률의 덧셈정리

두 사건 A, B에 대하여

$\mathrm{P}(A\cup B)=\mathrm{P}(A)+\mathrm{P}(B)-\mathrm{P}(A\cap B)$

특히, 두 사건 A, B가 서로 배반사건이면, 즉 $A\cap B=\varnothing$이면

$\mathrm{P}(A\cup B)=\mathrm{P}(A)+\mathrm{P}(B)$

배반사건
두 사건 A, B가 동시에 일어나지 않을 때, 즉 $A\cap B=\varnothing$이면 A와 B는 서로 배반이라 하고, 이 두 사건을 서로 배반사건이라고 한다.

이해돕기 주머니 속에 크기가 같은 흰 공이 4개, 검은 공이 5개 들어 있다. 이 주머니에서 3개의 공을 동시에 꺼낼 때, 3개가 모두 같은 색깔의 공일 확률을 구하시오.

풀이 꺼낸 3개의 공이 같은 색깔인 경우는 흰 공 3개 또는 검은 공 3개인 경우이다. 흰 공 3개가 나오는 사건을 A, 검은 공 3개가 나오는 사건을 B라 하면 A, B는 배반사건이므로

$$\mathrm{P}(A\cup B)=\mathrm{P}(A)+\mathrm{P}(B)=\frac{{}_4\mathrm{C}_3}{{}_9\mathrm{C}_3}+\frac{{}_5\mathrm{C}_3}{{}_9\mathrm{C}_3}=\frac{1}{21}+\frac{5}{42}=\frac{1}{6}$$

이다.

(3) 여사건의 확률

사건 A가 일어날 확률 $\mathrm{P}(A)$와 그 여사건 A^C이 일어날 확률 $\mathrm{P}(A^C)$의 합은 1이다.

$$\mathrm{P}(A)+\mathrm{P}(A^C)=1,\ \text{즉 } \mathrm{P}(A^C)=1-\mathrm{P}(A)$$

여사건
어떤 사건 A에 대하여 A가 일어나지 않는 사건을 A의 여사건이라 하고, A^C으로 나타낸다.

참고 여사건의 확률을 이용하는 경우

(i) '적어도 하나'라는 말이 있으면 1－(반대인 사건이 일어날 확률)로 계산한다.

(ii) '…가 아닌 경우'의 확률을 구할 때에는 '1－(…인 경우의 확률)'로 계산한다.

BASIC

이해돕기 주머니 속에 크기가 같은 5개의 흰 공과 3개의 검은 공이 있다. 이 중에서 2개를 동시에 꺼낼 때, 적어도 1개가 흰 공일 확률을 구하시오.

풀이 8개의 공 중 2개를 꺼내는 경우는 (ⅰ) ○○, (ⅱ) ○●, (ⅲ) ●●의 세 가지가 있다.
따라서 적어도 1개가 흰 공인 (ⅰ), (ⅱ)는 (ⅲ)의 여사건이 된다.
적어도 1개가 흰 공일 사건을 A라 하면 $\mathrm{P}(A)=1-\mathrm{P}(A^C)=1-\frac{{}_3\mathrm{C}_2}{{}_8\mathrm{C}_2}=1-\frac{3}{28}=\frac{25}{28}$이다.

4 조건부확률

1 조건부확률

(1) 조건부확률의 뜻

표본공간 S의 두 사건 A, B에 대하여 사건 A가 일어났을 때, 사건 B가 일어날 확률을 사건 A가 일어났을 때의 사건 B의 조건부확률이라 하고, 이것을 기호로 $\mathrm{P}(B|A)$로 나타낸다. 이때,

$$\mathrm{P}(B|A)=\frac{\mathrm{P}(A\cap B)}{\mathrm{P}(A)}$$
$$=\frac{\mathrm{P}(A\cap B)}{\mathrm{P}(A\cap B)+\mathrm{P}(A\cap B^C)}\ (\text{단, } \mathrm{P}(A)>0)$$

로 계산한다.

이해돕기 A, B 두 반의 학생 50명을 남녀별로 구분한 결과가 오른쪽 표와 같다. 50명 중 임의로 선택한 한 학생이 A반 학생일 때, 그 학생이 남학생일 확률을 구하시오.

	남(M)	여(F)	계
A반	18	10	28
B반	14	8	22
계	32	18	50

풀이 50명 중 한 명을 택할 때 그 학생이 A반 학생일 사건을 A, 남학생일 사건을 M이라 하면

$$\mathrm{P}(A\cap M)=\frac{18}{50},\ \mathrm{P}(A)=\frac{28}{50}$$

한편, 임의로 선택한 한 학생이 A반 학생일 때, 그 학생이 남학생일 확률은 선출한 A반 학생에 남학생이라는 조건을 붙인 확률이므로 구하는 확률은 $\mathrm{P}(M|A)$이다.

따라서 $\mathrm{P}(M|A)=\frac{\mathrm{P}(A\cap M)}{\mathrm{P}(A)}=\frac{\frac{18}{50}}{\frac{28}{50}}=\frac{9}{14}$이다.

(2) 확률의 곱셈정리

두 사건 A, B가 동시에 일어날 확률은

$\mathrm{P}(A\cap B)=\mathrm{P}(A)\mathrm{P}(B|A)=\mathrm{P}(B)\mathrm{P}(A|B)$(단, $\mathrm{P}(A)>0$, $\mathrm{P}(B)>0$)

- $\mathrm{P}(B|A)=\frac{\mathrm{P}(B\cap A)}{\mathrm{P}(A)}$
- $\mathrm{P}(A|B)=\frac{\mathrm{P}(A\cap B)}{\mathrm{P}(B)}$

BASIC

이해돕기 n개의 제비 중 r개의 당첨 제비가 들어 있다고 한다. 이 제비를 갑, 을의 순으로 뽑을 때, 갑, 을이 각각 당첨될 확률을 구하시오.

풀이 (i) 갑이 당첨 제비를 뽑는 사건을 A라 하면

$$\mathrm{P}(A)=\frac{r}{n}$$

(ii) 을이 당첨 제비를 뽑는 사건을 B라 하면 을이 당첨이 되는 것은 갑이 당첨되고 을이 당첨되는 경우와 갑이 당첨되지 않고 을이 당첨되는 경우가 있다.

$$\begin{aligned}\therefore \mathrm{P}(B)&=\mathrm{P}(A\cap B)+\mathrm{P}(A^C\cap B)\\&=\mathrm{P}(A)\cdot\mathrm{P}(B|A)+\mathrm{P}(A^C)\cdot\mathrm{P}(B|A^C)\\&=\frac{r}{n}\cdot\frac{r-1}{n-1}+\frac{n-r}{n}\cdot\frac{r}{n-1}\\&=\frac{r(r-1+n-r)}{n(n-1)}=\frac{r}{n}\end{aligned}$$

2 사건의 독립과 종속

(1) 독립과 종속의 뜻

사건 A가 일어나든지 일어나지 않든지 사건 B가 일어날 확률에 영향을 주지 않을 때, 즉 $\mathrm{P}(B|A)=\mathrm{P}(B|A^C)=\mathrm{P}(B)$일 때, 두 사건 A, B는 서로 독립이라고 한다. 이때,

$$\mathrm{P}(A\cap B)=\mathrm{P}(A)\mathrm{P}(B|A)=\mathrm{P}(A)\mathrm{P}(B)\ (\text{단, } \mathrm{P}(A)>0)$$

가 성립한다. 한편, 두 사건 A, B가 서로 독립이 아닐 때, 즉 $\mathrm{P}(B|A)\neq\mathrm{P}(B|A^C)$일 때, 두 사건 A, B는 서로 종속이라고 한다.

(2) 독립시행의 확률

어떤 시행에서 사건 A가 일어날 확률을 p라고 할 때, n회의 독립시행에서 사건 A가 r회 일어날 확률은

$${}_n\mathrm{C}_r p^r q^{n-r}\ (\text{단, } q=1-p,\ r=0, 1, 2, \cdots, n)$$

● 독립시행

어떤 시행을 되풀이할 때, 각 시행의 결과가 다른 시행의 결과에 아무런 영향을 주지 않을 경우, 즉 매회 일어나는 사건이 서로 독립일 때, 이와 같은 시행을 독립시행이라고 한다.

이해돕기 주사위를 던져서 나오는 눈에 따라 6의 눈이 나오면 동전을 3회, 6의 눈이 나오지 않으면 동전을 2회 던지는 놀이가 있다. 주사위 1개와 동전 1개로 이 놀이를 한 번 할 때, 동전의 앞면이 꼭 한 번 나올 확률을 구하시오.

풀이 (i) 주사위의 눈이 6이 나올 때의 확률을 P_1이라 하면 $\mathrm{P}_1=\frac{1}{6}\times{}_3\mathrm{C}_1\left(\frac{1}{2}\right)^3=\frac{1}{6}\times\frac{3}{8}=\frac{1}{16}$이다.

(ii) 주사위의 눈이 6이 아닐 때의 확률을 P_2라 하면 $\mathrm{P}_2=\frac{5}{6}\times{}_2\mathrm{C}_1\left(\frac{1}{2}\right)^2=\frac{5}{6}\times\frac{1}{2}=\frac{5}{12}$이다.

따라서 (i), (ii)는 서로 배반사건이므로 구하는 확률은 $\mathrm{P}=\mathrm{P}_1+\mathrm{P}_2=\frac{1}{16}+\frac{5}{12}=\frac{23}{48}$이다.

COURSE A

수리논술 분석

예제 1

인터넷 동호인 카페 회원들의 친선 목적으로 탁구 대회가 회전 수 n인 토너먼트 형식으로 개최된다. 예를 들어, 다음 그림은 회전 수가 3인 토너먼트 대진표의 예이다.

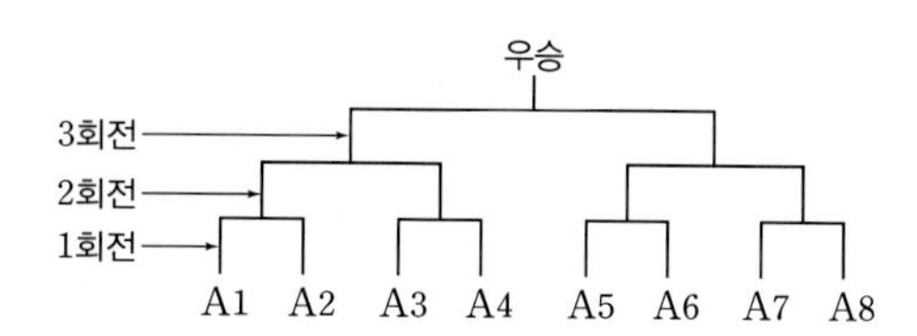

참가자는 2^n명이며, 그 중 한 명은 카페 회원 중 어느 누구와 상대해도 항상 이기는 최고 실력자로서 우승할 것이 확실하고, K는 이 최고 실력자를 제외하고는 카페 회원 중 어느 누구와 상대해도 이길 수 있는 두 번째 실력자이다.

K는 자신이 준우승할 가능성이 50 % 이상인 경우에만 대회에 참가하려고 한다. K의 대회 참가 여부를 토너먼트 회전 수 n에 따라 논하시오. (단, 참가 여부 결정은 추첨에 의한 대진표 결정 이전에 한다.)

| 이화여자대학교 2006년 수시 응용 |

예시 답안

카페 회원 중 최고 실력자를 P라 하면

(i) $n=1$일 때 참가자는 2명이고, 2명은 P와 K이므로 K는 준우승한다.

(ii) $n=2$일 때 참가자는 $2^2=4$명이고, K가 준우승을 하려면 P와 다른 조에 편성되어야 하므로 이때의 확률은

$$\frac{{}_2C_1\times{}_1C_1}{{}_4C_2\times{}_2C_2\times\frac{1}{2!}}=\frac{2}{3}=0.666\cdots\fallingdotseq0.67$$

(iii) $n=3$일 때 참가자는 $2^3=8$명이고, K가 준우승할 확률은

$$\frac{{}_6C_3\times{}_3C_3}{{}_8C_4\times{}_4C_4\times\frac{1}{2!}}=\frac{4}{7}=0.571\cdots\fallingdotseq0.57$$

(iv) $n=4$일 때 참가자는 $2^4=16$명이고, K가 준우승할 확률은

$$\frac{{}_{14}C_7\times{}_7C_7}{{}_{16}C_8\times{}_8C_8\times\frac{1}{2!}}=\frac{8}{15}=0.533\cdots\fallingdotseq0.53$$

일반적으로 $n=k$일 때 K가 준우승할 확률은 $\frac{2^{k-1}}{2^k-1}$이므로

$n\to\infty$일 때 $k\to\infty$이므로 확률은 $\frac{1}{2}$로 수렴한다.

이상에서 K가 준우승할 확률은 토너먼트의 회전 수 n의 값이 증가하여 참가자 수가 늘어날수록 점점 줄어들지만 100 %에서 줄어들기 시작하여 50 %의 확률로 수렴하는 경향을 보인다.
따라서 회전 수 n의 값과는 상관없이 K가 준우승할 확률은 항상 50 % 이상이므로 K는 대회에 참가한다.

Check Point

회전 수가 n일 때 최고 실력자를 제외한 자리는 2^n-1이고, 이때 K가 준우승할 수 있는 자리는 2^{n-1}자리이다.

예시 답안 및 해설 90쪽

어느 도시의 야간에 교통사고 뺑소니 사건이 일어났다. 이 도시 전체 차량의 70 %는 자가용이고, 30 %는 영업용이다. 그런데 한 목격자가 뺑소니 차량은 자가용이라고 증언하였다. 이 증언의 타당성을 알아보기 위하여 사고와 동일한 상황에서 그 목격자가 자가용 차량과 영업용 차량을 구별할 수 있는 능력을 측정해 본 결과 바르게 구별할 확률이 90 %이었다. 목격자가 본 뺑소니 차량이 실제로 자가용일 가능성에 대하여 논하시오.

예시 답안

목격자가 차량을 바르게 구별한 사건을 E, 뺑소니 차량이 실제로 자가용인 사건을 A, 뺑소니 차량이 실제로 영업용인 사건을 B라 하면 구하는 확률은 $\mathrm{P}(A|E)$이므로

$$\mathrm{P}(A|E)=\frac{\mathrm{P}(A\cap E)}{\mathrm{P}(E)}=\frac{\mathrm{P}(A\cap E)}{\mathrm{P}(A\cap E)+\mathrm{P}(B\cap E)}$$

$$=\frac{0.7\times0.9}{0.7\times0.9+0.3\times0.1}=\frac{0.63}{0.66}$$

$$=\frac{63}{66}=0.9545\cdots\fallingdotseq95(\%)$$

따라서 목격자가 본 뺑소니 차량이 실제로 자가용일 가능성은 약 95 %이다.

Check Point

확률이 0이 아닌 사건 A에 대하여 사건 A가 일어났다고 가정할 때, 사건 B가 일어날 확률을 사건 A가 일어났을 때의 사건 B의 조건부확률이라고 한다.

즉, $\mathrm{P}(B|A)=\frac{\mathrm{P}(A\cap B)}{\mathrm{P}(A)}$

계단을 하나씩 오르는데 다음과 같은 놀이를 한다. 주머니 속에 정상인 동전 한 개와 불량인 동전 한 개가 있는데 불량인 동전은 양면이 모두 앞면으로만 이루어져 있다. 주머니 속에서 무작위로 한 개의 동전을 꺼내어 던질 때, 앞면이 나오는 경우 그 동전이 정상일 확률이 10 % 이상이면 한 계단을 오르고, 그렇지 않으면 멈춘다. 그리고 던진 그 동전을 계속 던질 때 몇 계단까지 오를 수 있는가를 설명하시오.

예시 답안 및 해설 90쪽 ~ 91쪽

수리논술 기출 및 예상 문제

01

양의 정수 n에 대하여 집합 A_n을

$$A_n=\{(x_1,\ x_2,\ \cdots,\ x_n)\,|\,x_i\in\{1,\ 2,\ 3,\ 4\},\ x_1+x_2+\cdots+x_n\text{은 5의 배수}\}$$

라 하고, A_n의 원소의 개수를 a_n이라 하자. 예를 들면,

$$A_1=\varnothing(\text{공집합}),\ A_2=\{(1,\ 4),(2,\ 3),(3,\ 2),(4,\ 1)\}$$

이므로 $a_1=0$, $a_2=4$이다. 또한, $(1,\ 1,\ 3)\in A_3$이다.

(1) a_3의 값을 구하시오.

(2) $n\geq2$일 때, a_n과 a_{n-1}의 관계식을 구하시오.

(3) a_n을 n의 식으로 나타내시오.

| 인하대학교 2014년 수시 |

Hint

A_n과 함께 $B_n=\{(x_1,\ x_2,\ \cdots,\ x_n)\,|\,x_i\in\{1,\ 2,\ 3,\ 4\},\ x_1+x_2+\cdots+x_n$은 5의 배수가 아니다.$\}$이라고 놓고 B_n의 원소의 개수를 b_n이라 하면 a_n+b_n의 값은 1, 2, 3, 4를 이용하여 만들 수 있는 n자리 정수의 개수 ${}_4\Pi_n$와 같다.

02

한 변의 길이가 3인 정사각형 18개가 아래 그림과 같이 겹쳐 놓여 있다. 같은 행과 열에서 이웃한 두 정사각형 사이의 간격은 1이다. 또한 두 정사각형이 겹쳐서 생기는 작은 정사각형의 한 변의 길이는 1이다.

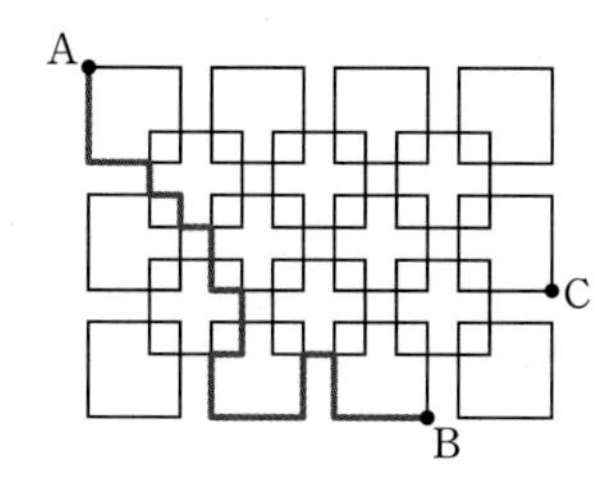

그림과 같이 점 A에서 사각형들의 변을 따라 점 B나 C로 이동하는 경로들을 생각하자.

(1) 점 B에 도달하는 최단 경로의 수를 구하시오.

(2) 점 C에 도달하는 최단 경로의 수를 구하시오.

| 서울시립대학교 2013년 모의논술 |

Hint

(1) 점 A에서 점 B로 가는 최단 경로는 내려갔다가 다시 올라가거나 또는 오른쪽으로 갔다가 왼쪽으로 가는 경우는 없어야 한다.
따라서, A와 B를 잇는 직선을 경계로 하여 위에 있는 경로 또는 아래에 있는 경로로만 진행한다.

03

한국, 미국, 영국, 중국, 독일, 프랑스, 이탈리아, 캐나다의 8개 국가의 학생 대표 8명이 모여서 원탁 토론을 하고자 한다. 그런데 원활한 토론을 위하여 선호하는 자리를 조사하였더니 다음과 같은 요구를 받았다.

- 미국 학생 대표는 영국 학생 대표의 옆자리에 앉기를 거부하였다.
- 영국 학생 대표는 독일 학생 대표와 원탁의 맞은 편 마주 보는 자리에 앉기를 원했다.
- 중국 학생 대표는 미국 학생 대표의 옆자리에 앉기를 거부하였다.

위의 요구에 맞도록 8개 국가의 학생 대표를 원탁에 앉힐 수 있는 방법의 수를 구하시오. 단, 원탁의 모든 자리는 동일하다고 가정한다.

| 성균관대학교 2010년 심층면접 |

Hint
먼저 영국 학생 대표와 독일 학생 대표 자리를 고정시킨다.

04

다음 제시문을 읽고 물음에 답하시오.

(가) 계단을 한 번에 두 계단 혹은 한 계단을 오를 수 있다고 하자. 10개의 계단을 연속적으로 두 계단씩 3번 오른 후 나머지 4개의 계단을 연속적으로 한 계단씩 4번 사용하여 오르는 방법은 다음과 같은 처음 3개의 항이 2이고 나머지 4개의 항이 1인 길이가 7인 수열과 자연스럽게 대응 할 수 있다.

2, 2, 2, 1, 1, 1, 1

따라서 10개의 계단을 두 계단씩 3번 그리고 한 계단씩 4번 사용하여 오르는 방법의 수는 세 개의 2와 네 개의 1로 이루어진 길이가 7인 수열의 개수와 같다.

(나) n개의 2와 m개의 1로 이루어진 길이가 $n+m$인 수열의 개수는 다음과 같다.

$${}_{n+m}\mathrm{C}_n={}_{n+m}\mathrm{C}_m=\frac{(n+m)!}{n!m!}$$

(다) 전체집합 U의 원소의 개수가 n이고 U의 부분집합 A의 원소의 개수가 m일 때, A의 여집합 A^C의 원소의 개수는 $n-m$이다.

(1) 10개의 계단을 두 계단씩 3번 그리고 한 계단씩 4번 사용하여 오를 때, 아홉 번째 계단을 밟고 오르는 경우의 수를 구하시오.

(2) 10개의 계단을 두 계단씩 3번 그리고 한 계단씩 4번 사용하여 오를 때, 네 번째 계단을 밟지 않고 오르는 경우의 수를 구하시오.

(3) 10개의 계단을 두 계단씩 3번 그리고 한 계단씩 4번 사용하여 오를 때, 여섯 번째 계단을 (반드시) 밟고 오르는 경우의 수를 구하시오.

| 한양대학교 에리카 2015년 모의논술 |

Hint
(1) 아홉 번째 계단까지 두 계단 씩 3번, 한 계단 씩 3번 사용하는 경우이다.
(2) 처음 세 개의 계단을 오른 후, 한 번에 두 계단을 올라 다섯 번째 계단에 오르고 나머지 다섯 계단을 올라가야 한다.

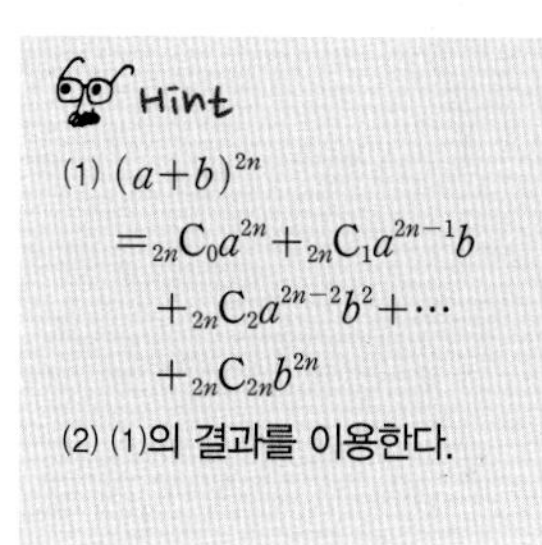

05

다음 제시문을 읽고 물음에 답하시오.

> (가) 식 $(a+b)^n$을 전개하면
>
> $(a+b)^n={}_nC_0a^n+{}_nC_1a^{n-1}b+\cdots+{}_nC_ra^{n-r}b^r+\cdots+{}_nC_nb^n=\sum_{r=0}^{n}{}_nC_ra^{n-r}b^r$
>
> 이 된다. 이것을 이항정리라 한다.
>
> (나) 양의 실수의 수열 $\{b_n\}$이 어떤 양의 실수 r에 대하여 $\lim_{n\to\infty}\frac{b_{n+1}}{b_n}=r$를 만족한다면, 그것은 n이 커짐에 따라 b_{n+1}이 rb_n과 가까워진다는 뜻이므로 수열 $\{b_n\}$은 공비가 r인 등비수열과 가까워진다. 따라서, 만일 $0<R<r$라면, $R^N<b_N$을 만족하는 양의 정수 N이 존재하게 된다.

(1) 모든 양의 정수 n에 대하여 등식 $4^n={}_{2n}C_0+{}_{2n}C_1+\cdots+{}_{2n}C_n+\cdots+{}_{2n}C_{2n}$이 성립함을 보이시오.

(2) 모든 양의 정수 n에 대하여 $a^n>{}_{2n}C_n$이 성립하는 양의 정수 a값 중 가장 작은 값을 구하시오.

(3) 모든 양의 정수 n에 대하여 $a^n>{}_{2n}C_n$이 성립하는 양의 실수 a값 중 가장 작은 값을 구하시오.

| 인하대학교 2014년 수시 |

Hint

(1) $(a+b)^{2n}$
$={}_{2n}C_0a^{2n}+{}_{2n}C_1a^{2n-1}b+{}_{2n}C_2a^{2n-2}b^2+\cdots+{}_{2n}C_{2n}b^{2n}$

(2) (1)의 결과를 이용한다.

06

다음 제시문을 읽고 물음에 답하시오.

> 양의 정수 n과 $0\le k\le n$인 정수 k에 대하여, 이항계수 ${}_nC_k$는 n개의 사물 중 k개의 사물을 선택하는 조합의 수로 정의하며, 다음의 식으로 주어진다.
>
> $${}_nC_k=\frac{n!}{(n-k)!\times k!}$$

양의 정수 n에 대하여 $f(n)={}_{2n}C_n=\frac{n+1}{1}\times\frac{n+2}{2}\times\cdots\times\frac{n+n}{n}$이라 하자.

(1) $f(n)$은 짝수임을 보이시오.

(2) $n=2^k$(k는 양의 정수)이고 정수 b가 $1\le b\le n-1$을 만족할 때, $\frac{n+b}{b}$의 기약분수의 분모와 분자는 모두 홀수임을 보이고, 이를 이용하여 $f(2^k)$은 4의 배수가 아님을 보이시오

(3) 정수 $n\ge2$에 대하여 $\frac{f(n)}{f(n-1)}$을 n의 식으로 나타내고, 이를 이용하여 $f(2^{15}-1)$이 2^m의 배수가 되는 양의 정수 m의 최댓값을 구하시오.

| 인하대학교 2015년 수시 |

Hint

주어진 식을 이용하거나
$(1+x)^n=\sum_{k=0}^{n}{}_nC_kx^k$
또는
${}_nC_r={}_{n-1}C_{r-1}+{}_{n-1}C_r$
인 관계를 이용할 수 있다.

07

자연수 n을 자연수 m으로 나누었을 때 몫이 q이고 나머지가 r인 경우 $n=mq+r(0\leq r\leq m-1)$로 나타낼 수 있다.

(1) $4^{2000}-1$이 5^4의 배수임을 보이시오.
(2) $503^{2000}-1$이 5^4의 배수임을 보이시오.
(3) 2012^{2000}을 5^4으로 나눈 나머지를 구하시오.
(4) 2012^{2002}을 10^4으로 나눈 나머지를 구하시오.

| 서울시립대학교 2013년 수시 |

Hint
(1) $4^{2000}-1=(5-1)^{2000}-1$에서 이항정리를 이용한다.

08

각 자리의 숫자로 1, 2, 3, 4, 5 만이 사용된 2014자리 자연수 전체의 집합을 A라고 하자.

(1) 집합 A에 속하는 자연수 중에서 자리의 숫자에 쓰인 1의 개수가 홀수인 것의 개수를 m이라 할 때, $2m$의 일의 자리의 숫자를 구하시오.
(2) 집합 A에 속하는 자연수 중에서 자리의 숫자에 쓰인 1과 2의 개수가 각각 홀수인 것의 개수를 n이라 할 때, $4n$의 일의 자리의 숫자를 구하시오.

| 서울시립대학교 2014년 수시 |

Hint
$(a+b)^n=\sum_{k=0}^{n}{}_nC_k a^{n-k}b^k$
이므로 다음이 성립한다.
$(a+b)^{2n}-(a-b)^{2n}$
$=2\sum_{k=1}^{n}{}_{2n}C_{2k-1}a^{2n-(2k-1)}b^{2k-1}$

09

다음 제시문을 읽고 물음에 답하시오.

> 순열과 조합 계산법은 확률 이론과 함께 발전하여 왔고, 프랑스 수학자 파스칼이 확률 계산 과정에서 발견한 파스칼 삼각형은 이항 전개 계수의 규칙성과 관련이 있다. 이러한 내용은 이산수학으로 자리 잡았으며 컴퓨터나 그래프 이론, 알고리즘의 복잡성 문제 등에서 중요한 역할을 하고 있다. 또한, 컴퓨터의 계산 능력으로도 유도하기 쉽지 않은 결과를 이산수학의 기본 개념으로 쉽게 비교할 수 있다. 예를 들어, 양의 정수 n에 대하여 $(n+1)^{n+1}$과 $(n+2)^n$의 크기를 비교할 때, n이 어떤 수 이상의 값을 가질 경우 컴퓨터 언어의 2배 정확도(double precision)로도 두 수의 크기를 간단히 비교할 수 없고, 계산용 특수 프로그램을 이용해야 할 것이다. 그러나 이산수학의 기본 개념을 사용하면 제시된 두 수의 크기를 어렵지 않게 비교할 수 있다.

(1) 두 수 2010^{2010}과 2011^{2009}의 크기를 비교하고, 그 이유를 자세히 기술하시오.
(2) n이 양의 정수일 때 $(n+1)^{n+1}$과 $(n+2)^n$의 크기를 비교하고, 그 이유를 자세히 기술하시오.

| 한국항공대학교 2010년 수시 |

Hint
(1) $2011^{2009}=(2010+1)^{2009}$이므로 이항정리를 이용하거나 두 수의 비를 이용하여 크기를 비교한다.

10

주사위를 한 번 던질 때, 3의 배수의 눈이 나오는 사건을 A, 3의 배수가 아닌 눈이 나오는 사건을 B라 하자. $D=0$으로 놓고 주사위를 던질 때마다 사건 A가 일어나는 경우는 D의 값에 1을 더하고, 사건 B가 일어나는 경우는 D의 값에 2를 더하기로 하였다. 예를 들어, 주사위를 네 번 던지는 동안 사건 A, B, B, A가 차례로 일어나는 경우 D의 값은 차례로 1, 3, 5, 6이 된다. 주사위를 계속하여 던질 때, 자연수 n에 대하여 $D=n$이 될 확률을 p_n이라 하자.

(1) p_3을 구하시오.

(2) p_n을 p_{n-1}과 p_{n-2}(단, $n=3, 4, 5, \cdots$)로 나타내시오.

(3) $\lim_{n\to\infty} p_n$을 구하시오.

Hint
사건 A가 일어날 확률은 $\frac{1}{3}$, 사건 B가 일어날 확률은 $\frac{2}{3}$이므로 예를 들어 $p_2=\left(\frac{1}{3}\right)^2+\frac{2}{3}$이다.

11

돌로 만들어진 정육면체의 주사위가 있다. 그런데 이 주사위는 무거워서 던질 수가 없고 밑면의 한 모서리를 임의로 선택하여 지렛대로 들어서 돌릴 수 있다.
따라서 주사위를 돌릴 때 다음에 나오는 윗면의 눈은 기존의 윗면과 밑면의 눈이 아닌 옆면의 숫자만이 나올 수 있고 그 확률은 모두 같다. 돌리기 전에 윗면의 주사위의 눈이 1일 때, 2009번 돌렸을 때, 다시 주사위의 윗면의 눈이 1일 확률을 구하시오.

| 성균관대학교 2010년 심층면접 |

Hint
주사위를 n번 돌려 주사위의 윗면에 1이 나올 확률, 1의 눈과 맞은 편에 있는 숫자가 윗면에 나올 확률을 각각 p_n, q_n이라 놓아 p_n, q_n을 p_{n-1}, q_{n-1}로 나타내어 본다.

12 다음 제시문을 읽고 물음에 답하시오.

(가) 확률이 0이 아닌 두 사건 A, B에 대하여 사건 A가 일어났다고 가정할 때, 사건 B가 일어날 확률은

$$\mathrm{P}(B|A)=\frac{\mathrm{P}(A\cap B)}{\mathrm{P}(A)} \text{ 이다.}$$

(나) 철수와 영희는 매 게임에서 1원을 주고받는 놀이를 하고 있다. 철수가 1원을 딸 확률을 $p(0<p<1)$, 1원을 잃을 확률을 $q=1-p$라고 하자.

(다) 철수는 n원($n=1, 2, 3, \cdots, M-1$), 영희는 $M-n$원을 가지고 놀이를 시작하였다. 놀이는 철수가 가진 돈이 0원(철수가 파산)또는 M원(영희가 파산)이면 종료된다고 하자.

(라) 매 게임의 결과는 서로 독립이라고 하자.

(마) n원을 가지고 놀이를 시작한 철수의 돈이 0원이 되어 파산할 확률을 f_n이라고 하자.
(단, $f_0=1$, $f_M=0$)

(1) $p=q=\frac{1}{2}$일 때, f_n을 구하시오.

(2) $p\neq q$일 때 f_n에 대한 점화식을 구하고, f_n을 구하시오.

(3) (1)과 (2)에서 구한 f_n에 대하여 극한값 $\lim_{M\to\infty} f_n$을 구하고 $p\leq\frac{1}{2}$일 때, 그 의미를 논하시오.

| 성균관대학교 2013년 수시 |

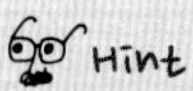

(1) 놀이에서 첫 번째 일어날 수 있는 경우는 철수가 1원을 따거나 1원을 잃을 경우이므로

$f_n=\frac{1}{2}f_{n+1}+\frac{1}{2}f_{n-1}$

이다.

13 다음 제시문을 읽고 물음에 답하시오.

성균이는 다음의 카드놀이 게임을 하고자 한다. 1에서 $2n$까지 숫자가 적힌 $2n$장의 카드가 상자 안에 있다(여기서 n은 양의 정수이다). 이 중에서 한 장의 카드를 뽑아 숫자를 확인한 후 남은 $2n-1$장의 카드 중에서 한 장을 더 뽑는다고 한다. 성균이는 두 번째 카드의 숫자를 확인하기 전에 이미 숫자를 확인한 첫 번째 카드의 숫자보다 두 번째 카드의 숫자가 클 것인지 작을 것인지 정한다. 두 번째 카드의 숫자를 확인하여 성균이의 예상과 맞으면 게임을 이기고, 예상과 다르면 게임을 지는 것으로 한다. 만약 첫 번째 카드의 숫자가 n보다 작거나 같다면 성균이는 두 번째 카드의 숫자가 첫 번째 카드의 숫자보다 클 것으로 예상하기로 했다. 또한 첫 번째 카드가 n보다 큰 값이 나온다면 두 번째 카드의 숫자는 첫 번째 카드보다 작은 숫자가 나올 것으로 예상하기로 했다.

(1) $n=5$인 경우, 즉 1에서 10까지의 숫자가 적힌 10장의 카드를 가지고 게임을 할 때, 성균이가 게임을 이길 확률을 구하시오.

(2) n이 한없이 커짐에 따라 성균이가 게임을 이길 확률이 어떤 값으로 수렴하는지 구하시오.

| 성균관대학교 2011년 수시 |

첫 번째 카드의 숫자가 5보다 작을 때와 5보다 클 때로 나누어 생각한다.

14

다음 제시문을 읽고 물음에 답하시오.

> n개의 야구공이 한 상자 안에 들어 있고, 이중에 p개의 공은 결함이 있는 공이다. 야구공의 숫자와 같은 n명의 사람들이 순서대로 공을 하나씩 뽑아서 자기 것으로 가진다고 한다. 한 번 공을 뽑은 사람은 그 공을 다시 상자 안에 넣을 수 없고, 공을 뽑기 전에는 그 공의 결함 여부를 확인할 수 없다. 이 n명의 사람들 중에 민수가 포함되어 있다고 하자.

(1) $n=7$, $p=4$이고, 민수가 세 번째로 공을 뽑는다고 하자. 첫 번째 사람이 결함이 있는 공을 뽑았을 때, 민수가 결함이 없는 공을 뽑을 확률이 얼마가 되는지 논하시오.

(2) 임의의 n과 p에 대해, 민수가 결함이 없는 야구공을 뽑기 위해서 몇 번째에 야구공을 뽑는 것이 유리한지 혹은 순서에 상관이 없는지를 수학적으로 논하시오.

| 성균관대학교 2012년 수시 |

Hint

(2) A_n, $p(k)$를 n개의 야구공 중 p개의 공이 결함이 있는 경우에 k번째 사람이 결함이 있는 공을 뽑을 확률이라 하고 수학적 귀납법을 이용한다.

15

다음 제시문을 읽고 물음에 답하시오.

> 각각 3명의 선수들로 구성된 고교동문 바둑 팀 A와 B가 있다.
> A팀은 1급 선수 1명과 2급 선수 2명으로 구성되어 있고, B팀은 1급 선수 2명과 2급 선수 1명으로 구성되어 있다. 같은 급수의 선수끼리 바둑을 두면 각각 승리할 확률이 $\frac{1}{2}$이지만, 서로 다른 급수의 선수끼리 바둑을 두는 경우엔 1급 선수가 승리할 확률이 $p\left(\frac{1}{2}<p<1\right)$라고 한다.
> A팀 3명의 선수가 각각 B팀의 서로 다른 선수를 선택하여 동시에 바둑을 한 판씩 두어 이기는 선수가 많은 팀이 우승하는 것으로 한다 (단, 비기는 경우는 없는 것으로 한다).

(1) A팀 1급 선수가 B팀 2급 선수를 선택하는 경우에 A팀이 우승할 확률 Q_1을 구하시오.

(2) A팀 1급 선수가 B팀 1급 선수를 선택하는 경우와 B팀 2급 선수를 선택하는 경우 중 어느것이 A팀 우승에 더 유리한 전략인지 확률적으로 규명해 보시오.

| 단국대학교 2011년 모의논술 |

Hint

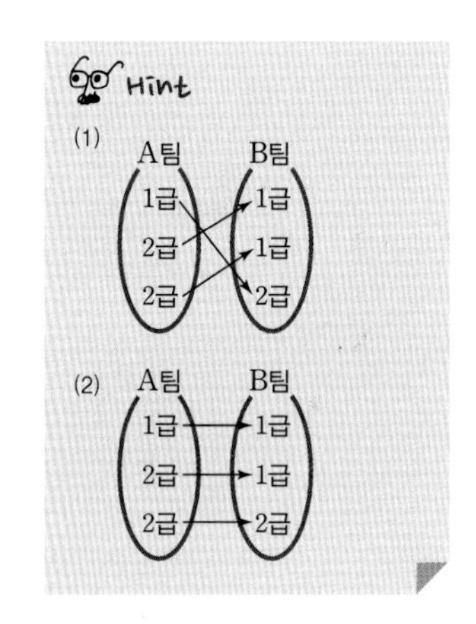

16

다음 제시문을 읽고 물음에 답하시오.

> **Hint**
> 동전 4개가 모두 앞면이 나오는 경우, 동전 5개가 모두 뒷면이 나오는 경우에 이동한 후 다시 한 번 동전을 던질 기회가 주어짐에 주의한다.

동전 4개를 동시에 던져서 앞면이 나온 수에 따라서 움직이는 게임이 있다. 동전들을 던지는 기회는 한 번씩 번갈아 가면서 주어지며 두 사람 모두 출발지점부터 시작하여 번호 순서대로 이동하다가 도착지점에 도달하거나 지나치면 승리한다.

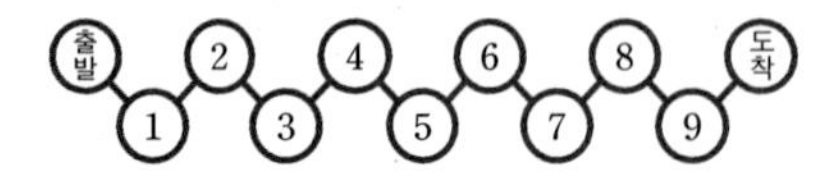

이 게임은 아래와 같은 규칙으로 진행된다.

(가) 동전들을 던졌을 때 앞면이 각각 1개, 2개, 3개가 나왔다면 한 칸, 두 칸, 세 칸 이동한다.

(나) 동전 4개가 모두 앞면이 나오면 4칸을, 모두 뒷면이 나오면 5칸을 이동한다.

(다) (나)의 경우가 일어났을 때 다시 한 번 동전들을 던진다. 따라서 먼저 시작한 사람이 상대방에게 동전들을 던질 기회를 주지 않고 게임을 이길 수도 있다.

(라) 동전들을 던져 이동했을 때 상대방과 같은 곳에 도착했다면 상대방을 잡았다고 한다. 이때 상대방은 출발위치로 돌아가고 나는 다시 한 번 동전들을 던진다.
예를 들면, 내가 ③의 위치에 있고 상대방이 출발위치에서 동전을 던졌을 때 앞면이 3개가 나왔다면 상대방이 나를 잡았기 때문에 나는 출발지점으로 되돌아가야 하며 상대방은 ③의 위치에서 다시 한 번 동전들을 던진다.

(1) 동전들을 던졌을 때 모두 뒷면이 나올 확률은 $\frac{1}{16}$이고 앞면이 1개 나올 확률은 $\frac{1}{4}$이다. 앞면이 2, 3, 4개 나올 확률을 구하여 아래의 표를 완성하시오.

앞면의 수	0	1	2	3	4
확률	$\frac{1}{16}$	$\frac{1}{4}$			

(2) 상대방이 ②의 위치에 멈추어 있고, 내가 출발위치에서 동전들을 던져 ⑤의 위치까지 이동하여 멈추고 상대방이 동전들을 던질 차례가 될 확률을 구하시오.

(3) 경기를 시작하였을 때 처음 동전들을 던진 사람이 계속 동전들을 던짐으로써 상대방이 동전들을 던질 기회를 주지 않고 경기를 이길 확률을 구하시오.

| 국민대학교 2013년 수시 |

17 다음 그림과 같은 평면 위의 정수 격자점에서 상하좌우 중 한 방향을 골라 한 칸 씩 이동하는 것을 시행이라고 하고, 이때 상하좌우로 이동할 확률을 좌우를 각각 p, p라 하고 상하를 각각 q, q라 하자. 원점 $\mathrm{O}(0,\ 0)$으로부터 시작하여 n번 시행했을 때 도달한 격자점을 $\mathrm{P}(k,\ l)$라 할 때, 다음 물음에 답하시오.

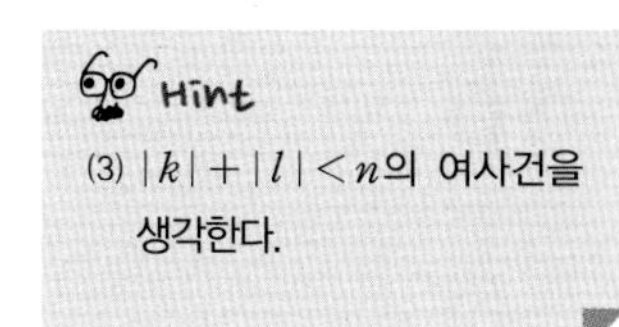

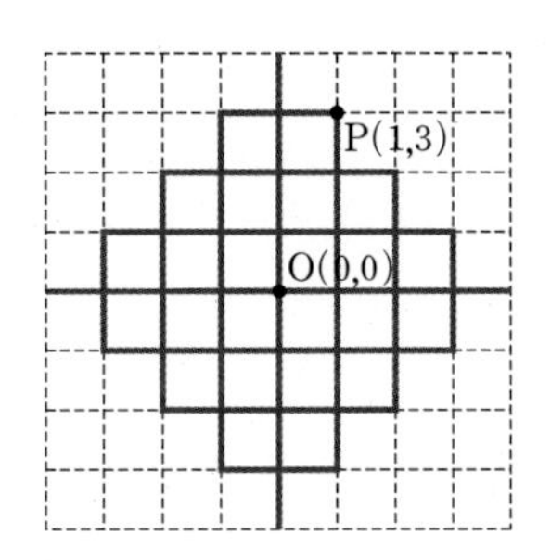

(1) 4번 시행했을 때 좌표 $\mathrm{P}(1,\ 3)$에 도달할 확률을 $p=\frac{1}{3}$, $q=\frac{1}{6}$에 대하여 구하시오.

(2) n번 시행했을 때 도달한 좌표 $\mathrm{P}(k,\ l)$가 $k\geq 0$, $l\geq 0$, $k+l=n$을 만족할 확률을 p, q로 나타내시오.

(3) n번 시행했을 때 도달한 좌표 $\mathrm{P}(k,\ l)$가 부등식 $|k|+|l|<n$을 만족할 확률을 p, q로 나타내시오.

| 이화여자대학교 2014년 모의논술 |

18

다음 제시문을 읽고 물음에 답하시오.

> Hint
> (1) 안압지의 주령구는 정다면체가 아니므로 각 면이 나올 확률이 같지 않다.

(가) 정다면체는 볼록 다면체 중에서 모든 면이 합동인 정다각형으로 이루어져 있으며 각 꼭짓점에서 만나는 면의 개수가 같은 도형을 말한다. 정다면체는 정사면체, 정육면체, 정팔면체, 정십이면체 그리고 정이십면체의 5종류만 존재한다. N개의 면을 가지는 정다면체의 각 면에 ○ 또는 ×를 표시한 후 이 정다면체를 던졌을 때, 각 면이 지면에 닿을 확률은 $\frac{1}{N}$로 동일하므로 N개의 면 중 M개의 면에 ○를 표시했다면 이 정다면체를 던져서 지면에 닿은 면이 ○일 확률은 $\frac{M}{N}$이 된다. 이 정다면체를 던지는 시행을 반복할 때, 매번 일어나는 시행의 결과는 서로 독립이고 그 확률은 동일하다고 가정한다. 참고로 지면에 닿은 면이 ○이면 이 시행의 결과가 ○가 나왔다고 표현한다.

(나) (가)에서 제안된 정다면체 주사위를 이용한 다음의 게임을 생각해 보자.
[게임 Ⅰ]은 주사위를 던져서 ○가 연속으로 두 번 나오거나 ×가 연속으로 두 번 나오면 끝나는 게임이다. ○로 끝나면 이 게임에서 승리한 것이고 ×로 끝나면 이 게임에서 패배한 것으로 한다. 단, 이 게임은 반드시 두 번 이상 주사위를 던지는 것으로 한다.
[게임 Ⅱ]는 A와 B 두 사람이 교대로 주사위를 던져서 먼저 ○가 나오는 사람이 승리하는 게임이다. 단, 이 게임은 ○가 나올 때까지 계속 주사위를 던지는 것으로 한다.

(다) ① (나)에서 제안된 게임은 승부가 날 때까지 계속해서 시행된다. n번 시행에서 승리할 확률을 p_n이라고 하자. 이렇게 얻어진 확률의 수열 $\{p_n\}$이 일정한 값 p로 수렴하면 $\lim_{n\to\infty} p_n=p$, 이 수렴값 p를 무한히 많은 시행에서 승리할 확률이라고 한다.
② 첫째항이 $a(a\neq0)$이고 공비가 r인 등비수열 $\{ar^{n-1}\}$의 각 항의 합으로 이루어진 등비급수

$$\sum_{n=1}^{\infty} ar^{n-1}=a+ar+\cdots+ar^{n-1}+\cdots$$

는 $|r|<1$일 때 수렴하고 그 합은 $\frac{a}{1-r}$이다.

(1) 1975년 경주 안압지에서 출토된 주령구는 통일신라시대 귀족들이 연회에서 굴리며 놀던 볼록 14면체 주사위인데 각 면에는 다양한 벌칙이 적혀 있다. (가)와 같이 이 주령구의 표면에 ○ 또는 ×를 표시한 후 (나)의 [게임 Ⅰ]을 할 때, ○ 또는 ×를 표시한 위치에 따라 게임에서 승리할 확률이 달라질 수 있다. 그 이유를 간단히 설명하시오.

(2) (가)와 같이 정이십면체의 20개 면 중 5개의 면에 ○를 표시하고 이것을 주사위로 사용하여 (나)의 [게임 Ⅰ]을 할 때, 승리할 확률을 (다)를 이용하여 구하시오.

(3) ㈎와 같이 정이십면체의 각 면에 ○ 또는 ×를 표시하여 ㈏의 [게임 Ⅱ]를 한다. 이 게임에서 A가 승리할 확률이 B가 승리할 확률의 3배 이상이 되기 위해서는 정이십면체의 20개 면 중 최소 몇 개의 면에 ○를 표시해야 하는지 ㈐를 이용하여 구하시오. 단, 이 게임에서는 A가 먼저 주사위를 던지는 것으로 시작하고, ○가 나올 때까지 게임은 계속된다.

| 경북대학교 2015년 수시 |

19

인규와 지혜가 특정 장소에서 만나기로 하였다. 인규는 오전 7시에서 8시 사이의 임의의 시간에 도착하여 10분만 기다리고, 지혜는 오전 7시에서 8시 사이의 임의의 시간에 도착하여 5분만 기다린다고 한다.

(1) 인규와 지혜가 만날 확률은 얼마인지 구하시오.

(2) 인규 혹은 지혜 둘 중 한 명을 5분 더 기다리게 한다면 누구를 기다리게 해야 만날 확률이 높아지는지 말하고 그 이유를 설명하시오.

| 서울대학교 2001년 면접 응용 |

인규, 지혜가 도착하는 시각을 각각 7시 x분, 7시 y분으로 놓는다.

20

좌표평면에서 임의의 점 $(a,\ b)$가 어떤 영역 안에 찍힐 확률은

$$\frac{s'(\text{해당 영역의 면적})}{s(\text{전체 면적})}$$

로 나타낸다.

$-1\le x\le 1,\ -1\le y\le 1$에 점 $(a,\ b)$가 존재한다.

$u+v=b,\ 3u-v=a$를 만족할 때 연립방정식의 해를 $(a,\ b)$라고 하자. 이때, $u\ge 0$일 사건을 A, $v\ge 0$일 사건을 B, $v\ge u$일 사건을 C라 하자

(1) $\mathrm{P}(A\cap B)$를 구하시오.

(2) A와 C사건이 독립임을 보이시오.

(3) $a\ge 0,\ b\ge 0$일 사건을 D 라고 할 때, $\mathrm{P}(D|A\cap B)$를 구하시오.

| 서울대학교 2013년 심층면접 |

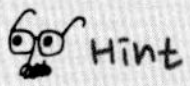

$u,\ v$에 관한 연립방정식의 해를 구하여 $u\ge 0,\ v\ge 0,\ v\ge u$인 $(a,\ b)$의 영역을 구한다.

예시 답안 및 해설 103쪽

21

다음 제시문을 읽고 물음에 답하시오.

(가) 한 시행(trial)에서 특정 결과가 나올 가능성을 확률이라 한다. 통계학에서는 확률을 표본공간(sample space), 사건(event), 확률함수(probability function)를 이용하여 정의한다. 표본공간은 시행에서 나올 수 있는 모든 결과의 집합을 의미하고, 사건은 시행의 결과로서 특정 결과를 기술하는 조건으로 표현되는 표본공간의 부분집합이 된다. 확률함수는 표본공간에서 사건에 대응하는 결과가 차지하는 비율을 정의하는 함수다.

(나) 다음 사각형 영역의 상공에서 광고 전단지를 살포했다.

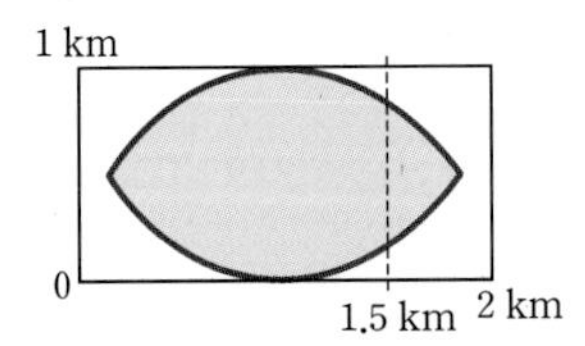

전단지가 사각형 영역에 균일하게 뿌려진다고 가정할 경우, 회색 영역에 떨어질 확률을 구하고자 한다. 이 경우 시행은 전단지를 공중에서 살포하는 행위로 정의되고, 표본공간은 시행의 결과인 전단지 착지 위치의 집합, 즉 사각형 영역이 된다. 사건은 전단지가 회색 영역에 떨어지는 것이다. 확률함수는 이 시행에서 전단지가 사각형 영역에 균일하게 살포되기 때문에 사각형에서 사건에 해당하는 영역의 비율로 정의할 수 있다.

(다) 전단지 살포 시행을 컴퓨터를 이용한 모의 실험을 통해 특정 사건의 확률을 구할 수 있다. 전단지의 착지 위치 $(x,\ y)$는 표본공간의 어느 위치나 동일한 가능성을 갖는 것을 가정하므로, 난수(random number)를 발생하여 모의 좌표를 생성한다. 즉, x는 0에서 2 사이에, y는 0에서 1 사이에서 각각 동일한 가능성을 가정하여 추출된 난수로 모의 좌표 $(x,\ y)$를 만든다. 예를 들면, 백만 개의 모의 좌표를 생성하면 전단지를 모의 살포하여 착지 위치를 기록한 것으로 간주할 수 있다. 백만 개의 모의 좌표들 중에 회색 영역 조건을 만족하는 좌표의 개수 비율을 구하여 회색 영역에 전단지가 살포될 확률을 구할 수 있다. 다만, 모의 실험을 통한 확률을 추정할 때, 난수로 생성되는 모의 좌표의 개수가 충분히 많아야 추정된 확률이 실제 확률에 근사한다는 점에 주의해야 한다.

(1) 제시문을 이용하여 아래 회색 영역에 해당하는 $\int_0^{\pi} \sin x\, dx$를 추정하는 방법을 설명하시오.

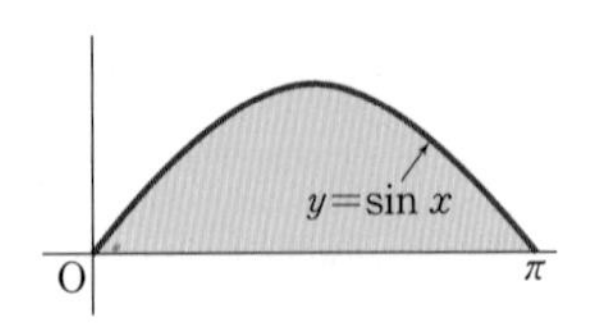

(2) (나)의 그림에서 점선 왼쪽과 오른쪽에 동일수량의 전단지를 살포했다고 가정한 경우 회색 영역의 면적을 추정하는 방법을 설명하시오.

| 동국대학교 2012년 수시 |

Hint

(2) 표본공간에서 점선의 왼쪽과 오른쪽의 크기가 서로 다른데 동일량의 전단지가 뿌려졌다면 표본공간에 전단지는 균일하게 뿌려진 것이 아니다.

확률을 이용한 원주율 π 찾기

확률을 이용한 원주율 π 찾기

1 원주율 π의 정의

평면 위의 한 정점에서 일정한 거리에 있는 점의 자취인 원에서 반지름의 길이가 r, 원 둘레의 길이가 l일 때, $\frac{l}{2r}$은 모든 원에 대하여 일정하다. 이 값을 원주율(π)이라고 한다. 즉, 원의 둘레를 그 지름으로 나눈 값이 원주율(π)이다. 'π'는 '둘레'를 뜻하는 그리스 어의 첫 글자이다.

2 원주율 π 찾기

(1) 토지 측량 기술이 뛰어났던 이집트인들은 이미 경험적으로 원주율이 약 3이라는 사실을 알아내었는데, 이집트의 나일강가에서 발견된 유명한 아메스의 파피루스 가운데에는 '원의 넓이를 구하려면 그 지름의 $\frac{8}{9}$을 제곱하면 된다.'라는 기록이 있다. 즉, 한 변의 길이가 $\frac{16}{9}r$인 정사각형의 넓이와 반지름의 길이가 r인 원의 넓이를 같게 본 것이다.

어느 원의 반지름의 길이를 r라 하면 그 지름은 $2r$이고 지름의 $\frac{8}{9}$은 $2r\times\frac{8}{9}=\frac{16}{9}r$이다. 따라서 그 제곱은 $\left(\frac{16}{9}r\right)^2=\frac{256}{81}r^2=3.16049\cdots\times r^2$이 된다. 이것은 원주율을 $3.16049\cdots$로 계산한 것이니 경험적 지식이라고는 하지만 상당히 근사치를 계산해냈던 것이다.

(2) 아르키메데스와 π

기원전 3세기경 아르키메데스는 원주율 값에 대해 본격적인 수학 이론을 연구하였고, 결국 3.14라는 거의 정확한 값을 얻게 되었다. 또한 그는 원주율뿐 아니라 원의 넓이, 구의 넓이, 나아가 구의 부피까지 계산해내는 업적을 남기게 되었다.

그는 한 개의 원에 정육각형을 내접 및 외접시켰다. 그래서 이 도형을 바탕으로 해서 차례로 이 원의 내접 및 외접하는 정12각형, 정24각형, …을 작도해 나가면 내접 및 외접하는 정n각형의 둘레와 넓이는 n이 커질수록 각각 원의 넓이와 둘레에 가까워진다고 생각하였다. 즉,

(내접 정n각형의 둘레)<(원의 둘레)<(외접 정n각형의 둘레) …… ㉠

(내접 정n각형의 넓이)<(원의 넓이)<(외접 정n각형의 넓이) …… ㉡

가 성립되는데 여기서 n을 한없이 크게 하면 ㉠의 제일 왼쪽 변과 제일 오른쪽 변은 원의 둘레에 가까워지고, ㉡의 제일 왼쪽 변과 제일 오른쪽 변은 원의 넓이에 가까워지므로 이것을 이용해서 원의 둘레와 넓이를 구할 수 있다고 생각하였다.

아르키메데스는 원에 내접 및 외접하는 정6각형, 정12각형, 정24각형, 정48각형, 정96각형을 생각하여 $n=96$으로 한 부등식에서 $3\frac{10}{71}<\pi<3\frac{1}{7}$이라는 부등식을 유도하였다.

이것을 소수로 고쳐 쓰면 $3.140\cdots<\pi<3.142\cdots$가 되므로 아르키메데스는 역사상 처음으로 원주율의 값을 소수점 이하 둘째 자리까지 맞게 구했다고 할 수 있다. 여기서 나타난 $3\frac{1}{7}$, 즉 $\frac{22}{7}$는 오늘날에도 원주율의 근삿값으로 자주 쓰이고 있다.

(3) 아르키메데스 이후 많은 수학자들이 원주율의 정확한 값을 구하려고 노력하였다. 그런데 독일의 린데만(Lindemann, F.; 1852~1939)은 1882년에 π는 무리수이고 초월수로서 대수방정식의 근이나 제곱근의 형태로 표현할 수 없다는 사실을 증명하여 원주율을 끝자리까지 계산해 내려는 수학자들의 노력을 중단시켰다.
현재는 전자계산기로 100만 자리 이후의 값을 계산해 낼 수 있으나 그 의미는 별로 없다.

3 확률을 이용한 π의 계산

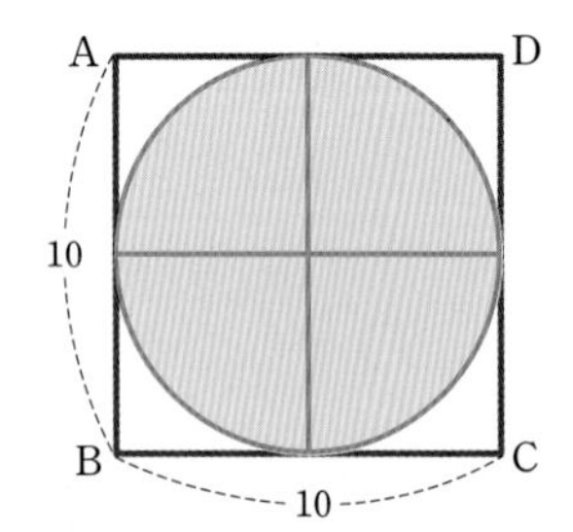

(1) 인터넷에서 수학과 관련된 사이트를 찾아보면 여러 가지 흥미로운 실험을 직접 해 볼 수 있는 곳을 찾을 수 있다. 여기서는 기하학적 확률을 이용하여 π의 값을 구하는 것을 실험해 보자.
오른쪽 그림과 같이 한 변의 길이가 10인 정사각형에 내접하는 반지름의 길이가 5인 원이 있다고 하자. 여기에 임의로 점을 찍을 때, 점이 원 안에 들어갈 확률을 P라 하면

$$P=\frac{(\text{원의 넓이})}{(\square\text{ABCD의 넓이})}=\frac{\pi\cdot 5^2}{10^2}=\frac{\pi}{4}$$

와 같다.
실제로 n개의 점을 임의로 찍었을 때, 그 가운데 s개가 원 안에 들어간다면
$\frac{\pi}{4}\fallingdotseq\frac{s}{n}$에서 $\pi\fallingdotseq\frac{4s}{n}$가 된다.
이 관계를 이용하여 π의 근삿값을 확률을 이용하여 구할 수 있다. 예를 들어, $n=100$이고 $s=78$이면 $\pi=3.12$가 된다.

(2) 18세기 프랑스의 뷔퐁(Buffon; 1707~1788)은 '바늘문제'라는 독특하고 흥미로운 원주율 계산법을 제시하였다. 길이가 같은 바늘들을 간격이 그 길이와 같은 평행선을 여러 개 그은 종이 위에 뿌린 후에 평행선에 닿은 바늘의 개수를 센다. 이때, π는
$\frac{2\times(\text{전체 바늘의 개수})}{(\text{선과 만난 바늘의 개수})}$에서 근삿값이 구해진다.
그 원리는 다음과 같다.
계산을 편리하게 하기 위해서 바늘의 길이를 1로 하자. 바늘의 중심에서 평행선에 가장 가까운 거리를 d라 하고, 바늘이 만든 각을 θ라 하면 바늘과 평행선이 만난 것은
$d\le\frac{1}{2}\sin\theta$ (단, $0\le\theta\le\pi$)일 때이다.
좌표평면에서 $y=\frac{1}{2}\sin x\,(0\le x\le\pi)$의 그래프를 이용하면 바늘이 평행선과 만날 확률은 $\frac{\left(y=\frac{1}{2}\sin x\text{와 }x\text{축, }0\le x\le\pi\text{로 둘러싸인 영역의 넓이}\right)}{\left(x\text{축, }y\text{축, }x=\pi,\ y=\frac{1}{2}\text{로 둘러싸인 영역의 넓이}\right)}$로 구할 수 있다.

이때, 분자의 도형의 넓이는 $\int_0^\pi \frac{1}{2}\sin x\,dx=1$이고, 분모의 직사각형의 넓이는 $\frac{1}{2}\times\pi$이므로 바늘이 평행선과 만날 확률은 $\frac{2}{\pi}$이다.

그러므로 $\frac{(\text{선과 만난 바늘의 개수})}{(\text{전체 바늘의 개수})}=\frac{2}{\pi}$에서 원주율 π는 $\frac{2\times(\text{전체 바늘의 개수})}{(\text{선과 만난 바늘의 개수})}$에서 근삿값이 구해진다.

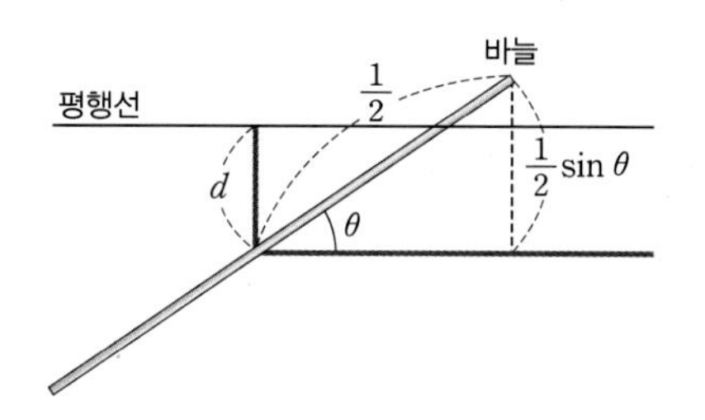

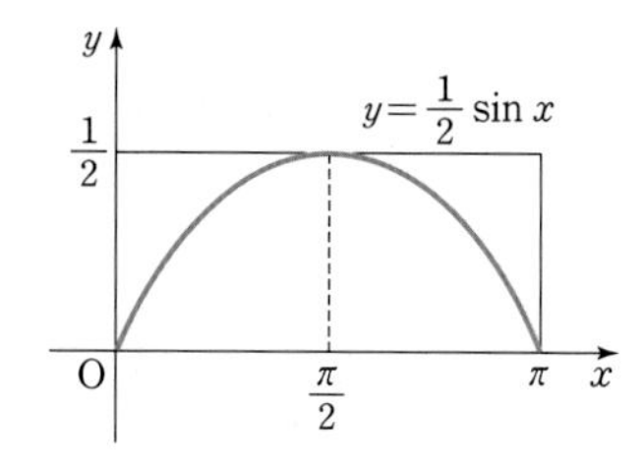

다음 제시문을 읽고 물음에 답하시오.

> 아래 그림과 같이 마루에 1 cm 간격으로 평행선이 그려져 있다.
>
> 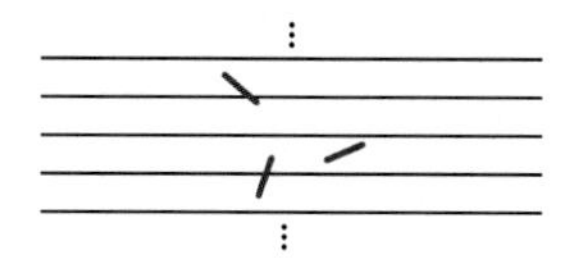
>
> 마루에 1 cm의 바늘을 떨어뜨릴 때 바늘을 연장한 직선과 평행선이 이루는 두 각 중 작은 각을 θ라 하자. 이 경우 θ의 범위는 $\left[0, \frac{\pi}{2}\right]$이고, $\theta=\theta_1$일 때 바늘이 평행선과 만날 확률은 $\sin\theta_1$이다. 따라서 임의로 떨어뜨린 바늘이 평행선과 만났을 때 바늘을 연장한 직선과 평행선이 이루는 두 각 중 작은 각을 확률변수 θ라 하면, θ는 $\left[0, \frac{\pi}{2}\right]$안의 모든 값을 가지며 θ의 확률밀도함수 $f(\theta)$는 $\sin\theta$가 된다.

(1) 위 제시문을 참조하여, 바늘이 평행선과 만났을 때 확률변수 θ의 기댓값을 구하시오.

(2) 길이가 2 cm인 바늘을 위 제시문에 주어진 마루에 떨어뜨릴 때 바늘이 평행선과 만날 확률을 구하시오.

| 한양대학교 에리카 2014년 수시 |

(1) 확률변수 X의 확률밀도함수가 $f(x)\,(a\le x\le b)$일 때 X의 기댓값은 $\mathrm{E}(X)=\int_a^b x\cdot f(x)\,dx$이다.

예시 답안 및 해설 103쪽

문제 2 다음 제시문을 읽고 물음에 답하시오.

(가) 우리는 대부분의 경우 사람들과 사회적 관계 속에서 일어나는 여러 가지 사건(현상)을 경험하며 살고 있다. 이러한 관계는 구성원 간의 약속을 통하여 만들어지곤 한다. 약속의 연속이 매일을 이룬다고 하여도 무방할 것이다. 다음에 제시되는 이야기는 흔히 우리가 경험하는 것인데, 이를 과학적으로 접근하여, 호기심을 가질 만한 수치를 얻고 그 의미를 찾아보기로 하자.

진우와 서희는 친구 사이로서 서울의 서로 다른 지역에 거주한다. 일요일인 오늘 진우는 서희에게 전화하여 지하철 신촌역 근처에 있는 서점에 들러 미적분학 교재를 사기로 약속한다. 그들은 만남의 편리함 때문에 자주 이용하던 신촌역에서 만나기로 정한다.

(나) 두 사람은 정오부터 오후 1시 사이에 신촌역 앞에서 만나 같이 서점에 가기로 하였다. 지하철 도착시각표를 모두 잘 알고 있는 그들은 기다리는 시간을 줄이기 위하여 먼저 도착한 사람이 도착한 직후부터 정확히 10분만 기다린 후 서점으로 향하기로 정하였다. 서희는 약속장소인 신촌역으로 가기 위하여 집 근처 역에서 지하철을 기다리다가 아래 그림 Ⓐ와 같이 철로 변 승강장 가장자리에 걸쳐있는 연필 한 자루를 발견하였다.

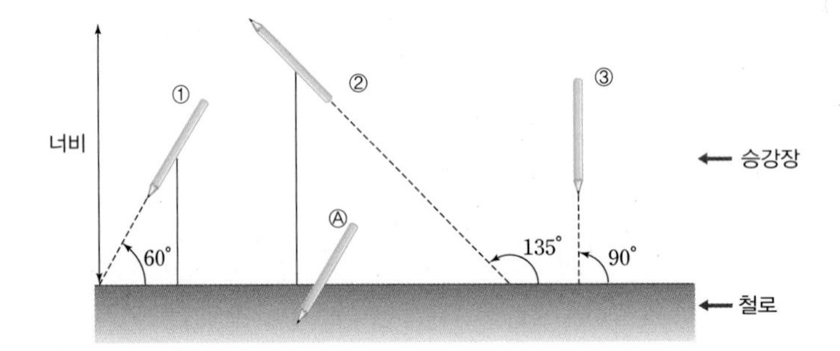

(다) 얼마 후 신촌역에서 만난 두 사람은 그들이 만날 수 있었다는 사실에 놀랐다. 왜냐하면 서로 10분만 기다리기로 하였기 때문에 역에서 만날 가능성이 낮을 것이라고 생각하였기 때문이다. 두 사람은 그들이 실제로 만날 수 있을 확률을 계산해 보기로 하였다. 그들은 x축, y축을 진우, 서희가 각각 도착 가능한 시간을 축으로 하는 표본 공간을 구성하고 둘이 만날 수 있는 경우를 생각해 보았다.

(라) 서희가 승강장의 연필 모양을 진우에게 자세히 설명하자, 두 사람은 모양 Ⓐ처럼 연필이 철로 변 승강장 가장자리에 걸쳐있을 가능성을 조사해 보기로 하였다. 이 경우 연필은 부피가 없는 길이 L인 단순 선분이라 하고, 승강장의 너비를 D라 하고, 철로 변 승강장 가장자리 직선을 시초선으로 정하였다. ①, ②, ③의 예처럼, 연필의 중심으로부터 시초선까지의 거리와 연필과 시초선이 이루는 각으로 이루어진 좌표들을 표본 공간으로 고려하였다. 단 연필의 중심은 항상 승강장에 놓인다고 가정한다.

(1) (다)를 이용하여, 두 사람이 실제로 만날 수 있는 확률값에 대하여 논술하시오.

(2) (라)를 이용하여 표본 공간을 구성하고, 연필이 승강장 가장자리에 걸쳐 있을 확률 값에 대하여 논술하시오.

(3) 만약 제시문들의 내용을 서로 다른 곳에 살고 있는 세 친구의 만남으로 바꾸어 좀 더 일반적인 경우로 확장하면 그들 모두가 역에서 만날 수 있는 확률값이 어떻게 달라지는지 적절한 표본 공간을 사용하여 구체적으로 논술하시오.

| 서강대학교 2009년 수시 응용 |

(1) 진우와 서희가 신촌역에 도착하는 시각을 각각 12시 x분, 12시 y분이라 한다.

(2) 연필과 시초선이 이루는 각을 x, 연필의 중심으로부터 시초선까지의 거리를 y라 한다.

조건부확률

조건부확률

(1) 1학년 학생 중 60 %는 남자이고, 40 %는 여자인 어떤 대학교에서 1학년 말에 남자의 10 %, 여자의 20 %가 A학점을 취득하였다. A학점을 받은 학생 중에서 1명을 뽑았을 때, 그 학생이 여자일 확률을 구해 보자.

이 경우의 확률을 구할 때, 여자인 확률 0.4와 A학점을 취득한 여자의 확률 0.2를 곱하여 $0.4\times0.2=0.08$로 계산하는 것은 잘못된 방법이다.

이 대학의 1학년 학생의 전체 수를 100명으로 가정하면 오른쪽 표를 만들 수 있다.

	남자	여자	합계
A학점 취득자	6	8	14
A학점 미취득자	54	32	86
합계	60	40	100

A학점을 받은 학생에서 1명을 뽑았으므로 대상자는 전체 학생 수 100명이 아니고, A학점을 받은 학생 수 14명이 된다. 이때, A학점을 받은 학생 중 여자의 수는 8명이므로 구하는 확률은 $\frac{8}{14}=\frac{4}{7}$이다.

여기에서 A학점을 받은 학생 중에서 1명을 뽑는 사건을 A, 남자 중에서 1명, 여자 중에서 1명을 뽑는 사건을 각각 M, F라 하면 A학점을 받은 학생 중에서 1명을 뽑았을 때, 그 학생이 여자일 확률은 조건부확률 $\mathrm{P}(F|A)$로 나타낼 수 있다. 이때,

$$\mathrm{P}(F|A)=\frac{n(A\cap F)}{n(A)}=\frac{n(A\cap F)}{n(A\cap M)+n(A\cap F)}=\frac{8}{6+8}=\frac{4}{7}$$이다.

또, $\mathrm{P}(F|A)=\frac{8}{14}=\frac{\frac{8}{100}}{\frac{14}{100}}=\frac{\mathrm{P}(A\cap F)}{\mathrm{P}(A)}$,

$$\mathrm{P}(F|A)=\frac{8}{6+8}=\frac{\frac{8}{100}}{\frac{6}{100}+\frac{8}{100}}=\frac{\mathrm{P}(A\cap F)}{\mathrm{P}(A\cap M)+\mathrm{P}(A\cap F)}$$로 나타낼 수 있다.

따라서 A학점을 받은 학생 중에서 1명을 뽑았을 때, 그 학생이 여자일 확률은

$$\frac{0.4\times0.2}{0.6\times0.1+0.4\times0.2}=\frac{0.08}{0.14}=\frac{4}{7}$$

와 같이 구하면 된다.

(2) O.J. 심슨(Orenthal James Simpson, 1947~)은 NFL(미식 축구 리그)에서 역대 최고의 러닝백으로 유명하고, 영화 '총알 탄 사나이'에서도 흑인 형사로 출연하여 엄청난 부와 명예를 얻었다.

1994년 심슨의 전부인인 여배우 니콜 브라운 심슨과 그녀의 애인이었던 로널드 골드먼이 콘도에서 변사체로 발견되었다.

당시 목격자는 없었고 심슨의 집에서 피 묻은 장갑이 나왔는데 DNA 검사 결과 희생자의 혈액임이 입증되었다. 사건 발생 직후 유력한 살해 용의자로 떠오르며 O.J. 심슨과 경찰의 추격전이 헬기에서 촬영되어 TV로 생중계되는 기가 막힌 사건이 일어났다.

이렇게 체포된 심슨은 로버트 샤피로 등의 유명한 변호사들로 이루어진 '드림팀'을 구성하여 형사재판에서 무죄판결을 받게 된다. 그러나 피해자 가족들이 제기한 민사재판에서는 유죄가 인정되어 엄청난 벌금형을 선고 받았다.

이 재판에서 특이한 점은 검사와 변호사 사이에 확률에 관한 논쟁이 벌어진 것이다. 검사는 이혼 전의 O.J. 심슨이 평소에 아내 니콜 브라운 심슨을 구타하였다는 증인들의 증언을 확보하였고 평소에 폭행을 일삼았던 부인에게 살인도 저지르게 된 것이라고 주장하였다.

이에 대해 심슨의 변호사 중 하나인 알랜 더 쇼위츠는 다음과 같이 주장하였다.

'실제로 남편에게 폭행 당하는 아내 중 자신을 때린 남편에게 살해 당하는 경우는 1천 명 중 하나인 0.1 %도 안 된다. 따라서 O.J. 심슨이 아내를 때렸다는 사실이 그가 아내의 살인범이라는 가능성에 대해 아무런 단서도 제공하지 못한다.'

이 주장에 관해 템플 대학교의 수학과 교수인 존 알랜 팔로스(John Allen Parlos)는 논리적 오류라고 주장하였다. 만약, 매 맞는 아내가 있어 이 여자가 자신을 때리는 남편에게 죽을 확률은 심슨의 변호사의 주장대로 0.1 % 밖에 안 된다. 그러나 O.J. 심슨의 사건은 이미 아내가 죽었다. 이 경우는 '매 맞던 아내가 죽었을 때 아내를 평소 때리던 남편이 범인일 확률'을 계산해야 한다고 하였다. 이때의 확률은 무려 80 %가 넘으며 심슨이 평소 아내를 때렸다는 사실은 심슨이 아내의 살인범일 가능성이 크다.

즉, 조건부확률의 적용에 문제가 있는 셈이다.

(3) 전체사건 S의 부분집합 A, B를 오른쪽 그림과 같이 나타내면 조건부확률 $\mathrm{P}(B|A)$는 다음과 같이 나타낼 수 있다.

$$\mathrm{P}(B|A)=\frac{n(A\cap B)}{n(A)}=\frac{\mathrm{P}(A\cap B)}{\mathrm{P}(A)}=\frac{\mathrm{P}(A\cap B)}{\mathrm{P}(A\cap B)+\mathrm{P}(A\cap B^C)}$$

즉, $(\text{조건부확률})=\dfrac{(\text{원하는 사건의 확률})}{(\text{원하는 사건의 확률})+(\text{원하지 않는 사건의 확률})}$로 생각할 수 있다.

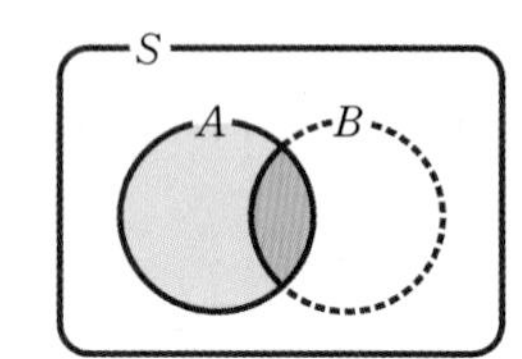

예시 1 5회에 1회의 비율로 모자를 잃어버리고 돌아오는 버릇이 있는 K군이 A, B, C의 세 친구 집을 차례로 방문하고 돌아왔을 때, 모자를 잃어버렸다는 것을 알았다. 두 번째 방문한 집 B에서 잃어버렸을 확률을 구하시오.

풀이 모자를 잃어버리는 사건을 E, 세 친구 A, B, C의 집에서 모자를 잃어버리는 사건을 각각 A, B, C라 하자. 두 번째 방문한 집 B에서 잃어버렸을 확률 $\mathrm{P}(B|E)$는 다음과 같다.

$$\mathrm{P}(B|E)=\frac{\mathrm{P}(B\cap E)}{\mathrm{P}(E)}=\frac{\mathrm{P}(B\cap E)}{\mathrm{P}(A\cap E)+\mathrm{P}(B\cap E)+\mathrm{P}(C\cap E)}$$

$$=\frac{\frac{4}{5}\times\frac{1}{5}}{\frac{1}{5}+\frac{4}{5}\times\frac{1}{5}+\frac{4}{5}\times\frac{4}{5}\times\frac{1}{5}}=\frac{20}{61}$$

예시 답안 및 해설 104쪽

문제 1 다음 제시문을 읽고 물음에 답하시오.

(가) 평면 위의 네 점 O(0, 0), X(1, 0), Y(0, 1), Z(1, 1)을 원소로 하는 집합을 V라고 하자.

$$V=\{\mathrm{O}(0,\ 0),\ \mathrm{X}(1,\ 0),\ \mathrm{Y}(0,\ 1),\ \mathrm{Z}(1,\ 1)\}$$

(나) 집합 V에서 어떤 점이 뽑힐 확률이 다음과 같이 주어졌다. 이 값들이 확률로서 의미를 갖게 하는 a의 범위를 I라고 하자.

$$\mathrm{P(O)}=P(\mathrm{Z})=a,\ \mathrm{P(X)}=b,\ \mathrm{P(Y)}=\frac{1}{5}$$

단, $\mathrm{P(O)+P(X)+P(Y)+P(Z)}=1$이다.

(다) 사건 C와 사건 D는 다음과 같다.

$$C=\{(x,\ y)\in V\,|\,x=1\}$$
$$D=\{(x,\ y)\in V\,|\,y=1\}$$

(1) (다)에 주어진 사건 C와 D가 독립이 되는 a값을 구하시오.

(2) 함수 $f(a)$를 (다)에 주어진 사건 C와 D에 대한 조건부확률 $\mathrm{P}(C\,|\,D)$라고 하자. 그러면 함수 f의 정의역은 (나)에 주어진 I이고 공역은 $[0,\ 1]$이다.
이때, $f(a)$의 최댓값과 최솟값을 구하시오.

| 가톨릭대학교 2015년 모의논술 |

(1) 두 사건 C와 D가 독립인 경우에는
$\mathrm{P}(C\cap D)=\mathrm{P}(C)\cdot\mathrm{P}(D)$
이다.

다음 제시문을 읽고 물음에 답하시오.

동전을 던져서 앞면(H)과 뒷면(T)이 나올 확률을 각각 0.5라 하자. 동전을 7번 던져서 앞면이 나온 수가 뒷면이 나온 수보다 한 번 많았다. n번 동전을 던져서 앞면이 나온 수에서 뒷면이 나온 수를 뺀 수를 $S_n(n=1, \cdots, 7)$이라고 하고, 점 (n, S_n)을 연결한 그래프를 고려하자. 예를 들어 7번 동전을 던진 결과가 {H, H, T, T, H, H, T}인 경우를 O(0, 0) → Q(7, 1)에 이르는 그래프로 나타내면 [그림]의 g와 같다.

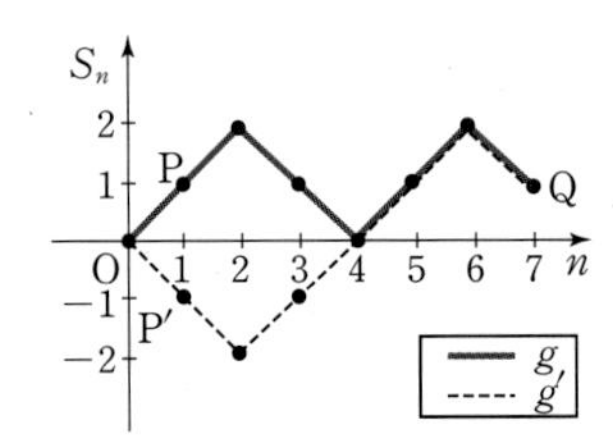

[그림] O(0, 0) → Q(7, 1)에 이르는 그래프의 예

(1) 조건부확률 $P(S_6=2 \mid S_7=1)$을 구하시오.

(2) Q(7, 1)에 이르는 동안 처음부터 계속해서 $S_n>0$이 될 확률을 구하려고 한다. 먼저 P(1, 1) → Q(7, 1), P′(1, −1) → Q(7, 1)에 이르는 가능한 그래프의 수를 각각 구하시오. 그리고 아래 조건 ㉠과 ㉡을 이용하여 O(0, 0) → Q(7, 1)에 이르는 그래프 중에서 한 번도 x축을 만나지 않는 경우의 수를 구한 후, 앞에서 구한 값들을 이용하여 확률을 구하시오.

㉠ 처음부터 앞면이 나온 수가 많으려면 그래프는 반드시 점 P를 통과해야 한다.

㉡ x축을 만나는 어떤 그래프 g: P → Q에 대해서도 그래프 g가 처음 x축과 만나는 점까지는 x축에 대해 대칭이고 이 후는 일치하는 그래프 g': P′ → Q가 존재한다. 역으로 어떤 그래프 g': P′ → Q는 반드시 x축을 만나야 하므로, 그래프 g'가 처음 x축과 만나는 점까지는 x축에 대해 대칭이고 이후는 일치하는 그래프 g: P → Q가 존재한다. 따라서, 그래프 g: P → Q 와 g': P′ → Q는 일대일 대응이 성립한다. ([그림] 참조)

| 연세대학교(원주) 2012년 수시 |

(2) g : P → Q, g' : P′ → Q가 일대일 대응인 것을 이용한다.

설악산 등산 중에 실종된 사람을 찾기 위해 구조대가 편성되었다. 구조대는 설악산을 실종자가 있을 가능성이 동일한 3개 지역 A, B, C로 분할하여 수색작업을 진행하기로 하였다. 세 지역의 지형상 특성으로 인해 실제로 실종자가 그 지역에 있는데도 불구하고 하루 동안에 찾아내지 못할 확률은 각각 β_A, β_B, $\beta_C(0<\beta_A, \beta_B, \beta_C<1)$이다. 구조대는 구조작업이 이루어진 첫 날 A지역을 수색했으나 실종자를 찾지 못했다. 이 시점에서 다음 수색 지역을 결정하기 위해 실종자가 어느 지역에 있는지에 대한 조건부확률을 계산하고자 한다. 하루 동안 A지역을 수색한 결과 실종자를 찾지 못하는 사건 E_A가 발생했다는 조건하에 실종자가 각각 A, B, C 지역에 있을 조건부확률 $\mathrm{P}(A|E_A)$, $\mathrm{P}(B|E_A)$, $\mathrm{P}(C|E_A)$를 구하고, 이 시점에서 A 지역을 다시 수색하는 것보다 B 또는 C 지역을 수색하는 것이 더 합리적임을 설명하시오.

| 국민대학교 2012년 수시 |

$\mathrm{P}(E_A)$
$=\mathrm{P}(E_A\cap A)$
$+\mathrm{P}(E_A\cap B)+\mathrm{P}(E_A\cap C)$

어떤 농구 선수가 자유투를 성공할 확률은 $\frac{2}{3}$라고 한다. 이 농구 선수가 n번의 자유투를 던질 때, 사건 A, B, C를 다음과 같이 정의한다.

A : n번 중 한 번도 연달아 성공하지 않는 사건
B : n번 중 한 번도 연달아 실패하지 않는 사건
C : n번 중 k번 성공한 사건

다음 물음에 답하시오. (단, 자유투는 독립시행이다.)

(1) 사건 A가 일어날 확률을 p_n이라 하자. 이때, p_n에 관한 점화식을 구하고, 다음 식이 그 점화식을 만족시킴을 보이시오.

$$p_n=\left(-\frac{1}{3}\right)^{n+1}+2\left(\frac{2}{3}\right)^{n+1}\ (n=1,\ 2,\ \cdots)$$

(2) 조건부확률 $\mathrm{P}(B|A)$를 구하시오.
(3) 사건 $A\cap C$가 일어나는 경우의 수를 구하시오.
(4) 확률 $\mathrm{P}(A\cap C)$를 구하시오.

| 서울시립대학교 2013년 수시 |

(1) 자유투를 세 번 이상 던지는 경우 $(n\geq 3)$에 첫 번째 시도에서 실패하는 경우와 성공하는 경우로 나누어 생각한다.

다음 제시문을 읽고 물음에 답하시오.

(가) 어떤 시행의 표본공간 S가 n개의 근원사건으로 이루어져 있고 각 근원사건이 일어날 가능성이 모두 같은 정도로 기대될 때, 사건 A가 r개의 근원사건으로 이루어져 있으면 사건 A가 일어날 확률 $\mathrm{P}(A)$를 $\mathrm{P}(A)=\frac{r}{n}$와 같이 정의하고, 그것을 수학적 확률이라고 한다.
예를 들어, 검은 구슬 두 개와 흰 구슬 두 개를 꿰어 염주를 만드는 경우를 생각해 보자. 구슬 색의 배치에 따라 다음과 같이 두 가지 종류의 염주를 만들 수 있다.

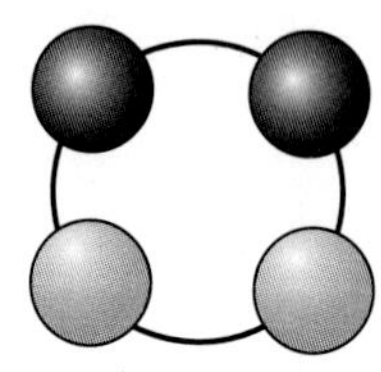

a형 염주

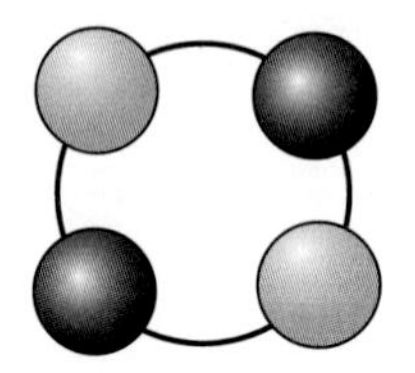

b형 염주

구슬의 색을 보지 않고 임의로 구슬을 배치할 때 a형 염주가 만들어지는 사건을 A라 하자. 표본공간 S가 두 개의 근원사건으로 이루어져 있으며 사건 A는 한 개의 근원사건으로 이루어져 있으므로 사건 A가 일어날 확률 $\mathrm{P}(A)$는 $\mathrm{P}(A)=\frac{1}{2}$이다.

(나) 어느 제약회사에서 1만 정의 알약을 생산하였다. 그런데 1정의 알약이 모조 알약으로 바뀌는 일이 발생하였다. 알약이 진품인가 모조품인가를 구별하는 기술을 이용할 경우 진품 알약은 90 %의 확률로 진품으로 판정되고 10 %의 확률로 모조품으로 판정된다. 그리고 모조품 알약은 90 %의 확률로 모조품으로 판정되고 10 %의 확률로 진품으로 판정된다.
임의의 알약 1정을 검사한 결과 모조품이라는 판정이 나왔다. 이때, 그 알약이 모조품일 확률은 90 %이다.

제시문 (가)와 (나)에서 올바르게 서술되지 않은 부분이 있으면 바르게 고치고, 그 과정을 설명하시오.

| 고려대학교 2008년 수시 |

(가) a형 염주와 b형 염주가 만들어질 가능성이 같지 않다.
(나) 조건부확률을 잘못 적용하였다.

다음 제시문을 읽고 물음에 답하시오.

올해 길동은 맛이 좋은 배추를 구매하여 김장을 하려고 한다. 이를 위해 길동은 서로 다른 맛의 배추를 판매하는 n군데 가게를 선택하였다.(단, n은 $n\geq 2$인 정수이다.)
이들 가게를 각각 한 번씩 방문할 순서를 임의로 설정하고, 순서대로 가게에 들러 배추 맛을 본 후, 배추를 구매할지 여부를 결정하려고 한다. 이때 길동은 $2\leq m\leq n$인 정수 m에 대해 다음과 같은 규칙$-m$에 따라 구매 여부를 결정하려고 한다.

㉠ 첫 번째부터 $(m-1)$번째까지 방문한 가게에서는 배추를 구매하지 않는다.
㉡ 이 후 방문한 가게의 배추 맛이 앞서 방문한 가게의 배추 맛에 비해 좋으면 구매한다.
㉢ 일단 배추를 구매하면 더 이상 가게를 방문하지 않는다.

예를 들어 $n=4$일 때 규칙-3을 사용한다고 하자. 길동은 우선 네 가게를 방문할 순서를 정한다. 그리고 첫 번째와 두 번째 방문한 가게에서는 배추 맛을 보지만 구매는 하지 않는다. 세 번째 가게의 배추 맛이 첫 번째와 두 번째 가게의 배추 맛에 비해 좋으면 길동은 세 번째 가게에서 배추를 구매하고 더 이상 가게를 방문하지 않는다. 그렇지 않으면 길동은 구매를 하지 않고 네 번째 가게를 방문한다. 만약 네 번째 가게의 배추 맛이 첫 번째부터 세 번째까지 방문한 가게의 배추 맛에 비해 좋으면 길동은 네 번째 가게에서 배추를 구매한다. 그렇지 않으면 길동은 배추를 구매하지 않고 (가게는 네 군데 뿐이므로) 결국 아무 배추도 구매하지 못하게 된다.

(1) 가게의 수 $n=4$이고 규칙-2를 사용한다고 하자.
① 길동이 세 번째 방문한 가게에서 가장 맛이 좋은 배추를 판매할 확률을 구하시오.
② 세 번째 방문한 가게에서 가장 맛이 좋은 배추를 판매할 때 세 번째 가게에서 길동이 배추를 구매할 확률을 구하시오.
③ 길동이 가장 맛이 좋은 배추를 구매할 확률을 구하시오.

(2) $n\geq 2$인 정수 n과 $2\leq m\leq n$인 정수 m에 대해 규칙$-m$을 사용할 때 길동이 결국 아무 배추도 구매하지 못할 확률 $q(m)$을 구하시오.

(3) $n\geq 2$인 정수 n과 $2\leq m\leq n$인 정수 m에 대해 규칙$-m$을 사용할 때 길동이 가장 맛이 좋은 배추를 구매할 확률 $p(m)$을 구하시오.

| 단국대학교 2012년 수시 |

(1) 길동이 가장 맛이 좋은 배추를 구매할 확률은 $k(k\leq 4)$번째 가게에서 가장 맛있는 배추를 판매하고 k번째에 배추를 구입할 확률이다.

예시 답안 및 해설 109쪽

다음 제시문을 읽고 물음에 답하시오.

(가) 한국 팀이 A, B, C 팀과의 개별 경기에서 이길 확률은 각각 $\frac{1}{5}$, $\frac{3}{5}$, $\frac{1}{10}$이다. 또한 A, B, C팀과 비길 확률은 각각 $\frac{2}{5}$, $\frac{1}{5}$, $\frac{1}{5}$이다.

(나) 한국 팀이 A, B, C 팀과 조별 경기를 한다고 하자. 한국 팀이 첫 경기에서 A, B, C 각 팀과의 이길 확률과 비길 확률은 개별 경기의 확률과 같다. 두 번째, 세 번째 경기에서 한국 팀이 이길 확률은 바로 앞서 벌어진 경기의 결과에 따라 다음과 같이 영향을 받는다.

- 직전 경기에서 이긴 경우, 다음 경기에서 이길 확률은 개별 경기에서 이길 확률의 1.3배이다.
- 직전 경기에서 비긴 경우, 다음 경기에서 이길 확률은 개별 경기에서 이길 확률의 1.1배이다.
- 직전 경기에서 진 경우, 다음 경기에서 이길 확률은 개별 경기에서 이길 확률의 0.9배이다.
- 비기는 확률은 직전 경기의 결과에 영향을 받지 않고 개별 경기에서 확률과 같다.

(1) 한국 팀의 조별 경기가 A팀, B팀, C팀의 순서로 정하여졌다. 한국 팀이 B팀과의 경기에서 질 확률을 구하시오.

(2) 한국 팀의 조별 경기가 A팀, B팀, C팀의 순서로 정하여졌다. 한국 팀이 B팀과의 경기에서 지지 않았을 때, 모든 경기에서 지지 않으면서 두 경기 이상 이길 확률을 구하시오.

(3) 조별 경기 순서를 추첨을 통하여서 결정하였을 때, 한국 팀이 첫 번째 경기를 지고, 두번째 경기는 비기고, 마지막 경기는 이겼다고 한다. 이런 경우가 일어날 확률이 가장 높은 한국 팀의 경기 순서를 찾고 그 이유를 설명하시오.

| 연세대학교 2015년 모의논술 |

(1) 한국 팀이 B팀과의 경기에서 지는 경우는 첫 번째 경기에서 이기거나, 비기거나, 지는 경우로 나누어 생각한다.

주제별 강의 **제 21 장**

재미있는 확률 이야기

갈릴레이의 연구

이탈리아의 물리학자이면서 수학자인 갈릴레오 갈릴레이(Galileo Galilei; 1564~1642)가 다음과 같은 질문을 받았다.

> 3개의 주사위를 던져서 나오는 눈의 수의 합으로 내기를 할 때, 눈의 수의 합이 9가 되는 경우와 10이 되는 경우에서 눈의 수의 조합은 어느 쪽이나 6가지로 같으므로 같은 경우의 수가 나와야 하는데, 실제로는 10이 되는 경우가 더 많다. 그 이유는 무엇인가?

3개의 주사위를 던질 때 눈의 수의 합이 9가 되는 경우는

$(1, 2, 6), (1, 3, 5), (1, 4, 4), (2, 2, 5), (2, 3, 4), (3, 3, 3)$ ……㉠

의 6가지가 있다.

또, 눈의 수의 합이 10이 되는 경우는

$(1, 3, 6), (1, 4, 5), (2, 2, 6), (2, 3, 5), (2, 4, 4), (3, 3, 4)$ ……㉡

의 6가지가 있다.

이렇게 조합의 수는 각각 6가지로 같지만 주사위의 눈이 나오는 순서에 따라 경우가 다르므로 (예를 들어, $(1, 3, 6)$에서 $1\to3\to6$, $1\to6\to3$, $3\to1\to6$, $3\to6\to1$, $6\to1\to3$, $6\to3\to1$의 6가지$(=3!)$가 생긴다.)

㉠의 경우의 수는

$$3!+3!+\frac{3!}{2!}+\frac{3!}{2!}+3!+1=25$$

이고 ㉡의 경우의 수는

$$3!+3!+\frac{3!}{2!}+3!+\frac{3!}{2!}+\frac{3!}{2!}=27$$

이다. 따라서 눈의 수의 합이 10인 경우가 더 자주 나온다고 할 수 있다.

가장 합리적인 분배

프랑스의 유명한 수학자 파스칼(Pascal, B.; 1623~1662)은 유명한 도박사인 드 메레(Chevalier de Mere′)로부터 다음과 같은 편지를 받았다.

실력이 비슷한 A, B 두 사람이 돈을 걸고 내기를 하였다네. 두 사람이 32피스톨(화폐 단위)씩을 걸고 내기를 했는데 한 번 이기면 1점을 얻고, 먼저 3점을 얻는 사람이 내기에 이겨 64피스톨을 모두 가지기로 했다네. 그런데 이 내기에서 A가 2점, B가 1점을 따 놓은 상태에서 한 사람이 건강이 좋지 못하여 더 이상 시합을 할 수가 없게 되었네. 도대체 64피스톨을 어떻게 분배하는 것이 좋겠나?

만약 시합을 중단하지 않고 계속 한다면 일어날 수 있는 모든 경우는

(i) 4회째 시합에서 A가 이기는 경우

(ii) 4회째 시합에서는 B가 이기고 5회째 시합에서 A가 이기는 경우

(iii) 4회째, 5회째 시합에서 계속 B가 이기는 경우

이다.

A가 이기는 경우는 (i), (ii)의 경우이므로 A가 이길 확률은 $\frac{1}{2}+\frac{1}{2}\times\frac{1}{2}=\frac{3}{4}$이고,

B가 이기는 경우는 (iii)의 경우이므로 B가 이길 확률은 $\frac{1}{2}\times\frac{1}{2}=\frac{1}{4}$이다.

따라서 A가 $64\times\frac{3}{4}=48$(피스톨), B가 $64\times\frac{1}{4}=16$(피스톨)을 가지는 것이 합리적이다.

생일이 같을 확률

축구 시합을 할 때 축구장에서 뛰는 사람은 양 팀 선수 각각 11명씩과 주심 1명, 선심 2명의 25명이다. 이 중에서 생일이 같은 날인 사람이 과연 존재할까?
생일이 같은 날인 사람이 적어도 두 사람 존재한다면 너무나 드문 경우가 발생한 것일까, 아니면 흔히 있을 수 있는 경우인가?

1년을 365일(평년)로 가정하면 25명 중 생일이 같은 사람이 없을 확률, 즉 각자 생일이 다를 확률은

$$\frac{365}{365}\times\frac{364}{365}\times\frac{363}{365}\times\cdots\times\frac{341}{365}$$

이 되고, 생일이 같은 날인 사람이 적어도 두 사람 존재할 확률은 위의 경우의 여사건이므로

$$\begin{aligned}&1-\left(\frac{365}{365}\times\frac{364}{365}\times\frac{363}{365}\times\cdots\times\frac{341}{365}\right)\\&\fallingdotseq 1-0.43=0.57\\&=57\,\%\end{aligned}$$

따라서 25명 중 생일이 같은 날인 사람이 적어도 두 사람 존재할 확률이 50 % 이상이므로 생일이 같은 날인 사람이 존재하는 것은 흔히 일어날 수 있는 경우이다. 이때, 대상 인원이 많아질수록 생일이 같은 날인 사람이 적어도 두 사람 존재할 확률은 급격하게 커진다.

도박사의 오류와 평균으로의 회귀

1 도박사의 오류 The Gambler's Fallacy

과거에 우리 주변의 딸이 많은 집들 가운데 '칠공주네 집'이라는 말을 들을 수 있었다. 이러한 집에서는 딸만 내리 여섯을 낳고 자식을 그만 가지려고 하다가 '딸만 여섯을 낳았으니까 다음에는 틀림없이 아들일 것이다.'라는 말을 믿고 또 낳았더니 이번에도 딸이었다라는 말을 심심찮게 들을 수 있다.

그런데 '딸만 여섯을 낳았으니까 다음에는 틀림없이 아들일 것이다.'라는 말은 확률적 오류가 있다. 지난 번에 아이를 낳는 경우와 이번에 아이를 낳는 경우는 독립적인 사건이다. 즉, 지난 번에 낳은 아이가 아들이건 딸이건 상관 없이 이번에 낳는 아이가 아들일 확률과 딸일 확률은 각각 $\frac{1}{2}$로 같다.

이것에 대하여 사람들은 앞에서 계속 딸을 낳았으니 다음에는 아들을 낳을 확률이 $\frac{1}{2}$보다 크게 된다고 착각을 하게 된다. 이러한 잘못된 판단을 '도박사의 오류(The Gambler's Fallacy)'라고 한다.

도박사들이 흔히 하는 홀수, 짝수에 돈을 거는 게임에서 첫 번째부터 여섯 번째 게임까지 홀수가 나왔을 때, 다음 일곱 번째는 짝수가 나올 확률이 $\frac{1}{2}$보다 크게 될 것이라고 생각하는 것이 '도박사의 오류'이다.

이것은 어떤 사건이 일어나는 확률이 미리 결정되어 있음에도 불구하고, 앞에서 일어난 사건에 의하여 영향을 받아 마치 확률이 달라지게 되는 것으로 착각하는 것을 말한다. 도박사의 오류는 자료의 분석보다는 '확률이 이렇게 될 것이다.'라고 요행수를 바라는 판단으로서 잘못된 분석의 오류에 속한다.

2 평균으로의 회귀 Regression to the mean

야구, 농구, 축구 등과 같은 프로 스포츠에서 데뷔한 첫 해에는 대단한 성적(예컨대 신인왕)을 나타낸 선수가 다음 해에는 대체로 저조한 성적을 나타내는 것을 종종 볼 수 있다. 우리는 이것을 흔히 '2년생 징크스(sophomore syndrome)'라고 말한다.

데뷔한 첫 해에 성적이 좋은 선수는 특별히 실력이 뛰어났거나 또는 운이 굉장히 좋았을 것이다.

특별히 실력이 뛰어난 천재적인 선수는 다음 해에도 계속 성적이 좋을 것이므로 2년생 징크스라는 말을 듣지 않을 것도 같다. 그러나 운이 나빠서 2년째의 성적이 데뷔 첫 해의 성적에 비해 좋지 않게 되면 2년생 징크스라는 말을 듣게 될 것이다.

한편, 가진 실력에 비해 운이 굉장히 좋았던 선수는 다음 해에도 계속 운이 좋기 어려우므로 데뷔 첫 해의 성적에 비하여 2년째의 성적이 좋을 수 없다.

일반적으로 스포츠에는 실력과 함께 운이 따라야 하므로 데뷔 첫 해에 성적이 좋았던 대부분의 선수들은 2년생 징크스를 경험할 확률이 높다.

그런데 2년생 징크스는 반대의 경우로도 작용한다. 데뷔 첫 해에는 성적이 나빴으나 다음 해에는 성적이 좋게 나오는 경우이다.
이상에서와 같이 성적이 좋았던 선수가 다음 해에는 나쁘게, 성적이 나빴던 선수가 다음 해에는 좋게 나오는 이러한 현상을 '평균으로의 회귀(Regression to the mean)'라고 한다.
이것은 어떤 검사(시합)에서 매우 높거나 매우 낮은 점수를 얻은 사람들은 재검사(다음 시합)에서 평균에 보다 가까운 점수를 얻을 가능성이 큰 통계적 현상이다.
이것은 '도박사의 오류'와는 다른 것이다. 도박사의 오류는 홀수, 짝수를 맞히는 게임에서 6번째까지 홀수가 나왔을 때 '홀수-홀수-홀수-홀수-홀수-홀수-짝수'가 될 확률이 '홀수-홀수-홀수-홀수-홀수-홀수-홀수'가 될 확률보다 크다라고 잘못 판단하는 경우이고, 평균으로의 회귀는 오류가 아닌 통계적으로 자연스러운 현상이다.
예를 들어, 동전을 100회 던져서 앞면이 70회 나왔을 때, 그 다음 동전을 100회 던져서 앞면이 70회 나올 확률보다 앞면이 50회 나올 확률이 크다는 것이다.

$$\left({}_{100}C_{70}\left(\frac{1}{2}\right)^{100} < {}_{100}C_{50}\left(\frac{1}{2}\right)^{100}\right)$$

즉, 다음의 경우에 동전의 앞면이 나올 횟수가 평균값인 50 $\left(\because m=np=100\times\frac{1}{2}=50\right)$으로 회귀하는 것이다.
'우생학'이라는 말을 창시한 영국의 유전학자 골턴은 우생학을 연구하던 중 자신의 예상과 어긋나는 역설적 현상을 발견하게 되었다. 그는 콩을 큰 것과 작은 것으로 나누어 재배하였더니 큰 콩의 자식들에는 부모 콩보다 작은 콩이 더 많았고, 반대로 작은 콩의 자식들에는 부모보다 큰 콩이 더 많았다. 큰 콩과 작은 콩으로 나누어 재배하는 이 작업을 몇 세대 계속하였더니 큰 콩의 자손들과 작은 콩의 자손들 사이에서는 크기에 뚜렷한 차이가 없다는 것을 발견하였다. 이 결과는 '우수한 형질을 가진 부모를 선택하여 후손을 개선해 간다'는 우생학의 취지에 어긋난다.
골턴은 이 현상을 '평균으로의 회귀'라고 불렀다.
이 현상은 원래 임의적 분포를 이루었던 콩의 크기에 대하여 인위적으로 큰 콩과 작은 콩으로 나누어도 시간이 흐름에 따라 콩의 크기는 원래의 분포를 회복한다는 뜻이다. 따라서 자연계의 생물종은 진화와 평균으로의 회귀에 의하여 오랜 세월 동안 대체로 안정적인 모습을 유지한다.

또, 주식투자를 할 때 이용하는 여러 가지 지표 중 이격도(Disparity)가 있다.
이격도는 현재 주가가 기준 이동평균선으로부터 얼마나 떨어져 있는가를 나타내는 지표로서 현재 주가가 일정 기간의 주가에 비해 얼마나 과열되어 있는가, 침체되어 있는가를 보여준다.
주가가 기준 이동평균선으로부터 위로 많이 올라가 차이가 커질 경우, 즉 주가가 평균가격보다 많이 높아서 이격도가 높아질 경우에는 과열되어 하락전환될 가능성이 높아지고, 주가가 기준 이동평균선으로부터 아래로 많이 떨어질 경우, 즉 주가가 평균가격보다 많이 낮아서 이격도가 낮아질 경우에는 다시 평균가격으로 복귀하려는 힘이 강해져서 주가가 상승전환될 가능성이 높아진다는 개념이다. 따라서 이격도를 활용한다는 것은 '평균으로의 회귀'를 이용한다는 뜻이다.

현재 주가의 과열 정도를 비교하는 기준 이동평균선은 주로 20일, 20주, 20월 이동평균선을 사용하며 이격도를 계산하는 공식은 다음과 같다.

$$(\text{이격도})=\frac{\text{당일 주가}}{n\text{일 이동평균 주가}}\times 100$$

(단, n은 20일, 20주, 20월을 주로 사용한다.)

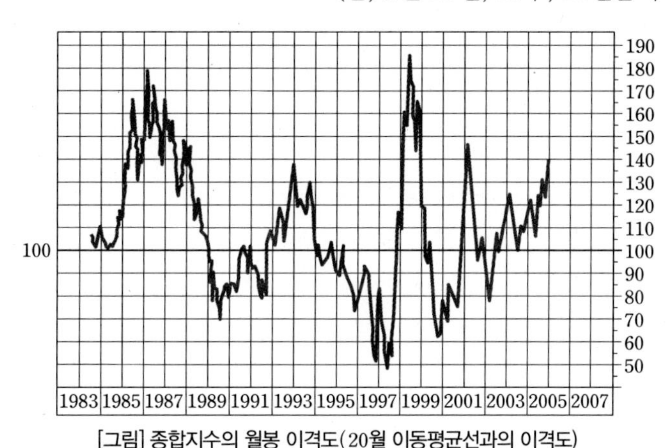

[그림] 종합지수의 월봉 이격도(20월 이동평균선과의 이격도)

위의 그림에서 이격도의 기준선은 100이고, 이것이 주가의 이동평균선이다. 현재 주가가 이 기준선으로부터 높이 올라갈수록 주가가 떨어질 가능성이 크므로 주식을 가지고 있는 사람은 일부 또는 전부를 현금화하는 방법을 강구해야 하고, 현재 주가가 이 기준선으로부터 깊게 내려갈수록 주가는 올라갈 가능성이 크므로 주식을 매입할 전략을 세우는 것이 바람직하다.

몬티 홀 딜레마 - Let's make a deal

(1) 몬티 홀(Monty Hall)이 진행하는 미국의 유명한 텔레비전 게임 쇼 'LET'S MAKE A DEAL(거래를 합시다)'가 있다.

이 게임은 게임 참가자가 자기 앞에 있는 3개의 문 중에 하나를 선택하는 것인데 두 개의 문 뒤에는 염소, 한 개의 문 뒤에는 자동차가 있다.

게임 참가자가 자동차가 있는 문을 선택하면 자동차를 상품으로 받고, 염소가 있는 문을 선택하면 아무것도 받지 못한다.

게임 참가자가 세 개의 문 중 한 개의 문을 선택했을 때, 어느 문 뒤에 염소와 자동차가 있는지 알고 있는 진행자는 게임 참가자가 선택한 문을 열지 않고 나머지 문 중 염소가 있는 문을 열어 보인다.

그리고 나서 게임 참가자는 처음 선택한 문을 고수하는 것과 문을 바꾸는 것 중 어느 것이 더 유리할까?

보통 사람들은 처음 선택한 문을 고수하거나 문을 바꾸거나 다같이 $\frac{1}{2}$의 확률로 같다고 하기도 한다. 그 이유는 이미 3개의 문 중 하나는 상품이 아닌 것이 확인되었으므로 남은 2개의 문 중 하나에 상품이 남아 있을 것으로 생각하기 때문이다. 그러므로 사람들은 한 번 선택한 문을 바꾸지 않으려는 경향을 나타내기도 한다. 과연 확률이 같을까?

결론부터 말하면 문을 바꾸는 것이 문을 바꾸지 않는 경우보다 당첨확률을 두 배로 높여준다.

문1	문2	문3
G_1	G_2	C
G_2	G_1	C
G_1	C	G_2
G_2	C	G_1
C	G_1	G_2
C	G_2	G_1

① 먼저 선택한 문을 바꾸지 않을 때 상품을 받을 확률은 $\frac{1}{3}$이다.

다음으로 선택한 문을 바꾸는 경우의 확률을 구해보자. 염소(goat)를 각각 G_1, G_2, 자동차(car)를 C라 하면 세 개의 문에 G_1, G_2, C를 배열하는 전체 방법의 수는 $3!=6$가지이다.

이제 게임 참가자는 항상 문 1을 선택한다고 하고 게임 참가자가 문을 바꾼 결과를 살펴보자.

경우	문1	문2	문3	진행자가 열어준 문	게임 참가자가 문을 바꾼 결과
①	G_1	G_2	C	문2	○
②	G_2	G_1	C	문2	○
③	G_1	C	G_2	문3	○
④	G_2	C	G_1	문3	○
⑤	C	G_1	G_2	문2 또는 문3	×
⑥	C	G_2	G_1	문2 또는 문3	×

(단, ○는 상품을 타는 경우, ×는 상품을 타지 못하는 경우)

이상에서 문을 바꾸었을 때, 상품을 받을 확률은 $\frac{2}{3}$이다.

따라서 문을 바꾸는 것이 상품을 타는 데 유리하다.

② 또, 다음과 같이 확인해 볼 수 있다. 3개의 문을 각각 A, B, C라 하면 상품이 있는 경우는 오른쪽 표와 같이 3가지이다. (단, ○는 상품이 있는 경우, ×는 상품이 없는 경우를 나타낸다.)

경우 \ 문	A	B	C
1	○	×	×
2	×	○	×
3	×	×	○

우선 문을 바꾸지 않는 경우에는 상품을 탈 확률은 $\frac{1}{3}$이다.

게임 참가자가 A문을 선택한 다음에 바꾸는 경우를 생각해 보자.

경우1 : 진행자는 B문 또는 C문을 보여줄 것이고, 이때 문을 바꾸면 상품을 탈 수 없다.

경우2 : 진행자는 C문을 보여줄 것이고, 이때 문을 바꾸면 상품을 탈 수 있다.

경우3 : 진행자는 B문을 보여줄 것이고, 이때 문을 바꾸면 상품을 탈 수 있다.

즉, 3가지 경우 중에서 상품을 탈 수 있는 경우는 2가지이므로 문을 바꾸면 상품을 탈 확률은 $\frac{2}{3}$이다.

게임 참가자가 B문, C문을 선택한 다음 문을 바꾸는 경우에도 확률은 같으므로 문을 바꾸는 것이 상품을 타는 데 유리하다.

(2) 몬티 홀 문제에서 4개의 문이 주어지고 이중에서 단 하나의 문 뒤에만 상품이 있다고 하고 게임의 규칙은 같다고 하자. 이때, 게임 참가자는 처음 선택한 문을 고수하는 것과 문을 바꾸는 것 중 어느 것이 더 유리할까?

4개의 문을 각각 A, B, C, D라 하면 상품이 있는 경우는 표와 같이 4가지이다. (단, ○는 상품이 있는 경우, ×는 상품이 없는 경우를 나타낸다.)

경우 \ 문	A	B	C	D
1	○	×	×	×
2	×	○	×	×
3	×	×	○	×
4	×	×	×	○

우선 문을 바꾸지 않는 경우에는 상품을 탈 확률은 $\frac{1}{4}$이다.

게임 참가자가 A문을 선택한 다음에 바꾸는 경우를 생각해 보자.

경우1 : 진행자는 B문, C문 또는 D문을 보여줄 것이고, 이때 문을 바꾸면 상품을 탈 수 없다.

경우2 : 진행자는 C문 또는 D문을 보여줄 것이고, 이때 문을 바꾸면 상품을 탈 확률은 $\frac{1}{2}$이다.

경우3 : 진행자는 B문 또는 D문을 보여줄 것이고, 이때 문을 바꾸면 상품을 탈 확률은 $\frac{1}{2}$이다.

경우4 : 진행자는 B문 또는 C문을 보여줄 것이고, 이때 문을 바꾸면 상품을 탈 확률은 $\frac{1}{2}$이다.

따라서 상품을 탈 수 있는 경우는 4가지 중 3가지이고 각각에서 확률이 $\frac{1}{2}$이므로 문을 바꾸면 상품을 탈 확률은 $\frac{3}{4}\times\frac{1}{2}=\frac{3}{8}$이다.

그러므로 문을 바꾸는 것이 더 유리하다.

(3) 몬티 홀 문제에서 5개의 문이 주어지고 이중에서 단 하나의 문 뒤에만 상품이 있다고 하고 게임의 규칙은 같다고 하자.

이때, 문을 바꾸지 않는 경우에 상품을 탈 확률은 $\frac{1}{5}$이고, 문을 바꾸는 경우에 상품을 탈 확률은 $\frac{4}{5}\times\frac{1}{3}=\frac{4}{15}$이므로 문을 바꾸는 것이 더 유리하다.

경우 \ 문	A	B	C	D	E
1	○	×	×	×	×
2	×	○	×	×	×
3	×	×	○	×	×
4	×	×	×	○	×
5	×	×	×	×	○

(4) 몬티 홀 문제에서 n개의 문이 주어지고 이중에서 단 하나의 문 뒤에만 상품이 있다고 하고 게임의 규칙은 같다고 하자.

이때, 문을 바꾸지 않는 경우에 상품을 탈 확률은 $\frac{1}{n}$이고, 문을 바꾸는 경우에 상품을 탈 확률은 $\frac{n-1}{n}\times\frac{1}{n-2}=\frac{n-1}{(n-2)n}$이다.

$\frac{n-1}{(n-2)n}-\frac{1}{n}=\frac{n-1-(n-2)}{(n-2)n}=\frac{1}{(n-2)n}>0$이므로 $\frac{1}{n}<\frac{n-1}{(n-2)n}$이다.

따라서 문을 바꾸는 것이 항상 유리하다.

(5) 어떤 범죄 사건에서 3명의 용의자가 포착되었다. 이들이 각각 진범일 확률은 $\frac{1}{3}$로 모두 같고, 이들 중에 진범이 있는 것은 의심의 여지가 없다고 가정하자.
수사반장은 다음과 같은 수사 계획을 세웠다. "우선 3명 중에 한 명을 임의로 뽑아 집중 수사를 한다. 다른 두 명은 과학 수사 팀에 의뢰하여 결백한지, 즉 용의선 상에서 제외할 수 있는지를 조사한다."
그런데 수사반장은 다음과 같은 고민이 생겼다. 계획대로 수사가 시작된 지 얼마 지나지 않았을 때 만약 과학 수사팀에 의뢰한 두 명 중에 한 명이 결백함이 밝혀진다면 처음 집중 수사 대상이었던 사람을 계속 수사할 것인지 아니면 과학 수사 팀에서 결백함이 밝혀지지 않은 다른 한 사람으로 수사 초점을 바꿀 것인지가 문제가 된 것이다.
과학 수사 결과 결백함이 밝혀지면 전혀 의심의 여지가 없는 것으로 가정하고, 또 처음 수사 대상자에 대한 수사 비용과 시간을 무시하고 확률적으로만 판단할 때, 수사반장은 어떠한 판단을 해야 할까?
이 경우에도 몬티 홀의 게임의 원리에 의하여 수사반장은 과학 수사 팀에서 결백함이 밝혀지지 않은 다른 한 사람으로 수사 초점을 바꾸는 것이 합리적인 판단이다.

다음 제시문을 읽고 물음에 답하시오.

(가) 미국의 [퍼레이드]라는 잡지에 '마릴린에게 물어보세요.'라는 칼럼이 있었다. 이 칼럼은 석학 마릴린이 쓰는 것으로 마릴린은 세계에서 IQ가 가장 높은 사람으로 기네스에 등록된 사람이다. 그녀는 이 칼럼에서 독자들이 보낸 수학 문제들에 대해서 답해 준다. 1990년 9월, 메릴랜드의 컬럼비아에서 그레이크 웨터이커가 다음과 같은 질문을 보냈다.
텔레비전으로 게임쇼를 시청하고 있다. 게임쇼에서 문제를 맞히면 상으로 자동차를 받는다. 사회자가 3개의 문을 보여주며 말한다. 한 개의 문 뒤에는 자동차가 있고, 다른 2개의 문 뒤에는 염소가 있다고 말한다. 그는 당신에게 문을 선택하라고 말한다. 당신은 문을 선택한다. 그러나 문은 열리지 않고 사회자는 나머지 두 개의 문 중에 한 개를 열어 그 뒤에 염소가 있음을 확인시켜 준다. 그리고 당신에게 마지막으로 당신의 선택을 바꿀 수 있는 기회를 준다. 당신은 어떻게 하겠는가? 선택을 바꾸어 다른 하나의 문을 열겠는가 아니면 원래의 문을 열겠는가? 석학 마릴린은 말한다. 당신은 언제나 마음을 바꾸어 마지막 문을 선택해야 한다고, 왜냐하면 기회는 3번 가운데 2번이고 그 문 뒤에는 자동차가 있을 것이니까.

(나) 흰색 구슬 a개, 검은색 구슬이 b개 들어있는 상자가 있다. (단, $a+b\geq3$) 갑, 을 두 사람이 다음 규칙 중 하나를 택하여 게임을 한다.
[규칙 1] 갑이 임의의 구슬을 꺼내어 색을 확인하여 흰색이면 갑이 이기고, 검은색이면 을이 이긴다.
[규칙 2] 갑이 임의의 구슬을 꺼내어 색을 확인하지 않고 버리고 을은 검은 구슬을 하나 꺼낸다. 다음에 갑이 한 개의 구슬을 꺼냈을 때, 흰색이면 갑이 이기고 검은색이면 을이 이긴다.

(1) (나)에서 갑은 [규칙 1], [규칙 2] 중 어느 규칙이 게임에서 유리한가를 설명하시오.
(2) (가)에서의 게임과 제시문 (나)에서 [규칙 2]를 따르는 게임은 공통점이 있는가? 공통점이 있으면 그 내용을 설명하시오.

주제별 강의 **제 22 장**

하디–바인베르크의 법칙

하디-바인베르크의 법칙

1 멘델의 유전법칙 Mendel's law

(1) 우열의 법칙

순종인 대립형질(allelomorphic character)끼리 교배시켰을 때, 잡종 1대에는 한 가지 형질만 겉으로 보인다. 이때, 잡종 1대에 나타나는 형질을 우성, 나타나지 않는 형질을 열성이라고 한다.

(2) 분리의 법칙

대립형질을 교배시킨 잡종 1대를 자가수분시킨 잡종 2대에서 우성형질과 열성형질이 일정한 비율로 분리되어 나타난다.

(3) 독립의 법칙

서로 다른 대립형질은 각각 독립적으로 유전된다.

오른쪽 그림은 멘델이 완두를 재료로 실시한 양성 잡종 실험이다. 순종의 둥글고 황색인 완두와 주름지고 녹색인 완두를 교배한 결과, F_1에서 모두 둥글고 황색인 완두를 얻었다. 이 F_1을 자가수분시킨 결과, F_2에서 둥글고 황색인 완두, 둥글고 녹색인 완두, 주름지고 황색인 완두, 주름지고 녹색인 완두가 9 : 3 : 3 : 1의 비로 나타났다.

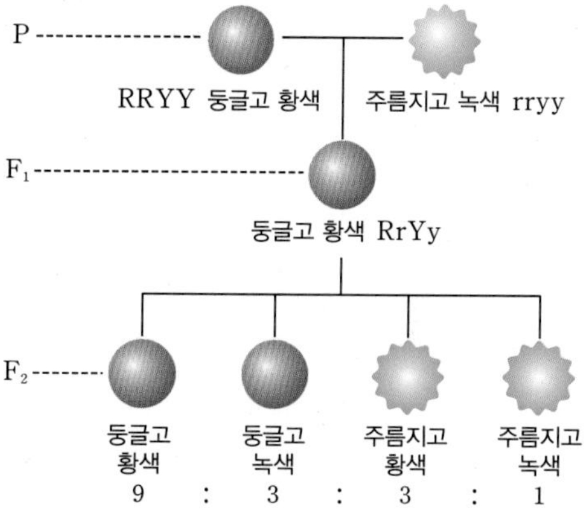

P
RRYY 둥글고 황색 | 주름지고 녹색 rryy
F_1
둥글고 황색 RrYy
F_2
둥글고 황색 9 : 둥글고 녹색 3 : 주름지고 황색 3 : 주름지고 녹색 1

완두의 유전에서 껍질 모양(R, r)은 색깔(Y, y)을 결정하는 데에 영향을 주지 않고, 마찬가지로 색깔도 껍질 모양을 결정하는 데에 영향을 주지 않는다. 유전자가 각각 RRYY, rryy인 두 완두를 교배해서 나온 잡종 1대를 자가수분시켜 잡종 2대를 얻어냈을 때, 껍질 모양의 비율도 R : r = 3 : 1, 색깔의 비율도 Y : y = 3 : 1로 나오는데, 이것은 한 가지 형질에 대해서만 실험했을 때 나오는 것과 같은 값이다. 이 결과는 껍질 모양과 색깔은 서로에게 영향을 주지 않는다는 사실을 말해준다.

2 하디–바인베르크의 법칙 Hardy–Weinberg's law

(1) 집단의 대립유전자 빈도 및 유전자형 빈도는 대를 거듭해도 변하지 않고 평형 상태를 이루게 되는데, 이를 하디–바인베르크의 법칙이라고 한다.

어떤 집단에서 두 대립유전자 A와 a가 존재할 때 A와 a의 유전자 빈도를 각각 p, q라 하면 AA, Aa, aa의 빈도는 각각 p^2, $2pq$, q^2이 된다. 또한, 이들 세 종류의 유전자 빈도는 $(p+q)^2=p^2+2pq+q^2=1$로 나타낼 수 있다.

정자 \ 난자	$A(p)$	$a(q)$
$A(p)$	$AA(p^2)$	$Aa(pq)$
$a(q)$	$Aa(pq)$	$aa(q^2)$

이때, 다음 세대의 두 대립유전자 A와 a의 빈도를 구해 보자.
AA에서 하나를 골랐을 때 A일 확률은 1, Aa에서 하나를 골랐을 때 A, a가 될 확률은 각각 $\frac{1}{2}$, aa에서 하나를 골랐을 때 a가 될 확률은 1이므로 A의 빈도는

$p^2+2pq\times\frac{1}{2}=p(p+q)=p$, a의 빈도는 $q^2+2pq\times\frac{1}{2}=q(p+q)=q$이다.

따라서 부모 집단에서 나타나는 대립유전자 A의 빈도 p와 a의 빈도 q는 자손에서도 같다.

(2) 하디-바인베르크의 법칙은 1908년 독일의 의사였던 바인베르크와 영국의 수학자였던 하디가 각각 따로 발견하였다. 집단유전학이라는 학문은 이 원리에 기초를 두고 있다. 이 법칙은 무작위적 교배가 일어나고 있는 큰 집단에서 유전자를 변화시키는 외부적 힘이 작용하지 않는 한 우성유전자와 열성유전자의 비율은 세대를 거듭해도 변하지 않고 일정하다는 것이다. 그러므로 소멸될 것으로 예상되는 아주 희귀한 유전자도 사라지지 않고 보존된다. 이러한 자연적 평형 상태를 깨뜨리는 외부적인 힘으로는 선택, 돌연변이, 이동 등이 있다. 이 법칙의 발견은 진화의 주요 메커니즘인 자연선택을 설명하는 데 특히 중요한 역할을 하였다. 만약, 어떤 개체군의 유전자 비율이 변화되지 않고 항상 동일하다면 진화율은 0이다. 개체간의 변이는 무작위적 교배에 의한 다양한 유전적 조합 때문에 일어나지만 자연선택이 일어나기 위해서는 무작위적이 아닌 선택적 교배가 일어나야 한다. 어떤 유전형질은 배우자에 의해 선택되기도 하고 도태되기도 한다. 오랜 시간이 지나고 나면 이러한 선택은 특정 유전자의 발현 빈도를 변화시키게 되고 따라서 이러한 유전자가 조절하는 형질은 개체군 내에서 흔해지거나 희귀해지게 된다. 의학유전학자들은 이 법칙을 사용하여 결함을 갖고 태어날 자손의 확률을 계산하기도 한다. 또, 이 법칙은 산업공정, 의학기술, 낙진 등에서 나오는 방사선에 의한 개체군 내의 유해한 돌연변이의 발생을 예측하는 데도 유용하다.

— 출처 네이트 백과사전 —

예시 1 남자 10명, 여자 10명으로 각각 구성된 두 집단이 무인도에 격리되었다. 외견상 모두 정상인이고 남녀 각각 1명씩 낭포성섬유증을 일으키는 유전자를 갖고 있다. 이들이 모두 정상적인 결혼을 했을 때 자손 중 낭포성섬유증이 나타날 확률을 구하시오.

풀이 A는 정상유전자, a는 낭포성섬유증 유전자라 하면 낭포성섬유증을 일으키는 유전자를 갖고 있는 남자와 여자는 모두 Aa 유전자형을 가지고 있다. 자손 중 낭포성섬유증이 나타나는 경우는 aa 유전자형을 갖고 있을 때인데 남자 중 Aa 유전자형, 여자 중 Aa 유전자형이 선택될 확률은 각각 $\frac{1}{10}$이고, Aa−Aa 교배에서 aa가 나올 확률은 $\frac{1}{2}\times\frac{1}{2}=\frac{1}{4}$이다.

남자 \ 여자	AA	Aa
AA	AA	AA, Aa
Aa	AA, Aa	AA, Aa, aa

따라서 자손 중 낭포성섬유증이 나타날 확률은 $\frac{1}{10}\times\frac{1}{10}\times\frac{1}{4}=\frac{1}{400}$이다.

Rh식 혈액형 체계에는 Rh^{+}(양성), Rh^{-}(음성)가 있고, Rh^{+}는 Rh^{-}에 대하여 우성이다. 신생아는 부모로부터 각각 하나씩의 인자를 같은 정도로 물려받는다. 만일, 어머니의 혈액형이 Rh^{-}이고, 신생아의 혈액형이 Rh^{+}이면 신생아가 뇌성마비가 되거나 사망할 수도 있어 예방 조치가 필요하다. 어떤 나라의 남성 중에서 유전인자가 $Rh^{+}Rh^{-}$인 남성의 비율은 0.9, 여성 중에서 혈액형이 Rh^{-}인 여성의 비율은 0.04라고 할 때, 유전인자가 $Rh^{+}Rh^{-}$인 남성과 혈액형이 Rh^{-}인 여성이 결혼하여 태어난 신생아의 혈액형이 Rh^{+}가 되는 비율을 설명하시오.

Rh^{+}가 Rh^{-}에 대하여 우성이므로 유전인자가 $Rh^{+}Rh^{+}$, $Rh^{+}Rh^{-}$인 경우는 혈액형이 Rh^{+}이고, 유전인자가 $Rh^{-}Rh^{-}$인 경우는 혈액형이 Rh^{-}이다.

다음 제시문을 읽고 물음에 답하시오.

> 멘델의 유전법칙에 따르면 각 개체의 유전자형은 부모 각각으로부터 하나씩 받은 두 개의 유전자에 의해 결정된다. 여기서 부모란 유전자를 자식에게 전해주는 두 개체를 의미한다. 양쪽 부모로부터 모두 유전자 D를 받은 경우의 유전자형을 DD, 모두 유전자 d를 받은 경우를 dd, 부모 중 어느 한쪽에게서 D를 받고 다른 한쪽에게서 d를 받은 경우를 Dd라 표현하자. 또한 각 개체는 자기가 가지고 있는 두 개의 유전자 중 하나를 자식에게 무작위로 전해준다. 예를 들면, 유전자형 Dd를 가진 개체는 D나 d를 각각 $\frac{1}{2}$의 확률로 자식에게 전해준다.
> 하디-바인베르크 법칙(Hardy-Weinberg law)에 의하면 무한한 크기의 집단에서 무작위로 교배가 일어나고, 돌연변이나 이주 혹은 자연 선택과 같은 일이 없다고 가정했을 때, 유전자형의 비율이 일정 세대가 지나면 변하지 않는다고 한다.
> 이러한 가정에 맞는 어떤 집단의 초기 유전자형 DD, Dd, dd의 비율을 각각 p_0, q_0, r_0 $(p_0+q_0+r_0=1)$라 하자. 이 경우 집단 내의 유전자 D와 d의 비율은 각각 $\alpha=p_0+\frac{1}{2}q_0$, $\beta=r_0+\frac{1}{2}q_0$로 생각할 수 있다. 이 집단에서는 임의의 두 개체가 모여 다음 세대의 개체를 생산한다. 처음의 집단을 0세대라 하고, 0세대로부터 생산된 개체들만의 집단을 1세대라고 하자. 1세대는 같은 방법으로 2세대를 생산한다. 이때, 1세대의 유전자형 DD, Dd, dd의 비율은 α와 β의 비율을 갖는 유전자 D와 d의 풀(pool)에서 임의로 뽑은 두 유전자가 모두 D일 확률, D와 d일 확률, 모두 d일 확률과 각각 같음을 알 수 있다.

위 집단의 1세대의 유전자형 DD, Dd, dd의 비율 p_1, q_1, r_1과 2세대의 유전자형 DD, Dd, dd의 비율 p_2, q_2, r_2를 각각 α와 β로 표현하시오. 이 결과를 바탕으로 하디-바인베르크 법칙의 정당성에 대해 논하시오.

| 홍익대학교 2012년 수시 |

DD, Dd, dd의 무작위 교배에 대한 표를 만들어 보고 p_1, q_1, r_1을 α, β로 나타내 보자.

A형, B형, AB형, O형으로 분류되는 ABO식 혈액형은 사람의 22쌍의 상염색체 중 9번 염색체 쌍을 이루는 두 염색체에 의해 결정된다. 이 두 염색체는 각각 A, B, O 중 한 가지의 유전자를 가지고 있어서 사람에게는 AA, BB, OO, AB, AO, BO의 6가지 유전자형이 있을 수 있다. 그런데 유전자 A와 B 사이에는 우열 관계가 없으나, 두 유전자 모두 O에 대해서는 우성이다. 따라서 혈액형과 유전자형은 오른쪽 표와 같은 관계를 가진다.

혈액형	유전자형
A	AA 또는 AO
B	BB 또는 BO
AB	AB
O	OO

우리나라 사람들의 혈액형의 비율은 A형이 34 %, O형이 28 %라 한다. 이 정보를 이용하여 B형의 비율과 AB형의 비율을 추정할 수 있는 방법을 한 가지 제시하고, 제시한 방법의 타당성에 대하여 설명하시오.

| 고려대학교 2006년 수시 |

세 유전자 A, B, O의 비율을 각각 a, b, c로 놓고 각 혈액형이 나오는 경우의 비율을 계산한다.

다음 제시문을 읽고 물음에 답하시오.

(가) 혈액형의 경우 양 부모로부터 물려받은 유전자형(genotype)이 AA, AO, BB, BO, AB, OO와 같은 여섯 가지 형태가 대다수를 이루고 있다. 예를 들어, AO 형태의 경우 상동염색체 쌍 중 하나의 염색체에 A 유전자가 있고 다른 염색체에 O 유전자를 갖고 있다. 그러나 위의 여섯 가지 이외에도 다른 형태의 유전자형이 존재한다. 그 예로 cis-AB/O형은 A, B 유전자가 모두 한 염색체 안에 들어 있고, 다른 염색체에 O 유전자를 가지고 있는 경우이다.

(나) 통계 조사국에서 배우자 중 한 명이 cis-AB/O형인 100가구의 혈액형을 조사하였더니 cis-AB/O형을 가진 사람의 배우자들은 AA 10명, AO 20명, BB 11명, BO 16명, AB 15명, OO 28명이었고, 부부 모두 cis-AB/O형인 경우는 없었다.

(나)에 제시된 100가구에서 가구당 1명의 아이를 뽑아 혈액형을 조사한다면 cis-AB/O형 혈액형을 갖는 아이는 몇 명이 될 것인지 논하시오.

| 성균관대학교 2009년 모의논술 응용 |

cis-AB/O형 혈액형을 갖는 아이가 태어나는 경우는 배우자가 AO, BO, OO이다.

예시 답안 및 해설 110쪽 ~ 111쪽

다음 제시문을 읽고 물음에 답하시오.

일반적으로 사람의 체세포에는 양쪽 부모로부터 22개의 상염색체와 하나의 성염색체를 물려받아 이루어진 23쌍의 염색체가 들어 있다. 이 중 성염색체는 X 염색체와 Y 염색체인데 남자는 XY, 여자는 XX로 이루어져 있다. 성염색체에는 남성과 여성을 결정하는 데 필요한 유전자 외에도 다양한 형질을 결정하는 여러 가지 유전자들이 존재한다고 알려져 있다. 색맹 유전자가 그 대표적인 예인데, 이 형질을 결정하는 유전자는 X 염색체에 있으며 정상인 대립 유전자에 대해 열성으로 작용한다. 즉, 색맹을 유발하는 유전자를 가진 염색체를 X′이라고 하면, 염색체 조성이 XY인 남자와 XX인 여자에게는 색맹의 형질이 나타나지 않고, X′Y인 남자와 X′X′인 여자에게는 색맹의 형질이 나타난다. 그리고 여자의 경우에는 X′X의 염색체 조성을 가질 수 있다. 색맹 유전자가 정상인 유전자에 대해 열성이기 때문에 이 경우에는 정상으로 나타나지만, 색맹 유전자를 다음 세대로 전달할 수 있기 때문에 보인자라고 한다. 또한, 특정 집단 내에 색맹 유전자가 나타날 확률이 p라면 정상인 대립 유전자가 나타날 확률은 $1-p$이다.

(1) 어느 격리된 사회에서 여자의 1 %가 색맹이고 18 %가 보인자라고 했을 때, 임의의 남자와 여자가 결혼을 해서 아들을 낳을 경우 그 아들이 색맹일 확률을 구하시오. (단, 이 사회는 충분히 큰 집단이며, 대립 유전자에서 돌연변이가 나타나지 않고, 자연선택 역시 작용하지 않는다고 가정한다.)

(2) (1)의 사회에서 어느 해에 결혼한 부부의 색맹 여부를 조사하였더니 남자의 5 %와 여자의 1 %가 색맹이었다. 이들이 낳은 자녀 중에서 딸의 0.7 %가 색맹이었다면 아들의 몇 %가 색맹일 것으로 예상할 수 있는가? 결혼한 부부 중에서 보인자인 여자의 비율을 고려하여 답하시오. (단, 자녀의 수는 충분히 많고, 아들과 딸의 수는 같다고 가정한다.)

| 인하대학교 2009년 수시 응용 |

(1) 아들이 색맹일 경우는 (엄마가 색맹일 경우)와 (엄마가 보인자일 경우)에 영향을 받는다.

TEXT SUMMARY

Ⅷ 통계

1 이산확률변수와 확률분포

1 이산확률변수의 평균과 표준편차

이산확률변수 X의 확률분포가

X	x_1	x_2	x_3	$\cdots$	x_n	합계
$\mathrm{P}(X=x_i)$	p_1	p_2	p_3	$\cdots$	p_n	1

와 같이 주어질 때

(1) 평균(기댓값) : $m=\mathrm{E}(X)=\sum_{i=1}^{n} x_ip_i=x_1p_1+x_2p_2+x_3p_3+\cdots+x_np_n$

(2) 분산 : $\mathrm{V}(X)=\sum_{i=1}^{n}(x_i-m)^2p_i=\sum_{i=1}^{n}x_i^2p_i-m^2=\mathrm{E}(X^2)-\{\mathrm{E}(X)\}^2$

(3) 표준편차 : $\sigma(X)=\sqrt{\mathrm{V}(X)}$

(4) 확률변수의 성질

확률변수 X와 임의의 상수 a, b에 대하여

① $\mathrm{E}(aX+b)=a\mathrm{E}(X)+b$

② $\mathrm{V}(aX+b)=a^2\mathrm{V}(X)$, $\sigma(aX+b)=|a|\sigma(X)$

이해돕기 n개의 동전을 동시에 던질 때, 앞면이 나오는 동전의 개수가 k개이면 3^k원을 받기로 하였다. 받는 금액의 기댓값을 구하시오. (단, $k=0$, 1, 2, $\cdots$, n)

풀이 앞면이 k개일 확률 P_k는 $\mathrm{P}_k={}_n\mathrm{C}_k\left(\frac{1}{2}\right)^k\left(\frac{1}{2}\right)^{n-k}={}_n\mathrm{C}_k\left(\frac{1}{2}\right)^n$이다.

따라서 받는 금액의 기댓값은

$\sum_{k=0}^{n}3^k\cdot\mathrm{P}_k=\sum_{k=0}^{n}3^k\cdot{}_n\mathrm{C}_k\left(\frac{1}{2}\right)^n=\left(\frac{1}{2}\right)^n\sum_{k=0}^{n}{}_n\mathrm{C}_k3^k=\left(\frac{1}{2}\right)^n(1+3)^n=2^n$(원) ← $\sum_{k=0}^{n}{}_n\mathrm{C}_kx^k=(1+x)^n$

2 이항분포

(1) 이항분포의 뜻

어떤 시행에서 사건 A가 일어날 확률을 p라고 할 때, n회의 독립시행에서 사건 A가 일어나는 횟수를 X라 하면 확률변수 X의 확률분포는

$$\mathrm{P}(X=r)={}_n\mathrm{C}_rp^rq^{n-r}\ (q=1-p,\ r=0,\ 1,\ 2,\ \cdots,\ n)$$

이다. 따라서 X의 확률분포를 표로 나타내면 다음과 같다.

X	0	1	2	$\cdots$	r	$\cdots$	n	합계
$\mathrm{P}(X=r)$	${}_n\mathrm{C}_0p^0q^n$	${}_n\mathrm{C}_1p^1q^{n-1}$	${}_n\mathrm{C}_2p^2q^{n-2}$	$\cdots$	${}_n\mathrm{C}_rp^rq^{n-r}$	$\cdots$	${}_n\mathrm{C}_np^nq^0$	1

이와 같은 확률분포를 이항분포라 하고, $\mathrm{B}(n, p)$로 나타낸다.

(2) 이항분포의 평균, 분산과 표준편차

확률변수 X가 이항분포 $\mathrm{B}(n, p)$를 따를 때,

$$\mathrm{E}(X)=np,\ \mathrm{V}(X)=npq,\ \sigma(X)=\sqrt{npq}\ (\text{단, } q=1-p)$$

BASIC

- $\mathrm{E}(X)$의 E는 Expectation(기댓값)의 첫 글자이고, m은 mean(평균)의 첫 글자이다.
- $\mathrm{V}(X)$의 V는 Variance(분산)의 첫 글자이다.
- $\sigma(X)$의 σ(sigma)는 Standard deviation(표준편차)의 첫 글자 S에 해당하는 그리스 문자이다.

독립시행

어떤 시행을 되풀이할 때, 각 시행의 결과가 다른 시행의 결과에 아무런 영향을 주지 않을 경우, 즉 매회 일어나는 사건이 서로 독립일 때, 이와 같은 시행을 독립시행이라고 한다.

- $\mathrm{B}(n, p)$의 B는 Binomial distribution(이항분포)의 첫 글자이다.

2 연속확률변수와 확률분포

BASIC

1 연속확률변수

(1) 연속확률변수

확률변수 X가 어떤 구간에서 그 구간의 모든 실수값을 취할 때, X를 연속확률변수라고 한다.

(2) 확률밀도함수

연속확률변수 X가 구간 $[a, b]$ 사이의 모든 실수값을 취하고 구간 $[a, b]$에서 정의된 함수 $f(x)$가 다음 세 조건을 만족할 때, 함수 $f(x)$를 확률변수 X의 확률밀도함수라고 한다.

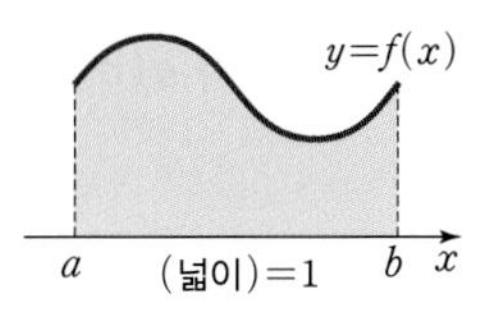

(i) $f(x) \geq 0$

(ii) 곡선 $y=f(x)$와 x축 및 두 직선 $x=a$, $x=b$로 둘러싸인 부분의 넓이는 1이다.

(iii) 구간 $[\alpha, \beta]$에 확률변수 X가 속할 확률 $\mathrm{P}(\alpha \leq X \leq \beta)$는 곡선 $y=f(x)$와 x축 및 두 직선 $x=\alpha$, $x=\beta$로 둘러싸인 부분의 넓이와 같다.

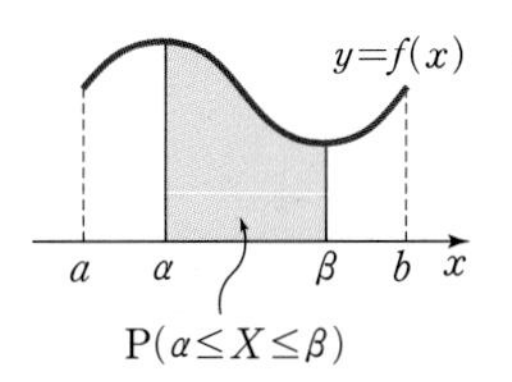

● (ii) $\int_a^b f(x)dx=1$

(iii) $\mathrm{P}(\alpha \leq X \leq \beta)=\int_\alpha^\beta f(x)dx$

(단, $a \leq \alpha \leq \beta \leq b$)

(3) 연속확률변수의 평균, 분산과 표준편차

연속확률변수 X의 확률밀도함수가 $f(x)(a \leq x \leq b)$일 때,

① 평균 $\mathrm{E}(X)=\int_a^b xf(x)dx$

② 분산 $\mathrm{V}(X)=\int_a^b (x-m)^2 f(x)dx=\int_a^b x^2 f(x)dx-m^2$ (단, $m=\mathrm{E}(X)$)

③ 표준편차 $\sigma(X)=\sqrt{\mathrm{V}(X)}$

● 연속확률변수 X가 어떤 특정값 $X=k$를 가질 확률은 0이다. 즉, $\mathrm{P}(X=a)=0$, $\mathrm{P}(X=b)=0$ 이므로

$$\begin{aligned}\mathrm{P}(\alpha \leq X \leq \beta)&=\mathrm{P}(\alpha < X \leq \beta)\\&=\mathrm{P}(\alpha \leq X < \beta)\\&=\mathrm{P}(\alpha < X < \beta)\end{aligned}$$

이다.

이해돕기 어느 버스 정류장에서 매시 0분, 15분, 35분에 각 1회씩 버스가 발차한다. 한 사람이 우연히 이 정거장에 와서 버스가 발차할 때까지 기다리는 시간의 기댓값을 구하시오.

| 동국대학교 2005년 수시 |

풀이 이 사람이 도착한 시각이 X분이라 하면, X는 0에서 60까지의 값을 취할 수 있으며, 우연히 이 정거장에 온다고 했으므로 X의 확률밀도함수는 $p(x)=\frac{1}{60}$, $0 \leq x \leq 60$이다.

이 사람이 x분에 왔을 때 기다리는 시간 $g(x)$는 $g(x)=\begin{cases}15-x, & 0<x\leq 15\\ 35-x, & 15<x\leq 35\\ 60-x, & 35<x\leq 60\end{cases}$

이므로 $g(x)$의 기댓값은

$$\begin{aligned}&\int_0^{15}(15-x)p(x)dx+\int_{15}^{35}(35-x)p(x)dx+\int_{35}^{60}(60-x)p(x)dx\\&=\frac{1}{60}\left\{\int_0^{15}(15-x)dx+\int_{15}^{35}(35-x)dx+\int_{35}^{60}(60-x)dx\right\}\\&=\frac{1}{60}\times 625=10\frac{25}{60}\end{aligned}$$

즉, 기다리는 시간의 기댓값은 10분 25초이다.

2 정규분포

(1) 정규분포의 뜻

연속확률변수 X의 확률밀도함수가

$$f(x)=\frac{1}{\sqrt{2\pi}\sigma}e^{-\frac{(x-m)^2}{2\sigma^2}}(-\infty<x<\infty\text{이고 } m,\ \sigma(\sigma>0)\text{는 상수이다.})$$

일 때, 확률변수 X는 정규분포를 따른다고 한다. 또한, 확률변수 X의 평균과 분산은 각각

$$\mathrm{E}(X)=m,\ \mathrm{V}(X)=\sigma^2$$

임이 알려져 있으며 평균이 m, 표준편차가 $\sigma(\sigma>0)$인 정규분포를 기호로 $\mathrm{N}(m,\ \sigma^2)$과 같이 나타낸다.

(2) 정규분포곡선의 성질

① 직선 $x=m$에 대하여 대칭이다.

② 곡선과 x축 사이의 넓이는 1이다.

③ x축을 점근선으로 가진다.

④ $x=m$일 때 최댓값 $\frac{1}{\sqrt{2\pi}\sigma}$을 갖는다.

(3) 평균 m과 표준편차 σ의 변화에 따른 정규분포곡선의 변화

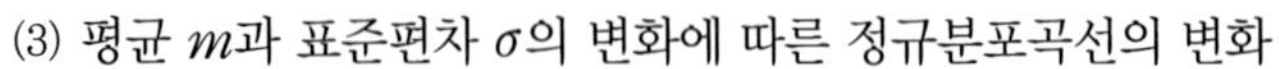

① m이 일정하고 $\sigma_1<\sigma_2<\sigma_3$인 경우

➡ 평균 m의 값이 일정할 때, 곡선의 모양은 표준편차 σ의 값이 작을수록 높아지면서 좁아지고, 클수록 낮아지면서 넓어진다.

② r가 일정하고 $m_1<m_2<m_3$인 경우

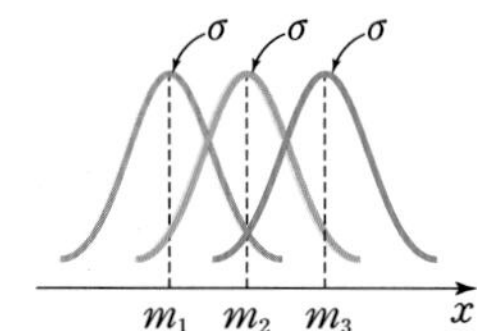

➡ 표준편차 σ의 값이 일정할 때, 곡선의 모양은 일정하며 평균 m의 값이 클수록 오른쪽으로 평행이동하고, 작을수록 왼쪽으로 평행이동한다.

3 표준정규분포

(1) 표준정규분포의 뜻

정규분포 $\mathrm{N}(m,\ \sigma^2)$에서 평균이 0이고, 표준편차가 1인 정규분포를 표준정규분포라 하고, 이것을 기호로 $\mathrm{N}(0,\ 1)$과 같이 나타낸다. 확률변수 Z가 표준정규분포 $\mathrm{N}(0,\ 1)$을 따를 때, Z의 확률밀도함수는

$$f(z)=\frac{1}{\sqrt{2\pi}}e^{-\frac{z^2}{2}}(-\infty<z<\infty)$$

이다. 이때, Z가 구간 $[0,\ z]$에 속할 확률 $\mathrm{P}(0\le Z\le z)$는 오른쪽 그림의 색칠한 부분의 넓이이다.

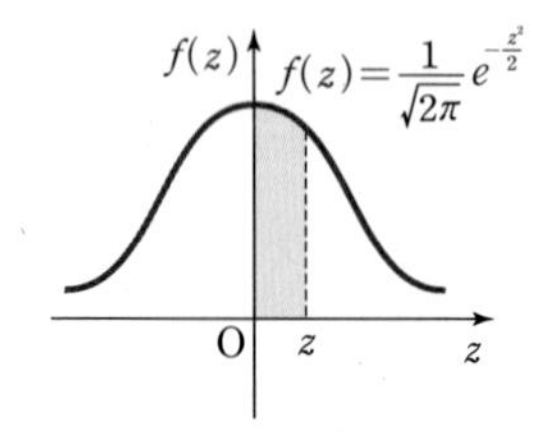

BASIC

● $\mathrm{N}(m,\ \sigma^2)$의 N은 Normal distribution(정규분포)의 첫 글자이다.

BASIC

(2) 정규분포의 표준화

정규분포 $\mathrm{N}(m,\ \sigma^2)$을 따르는 확률변수 X를 표준정규분포 $\mathrm{N}(0,\ 1)$을 따르는 확률변수 $Z=\frac{X-m}{\sigma}$으로 바꾸는 것을 확률변수 X의 표준화라고 한다.

(3) 정규분포에서 확률 계산

$$\mathrm{P}(a\le X\le b) = \mathrm{P}(z_1\le Z\le z_2)$$

$$\uparrow$$

$$Z=\frac{X-m}{\sigma}\left(\text{단, } z_1=\frac{a-m}{\sigma},\ z_2=\frac{b-m}{\sigma}\right)$$

$\mathrm{N}(m,\ \sigma^2)$ → $\mathrm{N}(0,\ 1)$

이해돕기 확률변수 X를 표준화한 확률변수 Z가 표준정규분포 $\mathrm{N}(0,\ 1)$을 따르는 이유를 말하시오.

● 일반적으로 정규분포 $\mathrm{N}(m,\ \sigma^2)$에 대한 분포표가 주어져 있지 않으므로 표준화하여 확률을 구한다.

풀이 정규분포 $\mathrm{N}(m,\ \sigma^2)$을 따르는 확률변수 X에 대하여 $Z=\frac{X-m}{\sigma}$으로 놓을 때, 확률변수 Z의 평균 $\mathrm{E}(Z)$와 분산 $\mathrm{V}(Z)$는

$$\mathrm{E}(Z)=\mathrm{E}\left(\frac{X-m}{\sigma}\right)$$
$$=\frac{1}{\sigma}\mathrm{E}(X-m)$$
$$=\frac{1}{\sigma}\{\mathrm{E}(X)-m\}=0\ (\because\ \mathrm{E}(X)=m)$$
$$\mathrm{V}(Z)=\mathrm{V}\left(\frac{X-m}{\sigma}\right)$$
$$=\frac{1}{\sigma^2}\mathrm{V}(X-m)$$
$$=\frac{1}{\sigma^2}\mathrm{V}(X)=1\ (\because\ \mathrm{V}(X)=\sigma^2)$$

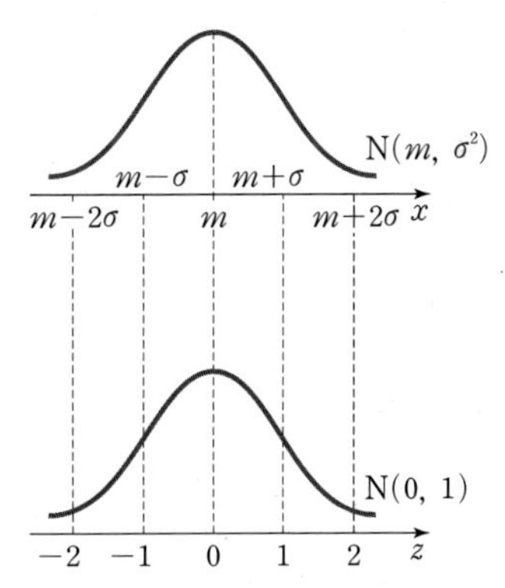

따라서 확률변수 Z는 표준정규분포 $\mathrm{N}(0,\ 1)$을 따른다.

4 이항분포와 정규분포의 관계

정규분포는 이항분포에서 시행 횟수를 한없이 크게 하였을 때의 극한으로 얻을 수 있다. 즉, 확률변수 X가 이항분포 $\mathrm{B}(n,\ p)$를 따를 때, n의 값이 충분히 크면 확률변수 X는 근사적으로 $m=np$, $\sigma=\sqrt{npq}$인 정규분포 $\mathrm{N}(np,\ npq)$를 따른다고 볼 수 있다. (단, $q=1-p$)

● 이항분포 $\mathrm{B}(n,\ p)$에서 $np\ge5$이고 $n(1-p)\ge5$를 만족할 때, n을 충분히 큰 값으로 생각한다.

이항분포 $\mathrm{B}(n,\ p)$ → 정규분포 $\mathrm{N}(np,\ npq)$
(n이 충분히 클 때)

이해돕기 다음 물음에 답하시오.

(1) 어느 고등학교 2학년 여학생 300명의 신장은 평균이 163.8 cm, 표준편차가 4.6 cm인 정규분포를 따른다고 한다. 신장이 154.6 cm 이상 173.0 cm 이하인 학생의 수를 구하시오.

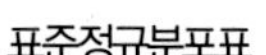

표준정규분포표

z	$\mathrm{P}(0\le Z\le z)$
1.0	0.3413
1.5	0.4332
2.0	0.4772
2.5	0.4938
3.0	0.4987

(2) 어떤 대학의 입학 시험은 1000점이 만점이고, 지원자 2000명의 득점 분포는 평균이 450점, 표준편차가 75점인 정규분포를 따른다고 한다. 이 대학의 입학 정원이 320명일 때, 최저 합격점을 구하시오.
(단, $\mathrm{P}(0\le Z\le 1)=0.34$, $\mathrm{P}(0\le Z\le 2)=0.48$)

(3) 어느 해 한국, 미국, 일본의 대졸 신입사원의 평균 월급은 각각 80만 원, 2000달러, 18만 엔이고, 표준편차가 각각 10만 원, 300달러, 2만 5천 엔인 정규분포를 따른다고 한다. 위의 3개국에서 임의로 한 명씩 뽑은 대졸 신입사원 A, B, C의 월급이 각각 94만 원, 2250달러, 21만 엔이라고 할 때 A, B, C가 각각 자국 내에서 상대적으로 월급을 많이 받는가를 비교하시오.

(4) K제약회사에서 신약을 개발하였다. 이 약을 환자에게 투여했을 때 완치될 확률은 0.6이다. 150명의 환자에게 이 약을 투여했을 때, 99명 이상이 완치될 확률을 구하시오. (단, (1)의 표준정규분포표를 이용한다.)

BASIC

- 표준정규분포표를 이용하여 확률을 구하는 방법

① $\mathrm{P}(Z\ge 0)=\mathrm{P}(Z\le 0)=0.5$

② $\mathrm{P}(a\le Z\le b)$
$=\mathrm{P}(0\le Z\le b)$
$-\mathrm{P}(0\le Z\le a)$

③ $\mathrm{P}(-c\le Z\le d)$
$=\mathrm{P}(-c\le Z\le 0)$
$+\mathrm{P}(0\le Z\le d)$

④ $\mathrm{P}(Z\ge e)$
$=0.5-\mathrm{P}(0\le Z\le e)$

풀이

(1) 학생의 신장을 확률변수 X라 하면

$$\begin{cases} X=154.6\text{일 때, } Z=\dfrac{154.6-163.8}{4.6}=-2 \\ X=173.0\text{일 때, } Z=\dfrac{173.0-163.8}{4.6}=2 \end{cases}$$

$\therefore \mathrm{P}(154.6\le X\le 173.0)=\mathrm{P}(-2\le Z\le 2)=2\cdot\mathrm{P}(0\le Z\le 2)=2\times 0.4772=0.9544$

따라서 구하는 학생 수는 $300\times 0.9544=286.32\fallingdotseq 286$(명)이다.

(2) 지원자의 시험 점수를 확률변수 X라 하면 X는 $\mathrm{N}(450, 75^2)$을 따른다.

합격할 확률이 $\dfrac{320}{2000}=0.16$이므로 최저 합격점을 a라 하면

$$\mathrm{P}(X\ge a)=\mathrm{P}(Z\ge b)=0.16\ \left(\text{단, } b=\frac{a-450}{75}\right)$$

$\mathrm{P}(0\le Z\le b)=0.5-0.16=0.34$이므로 $b=1$

따라서 $\dfrac{a-450}{75}=1$에서 $a=525$(점)

(3) 한국, 미국, 일본의 대졸 신입사원 월급을 각각 X_1(만 원), X_2(달러), X_3(만 엔)이라 하면 X_1은 $\mathrm{N}(80, 10^2)$, X_2는 $\mathrm{N}(2000, 300^2)$, X_3은 $\mathrm{N}(18, 2.5^2)$을 따른다.

A, B, C의 월급을 각각 표준화하면

$$z_1=\frac{94-80}{10}=1.4,\ z_2=\frac{2250-2000}{300}\fallingdotseq 0.83,$$

$$z_3=\frac{21-18}{2.5}=1.2$$

표준화한 z_1, z_2, z_3을 표준정규분포 곡선에 나타내면 오른쪽 그림과 같으므로 A, C, B의 순서로 자국 내에서 상대적으로 월급을 많이 받는다.

(4) 완치될 환자의 수를 확률변수 X라 하면 X는 이항분포 $\mathrm{B}(150, 0.6)$을 따르므로

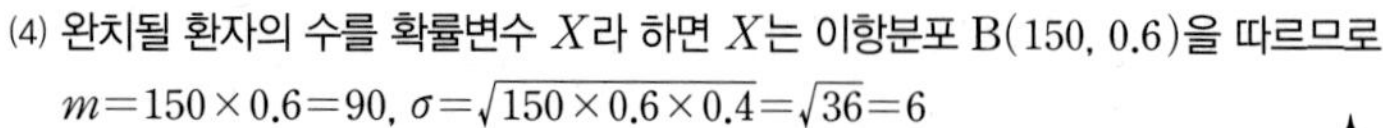

$m=150\times 0.6=90$, $\sigma=\sqrt{150\times 0.6\times 0.4}=\sqrt{36}=6$

그런데 이항분포 $\mathrm{B}(150, 0.6)$에서 n이 150명으로 충분히 크므로 정규분포 $\mathrm{N}(90, 6^2)$을 따른다고 볼 수 있다.

$\therefore \mathrm{P}(X\ge 99)=\mathrm{P}(Z\ge 1.5)=0.5-\mathrm{P}(0\le Z\le 1.5)$
$=0.5-0.4332=0.0668$

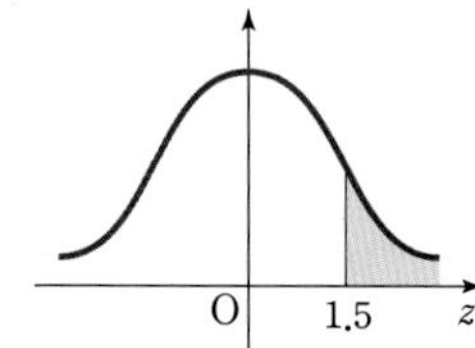

3 통계적 추정

1 모평균과 표본평균

(1) 모평균, 모분산과 모표준편차

모집단의 분포에서 확률변수 X의 평균, 분산, 표준편차를 각각 모평균(m), 모분산(σ^2), 모표준편차(σ)라고 한다.

(2) 표본평균, 표본분산과 표본표준편차

어떤 모집단에서 크기가 n인 표본 X_1, X_2, X_3, $\cdots$, X_n을 복원추출할 때,

$$\overline{X}=\frac{X_1+X_2+X_3+\cdots+X_n}{n}=\frac{1}{n}\sum_{i=1}^{n}X_i$$

로 정의되는 확률변수 $\overline{X}$를 표본평균이라고 한다.

또, n개의 표본 X_1, X_2, X_3, $\cdots$, X_n의 분산

$$S^2=\frac{1}{n-1}\{(X_1-\overline{X})^2+(X_2-\overline{X})^2+(X_3-\overline{X})^2+\cdots+(X_n-\overline{X})^2\}$$

$$=\frac{1}{n-1}\sum_{i=1}^{n}(X_i-\overline{X})^2 \text{ (단, } S>0)$$

을 표본분산이라 하고, S를 표본표준편차라고 한다.

(3) 표본평균의 평균과 표준편차

모평균 m, 모표준편차 σ인 모집단에서 크기가 n인 표본을 복원추출할 때, 표본평균 $\overline{X}$의 평균 $\mathrm{E}(\overline{X})$, 분산 $\mathrm{V}(\overline{X})$, 표준편차 $\sigma(\overline{X})$는

① 평균 $\mathrm{E}(\overline{X})=m$ ② 분산 $\mathrm{V}(\overline{X})=\frac{\sigma^2}{n}$ ③ 표준편차 $\sigma(\overline{X})=\frac{\sigma}{\sqrt{n}}$

(4) 표본평균의 분포

모평균 m, 모분산 σ^2인 모집단에서 크기가 n인 표본을 복원추출할 때,

① 모집단이 정규분포를 따를 때는 n의 크기에 관계없이 표본평균 $\overline{X}$는 정규분포 $\mathrm{N}\left(m, \frac{\sigma^2}{n}\right)$을 따른다.

② 표본의 크기 n이 충분히 크면 모집단의 분포에 관계없이 $\overline{X}$의 분포는 근사적으로 정규분포 $\mathrm{N}\left(m, \frac{\sigma^2}{n}\right)$을 따른다.

2 모평균의 추정

(1) 모집단의 평균, 표준편차 등 모집단의 성질을 알아보기 위하여 표본조사에서 얻은 표본의 평균이나 표준편차 등을 이용하여 모집단의 성질을 추측하는 것을 추정이라고 한다.

(2) 모평균 m의 신뢰구간

정규분포 $\mathrm{N}(m, \sigma^2)$을 따르는 모집단에서 크기가 n인 표본을 임의추출하여 모평균 m을 추정할 때

① 신뢰도 95 %의 신뢰구간 : $\left[\overline{X}-1.96\times\frac{\sigma}{\sqrt{n}}, \overline{X}+1.96\times\frac{\sigma}{\sqrt{n}}\right]$

② 신뢰도 99 %의 신뢰구간 : $\left[\overline{X}-2.58\times\frac{\sigma}{\sqrt{n}}, \overline{X}+2.58\times\frac{\sigma}{\sqrt{n}}\right]$

BASIC

여러 가지 통계 용어

- 전수조사 : 조사 대상의 자료 전체를 조사하는 것
- 표본조사 : 조사 대상 중 그 일부만을 조사하는 것
- 모집단 : 조사하는 대상이 되는 집단 전체
- 표본 : 모집단에서 표본조사를 위해 뽑아 낸 일부분의 자료
- 임의추출 : 표본을 추출하는 방법 중에서 모집단의 각 자료가 모두 같은 확률로 추출되고, 매번 자료를 뽑는 시행이 독립인 방법
- 복원추출 : 어느 모집단에서 크기가 n인 표본을 추출할 때, 한 개의 자료를 추출한 후 다시 되돌려 놓고 추출하는 것
- 비복원추출 : 복원추출과 달리 다시 되돌려 놓지 않고 n회 계속하여 추출하거나 동시에 n개를 추출하는 것

표본분산은 모분산과 달리 편차의 제곱의 합을 $n-1$로 나눈 값이다. 이는 표본분산과 모분산의 차이를 줄이기 위해서이다.

②는 중심 극한 정리라고 부르며 보통 n이 30 이상이면 충분히 큰 표본으로 간주한다.

신뢰도

표본평균 $\overline{X}$를 통해 추정한 결과에 실제 모평균의 값이 포함되어 있을 확률을 의미한다.

이해돕기 X가 평균이 m, 표준편차가 σ인 정규분포를 따를 때, $P(|X-m| \le 1.96\sigma)$를 구하시오.

풀이 $Z=\frac{X-m}{\sigma}$이라 놓으면 Z는 $N(0, 1)$을 따른다.

$$P(|X-m| \le 1.96\sigma)=P\left(\left|\frac{X-m}{\sigma}\right| \le 1.96\right)=P(|Z| \le 1.96)$$
$$=2\cdot P(0 \le Z \le 1.96)=2\times 0.4750=0.95$$

따라서 $P(m-1.96\sigma \le X \le m+1.96\sigma)=0.95$이다.

그런데 모집단이 $N(m, \sigma^2)$을 따를 때, 표본평균 $\overline{X}$의 분포는 $N\left(m, \frac{\sigma^2}{n}\right)$을 따르므로

$$P\left(m-1.96\frac{\sigma}{\sqrt{n}} \le \overline{X} \le m+1.96\frac{\sigma}{\sqrt{n}}\right)=0.95$$
$$\therefore P\left(\overline{X}-1.96\frac{\sigma}{\sqrt{n}} \le m \le \overline{X}+1.96\frac{\sigma}{\sqrt{n}}\right)=0.95$$

이때, m이 $\overline{X}-1.96\frac{\sigma}{\sqrt{n}} \le m \le \overline{X}+1.96\frac{\sigma}{\sqrt{n}}$의 범위에 있을 확률은 0.95(95 %)로 추정된다고 하고, 이와 같이 하여 얻어지는 m의 범위를 신뢰도 95 %인 m의 신뢰구간이라고 한다.

이해돕기 어느 고등학교 2학년 학생 전체에서 100명의 학생을 임의추출하여 키를 조사하였더니 평균이 163 cm, 표준편차가 5 cm이었다. 물음에 답하시오.

(1) 이 고등학교 2학년 학생 전체에 대한 키의 평균을 신뢰도 95 %로 추정하시오.

(2) 신뢰도 95 %로 표본평균과 모평균의 차를 1 cm 이하로 추정하려면 표본의 크기 n을 얼마로 하면 되겠는지 구하시오.

풀이 (1) $\overline{X}=163$, $\sigma=5$, $n=100$이므로 $\overline{X}-1.96\frac{\sigma}{\sqrt{n}} \le m \le \overline{X}+1.96\frac{\sigma}{\sqrt{n}}$를 이용하면

$$163-1.96\frac{5}{\sqrt{100}} \le m \le 163+1.96\frac{5}{\sqrt{100}} \qquad \therefore 162.02 \le m \le 163.98$$

따라서 2학년 학생 전체의 키의 평균은 162.02 cm와 163.98 cm 사이에 있다.

(2) 모평균 m과 표본평균 $\overline{X}$의 차는 $|m-\overline{X}| \le 1.96\frac{\sigma}{\sqrt{n}}$에서 $1.96\frac{\sigma}{\sqrt{n}}$이다.

$$1.96\frac{5}{\sqrt{n}} \le 1\text{에서 } \sqrt{n} \ge 9.8 \qquad \therefore n \ge 96.04$$

따라서 97명 이상이어야 한다.

3 모비율의 추정

(1) 모비율과 표본비율

모집단에서 어떤 특성 α를 갖는 것의 전체에 대한 비율을 모비율이라 하고, 기호 p로 나타낸다. 이 모집단으로부터 크기가 n인 표본을 임의추출할 때, n개의 표본 중에서 특성 α를 갖는 것이 X개라 하면 $\frac{X}{n}$를 표본비율이라 하고, 기호 $\hat{p}$으로 나타낸다. 즉, $\hat{p}=\frac{X}{n}$이다.

(2) 모비율 p의 신뢰구간

모집단에서 크기가 n인 표본을 임의추출하여 모비율 p를 추정할 때,

① 신뢰도 95 %의 신뢰구간 : $\left[\hat{p}-1.96\times\sqrt{\frac{\hat{p}(1-\hat{p})}{n}}, \hat{p}+1.96\times\sqrt{\frac{\hat{p}(1-\hat{p})}{n}}\right]$

② 신뢰도 99 %의 신뢰구간 : $\left[\hat{p}-2.58\times\sqrt{\frac{\hat{p}(1-\hat{p})}{n}}, \hat{p}+2.58\times\sqrt{\frac{\hat{p}(1-\hat{p})}{n}}\right]$

BASIC

- $2k\frac{\sigma}{\sqrt{n}}$를 모평균 m의 신뢰구간의 길이(크기, 폭)라고 한다.
- $1.96\frac{\sigma}{\sqrt{n}}$, $2.58\frac{\sigma}{\sqrt{n}}$를 각각 모평균 m에 대한 신뢰도 95 %, 99 %인 표본평균과 모평균의 차(정밀도)라고 한다.
- 모표준편차 σ는 미지의 경우가 많다. 이때, 표본이 충분히 크면 모표준편차 σ 대신 표본표준편차를 이용하여 신뢰구간을 구할 수 있다.

표본의 크기가 일정할 때 신뢰도가 높아지면 신뢰구간의 길이는 길어지고, 신뢰도가 일정할 때 표본의 크기가 커지면 신뢰구간의 길이는 짧아진다.

일반적으로 표본의 크기 n이 충분히 크다는 것은 $n \ge 30$일 때이다.

$\hat{p}$은 Proportion(비율)의 첫 글자이고, $\hat{p}$은 '피헷'이라고 읽는다.

예시 답안 및 해설 112쪽

수리논술 분석

예제 1

어떤 나라에서는 부모가 자식을 둘 이하만 낳는데, 첫 출산이 아들이면 그만 낳고, 딸이면 또 낳는다. 아들을 낳을 확률은 $\frac{1}{2}$이고, 둘째 아이의 성별은 첫 아이의 성별과는 독립적이다.

(1) 부모들의 이러한 결정이 이 나라 아동의 성별 구성 비율에 어떠한 영향을 미치겠는가? 논리적으로 설명하시오.

(2) 이제 부모가 자식을 둘 이하만 낳는 것이 아니라 첫 아들을 낳을 때까지 계속 낳는다고 하자. 이 나라의 정부는 부모들이 이런 식으로 아이를 낳는다면 자식 세대에서는 인구가 폭증할 것이라고 걱정하고 있다. 이러한 정부 판단의 타당성 여부를 논리적으로 설명하시오.

| 중앙대학교 2006년 수시 |

예시 답안

Check Point

(1) 총 n쌍의 부모가 존재한다고 하자. 첫 아들과 첫 딸의 예상 인구는 각각 $\frac{n}{2}$으로 동일하고, 첫 출산이 딸인 경우 두 번째 출산의 결과 태어난 아들 혹은 딸의 예상 인구는 각각 $\frac{1}{2}\times\frac{n}{2}$이다. 따라서 남아와 여아의 예상 인구는 각각 $\frac{3n}{4}$이 되고, 남녀 성별 구성비는 1 : 1이다.

(1)
부모(n쌍)
$\frac{1}{2}$ → 아들$\left(\frac{1}{2}n\right)$
$\frac{1}{2}$ → 딸$\left(\frac{1}{2}n\right)$
딸 $\frac{1}{2}$ → 아들$\left(\frac{1}{2}\times\frac{n}{2}\right)$
딸 $\frac{1}{2}$ → 딸$\left(\frac{1}{2}\times\frac{n}{2}\right)$

(2) 총 n쌍의 부모가 존재한다고 하자. k번째 출산의 결과 태어난 아들 혹은 딸의 예상 인구는 각각 $\frac{n}{2^k}$이므로 아들과 딸의 예상 인구는 각각 $\sum_{k=1}^{n}\frac{n}{2^k}=n$이고, 자식 세대의 예상 인구는 $2n$이다. 결국 자식 세대의 예상 인구는 부모 세대의 인구 $2n$과 동일하므로 인구의 변동은 없을 것이다.

유제 1

어느 도시에 오른쪽 그림과 같은 도로망이 있다. 그런데 ○인 곳은 공사 중이어서 통행이 불가능하다. 공사 중인 도로를 전혀 알지 못하는 한 행인이 A지역에서 B지역으로 통행이 가능한 길을 물어 찾아가려고 한다. 각 갈림길에서 직진은 하지 않고 좌 · 우로만 진행한다고 하자. 각 갈림길에는 여섯 명의 사람이 있고 통행할 수 있는 길을 물으면 이 중 다섯 명은 좌 · 우 방향 중 바른 방향을, 나머지 한 명은 반대 방향을 가리켜 주는데 행인은 이 사실을 알고 있다. 각 갈림길에서 한 번에 한 사람에게만 길을 물어볼 수 있는데, 길을 물어본 후 어느 방향이 바른 방향인지 확실히 알 수 있으면 그 길을 따라 다음 갈림길로 가고 그렇지 않으면 다른 사람에게 다시 물어보아야 한다. A에서 B까지 가는데 평균 몇 회 길을 물어야 하는지 설명하시오.

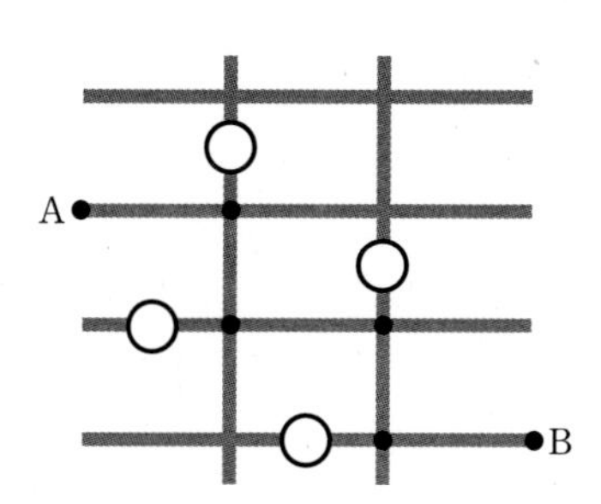

| 고려대학교 2006년 모의논술 응용 |

예제 2 다음은 보험회사의 책임준비금에 관한 설명이다.

> 보험회사는 보험업법에 의하여 매결산기에 보험계약의 종류에 따라 책임준비금을 계상하고 장부에 기재하여야 한다. 책임준비금은 보험사업자가 보험사고 발생을 수리통계적으로 예측하여 장래의 보험금 지급 등 보험계약상의 의무를 이행하기 위하여 적립하는 금액이다. 또한, 책임준비금은 대차대조표일 현재 시점에서 본 장래의 지급보험금의 현가와 장래의 수입보험료의 현가와의 차액이다. 수지상등의 원칙에 의하여 하나의 보험계약에 대한 보험회사의 수입 지출의 기대치는 같으나, 이것은 어디까지나 전 보험기간에 대한 것이다.
> 사망보험의 경우 계약의 초기에는 피보험자의 연령이 젊고 사망률도 낮기 때문에 보험금 지급도 적으나, 보험료는 전기간을 통하여 같은 금액의 보험료(평준보험료)를 받음으로써 수입이 지출보다 많다. 만약, 계약 초기에 지출하고 남은 부분을 써버리면 계약 기간의 후기에는 반대의 현상이 일어남으로써 보험회사는 보험금을 지급할 재원이 부족하게 된다. 따라서 계약 초기에는 지출하고 남은 금액을 장래에 지출이 수입을 초과하는 것에 대비해서 적립해 둘 필요가 있으며, 이와 같은 적립금을 책임준비금이라 한다.

생명보험 가입자가 1,000,000명인 어떤 생명보험회사에서 사망 보험금을 지불하지 못할 위험이 2.5 % 이하가 되도록 사망 보험금을 준비하려고 한다. 이 회사의 생명보험 가입자 한 사람이 일년 동안에 사망할 확률이 평균적으로 2 %라고 할 때, 이 회사가 준비해야 할 사망 보험금에 대하여 논하시오.

(단, $\mathrm{P}(0 \le Z \le 1.96) = 0.4750$, $\mathrm{P}(0 \le Z \le 2.5) = 0.4938$이다.)

예시 답안

Check Point

$\mathrm{P}(Z \ge z) = 0.5 - \mathrm{P}(0 \le Z \le z)$

생명보험 가입자 중 사망자의 수를 확률변수 X라 하면 X는 이항분포 $\mathrm{B}\left(1000000, \frac{2}{100}\right)$를 따른다.

$$m = 1000000 \times \frac{2}{100} = 20000,$$

$$\sigma^2 = 1000000 \times \frac{2}{100} \times \frac{98}{100} = 140^2$$

따라서 X는 정규분포 $\mathrm{N}(20000, 140^2)$을 따른다고 볼 수 있으므로 사망자의 수가 x일 때

$$\mathrm{P}(X \ge x) = \mathrm{P}(Z \ge z) = 0.5 - \mathrm{P}(0 \le Z \le z) \le 0.025$$

이라 하면 $\mathrm{P}(0 \le Z \le z) \ge 0.475$에서 $z \ge 1.96$

즉, $\frac{x - 20000}{140} \ge 1.96$에서 $x \ge 20274.4$

그러므로 보험회사는 20275명 이상의 사망보험금을 준비하여야 한다.

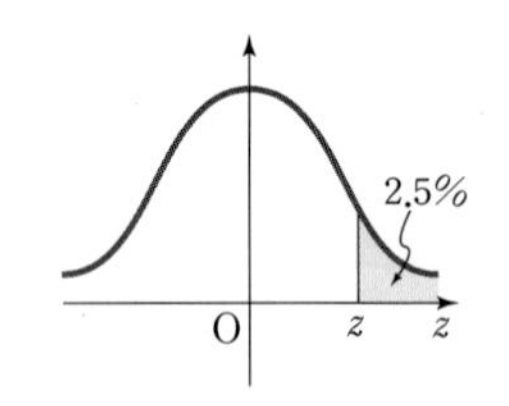

예시 답안 및 해설 112쪽 ~ 113쪽

TRAINING

수리논술 기출 및 예상 문제

01

다음 제시문을 읽고 물음에 답하시오.

> Hint
> 떨어뜨리지 않는 바구니에 담겨 있는 계란의 수를 확률변수 X로 놓는다.

1995년 노벨 경제학상을 받은 로버트 루카스는 각 경제의 주체가 과거의 경험과 통계적 수치보다 현재 이용가능한 모든 정보를 적절히 사용하여 미래를 예측하고 경제적인 행동을 합리적으로 한다고 주장하였다. 이것을 합리적 기대가설이라고 한다. 실제로 주식시장에서 합리적 기대가설의 영향은 매우 크다고 알려져 있다. 그러면 사람들의 일상적인 행동들이 합리적인지의 여부를 확률/통계적으로 알아보고자 한다.

주식 투자에 있어 "계란을 한 바구니에 담지 말라"는 유명한 격언이 있다. 이 말은 주식투자를 할 때, 한 곳에 집중 투자를 할 경우 그 주가가 떨어지면 모든 돈을 잃을 수 있기 때문에 여러 곳에 분산투자를 하라는 것이다.

(1) 계란 2개와 바구니 2개가 있고, 각각의 바구니를 떨어뜨릴 확률이 $\frac{1}{2}$이라고 가정하자. 이때 계란을 어떻게 나누어서 담는 것이 과연 위험을 줄일 수 있는지 기댓값과 분산을 계산하여 설명하시오.

(2) 계란 4개와 바구니 3개가 있고, 각각의 바구니를 떨어뜨릴 확률이 $\frac{1}{2}$이라고 가정하자. 이때 계란을 어떻게 나누어서 담는 것이 과연 위험을 줄일 수 있는지 기댓값과 분산을 계산하여 설명하시오.

| 한양대학교 2010년 상경계 모의논술 |

02

다음 제시문을 읽고 물음에 답하시오.

> Hint
> 확률변수 Y의 평균은
> $\mathrm{E}(Y)=\sum_{n=1}^{\infty} n\cdot \mathrm{P}(Y=n)$

자연수 값을 취하는 확률변수 X에 대하여 급수 $\sum_{n=1}^{\infty} n\mathrm{P}(X=n)$이 수렴할 때 이 급수의 합을 확률변수 X의 평균이라 한다.
수열 $\{a_n\}$은 첫째항이 p이고 공비가 r인 등비수열이고 수열 $\{b_n\}$의 일반항은 $b_n=\frac{k}{n(n+1)(n+2)}$이다.
아래 표는 확률변수 Y와 Z의 확률분포를 나타낸다.

n	1	2	3	$\cdots$	합계
$\mathrm{P}(Y=n)$	a_1	a_2	a_3	$\cdots$	$\sum_{n=1}^{\infty} a_n=1$
$\mathrm{P}(Z=n)$	b_1	b_2	b_3	$\cdots$	$\sum_{n=1}^{\infty} b_n=1$

확률변수 Y의 평균과 확률변수 Z의 평균이 같을 때 p, r, k를 구하시오.

| 고려대학교 2012년 인문계 수시 |

03 다음 제시문을 읽고 (나)의 상황에서 물음에 답하시오.

> **Hint**
> - $X=n$인 사건은 마지막 n번째받은 장난감이 a인 경우, b인 경우, c인 경우로 나누어진다.
> - (가)의 (식①)을 활용하여 기댓값 $\mathrm{E}(X)$를 계산할 수 있다.

(가) 1의 눈이 한 번 나올 때까지 반복적으로 주사위를 던지는 실험을 할 때 주사위를 던진 총 횟수를 확률변수 X라고 하면 X가 가지는 값들의 집합은 $\{1, 2, 3, \cdots\}$이며, X의 확률분포는 다음의 표와 같다.

X	1	2	3	4	$\cdots$	n	$\cdots$
$\mathrm{P}(X=x_i)$	$\frac{1}{6}$	$\frac{5}{6}\cdot\frac{1}{6}$	$\left(\frac{5}{6}\right)^2\cdot\frac{1}{6}$	$\left(\frac{5}{6}\right)^3\cdot\frac{1}{6}$	$\cdots$	$\left(\frac{5}{6}\right)^{n-1}\cdot\frac{1}{6}$	$\cdots$

이때 X의 기댓값 $\mathrm{E}(X)$는 아래의 (식①)을 이용하여 다음과 같이 구할 수 있다.

$$\mathrm{E}(X)=\sum_{n=1}^{\infty} n\left(\frac{5}{6}\right)^{n-1}\cdot\frac{1}{6}=6$$

일반적으로 $-1<a<1$인 상수 a에 대하여 다음의 무한급수는 수렴하고 그 합은

$$\sum_{n=1}^{\infty} na^{n-1}=1+2a+3a^2+\cdots=\frac{1}{(1-a)^2} \qquad \text{(식 ①)}$$

(나) '숭실 햄버거' 가게에서 판촉행사의 일환으로 어린이 고객이 한 개의 햄버거를 살 때마다 세 종류의 장난감 a, b, c가운데 하나를 임의로 선택하여 나누어 주고 있다. 고객은 장난감 종류를 결정할 수 없고 햄버거 가게에는 세 가지 장난감이 동일한 비율로 무수히 많이 준비되어 있다. 즉, 고객이 한 개의 햄버거를 새로 살 때 각각의 장난감 a, b, c를 받을 확률은 $\frac{1}{3}$로 동일하다.
이 햄버거 가게에서 고객이 한 번에 한 개의 햄버거를 살 때, 한 세트(장난감 종류별로 한 개씩)의 장난감을 수집할 때까지 구입한 햄버거의 개수를 확률변수 X라고 하자. 한 세트의 장난감을 수집하기 위해서는 최소 3개 이상의 햄버거를 구입해야 한다. X의 값에 따라 다음의 표와 같이 상황을 설명할 수 있다.

사건	설명
$X=3$	세 번 모두 다른 종류의 장난감을 받음
$X=4$	처음 세 개의 햄버거를 살 때까지는 두 종류의 장난감을 받고, 네 번째 살 때 남은 한 종류의 장난감을 받음
$X=5$	처음 네 개의 햄버거를 살 때까지는 두 종류의 장난감을 받고, 다섯 번째 살 때 남은 한 종류의 장난감을 받음
$\vdots$	$\vdots$

(1) $\mathrm{P}(X=3)$과 $\mathrm{P}(X=4)$를 계산하는 과정을 기술하고, 그 값을 구하시오.
(2) 3 이상의 자연수 n에 대하여 $\mathrm{P}(X=n)$을 n에 관한 식으로 나타내시오.
(3) (2)의 결과를 이용하여 기댓값 $\mathrm{E}(X)$를 구하시오.

| 숭실대학교 2011년 수시 |

예시 답안 및 해설 113쪽 ~ 115쪽

04 다음 물음에 답하시오.

(1) 주사위 1개를 1번 던질 때 나오는 눈의 값의 기댓값을 구하시오.

(2) 주사위 눈을 한 번 던지고, 그 이후 다시 한 번 던질지 말지를 선택할 수 있을 때, 얻을 수 있는 눈의 값(최종값)의 기댓값을 최대로 만들 수 있는 전략을 설명하고 그 때의 기댓값을 구하시오. (단, 두 번째 값이 최종 값이 된다.)

(3) (2)와 같은 규칙으로 하되, 던질 수 있는 횟수 n이 충분히 클 때 얻을 수 있는 눈의 기댓값의 최댓값을 구하시오.

| KAIST 2013년 심층면접 |

Hint

(2) 첫 번째 던진 주사위의 눈이 (1)에서 구한 기댓값 □보다 작은 값이면 주사위를 다시 한 번 던지고, 기댓값 □보다 큰 값이면 주사위를 다시 던지지 않는다.

05 다음 제시문을 읽고 물음에 답하시오.

(가) 동전 한 개를 던지는 시행을 반복한다. X_k는 k번째 시행에서 앞면이 나오면 1을, 뒷면이 나오면 0을 갖는 확률변수라 하자. 단, 각 시행에서 앞면이 나올 확률과 뒷면이 나올 확률은 각각 $\frac{1}{2}$로 모두 같고 각 시행은 서로 독립이라 가정하자.

(나) 확률변수 X_1, …, X_n과 임의의 상수 a_1, …, a_n에 대하여 $Y_n=a_1X_1+\cdots+a_nX_n$의 기댓값 $\mathrm{E}(Y_n)$은

$$\mathrm{E}(Y_n) = a_1\mathrm{E}(X_1) + \cdots + a_n\mathrm{E}(X_n)$$

이다.

새로운 확률변수 $Z_n=\sum_{k=1}^{n}\frac{X_k}{2^k}$에 대하여

(1) 기댓값 $\mathrm{E}(Z_n)$을 구하시오.

(2) m은 2 이상의 정수이고 $n>m$일 때, 확률 $\mathrm{P}\left(Z_n \geq \frac{1}{2}+\frac{1}{2^m}\right)$을 구하시오.

(3) m은 2 이상의 정수이고 $n>m$일 때, 확률의 극한값 $\lim_{n\to\infty}\mathrm{P}\left(\left|Z_n-\frac{1}{2}\right|<\frac{1}{2^m}\right)$을 구하시오.

| 한양대학교 2013년 수시 |

Hint

(2) Z_n을 이진법으로 표시하면

$$Z_n=\sum_{k=1}^{n}\frac{X_k}{2^k} = \frac{X_1}{2}+\frac{X_2}{2^2}+\cdots+\frac{X_n}{2^n} = (0.X_1X_2\cdots X_n)_{(2)}$$

$$\frac{1}{2}+\frac{1}{2^m} = (0.X_1X_2\cdots X_{m-1}X_m X_{m+1}\cdots X_n)_{(2)} = (0.10\cdots010\cdots0)_{(2)}$$

06 다음 제시문을 읽고 물음에 답하시오.

> 정사각형 모양의 나무판을 이용하여 다음과 같이 다트판을 만들었다. 먼저 나무판을 넓이가 같도록 m개의 영역으로 나눈다. 그 중 한 영역을 임의로 선택하여 넓이가 같은 m개의 작은 영역으로 다시 나눈다. 이러한 과정을 반복하여 나무판을 계속 나누어 간다. 다트판의 점수는 다음과 같은 방법으로 부여한다.
>
> "k단계에서 선택되지 않은 영역은 $k-1$을 부여"
>
> 즉, 첫 단계에서 선택되어지지 않은 영역에는 0점, 두 번째 단계에서 선택되어지지 않은 영역은 1점을 부여하는 식이다.
>
> 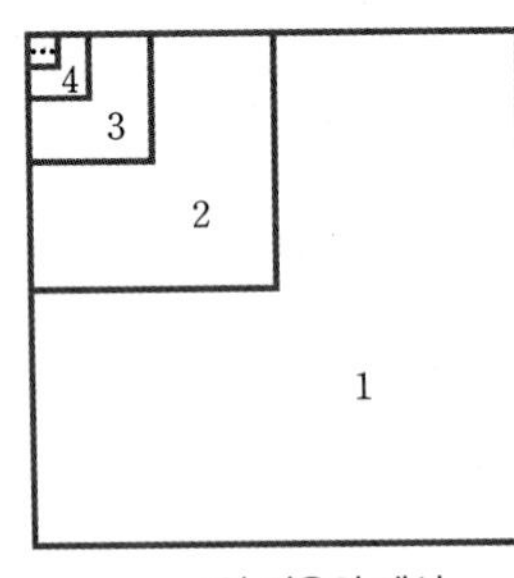
>
>
> $m=4$인 경우의 예시

(1) 제시문의 다트판에서 철수가 다트를 던져서 숫자 k가 나올 확률을 a_k라고 할 때, a_k의 일반항은 $a_k=(㉮)^{㉯}-(㉰)^{㉱}$이 된다. 이때, ㉮－㉯－㉰＋㉱의 값을 계산하시오. (단, 다트의 화살촉 크기는 무시하고 경계선에 다트가 꽂히는 경우는 없다고 가정한다.)

(2) (1)에서 얻어진 수열 $\{a_k\}$에 대한 급수 $a_1+a_2+a_3+\cdots$가 항상 수렴함을 보이고 그 수렴값을 구하시오.

(3) (1)에서 얻어진 수열 $\{a_k\}$에 대하여 유한수열 $\{b_k\}$ $(1\le k\le 10)$을 다음과 같이 정의한다.

$$b_k=\begin{cases} a_k & (k=1,\ 2,\ \cdots,\ 9) \\ \sum_{n=10}^{\infty} a_n & (k=10) \end{cases}$$

제시문에서 만들어진 다트판에서 10점 이상의 부분을 모두 10점으로 바꾸어 새로운 다트판을 만든다. 예를 들어 11점 부분을 맞추면 10점을 얻는다. 철수가 다트를 던져서 얻은 점수를 X라 할 때, 그 확률을 $\mathrm{P}(X=k)=b_k$라고 정의하면 X는 이산확률변수가 되고 $\mathrm{P}(X=k)=b_k$는 X의 확률질량함수가 된다. (단, $k=1,\ 2,\ \cdots,\ 10$) 확률변수 X^2의 기댓값 $\mathrm{E}(X^2)$을 구하시오.

| 경북대학교 2015년 모의논술 |

Hint

(1) $m=4$인 경우에

$a_1=1-\left(\frac{1}{2}\right)^2=1-\frac{1}{4}$

$a_2=\left(\frac{1}{2}\right)^2-\left(\frac{1}{4}\right)^2$

$=\frac{1}{4}-\left(\frac{1}{4}\right)^2$

$a_3=\left(\frac{1}{4}\right)^2-\left(\frac{1}{8}\right)^2$

$=\left(\frac{1}{4}\right)^2-\left(\frac{1}{4}\right)^3$

07 다음 제시문을 읽고 물음에 답하시오.

아래 그림과 같이 원 $x^2+y^2=1$과 타원 $\frac{x^2}{a^2}+a^2y^2=1(0<a<1)$이 세 직선 $y=0$, $y=(\tan\theta)x$, $y=-(\tan\theta)x\left(0<\theta<\frac{\pi}{2}\right)$와 만나는 교점들을 각각 점 A_1, A_2, A_3, A_4, A_5, A_6과 점 B_1, B_2, B_3, B_4, B_5, B_6이라 하자.

- 원 위의 6개의 점 A_1, A_2, A_3, A_4, A_5, A_6 중에서 임의로 3개의 점을 선택하여 이 세 점이 꼭짓점이 되는 삼각형을 만들 수 있다. 여기서 세 점이 모두 이웃하는, 즉 세 점이 나란히 선택되는 경우(예를 들어 삼각형 $A_1A_2A_3$, 삼각형 $A_1A_2A_6$)는 제외한다. 이때 만들어지는 삼각형의 넓이를 확률변수 X라 하자.
- 타원 위의 6개의 점 B_1, B_2, B_3, B_4, B_5, B_6 중에서 임의로 선택한 3개의 점을 꼭짓점으로 하는 삼각형의 넓이를 확률변수 Y라 하자. 여기서는 임의로 세 점을 선택할 때 제외되는 경우가 없다.

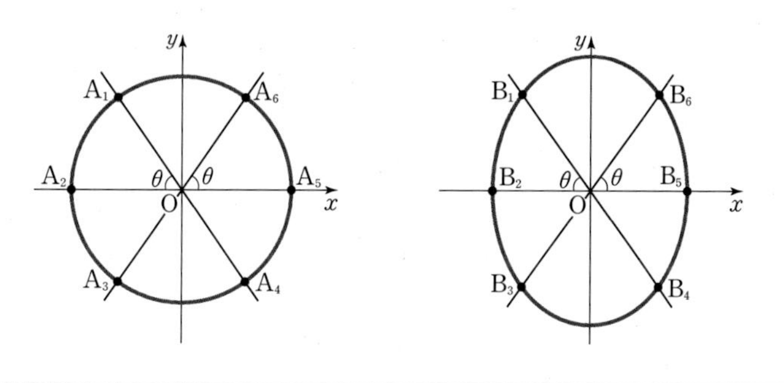

(1) $\theta=\frac{\pi}{3}$일 때 확률변수 X의 확률분포를 나타내는 표와 X의 평균을 구하고 그 방법을 서술하시오.

(2) 임의의 각 $\theta\left(0<\theta<\frac{\pi}{2}\right)$에 대하여 확률변수 X의 평균을 θ의 식으로 나타내고 그 과정을 서술하시오.

(3) (2)에서 구한 X의 평균이 최대가 되는 각 θ를 구하고 그 근거를 논술하시오.

(4) 점 B_6의 좌표를 (p, q)라 할 때 확률변수 Y의 평균을 a, p, q의 식으로 나타내고, 이 평균이 최대가 되는 점 B_6의 좌표를 a의 식으로 표현하시오. 그리고 그 근거를 논술하시오.

| 경희대학교 2015년 수시 |

Hint
(2) 주어진 점들이 x축, y축에 대칭인 것을 생각하여 조건을 만족하는 삼각형을 분류한다.

08 다음 제시문을 읽고, 물음에 답하시오.

(가) 이산확률변수 X가 가질 수 있는 값이 $x_1, x_2, \cdots, x_n$이고 각각의 i에 대하여 X가 값 x_i를 가질 확률이 p_i라고 할 때, X가 가질 수 있는 값 x_i와 X가 그 값 x_i를 가질 확률 p_i의 대응 관계를 X의 확률분포라고 한다. 이산확률변수 X의 확률분포는 확률질량함수

$$P(X=x_i)=p_i\ (i=1, 2, \cdots, n) \qquad (☆)$$

또는 확률분포표

X	x_1	x_2	x_3	$\cdots$	x_n	합계
$P(X=x)$	p_1	p_2	p_3	$\cdots$	p_n	1

에 의해 주어진다. X의 확률분포가 이와 같을 때,

$$m=E(X)=\sum_{i=1}^{n} x_i P(X=x_i)$$

를 X의 평균(또는 기댓값)이라고 하고

$$V(X)=\sum_{i=1}^{n}(x_i-m)^2 P(X=x_i)$$

를 X의 분산이라고 한다. 그러므로 이산확률변수 X의 평균과 분산을 구하기 위해서는 확률질량함수 또는 확률분포표로 주어지는 X의 확률분포를 알고 있어야 한다. 이 사실에 기초하여, 이산확률변수 $Y=X-m$의 평균과 분산을 구할 수 있다. X의 확률분포표로부터 Y의 확률분포표는

Y	x_1-m	x_2-m	x_3-m	$\cdots$	x_n-m	합계
$P(Y=y)$	p_1	p_2	p_3	$\cdots$	p_n	1

이다. 따라서 Y의 평균과 분산은 각각 다음과 같다.

$$E(Y)=\sum_{i=1}^{n}(x_i-m)P(Y=x_i-m)=\sum_{i=1}^{n}(x_i-m)p_i=0$$

$$V(Y)=\sum_{i=1}^{n}[(x_i-m)-E(Y)]^2 P(Y=x_i-m)=\sum_{i=1}^{n}(x_i-m)^2 p_i=V(X)$$

(나) 어떤 시행에서 사건 A가 일어날 확률이 $p(0<p<1)$이고 따라서 일어나지 않을 확률이 $q=1-p$이다. 이 시행을 독립적으로 n번 반복할 때, 사건 A가 일어나는 횟수를 X라고 하면 X는 확률질량함수가

$$P(X=x)={}_nC_x p^x q^{n-x}\ (x=0, 1, \cdots, n)$$

으로 주어지는 이산확률변수이다. 이와 같은 X의 확률분포를 이항분포라고 하고 $B(n, p)$로 나타낸다. (가)의 정의를 이용하여, X의 평균과 분산을 구하면 다음과 같다.

$$E(X)=np,\ V(X)=npq$$

(다) 랜덤워크(random walk)는 액체 또는 기체 속에 있는 입자의 불규칙적인 운동이나 예측하기 어려운 주식의 가격변화를 설명하는 데 이용될 수 있는 수리적 모형이다. 가장 간단한 랜덤워크의 예로는 수직선상의 한 점 P가 원점에서 출발하여 오른쪽 또는 왼쪽으로 한 칸씩 임의로 움직이는 것을 들 수 있다. 점 P가 오른쪽으로 움직일 확률을 $p(0<p<1)$, 왼쪽으로 움직일 확률을 $q=1-p$라고 하자. 또한, 점 P가 원점 O의 위치에서 출발하여 독립적으로 n번 임의이동한 후 도착한 위치를 W라고 하자. 그러면

Hint

(2) $V(X)=\sum_{i=1}^{n}(x_i-m)^2 P(X=x_i)$ 에서 $(x_i-m)^2$을 전개하여 알아본다.

(3) 이산확률변수 X가 이항분포 $B(n, p)$를 따르면 $E(X)=np$, $V(X)=npq$ 이다.

변수 W는 가질 수 있는 값이 유한개이며 각 값에 대하여 확률이 정해져 있는 이산확률변수이다. 예를 들어, 점 P가 다섯 번 이동한다면 W는 -5, -3, -1, 1, 3, 5 중의 하나의 값을 가질 수 있고 각각의 확률은 다음과 같다.

W	-5	-3	-1	1	3	5	합계
$\mathrm{P}(W=w)$	q^5	$5pq^4$	$10p^2q^3$	$10p^3q^2$	$5p^4q$	p^5	1

이 예로부터 W의 확률분포가 이항분포와 밀접한 관계가 있음을 알 수 있다.

(1) 확률질량함수가 (가)의 (☆)로 주어지는 이산확률변수 X에 대하여,

$Y=aX+b$ (a, b는 상수이고 $a\neq0$)

로 정의된 이산확률변수 Y를 생각하자. Y의 확률질량함수를 구하고, 이를 이용하여 Y의 평균과 분산을 X의 평균과 분산으로 표현하시오.

(2) 이산확률변수 X에 대하여, X^2의 평균 $\mathrm{E}(X^2)$을 아래 식을 이용하여 구할 수 있는지를 (가)의 밑줄 친 부분을 근거로 하여 논하시오.

$\mathrm{E}(X^2) = \mathrm{V}(X)+\{\mathrm{E}(X)\}^2$

(3) (다)에서 정의된 이산확률변수 W의 확률분포가 이항분포 $\mathrm{B}(n,\ p)$와 어떤 관계가 있는지를 설명하고, 이를 이용하여 $\mathrm{E}(W)$, $\mathrm{V}(W)$ 그리고 $\mathrm{E}(W^2)$을 구하시오.

| 서강대학교 2012년 수시 |

09

다음 제시문을 읽고 물음에 답하시오.

> 다음은 이번 겨울 어느 도시에 대한 기상청의 기상예보이다.
> (가) 해당 기간은 2013년 12월 1일부터 2014년 3월 10일까지 총 100일이다.
> (나) 이 기간에 눈이 오는 날은 총 30일로 예상된다.
> (다) 눈이 오는 날의 1일 적설량을 확률변수 X라 할 때, X의 분포를 나타내는 확률밀도함수 $f(x)$는 다음과 같다.
>
> $$f(x)=\begin{cases} 0, & x<0,\ x>\frac{4}{3} \\ x^{\frac{1}{5}}, & 0\le x\le 1 \\ -3x+4, & 1<x\le\frac{4}{3} \end{cases} \quad (x\text{의 단위: 10인치})$$

(1) 당신은 작업용 스노우 부츠를 생산하는 회사의 기획부에 근무한다. 부츠의 높이를 1일 적설량의 최댓값$\left(\frac{4}{3}\times 10\text{인치}\right)$에 맞추는 것은 경제적이라 볼 수 없다. 따라서, 회사의 방침은 "부츠의 높이가 1일 적설량보다 높을 확률이 90 %인 부츠"를 생산하는 것이다. 이 방침에 따라, 부츠의 높이를 계산하시오.

(2) 이 도시에서는 제설작업을 위하여 적설량 10인치 당 2톤의 염화칼슘이 필요하다. 이 도시에서 이번 겨울 제설 작업에 필요한 염화칼슘의 기댓값을 구하시오.

| 숭실대학교 2014년 모의논술 |

> **Hint**
> (1) 부츠의 높이를 h라 하면 $\mathrm{P}(x<h)=0.9$이다.
> 즉, $\int_h^{\frac{4}{3}} f(x)dx=0.1$ 을 만족하는 h를 구한다.

10

연속확률변수 X의 확률밀도함수 $f(x)=\frac{1}{\sqrt{2\pi}}e^{-\frac{x^2}{2}}(-\infty<x<\infty)$에 대하여, 제시문을 읽고 물음에 답하시오.

> 연속확률변수 X가 표준정규분포 $\mathrm{N}(0, 1)$을 따를 때, X의 확률밀도함수는
> $$f(x)=\frac{1}{\sqrt{2\pi}}e^{-\frac{x^2}{2}}(-\infty<x<\infty)$$
> 으로 주어진다. 이때 $a\le X\le b$에 대한 확률 $\mathrm{P}(a\le X\le b)$와 평균 $\mathrm{E}(a\le X\le b)$는 다음과 같다.
> $$\mathrm{P}(a\le X\le b)=\int_a^b f(x)dx,\ \mathrm{E}(a\le X\le b)=\int_a^b xf(x)dx$$

(1) 평균 $\mathrm{E}(0\le X\le 1)$을 구하시오.

(2) $g(t)=\mathrm{P}(t\le X\le 1)$이라 할 때 $\int_0^1 g(t)dt$의 값을 구하시오.

| 인하대학교 2013년 수시 |

> **Hint**
> (1) 치환적분법을 이용한다.
> (2) 부분적분법을 이용한다.

11 다음 제시문을 읽고 물음에 답하시오.

(가) 캠퍼스 지도

다음은 서울과학기술대학교 캠퍼스 내 몇몇 건물과 그 지하 하수관을 통해서 흐르는 시간당 물의 양을 나타낸 그림이다.

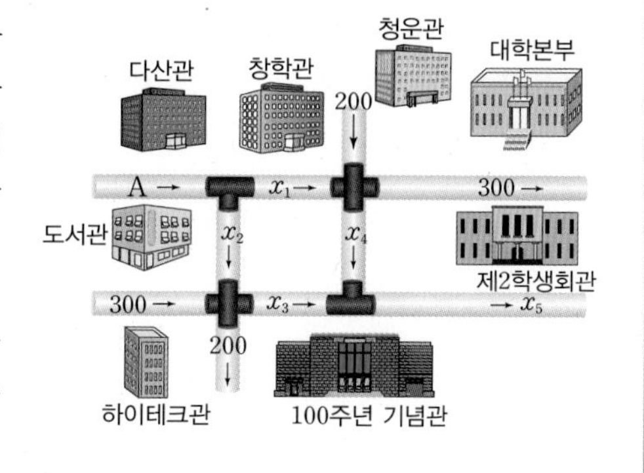

(나) 정규분포

연속확률변수 X의 확률밀도함수 $f(x)$가 두 상수 m, σ $(\sigma>0)$에 대하여

$$f(x)=\frac{1}{\sqrt{2\pi}\sigma}e^{-\frac{(x-m)^2}{2\sigma^2}}\ (-\infty<x<\infty)$$

일 때, X의 확률분포를 정규분포라고 한다. 이때 평균은 m, 분산은 σ^2이고, 이 정규분포를 $\mathrm{N}(m,\ \sigma^2)$으로 나타낸다. 특히, 평균과 분산이 각각 0, 1인 정규분포를 표준정규분포라고 한다.

Hint

(1) 들어오는 물의 양과 나가는 물의 양이 같아야 한다.

(2) 다산관 지하로 들어오는 물의 양을 표준화하면 $Z=\frac{A-500}{10}$이다.

(1) 다산관 지하로 들어오는 시간당 물의 양(A)이 400일 때, 제2학생회관 방향으로 흐르는 시간당 물의 양(x_5)을 구하시오.

(2) 하수관으로 한계 용량 이상의 물이 들어오면 역류한다. 기숙사 신축으로 물 사용량이 증가하여 하수관이 역류하는 것을 막고자 창학관 앞 지하 배관 교차점에서 100주년 기념관 방향으로 이어진 하수관을 교체할 계획이다. 조사 결과 기숙사 신축 이후 다산관 지하 방향으로 들어오는 시간당 물의 양(A)은 평균 500, 표준편차 10인 정규분포를 따를 것으로 예상된다. 창학관에서 100주년 기념관 방향으로 흐르는 시간당 물의 양(x_4)이 최대가 되는 경우에도 99 % 확률로 역류가 일어나지 않도록 설계하고자 한다. 새로운 하수관의 한계 용량은 최소 얼마가 되어야 하는지 구하시오. (확률변수 Z가 표준정규분포를 따를 때, 아래 확률값이 필요하면 이용하시오.)

$\mathrm{P}(0\le Z\le 1.96)=0.475$, $\mathrm{P}(0\le Z\le 2.33)=0.490$

$\mathrm{P}(0\le Z\le 2.58)=0.495$, $\mathrm{P}(Z\ge 10)=0$

(3) 하수관 교체 공사 후 하수관을 다시 열었을 때, 처음 10시간 동안 창학관에서 100주년 기념관 방향으로 흐르는 시간당 물의 양(x_4)이

$$f(t)=200\frac{\ln(1+t)}{\sqrt{1+t}}\ (0\le t\le 10,\ t\text{의 단위는 시간})$$

으로 주어진다. A가 500으로 일정할 때, x_4가 최대가 되는 때는 몇 시간 후인지 구하고, 이때 다산관에서 하이테크관 방향으로 흐르는 시간당 물의 양(x_2)을 구하시오.

| 서울과학기술대학교 2015년 수시 |

12 다음 제시문을 읽고 물음에 답하시오.

(가) A 보험회사는 자동차 보험 상품을 판매하고 있다. 이 회사는 보상금 지급에 필요한 자동차 사고 기록을 관리하고 있는데, 지난 4년 동안 이 회사의 자동차 보험 가입자 수와 가입자가 발생시킨 자동차 사고 건수의 기록은 아래의 표와 같다.

년도	2008	2009	2010	2011	2012
가입자수	1000	1100	1210	1331	?
사고건수	360	370	380	390	?
비율(%) (사고건수/가입자수)	36.00	33.64	31.40	29.30	?

지급된 보상금 규모는 평균적으로 건수 당 4백만 원이며 이때, 표준편차는 1백만 원이다. 또한 이 보상금 규모는 정규분포를 따른다. 이 수치는 지난 4년에 걸쳐 변화가 없다. 이 보험회사는 사고 건수 중 구급차가 출동한 건수에 대해서 관리를 하고 있다. 출동한 구급차수와는 상관없이 사고 시에 구급차가 현장에 출동했는지를 기록하고 있는데 사고건수에 대한 구급차 출동 확률은 $\frac{1}{10}$이다.

(나) 확률변수 X가 정규분포 $\mathrm{N}(m, \sigma^2)$을 따를 때, 확률변수 $aX+b$ (a, b는 상수)도 정규분포를 따른다는 것이 알려져 있다. 이때

$$Z=\frac{X-m}{\sigma}$$

으로 놓으면 확률변수 Z의 평균은 0, 표준편차는 1이므로 확률변수 Z는 정규분포 $\mathrm{N}(0, 1)$을 따르고, Z의 확률밀도함수는

$$f(z)=\frac{1}{\sqrt{2\pi}}e^{-\frac{z^2}{2}}\ (-\infty<z<\infty)$$

이다. 이와 같이 평균이 0, 표준편차가 1인 정규분포 $\mathrm{N}(0, 1)$을 표준정규분포라 한다. 이때 Z가 0 이상 z_0 이하의 값을 가질 확률 $\mathrm{P}(0\le Z\le z_0)$는 아래 그림에서 색칠한 부분의 넓이이고, 그 값을 나타내는 표는 아래와 같다.

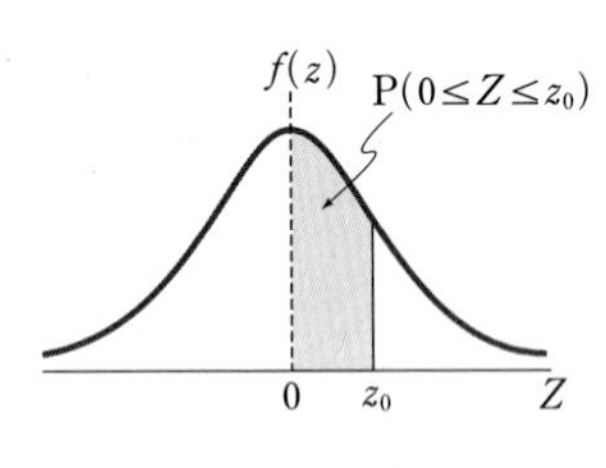

z_0	$\mathrm{P}(0\le Z\le z_0)$
0.5	0.1915
1.0	0.3413
1.5	0.4332
2.0	0.4772
2.5	0.4938
3.0	0.4987

Hint
(2) 2012년 보상금 수준은 $\mathrm{N}(400, 100^2)$인 정규분포를 이룬다.

(1) ㈎에 나타난 지난 4년간의 기록을 기준으로 2012년 한 해 동안의 가입자, 사고건수, 그리고 가입자 대비 사고건수의 비율을 예측하고 그 발생 양상을 설명하시오.

(2) 위 (1)에서 구한 2012년의 사고건수를 기준으로 할 때 보상금이 500만 원 이상 되는 사고건수를 ㈏를 이용하여 예측하고 설명하시오

(3) 보험회사는 예측된 2012년의 사고건수를 기준으로 구급차 출동건수에 따른 지급보험금을 준비한다. 구급차 출동건수 당 1천만 원의 보험금 지급이 필요하고 현재 이 경우를 위해 보험회사는 5억 2천만 원의 예산을 준비하고 있다. 2012년 한 해 동안에 구급차가 출동한 사고에 지급되는 총 보험금이 예산을 초과할 확률을 구하시오.

| 가톨릭대학교 2013년 수시 |

13

장애인 고용을 주관하고 있는 정부기관의 조사에 의하면 2009년도 장애인의 임금 분포는 모평균 100만원, 모표준편차 10만원인 정규분포를 따르며, 2010년도 장애인의 임금 분포는 모평균 m만원, 모표준편차 10만원인 정규분포를 따른다고 한다.

(1) 2009년도 비장애인의 임금 모평균이 120만 원이라 할 때, 이보다 많은 임금을 받는 장애인의 비율이 전체의 몇 %인지 수리적으로 추론하고, 그 실제적 의미를 간략히 기술하시오.

(2) 2010년도 장애인 임금 분포의 모평균 m을 추정하기 위해 크기 n인 표본을 임의 추출할 경우 신뢰도 95%의 신뢰구간의 길이가 4 이하가 되는 n의 최솟값을 구하시오.

(3) 2009년과 2010년의 장애인의 임금 모평균의 차이가 없다고 가정하자. $(m=100)$ 2010년도 장애인 모집단에서 임의 추출한 크기 100인 표본의 표본평균을 $\overline{X}$라 할 때, 만약 $P(\overline{X} \geq a) \leq 0.025$이면 위 가정이 타당하지 않다고 결론내릴 수 있다고 한다. 이를 만족시키는 최솟값 a를 수리적으로 추론하시오. (단, $P(Z \geq 1.0)=0.1587$, $P(Z \geq 2.0)=0.0228$, $P(Z \geq 1.96)=0.0250$, $P(Z \geq 2.58)=0.0050$)

| 한국외국어대학교 2011년 모의논술 |

Hint

(1) 정규분포 $N(a, b^2)$을 따르는 확률변수 X를 $Z=\frac{X-a}{b}$로 표준화하면 Z는 표준정규분포 $N(0, 1)$을 따른다.

(2) 신뢰도 95 %의 모평균에 대한 신뢰구간의 길이는 $2 \times 1.96 \times \frac{\sigma}{\sqrt{n}}$이다.

14 제시문 (가)~(마)를 읽고 물음에 답하시오.

> **Hint**
> Y_i를 $i-1$번째 종류의 스티커가 나온 후 i번째 종류의 스티커가 나올 때까지 사게 될 초콜릿 봉지 수라 하면
> $P(Y_{i+1}=m)$
> $=\left(\frac{i}{100}\right)^{m-1}\left(1-\frac{i}{100}\right)$

(가) 어느 초콜릿 회사가 새로운 초콜릿 상품을 만들고, 이 상품의 홍보를 위해 초콜릿 봉지마다 아이돌 가수 사진스티커를 한 장씩 넣어 판매하는 행사를 진행하였다. 스티커의 종류는 총 100가지이며, 모든 종류의 스티커를 모은 사람에게는 노트북 컴퓨터를 주기로 하였다. 가홍이는 1년 동안 1,000장의 스티커를 모았지만, 100종류의 스티커를 다 모으지는 못하였다. 가홍이는 이 회사가 각 종류의 스티커를 골고루 넣지 않고 행사를 불공정하게 진행한 것은 아닐까 하는 의구심이 들어, 자신의 의구심이 타당한지 계산을 통해 확인하려고 한다.

(나) 계산을 위하여 가홍이는 회사가 초콜릿을 대량생산할 것이라고 생각하고 다음과 같이 가정하였다.

㉠ 초콜릿은 한 봉지씩 구매하고 다음 봉지를 구매하기 전에 스티커를 확인한다.
㉡ 스티커를 확인할 때, 어떤 특정한 종류의 스티커가 나올 확률은 종류에 관계없이 항상 $\frac{1}{100}$이다.
㉢ 100종류의 스티커를 모두 모으면 더 이상 초콜릿을 구매하지 않는다.
㉣ 100종류의 스티커를 모두 모을 때까지 구매하는 초콜릿 봉지 수의 확률분포는 정규분포에 가깝다.

(다) 수열 $a_n=\sum_{k=1}^{n}\frac{1}{k}$과 $b_n=\sum_{k=1}^{n}\frac{1}{k^2}$에 대하여 $n=50, 100, \cdots, 300$에서의 a_n, b_n의 값은 다음과 같다.

n	50	100	150	200	250	300
a_n	4.499	5.187	5.591	5.878	6.101	6.283
b_n	1.6251	1.6350	1.6383	1.6399	1.6409	1.6416

(라) 확률변수 Z가 표준정규분포 $N(0, 1)$을 따를 때, $P(Z\geq x)=0.01$이 되는 x는 약 2.33이다.

(마) 확률변수 $X_1, X_2, \cdots, X_n$이 서로 독립이면 $\sum_{k=1}^{n}X_k$의 평균과 분산은 다음과 같다.

$$E\left(\sum_{k=1}^{n}X_k\right)=\sum_{k=1}^{n}E(X_k),\ V\left(\sum_{k=1}^{n}X_k\right)=\sum_{k=1}^{n}V(X_k)$$

(1) (나)의 가정 하에, 100종류의 스티커를 모두 모으기 위하여 평균 몇 봉지를 구매하여야 하는지 논술하시오.

(2) (나)의 가정 하에, 100종류의 스티커를 모두 모으기 위하여 1,000봉지 이상을 사야할 확률이 0.01이하이면, 가홍이는 불공정하다는 결론을 내릴 생각이다. 가홍이가 어떤 결론을 내리게 될지 논술하시오.

| 가톨릭대학교 2015년 의예과 수시 |

15 다음 제시문을 읽고 물음에 답하시오.

모집단의 어떤 특성값 α를 모를 때, 모집단으로부터 복원추출로 크기 n인 표본을 임의추출하여 그 표본으로부터 만들어진 A로 모집단의 특성값 α를 추정한다. 예를 들면, 모집단의 한 특성값인 모평균 μ를 추정하고자 모집단으로부터 복원추출로 크기 n인 표본을 임의추출하였을 때, 이 표본으로부터 만들어진 표본평균 $\overline{X}$ 혹은 표본중앙값 M 등으로 특성값 μ를 추정한다.

특성값 α를 추정하는 A의 형태는 다양하다. 특성값 α에 대한 A의 추정의 우수성은, 모집단으로부터 복원추출에 의한 임의추출방법으로 추출 가능한 크기 n인 모든 표본들을 생각하였을 때, 각 표본들로부터 만들어진 A들이 α가 될 가능성이 높은 것을 기준으로 한다. 그런 의미에서, 다음의 두 조건이 추정의 우수성의 기준들로 사용되고 있다.

$\mathrm{E}(A)=\alpha$ ······ ㉠, 작은 $\mathrm{V}(A)$ ······ ㉡

여기서, $\mathrm{E}(A)$는 A의 기댓값이고, $\mathrm{V}(A)$는 A의 분산이다.

모평균과 표본평균의 예를 들어보자. 모집단의 특성값인 모평균 μ를 추정하고자 모집단으로부터 복원추출로 크기 n인 표본을 임의추출하였을 때, 표본평균 $\overline{X}$는 $\mathrm{E}(\overline{X})=\mu$와 $\mathrm{V}(\overline{X})=\dfrac{\sigma^2}{n}$을 만족한다. 여기서, σ^2은 모집단의 분산인 모분산이다. 이때 $\mathrm{V}(\overline{X})$는 위 ㉠의 조건을 만족하는 μ에 대한 다른 추정들의 분산들과 비교하였을 때 일반적으로 작다는 것이 익히 알려져 있다. 이러한 이유로, 표본평균 $\overline{X}$는 μ추정이 우수하다고 평가되고 널리 사용되고 있다.

모집단 $\{0,\ 1,\ 2\}$를 생각하자. 이 모집단의 특성값인 모분산 σ^2을 추정하기 위하여, 이 모집단으로부터 복원추출로 크기 2인 표본 X_1, X_2를 임의추출하였다.

(1) 모분산 σ^2의 추정을 위하여 표본으로부터 만들어진 $S_1^{\,2}=\dfrac{1}{2-1}\sum_{i=1}^{2}(X_i-\overline{X})^2$을 사용하고자 한다. $\mathrm{E}(S_1^{\,2})$과 $\mathrm{V}(S_1^{\,2})$을 계산하시오.

(2) 모분산 σ^2의 추정을 위하여 표본으로부터 만들어진 $S_1^{\,2}=\dfrac{1}{2-1}\sum_{i=1}^{2}(X_i-\overline{X})^2$과 $S_2^{\,2}=\dfrac{1}{2}\sum_{i=1}^{2}(X_i-\overline{X})^2$을 생각하자. σ^2에 대한 $S_1^{\,2}$과 $S_2^{\,2}$의 추정의 우수성에 대해 조건 ㉠과 ㉡ 각각을 기준으로 비교 설명하시오.

(3) 이 모집단의 모평균 μ를 안다고 할 때, 모분산 σ^2의 추정을 위하여 표본으로부터 μ를 이용하여 만들어진 $S_3^{\,2}=\sum_{i=1}^{2}k_i(X_i-\mu)^2$을 사용하고자 한다. $S_3^{\,2}$의 σ^2 추정이 우수하도록, 조건 ㉠을 만족하고 $S_3^{\,2}$의 분산이 최소가 되게 하는 실수 k_1과 k_2의 값을 구하시오.

| 덕성여자대학교 2014년 수시 |

Hint

(2) $S_2^{\,2}=\dfrac{1}{2}S_1^{\,2}$이므로 (1)의 결과와 조건 ㉠, ㉡을 기준으로 알아본다.

(3) $S_3^{\,2}=k_1(X_1-\mu)^2+k_2(X_2-\mu)^2$이다.

16 다음 제시문을 읽고 물음에 답하시오.

(가) 모집단에서 임의추출한 크기가 n인 표본의 원소를 X_1, …, X_n이라고 할 때, 이들의 평균 $\overline{X}=\frac{1}{n}(X_1+\cdots+X_n)$을 표본평균이라고 한다. 이때 $\overline{X}$는 확률변수이다. 특히, 정규분포 $\mathrm{N}(m, \sigma^2)$을 따르는 모집단에서 크기가 n인 표본을 임의추출할 때 표본평균 $\overline{X}$는 정규분포 $\mathrm{N}\left(m, \frac{\sigma^2}{n}\right)$을 따른다.

(나) 표준정규분포 $\mathrm{N}(0, 1)$을 따르는 확률변수 Z와 $0<\alpha<1$인 상수 α에 대해 $Z\geq c$일 확률이 $\frac{\alpha}{2}$가 되는 c를 c_α라고 표시하자. 즉, $\mathrm{P}(Z\geq c_\alpha)=\frac{\alpha}{2}$이다. [그림 1]에는 Z의 확률밀도함수의 그래프와 c_α가 도시되어 있다. 이 그림에서 색칠한 부분의 넓이는 $\frac{\alpha}{2}$이다.

(다) 어떤 모집단이 정규분포 $\mathrm{N}(m, \sigma^2)$을 따른다고 하자. $0<\alpha<1$인 상수 α에 대해 신뢰도 $100(1-\alpha)\%$로 모평균 m을 추정하는 방법은 다음과 같다. 우선 표본평균 $\overline{X}$에 대해 $\mathrm{P}(m-A\leq\overline{X}\leq m+A)=1-\alpha$가 성립하는 A를 구한다. 그러면

$\mathrm{P}(\overline{X}-A\leq m\leq\overline{X}+A)=\mathrm{P}(m-A\leq\overline{X}\leq m+A)=1-\alpha$

이므로 모평균 m이 구간 $[\overline{X}-A, \overline{X}+A]$ 내에 있을 확률이 $1-\alpha$이다. 이때 구간 $[\overline{X}-A, \overline{X}+A]$를 m에 대한 신뢰도 $100(1-\alpha)\%$의 신뢰구간이라고 부른다. [그림 2]에는 표본평균 $\overline{X}$의 확률밀도함수의 그래프와 표본평균 $\overline{X}$의 4개의 값 $\overline{x}_1$, $\overline{x}_2$, $\overline{x}_3$, $\overline{x}_4$를 사용하여 얻은 4개의 신뢰구간이 도시되어 있다. (단, m과 σ는 상수이고 σ는 양수이다.)

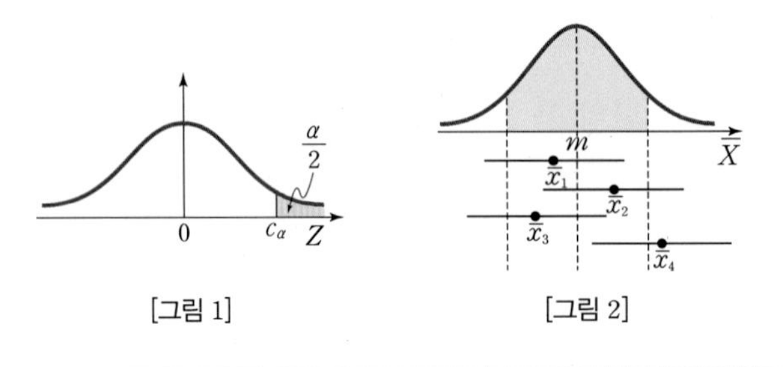

[그림 1] [그림 2]

> **Hint**
> (1) 표본평균 $\overline{X}$가 정규분포 $\mathrm{N}\left(m, \frac{\sigma^2}{n}\right)$을 따르면 확률변수 $\frac{\overline{X}-m}{\frac{\sigma}{\sqrt{n}}}$은 표준정규분포 $\mathrm{N}(0, 1)$을 따른다.

(1) (다)의 A를 표본의 크기 n, 모집단의 표준편차 σ, (나)에서 정의된 c_α를 이용하여 나타내고자 한다. 제시문을 바탕으로 A를 나타내는 방법을 논의하고 그 결과를 쓰시오.

(2) 어떤 회사에서 생산되는 제품의 무게는 정규분포 $\mathrm{N}(m, \sigma^2)$을 따른다고 한다. 이 제품 중 100개를 임의추출하여 조사하였더니 평균 무게가 $\overline{x}=12.5$ g이었다. 이로부터 (다)의 방식을 따라 신뢰도 95 %로 모평균 m을 추정하여 신뢰구간 [10.2, 14.8]을 구했다. 이 추정 결과를 근거로 갑돌이는 “이 회사의 제품을 임의로 100개 구매하면 그 제품들의 평균 무게가 구간 [10.2, 14,8]내에 있을 확률이 0.95이다”라고 판단하였다. 갑돌이의 이러한 판단이 올바른 것인지 제시문을 바탕으로 논술하시오.

| 가톨릭대학교 2013년 수시 |

주제별 강의 **제 23 장**

자연수의 최초(최고 자리)의 수 구하기

자연수의 최고 자리의 수

1 자연수의 최고 자리의 수와 로그

자연수에서 최초(최고자리)의 숫자는 $3^5=243$에서 2와 같이 맨 앞자리의 숫자를 뜻한다. 최초의 숫자를 구할 때에는 상용로그의 가수를 이용할 수 있다.

$\log 2=0.3010$, $\log 3=0.4771$ 일 때 $\log x=3.4123$를 만족하는 x의 최초의 숫자(최고 자리의 숫자)를 구해 보자.

$0.3010<0.4123<0.4771$이므로 $3.3010<3.4123<3.4771$

$3.3010=3+0.3010=\log 10^3+\log 2=\log 2000$

$3.4771=3+0.4771=\log 10^3+\log 3=\log 3000$

이므로

$\log 2000<\log x<\log 3000$이다.

따라서 $x=2\times\times\times.\times\times\times\times$이므로 x의 최고 자리의 숫자는 2이다.

예시 1 $\log 2=0.3010$, $\log 3=0.4771$, $\log 7=0.8451$일 때 $\left(\frac{6}{7}\right)^{40}$은 소수 제 몇 자리에서 처음으로 0이 아닌 숫자가 나타나는지 알아보고 또, 그 숫자는 얼마인지 구하시오.

풀이

$$\begin{aligned}\log \frac{6^{40}}{7^{40}} &= \log 6^{40}-\log 7^{40}=40\log 6-40\log 7\\ &=40(\log 2+\log 3)-40\log 7\\ &=40(0.3010+0.4771-0.8451)\\ &=-2.6800=-3+0.3200=\overline{3}.3200\end{aligned}$$

지표가 $\overline{3}(=-3)$이므로 $\left(\frac{6}{7}\right)^{40}$을 소수로 나타낼 때 처음으로 0이 아닌 숫자가 나타나는 것은 소수 제 3자리이다.

또, $0.3010<0.3200<0.4771$이므로 $\overline{3}.3010<\overline{3}.3200<\overline{3}.4771$

$\overline{3}.3010=\log 10^{-3}+\log 2=\log 0.002$

$\overline{3}.4771=\log 10^{-3}+\log 3=\log 0.003$

이므로 $\log 0.002<\log\left(\frac{6}{7}\right)^{40}<\log 0.003$이다.

따라서 0이 아닌 숫자가 나타나는 최초의 숫자는 2이다.

예시 2 $2^{2006}=a\times10^n(1\le a<10,\ n$은 자연수) 일 때, $n+[a]$의 값을 구하시오. (단, $[x]$는 x보다 크지 않은 최대의 정수이고, $\log 2=0.301$, $\log 3=0.477$, $\log 7=0.845$로 계산한다.)

풀이 $2^{2006}=a\times10^n$의 양변에 상용로그를 취하면 $2006\log 2=\log a+n$
$\log 2=0.301$이므로 $n+\log a=2006\times0.301=603.806$
$0\le\log a<1$이므로 $n=603$, $\log a=0.806$
한편, $\log 6=0.778$, $\log 7=0.845$ 이므로 $\log 6<\log a<\log 7$에서 $a=6.\times\times\times$이다.
따라서 $[a]=6$ 이므로 $n+[a]=603+6=609$

참고 $A=a\times10^n$ (n은 자연수, $1\le a<10$)일 때, A는 $(n+1)$자리의 수이고, A의 최고 자리의 숫자는 $[a]$이다. (단, $[x]$는 x보다 크지 않은 최대의 정수이다.)

3 벤포드의 법칙 Benford's Law

미국의 천문학자 사이먼 뉴컴은 1881년에 로그표가 담긴 책을 보면서 앞쪽 페이지가 뒤쪽 페이지보다 더 닳아 있다는 것을 발견했다. 이는 사람들이 로그표에서 1로 시작하는 값들을 더 자주 찾아봤음을 의미한다. 물리학자 프랭크 벤포드는 뉴컴의 이런 발견을 1938년에 공식화했다. 벤포드는 강 335개의 넓이, 물리학 상수 104가지, 분자 중량 1800가지 등 20개 분야 자료들의 첫 자리 수 분포를 분석해 '벤포드의 법칙'을 내놓았다. 벤포드의 법칙에 따르면 어떤 분야의 수치들에서 1부터 9까지의 수 n이 첫 자리 수가 될 확률은 다음과 같다.

$$P(n)=\log_{10}\left(1+\frac{1}{n}\right)$$

이 값은 다음과 같이 구할 수 있다. 어떤 수 x의 첫째 자리의 숫자를 d라고 했을 때, 부등식 $d\times10^n\le x<(d+1)\times10^n$이 성립하고, 10을 밑으로 하는 로그를 이용하면 이 부등식은

$$n+\log_{10}d\le\log_{10}x<n+\log_{10}(d+1)$$

이 된다. 이 부등식에서 $\log_{10}x$의 소수 부분은 $\log_{10}x-n$이고 $\log_{10}x-n=X$라 두면 다음 부등식을 만족한다.

$$\log_{10}d\le X<\log_{10}(d+1)$$

이때, X는 확률변수로 생각할 수 있으며 0과 1 사이에 있다. 또한 확률변수 X가 균등하게 분포되어 있다고 가정하면 X가 0과 1 사이의 특정 구간에 있을 확률은 그 구간의 길이에 비례한다. (특히, X의 값이 0과 1 사이에 균등하게 분포되어 있으므로 이 경우 X가 0과 1 사이의 특정 구간에 있을 확률과 그 구간의 길이는 같은 값을 갖는다.)
이로부터 x의 첫째 자리의 숫자가 d가 될 확률 $P(d)$는 $\log_{10}d\le X<\log_{10}(d+1)$일 때의 확률이고 따라서

$$P(d)=\log_{10}(d+1)-\log_{10}d=\log_{10}\left(1+\frac{1}{d}\right)$$

이 성립한다.

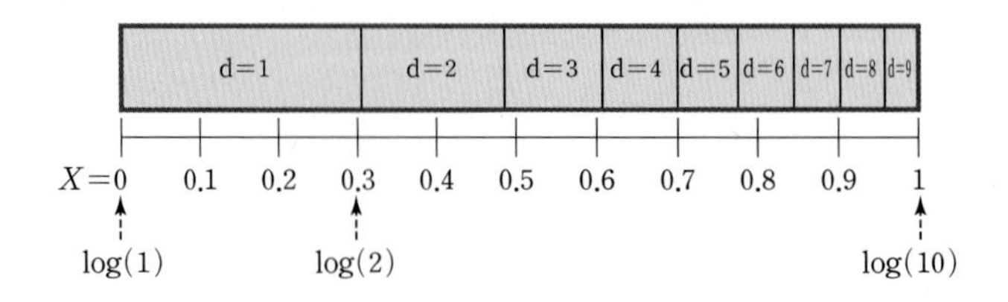

다음 〈제시문〉을 읽고 물음에 답하시오.

(가) 각종 데이터베이스, 주식 시세표, 인구 통계, 회계 자료 등의 통계 자료에 나타나는 수들의 첫째 자리의 숫자를 살펴보면 독특한 패턴을 발견할 수 있다.
어떤 수 x의 첫째 자리의 숫자를 d라고 했을 때, 부등식 $d\times10^n\le x<(d+1)\times10^n$이 성립하고, 10을 밑으로 하는 로그를 이용하면 이 부등식은
$n+\log_{10}d\le\log_{10}x<n+\log_{10}(d+1)$이 된다.
이 부등식에서 $\log_{10}x$의 소수 부분은 $\log_{10}d$보다 크거나 같고 $\log_{10}(d+1)$보다 작다.

(나) $\log_{10}x$의 소수 부분을 k라 하자. 이때, k는 확률변수로 생각할 수 있으며 0과 1 사이에 있다. 또한 확률변수 k가 균등하게 분포되어 있다고 가정하면 k가 0과 1 사이의 특정구간에 있을 확률은 그 구간의 길이에 비례한다. 이로부터 x의 첫째 자리의 숫자가 d가 될 확률 $\mathrm{P}(d)$는 다음의 식으로 표시할 수 있다.

$$\mathrm{P}(d)=\log_{10}\left(1+\frac{1}{d}\right)$$

이 식에 따르면 첫째 자리의 숫자가 3일 확률은 약 12.5 %, 6일 확률은 6.7 %정도가 된다. 이처럼 어떤 수의 첫째 자리의 숫자가 1에서 9까지의 특정한 숫자일 확률이 모두 같을 것이라는 예상과는 달리, 실제로는 각기 다르게 나타난다는 것을 알 수 있다. 실제 인구 통계 자료에 나타난 3,261개의 수에서 그 첫째 자리 숫자를 확인한 결과는 다음표와 같다.

첫째 자리의 숫자	1	2	3	4	5	6	7	8	9
빈도	1,105	665	463	264	235	202	134	121	72

(1) 다음 표의 ①, ②의 값을 구하는 과정과 그 값을 쓰시오.
(단, $\log_{10}2=0.301$, $\log_{10}3=0.477$로 계산한다.)

첫째 자리의 숫자(d)	1	2	3	4	5
$\mathrm{P}(d)$	0.301	①	0.125	0.097	②

(2) 어떤 수의 둘째 자리의 숫자가 2일 확률이 $\log_{10}X$일 때, X를 구하는 과정과 그 값을 쓰시오.

(3) 제시문에서 알 수 있는 사실을 이용하여 회계 자료나 세금 자료의 조작 여부를 판별하는 방법을 서술하시오.

| 숙명여자대학교 2009년 수시 |

(2) 어떤 수의 둘째 자리의 수가 2일 때 첫째 자리의 수는 1부터 9까지의 9가지가 있다.

다음 제시문을 읽고 물음에 답하시오.

(가) [표1]은 남아메리카 국가연합에 소속된 12개국의 면적과 인구의 통계 자료이다. 여기에 나타나는 24개의 숫자자료 중 첫 번째 자리의 숫자가 1로 시작하는 항목은 모두 8개이고, 2로 시작하는 항목은 총 5개로 첫 번째 자리의 숫자가 8이나 9로 시작하는 항목보다 훨씬 자주 나타나고 있다.

십진수로 표시된 수는 첫 번째 자리에 1부터 9까지의 9가지 숫자가 될 수 있다. 따라서 일반적인 통계자료에서 첫 번째 자리의 숫자가 1일 확률이 1/9로 나올 것으로 예상하기 쉽다. 하지만 [표1]에서처럼 어떤 경우에는 자료의 값이 첫 번째 자리의 숫자가 1인 경우는 1/9보다 훨씬 많이 나타나고 반대로 9는 적게 나타난다. 이러한 현상은 하천의 길이나 호수의 넓이 등 여러 자연 현상의 자료 뿐만 아니라 개인의 소득, 기업의 회계자료 등 사회 현상의 많은 자료에서도 공통적으로 나타난다.

미국 TV 드라마 '넘버스'에는 주인공이 통계 자료의 수가 가지는 이러한 성질을 가지고 범죄를 해결하는 이야기가 나온다. 실제로 사람이 인위적으로 고른 숫자로 만들어진 가짜 자료는 이러한 특성을 따르기가 어렵기 때문에 회계부정이나 위조 자료를 통한 의료보험의 부정수급 등을 적발하는 데 사용한다고 한다.

[표1] 남아메리카 국가 연합 개요

국가	면적(km^2)	인구(백 만명)	국가	면적(km^2)	인구(백 만명)
가이아나	214,969	0.7	에콰도르	283,560	13.9
베네수엘라	912,046	27.9	우루과이	177,409	3.3
볼리비아	1,098,575	9.5	칠레	756,626	16.8
브라질	8,547,360	192.4	콜롬비아	1,138,906	48.2
수리남	163,270	0.5	파라과이	406,747	6.5
아르헨티나	2,780,388	39.8	페루	1,285,214	29.1

(나) 자료의 어떤 통계적 특성이 단위에 의존하지 않는다는 것은 다른 단위를 사용하더라도 그 통계적 특성이 바뀌지 않는다는 것을 의미한다. 예를 들어, 길이의 통계자료를 미터로 나타내거나 리(里) 또는 피트나 야드로 자료의 단위를 바꾸더라도 그 통계적 특성은 유지된다. 특히 경제적 가치는 각 나라의 화폐 단위로 표시되고 다른 화폐 단위로의 변경은 환율을 곱하여 이루어지는데, 환율은 거의 연속적으로 변하는 값이다.

(다) 임의의 양수 N은 $N=a\times10^n$(n은 정수, $1\le a<10$)꼴로 나타낼 수 있다. 따라서 N의 상용로그의 값은

$$\log N=\log(a\times10^n)=\log a+\log 10^n=n+\log a$$

이므로 $\log N$의 값을 구하려면 상용로그표에서 $\log a$의 값을 찾고, 이 값에 정수 n을 더하면 된다. 여기서 정수 n을 $\log N$의 지표, $\log a$를 $\log N$의 가수라 한다. 이때 $1\le a<10$ 이므로 $0\le\log a<1$이다.

(라) 연속확률변수 X의 확률밀도함수 $f(x)$에 대하여

(ㄱ) $f(x)\ge0$

(ㄴ) 함수 $f(x)$의 그래프와 x축 사이의 넓이는 1이다.

(ㄷ) 확률 $P(a\le X\le b)$는 함수 $f(x)$의 그래프와 x축 및 두 직선 $x=a$, $x=b$로 둘러싸인 부분의 넓이이다. 즉, $P(a\le X\le b)=\int_a^b f(x)dx$

(1) 현재 환율이 1달러에 1,000원 이라고 하자. 달러의 가치가 원화에 대비하여 매년 $\frac{2}{3}$씩 하락한다면, 10년 후와 20년 후 각각의 1달러 대비 원화 금액의 첫 번째 자리 숫자가 무엇인지 (다)에서 설명한 상용로그 가수를 이용하여 계산하시오.

(단, $\log 2=0.3010$, $\log 3=0.4771$)

(2) (가)에서 설명한 첫 번째 자리의 숫자의 분포에 대한 법칙을 상용로그 가수의 분포를 통하여 찾고자 한다. 첫 번째 자리의 숫자의 분포를 따르는 상용로그 가수의 확률변수가 (라)에서 설명한 확률밀도함수를 가진다고 하자. (나)에서 설명한 단위에 의존하지 않는다는 가정을 이용하여 상용로그 가수의 확률밀도함수를 구하시오. 이때, 첫 번째 자리의 숫자가 2일 확률을 구하시오.

| 동국대학교 2014년 수시 |

(2) 가정에 의하여 상용로그 가수의 확률변수 X는
$\mathrm{P}(a\le X\le b)$
$=\mathrm{P}(a+c\le X\le b+c)$
(단, $a, b, a+c, b+c \in [0,1)$)을 만족한다.

주제별 강의 **제 24 장**

심프슨의 역설

가중평균

(1) 오른쪽 [표 1]은 어느 고등학교의 1학년 1반과 2반에서 각각 5명씩 대표를 선발하여 실시한 턱걸이 개수의 평균과 분산을 나타낸 것이다.
이때, 두 반에서 선발한 학생 10명에 대한 턱걸이 개수의 평균은
$\frac{18+20}{2}=19$(개)라 하여도 옳은 값이 된다.
[표 2]는 3반에서는 5명, 4반에서는 3명의 대표를 선발하여 실시한 턱걸이 개수의 평균과 분산을 나타낸 것이다.
여기에서는 두 반에서 선발한 학생 8명에 대한 턱걸이 개수의 평균을
$\frac{14+24}{2}=19$(개)라 하면 틀린 값이 된다.
그 이유는 [표 1]에서는 두 반에서 선발한 학생 수가 동일하지만 [표 2]에서는 다르기 때문이다.

[표 1]

반	1반	2반
학생 수(명)	5	5
평균(개)	18	20
분산	3	2

[표 2]

반	3반	4반
학생 수(명)	5	3
평균(개)	14	24
분산	3	1

(2)

[표 3]

변량(x_i)	x_1	x_2	x_3	$\cdots$	x_n	계
도수(f_i)	1	1	1	$\cdots$	1	n

[표 4]

변량(x_i)	x_1	x_2	x_3	$\cdots$	x_n	계
도수(f_i)	f_1	f_2	f_3	$\cdots$	f_n	N

(단, $N=f_1+f_2+f_3+\cdots+f_n=\sum_{i=1}^{n}f_i$)
[표 3]에서 변량의 도수가 각각 1일 때

$$(\text{평균})=\frac{x_1+x_2+\cdots+x_n}{1+1+\cdots+1}=\frac{\sum_{i=1}^{n}x_i}{n} \quad \cdots\cdots ㉠$$

[표 4]에서 변량 $x_1, x_2, \cdots, x_n$의 도수가 각각 $f_1, f_2, \cdots, f_n$이므로

$$(\text{평균})=\frac{x_1f_1+x_2f_2+\cdots+x_nf_n}{f_1+f_2+\cdots+f_n}=\frac{\sum_{i=1}^{n}x_if_i}{\sum_{i=1}^{n}f_i} \quad \cdots\cdots ㉡$$

㉠, ㉡을 모두 평균이라고 하지만 ㉠의 평균과 구분하여 ㉡을 가중평균이라고 한다.

(3) 위의 [표 2]에서 3반, 4반의 두 반에서 선발한 학생 8명에 대한 턱걸이 개수의 평균을 바르게 구해 보자.

3반, 4반 각각의 전체 턱걸이 수의 합은 $14\times5+24\times3$이고 3반, 4반에서 선발한 학생 수는 각각 5명, 3명이므로

$$\frac{14\times5+24\times3}{5+3}=\frac{142}{8}=17.75\fallingdotseq18(\text{개})$$

(4) 가중산술평균(加重算術平均, weighted arithmetic mean)

가중평균을 가중산술평균이라고도 하는데, 통계에서 각 항목에 가중치를 두고 평균값을 구하는 것을 말한다. 이것은 단순하게 합계만을 항목 수로 나누거나 서로 곱하여 평균을 구하는 단순산술평균(單純算術平均)에 상대되는 개념으로, 독일의 통계학자 E. 라스파이레스(Laspeyres)가 1864년에 물가 지수를 계산할 때 처음 발표하여 라스파이레스산식(Laspeyres formula)으로도 불린다.

물가 지수나 주식 지수를 산출하는 데 많이 사용하고, 각 종목의 거래량이나 상장주식수를 가중치로 하여 산출한 평균주가를 가중주가평균(weighted stock price average)이라고 한다.

심프슨의 역설

1 심프슨의 역설

심프슨의 역설은 동일하지 않은 도수(가중치)를 적용함에 따라 부분과 전체에 대한 분석의 결과가 일치하지 않는 현상을 말한다.

심프슨(E. H. Simpson ; 1710~1761)은 영국의 수학자로 미적분학에서 심프슨의 공식이 알려져 있다.

예1 다음은 어느 대학의 A, B 두 학과에 지원한 학생들의 남녀별 응시자 수(( ) 안의 숫자는 합격자 수)를 나타내고 있다.

[표 5]

	남자	여자	계
A학과 (정원 108)	100(60)	80(48)	180(108)
B학과 (정원 50)	40(20)	60(30)	100(50)
계	140(80)	140(78)	280(158)

[표 6]

전체	응시자 수	합격자 수	합격률
남자	140	80	57.1 %
여자	140	78	55.7 %

[표 6]의 내용은 [표 5]의 내용에서 A, B 두 학과를 지원한 전체 학생에 대하여 남녀별 합격률을 구한 것이다. [표 6]의 내용에 의거하여 남자의 합격률이 여자의 합격률보다 높다는 주장은 과연 타당한 것인가?

[표 7]

A학과	응시자 수	합격자 수	합격률
남자	100	60	60 %
여자	80	48	60 %

B학과	응시자 수	합격자 수	합격률
남자	40	20	50 %
여자	60	30	50 %

학과별로 합격률을 조사해 보면 [표 7]과 같이 A, B학과 각각 남녀의 합격률은 동일하게 나오는 것을 볼 수 있다. 이와 같이 학과별 합격률은 남녀가 같은데 전체적인 합격률은 남녀에 차이가 나타난다. 이렇게 부분적인 분석과 전체적인 결과가 일치하지 않는 이유는 A, B학과에 지원한 남녀의 수, 즉 A, B학과에 지원한 남녀의 비율이 다르기 때문이다.

예2 다음은 우리 나라 전체 가구가 거주하는 주택 중 아파트 거주 비율을 나타내고 있다. 상류층의 80%, 중산층 이하 40%가 아파트에 거주하고 나머지는 단독 주택, 빌라, 원룸 등에 거주한다.

	아파트 거주 비율	전체 국민에 대한 비율
상류층	80%	10%
중산층 이하	40%	90%

아파트에 거주하는 가구의 비율을 구할 때 $\frac{80+40}{2}=60(\%)$이라고 하는 것은 잘못된 것이다.
전체 국민에 대한 비율인 동일하지 않은 가중치를 고려하여야 하므로
아파트에 거주하는 가구의 비율은 $80\times0.1+40\times0.9=44(\%)$가 된다.

예3 오른쪽 표는 우리나라에서 발생하는 폐암 환자에 대하여 두 병원 A, B에서 수술을 한 결과 사망한 사람과 회복한 사람의 수를 나타낸다. 각 병원에서의 사망률을 구해 보면

(단위 : 명)

	사망환자 수	회복환자 수	계
병원 A	40	960	1000
병원 B	15	485	500
계	55	1445	1500

$$P(A)=\frac{40}{1000}=0.04=4\%,$$

$$P(B)=\frac{15}{500}=0.03=3\%$$

그러므로 병원 A에서 수술을 받는 것보다 병원 B에서 수술을 받는 것이 더 안전하다고 할 수 있는가?
만약 두 병원의 폐암 환자에 대하여 폐암 초기환자와 폐암 말기환자로 나누어 수술 후의 사망자 수를 비교한 것이 다음과 같다고 하자.

(단위 : 명)

		사망환자 수	회복환자 수	계	사망률
병원 A	초기환자	5	495	500	$\frac{5}{500}=1\%$
	말기환자	35	465	500	$\frac{35}{500}=7\%$
병원 B	초기환자	7	393	400	$\frac{7}{400}\fallingdotseq1.8\%$
	말기환자	8	92	100	$\frac{8}{100}=8\%$

(i) 폐암 초기환자의 경우 각 병원의 사망률은

$$P(A)=\frac{5}{500}=1(\%),\ P(B)=\frac{7}{400}\fallingdotseq1.8(\%)$$

(ii) 폐암 말기환자의 경우 각 병원의 사망률은

$$P(A)=\frac{35}{500}=7(\%),\ P(B)=\frac{8}{100}=8(\%)$$

따라서 폐암 초기환자의 경우와 폐암 말기환자의 경우 모두 병원 A보다 병원 B의 사망률이 높으므로 병원 A가 더 안전하다고 할 수 있다.

경제 활동 인구는 취업자와 실업자로 구분할 수 있고, 실업률은 경제 활동 인구 중 실업자의 비율을 말한다. 오른쪽 표는 취업자를 4가지 유형으로 구분하여 전체 취업자 중 2006년 1월 기준 각 유형별 취업자의 구성비와 각 유형별 취업자 수의 2006년 1월과 2월 사이의 증가율을 나타낸 것이다.
2006년 1월과 2월 사이 취업자 수의 증가율은

$$\frac{(2\text{월 취업자 수})-(1\text{월 취업자 수})}{(1\text{월 취업자 수})}\times 100(\%)$$

으로 정의된다. 표에서 전체 취업자 수의 증가율 S를 구하는 방법을 논하시오.

(단위 : %)

취업 유형	유형별 취업자 구성비 (2006년 1월 기준)	유형별 취업자 수 증가율 (2006년 1월~2월 사이)
자영업	30	5
상용근로	40	3
임시근로	20	7
일용근로	10	4
전체	100	S

취업 유형별 취업자 동향 분석

| 이화여자대학교 2006년 모의논술 |

유형별 취업자 수 증가율에 유형별 취업자 구성비를 가중평균한다.

어느 정당이 A라는 법안을 국회에 상정하기 전에 성인 1,500명을 무작위로 추출하여 이 법안에 대한 찬성과 반대 여부를 묻는 여론 조사를 실시하였다. 총 680명이 이 법안에 찬성하는 의견을 보였다. 찬성률이 $\frac{680}{1500}=0.45$로 50 % 미만이 되어 이 정당은 법안을 철회하였다. 연령별로 나타난 여론 조사 결과는 다음의 표와 같다.

연령 세대	인구 구성비(%)	표본 수	찬성자 수
20대	30	100	80
30대	25	200	140
40대	20	300	120
50대	15	400	140
60대 이상	10	500	200

위에 제시된 표에서 나타난 여론 조사의 문제점을 지적하고, 이에 대한 해결 방안을 논하시오.

| 중앙대학교 2006년 수시 응용 |

찬성률을 연령별 구성비로 가중 평균 한다.

주제별 강의 제 25 장

통계의 왜곡

그래프에 의한 통계의 왜곡

복잡한 변량(자료)을 한눈에 알아볼 수 있는 방법 중 하나는 그래프를 이용하는 것이다. 그래프를 이용하면 자료를 단순화하여 필요한 내용을 쉽게 전달할 수 있는데 자료를 너무 단순화하게 되면 실제 내용과는 전혀 다른 느낌을 주는 그래프가 될 수도 있다. 예를 들어, K군이 일주일 동안 수학 학습 시간을 5시간, 10시간, 15시간, 20시간, 25시간으로 늘려 나갈 때, 일주일 단위로 테스트를 한 성적의 변화가 오른쪽 표와 같았다. 이것을 그래프로 나타내어 보자.

주간 수학 학습 시간	5	10	15	20	25
수학 테스트 성적(점)	80	85	90	95	100

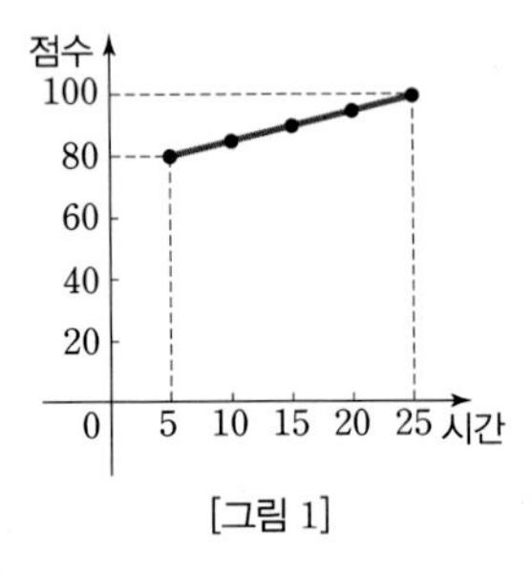

[그림 1]

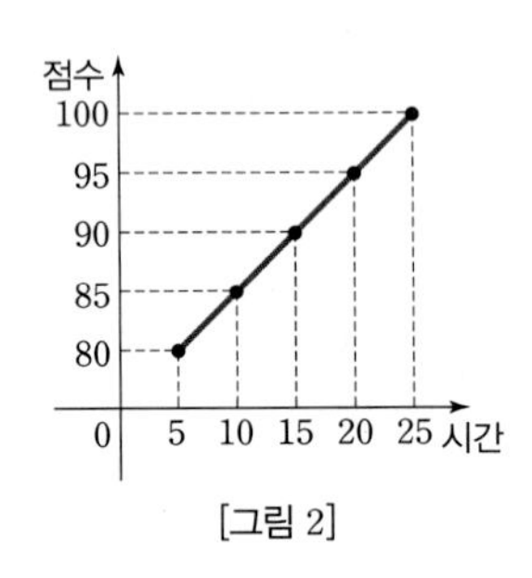

[그림 2]

[그림 1]에서는 수학 성적의 증가 속도(기울기)가 완만하지만 점수를 80점 미만을 생략하여 만든 [그림 2]에서는 수학 성적의 증가 속도(기울기)가 굉장히 커 보인다.

이와 같이 변량의 범위를 축소함으로써 최댓값과 최솟값의 차이가 커 보이도록 하여 자료(정보)의 결과를 과장할 수도 있다. 즉, 세로축의 눈금을 바꾸거나 세로축의 일부만 보여주는 그래프에서는 변화가 커 보이지만 세로축 전체를 보여주는 그래프에서는 변화의 폭이 별로 크지 않음을 알 수 있다. 이것은 우리의 시각적인 착오를 유발시키는 것이다.

따라서 그래프를 제대로 보려면 다음과 같은 점에 주의하여야 한다.

첫째, 주어진 그래프가 부분이 아닌 전체인가를 확인한다.

둘째, 가로축, 세로축의 눈금이 축소되거나 과장되어 있지는 않는가를 확인한다.

평균에 의한 통계의 왜곡

(1) 어떤 수험생이 10회 치른 모의고사에서의 수학 점수, 어떤 학교의 고3 학생의 신장, 우리나라 사람들의 수명 등과 같이 자료의 분포를 하나의 수치로 나타낼 때 대푯값(representative value)이 필요하다.

대푯값에는 평균값(mean), 중앙값(median), 최빈값(mode) 등이 있다.

평균값 : 자료의 총합을 자료의 개수로 나눈 값
중앙값 : 자료를 크기 순으로 늘어 놓을 때 중앙에 놓이는 값
최빈값 : 자료 중에서 가장 많이 나타난 값

예를 들어, K군이 아홉발의 활을 쏘아 얻은 점수가

10, 9, 8, 7, 7, 10, 5, 6, 10

이라고 하자. 이때, K군이 얻은 점수를 대표할 수 있는 값은 다음의 세 가지가 있다.

(i) K군이 얻은 점수의 평균값 :

$$\frac{10+9+8+7+7+10+5+6+10}{9}=8$$

(ii) K군이 얻은 점수의 중앙값 :

K군이 얻은 점수를 5, 6, 7, 7, 8, 9, 10, 10, 10과 같이 낮은 점수부터 나열할 때 중앙에 있는 값인 8

(iii) K군이 얻은 점수의 최빈값 :

K군이 가장 자주 얻은 값인 10

그런데 중앙값에서 주어진 값들이 홀수 개이면 정 중앙의 값이 중앙값이 되지만, 짝수 개이면 중앙에 위치하는 값이 두 개가 되므로 이 경우에는 두 값의 평균을 중앙값으로 한다. 즉, 여덟 개의 자료 1, 2, 3, 4, 5, 6, 7, 8이 있을 때 중앙값은 중앙에 위치한 4번째와 5번째의 값 4와 5의 평균인 4.5가 된다.

대푯값으로 평균값보다 중앙값이나 최빈값이 더 적절한 경우가 있다.

예를 들어, 한 기업에 속한 구성원들의 임금의 대푯값을 평균값으로 나타내면, 임원들이 받는 높은 임금으로 인해 전체적인 임금의 평균값이 상당히 올라간다.

그러면 대부분의 사람들이 받는 월급을 훨씬 상회하는 높은 값이 그 기업의 임금을 대표하는 값으로 간주돼 전체적인 임금 수준을 과대평가하기 쉽다.

따라서 자료에 극단적인 값이 포함된 경우에는 평균값보다 중앙값이나 최빈값이 더 적당한 대푯값이 될 수 있다.

(2) 다음은 어느 벤처 회사 사원 25명의 연봉을 나타낸 것이다.

연봉(만 원)	2000	2500	3000	4000	4500	5000	10000	30000	계
사원 수(명)	12	1	3	4	1	2	1	1	25

이 회사 사원들의 평균 연봉은

$$\frac{2000\times12+2500\times1+3000\times3+4000\times4+4500\times1+5000\times2+10000\times1+30000\times1}{12+1+3+4+1+2+1+1}$$

$$=\frac{106000}{25}=4240(\text{만 원})$$

이다.

이 평균 연봉 4240만 원이 과연 이 회사 사원들의 연봉을 대표하는 값이라고 볼 수 있겠는가?

평균 연봉 4240만 원을 대푯값으로 보면 사원 25명이 대체로 4240만 원보다 많거나 비슷한 연봉을 받는 것으로 생각하기 쉬운데 실제로 여기에 해당되는 사람 중 연봉이 4000만 원이 넘는 사람은 25명 중 9명에 불과하다.

그러므로 연봉을 금액의 크기 순으로 늘어 놓았을 때, 가장 가운데에 있는 중앙값 2500만 원이 2500만 원보다 많이 받는 사람이 12명, 2500만 원에 못미치게 받는 사람도 12명이므로 평균 연봉 4240만 원에 비하여 사원의 연봉을 잘 대표한다고 볼 수 있다.

또, 연봉 중 가장 빈번하게 나타나는 값인 최빈값 2000만 원은 사원 25명 중 가장 많은 사원들, 즉 12명이 받고 있는 연봉이므로 사원의 연봉을 잘 대표한다고 볼 수 있다.

따라서 이 회사 사원들의 연봉은 중앙값 2500만 원이나 최빈값 2000만 원으로 보는 것이 타당하다.

이상에서 살펴본 바와 같이 평균값을 이야기할 때는 변량(자료)의 흩어져 있는 정도를 나타내는 표준편차(또는 분산)를 함께 고려하여야 한다.

평균값과 비교하여 표준편차가 큰 경우에는 자료들이 평균값 주위에 넓게 흩어져 있게 된다. 이러한 경우의 평균값은 대푯값으로서의 의미가 약해진다.

어떤 강의 평균 수심이 1 m일 때 신장 1.7 m인 어른이라도 안심하고 건너갈 수는 없다. 왜냐하면 어떤 부분에서는 수심이 2 m일 수도 있기 때문이다.

또, 우리나라 남자의 평균 수명을 73세라 할 때 우리나라 남자 모두가 73세까지 사는 것은 아니다.

퍼센트(%)에 의한 통계의 왜곡

전체를 100으로 하여 생각하는 수량이 그 중 몇이 되는가를 가리키는 수를 백분율이라 하고, 기호 %로 나타낸다. 이것은 비교하려는 두 자료의 상대적 크기를 한눈에 알아볼 수 있으므로 자료를 비교하는데 유용하지만 잘못 사용되는 경우도 많다.

예1 어떤 상품의 가격이 10,000원에서 15,000원으로 인상되었을 때, 인상률을 구해 보자.

기준값이 10000원이고 인상금액이 15000－10000＝5000(원)이므로

$$(\text{인상률})=\frac{5000}{10000}=0.5=50(\%)$$

그런데 이 인상률이 너무 크므로 눈가림으로 인상률을 낮추기 위하여 기준값을 인상된 금액 15000원으로 하는 경우가 있다. 이때의 인상률은

$$(\text{인상률})=\frac{5000}{15000}\fallingdotseq 0.33=33(\%)$$

와 같이 낮게 조작하는 경우도 있다.

예2 백화점에서 바겐세일 기간에 정가 100,000원짜리의 어떤 물품을 60,000원으로 할인하여 판매할 때, '67 % 대 할인 판매'라고 광고를 하였다. 이것은 과연 옳은 것인가?

기준이 되는 원래 가격이 100000원이므로

$$(\text{실제 할인율})=\frac{40000}{100000}=0.4=40(\%)$$

그런데 기준이 되는 가격을 할인한 가격 60000원으로 하게 되면 할인율은

$$\frac{40000}{60000}\fallingdotseq 0.67=67(\%)$$

가 된다.

그러므로 '67 % 대 할인 판매'라는 광고는 잘못된 것이다.

예3 과거 공산주의 국가에서는 국민들을 오도하기 위하여 120 % 목표 초과 달성이니, 100 % 목표 달성이니 요란스럽게 선전하던 시절이 있었다.

현재 러시아의 전신 소비에트 연방 공화국의 스탈린 시절 철강 생산이 420만 톤인 해에 5년 후 1,030만 톤 생산을 목표로 하였는데 실제로는 590만 톤 생산에 머물렀다.

그러므로 실제 목표 달성률은

$$\frac{\text{실제 증가량}}{\text{목표 증가량}}=\frac{590-420}{1030-420}=\frac{170}{610}\fallingdotseq 0.279=27.9(\%)$$

그런데 스탈린은 목표 생산량 1,030만 톤에 대하여 실제 생산량 590만 톤에 도달했으므로

목표 달성률을 $\frac{590}{1030}\fallingdotseq 0.573=57.3(\%)$로 발표하였다.

이러한 방식으로 계산한다면 철강 생산이 전혀 증가하지 않은 경우에도, 즉 420만 톤 그대로 생산되더라도 목표 달성률은 $\frac{420}{1030}\fallingdotseq 0.408=40.8(\%)$나 되는 것이다.

예4 오른쪽 표는 A, B 두 지역에서 발생하는 교통사고 건수이다.

지역	2010년	2011년
A	1000	1004
B	5	9

A지역의 교통사고 증가율은 $\frac{1004-1000}{1000}=0.004=0.4(\%)$이지만

B지역의 교통사고 증가율은 $\frac{9-5}{5}=0.8=80(\%)$이다.

두 지역의 교통사고 증가 건수는 모두 4이지만 교통사고 증가율은 각각 0.4 %와 80 %로 엄청난 차이가 난다. 교통사고 증가율만 비교하게 되면 B지역이 엄청나게 큰 것이므로 사람들에게 충격을 주게 될 것이다.

이와 같이 기준이 되는 숫자의 크기가 작은 경우에는 작은 변화에도 퍼센트의 변화는 엄청나게 큰 것을 알 수 있다.

따라서 퍼센트로 표시된 자료를 접하게 되면 다음과 같은 점을 주의하여야 한다.

첫째, 무엇에 대한 퍼센트인가?

둘째, 실제적으로 기준이 되는 숫자가 함께 제시되었는가?

셋째, 두 가지 이상의 자료에서 퍼센트를 비교할 때에는 퍼센트를 계산한 기준이 되는 자료의 크기가 같거나 비슷한가?

그러므로 퍼센트를 바르게 이해하려면 퍼센트를 하나의 숫자로 된 정보로 이해하여야 하고 퍼센트가 자료 그 자체를 나타내는 것은 아니라는 것을 알아야 한다.

두 퍼센트의 차이에 의한 통계의 왜곡

취업을 원하는 사람 중 취업을 하지 못한 사람의 비율(실업률), 어떤 물건이 시장을 독점하거나 차지하는 비율(시장 점유율), 은행에서 판매하는 상품의 이자 비율(이자율), 정부가 관리하는 물건의 가격 상승률(물가상승률), 환율, 주가 지수 등 관심의 대상을 퍼센트로 표시하는 경우에 퍼센트의 분기별, 연도별 변화를 퍼센트 포인트로 표현한다. 즉, 어떤 자료의 기준이 같을 때 두 퍼센트의 변화(차이)를 퍼센트 포인트(%p)라고 한다.

예를 들어, 어느 해 실업률이 4 %에서 다음 해에 5 %로 증가했을 때 '1년 동안 실업률이 1 % 증가하였다.'라는 표현은 잘못된 것이다.

이 경우 올바르게 표현하는 방법은 다음과 같다.

① 1년 동안 실업률은 1 %포인트(1 %p) 증가하였다.

② 1년 동안 실업률은 25 % 증가하였다.

위의 두 가지 모두 올바른 표현이지만 상대적으로 듣는 사람의 입장에서는 크게 다르게 느껴진다.

따라서 발표하는 측에서는 첫번째(①)의 방법을 택하는 것이 보통이다. 그러므로 정확하게 이해하려면 두번째(②)의 내용으로 이해하여야 할 것이다.

다음 A, B, C 세 사람의 주장은 옳은가? 옳지 않은 주장에 대해서는 구체적인 예를 들어 반박하는 내용을 서술하시오.

(A) 나는 갑 회사의 사장입니다. 우리 회사에서는 이번에 일반사원과 사장의 월급을 똑같이 7 %씩 인상하기로 하였습니다. 열심히 일하는 일반사원도 사장과 평등하게 월급을 인상하니 모두들 좋아하였습니다. 하하하…

(B) 나는 을 회사에 근무하고 있습니다. 우리 회사 직원들의 취미 생활을 조사하였더니 남자 직원 중 30 %, 여자 직원 중 20 %가 등산을 좋아한다고 합니다. 따라서 남자 직원이 여자 직원보다 더 많이 등산을 좋아하는 것을 알 수 있습니다.

(C) 나는 언젠가 전여옥씨가 저술한 「일본은 없다」라는 책을 읽은 적이 있습니다. 그 책에는 다음과 같은 내용이 있습니다.

> 주로 40대 후반의 일본 여성들에게 죽은 뒤 남편과 함께 묻히고 싶냐는 질문에 대하여 67 %가 '절대로 그렇게 하고 싶지 않다'고 대답하였다.

평소에는 싸우더라도 미운정 고운정이 들어 다시 태어나도 함께 살고 싶다는 우리나라 사람들하고는 다른 것 같습니다.

각 사람의 주장을 반박할 수 있는 예를 찾아본다.

예시 답안 및 해설 125쪽

다음은 어느 신문 기사의 일부이다.

> 20일 경찰청에 따르면 2010년 교통사고 사망자는 모두 5505명으로 이 가운데 14.2 %인 781명이 오후 6~8시 발생한 사고로 죽었다. 요일별로 사망자가 가장 많이 발생한 날은 토요일(851명)이고 일요일(702명)이 가장 적다. 월별로 보면 가을 행락철인 10월이 619명(11.2 %)으로 가장 많고 가장 적은 달은 4월(395명, 7.2 %)이다. 위반 행위별로는 '전방주시 태만'이 2997명으로 절반 이상을 차지했고 '중앙선 침범' 563명(10.2 %), '신호위반' 409명(7.4 %), '보행자 보호 불이행' 184명(3.3 %) 등 순이다.
> 따라서 일년 중 '10월에 토요일 오후 6~8시에 전방주시 태만할 경우"에 교통사고가 일어날 확률이 가장 높다고 할 수 있습니다.

위의 주장은 타당한가? 타당하지 않다면 그 이유를 들어 비판하는 내용으로 논술하시오.

제시문의 주장은 상황별로 사고가 많이 발생한 상황을 모두 합친 것이다.

우리나라에서 가장 인기 있는 로또는 1부터 45까지 숫자 중에서 서로 다른 6개를 맞추는 게임이다. 로또를 구매할 때, 자신이 직접 6개를 선택할 수도 있고 판매기계가 임의로 6개를 대신 선택하여 주기도 한다. 매주 토요일 밤에 시행되는 로또 추첨에서는 1부터 45까지의 서로 다른 숫자 6개를 당첨번호로 임의추출하는데, 1등에 당첨되기 위해서는 선택한 숫자들이 당첨번호와 모두 일치해야 한다.

요즘 많은 로또 관련 사이트나 서적들은 로또 당첨확률을 높이는 기법들을 소개하고 있다. 예를 들어, 모두 홀수나 모두 짝수를 선택하는 것보다 홀짝을 적당히 섞는 것이 좋다. 또는 선택한 6개의 숫자의 총합이 100에서 180 정도가 되면 뽑힐 확률이 높다. 또는 토요일에 로또를 구입하면 다른 요일보다 1등할 확률이 높다 등등 여러 가지 요령을 소개하고 있다. 로또추첨에서 6개의 숫자를 고르는 것이 완전히 임의추출이고 매회 추첨이 서로 독립이라고 가정할 때 당첨확률에 관한 다음 물음에 답하시오.

(1) 1등 당첨번호가 모두 홀수 번호에서 나올 확률과 3개의 홀수 번호와 3개의 짝수 번호에서 나올 확률 중 어느 쪽이 더 높을 지를 설명하시오.

(2) 1등 당첨번호 6개의 총합이 23인 경우의 확률과 255인 경우의 확률 중 어느 쪽이 더 높을 지를 설명하시오.

(3) 로또를 2장 구입한 경우, 첫 번째 로또 숫자의 합은 23이었고 두 번째 로또 숫자의 합은 255이었다. 이 2장의 로또 중 어느 것이 당첨될 확률이 높을 지를 설명하시오.

(4) 이제까지의 당첨자들을 분석했더니 실제로 1등 당첨자 중에 토요일에 구입한 사람들이 가장 많았다. 그 이유가 정말로 토요일에 로또를 1장 구입하는 것이 다른 요일에 1장 구입하는 것에 비해 당첨확률이 높기 때문인지, 그렇지 않다면 왜 이런 현상이 나타나는지를 설명하시오. (단, 논의를 단순화하기 위하여 모든 로또 구입자들의 번호선택은 임의(무작위)였다고 가정하자.)

(5) 이제까지 1등 당첨번호를 분석한 결과, 22와 38이 다른 숫자에 비해서 1등 당첨번호에 속하는 경우가 상당히 적었다. 이화는 "모든 숫자가 뽑힐 확률이 똑같아야 하므로, 이번에 구입할 로또는 6개의 숫자 중에 22와 38을 꼭 포함하는 것이 1등에 당첨될 확률이 더 높아질 거야"라고 생각했다. 이화의 이런 전략은 정말로 1등에 당첨될 확률을 높일 수 있을지 설명하시오.

| 이화여자대학교 2013년 수시 |

45개 중에서 6개를 뽑는 경우의 수는 ${}_{45}C_6$이고 $\frac{1}{{}_{45}C_6}$은 로또가 당첨될 확률이다.

우리가 표본조사를 하는 이유는 모집단에 대해서 알고 싶지만 전수조사는 너무 많은 비용과 시간이 들기 때문이다. 잘 설계된 표본추출 방법을 이용하게 되면 적절한 크기의 표본만으로도 모집단에 대한 정확한 추정이 가능하다. 하지만 적절하지 못한 방법으로 표본을 추출하게 되면 표본의 크기와 상관없이 의외의 결과가 나오기도 한다.

(1) 다음 경우는 1936년 미국 대선에서 표본조사와 실제 결과가 다르게 나온 예이다.

> 당시 공화당의 Landon 후보와 당시 대통령이었던 민주당의 Roosevelt 후보와의 대결이 뜨거웠다. 서로 자기의 우세를 장담하고 있었는데, American Literary Digest 잡지에서 2백만 명 이상의 유권자들에게 우편조사를 실시하였다. 조사 결과, 공화당의 Landon 후보가 큰 표 차이로 이기는 것으로 나왔는데 실제 결과는 정반대였다. 그 잡지에서 조사한 유권자들은 그 잡지의 독자들과 자동차 소유자들, 그리고 전화 소유자들로 이루어져 있었다. 참고로 1930년대에 미국에서는 100명에 20명 정도의 사람들이 자동차를 소유하고 있었고, 전체 가구의 35 %정도가 전화를 소유하고 있었다고 한다.

위 잡지사에서는 상당히 큰 표본을 사용하였는데도 반대의 선거결과가 나온 이유를 유추하여 설명해 보시오.

(2) 어떤 선거를 치르려고 할 때 유권자들의 투표율을 예측하기 위한 여론조사를 시행한다고 해 보자. 모집단의 투표율에 대한 추정을 할 때에 추정오차의 한계는 $2\sqrt{\frac{p(1-p)}{n}}$으로 근사할 수 있다. 여기서 p는 투표율 추정치이고, n은 표본의 크기이다. 만약 투표율 추정치 p가 0.3과 0.7 사이에 있다는 것을 알고 있다고 할 때, 추정오차의 한계를 0.05 이하로 보장하기 위한 표본의 크기는 최소한 얼마가 되어야 하는지 구하시오.

(3) 각 TV방송사에서는 투표일 이전에는 지지하는 후보를 묻는 '전화여론조사'를, 투표 당일에는 투표를 마치고 나온 사람들을 대상으로 몇 명에 한 명씩 누구를 투표했는지를 묻는 '출구조사'를 시행한다. 실제로 출구조사가 전화여론조사보다 더 정확하게 투표 결과를 예측하는 것으로 알려져 있다.

어떤 선거에 대한 전화여론조사와 출구조사를 시행할 때, 두 조사의 표본 수가 같았고 참여한 사람들이 모두 솔직하게 응답했다고 가정하자. 또한 전화여론조사 당시 부동층(어떤 후보를 지지할지 아직 결정하지 않은 사람들)이 없었다고 가정하자. 위의 조건 아래서도 출구조사가 전화여론조사보다 투표 결과를 더 정확하게 예측할 수 있는 이유가 무엇인지를 설명하시오.

| 이화여자대학교 2013년 예시 |

(2) 투표율 추정치 p는 0.3과 0.7 사이에 있고 $2\sqrt{\frac{p(1-p)}{n}} \leq 0.05$인 조건을 만족해야 한다.

예시 답안 및 해설 126쪽

다음 글을 읽고 아래 물음에 답하시오.

2차원 평면 위에 존재하는 다섯 개의 점

$(x_1, y_1)=(1, 1), (x_2, y_2)=(3, 2), (x_3, y_3)=(4, 3),$

$(x_4, y_4)=(5, 4), (x_5, y_5)=(7, 9)$

를 통하여 x의 변화에 따라 y가 어떻게 변하는지를 알아보려 한다.

(1) x의 변화에 따라 y가 변하는 대체적인 추세를 파악해보기 위하여 이를 설명할 수 있는 직선을 찾아보려고 한다. 즉, 이 다섯 점의 변화를 최대한 잘 설명할 수 있는 직선 $y=ax+b$ (단, a, b는 상수)를 구하려 한다. 이때, a의 값을 구하기 위하여 먼저 다음을 정의하였다.

(ㄱ) 모든 $1 \le i < j \le 5$에 대하여 $x_j > x_i$인 (i, j)의 개수를 N이라 정의한다.

(ㄴ) N개의 $x_j > x_i$인 (i, j)에 대하여 S_{ij}를 다음과 같이 정의한다.

$$S_{ij}=\frac{y_j-y_i}{x_j-x_i},\ i<j$$

위의 내용을 사용하여 학생 갑은 a의 값으로 N개의 S_{ij} 값들의 평균을 사용할 것을 제안하였다. 갑이 한 제안의 논리적 타당성에 대하여 설명하시오.

(2) 위와 같은 상황에서 a의 값을 구할 수 있는 다른 방안을 제시하고 학생 갑의 제안과 비교하여 그 타당성을 설명하시오.

(3) 위의 다섯 점의 변화를 직선이 아닌 이차곡선 $y=cx^2+d$(단, c와 d는 상수)를 통하여 설명하려 할 때, c의 값을 추정할 수 있는 합리적인 방안을 제시하시오.

| 중앙대학교 2008년 모의논술 |

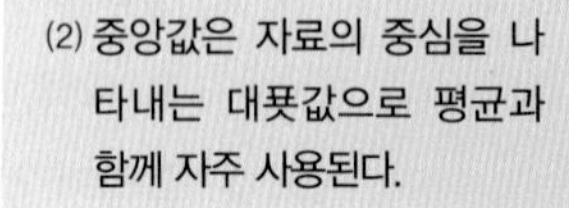

풀칠해 주세요.

보내는 사람

받는 사람

서울특별시 종로구 종로98 8층 **YBM**

1 1 0 - 1 2 2

신통방통한 **수리논술**의 개념서

신통

YBM

풀칠해 주세요.

학교(원) 이름	학년	계열	성명	연락처	지역
			(남 · 여)		

01 본 교재를 구입하게 된 동기는 무엇입니까?

① 서점에서 다른 책과 비교해 보고 스스로 선택 ② 친구/선배의 권유
③ 선생님의 추천 ④ 학교 보충 교재 ⑤ 학원 수업 교재
⑥ 광고를 보고/듣고 ⑦ 기타( )

02 본 교재에 대한 질문입니다.

(1) 교재의 구성과 내용에 대한 만족도는?
① 매우 만족 ② 만족 ③ 보통 ④ 불만족 ⑤ 매우 불만족

(2) 난이도는?
① 매우 쉽다. ② 쉽다. ③ 알맞다. ④ 어렵다. ⑤ 매우 어렵다.

(3) 교재의 학습 분량 정도는?
① 매우 적다. ② 적다. ③ 알맞다. ④ 많다. ⑤ 매우 많다.

(4) 해설에 대한 만족도는?
① 매우 만족 ② 만족 ③ 보통 ④ 불만족 ⑤ 매우 불만족

(5) 표지 및 내지 디자인은?
① 매우 만족 ② 만족 ③ 보통 ④ 불만족 ⑤ 매우 불만족

03 본 교재의 장점은 무엇입니까?

04 본 교재의 단점 및 개선 보완점은 무엇입니까?

05 최근 공부한 교재 중에서 본인이 크게 도움을 받은 책은 무엇입니까?

교재명 :

영역 :

이유 :

자르는 선

06 기존에 나와 있지 않지만 내가 원하는 교재, 문제집, 참고서, 단행본 등이 있다면 간단히 적어 주세요.

신통방통한 **수리논술**의 개념서

신통

수리논술 1권

수학 I·II, 확률과 통계 과정

예시 답안 및 해설

구자관 저

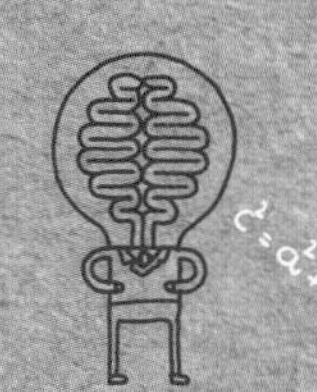

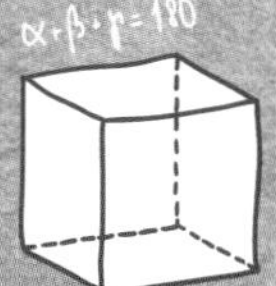

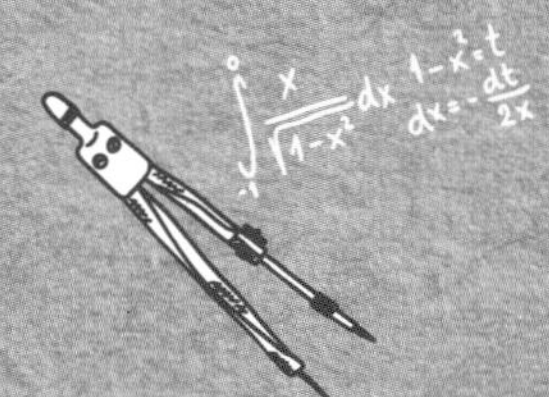

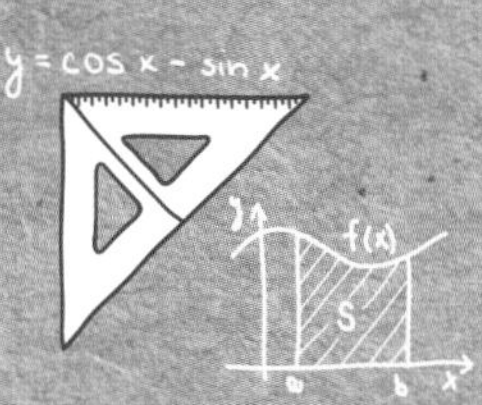

YBM

사람을 강하게 만드는 것은
사람이 하는 일이 아니라, 하고자 노력하는 것이다.

– 어니스트 헤밍웨이 –

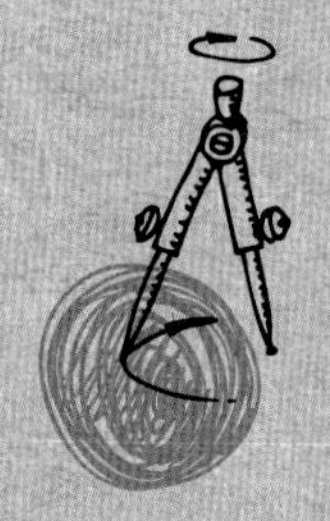

예시 답안 및 해설

한 차원 높은 예시 답안 및 해설로

수리 논술을 내 손 안에!

ANSWER

I 다항식

COURSE A

유제 1 • 13쪽 • **배수의 성질을 이용하여 규칙성을 찾는 문제이다.**

(1) 2001년, 2002년, 2003년은 모두 평년이므로 1년은 365일이다.

$365=7\times52+1$이므로 1년 뒤의 1월 1일의 요일은 하나 뒤로 밀린다.

따라서, 2002년, 2003년, 2004년이 1월 1일의 요일은 각각 화, 수, 목요일이다.

(2) (2001년, 2002년, 2003년, 2004년)을 한 묶음으로 생각하면 2001년 1월 1일이 월요일일 때 $(2001+4)$년 1월 1일은 2004년은 윤년이므로 5일 뒤로 밀려 토요일이다.

$(2001+4\times2)$년 1월 1일은 목, $(2001+4\times3)$년 1월 1일은 화, …, $(2001+4\times7)$년 1월 1일이 월요일이므로 $c=28$이다.

(3) 2001년이 1월 1일이 월요일일 때 2101년 1월 1일은

$$365\times100+24=(7\times52+1)\times100+24$$
$$=7\times(52\times100+17)+5$$

이므로 토요일, 2201년 1월 1일은 목요일, 2301년 1월 1일은 화요일, 2401년 1월 1일은

$$365\times100+25=(7\times52+1)\times100+25$$
$$=7\times(52\times100+17)+6$$

이므로 월요일이다.

이것은 2001년, 2101년, 2201년, 2301년, 2401년, …인 해의 1월 1일은 월, 토, 목, 화요일만 나오게 되고 400년마다 반복된다. 그런데 (2)에서 28년마다 요일이 반복되는데 $100=28\times3+16$이므로 각각의 100년 중 마지막 16년동안은 균등하게 분포되지 않는다.

따라서, 2001년 1월 1일 이후 매년 1월 1일에 나타나는 요일은 균등하게 분포되지 않는다.

유제 2 • 14쪽 • **실수의 최소공배수에 대한 문제이다.**

조건을 만족하는 자연수를 N이라 하고, 정수 a, b, c에 대하여 N을 9개, 10개, 11개의 연속한 자연수의 합으로 각각 나타내 보면 다음과 같다.

$$N=(a-4)+(a-3)+\cdots+(a+3)+(a+4)$$
$$=9a \quad \cdots\cdots ㉠$$
$$N=(b-4)+(b-3)+\cdots+(b+4)+(b+5)$$
$$=10b+5=5(2b+1) \quad \cdots\cdots ㉡$$
$$N=(c-5)+(c-4)+\cdots+(c+4)+(c+5)$$
$$=11c \quad \cdots\cdots ㉢$$

(단, $a\geq5$, $b\geq5$, $c\geq6$)

이때, ㉠, ㉡, ㉢에서 N은 각각 9의 배수, 5의 배수, 11의 배수이어야 하므로 N은 9, 5, 11의 공배수이다.

세 수 9, 5, 11의 최소공배수는 $9\times5\times11=495$이므로 N은 $495\times$(홀수)꼴의 배수이다.

TRAINING
수리논술 기출 및 예상 문제 • 15쪽 ~ 20쪽 •

01 (1) $R_0=\{3k\,|\,k$는 정수$\}$, $R_1=\{3k+1\,|\,k$는 정수$\}$, $R_2=\{3k+2\,|\,k$는 정수$\}$이다. 임의의 정수 a는 3으로 나눌 때 나머지가 0 또는 1 또는 2이므로 $a\in R_0$ 또는 $a\in R_1$ 또는 $a\in R_2$이다.

따라서 $R_0\cup R_1\cup R_2=Z$이다.

(2) $a\in R_i\cap R_j$라고 하면 적당한 정수 m, n에 대하여 $a=3m+i=3n+j$로 나타낼 수 있으므로 $3(m-n)=j-i$이다.

따라서 $j-i$는 3의 배수이고 $0\leq i\leq2$, $0\leq j\leq2$이므로 $i=j$이다. 그러므로 $i\neq j$이면, $R_i\cap R_j=\phi$이다.

(3) 집합 R_i가 [성질 1]을 만족한다면 a, $b\in R_i$, $b\neq0$에 대하여 적당한 원소 c, $d\in R_i$가 존재하여 $a=b\cdot c+d$가 성립한다.

그런데 $a=3k+i$, $b=3m+i$, $c=3n+i$, $d=3p+i$ $(0\leq i\leq2)$인 정수 k, m, n, p가 존재하므로 $3k+i=(3m+i)(3n+i)+(3p+i)=3q+i^2+i$인 정수 q가 존재한다. 따라서 $3(k-q)=i^2$이고 i^2은 3의 배수이므로 $i=0$이다.

또한 R_0에 속하는 원소 $3k$, $3m$에 대하여 원소 $3n$, $3(k-3mn)\in R_0$이 존재하여 등식 $3k=(3m)\times(3n)+3(k-3mn)$이 성립하므로 [성질 1]을 만족하는 집합은 R_0 뿐이다.

(4) 원소 3, $6\in R_0$에 대하여 $3=6\cdot0+3=6\cdot3+(-15)$이고 0, 3, $-15\in R_0$이므로 집합 R_0는 [성질 2]를 만족하지 않는다.

따라서 [성질 1]을 만족하는 집합 중에서 [성질 2]를 만족하는 집합은 존재하지 않는다.

02 (1) 201 이상의 7의 배수 중 가장 작은 것은 $203=7\times29$, 565 이하의 7의 배수 중에서 가장 큰 것은 $560=7\times80$이다. 201 이상 565 이하의 7의 배수의 집합 $\{7\times29, 7\times30, \cdots, 7\times80\}$을 B로 놓으면 이 집합의 원소의 개수는 29에서 80까지의 정수의 개수와 같으므로 $80-29+1=52$이다.

즉, 집합 $A=\{1, 2, \cdots, 52\}$의 원소들이 함수 $f(x)=7(x+28)$(x는 A의 원소)에 의하여 집합 B의 원소들과 일대일 대응이 되므로 201 이상 565 이하의 7의 배수의 개수는 52이다.

(2) 301 이상의 7의 배수 중 가장 작은 것은 $301=7\times43$, 665 이하의 7의 배수 중에서 가장 큰 것은 $665=7\times95$이다. 301 이상 665 이하의 7의 배수의 집합 $\{7\times43, 7\times44, \cdots, 7\times95\}$를 B로 놓으면 이 집합의 원소의 개수는 43에서 95까지의 정수의 개수와 같으므로 $95-43+1=53$이다.
즉, 집합 $A=\{1, 2, \cdots, 53\}$의 원소들이 함수 $f(x)=7(x+42)$(x는 A의 원소)에 의하여 집합 B의 원소들과 일대일 대응이 되므로 301 이상 665 이하의 7의 배수의 개수는 53이다.

(3) 1월 1일이 토요일이라면 12월 31일은 이로부터 $364(=7\times52)$일 뒤이므로 토요일이다. 이제
1월 1일$=7\times0$, 1월 8일$=7\times1$, $\cdots$,
12월 31일$=7\times52$
로 놓으면 토요일의 개수는 $52-0+1=53$임을 알 수 있다. 1월 1일이 토요일이 아니라면 첫 번째 토요일은 1월 n일이 될 것이다($2\le n\le7$).
1월 n일로부터 $364(=7\times52)$일 후는 다음 해가 되므로 이번 해의 가장 마지막 토요일은 1월 n일로부터 $357(=7\times51)$일 후가 되어야 한다. 그러므로 이 경우는 토요일의 개수가 $51-0+1=52$이다.

03 자연수 n의 양수 약수를 $p_1, p_2, \cdots, p_m$(m은 자연수), $A=\{p_1, p_2, \cdots, p_m\}$라 하자.
이때, $\frac{n}{p_i}\in A(i=1, 2, \cdots, m)$이므로
$\left\{\frac{n}{p_1}, \frac{n}{p_2}, \cdots, \frac{n}{p_m}\right\}=\{p_1, p_2, \cdots, p_m\}$이 성립한다.
$\frac{n}{p_1}+\frac{n}{p_2}+\cdots+\frac{n}{p_m}=p_1+p_2+\cdots+p_m=2n$이므로
$\frac{1}{p_1}+\frac{1}{p_2}+\cdots+\frac{1}{p_m}=2$이다.

04 (다) 3이 n의 약수가 아니면 6, 9, 12도 n의 약수가 아니므로 모순이다. 따라서 3은 n의 약수이다.
마찬가지 이유로 4도 n의 약수이다.
n은 3, 4 모두를 약수로 가지므로, 6과 12도 약수이다.
따라서 n은 3, 4, 5의 약수이므로 2, 3, 4, 5, 6, 10, 12를 약수로 가진다.

약수	2	3	4	5	6	7	8	9	10	11	12	n
3		×			×			×			×	불능
4			×				×				×	불능
3, 4, 5	○	○	○	○	○	?	?	?	○	?	○	$2^2\cdot3\cdot5$

(라) n은 7, 8, 9, 11을 각각 약수로 가질 수도, 가지지 않을 수도 있다. 4개의 약수 중 2개만을 약수로 가지는 경우의 수는 아래와 같이 총 6가지이다.

약수	2	3	4	5	6	7	8	9	10	11	12	n
7, 8	○	○	○	○	○	○	○	×	○	×	○	$2^3\cdot3\cdot5\cdot7=840$
7, 9	○	○	○	○	○	○	×	○	○	×	○	$2^2\cdot3^2\cdot5\cdot7=1260$
7, 11	○	○	○	○	○	○	×	×	○	○	○	$2^2\cdot3\cdot5\cdot7\cdot11=4620$
8, 9	○	○	○	○	○	×	○	○	○	×	○	$2^3\cdot3^2\cdot5=360$
8, 11	○	○	○	○	○	×	○	×	○	○	○	$2^3\cdot3\cdot5\cdot11=1320$
9, 11	○	○	○	○	○	×	×	○	○	○	○	$2^2\cdot3^2\cdot5\cdot11=1980$

위의 경우 조건을 만족하는 경우는 총 10개
840, $1680=840\times2$와 1260과 360, $720=360\times2$, $1080=360\times3$, $1440=360\times4$, $1800=360\times5$와 1320 그리고 1980이다.

05

(O : 열림, C : 닫힘)

사람 \ 창문	1	2	3	4	5	6	7	8	9	10	…	100
1	Ⓒ	C	C	C	C	C	C	C	C	C	…	C
2		O		O		O		O		O	…	O
3			O			C			O		…	
4				Ⓒ				C			…	C
5					O					C	…	O
6						O					…	
7							O				…	
8								O			…	
9									Ⓒ		…	
10										O	…	C
…	…	…	…	…	…	…	…	…	…	…	…	…
100											…	

계속 닫혀 있음 계속 닫혀 있음 계속 닫혀 있음

창문이 모두 열려 있는 상태에서
(i) 1번이 지나가면서 모두 닫는다.
(ii) 2번이 지나가면서 2의 배수의 문을 모두 연다. 이때부터 1번 창문은 계속 닫혀 있게 된다.
(iii) 3번이 지나가면서 3의 배수의 문을 반대로 열고 닫는다.
(iv) 4번이 지나가면서 4의 배수의 문을 반대로 열고 닫는다. 이때부터 4번 창문은 계속 닫혀 있게 된다.
(v) 5, 6, 7, 8번이 지나가면서 각자의 배수의 문을 반대로 열고 닫는다.
(vi) 9번이 지나가면서 9의 배수의 문을 반대로 열고 닫는다. 이때부터 9번 창문은 계속 닫혀 있게 된다.

이와 같은 방법으로 진행하면 1, 4, 9, 16, ⋯, 100, 즉 1^2, 2^2, 3^2, 4^2, ⋯, 10^2과 같이 번호가 제곱수인 창문은 최종적으로 닫혀 있게 된다. 즉, 닫혀 있는 창문은 번호가 양의 약수의 개수가 홀수인 수이다.

따라서 1번부터 100번까지의 100개의 창문 중 최종적으로 닫혀 있는 창문의 개수는 10개이다.

또한, 1에서 90까지의 수를 가진 90명의 사람이 진행하는 경우에는 1번부터 90번까지의 창문 중 닫혀 있는 창문의 개수는 번호가 1^2, 2^2, 3^2, ⋯, 9^2의 9개이고, 91번부터 100번까지의 창문 중 닫혀 있는 창문의 개수는 자신을 제외한 양의 약수의 개수가 홀수 개인 91, 92, 93, 94, 95, 96, 97, 98, 99의 9개이다.

따라서 닫혀 있는 창문의 개수는 $9+9=18$(개)이다.

06 (1) 정사각기둥의 부피는 $a\times a\times b=3\times 5\times 6^5$에서 $a^2b=2^5\times 3^6\times 5$이다. a의 값에는 5의 인수가 없으므로 $a=2^\alpha\times 3^\beta$(α, β는 음이 아닌 정수)으로 놓을 수 있다.
이때, $2^{2\alpha}\times 3^{2\beta}\times b=2^5\times 3^6\times 5$가 성립한다.
α가 가질 수 있는 값은 0, 1, 2이고, β가 가질 수 있는 값은 0, 1, 2, 3이다.
따라서 가능한 a의 값은 $3\times 4=12$(가지)이고, 각각의 경우에 b는 유일하게 결정되므로 가능한 정사각기둥은 12가지이다.

(2) 밑면의 넓이가 최대인 것은 a의 값이 최대일 때이므로 $a=2^2\times 3^3$, 즉 $a^2=2^4\times 3^6$이다. 이때, 높이는 $b=2\times 5=10$이다.

07 파티에 참석한 사람의 수는 10쌍의 부부, 즉 20명이다. 이들 가운데 서로 알던 사람들은 악수를 하지 않았으므로 한 사람이 악수를 할 수 있는 최대의 횟수는 자신과 배우자를 제외한 사람과 악수한 횟수이므로 18회이다. 집주인을 제외한 19명이 악수한 횟수가 모두 다르므로 19명이 악수한 횟수는 각각 0, 1, 2, 3, ⋯, 18회 중에 하나이다.

이제 집주인을 제외한 19명에게 악수의 횟수로 번호를 붙이기로 하자. 18번 사람은 배우자를 제외한 모든 사람을 모르고, 0번 사람은 참석자 모두를 알고 있으므로 18번 사람을 알고 있는 유일한 사람이다. 그러므로 0번과 18번은 부부 사이이다.

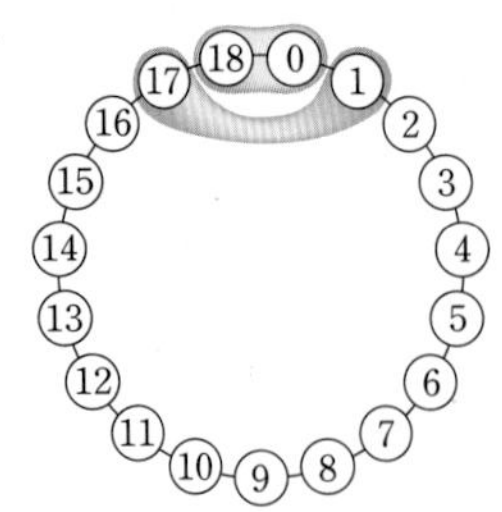

0번과 18번을 제외시키고 1, 2, 3, ⋯, 17번인 사람의 횟수에서 18번과 악수한 횟수를 빼면 악수의 횟수는 각각 0, 1, 2, ⋯, 16회로 바뀐다. 여기에서 앞에서와 같은 방법으로 하면 1번과 17번이 부부 사이이다. 같은 방법을 반복하면 9번만 혼자 남게 된다.

그러므로 9번이 집주인의 부인이고, 집주인의 부인이 악수한 횟수는 9회이다. 이것을 일반화하여 n쌍의 부부가 참석한 파티에서 집주인을 제외한 $(2n-1)$명이 악수한 횟수가 모두 다른 경우에 집주인의 부인이 악수한 횟수를 구하여 보자.

$(2n-1)$명의 악수한 횟수가 모두 다르므로 각각의 악수한 횟수는 0회, 1회, 2회, 3회, ⋯, $(2n-3)$회, $(2n-2)$회이다. 악수한 횟수가
$(0,\ 2n-2)$, $(1,\ 2n-3)$, $(2,\ 2n-4)$, ⋯, $(n-2,\ n)$
인 경우가 부부 사이가 되고 남은 $(n-1)$회가 집주인의 부인이 악수한 횟수이다.

08 (1) 두 정수 a, b를 n으로 나눈 나머지가 각각 r_a, r_b이므로, $a=nk+r_a$, $b=nl+r_b$인 정수 k, l이 존재하고, $0\le r_a$, $r_b\le n-1$이다. 따라서

$$ab=(nk+r_a)(nl+r_b)$$
$$=n(nkl+r_bk+r_al)+r_ar_b \quad \cdots\cdots ㉠$$

이고, $0\le r_a$, $r_b\le n-1$이므로 $0\le r_ar_b\le(n-1)^2$이다. r_ar_b를 n으로 나눈 나머지를 s라고 하자. 즉

$$r_ar_b=nt+s \ (t,\ s\text{는 정수},\ 0\le s\le n-1)$$

이다. ㉠에서

$$ab=n(nkl+r_bk+r_al)+r_ar_b$$
$$=n(nkl+r_bk+r_al+t)+s$$

이다. 이로부터 ab를 n으로 나눈 나머지는 s이므로 r_ar_b를 n으로 나눈 나머지인 s와 같다. 따라서 [사실 2]가 성립한다.

(2) 10을 3으로 나눈 나머지가 1이므로 [사실 2]를 이용하면, 임의의 자연수 k에 대하여 10^k을 3으로 나눈 나머지는 항상 1이다. 다시 [사실 2]를 이용하면 임의의 자연수 k에 대하여 a_k10^k을 3으로 나눈 나머지는 a_k를 3으로 나눈 나머지와 같다. 그러므로 [사실 1]에 의하여 $a=a_m10^m+a_{m-1}10^{m-1}+\cdots+a_110+a_0$을 3으로 나눈 나머지는 $a_0+a_1+\cdots+a_m$을 3으로 나눈 나머지와 같다.

(3) $1=10^0$을 7로 나눈 나머지는 1이다. 10^1을 7로 나눈 나머지는 3이므로, [사실 2]를 이용하면 임의의 자연수 k에 대하여 10^k을 7로 나눈 나머지는 3^k을 7로 나눈 나머지와 같다.
따라서 10^0, 10^1, 10^2, 10^3, 10^4, 10^5, 10^6, 10^7, 10^8, 10^9, 10^{10}을 7로 나눈 나머지들은 차례대로
1, 3, 2, 6, 4, 5, 1, 3, 2, 6, 4
이며, 이 결과와 [사실 1]과 [사실 2]로부터
37423476672를 7로 나눈 나머지는
$2\times 1+7\times 3+6\times 2+6\times 6+7\times 4+4\times 5+3\times 1$
$+2\times 3+4\times 2+7\times 6+3\times 4=190$
을 7로 나눈 나머지와 같다.

이 방법을 반복해서 적용하면, 190을 7로 나눈 나머지는 $0\times1+9\times3+1\times2=29$를 7로 나눈 나머지와 같고, 이는 $9\times1+2\times3=15$를 7로 나눈 나머지와 같으며, 이는 $5\times1+1\times3=8$을 7로 나눈 나머지와 같으므로, 구하는 답은 1이다.

(4) $a=37423476672$라고 하면 (3)의 결과로부터
$a=7k+1$(k는 정수)이다. k를 3으로 나눈 나머지를 $r(r=0,\ 1,\ 2)$이라고 하면 $k=3l+r$로 쓸 수 있으므로
$a=7k+1=7(3l+r)+1=21l+7r+1$
이다. (2)에서의 방법을 반복 적용해 보면
$a=37423476672$를 3으로 나눈 나머지는
$3+7+4+\cdots+6+7+2=51$에서 0이다. 그런데 $r=0,\ 1,\ 2$ 중에서 $7r+1$을 3으로 나눈 나머지가 0인 경우는 $r=2$인 경우이다.
따라서 37423476672를 21로 나눈 나머지는
$7\times2+1=15$이다.

09 (1) 제품번호 $05-0812-8x7-5$(단, x는 $0\le x\le9$인 정수)로 놓으면
$$S=0+2\times5+3\times0+8+2\times1+3\times2+8+2x+3\times7$$
$$=2x+55$$
이고 이것을 11로 나누었을 때의 나머지가 5이므로
$2x+55=11k+5$(k는 정수)꼴에서
$2x+55=11k+5,\ 2x-5=11(k-5)$
$2x-5$가 11의 배수가 되는 x는 $x=0,\ 1,\ 2,\ \cdots,\ 9$를 대입하여 찾으면 $x=8$이다.
또, $05-081y-627-3$(단, y는 $0\le y\le9$인 정수)로 놓으면
$$S=0+2\times5+3\times0+8+2\times1+3y+6+2\times2+3\times7$$
$$=3y+51$$
이고 이것을 11로 나누었을 때의 나머지가 3이므로
$3y+51=11l+3$(l은 정수)꼴에서
$3y+51=11l+3,\ 3y+4=11(l-4)$
$3y+4$가 11의 배수가 되는 y는 $y=0,\ 1,\ 2,\ \cdots,\ 9$를 대입하여 찾으면 $y=6$이다.
따라서, 각각의 값은
$05-0812-887-5,\ 05-0816-627-3$
으로 복원할 수 있다.

(2) 제품번호를
$06-xy22-071-\mathrm{X}$(단, $x,\ y$는 $0\le x,\ y\le9$인 정수)로 놓으면
$$S=0+2\times6+3x+y+2\times2+3\times2+0+2\times7+3\times1$$
$$=3x+y+39$$
이고 이것을 11로 나누었을 때의 나머지가 $X=10$이고
$3x+y+39=11m+10$(m은 정수)꼴이므로
$3x+y+29=11m$에서 $3x+y+29$는 11의 배수인 33, 44, 55, …이어야 한다.
그런데 xy는 제조월에 해당하는 두 자리수이므로 01, 02, …, 12이어야 하므로
$(x,\ y)=(0,\ 1),\ (0,\ 2),\ \cdots,\ (1,\ 2)$를 대입하여 찾으면 $(x,\ y)=(0,\ 4),\ (1,\ 1)$이다.
따라서, 최대 50%의 정확도로 본래의 제품을 예측할 수 있다.

(3) (1)과 같은 방법으로
$2x+55=10k+5$(k는 정수)에서 $2x=10k-50$, $2x=10(k-5)$
이때 $2x$가 10의 배수가 되는 x는 $x=0$ 또는 $x=5$이다.
따라서 05-0812-8?7-5는 본래의 제품번호로 정확하게 복원할 수 없다.
또, $3y+51=10l+3$(l은 정수)에서
$3y+8=10l-40,\ 3y+8=10(l-4)$
이때 $3y+8$이 10의 배수가 되는 y는 $y=4$이다.
따라서 05-081?-627-3은 05-0814-627-3으로 복원할 수 있다.

주제별 강의 **제 1 장**

소수

 • 23쪽 •

(1) $n=xyxy=1000x+100y+10x+y=101(10x+y)$이고, 두 자리 수 $xy=10x+y$가 가질 수 있는 값은 10부터 99까지이므로 n은 $101\times10,\ 101\times11,\ 101\times12,\ \cdots,\ 101\times99$ 중에 있는 수이다.
따라서 이들 값 중에 어떤 수를 택하더라도 나눌 수 있는 가장 큰 소수는 101이다.

(2) $n=101(10x+y)$이고, $n=m^2$을 만족하려면
$10x+y=101k^2$(k는 자연수)꼴이어야 한다.
그런데 $10x+y$는 10부터 99까지의 수이므로 $101k^2$꼴이 될 수 없다.
따라서 n은 제곱수가 될 수 없으므로 $n=m^2$을 만족하는 정수 m은 존재하지 않는다.

(i) n이 짝수일 때
$10^{2n-1}+10^{2n-3}+\cdots+10^3+10$과 n은 둘 다 2의 배수이므로 자연수
$10^{2n-1}+10^{2n-3}+\cdots+10+n$
은 소수가 아니다.

(ii) n이 홀수일 때

a^n+b^n

$=(a+b)(a^{n-1}-a^{n-2}b+a^{n-3}b^2-\cdots-ab^{n-2}+b^{n-1})$,

$b=1$을 대입하면

$a^n+1=(a+1)(a^{n-1}-a^{n-2}+a^{n-3}-\cdots-a+1)$

이 성립한다.

$10^{2n-1}+10^{2n-3}+\cdots+10^3+10+n$

$=(10^{2n-1}+1)+(10^{2n-3}+1)+\cdots+(10^3+1)+(10+1)$

이고

$10^{2n-1}+1=(10+1)(10^{2n-2}-10^{2n-3}+\cdots+1)$

$10^{2n-3}+1=(10+1)(10^{2n-4}-10^{2n-5}+\cdots+1)$

……

$10^3+1=(10+1)(10^2-10+1)$

이므로

$10^{2n-1}+1,\ 10^{2n-3}+1,\ \cdots,\ 10^3+1,\ 10+1$

은 각각 11의 배수이다.

따라서, 자연수

$10^{2n-1}+10^{2n-3}+\cdots+10^3+10+n$

은 11의 배수이므로 소수가 아니다.

문제 3 • 24쪽 •

(1) ⓐ 물질을 구성하는 분자가 원자로 구성되어 있는 것처럼 자연수는 소수들의 곱으로 소인수분해할 수 있다. 즉, 원자는 물질 구성의 기본 단위이고, 소수는 수의 구성의 기본 단위이다.

ⓑ N이 소수가 아닐 때 N을 나누는 최소의 소수를 p라 하면 $N=p\times q(p\le q)$꼴로 나타낼 수 있다.
$\sqrt{N}=\sqrt{p\times q}\le\sqrt{p\times p}=p$이므로 N을 $\sqrt{N}$ 이하의 모든 소수들로 나누어 보면 N이 소수인지 아닌지 알 수 있다. 그런데 N이 소수일 때에는 N 이외의 소수로 나누어 떨어지게 할 수 없다. N이 매우 큰 소수인 경우에는 상당한 계산량으로 시간이 무척 많이 걸리게 되는 문제가 발생한다.

(2) 소수의 개수가 유한하다고 가정하여 n개의 소수를

$p_1,\ p_2,\ p_3,\ \cdots,\ p_n(1<p_1<p_2<p_3<\cdots<p_n)$

이라 하자.

어떤 자연수 $N=p_1\times p_2\times p_3\times\cdots\times p_n$에 대하여 $N+1=p_1\times p_2\times p_3\times\cdots\times p_n+1$을 생각하자. 이때, $N+1$은 $p_1,\ p_2,\ p_3,\ \cdots,\ p_n$의 곱으로 나타내어지거나 그 자신이 소수가 될 것이다.

그런데 N은 $p_1,\ p_2,\ p_3,\ \cdots,\ p_n$으로 나누어 떨어지지만 $N+1$은 $p_1,\ p_2,\ p_3,\ \cdots,\ p_n$으로 나누어 떨어지지 않으므로 $N+1$은 p_n보다 큰 소수들의 곱으로 나타내어지거나 그 자신이 p_n보다 큰 소수이다.

이것은 소수의 개수가 유한하다는 가정에 모순이다.

따라서 소수의 개수는 무한하다.

(3) 매미의 생활 주기가 소수가 되면 매미가 천적을 피하기 쉽다는 학설에 대해서는, 예를 들어 매미의 주기가 6년, 5년일 때 천적의 주기가 2년, 3년, 4년인 경우에 매미와 천적이 만나는 주기를 조사하여 표로 나타내면 다음과 같다.

매미의 주기	천적의 주기	매미와 천적이 만나는 주기
6년	2년	6년
	3년	6년
	4년	12년
5년	2년	10년
	3년	15년
	4년	20년

위 표에서와 같이 매미의 생활주기가 6년에서 5년으로 줄어들면 오히려 천적과 만나는 주기는 길어지게 된다. 또, 생활주기가 소수인 이유가 동종 간의 경쟁을 피하기 위한 스스로의 조정이라는 학설에 대해서는 다음과 같이 생각할 수 있다. 여러 종류의 매미들의 생활주기가 겹치게 되어 매미들의 개체 수가 너무 많아지면 먹이에 대한 경쟁이 치열해지므로, 가능하면 여러 종류의 매미가 동시에 출현하지 않도록 조정하는 것이다. 예를 들어, 생활주기가 각각 5년, 7년인 매미는 35년마다 동시에 활동하게 되지만, 생활주기가 각각 6년, 8년인 매미는 24년마다 동시에 활동하게 되므로 경쟁을 피하기 위해서 생활주기가 소수로 진화되었다는 것이다.

문제 4 • 25쪽 •

(1) 소수의 개수가 유한하다고 가정하면 임의의 실수 x와 어떤 자연수 M에 대하여 $f(x)\le M$이다.
[명제 1]이 참이면 $\ln x\le f(x)+1\le M+1$이 성립하고 $x\to\infty$일 때 $\ln x\to\infty$이므로 $f(x)\to\infty$이다.
이것은 소수의 개수 $f(x)$가 유한하다는 가정에 모순이므로 소수의 총 개수는 무수히 많다.

(2) $n=0,\ 1,\ 2,\ \cdots$일 때 $A_n=2^{2^n+1}\ge 2^{2^0+1}=3$이다.
소수들의 개수가 유한하다고 가정하여 소수가 $p_0,\ p_1,\ p_2,\ \cdots,\ p_{n-1}$의 n개라 하자.
[명제 2]가 참이면 $A_0,\ A_1,\ A_2,\ \cdots,\ A_{n-1}$은 서로소이므로 각각은 서로 다른 소수를 약수로 가진다.
그런데 A_n은 소수가 $p_0,\ p_1,\ p_2,\ \cdots,\ p_{n-1}$ 뿐이므로 이 중 하나를 약수로 가지므로 $n\ne m$이면 A_n과 A_m은 서로소인 조건에 모순이다.
따라서 소수들의 총 개수는 무수히 많다.

(3) $A_0A_1A_2\cdots A_{n-1}$
$=(2^{2^0}+1)(2^{2^1}+1)(2^{2^2}+1)(2^{2^3}+1)\cdots(2^{2^{n-1}}+1)=P$
라 하면
$(2-1)P$
$=(2-1)(2+1)(2^2+1)(2^{2^2}+1)(2^{2^3}+1)\cdots(2^{2^{n-1}}+1)$
$=(2^2-1)(2^2+1)(2^{2^2}+1)(2^{2^3}+1)\cdots(2^{2^{n-1}}+1)$
$=(2^{2^2}-1)(2^{2^2}+1)(2^{2^3}+1)\cdots(2^{2^{n-1}}+1)$
$=(2^{2^3}-1)(2^{2^3}+1)\cdots(2^{2^{n-1}}+1)$
이므로
$P=2^{2^n}-1$이다.
따라서, $A_n-(A_0A_1\cdots A_{n-1})=(2^{2^n}+1)-(2^{2^n}-1)=2$이다.

(4) $n>m$일 때 A_n과 A_m의 최대공약수를 d라 하면 이는 A_n과 $A_0A_1\cdots A_{n-1}$의 공약수이고 $A_n-(A_0A_1\cdots A_{n-1})=2$이므로 d는 2의 약수이다.
그런데 A_n은 홀수이므로 $d=1$이고 A_n과 A_m은 서로소이다.
$n<m$일 때 같은 방법으로 하여 A_n과 A_m은 서로소이다.
따라서, $n\neq m$이면 A_n과 A_m은 서로소이다.

주제별 강의 **제 2 장**

n진법

문제 1 • 34쪽 •

주어진 표와 12진법의 덧셈의 예에서
$1+9=x$, $x+y=19$임을 이용하여
$xxx+yyy$의 합을 세로 방법으로
계산하면 첫째 자리에서

$$\begin{array}{r} x\ \ x\ \ x \\ +)\ y\ \ y\ \ y \\ \hline 1\ \ x\ \ x\ \ 9 \end{array}$$

$x+y=19_{(12)}$이므로 1을 둘째 자리로 밀어 올린다.
둘째 자리는 $x+y+1=1x_{(12)}$
또한, 둘째 자리의 1을 셋째 자리로 밀어 올리면 셋째 자리는
$x+y+1=1x_{(12)}$
따라서 구하는 값을 12진법으로 표기하면 $1xx9_{(12)}$이다.

문제 2 • 35쪽 •

주어진 수열을 다음과 같이 항을 묶으면
$(11_{(2)})$, $(101_{(2)}, 110_{(2)})$, $(1001_{(2)}, 1010_{(2)}, 1100_{(2)})$, $\cdots$
각 묶어진 항의 수는 1, 2, 3, $\cdots$이므로 n번째 묶음까지의 항의 수는

$$1+2+3+\cdots+n=\frac{n(n+1)}{2}$$

$\frac{n(n+1)}{2}<56$인 n의 최댓값을 구하면 $n=10$
따라서 구하는 수는 $n+1$번째 묶음의 첫 번째수이므로
$100000000001_{(2)}=2^{11}+1$이다.

문제 3 • 35쪽 •

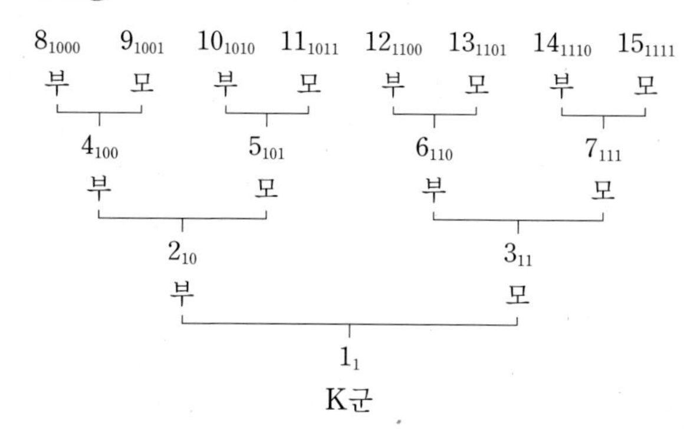

위의 그림에서 왼쪽의 숫자는 K군이 붙인 숫자이고, 이 숫자를 이진법으로 고치면 오른쪽의 작은 숫자가 되며, 이것에서 규칙적인 것을 발견할 수 있다.
이 규칙에 의하면 문제에서 제시한 K군의 어머니의 어머니의 어머니의 어머니는 $11111_{(2)}$이 되고 십진법의 수로 나타내면 31이 된다.
따라서 128을 이진법의 수로 나타내면 $10000000_{(2)}$이 되므로 이 조상은 K군의 아버지의 아버지의 아버지의 아버지의 아버지의 아버지의 아버지가 된다.

문제 4 • 36쪽 •

(1) 염기를 표현하는 글자는 4가지이므로 이진수의 두 자리 수 00, 01, 10, 11로 표현할 수 있다. 따라서
$2\times4\times10^9$(비트)$=10^9$(바이트)의 저장 공간이 필요하다.

(2) 염기가 4가지이므로 염기 n개를 묶으면 4^n개의 조합을 만들 수 있다. 그러므로 n이 최소 3이어야 $4^3=64>20$으로서 아미노산 20개를 표현할 수 있다. 따라서, 아미노산 300개로 이루어진 단백질의 정보를 담으려면 DNA는 최소한 $300\times3=900$개의 염기로 이루어져 있어야 한다.

문제 5 • 36쪽 •

해설

㈑를 통해 2 mm 분해능을 가지는 리더기는 2 mm 이상 떨어진 코드만 구분해 인식 가능하므로 1 cm당 5개 코드 값이 사용될 수 있음을 알 수 있다. 너비 20 cm, 높이 1 cm의 바코드는 가로 방향으로만 정보를 가질 경우 모두 100개의 코드 값까지 가질 수 있다. 또한 너비 2 cm, 높이 2 cm의 QR코드도 너비 방향으로 10개, 높이 방향으로 10개의 코드 값 행렬로 표현되어 총 100개의 코드 값까지 가질 수 있다. 결국 바코드와 QR코드 모두 동일한 간격으로 코드 정보가 표현된다면 동일한 양의 정보를 가짐을 알 수 있다. 참고로 QR코드의 면적은 $4\,cm^2$이고 바코드의 면적은 $20\,cm^2$이므로, 바코드는 QR코드에 비해 이 경우 5배 많은 면적을 차지하게 된다.

ANSWER

㈎를 통해 디지털 정보는 0과 1로만 표현됨을 알 수 있고 ㈏와 ㈐를 통해 바코드와 QR코드는 검정색과 흰색으로만 표현됨을 알 수 있다. 이에 바코드와 QR코드 모두 단위 코드 값은 1 bit 저장용으로 사용가능하며 이 문제에서의 QR코드는 모두 100개까지 코드 값을 가지므로 총 100 bit까지 저장가능하다. 따라서 하나의 디지털 정보가 8 bit로 표현되는 경우 최대 12개(100/8=12.5)의 디지털 정보가 저장가능하다는 결론을 얻을 수 있다.

예시 답안

㈑를 통해 2 mm 분해능을 가지는 리더기는 2 mm 이상 떨어진 코드만 구분해 인식 가능하므로 1 cm당 5개 코드 값이 사용될 수 있다. 너비 20 cm, 높이 1 cm의 바코드는 가로 방향으로만 정보를 가질 경우 ① 100개의 코드 값을 가지고, 너비 2 cm, 높이 2 cm의 QR코드 또한 너비 방향으로 10개, 높이 방향으로 10개의 코드 값 행렬로 표현되므로 총 ② 100개의 코드 값을 가진다. 따라서 이 경우 QR코드가 인쇄영역면적은 작지만 ③ 바코드와 QR코드 모두 같은 양의 정보를 포함하게 된다.

㈎를 통해 디지털 정보는 0과 1로만 표현되고 ㈏와 ㈐를 통해 바코드와 QR코드는 검정색과 흰색으로만 표현되므로, ④ 바코드와 QR코드 모두 단위코드에는 1 bit가 포함될 수 있다. QR코드는 100개의 코드 값을 가지므로 100 bit까지 가능하고, 따라서 하나의 디지털 정보가 8 bit로 표현되는 경우 ⑤ 최대 12개까지 저장가능하다.

문제 6 • 38쪽 •

(1) 컴퓨터의 효율성을 지문에서 제시한 바와 같이 메모리의 크기에서 이해한다. 즉, 주어진 문자열이 컴퓨터에 저장될 때 차지하는 메모리의 크기를

ACGTACGACA
A → 4
C → 3
G → 2
T → 1

(메모리의 크기)=(문자 수)×(문자에 배정된 비트 수)
로 계산하여 메모리의 크기가 작을수록 컴퓨터의 효율성이 좋다고 이해하는 것이다. 방식 Ⅰ은 각 문자별로 동일한 2비트가 배정되어 있으므로
(2비트)×(10개의 문자)=(20비트)
의 메모리를 차지하며, 방식 Ⅱ는 각 문자별 발생빈도가 다르므로 각 문자에 배정된 비트 수와 발생빈도의 곱, 즉
(1비트)×(4회)+(2비트)×(3회)+(3비트)×(2회)+(3비트)×(1회)=(19비트)
의 메모리를 차지한다. 따라서 방식 Ⅱ가 방식 Ⅰ보다 효율성이 더 좋다.

(2) (i) 주어진 문자열의 문자 수는 (1)과 같으나 각 문자의 발생빈도가 다르다. 방식 Ⅰ의 경우는 문자별 발생빈도와 무관하게 2비트씩 배정되어 있으므로 총 20비트의 메모리를 차지한다.

TGCATGCTGT

그러나 방식 Ⅱ의 경우, 문자별 발생빈도가 A는 1회, C는 2회, G는 3회, T는 4회이므로 차지하는 메모리의 크기는

A → 1
C → 2
G → 3
T → 4

1×1+2×2+3×3+4×3=26(비트)
로 방식 Ⅰ보다 효율성이 나쁘다.

(ii) (1)과 비교해 보면, 두 문자열의 문자 수가 같음에도 불구하고 방식 Ⅱ의 배정을 적용할 때, 효율성, 즉 메모리의 크기가 달라진다. 그 이유는 각 문자 A, C, G, T의 발생빈도가 달라졌기 때문이다. 각 문자의 발생빈도에 그 문자에 배정된 비트 수를 곱하여 더한 것으로 총 비트 수를 계산하기 때문이다.
따라서 한정된 문자들로만 구성된 자료를 처리할 경우, 발생빈도가 높은 문자는 짧은 비트로, 발생빈도가 낮은 문자는 긴 비트로 배정하는 것이 컴퓨터의 효율성을 향상시킬 것이다.

문제 7 • 39쪽 •

(1) 복호 알고리즘이 나름의 의미를 갖기 위해서는 수신된 메시지를 복호화했을 때, 오류를 바르게 정정할 수 있어야 한다.
㈐와 같이 부호를 채택하여 메시지를 전송받은 후에 복호를 하여 오류를 확인하기 위해서는 메시지의 각각의 수열을 A, B, C의 집합으로 성분을 나누어 세 집합에서 각각의 1의 개수가 짝수인지 아닌지를 확인한다.
예를 들어, 1101을 1101010으로 전환하여 전송을 했는데, 전송 과정에서 x_6에 오류가 생겨 1이 0으로 바뀌었다고 하자. 이때, 실제로 전송받은 메시지는 1101000이 된다. 전송자는 오류를 확인하기 위해 이 수열을 A, B, C의 집합으로 각 성분을 나누어 합을 확인해 본다.

1	1	0	1	0	0	0
↓	↓	↓	↓	↓	↓	↓
x_1	x_2	x_3	x_4	x_5	x_6	x_7

$A=\{x_1, x_3, x_4, x_5\}$
$B=\{x_1, x_2, x_4, x_6\}$
$C=\{x_1, x_2, x_3, x_7\}$
이 경우
집합 $A=\{1, 0, 1, 0\}$이므로 1의 개수는 짝수,
집합 $B=\{1, 1, 1, 0\}$이므로 1의 개수는 홀수,
집합 $C=\{1, 1, 0, 0\}$이므로 1의 개수는 짝수
가 된다. 따라서 x_6에 오류가 있음을 확인할 수 있다.

이와 같이 1개 이하의 오류가 생겼다고 가정할 때, 전송된 수열의 각 성분을 A, B, C의 집합으로 나누어 1의 개수가 짝수 혹은 홀수인지 확인해 보면 각각의 경우에 따라서 오류가 없거나 혹은 특정한 1개의 성분이 오류가 있음을 확인할 수 있다. 또한, 이를 표로 정리하면 다음과 같다.

오류인 자리	1의 개수가 짝수 또는 홀수		
	A	B	C
x_1	홀수	홀수	홀수
x_2	짝수	홀수	홀수
x_3	홀수	짝수	홀수
x_4	홀수	홀수	짝수
x_5	홀수	짝수	짝수
x_6	짝수	홀수	짝수
x_7	짝수	짝수	홀수
없는 경우	짝수	짝수	짝수

위 표에서와 같이 어느 자리에 1개 이하의 오류가 생기는 경우에는 집합 A, B, C에서 1의 개수의 짝수, 홀수가 모두 다르게 나타나므로 오류의 위치를 알 수 있어 항상 바르게 복호가 가능하다.

따라서 복호 알고리즘은

첫째, 수신된 메시지에서 집합 A, B, C의 1의 개수가 짝수인지 홀수인지를 조사한다.

둘째, 위의 표에서 오류가 난 자리를 찾아 그 자리의 수가 1이면 0으로, 0이면 1로 복호한다.

(2) 집합 A, B, C에서 1의 개수가 짝수, 홀수인지 표현할 수 있는 방법의 수는 모두 8가지이다.

길이가 7인 메시지에서 오류가 1개 이하인 경우는 ${}_7C_1+1=8$(가지)이므로 복호가 가능하지만, 오류가 2개인 경우는 ${}_7C_2=21$(가지)이므로 복호가 불가능하다.

문제 8 • 40쪽 •

(1) $b_2\cdot10^{-1}+b_3\cdot10^{-2}+b_4\cdot10^{-3}+\cdots=\frac{b_2}{10}+\frac{b_3}{10^2}+\frac{b_4}{10^3}+\cdots$

에서 b_2, b_3, b_4, $\cdots$는 10보다 작으며 음이 아닌 정수이므로

$$\frac{b_2}{10}+\frac{b_3}{10^2}+\frac{b_4}{10^3}+\cdots$$

$$<\frac{9}{10}+\frac{9}{10^2}+\frac{9}{10^3}+\cdots=\frac{\frac{9}{10}}{1-\frac{1}{10}}=1$$

따라서 $0\le b_2\cdot10^{-1}+b_3\cdot10^{-2}+b_4\cdot10^{-3}+\cdots<1$이 성립한다.

(2) $\frac{3}{5}=0.6=0.a_1a_2a_3a_4\cdots_{(4)}$

(단, a_n은 $0\le a_n<4(n=1,\ 2,\ 3,\ \cdots)$을 만족하는 정수)라 하면

$\frac{3}{5}=0.6=a_1\cdot4^{-1}+a_2\cdot4^{-2}+a_3\cdot4^{-3}+a_4\cdot4^{-4}+\cdots\cdots$ ㉠

이 성립한다.

식 ㉠의 양변에 4를 곱하면

$2.4=a_1+a_2\cdot4^{-1}+a_3\cdot4^{-2}+a_4\cdot4^{-3}+\cdots$

이 된다. $a_1=2$이므로

$0.4=a_2\cdot4^{-1}+a_3\cdot4^{-2}+a_4\cdot4^{-3}+\cdots$ …… ㉡

이 성립한다.

식 ㉡의 양변에 4를 곱하면

$1.6=a_2+a_3\cdot4^{-1}+a_4\cdot4^{-2}+\cdots$

이 된다. $a_2=1$이므로

$0.6=a_3\cdot4^{-1}+a_4\cdot4^{-2}+\cdots$ …… ㉢

이 성립한다.

식 ㉢에 대하여 위의 과정을 반복하면

$a_3=2$, $a_4=1$, $a_5=2$, $a_6=1$, $\cdots$을 얻는다.

즉, $a_{2n-1}=2$, $a_{2n}=1$이 된다.

따라서 $\frac{3}{5}=0.6=0.212121\cdots_{(4)}$이다.

문제 9 • 41쪽 •

(1) $12=2^2\times3$이므로 $100!$의 소인수분해에 나타나는 2의 지수 p, 3의 지수 q를 구해보면 다음과 같다.

$$p=\left[\frac{100}{2}\right]+\left[\frac{100}{4}\right]+\left[\frac{100}{8}\right]+\left[\frac{100}{16}\right]+\left[\frac{100}{32}\right]+\left[\frac{100}{64}\right]$$
$$=50+25+12+6+3+1=97$$
$$q=\left[\frac{100}{3}\right]+\left[\frac{100}{9}\right]+\left[\frac{100}{27}\right]+\left[\frac{100}{81}\right]$$
$$=33+11+3+1=48$$

따라서 $100!$의 약수 중에서 12의 거듭제곱 꼴로서 지수가 가장 큰 것은 12^{48}이고, $100!$의 12진법 표현에서 오른쪽 끝으로부터 연속하여 나타나는 0은 48개이다.

(2) $10120_{(!)}=1\times5!+1\times3!+2\times2!=120+6+4=130$이다. 이 수의 팩토리얼, 즉 $130!$을 계산하여 30진법 수로 표현했을 때 오른쪽 끝으로부터 연속하여 나타나는 0의 개수를 구하기 위해서는 $130!$의 약수 중에서 30의 거듭제곱 꼴로서 지수가 가장 큰 것을 찾아야 한다.

$30=2\times3\times5$이므로 $130!=130\times129\times128\times\cdots\times2\times1$의 소인수분해에 나타나는 2의 지수를 p, 3의 지수를 q, 5의 지수를 r라 할 때 r를 찾으면

$$r=\left[\frac{130}{5}\right]+\left[\frac{130}{25}\right]+\left[\frac{130}{125}\right]=26+5+1=32$$

이고 $p>q>r$이다.

따라서 $130!$의 약수 중에서 30의 거듭제곱 꼴로서 지수가 가장 큰 것은 $30^r=30^{32}$이다. 그러므로 $10120_{(!)}!=130!$을 30진법 수로 표현했을 때 오른쪽 끝으로부터 연속하여 나타나는 0은 32개이다.

II 방정식과 부등식

COURSE A

유제 1 • 46쪽 • **연립방정식의 해를 이용하여 미지수를 찾는 문제이다.**

주어진 연립방정식은 $x=0$, $y=0$의 해를 가지므로
$x=0$, $y=0$ 이외의 해를 가지는 경우는 부정(해가 무수히 많은 경우)일 때이다.
(첫째식)$\times(a^2+3a-k)-$(둘째식)$\times(2a+3)$을 하면
$\{(a^2-k)(a^2+3a-k)-a(2a+3)\}x=0$
이고 이것의 해가 부정인 경우는
$(a^2-k)(a^2+3a-k)-a(2a+3)=0$
일 때이다. 이 식을 k에 관하여 정리하면
$k^2-(2a^2+3a)k+(a^4+3a^3-2a^2-3a)=0$
이 k에 대한 방정식이 서로 다른 두 실근을 가지려면
$D=(2a^2+3a)^2-4(a^4+3a^3-2a^2-3a)>0$
정리하면 $17a^2+12a>0$, $a(17a+12)>0$에서
$a>0$ 또는 $a<-\frac{12}{17}$이다.

유제 2 • 47쪽 • **부등식을 활용한 문제이다.**

조건 (가)에서 1, 2, 3, 5, 6, 7번 구슬 중에 무게가 다른 것이 있으므로 4, 8번 구슬은 무게가 같다. 같은 방법으로 조건 (나)에서 2, 3번 구슬은 무게가 같다.
만약 1번 구슬이 무게가 다르다면 조건 (가)에서는 1번 구슬이 다른 구슬보다 가볍고, 조건 (나)에서는 1번 구슬이 다른 구슬보다 무거우므로 모순이 된다. 5, 6번 구슬도 마찬가지이다.
따라서 무게가 다른 것은 7번 구슬이고, 이 구슬은 다른 구슬보다 무겁다.

다른 답안

한 개의 구슬이 무게가 다르다는 것은 다른 구슬보다 가볍거나 무겁다는 것을 의미한다.
첫째, 가벼운 경우라면
　조건 (가)에서 1, 2, 3번 구슬 중 하나가 가볍고,
　조건 (나)에서 4, 5, 6번 구슬 중 하나가 가볍다.
이것은 무게가 다른 구슬이 한 개인 조건에 모순이다.
둘째, 무거운 경우라면
　조건 (가)에서 5, 6, 7번 구슬 중 하나가 무겁고,
　조건 (나)에서 1, 7, 8번 구슬 중 하나가 무겁다.
따라서 두 조건을 모두 만족해야 하므로 7번 구슬이 다른 구슬보다 무겁다.

TRAINING
수리논술 기출 및 예상 문제

• 48쪽 ~ 51쪽 •

01 (1) 오른쪽 그림과 같이 네 직사각형의 가로, 세로의 길이를 각각 정하면
$A=km$, $B=lm$,
$C=kn$, $D=ln$
이다.

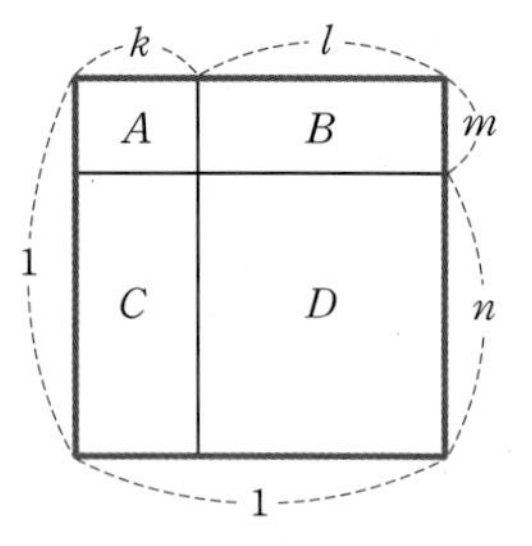

$A:B:C=1:2:3$이므로
$B=2A$, $C=3A$이다. 즉, $lm=2km$, $kn=3km$에서 $l=2k$, $n=3m$이 성립한다.
$k+l=1$, $m+n=1$이므로
$k=\frac{1}{3}$, $l=\frac{2}{3}$, $m=\frac{1}{4}$, $n=\frac{3}{4}$
이 된다. 그러므로 $\frac{D}{B}=\frac{ln}{lm}=\frac{n}{m}=\frac{\frac{3}{4}}{\frac{1}{4}}=3$이다.

다른 답안

$AD=BC(=klmn)$가 성립하고, $B=2A$, $C=3A$이므로 $AD=6A^2$, $D=6A$이다. 그러므로
$\frac{D}{B}=\frac{6A}{2A}=3$이다.

(2) 정사각형의 한 변의 길이가 a로 변해도
$A:B:C=1:2:3$은 변하지 않으므로 $\frac{D}{B}$의 값은 변하지 않는다.

02 (1) 교양과학서의 두께를 x, 아동도서의 두께를 y, 백과사전의 두께를 z, 그리고 책장 한 칸의 너비를 w로 놓으면 갑, 을, 병 세 사람의 조사 결과를 다음과 같이 쓸 수 있다.
갑 : $2x+3y+3z=w$
을 : $4x+3y+2z=w$
병 : $4x+4y+3z=w$
(i) 갑, 을의 결과로부터 $2x+3y+3z=4x+3y+2z$
　즉, $z=2x$를 얻을 수 있다.
(ii) 을, 병의 결과로부터 $4x+3y+2z=4x+4y+3z$
　즉, $y=-z$를 얻을 수 있다.
　이때, y, z는 모두 책의 두께이므로 양수이어야 한다. 따라서 이 식은 틀렸음을 알 수 있다.
(iii) 갑, 병의 결과로부터 $2x+3y+3z=4x+4y+3z$
　즉, $y=-2x$가 되어 역시 틀린 결과를 얻게 된다.
(i)~(iii)으로부터 병의 조사 결과가 잘못되었음을 알 수 있다.

(2) (i) 교양과학서 15권으로 책장 한 칸을 빈틈없이 채울 수 있다고 가정하면 $15x=w$이다. 이 사실과
$x=\frac{z}{2}$로부터 백과사전으로 책장 한 칸을 채우려

면 백과사전은 7.5권이 필요함을 알 수 있다.
또한, $15x=w$를 이용하여 갑 또는 을의 조사 결과 $2x+3y+3z=w$, $4x+3y+2z=w$로부터 $2x+3y+3z=4x+3y+2z$, 즉 $z=2x$이므로 $8x+3y=w=15x$에서 $x=\frac{3}{7}y$를 얻는다.
따라서 $w=15x=15\times\frac{3}{7}y$이므로 아동도서로 책장 한 칸을 채우려면 아동도서가 $15\times\frac{3}{7}=\frac{45}{7}$(권) 필요하다.
그러므로 교양과학서 이외의 도서로는 책장 한 칸을 빈틈없이 채울 수 없다.

(ii) 아동도서 15권으로 책장 한 칸을 빈틈없이 채울 수 있다고 가정하면 $15y=w$가 된다. 이 사실과 $z=2x$를 이용하여 갑 또는 을의 조사 결과를 다시 써 보면 $8x+3y=w=15y$, 즉 $2x=z=3y$를 얻는다. $w=15y=5z$ 즉, 아동도서 15권의 두께는 백과사전 5권의 두께와 같아 백과사전 5권으로도 책장 한 칸을 빈틈없이 채울 수 있게 되어 조건 (나), (다)에 위배된다.

(iii) 백과사전 15권으로 책장 한 칸을 빈틈없이 채울 수 있다고 가정하면 $15z=w$가 된다. 이때, $z=2x$이므로 백과사전 15권의 두께는 교양과학서 30권의 두께와 같다. 즉, 교양과학서 30권으로도 책장 한 칸을 빈틈없이 채울 수 있게 되어 조건 (나), (다)에 위배된다.

(i)~(iii)으로부터 문제의 조건을 만족하며 책장 한 칸을 빈틈없이 채울 수 있는 도서는 교양과학서뿐임을 알 수 있다.

우수 답안 분석

이 문제에서는 정수의 기본적인 성질을 바탕으로 주어진 조건들을 논리적으로 조합하여 필요한 정보를 추론해 내는 능력을 평가하였다.
문제 (1)의 경우 주어진 조사 결과에서 조건들의 상호관계를 정확한 순서대로 추론하여 잘못된 조사 결과를 발견한 경우 좋은 점수를 받았다. 논리적인 근거가 부족한 상황에서 정답을 추론한 경우는 감점이 되었다.
문제 (2)의 경우 세 가지 경우 각각에 대하여 정답이라고 가정한 후 논리적 추론을 통하여 이 중 두 가지 경우는 주어진 조건을 모두 충족하지 못함을 보임으로써 정답을 도출하여야 한다. 이와 같이 각각의 경우에 대해서 논증한 학생이 좋은 점수를 받았으며, 정답을 찾았으나 그 과정상의 논리 전개 순서가 합리적이지 못할 경우 감점 요인이 되었다.

03 우선 5갤런의 물통에 물을 가득 채우고 이것을 3갤런의 물통에 가득 붓고 3갤런의 물통의 물은 버린다. 이때, 5갤런의 물통에 남은 2갤런의 물을 3갤런의 물통에 옮기고, 다시 5갤런의 물통에 물을 가득 채운 뒤, 이것을 3갤런의 물통에 가득 찰 때까지 물을 부으면 5갤런의 물통에 4갤런의 물이 남게 된다.
이 과정에서 5갤런, 3갤런의 물통에 물을 가득 채우는 횟수를 각각 x, y라 하면 $5x+3y=4$를 만족하는 정수 x, y를 구하는 문제로 생각해 볼 수 있다.
위에서 구한 방법은 5갤런의 물을 2번 채우고, 3갤런의 물은 2번 버리는 경우이므로 $5\cdot2+3\cdot(-2)=4$에서 $x=2$, $y=-2$인 경우이다.
따라서 이를 이용하여 일반적인 방법을 구하면

$$\begin{array}{rl} & 5x+3y=4 \\ -) & 5\cdot2+3\cdot(-2)=4 \\ \hline & 5(x-2)+3(y+2)=0 \end{array} \qquad \therefore 5(x-2)=-3(y+2)$$

이때, 5와 3은 서로소이므로
$x-2=3k$, $y+2=-5k$ (단, k는 정수)
$\therefore x=3k+2$, $y=-5k-2$ (단, k는 정수)
따라서 $(x, y)=(2, -2), (-1, 3), \cdots$인 경우가 있다.

04 (1) **(존재성)** α를 $p+q\sqrt{5}$라고 놓자. $(\alpha-p)^2=5q^2$이므로 $\alpha^2-2p\alpha+(p^2-5q^2)=0$을 얻는다. 이때 유리수 $2p$와 p^2-5q^2의 분모들의 최소공배수를 $\alpha^2-2p\alpha+(p^2-5q^2)=0$의 양변에 곱하면 정수 계수 등식을 얻고, 이 정수 계수들의 최대공약수로 양변을 나누어 주면 제시문 (나)의 세 조건을 만족하는 순서쌍을 얻게 된다.
(유일성) 순서쌍 (a, b, c)와 (a', b', c')이 각각 제시문 (나)의 세 조건을 만족한다고 하자. 방정식 $ax^2+bx+c=0$의 두 근이 α과 α'임을 착안하면,
$$x^2+\frac{b}{a}x+\frac{c}{a}=(x-\alpha)(x-\alpha')=x^2+\frac{b'}{a'}x+\frac{c'}{a'}$$
을 얻는다. 따라서 $\frac{b}{a}=\frac{b'}{a'}$, $\frac{c}{a}=\frac{c'}{a'}$이 성립하고 이로부터 $b'=\frac{a'}{a}b$, $c'=\frac{a'}{a}c$가 된다. 만약 a'이 a와 같지 않다면 a의 소인수이면서 a'의 소인수가 아닌 소수 p가 존재하게 된다. 그러면 $b'=\frac{a'}{a}b$로부터 b는 p의 배수가 되고, $c'=\frac{a'}{a}c$로부터 c도 p의 배수가 되므로 '세 정수 a, b, c의 공통약수가 1과 -1밖에 없다.'라는 조건에 위배된다. 따라서 $a=a'$이 되어야 하므로, $b'=\frac{a'}{a}b$로부터 $b=b'$, $c'=\frac{a'}{a}c$로부터 $c=c'$을 얻게 된다.

(2) 집합 T의 원소 α에 대응하는 순서쌍 (a, b, c)(a, b, c는 정수)는 $b^2-4ac=5$를 만족한다. 이때 정수 b는 $b^2=5+4ac$에서 반드시 홀수이어야 하므로

$b=2k+1$로 두면,

$ac=k^2+k-1$이 된다. 이제 $a=1$, $c=k^2+k-1$라 하면 k는 임의의 정수이므로 무수히 많은 순서쌍 $(a, b, c)=(1, 2k+1, k^2+k-1)$에 대응하여 집합 T의 원소를 무수히 많이 얻을 수 있다.

(3) 집합 R의 원소 α에 대응하는 순서쌍 (a, b, c)(a, b, c는 정수)를 생각하자. 주어진 조건으로부터

$\alpha=\dfrac{-b+\sqrt{5}}{2a}>1$, $-1<\alpha'=\dfrac{-b-\sqrt{5}}{2a}<0$을 얻는다.

부등식 $-b+\sqrt{5}>2a>b+\sqrt{5}$로부터 b는 반드시 음수이어야 하고, $-b-\sqrt{5}<0$으로부터 $0<-b<\sqrt{5}$를 얻는다. 또 a, b, c는 정수이고 $b^2-4ac=5$이므로

$c=\dfrac{b^2-5}{4a}$가 되어 가능한 정수의 순서쌍 (a, b, c)의 개수가 유한하므로 집합 R의 원소의 개수도 유한하다.

05

(1) 제시문 (나)에 의해 $f(x)=Q(x)(x-z)+r(x)$인 복소수를 계수로 하는 다항식 $Q(x)$, $r(x)$가 존재한다. 이때 $r(x)$는 $x-z$보다 차수가 낮으므로 복소수 r라 할 수 있다. 한편, $f(z)=0$이므로

$$0=f(z)=Q(z)(z-z)+r=r$$

따라서 $(x-z)$는 $f(x)$의 약수이다.

우수 답안 분석

위 식에서 나머지 $r(x)$가 상수가 됨을 밝히는 것이 중요함. 그냥 $r(z)=0$으로부터 $r(x)=0$이라 하면 감점.

(2) $a_nz^n+a_{n-1}z^{n-1}+\cdots+a_1z+a_0=0$이므로 (다), (라)에 의해

$$\begin{aligned}0=\overline{0}&=\overline{a_nz^n+a_{n-1}z^{n-1}+\cdots+a_1z+a_0}\\&=\overline{a_nz^n}+\overline{a_{n-1}z^{n-1}}+\cdots+\overline{a_1z}+\overline{a_0}\\&=\overline{a_n}(\overline{z})^n+\overline{a_{n-1}}(\overline{z})^{n-1}+\cdots+\overline{a_1}\overline{z}+\overline{a_0}\\&=a_n(\overline{z})^n+a_{n-1}(\overline{z})^{n-1}+\cdots+a_1\overline{z}+a_0\end{aligned}$$

(3) 실수를 계수로 하는 다항식은 2차 이하의 실수를 계수로 하는 다항식의 곱으로 표현할 수 있다. 이를 자세히 살펴보면, 우선 실수를 계수로 하는 다항식 역시 복소수를 계수로 하는 다항식이므로 조건에 의해 복소수를 계수로 하는 일차식의 곱으로 표현할 수 있다.

다시 말해, $f(x)$가 n차 다항식이라면

$$f(x)=a_n(x-z_1)\cdots(x-z_n)$$

로 나타낼 수 있다. 이때, a_n은 실수이고 $z_1, \cdots, z_n$은 복소수이다. 한편, 문제 (2)에 의하면 $(x-z)$가 $f(x)$의 약수이면 $(x-\overline{z})$ 역시 $f(x)$의 약수임을 알 수 있다. 따라서

$$f(x)=a_n(x-r_1)\cdots(x-r_p)(x-\alpha_1)(x-\overline{\alpha_1})\cdots(x-\alpha_q)(x-\overline{\alpha_q})$$

로 나타낼 수 있다. 이때 $r_1, \cdots, r_p$는 실수이고 $\alpha_1, \cdots, \alpha_q$는 실수가 아닌 복소수이며 $f(x)$의 차수는 $p+2q$이다.

마지막으로, 다항식

$(x-\alpha_i)(x-\overline{\alpha_i})=x^2-(\alpha_i+\overline{\alpha_i})x+\alpha_i\overline{\alpha_i}$

$(i=1, \cdots, q)$는 실수를 계수로 하는 다항식이므로 $f(x)$는 일차 또는 이차의 실수를 계수로 하는 다항식의 곱으로 표현할 수 있다.

우수 답안 분석

① $(x-\alpha_i)(x-\overline{\alpha_i})=x^2-(\alpha_i+\overline{\alpha_i})x+\alpha_i\overline{\alpha_i}$ $(i=1, \cdots, q)$는 실수를 계수로 하는 다항식임을 설명해야 함

② 복소수 z가 실수 계수 방정식 $f(x)=0$의 근이면 켤레복소수 $\overline{z}$ 역시 근이 된다. 이때 주의할 점은 z가 실수일 때 z와 $\overline{z}$가 같을 수 있다는 것이다. 이 경우 z가 중복해서 방정식 $f(x)=0$의 근이 됨을 의미하지는 않는다.

06

$x_2>\dfrac{x_1+x_3}{2}$, $x_3>\dfrac{x_2+x_4}{2}$, $x_4>\dfrac{x_3+x_5}{2}$이므로

$$x_2+x_4>\frac{x_1+x_3}{2}+\frac{x_3+x_5}{2}=\frac{x_1+x_3+x_5}{2}+\frac{x_3}{2}$$
$$>\frac{x_1+x_3+x_5}{2}+\frac{x_2+x_4}{4}\text{이다.}$$

$\dfrac{3}{4}(x_2+x_4)>\dfrac{x_1+x_3+x_5}{2}$이므로

$\dfrac{x_2+x_4}{2}>\dfrac{x_1+x_3+x_5}{3}$이다.

따라서, 짝수번 선수들의 평균키가 홀수번 선수들의 평균키보다 크다.

07

$[\sqrt{x}]\geq0$, $[\sqrt{x^2+y^2}]\geq0$이므로

$[\sqrt{x}]+[\sqrt{x^2+y^2}]\leq1$인 경우는

$([\sqrt{x}], [\sqrt{x^2+y^2}])=(0, 0), (0, 1), (1, 0)$이다.

(i) $[\sqrt{x}]=0$, $[\sqrt{x^2+y^2}]=0$일 때,

$0\leq\sqrt{x}<1$, $0\leq\sqrt{x^2+y^2}<1$이므로

$0\leq x<1$, $0\leq x^2+y^2<1$이다.

(ii) $[\sqrt{x}]=0$, $[\sqrt{x^2+y^2}]=1$일 때,

$0\leq\sqrt{x}<1$, $1\leq\sqrt{x^2+y^2}<2$이므로

$0\leq x<1$, $1\leq x^2+y^2<4$이다.

(iii) $[\sqrt{x}]=1$, $[\sqrt{x^2+y^2}]=0$일 때,

$1\leq\sqrt{x}<2$, $0\leq\sqrt{x^2+y^2}<1$이므로

$1\leq x<4$, $0\leq x^2+y^2<1$이다.

따라서, 부등식의 영역은 오른쪽 그림과 같고, 넓이를 부채꼴과 직각삼각형을 이용하여 구하면

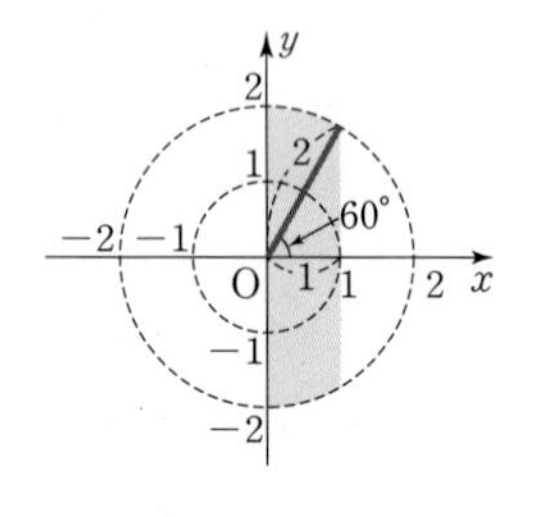

$2\left(\dfrac{1}{2}\times2^2\times\dfrac{\pi}{6}+\dfrac{1}{2}\times1\times\sqrt{3}\right)$

$=\dfrac{2}{3}\pi+\sqrt{3}$이다.

천칭저울로 불량 동전을 찾는 방법

문제 1 • 57쪽 •

구슬의 개수를 n개로 가정하고 그 번호를 1, 2, 3, ⋯, n이라고 하자.

① 우선 1과 2의 구슬의 무게를 비교하여 무거운 구슬을 a_1, 가벼운 구슬을 a_2로 정한다. (천칭저울 1회 사용)

② 다음으로 3의 구슬을 a_1, a_2와 비교하여 가장 무거운 구슬, 두 번째로 무거운 구슬, 가장 가벼운 구슬의 순으로 새롭게 a_1, a_2, a_3으로 정한다. (천칭저울 2회 사용)

③ 그 다음으로 4의 구슬과 a_2의 무게를 비교한다. 4의 구슬의 무게가 a_2의 무게보다 무거울 때에는 a_3를 제외하고 4의 구슬과 a_1의 무게를 비교하여 새롭게 a_1, a_2, a_3으로 정한다. 4의 구슬의 무게가 a_2의 무게보다 가벼울 때에는 4의 구슬과 a_3의 무게를 비교하여 가장 가벼운 구슬을 제외하고 새롭게 a_1, a_2, a_3으로 정한다.
앞의 두 경우는 어떤 것이든 천칭저울의 사용 횟수는 2회이다.

④ 나머지 구슬 5, 6, 7, ⋯, n에 대하여 위의 ③의 과정을 반복하여 최종적으로 a_1, a_2, a_3을 만족하는 세 구슬을 정한다. 이때, 구슬 5, 6, 7, ⋯, n에 대한 천칭저울의 사용횟수는 각각 2회이다.

위의 과정에서 천칭저울을 사용하여 비교한 총 횟수는
$1+2+2+2(n-4)=2n-3$이다.
그리고 감독관이 판정이 옳은가 옳지 않은가를 검증하려면 a_1, a_2, a_3의 무게를 확인하고 a_3과 나머지 $n-3$개의 구슬의 무게를 비교해야 한다. 이 과정에서 적어도 $2+(n-3)=n-1$(회)의 비교를 시행해야 한다.

III 도형의 방정식

COURSE A

유제 1 • 71쪽 • **선분의 내분점, 삼각형의 무게중심에 대한 문제이다.**

(1) $\overline{AB}$의 중점은 $\overline{AB}$를 1 : 1로 내분하는 점이므로
정의에 의하여 $\left(\frac{1}{1+1}, \frac{1}{1+1}\right)=\left(\frac{1}{2}, \frac{1}{2}\right)$이다.
또한, 삼각형 ABC 내의 무게중심을 O라 할 때
$\triangle OAB=\triangle OBC=\triangle OCA$이므로 무게중심 O에 의한 세 삼각형의 넓이의 비는 1 : 1 : 1이다.
따라서 정의에 의하여 무게중심 O의 좌표는
$\left(\frac{1}{1+1+1}, \frac{1}{1+1+1}, \frac{1}{1+1+1}\right)=\left(\frac{1}{3}, \frac{1}{3}, \frac{1}{3}\right)$
이다.

(2) 삼각형 ABC 내의 점 O에 의한 $\triangle OAB$, $\triangle OBC$, $\triangle OCA$의 넓이가 각각 a, b, c라 할 때, 점 O가 꼭짓점 C로 이동하면 a는 증가하고 b, c는 감소하므로

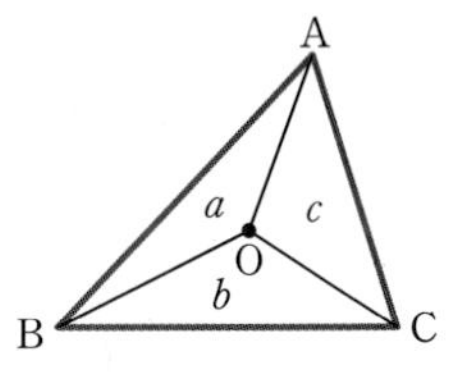

$\lim_{O\to C}\frac{a}{a+b+c}=1$, $\lim_{O\to C}\frac{b}{a+b+c}=0$,
$\lim_{O\to C}\frac{c}{a+b+c}=0$
이다. 따라서 정의에 의하여 점 O의 좌표는 (1, 0, 0)으로 접근한다.
또한, 점 O가 점 A, 점 B로 이동하면 정의에 의하여 점 O의 좌표는 각각 (0, 1, 0), (0, 0, 1)로 접근한다.

유제 2 • 72쪽 • **닮은 도형의 넓이의 비와 부피의 비에 대한 문제이다.**

D의 내용이 틀리고 올바르게 표현하면 다음과 같다.
농구공의 반지름이 탁구공의 반지름보다 6배가 크면 농구공과 탁구공의 부피의 비는 $6^3 : 1^3$이므로 농구공에 들어간 공기의 부피는 탁구공에 들어간 공기의 부피의 $6^3=216$(배)이다.

참고

$A \Rightarrow \frac{1}{3}\pi r^2 h : \frac{1}{3}\pi\left(\frac{r}{2}\right)^2\frac{h}{2}=8:1$

$B \Rightarrow \pi r^2 h : \pi\left(\frac{r}{2}\right)^2 h=4:1$

$C \Rightarrow \frac{1}{10000} : \frac{1}{5000}=1:2$

$D \Rightarrow \frac{4}{3}\pi(6r)^3 : \frac{4}{3}\pi r^3=216:1$

E ⇒ 60인치 TV의 가로, 세로의 길이를 x, y라 하면

$\sqrt{x^2+y^2}=60$, $x^2+y^2=3600$

30인치 TV의 가로, 세로의 길이를 a, b라 하면

$\sqrt{a^2+b^2}=30$, $a^2+b^2=900$

이때 $x^2+y^2=4(a^2+b^2)$

$=4a^2+4b^2$

$=(2a)^2+(2b)^2$

따라서 $xy=4ab$이므로 60인치 TV의 화면 넓이는 30인치 TV의 4배이다.

TRAINING
수리논술 기출 및 예상 문제

• 73쪽 ~ 80쪽 •

01 (1) (i) 원점에서 직선까지의 거리

$ax+by+c=0$의 x절편은 $-\frac{c}{a}$, y절편은 $-\frac{c}{b}$이므로 원점과 x절편, y절편으로 이루어진 삼각형의 넓이는 다음과 같다.

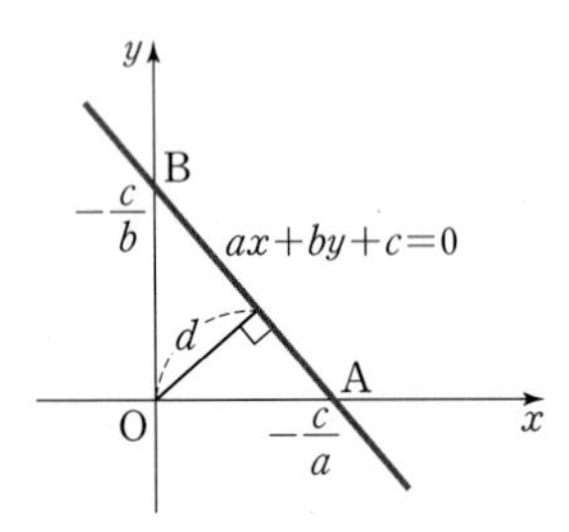

$\triangle OAB=S$라고 하면

$S=\frac{1}{2}\left|-\frac{c}{a}\right|\left|-\frac{c}{b}\right|=\frac{c^2}{2|ab|}$ ......①

이고 원점 O에서 직선까지의 거리를 d라고 하면

$S=\frac{1}{2}\overline{AB}d=\frac{1}{2}\sqrt{\left(-\frac{c}{a}\right)^2+\left(-\frac{c}{b}\right)^2}d$

$=\frac{1}{2}\cdot\frac{|c|\sqrt{a^2+b^2}}{|ab|}d$ ......②

이다.

그런데 ①=②이므로 $\frac{1}{2}\cdot\frac{|c|\sqrt{a^2+b^2}}{|ab|}d=\frac{c^2}{2|ab|}$

에서 $d=\frac{|c|}{\sqrt{a^2+b^2}}$이다.

(ii) 점 (x_1, y_1)에서 직선까지의 거리

점 (x_1, y_1)을 원점으로 옮기면 직선

$ax+by+c=0$은 $a(x+x_1)+b(y+y_1)+c=0$으로 변하므로 직선의 식은

$ax+by+ax_1+by_1+c=0$이 된다.

따라서 점 (x_1, y_1)에서 직선 $ax+by+c=0$까지의 거리 d는 원점과 직선

$ax+by+ax_1+by_1+c=0$ 사이의 거리와 같다.

이제 위의 식을 적용하면

$d=\frac{|ax_1+by_1+c|}{\sqrt{a^2+b^2}}$가 된다.

다른 답안

점 $C(x_1, y_1)$에서 직선 $ax+by+c=0$ 사이의 거리를 d'이라 하자.

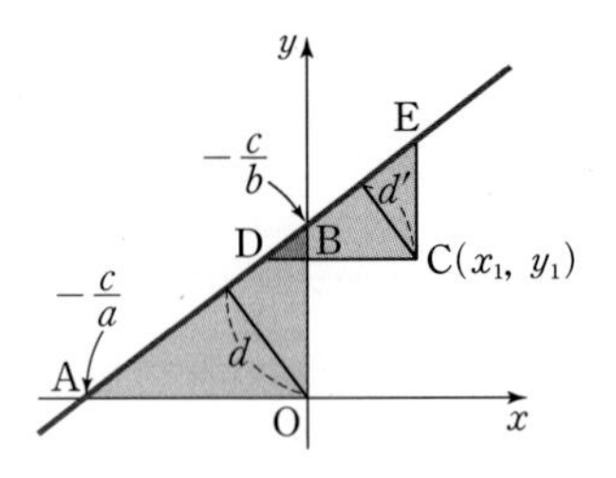

$ax+by+c=0$ 위의 점 $D\left(\frac{-by_1-c}{a}, y_1\right)$,

$E\left(x_1, \frac{-ax_1-c}{b}\right)$에 대하여

OAB와 삼각형 CDE는 닮음이고,

$\overline{OA}:\overline{CD}=d:d'$이다. 즉

$d:d'=\left|\frac{c}{a}\right|:\left|x_1-\frac{-by_1-c}{a}\right|$

(1)에서 $d=\frac{|c|}{\sqrt{a^2+b^2}}$이므로

$d'=\left|\frac{a}{c}\right|\cdot\frac{|c|}{\sqrt{a^2+b^2}}\cdot\frac{|ax_1+by_1+c|}{|a|}$

$=\frac{|ax_1+by_1+c|}{\sqrt{a^2+b^2}}$

이다. 따라서 점(x_1, y_1)에서 직선 $ax+by+c=0$ 사이의 거리는 $d'=\frac{|ax_1+by_1+c|}{\sqrt{a^2+b^2}}$이다.

(2) A의 처음 위치 P를 원점이라 하면 B의 상대적 위치는 시간 t에 대하여 $(-30+30t, 40t)$이다.

$x=-30+30t$, $y=40t$이므로 $t=\frac{x+30}{30}$, $t=\frac{y}{40}$에서 $\frac{x+30}{30}=\frac{y}{40}$를 정리하면 $4x-3y+120=0$이다.

즉, 점 A를 원점이라 하면 점 B의 위치 (x, y)는 $4x-3y+120=0$ 위의 한 점이다. 그러므로 A와 B 사이의 거리의 최솟값은 $(0, 0)$과 $4x-3y+120=0$ 사이의 거리인 $\frac{|120|}{\sqrt{3^2+4^2}}=24$이다.

(3) 제시문 (가)에 의해 평면에 좌표를 도입하여 주어진 삼각형의 각 꼭짓점의 좌표를 표현해 보면 변 BC를 $n:1$로 내분하는 점이 D이므로 적당한 실수 k에 대하여

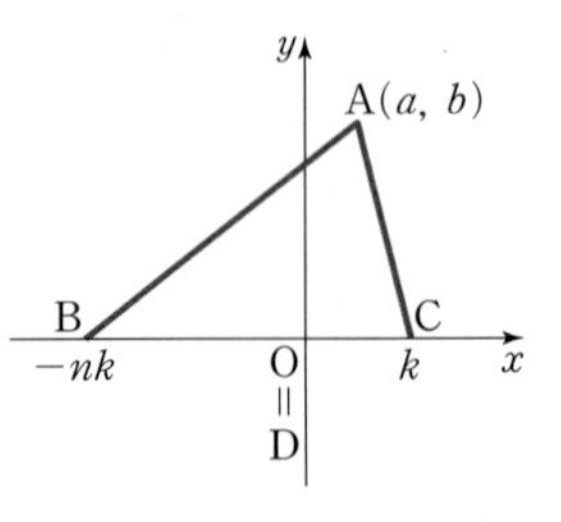

$A(a, b)$, $B(-nk, 0)$, $C(k, 0)$, $D(0, 0)$라 하자.

$\overline{AB}^2+n\overline{AC}^2$

$=\{(a+nk)^2+(b-0)^2\}+n\{(a-k)^2+(b-0)^2\}$

$=(n+1)a^2+(n+1)b^2+n^2k^2+nk^2$

한편,

$(n+1)(\overline{AD}^2+n\overline{CD}^2)=(n+1)\{(a^2+b^2)+nk^2\}$

$=(n+1)a^2+(n+1)b^2+n^2k^2+nk^2$

따라서 $\overline{AB}^2+n\overline{AC}^2=(n+1)(\overline{AD}^2+n\overline{CD}^2)$이 성립한다.

다른 답안

$\overline{AB}=c$, $\overline{AC}=b$, $\overline{BC}=a$, $\overline{AD}=p$라고 하자.

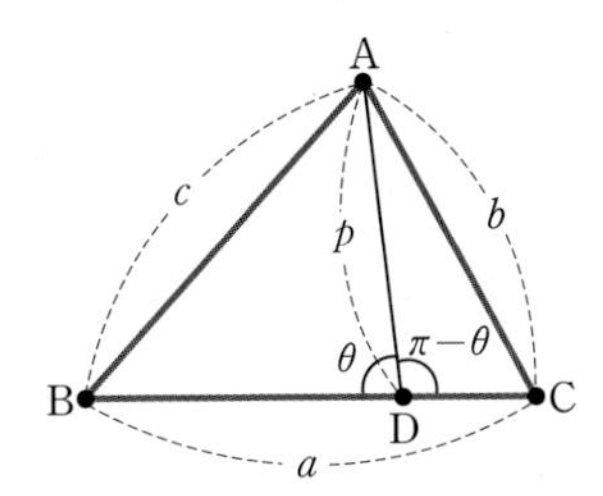

$\overline{BD}=\overline{DC}=n:1$이므로

$\overline{BD}=\frac{n}{n+1}a$, $\overline{DC}=\frac{1}{n+1}a$가 된다. 이제

△ABD에서 코사인 제2법칙을 적용하면,

$$\cos\theta=\frac{p^2+\left(\frac{n}{n+1}a\right)^2-c^2}{2\left(\frac{n}{n+1}a\right)p} \quad \cdots\cdots ①$$

가 성립한다.

또 △ADC에서 코사인 제 2법칙을 적용하면

$$\cos(\pi-\theta)=-\cos\theta=\frac{p^2+\left(\frac{1}{n+1}a\right)^2-b^2}{2\left(\frac{1}{n+1}a\right)p},$$

즉, $\cos\theta=-\frac{p^2+\left(\frac{1}{n+1}a\right)^2-b^2}{2\left(\frac{1}{n+1}a\right)p}$ $\cdots\cdots ②$

그런데 ①=②가 성립하므로

$$-p^2-\left(\frac{1}{n+1}a\right)^2+b^2=\frac{p^2+\left(\frac{n}{n+1}a\right)^2-c^2}{n}$$

이 성립한다. 따라서

$$-np^2-n\left(\frac{1}{n+1}a\right)^2+nb^2=p^2+\left(\frac{n}{n+1}a\right)^2-c^2$$

이다.

식을 정리하면

$$c^2+nb^2=(n+1)p^2+n^2\left(\frac{1}{n+1}a\right)^2+n\left(\frac{1}{n+1}a\right)^2$$

$$=(n+1)\left\{p^2+n\left(\frac{1}{n+1}a\right)^2\right\}$$

이므로

$\overline{AB}^2+n\overline{AC}^2=(n+1)(\overline{AD}^2+n\overline{CD}^2)$이다.

(4) 세 점 $A(a, a)$, $B(b, 0)$, $C(2, 1)$에 대하여 점 C를 x축에 대하여 대칭이동시킨 점은 $C'(2, -1)$, 직선 $y=x$에 대하여 대칭이동시킨 점은 $C''(1, 2)$이다.

$\overline{AC}=\overline{AC''}$이고, $\overline{BC}=\overline{BC'}$이므로 삼각형 ABC의 둘레의 길이 $\overline{AB}+\overline{BC}+\overline{CA}$는

$\overline{AB}+\overline{BC}+\overline{CA}=\overline{AB}+\overline{BC'}+\overline{C''A}\ge\overline{C'C''}=\sqrt{10}$

이 성립한다.

따라서 구하는 삼각형의 둘레의 길이의 최솟값은 $\sqrt{10}$이다.

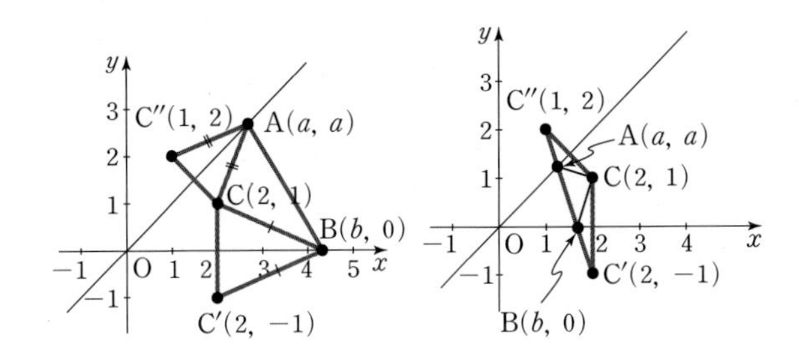

02 (1) 그림과 같이 삼각형 ABC의 내부에 점 P를 잡고 $\overline{CP}$의 연장선이 선분 AB와 만나는 점을 P′라 하자.

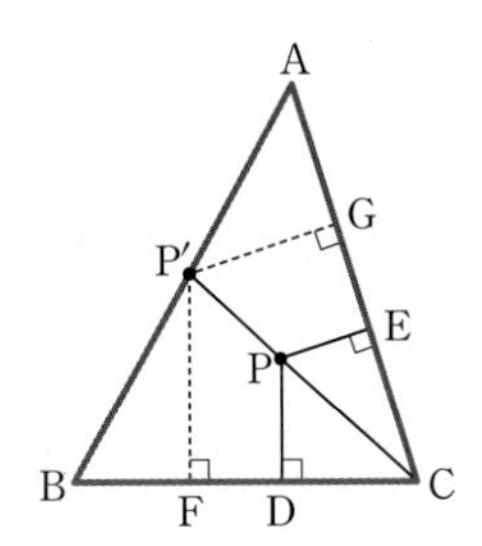

점 P에서 $\overline{BC}$, $\overline{CA}$에 내린 수선의 발을 각각 D, E라 하고, 점 P′에서 $\overline{BC}$, $\overline{CA}$에 내린 수선의 발을 각각 F, G라 하면 $\overline{PD}<\overline{P'F}$, $\overline{PE}<\overline{P'G}$이므로

$f(P)=\overline{PD}+\overline{PE}<\overline{P'F}+\overline{P'G}$이다.

따라서, $f(P)$가 최대가 되는 점 P는 $\overline{AB}$ 위에 있다.

(2) $\overline{AB}$ 위의 점 P에서 $\overline{BC}$, $\overline{CA}$에 내린 수선의 길이를 각각 h_1, h_2라 하면 $f(P)=h_1+h_2$이다.

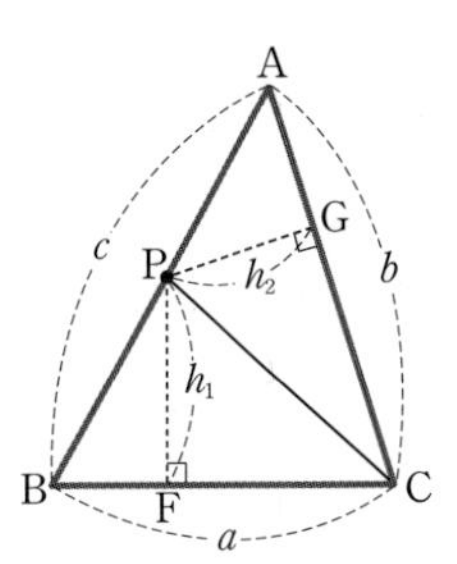

(△ABC의 넓이)

=(△APC의 넓이)+(△BPC의 넓이)이므로

$S=\frac{1}{2}ah_1+\frac{1}{2}bh_2$이다.

이때 $h_1=\frac{1}{a}(2S-bh_2)$이므로

$f(P)=\frac{1}{a}(2S-bh_2)+h_2=\left(1-\frac{b}{a}\right)h_2+\frac{2S}{a}$이다.

그런데 $a<b$이므로 $1-\frac{b}{a}<0$이다.

따라서, $h_2=0$일 때 $f(\mathrm{P})$가 최대이므로 점 P가 점 A가 될 때 $f(\mathrm{P})$는 최대이고, $f(\mathrm{P})$의 최댓값은 $\frac{2S}{a}$이다.

다른 답안

$\overline{\mathrm{AB}}$ 위의 점 P에서 $\overline{\mathrm{BC}}$, $\overline{\mathrm{CA}}$에 내린 수선의 발을 각각 D, E라 하고 $\overline{\mathrm{PB}}=t$, $\overline{\mathrm{PA}}=c-t\,(0\le t\le c)$라 하자. $\triangle\mathrm{ABC}$의 외접원의 반지름을 R라 하면

사인법칙 $2R=\frac{a}{\sin A}=\frac{b}{\sin B}=\frac{c}{\sin C}$이므로

$$f(\mathrm{P})=\overline{\mathrm{PD}}+\overline{\mathrm{PE}}=t\sin B+(c-t)\sin A$$
$$=t\times\frac{b}{2R}+(c-t)\times\frac{a}{2R}=\frac{b-a}{2R}t+\frac{ac}{2R}$$

여기에서 $a<b$이므로 t가 최대일 때 $f(\mathrm{P})$가 최대이므로 $t=c$일 때, 즉 점 P가 점 A에 있을 때 $f(\mathrm{P})$는 최대이다.

이때, $f(\mathrm{P})$의 최댓값은 $\frac{bc}{2R}=\frac{abc}{4R}\times\frac{2}{a}=\frac{2S}{a}$이다.

참고

오른쪽 그림에서 $\triangle\mathrm{ABC}$의 넓이는 $S=\frac{1}{2}ab\sin C$

이때 사인법칙에서

$2R=\frac{c}{\sin C}$이므로

$\sin C=\frac{c}{2R}$

따라서 $S=\frac{1}{2}ab\sin C=\frac{1}{2}ab\times\frac{c}{2R}=\frac{abc}{4R}$

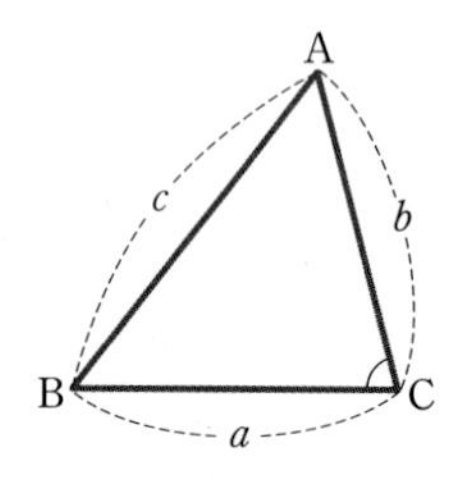

03 (1)

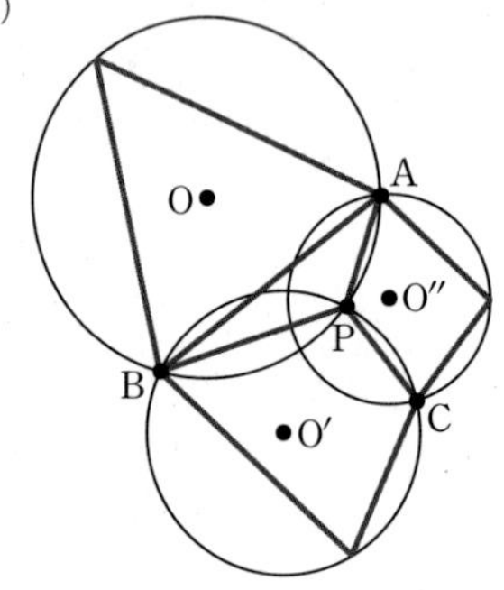

그림과 같이 원 O에 한 변이 $\overline{\mathrm{AB}}$인 정 p각형, 원 O′에 한 변이 $\overline{\mathrm{BC}}$인 정 q각형, 원 O″에 한 변이 $\overline{\mathrm{CA}}$인 정 r각형이 내접한다고 가정하자.

정 p각형이 내접한 원 O에서 호 AB의 원주각이 $\frac{\pi}{p}$이므로 그림에서 $\angle\mathrm{APB}=\pi-\frac{\pi}{p}$이다.

같은 방법으로 하여 $\angle\mathrm{BPC}=\pi-\frac{\pi}{q}$,

$\angle\mathrm{CPA}\ge\pi-\frac{\pi}{r}$이다.

$$2\pi=\angle\mathrm{APB}+\angle\mathrm{BPC}+\angle\mathrm{CPA}$$
$$\ge\left(\pi-\frac{\pi}{p}\right)+\left(\pi-\frac{\pi}{q}\right)+\left(\pi-\frac{\pi}{r}\right)$$

이므로 $\frac{1}{p}+\frac{1}{q}+\frac{1}{r}\ge1$

(단, 등호는 세 원의 공통 부분이 한 점일 때 성립)

이다.

(2) $p,\ q,\ r\ge3$이므로 $\frac{1}{p},\ \frac{1}{q},\ \frac{1}{r}\le\frac{1}{3}$이고

$\frac{1}{p}+\frac{1}{q}+\frac{1}{r}\le1$이다.

이 식과 (1)에서 구한 식 $\frac{1}{p}+\frac{1}{q}+\frac{1}{r}\ge1$에서

$\frac{1}{p}+\frac{1}{q}+\frac{1}{r}=1$이므로 $p=q=r=3$이다.

04 (1)

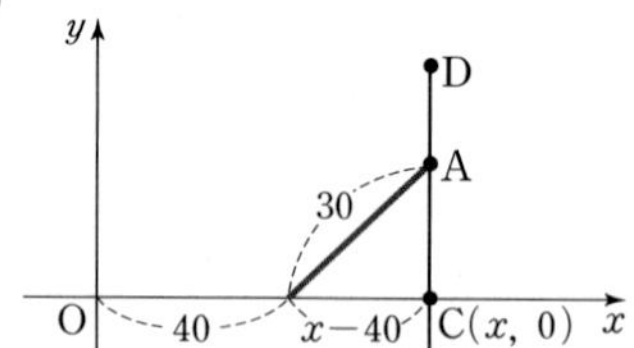

위의 그림과 같이 선분 OC의 길이를 x라 하면 A와 C 사이의 거리는

$\sqrt{30^2-(x-40)^2}=\sqrt{-x^2+80x-700}$

같은 방법으로 B와 C 사이의 거리는

$\sqrt{10^2-(x-60)^2}=\sqrt{-x^2+120x-3500}$

따라서 A와 B 사이의 거리는

$f(x)=\sqrt{-x^2+80x-700}-\sqrt{-x^2+120x-3500}$

이다.

(2) $y_1=\sqrt{-x^2+80x-700}=\sqrt{30^2-(x-40)^2}$이고

$y_2=\sqrt{-x^2+120x-3500}=\sqrt{10^2-(x-60)^2}$라 하자.

제곱근 안의 값은 음이 아니어야 한다. 따라서

$30^2-(x-40)^2\ge0$이고 $10\le x\le70$임을 알 수 있고,

$10^2-(x-60)^2\ge0$에서 $50\le x\le70$임을 알 수 있다.

따라서, $50\le x\le70$이어야 한다.

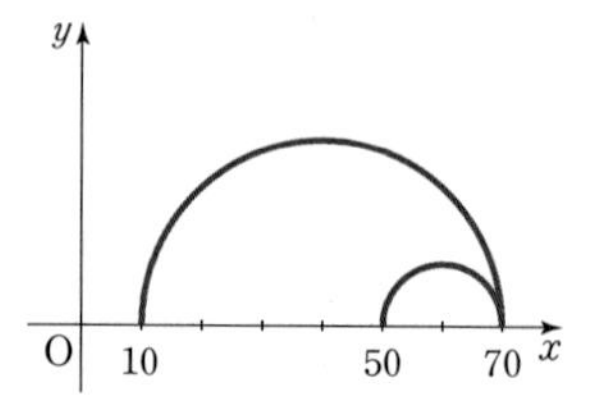

위의 그림과 같이 y_1은 중심이 $x=40$이고 반지름이 30인 반원이고, y_2는 중심이 $x=60$이고 반지름이 10인 반원이다. 그러므로 두 값의 차가 최대가 되는 것은 $x=50$일 때이고, 이때 A와 B 사이의 거리는

$f(50)=\sqrt{30^2-10^2}-\sqrt{10^2-10^2}=20\sqrt{2}$

이다.

05 $\overline{AB}$의 중점 M_1에서 수직선을 그어 원 O와 만나는 점을 C라 하면

$\overline{OM_1}=\sqrt{20^2-12^2}=16(\text{m})$,

$\overline{AM_1}=\overline{BM_1}=12(\text{m})$

$\overline{CM_1}=\overline{CO}-\overline{OM_1}$

$=20-16=4(\text{m})$

…… 점 C의 위치 결정

이다.

그림에서 $\overline{AC}$의 중점 M_2에서 수직선을 그어 원 O와 만나는 점을 D라 하면 직각삼각형 CAM_1에서

$\overline{CA}=\sqrt{12^2+4^2}=4\sqrt{10}(\text{m})$,

$\overline{CM_2}=\overline{AM_2}=\frac{1}{2}\overline{CA}=2\sqrt{10}(\text{m})$

이때 $\triangle OCM_2$에서

$\overline{OM_2}=\sqrt{\overline{OC}^2-\overline{CM_2}^2}=\sqrt{20^2-(2\sqrt{10})^2}=6\sqrt{10}$

따라서

$\overline{DM_2}=\overline{OD}-\overline{OM_2}=2(10-3\sqrt{10})(\text{m})$

…… 점 D의 위치 결정

이다.

같은 방법으로 하면 위의 그림의 점 E의 위치도 결정된다. 이와 같은 방법으로 호 AB 사이의 점들을 찾아 곡선으로 연결하면 호 AB를 그릴 수 있다.

06 (1) 4개의 주민센터를 다음과 같이 설치하면 주어진 조건을 만족한다.

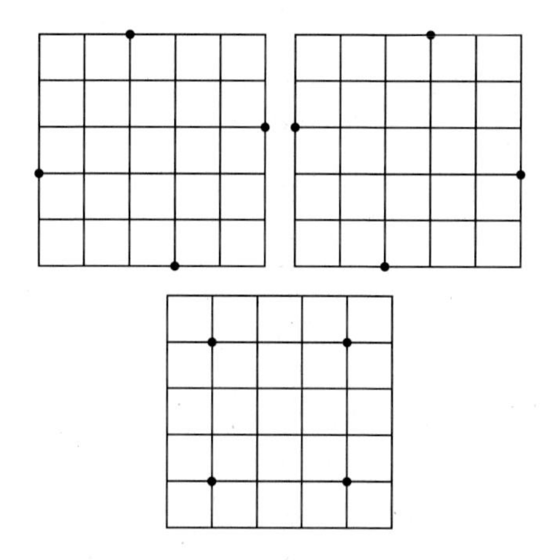

(2) 36개의 교차점을 위치에 따라 다음 세 가지로 나눌 수 있다.

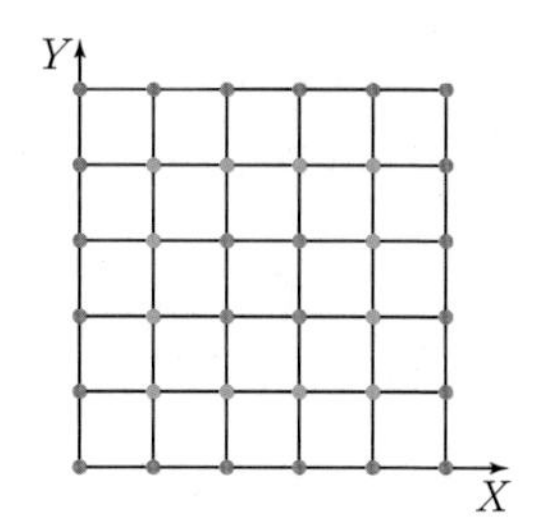

(ㄱ) 외점 (●) : 가장자리에 있는 점으로 20개

(ㄴ) 중간점 (●) : 가장자리에서 한 칸 이내에 있는 점으로 12개

(ㄷ) 내점 (●) : 가장자리에서 두 칸 이내에 있는 점으로 4개

왼쪽 아래 꼭짓점을 (X_0, Y_0), 다른 교차점을 직교좌표 (X_i, Y_j), $0\le i, j\le5$로 표시하자.

각각의 교차점은 2 km 내에 있는 교차점의 수로 다음과 같이 세분화된다.

(i) 외점의 경우 2 km 내에 있는 교차점(외점, 중간점, 내점)의 개수 : (5, 1, 0) 또는 (5, 3, 0) 또는 (5, 3, 1)

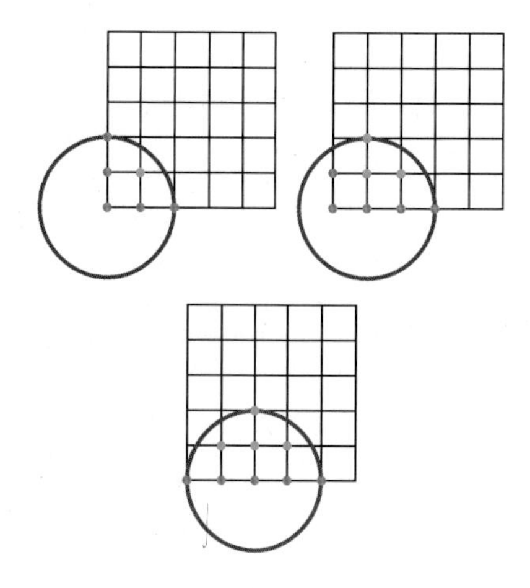

(ii) 중간점의 경우 2 km 내에 있는 교차점(외점, 중간점, 내점)의 개수 : (5, 5, 1) 또는 (4, 5, 3)

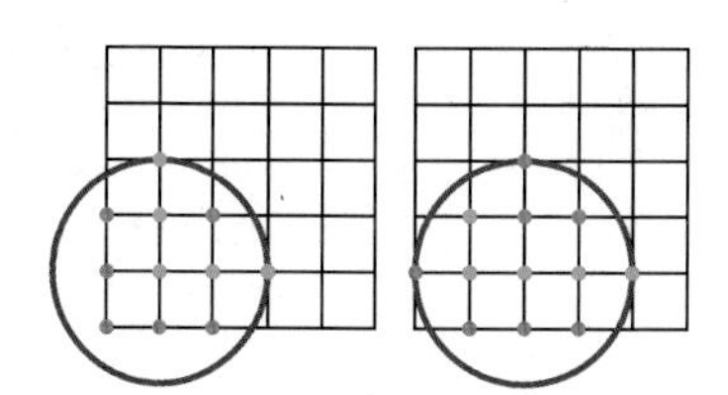

(iii) 내점의 경우 2 km 내에 있는 교차점(외점, 중간점, 내점)의 개수 : (2, 7, 4)

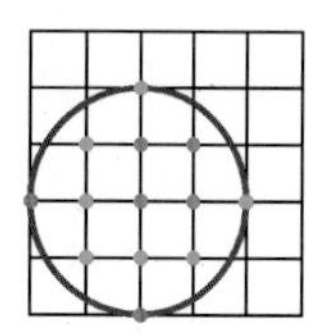

앞에서 나눈 것처럼 하나의 교차점이 (유형에 관계없이) 커버할 수 있는 외점의 수는 최대 5개이다. 따라서 외점 20개를 모두 커버하기 위해서는 적어도 4개의 주민센터가 필요하다.

외점의 수가 5개인 유형을 찾아보면 (i)의 (5, 1, 0), (5, 3, 0), (5, 3, 1)이거나 (ii)의 (5, 5, 1)이고 4개

의 주민센터로 내점 4곳도 커버해야 하므로 (5, 1, 0)과 (5, 3, 0) 유형은 선정할 수 없다. 따라서 8개의 (5, 3, 1) 유형의 외점과 (5, 5, 1) 유형의 중간점 중 네 곳을 선정해야 한다.

이때, (5, 3, 1) 유형의 외점과 (5, 5, 1) 유형의 중간점을 동시에 선정할 수 있는지 알아보자.

P(X_2, Y_5)

예를 들어, (5, 3, 1) 유형의 외점 중 하나인 P(X_2, Y_5)를 선정한 경우, 중간점 (X_1, Y_4), (X_4, Y_4)는 외점 P와 반경 2 km 내에 외점 2개 이상을 공통으로 갖게 되어 커버할 수 있는 총 외점의 수가 18개 이하가 된다.

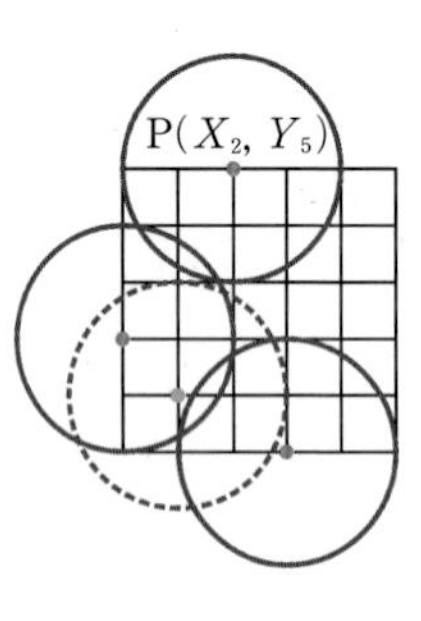

따라서 P(X_2, Y_5)와 동시에 선정될 수 있는 중간점은 (X_1, Y_1)이거나 (X_4, Y_1)이다. (X_1, Y_1)을 선정하면 다른 외점 (X_0, Y_2)와 (X_3, Y_0)은 2 km 이내에 공통 외점 2개 이상을 포함하므로 이 경우도 제외한다. 남은 중간점 (X_4, Y_1)과 외점 (X_5, Y_3)을 포함하여 4개를 선정해야 하는데 이들 역시 반경 2 km 이내에 공통점이 존재하여 조건을 만족할 수 없게 된다.

따라서 외점에서 4개를 선정하거나 중간점 4개를 선정해야 한다.

따라서 주어진 조건을 만족하는 4개의 주민센터는 다음의 세 경우이다.

① 꼭짓점에서 시계방향으로 두 칸 떨어진 외점 4곳에 주민센터를 설치할 수 있다. 이들 외점 (X_0, Y_2), (X_2, Y_5), (X_5, Y_3), (X_3, Y_0)에 세운 주민센터는 2 km 이내에 서로 다른 외점, 중간점, 내점을 (5, 3, 1)개씩 갖게 된다. 즉, 외점 20개, 중간점 12개, 내점 4개를 모두 커버한다.

② 꼭짓점에서 반시계방향으로 두 칸 떨어진 외점 4곳에 주민센터를 설치할 수 있다. 이들 외점 (X_0, Y_3), (X_3, Y_5), (X_5, Y_2), (X_2, Y_0)도 같은 이유로 조건을 만족한다.

③ 중간점 (X_1, Y_1), (X_1, Y_4), (X_4, Y_1), (X_4, Y_4)에 주민센터를 설치할 수 있다. 모든 교차로는 이들로부터 반경 2 km 이내에 놓이게 되어 조건을 만족한다.

07 지구에서 보는 달과 태양의 크기가 비슷하므로
(달의 지름) : (달과 지구 사이의 거리)
=(태양의 지름) : (태양과 지구 사이의 거리)
로 나타내어보자.

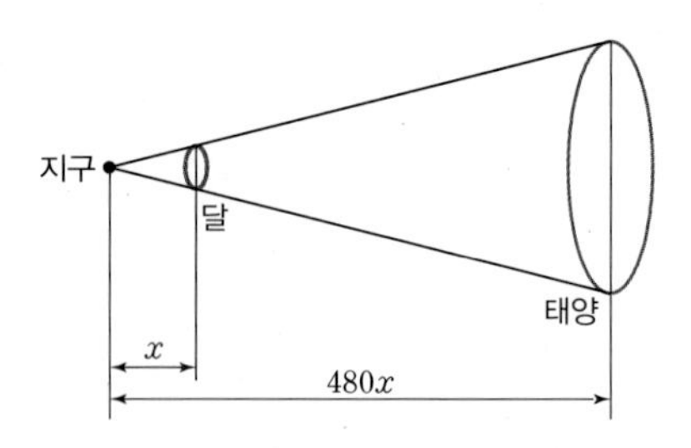

달과 지구 사이의 거리를 x, 달과 태양의 지름을 각각 r, R라 하면 (거리)=(속도)×(시간)이므로
$2r : x = 2R : (60 \times 8)x$, $2R = 480 \cdot 2r$이다.
따라서 태양의 지름은 달의 지름의 480배 정도이다.

08 (1) 천문학자가 내린 결론 '반지 모양'을 나타내면 다음 그림과 같다.

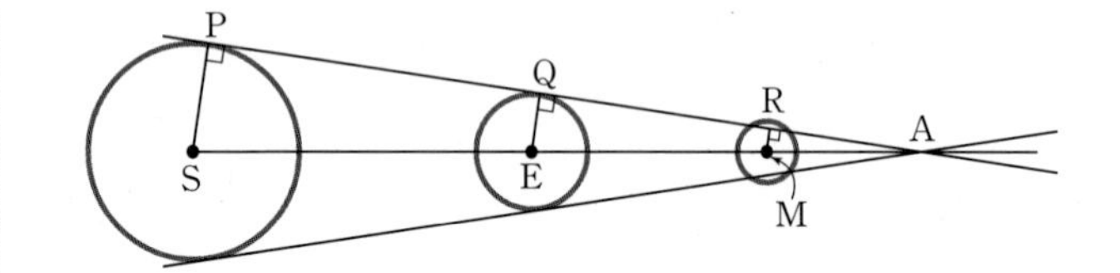

위의 그림에서 항성 S, 행성 E, 위성 M의 중심을 각각 S, E, M, 항성 S와 행성 E의 공통외접선이 항성 S, 행성 E와 만나는 점을 각각 P, Q, 두 접선의 교점을 A, 위성 M에서 공통의 접선까지의 거리를 $\overline{MR}$라 하자.

천문학자가 내린 결론은 '반지 모양의 의미는 위성 M의 반지름의 길이가 $\overline{MR}$보다 크다.'는 뜻이다. 이를 간단하게 나타내면 다음 그림과 같다.

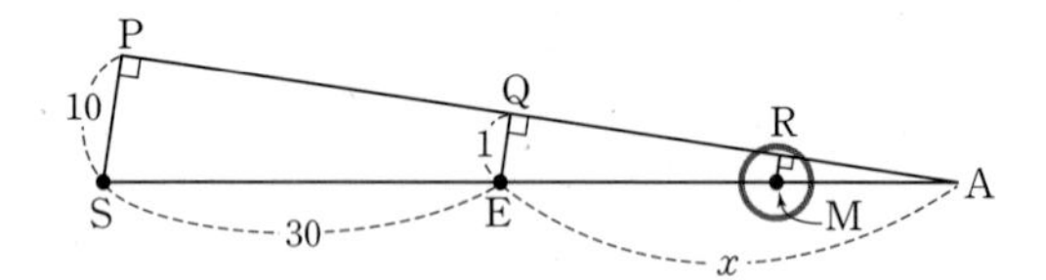

위의 그림에서 △AEQ와 △ASP는 닮음이다. 단위를 1만 km라 할 때,
①에서 $\overline{SP}=10$, ②에서 $\overline{EQ}=1$, ④에서 $\overline{SE}=30$이므로 $\overline{AE}=x$라 하면 $\overline{AE} : \overline{AS} = \overline{EQ} : \overline{SP}$에서
$x : (x+30) = 1 : 10$이므로 $x=\frac{10}{3}$이다.
⑤에서 $\overline{EM}=2$이므로 $\overline{AM}=\frac{10}{3}-2=\frac{4}{3}$이다.
또한, $\overline{AM} : \overline{AE} = \overline{MR} : \overline{EQ}$에서
$\frac{4}{3} : \frac{10}{3} = \overline{MR} : 1$이므로 $\overline{MR}=\frac{2}{5}$이다.

③에서 위성 M의 반지름 0.5가 $\overline{MR}=0.4$보다 크다. 따라서 주어진 결론에 도달하는 데 필요한 조건은 관측 자료 ①, ②, ③, ④, ⑤가 모두 필요하다.

(2) 다음 그림은 항성 S, 위성 M, 행성 E가 일직선상에 있는 모습을 나타낸 것이다.

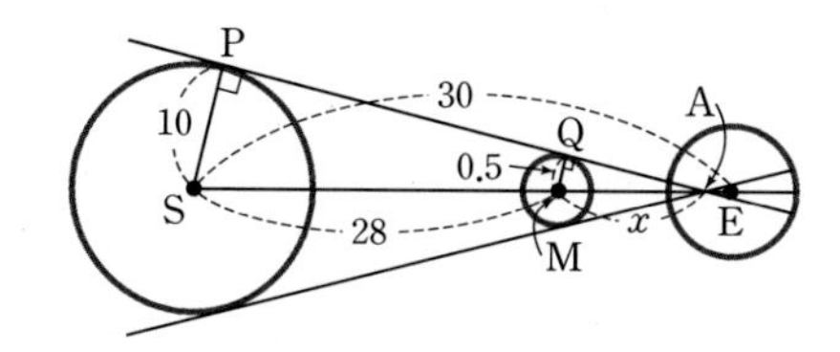

$\overline{SE}=30$, $\overline{ME}=2$이므로 $\overline{SM}=28$이다.
한편, $\overline{SP}=10$, $\overline{MQ}=0.5$이므로
$\overline{AM}=x$라 하면 $\overline{AM}:\overline{AS}=\overline{MQ}:\overline{SP}$에서
$x:(x+28)=0.5:10$이므로
$10x=0.5(x+28)$, $20x=x+28$
$19x=28$
즉, $x=\frac{28}{19}$이고 $1<\overline{AM}<2$이다.
따라서 다음 그림과 같이 행성 E의 중심은 A의 오른쪽에 위치한다.

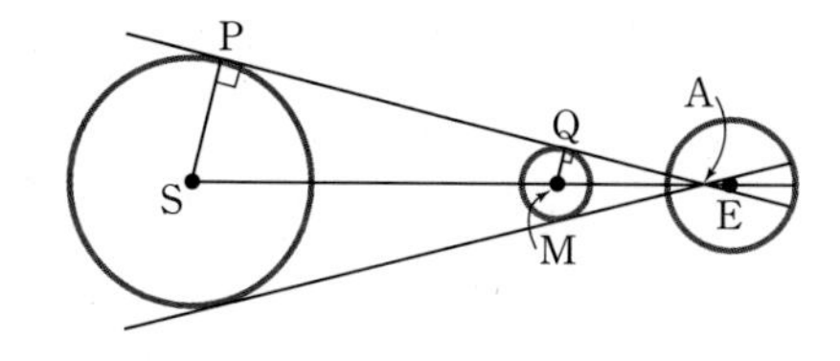

이 경우 위성 M이 항성 S를 가리는 일식 현상을 발견할 수 있으며 행성 E의 낮 시간인 어느 곳에서도 완전히 어두워지는 개기 일식을 관찰할 수 있다.
즉, 주어진 가설은 타당하지 않다.

09 (1) 원점을 지나고 기울기가 $\frac{a+c}{b+d}$인 직선을 그리면 이 직선은 점 $\left(\frac{b+d}{2}, \frac{a+c}{2}\right)$를 지난다. 이때 점 $\left(\frac{b+d}{2}, \frac{a+c}{2}\right)$는 주어진 두 점 (b, a)와 (d, c)를 잇는 선분의 중점이므로 이 직선의 기울기 $\frac{a+c}{b+d}$는 $\frac{a}{b}$와 $\frac{c}{d}$ 사이의 값임을 알 수 있다.

다른 답안

구하는 직선은 점 $(b+d, a+c)=(b, a)+(d, c)$를 지난다. 따라서 두 벡터 (b, a)와 (d, c)의 합에 해당하는 점을 지나는 직선이다. 이 점은 벡터 (b, a), (d, c)를 변으로 갖는 평행사변형의 꼭짓점이다. 평행사변형의 대각선은 양 변 사이에 위치하므로 기울기는 $\frac{a}{b}$와 $\frac{c}{d}$ 사이의 값이다.

(2) ① $r=\frac{1}{2b^2}$, $R=\frac{1}{2d^2}$이라 하자. 두 원의 중심 사이의 거리를 D라 하면 피타고라스의 정리로부터
$D^2=\left(\frac{a}{b}-\frac{c}{d}\right)^2+(R-r)^2$을 얻는다. 따라서
$$D^2-(R+r)^2=\left(\frac{a}{b}-\frac{c}{d}\right)^2+(R-r)^2-(R+r)^2$$
$$=\left(\frac{ad-bc}{bd}\right)^2-4rR=\left(\frac{ad-bc}{bd}\right)^2-4\frac{1}{2b^2}\cdot\frac{1}{2d^2}$$
$$=\frac{(ad-bc)^2-1}{b^2d^2}$$
이다. 두 원이 접하는 필요충분조건은
$D^2-(r+R)^2=0$이므로 $(ad-bc)^2=1$에서
$|ad-bc|=1$을 얻는다.

② 양수 k가 a, b의 공약수라 하고 $a=mk$, $b=nk$라 두면
$ad-bc=mkd-nkc=(md-nc)k=\pm1$
로부터, 정수의 곱이 ±1이 되는 경우 $k=1$이어야 하므로 $\frac{a}{b}$는 기약분수이고, 동일한 방법으로 $\frac{c}{d}$도 기약분수임을 알 수 있다.

③ $\frac{a}{b}\neq\frac{c}{d}$에 의해 $ad-bc\neq0$이며, $ad-bc$는 정수이므로 ①의 식으로부터 항상 $D^2-(r+R)^2\geq0$이다. 즉, 만약 $|ad-bc|\neq1$이라면
$D^2-(r+R)^2>0$이므로 두 원은 만나지 않는다.

(3) ① (2)의 결과에 의해 $|a(b+d)-b(a+c)|=1$과 $|c(b+d)-d(a+c)|=1$임을 보이면 된다.
주어진 가정에 의해
$|a(b+d)-b(a+c)|=|ad-bc|=1$
이며 동일하게 두 번째 등식도 성립한다.

② 역시 (2)의 방법으로 양수 k를 $b+d$, $a+c$의 공약수라 하고 $b+d=mk$, $a+c=nk$라 두면
$$a(b+d)-b(a+c)=amk-bnk$$
$$=(am-bn)k=\pm1$$
로부터 정수의 곱이 ±1이 되는 경우는 $k=1$이다.
따라서 $\frac{a+c}{b+d}$는 기약분수이다.
$|a(b+d)-b(a+c)|=1$은 $\frac{a+c}{b+d}$가 기약분수임을 의미한다. (이 식은 (2)에서 c, d 대신 $a+c$, $b+d$가 쓰인 것만 다를 뿐 나머지는 동일하다.)

(4) (3)의 결과를 계속 적용해 가면 처음 $\frac{0}{1}$, $\frac{1}{1}$에서 시작해서 인접하는 두 분수 $\frac{a}{b}$, $\frac{c}{d}$ 사이의 새 원의 위치는 $\frac{a+c}{b+d}$이고 일반적으로 $\frac{a}{b}$에 위치한 원의 반지름이 $\frac{1}{2b^2}$이 된다. $\frac{1}{50}=\frac{1}{2\cdot5^2}$이므로 위 과정에서 분모가 5인 분수를 찾으면 된다.

$$\frac{0}{1} \qquad\qquad\qquad\qquad\qquad\qquad\qquad\qquad \frac{1}{1}$$

$$\frac{0}{1} \qquad\qquad\qquad\qquad \frac{1}{2} \qquad\qquad\qquad\qquad \frac{1}{1}$$

$$\frac{0}{1} \qquad\quad \frac{1}{3} \qquad\quad \frac{1}{2} \qquad\quad \frac{2}{3} \qquad\quad \frac{1}{1}$$

$$\frac{0}{1} \quad \frac{1}{4} \quad \frac{1}{3} \quad \frac{2}{5} \quad \frac{1}{2} \quad \frac{3}{5} \quad \frac{2}{3} \quad \frac{3}{4} \quad \frac{1}{1}$$

$$\frac{0}{1}\ \frac{1}{5}\ \frac{1}{4}\ \frac{2}{7}\ \frac{1}{3}\ \frac{3}{8}\ \frac{2}{5}\ \frac{3}{7}\ \frac{1}{2}\ \frac{4}{7}\ \frac{3}{5}\ \frac{5}{8}\ \frac{2}{3}\ \frac{5}{7}\ \frac{3}{4}\ \frac{4}{5}\ \frac{1}{1}$$

이며 이후에는 분모가 5보다 큰 분수만 새로 등장하므로 $b=5$인 위치는 위에서 $\frac{1}{5}, \frac{2}{5}, \frac{3}{5}, \frac{4}{5}$이다. 총 4개의 원을 그리게 된다.

(5) 원을 그리는 단계를 충분히 거치면 반지름의 길이가 $\frac{1}{266450}$인 원을 어디에도 그릴 곳이 없는 도형을 얻게 됨을 문제에서 이미 설명하였다. 또한 가정에 의해 이 도형에는 $\frac{256}{365}$ 위에 반지름의 길이가 $\frac{1}{266450}$인 원은 존재하지 않는다. 그러므로 $\frac{256}{365}$ 위에 반지름의 길이가 $\frac{1}{266450}$인 원 C를 그리면 이 도형의 원 중에 원 C와 두 점에서 만나는 것이 있어야 한다. 문제 (2)의 결과에 의해, C와 이 도형의 임의의 원은 서로 접하거나 또는 만나지 않기 때문에 이는 모순이다.

10 (1) 화면을 현으로 가지는 원을 생각하면 원이 바닥에 접하는 위치에 관객이 앉으면 최대 시야각을 확보할 수 있다. 원에서 접선과 할선의 비례 관계를 이용하면 $x^2=b(b+a)$에서 $x=\sqrt{ab+b^2}$이다.

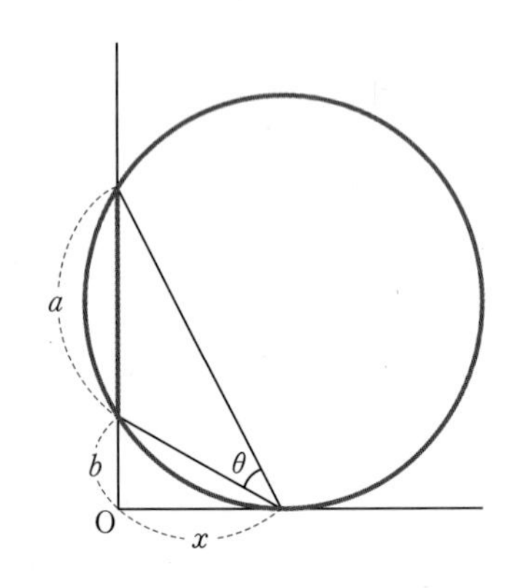

다른 답안

오른쪽 그림에서 $\angle OCA=\alpha$, $\angle OCB=\beta$라 하면 $\theta=\alpha-\beta$이다.

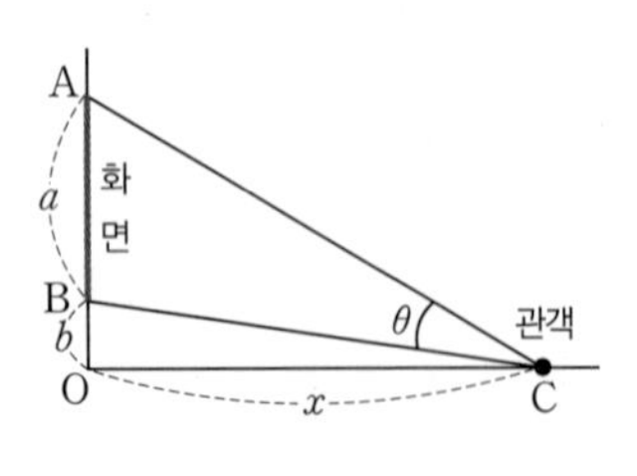

또, $\tan\alpha=\frac{a+b}{x}$, $\tan\beta=\frac{b}{x}$이므로

$$\tan\theta=\tan(\alpha-\beta)=\frac{\tan\alpha-\tan\beta}{1+\tan\alpha\tan\beta}$$

$$=\frac{\frac{a+b}{x}-\frac{b}{x}}{1+\frac{a+b}{x}\cdot\frac{b}{x}}=\frac{a}{x+\frac{ab+b^2}{x}},$$

이다. 이때, 산술평균과 기하평균의 관계에 의하여 $x+\frac{ab+b^2}{x}\geq 2\sqrt{ab+b^2}$이므로

$\tan\theta\leq\frac{a}{2\sqrt{ab+b^2}}$이다.

$\tan\theta$의 값이 최대일 때, 관객의 시야각 θ도 최대이다.

즉, $x=\frac{ab+b^2}{x}$, $x=\sqrt{ab+b^2}$일 때 θ도 최대이다.

(2)

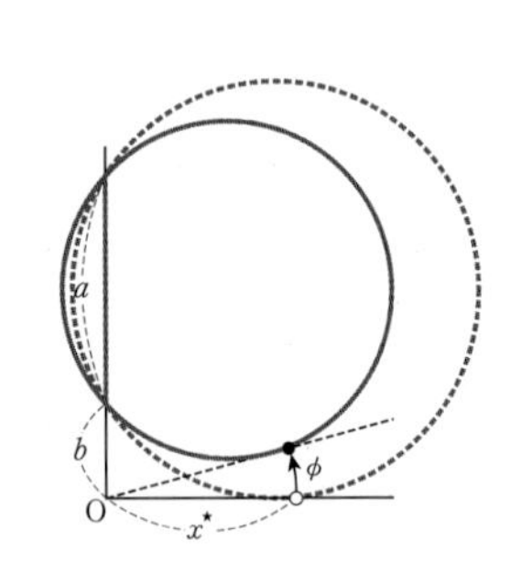

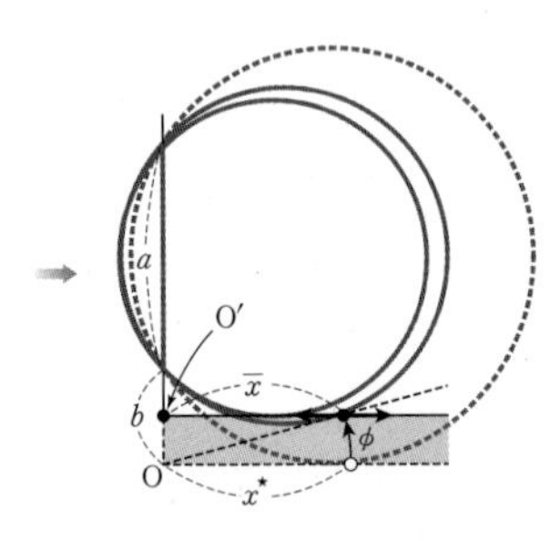

최대시야각의 위치를 ϕ만큼 회전이동시킨 점이 경사면과 접점이 되는 원을 만든다. 새로 만들어진 바닥면과 경사면에 접하는 원은 두 점에서 만나고, 최대 시야각의 위치는 새로 만들어진 바닥면과의 접점이므로 그림과 같이 그려진다. 따라서 의자를 앞으로 이동하여야 한다.

(3) b를 적당히 조정하여 $k=p$인 곳에 최대시야각의 위치를 잡으면 Q지점이 최소의 시야각의 위치가 된다. 따라서 b를 조정하여 $C(k)$의 위치를 오른쪽으로 조금씩 이동하면 최대시야각과 최소시야각의 차이를 줄일 수 있다.

$C(k)$의 위치를 오른쪽으로 계속 이동하다보면 P지점의 시야각이 Q지점보다 시야각이 더 작아지게 된다. 이 경우는 P지점이 최소시야각이 되므로 최대시야각과 최소시야각의 차이를 가장 작도록 하기 위해서는 $C(k)$의 위치를 왼쪽으로 이동해야 한다. 따라서 P지점과 Q지점의 시야각이 같은 순간이 시야각의 최대 차이가 가장 작은 순간이 된다.

화면을 현으로 하고 P, Q를 지나는 원을 그리면 두 지점은 같은 원주각을 갖게 된다. 따라서 p와 q 사이에 문제 1에서 구한 최대의 시야각을 주는 자리를 포함하면서 시야각의 최대 차이가 가장 작도록 하려면 아래 그림과 같이 되어야 한다.

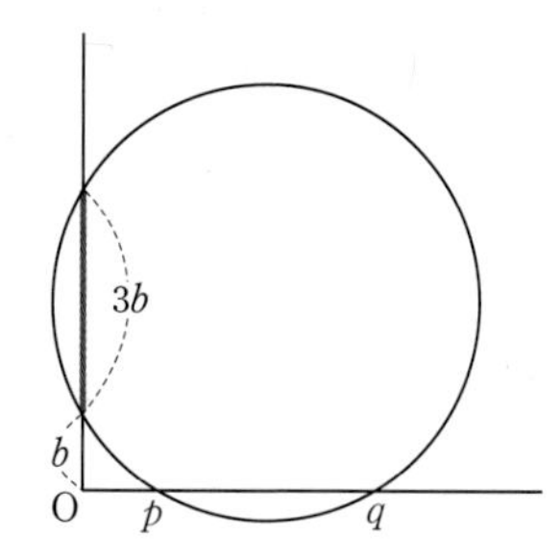

원에서 두 할선의 비례관계를 이용하면 $pq=b\times 4b$이므로 $b=\frac{\sqrt{pq}}{2}$이다.

주제별 강의 제 4 장

삼각형의 무게중심, 페르마의 점

문제 1 • 86쪽 •

$\triangle$ABC에서 $\overline{PA}+\overline{PB}+\overline{PC}$의 값이 최소인 점 P는 페르마의 점이다. ($\because$ 예시2)

그림에서 $\angle BPC=120^\circ$이므로 $\angle BPM=60^\circ$이다.

따라서 직각삼각형 BPM에서 $\overline{BM}=3$이므로 $\overline{PM}=\sqrt{3}$이다.

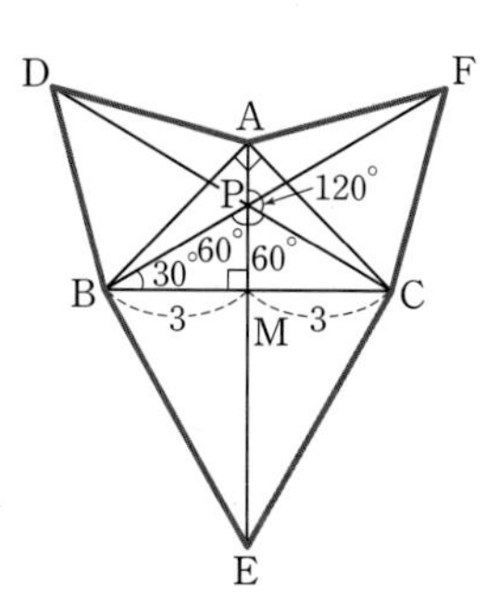

다른 답안

$\overline{PM}=x$라 하면

$\overline{PA}+\overline{PB}+\overline{PC}$

$=(3-x)+2\sqrt{x^2+9}$

$=f(x)\,(0\le x\le 3)$이다.

$f'(x)=-1+\frac{2x}{\sqrt{x^2+9}}$,

$f'(x)=0$일 때 $\frac{2x}{\sqrt{x^2+9}}=1$

$\sqrt{x^2+9}=2x$의 양변을 제곱하면 $x^2+9=4x^2$, $x^2=3$,

$\therefore x=\sqrt{3}$

$f(x)$는 $x=\sqrt{3}$일 때 극소이고 동시에 최소이다.

따라서, $\overline{PM}=\sqrt{3}$이다.

문제 2 • 86쪽 •

(1) 삼각형 ABC의 무게중심이 $(1,\ 0)$이므로

$\frac{x_1+x_2+x_3}{3}=1$, $\frac{y_1+y_2+y_3}{3}=0$이다. 즉,

$x_1+x_2+x_3=3$, $y_1+y_2+y_3=0$이고 다음이 성립한다.

$(x_1+x_2)^2+(y_1+y_2)^2=(3-x_3)^2+(-y_3)^2$,

${x_1}^2+{x_2}^2+2x_1x_2+{y_1}^2+{y_2}^2+2y_1y_2=9-6x_3+{x_3}^2+{y_3}^2$,

A, B, C가 원 $x^2+y^2=9$ 위의 점이므로

${x_1}^2+{y_1}^2=9$, ${x_2}^2+{y_2}^2=9$, ${x_3}^2+{y_3}^2=9$를 대입하면

$x_1x_2+y_1y_2=-3x_3$,

$y_1y_2=-3x_3-x_1x_2$

$=-3(3-x_1-x_2)-x_1x_2$

$=-(3-x_1)(3-x_2)$ …… ㉠

방법 1

같은 방법으로

$y_1y_3=-(3-x_1)(3-x_3)$, $y_2y_3=-(3-x_2)(3-x_3)$

이므로 ${y_1}^2{y_2}^2{y_3}^2=-(3-x_1)^2(3-x_2)^2(3-x_3)^2$,

$(y_1y_2y_3)^2+\{(3-x_1)(3-x_2)(3-x_3)\}^2=0$

즉, $y_1y_2y_3=(3-x_1)(3-x_2)(3-x_3)=0$

이다. 따라서 $x_1=3$ 또는 $x_2=3$ 또는 $x_3=3$이다.

${x_1}^2+{y_1}^2=9$에서 $x_1=3$이면 $y_1=0$이고, $x_2+x_3=0$, $y_2+y_3=0$이므로 $x_2=-x_3$, $y_2=-y_3$이다.

따라서 두 점 B, C는 원점에 대칭이며 선분 BC가 원 $x^2+y^2=9$의 지름이므로 삼각형 ABC는 직각삼각형이다.

같은 방법으로 $x_2=3$이면 선분 AC가, $x_3=3$이면 선분 AB가 원 $x^2+y^2=9$의 지름이므로 삼각형 ABC는 직각삼각형이다.

방법 2

${y_1}^2{y_2}^2=(9-{x_1}^2)(9-{x_2}^2)$이고 ㉠에서

${y_1}^2{y_2}^2=(3-x_1)^2(3-x_2)^2$이므로 다음이 성립한다.

$(9-{x_1}^2)(9-{x_2}^2)=(3-x_1)^2(3-x_2)^2$,

$(3-x_1)(3+x_1)(3-x_2)(3+x_2)=(3-x_1)^2(3-x_2)^2$,

$(3-x_1)(3-x_2)\{(3+x_1)(3+x_2)$

$-(3-x_1)(3-x_2)\}=0$

$(3-x_1)(3-x_2)(x_1+x_2)=0$

즉, $(3-x_1)(3-x_2)(3-x_3)=0$이다.

$x_1=3$이면 $y_1=0$이고 $x_2+x_3=0$, $y_2+y_3=0$이므로 $(x_2,\ y_2)=(-x_3,\ -y_3)$이다.

따라서 선분 BC가 원 $x^2+y^2=9$의 지름이다.

같은 방법으로 $x_2=3$이면 선분 AC가, $x_3=3$이면 선분 AB가 원 $x^2+y^2=9$의 지름이므로 삼각형 ABC는 직각삼각형이다.

(2) (1)에 의하여 $x_1=3$이면 $y_1=0$이고 $(x_2,\ y_2)=(-x_3,\ -y_3)$이므로 다음이 성립한다.

$|x_1|+|x_2|+|x_3|+|y_1|+|y_2|+|y_3|$
$=3+2(|x_2|+|y_2|)$ …… ㉡

방법 1

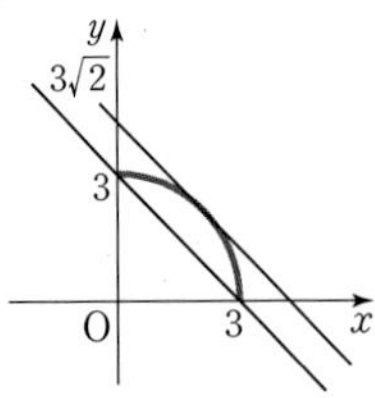

$x^2+y^2=9$, $x\geq0$, $y\geq0$, $x+y=k$라 하자.
직선 $x+y=k$가 점 $(3, 0)$을 지날 때 $x+y$는 최솟값 3, 직선 $x+y=k$가 $x^2+y^2=9$와 점 $\left(\frac{3}{\sqrt{2}}, \frac{3}{\sqrt{2}}\right)$에서 접할 때 최댓값 $3\sqrt{2}$를 갖는다.
따라서 $x+y$의 값의 범위는 $[3, 3\sqrt{2}]$이므로 ㉡에서 $|x_1|+|x_2|+|x_3|+|y_1|+|y_2|+|y_3|$의 값의 범위는 $[9, 3+6\sqrt{2}]$이다.
같은 방법에 의하여 $x_2=3$ 또는 $x_3=3$인 경우도 구하는 값의 범위는 $[9, 3+6\sqrt{2}]$이다.

방법 2

${x_2}^2+{y_2}^2=9$이므로
$|x_2|=3\cos t$, $|y_2|=3\sin t\left(0\leq t\leq\frac{\pi}{2}\right)$라 하자.
$|x_2|+|y_2|=3(\cos t+\sin t)=3\sqrt{2}\sin\left(t+\frac{\pi}{4}\right)$
이므로 $|x_2|+|y_2|$의 값의 범위는 $[3, 3\sqrt{2}]$이다.
따라서 $|x_1|+|x_2|+|x_3|+|y_1|+|y_2|+|y_3|$의 값의 범위는 ㉡에서 $[9, 3+6\sqrt{2}]$이다.
같은 방법에 의하여 $x_2=3$ 또는 $x_3=3$인 경우도 구하는 값의 범위는 $[9, 3+6\sqrt{2}]$이다.

참고

$a\sin x+b\cos x=\sqrt{a^2+b^2}\sin(x+\alpha)$
$\left(단,\ \cos\alpha=\frac{a}{\sqrt{a^2+b^2}},\ \sin\alpha=\frac{b}{\sqrt{a^2+b^2}}\right)$

(3) 삼각형 ABC의 무게중심을 $G(a, b)$라 하면 무게중심은 원 $x^2+y^2=1$ 위에 있으므로 $a^2+b^2=1$이다.
$O(0, 0)$, $T(1, 0)$, $\angle GOT=\theta$라 하자.

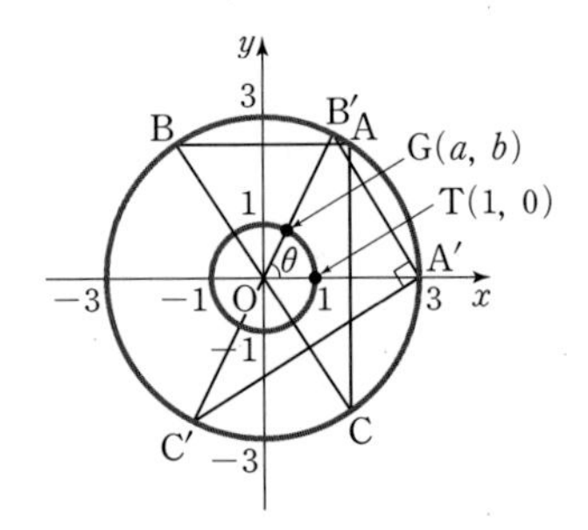

세 점 A, B, C를 원점을 중심으로 시계 방향으로 각각 θ만큼 회전이동시킨 점을 A′, B′, C′이라 하면 삼각형 A′B′C′의 무게중심이 $T(1, 0)$이므로 (1)에 의하여 삼각형 A′B′C′은 직각삼각형이다. 그런데 삼각형 ABC와 삼각형 A′B′C′이 합동이므로 삼각형 ABC도 직각삼각형이다.

문제 3 • 87쪽 •

(1) 직교좌표계에서는 임의의 x, y를 좌표로 하는 점 (x, y)가 존재하나 무게중심 좌표는 삼각형 ABC의 넓이를 배분하여 결정되었으므로 항상 $u+v+w=m$(m은 삼각형 ABC의 넓이)를 만족해야 한다. 따라서 임의의 u, v, w가 아니라 $u+v+w=m$를 만족하는 u, v, w에 대해서만 무게중심 좌표를 (u, v, w)로 하는 점이 존재한다.
삼각형 PBC의 넓이는 고정된 밑변 BC의 길이와 점 P에서 직선 BC까지의 거리에 의해 결정된다. 따라서 삼각형 PBC의 넓이인 u가 상수가 되기 위해서는 P에서 직선 BC까지의 거리가 상수이어야 하고 이러한 P의 자취는 직선 BC와 평행한 직선이다. 마찬가지 이유로 v가 상수인 점의 자취는 직선 CA와 평행한 직선이고, w가 상수인 점의 자취는 직선 AB와 평행한 직선이다.

(2) 한 번의 옮겨 담기 과정에서 세 컵 중 하나는 그 물의 양이 변하지 않으므로, 삼각형 ABC 위의 점이 움직이는 방향은 [그림 2]의 Q처럼 항상 삼각형의 한 변과 평행하다. 한편 어느 한 컵이 완전히 차있거나 비워진 상태는 [그림 2]의 굵은 선 위의 점에 대응된다.

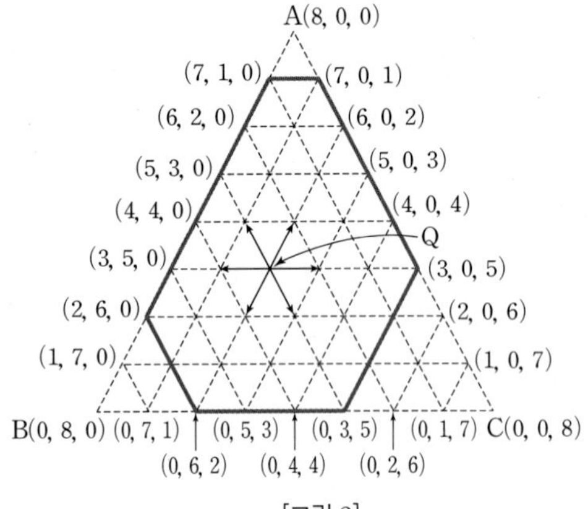

[그림 2]

이제 용기의 물을 한쪽으로 전부 부은 상태를 무게중심 좌표로 표현하면 점 $P(u, v, w)$가 점 $P'(u+v, 0, w)$로 이동한 것으로 표현할 수 있다.
이것을 그림으로 표현하면 다음과 같다.
(여기서 $u+v+w=8$이 항상 유지되어야 한다.)

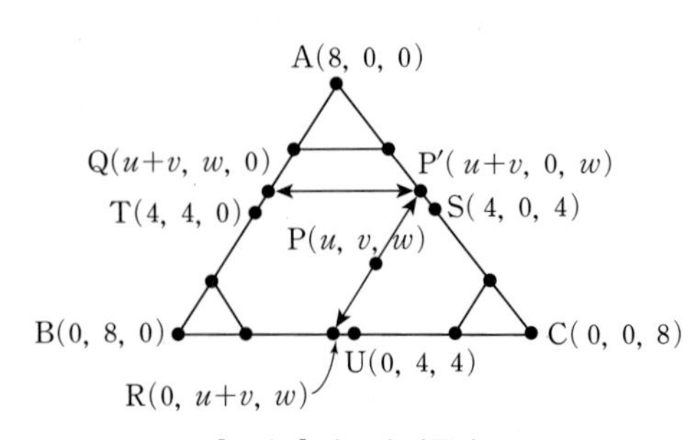

[그림 3] 점 P의 이동경로

또 P′은 Q 또는 R로 움직일 수 있다. 따라서 각 점의 이동은 논제 (2)의 조건으로 옮겨 담는 과정에서는 항상 굵은 선 위의 점으로 삼각형의 한 변과 평행하게 이동한다. 또한 어느 한 컵을 완전히 채우거나 비워야 하므로 한 굵은 선분 위에서 다른 굵은 선분 위로 이동해야 한다. (위의 [그림 3]에서 P′으로 움직임을 참조. 다만 이 조건이 두 선분의 교점으로 이동하는 경우도 포함하는 것에 유의) 굵은 선분 하나를 따라 이동할 때는 끝점으로 이동한다고 표현할 수도 있다.(여기서 끝점은 [그림 2]에서 무게중심의 좌표 (7, 1, 0), (2, 6, 0), (0, 3, 5)등과 같이 굵은 선분의 방향이 바뀌는 점을 의미한다.)

그런데 옮겨 담기를 반복하여 어느 한 컵에 정확히 $4l$의 물을 담은 상태는 굵은 선 위의 점들 중에서 적어도 하나의 좌표가 4인 점 T(4, 4, 0), U(0, 4, 4), S(4, 0, 4)에 대응된다. 이것은 △ABC의 세 변의 중점을 의미한다. 따라서 점 P가 삼각형의 세 변 중 어느 한 변과 평행하게 움직이면서 이 점에 도달하려면 $u=4$, $v+w=4$ 또는 $w=4$, $u+v=4$와 같은 형태의 점에 대응되어야 함을 알 수 있다. (삼각형의 중점연결정리를 생각하면 쉽게 이해할 수 있음.) 즉, 처음부터 어느 한 컵에 정확히 $4l$의 물이 담겨 있어야 한다.

참고

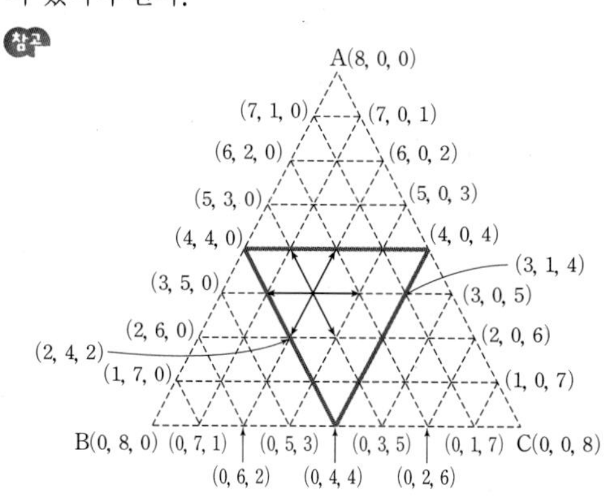

문제 4 • 88쪽 •

(1)

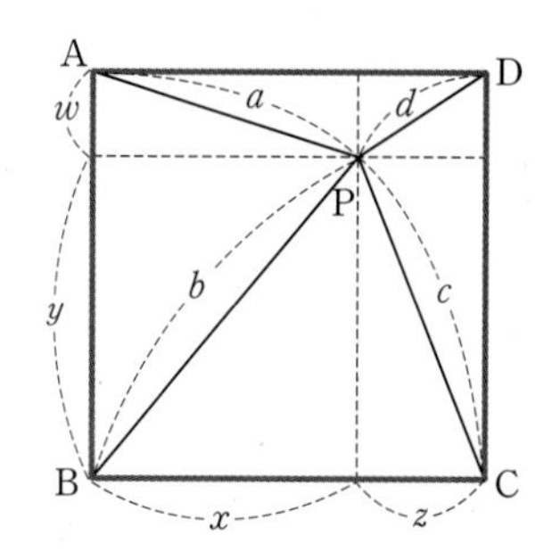

위의 그림과 같이 x, y, z, w를 각각 잡으면

$a^2=x^2+w^2$, $b^2=x^2+y^2$, $c^2=y^2+z^2$, $d^2=z^2+w^2$이 성립하고 $x+z=2$, $y+w=2$이다. 따라서

$$a^2+b^2+c^2+d^2=2(x^2+y^2+z^2+w^2)$$
$$=2\{x^2+y^2+(2-x)^2+(2-y)^2\}$$
$$=4\{(x-1)^2+(y-1)^2\}+8$$

(단, $0\le x\le 2$, $0\le y\le 2$)

따라서 $x=1$, $y=1$일 때, 최솟값 8이 되고, $x=0$, $y=0$일 때, 최댓값 16이 된다.

다른 답안

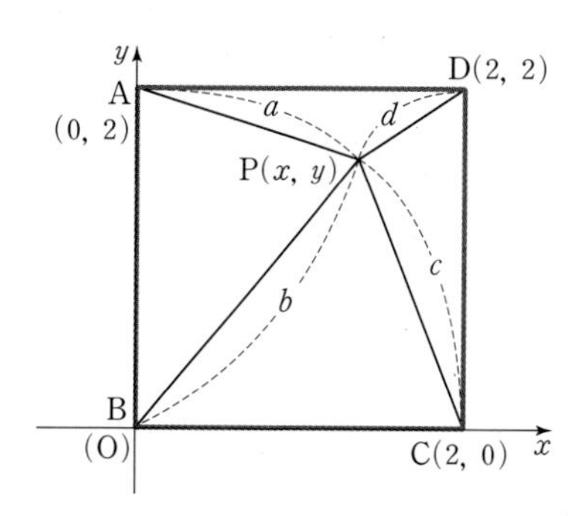

점 B를 원점, A(0, 2), C(2, 0), D(2, 2), P(x, y)로 놓으면

$$a^2+b^2+c^2+d^2=x^2+(y-2)^2+x^2+y^2$$
$$+(x-2)^2+y^2+(x-2)^2+(y-2)^2$$
$$=4x^2+4y^2-8x-8y+16$$
$$=4(x-1)^2+4(y-1)^2+8$$

이때, $0\le x\le 2$, $0\le y\le 2$이므로 최솟값은 8, 최댓값은 16이다.

(2) (1)에서

$$a^2+b^2+c^2+d^2=4\{(x-1)^2+(y-1)^2\}+8$$

이다.

그리고 점 B를 원점, 직선 BC를 x축, 직선 BA를 y축으로 하는 좌표를 잡으면 점 P는

$$4\{(x-1)^2+(y-1)^2\}+8=12$$

위에 존재한다. 이 식을 정리하면 $(x-1)^2+(y-1)^2=1$이고 이 식은 중심이 (1, 1)이고 반지름이 1인 원을 나타내므로 다음과 같은 모양이 된다.

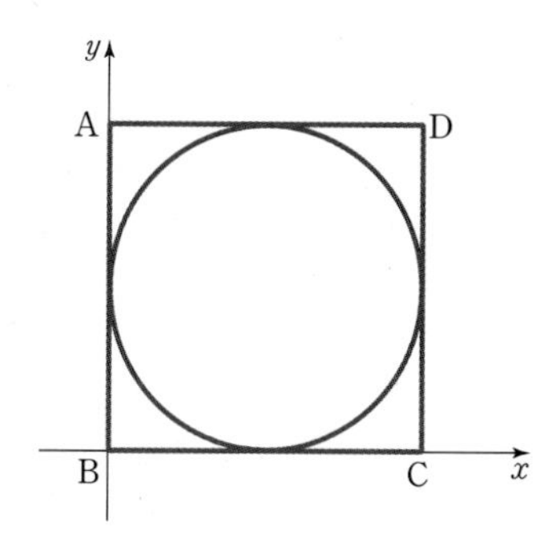

(3) (2)에서 구한 좌표축을 이용하여 계산해 보자.

세 점 M, B, C를 지나는 포물선의 방정식은 $y=-2(x-1)^2+2$이다.

또한 포물선과 (2)에서 구한 원의 교점을 구하기 위하여 $y=-2(x-1)^2+2$와 $(x-1)^2+(y-1)^2=1$을 연립하여 계산하면 $(1, 2)$, $\left(1\pm\frac{\sqrt{3}}{2}, \frac{1}{2}\right)$이 된다.

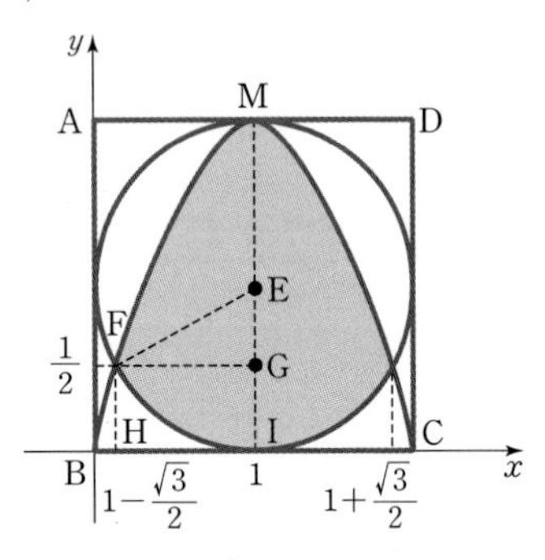

따라서 위의 빗금친 영역의 넓이를 구하면 된다.

또한 위의 영역은 직선 $x=1$에 대칭이므로 $x\le 1$일 때의 넓이를 S라 하면 색칠한 부분의 넓이는 $2S$이다.

$S=\int_{1-\frac{\sqrt{3}}{2}}^{1}\{-2(x-1)^2+2\}dx$

$-$(사다리꼴 EFHI의 넓이)+(부채꼴 EFI의 넓이)

$\int_{1-\frac{\sqrt{3}}{2}}^{1}\{-2(x-1)^2+2\}dx$

$=\int_{-\frac{\sqrt{3}}{2}}^{0}(-2x^2+2)dx=\left[-\frac{2}{3}x^3+2x\right]_{-\frac{\sqrt{3}}{2}}^{0}=\frac{3\sqrt{3}}{4}$

(사다리꼴EFHI의 넓이)$=\frac{1}{2}\times\frac{\sqrt{3}}{2}\times\left(1+\frac{1}{2}\right)=\frac{3\sqrt{3}}{8}$

(부채꼴 EFI의 넓이)$=\frac{1}{2}\times 1^2\times\frac{\pi}{3}=\frac{\pi}{6}$

따라서 $S=\frac{3\sqrt{3}}{4}-\frac{3\sqrt{3}}{8}+\frac{\pi}{6}=\frac{3\sqrt{3}}{8}+\frac{\pi}{6}$

따라서 구하고자 하는 영역의 넓이 $2S$는 $\frac{3\sqrt{3}}{4}+\frac{\pi}{3}$이다.

다른 답안

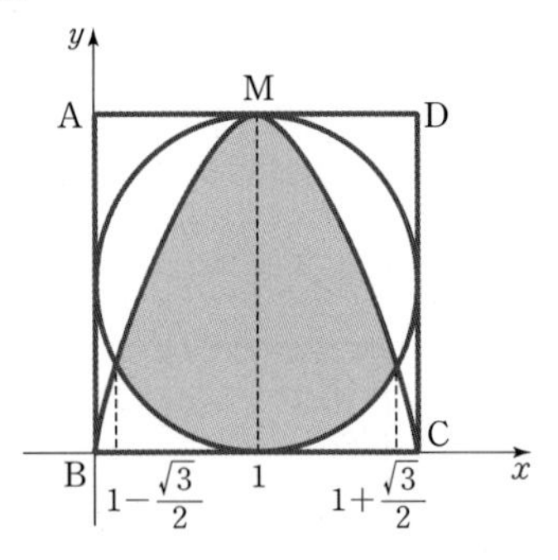

점 B를 원점으로 하는 좌표평면에서 세 점 M, B, C를 지나는 포물선의 방정식은 $y=-2(x-1)^2+2$이고, 이 포물선과 원 $(x-1)^2+(y-1)^2=1$의 교점의 좌표는 $\left(1+\frac{\sqrt{3}}{2}, \frac{1}{2}\right)$, $\left(1-\frac{\sqrt{3}}{2}, \frac{1}{2}\right)$, $(1, 2)$이다.

그러므로 구하는 넓이 S는 두 도형이 $x=1$에 대하여 대칭이므로

$$S=2\int_{1}^{1+\frac{\sqrt{3}}{2}}\{-2(x-1)^2+2-(1-\sqrt{2x-x^2})\}dx$$
$$=2\left[\int_{1}^{1+\frac{\sqrt{3}}{2}}\{-2(x-1)^2+1\}dx+\int_{1}^{1+\frac{\sqrt{3}}{2}}\sqrt{2x-x^2}dx\right]$$
$$=2\left[\int_{0}^{\frac{\sqrt{3}}{2}}(-2x^2+1)dx+\int_{1}^{1+\frac{\sqrt{3}}{2}}\sqrt{2x-x^2}dx\right]$$
$$=2\left\{\frac{\sqrt{3}}{4}+\left(\frac{\sqrt{3}}{8}+\frac{\pi}{6}\right)\right\}$$
$$=\frac{3\sqrt{3}}{4}+\frac{\pi}{3}$$

이다.

참고

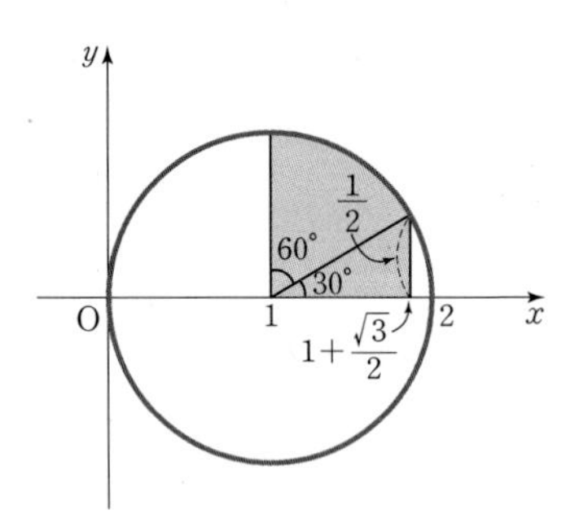

$y=\sqrt{2x-x^2}$으로 놓으면

$y^2=2x-x^2$, $(x-1)^2+y^2=1$(단, $y\ge 0$)이므로

$\int_{1}^{1+\frac{\sqrt{3}}{2}}\sqrt{2x-x^2}dx$의 값은 위의 그림에서 색칠한 부분의 넓이와 같으므로

$\frac{1}{2}\times\frac{\sqrt{3}}{2}\times\frac{1}{2}+\frac{1}{2}\times 1^2\times\frac{\pi}{3}=\frac{\sqrt{3}}{8}+\frac{\pi}{6}$이다.

(4)

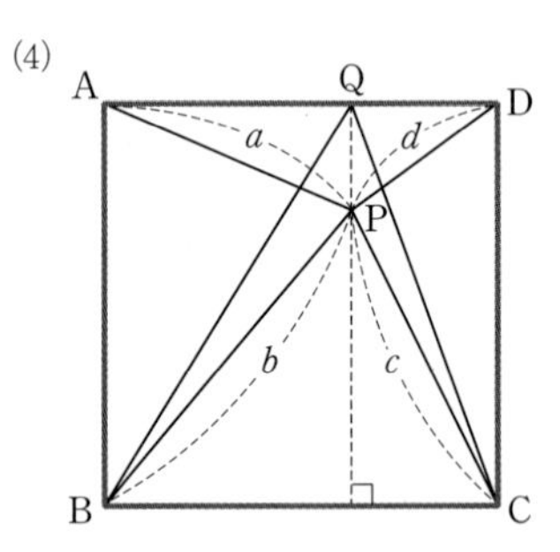

아래 정리 1에 의하여 $a+b\le\overline{AQ}+\overline{BQ}$, $c+d\le\overline{CQ}+\overline{DQ}$이다.

마찬가지로 $\overline{BQ}+\overline{CQ}\le\overline{BD}+\overline{CD}$이므로

$a+b+c+d$

$\le\overline{AQ}+\overline{BQ}+\overline{CQ}+\overline{DQ}$

$=\overline{AD}+\overline{BQ}+\overline{CQ}$

$\le\overline{AD}+\overline{BD}+\overline{CD}=4+2\sqrt{2}$

참고

정리1 직사각형 ABCD에서 점 P가 선분 CD 위에 존재할 때 다음이 성립한다.

$\overline{AP}+\overline{BP}\le\overline{AC}+\overline{BC}$

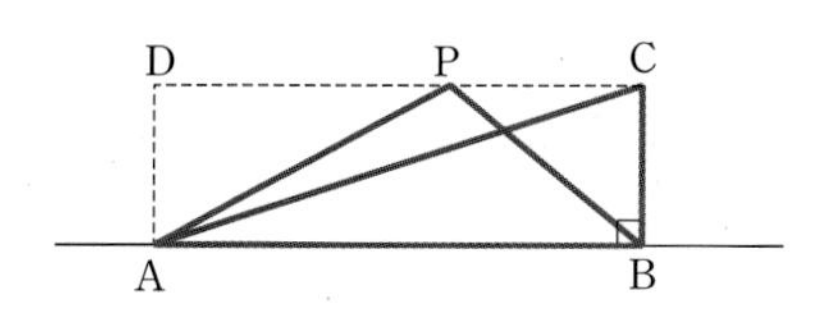

증명

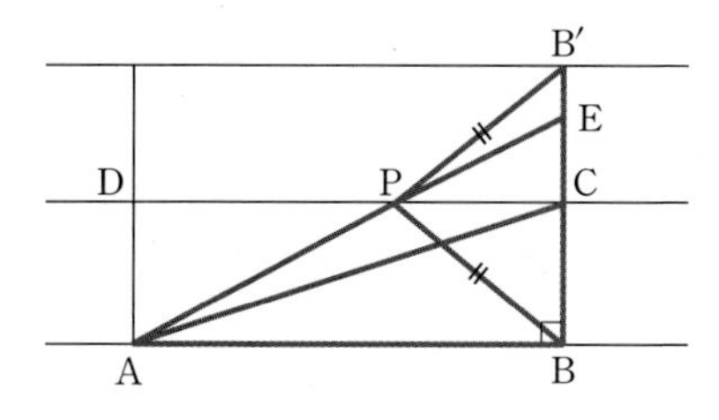

위의 그림과 같이 직선 CD를 기준으로 점 B를 대칭이동한 점을 B′라 하면

$\overline{AP}+\overline{BP}=\overline{AP}+\overline{B'P}$

$\le\overline{AP}+\overline{PE}+\overline{EB'}$

$\le\overline{AC}+\overline{CE}+\overline{EB'}$ ($\because$ $\overline{AE}=\overline{AP}+\overline{PE}<\overline{AC}+\overline{CE}$)

$=\overline{AC}+\overline{CB'}=\overline{AC}+\overline{BC}$

주제별 강의 **제 5 장**

아폴로니오스의 원

문제 1 • 91쪽 •

만약 해군 군함과 해적선의 위치가 각각 A, B이고 각각의 속도를 V, v(단, $V>v$)라 하자.

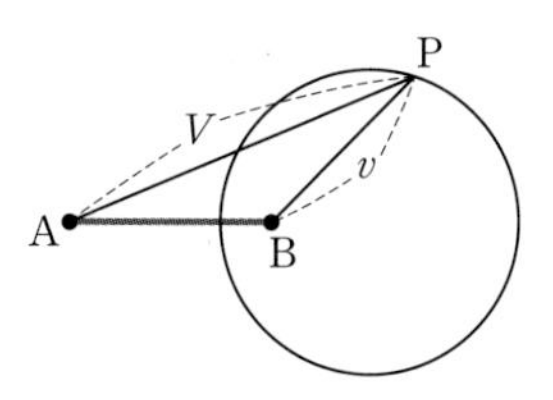

두 배가 각각 점 A와 점 B에서 속도 V와 v로 출발하여 일직선으로 움직여서 동시에 도달할 수 있는 점들을 찾으면 두 배의 속도의 비가 $V:v$이므로 두 점 A, B로부터 거리의 비가 $V:v$로 일정한 점들이 된다. 즉, 아폴로니오스의 원 위의 점들이 된다.

따라서 이 원과 해적선의 직선 방향의 배의 진로가 만나는 오른쪽 그림의 점 P를 향하여 움직이면 해적선을 최단시간에 추적하여 나포할 수 있다.

문제 2 • 91쪽 •

단위거리당 출장비는 대리점 A가 대리점 B의 $\frac{1}{2}$이므로 두 대리점 A, B에서 출장비가 같은 지점까지의 거리의 비는 $2:1$이다.

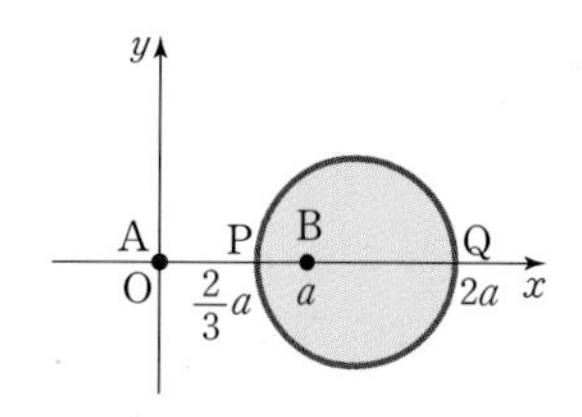

위의 그림과 같이 A(0, 0), B(a, 0)으로 놓으면 A, B로부터 거리의 비가 $2:1$인 점의 자취는 $\overline{AB}$를 $2:1$로 내분하는 점 $P\left(\frac{2}{3}a,\ 0\right)$, 외분하는 점 Q($2a$, 0)을 지름의 양끝으로 하는 원, 즉 아폴로니오스의 원이 된다.

따라서 대리점 A보다 대리점 B에서 출장 수리를 받는 쪽이 유리한 지역은 위의 그림에서 원의 내부지역이다.

주제별 강의 **제 6 장**

최단거리 찾기

문제 1 • 97쪽 •

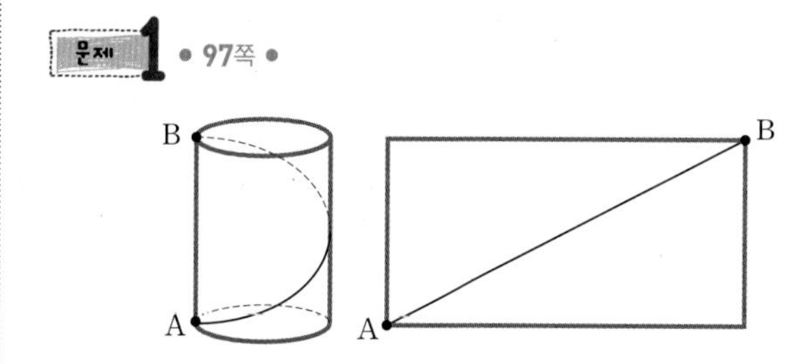

원기둥의 옆면의 전개도는 위의 그림과 같은 직사각형이고 나팔꽃이 나선형으로 감아올라간 자취는 직사각형에서 대각선으로 나타나게 되어 점 A에서 점 B까지의 최단거리의 경로가 된다.

따라서 나팔꽃의 줄기는 최단거리의 경로를 지향하므로 짧은 시간에 멀리 가려고 하는 것이다.

문제 2 • 97쪽 •

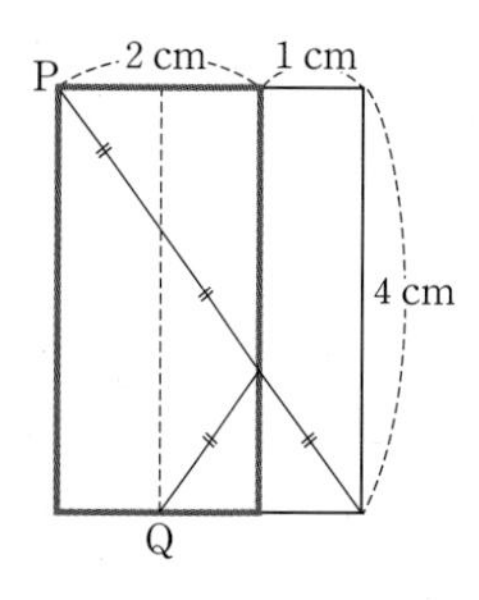

원통의 옆면의 전개도를 그리면 위의 그림과 같다. 가로의 길이가 3 cm, 세로의 길이가 4 cm인 직사각형에서 대각선의 길이가 최소이므로 5 cm이다.

문제 3 • 98쪽 •

(1) 점 P(1, 3)의 y축 대칭점 P′의 좌표는 $(-1,\ 3)$, 점 P′$(-1,\ 3)$의 x축 대칭점 P″의 좌표는 $(-1,\ -3)$이다.
직선 RQ의 기울기는 직선 P″Q의 기울기와 같고 점 Q의 좌표가 $(2,\ 6)$이므로, 직선 RQ의 기울기는 $\dfrac{3+6}{1+2}=3$이다.

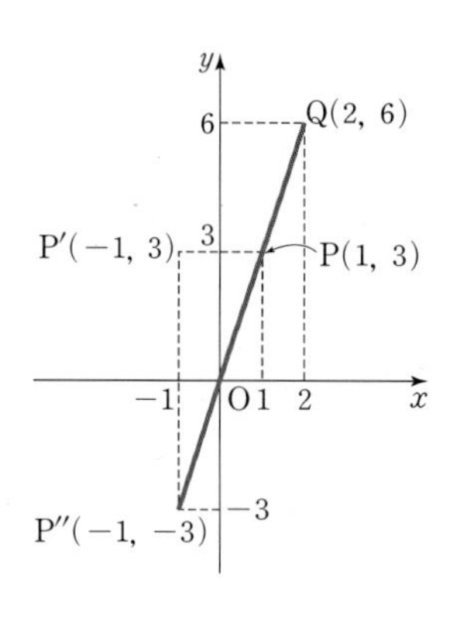

(2) 꺾은선의 모양은 아래 그림 (a)와 같다.

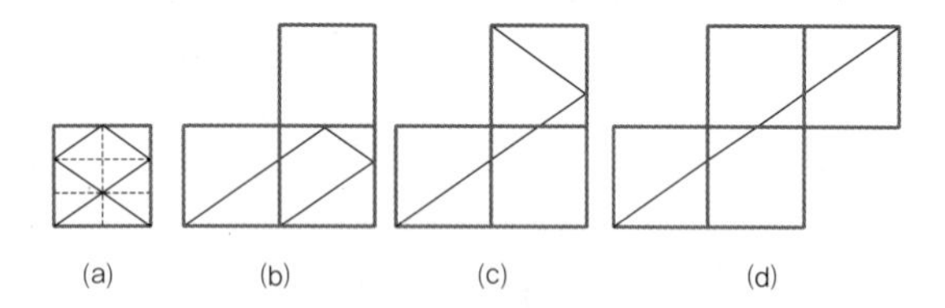
(a) (b) (c) (d)

반직선이 변에 도달할 때마다 정사각형(지나온 부분을 제외한 꺾은선 포함)을 변에 대하여 대칭시키면 순차적으로 그림 (b), 그림 (c), 그림 (d)를 얻을 수 있다.
따라서 꺾은선의 길이는 피타고라스 정리에 의하여 $\sqrt{3^2+2^2}=\sqrt{13}$이다.

(3) ① 기울기가 $\dfrac{q}{p}$인 직선은 x, y 좌표가 정수인 점$(p,\ q)$를 지난다.
② p, q가 서로소인 자연수이므로 $(p,\ q)$는 직선이 만나는 최초의 정수점이다.
③ 원점과 점 $(p,\ q)$를 잇는 선분을 제시문 (나)를 이용하여 꺾은선으로 바꾸면 l의 출발 기울기가 $\dfrac{q}{p}$일 때의 꺾은선이다.
④ 따라서 꺾은선의 길이는 원점에서 $(p,\ q)$까지의 거리인 $\sqrt{p^2+q^2}$이다.

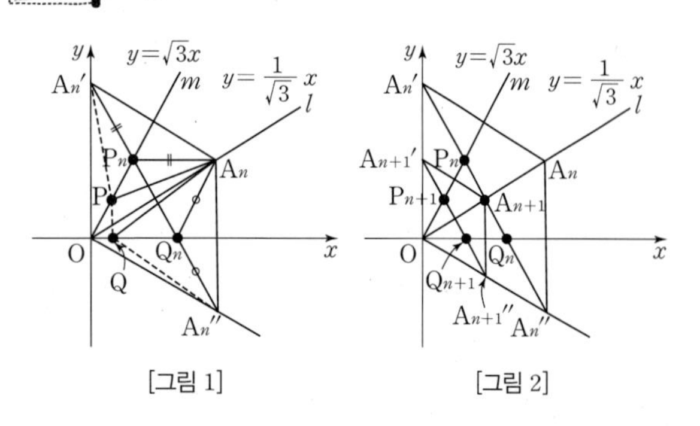

[그림 1] [그림 2]

점 A_n을 직선 m, x축에 대하여 대칭이동한 점을 각각 A_n', A_n''이라 하면 [그림 1]에서 $\overline{A_nP}+\overline{PQ}+\overline{QA_n}$의 값을 최소로 하는 두 점 P, Q는 선분 $A_n'A_n''$이 직선 m 그리고 x축과 만나는 점이다.
[그림 2]에서 두 직선 l, m이 x축의 양의 방향과 이루는 각의 크기가 각각 30°, 60°이므로 $\triangle OA_nA_n'$은 정삼각형이고 점 P_n은 $\triangle OA_nA_n'$의 무게중심이다. 또, 두 삼각형 OA_nA_n', $OA_{n+1}A_{n+1}'$은 닮음비가 2 : 1이므로 $a_{n+1}=\frac{1}{2}a_n$이다.
$\overline{OA_1}=2$이므로
$a_1=2\times\frac{1}{3}\left(\frac{\sqrt{3}}{2}\times\overline{OA_1}\right)=\frac{2\sqrt{3}}{3}$이고
$\sum_{n=1}^{\infty}a_n=\dfrac{\frac{2\sqrt{3}}{3}}{1-\frac{1}{2}}=\dfrac{4\sqrt{3}}{3}$이다.

주제별 강의 **제 7 장**

맨홀 뚜껑이 원, 음료수의 캔이 원기둥인 이유

문제 1 • 102쪽 •

바흠이 출발지점 A에서 움직여 되돌아오기까지의 과정은 오른쪽 그림과 같이 사다리꼴의 모양이 되고 $\overline{DA}=50\text{ km}$가 된다. 이때, 바흠이 움직인 총 거리는
$50+30+10+50$
$=140(\text{km})$
이고 사다리꼴 ABCD의 넓이를 S라 하면
$S=\frac{1}{2}(10+50)\times 30$
$=900(\text{km}^2)$이다.
둘레의 길이가 같을 때 넓이가 가장 큰 도형은 원이므로 원의 반지름의 길이를 r km라 하면
$2\pi r=140$에서 $r=\dfrac{70}{\pi}(\text{km})$이고,
이때, 원의 넓이는
$\pi r^2=\pi\times\left(\dfrac{70}{\pi}\right)^2=\dfrac{4900}{\pi}\fallingdotseq 1561(\text{km}^2)$
이 되어 사다리꼴일 때의 넓이보다 더 커진다.
그런데 $\pi\times 17^2=289\pi\fallingdotseq 907(\text{km}^2)$이므로 출발지점에서부터 반지름의 길이가 17 km보다는 크고 $\dfrac{70}{\pi}\fallingdotseq 22.3(\text{km})$보다는 훨씬 작게 하여 너무 힘들지 않게 조절하면서 더 많은 땅을 소유하도록 원형으로 진행하여 출발지점에 되돌아오는 것이 좋다.

문제 2 • 103쪽 •

(1) 둘레의 길이가 k(k는 양의 상수)로 일정한 직사각형의 가로와 세로의 길이를 각각 x, y라고 하면 둘레의 길이는 $2x+2y=k$로 나타낼 수 있다. 이때 직사각형의 넓이는

$$xy=x\left(-x+\frac{k}{2}\right)$$
$$=-x^2+\frac{k}{2}x$$
$$=-\left(x-\frac{k}{4}\right)^2+\frac{k^2}{16}$$

이므로 $x=\frac{k}{4}$일 때 최대이다.

따라서, $x=y=\frac{k}{4}$이므로 정사각형일 때 넓이가 가장 크다.

다른 답안

둘레의 길이가 k(k는 양의 상수)로 일정한 직사각형의 가로와 세로의 길이를 각각 x, y라고 하면 $2x+2y=k$이다.
산술평균과 기하평균의 관계에 의해

$\frac{x+y}{2}\geq\sqrt{xy}$이므로 $\frac{k}{4}\geq\sqrt{xy}$, $xy\leq\frac{k^2}{16}$이다.

직사각형의 넓이 xy의 최댓값은 $\frac{k^2}{16}$이고, 등호는 $x=y$일 때 성립한다. 따라서, 정사각형일 때 넓이가 가장 크다.

(2) 두루마리 화장지의 하나의 양(넓이)는 일정하게 판매하므로 공간을 차지하는 양(둘레)을 줄이는 것이 보관 및 이동에 유리하다.
두루마리 화장지의 감긴 양(두께)는 넓이에 해당하므로 등적정리에 의해 같은 넓이를 가진 도형 중에서 감긴 화장지의 길이인 둘레가 최소인 것은 원이다.
따라서, 두루마리 화장지의 심을 원형으로 한다.

(3) 둘레의 길이가 같은 원과 임의의 도형을 생각하면 등주정리에 의해 원의 넓이가 더 크다.
이때 원을 임의의 도형과 넓이가 같아지도록 작게 하면 넓이가 같은 도형 중에서 새로운 원의 둘레의 길이가 최소가 되므로 등적정리가 성립한다.
또, 넓이가 같은 원과 임의의 도형을 생각하면 등적정리에 의해 원의 둘레의 길이가 더 작다.
이때 원을 임의의 도형과 둘레의 길이가 같아지도록 확대하면 새로운 원의 넓이가 최대가 되므로 등주정리가 성립한다.

주제별 강의 **제 8 장**

테셀레이션(tessellation)

문제 1 • 107쪽 •

여러 가지 정다각형으로 평면을 채우려면 주어진 정다각형의 한 변의 길이가 같아야 한다. 또, 정다각형 모양의 타일들을 겹치지 않게 붙여서 평면을 빈틈없이 채우기 위해서는 한 꼭짓점에 모이는 정다각형의 내각의 총합이 $360°$가 되어야 한다.
정삼각형, 정사각형, 정육각형, 정팔각형의 한 내각의 크기는 각각 $60°$, $90°$, $120°$, $135°$이다.
두 가지 정다각형을 택하는 경우는 다음의 6가지이고 각각의 경우에 대하여 평면을 빈틈없이 채울 수 있는지 알아보자.
한 꼭짓점에 모이는 정다각형의 개수를 각각 m, n이라 하면

(i) (정삼각형, 정사각형)인 경우
$60°\times m+90°\times n=360°$에서 $2m+3n=12$이고 m, n은 자연수이므로 $m=3$, $n=2$이다.

(ii) (정삼각형, 정육각형)인 경우
$60°\times m+120°\times n=360°$에서 $m+2n=6$이고 m, n은 자연수이므로 $m=2$, $n=2$ 또는 $m=4$, $n=1$이다.

(iii) (정삼각형, 정팔각형)인 경우
$60°\times m+135°\times n=360°$를 만족하는 자연수 m, n은 존재하지 않는다.

(iv) (정사각형, 정육각형)인 경우
$90°\times m+120°\times n=360°$를 만족하는 자연수 m, n은 존재하지 않는다.

(v) (정사각형, 정팔각형)인 경우
$90°\times m+135°\times n=360°$에서 $2m+3n=8$이고 m, n은 자연수이므로 $m=1$, $n=2$이다.

(vi) (정육각형, 정팔각형)인 경우
$120°\times m+135°\times n=360°$를 만족하는 자연수 m, n은 존재하지 않는다.

(i)~(vi)에 의하여 두 가지 정다각형을 택하여 평면을 빈틈없이 채울 수 있는 경우는 (정삼각형, 정사각형), (정삼각형, 정육각형), (정사각형, 정팔각형)이다.
같은 방법으로 세 가지 다각형을 택하는 경우의 수는 총 4가지이고 이 중에서 (정삼각형, 정사각형, 정육각형)인 경우에만 $60°\times1+90°\times2+120°\times1=360°$가 되어 평면을 빈틈없이 채울 수 있다.

문제 2 • 108쪽 •

(1) 정n각형의 한 내각의 크기는 $\frac{180°(n-2)}{n}$이다. 한 꼭짓점에 정n각형이 여러 개 모여 평면을 빈틈없이 채우면 그 개수는 $\frac{360°}{\frac{180°(n-2)}{n}}$이다.

이때, $\frac{360°}{\frac{180°(n-2)}{n}}=\frac{2n}{n-2}=2+\frac{4}{n-2}$에서 이 값이 자연수가 되어야 하므로 $n-2$는 4의 약수이어야 한다. 즉,

$n-2=1, 2, 4$이므로 $n=3, 4, 6$이다.
따라서 정삼각형, 정사각형, 정육각형만이 평면을 빈틈없이 채울 수 있다.

(2) 한 꼭짓점에 정a각형, 정b각형, 정c각형이 모여 있다면 이들 다각형들의 내각의 합은 360°가 되어야 한다(단, a, b, c는 자연수). 즉,

$$\frac{(a-2)\times180^\circ}{a}+\frac{(b-2)\times180^\circ}{b}+\frac{(c-2)\times180^\circ}{c}=360^\circ$$

이므로 $\frac{1}{a}+\frac{1}{b}+\frac{1}{c}=\frac{1}{2}$이다.

$3\le a\le b\le c$라고 하면 $\frac{1}{3}\ge\frac{1}{a}\ge\frac{1}{b}\ge\frac{1}{c}>0$이고,

$\frac{1}{2}=\frac{1}{a}+\frac{1}{b}+\frac{1}{c}\le\frac{1}{a}+\frac{1}{a}+\frac{1}{a}=\frac{3}{a}$이므로 $a\le6$이다.

따라서 $3\le a\le6$이다.

$\frac{1}{2}=\frac{1}{a}+\frac{1}{b}+\frac{1}{c}$, $2(bc+ca+ab)=abc$를 만족하는 자연수 a, b, c를 순서쌍 (a, b, c)로 나타내면 다음과 같다.

(i) $a=3$일 때, $2(bc+3b+3c)=3bc$, $bc-6b-6c=0$, $(b-6)(c-6)=36$에서 $(3, 7, 42)$, $(3, 8, 24)$, $(3, 9, 18)$, $(3, 10, 15)$, $(3, 12, 12)$이다.

(ii) $a=4$일 때, $bc+4c+4b=2bc$, $(b-4)(c-4)=16$에서 $(4, 5, 20)$, $(4, 6, 12)$, $(4, 8, 8)$이다.

(iii) $a=5$일 때, $2(bc+5b+5c)=5bc$,
$bc-\frac{10}{3}b-\frac{10}{3}c=0$을 만족하는 자연수 a, b, c는 없다.

(iv) $a=6$일 때, $bc+6c+6b=3bc$, $(b-3)(c-3)=9$에서 $(6, 6, 6)$이다.

이때, (iv)에서 $(6, 6, 6)$은 정육각형만 사용한 것이므로 제외한다.

또, (i)에서 $(3, 7, 42)$는 오른쪽 그림과 같이 점 A, C에서의 배열이 모두 $(3, 7, 42)$가 되기 위해서는 정7각형과 정42각형이 같아야 하므로 제외된다.

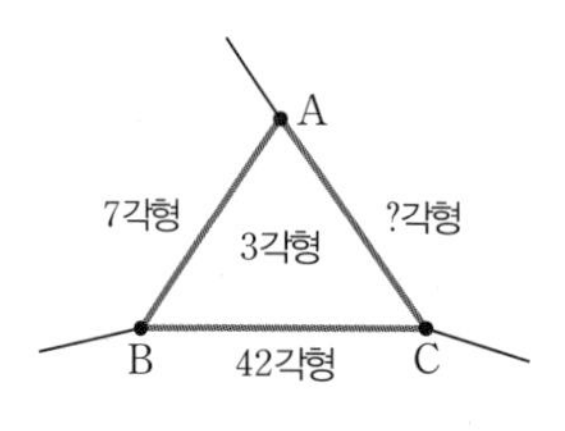

이와 같은 이유로 위에서 구한 순서쌍 중에 삼각형, 오각형 등이 있으면 나머지 두 정다각형이 같아야 한다.
따라서 구하는 경우는
$(3, 12, 12)$, $(4, 6, 12)$, $(4, 8, 8)$
뿐이다.

크기와 모양이 동일한 다각형들을 한 꼭짓점에 모았을 때 다각형들의 내각의 합이 360°보다 작으면 모자라는 부분이 생기고 360°보다 크면 서로 겹치게 된다. 그러므로 보도블록으로 사용할 수 있는 다각형은 한 꼭짓점에 모았을 때 내각의 합이 360°가 되는 것이어야 한다.

따라서 사각형의 내각의 합은 360°이므로 제작된 보도블록이 사각형이면 모양에 관계없이 보도를 빈틈없이 채울 수 있다.

예를 들어 제작된 보도블록이 평행사변형이면 한 꼭짓점에 4개가 모여 내각의 합이 360°가 될 수 있으므로 보도를 빈틈없이 채울 수 있다. 또, 보도블록 모양이 사다리꼴이면 두 개의 사다리꼴을 서로 붙여 평행사변형을 만들 수 있으므로 보도를 빈틈없이 채울 수 있다.

보도블록 모양이 볼록사각형인 경우를 생각해 보자.

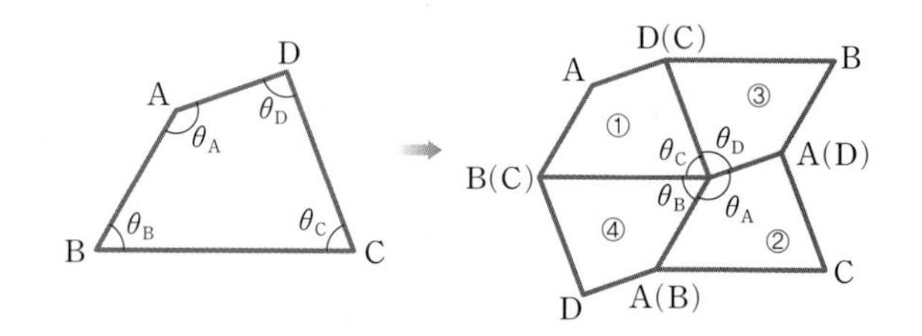

①을 평행이동하여 ②를 만들 수 있고, ②를 회전이동하여 ③을 만들 수 있고, ③을 평행이동하면 ④를 만들 수 있다.

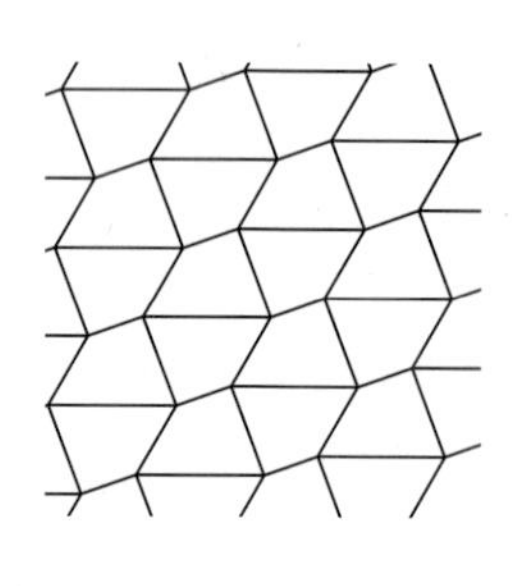

따라서 위의 오른쪽 사각형을 계속 이어서 연결하면 오른쪽 그림과 같이 보도를 빈틈없이 채울 수 있다.

또, 보도블록 모양이 오목사각형인 경우를 생각해 보자. 네 꼭짓점의 좌표를 A, B, C, D라 하고 각각의 내각을 θ_A, θ_B, θ_C, θ_D라 하면 다음과 같이 합동인 네 개의 사각형으로 새로운 도형을 만들 수 있다.

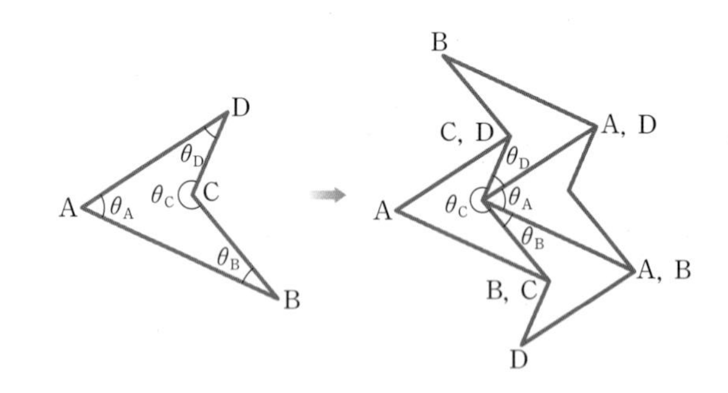

위의 오른쪽 도형을 계속 이어서 연결하면 보도를 빈틈없이 채울 수 있다.

따라서 보도블록이 사각형이면 모양에 관계없이 보도를 빈틈없이 채울 수 있다.

한편, 보도블록의 모양이 사각형이 아닌 경우 보도블록의 모양으로 사용할 수 있는 도형의 모양은 정삼각형이 있다. 한 꼭짓점에 6개의 정삼각형을 모으면 내각의 합이 360°이므로 보도를 빈틈없이 채울 수 있다.

보도블록으로 사용할 수 없는 모양의 예로 정오각형이 있는데, 정오각형은 한 내각의 크기가 108°이므로 한 꼭짓점에 3개의 정오각형을 모으면 $108^{\circ}\times3=324^{\circ}$가 되어 빈틈이 생긴다. 따라서 정오각형은 보도블록으로 사용할 수 없다.

문제 4 • 110쪽 •

(1) 다음 첫번째 그림에서 빗금친 부분에서 정사각형을 하나를 빼는 경우는 주어진 3개의 정사각형으로 이루어진 도형으로 중복없이 덮을 수 있다.
또, 그 이외의 부분에서 정사각형을 하나를 빼는 경우는 오른쪽 그림과 같이 5개의 부분으로 나누었을 때 정사각형이 빠진 모양에 빗금친 부분에서 정사각형을 하나를 보낸 모양으로 주어진 3개의 정사각형으로 이루어진 도형으로 중복없이 덮을 수 있다.
따라서, 항상 가능하다.

(2) 16×16 격자판을 가로와 세로로 각각 4등분하면 4×4 격자판 모양이 $4\times4=16$개 나온다.
이때 생기는 4×4 격자판 중 정사각형 하나가 빠진 격자판은 (1)과 같은 방법으로 하여 3개의 정사각형으로 이루어진 도형으로 중복없이 덮을 수 있다.
나머지 15개의 4×4 격자판은 주어진 도형을 각 꼭짓점에 오른쪽 그림처럼 위치시키면 모두 정사각형 하나가 빠진 4×4 격자판이 되어 풀이 (1)에 의하여 주어진 도형으로 각각 덮을 수 있으므로, 결국 하나가 빠진 16×16 격자판을 주어진 도형으로 덮을 수 있다.

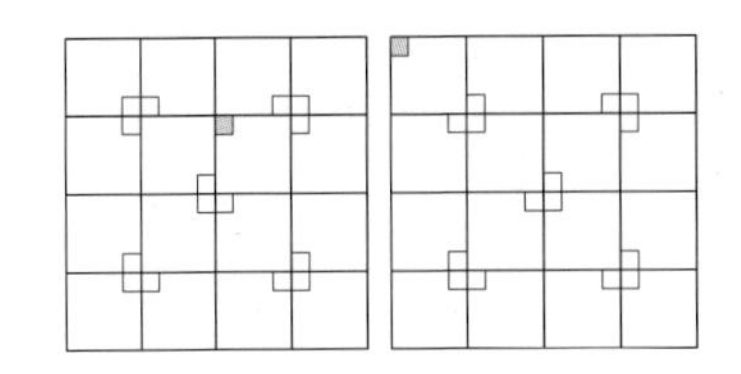

문제 5 • 110쪽 •

동전으로 덮이는 비율이 큰 것이 더 효율적인 방법이므로 동전의 지름의 길이를 D라 하면

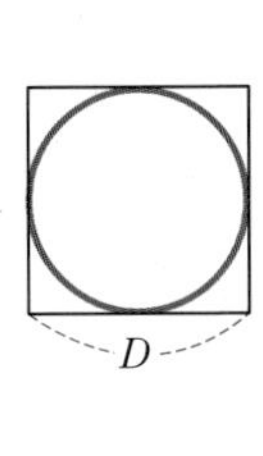

(A)

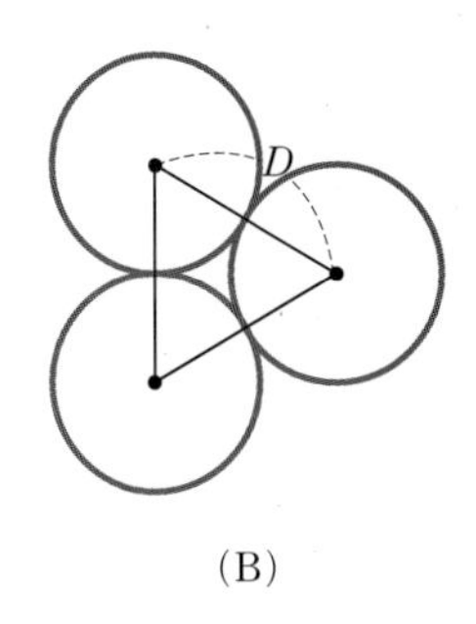

(B)

(A) 방법

$$(\text{비율})=\frac{(\text{지름이 }D\text{인 원의 넓이})}{(\text{한 변의 길이가 }D\text{인 정사각형의 넓이})}=\frac{\pi\left(\frac{D}{2}\right)^2}{D^2}=\frac{\pi}{4}$$

(B)방법

$$(\text{비율})=\frac{\left(\text{중심각이 }\frac{\pi}{3}\text{인 부채꼴의 넓이}\right)\times3}{(\text{한 변의 길이가 }D\text{인 정삼각형의 넓이})}=\frac{\frac{1}{2}\times\left(\frac{D}{2}\right)^2\times\frac{\pi}{3}\times3}{\frac{\sqrt{3}}{4}D^2}=\frac{\sqrt{3}}{6}\pi$$

$\frac{\pi}{4}<\frac{\sqrt{3}}{6}\pi$이므로 동전을 올릴 수 있는 한 최대로 올린다면 (B)의 방법이 더 효율적이다. 이때, (B)에서 탁자의 바깥쪽에는 동전이 덮이지 않은 부분이 약간 더 크지만 탁자의 크기가 크므로 그 차이는 무시할 수 있다.

문제 6 • 111쪽 •

(1) 꿀벌이 정육각형 모양의 집을 짓는 것은 정육각형으로 평면을 빈틈없이 덮을 수 있는 것 외에 최소의 재료를 사용하여 가장 넓고 튼튼한 집을 지을 수 있기 때문이다.

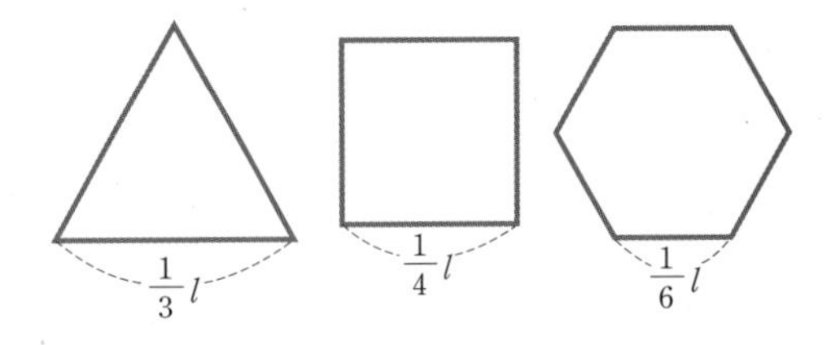

첫째, 둘레가 일정할 때 정삼각형, 정사각형, 정육각형 중에서 정육각형의 넓이가 가장 크다. 즉, 세 다각형의 둘레의 길이를 l이라 하면 정삼각형, 정사각형, 정육각형의 넓이는 각각

$\frac{\sqrt{3}}{4}\left(\frac{1}{3}l\right)^2=\frac{\sqrt{3}}{36}l^2\fallingdotseq0.048l^2$,

$\left(\frac{1}{4}l\right)^2=\frac{1}{16}l^2=0.0625l^2$,

$6\times\frac{\sqrt{3}}{4}\left(\frac{1}{6}l\right)^2=\frac{\sqrt{3}}{24}l^2\fallingdotseq0.072l^2$

이므로 정육각형의 넓이가 가장 크다.

둘째, 같은 넓이의 방을 만들 때 정육각형으로 만드는 것보다 정삼각형으로 만들면, 재료가 더 들어가게 되어 비경제적이다.

셋째, 정육각형은 붙여놓았을 때 정삼각형이나 정사각형을 붙여놓았을 때보다 서로 많은 변이 맞닿아 있어 구조가 안정적이다. 즉, 바람이 불거나 외부의 자극에 피해를 덜 입는다.

(2) ① 사각 채우기 [방법 A]와 다르게 육각 채우기 [방법 B]의 경우 세로 방향으로 볼 때, 캔을 10개, 9개, 10개, 9개 … 식으로 엇갈려 채우면 된다. 육각 채우기를 할 경우, 사각 채우기에 비해 동일한 넓이의 상자에 캔을 하나 이상 더 넣을 수 있다.

전체 세로줄의 개수를 n, 캔의 지름이 10 cm이므로 오른쪽 그림에서와 같이 두 직선 사이의 거리는 $5\sqrt{3}$ cm가 된다.

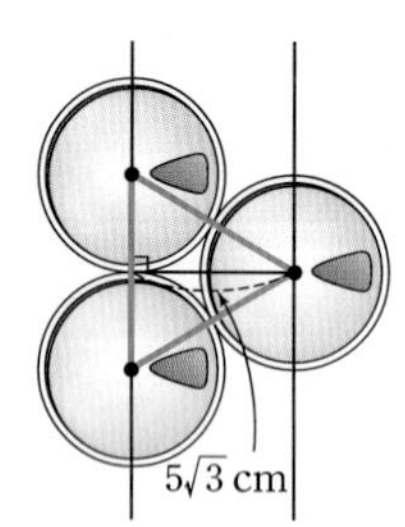

배열된 가로의 길이는 상자의 가로의 길이보다 크지 않아야 하므로

$10+5\sqrt{3}(n-1)\leq 160$에서 $n-1\leq 10\sqrt{3}\fallingdotseq 17.32$가 되며 이를 만족하는 n의 최댓값은 18이 된다.

따라서 10개인 줄은 9개, 9개인 줄은 9개가 되어 전체 캔의 개수는 $10\times 9+9\times 9=171$이 된다.

② 먼저 사각 채우기로 배열했을 때 캔의 개수는 xy이다. 육각 채우기의 경우, 세로줄의 캔의 개수는 y 아니면 $y-1$이 되며 각각의 줄의 개수는 $\frac{x}{2}$이거나 $\frac{x}{2}+1$일 수 밖에 없다. 그런데 캔의 개수가 y인 줄부터 채워지므로 $y-1$인 줄의 개수는 y인 줄의 개수보다 많을 수 없다.

따라서 캔의 개수가 y인 줄이 $\frac{x}{2}+1$줄, 캔의 개수가 $y-1$인 줄이 $\frac{x}{2}$줄이다.

(사각 채우기 개수)$+3=$(육각 채우기 개수)이므로

$xy+3=y\left(\frac{x}{2}+1\right)+(y-1)\frac{x}{2}$에서 $x=2(y-3)$이다.

하지만 위의 식은 모든 x, y에 대하여 항상 성립하지 않는다. 추가로 다음 두 가지 조건을 만족하여야 한다.

(i) $x>y$로부터 $y>6$이어야 한다.

(ii) 육각 채우기 배열의 전체 가로 길이는 상자의 가로 길이보다 작아야 한다. 즉,

$xD\geq D+\frac{\sqrt{3}}{2}xD$

를 만족해야 하므로 $\left(1-\frac{\sqrt{3}}{2}\right)x\geq 1$,

$x\geq 4+2\sqrt{3}\fallingdotseq 7.464$이다.

또, $x=2(y-3)$에서 $y=\frac{x}{2}+3$이므로

$y\geq\frac{4+2\sqrt{3}}{2}+3$, 즉 $y\geq 2+\sqrt{3}+3\fallingdotseq 6.732$이다.

따라서 캔을 3개 더 넣는 경우 x, y는 $x=2(y-3)$, $x\geq 8$, $y\geq 7$을 만족하는 정수이어야 한다.

주제별 강의 **제 9 장**

부등식 영역에서의 최대 · 최소

• 113쪽 •

(1)

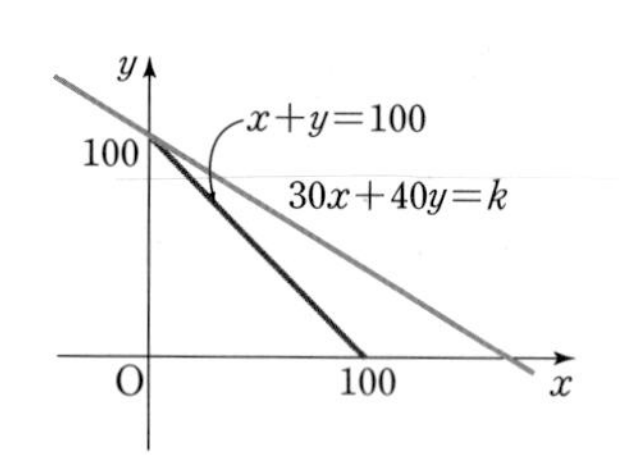

총 매출액은 $30x+40y$이므로 $30x+40y=k$로 놓으면 $y=-\frac{3}{4}x+\frac{k}{40}$이다. 총 매출액이 최대인 경우는 그래프에서 $x=0$, $y=100$이므로 제품 A의 생산을 중단하고, 제품 B를 100단위 생산하면 된다.

(2)

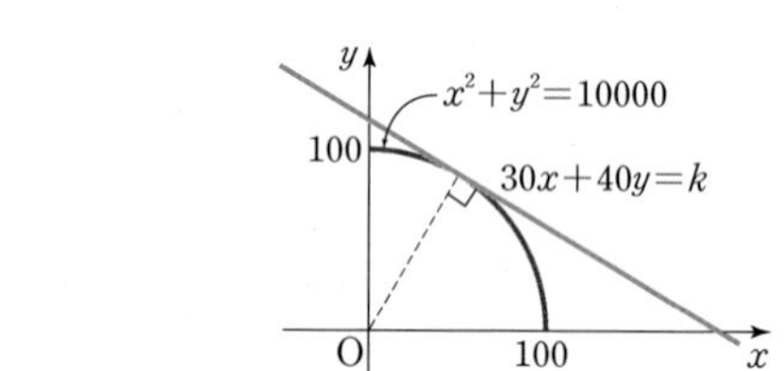

총 매출액을 $30x+40y=k$로 놓으면 총 매출액이 최대인 경우는 오른쪽 그림과 같이 접할 때이므로 접점의 좌표 $(x,\ y)$의 x, y단위만큼씩 제품 A, B를 생산하면 된다.

이때, 원점을 지나고 직선 $30x+40y=k$와 수직인 직선 $y=\frac{4}{3}x$도 접점을 지나므로 접점의 좌표는 직선 $y=\frac{4}{3}x$와 원 $x^2+y^2=10000$의 교점의 좌표로 구할 수 있다.

$x^2+\frac{16}{9}x^2=10000$, $\frac{25}{9}x^2=10000$에서 $x^2=3600$이므로 $x=60$, $y=80$이다.

따라서 총 매출액을 최대로 하려면 제품 A, B를 각각 60단위, 80단위를 생산하면 된다.

• 113쪽 •

올 가을과 내년 봄에 판매할 생산물의 양을 각각 x kg, y kg이라 하면

$$\begin{cases} x \geq 3000 \\ 0 \leq y \leq 3500 \\ x+y=7000 \end{cases} \quad \cdots\cdots ㉠$$

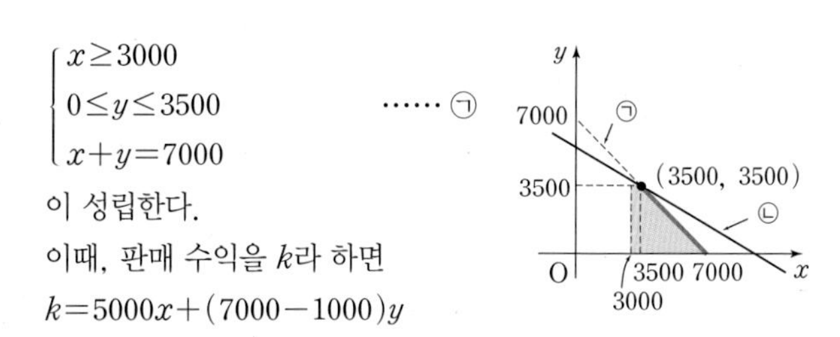

이 성립한다.

이때, 판매 수익을 k라 하면

$k=5000x+(7000-1000)y$

$\quad=5000x+6000y$

이므로 $y=-\frac{5}{6}x+\frac{k}{6000}$ $\cdots\cdots$ ㉡

이다. 이 직선이 점 (3500, 3500)을 지날 때 k가 최대가 된다. 따라서 올 가을과 내년 봄에 각각 3500 kg씩 판매하면 최대의 수익을 얻을 수 있다.

문제 3 • 114쪽 •

완공할 지하차도의 길이 x m, 신축역사의 면적을 y m^{2}라 하면 당초 사업 목표를 초과하지 않으므로

$0 \leq x \leq 200,\ 0 \leq y \leq 9240$ $\cdots\cdots$ ㉠

이다.

○○시는 지하차도의 공사비를 절반만 분담하므로

$0.4 \times x \times \frac{1}{2} \leq 46$에서 $x \leq 230$ $\cdots\cdots$ ㉡

△△공단은 지하차도의 공사비를 절반 분담하고, 신축역사의 공사비를 전담하므로

$0.4 \times x \times \frac{1}{2}+0.04 \times y \leq 376$에서 $0.2x+0.04y \leq 376$ $\cdots\cdots$ ㉢

이다.

사회갈등으로 인한 경제적 손실은 지하차도의 경우 $1.5(200-x)$, 신축역사의 경우 $0.25(9240-y)$이므로 총지출은

$1.5(200-x)+0.25(9240-y)$

$+0.4 \times x \times \frac{1}{2}+\left(0.4 \times x \times \frac{1}{2}+0.04 \times y\right)$

$=2610-1.1x-0.21y$

이다.

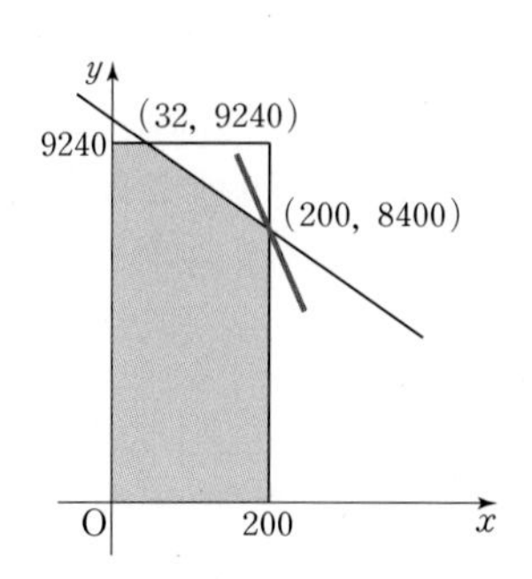

$2610-1.1x-0.21y=k$로 놓으면 ㉠, ㉡, ㉢의 영역에서 k가 최소인 경우는 $x=200,\ y=8400$일 때이다.

이때 총지출은

$2610-1.1 \times 200-0.21 \times 8400=626$(억 원)이다.

한편, 착공전 사업을 포기하는 경우 총지출은

$1.5 \times 200+0.25 \times 9240=2610$(억 원)

이므로 정부의 조정안을 따르면 경제적 손실을

$2610-626=1984$(억 원)

절감할 수 있다.

문제 4 • 114쪽 •

	프레스 공정 소요시간	조립공정 소요시간	GPS공급	판매이익 (만 원)	일일 생산 대수
소형 승용차 A	2.5	0.6	×	160	X_A
대형 승용차 B	5	2.4	○	400	X_B
최댓값	300	90	30		

다음과 같이 변수를 정의하자.

X_A: 차종 A의 일일 생산 대수

X_B: 차종 B의 일일 생산 대수

Y: 전체 판매 이익

먼저 전체 판매 이익의 최대화와 현재의 생산능력은 위에 정의된 변수들을 이용하여 다음과 같이 표현할 수 있다.

$Y=160X_A+400X_B$를 최대화(단위: 만 원)

제약조건: $2.5X_A+5X_B \leq 300$ ← (1) 프레스 공정의 제약

$0.6X_A+2.4X_B \leq 90$ ← (2) 조립 공정의 제약

$X_B \leq 30$ ← (3) 고성능 GPS 조달의 제약

$X_A \geq 0,\ X_B \geq 0$ ← (4), (5)

식 (1)은 $X_B \leq -0.5X_A+60$,

식 (2)는 $X_B \leq -0.25X_A+37.5$

로 표현되므로 가능한 해 $(X_A,\ X_B)$의 영역은 다음과 같이 나타낼 수 있다.

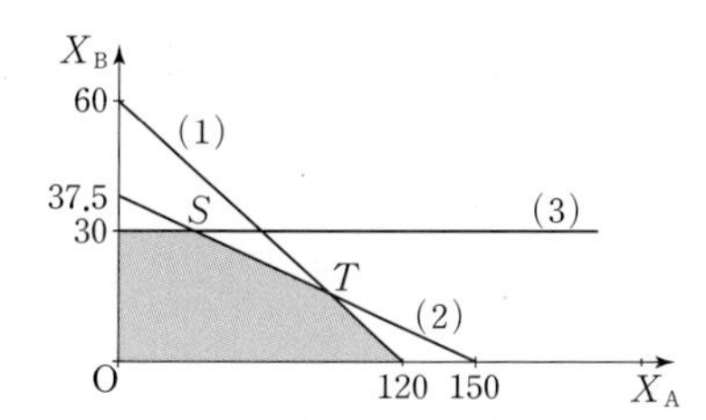

최대화시키려는 목적함수 $Y=160X_A+400X_B$는

$X_B=-0.4X_A+\frac{1}{400}Y$로 나타낼 수 있고 이 함수의 기울기 -0.4는 식 (1)의 기울기인 -0.5와 식 (2)의 기울기인 -0.25 사이의 값이기 때문에, 점 T를 지날 때 목적함수의 절편 $\left(\frac{1}{400}\right)Y$, 즉 Y는 최대가 된다.

점 T의 좌표는 식 (1)와 (2)의 교점이기 때문에 $-0.5X_A+60=-0.25X_A+37.5$를 만족하고, 이로부터 점 T의 좌표는 (90, 15)가 된다.

따라서 최적의 일일 생산 대수 계획은 차종 A는 90대, B는 15대를 생산하는 것이고, 이때 판매 이익은 20,400(만원), 즉 2억 4백만원이다.

고성능 GPS의 가격이 변화하여 차종 B의 대당 판매 이익이 변할 수 있다면, 차종 B의 대당 판매 이익을 b라 할 때 목적함수는 $Y=160X_A+bX_B$로 나타낼 수 있다. 위에서 구한 최적의 일일 생산 대수 계획이 유지되려면 목적함수가 점 T를 지날 때 X_B축 절편이 최대가 되어야 하기 때문에 목적함수의 기울기인 $-\frac{160}{b}$이 식 (1)과 (2)의 기울기 사이에 있어야 한다.

따라서 $-0.5\le-\frac{160}{b}\le-0.25$

를 만족해야 하고, 이를 계산하면 $320\le b\le 640$을 얻을 수 있다.(등호는 없어도 무방함.)

따라서 최적의 일일 생산 대수 계획을 수정할 필요가 없는 차종 B의 대당 판매 이익의 범위는 320만원과 640만원 사이이다.

문제 5 • 115쪽 •

(1) 조건에 따라 아이콘을 디자인할 때 $W\ge1$, $M\ge1$, $|M-W|\le5$, $2W+M\le22$이다.

위의 조건을 만족하는 부등식의 영역은 다음과 같다.

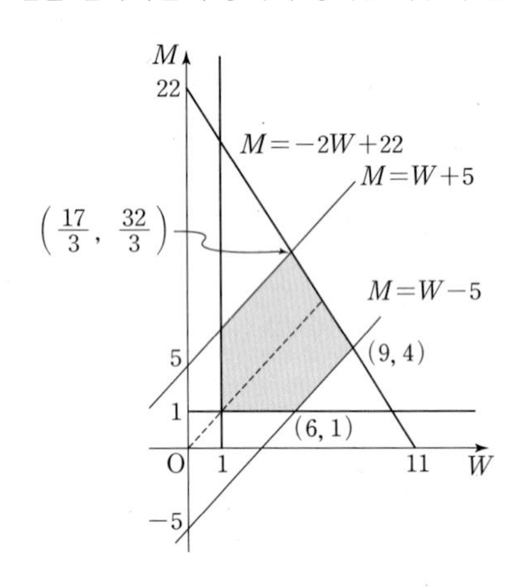

따라서 구한 영역에서 W의 최댓값은 9, M의 최댓값은 $\frac{32}{3}$이다.

(2) $a=1$, $b=2$이면 $T=1+2\log_2\left(\frac{2D}{W}\right)$이고

$2D:(W+M)=\sqrt{2}:1$에서 $2D=\sqrt{2}(W+M)$이므로

$$T=1+2\log_2\frac{\sqrt{2}(W+M)}{W}$$
$$=1+2\log_2\sqrt{2}+2\log_2\frac{W+M}{W}$$
$$=2+2\log_2\left(1+\frac{M}{W}\right)$$

이다. 여기에서 $\frac{M}{W}=k$로 놓으면 $M=kW$이고 이것이 (1)에서 구한 영역에서 점 (6, 1)을 지날 때 k가 최소이므로 T가 최소이다.

따라서 T가 최소일 때 $W=6$, $M=1$이다.

문제 6 • 116쪽 •

(1) 효용이 1200일 때 무차별곡선은 $1200=\frac{xy}{10}$, 즉,

$y=\frac{12000}{x}$이다.

예산선은 $10000\times x+40000\times y=4000000$, 즉 $x+4y=400$이다.

x와 y는 0 이상이므로 좌표평면의 1사분면에 그래프가 표시 되는데 $y=\frac{12000}{x}$과 $x+4y=400$이 어느 점에서 서로 만나는지 알아보기 위해 두 방정식을 연립하면,

$xy=12000$에 $x=400-4y$를 대입하여

$(400-4y)y=12000$, 즉 $y^2-100y+3000=0$을 얻는다.

이 이차방정식의 판별식

$$D=100^2-4\times1\times3000$$
$$=-2000<0$$

에서 허근을 가지므로 예산선과 무차별곡선은 서로 만나지 않으며, 좌표평면에 나타내면 다음과 같다.

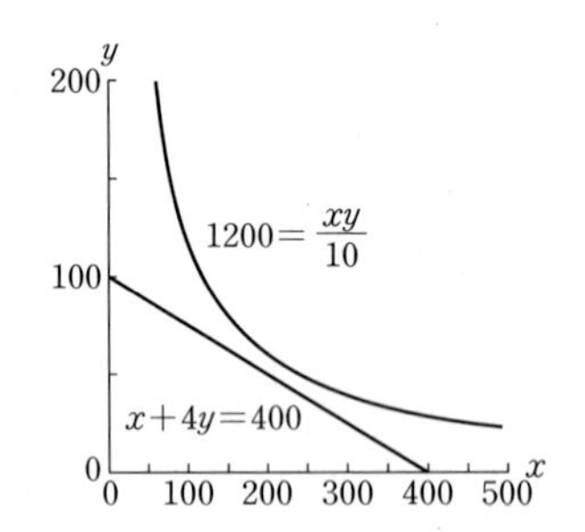

위 그래프에서 보는 것처럼 예산선과 무차별곡선이 만나지 않는다. 따라서 주어진 예산한도 내에서는 1200이라는 효용을 달성할 수 없다.

(2) (1)에서 확인한 것처럼 1200의 효용을 달성할 수 없으므로 주어진 예산한도 내에서는 1200보다 낮은 수준으로 무차별곡선을 이동해서 예산선과 무차별곡선이 만나도록 해야 한다. 무차별곡선을 점점 아래로 이동해 가다가 무차별곡선과 예산선이 접하는 경우에 효용이 극대화된다. 접하는 경우보다 큰 효용은 달성할 수 없고, 더 아래로 이동할 이유는 없기 때문이다(접하는 경우보다 더 낮은 효용을 얻음).

무차별곡선과 예산선이 접하는 조건의 x, y 값과 그 때의 효용을 구하면 된다.

방법1 판별식 이용

효용이 U일 때의 무차별곡선 $U=\frac{xy}{10}$에 $x=400-4y$를 대입하면 $(400-4y)y=10U$, 즉 $2y^2-200y+5U=0$이 된다.

이 이차방정식의 판별식

$D=200^2-4\times2\times5U=0,\ 40000-40U=0$

$\therefore\ U=1000$

이때 $y=\dfrac{200}{4}=50$이고, $x=200$이다.

다시 말해 주어진 예산한도 내에서 국내여행에 보낸 시간이 200이고 해외여행에 보낸 시간이 50일 때 효용이 1000으로 극대화 된다.

방법2 **산술평균과 기하평균의 관계 이용**

산술평균과 기하평균의 관계에 의하면

$\dfrac{x+4y}{2}\geq\sqrt{4xy}$이다.

$x+4y=400$이고 $U=\dfrac{xy}{10}$이므로 $200\geq\sqrt{40U}$, 즉

$40000\geq40U$이다.

따라서 $1000\geq U$이며, $x=4y$일 때 $U=1000$으로 최대가 된다. 이때 $x+4y=400$이므로 $x=200,\ y=50$이다.

다시 말해 주어진 예산한도 내에서 국내여행에 보낸 시간이 200이고 해외여행에 보낸 시간이 50일 때 효용이 1000으로 극대화 된다.

방법3 미분 이용

무차별곡선 $y=\dfrac{10U}{x}$와 예산선 $x+4y=400$이 접하므로 접점 $(x,\ y)$에서의 무차별곡선의 접선 기울기와 예산선의 기울기가 같다.

무차별곡선의 일차미분함수는 다음과 같다.

$y'=-\dfrac{10U}{x^2}$이므로 $-\dfrac{10U}{x^2}=-\dfrac{1}{4}$

$10U=xy$이므로 이를 대입하면 $-\dfrac{xy}{x^2}=-\dfrac{1}{4}$, 즉 $x=4y$가 된다.

이를 $x+4y=400$에 대입하면 $8y=400$, 즉, $y=50$이 된다.

따라서 $x=200$이고 이때의 효용 $U=\dfrac{200\times50}{10}=1000$이다.

다시 말해 주어진 예산한도 내에서 국내여행에 보낸 시간이 200이고 해외여행에 보낸 시간이 50일 때 효용이 1000으로 극대화 된다.

• 118쪽 •

(1) 총판매액(z)을 x와 y의 함수로 나타내면 다음과 같다.

$z=f(x,\ y)=10000x+20000y$

원료 사용량에 따른 제약조건을 부등식으로 나타내면 다음과 같다.

$0.1x^2+0.2y^2\leq30,\ x\geq0,\ y\geq0$

이를 xy좌표평면 상에 나타내면 다음 그림과 같다.

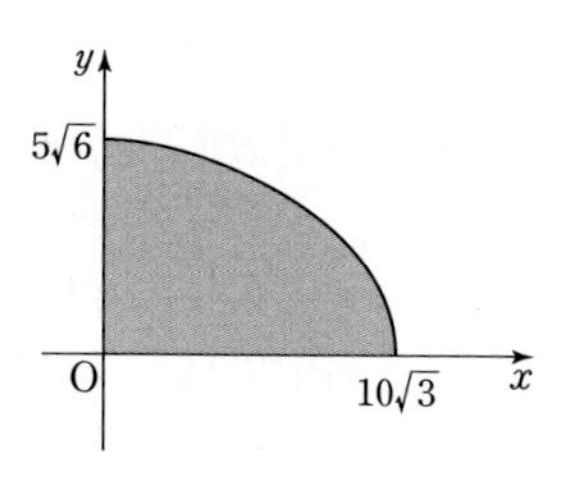

(2) $10000x+20000y=10000k$로 놓으면 $x+2y=k$이므로 이 식과 타원 $x^2+2y^2=300$을 연립하면

$6y^2-4ky+(k^2-300)=0$이다.

$\dfrac{D}{4}=4k^2-6(k^2-300)=0$에서 $k=30$이고,

$6y^2-120y+600=0$에서 $y=10$이므로 $x=10$이다.

따라서, 제품 A를 10 kg, 제품 B를 10 kg 생산할 때 총판매액이 최대가 되고, 이때 총판매액은

$30\times10000=300000$(원)이다.

다른 답안

아래의 그림으로부터 총판매액 z가 최대가 되도록 하는 $(x_0,\ y_0)$의 값은 직선 $10000x+20000y=k$가 타원과 접할 때이다. 이때 타원의 접선의 기울기와 직선의 기울기$(=-0.5)$가 같아지므로 다음과 같이 구할 수 있다.

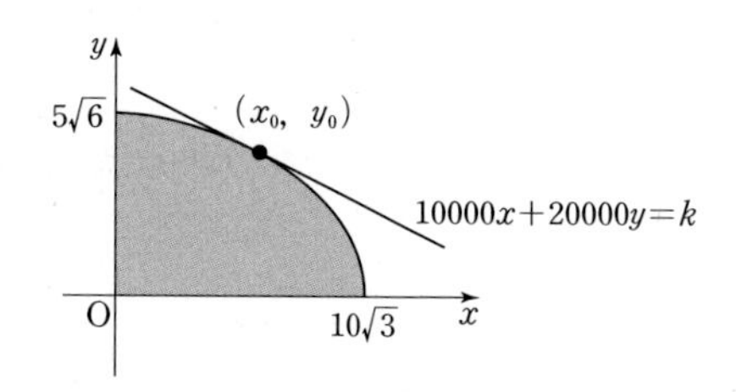

타원 위의 점 $(x_0,\ y_0)$에서 접선의 기울기를 구하기 위해 음함수의 미분법을 이용하면

$2\times0.1x+2\times0.2y\dfrac{dy}{dx}=0,\quad \dfrac{dy}{dx}=-\dfrac{x}{2y}$

이다. 따라서 점 $(x_0,\ y_0)$에서 접선의 기울기는 $-\dfrac{x_0}{2y_0}$가 되고 이 값이 -0.5이므로 $x_0=y_0$가 된다. 이를 $x_0^2+2y_0^2=300$과 연립하여 풀면 $x_0=y_0=10$이다.

$(x_0\geq0,\ y_0\geq0$이어야 하므로) 즉, 제품 A를 10 kg, 제품 B를 10 kg 생산할 때 총판매액이 최대가 되며, 이때 총판매액은 300000원이다.

Ⅳ 집합과 명제

COURSE A

 • 123쪽 • **집합의 원소의 개수에 대한 문제이다.**

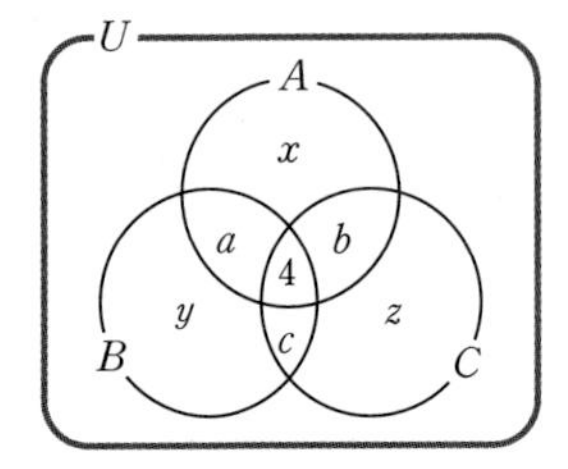

대통령배, 청룡기, 황금사자기에서 16강까지 진출한 팀의 집합을 각각 A, B, C라 하고, 벤 다이어그램에 팀의 수를 나타내면 오른쪽 그림과 같다.
주어진 조건에 의하여
$x+a+b+4=7$, $y+a+c+4=9$, $z+b+c+4=12$
가 성립한다. 이때, 위의 세 식을 모두 더하면
$x+y+z+2(a+b+c)=16$에서
$x+y+z=16-2(a+b+c)$
$=16-2\times6=4$
이다. 따라서 3개 대회에서 한 번도 16강에 진출하지 못한 팀의 수는
$16-(x+y+z)-(a+b+c)-4=16-4-6-4=2$(팀)
이므로 봉황대기 전국고교야구대회에서 처음으로 16강까지 진출한 팀의 수는 2팀이다.

 • 124쪽 • **명제와 조건에 대한 문제이다.**

C가 자신의 열쇠고리 색깔을 알 수 있는 경우는 앞의 두 사람의 열쇠고리 색깔이 파란색일 때, 자신의 열쇠고리 색깔이 흰색이라고 알 수 있는 경우뿐이다.
그런데 C는 자신의 열쇠고리 색깔을 알지 못하였으므로 앞의 두 사람의 열쇠고리 색깔이 모두 파란색인 경우는 될 수 없다.
따라서 A와 B의 열쇠고리 색깔은 (파란색, 흰색), (흰색, 파란색), (흰색, 흰색)의 3가지 경우 중 하나가 될 수 있다.
이때, A가 가진 열쇠고리 색깔이 파란색일 경우는 C가 모른다고 대답한 것을 근거로 B 역시 A와 자신의 열쇠고리 색깔이 둘 다 파란색이라면 C가 자신이 가지고 있는 열쇠고리 색깔이 흰색이라고 대답할 것인데 그렇지 않으므로 B가 자신의 열쇠고리 색깔이 흰색임을 알 수 있을 것이다. 그러나 B 역시 자신의 열쇠고리 색깔을 모른다고 대답한 것으로 보아 A의 열쇠고리 색깔은 파란색이 될 수 없으므로 A와 B의 가능한 열쇠고리 색깔은 (흰색, 파란색), (흰색, 흰색)의 2가지 경우가 된다.
따라서 B의 열쇠고리 색깔과 상관없이 A의 열쇠고리 색깔은 흰색이므로 A는 C의 대답과 B의 대답을 차례로 들은 후 자신의 열쇠고리 색깔이 흰색이라고 말할 수 있었다.

유제 3 • 125쪽 • **명제와 조건에 대한 문제이다.**

A, B, C, D 각각이 제주도에 다녀온 사람인 경우에 네 명의 진술의 참, 거짓을 표로 만들면 다음과 같다.

제주도에 다녀온 사람 \ 진술	A의 진술	B의 진술	C의 진술	D의 진술
A	거짓	참	거짓	참
B	거짓	거짓	거짓	참
C	참	참	거짓	참
D	거짓	참	참	거짓

따라서 한 사람만이 참말을 하는 경우에 제주도에 다녀온 사람은 B이고, 한 사람만이 거짓말을 하는 경우에 제주도에 다녀온 사람은 C이다.

TRAINING
수리논술 기출 및 예상 문제 • 126쪽 ~ 131쪽 •

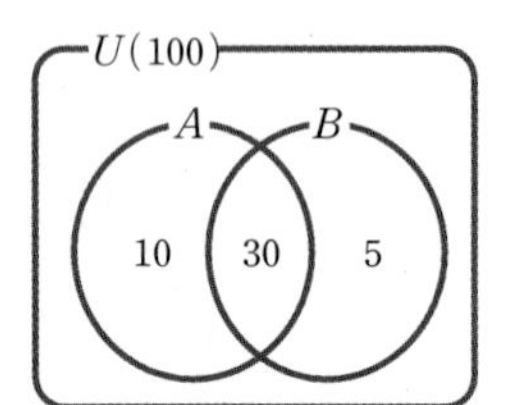

01 (1) 모집단의 집합을 U, 설문조사에서 1차, 2차에 응답한 사람의 집합을 각각 A, B라 하고 응답자의 수를 나타내면 오른쪽 그림과 같다.
$n(A)=40$, $n(B)=a$,
$n(A\cap B)=30$,
$n(A^C\cap B)=5$
이므로
$n(B)=n(A\cap B)+n(A^C\cap B)$
$=30+5=35$
이다. 따라서 2차 설문 응답자의 수는 35명이다. 또,
$n(A\cap B^C)=n(A)-n(A\cap B)$
$=40-30=10$
이므로 1차 설문에만 응답한 사람의 수는 10명이다.

(2) (1)에 의하여 $a=35$이므로
$b=100-(35+20)=45$
이다. 또, 1차 또는 2차 설문에 응답한 사람의 수는
$n(A\cap B^C)+n(A\cap B)+n(A^C\cap B)$
$=10+30+5=45$
이므로 응답 거부자 또는 대상 제외자는
$100-45=55$
이다. 이 중에서 한 번도 조사 대상이 되지 않은 사람의 수가 최소일 때는 응답 거부자의 수가 최대일 때 즉, 1차, 2차의 응답 거부자가 중복되지 않을 때이다.
따라서 한 번도 조사 대상이 되지 않은 사람 수의 최솟값은 $55-(15+20)=20$(명)이다.

02 (1) B: 집단 ㈎의 응시인원 중 42명이 합격하였으므로

$40+B=42 \quad \therefore B=2$

A: 집단 ㈎의 응시인원이 100명이므로

$A+40+B+18=100 \quad \therefore A=40$

C: 시험 (Ⅰ형)의 응시인원이 100명이므로

$A+40+C+12=100 \quad \therefore C=8$

D: 시험 (Ⅱ형)의 응시인원이 100명이므로

$18+B+D+64=100 \quad \therefore D=16$

(2)

	시험 (Ⅰ형)	시험 (Ⅱ형)
집단 (가)	40 합격자 40	2 18
집단 (나)	8 12	16 64

① $나_{\mathrm{I}}=\frac{12}{20}\times 100=60(\%)$,

$가_{\mathrm{I}}=\frac{40}{80}\times 100=50(\%)$

$나_{\mathrm{I}}>가_{\mathrm{I}}$이므로 참

② $나_{\mathrm{II}}=\frac{16}{80}\times 100=20(\%)$,

$가_{\mathrm{II}}=\frac{2}{20}\times 100=10(\%)$

$나_{\mathrm{II}}>가_{\mathrm{II}}$이므로 참

③ $나_{\mathrm{I+II}}=\frac{(12+16)}{100}\times 100=28(\%)$,

$가_{\mathrm{I+II}}=\frac{(40+2)}{100}\times 100=42(\%)$

$가_{\mathrm{I+II}}>나_{\mathrm{I+II}}$이므로 거짓

03 (1) ㈏에 의해서

$n(A)=19,\ n(B)=18,\ n(C)=21,$

$n(A\cap B\cap C)=5,$

$n((A\cap B)\cup(A\cap C)\cup(B\cap C))=23$

임을 알 수 있다. ㈎에서 집합 U의 원소의 개수는

$n(A\cup B\cup C)$

$=n(A)+n(B)+n(C)-n(A\cap B)$

$\quad -n(A\cap C)-n(B\cap C)+n(A\cap B\cap C)$

이다.

$n((A\cap B)\cup(A\cap C)\cup(B\cap C))$

$=n(A\cap B)+n(A\cap C)+n(B\cap C)$

$\quad -n((A\cap B)\cap(A\cap C))$

$\quad -n((A\cap B)\cap(B\cap C))$

$\quad -n((A\cap C)\cap(B\cap C))$

$\quad +n((A\cap B)\cap(A\cap C)\cap(B\cap C))$

$A\cap B\cap C=(A\cap B)\cap(A\cap C)$

$=(A\cap B)\cap(B\cap C)$

$=(A\cap C)\cap(B\cap C)$

$=(A\cap B)\cap(A\cap C)\cap(B\cap C)$

이므로

$n((A\cap B)\cup(A\cap C)\cup(B\cap C))$

$=n(A\cap B)+n(A\cap C)+n(B\cap C)$

$\quad -2n(A\cap B\cap C)$

따라서,

$n(A\cap B)+n(A\cap C)+n(B\cap C)=23+10=33$

그러므로

$n(A\cup B\cup C)=19+18+21-33+5=30$

이므로 집합 U의 원소의 개수는 30이다.

(2) $2n(A\cap B)=n(A\cap C)+n(B\cap C)$이므로

$3n(A\cap B)=n(A\cap B)+n(A\cap C)+n(B\cap C)$,

$n(A\cap B)$

$=\frac{n(A\cap B)+n(A\cap C)+n(B\cap C)}{3}$

이다. (1)의 풀이에서

$n(A\cap B)+n(A\cap C)+n(B\cap C)=33$이므로

$n(A\cap B)=11$이다.

따라서, $n(A\cup B)=n(A)+n(B)-n(A\cap B)$

$=19+18-11=26$

(3) $A\cap(B\cup C)^C=A\cap((A\cap B)\cup(A\cap C))^C$이고

$(A\cap B)\subset A,\ (A\cap C)\subset A$이므로

$n(A\cap(B\cup C)^C)$

$=n(A)-n((A\cap B)\cup(A\cap C))$

$=n(A)-n(A\cap B)-n(A\cap C)+n(A\cap B\cap C)$

이다.

한편, $n(A\cap B)+1=n(A\cap C)$,

$n(A\cap B)-1=n(B\cap C)$이므로

$2\times n(A\cap B)=n(A\cap C)+n(B\cap C)$이다.

따라서 (2)의 풀이에 의해 $n(A\cap B)=11$이고

$n(A\cap C)=12,\ n(B\cap C)=10$이다. 그러므로

$n(A\cap(B\cup C)^C)$

$=n(A)-n(A\cap B)-n(A\cap C)+n(A\cap B\cap C)$

$=19-11-12+5=1$

04 주어진 조건을 만족하는 원소의 개수가 최소인 집합 S를 구하는 것이므로, 각 CURVE는 3개의 원소로 이루어져 있다고 가정하자. 집합 S의 한 부분집합 CURVE를 A라고 하면, A를 다음과 같이 표현할 수 있다.

$A=\{a_1,\ a_2,\ a_3\}$

(c)에 의해 두 집합의 차 $S-A$에 있는 원소가 적어도 하나 있다. 이 원소를 a_4라고 하자. (d)와 (e)에 의하면 두 원소를 포함하는 CURVE는 단 하나만 존재하므로 a_1, a_4를 포함하는 CURVE의 나머지 원소를 a_5라 하자. 이 CURVE는 a_1, a_4를 포함하므로 a_5는 a_1, a_2, a_3, a_4와는 다른 원소이다. 이것을 $C_{145}=\{a_1,\ a_4,\ a_5\}$라 하고 $A=C_{123}$으로 표시하자.

마찬가지로 a_2, a_4를 포함하는 CURVE가 존재해야 하고, 이 CURVE는 C_{123}과 C_{145}와는 각각 하나의 원소 a_2와 a_4를 공통원소로 가지므로 CURVE C_{123}과 C_{145}에 없는 원소 a_6이 이 CURVE에 속해야 한다. 따라서 $C_{246}=\{a_2, a_4, a_6\}$을 얻는다. a_3과 a_4를 포함하는 CURVE는 C_{123}, C_{145}, C_{246}과는 하나의 공통원소를 각각 a_3, a_4, a_4를 가지므로 세 번째 원소 a_7은 a_1, …, a_6과는 다름을 알 수 있고, 새로운 CURVE인 C_{347}을 얻는다. 그러므로 집합 S는 적어도 7개의 원소를 가져야 한다. 그리고 집합 S는 부분집합인 CURVE C_{123}, C_{145}, C_{246}, C_{347}을 포함한다.

앞에서 구성한 집합 $\{a_1, a_2, a_3, a_4, a_5, a_6, a_7\}$이 위의 성질 (a)~(e)를 만족하는지 확인해야 한다. 그런데 구성과정으로부터 (d)를 제외한 성질들을 만족함을 알 수 있다. 따라서 임의의 두 원소를 포함하는 CURVE는 항상 존재한다는 조건 (d)를 만족하는지 확인해야 한다.

두 개의 원소 (a_1과 a_2), (a_1과 a_3), (a_1과 a_4), (a_1과 a_5)를 각각 포함하는 CURVE는 C_{123}, C_{123}, C_{145}, C_{145}임을 알 수 있다. 조건 (d)에 의해 (a_1과 a_6)을 포함하는 CURVE가 있어야 한다. 이 CURVE는 C_{123}, C_{145}, C_{246}과 공통원소를 가지고 있으므로 a_7을 포함할 수 있다. 따라서 (a_1과 a_6)을 모두 포함하는 CURVE는 $C_{167}=\{a_1, a_6, a_7\}$이고, 이것은 또한 ($a_1$과 a_7)을 포함한다.

원소 a_2를 포함하는 CURVE는 C_{123}, C_{246}이므로 원소 (a_2와 a_5)를 포함하는 CURVE가 필요한데 이 CURVE는 C_{123}, C_{145}, C_{246}과 공통원소를 가지므로 a_7을 포함할 수 있다. 따라서 (a_2와 a_5)를 포함하는 CURVE는 $C_{257}=\{a_2, a_5, a_7\}$이다.

원소 a_3을 포함하는 CURVE는 C_{123}, C_{347}이므로, 원소 (a_3와 a_5)를 포함하는 CURVE가 필요한데, 이것은 CURVE C_{123}, C_{145}, C_{257}, C_{347}과 각각 공통원소 a_3 또는 a_5를 가진다.

따라서 (a_3와 a_5)를 포함하는 CURVE는 a_6를 포함할 수 있는데 이 CURVE는 $C_{356}=\{a_3, a_5, a_6\}$이다.

나머지 경우 (a_3와 a_7), (a_4와 a_5), (a_4와 a_6), (a_4와 a_7), (a_5와 a_6), (a_5와 a_7), (a_6과 a_7)을 포함하는 CURVE들은 이미 존재함을 알 수 있다.

그러므로 집합 $S=\{a_1, a_2, a_3, a_4, a_5, a_6, a_7\}$이라면 위의 성질 (a)~(e)를 만족하는 7개의 CURVE C_{123}, C_{145}, C_{167}, C_{246}, C_{257}, C_{347}, C_{356}을 갖는다.

따라서 원소가 7개이면서 7개의 CURVE를 갖는 집합이 원소의 개수가 가장 적은 집합이다.

05 (i) A가 참말을 했다고 가정하면 범인은 B가 되고 B는 거짓말, C, D는 참말을 한 경우이다. 이것은 참말을 하는 사람이 3명이 되어 조건에 모순된다.

(ii) B가 참말을 했다고 가정하면 범인은 D가 되고 A, D는 거짓말, C는 참말을 한 경우이다. 이것은 참말을 하는 사람이 2명이 되어 조건에 모순된다.

(iii) C가 참말을 했다고 가정하면 이 경우에는 범인이 A, B, D인 경우로 나누어 생각하여야 한다.
A가 범인일 때에는 A, B는 거짓말, C, D는 참말을 한 경우가 된다.
B가 범인일 때에는 B는 거짓말, A, C, D는 참말을 한 경우가 된다.
D가 범인일 때에는 A, D는 거짓말, B, C는 참말을 한 경우가 된다.
따라서 어느 경우도 참말을 한 사람이 한 사람뿐이라는 조건에 모순된다.

(iv) D가 참말을 했다고 가정하면 이 경우에는 범인이 A, B, C, D인 경우로 나누어 생각하여야 한다.
A가 범인일 때에는 A, B는 거짓말, C, D는 참말을 한 경우가 된다.
B가 범인일 때에는 B는 거짓말, A, C, D는 참말을 한 경우가 된다.
C가 범인일 때에는 A, B, C는 거짓말, D는 참말을 한 경우가 된다.
D가 범인일 때에는 B가 한 말이 참이 되어 D가 참말을 했다는 가정에 모순이 된다.

따라서 조건을 만족하는 경우는 C가 범인일 때이고, 이때의 참말을 한 사람은 D이다.

06 수행 가능한 기능에 따라 승무원을 분류해 보자.

수행 가능한 기능	A	B	C	D	E
후보 승무원 번호	5, 10	1, 4, 6, 8	3, 7, 9, 10	2	1, 3, 6, 8

수행 가능한 기능	F	G	H	I
후보 승무원 번호	4, 6, 9	2, 4, 5, 7	1, 2, 7, 9	3, 5, 8, 10

기능 D는 2번 승무원만 가지고 있으므로 2번 승무원을 반드시 선택해야 한다. 2번 승무원이 가지지 못한 나머지 6가지 기능을 가진 승무원을 함께 선택해야 하고, 최소 인원의 승무원이어야 하므로 2번 승무원과 기능이 겹치지 않아야 한다. 그러므로 2번 승무원이 가진 기능 중 G, H를 가진 승무원인 1, 4, 5, 7, 9번 승무원을 제외하면 3, 6, 8, 10번 승무원이 남는다.

이들 중 기능 A를 가진 사람은 10번 승무원뿐이므로 10번 승무원을 선택해야 한다. 또, 3, 6, 8번 승무원 중 10번 승무원의 기능 A, C, I와 중복되지 않은 6번 승무원을 선택해야 한다.

따라서 2번, 6번, 10번 승무원을 선택해야 한다.

07 (1) 주어진 조건을 그림으로 나타내면

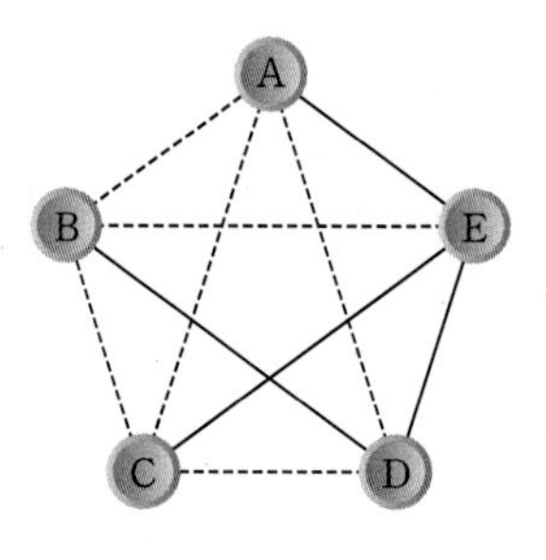

이때 ㈀~㈄의 다섯 가지 조건을 모두 만족된다.
따라서 조건을 만족하는 경우가 있다.

(2) 주어진 조건에 따라 4명과 친구인 사람을 알아보면
㈁에서 B가 아니다.
㈂에서 A와 D가 아니다.
㈄에서 C와 D가 아니다.
따라서 4명과 친구인 사람은 E이다.

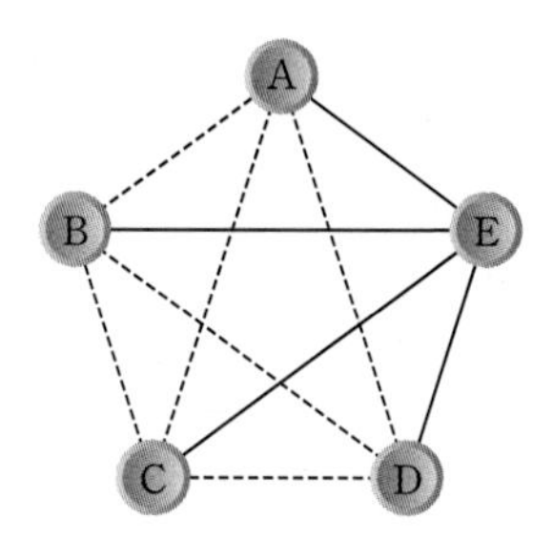

이때 A－E, B－E, C－E, D－E인 관계는 ㈀~㈄까지 모든 조건을 만족한다.
따라서 A－E이다.

(3) ㈄에서 C는 D, E 모두와 친구가 될 수 없으므로 친구가 세 사람이 되려면 D, E 중 한 사람과 친구인 동시에 A, B 두 사람 모두와 친구이다.
C－A이므로 ㈃에서 C－D이다.
따라서 C……E이다.
㈁, ㈂에 의하여 친구관계는 그림과 같다.

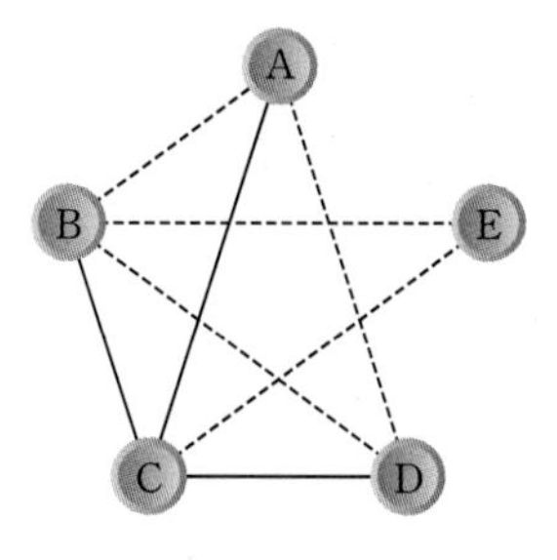

여기서 A－E이고, D－E일 때, ㈀~㈄의 조건이 모두 성립하므로 서로 친구인 관계는 아래 그림과 같으며 친구인 쌍은 최대 A－C, A－E, B－C, C－D, D－E의 다섯 쌍이다.

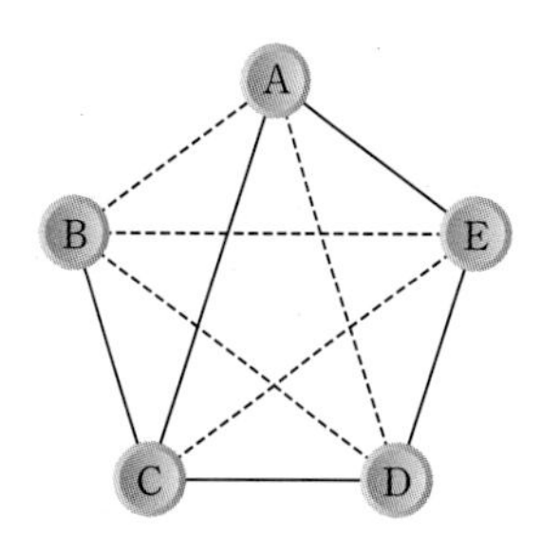

참고
만약 ㈄에서 대우를 생각하면 「C와 E가 친구이면 C와 D는 친구가 아니다.」이다. 이때, C는 세 사람과 친구이므로 C는 세 사람과 친구이므로 C는 A와 B와도 모두 친구이다.

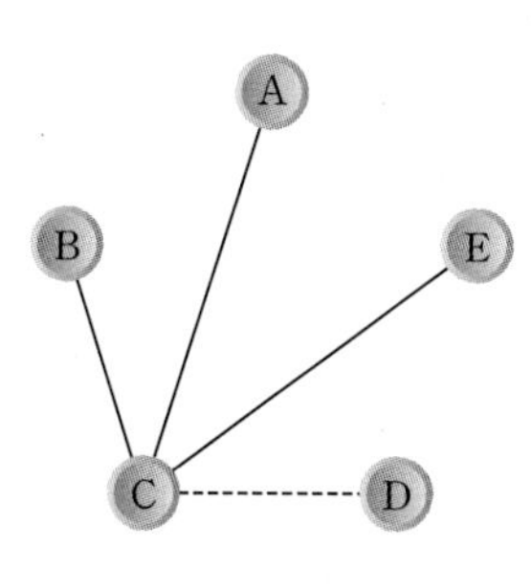

그런데, 이 경우는 ㈃에 의해 「A와 친구인 사람은 모두 D와도 친구이다.」라는 조건에 모순이다.
따라서, 이 경우는 생기지 않는다.

08 (1) 7점이 되는 경우는 (1+2+4)점, (3+4)점, (2+5)점인 3가지 경우이므로
1, 2, 4번이 맞는 경우, 정답은 순서대로 ○××○○,
3, 4번이 맞는 경우, 정답은 순서대로 ×○○○○,
2, 5번이 맞는 경우, 정답은 순서대로 ×××××이다.
이때, ○만으로 답을 쓰면 10, 14, 0점이 가능하며 평균 8점이 되고, ×만으로 답을 쓰면 5, 1, 15점이 가능하며 평균 7점이 된다.
따라서 ○만으로 답을 쓴 경우인 ○○○○○인 경우가 ×만으로 답을 쓴 경우인 ×××××보다 8 : 7의 비율로 유리하다.

(2) 정답의 수를 D에게 물었을 때 한 번은 3개, 다른 한 번은 2개라고 답하였으므로 D 학생은 적어도 한 번 이상 거짓말을 하였다. 이제, 참말만 한 학생을 E 또는 F라 가정하자. E의 경우, 4개의 정답으로 7점을 만들 수 없으므로 참말을 한 학생은 F가 되고 결국 C는 정답 2개에 점수는 8점이 된다. 이 경우 반드시 C는 3, 5번을 맞힌 것이 되며 이때의 1의 정답은 ○, 2의 정답은 ×, 3의 정답은 ○이다.
이때, C의 점수는 3점이고 B 학생의 점수는 현재 4점이므로 C의 점수가 B의 점수보다 높기 위해서는 B의 경우 4, 5번 모두 틀려야 한다.
따라서 C의 4, 5번 답안은 ××이고 문제의 정답은 ○×○○×가 된다.

귀류법을 이용하는 증명

문제 1 • 133쪽 •

(1) $\beta=\sqrt[3]{2}+\sqrt[3]{4}$의 양변을 세제곱하면

$\beta^3=(\sqrt[3]{2}+\sqrt[3]{4})^3$

$=(\sqrt[3]{2})^3+(\sqrt[3]{4})^3+3\sqrt[3]{2}\sqrt[3]{4}(\sqrt[3]{2}+\sqrt[3]{4})$

$=6+6\beta$

이므로 $\beta^3-6\beta-6=0$이다.

따라서, $f(\beta)=0$인 다항식 $f(x)$는 $f(x)=x^3-6x-6$으로 놓을 수 있다.

(2) $\beta=\sqrt[3]{2}+\sqrt[3]{4}$가 유리수라 하면 $\beta=\frac{a}{b}$(단, a, b는 서로소인 자연수)로 놓을 수 있다.

(1)에 의해 $\beta^3-6\beta-6=0$이므로

$\left(\frac{a}{b}\right)^3-6\left(\frac{a}{b}\right)-6=0$이다.

양변에 b^3을 곱하면

$a^3-6ab^2-6b^3=0$, $a^3=6(ab^2+b^3)$ …… ㉠

이다.

이때 a^3이 6의 배수이므로 a도 6의 배수이다.

$a=6k$(k는 자연수)를 ㉠에 대입하면

$6^3\cdot k^3=6(6k+b)\cdot b^2$, $6^2\cdot k^3=(6k+b)\cdot b^2$

이다.

여기에서 b도 6의 배수이므로 a, b가 서로소인 가정에 모순이다.

따라서, $\beta=\sqrt[3]{2}+\sqrt[3]{4}$는 무리수이다.

다른 답안 1

$\beta=\sqrt[3]{4}+\sqrt[3]{2}$가 유리수라 하면

$\beta+1=\sqrt[3]{4}+\sqrt[3]{2}+1$의 양변에 $\sqrt[3]{2}-1$을 곱하면

$(\sqrt[3]{2}-1)(\beta+1)=(\sqrt[3]{2}-1)(\sqrt[3]{4}+\sqrt[3]{2}+1)$,

$(\sqrt[3]{2}-1)(\beta+1)=(\sqrt[3]{2})^3-1^3=1$

이므로 $\sqrt[3]{2}-1=\frac{1}{\beta+1}$, $\sqrt[3]{2}=\frac{1}{\beta+1}+1=\frac{\beta+2}{\beta+1}$이다.

여기에서 $\sqrt[3]{2}$는 무리수, $\frac{\beta+2}{\beta+1}$는 유리수이므로 모순이다.

다른 답안 2

$f(x)=x^3-6x-6=0$이 유리수 근을 갖는다면 인수는 인수정리에 의해

$\pm\frac{(\text{상수항})\text{의 약수}}{(\text{최고차항의 계수})\text{의 약수}}$, 즉 ±1, ±2, ±3, ±6이어야 한다.

그런데, $f(\pm1)\neq0$, $f(\pm2)\neq0$, $f(\pm3)\neq0$, $f(\pm6)\neq0$이므로 $f(x)=0$의 근은 유리수가 아니다.

따라서 $f(x)=0$의 근인 β는 무리수이다.

문제 2 • 133쪽 •

$\overline{AB}=a(a>0)$라 하면 $\overline{AC}=\sqrt{2}a$가 된다. 두 점 P, Q가 만나는 곳은 점 A 또는 점 C이고, 그 점에 도착하려면 점 P는 $2ma$, 점 Q는 $\sqrt{2}na$(m, n은 자연수)만큼 움직여야 한다.

이때, 두 점 P, Q의 동일한 속력을 v라 하면 출발에서 만나기까지의 시간은 같기 때문에

$\frac{2ma}{v}=\frac{\sqrt{2}na}{v}$ $\quad\therefore \frac{n}{m}=\sqrt{2}$

위의 식에서 좌변은 유리수, 우변은 무리수이므로 모순이다.

따라서 두 점 P, Q는 다시 만나지 않는다.

문제 3 • 134쪽 •

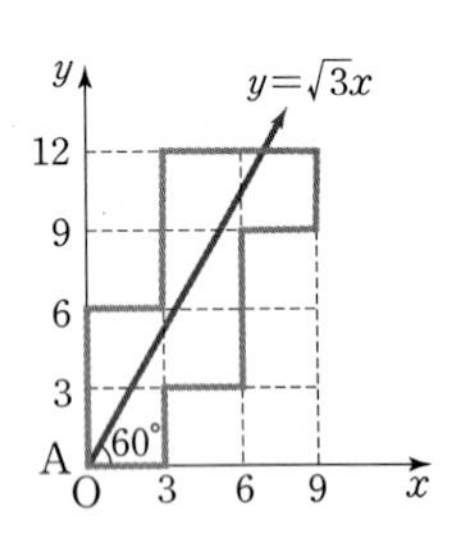

정육면체의 전개도에서 개미의 출발 지점인 A를 원점으로 하여 좌표축을 설정한다. 이때, 개미가 지나간 자취는 직선 $y=\sqrt{3}x$가 되므로 이 직선 위의 점의 좌표 (x, y)에서 x, y좌표 중 하나는 반드시 무리수이다.

그런데 정육면체의 각 꼭짓점의 좌표는 $(3k, 3l)$(k, l은 정수)이므로 x, y좌표 모두 유리수이다.

따라서 (무리수)$\neq$(유리수)이므로 개미는 다시는 어떠한 꼭짓점도 지날 수 없다.

문제 4 • 134쪽 •

방정식 $p(x)=0$의 근의 개수가 n보다 크다고 가정하자.

$p(x)=0$의 근을 x_1, x_2, $\cdots$, x_m(단, $m>n$)이라고 하면

$p(x)=a(x-x_1)(x-x_2)\cdots(x-x_m)$이므로 $p(x)$는 m차 다항식이다. 이것은 $p(x)$가 n차 다항식이라는 조건에 모순이므로 방정식 $p(x)=0$의 근의 개수는 n보다 클 수 없다.

문제 5 • 134쪽 •

주어진 방정식이 정수해 α를 가진다고 가정하면

$\alpha^n+\alpha^{n-1}+\cdots+\alpha+p=0$, $\alpha(\alpha^{n-1}+\alpha^{n-2}+\cdots+\alpha+1)=-p$

에서 α는 p의 음의 약수이어야 하므로

$\alpha=-1$ 또는 $\alpha=-p$이다.

$\alpha=-1$이면 $\alpha^{n-1}+\alpha^{n-2}+\cdots+\alpha+1$의 값은 0 또는 1이 되어 모순이다.

$\alpha=-p$이면 $\alpha^{n-1}+\alpha^{n-2}+\cdots+\alpha+1=1$이 되고 $\alpha=-p$를 대입하면

$(-p)^{n-1}+(-p)^{n-2}+\cdots+(-p)=0$,

$\frac{(-p)\{1-(-p)^{n-1}\}}{1-(-p)}=0$에서

$1-(-p)^{n-1}=0$, 즉 $p=1$ 또는 $p=-1$이므로 모순이다.

따라서, 주어진 방정식은 정수해를 갖지 않는다.

문제 6 • 135쪽 •

(1) 가능하지 않다.

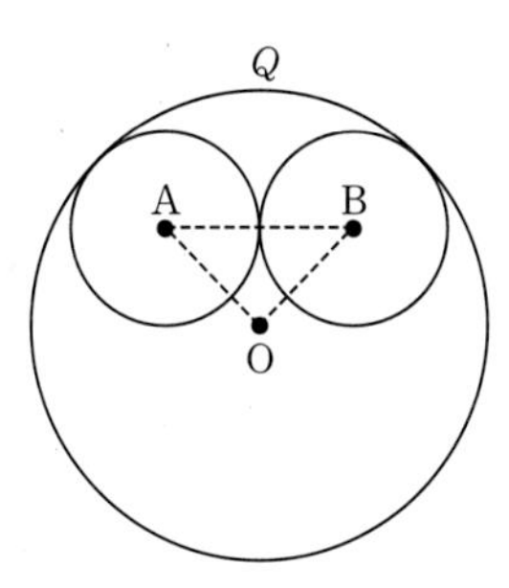

가능하다고 가정하자. 먼저 Q의 반지름이 r이고 내부에 있는 원의 반지름이 $\frac{r}{2}$이므로, Q의 내부에 있는 반지름 $\frac{r}{2}$인 원은 Q에 접하지 않을 경우 Q의 중심을 그 내부에 포함해야만 한다. 따라서 반지름 $\frac{r}{2}$인 두 원은 모두 Q에 접하여만 하고, 결국 그림과 같은 형태가 가능하여야 한다.

그런데 원 Q의 중심을 O, 내부의 두 원의 중심을 각각 A, B라고 하면 삼각형 ABO에서

$\overline{AB}=\frac{r}{2}+\frac{r}{2}=\overline{AO}+\overline{BO}$가 되므로 모순이다.

따라서 문제에 주어진 그림과 다른 형태는 가능하지 않다.

(2) 가능하지 않다.

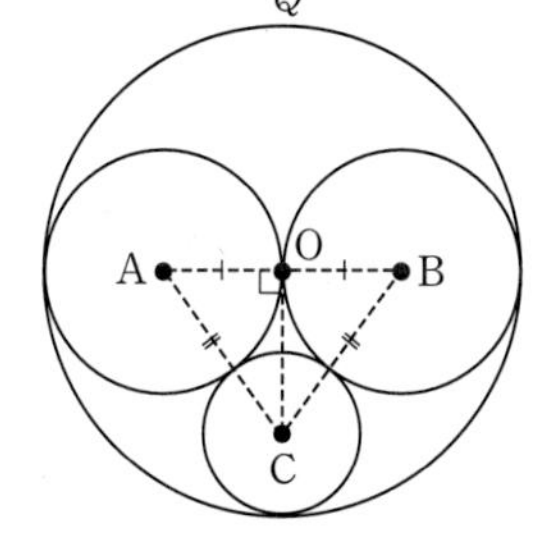

가능하다고 가정하자. 원 Q의 내부에 반지름이 각각 $\frac{r}{2}$인 세 원의 중심을 각각 A, B, C라고 하자. (1)의 결론에 의하여 Q의 중심 O가 선분 $\overline{AB}$의 중점이 되므로 그림과 같이 삼각형 ABC는 이등변삼각형이 되고 삼각형 AOC는 직각삼각형이 된다.

그런데 $\overline{AO}=\overline{CO}=\frac{r}{2}$, $\overline{AC}=r$인데, 피타고라스의 정리에 의하여 $\overline{AC}=\sqrt{\overline{AO}^2+\overline{CO}^2}=\frac{r}{\sqrt{2}}$이어야 하므로 모순이다. 따라서 Q의 내부에 반지름이 각각 $\frac{r}{2}$인 세 원들을 겹치지 않게 넣을 수 없다.

문제 7 • 135쪽 •

(1) $\frac{a}{b}$ 또는 $\frac{c}{d}$가 기약분수가 아니라고 가정하자. 정수 a와 b가 1보다 큰 공통인수 m을 갖는다면 적당한 정수 a'과 b'이 존재하여 $a=ma'$, $b=mb'$으로 표시할 수 있다.

조건 $bc-ad=1$로부터

$bc-ad=mb'c-ma'd$, $m(b'c-a'd)=1$

이 성립한다. 따라서 m은 1의 약수가 되므로 모순이다.

그러므로 $\frac{a}{b}$는 기약분수가 된다. 마찬가지 방법으로 분수 $\frac{c}{d}$도 기약분수가 된다.

> 세부기준: 조건 $bc-ad=1$로부터 a와 b의 공약수와 c와 d의 공약수는 반드시 1이 되어야 함을 제대로 설명하였는가?
> 감점사례:
> (ⅰ) 귀류법을 쓰기 위해 $\frac{a}{b}$와 $\frac{c}{d}$가 모두 기약분수가 아니라고 가정하는 경우
> ($\frac{a}{b}$ 또는 $\frac{c}{d}$가 기약분수가 아니라고 가정하여야 함.)
> (ⅱ) $\frac{a}{b}$가 0 이상이라는 조건으로부터 a와 b 모두 0 이상이라고 가정하는 경우
> (ⅲ) $\frac{a}{b}=\frac{ma'}{mb'}$, $\frac{c}{d}=\frac{nc'}{nd'}$이라고 표시한 후
> $bc-ad=mb'nc'-ma'nd'$이라고 쓴 경우

(2) $n=b+d$인 경우 부등식 $\frac{a}{b}<\frac{a+c}{b+d}<\frac{c}{d}$가 성립하므로 두 분수 $\frac{a}{b}$와 $\frac{c}{d}$가 집합 F_n에서 연속한 위치에 놓이지 않게 된다.

> 세부기준: $n=b+d$인 경우 $\frac{a}{b}$와 $\frac{c}{d}$ 사이에 있는 F_n의 원소를 찾았는가?
> 위에서 찾은 F_n의 원소가 $\frac{a}{b}$와 $\frac{c}{d}$ 사이에 있음을 논리적으로 설명하였는가?

(3) 필요충분조건은 $\max(b,\ d)\le n\le b+d-1$이다.

(ⅰ) 위 조건이 필요조건임에 대한 증명

두 분수 $\frac{a}{b}$와 $\frac{c}{d}$가 집합 F_n에 놓여 있기 위해서는 집합 F_n의 정의에 의해 두 분수 $\frac{a}{b}$와 $\frac{c}{d}$의 분모인 b, d가 n 이하이어야 하므로 $\max(b,\ d)\le n$가 만족되어야 한다. 또한 (2)의 결과로부터 $n\le b+d-1$이어야 한다.

(ⅱ) 위 조건이 충분조건임에 대한 증명

두 분수 $\frac{a}{b}$와 $\frac{c}{d}$가 집합 F_n에 놓여 있으면서 연속한 위치에 있지 않다고 가정하자. 그러면, $\frac{a}{b}<\frac{h}{k}<\frac{c}{d}$인 기약분수 $\frac{h}{k}$가 집합 F_n에 존재한다. 이때 $\frac{a}{b}<\frac{h}{k}$이므로 $bh-ak\ge 1$이 성립하고 또한 $\frac{h}{k}<\frac{c}{d}$이므로 $ck-dh\ge 1$이 성립한다. 따라서 부등식

$n\ge k=(bc-ad)k$ ($\because bc-ad=1$)

$=b(ck-dh)+d(bh-ak)\ge b+d$

를 얻게 된다.

그러므로 n이 조건 $\max(b,\ d)\le n\le b+d-1$을 만족하면 두 분수 $\frac{a}{b}$와 $\frac{c}{d}$가 집합 F_n에서 연속한 위치에 놓이게 된다.

> 세부기준: $\max(b, d)\le n$임을 설명하였는가?
> $\frac{a}{b}$와 $\frac{c}{d}$가 집합 F_n에서 연속한 위치에 있지 않은 경우, 만족하는 부등식을 논리적으로 찾았는가?
> (2)의 결과로부터 $n\le b+d-1$이 필요조건의 일부임을 밝혔는가?
> 위에서 찾은 부등식을 활용, 문제에서 요구하는 필요충분조건을 제대로 찾았는가?

문제 8 • 136쪽 •

(1) $\log_3 4$를 유리수라 하면 $\log_3 4=\frac{a}{b}$(단, a, b는 서로소인 자연수)로 놓을 수 있다. 로그의 정의에 의해 $3^{\frac{a}{b}}=4$이고 양변을 b제곱하면 $3^a=4^b$ ...... ①

①에서 좌변은 홀수, 우변은 짝수이므로 모순이다.

따라서 $\log_3 4$는 무리수이다.

(2) $\log_3 4=x$라 하면 (1)에 의해 x는 무리수이다.

$3^x=4$에서 $(3^x)^{\frac{1}{2}}=4^{\frac{1}{2}}$, $(\sqrt{3})^x=2$이므로 $\sqrt{3}^{\log_3 4}=2$이다.

$\sqrt{3}$, $\log_3 4$는 무리수이고 2는 유리수이므로

$a=\sqrt{3}$, $b=\log_3 4$이다.

문제 9 • 136쪽 •

$\sin 10°$가 유리수라고 가정하면 $\sin 10°=\frac{a}{b}$ (단, a, b는 서로소인 자연수)로 놓을 수 있다.

$\sin 30°=\sin(3\times 10°)=3\sin 10°-4\sin^3 10°$이므로

$\frac{1}{2}=3\times\frac{a}{b}-4\times\left(\frac{a}{b}\right)^3$, $8a^3-6ab^2=-b^3$이다.

$8a^3-6ab^2$이 짝수이므로 b^3도 짝수이고 b도 짝수이다.

$b=2k$(k는 자연수)로 놓으면

$8a^3-24ak^2=-8k^3$, $a^3-3ak^2=-k^3$,

$a^3+k^3=3ak^2$ ...... ①

여기에서 k가 짝수이면 a도 짝수가 되어 a와 b가 서로소인 조건에 모순이다.

또, k가 홀수이면

a가 짝수일 때 ①은 (홀수)=(짝수)가 되고,

a가 홀수일때 ①은 (짝수)=(홀수)가 되어 모순이다.

따라서, $\sin 10°$는 무리수이다.

다른 답안

$\alpha=10°$로 놓으면 $3\alpha=30°$, $\sin 3\alpha=3\sin\alpha-4\sin^3\alpha$이므로

$\sin 30°=3\sin 10°-4\sin^3 10°$이다.

$\sin 10°=t$로 놓으면 $\frac{1}{2}=3t-4t^3$, $8t^3-6t+1=0$ ...... ㉠

된다. t를 유리수라 하면 인수정리에 의하여

$t=\pm1$, $\pm\frac{1}{2}$, $\pm\frac{1}{4}$, $\pm\frac{1}{8}$ 중 근이 존재해야 하지만 이 값 중 ㉠을 만족하는 t의 값은 존재하지 않는다.

따라서 $t=\sin 10°$는 무리수이다.

문제 10 • 136쪽 •

$e=1+\frac{1}{1!}+\frac{1}{2!}+\frac{1}{3!}+\cdots$에서 e가 무리수임을 보이려면

$\frac{1}{1!}+\frac{1}{2!}+\frac{1}{3!}+\cdots$가 무리수임을 보이면 된다.

$\frac{1}{1!}+\frac{1}{2!}+\frac{1}{3!}+\cdots$가 유리수라 가정하면

$\frac{1}{1!}+\frac{1}{2!}+\frac{1}{3!}+\cdots=\frac{a}{b}$ (단, a, b는 서로소인 자연수)로 놓을 수 있다.

양변에 $b!$을 곱하면

$$\frac{a}{b}\times b!=b!\left(\frac{1}{1!}+\frac{1}{2!}+\frac{1}{3!}+\cdots+\frac{1}{b!}+\frac{1}{(b+1)!}+\cdots\right)$$
$$=b!\left(\frac{1}{1!}+\frac{1}{2!}+\frac{1}{3!}+\cdots+\frac{1}{b!}\right)$$
$$+b!\left(\frac{1}{(b+1)!}+\frac{1}{(b+2)!}+\cdots\right)$$

이다.

여기에서 $\frac{a}{b}\times b!$와 $b!\left(\frac{1}{1!}+\frac{1}{2!}+\cdots+\frac{1}{b!}\right)$은 자연수이므로

$b!\left(\frac{1}{(b+1)!}+\frac{1}{(b+2)!}+\cdots\right)$이 자연수여야 한다.

그런데,

$$b!\left(\frac{1}{(b+1)!}+\frac{1}{(b+2)!}+\frac{1}{(b+3)!}+\cdots\right)$$
$$=\frac{1}{b+1}+\frac{1}{(b+2)(b+1)}+\frac{1}{(b+3)(b+2)(b+1)}+\cdots$$
$$<\frac{1}{b+1}+\frac{1}{(b+1)^2}+\frac{1}{(b+1)^3}+\cdots=\frac{\frac{1}{b+1}}{1-\frac{1}{b+1}}=\frac{1}{b}<1$$

에서 $b!\left(\frac{1}{(b+1)!}+\frac{1}{(b+2)!}+\frac{1}{(b+3)!}+\cdots\right)$은 자연수가 될 수 없으므로 모순이다.

따라서, $\frac{1}{1!}+\frac{1}{2!}+\frac{1}{3!}+\cdots\cdots$은 무리수이고,

$e=1+\frac{1}{1!}+\frac{1}{2!}+\frac{1}{3!}+\cdots\cdots$도 무리수이다.

주제별 강의 **제 11 장**

의사결정의 최적화(게임이론)

문제 1 • 149쪽 •

교차로 A와 D 사이의 도로의 시간당 교통량을 a라 하고, 교차로 A와 B, B와 C, C와 D 사이의 도로의 시간당 교통량을 각각 x, y, z라 하자.

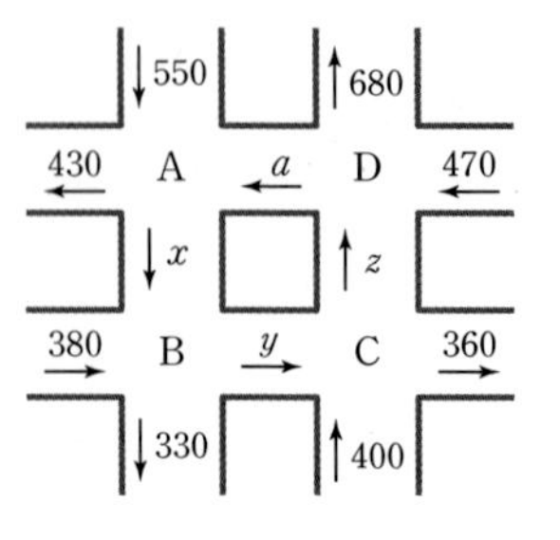

이때, 시간당 각 교차로에 들어가는 교통량과 나가는 교통량은 같으므로

$x+430=550+a \qquad \therefore x=a+120$

$y+330=x+380 \qquad \therefore y=x+50=a+170$

$z+360=y+400 \qquad \therefore z=y+40=a+210$

따라서 교차로 C와 D 사이의 도로의 시간당 교통량이 가장 많으므로 이 도로부터 확장하여야 한다.

문제 2 • 149쪽 •

강 A와 강 B가 만나는 지점 C에서 강 A, 강 B에서 유입되는 강물로 수위가 2 m 높아지는 데 각각 4시간, 5시간이 걸린다. 여기서, 1시간의 차이가 나는 이유를 강 폭과 강 깊이가 같다고 하고, 단지 지형적으로 강 B의 상류가 강 A의 상류보다 먼 거리에 있기 때문이라고 가정하자.
따라서 강 A의 상류에서의 물이 지점 C에 도달하는 1시간 동안은 강 B의 물이 지점 C에 미처 도착하지 못한 상태이다.

시간	1시간 후	2시간 후	3시간 후	4시간 후	5시간 후
강 A에서 유입되는 물에 의한 수위 상승(m)	0.5	1	1.5	2	2.5
강 B에서 유입되는 물에 의한 수위 상승(m)		0.5	1	1.5	2
합계	0.5	1.5	2.5	3.5	4.5

지점 C는 대피령 발령 수위에서 현재 2.5 m의 여유가 있으므로 3시간 이상 폭우가 계속되면 대피령을 발령해야 한다.
아울러 주민에게 3시간 이상 폭우가 계속되면 신속하게 대피할 수 있도록 사전에 분명하게 고지해 둘 필요가 있다.

다른 답안

강 A, 강 B에서 유입되는 강물로 시간당 수위가 각각 0.5(m/시간), 0.4(m/시간)씩 증가하므로 지점 C에서는 0.9(m/시간)씩 증가하게 된다.
그러므로 수위가 2.5 m만큼 높아지는 데

$\dfrac{2.5}{0.9}=2.77\cdots\fallingdotseq 2.78$(시간)

이 소요된다.
따라서 2.78시간 정도 폭우가 계속되면 대피령을 발령해야 한다. (위의 답안은 지형적 특징을 고려하지 않고 강물 수위가 강수 직후부터 일정한 비율로 증가한다고 가정한 경우이다. 그러므로 감점 요인이 있다.)

참고

문제에서 강 A와 강 B의 상류에 비가 와서 수위가 즉각적으로 변했지만, 지점 C에서는 강 A와 강 B에서 유입되는 강물로 수위가 높아지는 시간은 다르게 제시되었다.
이와 같은 상황을 파악했다면 단지 수학적인 계산이 아니라 지형적인 특성을 고려하여 문제에 접근해야 한다.

문제 3 • 150쪽 •

(1) 영철이네 학생들이 1부터 100까지의 숫자 중 임의로 하나를 선택할 때 선택한 숫자들이 평균은

$1\times\dfrac{1}{100}+2\times\dfrac{1}{100}+\cdots+100\times\dfrac{1}{100}$

$=\dfrac{1}{100}(1+2+\cdots+100)$

$=\dfrac{1}{100}\times\dfrac{100\times101}{2}=50.5$

로 볼 수 있다.
이때, 영철이네 반 학생들이 모두 합리적이며 이것이 주지의 사실일 경우 첫번째 단계에서 50.5의 $\dfrac{2}{3}$에 가장 가까운 숫자 34를 생각하게 된다. 그런데, 이러한 생각을 모두 할 것으로 생각하면 모두 34를 선택한다고 가정하고 이때의 평균은 34이므로 두번째 단계에서 34의 $\dfrac{2}{3}$에 가까운 숫자 23을 생각하게 된다.
또, 같은 이유로 세번째 단계에서 23의 $\dfrac{2}{3}$에 가까운 숫자 15를 생각하게 된다.
같은 이유로 계속 진행하면 10, 7, 5, 3, 2, 1이 되어 결국 숫자 고르기 게임의 결과는 1이 된다.
그러나 제시문 ㈑의 결과는 18이 적어 내었던 영철이가 승자가 되었다. 이 값은 위의 세번째 단계에서 생각할 수 있는 15에 가까운 값을 선택한 것이다.
이것은 영철이네 학생들이 끝단계까지 합리적이지 못할 것이라는 판단을 영철이가 한 것으로 볼 수 있다.
따라서 그들의 계산과 추론능력을 고려한 판단을 통해 얻은 결과이므로 영철이는 합리적인 의사 결정을 하였다.

(2) 똑같은 게임을 다시 한 번 하면 학생들은 이전 게임의 승자의 결과인 18을 생각할 것이다.
그런데, 영철이네 학생들이 합리적인 사고를 대체로 세 번째 단계까지 하는 경향이라면 $18\to12\to8$에서 승자가 선택한 숫자는 8에 가까운 숫자일 것이다.
또, 합리성이 주지의 사실이라는 가정하에 이 게임을 계속하면 $8\to5\to3\to2\to1$이 되어 승자가 선택한 숫자는 1이 된다.
따라서, 이 값은 (1)에서 구한 숫자 고르기 게임의 결과와 일치한다.
즉, 합리성이 주지의 사실이라는 가정하에 게임의 횟수가 크면 이론적인 결과와 실제의 결과는 동일하게 된다.

문제 4 • 151쪽 •

(1) $f(2012)=a$(홀수)라고 하면 1과 a 사이의 수 중 $\dfrac{a-1}{2}$개의 숫자는 지워진다.

이제 원에서 남은 숫자에서 a를 첫번째 숫자로 하고 a가 마지막까지 남으려면 번갈아가며 지우므로 2012에서 $\frac{a-1}{2}$개의 숫자를 제외한 남은 숫자의 개수는 2의 거듭제곱이다.

그러므로 적당한 자연수 k에 대하여 $2012-\frac{a-1}{2}=2^k$,

$a=4025-2^{k+1}$이다.

$1\le a\le 2012$이므로 $1\le 4025-2^{k+1}\le 2012$,

$2013\le 2^{k+1}\le 4024$에서 $k=10$이다.

따라서, $f(2012)=4025-2^{11}=1977$이다.

다른 답안 1

조건식을 이용하면 $2012=2^{10}+988$이므로

$f(2012)=2\times 988+1=1977$이다.

다른 답안 2

제시문의 방법에 따라 시행해보면 다음과 같다.

$f(1)$	$f(2)$	$f(3)$	$f(4)$	$f(5)$	$f(6)$	$f(7)$	$f(8)$	$f(9)$	$f(10)$	$\cdots$	$f(15)$	$f(16)$	$\cdots$
↓	↓	↓	↓	↓	↓	↓	↓	↓	↓	↓	↓	↓	↓
1	1	3	1	3	5	7	1	3	5	$\cdots$	15	1	$\cdots$

위와 같이 군으로 나누어 보면 $f(2012)$는 제 11군의 989번째항이므로 $2\times 989-1=1977$이다.

(2)

$f(1)$	$f(2)$	$f(3)$	$f(4)$	$f(5)$	$f(6)$	$f(7)$	$f(8)$	$f(9)$	$f(10)$	$\cdots$
↓	↓	↓	↓	↓	↓	↓	↓	↓	↓	↓
1	1	3	1	3	5	7	1	3	5	$\cdots$

이므로 $f(2k)=2f(k)-1$이다.

(3) (2)와 같이하면 $f(2k+1)=2f(k)+1$이다.

(4) $f(n)=a$(홀수)라고 하면 1과 a 사이의 수 중 $\frac{a-1}{2}$개의 숫자는 지워진다.

이제 원에서 남은 숫자에서 a를 첫번째 숫자로 하고 a가 마지막까지 남으려면 번갈아 가며 지우므로 n에서 $\frac{a-1}{2}$개의 숫자를 제외한 남은 숫자의 개수는 2의 거듭제곱이다.

그러므로 적당한 자연수 k에 대하여

$n-\frac{a-1}{2}=2^k$, $a=2n+1-2^{k+1}$이다.

$1\le a\le n$이므로 $1\le 2n+1-2^{k+1}\le n$,

$n+1\le 2^{k+1}\le 2n$이다.

$n=2^m+r(0<r<2^m)$이면

$2^m+r+1\le 2^{k+1}\le 2^{m+1}+2r$

에서 $k=m$이다.

따라서,

$$f(n)=2n+1-2^{m+1}$$
$$=2(2^m+r)+1-2^{m+1}$$
$$=2r+1$$

이다.

문제 5 • 152쪽 •

(1) 사람들의 지폐 소지 금액별 1천 원권과 5천 원권의 출현 빈도를 조사하면,

1천 원일 때 1천 원권이 1회 나타나고,

2천 원일 때 1천 원권이 2회 나타나고, …,

5천 원일 때 5천 원권이 1회 나타나고, …,

9천 원일 때 1천 원권이 4회, 5천 원권이 1회 나타난다.

소지 금액(천 원)	1천 원권 출현 빈도(회)	5천 원권 출현 빈도(회)
1	1	0
2	2	0
3	3	0
4	4	0
5	0	1
6	1	1
7	2	1
8	3	1
9	4	1
합계	20	5

따라서 각각의 경우가 동일한 확률로 1회씩 발생한다고 하면, 위의 표와 같이 총 1천 원권이 20회, 5천 원권이 5회 나타나므로 1천 원권과 5천 원권을 20 : 5(=4 : 1)로 공급해야 지폐 인쇄 비용을 최소화할 수 있다.

(2) (1)과 같은 방법으로 사람들의 지폐 소지 금액별 1만 원권, 5만 원권, 10만 원권의 출현 빈도를 조사하면,

1만 원에서 9만 원을 소지할 경우

5만 원권을 발행하면 1만 원권이 20회, 5만 원권이 5회(총 25회) 나타나고

10만 원권을 발행하면 1만 원권이 45회, 10만 원권이 0회(총 45회) 나타난다.

10만 원에서 19만 원을 소지할 경우

5만 원권을 발행하면 1만 원권이 20회, 5만 원권이 25회(총 45회) 나타나고

10만 원권을 발행하면 1만 원권이 45회, 10만 원권이 10회(총 55회) 나타난다.

20만 원에서 29만 원을 소지할 경우

5만 원권을 발행하면 1만 원권이 20회, 5만 원권이 45회(총 65회) 나타나고

10만 원권을 발행하면 1만 원권이 45회, 10만 원권이 20회(총 65회) 나타난다.

소지 금액 (만 원)	5만 원권을 발행하는 경우		
	1만 원권 출현 빈도(회)	5만 원권 출현 빈도(회)	누적 빈도
1~9	20	5	25
10~19	20	25	70
20~29	20	45	135
30~39	20	65	220
40~49	20	85	325
50~59	20	105	450
⋮	⋮	⋮	⋮

소지 금액 (만 원)	10만 원권을 발행하는 경우		
	1만 원권 출현 빈도(회)	10만 원권 출현 빈도(회)	누적 빈도
1~9	45	0	45
10~19	45	10	100
20~29	45	20	165
30~39	45	30	240
40~49	45	40	325
50~59	45	50	420
⋮	⋮	⋮	⋮

종합하면 10만 원권 발행 시 소지 금액에 따른 지폐 출현 빈도의 증가 속도가 5만 원권을 발행할 때보다 현저히 낮다. 또한, 누적 출현 빈도가 소지 금액이 49만 원까지는 5만 원권을 발행할 때 낮지만 50만 원 이상부터는 10만 원권을 발행할 때 낮다. 따라서 사람들의 평균 지폐 소지 금액이 50만 원을 넘게 되면 10만 원권을 발행하는 것이 지폐 인쇄 비용이 적게 든다.

문제 6 • 152쪽 •

염색공장의 생산량 변화 (단위/월)	7⇒6	7⇒5	7⇒4	7⇒3	7⇒2	7⇒1
염색업자의 이윤 손실 (만 원/월)	40	80	120	160	200	240
양식업자의 이윤 증가 (만 원/월)	70	130	180	220	250	270
(양식업자의 이윤 증가) −(염색업자의 이윤 손실) (만 원/월)	30	50	60	60	50	30

위의 표에서와 같이 염색공장의 한 달 생산량을 7단위에서 4단위 또는 3단위로 줄이는 경우에

(양식업자의 이윤 증가)−(염색업자의 이윤 손실) ······ ①

의 값이 가장 크다.

양식업자는 최대로 ①의 값만큼 보상하면 되지만 물의 사용권이 염색업자에게 있으므로 염색업자의 이윤 손실만을 보전해 주는 것만으로는 염색업자가 생산량을 줄이는 데 동의하지 않을 수도 있다.

따라서 협상을 통해 (염색업자의 이윤 손실)외에 α를 더 보상하여야 하므로 α를 ①의 값의 절반인 30으로 하여

$120+30=150$(만 원) 정도를 보상하는 것이 타당하다.

염색공장의 생산량이 급격하게 줄어드는 것을 피하여 염색공장의 생산량을 7단위에서 4단위로 줄이면 염색업자의 입장에서 유리하며, 향후 양식장의 운영에 있어서 수질 등의 문제를 고려한다면 7단위에서 3단위로 줄이면 4단위로 줄일 때와 이득은 같지만 수질의 개선에 효과가 있을 것이므로 양식업자에게 유리한 결정이라 할 수 있다.

문제 7 • 153쪽 •

주최측이 비용을 절감하기 위해서는, 시사회가 없는 날 동안 영화감독 각각에 대해 제주도에 머무르게 할 경우에 드는 호텔 숙박비와 서울에 갔다 다시 돌아오게 할 경우에 드는 왕복 항공료의 대소를 비교하여 작은 쪽을 택하면 된다.

시사회가 중간에 빠지는 날은 영화감독 A, B, C, D가 각각 2일, 1일, 3일, 4일 동안이며, 영화감독 E는 행사일 3일째 하루와 7~9일째의 3일간이다.

제주도에 머무는 동안 일일 호텔 숙박비를 a, 서울−제주간 왕복 항공료를 b라 하면 다음과 같은 표를 만들 수 있다.

영화감독	A	B	C	D	E	
숙박비	$2a$	a	$3a$	$4a$	a	$3a$
왕복 항공료	b	b	b	b	b	b

a와 b의 관계를 비교하여

제주도에 머무르게 하는 경우를 ○,

서울에 갔다 다시 오게 하는 경우를 ×,

두 경우 중 한 가지를 선택하게 하는 경우를 △

로 표시하여 표를 만들면 다음과 같다.

a, b의 관계 \ 영화감독	A	B	C	D	E
$b>4a$	○	○	○	○	○
$b=4a$	○	○	○	△	○
$3a<b<4a$	○	○	○	×	○
$b=3a$	○	○	△	×	○+△
$2a<b<3a$	○	○	×	×	○+×
$b=2a$	△	○	×	×	○+×
$a<b<2a$	×	○	×	×	○+×
$b=a$	×	△	×	×	△+×
$b<a$	×	×	×	×	×

위 표에서 영화감독 E의 경우 $b=3a$일 때 ○+△의 뜻은 행사일 3일째의 하루는 제주도에 머무르게 하고, 7~9일째의 3일간은 제주도에 머무르게 하거나 서울에 갔다 다시 오게 하는 경우 중 한 가지를 택하는 것이다.

문제 8 • 153쪽 •

(1) 90만 원의 예산으로 총 만족도가 최대가 되도록 구매하는 경우에는 만족도가 가장 큰 휴대폰 가격이 가장 큰 경우부터 시작하여 여러 가지 경우의 만족도를 비교해 본다. 가격과 만족도를 (휴대폰, MP3 플레이어, 전자수첩)의 순으로 나타내어 총 만족도를 표로 나타내 보면 다음과 같다.

가격(만 원)	만족도	총 만족도
(50, 30, 10)	(55, 37, 10)	102
(50, 20, 20)	(55, 30, 19)	104
(50, 10, 30)	(55, 20, 25)	100
(40, 40, 10)	(50, 41, 10)	101
(40, 30, 20)	(50, 37, 19)	106
(40, 20, 30)	(50, 30, 25)	105
(40, 10, 40)	(50, 20, 28)	98
(30, 40, 20)	(42, 41, 19)	102
(30, 30, 30)	(42, 37, 25)	104
(30, 20, 40)	(42, 30, 28)	100
(30, 10, 50)	(42, 20, 30)	92
(20, 40, 30)	(30, 41, 25)	96
(20, 30, 40)	(30, 37, 28)	95
(20, 20, 50)	(30, 30, 30)	90

이상에서 총 만족도가 최대가 되도록 구매하는 경우는 휴대폰, MP3 플레이어, 전자수첩의 가격을 각각 40만 원, 30만 원, 20만 원으로 결정한다.

(2) 각 물품의 단위가격당 만족도 증가량이 일정하고 단위가격당 만족도는 휴대폰, MP3 플레이어, 전자수첩의 순으로 증가하고 임의의 주어진 예산으로 총 만족도가 최대가 되게 하는 경우를 구해 보자.
휴대폰, MP3 플레이어, 전자수첩의 단위가격당 만족도 증가량을 각각 a, b, $c(a>b>c)$라 하면 물품의 가격별 만족도는 다음과 같다.

물품 \ 가격	10만 원	20만 원	30만 원	40만 원	50만 원
휴대폰		30	$30+a$	$30+2a$	$30+3a$
MP3 플레이어	20	$20+b$	$20+2b$	$20+3b$	
전자수첩	10	$10+c$	$10+2c$	$10+3c$	$10+4c$

주어진 예산으로 구입하는 휴대폰, MP3 플레이어, 전자수첩을 구입하는 가격이 각각 x, y, z(만 원)일 때 (x, y, z)로 나타내면 예산이 100만 원 이상이면 $(50, 40, z)$, 70만 원 이상 90만 원 이하이면 $(50, y, 10)$, 40만 원 이상 60만 원 이하이면 $(x, 10, 10)$으로 구매한다.

문제 9 • 154쪽 •

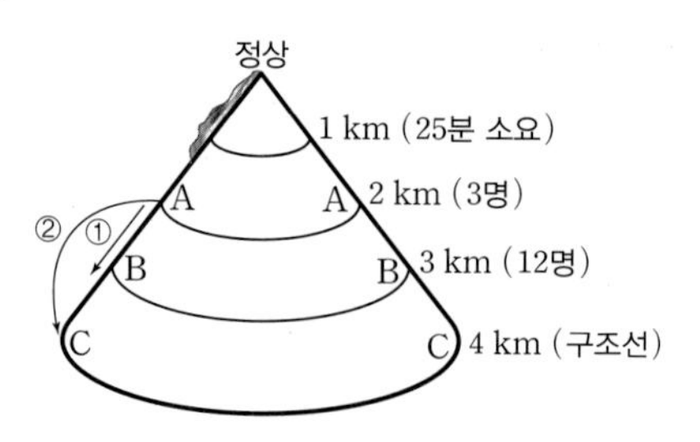

먼저 모든 조난자를 구할 수 있는지 생각해 보자. 용암으로 덮이는 넓이는 시간에 비례하여 증가하고, 용암이 흘러내린 거리의 제곱에 비례한다. 화산분출 후 25분이 지나 용암이 정상에서 1 km 내려온 지점에 도달하였으므로 화산분출 후 용암이 세 지점 A, B, C에 도달하는 시간을 구해 보자.
$1^2:25=2^2:a$에서 $a=100$이므로 A지점에 도달하는 시간은 100분 후이다.
$1^2:25=3^2:b$에서 $b=225$이므로 B지점에 도달하는 시간은 225분 후이다.
$1^2:25=4^2:c$에서 $c=400$이므로 C지점에 도달하는 시간은 400분 후이다.
모든 조난자를 C지점으로 옮기는 데 걸리는 시간은 한 번에 한 명씩 운송할 수 있고, 구조대의 이동속도는 분당 100 m이므로 1 km를 가는 데 10분이 걸린다. A지점의 3명을 C까지 옮기는 데 걸리는 시간은
C → A → C → A → C → A → C(6번)에서
$20(분)\times 6=120(분)$이 걸리고,
B지점의 12명을 C까지 옮기는 데 걸리는 시간은
C → B → C → B → C → ⋯ → C(24번)에서
$10(분)\times 24=240(분)$이 걸리므로
전체 시간은 $120+240=360(분)$이 걸린다.
여기에 이미 용암이 흐른 시간 25분이 지났으므로 화산 폭발 후 385분 후이고 용암이 C점까지 도달하는 시간은 화산 폭발 후 400분 후이므로 모든 조난자를 구할 수 있는 방법이 있다.
이제 조난자의 구체적인 구출 방법을 생각해 보자.

① (A지점의 조난자를 B지점으로 일단 옮기는 경우)
A지점의 조난자 3명을 일단 B지점으로 옮기는 데 걸리는 시간은
C → A → B → A → B → A → B에서
$20+10\times 5=70(분)$이 걸린다.
이어 B지점에 모인 모든 조난자 15명을 C지점으로 옮기는 데 걸리는 시간은
B → C → B → C → ⋯ → B → C에서
$10\times 28+10=290(분)$이 걸리므로
전체 시간은 $70+290=360(분)$이 걸린다.
여기에 이미 용암이 25분 흐른 뒤이므로 실질적으로

360+25=385(분)이 걸린 셈이다.
그런데 용암이 B지점에 도달하는 것은 225분 후이므로 조난자 전체를 구할 수 없으므로 부적절하다.

② (A지점 조난자부터 먼저 구조하는 경우)
A지점의 조난자부터 먼저 구조하는 경우에는
C→A→C→A→C→A→C에서
$20\times6=120$(분)이 걸리고 용암이 A지점에 도달하는 시간은 100분 후이므로 부적절하다.

③ (제3의 지점으로 모두 운송한 후 C지점으로 운송하는 경우)
앞의 ①, ②의 경우는 모두 부적절하므로 제3의 지점으로 모두 운송한 후 C지점으로 운송하여야 한다. ②의 경우에서 보는 바와 같이 A지점의 조난자 3명을 모두 C지점으로 옮길 수 없으므로 B지점 또는 제3의 지점으로 적당히 옮겨야 한다. 다음은 많은 방법 중 하나이다.
먼저 A지점의 조난자 3명을 모두 B지점으로 옮긴 후 조난자 15명 전체를 조금씩 아래로 옮기는 과정을 표로 만들어 보자.

위치(km)		모든 조난자 도착 시간	용암 도착 시간
A	2.0		100
B	3.0	70+25	225
D	3.5	240 (+145)	306.25
E	3.8	327 (+87)	361
F	3.9	356 (+29)	380.25
G	3.95	370.5 (+14.5)	390.0625
C	4.0	385 (+14.5)	400

예를 들어, B지점의 조난자를 모두 D지점(정상에서 3.5 km 떨어진 지점)으로 옮기는 데 걸리는 시간은
$28\times5+5=145$(분)이므로 화산 분출 후
$95+145=240$(분)이고 용암의 위치는 D지점 위쪽이다.
따라서 A지점의 조난자를 B지점의 조난자와 합하여 제3의 위치로 조금씩 이동하여 C지점으로 이동하면 모든 조난자를 구조할 수 있다.

문제 10 • 154쪽 •

처음 행성의 부피가 4000 km³일 때 $\frac{4}{3}\pi r^3=4000$에서
$r=10\times\sqrt[3]{\frac{3}{\pi}}$(km)이다.
1시간마다 부피가 $8=2^3$배씩 늘어나므로 혹성의 반지름은 2배씩 늘어난다.
그러므로 n시간 후 혹성의 반지름은 $10\times\sqrt[3]{\frac{3}{\pi}}\times2^n$(km)이고
혹성의 표면에서 남극과 북극 사이의 거리는
$l=10\times\pi\times\sqrt[3]{\frac{3}{\pi}}\times2^n$(km)이다.

한편 구조차량의 속력은 최대 시속 16 km이므로 차량의 이동거리는 1시간 후 16×1(km)이고 바로 팽창하므로 팽창 후 16×2(km)이다.
2시간후 $16\times2+16\times1$(km)이고 바로 팽창하므로 팽창 후 $16\times2^2+16\times2$(km)이다.
같은 방법으로 하여 n시간 후 팽창 후 이동거리는

$$D=16\times2^n+16\times2^{n-1}+\cdots+16\times2$$
$$=\frac{16\times2(2^n-1)}{2-1}=32(2^n-1)\text{(km)}$$

이다.
따라서, $0<n<24$일 때 $D>l$이면 구조대를 출발시킨다.
$32(2^n-1)>10\pi\sqrt[3]{\frac{3}{\pi}}\cdot2^n$에서

$$2^n\left(32-10\pi\sqrt[3]{\frac{3}{\pi}}\right)>2^5 \quad \cdots\cdots ㉠$$

이고

$$a=32-10\pi\sqrt[3]{\frac{3}{\pi}}$$
$$=32-10\times3.14\times b\left(b=\sqrt[3]{\frac{3}{\pi}},\ 0<b<1\right)$$

이므로 $a>1$이다.
그러므로 $n>5$이어야 ①은 성립한다.
따라서, 대략 5시간 전후 걸려서 북극기지에 도착할 수 있으므로 즉시 구조대를 출발시켜야 한다.

참고
식 ①에서 계산기를 사용하여 정확한 값을 구하면
$\sqrt[3]{\frac{3}{\pi}}\fallingdotseq0.9847$, $10\pi\sqrt[3]{\frac{3}{\pi}}\fallingdotseq30.9367$이다. 이때 ①은
$2^n\times1.0633>2^5$, $2^n>30.0950$이다.

다른 답안 1
차량이 출발한 후 n시간이 지난 후 차량이 움직인 거리는 다음과 같이 구할 수도 있다.
차량이 출발한 후 n시간이 지난 후 차량이 움직인 거리를 a_n이라 하면 $a_{n+1}=2(a_n+16)$이 성립하므로 $a_{n+1}=2a_n+32$
$a_{n+1}+32=2(a_n+32)$에서 수열 $\{a_n+32\}$는
첫째항 a_1+32, 공비 2인 등비수열이므로
$a_n+32=(a_1+32)\cdot2^{n-1}=(16\times2+32)\cdot2^{n-1}$
$a_n=32\cdot2^n-32=32(2^n-1)$

다른 답안 2
처음 1시간동안 행성이 팽창하기 직전까지 구조차량이 진행하는 거리에 대한 행성 중심에서의 각도를 θ로 나타내면

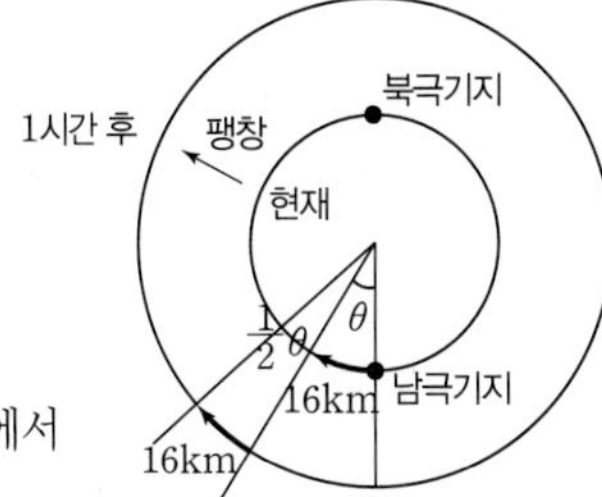

$16:\left(10\times\pi\times\sqrt[3]{\frac{3}{\pi}}\right)=\theta:\pi$에서
$\theta=\frac{16}{10\times\sqrt[3]{\frac{3}{\pi}}}$이다.

1시간마다 행성이 2배로 팽창하므로 구조차량의 진행 각도는 매 시간마다 앞의 1시간 동안의 진행 각도의 $\frac{1}{2}$로 감소한다.

따라서 n시간 후에 구조차량이 진행한 전체 각도 A는 등비수열의 형태가 된다.

$$A=\theta+\frac{1}{2}\theta+\left(\frac{1}{2}\right)^2\theta+\cdots+\left(\frac{1}{2}\right)^{n-1}\theta$$

$$=\frac{\theta\left\{1-\left(\frac{1}{2}\right)^n\right\}}{1-\frac{1}{2}}=2\theta\left\{1-\left(\frac{1}{2}\right)^n\right\}$$

$0<n<24$일 때 $A>\pi$이면 구조차량은 북극기지에 도착할 수 있다.

$$A=2\theta\left\{1-\left(\frac{1}{2}\right)^n\right\}>\pi$$

여기에 $\theta=\frac{16}{10\times\sqrt[3]{\frac{3}{\pi}}}$을 대입하면

$$2\times\frac{16}{10\times\sqrt[3]{\frac{3}{\pi}}}\left\{1-\left(\frac{1}{2}\right)^n\right\}>\pi$$

$$32\left(1-\frac{1}{2^n}\right)>10\pi\times\sqrt[3]{\frac{3}{\pi}},\ 32\times\frac{2^n-1}{2^n}>10\pi\times\sqrt[3]{\frac{3}{\pi}}$$

$$32(2^n-1)>10\pi\times\sqrt[3]{\frac{3}{\pi}}\times2^n$$

$$\left(32-10\pi\times\sqrt[3]{\frac{3}{\pi}}\right)2^n>2^5,\ \left(32-10\pi\times\sqrt[3]{\frac{3}{\pi}}\right)>\frac{2^5}{2^n}$$

$32-10\pi\times\sqrt[3]{\frac{3}{\pi}}>1$이므로 $n>5$이어야 한다.

따라서, 대략 5시간 전후 걸려서 북극기지에 도착할 수 있으므로 즉시 구조대를 출발시켜야 한다.

문제 11 • 155쪽 •

첫째, '상당히 뛰어난 예측력을 지닌 어떤 존재'가 자신의 선택을 미리 정확하게 예측하는 것이 불가능하다고 믿는 의사결정자의 경우는 (2)를 선택해야 한다. 어떤 존재의 예측은 나의 결정 이전에 행한 것이므로 나의 결정은 어떤 존재의 예측과 독립적인 나의 자유의지에 의한 것이다.

따라서 어떤 존재가 불투명한 상자에 일억 원을 넣었는지의 여부는 나의 지금 선택과 무관하게 이미 결정된 것이라고 간주한다.

		어떤 존재의 예측	
		(1)	(2)
자신의 선택	(1)	일억 원	0원
	(2)	일억 일백만 원	일백만 원

위의 표에서와 같이 어떤 존재의 예측이 (1)일 때 자신의 선택은 (2)인 경우에 금전적인 이득의 기댓값이 높고, 어떤 존재의 예측이 (2)일 때 자신의 선택은 역시 (2)인 경우에 금전적인 이득의 기댓값이 높다.

이 경우는 수인의 딜레마(Prisoner's Dilemma)의 게임 구조와 동일한 형태를 띄게 된다.

둘째, '상당히 뛰어난 예측력을 지닌 어떤 존재'가 자신의 선택을 미리 정확하게 예측하는 것이 가능하다고 믿는 의사결정자의 경우는 (1)을 선택해야 한다. 어떤 존재의 예측력이 상당히 뛰어나므로 (1)을 선택하면 어떤 존재는 불투명한 상자에 일억 원을 넣어 놓을 것이다.

만약 (2)를 선택하면 어떤 존재는 불투명한 상자에 아무것도 넣지 않은 것이다. 그러므로 (1)을 선택하는 것이 금전적인 이득의 기댓값이 크다. 이것은 이미 미래가 결정되었다고 믿는 결정론자들의 선택이다. 그런데 예측력의 크기에 따라 (1)과 (2)의 선택의 유 · 불리가 달라질 수 있다.

예측력의 크기를 p라 하고 (1)의 선택이 (2)의 선택보다 합리적인 경우를 구해 보자.

(일억)$\times p+0\times(1-p)>$(일억 일백만)$\times(1-p)+$(일백만)$\times p$

$10000p+0\times(1-p)>10100(1-p)+100p$,

$20000p>10101$

에서 $p>\frac{101}{200}$일 때 (1)의 선택이 (2)의 선택보다 확률적으로 합리적이다.

문제 12 • 155쪽 •

		오늘 수확	내일 수확
차값	내일 비가 오지 않는 경우	3(천 원/kg)	3(천 원/kg)
	내일 비가 오는 경우	4(천 원/kg)	2(천 원/kg)
수확량(kg)		$400x$	$400(1-x)\times1.5$

$(0\le x\le1)$

(1) (i) $p=0$, 즉 내일 비가 오지 않을 경우

$E_0(x)=3\times400x+3\times400(1-x)\times1.5$
$=1800-600x$

$x=0$일 때 최대, 즉 내일 전량 수확하는 것이 최대 수입을 얻을 수 있다.

(ii) $p=1$, 즉 내일 비가 오는 경우

$E_1(x)=4\times400x+2\times400(1-x)\times1.5$
$=1200+400x$

$x=1$일 때 최대, 즉 오늘 전량 수확하는 것이 최대 수입을 얻을 수 있다.

(2) (비 올 확률)$=p$, (비 오지 않을 확률)$=1-p$이라 하면

$E_p(x)=(1-p)(1800-600x)+p(1200+400x)$
$=(1800-600p)+x(-600+1000p)$

($\because$ 수입을 최대로 하기 위한 선택)

$E_p(x)$에서 $(1800-600p)$는 p에 따라 정해지는 값이므로 생각하지 않고 x에 영향 받는 값 $x(-600+1000p)$를 보면,

$(-600+1000p)>0$일 때 x가 클수록 $E_p(x)$는 커진다.
$(-600+1000p)<0$일 때는 x가 작을수록 $E_p(x)$가 커진다.
$(-600+1000p)=0$이면 x값은 $E_p(x)$에 영향을 미치지 않는다.
그러므로 $p>\frac{6}{10}$인 경우 오늘 전량을 수확하고 $p<\frac{6}{10}$인 경우 내일 전량을 수확하면 수입을 최대로 하게 된다.

문제 13 • 156쪽 •

(1) 이산화탄소 감축 준수와 외면에 대한 각각의 기댓값은 다음과 같다.
(이산화탄소 감축 준수의 기대값)
$=10\times0.3+2\times0.7=4.4$
(이산화탄소 감축 외면의 기대값)
$=7\times0.3+5\times0.7=5.6$
새로 이사 온 사람의 최선의 선택은 제시문 ㈎에서 제시된 바와 같이 상대방의 선택을 고려하여 자신의 최적의 방안을 찾는 것이며, 주어진 문제에서는 기댓값이 $5.6>4.4$로 더 큰 이산화탄소 감축을 외면하는 것이다.
그 결과 이 도시는 갈수록 이산화탄소 감축을 외면하는 사람들이 많아지게 될 것이다.

(2) 이 도시의 인구성향에 대한 비율을 결정하기 위해 각각의 기댓값을 이산화탄소 감축 준수 확률(x)에 관한 일차방정식으로 나타낸다.
(이산화탄소 감축 준수의 기대값)$=10x+2(1-x)$
$=8x+2$
(이산화탄소 감축 외면의 기대값)$=7x+5(1-x)$
$=2x+5$
이때, 이산화탄소의 감축을 준수할 경우가 이산화탄소 감축을 외면할 경우와 비교하여 항상 더 큰 이익을 얻게 되는 확률(x)는 다음과 같다.
$8x+2>2x+5$에서 $x>0.5$
즉, 이산화탄소 감축을 준수하려는 성향을 가진 사람들이 이 도시 인구의 $50\,\%$보다 크게 되면 이산화탄소의 감축을 준수할 경우가 이산화탄소 감축을 외면할 경우와 비교하여 항상 더 큰 이익을 얻는다.
이때, 새로 이사 온 사람이 얻는 이익은 6보다 크게 된다.

산술평균과 기하평균, 조화평균

문제 1 • 160쪽 •

자동차 보관소의 토지 사용료를 x, 자동차 운반비를 y라 하고, 자동차 보관소의 자동차 전시장으로부터의 거리를 r라 하자.
주어진 조건에 의하여 자동차 보관소의 토지 사용료는 전시장으로부터의 거리에 반비례하므로 비례상수를 m으로 놓으면
$x=\frac{m}{r}$ …… ㉠
이다. 또한, 자동차 운반비는 전시장으로부터의 거리에 비례하므로 비례상수를 n으로 놓으면
$y=nr$ …… ㉡
이다. 자동차 전시장으로부터 10 km 떨어진 곳의 토지 사용료 x가 500만 원이고, 자동차 운반비 y가 20만 원이므로
㉠, ㉡에 이 값들을 대입하면
㉠에서 $r=10$, $x=500$이므로 $m=5000$
㉡에서 $r=10$, $y=20$이므로 $n=2$이다.
토지 사용료 x와 자동차 운반비 y의 합이 최소가 되게 하려면 산술평균과 기하평균의 관계에 의하여
$$x+y=\frac{5000}{r}+2r$$
$$\geq 2\sqrt{\frac{5000}{r}\cdot 2r}=200$$
이고, 이때 등호가 성립하는 경우는 $\frac{5000}{r}=2r$, 즉
$r=50(\text{km})$일 때이다.
따라서 토지 사용료와 자동차 운반비의 합이 최소가 되게 하는 자동차 보관소와 자동차 전시장 사이의 거리는 50 km이다.

산술평균과 기하평균의 관계는 다음과 같다.
$a>0$, $b>0$일 때
$\frac{a+b}{2}\geq\sqrt{ab}$(단, 등호는 $a=b$일 때 성립)
그런데 문제의 풀이를 요약하면 큰 직사각형의 넓이 S는
$$S=(x+y)\left(\frac{1}{x}+\frac{4}{y}\right)\geq 2\sqrt{xy}\cdot 2\sqrt{\frac{4}{xy}}=8$$
이므로 최솟값이 8이라고 구하였다.
위의 풀이는 등호가 성립할 조건을 무시함으로써 나타난 오류라 할 수 있다. 즉,
$\frac{x+y}{2}\geq\sqrt{xy}$에서 등호가 성립할 조건은 $x=y$이고,
$\frac{\frac{1}{x}+\frac{4}{y}}{2}\geq\sqrt{\frac{4}{xy}}$에서 등호가 성립할 조건은

$\frac{1}{x}=\frac{4}{y}$, 즉 $y=4x$일 때이다.

다시 말해, 큰 직사각형의 넓이의 최솟값을 구하기 위해 가로의 길이와 세로의 길이의 최솟값을 구할 때 동일한 조건을 적용하지 않았으므로 주어진 풀이는 타당하지 않다.

따라서 주어진 풀이에서 사용한 부등식

$(x+y)\left(\frac{1}{x}+\frac{4}{y}\right)\ge 2\sqrt{xy}\cdot 2\sqrt{\frac{4}{xy}}$

는 성립하지 않는다.

이 문제의 올바른 풀이는 다음과 같다.

$$S=(x+y)\left(\frac{1}{x}+\frac{4}{y}\right)=1+\frac{4x}{y}+\frac{y}{x}+4$$
$$=\frac{4x}{y}+\frac{y}{x}+5$$
$$\ge 2\sqrt{\frac{4x}{y}\cdot\frac{y}{x}}+5=9\left(\text{단, 등호는 } \frac{4x}{y}=\frac{y}{x}\text{일 때 성립}\right)$$

즉, 큰 직사각형의 넓이의 최솟값은 $9\,\text{m}^2$이다.

문제 3 • 161쪽 •

$p(2):\left(\frac{x_1+x_2}{2}\right)^2\ge x_1x_2(x_1,\ x_2>0)$에서 x_1, x_2를 각각 직사각형의 가로와 세로의 길이라 하면 x_1x_2는 둘레의 길이가 $2(x_1+x_2)$인 일반적인 직사각형의 넓이를 나타내고 $\left(\frac{x_1+x_2}{2}\right)^2$은 둘레의 길이가 $2(x_1+x_2)$인 정사각형의 넓이를 나타낸다.

그러므로 $p(2):\left(\frac{x_1+x_2}{2}\right)^2\ge x_1x_2$에 의하여 둘레의 길이가 일정할 때 정사각형의 넓이가 최대가 된다.

$p(3):\left(\frac{x_1+x_2+x_3}{3}\right)^3\ge x_1x_2x_3(x_1,\ x_2,\ x_3>0)$

에서 x_1, x_2, x_3를 직육면체의 세 모서리의 길이로 놓으면 $x_1x_2x_3$은 모든 모서리의 길이의 합이 $4(x_1+x_2+x_3)$인 일반적인 직육면체의 부피를 나타낸다. 한편, $\left(\frac{x_1+x_2+x_3}{3}\right)^3$은 모든 모서리의 길이의 합이 $4(x_1+x_2+x_3)$인 정육면체의 부피를 나타낸다. 그러므로 $p(3)$에 의해 모든 모서리의 길이의 합이 일정한 직육면체 중 정육면체의 부피가 최대가 된다.

문제 4 • 162쪽 •

(1) ① (속도)$=\frac{(\text{거리})}{(\text{시간})}$이므로 A와 F를 잇는 도로의 평균 제한최고속도는 A에서 F까지 자동차를 이 속도로 운행할 때 소요되는 시간이, 각 구간의 제한최고속도로 운행할 때 소요되는 시간과 같아지는 속도를 의미한다. 다른 의미에서, 평균 제한최고속도는 자동차를 A에서 F까지 각 구간의 제한최고속도로 운행한다고 할 때, A에서 F까지의 거리를 총 소요시간으로 나눈 것이다. 각 구간의 길이를 n이라 하면, 각 구간에서 소요된 시간은 각각

$\frac{n}{60}$, $\frac{n}{40}$, $\frac{n}{30}$, $\frac{n}{80}$, $\frac{n}{90}$

이므로 A에서 F까지 소요된 시간은

$$\frac{n}{60}+\frac{n}{40}+\frac{n}{30}+\frac{n}{80}+\frac{n}{90}=\frac{71n}{720}$$

이다. 따라서 평균 제한최고속도는

$\frac{5n}{\frac{71n}{720}}=\frac{3600}{71}$, 약 $50.7\,\text{km/h}$이다.

② ①의 과정에서

$$\frac{5}{\frac{1}{60}+\frac{1}{40}+\frac{1}{30}+\frac{1}{80}+\frac{1}{90}}=\frac{3600}{71}$$

의 관계를 알 수 있고, 따라서 평균 제한최고속도는 각 구간 제한속도의 조화평균임을 알 수 있다. 참고로 산술평균 $60\,\text{km/h}$는 맞지 않는다.

왜냐하면 평균 $60\,\text{km/h}$로 자동차를 A에서 F까지 운행할 경우, 소요시간은 $\frac{5n}{60}=\frac{60n}{720}$으로서 $\frac{71n}{720}$보다 작기 때문이다.

마찬가지 이유로 기하평균도 맞지 않는다.

(2) ① 각 연도의 12월 31일을 기준으로 1997년 우리나라의 GDP를 Q억 달러라 하면, 2002년 경제성장률을 고려한 우리나라의 GDP는

$$(1-0.069)(1+0.095)(1+0.085)(1+0.038)(1+0.07)Q$$

억 달러이다. 1998년부터 2002년까지 연평균 경제성장률을 $m\times100(\%)$라 하면, 2002년 우리나라의 GDP는 $(1+m)^5Q$억 달러이어야 하므로

$$(1-0.069)(1+0.095)(1+0.085)(1+0.038)(1+0.07)=(1+m)^5$$

이고, 이 식으로부터 m을 구할 수 있다. 여기서 $1+m$은 $1-0.069$, $1+0.095$, $1+0.085$, $1+0.038$, $1+0.07$의 기하평균임을 알 수 있다.

② 언론매체가 사용한 산술평균 4.38 %는

$$\frac{-0.069+0.095+0.085+0.038+0.07}{5}=0.0438$$

의 퍼센트이다. ①에서 구한 실제 평균 m과 비교할 때, 지문에서 제시했듯이 모두 같은 수의 경우를 제외하면 기하평균은 항상 산술평균보다 작으므로 $1+m$은

$$\frac{(1-0.069)+(1+0.095)+(1+0.085)+(1+0.038)+(1+0.07)}{5}=1+0.0438$$

보다 작다.

따라서 $1+m<1+0.0438$, 즉 m은 0.0438보다 작음

을 알 수 있고, 언론매체가 적용한 산술평균은 경제성과가 부풀려진 것으로 잘못된 것임을 알 수 있다.

문제 5 • 163쪽 •

(1) 두 원의 반지름을 각각 x, y라고 하자. 두 원의 면적의 합은 $\pi x^2+\pi y^2=\pi(x^2+y^2)$이므로, $x^2+y^2=r^2$으로 놓자. 임의의 실수 a, b에 대하여 $a^2+b^2\geq 2ab$이고, 등호는 $a=b$일 때 성립하므로,

$$(x+y)^2=x^2+y^2+2xy$$
$$\leq x^2+y^2+(x^2+y^2)=2(x^2+y^2)=2r^2,$$

즉, $x+y\leq\sqrt{2}r$이고 등호는 $x=y$일 때 성립한다.
두 원의 중심들 사이의 거리가 $x+y$이므로, 이 거리가 최대가 될 때 두 원의 반지름은 같다.

(2) 세 원의 반지름을 각각 x, y, z라고 하자. 세 원의 면적의 합은 $\pi x^2+\pi y^2+\pi z^2=\pi(x^2+y^2+z^2)$이므로, $x^2+y^2+z^2=r^2$으로 놓자. 임의의 실수 a, b에 대하여 $a^2+b^2\geq 2ab$이고, $a=b$일 때 성립하므로,

$$(x+y+z)^2=x^2+y^2+z^2+2xy+2yz+2zx$$
$$\leq x^2+y^2+z^2+(x^2+y^2)+(y^2+z^2)+(z^2+x^2)$$
$$=3(x^2+y^2+z^2)=3r^2$$

즉, $x+y+z\leq\sqrt{3}r$이고 등호는 $x=y=z$일 때 성립한다.
세 원의 중심들 사이의 거리의 합이

$$(x+y)+(y+z)+(z+x)=2(x+y+z)$$

이므로 세 원의 중심들 사이의 거리의 합이 최대일 때 세 원의 반지름은 모두 같다.

(3) (2)에서와 같이 $x^2+y^2+z^2=r^2$으로 놓자. 세 원의 중심들을 꼭짓점으로 하는 삼각형의 세 변의 길이들이 $x+y$, $y+z$, $z+x$이므로, 이 삼각형의 면적 S는

$$S=\sqrt{s(s-(x+y))(s-(y+z))(s-(z+x))}$$
$$=\sqrt{(x+y+z)xyz}$$
$$\left(s=\frac{1}{2}\{(x+y)+(y+z)+(z+x)\}=x+y+z\right)$$

이다.

$$S^2=(x+y+z)(xyz)$$
$$=(x+y+z)(\sqrt[3]{xyz})^3$$
$$\leq(x+y+z)\left(\frac{x+y+z}{3}\right)^3$$
$$=\frac{1}{3^3}\{(x+y+z)^2\}^2$$
$$=\frac{1}{3^3}(x^2+y^2+z^2+2xy+2yz+2zx)^2$$
$$\leq\frac{1}{3^3}\{x^2+y^2+z^2+(x^2+y^2)+(y^2+z^2)+(z^2+x^2)\}^2$$
$$=\frac{1}{3^3}\{3(x^2+y^2+z^2)\}^2=\frac{1}{3}r^4$$

즉, $S\leq\frac{1}{\sqrt{3}}r^2$이고 등호는 $x=y=z$일 때 성립한다.
따라서 세 원의 중심을 꼭짓점으로 하는 삼각형의 면적이 최대일 때, 세 원의 반지름은 모두 같다.

문제 6 • 163쪽 •

$a_i=\frac{1}{1+x_i}(i=1,\ 2,\ 3,\ 4)$라 두면 $a_1+a_2+a_3+a_4=1$이다.
제시문 (가)에 의하여

$$\sqrt[3]{a_2a_3a_4}\leq\frac{a_2+a_3+a_4}{3}=\frac{1-a_1}{3}$$

(등호는 $a_2=a_3=a_4$일 때 성립)

$$\sqrt[3]{a_1a_3a_4}\leq\frac{a_1+a_3+a_4}{3}=\frac{1-a_2}{3}$$

(등호는 $a_1=a_3=a_4$일 때 성립)

$$\sqrt[3]{a_1a_2a_4}\leq\frac{a_1+a_2+a_4}{3}=\frac{1-a_3}{3}$$

(등호는 $a_1=a_2=a_4$일 때 성립)

$$\sqrt[3]{a_1a_2a_3}\leq\frac{a_1+a_2+a_3}{3}=\frac{1-a_4}{3}$$

(등호는 $a_1=a_2=a_3$일 때 성립)

위의 네 부등식에서 좌변은 좌변끼리 우변은 우변끼리 곱하면 제시문 (나)에 의하여

$$a_1a_2a_3a_4=\sqrt[3]{a_1{}^3a_2{}^3a_3{}^3a_4{}^3}\leq\frac{(1-a_1)(1-a_2)(1-a_3)(1-a_4)}{3^4}$$

가 되고, $\frac{1-a_i}{a_i}=x_i$이므로

$$3^4\leq\frac{(1-a_1)(1-a_2)(1-a_3)(1-a_4)}{a_1a_2a_3a_4}=x_1x_2x_3x_4$$

가 성립한다. 이때, 등호는 $a_1=a_2=a_3=a_4=\frac{1}{4}$일 때 성립하므로, $x_1=x_2=x_3=x_4=3$이다.
따라서 $x_1x_2x_3x_4$의 최솟값은 3^4이다.

문제 7 • 164쪽 •

메시지를 n패킷으로 나누었다고 하면 한 패킷당 $\frac{36}{n}$바이트의 데이터와 4바이트의 헤더가 들어가게 된다.
그리고 A, B, C, D를 거치는 동안 각 시간별로 처리된 패킷의 수는 $n+2$개이다. 전송 시간은 바이트에 비례하므로 $\left(\frac{36}{n}+4\right)(n+2)$이다. 이 값을 최소로 하는 자연수 n을 구하면 $\left(\frac{36}{n}+4\right)(n+2)=4n+\frac{72}{n}+44$에서 산술평균과 기하평균의 관계식에 의하여 최소 전송 시간을 구할 수 있다.

$$4n+\frac{72}{n}+44\geq 2\sqrt{4n\times\frac{72}{n}}+44$$

이때 등호가 성립하는 경우는 $4n=\frac{72}{n}$, 즉 $n^2=18$일 때이다.
여기서 n은 자연수이므로 적합한 자연수는 $n=4$이어야 한다.
따라서 구하고자 하는 패킷의 크기 N은 데이터 9바이트와 헤

더 4바이트의 합인 13바이트이며, 최소 전송 시간은 $13\times(4+2)=78$바이트 타임이다.

문제 8 • 165쪽 •

(1) 로그함수의 성질에 의하여

$$\frac{L}{n}=\frac{\ln x_1+\ln x_2+\cdots+\ln x_n}{n}=\ln\sqrt[n]{x_1x_2\cdots x_n}$$

이 된다. 산술평균 기하평균 부등식과 로그함수가 증가함수라는 사실을 이용하면

$$\frac{L}{n}=\ln\sqrt[n]{x_1x_2\cdots x_n}\le\ln\frac{x_1+x_2+\cdots+x_n}{n}=\ln\frac{S}{n}$$

이다.

따라서 $L\le n\ln\frac{S}{n}$가 성립한다.

(2) 주어진 식을

$$\frac{x}{y}+\sqrt{\frac{y}{x}}=\frac{x}{y}+\frac{1}{2}\sqrt{\frac{y}{x}}+\frac{1}{2}\sqrt{\frac{y}{x}}$$

와 같이 쓸 수 있다. 이제 $n=3$인 경우의 산술평균 기하평균 부등식에 의하여

$$\frac{x}{y}+\frac{1}{2}\sqrt{\frac{y}{x}}+\frac{1}{2}\sqrt{\frac{y}{x}}$$
$$\ge 3\sqrt[3]{\frac{x}{y}\times\frac{1}{2}\sqrt{\frac{y}{x}}\times\frac{1}{2}\sqrt{\frac{y}{x}}}=\frac{3}{\sqrt[3]{4}}$$

여기서 등호는 $\frac{x}{y}=\frac{1}{2}\sqrt{\frac{y}{x}}$일 때 성립하므로, 최솟값은

$\frac{3}{\sqrt[3]{4}}$이고 $y=\sqrt[3]{4}x$일 때 얻어진다.

다른 답안

$t=\sqrt{\frac{y}{x}}$라 하면 주어진 식은 $f(t)=t^{-2}+t\ (t>0)$이다.

$f'(t)=-2t^{-3}+1=\frac{t^3-2}{t^3}=0$을 풀면 $t=\sqrt[3]{2}$이고,

$f(t)$는 $t=\sqrt[3]{2}$일 때 최솟값을 가진다.

$$f(\sqrt[3]{2})=\left(\frac{1}{\sqrt[3]{2}}\right)^2+\sqrt[3]{2}=\frac{1}{\sqrt[3]{4}}+\frac{\sqrt[3]{2}\times\sqrt[3]{4}}{\sqrt[3]{4}}$$
$$=\frac{1}{\sqrt[3]{4}}+\frac{2}{\sqrt[3]{4}}=\frac{3}{\sqrt[3]{4}}$$

에서 최솟값 $\frac{3}{\sqrt[3]{4}}$을 갖는다.

이때, $\sqrt{\frac{y}{x}}=\sqrt[3]{2}$이므로 $y=\sqrt[3]{4}x$이다.

(3) $n=2$인 경우의 산술평균 기하평균 부등식에 의하여

$\frac{a+b}{2}\ge\sqrt{ab}$와 $\frac{c+d}{2}\ge\sqrt{cd}$를 얻고,

이 부등식을 이용하면

$$\frac{a+b+c+d}{4}=\frac{\frac{a+b}{2}+\frac{c+d}{2}}{2}\ge\frac{\sqrt{ab}+\sqrt{cd}}{2}$$

이 된다. 다시 $n=2$인 경우의 산술평균 기하평균 부등식에 의하여 $\frac{\sqrt{ab}+\sqrt{cd}}{2}\ge\sqrt{\sqrt{ab}\sqrt{cd}}=\sqrt[4]{abcd}$이다.

(4) 주어진 식은

$$\frac{a}{b+c}+\frac{b}{c+a}+\frac{c}{a+b}$$
$$=\frac{a+b+c}{b+c}+\frac{a+b+c}{c+a}+\frac{a+b+c}{a+b}-3$$

이다. 그런데

$$\frac{a+b+c}{b+c}+\frac{a+b+c}{c+a}+\frac{a+b+c}{a+b}$$
$$=(a+b+c)\left(\frac{1}{b+c}+\frac{1}{c+a}+\frac{1}{a+b}\right)$$
$$=\frac{1}{2}\{(a+b)+(b+c)+(c+a)\}\left(\frac{1}{b+c}+\frac{1}{c+a}+\frac{1}{a+b}\right)$$
$$\ge\frac{1}{2}\times3\sqrt[3]{(a+b)\times(b+c)\times(c+a)}\times3\sqrt[3]{\frac{1}{b+c}\times\frac{1}{c+a}\times\frac{1}{a+b}}$$
$$=\frac{9}{2}$$

그러므로

$$\frac{a}{b+c}+\frac{b}{c+a}+\frac{c}{a+b}\ge\frac{9}{2}-3=\frac{3}{2}$$

문제 9 • 166쪽 •

(1) $d(a,\ b)=\frac{(a-b)^2}{1+|a-b|}$이므로

$x_1=0,\ x_2=1,\ x_3=2$인 경우

$d(x_1,\ x_3)=d(0,\ 2)=\frac{4}{1+2}=\frac{4}{3}$,

$d(x_1,\ x_2)=d(0,\ 1)=\frac{1}{1+1}=\frac{1}{2}$,

$d(x_2,\ x_3)=d(1,\ 2)=\frac{1}{1+1}=\frac{1}{2}$이다.

따라서 $d(x_1,\ x_3)>d(x_1,\ x_2)+d(x_2,\ x_3)$이다.

성질 (iv)가 성립하지 않으므로 거리함수가 아니다.

(2) 제시문 (가)의 성질들을 확인해 보자.

(i) 항상 $f(\mathrm{P},\ \mathrm{Q})\ge0$이다.

(ii) $f(\mathrm{P},\ \mathrm{Q})=0\Longleftrightarrow\frac{\sqrt{d(\mathrm{P},\ \mathrm{Q})}}{1+\sqrt{d(\mathrm{P},\ \mathrm{Q})}}=0$
$\Longleftrightarrow d(\mathrm{P},\ \mathrm{Q})=0$
$\Longleftrightarrow \mathrm{P}=\mathrm{Q}$

(iii) $f(\mathrm{P},\ \mathrm{Q})=\frac{\sqrt{d(\mathrm{P},\ \mathrm{Q})}}{1+\sqrt{d(\mathrm{P},\ \mathrm{Q})}}$
$=\frac{\sqrt{d(\mathrm{Q},\ \mathrm{P})}}{1+\sqrt{d(\mathrm{Q},\ \mathrm{P})}}$
$=f(\mathrm{Q},\ \mathrm{P})$

(iv) 0 이상의 실수들의 집합에서 정의된 함수

$h(t)=\frac{\sqrt{t}}{1+\sqrt{t}}$를 생각하자.

$h(t)=1-\dfrac{1}{1+\sqrt{t}}$로부터 h는 증가함수임을 알 수 있다. 세 점 $P(x_1, y_1)$, $Q(x_2, y_2)$, $R(x_3, y_3)$에 대하여 $d(P, R) \le d(P, Q)+d(Q, R)$이므로

$$\begin{aligned} &f(P, R) \\ &=\frac{\sqrt{d(P, R)}}{1+\sqrt{d(P, R)}}=h(d(P, R)) \\ &\le h(d(P, Q)+d(Q, R)) \\ &=\frac{\sqrt{d(P, Q)+d(Q, R)}}{1+\sqrt{d(P, Q)+d(Q, R)}} \\ &\le \frac{\sqrt{d(P, Q)}+\sqrt{d(Q, R)}}{1+\sqrt{d(P, Q)+d(Q, R)}} \\ &=\frac{\sqrt{d(P, Q)}}{1+\sqrt{d(P, Q)+d(Q, R)}} \\ &\qquad +\frac{\sqrt{d(Q, R)}}{1+\sqrt{d(P, Q)+d(Q, R)}} \end{aligned}$$

여기서 두 번째 부등식은 제시문 ㈎의 예제 2에 의해 성립한다.

한편 $d(P, Q) \ge 0$과 $d(Q, R) \ge 0$으로부터 부등식

$\dfrac{\sqrt{d(P, Q)}}{1+\sqrt{d(P, Q)+d(Q, R)}} \le \dfrac{\sqrt{d(P, Q)}}{1+\sqrt{d(P, Q)}}$와

$\dfrac{\sqrt{d(Q, R)}}{1+\sqrt{d(P, Q)+d(Q, R)}} \le \dfrac{\sqrt{d(Q, R)}}{1+\sqrt{d(Q, R)}}$이 성립하므로 $f(P, R) \le f(P, Q)+f(Q, R)$이 성립한다.

다른 답안

(성질 ⅳ를 보이는 과정에서)

$A=\sqrt{d(P, Q)}$, $B=\sqrt{d(Q, R)}$, $C=\sqrt{d(P, R)}$이라 놓으면 $A^2+B^2 \ge C^2$

따라서 $(A+B)^2 \ge C^2+2AB \ge C^2$

그러므로 $A+B \ge C$

$$\begin{aligned} &\frac{A}{1+A}+\frac{B}{1+B}-\frac{C}{1+C} \\ &=\frac{A+B+2AB}{1+A+B+AB}-\frac{C}{1+C} \\ &=1+\frac{AB-1}{1+A+B+AB}-1+\frac{1}{1+C} \\ &=\frac{AB-1+ABC-C+1+A+B+AB}{(1+A+B+AB)(1+C)} \\ &=\frac{ABC+2AB+A+B-C}{(1+A+B+AB)(1+C)} \\ &\ge \frac{ABC+2AB}{(1+A+B+AB)(1+C)} \ge 0 \end{aligned}$$

(3) $\lambda=\dfrac{b}{a}$라 하면 $\lambda>0$이다. $AH=G^2$이므로 조화평균, 기하평균, 산술평균은 이 순서대로 등비수열을 이룬다.

$A=\dfrac{a+b}{2}=k$, $G=\sqrt{ab}=kr$, $H=\dfrac{2ab}{a+b}=kr^2$이라 하고 공비 $r=\dfrac{\frac{a+b}{2}}{\sqrt{ab}}=\dfrac{1+\lambda}{2\sqrt{\lambda}}$라 두자.

이때 $\dfrac{a+b}{2} \ge 2\sqrt{ab}$, 즉 $1+\lambda \ge 2\sqrt{\lambda}$이므로 $r \ge 1$이다.

제시문 ㈏에 의하여 $1 \le r < \varphi$이다. 즉, $1 \le \dfrac{1+\lambda}{2\sqrt{\lambda}} < \varphi$

$\sqrt{\lambda}=t$라 하면 $1 \le \dfrac{1+t^2}{2t} < \varphi$에서 $t^2-2t+1 \ge 0$을 풀면 $(t-1)^2 \ge 0$이므로 항상 성립한다.

$t^2-2\varphi t+1<0$을 풀면

$\varphi-\sqrt{\varphi^2-1}<t<\varphi+\sqrt{\varphi^2-1}$

$\varphi^2-\varphi-1=0$이므로 $\varphi^2-1=\varphi$에서

$\varphi-\sqrt{\varphi}<\sqrt{\lambda}<\varphi+\sqrt{\varphi}$

따라서 $(\varphi-\sqrt{\varphi})^2<\lambda<(\varphi+\sqrt{\varphi})^2$이다.

한편

$$\begin{aligned} (\varphi \pm \sqrt{\varphi})^2 &= \varphi^2+\varphi \pm 2\varphi\sqrt{\varphi} \\ &=1+2\varphi \pm 2\sqrt{\varphi^3} \ (\because \varphi^2-\varphi-1=0) \\ &=1+2\varphi \pm 2\sqrt{\varphi^2+\varphi} \ (\because \varphi^2=\varphi+1) \\ &=1+2\varphi \pm 2\sqrt{1+2\varphi} \end{aligned}$$

이므로 부등식의 해는

$1+2\varphi-2\sqrt{1+2\varphi}<\lambda<1+2\varphi+2\sqrt{1+2\varphi}$

이다.

$\alpha_1=1$, $\beta_1=2$, $\gamma_1=-2$,

$\alpha_2=1$, $\beta_2=2$, $\gamma_2=2$

이므로 구하는 값은 -16이다.

다른 답안

$\lambda=\dfrac{b}{a}$라 하면 $\lambda>0$이다. 두 수 a, b의 산술평균, 기하평균, 조화평균은 각각 $a\cdot\dfrac{1+\lambda}{2}$, $a\cdot\sqrt{\lambda}$, $a\cdot\dfrac{2\lambda}{1+\lambda}$이며 이 중 산술평균이 가장 큰 값이다.

따라서 이 수들이 삼각형의 세 변이 되기 위한 필요충분조건은 $\dfrac{1+\lambda}{2}<\sqrt{\lambda}+\dfrac{2\lambda}{1+\lambda}$이다.

방정식 $\dfrac{1+\lambda}{2}=\sqrt{\lambda}+\dfrac{2\lambda}{1+\lambda}$의 근을 구해 보자.

$\dfrac{1+\lambda}{2}-\dfrac{2\lambda}{1+\lambda}=\sqrt{\lambda}$의 양변을 제곱하면

$\left(\dfrac{1+\lambda}{2}-\dfrac{2\lambda}{1+\lambda}\right)^2=\lambda$

이를 정리한 후 양변에 $4(1+\lambda)^2$을 곱하면

$\lambda^4-8\lambda^3-2\lambda^2-8\lambda+1=0$

양변을 λ^2으로 나누고 $z=\lambda+\dfrac{1}{\lambda}$라 두면 $z^2-8z-4=0$을 얻는다. 이 방정식의 양수 해는

$$\begin{aligned} z&=4+2\sqrt{5}=2(2+\sqrt{5}) \\ &=2\left(1+2\times\frac{1+\sqrt{5}}{2}\right)=2(1+2\varphi) \end{aligned}$$

이다. 이를 $z=\lambda+\dfrac{1}{\lambda}$에 대입하고 풀면

$\lambda=1+2\varphi \pm 2\sqrt{\varphi+\varphi^2}$을 얻는다.

따라서 부등식의 해는

$1+2\varphi-2\sqrt{1+2\varphi}<\lambda<1+2\varphi+2\sqrt{1+2\varphi}$

이고 구하는 값은 -16이다.

코시-슈바르츠 부등식

문제 1 • 171쪽 •

(1) $x_1=x_2=\cdots=x_n=1,\ y_1=y_2=\cdots=y_n=\dfrac{1}{10}$이면

$x_1y_1+x_2y_2+\cdots+x_ny_n=\dfrac{n}{10}$,

$(x_1^2+x_2^2+\cdots+x_n^2)^{\frac{1}{2}}(y_1^2+y_2^2+\cdots+y_n^2)$

$=\sqrt{n}\times\dfrac{n}{100}=\dfrac{n\sqrt{n}}{100}$

$\dfrac{n}{10}>\dfrac{n\sqrt{n}}{100}$, 즉 $\sqrt{n}<10$, $n<100$일 때

$(x_1y_1+x_2y_2+\cdots+x_ny_n)$

$\qquad>(x_1^2+x_2^2+\cdots+x_n^2)^{\frac{1}{2}}(y_1^2+y_2^2+\cdots+y_n^2)$

이므로 $1\le n<10^2$인 적당한 n에 대하여

$x_1=x_2=\cdots=x_n=1,\ y_1=y_2=\cdots=y_n=\dfrac{1}{10}$이면 주어진 부등식을 만족하지 않는다.

(2) $(|y_1|+|y_2|+\cdots+|y_n|)^2$

$=|y_1|^2+|y_2|^2+\cdots+|y_n|^2+2(|y_1||y_2|+\cdots+|y_{n-1}||y_n|)$

$\ge|y_1|^2+|y_2|^2+\cdots+|y_n|^2=y_1^2+y_2^2+\cdots+y_n^2$

이므로

$|y_1|+|y_2|+\cdots+|y_n|\ge(y_1^2+y_2^2+\cdots+y_n^2)^{\frac{1}{2}}$이다.

따라서

$(x_1y_1+x_2y_2+\cdots+x_ny_n)$

$\le(x_1^2+x_2^2+\cdots+x_n^2)^{\frac{1}{2}}(y_1^2+y_2^2+\cdots+y_n^2)^{\frac{1}{2}}$

$\le(x_1^2+x_2^2+\cdots+x_n^2)^{\frac{1}{2}}(|y_1|+|y_2|+\cdots+|y_n|)$

이다.

(3) 모든 자연수 n에 대하여

$(x_1y_1+x_2y_2+\cdots+x_ny_n)$

$\le C(x_1^2+\cdots+x_n^2)^{\frac{1}{2}}(y_1^4+\cdots+y_n^4)^{\frac{1}{4}}$

을 항상 만족하는 상수 C가 존재한다고 가정하자.

$x_1=x_2=\cdots=x_n=a,\ y_1=y_2=\cdots=y_n=\dfrac{1}{a}$로 놓으면

$x_1y_1+\cdots+x_ny_n=n$,

$(x_1^2+\cdots+x_n^2)^{\frac{1}{2}}(y_1^4+\cdots+y_n^4)^{\frac{1}{4}}$

$=(na^2)^{\frac{1}{2}}\left(\dfrac{n}{a^4}\right)^{\frac{1}{4}}=a\sqrt{n}\cdot\dfrac{\sqrt[4]{n}}{a}=n^{\frac{3}{4}}$

이므로 주어진 식은

$n\le Cn^{\frac{3}{4}}$, $n\le C^4$가 되므로 모든 자연수 n에 대하여 항상 만족하는 상수 C가 존재한다고 볼 수 없다.

문제 2 • 172쪽 •

(1) 열린 구간 $(0,\ 1)$에서 정의된 함수 $f(x)=x$를 생각한다.

함수 f가 $(0,\ 1)$의 어떤 점 $x_{\max}$에서 최댓값 $f(x_{\max})$를 가진다고 하자. 그러면 우선 $x_{\max}\in(0,\ 1)$이므로 $x_{\max}<x<1$인 $x\in(0,\ 1)$이 존재한다.

(예를 들어, $x=\dfrac{x_{\max}+1}{2}$로 놓으면 된다.)

가정에 의하여 $f(x_{\max})$가 함수 f의 최댓값이므로 $x=f(x)\le f(x_{\max})=x_{\max}$가 성립해야 한다. 그러나 이것은 x가 $x_{\max}<x$가 되도록 선택한 것에 모순이다.

그러므로 f는 최댓값을 갖지 않는다.

마찬가지로 f는 최솟값도 갖지 않는다.

(2) 임의의 $(x,\ y)\in D$에 대하여

$1=\dfrac{x^m+y^n}{m+n}$

$=\dfrac{1}{n+m}\Big(\underbrace{\dfrac{1}{n}x^m+\cdots+\dfrac{1}{n}x^m}_{n\text{개}}+\underbrace{\dfrac{1}{m}y^n+\cdots+\dfrac{1}{m}y^n}_{m\text{개}}\Big)$

$\ge\sqrt[m+n]{\left(\dfrac{1}{n}x^m\right)^n\left(\dfrac{1}{m}y^n\right)^m}=\sqrt[m+n]{\dfrac{1}{n^nm^m}(xy)^{mn}}$

이므로 $(xy)^{mn}\le n^nm^m$

따라서 $f(x,\ y)=xy\le(n^nm^m)^{\frac{1}{mn}}=n^{\frac{1}{m}}m^{\frac{1}{n}}$

이다. 이 부등식에서 등호는 $\dfrac{1}{n}x^m=\dfrac{1}{m}y^n$일 때만 성립하고, 이때 $x^m+y^n=m+n$, $x>0$, $y>0$을 이용하면

$x^m=n,\ y^n=m\Leftrightarrow x=n^{\frac{1}{m}},\ y=m^{\frac{1}{n}}$

이고 $f(x,\ y)=n^{\frac{1}{m}}m^{\frac{1}{n}}$이다.

그러므로 f는 최댓값 $n^{\frac{1}{m}}m^{\frac{1}{n}}$을 갖는다.

(3) 실수 t에 대한 이차함수

$\phi(t)=(a_1-tb_1)^2+\cdots+(a_n-tb_n)^2$

을 생각하자.

$A=a_1^2+\cdots+a_n^2,\ B=b_1^2+\cdots+b_n^2,$

$C=a_1b_1+\cdots+a_nb_n$으로 놓으면

$\phi(t)=Bt^2-2Ct+A=B\left(t-\dfrac{C}{B}\right)^2+\dfrac{AB-C^2}{B}$

으로 쓸 수 있다. 모든 실수 t에 대하여 $\phi(t)\ge0$이 성립하므로 특히 $t=\beta=\dfrac{C}{B}$일 때도 성립한다.

따라서 $\phi(\beta)=\dfrac{AB-C^2}{B}\ge0$이므로 $AB\ge C^2$이 성립한다.

또한 $AB=C^2$이면

$\phi(\beta)=(a_1-\beta b_1)^2+\cdots+(a_n-\beta b_n)^2=0$

이므로 모든 $k=1,\ \cdots,\ n$에 대하여 $a_k=\beta b_k$가 성립한다.

다른 답안

$C^2-AB=\sum_{1\le i<j\le n}(a_i^2b_j^2-2a_ib_ia_jb_j+a_j^2b_i^2)$

$\qquad=\sum_{1\le i<j\le n}(a_ib_j-a_jb_i)^2\ge0$

이므로 코시-슈바르츠 부등식이 성립한다. 등호가 성립하는 경우는 $1\le i\ne j\le n$인 모든 $i,\ j$에 대하여 $a_ib_j=a_jb_i$일 때이다. 이때 $B\ne0$이므로 적당한 k에 대하여 $b_k\ne0$이다.

$\beta=\frac{a_k}{b_k}$로 놓자. 그러면 $1\le i\ne j\le n$인 모든 i, j에 대하여 $a_ib_j=a_jb_i$라는 조건으로부터, $1\le i\le n$인 모든 i에 대하여 $a_i=\beta b_i$임을 보일 수 있다.

다른 답안

이차방정식에서 판별식을 이용해도 된다.

(4) 산술 · 기하평균 부등식에 의하여

$$f(x,\ y)=xy+\frac{ab}{xy}+a+b\ge 2\sqrt{ab}+a+b$$

이고 등식이 $xy=\frac{ab}{xy}$, $(xy)^2=ab$일 때 성립하므로

$$m(a,\ b)=2\sqrt{ab}+a+b=(\sqrt{a}+\sqrt{b})^2$$

이다.

여기서 임의의 양수 r, s에 대하여 코시-슈바르츠 부등식을 두 번 이용해 보자.

임의의 양수 r에 대해

$$(\sqrt{a}+\sqrt{b})^2\le\left\{1^2+\left(\frac{1}{\sqrt{r}}\right)^2\right\}\{(\sqrt{a})^2+(\sqrt{r}\sqrt{b})^2\}$$

$$=\left(1+\frac{1}{r}\right)(a+rb) \quad \cdots\cdots ①$$

$$\left(\because 1\times\sqrt{a}=\sqrt{a},\ \frac{1}{\sqrt{r}}\times(\sqrt{r}\sqrt{b})=\sqrt{b}\right)$$

이때 등호는 $\frac{\sqrt{a}}{1}=\frac{\sqrt{r}\sqrt{b}}{\frac{1}{\sqrt{r}}}$, $\sqrt{a}=r\sqrt{b}$일 때 성립한다.

①의 양변을 제곱하면

$$(\sqrt{a}+\sqrt{b})^4\le\left(1+\frac{1}{r}\right)^2(a+rb)^2$$

이때 임의의 양수 s에 대해

$$(a+rb)^2\le\left\{1^2+\left(\frac{1}{\sqrt{s}}\right)^2\right\}\{a^2+(\sqrt{s}rb)^2\}$$

$$=\left(1+\frac{1}{s}\right)(a^2+r^2sb^2) \quad \cdots\cdots ②$$

$$\left(\because 1\times a=a,\ \frac{1}{\sqrt{s}}\times(\sqrt{s}rb)=rb\right)$$

이때 등식은 $\frac{a}{1}=\frac{r\sqrt{s}b}{\frac{1}{\sqrt{s}}}$, $a=rsb$일 때 성립한다.

정리하면

$$(\sqrt{a}+\sqrt{b})^4\le\left(1+\frac{1}{r}\right)^2(a+rb)^2$$
$$\le\left(1+\frac{1}{r}\right)^2\left(1+\frac{1}{s}\right)(a^2+r^2sb^2)$$

①, ②에서 $a=r^2b$, $a=rsb$이므로

$r^2b=rsb$에서 $r=s$

따라서 $r=s=2$로 잡으면,

$$m(a,\ b)\le\sqrt{\left(\frac{3}{2}\right)^3}\sqrt{a^2+8b^2}=\frac{3\sqrt{3}}{2}\ (\because a^2+8b^2=2)$$

이고 등식은 $a=4b$일 때 성립한다.

그러므로 $m(a,\ b)$의 최댓값은 $\frac{3\sqrt{3}}{2}$이다.

V 함수

COURSE A

유제 1 • 182쪽 • **실생활에서 이차함수의 예를 찾는 문제이다.**

높이가 h인 지점에서 물체를 자유 낙하시킬 때, 물체의 높이 y를 물체가 떨어지는 동안 걸린 시간 t에 대한 함수로 나타내면 다음과 같다.

$$y=h-\frac{1}{2}gt^2$$

여기에서 g는 중력가속도로 $9.8\ \mathrm{m/sec^2}$이다.

이 식을 이용하여 갈릴레이가 한 것처럼 피사의 사탑의 높이를 추정할 수 있다. 예를 들어, 높이가 h인 피사의 사탑에서 돌이나 다른 물체를 떨어뜨렸을 때 지면에 도달할 때까지 걸린 시간이 a초였다면 $t=a$일 때 $y=0$이므로 $0=h-\frac{1}{2}ga^2$에서 $h=\frac{1}{2}ga^2$이다.

유제 2 • 183쪽 • **절댓값 기호가 있는 함수의 최솟값을 구하는 문제이다.**

$$f(x)=|x-2^1|+|x-2^2|+\cdots+|x-2^5|+\cdots+|x-2^9|$$

$y=f(x)$의 그래프에서 $2^1<2^2<\cdots<2^5<\cdots<2^9$이고, 9회 꺾이는 모양이므로 $x=2^5$일 때 최소이고, 최솟값은 $f(2^5)$이다.

$$f(2^5)=|2^5-2|+\cdots+|2^5-2^4|+|0|+|2^5-2^6|+\cdots+|2^5-2^9|$$
$$=(2^5-2)+\cdots+(2^5-2^4)+(2^6-2^5)+\cdots+(2^9-2^5)$$
$$=-(2+2^2+2^3+2^4)+(2^6+2^7+2^8+2^9)$$
$$=-\frac{2(2^4-1)}{2-1}+\frac{2^6(2^4-1)}{2-1}=930$$

따라서 함수 $f(x)$의 최솟값은 930이다.

TRAINING

수리논술 기출 및 예상 문제

• 184쪽 ~ 190쪽 •

01 (1) 함수 f를 다음과 같이 정의하자.

$f: N\longrightarrow N\cup\{0\}$, $f(n)=n-1\ (n\in N)$

그러면 함수 f는 다음과 같이 집합 N에서 집합 $N\cup\{0\}$으로의 일대일 대응이 된다.

N:	1	2	3	4	5	$\cdots$	n	$\cdots$
	$\updownarrow$	$\updownarrow$	$\updownarrow$	$\updownarrow$	$\updownarrow$	$\updownarrow$	$\updownarrow$	$\updownarrow$
$N\cup\{0\}$:	0	1	2	3	4	$\cdots$	$n-1$	$\cdots$

따라서 N과 $N\cup\{0\}$의 크기는 서로 같다.

참고

위의 경우 이외에도 자연수 집합 N에서 $N\cup\{0\}$으로의 일대일 대응함수는 여러 가지가 있을 수 있다.

다른 답안

위의 풀이에서 N에서 $N\cup\{0\}$으로의 일대일 대응은 여러 가지로 설명할 수 있다. 예를 들어, 함수 f를

$f: N \longrightarrow N\cup\{0\}$,

$$f(n)=\begin{cases} n & (n\text{: 홀수}) \\ n-2 & (n\text{: 짝수}) \end{cases}$$

으로 정의하면 f는 다음과 같이 일대일 대응이 된다.

N : 1 2 3 4 5 6 ⋯ $2n-1$ $2n$ ⋯
(1과 2, 3과 4, 5와 6, $2n-1$과 $2n$이 ╳로 엇갈려 대응)
$N\cup\{0\}$: 0 1 2 3 4 5 ⋯ $2n-2$ $2n-1$ ⋯

또 다음과 같이 정의된 함수 f도 일대일 대응이 된다.

$f: N \longrightarrow N\cup\{0\}$,

$$f(n)=\begin{cases} 0 & (n=1) \\ n-2 & (n\text{은 1보다 큰 홀수}) \\ n & (n\text{은 짝수}) \end{cases}$$

즉,

N : 1 2 3 4 5 ⋯ $2n$ $2n+1$ ⋯
(1은 0에 ↕로 대응, 2와 3, 4와 5, $2n$과 $2n+1$이 ╳로 엇갈려 대응)
$N\cup\{0\}$: 0 1 2 3 4 ⋯ $2n-1$ $2n$ ⋯

이다.

※ 위의 경우 이외에도 자연수 집합 N에서 $N\cup\{0\}$으로의 일대일 대응 함수는 여러 가지가 있을 수 있다.

(2) 집합 $A=\{1, 2, 3\}$이 무한집합이라고 하면 정의에 의하여 집합 A와 크기가 같은 A의 진부분집합 B가 존재한다.

따라서 A에서 B로의 일대일 대응함수 f가 존재한다.

여기서 $f: A \longrightarrow B$는 일대일 대응이므로,

$B=\{f(1), f(2), f(3)\}$이 되고 $f(1), f(2), f(3)$은 서로 다른 값들이다. 따라서 집합 B의 원소의 개수는 3이므로 B는 집합 $A=\{1, 2, 3\}$의 진부분집합이 될 수 없다. 이것은 B가 A의 진부분집합이라는 사실에 모순이다.

그러므로 집합 $A=\{1, 2, 3\}$은 유한집합이다.

참고

위의 증명은 직접증명법으로 증명할 수도 있다.

다른 답안

집합 $A=\{1, 2, 3\}$이 유한집합이 된다는 것을 직접적인 방법으로 밝히기 위해서는 집합 A와 크기가 같은 A의 진부분집합이 존재하지 않는다는 것을 밝혀야 한다.

먼저, 집합 $A=\{1, 2, 3\}$의 진부분집합은 다음과 같이 7개가 있다.

ϕ, $\{1\}$, $\{2\}$, $\{3\}$, $\{1, 2\}$, $\{1, 3\}$, $\{2, 3\}$

그런데 이 가운데 어느 것도 집합 $A=\{1, 2, 3\}$과 크기가 같지 않으므로 집합 A와 크기가 같은 A의 진부분집합은 존재하지 않는다. 따라서 A는 유한집합이다.

(3) 짝수들의 집합을 E라 하자. 즉, $E=\{2, 4, 6, \cdots\}$이다. 그러면 E는 N의 진부분집합이 된다.

이제, 함수 f를 다음과 같이 정의하자.

$f: N \longrightarrow E$, $f(n)=2n$ $(n\in N)$

그러면 이 함수 f는 다음과 같이 집합 N에서 집합 E로의 일대일 대응이 된다.

N:	1	2	3	4	5	⋯	n	⋯
	↕	↕	↕	↕	↕	↕	↕	↕
E:	2	4	6	8	10	⋯	$2n$	⋯

따라서 N과 N의 진부분집합 E는 크기가 서로 같다. 그러므로 N은 무한집합이다.

참고

위의 경우 이외에도 자연수 집합 N에서 N의 진부분집합으로의 일대일 대응 함수는 여러 가지가 있을 수 있다.

다른 답안

위의 풀이는 여러 가지 방법으로 설명할 수 있다. 예를 들어, 함수 f를 N에서 O(여기서, O는 홀수들의 집합, 즉 $O=\{1, 3, 5, \cdots\}$)로 $f(n)=2n-1$의 규칙으로 가도록 정의하면, 함수 f는 다음과 같이 N에서 N의 진부분집합인 O로의 일대일 대응이 된다.

N:	1	2	3	4	5	⋯	n	⋯
	↕	↕	↕	↕	↕	↕	↕	↕
O:	1	3	5	7	9	⋯	$2n-1$	⋯

따라서 N과 N의 진부분집합 O는 크기가 서로 같다. 그러므로 N은 무한집합이다.

※ 위의 경우 이외에도 자연수 집합 N에서 N의 진부분집합으로의 일대일 대응함수는 여러 가지가 있을 수 있다.

(예) $f: N \longrightarrow \{3, 6, 9, 12, \cdots\}$, $f(n)=3n$ $(n\in N)$

$f: N \longrightarrow \{3, 7, 11, 15, \cdots\}$, $f(n)=4n-1$ $(n\in N)$

$f: N \longrightarrow \{2, 7, 12, 17, \cdots\}$, $f(n)=5n-3$ $(n\in N)$

02 (1) $f(n)\le n$을 만족하는 자연수 n이 존재한다고 가정하자.

조건 (A)로부터 $f(n-1)<f(n)\le n$이 되고, 공역이 자연수이므로 $f(n-1)\le n-1$을 얻게 된다.

마찬가지로 모든 $k\le n$인 k에 대하여 $f(k)\le k$가 성립함을 알 수 있다.

이때, $1\le n$이므로 $f(1)\le 1$이 성립하는데 공역이 자연수이므로 $f(1)=1$이어야 한다.

이때 조건 (B)에서 $f(n+f(m))=f(n)+m+1$이므로

$f(2)=f(1+f(1))=f(1)+1+1=3$

$f(3)=f(2+f(1))=f(2)+1+1=5$

$f(4)=f(1+f(2))=f(1)+2+1=4$

($\because f(2)=3$에서 $1+f(2)=4$)

를 얻게 된다. 여기서 $f(3)\geq f(4)$는 조건 (A)에 위배되어 모순이다.

따라서 $f(n)\leq n$을 만족하는 자연수 n은 존재할 수 없다.

(2) $f(1)=t$라 하면 공역이 자연수이므로 t도 자연수이다. 조건 (B)를 이용하면

$f(1+t)=f(1+f(1))=f(1)+1+1=t+2$

가 된다.

한편, (1)의 결과에서 $f(n)>n$이고 $t=f(1)>1$이므로 $1<t<t+1$이 된다.

또, $t<f(t)$, $f(t)<f(t+1)$이므로

$$t=f(1)<f(t)$$
$$<f(t+1)=f(1+f(1))=f(1)+1+1$$
$$=t+2$$

$f(t+1)=t+2$이므로 $f(t)=t+1$이다.

또한, $f(1+t)=t+2$, $f(t)=t+1$이므로

$f(1)+1+1=f(1+f(1))=f(1+t)$

$\geq f(t)+1\geq\cdots\geq f(1)+t$

즉 $f(1)+2\geq f(1)+t$에서 $t\leq 2$

한편 $f(1)>1$이므로 $f(1)=2$이다.

이것을 앞에서 얻은 결과 $f(t)=t+1$에 적용하면 $f(2)=3$임을 알 수 있다.

조건 (B)를 적용하면, 임의의 자연수 k에 대하여

$f(k+2)=f(k+f(1))=f(k)+1+1=f(k)+2$

를 얻게 된다.

위의 세 결과 $f(1)=2$, $f(2)=3$, $f(k+2)=f(k)+2$를 적용하면,

$f(3)=f(1)+2=4$, $f(4)=f(2)+2=5$,

$f(5)=f(3)+2=6$, $\cdots$

이므로 $f(n)=n+1$이 성립함을 알 수 있다.

03

$p=q=r=s=1$이라 하면

$\dfrac{(f(1))^2+(f(1))^2}{f(1^2)+f(1^2)}=\dfrac{2(1^2+1^2)}{1^2+1^2}$에서 $(f(1))^2=2f(1)$이 성립하고, $f(1)\neq 0$(조건에서 공역이 양의 실수)이므로 $f(1)=2$이다.

이제 함수 $f(x)$를 구하기 위해 $p=x$, $q=1$, $r=s=\sqrt{x}$를 대입하자.

$\dfrac{(f(x))^2+(f(1))^2}{f(x)+f(x)}=\dfrac{2(x^2+1)}{x+x}=\dfrac{x^2+1}{x}$이고

$x(f(x))^2-2(x^2+1)f(x)+4x=0$이므로

$\{xf(x)-2\}\{f(x)-2x\}=0$이다. 따라서 모든 $x>0$에 대해서 $f(x)=2x$ 또는 $f(x)=\dfrac{2}{x}$이다.

함수 $f(x)=2x$ 또는 $f(x)=\dfrac{2}{x}$가 주어진 조건식을 만족하는지 확인해 보자.

(i) $f(x)=2x$를 주어진 조건식에 대입하면

$$\frac{(f(p))^2+(f(q))^2}{f(r^2)+f(s^2)}=\frac{(2p)^2+(2q)^2}{2r^2+2s^2}=\frac{2(p^2+q^2)}{r^2+s^2}$$

이므로 $f(x)=2x$는 주어진 조건식을 만족한다.

(ii) $f(x)=\dfrac{2}{x}$를 주어진 조건식에 대입하면

$$\frac{(f(p))^2+(f(q))^2}{f(r^2)+f(s^2)}=\frac{\left(\frac{2}{p}\right)^2+\left(\frac{2}{q}\right)^2}{\frac{2}{r^2}+\frac{2}{s^2}}=\frac{\frac{4(q^2+p^2)}{p^2q^2}}{\frac{2(s^2+r^2)}{r^2s^2}}$$
$$=\frac{2(p^2+q^2)}{r^2+s^2}\ (\because pq=rs)$$

이므로 $f(x)=\dfrac{2}{x}$는 주어진 조건식을 만족한다.

따라서 $f(x)=2x$ 또는 $f(x)=\dfrac{2}{x}$이므로

$f(1)=2$, $f(2)=4$ 또는 $f(1)=2$, $f(2)=1$이다.

04

주어진 방정식에서 $\dfrac{1-x}{2}=t$라고 놓고 정리하면

$$t^2f(t)+f(1-t)=2t-t^4 \quad\cdots\cdots ①$$

이 성립한다.

①의 양변에 t대신 $1-t$를 대입하여 정리하면

$$(1-t)^2f(1-t)+f(t)=2(1-t)-(1-t)^4 \quad\cdots\cdots ②$$

을 구할 수 있다. $①\times(1-t)^2-②$로 부터

$\{(1-t)^2t^2-1\}f(t)$

$=(1-t)\{(1-t)(2t-t^4)-2+(1-t)^3\}$

이고

$(t^2-t+1)(t^2-t-1)f(t)$

$=(1-t)(t^5-t^4-t^3+t^2-t-1)$

$=(1-t)(t+1)(t^4-2t^3+t^2-1)$

$=(1-t)(t+1)\{t^2(t^2-2t+1)-1\}$

$=(1-t)(t+1)[\{t(t-1)\}^2-1]$

$=(1-t)(t+1)(t^2-t+1)(t^2-t-1)$

을 얻는다.

$t^2-t+1=\left(t-\dfrac{1}{2}\right)^2+\dfrac{3}{4}\neq 0$이므로

$(t^2-t-1)f(t)=(1-t^2)(t^2-t-1)$

이다.

여기에서 $t\neq\dfrac{1\pm\sqrt{5}}{2}$인 t에 대하여 $t^2-t-1\neq 0$이므로

$f(t)=1-t^2$이다. 그리고 $t=\dfrac{1\pm\sqrt{5}}{2}$에서 함수 $f(t)$를 적당한 값으로 정의하면

$$f(x)=\begin{cases}1-x^2 & \left(x\neq\dfrac{1\pm\sqrt{5}}{2}\right)\\ a & \left(x=\dfrac{1+\sqrt{5}}{2}\right)\\ b & \left(x=\dfrac{1-\sqrt{5}}{2}\right)\end{cases}$$

를 얻을 수 있다.(단, a와 b는 실수이다.)

05 연도별 가격과 인상률을 표로 만들어 보자.

구분	2000년	2001년	2002년	2003년	2004년	2005년
A상품의 가격	100	150	200	250	300	350
A상품의 인상률(%)		50	33.3	25	20	16.7
B상품의 가격	100	200	300	400	500	600
B상품의 인상률(%)		100	50	33.3	25	20

위 표는 두 제품의 가격 변동을 연도별로 살펴보고 전년도 대비 가격 인상률을 계산한 것이다. 두 제품의 가격은 계속 인상되지만 인상률은 매년 감소하고 있음을 알 수 있다.

가격 인상과 가격 인상률은 완전히 다른 것으로서 가격 인상률이 둔화 혹은 감소해도 가격은 여전히 상승한다.

이와 같은 예를 찾아보면 물리학에서 가속도가 줄어도 속도는 여전히 증가하는 것을 볼 수 있다.

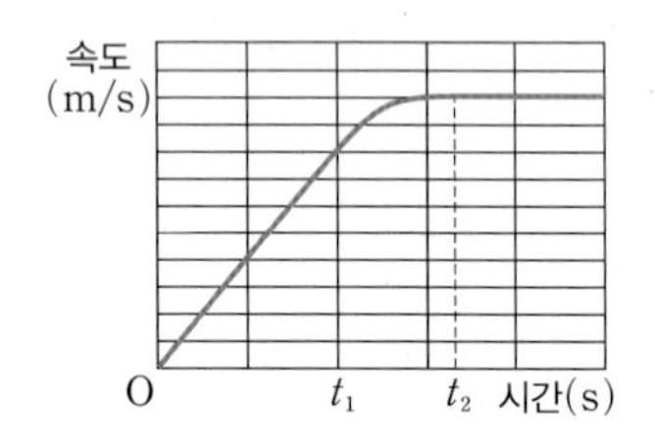

위 그래프에서 물체의 속도는 t_1까지는 일정하게 증가하고 t_1에서 t_2까지는 점점 완만하게 증가하다가 t_2 이후에는 등속도가 된다.

그래프에서 접선의 기울기가 가속도이며 시간 t_1에서 t_2 사이의 접선의 기울기(=가속도)는 점차 감소함을 볼 수 있다. 즉, 속도가 증가함에도 불구하고 가속도가 감소하는 경우이다.

06 (1) 최소 세 개의 암호가 필요하다.

왜냐하면, 사장이 n을 2로, 열쇠를 $(A,\ B,\ C)$로 선택하였기에, 2차 다항식 $f(x)=Ax^2+Bx+C$이 암호생성 알고리즘이 된다.

따라서 2차 함수의 계수 $(A,\ B,\ C)$를 결정하기 위해서는 최소한 그 곡선을 지나는 서로 다른 3개의 좌표만 있으면 된다.

(2) 필요한 암호의 최소 개수는 3개이므로 〈암호−1〉, 〈암호−2〉, 〈암호−3〉을 2차 다항식 $f(x)=Ax^2+Bx+C$에 입력하여 일차방정식이 세 개인 연립일차방정식을 구한다. 즉,

$(3,\ f(3))=(3,\ 85)$, $(5,\ f(5))=(5,\ 187)$, $(7,\ f(7))=(7,\ 329)$로부터

$9A+3B+C=85$ …… ①

$25A+5B+C=187$ …… ②

$49A+7B+C=329$ …… ③

②−①에서 $16A+2B=102$ ……④

③−②에서 $24A+2B=142$ ……⑤

⑤−④에서 $8A=40$ $\quad\therefore A=5$

A의 값을 ④에 대입하면 $B=11$

$A=5,\ B=11$을 ①에 대입하면 $C=7$

따라서 $(A,\ B,\ C)=(5,\ 11,\ 7)$이다.

07 [기준 1] 이동거리의 합이 최소가 되는 경우

각 역간의 거리를 a라 하고, A역을 원점(O)으로 하는 수직선의 양의 방향으로 각 역의 위치를 정하자.

갑 　　　　　　　　　　　을,병 　정
A 　B 　C 　D 　E 　F 　G
(O) (a) $(2a)$ $(3a)$ $(4a)$ $(5a)$ $(6a)$

갑, 을, 병, 정이 만나는 역의 위치를 x, 이들이 이동해야 할 거리의 합을 y라 하면

$y=|x|+|x-5a|+|x-5a|+|x-6a|$

이고 $0<5a<6a$이므로 y의 값이 최소인 경우는 $x=5a$일 때이다.

따라서 이들 4명이 만나야 할 역은 이동거리의 합이 최소가 되는 F역이다.

[기준 2] 개인당 이동 시간을 최소로 하는 경우

각 역간의 이동 시간을 b라 하면

A역에서 만나면 이동 시간은 각각

$0,\ 5b,\ 5b,\ 6b$

B역에서 만나면 이동 시간은 각각

$b,\ 4b,\ 4b,\ 5b$

C역에서 만나면 이동 시간은 각각

$2b,\ 3b,\ 3b,\ 4b$

D역에서 만나면 이동 시간은 각각

$3b,\ 2b,\ 2b,\ 3b$

E역에서 만나면 이동 시간은 각각

$4b,\ b,\ b,\ 2b$

F역에서 만나면 이동 시간은 각각

$5b,\ 0,\ 0,\ b$

G역에서 만나면 이동 시간은 각각

$6b,\ b,\ b,\ 0$

이다.

이 중에서 각각이 $3b$를 넘지 않는 경우는 D역에서 만나는 것이다.

[기준 3] 이동하는 사람의 수가 가장 적은 경우

갑과 정만 움직이면 가장 적은 인원이 움직이므로 F역에서 만나면 된다.

08 (1) 구하는 일차함수를 $y=ax$로 놓고 자료와의 차의 제곱의 합을 $S(a)$라고 하면

$$S(a)=(y_1-y)^2+(y_2-y)^2+(y_3-y)^2$$
$$=(y_1-ax_1)^2+(y_2-ax_2)^2+(y_3-ax_3)^2$$
$$=(x_1^2+x_2^2+x_3^2)a^2-2(x_1y_1+x_2y_2+x_3y_3)a+(y_1^2+y_2^2+y_3^2)$$
$$=(x_1^2+x_2^2+x_3^2)\left(a-\frac{x_1y_1+x_2y_2+x_3y_3}{x_1^2+x_2^2+x_3^2}\right)^2+(y_1^2+y_2^2+y_3^2)-\frac{(x_1y_1+x_2y_2+x_3y_3)^2}{x_1^2+x_2^2+x_3^2}$$

이다.

$S(a)$는 $a=\frac{x_1y_1+x_2y_2+x_3y_3}{x_1^2+x_2^2+x_3^2}$일 때 최소이므로

$$y=\frac{x_1y_1+x_2y_2+x_3y_3}{x_1^2+x_2^2+x_3^2}x$$

이다.

(2) $D_3(a)=|y_1-ax_1|+|y_2-ax_2|+|y_3-ax_3|$라 두고 $D_3(a)$를 최소로 하는 a를 찾는다.

세 점이 원점과 이루는 각이 모두 다르므로

$\frac{y_1}{x_1}<\frac{y_2}{x_2}<\frac{y_3}{x_3}$라 두면

$$D_3(a)=\begin{cases}(y_1+y_2+y_3)-a(x_1+x_2+x_3) \\ \left(a\le\frac{y_1}{x_1},\ \text{즉 } 0\le y_1-ax_1 \text{ 일 때}\right) \\ (-y_1+y_2+y_3)-a(-x_1+x_2+x_3) \\ \left(\frac{y_1}{x_1}<a\le\frac{y_2}{x_2},\ \text{즉 } y_1-ax_1<0,\ y_2-ax_2\ge0\text{일 때}\right) \\ (-y_1-y_2+y_3)-a(-x_1-x_2+x_3) \\ \left(\frac{y_2}{x_2}<a\le\frac{y_3}{x_3},\ \text{즉 } y_1-ax_1<0,\ y_2-ax_2<0,\ y_3-ax_3\ge0\text{일 때}\right) \\ (-y_1-y_2-y_3)-a(-x_1-x_2-x_3) \\ \left(a>\frac{y_3}{x_3},\ \text{즉 } y_1-ax_1<0,\ y_2-ax_2<0,\ y_3-ax_3<0\text{일 때}\right)\end{cases}$$

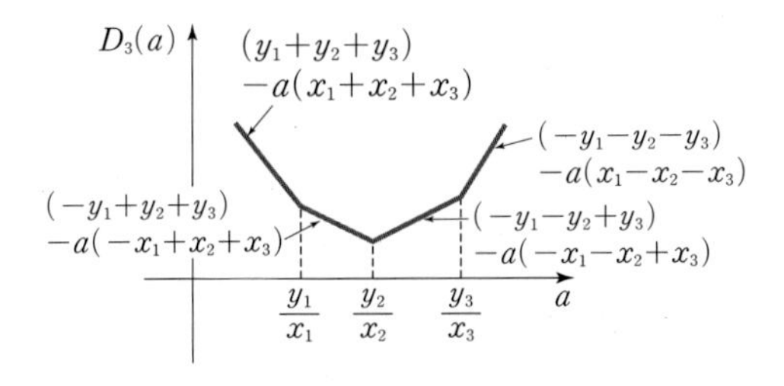

$D(a)$가 최소로 하는 경우는 $a^*=\frac{y_2}{x_2}$이다. 일반적으로 $a^*=\text{median}\left(\frac{y_1}{x_1},\ \frac{y_2}{x_2},\ \frac{y_3}{x_3}\right)$ 즉, 원점과 이루는 세 점의 각 중 그 크기가 가운데인 값이고 구해진 일차직선은 $y=a^*x$이다.

(3) 만약 $\frac{y_1}{x_1}<\frac{y_2}{x_2}<\frac{y_3}{x_3}<\frac{y_4}{x_4}$라 하고,

$D_4(a)=D_3(a)+|y_4-ax_4|$라 두면

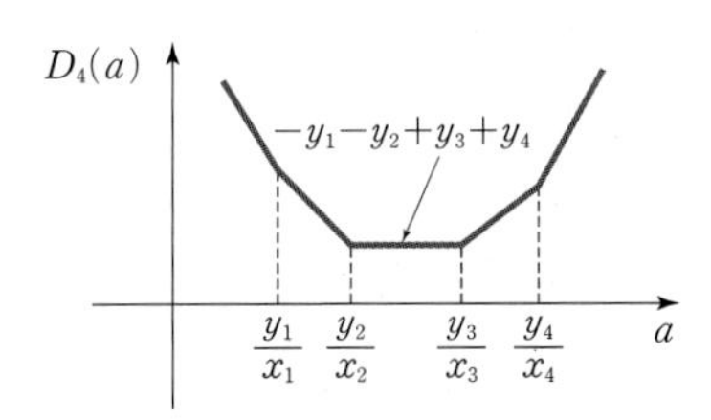

$D_4(a)$가 최소로 되는 경우는 $a^*=\left\{a : \frac{y_2}{x_2}\le a\le\frac{y_3}{x_3}\right\}$이다.

일반적으로 a^*는 원점과 이루는 네 점의 각 $\frac{y_i}{x_i}(i=1,\ \cdots,\ 4)$ 중 그 크기가 가운데인 두 값 사이의 모든 값이고 구해진 일차직선은 $y=a^*x$이다.

세 점인 경우에 (2)에서 구한 일차직선은 유일하나, 네 점인 경우는 구해진 직선은 무수히 많다.

일반적으로 홀수 개의 자료는 구해진 직선이 유일하나, 짝수개인 경우는 구해진 직선이 무수히 많다.

(4) 자료가 $\{(x_1,\ y_1),\ (x_2,\ y_2),\ (x_3,\ y_3),\ (x_4,\ y_4)\}$인 경우에 철수의 방법으로 구한 일차직선의 기울기는

$a^*=\frac{\sum_{i=1}^{4}x_iy_i}{\sum_{i=1}^{4}x_i^2}$이므로 분으로 입력되어야 할 자료가 그 값의 60분의 1로 줄어든 시의 값인 y_4를 사용함으로써 a^*에 큰 영향을 미친다. 하지만, 영희의 방법으로 구한 일차직선의 기울기는 원점과 이루는 네 점의 각 $\frac{y_i}{x_i}(i=1,\ \cdots,\ 4)$ 중 그 크기가 가운데인 두 값에만(기울기의 크기 순이 더 중요) 의존함으로 이상치 자료(원점과 이루는 각이 매우 작거나 큰 경우)에 영향을 철수의 방법보다 덜 받을 수 있다.

따라서, 이런 경우(이상치 자료가 있는 경우)에 영희의 방법을 선택하는 것이 신빙성을 높일 수 있을 가능성이 크다고 할 수 있다.

09 어떤 실수값 x보다 크지 않은 최대의 정수를 $[x]$라 하고, 어떤 실수값 x보다 작지 않은 최소의 정수를 $\langle x\rangle$라 하면 다음과 같이 나타낼 수 있다.

(i) $0<x\le3$일 때,

$0<\frac{x}{3}\le1$이므로 $\left\langle\frac{x}{3}\right\rangle=1$이고

(ii) $3<x\le6$일 때,

$1<\frac{x}{3}\le2$이므로 $\left\langle\frac{x}{3}\right\rangle=2$이다.

즉, $3(k-1)<x\le3k$일 때,

$k-1<\frac{x}{3}\le k$이므로 $\left\langle\frac{x}{3}\right\rangle=k$ (단, k는 자연수)이다.

따라서 통화시간이 x분, 요금이 y원일 때,

$y=70\left\langle\frac{x}{3}\right\rangle$로 나타낼 수 있고, 그래프로 나타내면 다음 그림과 같다.

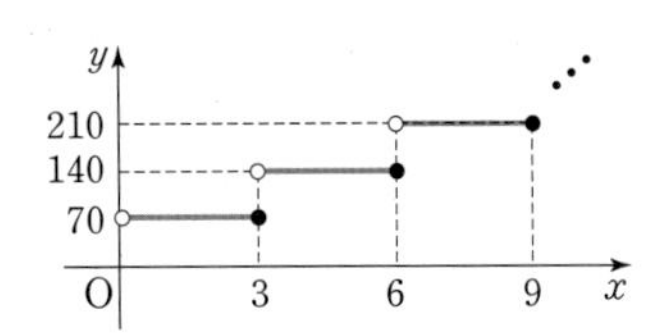

이때, $\langle x\rangle=-[-x]$의 관계가 성립하고 그 이유는 다음과 같다.

$x=n+\alpha$ (n은 정수, $0\le\alpha<1$)라 하면

$[x]=n$, $\langle x\rangle=\begin{cases} n & (\alpha=0) \\ n+1 & (\alpha\ne0)\end{cases}$이 성립하고

$-x=-n-\alpha$이므로

$[-x]=\begin{cases} -n & (\alpha=0) \\ -n-1 & (\alpha\ne0)\end{cases}$, 즉

$-[-x]=\begin{cases} n & (\alpha=0) \\ n+1 & (\alpha\ne0)\end{cases}$이 성립한다.

따라서 $\langle x\rangle=-[-x]$가 성립한다.

그러므로 앞의 함수는 $y=-70\left[-\frac{x}{3}\right]$로 나타낼 수도 있다.

10 (1) A요금제에서 통화 시간을 t분, 요금을 p원이라 하면

$0<t\le2$일 때, $p=300$

$2<t\le3$일 때, $p=300+100=400$

$3<t\le4$일 때, $p=300+100\times2=500$

$\vdots$

이고, $\langle t\rangle$를 t보다 작지 않은 최소의 정수로 정의할 때,

$p=\begin{cases} 300 & (0<t\le2) \\ 300+100\langle t-2\rangle & (t>2)\end{cases}$가 성립한다.

이것을 그래프로 나타내면 다음 그림과 같다.

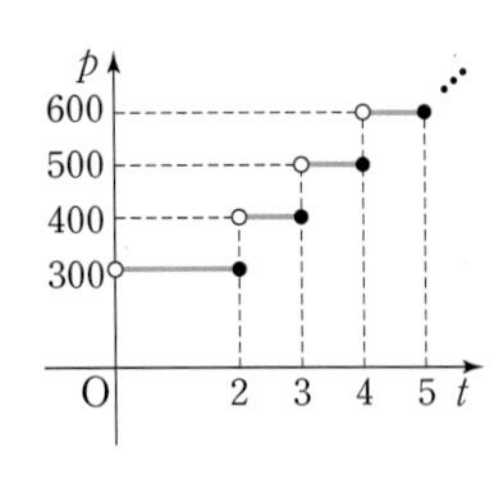

(2) $300+100\langle t-2\rangle>20000$을 만족하는 t의 값의 범위를 구해 보자. $\langle t-2\rangle>197$이고 $\langle t-2\rangle$는 정수이므로 $\langle t-2\rangle$의 최솟값은 198이다.

$\langle t-2\rangle=198$에서 $197<t-2\le198$, $199<t\le200$이므로 $t>199$이다.

따라서 사용시간이 월 199분을 초과할 때부터 정액 요금제 B가 유리하다.

(3) C요금제에서 통화 시간을 t분, 요금을 q원이라 하면

$q=\begin{cases} 10000 & (0<t\le100) \\ 10000+500\left\langle\frac{t-100}{10}\right\rangle & (t>100)\end{cases}$

이 성립한다.

(i) C요금제와 정액 요금제 B를 비교해 보자.

$10000+500\left\langle\frac{t-100}{10}\right\rangle>20000$을 만족하는 t의 값의 범위를 구해 보자.

$\left\langle\frac{t-100}{10}\right\rangle>20$이고 $\left\langle\frac{t-100}{10}\right\rangle$은 정수이므로 $\left\langle\frac{t-100}{10}\right\rangle$의 최솟값은 21이다.

$\left\langle\frac{t-100}{10}\right\rangle=21$에서 $20<\frac{t-100}{10}\le21$,

$300<t\le310$이므로 $t>300$이다.

또, $10000+500\left\langle\frac{t-100}{10}\right\rangle=20000$을 만족하는 t의 값의 범위는 $\left\langle\frac{t-100}{10}\right\rangle=20$이므로

$290<t\le300$이다.

따라서 $t\le290$일 때 C요금제가 유리하고, $t>300$일 때 B요금제가 유리하다.

(ii) A요금제와 C요금제를 비교해 보자.

$300+100\langle t-2\rangle>10000$을 만족하는 t의 값의 범위를 구해 보자. $\langle t-2\rangle>97$이고 $\langle t-2\rangle$는 정수이므로 $\langle t-2\rangle$의 최솟값은 98이다.

$\langle t-2\rangle=98$에서 $97<t-2\le98$, $99<t\le100$이므로 $t>99$이다.

또, $300+100\langle t-2\rangle=10000$을 만족하는 t의 값의 범위는 $\langle t-2\rangle=97$이므로 $98<t\le99$이다.

따라서 $t\le98$일 때 A요금제가 유리하고, $t>99$일 때 C요금제가 유리하다.

(i), (ii)에서

$t\le98$일 때 A요금제,

$98<t\le99$에서는 A요금제 또는 C요금제,

$99<t\le290$일 때 C요금제,

$290<t\le300$일 때 B요금제 또는 C요금제,

$t>300$일 때 B요금제가 유리하다.

11 (1) 원금을 M, 연이율을 r, 해약 시점을 t라 하고, 상품 A의 해약 반환금을 $R(\mathrm{A})$, 상품 B의 해약 반환금을 $R(\mathrm{B})$라 하면

$R(\mathrm{A})=M\left(1+r\times\frac{t}{365}\right)-a\times M\times\frac{365-t}{365}$,

$R(\mathrm{B})=M\left(1+r\times\frac{t}{365}\right)-b\times M$

이다. 여기서 a와 b는 문제에서 주어진 상수와 같으며, 해약 시점 t는 $0<t<365$인 연속적인 값이다.

만일 만기까지 해약을 하지 않는다면, 두 상품의 연이율이 같으므로 두 상품 중 어떤 것을 선택했을지라도 만기에 지급받는 금액은 같아지게 된다. 또한, a와 b의 값은 만기 이전에 아무 때나 해약하더라도 해약부담금이 원금을 초과하지 않도록 합리적인 값을 가져야 한다. 이 은행의 1년 만기 정기예금의 두 가지 상품 A와 B에 가입하는 고객이 있기 위해서는 아래 그래프에서 볼 수 있는 것처럼 $R(\mathrm{A})$와 $R(\mathrm{B})$의 직선이 만나는 점이 0과 365 사이에 존재하여야 하는 것이 합리적이고 논리적인 상황설정이라 할 수 있다. 즉, $R(\mathrm{A})$와 $R(\mathrm{B})$의 직선이 만나는 점이 없다면 해약 시점에 관계없이 두 개의 그래프 중 위쪽에 존재하는 상품이 더 많은 금액을 돌려주므로 고객은 당연히 두 개의 그래프 중 위쪽에 존재하는 상품을 선택할 것이다. 다시 말하면, $0<t<365$에서 항상 $R(\mathrm{A})<R(\mathrm{B})$ 또는 $R(\mathrm{A})>R(\mathrm{B})$이면 두 상품 A, B가 존재할 필요가 없으므로 $R(\mathrm{A})$와 $R(\mathrm{B})$는 $0<t<365$에서 교점이 존재해야 한다. 따라서 $R(\mathrm{A})=R(\mathrm{B})$일 때,

$a\times M\times\dfrac{365-t}{365}=b\times M$, $365-t=365\times\dfrac{b}{a}$이므로

$t=365\left(1-\dfrac{b}{a}\right)$이다.

이때, t가 0과 365 사이에 존재하기 위한 조건은 $a>b$이고, 두 상품에 대하여 $R(\mathrm{A})$와 $R(\mathrm{B})$를 동일한 좌표 상에 나타내면 다음 그래프와 같다.

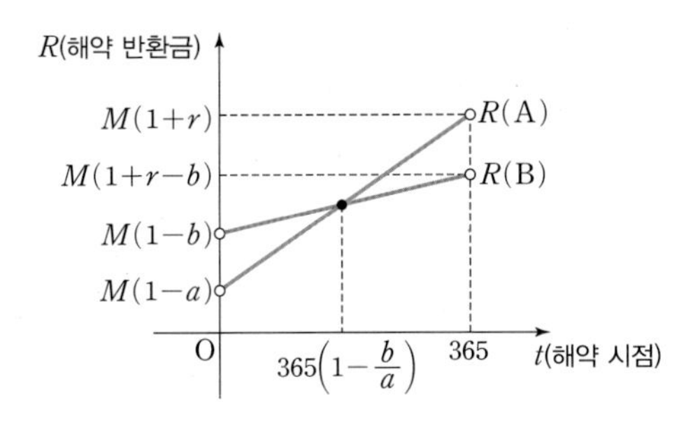

(2) 실제로 은행에서 1년 만기 정기예금을 두 가지 상품으로 만들어 마케팅을 한다고 가정하면 (1)의 그래프처럼 $R(\mathrm{A})$와 $R(\mathrm{B})$가 교차하는 지점이 0과 365 사이에 존재하도록 문제에서 주어진 해약부담금 규정 내의 a와 b가 미리 결정되어 있다고 할 수 있다. 따라서 K씨는 (1)에서 구한 $t=365\left(1-\dfrac{b}{a}\right)$를 이용하여 자신이 해약가능성이 있다고 예상하는 해약 시점이 이 값보다 작다면 해약 시 돌려받는 금액이 더 큰 상품 B를 선택하는 것이 유리하며, 자신이 해약가능성이 있다고 예상하는 해약 시점이 이 값보다 크다면 해약 시 돌려받는 금액이 더 큰 상품 A를 선택하는 것이 유리할 것이다.

물론 리스크(risk)에 대한 개인의 성향에 따라 위험을 감수하고라도 주관적으로 판단하여 이익이 더 크다고 여겨지는 상품을 선택할 수도 있으나 이러한 결정은 객관적이거나 논리적이라고 하기에는 많은 무리가 있다고 할 수 있다. 또한, 두 그래프가 거의 차이가 없이 비슷하다면 어떤 상품을 택하여도 특별히 유리하거나 불리하다고 할 수는 없지만, 이러한 경우가 발생한다고 가정하는 것은 현실적으로 합리적이지 않다고 볼 수 있으므로 배제하여도 될 것이다.

따라서 두 상품 중에서 하나를 선택할 때 해약 시점에서의 해약 반환금이 더 많은 상품을 선택하는 것이 유리하므로 해약 시점이 $t=365\left(1-\dfrac{b}{a}\right)$보다 작을 경우에는 상품 B를 선택하는 것이 유리하고, 해약 시점이 $t=365\left(1-\dfrac{b}{a}\right)$보다 클 경우에는 상품 A를 선택하는 것이 유리하다.

12 (1) 정보 이용료를 시간당 50원으로 정하면 $x=50$이고, 이때 월별 이용량은 $100(100-50)=5000$(시간)이다. 따라서 인터넷 사이트의 운영 이윤은
$50\times5000-(20\times5000+70000)=80000$(원)이다.

(2) $t=100(100-x)$이므로

(i) $0\le100(100-x)\le3000$일 때,
$70\le x\le100$이므로 운영 이윤은
$x\times100(100-x)-\{40\times100(100-x)+10000\}$
$=-100x^2+14000x-410000$
$=-100(x-70)^2+80000$
이고, 이때 운영 이윤의 최댓값은 80000원이며 정보 이용료를 시간당 70원을 받을 때이다.

(ii) $100(100-x)>3000$일 때,
$0\le x<70$이므로 운영 이윤은
$x\times100(100-x)-\{20\times100(100-x)+70000\}$
$=-100x^2+12000x-270000$
$=-100(x-60)^2+90000$
이고, 이때 운영 이윤의 최댓값은 90000원이며 정보 이용료를 시간당 60원을 받을 때이다.

(i), (ii)에 의하여 정보 이용료를 시간당 60원으로 책정할 때, 최고의 이윤 90000원을 얻을 수 있다.

(3) 통신회사 B를 이용하면 이윤은 다음과 같다.
$x\times100(100-x)-a\times100(100-x)$
$=-100x^2+(100a+10000)x-10000a$
$=-100\{x^2-(a+100)x\}-10000a$
$=-100\left(x-\dfrac{a+100}{2}\right)^2+25(a+100)^2-10000a$
$=-100\left(x-\dfrac{a+100}{2}\right)^2+25a^2-5000a+250000$

따라서 운영 이윤의 최댓값은 정보 이용료를 시간당 $x=\frac{a+100}{2}$원을 받을 때, $(25a^2-5000a+250000)$원이다. $25a^2-5000a+250000>90000$이므로 $a^2-200a+6400>0$, $(a-40)(a-160)>0$에서 $a<40$ 또는 $a>160$이다. 이때, 정보 이용료로 받는 금액 x원이 $0 \le x \le 100$이므로 $a<40$이어야 한다.

13 (1) 갑과 을이 52세부터 정년이 되는 58세까지 받는 연봉을 연봉 계산식과 임금피크제 조건을 고려하여 계산하면 다음과 같다. (단, 천 원 단위에서 반올림한다.)

(연령 : 세, 금액 : 만 원)

연령		52	53	54	55	56	57	58
갑	연봉	5900	6100	6300	6500	4875	3900	3250
	연봉 누적합	5900	12000	18300	24800	29675	33575	36825
을	연봉	5900	6100	5795	5505	5230	4969	4721
	연봉 누적합	5900	12000	17795	23300	28530	33499	38220

갑과 을의 연봉을 나타내면 다음 그림과 같다.

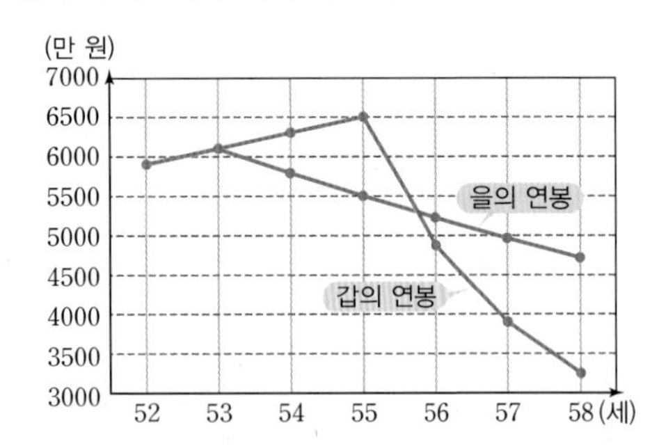

즉, 갑과 을의 연봉은 53세까지는 동일하고, 54세~55세에는 갑의 연봉이 더 많으며, 56세~58세에는 을의 연봉이 더 많다. 또한, 각 연도별 두 사람의 연봉 누적합을 보면, 53세까지는 같고 54세~57세까지는 갑의 총 연봉 누적합이 을보다 많지만, 정년인 58세까지 근무를 하면 을의 총 연봉 누적합이 갑보다 많아진다.

(2) A 회사에 다니는 갑이 54세부터 명예퇴직을 결정할 때까지 받는 연봉, 연봉 누적합, 퇴직금, 명예퇴직금, 총소득을 각 연령별로 계산하면 다음과 같다. (단, 총소득은 퇴직을 한 시점의 연봉 누적합, 퇴직금, 명예퇴직금을 모두 더한 것이다.)

(연령 : 세, 금액 : 만 원)

명예퇴직 연령	연봉	연봉 누적합	퇴직금	명예 퇴직금	총소득
54	6300	6300	15120	20160	41580
55	6500	12800	16250	15600	44650
56	4875	17675	16900	7800	42375
57	3900	21575	17550	3120	42245

현재 54세인 갑의 근무년수는 24(=54−31+1)년이며, 갑의 연봉의 최고액은 55세 이후부터 6500만 원이다. 예를 들어, 위 표의 값들 가운데 밑줄 친 값들의 계산과정을 보면 다음과 같다.

$15120=24\times6300\times0.1$, $16900=26\times6500\times0.1$

$20160=4\times6300\times0.8$, $15600=3\times6500\times0.8$

또한, 57세 연말까지만 명예퇴직을 할 수 있으므로 57세까지만 계산하는 것이 타당하다. 각 연도별 총소득을 비교하면 갑은 55세 연말에 명예퇴직을 하는 것이 가장 경제적으로 이득이라고 할 수 있다.

(3) 현재 나이가 54세이고 근무년수가 24년인 직원에 대하여 (2)와 동일한 A 회사의 퇴직금 산출방법과 54세 직원의 명예퇴직을 권장하기 위해 새로 제안되는 명예퇴직금 산출방법을 고려하여, 예상 총소득을 구하면 다음과 같다.

(연령 : 세, 금액 : 만 원)

명예퇴직 연령	연봉 누적합	퇴직금	명예 퇴직금	총소득(총비용)
54	6300	15120	$25200k$	$25200k+21420$
55	12800	16250	$19500k$	$19500k+29050$
56	17675	16900	$9750k$	$9750k+34575$
57	21575	17550	$3900k$	$3900k+39125$

이때, 54세 연말에 명예퇴직을 할 때의 총소득이 가장 많아지면 직원들은 54세 연말에 명예퇴직을 하려고 할 것이다. 즉, $25200k+21420$이 총소득 가운데 최댓값이 되면 54세 연말에 명예퇴직을 하려고 하는 직원이 많아질 것으로 예상할 수 있다.

직원의 입장에서는 k의 값이 커질수록 받게 되는 명예퇴직금이 늘어나지만 k의 값을 크게 하는 것은 회사가 부담하는 총비용을 증가시키므로 타당한 값을 다음과 같이 찾아야 할 것이다.

$25200k+21420>19500k+29050$, $5700k>7630$

$\therefore k>\frac{763}{570}=1.338\cdots$ …… ㉠

$25200k+21420>9750k+34575$

$\therefore k>\frac{13155}{15450}=0.851\cdots$ …… ㉡

$25200k+21420>3900k+39125$

$\therefore k>\frac{17705}{21300}=0.831\cdots$ …… ㉢

㉠, ㉡, ㉢에 의하여 $k>1.338\cdots$이다.

따라서 합리적인 k의 값을 소수 둘째 자리까지 나타내면 1.34정도라고 할 수 있다.

합성함수 $f \circ f \circ f \circ \cdots \circ f$의 그래프

문제 1 • 193쪽 •

첫 번째 발사에서 관찰할 수 있는 레이저 궤적을 함수로 표시한 후 이를 그래프로 표현하면 다음과 같다.

$$f(x)=\begin{cases} 2x & \left(0\le x<\frac{1}{2}\right) \\ -2x+2 & \left(\frac{1}{2}\le x\le 1\right) \end{cases}$$

두 번째 발사한 레이저의 궤적은 첫 번째 발사한 레이저 궤적을 표현한 함수를 두 번 합성하여 구할 수 있으며, 결과는 다음과 같다.

$$(f\circ f)(x)=\begin{cases} 4x & \left(0\le x<\frac{1}{4}\right) \\ -4x+2 & \left(\frac{1}{4}\le x<\frac{1}{2}\right) \\ 4x-2 & \left(\frac{1}{2}\le x<\frac{3}{4}\right) \\ -4x+4 & \left(\frac{3}{4}\le x\le 1\right) \end{cases}$$

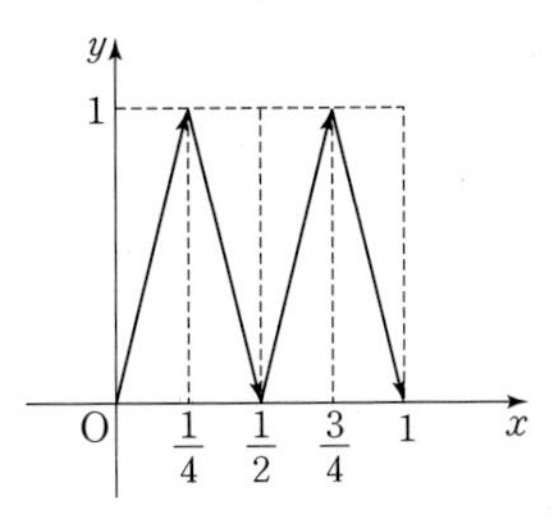

같은 방법으로 세 번째 발사한 레이져의 궤적의 함수와 그래프는 다음과 같이 된다.

$$(f\circ f\circ f)(x)=\begin{cases} 8x & \left(0\le x<\frac{1}{8}\right) \\ -8x+2 & \left(\frac{1}{8}\le x<\frac{1}{4}\right) \\ 8x-2 & \left(\frac{1}{4}\le x<\frac{3}{8}\right) \\ -8x+4 & \left(\frac{3}{8}\le x<\frac{1}{2}\right) \\ 8x-4 & \left(\frac{1}{2}\le x<\frac{5}{8}\right) \\ -8x+6 & \left(\frac{5}{8}\le x<\frac{3}{4}\right) \\ 8x-6 & \left(\frac{3}{4}\le x<\frac{7}{8}\right) \\ -8x+8 & \left(\frac{7}{8}\le x\le 1\right) \end{cases}$$

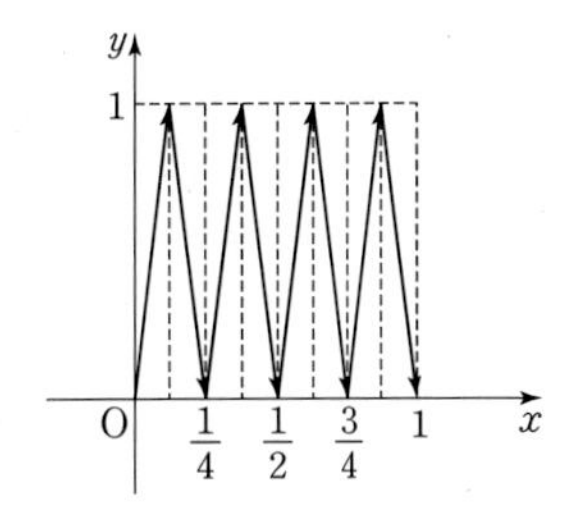

이와 같이 계속하면 $f^n(x)$의 그래프는 레이저가 위의 거울에 2^{n-1}번 발사한다.

이렇게 만들어지는 그래프에서 규칙성을 갖는 수열을 찾아보면 다음과 같은 것들이 있다.

(ㄱ) 레이저가 1번째, 2번째, 3번째, $\cdots$, n번째, $\cdots$발사에서, 위의 거울에 부딪혀 반사하는 횟수는 $1, 2, 2^2, \cdots, 2^{n-1}, \cdots$로 나타난다.

(ㄴ) 레이저가 1번째, 2번째, 3번째, $\cdots$, n번째, $\cdots$발사에서, 시작점에서 처음 아래 거울로 돌아온 지점까지의 직선거리는 $1, \frac{1}{2}, \frac{1}{2^2}, \cdots, \frac{1}{2^{n-1}}, \cdots$이다.

(ㄷ) 1번째, 2번째, 3번째, $\cdots$, n번째, $\cdots$발사에서, 레이저가 발사된 기울기는 $2, 2^2, 2^3, \cdots, 2^n, \cdots$이다.

(ㄹ) 1번째, 2번째, 3번째, $\cdots$, n번째, $\cdots$발사에서, 레이저의 궤적과 거울이 만드는 삼각형 한 개의 넓이는 $\frac{1}{2}, \frac{1}{2^2}, \frac{1}{2^3}, \cdots, \frac{1}{2^{n-1}}, \cdots$이다.

(i) 수렴하는 예와 수렴하는 이유는 다음과 같다.
위의 (ㄹ)에서 각 단계에서 만들어지는 삼각형을 한 개씩 택하여 그 넓이를 계속 더해 나가면 넓이의 총합 S는 $\sum_{n=1}^{\infty}\frac{1}{2^n}$이고, 이 급수는 수렴한다.
수렴하는 이유는, $S=\sum_{n=1}^{\infty}\frac{1}{2^n}$의 n항까지의 부분합 S_n은 $1-\left(\frac{1}{2}\right)^n$인데, $\lim_{n\to\infty}\left\{1-\left(\frac{1}{2}\right)^n\right\}=1$로 수렴하기 때문이다.

(ii) 발산하는 예와 발산하는 이유는 다음과 같다.
위의 (ㄱ)에서 가 단계에서 레이저가 위의 거울에 부딪혀 반사한 횟수의 총합 T는 $\sum_{n=1}^{\infty}2^{n-1}$이고 이 무한급수는 발산한다.
발산하는 이유는, $T=\sum_{n=1}^{\infty}2^{n-1}$의 n항까지의 부분합 T_n은 2^n-1인데 $\lim_{n\to\infty}(2^n-1)=\infty$로 발산하기 때문이다.

ANSWER

VI 수열과 수열의 극한

COURSE A

유제 1 • 202쪽 • 등비수열에 대한 문제이다.

음의 주파수가 반음 올라갈 때마다 일정 비율로 높아지므로 수열 $a_1, a_2, a_3, \cdots, a_{13}$은 등비수열이다.

이 수열의 공비를 r라 하면

$a_{13}=a_1r^{12}=2a_1$, $r^{12}=2$에서 $r=2^{\frac{1}{12}}$이다.

$a_5=a_1r^4=a_1\cdot\left(2^{\frac{1}{12}}\right)^4=a_1\cdot 2^{\frac{1}{3}}\fallingdotseq\frac{5}{4}a_1$,

$a_8=a_1r^7=a_1\cdot\left(2^{\frac{1}{12}}\right)^7=a_1\cdot 2^{\frac{7}{12}}\fallingdotseq\frac{3}{2}a_1$이고

$a_1 : a_5 : a_8=a_1 : \frac{5}{4}a_1 : \frac{3}{2}a_1=4:5:6$이므로 도, 미, 솔의 주파수 비는 $4:5:6$이다.

유제 2 • 203쪽 • 등차수열의 합에 대한 문제이다.

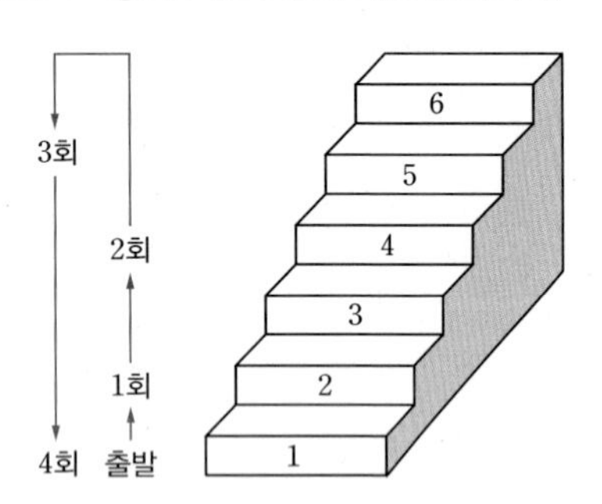

$1+2+3+4=10$이므로 10개의 계단을 움직일 때마다 위치가 주기적으로 반복된다.

n회 진행을 하게 되면 움직인 계단의 수는

$1+2+3+\cdots+n=\frac{n(n+1)}{2}$

이므로 1번 계단에서 $\frac{n(n+1)}{2}$을 10으로 나눈 나머지의 수만큼 움직인 계단에 있게 된다.

유제 3 • 204쪽 • 수열의 극한에 대한 문제이다.

주어진 시행을 n회 반복한 후 A, B그릇의 소금물의 양을 각각 a_ng, b_ng이라 하면 다음이 성립한다.

$a_{n+1}=\frac{9}{10}a_n+\frac{1}{10}\left(\frac{1}{10}a_n+b_n\right)=\frac{91}{100}a_n+\frac{1}{10}b_n$ …… ㉠

$b_{n+1}=\frac{9}{10}\left(\frac{1}{10}a_n+b_n\right)=\frac{9}{100}a_n+\frac{9}{10}b_n$ …… ㉡

㉠+㉡에서 $a_{n+1}+b_{n+1}=a_n+b_n$이므로

$a_n+b_n=a_{n-1}+b_{n-1}=\cdots=a_1+b_1=200$이다.

$\lim_{n\to\infty}a_n=\lim_{n\to\infty}a_{n+1}=\alpha$,

$\lim_{n\to\infty}b_n=\lim_{n\to\infty}b_{n+1}=\beta$ (α, β는 상수)

라 하면 $\alpha=\frac{91}{100}\alpha+\frac{1}{10}\beta$, $\beta=\frac{9}{100}\alpha+\frac{9}{10}\beta$, $\alpha+\beta=200$

이므로 $\alpha=\frac{2000}{19}$, $\beta=\frac{1800}{19}$이다.

한편, 소금물에 들어 있는 소금의 양도 같은 방법에 의하여 (A그릇의 소금의 양) : (B그릇의 소금의 양)$=10:9$이다.

원래 A, B 그릇의 소금물에 들어 있는 소금의 양은 ag, bg이므로 시행을 무한히 반복했을 때 A, B그릇의 소금물의 농도는 각각

$\frac{(a+b)\times\frac{10}{19}}{\frac{2000}{19}}\times 100=\frac{a+b}{2}(\%)$,

$\frac{(a+b)\times\frac{9}{19}}{\frac{1800}{19}}\times 100=\frac{a+b}{2}(\%)$

로 같다.

TRAINING

수리논술 기출 및 예상 문제 • 205쪽 ~ 216쪽 •

01 앞 사람이 말한 수보다 1 이상 7 이하만큼 큰 수를 말해야 하므로 A가 100을 말하려면 B가 93에서 99까지의 수를 말해야 한다. 그러기 위해서는 A는 92를 말해야 한다.
또한, A가 92를 말하려면 B가 85에서 91까지의 수를 말해야 한다. 그러기 위해서는 A는 84를 말해야 한다.
이와 같은 과정을 규칙에 맞게 배열하면 다음 표와 같다.

말한 사람	A	B	A	B	A	…
말한 수	100	99~93	92	91~85	84	…

따라서 A가 말한 수를 역으로 배열하면

100, 92, 84, …

이고, 이것은 첫째항이 100, 공차가 -8인 등차수열이므로 일반항은

$a_n=100+(n-1)\times(-8)=-8n+108$

이다.

이 수열에서 a_n이 10 이하의 자연수인 경우는

$-8n+108\leq 10$, $8n\geq 98$에서 $n\geq 12.25$이다.

따라서 n은 13 이상의 자연수이다.

그러므로 $a_{13}=-8\times 13+108=4$에서 A가 반드시 이기기 위해서는 처음에 4를 말해야 한다.

따라서 A는 처음에 4를 말하고, 그 다음부터 A는 B가 말한 수에 상관없이 앞에서 A가 말한 수에 8씩 더한 수를 말해야 한다.

02 a, b, c, d가 서로 다른 실수이므로 $a<b<c<d$라 하자. 이때, 가능한 계산은 다음 표와 같다.

$+$	a	b	c	d
a	$2a$	$a+b$	$a+c$	$a+d$
b		$2b$	$b+c$	$b+d$
c			$2c$	$c+d$
d				$2d$

계산 결과 $2a$, $a+b$, $a+c$, $a+d$, $b+d$, $c+d$, $2d$는 모두 다른 수이고, $A+A$가 서로 다른 7개의 원소를 가지므로 $A+A=\{2a,\ a+b,\ a+c,\ a+d,\ b+d,\ c+d,\ 2d\}$이다. 이때, $b+c$, $2b$, $2c$는 $A+A$의 원소 중의 하나와 같은 값이다.

$b+c$는 $2a$, $a+b$, $a+c$, $b+d$, $c+d$, $2d$와 같지 않으므로

$b+c=a+d$ ...... ㉠

$2b$는 $2a$, $a+b$, $b+d$, $c+d$, $2d$와 같지 않으므로

$2b=a+c$ 또는 $2b=a+d$

$2c$는 $2a$, $a+b$, $a+c$, $c+d$, $2d$와 같지 않으므로

$2c=a+d$ 또는 $2c=b+d$

이다. 만약 $2b=a+d$라면 ㉠에 의하여 $2b=b+c$, $b=c$가 되어 모순이므로 $2b=a+c$이다.

또한, $2c=a+d$라면 ㉠에 의하여 $2c=b+c$, $b=c$가 되어 모순이므로 $2c=b+d$이다.

따라서 수열 a, b, c, d에서 $2b=a+c$이고 $2c=b+d$가 되므로 a, b, c, d는 등차수열을 이룬다.

03 시간에 따른 개미의 위치와 띠의 길이를 표로 나타내면 다음과 같다.

	개미의 위치(m) (띠가 늘어나기 전)	개미의 위치(m) (띠가 늘어난 후)	띠의 길이 (m)
처음			1
1분 후	$\frac{1}{3}$	$\frac{1}{3}\times\frac{4}{3}$	$\frac{4}{3}$
2분 후	$\frac{1}{3}\times\frac{4}{3}+\frac{1}{3}$	$\frac{1}{3}\times\left(\frac{4}{3}\right)^2+\frac{1}{3}\times\frac{4}{3}$	$\left(\frac{4}{3}\right)^2$
⋮	⋮	⋮	⋮
$(n-1)$분 후	$\frac{1}{3}\times\left(\frac{4}{3}\right)^{n-2}+\frac{1}{3}\times\left(\frac{4}{3}\right)^{n-3}+\cdots+\frac{1}{3}$	$\frac{1}{3}\times\left(\frac{4}{3}\right)^{n-1}+\frac{1}{3}\times\left(\frac{4}{3}\right)^{n-2}+\cdots+\frac{1}{3}\times\frac{4}{3}$	$\left(\frac{4}{3}\right)^{n-1}$
n분 후	$\frac{1}{3}\times\left(\frac{4}{3}\right)^{n-1}+\frac{1}{3}\times\left(\frac{4}{3}\right)^{n-2}+\cdots+\frac{1}{3}$		

n분 후에 개미가 띠의 다른 쪽 끝에 도달할 수 있다면 n분 후 개미의 위치(띠가 늘어나기 전)가 $(n-1)$분 후 띠의 길이보다 크거나 같아야 하므로 다음 식이 성립한다.

$$\frac{1}{3}\times\left(\frac{4}{3}\right)^{n-1}+\frac{1}{3}\times\left(\frac{4}{3}\right)^{n-2}+\cdots+\frac{1}{3}\ge\left(\frac{4}{3}\right)^{n-1}$$

$$\frac{\frac{1}{3}\left\{\left(\frac{4}{3}\right)^n-1\right\}}{\frac{4}{3}-1}\ge\left(\frac{4}{3}\right)^{n-1},\ \left(\frac{4}{3}\right)^n-1\ge\left(\frac{4}{3}\right)^{n-1}$$

$$\left(\frac{4}{3}\right)^n-\left(\frac{4}{3}\right)^{n-1}\ge1,\ \frac{1}{3}\left(\frac{4}{3}\right)^{n-1}\ge1,\ \left(\frac{4}{3}\right)^{n-1}\ge3$$

양변에 상용로그를 취하면

$\log\left(\frac{4}{3}\right)^{n-1}\ge\log 3$,

$(n-1)(2\log 2-\log 3)\ge\log 3$,

$(n-1)(2\times0.3010-0.4771)\ge0.4771$

$n-1\ge\frac{0.4771}{0.1249}=3.81\cdots$이므로 $n\ge4.81\cdots$이다.

따라서 개미는 5분 이내에 띠의 다른 쪽 끝에 도달할 수 있다.

04 물체가 왼쪽 벽과 오른쪽 벽에서 k번째 출발 후의 속력을 각각 v_k, w_k라 하면

$v_1=5$, $\quad w_1=\frac{1}{4}v_1$,

$v_2=\frac{1}{4}v_1\times\frac{1}{2}=\frac{1}{8}v_1$, $\quad w_2=w_1\times\frac{1}{2}\times\frac{1}{4}=\frac{1}{8}w_1$,

$v_3=\left(\frac{1}{8}\right)^2v_1$, $\quad w_3=\left(\frac{1}{8}\right)^2w_1$,

......이다.

이때, 물체가 왼쪽 벽에서 오른쪽 벽으로 가는데 걸리는 시간의 합은

$$\frac{14}{v_1}+\frac{14}{v_2}+\frac{14}{v_3}+\cdots+\frac{14}{v_{20}}$$
$$=\frac{14}{v_1}+8\left(\frac{14}{v_1}\right)+8^2\left(\frac{14}{v_1}\right)+\cdots+8^{19}\left(\frac{14}{v_1}\right)$$

이고, 물체가 오른쪽 벽에서 왼쪽 벽으로 가는데 걸리는 시간의 합은

$$\frac{14}{w_1}+\frac{14}{w_2}+\frac{14}{w_3}+\cdots+\frac{14}{w_{20}}$$
$$=\frac{14}{w_1}+8\left(\frac{14}{w_1}\right)+8^2\left(\frac{14}{w_1}\right)+\cdots+8^{19}\left(\frac{14}{w_1}\right)$$

이다.

따라서, 물체가 두 벽 사이를 연속하여 20회 왕복하는 데 걸리는 시간은

$$\frac{14}{v_1}\times\frac{8^{20}-1}{8-1}+\frac{14}{w_1}\times\frac{8^{20}-1}{8-1}$$
$$=\frac{14}{5}\times\frac{8^{20}-1}{8-1}+\frac{14\times4}{5}\times\frac{8^{20}-1}{8-1}$$
$$=2(8^{20}-1)(\text{초})$$

이다.

05 (1) 집합 U의 원소의 개수가 100이고 집합 U의 부분집합의 개수는 2^{100}이므로 $n=2^{100}$이다.

그런데, 집합 U의 부분집합 중 한 원소를 반드시 포함하는 부분집합의 개수는 $2^{100-1}=2^{99}$이다.

따라서 $\sum_{k=1}^{n} S(A_k) = 2^{99}(1+2+3+\cdots+100)$

$= 2^{99} \times \frac{100 \times 101}{2}$

$= 5050 \times 2^{99}$

(2) U의 부분집합 중 홀수의 원소로만 이루어진 부분집합의 개수는 2^{50}이고 홀수 1, 3, 5, …, 99 중에서 한 개의 수를 반드시 포함하는 부분집합의 개수는 $2^{50-1}=2^{49}$이다.

그러므로 U의 부분집합 중 짝수를 한 개도 갖지 않는 집합의 원소의 합은

$2^{49}(1+3+5+\cdots+99) = 2^{49} \times \frac{50(1+99)}{2}$

$= 2^{49} \times 50^2$

따라서, $\sum_{k=1}^{m} S(B_k) = 5050 \times 2^{99} - 2500 \times 2^{49}$이다.

06 (1) $(1+x_1)(1+x_2)(1+x_3)\cdots(1+x_{2012})$

$=1+(x_1+x_2+\cdots+x_{2012})$

$+(x_1x_2+\cdots+x_{2011}x_{2012})+\cdots+x_1x_2\cdots x_{2012}$

이다. 이때,

$x_1=1,\ x_2=2,\ \cdots,\ x_k=k,\ \cdots,\ x_{2012}=2012$

를 대입하면

$(1+1)(1+2)(1+3)\cdots(1+2012)$

$=1+(1+2+\cdots+2012)$

$+(1\cdot2+\cdots+2011\cdot2012)+\cdots+1\cdot2\cdot\cdots\cdot2012$

이므로

$\sum_{\emptyset \neq M \subset S} a(M) = 2\cdot3\cdot4\cdot\cdots\cdot2013-1=2013!-1$

이다.

(2) $\left(1+\frac{1}{x_1}\right)\left(1+\frac{1}{x_2}\right)\left(1+\frac{1}{x_3}\right)\cdots\left(1+\frac{1}{x_{2012}}\right)$

$=1+\left(\frac{1}{x_1}+\frac{1}{x_2}+\cdots+\frac{1}{x_{2012}}\right)$

$+\left(\frac{1}{x_1x_2}+\cdots+\frac{1}{x_{2011}x_{2012}}\right)+\cdots+\frac{1}{x_1x_2\cdots x_{2012}}$

이다. 이때,

$x_1=1,\ x_2=2,\ \cdots,\ x_k=k,\ \cdots,\ x_{2012}=2012$

를 대입하면

$\left(1+\frac{1}{1}\right)\left(1+\frac{1}{2}\right)\left(1+\frac{1}{3}\right)\cdots\left(1+\frac{1}{2012}\right)$

$=1+\left(\frac{1}{1}+\frac{1}{2}+\cdots+\frac{1}{2012}\right)$

$+\left(\frac{1}{1\cdot2}+\cdots+\frac{1}{2011\cdot2012}\right)+\cdots+\frac{1}{1\cdot2\cdot\cdots\cdot2012}$

이므로

$\sum_{\emptyset \neq M \subset S} \frac{1}{a(M)} = \frac{2}{1}\cdot\frac{3}{2}\cdot\frac{4}{3}\cdot\cdots\cdot\frac{2013}{2012}-1$

$=2013-1=2012$

07 $x^5-1=0$에서 $(x-1)(x^4+x^3+x^2+x+1)=0$의 해는 $x=1$ 또는 $x^4+x^3+x^2+x+1=0$이다.

$\alpha_1=1$이라 하면 $x^4+x^3+x^2+x+1=0$의 네 근은 $\alpha_2,\ \alpha_3,\ \alpha_4,\ \alpha_5$이고 $\alpha_2+\alpha_3+\alpha_4+\alpha_5=-1$이다.

$\alpha_i(i=2,\ 3,\ 4,\ 5)$에 대하여 $\alpha_i^5=1$이므로

$\sum_{n=1}^{101} \alpha_i^n = \frac{\alpha_i(1-\alpha_i^{101})}{1-\alpha_i} = \frac{\alpha_i(1-\alpha_i)}{1-\alpha_i} = \alpha_i$이다.

따라서 $\sum_{n=1}^{101}(\alpha_1^n+\alpha_2^n+\alpha_3^n+\alpha_4^n+\alpha_5^n)$

$=\sum_{n=1}^{101}\alpha_1^n+\sum_{n=1}^{101}\alpha_2^n+\sum_{n=1}^{101}\alpha_3^n+\sum_{n=1}^{101}\alpha_4^n+\sum_{n=1}^{101}\alpha_5^n$

$=101+(\alpha_2+\alpha_3+\alpha_4+\alpha_5)$

$=101-1=100$

08 $9\times a_n = \underbrace{99\cdots99}_{n\text{개}}.\underbrace{99\cdots99}_{n\text{개}}$

$=\underbrace{99\cdots99}_{n\text{개}}+0.\underbrace{99\cdots99}_{n\text{개}}$

$=(100\cdots00-1)+(1-0.00\cdots01)$

$=(10^n-1)+(1-10^{-n})=10^n-10^{-n}$

이므로

$\sum_{n=1}^{2012} a_n = \frac{1}{9}\sum_{n=1}^{2012} 9a_n = \frac{1}{9}\sum_{n=1}^{2012}(10^n-10^{-n})$

$=\frac{1}{9}\left\{\frac{10(10^{2012}-1)}{10-1}-\frac{10^{-1}(1-10^{-2012})}{1-10^{-1}}\right\}$

$=\frac{1}{81}(10^{2013}+10^{-2012}-11)$

09 (1) 두 사람이 P_k 휴게소에서 만난다고 가정하면

A가 사용하는 휘발유 양은

$\left(22-\frac{32}{1\cdot2}\right)+\left(22-\frac{32}{2\cdot3}\right)+\cdots$

$+\left(22-\frac{32}{(k-1)\cdot k}\right)\left(=\sum_{i=1}^{k-1}\left(22-\frac{32}{i(i+1)}\right)\right)$

가 되고, 이를 부분분수로 나타내어 정리하면

$22(k-1)-32\left\{\left(\frac{1}{1}-\frac{1}{2}\right)+\left(\frac{1}{2}-\frac{1}{3}\right)\right.$

$\left.+\cdots+\left(\frac{1}{k-1}-\frac{1}{k}\right)\right\}$

$\left(=22(k-1)-32\sum_{i=1}^{k-1}\left(\frac{1}{i}-\frac{1}{i+1}\right)\right)$

$=22k+\frac{32}{k}-54$

B가 사용하는 휘발유 양은

$(20+1)+(20-1)+\cdots+\{20+(-1)^{k+1}\}$

$\left(=\sum_{i=k+1}^{20}\{20+(-1)^i\}\right)$

이를 정리하면

$20(20-k)+a,$

$a=\frac{1}{2}\{1-(-1)^k\}\left(=\begin{cases}1, & k\text{가 홀수}\\ 0 & k\text{가 짝수}\end{cases}\right)$

가 된다.

따라서 두 사람이 사용한 휘발유의 합은

$22k+\frac{32}{k}-54+20(20-k)+a$

$=346+2\left(k+\frac{16}{k}\right)+a$

가 되고 가운데 항은 산술평균 · 기하평균의 관계에 의하여 $k=\frac{16}{k}$, 즉, $k=4$에서 최소가 된다. 이 경우 $a=0$이 되어 모든 k에 대해 최소가 됨을 알 수 있다. 따라서 P_4에서 만나면 두 사람이 사용하는 휘발유의 총량을 최소화할 수 있다.

(2) 두 사람이 P_k 휴게소에서 만난다고 가정하면 A가 걸리는 시간은

$3\{1+2+\cdots+(k-1)\}=\frac{3k(k-1)}{2}$

B가 걸리는 시간은

$\{2m+(2m-1)+\cdots+(k+1)\}$

$=\frac{(2m-k)\{2m+(k+1)\}}{2}$

$=\frac{2m(2m+1)-k-k^2}{2}$

서로 같은 시간이 걸려서 만나게 되면 두 사람이 가장 빨리 만나게 되므로

$\frac{3k(k-1)}{2}=\frac{2m(2m+1)-k-k^2}{2}$

을 만족하는 k를 찾는다. 식을 정리하면

$3k^2-3k=2m(2m+1)-k-k^2$, 즉

$2k^2-k-m(2m+1)=0$이 되므로

$(k+m)(2k-(2m+1))=0$에서 $k=m+\frac{1}{2}$을 얻는다.

만나는 시간을 같게 하는 k가 자연수가 아니므로, P_m과 P_{m+1}에서 만나는 시간을 고려해야 한다.

P_m에서 만나는 경우는 더 많이 걸리는 B가 걸리는 시간이 $\frac{m(3m+1)}{2}$이고

P_{m+1}에서 만나는 경우는 더 많이 걸리는 A가 걸리는 시간이 $\frac{m(3m+3)}{2}$분이므로

P_m에서 만나야 가장 빨리 만날 수 있다.

10 (1) 임의의 수열 $\{a_n\}=(a_1, a_2, a_3, \cdots)$에 대하여 $\{a_n\}\diamond\{e_n\}=\{a_n\}$을 만족하는 수열 $\{e_n\}$을 $(e_1, e_2, e_3, \cdots)$라 하면,

$(a_1e_1, a_1e_2+a_2e_1, a_1e_3+a_2e_2+a_3e_1, \cdots)$

$=(a_1, a_2, a_3, \cdots)$

이 된다. 이를 정리하면

$a_1e_1=a_1$, $a_1e_2+a_2e_1=a_2$,

$a_1e_3+a_2e_2+a_3e_1=a_3$, $\cdots$

여기서 모든 a_1은 임의의 수이므로 $e_1=1$이 된다.

또한 두 번째 식에서 $e_1=1$을 대입하면

$a_1e_2+a_2=a_2$이고, 임의의 수 a_1에 대해 만족하려면 $e_2=0$이 된다. 같은 방법으로 $i\geq3$에 대하여 e_i를 계산하면 모두 0이 된다.

따라서 $\{e_n\}=(1, 0, 0, 0, \cdots)$이 된다.

(2) 정의를 이용하여 $\{a_n\}=(1, 1, 0, 0, 0, \cdots)$에 대해 $\{a_n\}\diamond\{a_n\}$을 계산하면 다음과 같다.

$\{a_n\}\diamond\{a_n\}$

$=(1, 1, 0, 0, 0, \cdots)\diamond(1, 1, 0, 0, 0, \cdots)$

$=(1, 2, 1, 0, 0, 0, \cdots)$

여기서 한 번 더 연산한 $\{a_n\}\diamond\{a_n\}\diamond\{a_n\}$를 계산하면 다음과 같다.

$\{a_n\}\diamond\{a_n\}\diamond\{a_n\}$

$=(1, 2, 1, 0, 0, 0, \cdots)\diamond(1, 1, 0, 0, 0, \cdots)$

$=(1, 3, 3, 1, 0, 0, \cdots)$

$\{a_n\}\diamond\{a_n\}\diamond\{a_n\}\diamond\{a_n\}$

$=(1, 3, 3, 1, 0, 0, \cdots)\diamond(1, 1, 0, 0, 0, \cdots)$

$=(1, 4, 6, 4, 1, 0, \cdots)$

이를 반복 적용하면 $\underbrace{\{a_n\}\diamond\cdots\diamond\{a_n\}}_{m}$은 다음과 같다.

$\underbrace{\{a_n\}\diamond\cdots\diamond\{a_n\}}_{m}$

$=({}_mC_0, {}_mC_1, {}_mC_2, \cdots, {}_mC_{m-1}, {}_mC_m, 0, 0, 0, \cdots)$

$=(1, m, {}_mC_2, {}_mC_3, \cdots, m, 1, 0, 0, 0, \cdots)$

(3) $\{b_n\}=(b_1, b_2, b_3, \cdots)$이라 두고 (1)에서 구한 $\{e_n\}=(1, 0, 0, 0, \cdots)$을 이용하면 다음 식이 성립한다.

$(1, 3, 9, 27, 81, \cdots)\diamond(b_1, b_2, b_3, b_4, b_5, \cdots)$

$=(1, 0, 0, 0, \cdots)$

$1\times b_1=1$, $1\times b_2+3\times b_1=0$에서 $b_1=1$, $b_2=-3$이고 $0=b_3+3b_2+9b_1$에서 $b_3=0$, 같은 방법으로 $i\geq4$에 대해 b_i를 계산하면 모두 0이 된다.

따라서 $b_n=(1, -3, 0, 0, 0, \cdots)$이 된다. 한편,

$\{n\cdot3^{n-1}\}\diamond\{b_n\}$

$=(1, 6, 27, 108, \cdots)\diamond(1, -3, 0, 0, \cdots)$

$=(1, 3, 9, 27, \cdots)$

$=\{3^{n-1}\}$

$\{3^{n-1}\}\diamond\{b_n\}$

$=(1, 3, 9, 27, \cdots)\diamond(1, -3, 0, 0, \cdots)$

$=(1, 0, 0, \cdots)=\{e_n\}$

따라서 $\{n\cdot3^{n-1}\}\diamond\{c_n\}=\{e_n\}$을 만족하는 $\{c_n\}$은 $\{b_n\}\diamond\{b_n\}$이다. 즉, 다음과 같다.

$\{c_n\}$

$=\{b_n\}\diamond\{b_n\}$

$=(1, -3, 0, 0, 0, 1, \cdots)\diamond(1, -3, 0, 0, 0, \cdots)$

$=(1, -6, 9, 0, 0, 0, \cdots)$

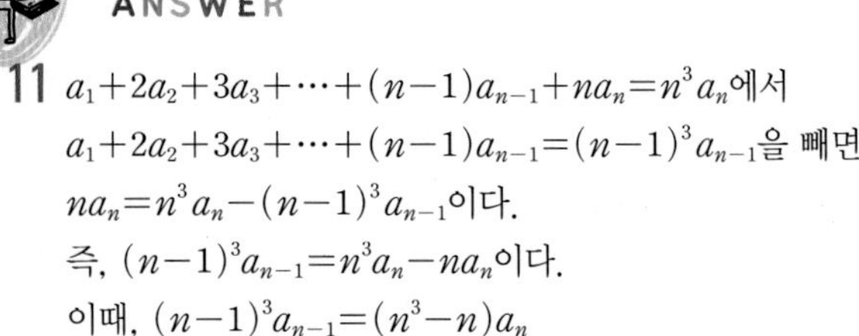

11 $a_1+2a_2+3a_3+\cdots+(n-1)a_{n-1}+na_n=n^3a_n$에서
$a_1+2a_2+3a_3+\cdots+(n-1)a_{n-1}=(n-1)^3a_{n-1}$을 빼면
$na_n=n^3a_n-(n-1)^3a_{n-1}$이다.
즉, $(n-1)^3a_{n-1}=n^3a_n-na_n$이다.
이때, $(n-1)^3a_{n-1}=(n^3-n)a_n$
$=n(n+1)(n-1)a_n$
이므로 $(n-1)^2a_{n-1}=n(n+1)a_n(n\geq2)$이다.
즉, $a_n=\frac{(n-1)^2}{n(n+1)}a_{n-1}(n\geq2)$이므로

$$a_n=\frac{(n-1)^2}{(n+1)n}\times\frac{(n-2)^2}{n(n-1)}\times\cdots\times\frac{2^2}{4\cdot3}\times\frac{1^2}{3\cdot2}a_1$$

$$=\frac{2}{(n+1)n^2}a_1\,(n\geq1)$$

따라서 $a_1=10^4$이므로 $a_{100}=\frac{2}{101\cdot100^2}10^4=\frac{2}{101}$

다른 답안

$na_n=b_n$, $S_n=\sum_{k=1}^{n}b_k$라 하면 $S_n=n^2b_n$
이때, $b_n=S_n-S_{n-1}=n^2b_n-(n-1)^2b_{n-1}$이므로
$(n^2-1)b_n=(n-1)^2b_{n-1}$이다.
따라서 $b_n=\frac{n-1}{n+1}b_{n-1}=\frac{n-1}{n+1}\cdot\frac{n-2}{n}\cdot\cdots\cdot\frac{2}{4}\cdot\frac{1}{3}b_1$
$=\frac{2b_1}{n(n+1)}=\frac{2a_1}{n(n+1)}$
이다. $b_n=na_n$에서 $na_n=\frac{2a_1}{n(n+1)}$이므로
$a_n=\frac{2a_1}{(n+1)n^2}$이다.
따라서 $a_{100}=\frac{2\cdot10^4}{101\cdot100^2}=\frac{2}{101}$이다.

참고 $na_n=b_n$으로 놓고 $S_n=\sum_{k=1}^{n}b_k$라 하면
$a_1+2a_2+3a_3+\cdots+(n-1)a_{n-1}+na_n=n^2\cdot na_n$에서
$\sum_{k=1}^{n}ka_k=n^2b_n$, $\sum_{k=1}^{n}b_k=n^2b_n$이다.
따라서 $S_n=n^2b_n$이다.

12 $f_n(x)$의 상수항과 일차항의 계수가 각각 a_n, b_n이므로
$f_1(x)=(x+1)^{2011}=(1+x)^{2011}=1+2011x+\cdots$에서
$a_1=1$, $b_1=2011$이다.
$f_n(x)=a_n+b_nx+\cdots$로 놓으면
$f_n(x)=\{f_{n-1}(x)-2\}^2$
$=\{(a_{n-1}-2)+b_{n-1}x+\cdots\}^2$
$=(a_{n-1}-2)^2+2(a_{n-1}-2)b_{n-1}x+\cdots$
이므로 $a_n=(a_{n-1}-2)^2$, $b_n=2(a_{n-1}-2)b_{n-1}$이다.
$a_1=1$이고 $a_2=(a_1-2)^2=1$, $a_3=(a_2-2)^2=1$, $\cdots$
이므로 $a_n=1$이고 $b_n=-2b_{n-1}$이다.
따라서, $a_n=1$이고 $b_1=2011$, $b_n=2011(-2)^{n-1}$이므로
$\sum_{n=1}^{2011}a_n=2011$,
$\sum_{n=1}^{2011}b_n=\frac{2011(1-(-2)^{2011})}{1-(-2)}=\frac{2011(1+2^{2011})}{3}$
이다.

13 A : 제7행은 1 2 2 2 1 1 3 1이므로 1의 개수는 4개이다.
따라서 A의 주장은 참이다.
B : 제n행에서 3이 처음으로 3 3 3과 같이 3개 연속으로 나온다고 하면 제$(n-1)$행에서 이미 3이 3개 나왔어야 하므로 모순이다. 따라서 B의 주장은 거짓이다.
C : 제n행에서 4가 처음으로 나온다고 하면 제$(n-1)$행에서 1이 연속해서 4개 나오거나 2가 연속해서 4개 나와야 한다.
만약 1 1 1 1과 같이 1이 4개 연속으로 나왔다고 하면 제 $(n-2)$행에서 1이 1개 나오고 다시 1이 나왔다는 것이므로 규칙에 어긋난다. 같은 방법으로 2가 연속해서 4개 나오는 경우에도 규칙에서 어긋난다.
그러므로 4는 나올 수 없다.
따라서 C의 주장은 거짓이다.

14 광물질의 농도가 1 g/L라는 것은 1 L에 광물질이 1 g이 들어 있다는 뜻이므로 10 L에는 10 g이 들어 있다.
그리고 증발에 의하여 물이 8 L 남았을 때에도 역시 10 g이 들어 있다. 이때, 광물질은 1 L에 $\frac{10}{8}$ g씩 들어 있다.
여기서 V L의 물을 덜어 낸다고 했으므로 광물질의 양은 $10-\frac{10}{8}V$(g)이 된다. 그리고 물을 가득 채워 넣는다고 했으므로 $(V+2)$ L의 물이 들어가고 광물질도 $V+2$(g) 들어간다.
따라서 광물질의 양은 $10-\frac{10}{8}V+V+2$(g)이다.
조건에 맞는 물갈이를 n회 시행한 후 어항 속의 물에 녹아 있는 광물질의 양을 a_n, 물갈이를 $n+1$회 시행한 후 어항 속의 물에 녹아 있는 광물질의 양을 a_{n+1}이라 하면
$a_{n+1}=a_n-\frac{a_n}{8}V+V+2$이다.
이때, $\lim_{n\to\infty}a_{n+1}=\lim_{n\to\infty}a_n$이므로 이 값을 k로 놓으면
$k=k-\frac{k}{8}V+V+2$이고 $k=\frac{8(V+2)}{V}$
k는 광물질의 양이므로 농도를 구하면 $\frac{k}{10}=\frac{8(V+2)}{10V}$이고 이 값이 1.5 g/L를 넘지 않아야 하므로
$\frac{8(V+2)}{10V}\leq1.5$, 즉 $V\geq\frac{16}{7}$이다.
따라서 V의 최솟값은 $\frac{16}{7}$ L이다.

15 (1) n개월 후의 호수의 넓이를 a_n이라 하면
$a_1=\frac{99}{100}A+B$, $a_{n+1}=\frac{99}{100}a_n+B$이므로
$a_{n+1}-100B=\frac{99}{100}(a_n-100B)$에서
$a_n-100B=\left(\frac{99}{100}\right)^{n-1}(a_1-100B)$,
$a_n=\left(\frac{99}{100}A-99B\right)\left(\frac{99}{100}\right)^{n-1}+100B$이다.

이때, $n \to \infty$이면 a_n은 $100B$로 수렴한다.

또, $a_n=(A-100B)\left(\frac{99}{100}\right)^n+100B$이고 주어진 조건 $B>\frac{A}{100}$에서 $100B>A$이므로 시간이 지나면서 호수의 넓이는 처음보다 더 커지며 $100B$로 수렴한다.

(2) 유입된 물의 양을 모두 사용하고, 매월 증발로 호수의 넓이가 1 %씩 줄어들므로 n개월 후의 호수의 넓이를 a_n이라 하면 $a_1=\frac{99}{100}A$, $a_{n+1}=\frac{99}{100}a_n$에서

$a_n=\left(\frac{99}{100}\right)^{n-1}a_1=\left(\frac{99}{100}\right)^n A$이다.

이때, $\lim_{n\to\infty} a_n=0$이므로 오랜 시간이 지났을 때, 호수의 넓이는 0으로 수렴한다.

(3) 어떤 수조에 물 5 L가 들어 있다. 이 물의 $\frac{2}{3}$를 퍼내고 4 L를 다시 넣는다. 이와 같은 시행을 무한히 계속할 때, 수조에 남은 물의 양을 구하는 것이 (1)과 같은 예이다. 이를 풀면 다음과 같다.

n번째 시행 후 수조에 남은 물의 양을 a_n이라 하면

$a_1=5\times\frac{1}{3}+4=\frac{17}{3}$, $a_{n+1}=\frac{1}{3}a_n+4$이므로

$a_{n+1}-6=\frac{1}{3}(a_n-6)$에서 $a_n-6=(a_1-6)\left(\frac{1}{3}\right)^{n-1}$,

$a_n=-\left(\frac{1}{3}\right)^n+6$이다.

$\therefore \lim_{n\to\infty} a_n=\lim_{n\to\infty}\left\{-\left(\frac{1}{3}\right)^n+6\right\}=6$

따라서 위의 과정을 무한히 반복할 때, 수조에 남아 있는 물의 양은 6 L이다.

16 (1) 주어진 표로부터 a_n의 소수점 이하 각 자릿수가 한 번 반복되면 이후로 변하지 않는 것을 예측할 수 있다. 이는 특정 자릿수까지 a_n과 b_n이 같은 값을 가지면 a_n과 b_n의 평균인 a_{n+1}도 해당 자릿수까지 같은 값을 갖는 것으로부터도 유추할 수 있다. 또한, 표에 나타난 a_n의 값은 소수 넷째(또는 셋째) 자리까지 살펴보았을 때, $\sqrt{2}$의 근삿값이 되는 것을 알 수 있다.

(2) $b_n=\frac{2}{a_n}$이므로 만일 $a_n<\sqrt{2}$이면 $b_n>\sqrt{2}$가 되고, $a_n>\sqrt{2}$이면 $b_n<\sqrt{2}$가 된다. 이로부터 수직선 위에서 $\sqrt{2}$는 항상 a_n과 b_n 사이에 있음을 알 수 있다. 한편, $a_{n+1}=\frac{a_n+b_n}{2}$이므로 a_{n+1}은 a_n과 b_n 사이에 위치하는 것을 알 수 있다. 따라서 a_n은 n이 증가할수록 $\sqrt{2}$에 점점 더 가까워짐을 알 수 있다.

(3) 앞의 (1), (2)의 과정을 참고할 때, $\sqrt{2}$의 근삿값을 구하기 위해 $b_n=\frac{2}{a_n}$의 식이 필요하므로 $\sqrt{7}$의 근삿값을 구하기 위해서는 $b_n=\frac{7}{a_n}$의 식이 필요하다.

따라서 $\sqrt{7}$의 근삿값을 구하는 데 필요한 수열은 다음과 같다.

$a_1=1$, $b_n=\frac{7}{a_n}$,

$a_{n+1}=\frac{a_n+b_n}{2}$ (단, $n=1, 2, 3, \cdots$)

또한, $b_n=\frac{7}{a_n}$로부터 $\sqrt{7}$은 항상 a_n과 b_n 사이에 있으며 $a_{n+1}=\frac{a_n+b_n}{2}$을 적용하면 a_n이 $\sqrt{7}$에 점점 더 가까워짐을 알 수 있다.

17 (가) $\frac{1}{a_{n+1}}=\frac{2a_n+1}{a_n}=2+\frac{1}{a_n}$이므로

$\left\{\frac{1}{a_n}\right\}$은 공차 2, 첫째 항 $\frac{1}{a_1}=3$인 등차수열이다.

따라서 $\frac{1}{a_n}=3+(n-1)2=2n+1$이고

$\{a_n\}$의 일반항은

$a_n=\frac{1}{2n+1}$이다.

이때, $\lim_{n\to\infty} a_n=0=\alpha$이므로 α는 $\{a_n\}$의 극한값이다.

(나) $b_1=2$이고,

$$b_{n+1}-b_n=\frac{b_n^2+1}{b_n-1}-b_n$$
$$=\frac{b_n+1}{b_n-1}=1+\frac{2}{b_n-1}>0$$

이므로, 임의의 n에 대해 b_n은 양수이다.

('$\{b_n\}$은 첫째항이 2인 증가수열이다' 또는 '$\{b_n\}$은 ∞로 발산한다'라고 써도 인정)

따라서 $\beta=-1$은 수열 $\{b_n\}$의 극한값이 아니다.

따라서 이 학생의 방법이 항상 성립하는 것은 아니다.

18 (1) 급수 $\sum_{k=1}^{\infty} a_k$가 S로 수렴한다고 하면

$\lim_{n\to\infty} S_n=\lim_{n\to\infty} S_{n-1}=S$이다.

$a_n=S_n-S_{n-1}$이므로

$$\lim_{n\to\infty} a_n=\lim_{n\to\infty}(S_n-S_{n-1})$$
$$=\lim_{n\to\infty} S_n-\lim_{n\to\infty} S_{n-1}$$
$$=S-S=0$$

(2) $0\le|a_k|-a_k\le 2|a_k|$이고 급수 $\sum_{k=1}^{\infty}2|a_k|=2\sum_{k=1}^{\infty}|a_k|$가 수렴하므로 $\sum_{k=1}^{\infty}(|a_k|-a_k)$도 수렴한다.

$$\sum_{k=1}^{\infty}a_k=\sum_{k=1}^{\infty}\{|a_k|-(|a_k|-a_k)\}$$
$$=\sum_{k=1}^{\infty}|a_k|-\sum_{k=1}^{\infty}(|a_k|-a_k)$$

이고 $\sum_{k=1}^{\infty}|a_k|$와 $\sum_{k=1}^{\infty}(|a_k|-a_k)$가 모두 수렴하므로 $\sum_{k=1}^{\infty}a_k$도 수렴한다.

(3) 두 급수 $\sum_{k=1}^{\infty}(2a_k+3b_k)$과 $\sum_{k=1}^{\infty}(a_k-2b_k)$가 모두 수렴하므로 $2a_k+3b_k=x_k$, $a_k-2b_k=y_k$로 놓으면

$\lim_{k\to\infty} x_k=0$, $\lim_{k\to\infty} y_k=0$이고

$a_k=\frac{2}{7}x_k+\frac{3}{7}y_k$, $b_k=\frac{1}{7}x_k-\frac{2}{7}y_k$

이다.

그러므로

$$\lim_{k\to\infty} a_k=\lim_{k\to\infty}\left(\frac{2}{7}x_k+\frac{3}{7}y_k\right)$$
$$=\frac{2}{7}\lim_{k\to\infty} x_k+\frac{3}{7}\lim_{k\to\infty} y_k=0,$$

$$\lim_{k\to\infty} b_k=\lim_{k\to\infty}\left(\frac{1}{7}x_k-\frac{2}{7}y_k\right)=0$$

이다.

따라서 두 수열 $\{a_n\}$, $\{b_n\}$은 모두 수렴한다.

19 (1) 임의의 자연수 n에 대하여 10^n에서 10^{n+1} 사이에 있는 자연수들의 자리수는 10^{n+1}으로는 S의 원소를 만들 수 없으므로 제외하면 $n+1$개다. 이들 중 0을 자리 숫자로 가지지 않는 자연수의 자리수로 나타날 수 있는 자연수는 0을 제외한 1부터 9까지의 총 9개의 숫자만 가능하다. 그러므로 첫 번째 나타날 수 있는 모든 가능한 자리 숫자들 9가지의 경우의 각각에 대하여 두 번째 나타날 수 있는 모든 가능한 자리 숫자들도 9가지의 경우가 있다. 이를 반복적으로 적용하면 임의의 자연수 n에 대하여 10^n에서 10^{n+1}사이에 있는 자연수 중에서 0을 자리 숫자로 가지지 않는 자연수의 개수는 총 $9\cdot9\cdots9=9^{n+1}$(개)이다.

(2) $1\le a_n\le10$의 경우에 $\frac{1}{a_n}\le1$이고, $10\le a_n\le100$의 경우에 $\frac{1}{a_n}\le\frac{1}{10}$이다. 그러므로 $10^n\le a_k\le10^{n+1}$의 경우에 $\frac{1}{a_k}\le\frac{1}{10^n}$이다.

위의 사실과 (1)의 결과를 이용하여

$$\sum_{\frac{1}{a_n}\in S,\ 1\le a_n\le10}\frac{1}{a_n}\le\frac{1}{10^0}\cdot9,$$

$$\sum_{\frac{1}{a_n}\in S,\ 10\le a_n\le10^2}\frac{1}{a_n}\le\frac{1}{10}\cdot9^2,\ \cdots$$

등을 반복적으로 얻을 수 있다. 따라서,

$$\sum_{\frac{1}{a_n}\in S}\frac{1}{a_n}$$
$$\le\frac{1}{10^0}\cdot9+\frac{1}{10^1}\cdot9^2+\cdots+\frac{1}{10^{n-1}}\cdot9^n+\cdots$$
$$=10\sum_{n=1}^{\infty}\left(\frac{9}{10}\right)^n=10\cdot\frac{\frac{9}{10}}{1-\frac{9}{10}}=90$$

이므로 주어진 급수는 수렴한다.

20 $a_n=\log(x+y)+\log(x^2+y^2)+\cdots+\log(x^{2^{n-1}}+y^{2^{n-1}})$

$$=\log x\left(1+\frac{y}{x}\right)+\log x^2\left(1+\frac{y^2}{x^2}\right)$$
$$+\log x^4\left(1+\frac{y^4}{x^4}\right)+\cdots+\log x^{2^{n-1}}\left(1+\frac{y^{2^{n-1}}}{x^{2^{n-1}}}\right)$$
$$=(\log x+\log x^2+\log x^4+\cdots+\log x^{2^{n-1}})$$
$$+\left\{\log\left(1+\frac{y}{x}\right)+\log\left(1+\frac{y^2}{x^2}\right)\right.$$
$$\left.+\log\left(1+\frac{y^4}{x^4}\right)+\cdots+\log\left(1+\frac{y^{2^{n-1}}}{x^{2^{n-1}}}\right)\right\}$$

($\because \log XY=\log X+\log Y$)

여기에서

$\log x+\log x^2+\log x^4+\cdots+\log x^{2^{n-1}}$

$=(1+2+4+\cdots+2^{n-1})\log x$

$=(2^n-1)\log x$

이므로 이 값이 수렴하기 위한 조건은 $x=1$일 때이다.

이때,

$$a_n=\log(1+y)+\log(1+y^2)+\log(1+y^4)+\cdots+\log(1+y^{2^{n-1}})$$
$$=\log(1+y)(1+y^2)(1+y^4)\cdots(1+y^{2^{n-1}})$$

$P=(1+y)(1+y^2)(1+y^4)\cdots(1+y^{2^{n-1}})$로 놓으면

$$(1-y)P=(1-y)(1+y)(1+y^2)(1+y^4)\cdots(1+y^{2^{n-1}})$$
$$=(1-y^2)(1+y^2)(1+y^4)\cdots(1+y^{2^{n-1}})$$
$$=(1-y^4)(1+y^4)\cdots(1+y^{2^{n-1}})$$
$$=1-y^{2^n}$$

이므로

$P=\frac{1-y^{2^n}}{1-y}$이고 $a_n=\log\frac{1-y^{2^n}}{1-y}$

따라서, $0<y<x=1$이므로 $\lim_{n\to\infty} a_n=\log\frac{1}{1-y}$이다.

다른 답안

$a_n=\sum_{k=1}^{n}\log(x^{2^{k-1}}+y^{2^{k-1}})$이므로

$\lim_{n\to\infty} a_n=\sum_{k=1}^{\infty}\log(x^{2^{k-1}}+y^{2^{k-1}})$이다.

$\lim_{n\to\infty} a_n$이 수렴할 조건은 $\lim_{n\to\infty}\log(x^{2^{n-1}}+y^{2^{n-1}})=0$이다.

$$\lim_{n\to\infty}(x^{2^{n-1}}+y^{2^{n-1}})=\lim_{n\to\infty} x^{2^{n-1}}\left\{1+\left(\frac{y}{x}\right)^{2^{n-1}}\right\}$$
$$=\lim_{n\to\infty} x^{2^{n-1}}\left(\because 0<\frac{y}{x}<1\right)$$
$$=1$$

이므로 $x=1$이다.

이때, $a_n=\sum_{k=1}^{n}\log(1+y^{2^{k-1}})$

$$=\log(1+y)+\log(1+y^2)+\log(1+y^4)+\cdots+\log(1+y^{2^{n-1}})$$
$$=\log(1+y)(1+y^2)(1+y^4)\cdots(1+y^{2^{n-1}})$$
$$=\log\frac{1-y^{2^n}}{1-y}$$

$0<y<x=1$이므로 $\lim_{n\to\infty} a_n=\log\frac{1}{1-y}$이다.

21 (1) k번째 항은,

$\frac{2k+1}{k(k+1)(k+2)}=\frac{A}{k}+\frac{B}{k+1}+\frac{C}{k+2}$이므로

우변을 통분하여 계수를 비교하면

$A+B+C=0,\ 3A+2B+C=2,\ 2A=1$에서

$A=\frac{1}{2},\ B=1,\ C=-\frac{3}{2}$이다.

(2) $$S_n=\left[\frac{\frac{1}{2}}{1}+\frac{1}{2}-\frac{\frac{3}{2}}{3}\right]+\left[\frac{\frac{1}{2}}{2}+\frac{1}{3}-\frac{\frac{3}{2}}{4}\right]$$
$$+\left[\frac{\frac{1}{2}}{3}+\frac{1}{4}-\frac{\frac{3}{2}}{5}\right]+\cdots+\left[\frac{\frac{1}{2}}{n-2}+\frac{1}{n-1}-\frac{\frac{3}{2}}{n}\right]$$
$$+\left[\frac{\frac{1}{2}}{n-1}+\frac{1}{n}-\frac{\frac{3}{2}}{n+1}\right]+\left[\frac{\frac{1}{2}}{n}+\frac{1}{n+1}-\frac{\frac{3}{2}}{n+2}\right]$$
$$=\frac{1}{2}\left(1+\frac{1}{2}+\frac{1}{3}+\cdots+\frac{1}{n}\right)$$
$$+\left(\frac{1}{2}+\frac{1}{3}+\frac{1}{4}+\cdots+\frac{1}{n}+\frac{1}{n+1}\right)$$
$$-\frac{3}{2}\left(\frac{1}{3}+\frac{1}{4}+\cdots+\frac{1}{n}+\frac{1}{n+1}+\frac{1}{n+2}\right)$$
$$=\frac{1}{2}+\frac{1}{4}+\frac{1}{2}\left(\frac{1}{3}+\frac{1}{4}+\cdots+\frac{1}{n}\right)$$
$$+\frac{1}{2}+\left(\frac{1}{3}+\frac{1}{4}+\cdots+\frac{1}{n}\right)+\frac{1}{n+1}$$
$$-\frac{3}{2}\left(\frac{1}{3}+\frac{1}{4}+\cdots+\frac{1}{n}\right)-\frac{3}{2}\left(\frac{1}{n+1}+\frac{1}{n+2}\right)$$
$$=\frac{5}{4}-\frac{1}{2}\left(\frac{1}{n+1}+\frac{3}{n+2}\right)$$
$$=\frac{5}{4}-\frac{1}{n^2+3n+2}\left(2n+\frac{5}{2}\right)$$

(3) $$S=\frac{1}{2}\left\{\left(1-\frac{1}{3}\right)\left(1+\frac{1}{2}+\frac{1}{3}\right)\right.$$
$$+\left(\frac{1}{2}-\frac{1}{4}\right)\left(1+\frac{1}{2}+\frac{1}{3}+\frac{1}{4}\right)$$
$$\left.+\left(\frac{1}{3}-\frac{1}{5}\right)\left(1+\frac{1}{2}+\frac{1}{3}+\frac{1}{4}+\frac{1}{5}\right)+\cdots\right\}$$
$$2S=\left(1+\frac{1}{2}+\frac{1}{3}\right)+\frac{1}{2}\left(1+\frac{1}{2}+\frac{1}{3}+\frac{1}{4}\right)$$
$$-\frac{1}{3}\left(1+\frac{1}{2}+\frac{1}{3}\right)+\frac{1}{3}\left(1+\frac{1}{2}+\frac{1}{3}+\frac{1}{4}+\frac{1}{5}\right)$$
$$-\frac{1}{4}\left(1+\frac{1}{2}+\frac{1}{3}+\frac{1}{4}\right)$$
$$+\frac{1}{4}\left(1+\frac{1}{2}+\frac{1}{3}+\frac{1}{4}+\frac{1}{5}+\frac{1}{6}\right)\cdots$$
$$2S=\left(1+\frac{1}{2}+\frac{1}{3}\right)+\frac{1}{2}\left(1+\frac{1}{2}+\frac{1}{3}+\frac{1}{4}\right)$$
$$+\frac{1}{3}\left(\frac{1}{4}+\frac{1}{5}\right)+\frac{1}{4}\left(\frac{1}{5}+\frac{1}{6}\right)+\frac{1}{5}\left(\frac{1}{6}+\frac{1}{7}\right)+\cdots$$
$$E=\frac{1}{3}\left(\frac{1}{4}+\frac{1}{5}\right)+\frac{1}{4}\left(\frac{1}{5}+\frac{1}{6}\right)+\frac{1}{5}\left(\frac{1}{6}+\frac{1}{7}\right)+\cdots$$
$$=\left(\frac{1}{3\cdot4}+\frac{1}{4\cdot5}+\frac{1}{5\cdot6}+\cdots\right)$$
$$+\left(\frac{1}{3\cdot5}+\frac{1}{4\cdot6}+\frac{1}{5\cdot7}+\cdots\right)$$
$$=\frac{1}{3}+\frac{1}{2}\left(\frac{1}{3}+\frac{1}{4}\right)=\frac{1}{3}+\frac{7}{24}=\frac{15}{24}=\frac{5}{8}$$

22 항의 개수가 유한개인 경우에는 결합법칙을 이용하여 항을 묶어 계산할 수 있지만 항의 개수가 무한개인 경우는 끝항을 알 수 없으므로 항을 묶어 정리하는 방법에 따라 무한급수의 합이 다르게 나오는 것이다.

정확한 풀이는 다음과 같다.

(1) 첫째항부터 제n항까지의 부분합을 S_n이라 하면

(i) $n=2m$일 때,

$$S_n=S_{2m}$$
$$=(1-1)+(1-1)+(1-1)+\cdots+(1-1)$$
$$=0+0+0+\cdots+0=0$$

이므로 $\lim_{n\to\infty}S_n=\lim_{m\to\infty}S_{2m}=0$이다.

(ii) $n=2m-1$일 때,

$$S_n=S_{2m-1}$$
$$=1+(-1+1)+(-1+1)+\cdots+(-1+1)$$
$$=1$$

이므로 $\lim_{n\to\infty}S_n=\lim_{m\to\infty}S_{2m-1}=1$이다.

(i), (ii)에서 $\lim_{m\to\infty}S_{2m}\neq\lim_{m\to\infty}S_{2m-1}$이므로 발산한다.

(2) 주어진 급수의 공비가 -2이므로 발산한다.

등비급수의 수렴 조건은 $-1<(\text{공비})<1$이다.

또, 학생 F의 경우는 수렴하지 않는 급수 S를 임의로 수렴하는 것으로 가정하여 계산한 것으로 잘못된 풀이이다.

23 r가 무한히 커지면 반지름의 길이가 r인 원이 다른 세 원과 접하는 부분은 직선이 된다고 볼 수 있다.

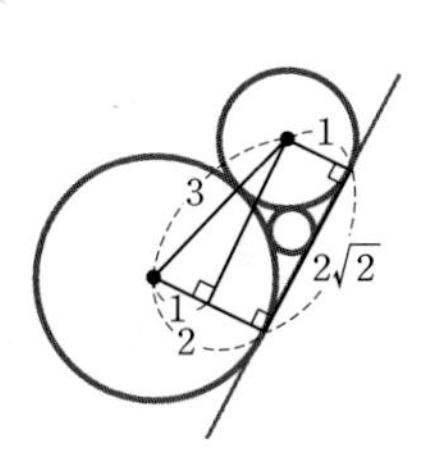

이때, 반지름의 길이가 1, 2인 원의 공통외접선의 길이는 오른쪽 그림에서 피타고라스의 정리를 이용하면 $\sqrt{3^2-1^2}=\sqrt{8}=2\sqrt{2}$가 된다.

작은 원의 반지름이 x이고, 오른쪽 그림에서

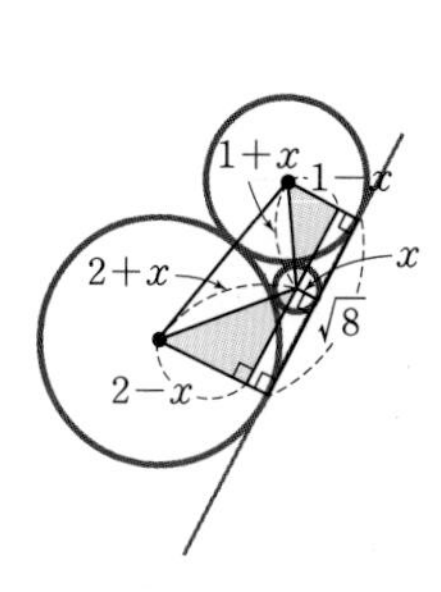

$$\sqrt{(2+x)^2-(2-x)^2}+\sqrt{(1+x)^2-(1-x)^2}=2\sqrt{2}$$

$\sqrt{8x}+\sqrt{4x}=\sqrt{8},\ \sqrt{2x}+\sqrt{x}=\sqrt{2},$

$\sqrt{2x}=\sqrt{2}-\sqrt{x}$

양변을 제곱하면

$2x=2-2\sqrt{2x}+x,\ x-2=-2\sqrt{2x}$

이다.

또, 양변을 제곱하면

$x^2-4x+4=8x,\ x^2-12x+4=0$

에서 $x=6\pm4\sqrt{2}$

이다.

$0<x<1$이므로 $x=6-4\sqrt{2}$이다.

따라서 r가 무한히 커질 때 x의 값은 $6-4\sqrt{2}$에 가까워진다고 할 수 있다.

ANSWER

24 (1) 주어진 두 직선 l_1, l_2가 $y=x$에 대칭이므로 원의 중심 $(x_n,\ y_n)$은 $y=x$ 위의 점 $(x_n,\ x_n)$으로 주어진다. 구하는 원 C_n의 반지름 r_n은 직선 $y=\dfrac{1+\tan\theta}{1-\tan\theta}x$와 $(x_n,\ x_n)$ 사이의 거리이므로

$$r_n=\frac{\left|\dfrac{1+\tan\theta}{1-\tan\theta}x_n-x_n\right|}{\sqrt{\left(\dfrac{1+\tan\theta}{1-\tan\theta}\right)^2+1}}=\left(\frac{2\tan\theta}{\sqrt{2}\sec\theta}\right)x_n$$

$$=\sqrt{2}x_n\sin\theta$$

이다.

따라서 중심의 좌표는

$(x_n,\ y_n)=\left(\dfrac{1}{\sqrt{2}\sin\theta}r_n,\ \dfrac{1}{\sqrt{2}\sin\theta}r_n\right)$이다.

다른 답안

위 풀이에서 원의 중심 $(x_n,\ y_n)$이 점 $(x_n,\ x_n)$임은 다음 두 가지 다른 방법으로도 알 수 있다.

방법1 원의 중심 $(x_n,\ y_n)$은 두 직선으로부터 같은 거리에 있는 점들 위에 있으므로,

$$r_n=\frac{\left|\dfrac{1+\tan\theta}{1-\tan\theta}x_n-y_n\right|}{\sqrt{\left(\dfrac{1+\tan\theta}{1-\tan\theta}\right)^2+1}}$$

$$=\frac{\left|\dfrac{1-\tan\theta}{1+\tan\theta}x_n-y_n\right|}{\sqrt{\left(\dfrac{1-\tan\theta}{1+\tan\theta}\right)^2+1}}$$

을 만족한다. 등식을 정리하면 $x_n=y_n$을 얻는다.

방법2 삼각함수의 덧셈정리에 의하여 두 직선의 기울기가

$\dfrac{1+\tan\theta}{1-\tan\theta}=\tan\left(\dfrac{\pi}{4}+\theta\right)$, $\dfrac{1-\tan\theta}{1+\tan\theta}=\tan\left(\dfrac{\pi}{4}-\theta\right)$

이므로 원의 중심은 기울기 $\tan\dfrac{\pi}{4}=1$인 직선 $y=x$ 위에 있다.

(2) 두 원 C_n, C_{n+1}의 중심 $(x_n,\ x_n)$과 $(x_{n+1},\ x_{n+1})$ 사이의 거리는

$\sqrt{(x_n-x_{n+1})^2+(x_n-x_{n+1})^2}$

$=\sqrt{2(x_n-x_{n+1})^2}=\sqrt{2}(x_n-x_{n+1})$

$=\sqrt{2}\left(\dfrac{1}{\sqrt{2}\sin\theta}r_n-\dfrac{1}{\sqrt{2}\sin\theta}r_{n+1}\right)$

$=\dfrac{1}{\sin\theta}(r_n-r_{n+1})$

이다.

이 값은 두 원의 반지름의 합과 같으므로

$r_n+r_{n+1}=\dfrac{1}{\sin\theta}(r_n-r_{n+1})$

이다.

따라서, 구하는 반지름의 비는

$\dfrac{r_{n+1}}{r_n}=\dfrac{1-\sin\theta}{1+\sin\theta}$이다.

다른 답안 1

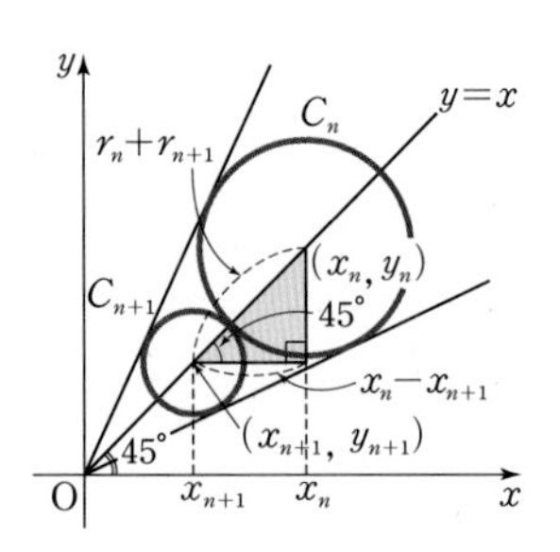

위의 그림의 직각이등변삼각형에서

$r_n+r_{n+1}=\sqrt{2}(x_n-x_{n+1})$

$=\sqrt{2}\left(\dfrac{1}{\sqrt{2}\sin\theta}r_n-\dfrac{1}{\sqrt{2}\sin\theta}r_{n+1}\right)$

$=\dfrac{1}{\sin\theta}(r_n-r_{n+1})$

이다. 따라서, 구하는 반지름의 비는

$\dfrac{r_{n+1}}{r_n}=\dfrac{1-\sin\theta}{1+\sin\theta}$이다.

다른 답안 2

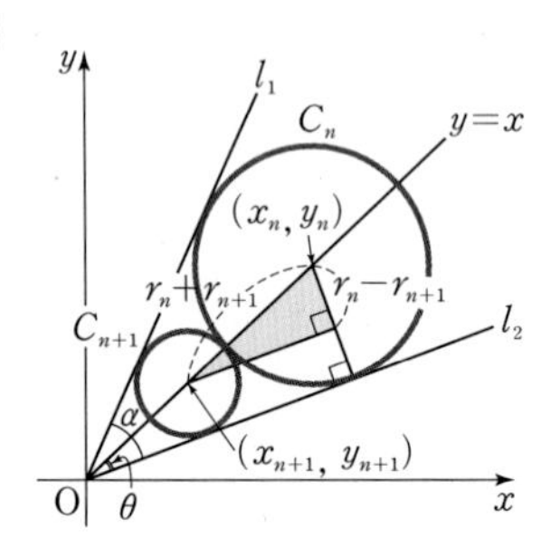

두 직선 l_1, l_2의 사이각을 α라 할 때, 두 원 C_n, C_{n+1}의 반지름 r_n, r_{n+1}은 $\sin\dfrac{\alpha}{2}=\dfrac{r_n-r_{n+1}}{r_n+r_{n+1}}$을 만족한다.

기울기 m, m'인 두직선이 이루는 예각 α는

$\tan\theta=\left|\dfrac{m-m'}{1+mm'}\right|$로 구할 수 있으므로

두 직선 l_1, l_2의 사이각 α를 구하면

$$\tan\alpha=\frac{\dfrac{1+\tan\theta}{1-\tan\theta}-\dfrac{1-\tan\theta}{1+\tan\theta}}{1+\dfrac{1+\tan\theta}{1-\tan\theta}\times\dfrac{1-\tan\theta}{1+\tan\theta}}=\frac{2\tan\theta}{1-\tan^2\theta}$$

$=\tan 2\theta$

이므로 α와 θ는 $\alpha=2\theta$를 만족한다. 위의 그림에서

$\sin\theta=\dfrac{r_n-r_{n+1}}{r_n+r_{n+1}}$이므로 $\dfrac{r_{n+1}}{r_n}=\dfrac{1-\sin\theta}{1+\sin\theta}$이다.

(3) 원 C_n의 둘레의 길이는 $2\pi r_n$이므로 주어진 문제는 공비가 $\dfrac{r_{n+1}}{r_n}=\dfrac{1-\sin\theta}{1+\sin\theta}$(=상수)로 주어진 등비급수이다.

이때, $0<\theta<\dfrac{\pi}{4}$에 대하여 반지름의 비율

$\dfrac{r_{n+1}}{r_n}=\dfrac{1-\sin\theta}{1+\sin\theta}$이 구간 $\left(\dfrac{\sqrt{2}-1}{\sqrt{2}+1},\ 1\right)$에 속하므로 등비급수는 수렴하며 값은

$$\frac{2\pi r_1}{1-\dfrac{r_{n+1}}{r_n}}=\frac{2\pi r_1}{1-\dfrac{1-\sin\theta}{1+\sin\theta}}=2015\pi\frac{1+\sin\theta}{\sin\theta}$$이다.

(4) 공비 $\frac{r_{n+1}}{r_n}=\frac{1-\sin\theta}{1+\sin\theta}=r$라 하면 원 C_n의 반지름 r_n은 $r_n=1\cdot r^{n-1}$으로 표시되며 수열 $\{a_n\}$에서 $a_n=\frac{2\sqrt{r_n r_{n+1}}}{\sqrt{r_n}+\sqrt{r_{n+1}}}$은 다음과 같이 변형된다.

$$a_n=\frac{2\sqrt{r_n r_{n+1}}}{\sqrt{r_n}+\sqrt{r_{n+1}}}=\frac{2r^{\frac{2n-1}{2}}}{r^{\frac{n-1}{2}}+r^{\frac{n}{2}}}=\frac{2\sqrt{r}}{\sqrt{r}+1}(\sqrt{r})^{n-1}$$

따라서 수열 $\{a_n\}$은 첫째항이 $\frac{2\sqrt{r}}{\sqrt{r}+1}$이고 공비가 $\sqrt{r}$인 등비수열이다. 공비 $\sqrt{r}$이 1보다 작은 양수이므로 주어진 급수의 합은

$$\frac{\left(\frac{2\sqrt{r}}{\sqrt{r}+1}\right)}{1-\sqrt{r}}=\frac{2\sqrt{r}}{1-r}=\frac{2\left(\frac{1-\sin\theta}{\cos\theta}\right)}{1-\frac{1-\sin\theta}{1+\sin\theta}}=\frac{\cos\theta}{\sin\theta}=\cot\theta$$

으로 구해진다.

$\left(\text{여기서 } \sqrt{r}=\sqrt{\frac{1-\sin\theta}{1+\sin\theta}}=\sqrt{\frac{(1-\sin\theta)^2}{(1-\sin^2\theta)}}=\frac{1-\sin\theta}{\cos\theta}\text{이다.}\right)$

따라서 주어진 문제는

$$\lim_{\theta\to+0}\theta\left(\sum_{n=1}^{\infty}\frac{2\sqrt{r_n r_{n+1}}}{\sqrt{r_n}+\sqrt{r_{n+1}}}\right)=\lim_{\theta\to+0}\theta(\cot\theta)=1$$

로 구해진다.

다른 답안

$\frac{r_{n+1}}{r_n}=\frac{1-\sin\theta}{1+\sin\theta}$에서 $r_{n+1}=\frac{1-\sin\theta}{1+\sin\theta}r_n$이고

$r_n=\left(\frac{1-\sin\theta}{1+\sin\theta}\right)^{n-1}\cdot r_1=\left(\frac{1-\sin\theta}{1+\sin\theta}\right)^{n-1}$이다.

$\frac{1-\sin\theta}{1+\sin\theta}=r$로 놓으면 $r_n=r^{n-1}$이다.

$$a_n=\frac{2\sqrt{r_n r_{n+1}}}{\sqrt{r_n}+\sqrt{r_{n+1}}}=\frac{2\sqrt{r^{n-1}}\cdot\sqrt{r^n}}{\sqrt{r^{n-1}}+\sqrt{r^n}}$$

$$=\frac{2}{1+\sqrt{r}}\cdot\frac{\sqrt{r^{n-1}r^n}}{\sqrt{r^{n-1}}}=\frac{2}{1+\sqrt{r}}\cdot\sqrt{r^n}=\frac{2\sqrt{r}}{1+\sqrt{r}}(\sqrt{r})^{n-1}$$

이므로 수열 $\{a_n\}$은 첫째항 $\frac{2\sqrt{r}}{1+\sqrt{r}}$, 공비 $\sqrt{r}$인 등비수열이다.

$$\sum_{n=1}^{\infty}\frac{2\sqrt{r_n r_{n+1}}}{\sqrt{r_n}+\sqrt{r_{n+1}}}=\sum_{n=1}^{\infty}a_n=\frac{\frac{2\sqrt{r}}{1+\sqrt{r}}}{1-\sqrt{r}}=\frac{2\sqrt{r}}{1-r}$$

$$=\frac{2\sqrt{\frac{1-\sin\theta}{1+\sin\theta}}}{1-\frac{1-\sin\theta}{1+\sin\theta}}=2\sqrt{\frac{1-\sin\theta}{1+\sin\theta}}\times\frac{1+\sin\theta}{2\sin\theta}$$

$$=\frac{\sqrt{1-\sin\theta}\sqrt{1+\sin\theta}}{\sin\theta}=\frac{\sqrt{1-\sin^2\theta}}{\sin\theta}=\frac{\cos\theta}{\sin\theta}$$

$=\cot\theta$

따라서,

$$\lim_{\theta\to+0}\theta\left(\sum_{n=1}^{\infty}\frac{2\sqrt{r_n r_{n+1}}}{\sqrt{r_n}+\sqrt{r_{n+1}}}\right)=\lim_{\theta\to+0}\theta(\cot\theta)$$

$$=\lim_{\theta\to+0}\frac{\theta}{\tan\theta}=1$$

여러 가지 점화식

문제 1 • 221쪽 •

$$a_{n+1}+b_{n+1}=(a_n+b_n)a_1+(a_n+b_n)b_1$$
$$=(a_1+b_1)(a_n+b_n)$$

따라서 수열 $\{a_n+b_n\}$은 첫째항 (a_1+b_1), 공비 (a_1+b_1)인 등비수열이므로

$a_n+b_n=(a_1+b_1)\cdot(a_1+b_1)^{n-1}=(a_1+b_1)^n$ …… ㉠

$$a_{n+1}-b_{n+1}=(a_n-b_n)a_1+(b_n-a_n)b_1$$
$$=(a_1-b_1)(a_n-b_n)$$

수열 $\{a_n-b_n\}$은 첫째항 (a_1-b_1), 공비 (a_1-b_1)인 등비수열이므로

$a_n-b_n=(a_1-b_1)\cdot(a_1-b_1)^{n-1}=(a_1-b_1)^n$ …… ㉡

㉠, ㉡에서 좌변은 좌변끼리, 우변은 우변끼리 곱하면 $(a_n+b_n)(a_n-b_n)=(a_1+b_1)^n(a_1-b_1)^n$이므로 $a_n^2-b_n^2=(a_1^2-b_1^2)^n$이다.

다른 답안

$$a_{n+1}+b_{n+1}=(a_1+b_1)(a_n+b_n)$$
$$a_{n+1}-b_{n+1}=(a_1-b_1)(a_n-b_n)$$

이므로

$$(a_{n+1}+b_{n+1})(a_{n+1}-b_{n+1})$$
$$=(a_1+b_1)(a_1-b_1)\cdot(a_n+b_n)(a_n-b_n)$$

즉, $a_{n+1}^2-b_{n+1}^2=(a_1^2-b_1^2)(a_n^2-b_n^2)$이다.

따라서 수열 $\{a_n^2-b_n^2\}$은 첫째항 $(a_1^2-b_1^2)$, 공비 $(a_1^2-b_1^2)$인 등비수열이므로

$a_n^2-b_n^2=(a_1^2-b_1^2)\cdot(a_1^2-b_1^2)^{n-1}=(a_1^2-b_1^2)^n$이다.

문제 2 • 222쪽 •

(1) 주어진 관계식의 좌변과 우변을 각각 더하면

$$A(n+1)+B(n+1)+C(n+1)$$
$$=A(n)+B(n)+C(n)$$

이다. 따라서,

$$A(n)+B(n)+C(n)$$
$$=A(n-1)+B(n-1)+C(n-1)$$
$$=\cdots=A(0)+B(0)+C(0)=60$$

으로 일정하다.

(2) 주어진 상수값들을 대입하면 다음 식을 얻는다.

$A(n+1)=\frac{1}{3}A(n)+\frac{1}{2}B(n)+\frac{1}{6}C(n)$ …… ㉠

$B(n+1)=\frac{1}{2}A(n)+\frac{1}{3}B(n)+\frac{1}{6}C(n)$ …… ㉡

$C(n+1)=\frac{1}{6}A(n)+\frac{1}{6}B(n)+\frac{2}{3}C(n)$ …… ㉢

㉠과 ㉡을 변변 더하면

$A(n+1)+B(n+1)=\frac{5}{6}A(n)+\frac{5}{6}B(n)+\frac{1}{3}C(n)$

이다.

그런데 (1)에서 $A(n)+B(n)+C(n)=60$이고

$C(n)=60-\{A(n)+B(n)\}$이므로

$A(n+1)+B(n+1)=\frac{1}{2}\{A(n)+B(n)\}+20$이다.

$A(n)+B(n)=D(n)$으로 놓으면

$D(n+1)=\frac{1}{2}D(n)+20$,

$D(0)=A(0)+B(0)=10+20=30$이다.

$D(n+1)-40=\frac{1}{2}\{D(n)-40\}$이므로

$D(n)-40=\left(\frac{1}{2}\right)^n\{D(0)-40\}$,

$D(n)=-10\left(\frac{1}{2}\right)^n+40$,

즉 $A(n)+B(n)=-10\left(\frac{1}{2}\right)^n+40$이다.

따라서, $A(2011)+B(2011)=-10\left(\frac{1}{2}\right)^{2011}+40$이다.

또, $\lim_{n\to\infty}\{A(n)+B(n)\}=40$이고

$\lim_{n\to\infty}\{A(n)+B(n)+C(n)\}=60$이므로

n이 한없이 커질 때 $C(n)$은 20으로 수렴한다.

다른 답안

주어진 상수값들을 대입하면 다음 식을 얻는다.

$A(n+1)=\frac{1}{3}A(n)+\frac{1}{2}B(n)+\frac{1}{6}C(n)$ …… ㉠

$B(n+1)=\frac{1}{2}A(n)+\frac{1}{3}B(n)+\frac{1}{6}C(n)$ …… ㉡

$C(n+1)=\frac{1}{6}A(n)+\frac{1}{6}B(n)+\frac{2}{3}C(n)$ …… ㉢

㉢에서 $C(n+1)=\frac{1}{6}\{A(n)+B(n)\}+\frac{2}{3}C(n)$이고

(1)에서 $A(n)+B(n)+C(n)=60$,

$A(n)+B(n)=60-C(n)$이므로

$C(n+1)=\frac{1}{2}C(n)+10$이다.

$C(n+1)-20=\frac{1}{2}\{C(n)-20\}$이므로

$C(n)-20=\left(\frac{1}{2}\right)^n\{C(0)-20\}$,

$C(n)=10\left(\frac{1}{2}\right)^n+20$이다. ($\because C(0)=30$)

따라서, $C(2011)=10\left(\frac{1}{2}\right)^{2011}+20$이므로

$A(2011)+B(2011)=-10\left(\frac{1}{2}\right)^{2011}+40$이다.

또, n이 한없이 커질때 $C(n)$은 20으로 수렴한다.

문제 3 • 222쪽 •

처음 A그릇에 있는 물의 양의 $r(0<r<1)$만큼 B그릇으로 옮기고, B그릇에 있는 물의 $\frac{1}{3}$을 A그릇으로 옮기는 시행을 n회한 후 A, B그릇에 있는 물의 양을 각각 a_n, b_n이라 하면

$a_{n+1}=(1-r)a_n+\frac{1}{3}(ra_n+b_n)$, $b_{n+1}=\frac{2}{3}(ra_n+b_n)$ …… ㉠

이다.

두 식을 더하면 $a_{n+1}+b_{n+1}=a_n+b_n=1$ …… ㉡

이다.

$\lim_{n\to\infty}a_n=\alpha$, $\lim_{n\to\infty}b_n=\beta$로 놓으면 $\lim_{n\to\infty}a_{n+1}=\alpha$, $\lim_{n\to\infty}b_{n+1}=\beta$

이고 A, B그릇의 물이 같아지므로 ㉡에서 $\alpha=\beta=\frac{1}{2}$이다.

이때, ㉠에서 $r=\frac{1}{2}$이므로 처음에 A 그릇에 있는 물의 절반을 B 그릇으로 옮겨야 한다.

다른 답안

A그릇에 있는 물의 양을 a, B그릇으로 옮기는 물의 양을 $pa(0<p<1)$라 하자. A그릇에 있는 물의 일부(pa)를 B그릇으로 옮긴 다음 B그릇에 있는 물의 $\frac{1}{3}$을 A그릇으로 옮기는 시행을 n번 반복한 후 A그릇에 있는 물의 양을 a_n이라 하면 이 시행을 $(n+1)$번 반복한 후 A그릇에 있는 물의 양 a_{n+1}은

$a_{n+1}=(1-p)a_n+\frac{1}{3}\{pa_n+(1-a_n)\}(\because a_n+b_n=1)$

$a_{n+1}=\left(\frac{2}{3}-\frac{2}{3}p\right)a_n+\frac{1}{3}$ …… ㉠

그런데 시행을 무한히 반복하면 A, B 두 그릇의 물의 양이 같아지므로 $\lim_{n\to\infty}a_{n+1}=\lim_{n\to\infty}a_n=\frac{1}{2}$(L)이다.

㉠에서 $\lim_{n\to\infty}a_{n+1}=\left(\frac{2}{3}-\frac{2}{3}p\right)\lim_{n\to\infty}a_n+\frac{1}{3}$이므로

$\frac{1}{2}=\left(\frac{2}{3}-\frac{2}{3}p\right)\times\frac{1}{2}+\frac{1}{3}$에서 $p=\frac{1}{2}$이다.

따라서 처음에 A그릇에 있는 물의 절반을 B그릇으로 옮겨야 한다.

문제 4 • 223쪽 •

n번째 전달받은 내용이 처음 정보와 동일한 확률을 a_n, 처음 정보와 정반대일 확률을 b_n이라 하자.

도시 A의 경우에 $n+1$번째 경우는

$a_{n+1}=0.8a_n+0.2b_n$, $b_{n+1}=0.2a_n+0.8b_n$ …… ㉠

이다.

두 식을 더하면 $a_{n+1}+b_{n+1}=a_n+b_n$이므로

$a_n+b_n=a_{n-1}+b_{n-1}=\cdots=a_1+b_1=1$ …… ㉡

이다.

$\lim_{n\to\infty}a_n=\alpha$, $\lim_{n\to\infty}b_n=\beta$로 놓으면 $\lim_{n\to\infty}a_{n+1}=\alpha$, $\lim_{n\to\infty}b_{n+1}=\beta$

이므로 ㉠, ㉡에서 각각 $\alpha=\beta$이고 $\alpha+\beta=1$이다.

따라서, $\alpha=\beta=\frac{1}{2}$이다.

도시 B의 경우에 $n+1$번째 경우는

$a_{n+1}=0.6a_n+0.4b_n$, $b_{n+1}=0.4a_n+0.6b_n$이므로

위와 같은 방법으로 하면 $\lim_{n\to\infty} a_n=\lim_{n\to\infty} b_n=\frac{1}{2}$이다.

그러므로 많은 사람을 거쳐 전달된 내용이 첫 정보와 동일할 확률은 두 도시 A, B가 같으므로 도시 A가 도시 B보다 높다는 갑의 주장은 옳지 않다.

한편 을의 실험에서 단위시간당 연기 분자가 특수막을 통과하여 반대쪽으로 가는 비율을 r이라 하고, 실험 시작 n시간 후의 특수막 왼쪽, 오른쪽의 연기 분자 수를 각각 c_n, d_n이라 하자.

$c_{n+1}=(1-r)c_n+rd_n$, $d_{n+1}=rc_n+(1-r)d_n$ …… ㉢

에서 두 식을 더하면 $c_{n+1}+d_{n+1}=c_n+d_n$이므로

$c_n+d_n=c_{n-1}+d_{n-1}=\cdots=c_1+d_1=1000$ …… ㉣

이다.

$\lim_{n\to\infty} c_n=\alpha$, $\lim_{n\to\infty} d_n=\beta$로 놓으면

$\lim_{n\to\infty} c_{n+1}=\alpha$, $\lim_{n\to\infty} d_{n+1}=\beta$

이므로 ㉢, ㉣에서 각각 $\alpha=\beta$이고 $\alpha+\beta=1000$이다.

따라서, $\alpha=\beta=500$이다.

그러므로 시간이 흐름에 따라 특수막 왼쪽과 오른쪽에 있는 연기 분자의 수는 투과율에 관계없이 같아진다.

결국, 두 도시 A, B의 시민들이 전달받은 내용을 그대로 전할 확률이 달라도 많은 사람을 거쳐 전달된 내용이 처음 정보와 동일할 확률은 같을 것이라는 을의 주장은 옳다.

다른 답안

(i) 먼저, 갑의 주장의 타당성을 검토하여 보자.

n번째		$n+1$번째
T : P_n	0.8 →	T : $0.8P_n$
	0.2 →	F : $0.2P_n$
F : $1-P_n$	0.8 →	F : $0.8(1-P_n)$
	0.2 →	T : $0.2(1-P_n)$

(위에서 T는 첫 정보와 동일한 경우를 말하고, F는 첫 정보와 동일하지 않은 경우를 말한다.)

n번째 전달받은 내용이 첫 정보와 동일할 확률을 P_n이라 하면 $P_0=1$이다.

도시 A의 경우 $n+1$번째 전달받은 내용이 첫 정보와 동일할 확률 P_{n+1}은

$P_{n+1}=P_n\times0.8+(1-P_n)\times0.2$, 즉

$P_{n+1}=0.6P_n+0.2$ …… ㉠

이다. 많은 사람을 거쳐 전달된 내용이 첫 정보와 동일할 확률은 $\lim_{n\to\infty} P_n$이므로 $\lim_{n\to\infty} P_n=\lim_{n\to\infty} P_{n+1}=\alpha$로 놓으면

㉠에서 $\alpha=0.6\alpha+0.2$가 성립한다.

따라서 $\alpha=\frac{1}{2}$이다.

도시 B의 경우 $n+1$번째 전달받은 내용이 첫 정보와 동일할 확률 P_{n+1}은

$P_{n+1}=P_n\times0.6+(1-P_n)\times0.4$, 즉

$P_{n+1}=0.2P_n+0.4$ …… ㉡

이다. 많은 사람을 거쳐 전달된 내용이 첫 정보와 동일할 확률은 $\lim_{n\to\infty} P_n$이므로

$\lim_{n\to\infty} P_n=\lim_{n\to\infty} P_{n+1}=\beta$

로 놓으면

㉡에서 $\beta=0.2\beta+0.4$가 성립한다.

따라서 $\beta=\frac{1}{2}$이다.

그러므로 많은 사람을 거쳐 전달된 내용이 첫 정보와 동일할 확률은 두 도시 A, B가 같으므로 도시 A가 도시 B보다 높다는 갑의 주장은 타당하지 않다.

(ii) 다음으로 제시된 실험 내용으로부터 을의 주장의 타당성을 검토하여 보자.

실험을 시작한 지 n시간이 지난 후 특수막 왼쪽에 있는 연기 분자의 수를 x_n, 연기 분자가 단위시간당 특수막의 반대쪽으로 이동하는 비율을 $r(0<r<1)$라 하자.

이때, $x_0=1000$, $x_1=1000(1-r)$이고, $n+1$시간이 지난 후 특수막 왼쪽에 있는 연기 분자의 수 x_{n+1}은

$x_{n+1}=(1-r)x_n+r(1000-x_n)$

$\quad=(1-2r)x_n+1000r$

이다.

여기에서 $\lim_{n\to\infty} x_n=x$로 놓으면 $\lim_{n\to\infty} x_{n+1}=x$이므로

$x=(1-2r)x+1000r$

에서 $x=500$이다.

따라서 시간이 충분히 지난 뒤, 즉 $n\to\infty$일 때 x_n은 500에 가까워진다.

실험 내용에서 정보 전달 과정과 연기 분자의 이동 과정 사이에는 $P_n=\frac{x_n}{1000}$의 관계가 성립하므로 이 식에서

$\lim_{n\to\infty} P_n$의 값을 구하면 $\frac{500}{1000}=\frac{1}{2}$이다.

따라서 실험으로부터 정보 전달 과정의 결과를 유추할 수 있다는 을의 주장은 타당하다.

문제 5 • 224쪽 •

(1) (i) (점 O에서 점 P_{n+1}로 갈 수 있는 경로의 수)

$=$(점 O에서 점 P_n으로 갈 수 있는 경로의 수)

$+$(점 O에서 점 Q_n으로 갈 수 있는 경로의 수)

따라서 $x_{n+1}=x_n+y_n$

(점 O에서 점 Q_{n+1}로 갈 수 있는 경로의 수)

$=$(점 O에서 점 P_n으로 갈 수 있는 경로의 수)$\times2$

$+$(점 O에서 점 Q_n으로 갈 수 있는 경로의 수)

따라서 $y_{n+1}=2x_n+y_n$

(ii) $y_n+\sqrt{2}x_n=2x_{n-1}+y_{n-1}+\sqrt{2}(x_{n-1}+y_{n-1})$

$=(1+\sqrt{2})(y_{n-1}+\sqrt{2}x_{n-1})$

$=(1+\sqrt{2})^2(y_{n-2}+\sqrt{2}x_{n-2})$

$\cdots$

$=(1+\sqrt{2})^n\ (\because x_1=1,\ y_1=1)$

같은 방법으로, $y_n-\sqrt{2}x_n=(1-\sqrt{2})^n$

다른 답안

(i)에서 구한 관계식에 $n=1,\ 2,\ 3,\ \cdots$ 몇 개의 항을 대입하면 $y_n+\sqrt{2}x_n=(1+\sqrt{2})^n$임을 추정할 수 있다.

이를 수학적 귀납법으로 증명하자.

먼저 $n=1$일 때 $y_1+\sqrt{2}x_1=1+\sqrt{2}$이므로 성립.

이제 $n=k$일 때 성립한다고 가정하면,

$(1+\sqrt{2})^{k+1}=(1+\sqrt{2})(1+\sqrt{2})^k=(1+\sqrt{2})(y_k+\sqrt{2}x_k)$

$=y_k+\sqrt{2}x_k+\sqrt{2}y_k+2x_k$

$=y_k+2x_k+\sqrt{2}(x_k+y_k)$

$=y_{k+1}+\sqrt{2}x_{k+1}$

이므로 $n=k+1$일 때도 성립한다.

$y_n-\sqrt{2}x_n=(1-\sqrt{2})^n$도 같은 방법으로 추정하고 증명.

(2) $y_n+\sqrt{2}x_n=(1+\sqrt{2})^n$, $y_n-\sqrt{2}x_n=(1-\sqrt{2})^n$을 연립하여 풀면

$$y_n=\frac{1}{2\sqrt{2}}\{\sqrt{2}(1+\sqrt{2})^n+\sqrt{2}(1-\sqrt{2})^n\}$$

$$x_n=\frac{1}{2\sqrt{2}}\{(1+\sqrt{2})^n-(1-\sqrt{2})^n\}$$

이다. 따라서 수열 $\{z_n\}$의 일반항은

$$z_n=\frac{\sqrt{2}\{(1+\sqrt{2})^n+(1-\sqrt{2})^n\}}{(1+\sqrt{2})^n-(1-\sqrt{2})^n}$$

$$\lim_{n\to\infty}z_n=\lim_{n\to\infty}\frac{\sqrt{2}\{(1+\sqrt{2})^n+(1-\sqrt{2})^n\}}{(1+\sqrt{2})^n-(1-\sqrt{2})^n}$$

$$=\lim_{n\to\infty}\sqrt{2}\left\{\frac{1+\left(\frac{1-\sqrt{2}}{1+\sqrt{2}}\right)^n}{1-\left(\frac{1-\sqrt{2}}{1+\sqrt{2}}\right)^n}\right\}$$

$$=\sqrt{2}\left(\frac{1+0}{1-0}\right)=\sqrt{2}$$

(3) $x_1=y_1=1$, $x_{n+1}=x_n+y_n$, $y_{n+1}=5x_n+y_n$이라 하자.

문항 (1), (2)의 과정과 동일한 방법에 의해, 수열 $\left\{\frac{y_n}{x_n}\right\}$은 $\sqrt{5}$로 수렴함을 알 수 있다.

따라서 첫 다섯 항은 $\frac{y_1}{x_1}=\frac{1}{1}=1$, $\frac{y_2}{x_2}=\frac{6}{2}=3$, $\frac{y_3}{x_3}=\frac{16}{8}=2$, $\frac{y_4}{x_4}=\frac{56}{24}=\frac{7}{3}$, $\frac{y_5}{x_5}=\frac{176}{80}=\frac{11}{5}$이다.

문제 6

• 225쪽 •

(1) 제시문에 의해 등비수열 $\{t^n\}$이 점화식 $a_{n+2}=2a_{n+1}+3a_n(n\geq1)$을 만족한다고 가정하면 $t^{n+2}=2t^{n+1}+3t^n$ 즉, $t^2-2t-3=0$

이때 $(t-3)(t+1)=0$에서 $t=3$ 또는 $t=-1$이므로 구하는 등비수열은 $\{3^n\}$과 $\{(-1)^n\}$과 $c_1\cdot3^n+c_2\cdot(-1)^n$ 꼴이다.

여기서 $\{3^n\}$과 $\{(-1)^n\}$은 $a_1=0$, $a_2=1$을 만족하지 않는다.

따라서 $3c_1-c_2=0$, $9c_1+c_2=1$이 되고,

이 식을 풀면 $c_1=\frac{1}{12}$, $c_2=\frac{1}{4}$이므로

구하려는 수열의 일반항 a_n은

$$a_n=\frac{3^n}{12}+\frac{(-1)^n}{4}=\frac{1}{4}\{3^{n-1}+(-1)^n\}(n\geq1)$$

이다.

(2) 제시문에 의해 $pt^2+qt+r=0(p\neq0)$의 두 근을 α, β라고 하면 임의의 c_1, c_2에 대해 $a_n=c_1\alpha^n+c_2\beta^n$이다.

따라서

$c_1\alpha+c_2\beta=a_1$ ······ ㉠

$c_1\alpha^2+c_2\beta^2=a_2$ ······ ㉡

는 c_1과 c_2에 관한 연립방정식이다.

㉠$\times\beta-$㉡하여 $(\alpha\beta-\alpha^2)c_1=a_1\beta-a_2$에서 c_1의 값이 단 하나 존재할 조건은 $\alpha\beta-\alpha^2\neq0$ ······ ㉢

이다.

또, ㉠$\times\alpha-$㉡하여 $(\alpha\beta-\beta^2)c_2=a_1\alpha-a_2$에서 c_2의 값이 단 하나 존재할 조건은 $\alpha\beta-\beta^2\neq0$ ······ ㉣

이다.

따라서, ㉢, ㉣에서 초기값 a_1과 a_2가 어떻게 주어지더라도 수열 $\{a_n\}$이 단 하나 존재하기 위해서는 $\alpha\neq0$, $\beta\neq0$, $\alpha\neq\beta$이다.

즉, 두 근이 모두 0이 아니면서 두 근은 서로 같지 않아야 한다.

문제 7

• 226쪽 •

(1) $p+q+r\neq0$에 대하여 $pa_{n+2}+qa_{n+1}+ra_n=0$을 만족하는 수열 $\{a_n\}$이 수렴하므로 $\lim_{n\to\infty}a_n=\alpha$라 놓고 등식 $pa_{n+2}+qa_{n+1}+ra_n=0$에 $n\to\infty$의 극한을 취하면 $(p+q+r)\alpha=0$을 얻는다.

이때 $p+q+r\neq0$이므로 $\alpha=0$이어야 한다.

한편 $p+q+r=0$인 경우에는 $(p+q+r)\alpha=0$은 모든 실수 α에 대하여 성립하므로 $\alpha=\lim_{n\to\infty}a_n=0$이 반드시 성립할 필요가 없다.

실제로 제시문 ㈎에서 수열의 일반항

$$a_n=a_1+\frac{(a_2-a_1)\left\{1-\left(\frac{r}{p}\right)^{n-1}\right\}}{1-\frac{r}{p}}$$

은 $-1<\frac{r}{p}<1$인 경우에 $a_1+\frac{a_2-a_1}{1-\frac{r}{p}}$로 수렴한다.

(2) $a_1=1,\ a_2=4, (a_{n+2}-2a_{n+1})=2(a_{n+1}-2a_n)$에서
$a_{n+1}-2a_n=b_n$이라 놓으면
$b_{n+1}=2b_n,\ b_1=a_2-2a_1=4-2\times1=2$이므로
$b_n=2\times2^{n-1}=2^n$이다.
따라서 $a_{n+1}-2a_n=2^n$이 성립한다.
이 식의 양변을 2^{n+1}로 나누면 $\frac{a_{n+1}}{2^{n+1}}-\frac{a_n}{2^n}=\frac{1}{2}$이 성립하므로 수열 $\left\{\frac{a_n}{2^n}\right\}$은 첫째항이 $\frac{1}{2}$이고 공차가 $\frac{1}{2}$인 등차수열이다.
따라서 $\frac{a_n}{2^n}=\frac{1}{2}+(n-1)\frac{1}{2}=\frac{n}{2}$가 성립하고
$a_n=n\cdot2^{n-1}$을 얻는다.
한편, $a_1=1,\ a_2=4,\ a_{n+2}-4a_{n+1}+3a_n=0$인 경우
$(a_{n+2}-\alpha a_{n+1})=\beta(a_{n+1}-\alpha a_n)$라 놓고 비교하면
$a_{n+2}-(\alpha+\beta)a_{n+1}+\alpha\beta a_n=0$에서
$\alpha+\beta=4,\ \alpha\beta=3$으로부터
$(\alpha,\ \beta)=(1,\ 3)$ 또는 $(3,\ 1)$이다.
제시문 (나)로부터
$(\alpha,\ \beta)=(1,\ 3)$일 때
$a_{n+1}-a_n=(4-1)3^{n-1}=3^n$
$(\alpha,\ \beta)=(3,\ 1)$일 때
$a_{n+1}-3a_n=(4-3)1^{n-1}=1$
이 성립한다. 위 식에서 아래 식을 빼고 정리하면
$a_n=\frac{1}{2}(3^n-1)$을 얻는다.

(3) a_k를 k분 후에 용기 A에 들어있게 되는 리터 단위의 물의 양, b_k를 k분 후에 용기 B에 들어있게 되는 리터 단위의 물의 양이라 놓으면 다음이 성립한다.
$a_{k+1}=0.9a_k+0.2b_k$ …… ㉠
$b_{k+1}=0.1a_k+0.8b_k$ …… ㉡
㉠에서 $b_k=5a_{k+1}-4.5a_k$을 얻고 이를 ㉡에 대입하면 다음을 얻는다.
$5a_{k+2}-4.5a_{k+1}=0.1a_k+0.8(5a_{k+1}-4.5a_k)$
이를 정리하면 $5a_{k+2}-8.5a_{k+1}+3.5a_k=0$이 성립한다.
$(p+q+r=0$인 경우)
이때 $50(a_{k+2}-a_{k+1})=35(a_{k+1}-a_k)$이므로
$a_{k+2}-a_{k+1}=\frac{7}{10}(a_{k+1}-a_k)$가 성립하고,
$-1<\frac{7}{10}<1$이므로 $\lim_{k\to\infty}a_k=a$가 존재한다.
모든 자연수 k에 대하여 a_k+b_k는 일정한 값이므로
$\lim_{k\to\infty}b_k=b$도 존재한다.
이제 방정식
$a=0.9a+0.2b,\ b=0.1a+0.8b$
를 풀면 $a=2b$를 얻는다.
따라서 A에 담긴 물의 양과 용기 B에 담긴 물의 양의 비율은 특정한 값 2에 수렴한다.

• 228쪽 •

$a_1,\ a_2,\ \cdots$를 알아보면 다음 그림과 같다.

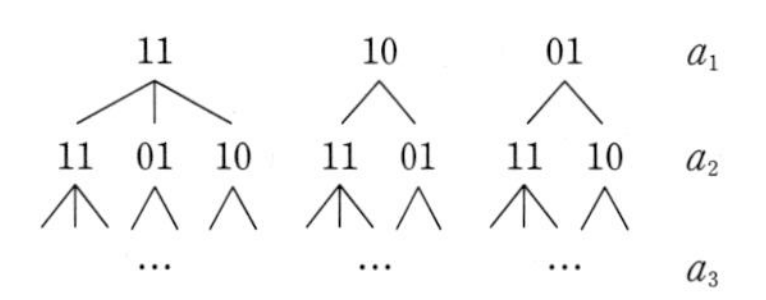

세로로 n번째 칸에 0 또는 1의 수를 채우는 방법의 수를 a_n이라 하면 a_{n-1}에서
(1, 1)이면 a_n에서 (1, 1), (0, 1), (1, 0)
(1, 0)이면 a_n에서 (1, 1), (0, 1)
(0, 1)이면 a_n에서 (1, 1), (1, 0)
이므로 $(n-1)$번째 칸과 n번째 칸에 (0, 1), (1, 0), (1, 1)을 채울 수 있는 경우의 수 사이의 관계를 따져 보자.
세로로 n번째 칸이
(1, 1)인 경우의 수를 b_n,
(0, 1)인 경우의 수를 c_n,
(1, 0)인 경우의 수를 d_n
이라 하면 $a_n=b_n+c_n+d_n$ …… ㉠
(i) 세로로 n번째 칸이 (1, 1)인 경우는 $(n-1)$번째 칸이 무엇이든 상관없으므로
$b_n=a_{n-1}$ …… ㉡
(ii) 세로로 n번째 칸이 (0, 1)인 경우는 $(n-1)$번째 칸이 (1, 1) 또는 (1, 0)이어야 하므로
$c_n=b_{n-1}+d_{n-1}$ …… ㉢
(iii) 세로로 n번째 칸이 (1, 0)인 경우는 $(n-1)$번째 칸이 (1, 1) 또는 (0, 1)이어야 하므로
$d_n=b_{n-1}+c_{n-1}$ …… ㉣
㉡, ㉢, ㉣을 ㉠에 대입하면
$a_n=a_{n-1}+(b_{n-1}+d_{n-1})+(b_{n-1}+c_{n-1})$
$=a_{n-1}+b_{n-1}+(b_{n-1}+c_{n-1}+d_{n-1})$
$=a_{n-1}+a_{n-2}+a_{n-1}$
에서 $a_n=2a_{n-1}+a_{n-2}$이다.
따라서 $a_1=3,\ a_2=7,\ a_{n+2}=2a_{n+1}+a_n$(단, $n=1,\ 2,\ 3,\ \cdots$)이다.

다른 답안

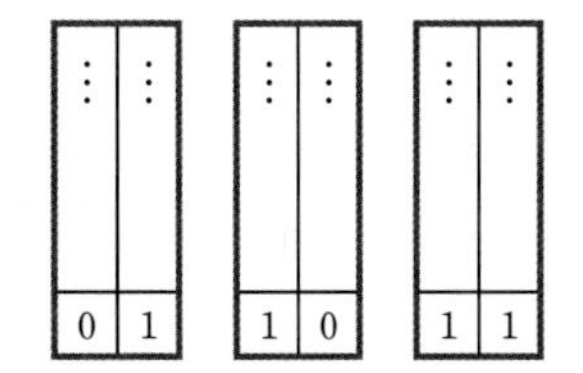

세로로 n번째 칸에 0 또는 1의 수를 채우는 방법의 수를 a_n, 그림과 같이 (0, 1), (1, 0), (1, 1)로 채우는 방법의 수를 각각 $b_n,\ c_n,\ d_n$이라고 하면 $b_{n+1}=c_n+d_n,\ c_{n+1}=b_n+d_n,\ d_{n+1}=b_n+c_n+d_n$이다.

위의 세 식을 더하면

$b_{n+1}+c_{n+1}+d_{n+1}=2b_n+2c_n+3d_n$이고

$a_{n+1}=b_{n+1}+c_{n+1}+d_{n+1}$이므로

$$a_{n+1}=2b_n+2c_n+3d_n=2(b_n+c_n+d_n)+d_n$$
$$=2(b_n+c_n+d_n)+(b_{n-1}+c_{n-1}+d_{n-1})$$
$$=2a_n+a_{n-1}(n\geq 2)$$

따라서,

$a_1=3,\ a_2=7,\ a_{n+2}=2a_{n+1}+a_n(n=1,\ 2,\ \cdots)$

이다.

문제 9 • 228쪽 •

(1) a_1은 B, R

a_2는 R−R, B−B, Y−Y, R−B, B−R

즉, $a_1=2,\ a_2=5$

$n\geq 3$일 때 a_n의 경우의 수를 a_{n-1}과 a_{n-2}로 따져 보자.

$n-2$개의 공을 규칙에 맞게 나열한 다음, 맨 뒤의 두 개의 공을 모두 노란 공으로 나열하는 방법은 a_{n-2}이다.

$n-1$개의 공을 규칙에 맞게 나열한 다음, 맨 뒤의 공을 빨간 공 또는 파란 공으로 나열하는 방법은 $2a_{n-1}$이다.

따라서 다음의 점화식을 얻는다.

$a_n=2a_{n-1}+a_{n-2}(n=3,\ 4,\ 5,\ \cdots)$

$a_1=2,\ a_2=5$이므로 $a_3=12,\ a_4=29,\ a_5=70,\ a_6=169,\ a_7=408$을 차례로 얻는다.

(2) 두 정수 $p,\ q$의 최대공약수를 $\gcd(p,\ q)$로 나타내자.

유클리드 호제법을 이용하여

$$\gcd(a_{n+1},\ a_n)=\gcd(2a_n+a_{n-1},\ a_n)$$
$$=\gcd(a_{n-1},\ a_n)=\gcd(a_n,\ a_{n-1})$$

을 알 수 있다. 따라서

$$\gcd(a_{n+1},\ a_n)=\gcd(a_n,\ a_{n-1})=\cdots=\gcd(a_2,\ a_1)=1$$

이다.

주제별 강의 제 16 장

추론과 수학적 귀납법의 응용

문제 1 • 232쪽 •

① 영희는 수학적 귀납법을 적용하여 '우리나라가 모든 올림픽의 태권도 종목에서 한 개 이상의 금메달을 획득할 것이다.' 라는 논리를 전개하고 있다.

수학적 귀납법은 명제 $p(n)$이 모든 자연수 n에 대하여 성립함을 증명할 때에 $n=1$일 때 명제 $p(n)$이 참임을 증명하고, $p(k)$가 참이면 $p(k+1)$이 참임을 밝히는 것이다.

영희는 첫 번째 대회에서 금메달을 획득했다는 점을 지적함으로써 $n=1$일 때 명제가 성립함을 밝힌 것과 같다.

그런데 2004년 올림픽의 태권도 종목에서 한 개 이상의 금메달을 획득했기 때문에 다음 2008년 올림픽의 태권도 종목에서도 한 개 이상의 금메달을 획득할 것이라고 예상 및 주장을 하고 있다. 이러한 논리 전개는 입증될 수 없는 내용이 담긴 주장이므로 오류가 있다.

더욱이 2004년에 금메달을 획득하면 2008년에도 금메달을 획득한다는 사실이 증명이 되더라도 수학적 귀납법에 의한 증명이 완성되는 것이 아니다.

즉, k번째 올림픽의 태권도 종목에서 금메달을 획득하면 $(k+1)$번째 올림픽의 태권도 종목에서도 금메달을 획득한다는 사실을 논리적으로 증명하여야 하기 때문이다.

그러므로 영희는 자기의 주장을 정당화하기 위해서는 수학적 귀납법이 아닌 귀납적 추리를 적용하는 것이 올바르다.

즉, '우리나라의 태권도가 올림픽 정식 종목으로 채택된 첫 번째 대회 이후 2004년 올림픽까지 태권도 종목에서 한 개 이상의 금메달을 획득했으므로 앞으로도 개최될 모든 올림픽의 태권도 종목에서 한 개 이상의 금메달을 획득할 것이다.' 라고 예측하는 것이 바람직하다.

② 철수는 귀납적 추리를 적용하여 '모든 자연수 n에 대하여 1부터 n까지의 자연수의 합은 $\frac{n(n+1)}{2}$과 같다.'라는 논리를 전개하고 있다.

귀납적 추리는 여러 가지 구체적 사례를 통하여 어떤 규칙, 법칙을 찾아내는 것이다. 그러나 귀납적 추리는 증명이 된 것이 아니기 때문에 반례가 발견되지 않았다해도 앞으로 일어날 일에 대한 것까지 증명된 것은 아니다.

예를 들어, 한 상자에 밤이 가득 들어 있는 상태에서 절반의 밤을 꺼내어 까보기로 하자.

상자에서 꺼낸 절반의 밤이 모두 썩었을 때, '이 상자에 들어 있는 모든 밤은 썩었다.'라고 결론을 이끌어 내는 방법이 귀납적 추리 방법으로 볼 수 있다.

그런데 나머지 절반의 밤 중에서 적어도 한 개가 썩지 않은 밤이라면 이 귀납적 추리는 잘못된 것이 된다.

그러므로 철수가 자신의 주장을 정당화하기 위해서는

'모든 자연수 n에 대하여 1부터 n까지의 자연수를 더하면 $\frac{n(n+1)}{2}$이 된다.' ...... ㉠

는 것을 다음과 같이 수학적 귀납법으로 증명해야 한다.

(i) $n=1$일 때, $\frac{1\cdot(1+1)}{2}=1$이므로 성립한다.

(ii) $n=k$일 때, ㉠이 성립한다고 가정하면

$$1+2+\cdots+k=\frac{k(k+1)}{2}$$

$n=k+1$일 때,

$$1+2+\cdots+k+(k+1)=\frac{k(k+1)}{2}+(k+1)$$
$$=\frac{(k+1)(k+2)}{2}$$

따라서 $n=k+1$일 때에도 성립한다.

(i), (ii)에 의해 모든 자연수 n에 대하여 성립한다.

문제 2 • 232쪽 •

수학적 귀납법을 이용한다.

(i) $n=1$일 때, (좌변)$=1-x_1$, (우변)$=1-x_1$이므로 성립한다.

(ii) $n=k$일 때, 성립한다고 가정하면

$(1-x_1)(1-x_2)\cdots(1-x_k)\ge 1-x_1-x_2-\cdots-x_k$이다.

양변에 $(1-x_{k+1})$을 곱하면

$$\begin{aligned}&(1-x_1)(1-x_2)\cdots(1-x_k)(1-x_{k+1})\\&\ge(1-x_1-x_2-\cdots-x_k)(1-x_{k+1})\\&=(1-x_1-x_2-\cdots-x_k)-x_{k+1}(1-x_1-x_2-\cdots-x_k)\\&=1-x_1-x_2-\cdots-x_k-x_{k+1}+x_{k+1}(x_1+x_2+\cdots+x_k)\\&\ge 1-x_1-x_2-\cdots-x_k-x_{k+1}(\because 0\le x_k\le 1)\end{aligned}$$

이므로 $n=k+1$일 때에도 성립한다.

따라서, 모든 자연수 n에 대하여 주어진 명제는 성립한다.

문제 3 • 233쪽 •

(1) 수학적 귀납법을 사용하여 $a_{2n-1}a_{2n+1}=a_{2n}^2+1(n\ge1)$을 증명하자. $a_1=a_2=1$, $a_{n+1}=a_n+a_{n-1}(n\ge2)$이므로

$n=1$인 경우

$a_1a_3=a_1(a_2+a_1)=a_1a_2+a_1^2=1\cdot1+1^2=2$,

$a_2^2+1=1^2+1=2$

이므로, $a_1a_3=a_2^2+1$이 성립한다.

$n=k-1$일 때 성립한다고 가정하자. 그러면

$$\begin{aligned}a_{2k-1}\cdot a_{2k+1}&=a_{2k-1}\cdot(a_{2k}+a_{2k-1})\\&=a_{2k-1}\cdot a_{2k}+(a_{2k-3}+a_{2k-2})\cdot a_{2k-1}\\&=a_{2k-1}\cdot a_{2k}+a_{2k-3}\cdot a_{2k-1}+a_{2k-2}\cdot a_{2k-1}\\&=a_{2k-1}\cdot a_{2k}+a_{2k-2}^2+1+a_{2k-2}\cdot a_{2k-1}\\&=a_{2k-1}\cdot a_{2k}+a_{2k-2}\cdot(a_{2k-2}+a_{2k-1})+1\\&=a_{2k-1}\cdot a_{2k}+a_{2k-2}\cdot a_{2k}+1\\&=(a_{2k-1}+a_{2k-2})\cdot a_{2k}+1=a_{2k}^2+1\end{aligned}$$

이므로 모든 자연수 n에 대하여 $a_{2n-1}a_{2n+1}=a_{2n}^2+1$이 성립한다.

다른 답안

$a_1=a_2=1$, $a_{n+1}=a_n+a_{n-1}(n\ge2)$이므로 수학적 귀납법으로 증명하면 다음과 같다.

(i) $n=1$일 때, (좌변)=(우변)

이므로 성립한다.

(ii) $n=k$일 때, $a_{2k-1}a_{2k+1}=a_{2k}^2+1$이 성립함을 가정하자.

$$\begin{aligned}a_{2k+1}a_{2k+3}&=a_{2k+1}(a_{2k+2}+a_{2k+1})\\&=a_{2k+1}a_{2k+2}+(a_{2k}+a_{2k-1})a_{2k+1}\\&=a_{2k+1}a_{2k+2}+a_{2k}a_{2k+1}+a_{2k-1}a_{2k+1}\\&=a_{2k+1}a_{2k+2}+a_{2k}a_{2k+1}+a_{2k}^2+1\\&=a_{2k+1}a_{2k+2}+a_{2k}(a_{2k+1}+a_{2k})+1\\&=a_{2k+1}a_{2k+2}+a_{2k}a_{2k+2}+1\\&=a_{2k+2}(a_{2k+1}+a_{2k})+1=a_{2k+2}^2+1\end{aligned}$$

이므로 $n=k+1$일 때도 성립한다.

따라서, 모든 자연수 n에 대하여 $a_{2n-1}a_{2n+1}=a_{2n}^2+1$이 성립한다.

(2) 함수 f는 임의의 실수 x, $y\in\left(-\frac{\pi}{2}, \frac{\pi}{2}\right)$에 대하여

$f(x+y)=\dfrac{f(x)+f(y)}{1-f(x)\cdot f(y)}$

이 성립하므로, 임의의 자연수 n에 대하여

$$\begin{aligned}&f\left(f^{-1}\left(\frac{1}{a_{2n+1}}\right)+f^{-1}\left(\frac{1}{a_{2n+2}}\right)\right)\\&=\frac{f\left(f^{-1}\left(\frac{1}{a_{2n+1}}\right)\right)+f\left(f^{-1}\left(\frac{1}{a_{2n+2}}\right)\right)}{1-f\left(f^{-1}\left(\frac{1}{a_{2n+1}}\right)\right)f\left(f^{-1}\left(\frac{1}{a_{2n+2}}\right)\right)}\\&=\frac{\frac{1}{a_{2n+1}}+\frac{1}{a_{2n+2}}}{1-\frac{1}{a_{2n+1}}\cdot\frac{1}{a_{2n+2}}}=\frac{a_{2n+1}+a_{2n+2}}{a_{2n+1}\cdot a_{2n+2}-1}\\&=\frac{a_{2n+1}+a_{2n+2}}{a_{2n+1}\cdot(a_{2n+3}-a_{2n+1})-1}\\&=\frac{a_{2n+1}+a_{2n+2}}{a_{2n+1}\cdot a_{2n+3}-a_{2n+1}^2-1}\\&=\frac{a_{2n+1}+a_{2n+2}}{a_{2n+2}^2+1-a_{2n+1}^2-1}\\&=\frac{a_{2n+1}+a_{2n+2}}{(a_{2n+2}+a_{2n+1})\cdot(a_{2n+2}-a_{2n+1})}\\&=\frac{1}{a_{2n+2}-a_{2n+1}}=\frac{1}{a_{2n}}\end{aligned}$$

다른 답안

$$\begin{aligned}&f\left(f^{-1}\left(\frac{1}{a_{2n+1}}\right)+f^{-1}\left(\frac{1}{a_{2n+2}}\right)\right)\\&=\frac{f\left(f^{-1}\left(\frac{1}{a_{2n+1}}\right)\right)+f\left(f^{-1}\left(\frac{1}{a_{2n+2}}\right)\right)}{1-f\left(f^{-1}\left(\frac{1}{a_{2n+1}}\right)\right)\cdot f\left(f^{-1}\left(\frac{1}{a_{2n+2}}\right)\right)}\\&=\frac{\frac{1}{a_{2n+1}}+\frac{1}{a_{2n+2}}}{1-\frac{1}{a_{2n+1}}\cdot\frac{1}{a_{2n+2}}}=\frac{a_{2n+1}+a_{2n+2}}{a_{2n+1}a_{2n+2}-1}\\&=\frac{a_{2n+1}+a_{2n+2}}{(a_{2n}+a_{2n-1})(a_{2n+1}+a_{2n})-1}\\&=\frac{a_{2n+1}+a_{2n+2}}{a_{2n}a_{2n+1}+a_{2n-1}a_{2n+1}+a_{2n}^2+a_{2n-1}a_{2n}-1}\\&=\frac{a_{2n+1}+a_{2n+2}}{a_{2n}a_{2n+1}+(a_{2n}^2+1)+a_{2n}^2+a_{2n-1}a_{2n}-1}\\&=\frac{a_{2n+1}+a_{2n+2}}{a_{2n}(a_{2n+1}+2a_{2n}+a_{2n-1})}\\&=\frac{a_{2n+1}+a_{2n+2}}{a_{2n}\{(a_{2n+1}+a_{2n})+(a_{2n}+a_{2n-1})\}}\\&=\frac{a_{2n+1}+a_{2n+2}}{a_{2n}(a_{2n+2}+a_{2n+1})\}}=\frac{1}{a_{2n}}\end{aligned}$$

문제 4 • 233쪽 •

(1) 수학적 귀납법을 이용해 보자.

$a_1=1,\ a_2=2,\ a_{n+2}=2a_{n+1}+a_n(n=1,\ 2,\ \cdots)$이고

(i) $n=1$일 때, $a_3=2a_2+a_1=2\times2+1=5$이므로

좌변은 $a_3a_1-a_2^2=5\times1-2^2=1$,

우변은 $(-1)^2=1$

$n=1$일 때 (좌변)=(우변)이 되어 성립한다.

(ii) $n=k$일 때, 성립한다고 가정하면

$a_{k+2}a_k-a_{k+1}^2=(-1)^{k+1}$이다.

$n=k+1$일 때,

$$\begin{aligned}a_{k+3}a_{k+1}-a_{k+2}^2&=(2a_{k+2}+a_{k+1})a_{k+1}-a_{k+2}^2\\&=2a_{k+2}a_{k+1}+a_{k+1}^2-a_{k+2}^2\\&=-a_{k+2}(a_{k+2}-2a_{k+1})+a_{k+1}^2\\&=-a_{k+2}a_k+a_{k+1}^2\\&=-(a_{k+2}a_k-a_{k+1}^2)\\&=-(-1)^{k+1}=(-1)^{k+2}\end{aligned}$$

이므로 $n=k+1$일 때에도 성립한다.

따라서, 모든 자연수 n에 대하여 성립한다.

(2) (1)의 등식 $a_{n+1}a_n-a_{n+1}^2=(-1)^{n+1}$에

$a_{n+2}=2a_{n+1}+a_n$을 대입하여 정리하면

$(2a_{n+1}+a_n)a_n-a_{n+1}^2=(-1)^{n+1}$,

$a_{n+1}^2-2a_na_{n+1}-a_n^2+(-1)^{n+1}=0$이 되고, 이 등식을 a_{n+1}에 대해 정리하면 $a_{n+1}>0$이므로

$a_{n+1}^2-2a_na_{n+1}+a_n^2=2a_n^2+(-1)^n$,

$(a_{n+1}-a_n)^2=2a_n^2+(-1)^n$,

$a_{n+1}=a_n+\sqrt{2a_n^2+(-1)^n}$

이다.

따라서, $\displaystyle\lim_{n\to\infty}\frac{a_{n+1}}{a_n}=\lim_{n\to\infty}\frac{a_n+\sqrt{2a_n^2+(-1)^n}}{a_n}=\lim_{n\to\infty}\left(1+\sqrt{2+\frac{(-1)^n}{a_n^2}}\right)=1+\sqrt{2}$

문제 5 • 234쪽 •

(1) $\sqrt{5}=\dfrac{(\sqrt{5}+2)a_k+a_{k-1}}{(\sqrt{5}+2)b_k+b_{k-1}}$를 정리하면

$\sqrt{5}(2b_k+b_{k-1})+5b_k=\sqrt{5}a_k+(2a_k+a_{k-1})$

무리수의 상등을 이용하면

$a_k=2b_k+b_{k-1}$ ······ ㉠

$5b_k=2a_k+a_{k-1}$ ······ ㉡

이제 수학적 귀납법을 사용하여 모든 양의 정수 k에 대하여 식 ㉠, ㉡이 성립함을 보이자.

먼저 $k=1$이면, 초기값 $a_0=2,\ a_1=9,\ b_0=1,\ b_1=4$로부터 $a_1=2b_1+b_0,\ 5b_1=2a_1+a_0$가 만족한다.

이제 k보다 작거나 같은 양의 정수들에 대하여 식 ㉠, ㉡이 성립한다고 가정하면,

$$\begin{aligned}a_{k+1}&=4a_k+a_{k-1}\\&=4(2b_k+b_{k-1})+(2b_{k-1}+b_{k-2})\\&=2(4b_k+b_{k-1})+(4b_{k-1}+b_{k-2})\\&=2b_{k+1}+b_k\end{aligned}$$

이고

$$\begin{aligned}5b_{k+1}&=5(4b_k+b_{k-1})=4(5b_k)+5b_{k-1}\\&=4(2a_k+a_{k-1})+(2a_{k-1}+a_{k-2})\\&=2(4a_k+a_{k-1})+(4a_{k-1}+a_{k-2})\\&=2a_{k+1}+a_k\end{aligned}$$

가 되어 식 ㉠, ㉡이 증명된다.

다른 답안

수학적 귀납법으로 성립함을 보이자.

(i) $k=1$일 때, $a_0=2,\ a_1=9,\ b_0=1,\ b_1=4$이고

$$\frac{(\sqrt{5}+2)a_1+a_0}{(\sqrt{5}+2)b_1+b_0}=\frac{(\sqrt{5}+2)\times9+2}{(\sqrt{5}+2)\times4+1}=\frac{20+9\sqrt{5}}{9+4\sqrt{5}}\times\frac{9-4\sqrt{5}}{9-4\sqrt{5}}=\sqrt{5}$$

이므로 성립한다.

(ii) $k=m$일 때, 성립한다고 가정하면

$\sqrt{5}=\dfrac{(\sqrt{5}+2)a_m+a_{m-1}}{(\sqrt{5}+2)b_m+b_{m-1}}$이다.

$$\begin{aligned}&\frac{(\sqrt{5}+2)a_{m+1}+a_m}{(\sqrt{5}+2)b_{m+1}+b_m}\\&=\frac{(\sqrt{5}+2)(4a_m+a_{m-1})+a_m}{(\sqrt{5}+2)(4b_m+b_{m-1})+b_m}\\&=\frac{(4\sqrt{5}+9)a_m+(\sqrt{5}+2)a_{m-1}}{(4\sqrt{5}+9)b_m+(\sqrt{5}+2)b_{m-1}}\\&=\frac{\dfrac{(4\sqrt{5}+9)a_m+(\sqrt{5}+2)a_{m-1}}{\sqrt{5}+2}}{\dfrac{(4\sqrt{5}+9)b_m+(\sqrt{5}+2)b_{m-1}}{\sqrt{5}+2}}\\&=\frac{(\sqrt{5}+2)a_m+a_{m-1}}{(\sqrt{5}+2)b_m+b_{m-1}}=\sqrt{5}\end{aligned}$$

이므로 $k=m+1$일 때에도 성립한다.

따라서, 주어진 등식은 모든 양의 정수 k에 대하여 성립한다.

(2) $\sqrt{5}=\dfrac{(\sqrt{5}+2)a_k+a_{k-1}}{(\sqrt{5}+2)b_k+b_{k-1}}$라는 사실과 제시문에 주어진 식을 이용하면,

$$\begin{aligned}\sqrt{5}-\frac{a_k}{b_k}&=\frac{(\sqrt{5}+2)a_k+a_{k-1}}{(\sqrt{5}+2)b_k+b_{k-1}}-\frac{a_k}{b_k}\\&=\frac{b_k\{(\sqrt{5}+2)a_k+a_{k-1}\}-a_k\{(\sqrt{5}+2)b_k+b_{k-1}\}}{b_k\{(\sqrt{5}+2)b_k+b_{k-1}\}}\\&=\frac{a_{k-1}b_k-a_kb_{k-1}}{b_k\{(\sqrt{5}+2)b_k+b_{k-1}\}}\\&=\frac{(-1)^k}{\{(\sqrt{5}+2)b_k+b_{k-1}\}b_k}\end{aligned}$$

을 얻게 된다.

따라서

$\left|\sqrt{5}-\frac{a_k}{b_k}\right|$

$=\left|\frac{(-1)^k}{\{(\sqrt{5}+2)b_k+b_{k-1}\}b_k}\right| (\because \sqrt{5}+2>4)$

$<\frac{1}{(4b_k+b_{k-1})b_k}=\frac{1}{b_{k+1}b_k}<\frac{1}{b_k^2}$

이 성립한다.

문제 6 • 234쪽 •

(1) (i) $n=1$일 때, $a_1=1$이고 $S_1=\frac{1}{a_1}$이므로 $S_1=1$이다.

한편, $a_2=1+a_1=2$이고

$S_1=2-\frac{1}{a_2-1}=2-\frac{1}{2-1}=1$이므로

$n=1$일 때 성립한다.

(ii) $n=k$일 때, 성립함을 가정하면 $S_k=2-\frac{1}{a_{k+1}-1}$이다.

$S_{k+1}=S_k+\frac{1}{a_{k+1}}$이므로

$S_{k+1}=2-\frac{1}{a_{k+1}-1}+\frac{1}{a_{k+1}}$

$=2+\frac{-a_{k+1}+(a_{k+1}-1)}{(a_{k+1}-1)a_{k+1}}$

$=2-\frac{1}{(a_{k+1}-1)a_{k+1}}$

이다. 그런데, $a_{k+1}=1+a_1a_2\cdots a_k$이므로

$a_{k+1}-1=a_1a_2\cdots a_k$이다.

따라서,

$S_{k+1}=2-\frac{1}{(a_1a_2\cdots a_k)a_{k+1}}=2-\frac{1}{a_1a_2\cdots a_ka_{k+1}}$

$=2-\frac{1}{a_{k+2}-1}$

이므로 $n=k+1$일 때에도 성립한다.

그러므로, 모든 자연수 n에 대하여

$S_n=2-\frac{1}{a_{n+1}-1}$이 성립한다.

다른 답안

수학적 귀납법을 이용하자.

먼저, $n=1$일 때,

$S_1=\frac{1}{a_1}=\frac{1}{a_2-1} (\because a_2=1+a_1)$

$=\frac{2(a_2-1)-1}{a_2-1} (\because a_2=2)$

$=2-\frac{1}{a_2-1}$

이제, $S_{n-1}=2-\frac{1}{a_n-1}$이라 가정하자. 그러면,

$S_n=S_{n-1}+\frac{1}{a_n}=2-\frac{1}{a_n-1}+\frac{1}{a_n}$

$=2-\frac{a_n-a_n+1}{(a_n-1)a_n}=2-\frac{1}{(a_n-1)a_n}$

이 된다. 한편,

$a_{n+1}=1+(a_1a_2\cdots a_{n-1})a_n=1+(a_n-1)a_n$이므로

$a_{n+1}-1=(a_n-1)a_n$이다. 그러므로 등식

$S_n=2-\frac{1}{a_{n+1}-1}$이 성립한다.

(2) $\lim_{n\to\infty} a_n=\infty$임을 보이면 (1)에서 주어진 등식

$S_n=2-\frac{1}{a_{n+1}-1}$으로부터 $\lim_{n\to\infty} S_n=2$이다.

이제, 모든 a_n이 자연수이고 $a_n=1+a_1a_2\cdots a_{n-1}$이므로

$a_n>a_{n-1}$이다.

즉, $a_n-a_{n-1}\ge 1$으로부터

$a_2-a_1\ge 1$

$a_3-a_2\ge 1$

$\vdots$

$a_n-a_{n-1}\ge 1$

이다. 위의 부등식을 변변 더하면 $a_n-a_1\ge n-1$을 얻고,

$a_1=1$이므로, 모든 자연수 n에 대하여 $a_n\ge n$이다.

따라서 $\lim_{n\to\infty} a_n=\infty$이다.

문제 7 • 235쪽 •

제시문에서 주어진 A와 B 사이의 합성 저항을 이해하기 쉽게 다시 그려 보면 아래 그림과 같이 된다.

1단계	1Ω 1Ω 1Ω
2단계	1Ω 1Ω 1Ω / 1Ω 1Ω 1Ω
3단계	

n번째 단계에서의 합성 저항을 $a_n\Omega$라 하면 $a_1=3$,

$a_{n+1}=2+\frac{1}{\frac{1}{1}+\frac{1}{a_n}}=2+\frac{1}{\frac{a_n+1}{a_n}}=2+\frac{a_n}{a_n+1}$

$=\frac{3a_n+2}{a_n+1}=3-\frac{1}{a_n+1} (n\ge 1)$

이다.

여기에서 $a_1=3$, $a_{n+1}=3-\frac{1}{a_n+1} (n\ge 1)$일 때, $a_{n+1}<a_n$임을 수학적 귀납법을 이용하여 증명해 보자.

(i) $n=1$일 때,

$a_2=3-\frac{1}{a_1+1}=3-\frac{1}{4}<3=a_1$

이므로 성립한다.

(ii) $n=k$일 때, 성립한다고 가정하면 $a_{k+1}<a_k$이다.

$a_{k+2}=3-\frac{1}{a_{k+1}+1}<3-\frac{1}{a_k+1}=a_{k+1} (\because a_{k+1}<a_k)$

이것은 $n=k+1$일 때에도 성립함을 뜻한다.

따라서, 모든 자연수 n에 대하여 $a_{n+1}<a_n$이 성립한다.
즉, 각 단계마다 저항을 계속해서 붙여 나갈때 A와 B 사이의 합성 저항은 감소한다.
또, $\lim_{n\to\infty} a_n=\alpha$라 하면 $\lim_{n\to\infty} a_{n+1}=\alpha$이므로
$a_{n+1}=\frac{3a_n+2}{a_n+1}$에서 $\alpha=\frac{3\alpha+2}{\alpha+1}$, $\alpha^2-2\alpha-2=0$이다.
$\alpha>0$이므로 $\alpha=1+\sqrt{3}(\Omega)$이다.

다른 답안

수학적 귀납법에서
(ii) $n=k$일 때,
성립한다고 가정하면 $a_{k+1}<a_k$이다.

$$a_{k+2}-a_{k+1}=\left(3-\frac{1}{a_{k+1}+1}\right)-\left(3-\frac{1}{a_k+1}\right)$$
$$=\frac{1}{a_k+1}-\frac{1}{a_{k+1}+1}$$

$a_{k+1}<a_k$일 때
$a_{k+1}+1<a_k+1$, $\frac{1}{a_{k+1}+1}>\frac{1}{a_k+1}$이므로
$a_{k+2}-a_{k+1}<0$, $a_{k+2}<a_{k+1}$이다.

문제 8 • 236쪽 •

(1) 명제 $\frac{1}{n!}<\frac{e^n}{n^n}$이 모든 자연수 n에 대해서 성립함을 수학적 귀납법으로 증명하여 보자.

(i) $n=1$일 때 (좌변)$=1$이고 (우변)$=e=2.718\cdots$이므로
$\frac{1}{n!}<\frac{e^n}{n^n}$이 성립한다.

(ii) $n=k$일 때 주어진 부등식이 성립한다고 가정하자.
즉, $\frac{1}{k!}<\frac{e^k}{k^k}$라고 가정하자.
이 부등식의 양변에 $\frac{1}{k+1}$을 곱하면
$\frac{1}{(k+1)!}<\frac{e^k}{k^k(k+1)}$이 된다.
그런데 위 부등식의 우변은

$$\frac{e^k}{k^k(k+1)}=\frac{e^{k+1}}{(k+1)^{k+1}}\times\frac{(k+1)^k}{ek^k}$$
$$=\frac{e^{k+1}}{(k+1)^{k+1}}\times\frac{1}{e}\times\left(1+\frac{1}{k}\right)^k$$

이때 ㈏에 의해 모든 자연수 k에 대해
$\left(1+\frac{1}{k}\right)^k<e$이므로 $\frac{1}{e}\times\left(1+\frac{1}{k}\right)^k<1$이 된다. 따라서

$$\frac{e^k}{k^k(k+1)}$$
$$=\frac{e^{k+1}}{(k+1)^{k+1}}\times\frac{1}{e}\times\left(1+\frac{1}{k}\right)^k<\frac{e^{k+1}}{(k+1)^{k+1}}$$

즉, $n=k+1$일 때도 $\frac{1}{n!}<\frac{e^n}{n^n}$이 성립한다.

따라서 수학적 귀납법에 의해 모든 자연수 n에 대해
$\frac{1}{n!}<\frac{e^n}{n^n}$이 성립한다.

(2) 실수 t가 $t=0$인 경우 $\lim_{n\to\infty}\frac{t^n}{n!}=\lim_{n\to\infty}0=0$이다.

실수 t가 $t\neq0$인 경우 (1)에서 증명한 부등식 $\frac{1}{n!}<\frac{e^n}{n^n}$을 이용하자. 이 경우 이 부등식의 양변에 $|t|^n$을 곱하면 모든 자연수 n에 대해 $\frac{|t|^n}{n!}<|t|^n\frac{e^n}{n^n}=\left(\frac{|t|e}{n}\right)^n$이 성립한다.
따라서 모든 자연수 n에 대해서
$-\left(\frac{|t|e}{n}\right)^n<\frac{t^n}{n!}<\left(\frac{|t|e}{n}\right)^n$이 성립한다.
그런데 $\lim_{n\to\infty}\frac{|t|e}{n}=0$이고 ㈒에 의해
$\lim_{n\to\infty}\left(\frac{|t|e}{n}\right)^n=0$, $\lim_{n\to\infty}-\left(\frac{|t|e}{n}\right)^n=0$
이므로 ㈑에 의해 $\lim_{n\to\infty}\frac{t^n}{n!}=0$이 된다. $\lim_{n\to\infty}\frac{t^n}{n!}=0$이므로 n이 한없이 커질 때 분자인 t^n 보다 분모인 계승 $n!$가 훨씬 빨리 커짐을 알 수 있다.
따라서 계승은 지수함수보다 훨씬 빨리 커진다는 것은 타당성이 있는 표현이다.

다른 답안

(1)에 의해 $\frac{1}{n!}<\frac{e^n}{n^n}$이 성립한다.

(i) $t^n>0$일 때, 각 항에 t^n을 곱하면
$0<\frac{t^n}{n!}<\frac{e^nt^n}{n^n}=\left(\frac{et}{n}\right)^n$이고 $\lim_{n\to\infty}\left(\frac{et}{n}\right)^n=0$이므로
$\lim_{n\to\infty}\frac{t^n}{n!}=0$이다.

(ii) $t^n<0$일 때, 각 항에 t^n을 곱하면
$0>\frac{t^n}{n!}>\frac{e^nt^n}{n^n}=\left(\frac{et}{n}\right)^n$이고 $\lim_{n\to\infty}\left(\frac{et}{n}\right)^n=0$이므로
$\lim_{n\to\infty}\frac{t^n}{n!}=0$이다.

(iii) $t^n=0$일 때, $\lim_{n\to\infty}\frac{t^n}{n!}=0$이다.

이상에서 임의의 실수 t에 대해 $\lim_{n\to\infty}\frac{t^n}{n!}=0$이다. 여기에서 n이 한없이 커질 때 분자인 t^n보다 분모인 $n!$이 훨씬 빨리 커짐을 알 수 있다.
따라서, '계승은 지수함수보다 훨씬 빨리 커진다.'는 주장은 타당성이 있다.

주제별 강의 제 17 장

피보나치 수열과 황금비

문제 1 • 245쪽 •

(1) 초기 감염 컴퓨터는 1시간 후에는 성장된 바이러스 컴퓨터가 되고 또 1시간 후(합하여 2시간 후)에는 초기감염컴퓨터와 성장된 바이러스 컴퓨터를 만들게 된다.

n시간이 지난 후에 감염된 컴퓨터의 수를 $V(n)$이라고 하면

$V(n)=$(1시간 전에 감염된 컴퓨터의 수)+(2시간 전의 컴퓨터에 의해 새로 감염된 컴퓨터의 수)

$=V(n-1)+V(n-2)$

이다. 이것은

$V(0)=1$,

$V(1)=1$,

$V(n)=V(n-1)+V(n-2)\ (n\geq 2)$

이므로 피보나치 수열과 같다.

위의 점화식을 이용하여 $V(12)$를 구하면 233대의 컴퓨터가 신종바이러스에 의해 감염되었다.

(2) n시간이 지난 후

$V(n)=V(n-1)+V(n-2)$에서

$V(n-1)$은 기존에 감염된 컴퓨터의 수,

$V(n-2)$는 새롭게 감염되는 컴퓨터의 수

이고 방화벽의 가동에 의해 바이러스 감염률이 $\frac{1}{2}$이므로 새롭게 감염되는 컴퓨터의 수는 $\frac{1}{2}V(n-2)$이다.

따라서, $n>12$일 때

$V(n)=V(n-1)+\frac{1}{2}V(n-2)$이다.

문제 2 • 246쪽 •

50원짜리 동전을 1, 100원짜리 동전을 2라 하고 n에 대응되는 $f(n)$을 나열하면 다음 표와 같다.

목표 금액	50원	100원	150원	200원	250원	…
(n)	(1)	(2)	(3)	(4)	(5)	…
방법의수	(1)	(1, 1) (2)	(1, 1, 1) (1, 2) (2, 1)	(1,1,1,1) (1, 1, 2) (1, 2, 1) (2, 1, 1) (2, 2)	(1,1,1,1,1) (1,1,1,2) (1,1,2,1) (1,2,1,1) (2,1,1,1) (1, 2, 2) (2, 1, 2) (2, 2, 1)	…
$f(n)$	1	2	3	5	8	…

이런 방법으로 전개해 나가면 방법의 수는 피보나치 수열이 된다. 즉, n에 대응되는 $f(n)$을 나열해 가면서

$f(n+2)=f(n+1)+f(n)$ (단, $n\geq 1$)

의 관계를 확인할 수 있다.

따라서 $f(n+2)=f(n+1)+f(n)$ (단, $n=1, 2, 3, \cdots$)이다.

문제 3 • 246쪽 •

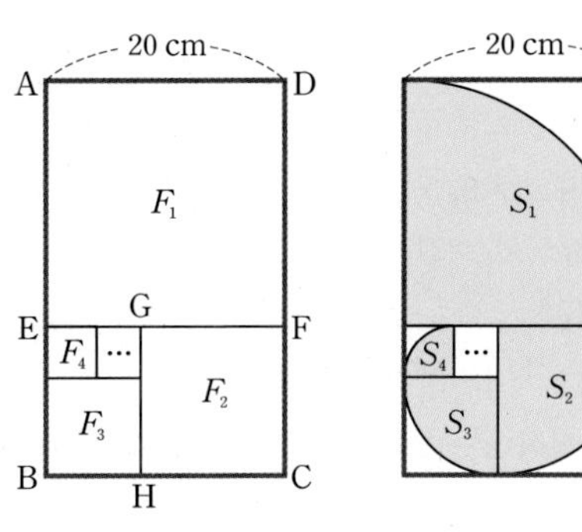

$\overline{AD}:\overline{DC}=1:x$라 하면 $\overline{CF}=x-1$이고,

□ABCD와 □BCFE는 닮음꼴이므로 $1:x=(x-1):1$이 성립한다.

$x(x-1)=1$, $x^2-x-1=0$에서 $x=\frac{1\pm\sqrt{5}}{2}$이다.

$x>0$이므로 $x=\frac{1+\sqrt{5}}{2}$이다.

이때, $\overline{AD}:\overline{CF}=1:\left(\frac{1+\sqrt{5}}{2}-1\right)=1:\frac{\sqrt{5}-1}{2}$이므로

사분원의 넓이의 비 $S_1:S_2$는

$1^2:\left(\frac{\sqrt{5}-1}{2}\right)^2=1:\frac{3-\sqrt{5}}{2}$이다.

따라서, 사분원의 넓이는 첫째항이 $\frac{1}{4}\pi\times 20^2$, 공비가 $\frac{3-\sqrt{5}}{2}$인 등비수열을 이루므로 사분원의 넓이의 합은

$$\frac{\frac{1}{4}\pi\times 20^2}{1-\frac{3-\sqrt{5}}{2}}=\frac{100\pi}{\frac{\sqrt{5}-1}{2}}=50(\sqrt{5}+1)\pi(\text{cm}^2)$$

이다.

문제 4 • 247쪽 •

(1) 이차방정식의 근과 계수와의 관계에 의하여

$\alpha+\beta=1$, $\alpha\beta=-1$이다.

$(\alpha-\beta)^2=(\alpha+\beta)^2-4\alpha\beta=1+4=5$이고, $\alpha>\beta$이므로

$\alpha-\beta=\sqrt{5}$이다. 따라서

$\alpha^2-\beta^2=(\alpha-\beta)(\alpha+\beta)=\sqrt{5}$이다.

$\alpha^3-\beta^3=(\alpha-\beta)^3+3\alpha\beta(\alpha-\beta)=5\sqrt{5}-3\sqrt{5}=2\sqrt{5}$이다.

(2) α, β는 방정식 $x^2-x-1=0$의 근이므로 등식

$\alpha^2-\alpha-1=0$과 $\beta^2-\beta-1=0$이 성립한다.

$\alpha^2-\alpha-1=0$의 양변에 α^n을 곱하면

$\alpha^{n+2}-\alpha^{n+1}-\alpha^n=0$이므로 $\alpha^{n+2}=\alpha^{n+1}+\alpha^n$이다.

마찬가지로 $\beta^{n+2}=\beta^{n+1}+\beta^n$이 성립한다.

따라서 $\alpha^{n+2}-\beta^{n+2}=\alpha^{n+1}-\beta^{n+1}+\alpha^n-\beta^n$이 성립한다.

(3) (2)에서 $\alpha^n-\beta^n=a_n$이라 하면 $a_{n+2}=a_{n+1}+a_n$이고

(1)에서 $a_1=\sqrt{5}$, $a_2=\sqrt{5}$이다.

$\alpha^{10}-\beta^{10}=a_{10}$은 $a_{n+2}=a_{n+1}+a_n$에서 $a_1=a_2=\sqrt{5}$이므로

$a_3=a_2+a_1=2\sqrt{5}$,

$a_4=a_3+a_2=3\sqrt{5}$,

$a_5=a_4+a_3=5\sqrt{5}$,

$a_6=a_5+a_4=8\sqrt{5}$,

$a_7=13\sqrt{5}$, $a_8=21\sqrt{5}$,

$a_9=34\sqrt{5}$,

$\therefore a_{10}=21\sqrt{5}+34\sqrt{5}=55\sqrt{5}$

(4) 이차방정식 $x^2-x-1=0$의 근을 구하면 $x=\frac{1\pm\sqrt{5}}{2}$

$\alpha>\beta$이므로 $\alpha=\frac{1+\sqrt{5}}{2}$

주어진 식의 분자, 분모를 α^n으로 나누면

$$\lim_{n\to\infty}\frac{\alpha^{n+1}-\beta^{n+1}}{\alpha^n-\beta^n}=\lim_{n\to\infty}\frac{\alpha-\beta\cdot\left(\frac{\beta}{\alpha}\right)^n}{1-\left(\frac{\beta}{\alpha}\right)^n}$$
$$=\alpha\left(\because 0<\left|\frac{\beta}{\alpha}\right|<1\right)$$
$$=\frac{1+\sqrt{5}}{2}$$

문제 5 • 247쪽 •

(1) n에 1을 대입하면 $a_1=1$,

n에 2를 대입하면

$$a_2=\frac{1}{\sqrt{5}}\left[\left(\frac{1+\sqrt{5}}{2}\right)^2-\left(\frac{1-\sqrt{5}}{2}\right)^2\right]$$
$$=\frac{1}{\sqrt{5}}\left(\frac{6+2\sqrt{5}}{4}-\frac{6-2\sqrt{5}}{4}\right)$$
$$=\frac{1}{\sqrt{5}}\times\sqrt{5}=1$$

그리고

$$a_{n+1}+a_n=\frac{1}{\sqrt{5}}\left[\left(\frac{1+\sqrt{5}}{2}\right)^{n+1}-\left(\frac{1-\sqrt{5}}{2}\right)^{n+1}\right]+\frac{1}{\sqrt{5}}\left[\left(\frac{1+\sqrt{5}}{2}\right)^{n}-\left(\frac{1-\sqrt{5}}{2}\right)^{n}\right]$$
$$=\frac{1}{\sqrt{5}}\left[\left(\frac{1+\sqrt{5}}{2}\right)^{n+1}\left(1+\frac{2}{1+\sqrt{5}}\right)-\left(\frac{1-\sqrt{5}}{2}\right)^{n+1}\left(1+\frac{2}{1-\sqrt{5}}\right)\right]$$
$$=\frac{1}{\sqrt{5}}\left[\left(\frac{1+\sqrt{5}}{2}\right)^{n+1}\left(\frac{1+\sqrt{5}}{2}\right)-\left(\frac{1-\sqrt{5}}{2}\right)^{n+1}\left(\frac{1-\sqrt{5}}{2}\right)\right]$$
$$=\frac{1}{\sqrt{5}}\left[\left(\frac{1+\sqrt{5}}{2}\right)^{n+2}-\left(\frac{1-\sqrt{5}}{2}\right)^{n+2}\right]$$
$$=a_{n+2}$$

이므로 수열$\{a_n\}$은 피보나치수열이다.

또, $a_1=1$, $a_2=1$, $a_{n+2}=a_{n+1}+a_n$이 성립하고 a_n, a_{n+1}이 자연수이므로 자연수의 집합은 덧셈에 대하여 닫혀있으므로 $a_{n+1}+a_n=a_{n+2}$도 자연수이다.

따라서, 자연수 n에 대하여 a_n은 자연수이다.

(2) 수학적 귀납법을 이용하자.

(ⅰ) $n=1$일 때

(좌변)은 $f_1f_2=1\times1=1$,

(우변)은 $f_2^{\ 2}=1^2=1$

이므로 (좌변)=(우변)이 되어 성립한다.

(ⅱ) $n=k$일 때, 성립한다고 가정하면

$f_1f_2+f_2f_3+f_3f_4+\cdots+f_{2k-1}f_{2k}=f_{2k}^{\ 2}$이다.

양변에 $f_{2k}f_{2k+1}+f_{2k+1}f_{2k+2}$를 더하면

$$f_1f_2+f_2f_3+\cdots+f_{2k-1}f_{2k}+f_{2k}f_{2k+1}+f_{2k+1}f_{2k+2}$$
$$=f_{2k}^{\ 2}+f_{2k}f_{2k+1}+f_{2k+1}f_{2k+2}$$
$$=f_{2k}(f_{2k}+f_{2k+1})+f_{2k+1}f_{2k+2}$$
$$=f_{2k}f_{2k+2}+f_{2k+1}f_{2k+2}\ (\because f_{2k+2}=f_{2k+1}+f_{2k})$$
$$=f_{2k+2}(f_{2k}+f_{2k+1})=f_{2k+2}f_{2k+2}$$
$$=f_{2k+2}^{\ 2}$$

이다.

즉, $n=k+1$일 때에도 성립한다.

(ⅰ), (ⅱ)에 의하여 모든 자연수 n에 대하여 성립한다.

(3) 수열 $\{f_n\}$은

$f_1=1$, $f_2=1$, $f_3=2$,

$f_4=3$, $f_5=5$, $f_6=8$,

$\cdots$, $f_n=\frac{1}{\sqrt{5}}\left\{\left(\frac{1+\sqrt{5}}{2}\right)^n-\left(\frac{1-\sqrt{5}}{2}\right)^n\right\}$

수열 $\{l_n\}$은

$l_1=1$, $l_2=3$, $l_3=4$,

$l_4=7$, $l_5=11$, $l_6=18$,

$\cdots$, l_n

따라서

$l_1=1=f_1$

$l_2=3=1+2=f_2+2f_1$

$l_3=4=2+2=f_3+2f_2$

$l_4=7=3+4=f_4+2f_3$

$\vdots$

$l_n=f_n+2f_{n-1}(n\geq2)$

이므로

$$l_n=\frac{1}{\sqrt{5}}\left[\left(\frac{1+\sqrt{5}}{2}\right)^n-\left(\frac{1-\sqrt{5}}{2}\right)^n\right]+2\times\frac{1}{\sqrt{5}}\left[\left(\frac{1+\sqrt{5}}{2}\right)^{n-1}-\left(\frac{1-\sqrt{5}}{2}\right)^{n-1}\right]$$
$$=\frac{1}{\sqrt{5}}\left[\left(\frac{1+\sqrt{5}}{2}\right)^n\left(1+\frac{4}{1+\sqrt{5}}\right)-\left(\frac{1-\sqrt{5}}{2}\right)^n\left(1+\frac{4}{1-\sqrt{5}}\right)\right]$$
$$=\frac{1}{\sqrt{5}}\left[\left(\frac{1+\sqrt{5}}{2}\right)^n\times\sqrt{5}-\left(\frac{1-\sqrt{5}}{2}\right)^n\times(-\sqrt{5})\right]$$
$$=\left(\frac{1+\sqrt{5}}{2}\right)^n+\left(\frac{1-\sqrt{5}}{2}\right)^n$$

이다.

다른 답안

$b_n=\alpha\left(\frac{1+\sqrt{5}}{2}\right)^n+\beta\left(\frac{1-\sqrt{5}}{2}\right)^n$으로 놓고

$\left(\frac{1+\sqrt{5}}{2}\right)^n=p$, $\left(\frac{1-\sqrt{5}}{2}\right)^n=q$라 하면 $b_n=\alpha p+\beta q$이다.

$$b_{n+1}=\alpha\left(\frac{1+\sqrt{5}}{2}\right)^{n+1}+\beta\left(\frac{1-\sqrt{5}}{2}\right)^{n+1}$$
$$=\alpha p\left(\frac{1+\sqrt{5}}{2}\right)+\beta q\left(\frac{1-\sqrt{5}}{2}\right)$$
$$b_{n+2}=\alpha p\left(\frac{1+\sqrt{5}}{2}\right)^2+\beta q\left(\frac{1-\sqrt{5}}{2}\right)^2$$
$$=\alpha p\left(\frac{3+\sqrt{5}}{2}\right)+\beta q\left(\frac{3-\sqrt{5}}{2}\right)$$
$$=\alpha p\left(\frac{1+\sqrt{5}}{2}\right)+\beta q\left(\frac{1-\sqrt{5}}{2}\right)+\alpha p+\beta q$$
$$=b_{n+1}+b_n$$

이므로 $b_1=1$, $b_2=3$이면 수열 $\{b_n\}$은 루카스 수열이다.

$b_1=\alpha\left(\frac{1+\sqrt{5}}{2}\right)+\beta\left(\frac{1-\sqrt{5}}{2}\right)=1$,

$b_2=\alpha\left(\frac{1+\sqrt{5}}{2}\right)^2+\beta\left(\frac{1-\sqrt{5}}{2}\right)^2=3$

을 연립하면 $\alpha=1$, $\beta=1$이다.

따라서, 루카스 수열의 일반항은 $\left(\frac{1+\sqrt{5}}{2}\right)^n+\left(\frac{1-\sqrt{5}}{2}\right)^n$ 이다.

(4) $l_n=\left(\frac{1+\sqrt{5}}{2}\right)^n+\left(\frac{1-\sqrt{5}}{2}\right)^n$이므로

$$\lim_{n\to\infty}\frac{l_{n+1}}{l_n}=\lim_{n\to\infty}\frac{\left(\frac{1+\sqrt{5}}{2}\right)^{n+1}+\left(\frac{1-\sqrt{5}}{2}\right)^{n+1}}{\left(\frac{1+\sqrt{5}}{2}\right)^n+\left(\frac{1-\sqrt{5}}{2}\right)^n}$$

이다.

여기에서 $\lim_{n\to\infty}\left(\frac{1+\sqrt{5}}{2}\right)^n=\infty$, $\lim_{n\to\infty}\left(\frac{1-\sqrt{5}}{2}\right)^n=0$이므로

$\lim_{n\to\infty}\frac{l_{n+1}}{l_n}=\frac{1+\sqrt{5}}{2}$이다.

다른 답안

$\frac{l_{n+1}}{l_n}=\frac{l_n+l_{n-1}}{l_n}=1+\frac{l_{n-1}}{l_n}$이므로

$\lim_{n\to\infty}\frac{l_{n+1}}{l_n}=\alpha$로 놓으면 $\alpha=1+\frac{1}{\alpha}$이 성립한다.

$\alpha^2-\alpha-1=0$에서 $\alpha>0$이므로 $\alpha=\frac{1+\sqrt{5}}{2}$이다.

문제 6 • 248쪽 •

(1) $(n+1)$개의 계단을 한 계단 또는 두 계단씩 올라가는 모든 방법의 수는 처음에 한 계단 올라간 뒤 나머지 n개의 계단을 올라가는 방법의 수와 처음 두 계단을 올라간 뒤 나머지 $(n-1)$계단을 올라가는 방법의 수의 합과 같다.

따라서 $a_{n+1}=a_n+a_{n-1}$(단, $n\geq2$)이다.

(2) $a_{n+1}=a_n+a_{n-1}$의 양변을 a_n으로 나누면

$\frac{a_{n+1}}{a_n}=1+\frac{a_{n-1}}{a_n}$ ······ ㉠

$\lim_{n\to\infty}\frac{a_{n+1}}{a_n}=t$라 하면 ㉠에서 $t=1+\frac{1}{t}$이고 t는 양수이므로

$t^2-t-1=0$에서 $t=\frac{1+\sqrt{5}}{2}$

따라서 $\lim_{n\to\infty}\frac{a_{n+1}}{a_n}=\frac{1+\sqrt{5}}{2}$이다.

문제 7 • 248쪽 •

(1) $a_{n+1}=a_n+a_{n-1}(n\geq2)$이므로

$\frac{a_{n+1}}{a_n}=\frac{a_n+a_{n-1}}{a_n}=1+\frac{a_{n-1}}{a_n}=1+\frac{1}{\frac{a_n}{a_{n-1}}}$이므로

$g=\lim_{n\to\infty}\frac{a_{n+1}}{a_n}=1+\frac{1}{\lim_{n\to\infty}\frac{a_n}{a_{n-1}}}=1+\frac{1}{g}$이고,

따라서 $g^2=g+1$이다.

그러므로 g는 이차방정식 $x^2-x-1=0$의 한 근이고,

$g\geq1$이므로 $g=\frac{1+\sqrt{5}}{2}$이다.

(2) β가 이차방정식 $x^2-x-1=0$의 근이므로, $\beta^2=\beta+1$이다. $n\geq2$에 관한 수학적 귀납법으로 증명하자.

$n=2$일 때

$a_1=a_2=1$이므로 $\beta^n=a_n\beta+a_{n-1}$이 성립한다.

$n\geq2$에 대하여

$\beta^n=a_n\beta+a_{n-1}$이 성립한다고 가정하면

$$\beta^{n+1}=\beta^n\beta=(a_n\beta+a_{n-1})\beta$$
$$=a_n\beta^2+a_{n-1}\beta$$
$$=a_n(\beta+1)+a_{n-1}\beta$$
$$=(a_n+a_{n-1})\beta+a_n$$
$$=a_{n+1}\beta+a_n$$

이 되어 $n+1$일 때도 성립한다.

(3) $g=\frac{1+\sqrt{5}}{2}$와 $\beta=\frac{1-\sqrt{5}}{2}$가 이차방정식 $x^2-x-1=0$의 두 근이므로 위의 (2)에 의하여 $g^n=a_ng+a_{n-1}$과 $\beta^n=a_n\beta+a_{n-1}$이 성립한다.

그러므로 $g^n-\beta^n=a_n(g-\beta)=\sqrt{5}a_n$이다.

따라서

$$a_n=\frac{1}{\sqrt{5}}(g^n-\beta^n)$$
$$=\frac{1}{\sqrt{5}}\left\{\left(\frac{1+\sqrt{5}}{2}\right)^n-\left(\frac{1-\sqrt{5}}{2}\right)^n\right\}$$

이다.

(4) $a_n=\frac{1}{\sqrt{5}}(g^n-\beta^n)$으로부터

$$\left|a_n-\frac{1}{\sqrt{5}}g^n\right|=\left|-\frac{1}{\sqrt{5}}\beta^n\right|$$
$$=\frac{1}{\sqrt{5}}\left|\left(\frac{1-\sqrt{5}}{2}\right)^n\right|=\frac{1}{\sqrt{5}}\left(\frac{\sqrt{5}-1}{2}\right)^n$$
$$=\frac{\sqrt{5}-1}{2\sqrt{5}}\left(\frac{\sqrt{5}-1}{2}\right)^{n-1}<\frac{1}{2}$$

을 얻는다.

그러므로 모든 $n\geq1$에 대하여 실수 $\frac{1}{\sqrt{5}}g^n$에 가장 가까운 자연수는 a_n이다.

문제 8 • 249쪽 •

(1) (i) 선분의 전체 길이를 1이라 하고 긴 부분의 길이를 x라 하면 짧은 부분의 길이는 $1-x$이므로

$1:x=x:1-x$가 성립한다.

이 식으로부터 $x^2=1-x$이므로 $x^2+x-1=0$을 풀면

$x=\frac{\sqrt{5}-1}{2}\,(x>0)$

따라서 황금비는 $\frac{1}{x}=\frac{1+\sqrt{5}}{2}$임을 알 수 있다.

다른 답안

선분을 둘로 나누었을 때 긴 부분의 길이를 a, 짧은 부분의 길이를 b라 하면 문제의 조건에서

$a:b=a+b:a$가 성립한다. 이 식으로부터

$a^2=b(a+b)=ab+b^2$임을 알 수 있다.

a와 b의 비를 구하기 위하여 위 식을 b^2으로 나누면

$\left(\frac{a}{b}\right)^2=\frac{a}{b}+1$이므로 이차방정식 $x^2-x-1=0$을 풀면

$x=\left(\frac{a}{b}\right)=\frac{1+\sqrt{5}}{2}\left(\frac{a}{b}>0\right)$

즉, 황금비는 $\frac{1+\sqrt{5}}{2}$임을 알 수 있다.

(ii) (가)에서 수열 $\{a_n\}$은 $a_{n+1}=a_{n-1}+a_n$의 성질을 가진다고 했으므로 $\frac{a_{n+1}}{a_n}=\frac{a_{n-1}+a_n}{a_n}=1+\frac{a_{n-1}}{a_n}$

연속된 두 수의 비 $\frac{a_{n+1}}{a_n}$이 수렴하므로

$\lim_{n\to\infty}\frac{a_{n+1}}{a_n}=r$라 하면

$r=\lim_{n\to\infty}\frac{a_{n+1}}{a_n}=\lim_{n\to\infty}\left(1+\frac{a_{n-1}}{a_n}\right)=1+\lim_{n\to\infty}\frac{a_{n-1}}{a_n}$

$=1+\frac{1}{r}$

이 식 $r=1+\frac{1}{r}$은 $r^2=r+1$이고 $r^2-r-1=0$에서 근의 공식을 이용하여 r를 구하면 $r=\frac{1+\sqrt{5}}{2}\,(r>0)$이다.

따라서 수열 $\{a_n\}$의 연속된 두 항의 비는 황금비 $\frac{1+\sqrt{5}}{2}$에 수렴한다.

(2) (i) 처음 이야기를 들은 한 사람을 $b_1=1$이라 하고 n번째 날에 새로 소문을 들은 사람의 수를 b_n이라 하자.

$n=1$부터 차례로 구해보면

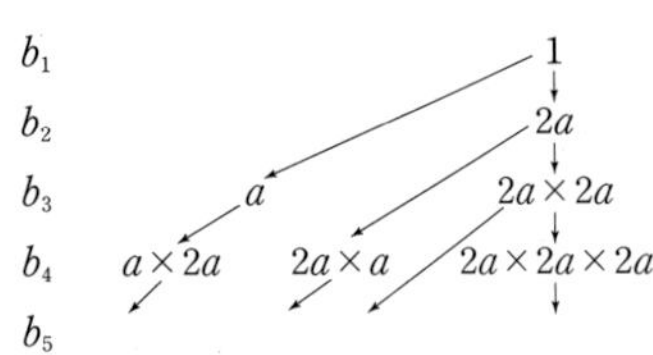

$b_1=1,\ b_2=2a,$

$b_3=2a\times2a+a,$

$b_4=2a(4a^2+a)+a\times2a$

임을 알 수 있고 제시문에서와 같이 b_n 사이의 관계를 알아보면 소문을 들은 사람은 다음날에는 $2a$명에게, 또 그 다음날에는 a명에게 소문을 전한다고 했으므로 이를 b_n으로 표시하면

$b_n=2a\times b_{n-1}+a\times b_{n-2}$

와 같이 나타낼 수 있음을 알 수 있다.

(ii) 4번째 날에 새로 소문을 들은 사람의 수가 80명이므로 $b_4=80$이고 이를 a의 식으로 표시하면 (i)에서 $b_4=8a^3+4a^2=80$이 된다. 즉, $2a^3+a^2-20=0$이 되고 이를 인수분해하면

$(a-2)(2a^2+5a+10)=0$

이 되어 $a=2$이거나 $\frac{-5\pm\sqrt{25-80}}{4}$이 되는데 뒤의 값은 허수이므로 답이 될 수 없으며 a는 사람의 수이므로 자연수 $a=2$가 됨을 알 수 있다.

문제 9 • 250쪽 •

(1) $\lim_{n\to\infty}a_n=x\geq0$이라 하면

$a_{n+2}=a_n-a_{n+1}$로부터

$x=x-x$가 성립하여 $x=0$이다.

$\lim_{n\to\infty}b_n=y>0$이라 하면

$b_n=\frac{c_{n+1}}{c_n}=\frac{c_{n-1}+c_n}{c_n}=\frac{c_{n-1}}{c_n}+1=\frac{1}{b_{n-1}}+1$

로부터 $y=\frac{1}{y}+1$이다.

즉, $y^2-y-1=0$이므로

$y=\frac{1+\sqrt{5}}{2}\,(\because y>0)$

따라서 $\lim_{n\to\infty}a_n=0,\ \lim_{n\to\infty}b_n=\frac{1+\sqrt{5}}{2}$

(2) 수학적 귀납법을 이용하여 증명한다.

(i) $n=2$일 때,

정의에 의하여 $a_2=a_0-a_1=1-t$이고

$a_n=(-1)^{n-1}(tc_{n-1}-c_{n-2})$에서

$a_2=(-1)(tc_1-c_0)=(-1)(t-1)=1-t$이므로

$n=2$일 때, 주어진 식이 성립한다.

또, $a_3=a_1-a_2=t-(1-t)=2t-1$

$c_2=c_0+c_1=1+1=2$이고

$a_3=(-1)^2(tc_2-c_1)=2t-1$이므로

$n=3$일 때, 주어진 식이 성립한다.

(ii) $n=k\,(k\geq3)$인 모든 자연수 n에 대하여

$a_n=(-1)^{n-1}(tc_{n-1}-c_{n-2})$ …… ㉠

가 성립한다고 가정하자.

ⓐ k가 짝수인 경우

$$a_{k+1}=a_{k-1}-a_k$$
$$=tc_{k-2}-c_{k-3}+tc_{k-1}-c_{k-2}\ (\because ㉠)$$
$$=tc_k-c_{k-1}(\because c_{n+2}=c_n+c_{n+1})$$

ⓑ k가 홀수인 경우

$$a_{k+1}=a_{k-1}-a_k$$
$$=-(tc_{k-2}-c_{k-3})-(tc_{k-1}-c_{k-2})\ (\because ㉠)$$
$$=-tc_k+c_{k-1}\ (\because c_{n+2}=c_n+c_{n+1})$$

$n=k+1$인 경우에도 ⓐ, ⓑ에 의하여

$a_n=(-1)^{n-1}(tc_{n-1}-c_{n-2})$

가 성립한다.

따라서 수학적 귀납법에 의하여 $n\geq 2$인 모든 자연수 n에 대하여 $a_n=(-1)^{n-1}(tc_{n-1}-c_{n-2})$가 성립한다.

(3) (2)에 의하여 $n\geq 2$인 모든 자연수 n에 대하여

$a_n=(-1)^{n-1}(tc_{n-1}-c_{n-2})$

가 성립하고 문제의 조건에 의하여 $n\geq 0$인 모든 자연수 n에 대하여 $a_n>0$이므로

(i) $n=2k+2$일 때,

$a_{2k+2}=-(tc_{2k+1}-c_{2k})$이고 $a_{2k+2}>0$이므로

$-(tc_{2k+1}-c_{2k})>0$에서 $t<\dfrac{c_{2k}}{c_{2k+1}}$이다.

(ii) $n=2k+1$일 때,

$a_{2k+1}=tc_{2k}-c_{2k-1}$이고 $a_{2k+1}>0$이므로

$tc_{2k}-c_{2k-1}>0$에서 $t>\dfrac{c_{2k-1}}{c_{2k}}$이다.

(i), (ii)에 의하여 $\dfrac{c_{2k-1}}{c_{2k}}<t<\dfrac{c_{2k}}{c_{2k+1}}$이고 $t=a_1$이므로

$\dfrac{c_{2k-1}}{c_{2k}}<a_1<\dfrac{c_{2k}}{c_{2k+1}}$

한편, (1)에서 $\lim_{n\to\infty}\dfrac{c_{n+1}}{c_n}=\dfrac{1+\sqrt{5}}{2}$임을 보였으므로

$$\lim_{n\to\infty}\frac{c_{2n-1}}{c_{2n}}=\lim_{n\to\infty}\frac{c_{2n}}{c_{2n+1}}=\frac{2}{1+\sqrt{5}}$$
$$=\frac{-1+\sqrt{5}}{2}$$

이다. 따라서 $\dfrac{c_{2n-1}}{c_{2n}}<a_1<\dfrac{c_{2n}}{c_{2n+1}}$의 각 변에 극한을 취하면

$a_1=\dfrac{-1+\sqrt{5}}{2}$이다.

(4) (나)에서의 방법을 따른 경우 $k\geq 0$에 대하여 a_k와 b_k를 다음과 같이 정의한다.

$(m+k)$분 후에 용기 A에 들어 있게 되는 물의 양을 a_k, $(m+k)$분 후에 용기 B에 들어 있게 되는 물의 양을 b_k로 놓으면 다음 식이 성립한다.

$a_{k+1}=0.9a_k+0.2b_k$ …… ㉠

$b_{k+1}=0.1a_k+0.8b_k$ …… ㉡

㉠에서 $b_k=5a_{k+1}-4.5a_k$이므로 ㉡에 대입하면

$5a_{k+2}-4.5a_{k+1}=0.1a_k+0.8(5a_{k+1}-4.5a_k)$

$5a_{k+2}-8.5a_{k+1}+3.5a_k=0$

즉, $a_{k+2}-a_{k+1}=\dfrac{7}{10}(a_{k+1}-a_k)$이므로 수열 $\{a_k\}$의 계차수열은 첫째항이 $a_1-a_0=\left(\dfrac{9}{10}\alpha+\dfrac{2}{10}\beta\right)-\alpha=\dfrac{\beta}{5}-\dfrac{\alpha}{10}$이고, 공비가 $\dfrac{7}{10}$인 등비수열이다. 그러므로

$$a_k=a_0+\sum_{j=1}^{k}(a_1-a_0)\left(\frac{7}{10}\right)^{j-1}$$
$$=\alpha+\sum_{j=1}^{k}\left(\frac{\beta}{5}-\frac{\alpha}{10}\right)\left(\frac{7}{10}\right)^{j-1}$$
$$=\alpha+\frac{\left(\frac{\beta}{5}-\frac{\alpha}{10}\right)\left\{1-\left(\frac{7}{10}\right)^k\right\}}{1-\frac{7}{10}}$$
$$=\alpha+\left(\frac{2}{3}\beta-\frac{\alpha}{3}\right)\left\{1-\left(\frac{7}{10}\right)^k\right\}$$

이다. 이때,

$\lim_{n\to\infty}a_k=\alpha+\left(\dfrac{2}{3}\beta-\dfrac{\alpha}{3}\right)=\dfrac{2}{3}(\alpha+\beta)$

따라서 아주 오랜 시간이 지난 후 용기 A에 담긴 물의 양이 수렴하는 값은 $\dfrac{2}{3}(\alpha+\beta)$리터이다.

문제 10 • 251쪽 •

(1) 원 C 위의 한 점 E를 점 P의 항등원이라고 하면

P⊕E=E⊕P=P이고

l(P⊕E)

$=l$(E⊕P)

$=l$(P)

이다.

$l(\mathrm{P})+l(\mathrm{E})=l(\mathrm{P})$에서 $l(\mathrm{E})=0$이다.

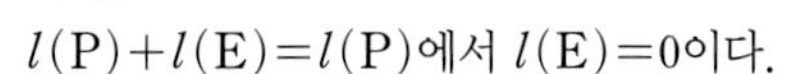

따라서, 연산 ⊕에 대하여 항등원은 A$(-1, 0)$이다.

또, 원 C 위의 한 점 X를 점 P의 역원이라고 하면

P⊕X=X⊕P=E이고

l(P⊕X)$=l$(X⊕P)$=l$(E)$=0$이다.

∠AOP$=\theta$라고 하면

$l(\mathrm{P}\oplus\mathrm{X})=l(\mathrm{P})+l(\mathrm{X})=\theta+l(\mathrm{X})=0$에서

$l(\mathrm{X})=-\theta$

따라서 점 X는 점 P의 x축에 대하여 대칭점이다.

다른 답안

점 P의 역원은 다음과 같이 구할 수 있다.

원 위의 한 점 X를 점 P의 역원이라고 하면

P⊕X=X⊕P=E(A)이므로

$l(\mathrm{P})+l(\mathrm{X})=l(\mathrm{A})+2n\pi$($n$은 정수),

$l(\mathrm{P})+l(\mathrm{X})=2n\pi$이다.

여기에서 $0\leq l(\mathrm{P})<2\pi$, $0\leq l(\mathrm{X})<2\pi$이므로

$0\leq l(\mathrm{P})+l(\mathrm{X})<4\pi$이다.

이때 $n=0$ 또는 $n=1$이므로

$n=0$이면 $l(\mathrm{P})+l(\mathrm{X})=0$에서 $l(\mathrm{P})=l(\mathrm{X})=0$이므로

P=X=A이다.

$n=1$이면 $l(\mathrm{P})+l(\mathrm{X})=2\pi$에서 $l(\mathrm{X})=2\pi-l(\mathrm{P})$이므로 점 X는 점 P와 x축에 관하여 대칭이다.
따라서, 점 P의 역원은 점 P와 x축에 대하여 대칭이다.

(2) ①

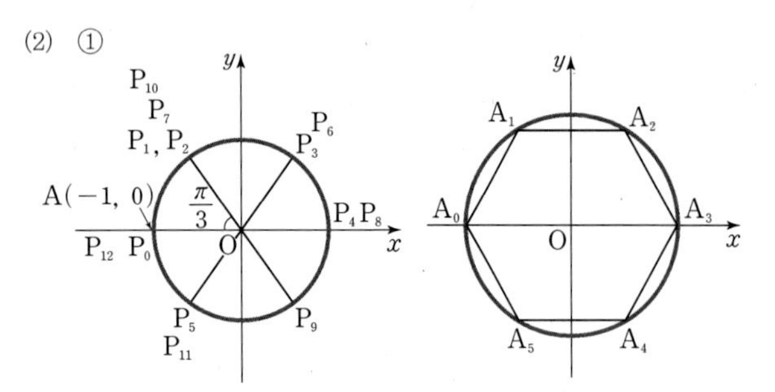

$$l(\mathrm{P}_1)=\frac{\pi}{3}$$

$$l(\mathrm{P}_2)=l(\mathrm{P}_1\oplus\mathrm{P}_0)=l(\mathrm{P}_1)+l(\mathrm{P}_0)=l(\mathrm{P}_1)=\frac{\pi}{3}$$

$$l(\mathrm{P}_3)=l(\mathrm{P}_2\oplus\mathrm{P}_1)=l(\mathrm{P}_2)+l(\mathrm{P}_1)=\frac{2\pi}{3}$$

$$l(\mathrm{P}_4)=l(\mathrm{P}_3\oplus\mathrm{P}_2)=l(\mathrm{P}_3)+l(\mathrm{P}_2)=\frac{3\pi}{3}$$

$$l(\mathrm{P}_5)=l(\mathrm{P}_4\oplus\mathrm{P}_3)=l(\mathrm{P}_4)+l(\mathrm{P}_3)=\frac{5\pi}{3}$$

$$\vdots$$

이므로

$\angle\mathrm{AOP}_1=\frac{\pi}{3}$, $\angle\mathrm{AOP}_2=\frac{\pi}{3}$,

$\angle\mathrm{AOP}_3=\frac{2\pi}{3}$, $\angle\mathrm{AOP}_4=\frac{3\pi}{3}$, $\cdots$

이다.

$\angle\mathrm{AOP}_n=\frac{\pi}{3}\times a_n$으로 나타내면

$a_0=0$, $a_1=1$, $a_2=1$, $a_3=2$, $a_4=3$, $\cdots$이므로 수열 $\{a_n\}$은 $a_{n+2}=a_{n+1}+a_n(n=0, 1, 2, \cdots)$가 성립한다.
수열 $\{a_n\}$을 구해보면
1, 1, 2, 3, 5, 8, 13, 21, 34, 55, 89, 144, $\cdots$
이다.
이때, $\angle\mathrm{AOP}_n=2m\pi$($m$은 정수)이면 $\mathrm{P}_n=\mathrm{A}$가 되고 $2m\pi=\frac{\pi}{3}\times 6m$로 나타낼 수 있는 경우는 a_n이 6의 배수일 때이므로 $a_{12}=144$에서 $\mathrm{P}_n=\mathrm{A}$를 만족하는 자연수 n의 최솟값은 12이다.

② $\angle\mathrm{AOP}_1=\frac{2\pi}{k}$, $\angle\mathrm{AOP}_2=\frac{2\pi}{k}$,

$\angle\mathrm{AOP}_3=\frac{4\pi}{k}$, $\angle\mathrm{AOP}_4=\frac{6\pi}{k}$, $\cdots$

이므로 $\angle\mathrm{AOP}_n=\frac{2\pi}{k}\times a_n$으로 나타내면
①과 같은 방법으로 하여 a_n이 k의 배수가 되는 n의 최솟값을 구한다.

(3) 네 점 P_1, P_2, Q_1, Q_2가 $\mathrm{P}_1\oplus\mathrm{P}_2=\mathrm{Q}_1\oplus\mathrm{Q}_2$를 만족하므로

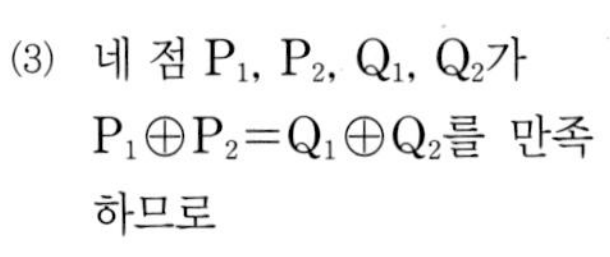

$l(\mathrm{P}_1)=m$,
$l(\mathrm{P}_2)=n$,
$l(\mathrm{Q}_1)=m-k$,
$l(\mathrm{Q}_2)=n+k$
로 놓을 수 있다. 이때, 호 $\mathrm{P}_1\mathrm{P}_2$와 호 $\mathrm{Q}_1\mathrm{Q}_2$의 중점이 일치하므로
선분 $\mathrm{P}_1\mathrm{P}_2$의 중점과 원의 중심 O를 연결한 직선이 선분 $\mathrm{Q}_1\mathrm{Q}_2$의 중점과 원의 중심 O를 연결한 직선과 일치한다.
따라서 이 직선은 선분 $\mathrm{P}_1\mathrm{P}_2$와 선분 $\mathrm{Q}_1\mathrm{Q}_2$의 수직이등분선이므로 두 점 P_1과 P_2를 지나는 직선과 두 점 Q_1과 Q_2를 지나는 직선은 평행하다.

문제 11 • 252쪽 •

(1) 점화식으로부터 수열 $\{a_n\}$의 항은 0이 아니므로 $(2^n+3^n)a_na_{n+1}=a_n-a_{n+1}$의 양변을 a_na_{n+1}로 나누면 $\frac{1}{a_{n+1}}-\frac{1}{a_n}=2^n+3^n$을 얻는다. 즉, 수열 $\left\{\frac{1}{a_n}\right\}$의 계차수열의 일반항을 얻는다.
제시문 ㈎에 따라 $n\ge2$에 대하여

$$\frac{1}{a_n}=\frac{1}{a_1}+\sum_{k=1}^{n-1}(2^k+3^k)$$
$$=1+\frac{2(2^{n-1}-1)}{2-1}+\frac{3(3^{n-1}-1)}{3-1}=2^n+\frac{3^n}{2}-\frac{5}{2}$$

즉 $a_n=\frac{2}{2^{n+1}+3^n-5}$를 얻는다.

$$\lim_{n\to\infty}\frac{a_{n+2}}{a_n}=\lim_{n\to\infty}\frac{\frac{2}{2^{n+3}+3^{n+2}-5}}{\frac{2}{2^{n+1}+3^n-5}}$$
$$=\lim_{n\to\infty}\frac{2^{n+1}+3^n-5}{2^{n+3}+3^{n+2}-5}$$
$$=\lim_{n\to\infty}\frac{2\left(\frac{2}{3}\right)^n+1-\left(\frac{5}{3^n}\right)}{8\left(\frac{2}{3}\right)^n+9-\left(\frac{5}{3^n}\right)}=\frac{1}{9}$$

(2) 피보나치 수열의 점화식으로부터
$\frac{f_{n+1}}{f_nf_{n+2}}=\frac{f_{n+2}-f_n}{f_nf_{n+2}}=\frac{1}{f_n}-\frac{1}{f_{n+2}}$을 얻는다.
이로부터 주어진 무한급수의 부분합에 대한 다음 식을 얻는다.

$$S_n=\sum_{k=1}^{n}\frac{f_{k+1}}{f_kf_{k+2}}=\sum_{k=1}^{n}\left(\frac{1}{f_k}-\frac{1}{f_{k+2}}\right)$$
$$=\left(\frac{1}{f_1}-\frac{1}{f_3}\right)+\left(\frac{1}{f_2}-\frac{1}{f_4}\right)+\cdots$$
$$+\left(\frac{1}{f_{n-1}}-\frac{1}{f_{n+1}}\right)+\left(\frac{1}{f_n}-\frac{1}{f_{n+2}}\right)$$
$$=\frac{1}{f_1}+\frac{1}{f_2}-\frac{1}{f_{n+1}}-\frac{1}{f_{n+2}}=2-\frac{1}{f_{n+1}}-\frac{1}{f_{n+2}}$$

점화식으로부터 $\lim_{n\to\infty} f_n=\infty$이고 무한급수의 합은 부분합의 극한이므로 $\lim_{n\to\infty} S_n=2$이다.

(3) 주어진 식의 좌변을 L, 우변을 R라 하자. ㈐의 비네의 공식을 이용하여 정리하면

$(\beta-\alpha)^2L$
$=(\beta-\alpha)^2(f_{k-1}f_{2k}-f_k)$
$=(\beta-\alpha)^2\left\{\frac{1}{\beta-\alpha}(\beta^{k-1}-\alpha^{k-1})\frac{1}{\beta-\alpha}(\beta^{2k}-\alpha^{2k})-\frac{1}{\beta-\alpha}(\beta^k-\alpha^k)\right\}$
$=(\beta^{k-1}-\alpha^{k-1})(\beta^{2k}-\alpha^{2k})-(\beta-\alpha)(\beta^k-\alpha^k)$
$=\beta^{3k-1}+\alpha^{3k-1}-\alpha^{k-1}\beta^{k-1}(\beta^{k+1}+\alpha^{k+1})-\beta^{k+1}-\alpha^{k+1}+\alpha\beta(\beta^{k-1}+\alpha^{k-1})$

그리고

$(\beta-\alpha)^2R$
$=(\beta-\alpha)^2(f_kf_{2k-1})$
$=(\beta-\alpha)^2\left\{\frac{1}{\beta-\alpha}(\beta^k-\alpha^k)\frac{1}{\beta-\alpha}(\beta^{2k-1}-\alpha^{2k-1})\right\}$
$=(\beta^k-\alpha^k)(\beta^{2k-1}-\alpha^{2k-1})$
$=\beta^{3k-1}+\alpha^{3k-1}-\alpha^k\beta^k(\beta^{k-1}+\alpha^{k-1})$

한편, 이차방정식의 근과 계수와의 관계로부터 $\alpha\beta=-1$, 그리고 k는 짝수이므로 $\alpha^{k-1}\beta^{k-1}=-1$, $\alpha^k\beta^k=1$이 각각 성립한다. 이를 이용하여 정리하면, 아래 식을 얻는다.

$(\beta-\alpha)^2L=\beta^{3k-1}+\alpha^{3k-1}+(\beta^{k+1}+\alpha^{k+1})-(\beta^{k+1}+\alpha^{k+1})-(\beta^{k-1}+\alpha^{k-1})$
$=\beta^{3k-1}+\alpha^{3k-1}-(\beta^{k-1}+\alpha^{k-1})$
$(\beta-\alpha)^2R=\beta^{3k-1}+\alpha^{3k-1}-(\beta^{k-1}+\alpha^{k-1})$

두 식으로부터 $L=R$이므로 주어진 식은 성립한다.

(4) ① ㈑에 의하면 황금비는 양수 a, b가 식 $\frac{(a+b)}{a}=\frac{a}{b}$를 만족할 때 $\frac{a}{b}$의 값이다.
$(a+b)b=a^2$에서 양변을 b^2으로 나누면
$\frac{a}{b}+1=\left(\frac{a}{b}\right)^2$을 얻게 되어 황금비는 이차방정식 $t^2-t-1=0$의 근임을 알 수 있다.

② 이제 황금비를 φ라 하면, $\varphi^2-\varphi-1=0$이 성립한다.
이 식의 양변을 φ로 나누면 $\varphi-\frac{1}{\varphi}=1$을 얻게 된다.
즉, 황금비와 황금비의 역수의 차는 1이다.
따라서 황금비와 황금비의 역수의 소수점이하의 값은 일치한다.

(5) ① 정오각형의 한 각의 크기는 $180°\cdot\frac{5-2}{5}=108°$이다.
△ABC는 이등변삼각형이므로
$\angle CAB=\angle BCA=\frac{180°-108°}{2}=36°$
이로부터 $\angle ACD=108°-36°=72°$를 얻는다. 마찬가지로 $\angle ADC=72°$이다.
$\angle ACD$의 이등분선이 선분 AD와 만나는 점을 P라 하자. $\angle PCD$의 크기는 $\frac{72°}{2}=36°$이다.
따라서 △ACD와 △CDP는 닮음이다.

② 선분 $\overline{AC}$의 길이를 x라 하면 각의 이등분선의 성질에 의하여 $\overline{AP}:\overline{PD}=x:1$을 얻는다. 한편 $\overline{AP}+\overline{PD}=\overline{AD}=x$가 성립하므로 $\overline{PD}=\frac{x}{1+x}$를 얻는다.

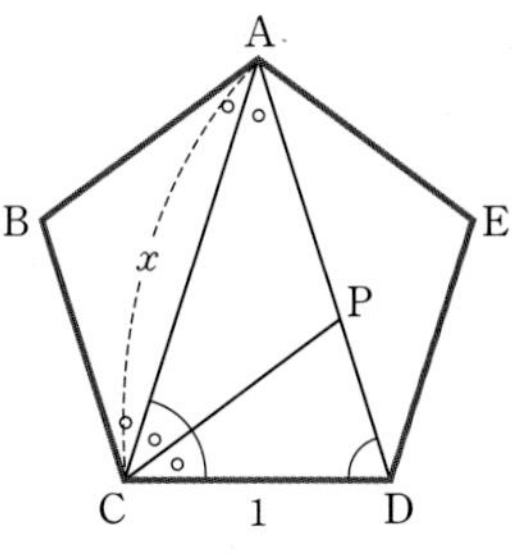

닮은 삼각형의 성질로부터 $x:1=1:\frac{x}{1+x}$, 즉 $x^2-x-1=0$이 성립한다.
이 식을 풀면 $x=\frac{1+\sqrt{5}}{2}$를 얻는다.

주제별 강의 제 18 장

프랙탈

문제 1 • 263쪽 •

(1) 변의 개수는 1단계, 2단계, 3단계, 4단계에서 각각 3×4, 3×4^2, 3×4^3, 3×4^4이고, 한 변의 길이는 1단계, 2단계, 3단계, 4단계에서 각각 $\frac{1}{3}$, $\left(\frac{1}{3}\right)^2$, $\left(\frac{1}{3}\right)^3$, $\left(\frac{1}{3}\right)^4$이다.
따라서 4단계에서 나타나는 폐곡선의 길이는
$3\times4^4\times\left(\frac{1}{3}\right)^4=3\times\left(\frac{4}{3}\right)^4=\frac{256}{27}$이다.

(2) 각 변을 3등분하여 동일한 선분 4개씩 이용하므로 $4=3^D$가 성립한다.
따라서 $D=\frac{\log 4}{\log 3}=\frac{2\log 2}{\log 3}\fallingdotseq\frac{2\times0.3010}{0.4771}\fallingdotseq1.26$이다.

(3) 코흐 폐곡선의 길이는 1단계, 2단계, 3단계, 4단계에서 각각 $3\times4\times\frac{1}{3}$, $3\times4^2\times\left(\frac{1}{3}\right)^2$, $3\times4^3\times\left(\frac{1}{3}\right)^3$, $\cdots$이므로 n단계에서 만들어지는 길이는 $3\times\left(\frac{4}{3}\right)^n$이다.
따라서 ∞단계에서 코흐 폐곡선의 길이는 무한대(∞)이다. 또, n단계에서 코흐 폐곡선으로 둘러싸인 넓이를 S_n이라 하면

$$S_n=S_0+\left\{\left(\frac{1}{3}\right)^2S_0\times3+\left(\frac{1}{3}\right)^4S_0\times4\times3+\left(\frac{1}{3}\right)^6S_0\times4^2\times3+\cdots+\left(\frac{1}{3}\right)^{2n}S_0\times4^{n-1}\times3\right\}$$

이고

$$\lim_{n\to\infty} S_n = S_0 + \frac{\frac{1}{3}S_0}{1-\frac{4}{9}} = S_0 + \frac{3}{5}S_0$$

$$= \frac{8}{5}S_0 = \frac{8}{5} \times \frac{\sqrt{3}}{4}$$

$$= \frac{2}{5}\sqrt{3}$$

이다. 따라서 ∞단계에서 코흐 폐곡선으로 둘러싸인 도형의 넓이는 $\frac{2}{5}\sqrt{3}$이다.

문제 2 • 264쪽 •

(1) 도형 P_{n+1}을 만들 때, 도형 P_n에 붙인 S_{n+1}과 합동인 정사각형의 총 개수를 N_{n+1}이라고 하면,
$N_2=4$, $N_{n+1}=3N_n$이고 일반항은
$N_1=0$, $N_2=4$, $N_n=4\cdot 3^{n-2}(n\geq 2)$이다.
정사각형 S_n의 넓이를 a_n이라고 하면,
$a_1=4$, $a_{n+1}=r^2a_n$을 만족하는 등비수열로서 일반항이
$a_1=4$, $a_2=4r^2$, $a_n=4r^{2n-2}(n\geq 1)$이다.
도형 P_n을 만들기 위하여 사용된 모든 정사각형들의 넓이의 합을 A_n이라고 하면, $A_1=4$, $n\geq 1$일 때,

$$A_{n+1}=A_n+a_{n+1}N_{n+1}$$
$$=A_n+4r^{2n}(4\cdot 3^{n-1})=A_n+\frac{16}{3}(3r^2)^n$$

을 만족하여,

$$A_n=4+\frac{16}{3}\sum_{i=1}^{n-1}(3r^2)^i\ (n\geq 2)$$

이다.
따라서 수열 $\{A_n\}$은 $r\geq\frac{1}{\sqrt{3}}$일 때 발산하고,
$0<r<\frac{1}{\sqrt{3}}$일 때, $4+\frac{16r^2}{1-3r^2}$으로 수렴한다.

(2) 도형 P_n을 만들 때, 사용된 모든 정사각형의 각 변에서 지워지지 않은 부분의 길이의 합을 L_n이라고 하자.
정사각형 S_n의 한 변의 길이를 b_n이라고 하면,
$b_1=2$, $b_{n+1}=rb_n$을 만족하므로 $b_n=2r^{n-1}$이다.
P_{n+1}을 만드는 단계에서 추가되는 S_{n+1}과 합동인 각 정사각형은 두 변의 길이만큼 총 길이의 합을 증가시킨다.
이로부터 $L_1=8$이고 $n\geq 1$일 때

$$L_{n+1}=L_n+2b_{n+1}N_{n+1}=L_n+2\cdot 2r^n(4\cdot 3^{n-1})$$
$$=L_n+\frac{16}{3}(3r)^n$$

을 만족하여,

$$L_n=8+\frac{16}{3}\sum_{i=1}^{n-1}(3r)^i\ (n\geq 2)$$

이다.
따라서 수열 $\{L_n\}$은 $r\geq\frac{1}{3}$일 때 발산하고,
$0<r<\frac{1}{3}$일 때, $8+\frac{16r}{1-3r}$로 수렴한다.

(3) (i) $r=\frac{1}{\sqrt{2}}$인 경우
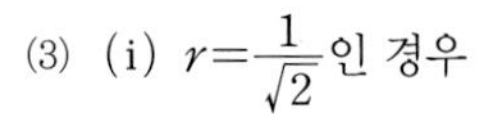

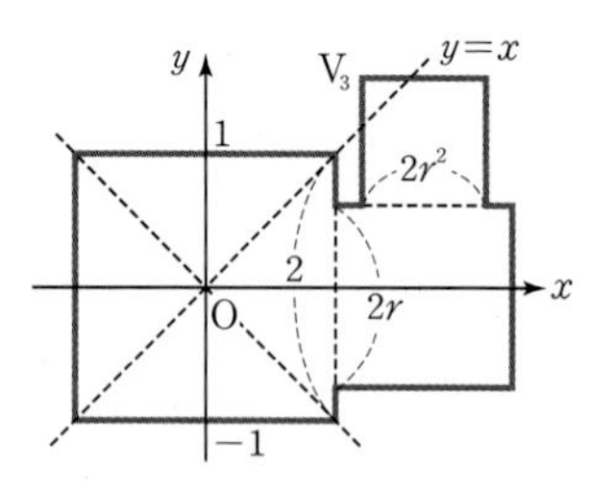

위의 그림에서처럼 P_3을 만들 때 추가되는 정사각형의 왼쪽 위 꼭짓점 V_3은 정사각형의 길이의 비가
$S_1 : S_2 = S_2 : S_3 = 1 : r$
인 것을 이용하면 V_3의
x좌표는 $1+\frac{2r-2r^2}{2}=1+r-r^2$,
y좌표는 $r+2r^2$,
즉 $V_3(1+r-r^2,\ r+2r^2)$이므로 이 경우 V_3의 좌표는
$\left(\frac{1}{2}+\frac{1}{\sqrt{2}},\ 1+\frac{1}{\sqrt{2}}\right)$이다.
따라서 V_3은 직선 $y=x$의 위쪽에 위치한다. P_3이 직선 $y=x$에 대하여 대칭이기 때문에 V_3을 꼭짓점으로 가지는 정사각형은 이 정사각형과 $y=x$에 대하여 대칭인 정사각형과 겹친다.

(ii) $r=\frac{1}{\sqrt{5}}$인 경우

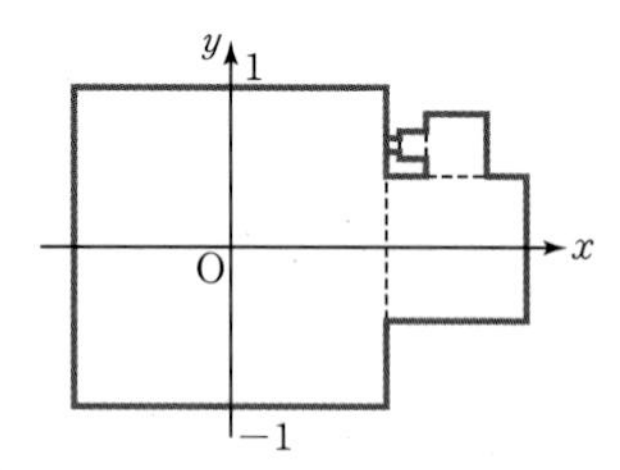

위의 그림에서처럼 P_3을 만들 때 추가되는 정사각형의 왼쪽 변의 x좌표를 x_3, P_4와 P_5를 만들 때 추가되는 정사각형의 왼쪽 변의 x좌표를 각각 x_4와 x_5라 하면,
$x_3=1+r-r^2$이고, $x_4=1+r-r^2-2r^3$,
$x_5=1+r-r^2-2r^3-2r^4$이므로, 이 경우
$x_3=1+\frac{\sqrt{5}-1}{5}$, $x_4=1+\frac{3-\sqrt{5}}{5\sqrt{5}}$,
$x_5=1+\frac{3\sqrt{5}-7}{25}$이다.
그런데 $x_3>1$이고 $x_4>1$이지만, $x_5<1$이기 때문에, P_5를 만들 때 추가된 정사각형이 P_1과 겹치게 된다.

(4) 아래 그림과 같이 P_3을 만들 때 오른쪽 위에 추가된 사각형의 왼쪽에 정사각형이 계속 추가되는 상황을 생각하자.

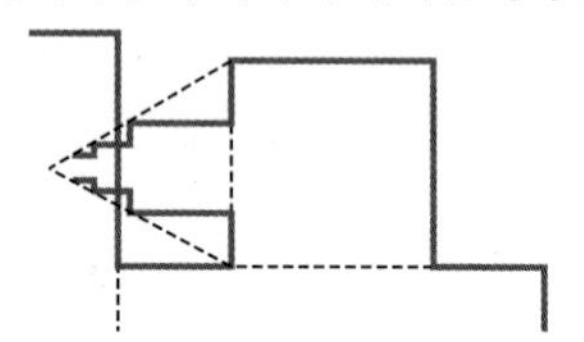

이 중에서 $P_n(n\geq 4)$을 만들 때 추가되는 정사각형의 왼쪽 변의 x좌표를 x_n이라고 하면, 일반항은

$x_n=1+r-r^2-2r^3-2r^4-\cdots-2r^{n-1}$

이다.

$0<r<1$일 때 수열 $\{x_n\}$은 수렴하고 그 극한값은

$1+r-r^2-\frac{2r^3}{1-r}$이다.

만약 이 값이 1보다 작으면 어떤 적당한 n에 대하여 P_n을 만들 때 추가되는 정사각형이 P_1과 겹친다. 그래서 정사각형들이 겹치지 않는 P_n을 만들려면

$1\leq 1+r-r^2-\frac{2r^3}{1-r}$이어야 한다.

정리하면 $r^2-r+\frac{2r^3}{1-r}\leq 0$이고

$\frac{r(r^2+2r-1)}{1-r}\leq 0$에서 $1-r>0$이므로

이차부등식 $r^2+2r-1\leq 0$을 만족하는 r의 범위는

$0<r\leq\sqrt{2}-1$이고, 정사각형들이 겹치지 않을 필요조건이다.

역으로, $r\leq\sqrt{2}-1$이라고 가정하자.

도형 P를 만들 때 사용되는 모든 정사각형이 겹치지 않음을 보여야 한다.

P_1과 P_2는 정사각형들이 서로 겹치지 않는 도형이다.

$n\geq 3$인 경우, P_n을 만들 때 추가되는 정사각형은 P_n의 대칭성에 의하여 다음 두 가지 형태로 붙는다고 말할 수 있다.

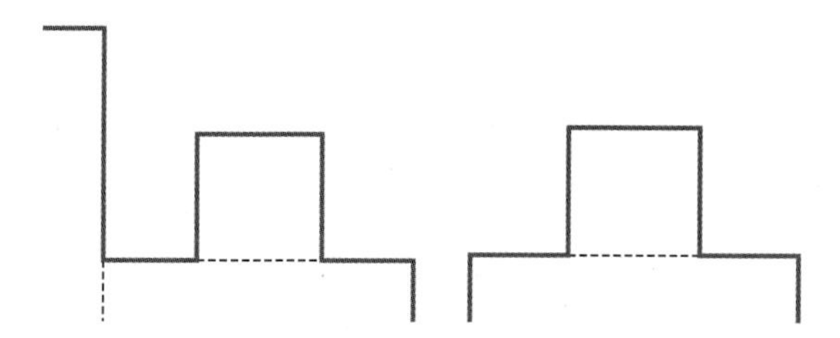

다음 단계 P_{n+1}을 만들기 위하여 S_{n+1}과 합동인 정사각형을 붙일 때, 추가되는 정사각형이 아래 왼쪽 그림의 색칠된 영역 안에 모두 들어갈 충분조건은 S_{n+1}의 변의 길이가 $2r^n$이므로, $r^{n-2}-r^{n-1}\geq 2r^n$과

$r^{n-3}-r^{n-2}-2r^{n-1}\geq 2r^n$이다.

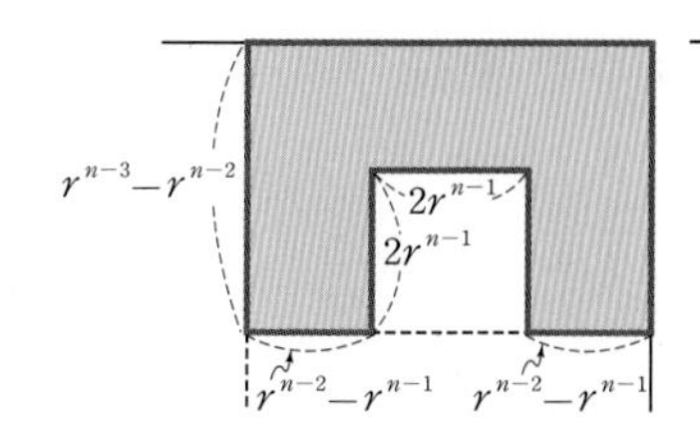

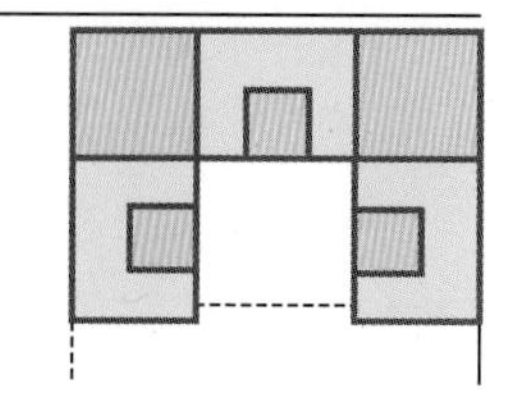

그런데, $r\leq\sqrt{2}-1$이기 때문에,

$$(r^{n-2}-r^{n-1})-2r^n=r^{n-2}(1-r-2r^2)$$
$$=r^{n-2}(1-2r)(1+r)\geq 0$$

이고

$$(r^{n-3}-r^{n-2}-2r^{n-1})-(r^{n-2}-r^{n-1})$$
$$=r^{n-3}(1-2r-r^2)\geq 0$$

이므로,

$r^{n-3}-r^{n-2}-2r^{n-1}\geq r^{n-2}-r^{n-1}\geq 2r^n$

이다.

따라서 단계 P_{n+1}에 변의 길이가 $2r^n$인 정사각형을 붙일 때, 추가되는 정사각형이 위 왼쪽 그림의 색칠된 영역 안에 모두 들어간다. 그런데 P_{n+1}에 추가되는 다른 정사각형들은 바로 위 오른쪽 그림처럼 짙게 표시된 영역에 들어가며, 이 영역들이 서로 만나지 않으므로, 추가되는 사각형들이 서로 겹치지 않고 앞 단계의 도형들과도 겹치지 않음을 알 수 있다.

문제 3 • 266쪽 •

(1) 점 (0, 0)이 f, g, h에 의해 변환된 점은 각각

$(0,\ 0)$, $\left(\frac{1}{2},\ 0\right)$, $\left(0,\ \frac{1}{2}\right)$

점 (1, 0)이 f, g, h에 의해 변환된 점은 각각

$\left(\frac{1}{2},\ 0\right)$, $(1,\ 0)$, $\left(\frac{1}{2},\ \frac{1}{2}\right)$

점 (0, 1)이 f, g, h에 의해 변환된 점은 각각

$\left(0,\ \frac{1}{2}\right)$, $\left(\frac{1}{2},\ \frac{1}{2}\right)$, $(0,\ 1)$

이 된다. 따라서 변환된 점들을 이어서 만든 도형 T_1을 좌표평면에 나타내면 다음 그림과 같다.

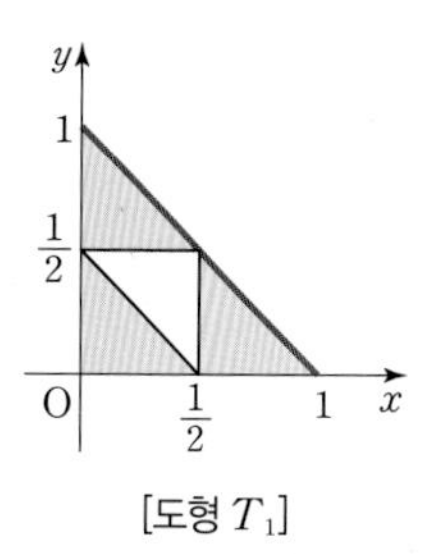

[도형 T_1]

T_1은 3개의 작은 삼각형으로 이루어져 있고, 이 작은 삼각형 1개와 처음 도형의 닮음비는 $\frac{1}{2}$이다.

같은 방법으로 T_2, T_3을 좌표평면에 나타내면 T_2는 3^2개, T_3은 3^3개의 작은 삼각형으로 이루어진 도형이 된다.

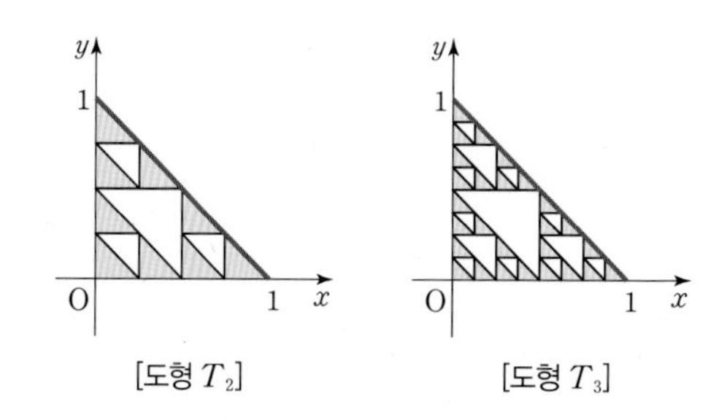

[도형 T_2] [도형 T_3]

(2) ① 처음 도형의 둘레의 길이는 $2+\sqrt{2}$이고 T_n에서의 작은 삼각형과 처음 도형의 닮음비는 $\left(\frac{1}{2}\right)^n$이다.

T_n에서 작은 삼각형의 개수는 3^n개이므로 T_n의 둘레의 길이는 $(2+\sqrt{2})\times\left(\frac{1}{2}\right)^n\times 3^n=(2+\sqrt{2})\left(\frac{3}{2}\right)^n$이다.

또, 처음 도형의 넓이는 $\frac{1}{2}$이고 T_n에서의 작은 삼각형과 처음 도형의 넓이의 비가 $\left(\frac{1}{2^2}\right)^n$이므로 T_n의 넓이는

$\frac{1}{2}\times\left(\frac{1}{2^2}\right)^n\times 3^n=\frac{1}{2}\left(\frac{3}{2^2}\right)^n=\frac{1}{2}\left(\frac{3}{4}\right)^n$이다.

따라서 $n\to\infty$일 때 둘레의 길이는 무한대로 발산하고 넓이는 0에 수렴한다.

② 각 변을 2등분하였을 때 $N=3$, $r=\frac{1}{2}$이므로

$$D=\frac{\log N}{\log\frac{1}{r}}=\frac{\log 3}{\log 2}\fallingdotseq\frac{0.48}{0.30}=1.6$$

따라서 이 도형은 1.6차원이다.

Ⅶ 확률

COURSE A

유제 1 • 278쪽 • **실생활 문제를 조건부확률을 이용하여 해결한다.**

주머니에서 꺼낸 동전이 정상인 동전인 사건을 A, 불량인 동전인 사건을 B라 하고 앞면이 나오는 사건을 H, 앞면이 두 번 나오는 사건을 H^2, …이라 하자.

$$\mathrm{P}(A|H)=\frac{\mathrm{P}(A\cap H)}{\mathrm{P}(H)}=\frac{\mathrm{P}(A\cap H)}{\mathrm{P}(A\cap H)+\mathrm{P}(B\cap H)}$$

$$=\frac{\frac{1}{2}\times\frac{1}{2}}{\frac{1}{2}\times\frac{1}{2}+\frac{1}{2}\times 1}=\frac{1}{3}=0.333\cdots$$

이므로 약 33 %이다.

$$\mathrm{P}(A|H^2)=\frac{\mathrm{P}(A\cap H^2)}{\mathrm{P}(H^2)}=\frac{\mathrm{P}(A\cap H^2)}{\mathrm{P}(A\cap H^2)+\mathrm{P}(B\cap H^2)}$$

$$=\frac{\frac{1}{2}\times\frac{1}{2}\times\frac{1}{2}}{\frac{1}{2}\times\frac{1}{2}\times\frac{1}{2}+\frac{1}{2}\times 1\times 1}=\frac{1}{5}=0.2$$

이므로 20 %이다.

$$\mathrm{P}(A|H^3)=\frac{\mathrm{P}(A\cap H^3)}{\mathrm{P}(H^3)}=\frac{\mathrm{P}(A\cap H^3)}{\mathrm{P}(A\cap H^3)+\mathrm{P}(B\cap H^3)}$$

$$=\frac{\frac{1}{2}\times\frac{1}{2}\times\frac{1}{2}\times\frac{1}{2}}{\frac{1}{2}\times\frac{1}{2}\times\frac{1}{2}\times\frac{1}{2}+\frac{1}{2}\times 1\times 1\times 1}=\frac{1}{9}=0.111\cdots$$

이므로 약 11.1 %이다.

$$\mathrm{P}(A|H^4)=\frac{\mathrm{P}(A\cap H^4)}{\mathrm{P}(H^4)}=\frac{\mathrm{P}(A\cap H^4)}{\mathrm{P}(A\cap H^4)+\mathrm{P}(B\cap H^4)}$$

$$=\frac{\frac{1}{2}\times\frac{1}{2}\times\frac{1}{2}\times\frac{1}{2}\times\frac{1}{2}}{\frac{1}{2}\times\frac{1}{2}\times\frac{1}{2}\times\frac{1}{2}\times\frac{1}{2}+\frac{1}{2}\times 1\times 1\times 1\times 1}$$

$$=\frac{1}{17}=0.0588\cdots$$

이므로 약 5.9 %이다.

따라서 확률이 10 % 이상이어야 한 계단을 오를 수 있으므로 세 계단까지 오를 수 있다.

TRAINING

수리논술 기출 및 예상 문제

• 279쪽 ~ 290쪽 •

01 (1) $A_3=\{(1, 1, 3), (1, 2, 2), (1, 3, 1), (2, 1, 2), (2, 2, 1), (2, 4, 4), (3, 1, 1), (3, 3, 4), (3, 4, 3), (4, 2, 4), (4, 3, 3), (4, 4, 2)\}$

이므로 $a_3=12$ 이다.

다른 답안

$(a,\ b,\ c)\in A_3$ (단, $1\le a\le b\le c\le 4$)라 하면

$a+b+c=5k$(k는 양의 정수)이므로

$(a,\ b,\ c)=(1,\ 1,\ 3),(1,\ 2,\ 2),(2,\ 4,\ 4),(3,\ 3,\ 4)$

이다.

이들의 순열의 수는 $\frac{3!}{2!}\times 4=12$이므로 $a_3=12$이다.

(2) $B_n=\{(x_1,\ x_2,\ \cdots,\ x_n)\,|\,x_i\in\{1,\ 2,\ 3,\ 4\},$
$x_1+x_2+\cdots+x_n$은 5의 배수가 아니다.$\}$

이라 놓고 b_n을 집합 B_n의 원소의 개수라 하면

$a_n+b_n=4^n$, $a_n=b_{n-1}$이다.

따라서 $a_n+a_{n-1}=4^{n-1}$이다.

다른 답안

$B_n=\{(x_1,\ x_2,\ \cdots,\ x_n)\,|\,x_i\in\{1,\ 2,\ 3,\ 4\},$
$x_1+x_2+\cdots+x_n$은 5의 배수가 아니다.$\}$

이라 놓고, B_n의 원소의 개수를 b_n이라 하면 a_n+b_n의 값은 1, 2, 3, 4를 이용하여 만들 수 있는 n자리 정수의 개수와 같으므로 ${}_4\Pi_n=4^n$이다.

a_1	a_2	a_3	a_4	$\cdots$
↓	↓	↓	↓	
0	4	12	52	

b_1	b_2	b_3	$\cdots$
↓	↓	↓	↓
4	12	52	

※ a_4의 값은 (1, 1, 1, 2), (2, 2, 2, 4), (3, 3, 3, 1), (4, 4, 4, 3), (1, 1, 4, 4), (2, 2, 3, 3), (1, 2, 3, 4)를 일렬로 배열하는 순열의 값이므로

$\frac{4!}{3!}\times 4+\frac{4!}{2!2!}\times 2+4!=52$이다.

위의 관계에서 $b_1=a_2,\ b_2=a_3,\ b_3=a_4,\ \cdots$이므로 $a_n=b_{n-1}$이다.

따라서, $a_n+b_n=4^n$, $b_{n-1}=a_n$에서 $a_n+a_{n+1}=4^n$이므로 $a_n+a_{n-1}=4^{n-1}\ (n\ge 2)$이다.

(3) (2)의 점화식으로부터

$$\begin{aligned}a_n&=4^{n-1}-a_{n-1}\\&=4^{n-1}-4^{n-2}+a_{n-2}\\&=\cdots\\&=4^{n-1}-4^{n-2}+4^{n-3}-\cdots+(-1)^{n-2}a_2\\&=4^{n-1}-4^{n-2}+4^{n-3}-\cdots+(-1)^{n-2}4\\&=4^{n-1}+4^{n-1}\left(-\frac{1}{4}\right)+4^{n-1}\left(-\frac{1}{4}\right)^2+\cdots\\&\quad+4^{n-1}\left(-\frac{1}{4}\right)^{n-2}\\&=\frac{4^{n-1}\left\{1-\left(-\frac{1}{4}\right)^{n-1}\right\}}{1-\left(-\frac{1}{4}\right)}=\frac{4}{5}\{4^{n-1}-(-1)^{n-1}\}\end{aligned}$$

02

(1) 점 A에서 점 B로 가는 최단 경로들은 아래의 그림에서 위에 줄지어 있는 8개의 점을 차례로 지나가는 경우와 아래에 줄지어 있는 6개의 점을 차례로 지나가는 두 가지의 경우로 나뉜다.

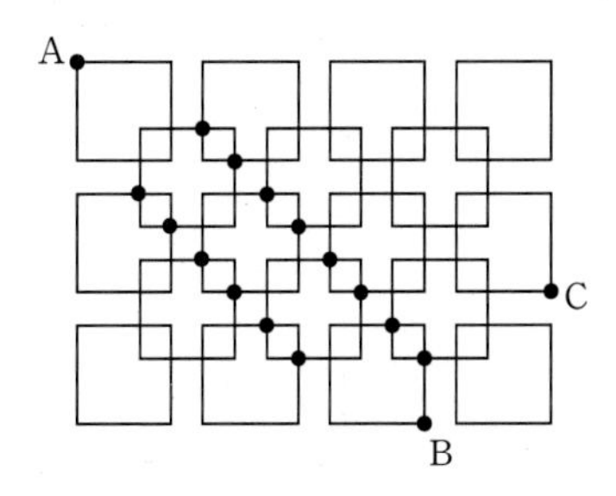

위의 8개의 점을 차례로 지나가는 최단경로의 수는

$1\times2\times2\times2\times2\times2\times2\times2\times1=128$개이다.

아래의 6개의 점을 차례로 지나는 최단경로의 수는

$1\times2\times2\times2\times2\times2\times1=32$개이다.

따라서 총 최단경로의 수는 160개이다.

(2) 점 A에서 점 C로 가기 위해서는 아래의 5개점 중 하나를 지나야 한다. 이 점들을 아래로부터 차례로 a,b,c,d,e 라고 하자.

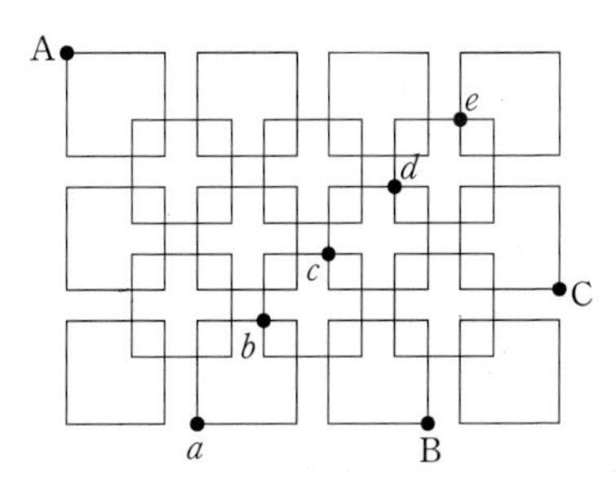

A에서 a까지의 최단경로의 길이는 17, a에서 C까지의 최단경로의 길이는 17이므로 a를 경유하는 최단 경로의 길이는 34이다.

A에서 b까지의 최단경로의 길이는 14, b에서 C까지의 최단경로의 길이는 14이므로 b를 경유하는 최단 경로의 길이는 28이다.

A에서 c까지의 최단경로의 길이는 14, c에서 C까지의 최단경로의 길이는 10이므로 c를 경유하는 최단 경로의 길이는 24이다.

A에서 d까지의 최단경로의 길이는 16, d에서 C까지의 최단경로의 길이는 8이므로 d를 경유하는 최단 경로의 길이는 24이다.

A에서 e까지의 최단경로의 길이는 18, e에서 C까지의 최단경로의 길이는 8이므로 e를 경유하는 최단 경로의 길이는 26이다.

따라서, A에서 C까지의 최단경로는 c 또는 d를 경유하여야 한다.

A에서 c로 가는 최단경로의 수가 $2\times2\times2\times2=16$개이며 c에서 C로 가는 최단경로의 수가 8개이므로, c를 경유하는 최단경로의 수는 128개이다.
A에서 d로 가는 최단경로의 수가
$2\times(2\times2\times2\times2)=32$개이며 d에서 C로 가는 최단경로의 수가 8개이므로, d를 경유하는 최단경로의 수는 256개이다.
따라서, A에서 C로 가는 최단경로의 수는 384개이다.

03 먼저 영국 학생 대표와 독일 학생 대표가 그림과 같이 원탁의 맞은편 마주보는 자리에 앉힌다.

(ⅰ) 나머지 6명의 학생 대표를 영국 학생 대표를 중심으로 왼쪽, 오른쪽에 각각 3명씩 앉히는 경우의 수는
$_6C_3\times3!\times3!=720$

(ⅱ) 미국과 영국 학생 대표가 옆자리에 앉는 경우의 수는
$_5C_2\times2!\times3!\times2=240$이고
중국과 미국 학생 대표가 옆자리에 앉는 경우의 수는
$_4C_1\times2!\times2!\times3!\times2=192$이다.

(ⅲ) 미국과 영국 학생 대표가 옆자리에 앉으면서 중국과 미국 학생 대표가 옆자리에 앉는 경우의 수는
$_4C_1\times3!\times2=48$이다.

따라서, 구하는 방법의 수는
$720-(240+192)+48=336$(가지)이다.

04 (1) 10개의 계단을 두 계단씩 3번 그리고 한 계단씩 4번 사용하여 오를 때, 아홉 번째 계단을 (반드시) 밟고 오르려면 처음 아홉 개의 계단을 두 계단씩 3번 그리고 한 계단씩 3번 사용하여 오르고 나머지 한 계단을 한 번에 올라야 한다.
따라서 ㈎와 ㈏를 참조하면 구하는 경우의 수는 다음과 같다.

$$_6C_3\times{}_1C_1=\frac{6!}{3!3!}\times1=20$$

다른 답안

아랫쪽에서 7번째 계단에서 두 계단 올라 아홉 번째 계단을 밟고 오르는 경우에서 두 계단, 한 계단을 오르는 횟수를 각각 x, y라 하면, $2x+y=7$을 만족하는 순서쌍 $(x, y)=(3, 1), (2, 3), (1, 5), (0, 7)$에서 조건에 맞는 경우는 $(2, 3)$뿐이다.

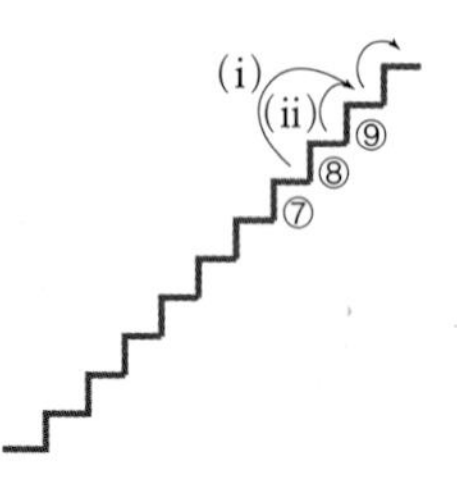

이때 경우의 수는 $_5C_2=\frac{5!}{3!2!}=10$이다.
또, 아랫쪽에서 8번째 계단에서 한 계단 올라 아홉 번째 계단을 밟고 오르는 경우에서 두 계단, 한 계단 오르는 횟수를 각각 x, y라 하면 $2x+y=8$을 만족하는 순서쌍 $(x, y)=(4, 0), (3, 2), (2, 4), (1, 6), (0, 8)$에서 조건에 맞는 경우는 $(3, 2)$뿐이다.
이때 경우의 수는 $_5C_3=\frac{5!}{2!3!}=10$이다.
따라서, 구하는 경우의 수는 $10+10=20$ 이다.

(2) 10개의 계단을 두 계단씩 3번 그리고 한 계단씩 4번 사용하여 오를 때, 네 번째 계단을 (반드시) 밟지 않고 오르려면 처음 세 개의 계단을 오른 후, 한 번에 두 계단 이용하여 다섯 번째 계단에 오르고 나머지 다섯 계단을 올라야 한다. 이의 경우는

(ⅰ) 처음 세 개의 계단을 두 계단씩 1번 그리고 한 계단씩 1번 사용하여 오르고 마지막 다섯 계단을 두 계단씩 1번 그리고 한 계단씩 3번 사용하여 오르는 경우

(ⅱ) 처음 세 개의 계단을 한 계단씩 3번 사용하여 오르고 마지막 다섯 계단을 두 계단씩 2번 그리고 한 계단씩 1번 사용하여 오르는 경우

의 합이 된다.
따라서 ㈎와 ㈏를 참조하면 구하는 경우의 수는 다음과 같다.
$_2C_1\times{}_4C_1+{}_3C_3\times{}_3C_1=8+3=11$

(3) 10개의 계단을 두 계단씩 3번 그리고 한 계단씩 4번 사용하여 오를 때, 여섯 번째 계단을 (반드시) 밟고 오르려면 처음 여섯 개의 계단을 오른 후 나머지 네 계단을 올라가야 한다. 이의 경우는

(ⅰ) 처음 여섯 개의 계단을 두 계단씩 3번 사용하여 오른 후 나머지 네 개의 계단을 한 계단씩 4번 사용하여 오르는 경우

(ⅱ) 처음 여섯 개의 계단을 두 계단씩 2번 그리고 한 계단씩 2번 사용하여 오른 후 나머지 네 개의 계단을 두 계단씩 1번 그리고 한 계단씩 2번 사용하여 오르는 경우

(ⅲ) 처음 여섯 개의 계단을 두 계단씩 1번 그리고 한 계단씩 4번 사용하여 오른 후 나머지 네 개의 계단을 두 계단씩 2번 사용하여 오르는 경우

의 합이 된다.
따라서 ㈎와 ㈏를 참조하면 구하는 경우의 수는 다음과 같다.
$_3C_3\times{}_4C_4+{}_4C_2\times{}_3C_1+{}_5C_1\times{}_2C_2=1+18+5=24$

다른 답안

10개의 계단을 두 계단씩 3번 그리고 한 계단씩 4번 사용하여 오를 때, 여섯 번째 계단을 (반드시) 밟고 오

르는 경우의 수는, 대칭성에 의해 10개의 계단을 두 계단씩 3번 그리고 한 계단씩 4번 사용하여 내려올 때, 네 번째 계단을 (반드시) 밟고 내려오는 경우의 수와 같다.

이는 (다)의 여집합의 성질을 이용하고 문제 (2)의 결과와 (가)를 이용하면 구하는 경우의 수는 다음과 같다.

$${}_7C_3-11=\frac{7!}{4!3!}-11=35-11=24$$

05 (1) $4^n=(1+1)^{2n}$

$={}_{2n}C_0+{}_{2n}C_1+\cdots+{}_{2n}C_n+\cdots+{}_{2n}C_{2n}$

(2) (1)에 의해

$4^n={}_{2n}C_0+{}_{2n}C_1+\cdots+{}_{2n}C_n+\cdots+{}_{2n}C_{2n}>{}_{2n}C_n$

이 성립한다.

이제 $a=3$인 경우는 모든 n에 대해 3^n이 ${}_{2n}C_n$ 보다 크지 않음을 보이자. $n=5$일 때, $3^5=243$, ${}_{10}C_5=252$이므로 $3^5<{}_{10}C_5$

따라서, 모든 n에 대하여 a^n이 ${}_{2n}C_n$ 보다 크게 되는 최소의 자연수는 4이다.

(3) $0<a<4$라면, n이 충분히 클 때 a^n이 ${}_{2n}C_n$ 보다 작음을 보이면 된다.

수열 $b_n={}_{2n}C_n$에 대하여 $\lim_{n\to\infty}\frac{b_{n+1}}{b_n}$을 계산해 보면

$$\lim_{n\to\infty}\frac{b_{n+1}}{b_n}=\lim_{n\to\infty}\frac{\frac{(2n+2)!}{(n+1)!(n+1)!}}{\frac{(2n)!}{n!n!}}$$

$$=\lim_{n\to\infty}\frac{(2n+2)(2n+1)}{(n+1)(n+1)}=4$$

이다.

따라서 (나)에 의해 만일 $a<4$이라면 충분히 큰 n에 대해 $a^n<b_n$이 성립하게 된다. 즉, $a^n>{}_{2n}C_n$이 성립하는 양의 실수 a값의 최솟값은 4가 된다.

06 (1) 이항정리 $(1+x)^{2n}=\sum_{k=0}^{2n}{}_{2n}C_kx^k$로부터 $x=1$일 때,

$2^{2n}=\sum_{k=0}^{2n}{}_{2n}C_k=\sum_{k=0}^{n-1}({}_{2n}C_k+{}_{2n}C_{2n-k})+{}_{2n}C_n$

$\because \sum_{k=0}^{2n}{}_{2n}C_k={}_{2n}C_0+{}_{2n}C_1+\cdots+{}_{2n}C_{n-1}$

$+{}_{2n}C_{2n}+{}_{2n}C_{2n-1}+\cdots$

$+{}_{2n}C_{2n-(n-1)}+{}_{2n}C_n$

따라서 ${}_{2n}C_n=2^{2n}-2\sum_{k=0}^{n-1}{}_{2n}C_k$이므로 ${}_{2n}C_n$은 짝수이다.

다른 답안 1

파스칼의 정리, 즉 ${}_nC_k={}_{n-1}C_k+{}_{n-1}C_{k-1}$에 의해,

${}_{2n}C_n={}_{2n-1}C_n+{}_{2n-1}C_{n-1}=2\times{}_{2n-1}C_n$

($\because {}_nC_r={}_nC_{n-r}$이므로

${}_{2n-1}C_{n-1}={}_{2n-1}C_{2n-1-(n-1)}={}_{2n-1}C_n$)

이므로 ${}_{2n}C_n$은 짝수이다.

다른 답안 2

$${}_{2n}C_n=\frac{2n!}{n!n!}$$

$$=\frac{(n+1)(n+2)\cdots(n+(n-1))}{1\times2\times\cdots\times(n-1)}\times\frac{2n}{n}$$

$$=2\times{}_{2n-1}C_{n-1}$$

이므로 ${}_{2n}C_n$은 짝수이다.

(2) $b=2^ic$(c는 홀수, $0\le i<k$)라 두면

$$\frac{n+b}{b}=\frac{2^k+2^ic}{2^ic}=\frac{2^i(2^{k-i}+c)}{2^ic}=\frac{2^{k-i}+c}{c}=\frac{홀수}{홀수}$$

이다. 따라서

$$f(2^k)=\frac{n+1}{1}\times\frac{n+2}{2}\times\cdots\times\frac{n+(n-1)}{n-1}\times\frac{n+n}{n}$$

$$=\frac{홀수}{홀수}\times\frac{홀수}{홀수}\times\cdots\times\frac{홀수}{홀수}\times2$$

이므로 $f(2^k)$는 4의 배수가 아니다.

(3) 등식

$$\frac{f(n)}{f(n-1)}=\frac{{}_{2n}C_n}{{}_{2n-2}C_{n-1}}$$

$$=\frac{\frac{(2n)!}{n!n!}}{\frac{(2n-2)!}{(n-1)!(n-1)!}}$$

$$=\frac{\frac{(n+1)(n+2)\cdots2n}{n!}}{\frac{n(n+1)\cdots(2n-3)(2n-2)}{(n-1)!}}$$

$$=\frac{(n+1)(n+2)\cdots2n\cdot(n-1)!}{n(n+1)\cdots(2n-2)\cdot n!}$$

$$=\frac{(2n-1)2n}{n^2}=\frac{2(2n-1)}{n}$$

에 $n=2^{15}$을 대입하고 (2)의 결과를 이용하면 다음 등식을 얻는다.

$\frac{f(2^{15})}{f(2^{15}-1)}=\frac{2(2^{16}-1)}{2^{15}}$에서

$$f(2^{15}-1)=\frac{2^{15}}{2(2^{16}-1)}f(2^{15})$$

$$=\frac{2^{15}}{2\times(홀수)}\times2\times(홀수)$$

따라서 $f(2^{15}-1)$이 2^m이 되는 양의 정수 m의 최댓값은 $m=15$일 때이다.

07 (1) $4^{2000}-1=(5-1)^{2000}-1=\sum_{k=0}^{2000}{}_{2000}C_k5^k(-1)^{2000-k}-1$

$$=\sum_{k=1}^{2000}{}_{2000}C_k5^k(-1)^{2000-k}$$

이고 $k\ge1$에 대하여 ${}_{2000}C_k5^k$이 5^4의 배수이므로 $4^{2000}-1$은 5^4의 배수이다.

(2) $503^{2000}=(500+3)^{2000}$

$$=\sum_{k=1}^{2000}{}_{2000}C_k\cdot500^k\cdot3^{2000-k}+3^{2000}$$

이고 $k\ge1$에 대하여 ${}_{2000}C_k500^k$이 5^4의 배수이므로 503^{2000}과 3^{2000}을 5^4로 나눈 나머지는 서로 같다.

따라서 $3^{2000}-1$이 5^4의 배수임을 보이면 된다. 또

$3^{2000}=9^{1000}=(10-1)^{1000}$

$=\sum_{k=1}^{1000} {}_{1000}C_k 10^k\cdot(-1)^{1000-k}+1$

이고 $k\geq1$에 대하여 ${}_{1000}C_k 10^k$이 5^4의 배수이므로 $3^{2000}-1$은 5^4의 배수이다.

따라서 $503^{2000}-1$도 5^4의 배수이다.

(3) (1)과 (2)에 의해 503^{2000}, 4^{2000}을 각각 5^4로 나눈 나머지가 모두 1이므로 적당한 자연수 k, m에 대하여 $4^{2000}=5^4k+1$, $503^{2000}=5^4m+1$꼴이다.

따라서

$2012^{2000}=(4\cdot503)^{2000}=4^{2000}\cdot503^{2000}$

$=(5^4k+1)(5^4m+1)$

$=5^4(5^4km+k+m)+1$

이므로 2012^{2000}을 5^4로 나눈 나머지는 1이다.

(4) (3)에 의해 적당한 자연수 k에 대하여

$2012^{2000}=5^4k+1$꼴이고

$2012^2=(2^2\times503)^2=2^4\cdot253009=4048144$

이다. 따라서 다음이 성립한다.

$2012^{2002}=2012^{2000}\cdot2012^2=(5^4k+1)\cdot2^4\cdot253009$

$=10^4\cdot k\cdot253009+2^4\cdot253009$

$=10^4\cdot k\cdot253009+4048144$

$=10^4(k\cdot253009+404)+8144$

따라서 2012^{2002}을 $10^4=5^4\cdot2^4$으로 나눈 나머지는 8144이다.

08 이항정리에서 n이 자연수일 때,

$(a+b)^n=\sum_{k=1}^{n} {}_nC_k a^{n-k}b^k$이므로 다음이 성립한다.

$(a+b)^{2n}-(a-b)^{2n}=2\sum_{k=1}^{n} {}_{2n}C_{2k-1}a^{2n-(2k-1)}b^{2k-1}$,

$(a+b)^{2n-1}-(a-b)^{2n-1}$

$=2\sum_{k=1}^{n} {}_{2n-1}C_{2k-1}a^{(2n-1)-(2k-1)}b^{2k-1}$

(1) $a\in A$이고 a의 자리의 숫자 중 1의 개수가 $2k-1$인 a의 개수는, 먼저 자리의 숫자 1의 위치를 2014자리 중에서 $2k-1$자리를 선택하고, 나머지 $2014-(2k-1)$자리는 2, 3, 4, 5 중 어느 하나를 선택하는 방법의 수이므로, ${}_{2014}C_{2k-1}4^{2014-(2k-1)}$이다.

따라서

$2m=2\sum_{k=1}^{1007} {}_{2014}C_{2k-1}4^{2014-(2k-1)}1^{2k-1}$

$=(4+1)^{2014}-(4-1)^{2014}=5^{2014}-3^{2014}$이다.

그런데 5^{2014}의 일의 자리의 숫자가 5, 3^{2014}의 일의 자리의 숫자가 9이므로 $2m$의 일의 자리의 숫자는 6이다.

다른 답안 1

집합 A에 속하는 자연수 중에서 자리의 숫자에 쓰인 1의 개수가 홀수인 경우는 1의 개수가 1개, 3개, 5개, …, 2013개일 때이다.

1의 개수가 k개인 경우의 수는 2014개의 자리 중에서 1이 들어갈 k개의 자리를 정하고 나머지 $2014-k$개의 자리에 2, 3, 4, 5 중 하나씩 뽑아 배열하면 되므로 ${}_{2014}C_k4^{2014-k}$이다.

그러므로

$m={}_{2014}C_14^{2013}+{}_{2014}C_34^{2011}+{}_{2014}C_54^{2009}+\cdots+{}_{2014}C_{2013}4$

이다.

그런데 이항정리에 의하여

$5^{2014}=(1+4)^{2014}$

$={}_{2014}C_04^{2014}+{}_{2014}C_14^{2013}+{}_{2014}C_24^{2012}+\cdots+{}_{2014}C_{2014}4^0$

$3^{2014}=(-1+4)^{2014}$

$={}_{2014}C_04^{2014}-{}_{2014}C_14^{2013}+{}_{2014}C_24^{2012}-\cdots+{}_{2014}C_{2014}4^0$

이므로 $2m=5^{2014}-3^{2014}$이다.

여기에서 5^{2014}의 일의 자리의 숫자는 5이고, 3^{2014}의 일의 자리의 숫자는 9이다.

따라서 $2m$의 일의 자리의 숫자는 6이다.

다른 답안 2

집합 A에 속하는 자연수 중 n자리의 수에서 1의 개수가 홀수인 것의 개수를 a_n, 1의 개수가 짝수인 것의 개수를 b_n이라고 하면

$a_1=1,\ b_1=4,\ a_{n+1}=4a_n+b_n,\ b_{n+1}=a_n+4b_n$

이 성립한다.

$a_{n+1}+b_{n+1}=5(a_n+b_n)$이므로

$a_n+b_n=(a_1+b_1)\cdot5^{n-1}=5^n$ …… ①

$a_{n+1}-b_{n+1}=3(a_n-b_n)$이므로

$a_n-b_n=(a_1-b_1)\cdot3^{n-1}=-3^n$ …… ②

①−②를 하면 $2a_n=5^n-3^n$이고

$2m=2a_{2014}=5^{2014}-3^{2014}$이다.

여기에서 5^{2014}의 일의 자리의 숫자가 5이고, 3^{2014}의 일의 자리의 숫자가 9이므로 $2m$의 일의 자리의 숫자는 6이다.

(2) (1)과 같은 방법으로 $a\in A$이고 a의 자리의 숫자 중 1의 개수가 $2k-1$, 2의 개수가 $2l-1$인 a의 개수는

${}_{2014}C_{2k-1}\cdot{}_{2014-(2k-1)}C_{2l-1}\cdot3^{2014-(2k-1)-(2l-1)}$

이므로 다음이 성립한다.

$4\sum_{k=1}^{1007}\sum_{l=1}^{1007-k} {}_{2014}C_{2k-1}\cdot{}_{2014-(2k-1)}C_{2l-1}\cdot3^{2014-(2k-1)-(2l-1)}$

$=2\sum_{k=1}^{1007} {}_{2014}C_{2k-1}(2\sum_{l=1}^{1007-k} {}_{2014-(2k-1)}C_{2l-1}3^{2014-(2k-1)-(2l-1)})$

(i) $2\sum_{l=1}^{1007-k} {}_{2014-(2k-1)}C_{2l-1}\cdot3^{2014-(2k-1)-(2l-1)}1^{2l-1}$

$=4^{2014-(2k-1)}-2^{2014-(2k-1)}$

(ii) $2\sum_{k=1}^{1007} {}_{2014}C_{2k-1}4^{2014-(2k-1)}=5^{2014}-3^{2014}$,

$2\sum_{k=1}^{1007} {}_{2014}C_{2k-1}2^{2014-(2k-1)}=3^{2014}-1^{2014}$

따라서 $4n=5^{2014}-2\cdot3^{2014}+1$이고, 5^{2014}의 일의 자리의 숫자가 5, 3^{2014}의 일의 자리의 숫자가 9이므로 $4n$의 일의 자리의 숫자는 8이다.

다른 답안

1과 2의 개수가 각각 홀수이므로 1의 개수와 2의 개수의 합은 짝수이다. 1과 2의 개수의 합을 $2k(k=1, 2, 3, \cdots, 1007)$개라고 하자. 그러면 집합 A에 속하는 자연수 중에서 자리의 숫자에 쓰인 1과 2의 개수가 각각 홀수가 되려면 1또는 2가 들어갈 자리 $2k(k=1, 2, 3, \cdots, 1007)$개를 선택하고 그 자리 중에서 $i(i=1, 3, 5, \cdots, 1007)$개를 선택하여 1을 배치하고 나머지 $2k-i$개의 자리에는 2를 배치한 후, 남아 있는 $2014-2k$의 자리에는 3, 4, 5 중에 하나를 선택하여 배치하면 된다. 그 경우의 수 n은

$$n=\sum_{k=1}^{1007} {}_{2014}C_{2k}\{{}_{2k}C_1+{}_{2k}C_3+\cdots+{}_{2k}C_{2k-1}\}\cdot 3^{2014-2k}$$
$$=\sum_{k=1}^{1007} {}_{2014}C_{2k}2^{2k-1}\cdot 3^{2014-2k}$$
$$={}_{2014}C_2 2^1\cdot 3^{2012}+{}_{2014}C_4 2^3\cdot 3^{2010}+\cdots+{}_{2014}C_{2014}2^{2013}\cdot 3^0$$

그러므로

$$2n={}_{2014}C_2 2^2\cdot 3^{2012}+{}_{2014}C_4 2^4\cdot 3^{2010}+\cdots+{}_{2014}C_{2014}2^{2014}\cdot 3^0$$
$$2n+{}_{2014}C_0 2^0\cdot 3^{2014}={}_{2014}C_0 2^0\cdot 3^{2014}+{}_{2014}C_2 2^2\cdot 3^{2012}+{}_{2014}C_4 2^4\cdot 3^{2010}+\cdots+{}_{2014}C_{2014}2^{2014}\cdot 3^0$$

한편, 이항정리에 의하여

$$(2+3)^{2014}={}_{2014}C_0 2^0\cdot 3^{2014}+{}_{2014}C_1 2^1\cdot 3^{2013}+{}_{2014}C_2 2^2\cdot 3^{2012}+\cdots+{}_{2014}C_{2014}2^{2014}\cdot 3^0$$
$$(-2+3)^{2014}={}_{2014}C_0 2^0\cdot 3^{2014}-{}_{2014}C_1 2^1\cdot 3^{2013}+{}_{2014}C_2 2^2\cdot 3^{2012}-\cdots+{}_{2014}C_{2014}2^{2014}\cdot 3^0$$

따라서

$4n+2{}_{2014}C_0 2^0\cdot 3^{2014}=(2+3)^{2014}+(-2+3)^{2014}$이고 $4n=5^{2014}+1^{2014}-2\cdot 3^{2014}$에서 5^{2014}의 일의 자리의 숫자가 5, 3^{2014}의 일의 자리의 숫자가 9이므로 $4n$의 일의 자리의 숫자는 8이다.

09 (1) 이항정리를 이용한다.

2011^{2009}

$$=(2010+1)^{2009}=\sum_{k=0}^{2009} {}_{2009}C_k(2010)^{2009-k}(1)^k$$
$$={}_{2009}C_0 2010^{2009}+{}_{2009}C_1 2010^{2009-1}+{}_{2009}C_2 2010^{2009-2}+\cdots+{}_{2009}C_k 2010^{2009-k}+\cdots+{}_{2009}C_{2009}2010^{2009-2009}$$
$$=\frac{{}_{2009}P_0}{0!}2010^{2009}+\frac{{}_{2009}P_1}{1!}2010^{2008}+\frac{{}_{2009}P_2}{2!}2010^{2007}+\cdots+\frac{{}_{2009}P_k}{k!}2010^{2009-k}+\cdots+\frac{{}_{2009}P_{2009}}{2009!}2010^0$$
$$=2010^{2009}+2009\times 2010^{2008}+\frac{2009\times 2008}{2\times 1}2010^{2007}+\cdots+\frac{2009\times 2008\times\cdots\times\{2009-(k-1)\}}{k!}2010^{2009-k}+\cdots+\frac{2009\times 2008\times\cdots\times 2\times 1}{2009!}2010^0$$
$$<2010^{2009}+2010\times 2010^{2008}+2010\times 2010\times 2010^{2007}+\cdots+\underbrace{2010\times 2010\times\cdots\times 2010}_{k\text{개}}\times 2010^{2009-k}+\cdots+2010^{2009}$$
$$=2010^{2009}+2010^{2009}+2010^{2009}+\cdots+2010^{2009}+\cdots+2010^{2009}(2010^{2009}\text{이 }2010\text{개})$$
$$=2010\times 2010^{2009}=2010^{2010}$$

따라서 $2010^{2010}>2011^{2009}$이다.

다른 답안 1

두 수의 비를 이용한다.

$$\frac{2011^{2009}}{2010^{2010}}=\frac{2011^{2009}}{2010^{2009}}\times\frac{1}{2010}=\left(\frac{2011}{2010}\right)^{2009}\times\frac{1}{2010}$$
$$=\left(1+\frac{1}{2010}\right)^{2009}\times\frac{1}{2010}$$
$$=\frac{1}{2010}\left\{\sum_{k=0}^{2009} {}_{2009}C_k 1^{2009-k}\left(\frac{1}{2010}\right)^k\right\}$$
$$=\frac{1}{2010}\left\{\sum_{k=0}^{2009}\frac{{}_{2009}P_k}{k!}\left(\frac{1}{2010}\right)^k\right\}$$
$$=\frac{1}{2010}\times\left\{\sum_{k=0}^{2009}\frac{2009(2009-1)(2009-2)\cdots(2009-k+1)}{k!}\cdot\frac{1}{(2010)^k}\right\}$$
$$\le\frac{1}{2010}\left(\sum_{k=0}^{2009}\frac{2009^k}{1}\cdot\frac{1}{2010^k}\right)=\frac{1}{2010}\left\{\sum_{k=0}^{2009}\left(\frac{2009}{2010}\right)^k\right\}$$
$$=\frac{1}{2010}\left\{\frac{1-\left(\frac{2009}{2010}\right)^{2010}}{1-\frac{2009}{2010}}\right\}$$
$$=\frac{1}{2010}\left\{\frac{1-\left(\frac{2009}{2010}\right)^{2010}}{\frac{1}{2010}}\right\}=1-\left(\frac{2009}{2010}\right)^{2010}<1$$

따라서 $\frac{2011^{2009}}{2010^{2010}}<1$에서 $2011^{2009}<2010^{2010}$이다.

다른 답안 2

두 수의 비를 이용한다.

$$\frac{2010^{2010}}{2011^{2009}}=2010\times\left(\frac{2010}{2011}\right)^{2009}=2010\times\left(\frac{2011}{2010}\right)^{-2009}$$
$$=2010\times\frac{1}{\left(\frac{2011}{2010}\right)^{2009}}$$
$$\underset{❶}{\ge}2010\times\frac{1}{\left\{\frac{1-\left(\frac{2009}{2010}\right)^{2010}}{\frac{1}{2010}}\right\}}$$
$$=\frac{1}{1-\left(\frac{2009}{2010}\right)^{2010}}>1$$

따라서 $\frac{2010^{2010}}{2011^{2009}}>1$에서 $2010^{2010}>2011^{2009}$이다.

❶ 다른 답안 1의 내용 중

$$\left(\frac{2011}{2010}\right)^{2009} \le \frac{1-\left(\frac{2009}{2010}\right)^{2010}}{\frac{1}{2010}}$$

을 이용한다.

(2) 이항정리를 이용한다.

$(n+2)^n=(n+1+1)^n$

$=\sum_{k=0}^{n} {}_nC_k(n+1)^{n-k}(1)^k$

$={}_nC_0(n+1)^n+{}_nC_1(n+1)^{n-1}+{}_nC_2(n+1)^{n-2}+\cdots$
$+{}_nC_k(n+1)^{n-k}+\cdots+{}_nC_n(n+1)^{n-n}$

$=\frac{{}_nP_0}{0!}(n+1)^n+\frac{{}_nP_1}{1!}(n+1)^{n-1}+\frac{{}_nP_2}{2!}(n+1)^{n-2}$
$+\cdots+\frac{{}_nP_k}{k!}(n+1)^{n-k}+\cdots+\frac{{}_nP_n}{n!}(n+1)^{n-n}$

$=(n+1)^n+\frac{n}{1}(n+1)^{n-1}$
$+\frac{n(n-1)}{2!}(n+1)^{n-2}+\cdots$
$+\frac{n(n-1)(n-2)\cdots\{n-(k-1)\}}{k!}(n+1)^{n-k}+\cdots$
$+\frac{n\times(n-1)\times(n-2)\times\cdots\times2\times1}{n!}(n+1)^0$

$<(n+1)^n+(n+1)(n+1)^{n-1}$
$+(n+1)(n+1)(n+1)^{n-2}+\cdots$
$+\underbrace{(n+1)(n+1)\cdots(n+1)}_{k\text{개}}(n+1)^{n-k}+\cdots$
$+\underbrace{(n+1)(n+1)\cdots(n+1)}_{n\text{개}}$

$=\underbrace{(n+1)^n+(n+1)^n+\cdots+(n+1)^n}_{n+1\text{개}}$

$=(n+1)(n+1)^n=(n+1)^{n+1}$

따라서 $(n+2)^n<(n+1)^{n+1}$이다.

다른 답안 1

두 수의 비를 이용한다.

$\frac{(n+2)^n}{(n+1)^{n+1}}=\frac{(n+2)^n}{(n+1)^n}\times\frac{1}{n+1}$

$=\left(\frac{n+2}{n+1}\right)^n\times\frac{1}{n+1}$

$=\left(1+\frac{1}{n+1}\right)^n\times\frac{1}{n+1}$

$=\frac{1}{n+1}\left\{\sum_{k=0}^{n} {}_nC_k 1^{n-k}\left(\frac{1}{n+1}\right)^k\right\}$

$=\frac{1}{n+1}\left\{\sum_{k=0}^{n}\frac{{}_nP_k}{k!}\left(\frac{1}{n+1}\right)^k\right\}$

$=\frac{1}{n+1}\times$
$\left\{\sum_{k=0}^{n}\frac{n(n-1)(n-2)\cdots(n-k+1)}{k!}\cdot\frac{1}{(n+1)^k}\right\}$

$\le\frac{1}{n+1}\left\{\sum_{k=0}^{n}\frac{n^k}{1}\cdot\frac{1}{(n+1)^k}\right\}$

$=\frac{1}{n+1}\left\{\sum_{k=0}^{n}\left(\frac{n}{n+1}\right)^k\right\}$

$=\frac{1}{n+1}\left\{\frac{1-\left(\frac{n}{n+1}\right)^{n+1}}{1-\frac{n}{n+1}}\right\}$

$=\frac{1}{n+1}\left\{\frac{1-\left(\frac{n}{n+1}\right)^{n+1}}{\frac{1}{n+1}}\right\}$

$=1-\left(\frac{n}{n+1}\right)^{n+1}<1$ (단, n은 양의 정수)

따라서 $\frac{(n+2)^n}{(n+1)^{n+1}}<1$에서 $(n+2)^n<(n+1)^{n+1}$이다.

다른 답안 2

두 수의 비를 이용한다.

$\frac{(n+1)^{n+1}}{(n+2)^n}=(n+1)\left(\frac{n+1}{n+2}\right)^n$

$=(n+1)\left(\frac{n+2}{n+1}\right)^{-n}$

$=(n+1)\frac{1}{\left(\frac{n+2}{n+1}\right)^n}$

$\underset{❷}{\ge}(n+1)\times\frac{1}{\left\{\frac{1-\left(\frac{n}{n+1}\right)^{n+1}}{\frac{1}{n+1}}\right\}}$

$=\frac{1}{1-\left(\frac{n}{n+1}\right)^{n+1}}>1$

따라서 $\frac{(n+1)^{n+1}}{(n+2)^n}>1$에서 $(n+1)^{n+1}>(n+2)^n$이다.

❷ 다른 답안 1의 내용 중

$$\left(\frac{n+2}{n+1}\right)^n\le\frac{1-\left(\frac{n}{n+1}\right)^{n+1}}{\frac{1}{n+1}}$$

을 이용한다.

10 (1) 사건 A가 일어날 확률은 $\frac{1}{3}$, 사건 B가 일어날 확률은 $\frac{2}{3}$이다.

$D=3$이 되는 경우는

$A\to A\to A$, $A\to B$, $B\to A$

의 세 가지이므로

$p_3=\left(\frac{1}{3}\right)^3+\frac{1}{3}\cdot\frac{2}{3}+\frac{2}{3}\cdot\frac{1}{3}=\frac{13}{27}$

(2) $n\ge3$일 때, $D=n$이 되는 경우는

$D=n-1$이 나온 후 사건 A가 일어나는 경우와 $D=n-2$가 나온 후 사건 B가 일어나는 경우의 두 가지이므로

$p_n=\frac{1}{3}p_{n-1}+\frac{2}{3}p_{n-2}$ (단, $n=3, 4, 5, \cdots$)이다.

(3) $p_1=\frac{1}{3}$이고 $D=2$가 되는 경우는 $A \to A$, B의 두 가지이므로 $p_2=\frac{1}{3}\times\frac{1}{3}+\frac{2}{3}=\frac{7}{9}$이다.

(2)에서 $p_n=\frac{1}{3}p_{n-1}+\frac{2}{3}p_{n-2}$이므로

$3p_n-p_{n-1}-2p_{n-2}=0$이다.

$3p_{n+2}-p_{n+1}-2p_n=0\,(n=1,\ 2,\ \cdots)$에서

$3(p_{n+2}-p_{n+1})+2(p_{n+1}-p_n)=0$

$p_{n+2}-p_{n+1}=-\frac{2}{3}(p_{n+1}-p_n)$이므로

$p_{n+1}-p_n=\left(-\frac{2}{3}\right)^{n-1}(p_2-p_1)$

$=\left(-\frac{2}{3}\right)^{n-1}\times\frac{4}{9}=\left(-\frac{2}{3}\right)^{n+1}$,

$p_{n+1}=p_n+\left(-\frac{2}{3}\right)^{n+1}$이다.

$p_n=p_1+\sum_{k=1}^{n-1}\left(-\frac{2}{3}\right)^{k+1}$

$=\frac{1}{3}+\frac{\left(-\frac{2}{3}\right)^2\left\{1-\left(-\frac{2}{3}\right)^{n-1}\right\}}{1-\left(-\frac{2}{3}\right)}$

$=\frac{1}{3}+\frac{4}{15}\left\{1-\left(-\frac{2}{3}\right)^{n-1}\right\}=\frac{3}{5}-\frac{4}{15}\left(-\frac{2}{3}\right)^{n-1}$

이므로 $\lim_{n\to\infty}p_n=\frac{3}{5}$이다.

11 주사위를 n번 돌려 주사위의 윗면에 1이 나올 확률을 p_n, 1의 눈과 맞은 편에 있는 숫자가 윗면에 나올 확률을 q_n이라고 하면

$p_1=q_1=0$, $p_n=\frac{1}{4}(1-p_{n-1}-q_{n-1})$,

$q_n=\frac{1}{4}(1-p_{n-1}-q_{n-1})$ $(n=2,\ 3,\ \cdots)$ 이다.

$p_n+q_n=\frac{1}{2}-\frac{1}{2}(p_{n-1}+q_{n-1})$이므로

$p_n+q_n=r_n$으로 놓으면 $r_n=-\frac{1}{2}r_{n-1}+\frac{1}{2}$이다.

$r_n-\frac{1}{3}=-\frac{1}{2}\left(r_{n-1}-\frac{1}{3}\right)$이므로

$r_n-\frac{1}{3}=\left(-\frac{1}{2}\right)^{n-1}\left(r_1-\frac{1}{3}\right)$, $r_n=\frac{1}{3}-\frac{1}{3}\left(-\frac{1}{2}\right)^{n-1}$

이다.

그런데, $p_n=q_n\,(n\geq 2)$이므로 $p_n=\frac{1}{6}-\frac{1}{6}\left(-\frac{1}{2}\right)^{n-1}$

이다.

따라서, $p_{2009}=\frac{1}{6}-\frac{1}{6}\left(-\frac{1}{2}\right)^{2008}=\frac{1}{6}-\frac{1}{6}\left(\frac{1}{2}\right)^{2008}$ 이다.

12 n원을 가지고 놀이를 시작한 철수가 파산하는 사건을 B, 철수가 첫 번째 게임에서 이기는 사건을 A라고 하면

$\mathrm{P}(B)=\mathrm{P}(B\cap A)+\mathrm{P}(B\cap A^C)$

$=\mathrm{P}(A)\mathrm{P}(B|A)+\mathrm{P}(A^C)\mathrm{P}(B|A^C)$

(1) $\mathrm{P}(A)=\mathrm{P}(A^C)=\frac{1}{2}$이고 $\mathrm{P}(B|A)=f_{n+1}$,

$P(B|A^C)=f_{n-1}$이므로 f_n에 대한 점화식은

$f_n=\frac{1}{2}f_{n+1}+\frac{1}{2}f_{n-1}$ 또는 $f_{n+1}-2f_n+f_{n-1}=0$,

$n=1,\ 2,\ \cdots,\ M-1$이다.

점화식을 다시 쓰면 $f_{n+1}-f_n=f_n-f_{n-1}$

$f_0=1$, $f_M=0$이므로

$f_2-f_1=f_1-1$

$f_3-f_2=f_1-1$

$\vdots$

$f_n-f_{n-1}=f_1-1$

$\vdots$

$0-f_{M-1}=f_1-1$

첫 $n-1$개의 방정식들을 합하면 $f_n=nf_1-n+1$이다.

모든 방정식들을 합하면

$-f_1=(M-1)f_1-(M-1)$이므로 $f_1=\frac{M-1}{M}$이다.

따라서 $f_n=\frac{M-n}{M}$, $n=1,\ 2,\ \cdots,\ M-1$이다.

(2) 점화식은 $f_n=pf_{n+1}+qf_{n-1}$ 또는

$pf_{n+1}-f_n+qf_{n-1}=0$, $n=1,\ 2,\ \cdots,\ M-1$이다.

$p+q=1$이므로

$pf_{n+1}-(p+q)f_n+qf_{n-1}=0$

$p(f_{n+1}-f_n)=q(f_n-f_{n-1})$

$f_{n+1}-f_n=\frac{q}{p}(f_n-f_{n-1})$

$r=\frac{q}{p}$라 놓아 점화식을 다시 쓰면

$f_{n+1}-f_n=r(f_n-f_{n-1})$

$f_0=1$, $f_M=0$이므로

$f_2-f_1=r(f_1-1)=rf_1-r$

$f_3-f_2=r(f_2-f_1)=r^2f_1-r^2$

$\vdots$

$f_n-f_{n-1}=r(f_{n-1}-f_{n-2})=r^{n-1}f_1-r^{n-1}$

$\vdots$

$0-f_{M-1}=r(f_{M-1}-f_{M-2})=r^{M-1}f_1-r^{M-1}$

첫 $n-1$개의 방정식들을 합하면

$f_n-f_1=f_1(r+r^2+\cdots+r^{n-1})-(r+r^2+\cdots+r^{n-1})$

따라서 $f_n=\frac{1-r^n}{1-r}f_1-\frac{r-r^n}{1-r}$,

모든 방정식들을 합하면 $-f_1=\frac{r-r^M}{1-r}f_1-\frac{r-r^M}{1-r}$

이므로 $f_1=\frac{r-r^M}{1-r^M}$

따라서 $f_n=\frac{r^n-r^M}{1-r^M}=\frac{\left(\frac{q}{p}\right)^n-\left(\frac{q}{p}\right)^M}{1-\left(\frac{q}{p}\right)^M}$

다른 답안

점화식은

$f_n=pf_{n+1}+qf_{n-1}$ 또는 $pf_{n+1}-f_n+qf_{n-1}=0$,

$n=1, 2, \cdots, M-1$이다.

$r=\frac{q}{p}$라 놓자. 점화식을 다시 쓰면

$f_{n+1}-f_n=r(f_n-f_{n-1})$

$b_n=f_{n+1}-f_n$로 놓으면 수열$\{b_n\}$은 첫째항이

$b_0=f_1-1$, 공비가 r인 등비수열이므로

$b_k=b_0r^k=(f_1-1)r^k$

수열 $\{f_n\}$은 계차수열이므로

$f_n=f_1+\sum_{k=1}^{n-1}(f_1-1)r^k=\frac{1-r^n}{1-r}f_1-\frac{r-r^n}{1-r}$

또는 $f_n=f_0+\sum_{k=0}^{n-1}(f_1-1)r^k=\frac{1-r^n}{1-r}f_1-\frac{r-r^n}{1-r}$

이때, $0=f_M=\frac{1-r^M}{1-r}f_1-\frac{r-r^M}{1-r}$이므로

$f_1=\frac{r-r^M}{1-r^M}$

위의 방정식에 대입하면

$$f_n=\frac{r^n-r^M}{1-r^M}=\frac{\left(\frac{q}{p}\right)^n-\left(\frac{q}{p}\right)^M}{1-\left(\frac{q}{p}\right)^M}$$

(3) $$f_n=\begin{cases}\dfrac{\left(\frac{q}{p}\right)^n-\left(\frac{q}{p}\right)^M}{1-\left(\frac{q}{p}\right)^M}, & p\neq\frac{1}{2}\\[2ex] \dfrac{M-n}{M}, & p=\frac{1}{2}\end{cases}$$ 이므로

$$\lim_{M\to\infty}f_n=\begin{cases}\left(\frac{q}{p}\right)^n, & p>\frac{1}{2}\\ 1, & p\leq\frac{1}{2}\end{cases}$$

따라서 철수가 돈이 매우 많은 영희와 게임을 할 때, $p\leq\frac{1}{2}$인 경우는 반드시 파산하게 된다.

13 (1) 첫 번째 카드의 숫자를 k라고 하자. 두 번째 카드의 값이 k보다 클 확률은 $\frac{10-k}{9}$이고 k보다 작을 확률은 $\frac{k-1}{9}$이 됨을 알 수 있다. 만약 $k\leq5$이면 철수는 위의 기준에 의해 두 번째 카드의 값이 크다고 예상할 것이고 이길 확률은 $\frac{10-k}{9}$가 된다. 한편 $k>5$이면 철수는 두 번째 카드의 값이 작다고 예상할 것이고 이길 확률은 $\frac{k-1}{9}$이 된다. 첫 번째 카드의 숫자가 k일 확률은 $\frac{1}{10}$이므로 철수가 이길 확률은 다음과 같다.

$$\frac{1}{10}\left(\sum_{k=1}^{5}\frac{10-k}{9}+\sum_{k=6}^{10}\frac{k-1}{9}\right)$$
$$=\frac{1}{90}\left(\sum_{k=1}^{5}(10-k)+\sum_{k=6}^{10}(k-1)\right)$$
$$=\frac{1}{90}\left(\sum_{k=1}^{5}(10-k)+\sum_{k=1}^{10}(k-1)-\sum_{k=1}^{5}(k-1)\right)$$
$$=\frac{1}{90}\left(\sum_{k=1}^{5}(11-2k)+\sum_{k=1}^{10}(k-1)\right)$$
$$=\frac{1}{90}(55-30+55-10)=\frac{7}{9}$$

다른 답안

$n=5$일 때 성균이가 이기는 경우는 다음과 같다.

첫번째 카드	두번째 카드	확률
1	2~10	$\frac{1}{10}\times\frac{10-1}{9}$
2	3~10	$\frac{1}{10}\times\frac{10-2}{9}$
3	4~10	$\frac{1}{10}\times\frac{10-3}{9}$
4	5~10	$\frac{1}{10}\times\frac{10-4}{9}$
5	6~10	$\frac{1}{10}\times\frac{10-5}{9}$
6	1~5	$\frac{1}{10}\times\frac{6-1}{9}$
7	1~6	$\frac{1}{10}\times\frac{7-1}{9}$
8	1~7	$\frac{1}{10}\times\frac{8-1}{9}$
9	1~8	$\frac{1}{10}\times\frac{9-1}{9}$
10	1~9	$\frac{1}{10}\times\frac{10-1}{9}$

따라서 $n=5$일 때 성균이가 이길 확률은

$$\sum_{k=1}^{5}\left(\frac{1}{10}\times\frac{10-k}{9}\right)+\sum_{k=6}^{10}\left(\frac{1}{10}\times\frac{k-1}{9}\right)=\frac{70}{90}=\frac{7}{9}$$

이다. 그러므로 구하는 확률은 $\frac{7}{9}$이다.

(2) 첫 번째 카드의 숫자를 k라 하자 (k는 1과 $2n$ 사이의 값이다). 두 번째 카드의 값이 k보다 클 확률은 $\frac{2n-k}{2n-1}$이고 k보다 작을 확률은 $\frac{k-1}{2n-1}$이 됨을 알 수 있다.

만약 $k\leq n$이면 철수는 위의 기준에 의해 두 번째 카드의 값이 크다고 예상할 것이고 이길 확률은 $\frac{2n-k}{2n-1}$가 된다. 한편 $k>n$이면 철수는 두 번째 카드의 값이 작다고 예상할 것이고 이길 확률은 $\frac{k-1}{2n-1}$이 된다.

첫 번째 카드의 숫자가 k일 확률은 $\frac{1}{2n}$이므로 철수가 이길 확률은 다음과 같다.

$$\frac{1}{2n}\left(\sum_{k=1}^{n}\frac{2n-k}{2n-1}+\sum_{k=n+1}^{2n}\frac{k-1}{2n-1}\right)$$
$$=\frac{1}{2n(2n-1)}\left(\sum_{k=1}^{n}(2n-k)+\sum_{k=n+1}^{2n}(k-1)\right)$$

$$=\frac{1}{2n(2n-1)}\left(\sum_{k=1}^{n}(2n-k)+\sum_{k=1}^{2n}(k-1)-\sum_{k=1}^{n}(k-1)\right)$$

$$=\frac{1}{2n(2n-1)}\left(\sum_{k=1}^{n}(2n+1-2k)+\sum_{k=1}^{2n}(k-1)\right)$$

$$=\frac{3n-1}{2(2n-1)}$$

이때 n이 한없이 커지면 게임을 이길 확률은 $\frac{3}{4}$으로 수렴한다.

14 (1) 문제에서 구하고자 하는 확률은 $n=6$, $p=3$인 경우, 민수가 두 번째로 야구공을 선택할 때 결함이 없는 야구공을 선택할 확률과 같다. 두 번째 사람이 결함이 있는 야구공을 선택하고 민수가 결함이 없는 야구공을 선택할 확률은 $\frac{3}{6}\cdot\frac{3}{5}$이고, 두 번째 사람이 결함이 없는 야구공을 선택했을 경우에 확률은 $\frac{3}{6}\cdot\frac{2}{5}$이다.

따라서 구하는 확률은 $\frac{3}{6}\cdot\frac{3}{5}+\frac{3}{6}\cdot\frac{2}{5}=\frac{1}{2}$이다.

(2) $A_{n,\,p}(k)$를 n개의 야구공 중에서 p개의 공에 결함이 있는 상황에서, k번째 사람이 결함이 있는 공을 뽑을 확률이라고 하자. $A_{n,\,0}(k)=0$이다.

이제 모든 n, p에 대해, $A_{n,\,p}(k)=\frac{p}{n}$라는 사실을 k에 대한 수학적 귀납법을 사용하여 증명하자.

(i) $k=1$인 경우, $A_{n,\,p}(1)=\frac{p}{n}$임은 자명하다.

(ii) $k=k_0$ 일 때, 위의 사실이 성립한다고 가정하자.

이때, $A_{n,\,p}(k_0+1)$는 첫 번째 사람이 결함이 있는 야구공을 뽑는 경우와 그렇지 않은 경우로 나뉜다.

각각의 경우가 발생할 확률은 $\frac{p}{n}$과 $\frac{n-p}{n}$이다.

첫 번째 경우에 남은 사람의 수는 $n-1$, 남은 결함을 가진 야구공은 $p-1$개, 그리고 원래 k_0+1번째 뽑기로 한 사람은 k_0번째 뽑게 된다. 이때 그 사람이 결함이 있는 야구공을 뽑을 확률은 $A_{n-1,\,p-1}(k_0)$이다.

이와 마찬가지로, 두 번째 경우에 원래의 k_0+1 번째에 공을 뽑기로 한 사람이 결함이 있는 야구공을 뽑을 확률은 $A_{n-1,\,p}(k_0)$이다.

따라서, 아래의 식이 성립한다.

$$A_{n,\,p}(k_0+1)=\frac{p}{n}A_{n-1,\,p-1}(k_0)+\frac{n-p}{n}A_{n-1,\,p}(k_0)$$

가정에 의해 $A_{n-1,\,p-1}(k_0)=\frac{p-1}{n-1}$이고 $A_{n-1,\,p}(k_0)=\frac{p}{n-1}$이다.

따라서,

$$A_{n,\,p}(k_0+1)=\frac{p}{n}\cdot\frac{p-1}{n-1}+\frac{n-p}{n}\cdot\frac{p}{n-1}=\frac{p}{n}$$

이다.

이로부터 우리는 결함이 있는 야구공을 뽑을 확률이 순서에 상관없이 항상 일정함을 알 수 있다.

15 (1) A팀 1급 선수가 B팀 2급 선수를 선택하는 경우에 A팀이 우승하는 경우는 다음 두 가지이다.

(i) A팀 1급 선수가 승리하고, A팀 2급 선수가 둘 다 패배하지는 않는 경우

(ii) A팀 1급 선수가 패배하고, A팀 2급 선수 둘 다 승리하는 경우

각각의 확률을 구하면,

(i)의 확률 : $p\times(1-p^2)=p-p^3$

(ii)의 확률 : $(1-p)^3$

이다. 그러므로

$Q_1=(p-p^3)+(1-p)^3=-2p^3+3p^2-2p+1$

다른 답안

A팀의 구성원을 (1, 2, 2)로 나타내고 이기는 경우를 ○, 지는 경우는 ×로 표현하면 A팀이 우승하는 경우는

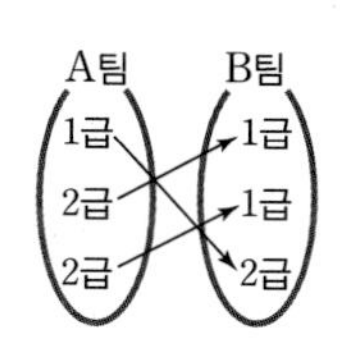

(1, 2, 2)=(○, ○, ○), (1, 2, 2)=(○, ○, ×), (1, 2, 2)=(○, ×, ○), (1, 2, 2)=(×, ○, ○)

이다.

각각의 확률을 구하면

$p(1-p)^2$, $p(1-p)p$, $p\cdot p(1-p)$, $(1-p)^3$이므로

$Q_1=p(1-p)^2+2p^2(1-p)+(1-p)^3$
$=-2p^3+3p^2-2p+1$

이다.

(2) A팀 1급 선수가 B팀 1급 선수를 선택하는 경우에 A팀이 우승하는 경우는 다음 두 가지이다.

(i) A팀 1급 선수가 승리하고, A팀 2급 선수가 둘 다 패배하지는 않는 경우

(ii) A팀 1급 선수가 패배하고, A팀 2급 선수가 둘 다 승리하는 경우

각각의 확률을 구하면,

(i)의 확률 : $\frac{1}{2}\times\left(1-p\times\frac{1}{2}\right)=\frac{1}{2}-\frac{1}{4}p$

(ii)의 확률 : $\frac{1}{2}\times\frac{1}{2}\times(1-p)=\frac{1}{4}-\frac{1}{4}p$

이다. 그러므로 A팀 1급 선수가 B팀 1급 선수를 선택하는 경우에 A팀이 우승할 확률 Q_2는 다음과 같다.

$Q_2=\left(\frac{1}{2}-\frac{1}{4}p\right)+\left(\frac{1}{4}-\frac{1}{4}p\right)=\frac{3}{4}-\frac{1}{2}p$

따라서

$$Q_2-Q_1=\left(\frac{3}{4}-\frac{1}{2}p\right)-(-2p^3+3p^2-2p+1)$$
$$=2p^3-3p^2+\frac{3}{2}p-\frac{1}{4}$$
$$=2\left(p-\frac{1}{2}\right)^3>0\left(\because p>\frac{1}{2}\right)$$

그러므로 A팀 1급 선수가 B팀 1급 선수를 선택하는 것이 A팀에 유리한 전략이다.

다른 답안

A팀이 우승할 확률 Q_2는 (1)에서와 같은 방법으로 각각의 확률을 구하면

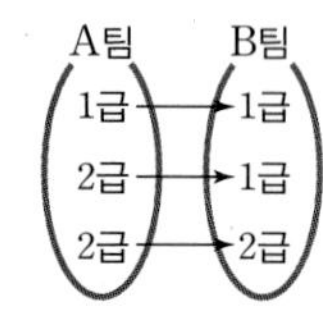

$\frac{1}{2}\times(1-p)\times\frac{1}{2}$,

$\frac{1}{2}\times(1-p)\times\frac{1}{2}$,

$\frac{1}{2}\times p\times\frac{1}{2}$, $\frac{1}{2}\times(1-p)\times\frac{1}{2}$이므로

$Q_2=\frac{1}{4}(1-p)\times2+\frac{1}{4}p+\frac{1}{4}(1-p)=\frac{3}{4}-\frac{1}{2}p$이다.

$$Q_2-Q_1=\left(\frac{3}{4}-\frac{1}{2}p\right)-(-2p^3+3p^2-2p+1)$$
$$=2p^3-3p^2+\frac{3}{2}p-\frac{1}{4}=f(p)$$

로 놓으면

$$f'(p)=6p^2-6p+\frac{3}{2}=6\left(p^2-p+\frac{1}{4}\right)$$
$$=6\left(p-\frac{1}{2}\right)^2>0\ \left(\because \frac{1}{2}<p<1\right)$$

이다.

$f(p)$는 증가함수이고 $f\left(\frac{1}{2}\right)=0$이므로 $\frac{1}{2}<p<1$일 때 $f(p)>0$이다.

따라서, $Q_2>Q_1$이므로 A팀 1급선수가 B팀 1급 선수를 선택하는 경우가 A팀 우승에 더 유리한 전략이다.

16 (1) 앞면이 2개 나올 확률: ${}_4C_2\left(\frac{1}{2}\right)^4=\frac{3}{8}$,

앞면이 3개 나올 확률 : ${}_4C_3\left(\frac{1}{2}\right)^4=\frac{1}{4}$ $(\because {}_4C_3={}_4C_1)$

앞면이 4개 나올 확률: ${}_4C_4\left(\frac{1}{2}\right)^4=\frac{1}{16}$

앞면의 수	0	1	2	3	4
확률	$\frac{1}{16}$	$\frac{1}{4}$	$\frac{3}{8}$	$\frac{1}{4}$	$\frac{1}{16}$

(2) ④→⑤로 가는 경우 : $\frac{1}{16}\times\frac{1}{4}=\frac{1}{64}$

②로 가서 상대방의 말을 잡고→⑤로 가는 경우 :

$\frac{3}{8}\times\frac{1}{4}=\frac{3}{32}$

따라서 구하는 확률은 $\frac{1}{64}+\frac{3}{32}=\frac{7}{64}$

(3) ⑤→끝나는 경우 : $\frac{1}{16^2}$

⑤→⑨→끝나는 경우 : $\frac{1}{16^2}$

④→⑨→끝나는 경우 : $\frac{1}{16^2}$

④→⑧→끝나는 경우 : $\frac{1}{16^2}\times\left(1-\frac{1}{4}\right)=\frac{1}{16^2}\times\frac{3}{4}$

따라서 구하는 확률은

$$\frac{1}{16^2}+\frac{1}{16^2}+\frac{1}{16^2}+\frac{1}{16^2}\times\frac{3}{4}=\frac{15}{4\times16^2}=\frac{15}{1024}$$

17 (1) 원점 (0, 0)에서 4번 시행하여 (1, 3)에 도달하려면 우 1회, 상 3회 선택하여 시행한 경우뿐임을 알 수 있다.

중복을 허락하는 순열에 따라 우 1회, 상 3회로 (1, 3)에 도달하는 경우의 수는 $\frac{4!}{1!3!}={}_4C_3=4$로 주어진다.

이때 각 시행이 독립이므로 각각의 경우의 확률은 $\frac{1}{3}\times\left(\frac{1}{6}\right)^3$로 구해진다.

따라서 구하는 확률은 ${}_4C_3\frac{1}{3}\times\left(\frac{1}{6}\right)^3\left(\text{또는 }\frac{1}{162}\right)$이다.

(2) 조건을 만족하는 점들은 $(k,\ n-k)$, $k=0,\ 1,\ \cdots,\ n$으로 구해지며, 이들 점들이 $k+(n-k)=n$을 만족하므로, 이 점들에 n번 시행한 후 도달하기 위해서는 각각의 시행이 좌 또는 하를 제외한 우와 상 중 한 가지를 선택하여 시행하여야 한다.

이제 한 점 $(k,\ n-k)$를 생각하면 우 k회, 상 $(n-k)$회 선택하여 시행하는 경우이며, 중복을 허락하는 순열에 따라 이 점에 n번 시행 후 도달하는 경우의 수는 $\frac{n!}{k!(n-k)!}={}_nC_k$이다.

그리고 각 시행이 독립이므로 이들 각각의 경우의 확률은 p^kq^{n-k}로 주어진다.

따라서 $(k,\ n-k)$에 도달하는 확률은 ${}_nC_kp^kq^{n-k}$이다.

이들 점들에 주어진 확률을 모두 합하고 이항정리를 활용하면 $\sum_{k=0}^{n}{}_nC_kp^kq^{n-k}=(p+q)^n$로 답을 얻는다.

$\left(\text{또는 } p+q=\frac{1}{2}\text{이므로 } (p+q)^n=\left(\frac{1}{2}\right)^n\text{을 얻는다}\right)$

다른 답안

조건을 만족하는 점들은 $(k,\ n-k)$, $k=0,\ 1,\ \cdots,\ n$으로 구해지며, 이들 점들이 $k+(n-k)=n$을 만족하므로, 이 점들에 n번 시행한 후 도달하기 위해서는 각각의 시행이 좌 또는 하를 제외한 우와 상 중 한 가지를 선택하여 시행하여야 한다.

우와 상 중 한 가지를 선택할 확률을 $p+q$이고 각 시행은 독립시행이므로, 구하는 확률은

$(p+q)^n=\left(\frac{1}{2}\right)^n$이다.

(3) n번 시행하여 도달한 $P(k, l)$점들은 모두 부등식 $|k|+|l| \le n$을 만족하므로 부등식 $|k|+|l|<n$을 만족하는 점들은 등식 $|k|+|l|=n$을 만족하는 점들의 여집합이다. 등식 $|k|+|l|=n$을 만족할 확률을 먼저 구하기 위하여, 등식 $|k|+|l|=n$을 만족하는 (k, l)을

$(k \ge 0,\ l \ge 0)$, $(k \le 0,\ l \ge 0)$,

$(k \ge 0,\ l \le 0)$, $(k \le 0,\ l \le 0)$

네 가지 경우로 구별한다. 이제 (2)와 같은 방법으로 우상변 $(k \ge 0,\ l \ge 0)$이외의 다른 3변의 확률도 각각 $(p+q)^n$이다.

여기서, 앞의 네 가지 경우로 구별할 때 네 점 $(n, 0)$, $(-n, 0)$, $(0, n)$, $(0, -n)$이 두 번씩 나타남에 유의한다. 이들 중복되는 네 점

$(n, 0)$, $(-n, 0)$, $(0, n)$, $(0, -n)$

에 관한 확률은 각각 p^n, p^n, q^n, q^n이다. 이제, 등식 $|k|+|l|=n$을 만족하는 (k, l)에 도달할 확률은 위 네 가지 경우의 확률의 합에서 중복되는 네 점에 도달하는 확률을 뺀 값이므로,

$4(p+q)^n-2(p^n+q^n)$이다.

따라서 구하는 확률은 등식 $|k|+|l|=n$을 만족하는 점들의 여집합의 확률이므로

$1-\{4(p+q)^n-2(p^n+q^n)\}$이다.

18 (1) 문제에서 언급한 주령구는 14면체 주사위로 모든 면의 면적이 동일한 정다면체가 아니므로 각 면이 지면에 닿을 확률이 동일하지는 않다. 따라서 ○ 또는 ×를 표시한 면의 위치에 따라 게임에서 승리할 확률이 달라질 수 있다.

(2) 주사위를 던져서 ○가 나올 확률을 p라고 할 때,

$p=\frac{5}{20}=\frac{1}{4}$이다. (나)에서 제시한 [게임 Ⅰ]에서 게임에서 승리할 각 경우의 확률은

2번째 시행에서 승리할 경우의 확률 : p^2

3번째 시행에서 승리할 경우의 확률 : $(1-p)p^2$

4번째 시행에서 승리할 경우의 확률 : $p(1-p)p^2$

5번째 시행에서 승리할 경우의 확률 :

$(1-p)p(1-p)p^2$

⋮

$2k$번째 시행에서 승리할 경우의 확률 :

$\{p(1-p)\}^{(k-1)}p^2$

$(2k+1)$번째 시행에서 승리할 경우의 확률 :

$(1-p)\{p(1-p)\}^{(k-1)}p^2$

⋮

이 된다.

따라서 처음 시행에서 ○가 나왔을 때, 연속으로 ○가 두 번 나와 승리할 확률은 짝수번째 시행에서 승리할 확률의 무한합인

$$p^2+p(1-p)\times p^2+\{p(1-p)\}^2\times p^2+\cdots$$
$$=\sum_{k=1}^{\infty}\{p(1-p)\}^{k-1}p^2$$
$$=\frac{p^2}{1-p(1-p)}=\frac{1}{13}$$

$(\because |p(1-p)|<1)$

이고, 처음 시행에서 ×가 나왔을 때, 연속으로 ○가 두 번 나와 승리할 확률은 홀수번째 시행에서 승리할 확률의 무한합인

$$(1-p)\times p^2+\{(1-p)p\}\times(1-p)p^2+\{(1-p)p\}^2\times(1-p)p^2+\cdots$$
$$=\sum_{k=1}^{\infty}\{p(1-p)\}^{k-1}(1-p)p^2$$
$$=\frac{(1-p)p^2}{1-p(1-p)}=\frac{3}{52}$$

$(\because |p(1-p)|<1)$

이다. 따라서 [게임 Ⅰ]에서 연속으로 ○가 나와서 승리할 확률은 $\frac{1}{13}+\frac{3}{52}=\frac{7}{52}$이다.

(3) 주사위를 던져서 ○가 나올 확률을 p 또는 $\frac{x}{20}$라고 할 때 (여기에서 x는 정이십면체의 20개 면 중 ○가 표시된 면의 수), 제시문 (나)에서 언급한 [게임 Ⅱ]에서 A가 승리할 각 경우의 확률은

A의 1번째 시도에서 ○가 나올 경우의 확률 : p

A의 2번째 시도에서 처음 ○가 나올 경우의 확률 :

$(1-p)^2\times p$

⋮

A의 n번째 시도에서 처음 ○가 나올 경우의 확률 :

$(1-p)^{2(n-1)}\times p$

⋮

이다. 따라서 [게임 Ⅱ]에서 A가 승리할 확률은

$$p+(1-p)^2\times p+(1-p)^4\times p+\cdots$$
$$=\sum_{n=1}^{\infty}(1-p)^{2(n-1)}p=\frac{p}{1-(1-p)^2}$$

이고, 유사한 방법으로 [게임 Ⅱ]에서 B가 승리할 확률은

$$(1-p)p+(1-p)^2\times(1-p)p+(1-p)^4\times(1-p)p+\cdots$$
$$=\sum_{n=1}^{\infty}(1-p)^{2(n-1)}(1-p)p$$
$$=\frac{(1-p)p}{1-(1-p)^2}$$

이다.

단, 위의 두 확률을 구하기 위해서는 등비급수의 첫째항과 공비에 관한 조건을 만족시켜야 하므로

$0<p<1$이 되어야 한다.

$0<p<1$인 경우 A가 승리할 확률이 B가 승리할 확률의 3배 이상이기 위해서

$\frac{p}{1-(1-p)^2} \geq 3\frac{(1-p)p}{1-(1-p)^2}$이므로 $\frac{2}{3} \leq p < 1$이다.

따라서 A가 승리할 확률이 B가 승리할 확률의 3배 이상이기 위해서는 $\frac{2}{3} \leq p < 1$이어야 한다. 즉,

$\frac{2}{3} \leq \frac{m}{20} < 1$은 $13.33\cdots \leq m < 20$이므로 A가 승리할 확률이 B가 승리할 확률의 3배 이상이기 위해서는 정이십면체 주사위의 20개의 면 중 14개 이상 그리고 19개 이하의 면에 ○를 표시하면 된다.

다른 답안

[게임 Ⅱ]가 무한히 계속될 확률은

$\lim_{n\to\infty}(1-p)^n \times (1-p)^n = \lim_{n\to\infty}(1-p)^{2n} = 0$이므로

B가 승리할 사건이 A가 승리할 사건의 여사건이다.

따라서 B가 승리할 확률은

$1-\frac{p}{1-(1-p)^2} = \frac{(1-p)p}{1-(1-p)^2}$이다.

또는 [게임 Ⅱ]가 무한히 계속될 확률이 0이므로 A가 승리할 확률이 $\frac{3}{4}$ 이상이 되면 된다. 따라서

$\frac{p}{1-(1-p)^2} \geq \frac{3}{4}$이므로 $\frac{2}{3} \leq p < 1$이다. 위와 동일한 방법으로 A가 승리할 확률이 B가 승리할 확률의 3배 이상이기 위해서는 정이십면체 주사위의 20개의 면 중 14개 이상 그리고 19개 이하의 면에 ○를 표시하면 된다.

참고

(3)에서 $p=0$인 경우와 $p=1$인 경우 즉,

○를 하나도 표시하지 않은 경우와 모두 ○를 표시한 경우는 아래와 같이 생각할 수 있다.

(i) $p=0$인 경우

A가 승리할 확률과 B가 승리할 확률이 각각 0이므로 A가 승리할 확률이 B가 승리할 확률의 3배 이상이다.

(ii) $p=1$인 경우

A가 승리할 확률은 1이고 B가 승리할 확률은 0이므로 A가 승리할 확률이 B가 승리할 확률의 3배 이상이다.

19 (1) 인규의 도착 시간을 7시 x분, 지혜의 도착 시간을 7시 y분이라 할 때 $0 \leq x \leq 60$, $0 \leq y \leq 60$이고, 둘이 만날 수 있는 경우는

(i) 인규가 먼저 왔을 때 (즉, $x \leq y$)

$x \leq y \leq x+10$

(ii) 지혜가 먼저 왔을 때 (즉, $y \leq x$)

$y \leq x \leq y+5$

(i), (ii)에서

$x-5 \leq y \leq x+10$

따라서 구하는 확률은

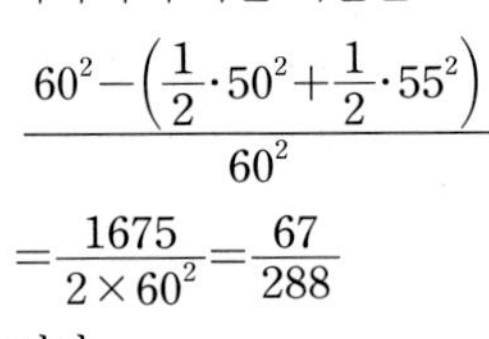

$$\frac{60^2-\left(\frac{1}{2}\cdot 50^2+\frac{1}{2}\cdot 55^2\right)}{60^2}$$

$=\frac{1675}{2\times 60^2}=\frac{67}{288}$

이다.

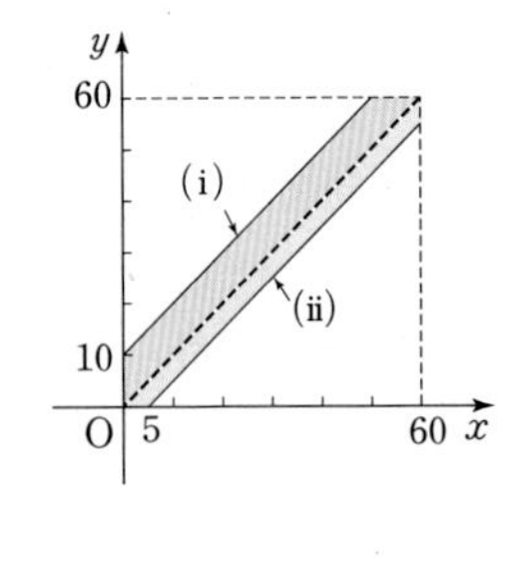

(2) 인규가 5분 더 기다린다면 (1)의 (i)에서 $x \leq y \leq x+15$이므로

$x-5 \leq y \leq x+15$ ······ ㉠

이다. 따라서 ㉠을 그림으로 나타내면 오른쪽 그림에서 (||||||) 부분이 된다.

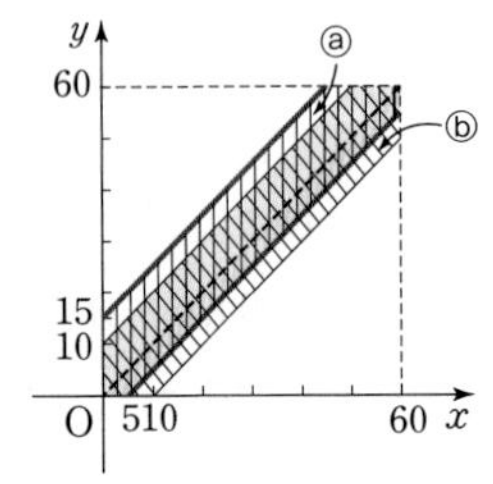

지혜가 5분 더 기다린다면 (1)의 (ii)에서 $y \leq x \leq y+10$이므로

$x-10 \leq y \leq x+10$ ······ ㉡

이다. 따라서 ㉡을 그림으로 나타내면 그림에서 (\\\\\\\\\\)부분이 된다.

이때, ⓑ부분의 넓이는 ⓐ부분의 넓이보다 크므로 지혜를 5분 더 기다리게 할 경우에 두 사람이 만날 확률은 더 높아진다.

20 (1) $u+v=b$, $3u-v=a$를 연립하면

$u=\frac{a+b}{4}$, $v=\frac{3b-a}{4}$이다.

사건 A의 영역은 $u \geq 0$에서 $b \geq -a$이고

사건 B의 영역은 $v \geq 0$에서 $b \geq \frac{1}{3}a$이다.

$-1 \leq a \leq 1$,

$-1 \leq b \leq 1$이므로

$A \cap B$의 영역은 오른쪽과 같다.

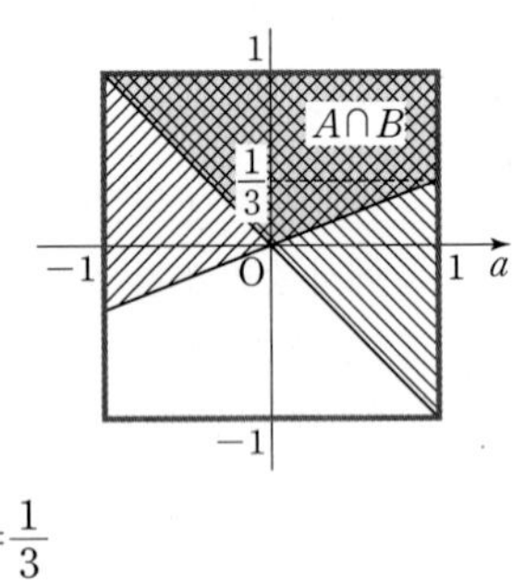

그러므로

$\mathrm{P}(A \cap B)$

$=\frac{\frac{1}{2}\left(1+\frac{2}{3}\right)\times 1+\frac{1}{2}}{4}=\frac{1}{3}$

(2) 사건 C의 영역은

$v \geq u$에서

$\frac{3b-a}{4} \geq \frac{a+b}{4}$ 즉 $b \geq a$

이다.

$A \cap C$의 영역은 오른쪽과 같으므로

$\mathrm{P}(A \cap C)=\frac{1}{4}$이다.

$P(A)\cdot P(C)=\frac{1}{2}\cdot\frac{1}{2}=\frac{1}{4}$이므로

$P(A\cap C)=P(A)\cdot P(C)$이다.

따라서, A와 C사건은 서로 독립이다.

(3) $P(D|A\cap B)=\frac{(A\cap B\cap D)\text{의 면적}}{(A\cap B)\text{의 면적}}$

$$=\frac{\frac{5}{6}}{\frac{5}{6}+\frac{1}{2}}=\frac{5}{8}$$

21 (1) 적분 영역을 포함하는 표본공간으로 가로의 길이와 세로의 길이가 각각 π와 1인 직사각형을 생각한다. x는 0에서 π 사이에, y는 0에서 1 사이에서 동일한 가능성을 갖고 추출된 난수를 이용하여 모의 좌표(x, y)를 생성한다. 생성된 모의 좌표들 중에 x축과 $\sin x$ 사이의 영역에 해당하는 모의 좌표의 비율을 계산한다. 이 비율에 표본공간의 면적 중에 회색 영역의 면적의 비율과 같다. 따라서 전체 면적 π를 곱하면 적분의 결과가 된다.

(2) 표본공간 점선의 왼쪽과 오른쪽의 크기가 서로 다른데 동일량의 전단지가 뿌려졌다면 상대적으로 오른쪽에 더 많이 뿌려질 것이다. 즉, 표본공간에 전단지가 균일하게 뿌려졌다는 가정에 위배된다. 따라서 해당 영역의 면적을 구하기 위해서는 왼쪽 부분에서의 회색영역과 오른쪽 부분에서의 회색영역의 면적을 각각 구한 후 합산해야 한다. 표본공간의 왼쪽 부분에서 회색영역에 떨어진 전단지 비율을 p_1, 오른쪽 부분의 전단지 비율을 p_2라 하고, 왼쪽과 오른쪽 표본공간의 넓이가 각각 $1.5(\text{km}^2)$와 $0.5(\text{km}^2)$이므로 회색영역의 넓이는 $1.5p_1+0.5p_2(\text{km}^2)$으로 추정할 수 있다.

다른 답안

표본공간의 점선의 왼쪽과 오른쪽의 크기가 서로 다른데 동일량의 전단지가 뿌려졌다면 표본공간에 전단지가 균일하게 뿌려졌다는 가정에 위배된다. 다만, 오른쪽의 전단지 1장을 왼쪽의 전단지 3장에 해당하는 것으로 간주한다면 전체적으로 동일한 밀도로 살포된 것으로 볼 수 있다. 따라서, 표본공간의 왼쪽과 오른쪽 회색영역에 떨어진 전단지 개수를 각각 f_1과 f_2라 하고, 오른쪽에 뿌려진 총 전단지 수를 n이라 하면, 전체 표본공간에서 회색영역에 뿌려진 전단지의 비율은 $\frac{3f_1+f_2}{4n}$로 환산할 수 있다. 그러므로 회색영역의 면적은 $\frac{3f_1+f_2}{4n}\times 2(\text{km}^2)$으로 추정할 수 있다.

확률을 이용한 원주율 π 찾기

문제 1 • 293쪽 •

(1) 제시문에 의해 θ의 기댓값은 $\int_0^{\frac{\pi}{2}}\theta\sin\theta\, d\theta$이다.

이를 부분적분법을 이용하여 계산하면 다음과 같다.

$$\int_0^{\frac{\pi}{2}}\theta\sin\theta\, d\theta=\left[\theta(-\cos\theta)\right]_0^{\frac{\pi}{2}}-\int_0^{\frac{\pi}{2}}(-\cos\theta)d\theta$$
$$=\left[\sin\theta\right]_0^{\frac{\pi}{2}}=1$$

(2) 길이가 2 cm인 바늘을 마루에 떨어뜨릴 때, $0\le\theta\le\frac{\pi}{6}$이면 바늘이 평행선과 만날 확률은 $2\sin\theta$이고, $\frac{\pi}{6}\le\theta\le\frac{\pi}{2}$이면 바늘이 평행선과 만난다.

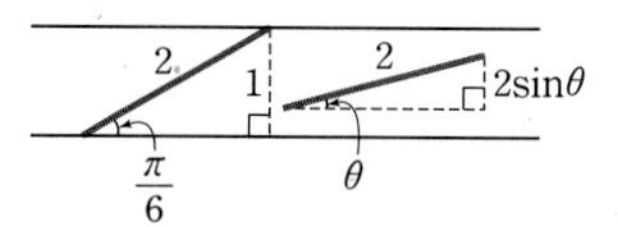

따라서, 바늘이 평행선과 만날 확률은 다음과 같다.

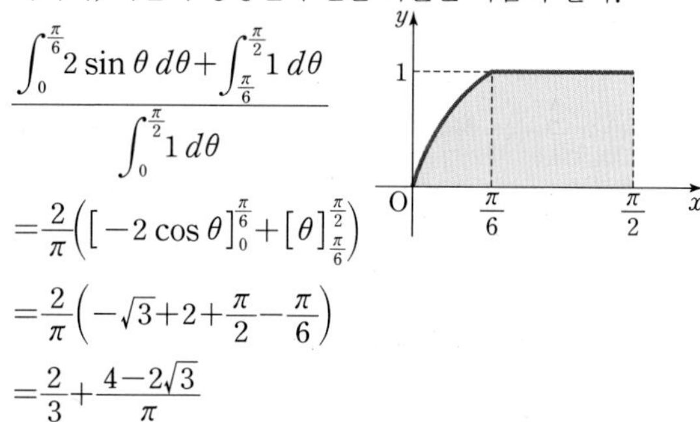

$$\frac{\int_0^{\frac{\pi}{6}}2\sin\theta\, d\theta+\int_{\frac{\pi}{6}}^{\frac{\pi}{2}}1\, d\theta}{\int_0^{\frac{\pi}{2}}1\, d\theta}$$

$$=\frac{2}{\pi}\left(\left[-2\cos\theta\right]_0^{\frac{\pi}{6}}+\left[\theta\right]_{\frac{\pi}{6}}^{\frac{\pi}{2}}\right)$$
$$=\frac{2}{\pi}\left(-\sqrt{3}+2+\frac{\pi}{2}-\frac{\pi}{6}\right)$$
$$=\frac{2}{3}+\frac{4-2\sqrt{3}}{\pi}$$

문제 2 • 294쪽 •

(1) 진우와 서희가 신촌역에 도착하는 시각을 각각 12시 x분, 12시 y분이라 하면 $0\le x\le 60$, $0\le y\le 60$이다. 이때, 진우와 서희가 만날 수 있는 경우는 $|y-x|\le 10$을 만족하는 것이다.

두 사람이 만날 수 있는 확률은 오른쪽 그림과 같이 정사각형의 넓이에 대한 두 직선 사이의 색칠한 부분의 넓이의 비율이다.

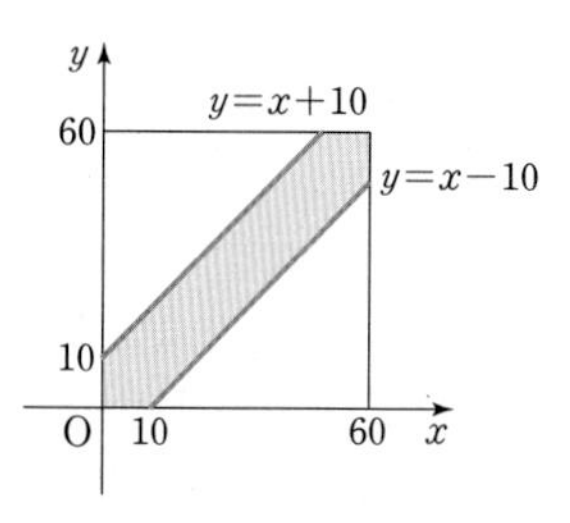

따라서 두 사람이 만날 확률 P는

$$P=\frac{60^2-\frac{1}{2}\times 50\times 50\times 2}{60^2}=\frac{11}{36}$$

이다.

(2)

D L $\frac{L}{2}$ x y $\frac{L}{2}\sin x$

승강장

시초선

연필과 시초선이 이루는 각을 x, 연필의 중심으로부터 시초선까지의 거리를 y라 하면 $0 \le x \le \pi$, $0 \le y \le \frac{L}{2}$이다.
이때, 연필이 승강장 가장자리에 걸쳐 있는 경우는
$y \le \frac{L}{2}\sin x$를 만족하는 것이다.

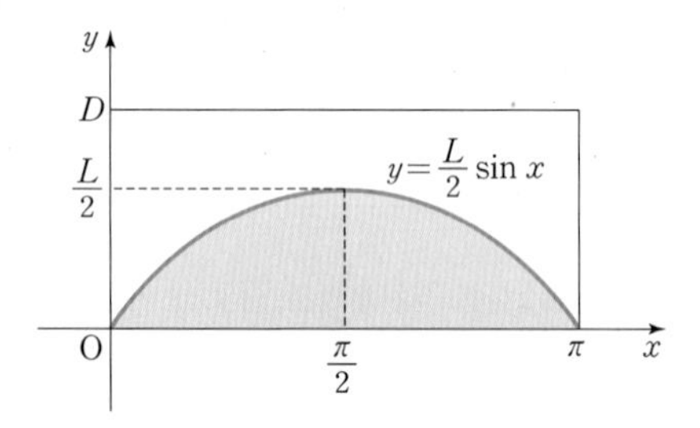

따라서 구하는 확률은 그림에서 직사각형의 넓이에 대한 $y = \frac{L}{2}\sin x$와 x축 $(0 \le x \le \pi)$으로 둘러싸인 넓이의 비율이므로

$$\frac{\int_0^{\pi}\frac{L}{2}\sin x\,dx}{\pi \times D} = \frac{L}{\pi D}$$

이다.

(3) 세 사람이 역에 도착하는 시각을 각각 12시 x분, 12시 y분, 12시 z분이라 하면 $0 \le x \le 60$, $0 \le y \le 60$, $0 \le z \le 60$이다.
이것이 공간상의 표본공간이 되고 한 변의 길이가 60인 정육면체가 된다.
이때 세 사람이 만날 경우는
$|x-y| \le 10$,
$|y-z| \le 10$,
$|z-x| \le 10$
이 되므로 이것을 좌표공간에 나타내어 보면 오른쪽 그림에서 정육면체 ABCD−EFGH를 대각선 EC′을 따라 정육면체 A′B′C′D′−E′F′G′H′까지 평행이동하여 생긴 도형이다.

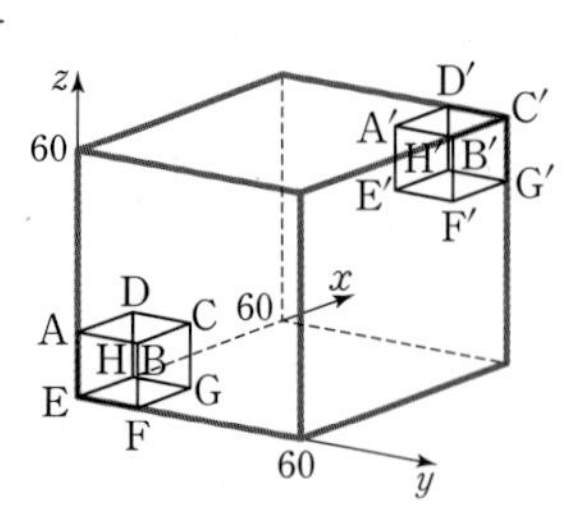

따라서 세 사람이 정오에서 오후 1시 사이에 약속된 장소에서 만날 확률은 '기하학적 확률'로

$$\frac{(\text{작은 정육면체를 평행이동하여 생긴 도형의 부피})}{(\text{한 변의 길이가 60인 정육면체의 부피})}$$

이다.
이때, 정사각형 ABCD를 대각선을 따라 정사각형 A′B′C′D′까지 평행이동하여 생긴 입체의 부피는 오른쪽 그림과 같이 밑면적이 10^2이고 높이가 50인 입체이므로 그 부피는

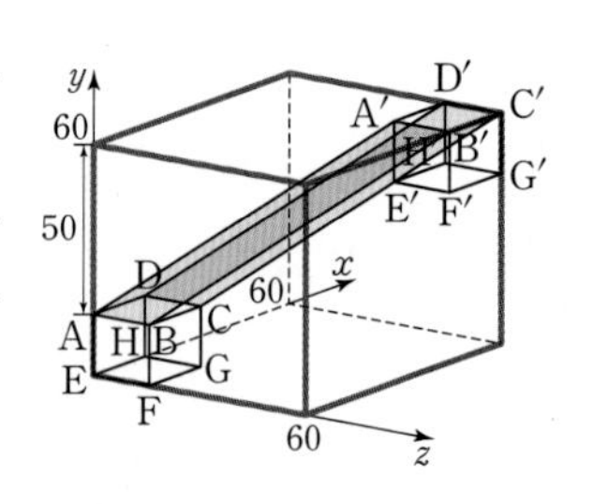

$10^2 \times 50$이 된다. 마찬가지로 정사각형 DHGC를 대각선을 따라 정사각형 D′H′G′C′까지 평행이동하여 생긴 입체의 부피와 정사각형 BFGC를 대각선을 따라 정사각형 B′F′G′C′까지 평행이동하여 생긴 입체의 부피도 각각 $10^2 \times 50$이다.
따라서 구하는 확률 p는

$$P = \frac{(\text{작은 정육면체를 평행이동하여 생긴 도형의 부피})}{(\text{한 변의 길이가 60인 정육면체의 부피})}$$
$$= \frac{10^2 \times 50 \times 3 + 10^3}{60^3} = \frac{2}{27}$$

이다.

주제별 강의 **제 20 장**

조건부확률

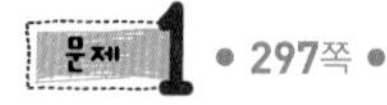
문제 1 • 297쪽 •

(1) 사건 C와 D가 독립이 되려면
$\mathrm{P}(C \cap D) = \mathrm{P}(C)\mathrm{P}(D)$를 만족해야 한다.
$\mathrm{P}(C) = \mathrm{P}(\{\mathrm{X}, \mathrm{Z}\}) = a + b$,
$\mathrm{P}(D) = \mathrm{P}(\{\mathrm{Y}, \mathrm{Z}\}) = a + \frac{1}{5}$
$\mathrm{P}(C \cap D) = \mathrm{P}(Z) = a$
이므로 $(a+b)\left(a+\frac{1}{5}\right) = a$를 만족한다.
또, $\mathrm{P}(\mathrm{O}) + \mathrm{P}(\mathrm{X}) + \mathrm{P}(\mathrm{Y}) + \mathrm{P}(\mathrm{Z}) = 1$에서
$2a + b + \frac{1}{5} = 1$이므로 $b = \frac{4}{5} - 2a$가 되어 방정식
$\left(\frac{4}{5} - a\right)\left(\frac{1}{5} + a\right) = a$를 얻는다.
이를 정리하면 이차방정식 $25a^2 + 10a - 4 = 0$이 되고 이를 근의 공식을 이용하면 $a = \frac{-1 \pm \sqrt{5}}{5}$를 얻는다.
a는 $0 \le a \le 1$이고 $0 \le b = \frac{4}{5} - 2a \le 1$에서
$0 \le a \le \frac{2}{5}$이므로 이 중 $a = \frac{-1+\sqrt{5}}{5}$가 원하는 답이다.

(2) $\mathrm{P}(C \mid D) = \frac{\mathrm{P}(C \cap D)}{P(D)}$를 만족하므로
$\mathrm{P}(C \mid D) = \frac{a}{a + \frac{1}{5}} = 1 - \frac{1}{5a+1}$
가 된다.

$2a+b+\frac{1}{5}=1$에서 $0\le a\le\frac{2}{5}$를 만족해야 하고 이 함수는 아래 그림에서와 같이 구간 $\left[0,\ \frac{2}{5}\right]$에서 증가함수이므로 최솟값은 $a=0$일 때 0, 최댓값은 $a=\frac{2}{5}$일 때 $\frac{2}{3}$이다.

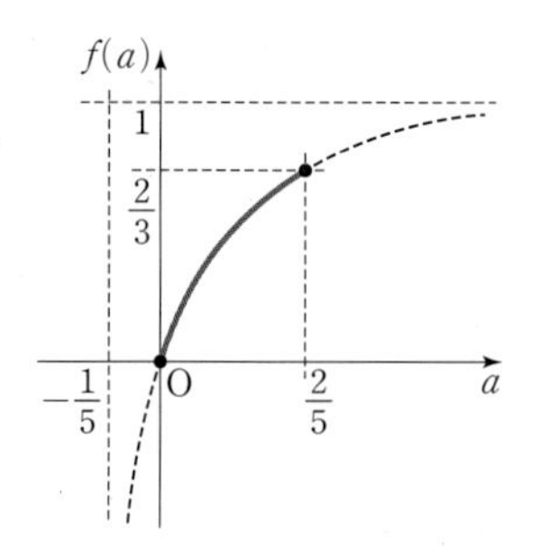

문제 2 • 298쪽 •

(1) 조건부확률의 정의와 독립시행의 확률을 이용하면

$$\mathrm{P}(S_6=2\,|\,S_7=1)=\frac{\mathrm{P}(S_6=2\text{이고 }S_7=1)}{\mathrm{P}(S_7=1)}$$
$$=\frac{{}_6\mathrm{C}_4\left(\frac{1}{2}\right)^4\left(\frac{1}{2}\right)^2\times\frac{1}{2}}{{}_7\mathrm{C}_4\left(\frac{1}{2}\right)^4\left(\frac{1}{2}\right)^3}$$
$$=\frac{{}_6\mathrm{C}_4}{{}_7\mathrm{C}_4}=\frac{3}{7}$$

이다.

(2) (i) $\mathrm{P}(1,\ 1)\to\mathrm{Q}(7,\ 1)$에 이르는 가능한 그래프의 수는 ㊤○○○○○○에서 앞 3, 뒤 3인 경우의 수와 같으므로 ${}_6\mathrm{C}_3=20$이다.

(ii) $\mathrm{P}'(1,\ -1)\to\mathrm{Q}(7,\ 1)$에 이르는 가능한 그래프의 수는 ㊦○○○○○○에서 앞 4, 뒤 2인 경우의 수와 같으므로 ${}_6\mathrm{C}_4=15$이다.

(iii) $\mathrm{O}(0,\ 0)\to\mathrm{Q}(7,\ 1)$에 이르는 그래프 중에서 x축을 만나지 않는 경우의 수는 조건 ㉠과 ㉡에서 그래프 $g:\mathrm{P}\to\mathrm{Q}$와 $g':\mathrm{P}'\to\mathrm{Q}$는 일대일 대응이 성립함으로 $20-15=5$인 5개의 그래프가 x축과 만나지 않는다.

(iv) $\mathrm{Q}(7,\ 1)$에 이르는 동안 처음부터 계속해서 $S_n>0$이 될 확률을 구해 보면 (i), (ii), (iii)에서 조건을 만족하는 그래프는 5개임을 알 수 있다.

따라서 $\mathrm{Q}(7,\ 1)$에 이르기 위해서는 총 7회 중 앞면이 4번 나와야 하므로 총 경우의 수는 ${}_7\mathrm{C}_4=35$이고, 조건에 맞는 그래프는 5개이다.

그러므로 구하는 확률은 $\frac{5}{35}=\frac{1}{7}$이다.

문제 3 • 299쪽 •

수색 작업이 진행되기 전에는 3개 지역에 실종자가 있을 가능성이 동일하다고 했으므로 $\mathrm{P}(A)=\mathrm{P}(B)=\mathrm{P}(C)=\frac{1}{3}$이다.

$$\mathrm{P}(A\,|\,E_A)=\frac{\mathrm{P}(A\cap E_A)}{\mathrm{P}(E_A)},$$
$$\mathrm{P}(B\,|\,E_A)=\frac{P(B\cap E_A)}{\mathrm{P}(E_A)},$$
$$\mathrm{P}(C\,|\,E_A)=\frac{P(C\cap E_A)}{\mathrm{P}(E_A)}$$

이므로 먼저 분모인 $\mathrm{P}(E_A)$를 계산하면,

$$\mathrm{P}(E_A)=\mathrm{P}(E_A\cap A)+\mathrm{P}(E_A\cap B)+\mathrm{P}(E_A\cap C)$$
$$=\mathrm{P}(A)\mathrm{P}(E_A\,|\,A)+\mathrm{P}(B)\mathrm{P}(E_A\,|\,B)+\mathrm{P}(C)\mathrm{P}(E_A\,|\,C)$$
$$=\frac{1}{3}\cdot\beta_A+\frac{1}{3}\cdot1+\frac{1}{3}\cdot1$$
$$=\frac{1}{3}(\beta_A+2)$$

이다. 그러므로 구하고자 하는 조건부확률은 다음과 같다.

$$\mathrm{P}(A\,|\,E_A)=\frac{\mathrm{P}(A\cap E_A)}{\mathrm{P}(E_A)}$$
$$=\frac{\mathrm{P}(A)\mathrm{P}(E_A\,|\,A)}{\mathrm{P}(E_A)}$$
$$=\frac{\frac{1}{3}\cdot\beta_A}{\frac{1}{3}\cdot(\beta_A+2)}=\frac{\beta_A}{\beta_A+2}$$

$$\mathrm{P}(B\,|\,E_A)=P(C\,|\,E_A)$$
$$=\frac{\frac{1}{3}\cdot1}{\frac{1}{3}\cdot(\beta_A+2)}=\frac{1}{\beta_A+2}$$

한편, 문제에서 주어진 조건으로부터 $0<\beta_A<1$이므로 $\mathrm{P}(A\,|\,E_A)<\mathrm{P}(B\,|\,E_A)=\mathrm{P}(C\,|\,E_A)$이 성립한다.
그러므로 사건 E_A가 발생한 시점에서는 A지역을 재수색하는 것보다 조건부확률 값이 더 큰 B나 C지역을 수색대상으로 하는 것이 더 합리적이다.

문제 4 • 299쪽 •

(1) 자유투를 한번 던진다면 연달아 성공할 수 없으므로 성공하지 못할 확률은 $p_1=1$이다.
자유투를 두 번 던질 때 연달아 성공할 확률은
$\frac{2}{3}\times\frac{2}{3}=\frac{4}{9}$이므로, 연달아 성공하지 못할 확률은
$p_2=1-\frac{4}{9}=\frac{5}{9}$이다.

자유투를 세 번 이상 던지는 경우, 즉 $n\ge3$인 경우에, p_n에 관한 점화식을 구해 보자. 첫 번째 시도에서 실패하는 경우와 성공하는 경우로 나누어 생각해 보자.

첫 번째 시도에서 실패한다면, 나머지 $n-1$번의 시도에서 연달아 성공하지 않는 경우에 전체 n번의 시도에서 연달아 성공하지 않게 된다.
만약, 첫 번째 시도에서 성공한다면, 두 번째 시도에서 실패하고, 나머지 $n-2$번의 시도에서 연달아 성공하지 않

는 경우에 전체 n번의 시도에서 연달아 성공하지 않게 된다.

따라서 다음과 같은 p_n에 관한 점화식을 얻는다.

$$p_n=\frac{1}{3}p_{n-1}+\frac{2}{9}p_{n-2},\ n=3,\ 4,\ 5,\ \cdots$$

문제에 주어진 p_n이 초기조건 $p_1=1$, $p_2=\frac{5}{9}$를 만족하고, 위 점화식을 만족함을 보이자.

문제에 주어진 p_n에 $n=1,\ 2$를 대입해보자.

$$p_1=\left(-\frac{1}{3}\right)^2+2\left(\frac{2}{3}\right)^2=\frac{1}{9}+\frac{8}{9}=1$$

$$p_2=\left(-\frac{1}{3}\right)^3+2\left(\frac{2}{3}\right)^3=-\frac{1}{27}+\frac{16}{27}=\frac{5}{9}$$

문제에 주어진 p_n이 초기 조건을 만족함을 확인할 수 있다.

이제, 문제에 주어진 $p_n(n=1,\ 2,\ \cdots)$이 위의 점화식을 만족하는지 확인해 보자. 위의 점화식의 우변에 문제에 주어진 p_{n-1}과 p_{n-2}를 대입하면,

$$\begin{aligned}&\frac{1}{3}p_{n-1}+\frac{2}{9}p_{n-2}\\&=\frac{1}{3}\left[\left(-\frac{1}{3}\right)^n+2\left(\frac{2}{3}\right)^n\right]+\frac{2}{9}\left[\left(-\frac{1}{3}\right)^{n-1}+2\left(\frac{2}{3}\right)^{n-1}\right]\\&=\left(-\frac{1}{3}\right)^{n-1}\left[\frac{1}{3}\left(-\frac{1}{3}\right)+\frac{2}{9}\right]+2\left(\frac{2}{3}\right)^{n-1}\left[\frac{1}{3}\left(\frac{2}{3}\right)+\frac{2}{9}\right]\\&=\left(-\frac{1}{3}\right)^{n+1}+2\left(\frac{2}{3}\right)^{n+1}\end{aligned}$$

따라서 문제에 주어진 p_n은 위의 점화식을 만족한다.

(2) 조건부 확률 $\mathrm{P}(B|A)$는 다음의 식을 만족한다.

$$\mathrm{P}(B|A)=\frac{P(A\cap B)}{P(A)}$$

$\mathrm{P}(A)$는 문제 (1)에서 알 수 있으므로, 이 문제를 풀기 위해서는 $\mathrm{P}(A\cap B)$를 구하면 된다.

사건 $A\cap B$는 n번의 시도에서 연달아 성공하지도 연달아 실패하지도 않아야 하므로, 성공과 실패가 번갈아 가며 일어나야 한다.

이러한 경우는 첫 번째 시도에서 성공한 경우와 실패한 경우로 나누어 생각할 수 있다.

n이 짝수라면, 전자와 후자의 사건이 발생할 확률은 $\left(\frac{1}{3}\right)^{\frac{n}{2}}\left(\frac{2}{3}\right)^{\frac{n}{2}}$로 서로 같다.

n이 홀수라면, 전자와 후자의 사건의 발생할 확률은 각각 $\left(\frac{1}{3}\right)^{\frac{n-1}{2}}\left(\frac{2}{3}\right)^{\frac{n+1}{2}}$, $\left(\frac{1}{3}\right)^{\frac{n+1}{2}}\left(\frac{2}{3}\right)^{\frac{n-1}{2}}$이다.

따라서

$$\mathrm{P}(A\cap B)=\begin{cases}2\left(\frac{1}{3}\right)^{\frac{n}{2}}\left(\frac{2}{3}\right)^{\frac{n}{2}} & (n\text{은 짝수})\\ \left(\frac{1}{3}\right)^{\frac{n-1}{2}}\left(\frac{2}{3}\right)^{\frac{n+1}{2}}+\left(\frac{1}{3}\right)^{\frac{n+1}{2}}\left(\frac{2}{3}\right)^{\frac{n-1}{2}} & (n\text{은 홀수})\end{cases}$$

위 식으로부터, 다음을 얻는다.

$$\mathrm{P}(A|B)=\begin{cases}\dfrac{2\left(\frac{1}{3}\right)^{\frac{n}{2}}\left(\frac{2}{3}\right)^{\frac{n}{2}}}{\left(-\frac{1}{3}\right)^{n+1}+2\left(\frac{2}{3}\right)^{n+1}} & (n\text{은 짝수})\\ \dfrac{\left(\frac{1}{3}\right)^{\frac{n-1}{2}}\left(\frac{2}{3}\right)^{\frac{n+1}{2}}+\left(\frac{1}{3}\right)^{\frac{n+1}{2}}\left(\frac{2}{3}\right)^{\frac{n-1}{2}}}{\left(-\frac{1}{3}\right)^{n+1}+2\left(\frac{2}{3}\right)^{n+1}} & (n\text{은 홀수})\end{cases}$$

(3) 사건 $A\cap C$는 n번의 시도 중 k번 성공하였으나, 한 번도 연달아 성공하지 못한 사건이다. 이러한 사건이 일어나는 경우의 수는 연속한 성공이 없도록 각각의 k번의 성공 사이에 실패한 횟수를 정하는 방법의 수와 같다. 이 방법의 수를 얻기 위해, 다음처럼 $x_1,\ x_2,\ \cdots,\ x_{k+1}$을 정의하자. 첫 번째 성공 이전에 일어난 실패의 횟수를 x_1이라 놓고, 첫 번째 성공 이후 두 번째 성공 이전에 발생한 실패의 횟수를 x_2, 같은 방법으로, $i=3,\ 4,\ \cdots,\ k$에 대해, $i-1$번째 성공 이후 i번째 성공 이전에 발생한 실패의 횟수를 x_i라 하자. 또한, k번째 성공 이후에 발생한 실패의 횟수를 x_{k+1}이라 하자. 총 실패한 횟수는 $n-k$이므로 x_i들은 다음의 식을 만족한다.

$$x_1+x_2+\cdots+x_{k+1}=n-k$$

위 식에서 $x_1\geq 0$, $x_{k+1}\geq 0$이며 $i=2,\ 3,\ \cdots,\ k$에 대해 연달은 성공이 없다는 조건으로부터 $x_i\geq 1$이다.

위 식의 해의 개수가 사건 $A\cap C$가 발생하는 경우의 수이다. 위 식의 해의 개수를 얻기 위해 x_i들을 다음처럼 치환하자.

$$y_i=x_i,\qquad i=1,\ k+1$$
$$y_i=x_i-1,\quad i=2,\ 3,\ \cdots,\ k$$

위 치환을 통해 다음의 식을 얻는다.

$$y_1+y_2+\cdots+y_{k+1}=n-2k+1,$$
$$y_i\geq 0,\ i=1,\ 2,\ \cdots,\ k+1$$

위 식의 해의 개수는 $k+1$개의 원소로 이루어진 집합에서 중복을 허락하여 $n-2k+1$개를 뽑는 조합의 수와 같다. 따라서 위 식의 해의 개수는 다음과 같다.

$$\begin{aligned}{}_{k+1}\mathrm{H}_{n-2k+1}&={}_{n-k+1}\mathrm{C}_{n-2k+1}\ (\because\ {}_n\mathrm{H}_r={}_{n+r-1}\mathrm{C}_r)\\&={}_{n-k+1}\mathrm{C}_k\end{aligned}$$

따라서 사건 $A\cap C$가 발생하는 경우의 수는 ${}_{n-k+1}\mathrm{C}_k$이다.

다른 답안

사건 $A\cap C$는 n번의 시도 중 k번 성공하였으나, 한 번도 연달아 성공하지 못한 사건이다. 그러므로 성공을 ○로 실패를 ×로 표시하면 구하는 경우의 수는, $n-k$개의 ×를 배열한 후 아래와 같이 표시된 $n-k+1$개의 ∨ 중에서 k개의 ∨를 선택하여 그 자리에 ○를 배치하는 방법의 수와 같다. 따라서 구하는 경우의 수는 ${}_{n-k+1}\mathrm{C}_k$이다.

∨ × ∨ × ∨ × ∨ × ∨ × ∨ … ∨ × ∨ × ∨ ×

(4) 문제 (3)의 풀이에서 사건 $A\cap C$가 발생하는 경우의 수는 ${}_{n-k+1}\mathrm{C}_k$임을 보였다.
각 경우에 해당하는 사건은 n번의 시도 중 k번 성공하고 $n-k$번 실패해야 하므로, 각 경우에 해당하는 사건이 발생할 확률은 $\left(\frac{2}{3}\right)^k\left(\frac{1}{3}\right)^{n-k}$이다. 사건 $A\cap C$는 이러한 사건들의 합으로 이루어져 있으므로,
$\mathrm{P}(A\cap C)={}_{n-k+1}\mathrm{C}_k\left(\frac{2}{3}\right)^k\left(\frac{1}{3}\right)^{n-k}$

문제 5 • 300쪽 •

(가) : a형 염주가 만들어질 가능성과 b형 염주가 만들어질 가능성이 같지 않으므로 $\mathrm{P}(A)=\frac{1}{2}$이라 할 수 없다.
a형 염주가 만들어질 올바른 확률을 구하기 위해 각 근원사건들이 같은 정도로 기대되도록 근원사건들과 표본공간을 새롭게 구성하는 방법은 여러 가지가 있을 수 있다.
우선 염주에서 구슬 배치의 회전 및 대칭성을 고려하지 않도록 한다. 두 개의 검은 구슬과 두 개의 흰 구슬을 네 곳에 배치하는 방법의 수는 ${}_4\mathrm{C}_2=6$가지이다.

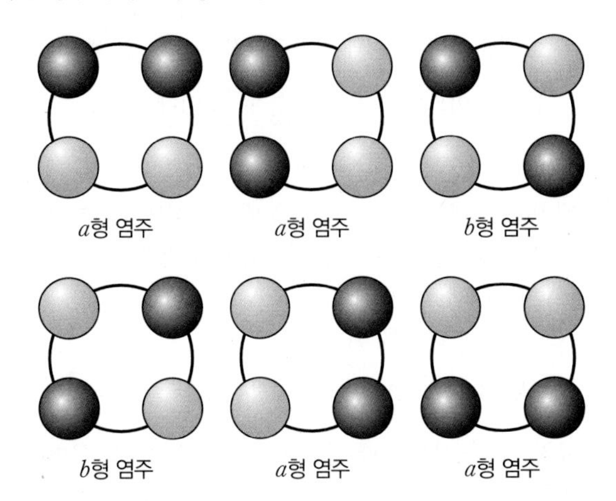

이들 6가지 중에서 a형 염주가 되는 경우의 수는 4가지이다.
따라서 $\mathrm{P}(A)=\frac{4}{6}=\frac{2}{3}$이다.

다른 답안 1

검은 구슬을 각각 B1, B2라 하면, B1의 위치를 기준으로 B2의 가능한 위치는 다음 그림과 같이 3가지이다.

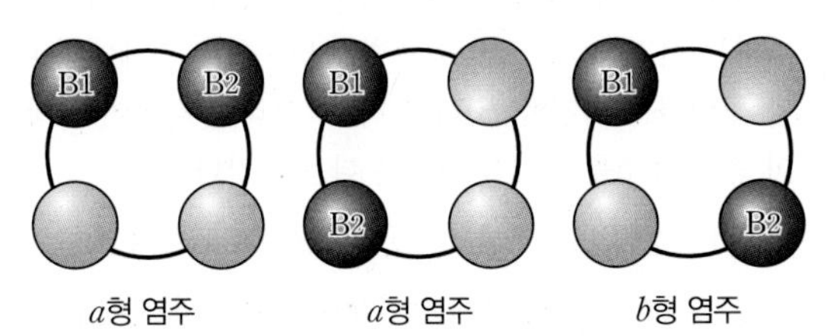

이들 세 가지의 일어날 가능성이 같은 정도로 기대되고, a형염주가 일어날 경우가 두 가지이므로 $\mathrm{P}(A)=\frac{2}{3}$이다.

다른 답안 2

검은 구슬을 각각 B1, B2라 하고 흰 구슬을 각각 W1, W2라 하자. 염주에서 구슬이 배치될 네 곳을 정해서 P1, P2, P3, P4라 하자. 네 개의 구슬을 배치하는 방법의 수는 $4!=24$가지이다.
이들 중 a형 염주가 만들어지는 경우의 수는 다음과 같다.
(B1의 위치 선택 방법)(4가지)
×(B1의 위치가 결정된 후 B2의 위치를 선택하는 경우의 수)(2가지)
×(B1, B2의 위치가 결정된 후 W1의 위치를 선택하는 경우의 수)(2가지)
×(B1, B2, W1의 위치가 결정된 후 W2의 위치를 선택하는 경우의 수)(1가지)
$=4\times2\times2\times1=16$(가지)
따라서 $\mathrm{P}(A)=\frac{16}{24}=\frac{2}{3}$이다.

(나) : 조건부확률을 잘못 적용하여 잘못된 결과가 유도되었다.
조건부확률에서와 같이 여러 가지 사건들을 다루어야 할 경우에는 먼저 사건들을 명확히 정의하는 과정을 거쳐야 한다.
한 정의 알약을 임의로 선택하여 검사하였을 때, 사건
$A_{모조}$, $A_{진품}$, $B_{모조}$, $B_{진품}$
을 다음과 같이 정의하자.
$A_{모조}$=(선택한 알약이 모조품일 사건),
$A_{진품}$=(선택한 알약이 진품일 사건),
$B_{모조}$=(선택한 알약의 검사 결과가 모조품으로 판정될 사건),
$B_{진품}$=(선택한 알약의 검사 결과가 진품으로 판정될 사건)
임의의 알약 한 정을 검사한 결과 모조품이라는 판정이 나왔을 때, 그 알약이 모조품일 확률을 위에서 정의한 사건들을 이용하여 나타내면 이 확률은 조건부확률 $\mathrm{P}(A_{모조}|B_{모조})$임을 알 수 있다.
$\mathrm{P}(A_{모조}|B_{모조})=\frac{\mathrm{P}(A_{모조}\cap B_{모조})}{\mathrm{P}(B_{모조})}$이고
$\mathrm{P}(A_{모조}\cap B_{모조})=\mathrm{P}(A_{모조})\mathrm{P}(B_{모조}|A_{모조})$
$=10^{-4}\times0.9=9\times10^{-5}$,
$\mathrm{P}(B_{모조})=\mathrm{P}(A_{모조}\cap B_{모조})+\mathrm{P}(A_{진품}\cap B_{모조})$
$=\mathrm{P}(A_{모조})\mathrm{P}(B_{모조}|A_{모조})+\mathrm{P}(A_{진품})\mathrm{P}(B_{모조}|A_{진품})$
$=10^{-4}\times0.9+(1-10^{-4})\times0.1\fallingdotseq0.1$
이므로 $\mathrm{P}(A_{모조}|B_{모조})\fallingdotseq\frac{9\times10^{-5}}{0.1}=9\times10^{-4}$이다.
따라서 임의의 알약 한 정을 검사한 결과 모조품이라는 판정이 나왔을 때, 그 알약이 모조품일 확률은 약 9×10^{-4}이다.

학생 예시 답안

(가) 수학적 확률의 예를 든 제시문 (가)에서 만들 수 있는 염주

의 총 경우의 수가 잘못되었다. 검은 구슬 두 개와 흰 구슬 두 개를 꿰어 염주를 만드는 경우는 a형 염주 와 b형 염주 로 제시된 이 두 가지 외에 더 존재한다.

가능한 모든 경우의 수를 그려 보면 다음과 같다.

a형 염주 : , , , → 4가지

b형 염주 : , → 2가지

따라서 표본공간 S는 2개가 아닌 6개의 근원사건으로 이루어져 있으며 a형 염주가 만들어지는 사건 A는 1개가 아닌 4개의 근원사건으로 이루어져 있다. 그러므로 사건 A가 일어날 확률 $\mathrm{P}(A)$는 $\frac{1}{2}$이 아닌 $\frac{4}{6}$, 즉 $\frac{2}{3}$가 된다.

(나) 일만 정 중 한 정의 알약이 모조 알약일 때 임의의 알약 한 정을 검사하여 모조품일 확률을 구한 제시문 (나)는 진품과 모조품의 수를 주어진 대로 활용하지 않아 오류가 났다.

주어진 진품과 모조품의 수는 9999개, 1개인데 제시문 (나)는 5000개, 5000개로 잡고 구하였다.

이를 개선하여 주어진 자료를 다음과 같은 표로 나타낼 수 있다.

	진품	모조품
알약 한 정 검사 시 나올 확률	$\frac{9999}{10000}$	$\frac{1}{10000}$
진품으로 판정 확률	$\frac{9}{10}$	$\frac{1}{10}$
모조품으로 판정 확률	$\frac{1}{10}$	$\frac{9}{10}$

따라서 임의의 알약 한 정을 검사한 결과 모조품이라는 판정이 나왔을 때 그 알약이 모조품일 확률을 바르게 구하면

$\dfrac{\frac{1}{10000}\times\frac{9}{10}}{\frac{9999}{10000}\times\frac{1}{10}+\frac{1}{10000}\times\frac{9}{10}}=\frac{1}{1112}$이다. 그런데 (나)의 확률은 퍼센트로 구했으므로 $\frac{1}{1112}$에 100을 곱한 $\frac{25}{278}$ %가 된다.

문제 6 • 301쪽 •

(1) ① 네 군데 가게를 방문하는 순서의 가짓수는 $4!=24$이다. 또한 가장 맛이 좋은 배추를 판매하는 가게를 세 번째에 방문하는 순서의 가짓수는 $3!=6$이다. 따라서 세 번째 가게에서 가장 맛이 좋은 배추를 판매할 확률은 $\frac{3!}{4!}=\frac{1}{4}$이다.

② 세 번째 가게에서 가장 맛이 좋은 배추를 판매할 때 길동이 세 번째 가게에서 배추를 구매하기 위해, 첫 번째 가게의 배추 맛이 두 번째 가게의 배추 맛 보다 좋아야 한다.

가장 맛이 좋은 배추를 판매하는 가게를 제외한 세 가게 중 서로 다른 두 가게를 선택하는 방법은 모두 3가지이다. 또한 선택한 두 가게를 길동이 첫 번째와 두 번째에 방문하는 순서의 가짓수는 2이다. 한편 선택한 두 가게 중 맛이 더 좋은 배추를 판매하는 가게를 길동이 첫 번째에 방문하고 그렇지 않은 가게를 길동이 두 번째에 방문하는 순서의 가짓수는 1이다. 그러므로 세 번째 방문한 가게에서 가장 맛이 좋은 배추를 판매할 때 길동이 세 번째 가게에서 배추를 구매할 확률은 $\frac{3\times1}{3\times2}=\frac{1}{2}$이다.

③ 세 번째 가게에서 가장 맛이 좋은 배추를 판매하고 길동이 세 번째 가게에서 배추를 구매할 확률은 $\frac{1}{2}\times\frac{1}{4}=\frac{1}{8}$이다. 유사하게 두 번째 가게에서 가장 맛이 좋은 배추를 판매하고 길동이 두 번째 가게에서 배추를 구매할 확률은 $1\times\frac{1}{4}=\frac{1}{4}$이고, 네 번째 가게에서 가장 맛이 좋은 배추를 판매하고 길동이 네 번째 가게에서 배추를 구매할 확률은 $\frac{2!}{3!}\times\frac{1}{4}=\frac{1}{12}$이다. 길동이가장 맛이 좋은 배추를 구매할 확률은 위 세 가지 확률의 합이므로 $\frac{1}{4}+\frac{1}{8}+\frac{1}{12}=\frac{11}{24}$이다.

참고

네 번째 집에서 가장 맛이 좋은 배추를 선택하려면 나머지 세 집의 맛있는 배추의 순서를 A, B, C라 할 때

(A, B, C), (A, C, B), (B, A, C), (B, C, A), (C, A, B), (C, B, A)

중 (A, B, C), (A, C, B)인 경우이다. 즉, $\frac{2}{6}=\frac{1}{3}$

(2) 규칙$-m$을 사용할 때 길동이 결국 아무 배추도 구매하지 못할 확률은 가장 맛이 좋은 배추를 첫 번째부터 $(m-1)$번째까지 방문한 가게 중 하나에서 판매할 확률과 같다. $1\le j\le m-1$인 정수 j에 대해 가장 맛이 좋은 배추를 판매하는 가게를 j번째 방문하는 순서의 가짓수는 $(n-1)!$이다. 그러므로 $q(m)=\frac{(n-1)!(m-1)}{n!}=\frac{m-1}{n}$

(3) $n\ge2$인 정수 n과 $2\le m\le k\le n$인 정수 m과 k에 대해 길동이 k번째 방문하는 가게에서 가장 맛이 좋은 배추를 판매하는 사건을 A_k, 길동이 k번째 방문하는 가게에서 배추를 구매하는 사건을 B_k라고 하자. 그러면 길동이 가장 맛이 좋은 배추를 구매할 확률은 다음과 같다.

$p(m)=\sum_{k=m}^{n}\mathrm{P}(B_k\cap A_k)=\sum_{k=m}^{n}\mathrm{P}(B_k|A_k)P(A_k)$

우선 길동이 n군데 가게를 방문하는 순서의 가짓수는 $n!$

이다. 또한 가장 맛이 좋은 배추를 판매하는 가게를 길동이 k번째 방문하는 순서의 가짓수는 $(n-1)!$이다.

그러므로 $P(A_k)=\frac{(n-1)!}{n!}=\frac{1}{n}$

다음 $P(B_k|A_k)$는 길동이 k번째 방문하는 가게에서 판매하는 배추가 가장 맛이 좋은 배추일 때, 첫 번째부터 $(k-1)$번째까지 방문하는 가게의 배추 중 가장 맛이 좋은 배추를 판매하는 가게가 첫 번째부터 $(m-1)$번째까지 방문하는 가게 중 하나일 확률과 같다. 가장 맛이 좋은 배추를 판매하는 가게를 제외한 $(n-1)$개의 가게 중 서로 다른 $(k-1)$개의 가게를 선택하는 방법은 모두 ${}_{n-1}C_{k-1}$가지이다. 또한 길동이 선택한 $(k-1)$개의 가게를 방문하는 순서의 가짓수는 $(k-1)!$이다. 한편 $1\le j\le m-1$인 정수 j에 대해 선택한 $(k-1)$개의 가게에서 판매하는 배추 중 가장 맛이 좋은 배추를 판매하는 가게를 j번째에 방문하는 순서의 가짓수는 $(k-2)!$이다.

따라서, $P(B_k|A_k)=\frac{{}_{n-1}C_{k-1}(k-2)!(m-1)}{{}_{n-1}C_{k-1}(k-1)!}=\frac{m-1}{k-1}$

마지막으로 $2\le m\le n$인 정수 m에 대해 길동이 가장 맛이 좋은 배추를 구매할 확률은 다음과 같다.

$p(m)=\sum_{k=m}^{n}\frac{1}{n}\cdot\frac{m-1}{k-1}$

문제 7 • 302쪽 •

상대팀	A	B	C
이길 확률	$\frac{1}{5}$	$\frac{3}{5}$	$\frac{1}{10}$
비길 확률	$\frac{2}{5}$	$\frac{1}{5}$	$\frac{1}{5}$
질 확률	$\frac{2}{5}$	$\frac{1}{5}$	$\frac{7}{10}$

(1) (i) 첫 번째 경기를 이기고 두 번째 경기를 지는 경우의

확률 : $\frac{1}{5}\times\left(1-\frac{3}{5}\times\frac{13}{10}-\frac{1}{5}\right)=\frac{1}{250}$

(ii) 첫 번째 경기를 비기고 두 번째 경기를 지는 경우의

확률 : $\frac{2}{5}\times\left(1-\frac{3}{5}\times\frac{11}{10}-\frac{1}{5}\right)=\frac{14}{250}$

(iii) 첫 번째 경기를 지고 두 번째 경기를 지는 경우의

확률 : $\frac{2}{5}\times\left(1-\frac{3}{5}\times\frac{9}{10}-\frac{1}{5}\right)=\frac{26}{250}$

따라서 구하는 확률은 $\frac{1}{250}+\frac{14}{250}+\frac{26}{250}=\frac{41}{250}$

(2) (1)에 의해 B팀과의 경기에서 지지 않을 확률은

$1-\frac{41}{250}=\frac{209}{250}$이다.

한국 팀이 B팀과의 경기에서 지지 않았을 때, 모든 경기에서 지지 않으면서 두 경기 이상 이길 경우는 다음과 같다.

첫 번째 경기	두 번째 경기	세 번째 경기	확률
승	승	승	$\frac{1}{5}\times\left(\frac{3}{5}\times\frac{13}{10}\right)\times\left(\frac{1}{10}\times\frac{13}{10}\right)=\frac{507}{25000}$
무	승	승	$\frac{2}{5}\times\left(\frac{3}{5}\times\frac{11}{10}\right)\times\left(\frac{1}{10}\times\frac{13}{10}\right)=\frac{858}{25000}$
승	무	승	$\frac{1}{5}\times\frac{1}{5}\times\left(\frac{1}{10}\times\frac{11}{10}\right)=\frac{11}{2500}=\frac{110}{25000}$
승	승	무	$\frac{1}{5}\times\left(\frac{3}{5}\times\frac{13}{10}\right)\times\frac{1}{5}=\frac{780}{25000}$
합			$\frac{507+858+110+780}{25000}=\frac{2255}{25000}=\frac{451}{5000}$

따라서 한국 팀이 B팀과의 경기에서 지지 않았을 때, 모든 경기에서 지지 않으면서 두 경기 이상 이길 확률은

$\frac{\frac{41}{5000}}{\frac{209}{250}}=\frac{41}{380}$이다.

(3) 두 번째 경기가 비겼으므로 앞 경기에 영향을 받지 않는 독립적인 사건이다. 그리고 마지막 경기에서 승리할 확률은 공통적으로 1.1배가 곱해지므로 지고, 비기고, 이기는 각 경우가 가장 높은 상황을 택하면 되므로 C−A−B 경우이다.

다른 답안

추첨을 통해 나올 수 있는 경기의 가지 수는 총 여섯 가지, 즉

A−B−C, A−C−B,
B−A−C, B−C−A,
C−A−B, C−B−A

이다. 각 경우에서 첫 번째 경기를 지고, 두 번째 경기를 비기고 세 번째 경기를 이길 확률을
구하면

A−B−C : $\frac{2}{5}\times\frac{1}{5}\times\left(\frac{1}{10}\times\frac{11}{10}\right)=\frac{22}{2500}$

A−C−B : $\frac{2}{5}\times\frac{1}{5}\times\left(\frac{3}{5}\times\frac{11}{10}\right)=\frac{132}{2500}$

B−A−C : $\frac{1}{5}\times\frac{2}{5}\times\left(\frac{1}{10}\times\frac{11}{10}\right)=\frac{22}{2500}$

B−C−A : $\frac{1}{5}\times\frac{1}{5}\times\left(\frac{1}{5}\times\frac{11}{10}\right)=\frac{22}{2500}$

C−A−B : $\frac{7}{10}\times\frac{2}{5}\times\left(\frac{3}{5}\times\frac{11}{10}\right)=\frac{462}{2500}$

C−B−A : $\frac{7}{10}\times\frac{1}{5}\times\left(\frac{1}{5}\times\frac{11}{10}\right)=\frac{77}{2500}$

이므로 정답은 C−A−B인 경우이다.

주제별 강의 **제 21 장**

재미있는 확률 이야기

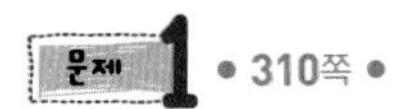
• 310쪽 •

(1) [규칙 1]을 따를 때 갑이 이길 확률은 $\frac{a}{a+b}$ 이다.

[규칙 2]를 따를 때 갑이 이길 확률은 첫 번째 꺼낸 구슬이 흰색인 사건을 A, 첫 번째 꺼낸 구슬이 검은색인 사건을 B, 두 번째 꺼낸 구슬이 흰색인 사건을 C라 하면

$$\mathrm{P}(C)=\mathrm{P}(A)\cdot\mathrm{P}(C|A)+\mathrm{P}(B)\cdot\mathrm{P}(C|B)$$
$$=\frac{a}{a+b}\times\frac{a-1}{a+b-2}+\frac{b}{a+b}\times\frac{a}{a+b-2}$$
$$=\frac{a^2-a+ab}{(a+b)(a+b-2)}$$

여기에서

$$\frac{a^2-a+ab}{(a+b)(a+b-2)}-\frac{a}{a+b}$$
$$=\frac{a^2-a+ab-a(a+b-2)}{(a+b)(a+b-2)}$$
$$=\frac{a}{(a+b)(a+b-2)}$$
$$>0$$

이다.

따라서 갑은 [규칙 2]를 따르는 것이 게임에 유리하다.

(2) ㈎의 게임에서 자동차가 없는 문을 한 개 보여주는 것과 ㈏의 게임에서 을이 검은색의 구슬을 한 개 빼 버리는 것은 같은 효과를 갖는다.

주제별 강의 **제 22 장**

하디-바인베르크의 법칙

• 313쪽 •

Rh^+가 Rh^-에 대하여 우성이므로 유전인자가 Rh^+Rh^+, Rh^+Rh^-인 경우는 혈액형이 Rh^+이고, 유전인자가 Rh^-Rh^-인 경우는 혈액형이 Rh^-이다.

남성의 유전인자가 Rh^+Rh^-일 사건을 A, Rh^+ 인자가 신생아에게 유전될 사건을 B, 여성의 혈액형이 Rh^-일 사건을 C라고 하면 구하는 확률은 $\mathrm{P}((A\cap B)\cap C)$이다.

$$\mathrm{P}(A\cap B)=\mathrm{P}(A)\cdot\mathrm{P}(B|A)$$
$$=0.9\times0.5$$
$$=0.45$$

이고, 사건 $A\cap B$와 사건 C는 독립이므로 구하는 확률은

$$\mathrm{P}((A\cap B)\cap C)=\mathrm{P}(A\cap B)\cdot\mathrm{P}(C)$$
$$=0.45\times0.04=0.018$$이다.

따라서 신생아의 혈액형이 Rh^+가 되는 비율은 0.018이다.

문제 2 • 313쪽 •

	DD (p_0)	Dd(q_0)	dd(r_0)
DD(p_0)	DD	DD, Dd	Dd
Dd(q_0)	DD, Dd	DD, Dd, dd	Dd, dd
dd(r_0)	Dd	Dd, dd	dd

$\alpha=p_0+\frac{1}{2}q_0$, $\beta=r_0+\frac{1}{2}q_0$이고 위의 표를 이용하면 1세대의 유전자형 DD, Dd, dd의 비율 p_1, q_1, r_1은 다음과 같다.

$$p_1=p_0^2+\frac{1}{2}p_0q_0+\frac{1}{2}p_0q_0+\frac{1}{4}q_0^2$$
$$=p_0^2+p_0q_0+\frac{1}{4}q_0^2=\left(p_0+\frac{1}{2}q_0\right)^2=\alpha^2$$
$$q_1=\frac{1}{2}p_0q_0+p_0r_0+\frac{1}{2}p_0q_0+\frac{1}{4}q_0^2\times2+\frac{1}{2}q_0r_0+p_0r_0+\frac{1}{2}q_0r_0$$
$$=p_0q_0+q_0r_0+2p_0r_0+\frac{1}{2}q_0^2=2\alpha\beta$$
$$r_1=\frac{1}{4}q_0^2+\frac{1}{2}q_0r_0+\frac{1}{2}q_0r_0+r_0^2$$
$$=\frac{1}{4}q_0^2+q_0r_0+r_0^2=\left(\frac{1}{2}q_0+r_0\right)^2=\beta^2$$

또, $\alpha+\beta=\left(p_0+\frac{1}{2}q_0\right)+\left(r_0+\frac{1}{2}q_0\right)=p_0+q_0+r_0=1$이므로 2세대의 유전자형 DD, Dd, dd의 비율 p_2, q_2, r_2를 위와 같은 방법으로 구하면 다음과 같다.

$$p_2=\left(p_1+\frac{1}{2}q_1\right)^2=(\alpha^2+\alpha\beta)^2=\{\alpha(\alpha+\beta)\}^2=\alpha^2$$
$$q_2=p_1q_1+q_1r_1+2p_1r_1+\frac{1}{2}q_1^2$$
$$=\alpha^2\times2\alpha\beta+2\alpha\beta\times\beta^2+2\alpha^2\beta^2+\frac{1}{2}(2\alpha\beta)^2$$
$$=2\alpha^3\beta+2\alpha\beta^3+4\alpha^2\beta^2=2\alpha\beta(\alpha^2+2\alpha\beta+\beta^2)$$
$$=2\alpha\beta(\alpha+\beta)^2=2\alpha\beta$$
$$r_2=\left(\frac{1}{2}q_1+r_1\right)^2=(\alpha\beta+\beta^2)=\{\beta(\alpha+\beta)\}^2=\beta^2$$

따라서 1세대, 2세대의 유전자형 DD, Dd, dd의 비율은 변하지 않으므로 하디-바인베르크의 법칙은 정당하다.

• 314쪽 •

세 유전자 A, B, O의 비율을 각각 a, b, c라 하자.

O형이 나오는 경우는 유전자형이 OO이고, 이때의 비율은 c^2이므로 $c^2=0.28$이다.

따라서 $c=\sqrt{0.28}\fallingdotseq0.53(\because c>0)$이다.

또, A형이 나오는 경우는 유전자형이 AA, AO, OA이고 이때의 비율은 $a^2+ac+ca=a^2+2ac$이므로

$a^2+2ac=0.34$, $a^2+2ac-0.34=0$이다.

위의 식은 a에 대한 이차방정식이므로 근의 공식을 이용하면

$$a=-c+\sqrt{c^2+0.34}(\because a>0)$$
$$\fallingdotseq-0.53+\sqrt{0.28+0.34}=-0.53+\sqrt{0.62}$$
$$\fallingdotseq-0.53+0.79=0.26$$

이고, $a+b+c=1$이므로 $b=1-(a+c)\fallingdotseq 0.21$이다.
따라서 B형이 나오는 경우는 유전자형이 BB, BO, OB이고, 이때의 비율은

$$b^2+bc+cb=b^2+2bc$$
$$\fallingdotseq 0.21^2+2\times 0.21\times 0.53=0.2667$$
$$\fallingdotseq 0.27$$

이다. 또, AB형이 나오는 경우는 유전자형이 AB, BA이고, 이때의 비율은

$ab+ba=2ab\fallingdotseq 2\times 0.26\times 0.21=0.1092\fallingdotseq 0.11$이다.

따라서 B형과 AB형의 비율은 각각 27 %, 11 %이다.

다른 답안

부모에게 존재하는 세 유전자 A, B, O의 비율을 각각 p, q, r라 하면 자녀들의 혈액형의 유전자형은 다음 표와 같다.

모 \ 부	A(p)	B(q)	O(r)
A(p)	AA(p^2)	AB(pq)	AO(pr)
B(q)	AB(pq)	BB(q^2)	BO(qr)
O(r)	AO(pr)	BO(qr)	OO(r^2)

혈액형의 유전자는 A, B, O뿐이므로

$p+q+r=1$ …… ㉠

이고, A형, O형의 비율이 각각 34 %, 28 %이므로 다음이 성립한다.

$0.34=p^2+2pr$ …… ㉡

$0.28=r^2$ …… ㉢

㉠, ㉡, ㉢을 연립하여 풀면 p, q, r와 B형(q^2+2qr), AB형($2pq$)의 비율을 구할 수 있다.

문제 4 • 314쪽 •

아이가 cis-AB/O형을 갖는다는 것은 ㈎에 의하여 한 염색체 안에 A, B 유전자를 갖고 있고, 다른 염색체 안에 O 유전자를 갖고 있다는 것을 뜻한다. 이때, 한 염색체 안에 A, B 유전자를 모두 가지려면 부모 중 cis-AB/O형인 사람의 염색체 중 A, B 유전자가 모두 들어 있는 경우와 부모 중 다른 쪽으로부터 O유전자를 물려받아야 한다. 그러므로
cis-AB/O형인 사람이 AO인 사람과 결혼했을 경우 아이가 cis-AB/O형일 확률은 25 %, cis-AB/O형인 사람이 BO인 사람과 결혼했을 경우 아이가 cis-AB/O형일 확률은 25 %이다. 또한, cis-AB/O형인 사람이 OO인 사람과 결혼했을 경우 아이가 cis-AB/O형일 확률은 50 %이다. 배우자가 AA, BB 또는 AB인 경우에는 아이의 혈액형이 cis-AB/O형이 될 수 없다. 배우자들은 AO인 사람이 20명, BO인 사람이 16명, OO인 사람이 28명이므로 확률적으로 보면 cis-AB/O형을 갖는 아이의 수는 평균이

$20\times\frac{1}{4}+16\times\frac{1}{4}+28\times\frac{1}{2}=23$(명)이 된다.

문제 5 • 315쪽 •

(1) 남자와 여자가 결혼하여 자녀를 낳는 경우를 생각해 보자. 특히, 아들인 경우에는 염색체가 XY이기 때문에 아버지로부터 Y 염색체를 받고 어머니로부터 X 염색체를 받는다. 그런데 색맹을 결정하는 유전 물질은 X 염색체에 있기 때문에 아들인 경우에는 아버지의 색맹 여부에는 영향을 받지 않는다. 즉, 어머니가 색맹인지, 보인자인지에 따라서 결정된다.

따라서 어머니가 색맹일 확률이 $\frac{1}{100}$이고 어머니가 보인자일 확률이 $\frac{18}{100}$이므로 아들이 색맹일 확률은

$\frac{1}{100}+\frac{1}{2}\times\frac{18}{100}=\frac{10}{100}=\frac{1}{10}$ (또는 10 %)

이 된다.

(2) 결혼한 부부 중에서 여자의 p %가 보인자라 하자. 그리고 다음 세대에서 딸이 색맹이 될 확률을 구하여 보자. 먼저 아버지가 정상일 경우에는 딸이 색맹이 되지 않는다. 그리고 아버지가 색맹일 확률은 $\frac{5}{100}$이다. 이 경우에 아버지의 유전자는 X′Y이므로 색맹인 딸이 나오기 위해서는 어머니도 색맹이거나 최소한 보인자이어야 한다. 어머니가 색맹일 확률이 $\frac{1}{100}$이고 어머니가 보인자일 확률이 $\frac{p}{100}$이므로 딸이 색맹이 될 확률은

$\frac{5}{100}\times\left(\frac{1}{100}+\frac{1}{2}\times\frac{p}{100}\right)=\frac{7}{1000}$

이 된다. 이 식을 풀면 $p=26$(%)가 된다. 따라서 결혼한 부부 중에서 여자의 26 %가 보인자가 된다. 마지막으로 아들이 색맹이 될 확률은 아버지의 색맹 여부에 관계가 없고, 어머니가 색맹일 확률이 $\frac{1}{100}$이고 어머니가 보인자일 확률이 $\frac{26}{100}$이므로 아들이 색맹일 확률은

$\frac{1}{100}+\frac{1}{2}\times\frac{26}{100}=\frac{14}{100}$

가 된다. 즉, 아들의 14 %가 색맹이 될 것으로 예상할 수 있다.

ANSWER

Ⅷ 통계

COURSE A

• 323쪽 • **주어진 조건에 의한 경우의 확률을 이용한 문제이다.**

각 갈림길에서 한 번 물어서는 바른 방향을 확실히 알 수 없으며 두 명 이상이 반대 방향을 가리켜 줄 수는 없으므로 두 사람이 같은 방향을 가리켜 주면 그 방향이 바른 방향이다.
한 갈림길에서 두 번 물어서 정확한 방향을 알아낼 수 있을 확률은 여섯 명 중에서 길을 가리켜 준 두 사람이 모두 바른 방향을 가리켜 주는 사람이고 반대 방향을 가리켜 주는 사람은 나머지 네 사람 중 하나가 될 경우의 확률이다. 여섯 명 중에서 두 명을 선택하는 경우의 수는 ${}_6C_2=15$(가지)이며 바른 방향을 가리켜주는 두 사람을 선택하는 경우의 수는 ${}_5C_2=10$(가지)이므로 한 갈림길에서 두 번 물어서 정확한 방향을 알아낼 수 있을 확률은 $\frac{10}{15}=\frac{2}{3}$이다. 이때, 한 갈림길에서 세 번 물으면 반드시 두 사람 이상이 같은 방향을 가리켜주게 되므로 한 갈림길에서 세 번 물어보면 반드시 정확한 방향을 알아낼 수 있다.
따라서 한 갈림길에서 세 번 물어 보아야 할 확률은
$1-\frac{2}{3}=\frac{1}{3}$이다.
그러므로 한 갈림길에서 물어 보아야 하는 평균 횟수는
$2\times\frac{2}{3}+3\times\frac{1}{3}=\frac{7}{3}$이다.
A에서 B까지 가기 위해서는 갈림길을 네 번 지나야 하므로 A에서 B까지 가는데 물어 보아야 할 평균 횟수는
$\frac{7}{3}\times4=\frac{28}{3}$, 약 10회이다.

TRAINING
수리논술 기출 및 예상 문제

• 325쪽 ~ 338쪽 •

01 (1) 떨어뜨리지 않은 바구니에 담겨있는 계란의 수를 확률변수 X라 하자.

(i) 계란을 한 개의 바구니에 모두 담는 경우

X	2	0	계
P(X)	$\frac{1}{2}$	$\frac{1}{2}$	1

기댓값은 $2\times\frac{1}{2}+0\times\frac{1}{2}=1$,

분산은 $2^2\times\frac{1}{2}+0^2\times\frac{1}{2}-1^2=1$

(ii) 계란을 2개의 바구니에 하나씩 나누어서 담는 경우

X	2	1	0	계
P(X)	$\frac{1}{4}$	$\frac{2}{4}$	$\frac{1}{4}$	1

기댓값은 $2\times\frac{1}{4}+1\times\frac{2}{4}+0\times\frac{1}{4}=1$,

분산은 $2^2\times\frac{1}{4}+1^2\times\frac{2}{4}+0^2\times\frac{1}{4}-1^2=\frac{1}{2}$

따라서, 계란을 2개의 바구니에 하나씩 나누어서 담는 경우가 같은 기댓값에 대하여 더 작은 분산(또는 표준편차)을 갖게 되기 때문에 위험을 줄일 수 있다.

(2) (i) 계란을 하나의 바구니에 모두 담는 경우 (4+0+0인 경우)

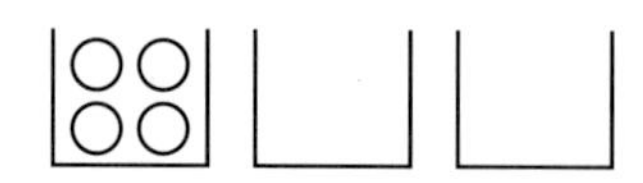

X	4	0	계
P(X)	$\frac{1}{2}$	$\frac{1}{2}$	1

기댓값은 $4\times\frac{1}{2}+0\times\frac{1}{2}=2$,

분산은 $4^2\times\frac{1}{2}+0^2\times\frac{1}{2}-2^2=4$

(ii) 계란 3개, 1개를 서로 다른 바구니에 나누어서 담는 경우 (3+1+0인 경우)

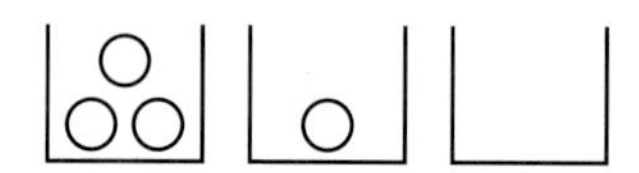

X	4	3	1	0	계
P(X)	$\frac{1}{4}$	$\frac{1}{4}$	$\frac{1}{4}$	$\frac{1}{4}$	1

기댓값은 $4\times\frac{1}{4}+3\times\frac{1}{4}+1\times\frac{1}{4}+0\times\frac{1}{4}=2$,

분산은

$4^2\times\frac{1}{4}+3^2\times\frac{1}{4}+1^2\times\frac{1}{4}+0^2\times\frac{1}{4}-2^2=\frac{5}{2}$

(iii) 계란 2개, 2개를 서로 다른 바구니에 나누어서 담는 경우 (2+2+0인 경우)

X	4	2	0	계
P(X)	$\frac{1}{4}$	$\frac{2}{4}$	$\frac{1}{4}$	1

기댓값은 $4\times\frac{1}{4}+2\times\frac{2}{4}+0\times\frac{1}{4}=2$,

분산은 $4^2\times\frac{1}{4}+2^2\times\frac{2}{4}+0^2\times\frac{1}{4}-2^2=2$

(iv) 계란 2개, 1개, 1개를 서로 다른 바구니에 나누어서 담는 경우 (2+1+1인 경우)

|OO| |O| |O|

X	4	3	2	1	0	계
$P(X)$	$\frac{1}{8}$	$\frac{2}{8}$	$\frac{2}{8}$	$\frac{2}{8}$	$\frac{1}{8}$	1

기댓값은

$4\times\frac{1}{8}+3\times\frac{2}{8}+2\times\frac{2}{8}+1\times\frac{2}{8}+0\times\frac{1}{8}=2$,

분산은

$4^2\times\frac{1}{8}+3^2\times\frac{2}{8}+2^2\times\frac{2}{8}+1^2\times\frac{2}{8}+0^2\times\frac{1}{8}-2^2$

$=\frac{3}{2}$

따라서 계란을 3개의 바구니에 2개, 1개, 1개씩 나누어서 담는 경우가 같은 기댓값에 대하여 더 작은 분산(또는 표준편차)을 갖게 되기 때문에 위험을 줄일 수 있다.

참고

떨어뜨리지 않은 바구니를 Ⓐ, 떨어뜨린 바구니를 A와 같이 표시하여 수형도를 그려 (1), (2)의 각 경우의 바구니에 담긴 계란의 수를 알아보면 아래와 같다.

(1)

		(i)	(ii)
Ⓐ	Ⓑ	2개	2개
	B	2개	1개
A	Ⓑ	0개	1개
	B	0개	0개

(2)

			(i)	(ii)	(iii)	(iv)
Ⓐ	Ⓑ	Ⓒ	4개	4개	4개	4개
		C	4개	4개	4개	3개
	B	Ⓒ	4개	3개	2개	3개
		C	4개	3개	2개	2개
A	Ⓑ	Ⓒ	0개	1개	2개	2개
		C	0개	1개	2개	1개
	B	Ⓒ	0개	0개	0개	1개
		C	0개	0개	0개	0개

02 $\sum_{n=1}^{\infty}b_n=\sum_{n=1}^{\infty}\frac{k}{n(n+1)(n+2)}$

$=k\sum_{n=1}^{\infty}\frac{1}{2}\left\{\frac{1}{n(n+1)}-\frac{1}{(n+1)(n+2)}\right\}$

$=\frac{k}{2}\lim_{n\to\infty}\left\{\left(\frac{1}{1\cdot2}-\frac{1}{2\cdot3}\right)+\left(\frac{1}{2\cdot3}-\frac{1}{3\cdot4}\right)\right.$

$+\left(\frac{1}{3\cdot4}-\frac{1}{4\cdot5}\right)+\cdots$

$\left.+\left(\frac{1}{n(n+1)}-\frac{1}{(n+1)(n+2)}\right)\right\}$

$=\frac{k}{2}\lim_{n\to\infty}\left\{\frac{1}{1\cdot2}-\frac{1}{(n+1)(n+2)}\right\}=\frac{k}{4}$

이므로 $\frac{k}{4}=1$에서 $k=4$이다.

이때, $E(Z)=\sum_{n=1}^{\infty}nP(Z=n)=\sum_{n=1}^{\infty}n\cdot\frac{4}{n(n+1)(n+2)}$

$=4\sum_{n=1}^{\infty}\frac{1}{(n+1)(n+2)}=4\times\frac{1}{2}=2$

이다. 한편, $\sum_{n=1}^{\infty}a_n=\sum_{n=1}^{\infty}pr^{n-1}=\frac{p}{1-r}=1$이므로

$p=1-r$이다. (단, $|r|<1$)

$E(Y)=\sum_{n=1}^{\infty}nP(Y=n)=\sum_{n=1}^{\infty}npr^{n-1}=p\sum_{n=1}^{\infty}nr^{n-1}$

에서 $S_n=\sum_{k=1}^{n}kr^{k-1}$로 놓으면

$S_n=1+2r+3r^2+\cdots+nr^{n-1}$이다.

$S_n-rS_n=1+r+r^2+\cdots+r^{n-1}-nr^n$이므로

$S_n=\frac{1-r^n}{(1-r)^2}-\frac{nr^n}{1-r}$에서

$\sum_{n=1}^{\infty}nr^{n-1}=\lim_{n\to\infty}S_n=\frac{1}{(1-r)^2}(|r|<1)$이다.

이때,

$E(Y)=p\times\frac{1}{(1-r)^2}=(1-r)\times\frac{1}{(1-r)^2}=\frac{1}{1-r}$

이다.

$E(Y)=E(Z)$이므로 $\frac{1}{1-r}=2$에서 $r=\frac{1}{2}$이고

$p=1-r$이므로 $p=\frac{1}{2}$이다.

따라서 $p=\frac{1}{2}$, $r=\frac{1}{2}$, $k=4$이다.

03 (1) $P(X=3)$의 계산

세 개의 햄버거를 살 때 순서를 고려하여 장난감을 받는 경우의 수는 $3^3=27$(가지)이다.

$X=3$인 사건은 햄버거를 새로 살 때마다 다른 종류의 장난감을 받은 경우이므로 가능한 경우의 수는 $3!=6$이 된다. 따라서 구하는 확률은 $\frac{6}{27}=\frac{2}{9}$이다.

$P(X=4)$의 계산

네 개의 햄버거를 살 때 순서를 고려하여 장난감을 받는 경우의 수는 $3^4=81$가지이다.

$x=4$인 사건을 네 번째 받은 장난감을 기준으로 경우를 나누어 본다.

(i) 네 번째 받은 장난감이 a인 경우 : $bbca$, $bcba$, $bcca$, $cbba$, $cbca$, $ccba$의 6가지

(ii) 네 번째 받은 장난감이 b인 경우 : (i)과 마찬가지 방법으로 6가지

(iii) 네 번째 받은 장난감이 c인 경우 : (i)과 마찬가지 방법으로 6가지

$X=4$인 사건으로 가능한 경우의 수는 모두 $3\cdot6=18$이며 구하는 확률은 $\frac{18}{81}=\frac{2}{9}$이다.

참고

(i)의 가능한 경우의 수(6가지)는 처음 세 개의 햄버거를 구입할 때 a를 제외하고 두 종류(b와 c)의 장난감만을 받는 경우이므로 다음과 같이 계산할 수 있다.

(b 또는 c를 받는 경우의 수)

$-$(b만 받는 경우의 수$+c$만 받는 경우의 수)

$=2^3-2=6$

다른 답안

$P(X=3)$은 햄버거 가게에서 한 번에 한 개의 햄버거를 살 때, 세 번 구입하고 각각 서로 다른 종류의 장난감을 1개씩 받게 될 확률이므로

$$P(X=3)=3!\times\frac{1}{3}\times\frac{1}{3}\times\frac{1}{3}=\frac{6}{27}=\frac{2}{9}$$

이다.

또, $P(X=4)$는 처음 세 개의 햄버거를 살 때까지는 세 종류의 장난감 a, b, c 중 어느 두 종류만 받게 되는 경우, 예를 들어 (a, a, b), (b, c, b), (c, c, a), (b, b, a) 등과 같이 두 종류만 받고 마지막 네 번째 햄버거를 구입한 후 받게 되는 장난감이 앞서 받은 두 종류와는 다른 나머지 한 종류의 장난감을 받게 되는 경우이다. 따라서

$$P(X=4)={}_3C_2\times2\times\frac{3!}{2!}\times\left(\frac{1}{3}\right)^3\times\frac{1}{3}=\frac{2}{9}$$

이다.

(2) n개의 햄버거를 구입할 때 순서를 고려하여 장난감을 받는 경우의 수는 3^n이다. n번째 받은 장난감이 a일 때 가능한 경우의 수는 처음 $(n-1)$개의 햄버거를 구입할 때 b와 c의 장난감을 받는 경우(a 제외)이므로

(b 또는 c를 받는 경우의 수)

$-$(b만 받는 경우의 수 $+$ c만 받는 경우의 수)

$=2^{n-1}-2$

이다.

n번째 받은 장난감이 b또는 c인 경우에 대해서도 마찬가지이므로 구하는 경우의 수는 $3(2^{n-1}-2)$이다.

따라서 구하는 확률은

$$P(X=n)=\frac{3(2^{n-1}-2)}{3^n}=\left(\frac{2}{3}\right)^{n-1}-2\left(\frac{1}{3}\right)^{n-1}$$

다른 답안

$P(X=n)$은 $n-1$번째까지 받은 장난감의 종류는 두 종류이고, n번째에 받은 장난감이 남은 한 종류가 될 확률이다.

n번째 받은 장난감이 a일 때, $n-1$번째까지 받은 장난감은 b, c 두 종류가 될 경우의 수는 ${}_2\Pi_{n-1}-2$이다.

따라서 이 경우의 확률은

$({}_2\Pi_{n-1}-2)\times\left(\frac{1}{3}\right)^{n-1}\times\frac{1}{3}$이다.

같은 방법으로 n번째 받은 장난감이 b인 경우와 c인 경우도 같은 확률을 가지므로

$$P(X=n)=({}_2\Pi_{n-1}-2)\times\left(\frac{1}{3}\right)^n\times3$$
$$=\frac{1}{3^{n-1}}(2^{n-1}-2)=\left(\frac{2}{3}\right)^{n-1}-2\left(\frac{1}{3}\right)^{n-1}$$

이다.

(3) 확률변수 X가 3 이상의 자연수 값만을 가지므로 기댓값의 정의에 의해

$$E(X)=\sum_{n=3}^{\infty}n\left\{\left(\frac{2}{3}\right)^{n-1}-2\left(\frac{1}{3}\right)^{n-1}\right\}$$
$$=\sum_{n=3}^{\infty}n\left(\frac{2}{3}\right)^{n-1}-2\sum_{n=3}^{\infty}n\left(\frac{1}{3}\right)^{n-1}$$

이다(각각의 급수가 수렴).

식 ①을 이용하여 각각의 급수를 계산하면

$$\sum_{n=3}^{\infty}n\left(\frac{2}{3}\right)^{n-1}=\sum_{n=1}^{\infty}n\left(\frac{2}{3}\right)^{n-1}-\left(1+\frac{4}{3}\right)$$
$$=\frac{1}{\left(1-\frac{2}{3}\right)^2}-\frac{7}{3}=\frac{20}{3}$$

$$\sum_{n=3}^{\infty}n\left(\frac{1}{3}\right)^{n-1}=\sum_{n=1}^{\infty}n\left(\frac{1}{3}\right)^{n-1}-\left(1+\frac{2}{3}\right)$$
$$=\frac{1}{\left(1-\frac{1}{3}\right)^2}-\frac{5}{3}=\frac{7}{12}$$

이 되고 $E(X)=\frac{20}{3}-2\cdot\frac{7}{12}=\frac{33}{6}=\frac{11}{2}=5.5$를 얻는다.

04 (1) 나오는 주사위의 눈을 X라 하면 X의 확률분포는 다음과 같다.

X	1	2	3	4	5	6	계
$P(X)$	$\frac{1}{6}$	$\frac{1}{6}$	$\frac{1}{6}$	$\frac{1}{6}$	$\frac{1}{6}$	$\frac{1}{6}$	1

따라서 구하는 기댓값은

$E(X)$

$=1\times\frac{1}{6}+2\times\frac{1}{6}+3\times\frac{1}{6}+4\times\frac{1}{6}+5\times\frac{1}{6}+6\times\frac{1}{6}$

$=\frac{7}{2}$

이다.

(2) 첫 번째 던진 주사위의 눈이 기댓값 $\frac{7}{2}$보다 작은 1, 2, 3이면 주사위를 다시 한번 던지고, 기댓값 $\frac{7}{2}$보다 큰 4, 5, 6이면 주사위를 다시 던지지 않는다.

주사위 눈의 최종값을 X라 하면 X의 확률분포는 다음과 같다.

X	1	2	3	4	5	6	계
$P(X)$	$\frac{3}{6}\times\frac{1}{6}$	$\frac{3}{6}\times\frac{1}{6}$	$\frac{3}{6}\times\frac{1}{6}$	$\frac{3}{6}\times\frac{1}{6}+\frac{1}{6}$	$\frac{3}{6}\times\frac{1}{6}+\frac{1}{6}$	$\frac{3}{6}\times\frac{1}{6}+\frac{1}{6}$	1

따라서, 구하는 기댓값은

$$E(X)=1\times\left(\frac{3}{6}\times\frac{1}{6}\right)+2\times\left(\frac{3}{6}\times\frac{1}{6}\right)+3\times\left(\frac{3}{6}\times\frac{1}{6}\right)+4\times\left(\frac{3}{6}\times\frac{1}{6}+\frac{1}{6}\right)+5\times\left(\frac{3}{6}\times\frac{1}{6}+\frac{1}{6}\right)+6\times\left(\frac{3}{6}\times\frac{1}{6}+\frac{1}{6}\right)$$
$$=(1+2+3+4+5+6)\times\frac{3}{6}\times\frac{1}{6}+\frac{4}{6}+\frac{5}{6}+\frac{6}{6}$$
$$=\frac{17}{4}$$

이다.

다른 답안

경우를 기댓값 이상으로 나올 때와 기댓값 미만으로 나올 때로 생각할 수 있다.

	확률	생각할 수 있는 값
기댓값 이상으로 나올 때 : A	$\frac{1}{2}$	5(4, 5, 6이 나오는 경우의 기댓값)
기댓값 미만으로 나올 때 : B	$\frac{1}{2}$	2(1, 2, 3이 나오는 경우의 기댓값)

문제 (2)의 경우는 2번의 시행이므로

$A\rightarrow\frac{1}{2}\times5=\frac{5}{2}$

$BA\rightarrow\frac{1}{2}\times\frac{1}{2}\times5=\frac{5}{4}$

$BB\rightarrow\frac{1}{2}\times\frac{1}{2}\times2=\frac{2}{4}$

를 더해주면 $\frac{5}{2}+\frac{5}{4}+\frac{2}{4}=\frac{17}{4}$

이 된다.

(3) (2)의 **다른 답안**의 방법으로 무수히 많은 시행을 하면

A	$\frac{1}{2}\times5=\frac{5}{2}$
BA	$\frac{1}{2}\times\frac{1}{2}\times5=\frac{5}{4}$
BBA	$\frac{1}{2}\times\frac{1}{2}\times\frac{1}{2}\times5=\frac{5}{8}$
$BBBA$	$\frac{1}{2}\times\frac{1}{2}\times\frac{1}{2}\times\frac{1}{2}\times5=\frac{5}{16}$
⋮	⋮

이 되어 $\frac{5}{2^1}+\frac{5}{2^2}+\frac{5}{2^3}+\frac{5}{2^4}+\cdots=\sum_{n=1}^{\infty}\frac{5}{2^n}=5$이다.

05 (1)

X_k	1	0	계
$P(X_k)$	$\frac{1}{2}$	$\frac{1}{2}$	1

모든 $k=1, \cdots, n$에 대하여 $E(X_k)=\frac{1}{2}$이므로

$$E(Z_n)=E\left(\frac{1}{2}X_1+\frac{1}{2^2}X_1+\cdots+\frac{1}{2^n}X_1\right)$$
$$=\frac{1}{2}E(X_n)+\frac{1}{2^2}E(X_2)+\cdots+\frac{1}{2^n}E(X_n)$$
$$=\frac{1}{2}\left(\frac{1}{2}+\frac{1}{2^2}+\cdots+\frac{1}{2^n}\right)$$
$$=\frac{1}{2}\left\{1-\left(\frac{1}{2}\right)^n\right\}$$

(2) Z_n을 이진법으로 표시하면

$$Z_n=\frac{X_1}{2}+\frac{X_2}{2^2}+\cdots+\frac{X_n}{2^n}$$
$$=(0.X_1X_2\cdots X_n)_{(2)}$$
$$\frac{1}{2}+\frac{1}{2^m}=(0.X_1X_2\cdots X_{m-1}X_mX_{m+1}\cdots X_n)_{(2)}$$
$$=(0.10\cdots010\cdots0)_{(2)}$$

이다. 즉, 소수 첫 번째와 m번째 자리가 1이다.

$Z_n\geq\frac{1}{2}+\frac{1}{2^m}$이려면 $X_1=1$이고 $X_2, \cdots, X_m$ 중에 적어도 하나가 1이어야 한다. 따라서

$$P\left(Z_n\geq\frac{1}{2}+\frac{1}{2^m}\right)$$
$$=P(X_1=1)[1-\{P(X_2=0)\cdots P(X_m=0)\}]$$
$$=\frac{1}{2}\left(1-\frac{1}{2^{m-1}}\right)=\frac{1}{2}-\frac{1}{2^m}$$

(3) $\left|Z_n-\frac{1}{2}\right|<\frac{1}{2^m}$에서

$\frac{1}{2}-\frac{1}{2^m}<Z_n<\frac{1}{2}+\frac{1}{2^m}$이므로

$$P\left(\left|Z_n-\frac{1}{2}\right|<\frac{1}{2^m}\right)$$
$$=1-P\left(Z_n\geq\frac{1}{2}+\frac{1}{2^m}\right)-P\left(Z_n\leq\frac{1}{2}-\frac{1}{2^m}\right)\quad\cdots ㉠$$

이므로, 먼저 확률 $P\left(Z_n\leq\frac{1}{2}-\frac{1}{2^m}\right)$을 계산하여 보자.

$$\frac{1}{2}-\frac{1}{2^m}=(0.X_1X_2\cdots X_mX_{m+1}\cdots X_n)_{(2)}$$
$$=(0.01\cdots10\cdots0)_{(2)}$$

이다. 즉, 소수 두 번째 자리부터 m번째 자리까지가 1이다. 그러므로, $Z_n\leq\frac{1}{2}-\frac{1}{2^m}$이려면 $X_1=0$이고 $X_2, \cdots, X_m$가운데 적어도 하나가 0이거나, 혹은 $X_2, \cdots, X_m$ 모두 1이고 $X_{m+1}, \cdots, X_n$은 모두 0이어야 한다. 그러므로

$$P\left(Z_n\leq\frac{1}{2}-\frac{1}{2^m}\right)$$
$$=P(X_1=0)[1-\{P(X_2=1)\cdots P(X_m=1)\}+\{P(X_2=1)\cdots P(X_m=1)\cdot P(X_{m+1}=0)\cdots P(X_n=0)\}]$$
$$=\frac{1}{2}\left\{1-\left(\frac{1}{2}\right)^{m-1}+\left(\frac{1}{2}\right)^{n-1}\right\}$$
$$=\frac{1}{2}-\left(\frac{1}{2}\right)^m+\left(\frac{1}{2}\right)^n$$

따라서

$$\lim_{n\to\infty}\mathrm{P}\left(\left|Z_n-\frac{1}{2}\right|<\frac{1}{2^m}\right)$$
$$=\lim_{n\to\infty}\left[1-\left(\frac{1}{2}-\frac{1}{2^m}\right)-\left\{\frac{1}{2}-\left(\frac{1}{2}\right)^m+\left(\frac{1}{2}\right)^n\right\}\right]$$
$$=\lim_{n\to\infty}\left(\frac{2}{2^m}-\frac{1}{2^n}\right)=\frac{1}{2^{m-1}}$$

06 (1) $a_k=\left(\frac{1}{m}\right)^{k-1}-\left(\frac{1}{m}\right)^k$이므로

㉮$=$㉰$=\frac{1}{m}$, ㉯$=k-1$, ㉱$=k$ 이다.

따라서 ㉮$-$㉯$-$㉰$+$㉱$=\frac{1}{m}-(k-1)-\frac{1}{m}+k=1$

이다.

(2) $a_k=\left(\frac{1}{m}\right)^{k-1}-\left(\frac{1}{m}\right)^k$인 수열 $\{a_k\}$에 대하여 급수 $\sum_{k=1}^{\infty}a_k$의 부분합 S_n은

$$S_n=\sum_{k=1}^{n}a_k=\sum_{k=1}^{n}\left\{\left(\frac{1}{m}\right)^{k-1}-\left(\frac{1}{m}\right)^k\right\}$$
$$=\frac{1-\left(\frac{1}{m}\right)^n}{1-\frac{1}{m}}-\frac{\frac{1}{m}\left\{1-\left(\frac{1}{m}\right)^n\right\}}{1-\frac{1}{m}}$$
$$=\frac{\left(1-\frac{1}{m}\right)\left\{1-\left(\frac{1}{m}\right)^n\right\}}{1-\frac{1}{m}}$$
$$=1-\left(\frac{1}{m}\right)^n$$

이다.

m은 2 이상의 자연수이므로 $0<\frac{1}{m}<1$이다.

따라서 $\lim_{n\to\infty}S_n=1$이므로 급수 $a_1+a_2+a_3+\cdots$는 항상 수렴하고 그 값은 1이다.

참고

$$\sum_{k=1}^{n}\left\{\left(\frac{1}{m}\right)^{k-1}-\left(\frac{1}{m}\right)^k\right\}$$
$$=\left\{\left(\frac{1}{m}\right)^0-\left(\frac{1}{m}\right)^1\right\}+\left\{\left(\frac{1}{m}\right)^1-\left(\frac{1}{m}\right)^2\right\}+\left\{\left(\frac{1}{m}\right)^2-\left(\frac{1}{m}\right)^3\right\}+\cdots+\left\{\left(\frac{1}{m}\right)^{n-1}-\left(\frac{1}{m}\right)^n\right\}$$
$$=1-\left(\frac{1}{m}\right)^n$$

으로 구할 수도 있다.

(3) $b_{10}=\sum_{k=10}^{\infty}a_k=\sum_{k=10}^{\infty}\left\{\left(\frac{1}{m}\right)^{k-1}-\left(\frac{1}{m}\right)^k\right\}$

$$=\frac{\left(\frac{1}{m}\right)^9}{1-\frac{1}{m}}-\frac{\left(\frac{1}{m}\right)^{10}}{1-\frac{1}{m}}=\frac{\left(\frac{1}{m}\right)^9\left(1-\frac{1}{m}\right)}{1-\frac{1}{m}}$$
$$=\left(\frac{1}{m}\right)^9$$

이다. 그러므로 기댓값 $\mathrm{E}(X^2)$은

$$\mathrm{E}(X^2)$$
$$=\sum_{k=1}^{10}k^2b_k$$
$$=\sum_{k=1}^{9}k^2\left\{\left(\frac{1}{m}\right)^{k-1}-\left(\frac{1}{m}\right)^k\right\}+10^2b_{10}$$
$$=1^2\left\{\left(\frac{1}{m}\right)^0-\left(\frac{1}{m}\right)^1\right\}+2^2\left\{\left(\frac{1}{m}\right)^1-\left(\frac{1}{m}\right)^2\right\}+3^2\left\{\left(\frac{1}{m}\right)^2-\left(\frac{1}{m}\right)^3\right\}+\cdots+9^2\left\{\left(\frac{1}{m}\right)^8-\left(\frac{1}{m}\right)^9\right\}+10^2b_{10}$$
$$=1+(2^2-1^2)\frac{1}{m}+(3^2-2^2)\left(\frac{1}{m}\right)^2+\cdots+(9^2-8^2)\left(\frac{1}{m}\right)^8-9^2\left(\frac{1}{m}\right)^9+10^2b_{10}$$
$$=1+3\left(\frac{1}{m}\right)+5\left(\frac{1}{m}\right)^2+\cdots+17\left(\frac{1}{m}\right)^8-9^2\left(\frac{1}{m}\right)^9+10^2b_{10}$$

여기에서 $S=1+3\left(\frac{1}{m}\right)+5\left(\frac{1}{m}\right)^2+\cdots+17\left(\frac{1}{m}\right)^8$로 놓으면

$$S-\frac{1}{m}S=1+2\left(\frac{1}{m}\right)+2\left(\frac{1}{m}\right)^2+\cdots+2\left(\frac{1}{m}\right)^8-17\left(\frac{1}{m}\right)^9$$
$$\left(1-\frac{1}{m}\right)S=1+2\times\frac{\frac{1}{m}\left\{1-\left(\frac{1}{m}\right)^8\right\}}{1-\frac{1}{m}}-17\left(\frac{1}{m}\right)^9$$

이므로

$$S=\left(1-\frac{1}{m}\right)^{-1}\left\{1+2\times\frac{\frac{1}{m}-\left(\frac{1}{m}\right)^9}{1-\frac{1}{m}}-17\left(\frac{1}{m}\right)^9\right\}$$

이다.

따라서

$$\mathrm{E}(X^2)=\left(1-\frac{1}{m}\right)^{-1}\left\{1+2\frac{\frac{1}{m}-\left(\frac{1}{m}\right)^9}{1-\frac{1}{m}}-17\left(\frac{1}{m}\right)^9\right\}-9^2\left(\frac{1}{m}\right)^9+10^2\left(\frac{1}{m}\right)^9$$
$$=\left(1-\frac{1}{m}\right)^{-1}\left\{1+2\frac{\frac{1}{m}-\left(\frac{1}{m}\right)^9}{1-\frac{1}{m}}-17\left(\frac{1}{m}\right)^9\right\}+19\left(\frac{1}{m}\right)^9$$

이다.

07 (1) $\theta=\frac{\pi}{3}$이면 원의 중심에 대하여 대칭이므로, A_1을 포함하는 경우만 생각하면 된다.

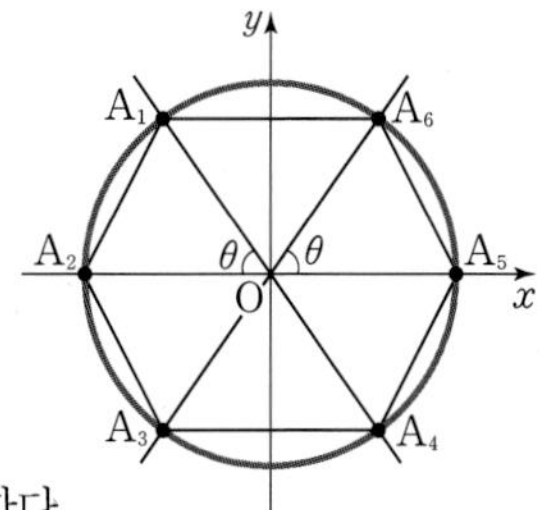

표기의 편의를 위하여 삼각형 $A_iA_jA_k$는 $(i,\ j,\ k)$로 표시하기로 한다.

주어진 조건을 만족하는 삼각형은 (1, 2, 4), (1, 2, 5), (1, 3, 4), (1, 3, 5), (1, 3, 6), (1, 4, 5), (1, 4, 6)의 7가지 종류가 있다.

이 중에서 (1, 2, 4), (1, 2, 5), (1, 3, 4), (1, 3, 6), (1, 4, 5), (1, 4, 6)은 합동인 직각삼각형이고, (1, 3, 5)는 정삼각형이다.

각각의 넓이는 $\frac{1}{2}\cdot1\cdot\sqrt{3}=\frac{\sqrt{3}}{2}$, $\frac{\sqrt{3}}{4}\cdot(\sqrt{3})^2=\frac{3\sqrt{3}}{4}$이다.

따라서 확률분포표는 아래와 같다.

X	$\frac{\sqrt{3}}{2}$	$\frac{3\sqrt{3}}{4}$	계
$P(X=x)$	$\frac{6}{7}$	$\frac{1}{7}$	1

그러므로 확률변수 X의 평균은

$\frac{6}{7}\cdot\frac{\sqrt{3}}{2}+\frac{1}{7}\cdot\frac{3\sqrt{3}}{4}=\frac{15\sqrt{3}}{28}$이다.

(2) θ가 임의의 각일 때, 주어진 점들이 x축, y축에 대하여 대칭임을 감안하여 주어진 조건을 만족하는 삼각형을 분류하자.

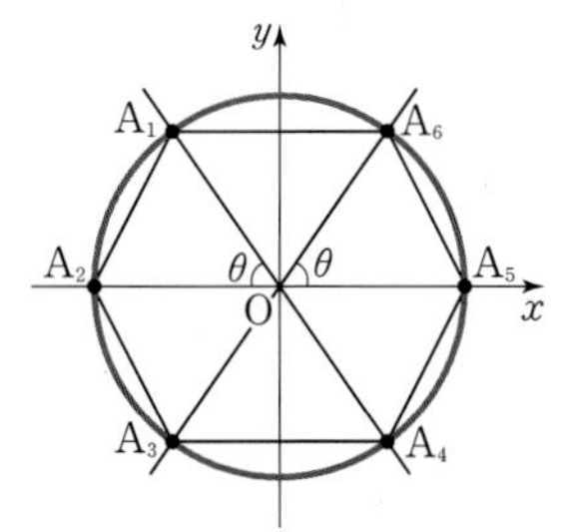

삼각형은 (1, 2, 4), (1, 2, 5), (1, 3, 4), (1, 3, 5), (1, 3, 6), (2, 3, 5), (2, 3, 6)의 7가지 종류가 있다.

이 중에서 (1, 2, 4), (1, 2, 5), (2, 3, 5), (2, 3, 6)은 합동인 직각삼각형이고, (1, 3, 4), (1, 3, 6)도 서로 합동인 직각삼각형이며, (1, 3, 5)는 이등변삼각형이다. 중심각을 이용하여 각각의 넓이와 그 확률을 구하면 아래와 같다.

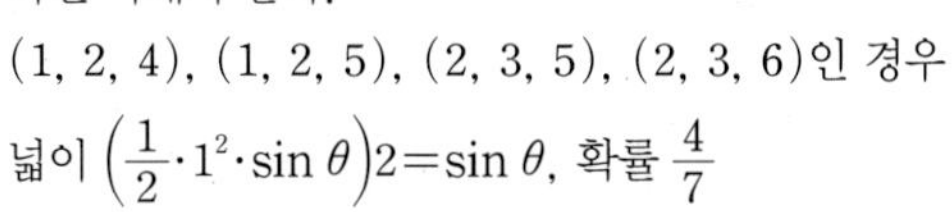

(1, 2, 4), (1, 2, 5), (2, 3, 5), (2, 3, 6)인 경우

넓이 $\left(\frac{1}{2}\cdot1^2\cdot\sin\theta\right)2=\sin\theta$, 확률 $\frac{4}{7}$

(1, 3, 4), (1, 3, 6)인 경우

넓이 $\left(\frac{1}{2}\cdot1^2\cdot\sin2\theta\right)2=\sin2\theta$, 확률 $\frac{2}{7}$

(1, 3, 5)인 경우

넓이 $2\left(\frac{1}{2}\cdot1^2\cdot\sin\theta\right)+\frac{1}{2}\cdot1^2\cdot\sin2\theta$

$=\sin\theta+\frac{1}{2}\sin2\theta$,

확률 $\frac{1}{7}$

따라서 확률변수 X의 평균은

$\frac{4}{7}\sin\theta+\frac{2}{7}\sin2\theta+\frac{1}{7}\left(\sin\theta+\frac{1}{2}\sin2\theta\right)$

$=\frac{5}{14}(2\sin\theta+\sin2\theta)$이다.

(3) 확률변수 X의 평균은

$f(\theta)=\frac{5}{14}(2\sin\theta+\sin2\theta)$ $\left(0<\theta<\frac{\pi}{2}\right)$이다.

$f'(\theta)=\frac{5}{14}(2\cos\theta+2\cos2\theta)$

$=\frac{5}{7}(\cos\theta+\cos2\theta)$

$=\frac{5}{7}(\cos\theta+2\cos^2\theta-1)$

$=\frac{5}{7}(2\cos\theta-1)(\cos\theta+1)$

따라서 $0<\theta<\frac{\pi}{2}$의 범위에서 $f'(\theta)=0$이 되는 경우는 $\cos\theta=\frac{1}{2}$, 즉 $\theta=\frac{\pi}{3}$이다.

$f''(\theta)=\frac{5}{7}(-\sin\theta-2\sin2\theta)<0$이므로 $\theta=\frac{\pi}{3}$에서 극대이다.

$f(0)=0$, $f\left(\frac{\pi}{2}\right)=\frac{5}{7}=\frac{20}{28}$, $f\left(\frac{\pi}{3}\right)=\frac{15\sqrt{3}}{28}$이므로

$\theta=\frac{\pi}{3}$일 때, 확률변수 X의 평균이 최대가 된다.

(4) B_6의 좌표가 $(p,\ q)$이므로 $0<p<a$, $0<q<\frac{1}{a}$이다.

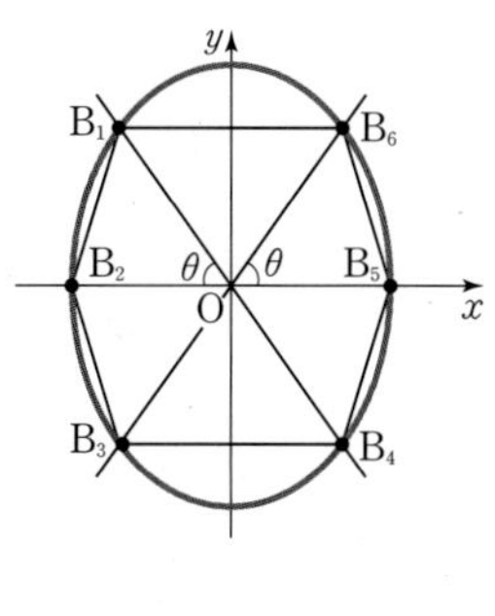

또한 $(p,\ q)$는 타원 $\frac{x^2}{a^2}+a^2y^2=1$ 위의 점이므로

$q=\frac{1}{a}\sqrt{1-\frac{p^2}{a^2}}=\frac{\sqrt{a^2-p^2}}{a^2}$

이다.

(2)와 마찬가지로 주어진 점들이 x축, y축에 대하여 대칭임을 감안하여 주어진 조건을 만족하는 삼각형을 분류하면

(1, 2, 3), (1, 2, 4), (1, 2, 5), (1, 2, 6), (1, 3, 4), (1, 3, 5), (1, 3, 6), (2, 3, 4), (2, 3, 5), (2, 3, 6)의 10가지 종류가 있다.

이 삼각형들을 합동인 것으로 분류하여 a, p, q로 표현한 넓이와 이에 대응하는 확률은 아래와 같다.

(1, 2, 3)인 경우

넓이 $\frac{1}{2}\cdot2q\cdot(a-p)=q(a-p)$, 확률 $\frac{1}{10}$

(1, 2, 4), (1, 2, 5), (2, 3, 5), (2, 3, 6)인 경우

넓이 $2\cdot\frac{1}{2}\cdot a\cdot q=aq$, 확률 $\frac{4}{10}$

(1, 2, 6), (2, 3, 4)인 경우

넓이 $\frac{1}{2}\cdot 2p\cdot q=pq$, 확률 $\frac{2}{10}$

(1, 3, 4), (1, 3, 6)인 경우

넓이 $\frac{1}{2}\cdot 2q\cdot 2p=2pq$, 확률 $\frac{2}{10}$

(1, 3, 5)인 경우

넓이 $\frac{1}{2}\cdot 2q\cdot(a+p)=q(a+p)$, 확률 $\frac{1}{10}$

따라서 확률변수 Y의 평균은

$$\frac{1}{10}\{q(a-p)+4aq+2pq+2(2pq)+q(a+p)\}$$
$$=\frac{1}{10}(6aq+6pq)=\frac{3}{5}(a+p)q$$
$$=\frac{3}{5}(a+p)\frac{\sqrt{a^2-p^2}}{a^2}$$

이다.

$g(p)=(a+p)\sqrt{a^2-p^2}$이라고 정의하자.

$$g'(p)=\sqrt{a^2-p^2}+(a+p)\frac{-2p}{2}\times\frac{1}{\sqrt{a^2-p^2}}$$
$$=\frac{-(2p-a)(p+a)}{\sqrt{a^2-p^2}}$$

$0<p<a$이고 $0<a<1$이므로 $g'\left(\frac{a}{2}\right)=0$이다.

또한 $0<p<\frac{a}{2}$일 때, $g'(p)>0$이고, $\frac{a}{2}<p<a$일 때 $g'(p)<0$이므로 $p=\frac{a}{2}$에서 $g(p)$가 최대가 된다.

따라서 $B_6=\left(\frac{a}{2}, \frac{\sqrt{3}}{2a}\right)$일 때, 확률변수 Y의 평균이 최대가 된다.

08 (1) 이산확률변수 Y의 확률질량함수는 $P(Y=y_i)=p_i$ $(y_i=ax_i+b,\ i=1,\ 2,\ \cdots,\ n)$이고 확률분포표는 아래와 같다.

Y	y_1	y_2	y_3	$\cdots$	y_n	합계
$P(Y=y)$	p_1	p_2	p_3	$\cdots$	p_n	1

Y의 평균 $E(Y)$는

$$m=E(Y)=\sum_{i=1}^{n}y_iP(Y=y_i)$$
$$=a\sum_{i=1}^{n}x_iP(X=x_i)+b\sum_{i=1}^{n}P(X=x_i)$$

이므로 $E(Y)=aE(X)+b$이다.

또한 Y의 분산 $V(Y)$는

$V(Y)=\sum_{i=1}^{n}(y_i-m)^2P(Y=y_i)$에서

$$\sum_{i=1}^{n}(y_i-m)^2P(Y=y_i)$$
$$=\sum_{i=1}^{n}\{ax_i+b-aE(X)-b\}^2P(X=x_i)$$
$$=a^2\sum_{i=1}^{n}\{x_i-E(X)\}^2P(X=x_i)$$

이므로 $V(Y)=a^2V(X)$이다.

(2) 이산확률변수 X의 분산 $V(X)$는

$V(X)=\sum_{i=1}^{n}(x_i-m)^2P(X=x_i)$에서

$$\sum_{i=1}^{n}(x_i^2-2mx_i+m^2)P(X=x_i)$$
$$=\sum_{i=1}^{n}x_i^2P(X=x_i)-2m\sum_{i=1}^{n}x_iP(X=x_i)+m^2\sum_{i=1}^{n}P(X=x_i)$$

이므로 $V(X)=E(X^2)-\{E(X)\}^2$이다.

따라서 $E(X^2)=V(X)+\{E(X)\}^2$이다.

그러므로 이산확률변수 X의 평균과 분산을 구하기 위해서는 확률질량함수 또는 확률분포표로 주어지는 X의 확률분포를 알고 있어야 한다.

(3) 이산확률변수 X가 이항분포 $B(n,\ p)$를 따른다고 하자. 그러면 $W=2X-n$이고

$$P(W=2X-n)=P(X=x)$$
$$={}_nC_xp^xq^{n-x}\ (x=0,\ 1,\ \cdots,\ n)$$

이다. 따라서,

$$E(W)=2E(X)-n=2(np)-n=2np-n,$$
$$V(W)=2^2V(X)=4(npq)=4np(1-p),$$
$$E(W^2)=V(W)+\{E(W)\}^2$$
$$=4np(1-p)+(2np-n)^2$$
$$=4n(n-1)p^2-4n(n-1)p+n^2$$

09 (1) $P(x<h)=0.9$인 h를 계산하여 그 높이 h의 부츠를 생산하면 된다. 즉 $\int_h^{\frac{4}{3}}f(x)dx=0.1$을 만족하는 h를 계산하여야 한다. 이때, $\int_0^1 x^{\frac{1}{5}}dx=\frac{5}{6}\left[x^{\frac{6}{5}}\right]_0^1=\frac{5}{6}$에서 h는 1보다 커야만 하므로 이 구간에서의 확률밀도함수는 $-3x+4$이다.

따라서 $\int_h^{\frac{4}{3}}(-3x+4)dx=0.1$을 만족하는 h를 찾으면 된다. 적분 계산 결과

$$\left[-\frac{3}{2}x^2+4x\right]_h^{\frac{4}{3}}=0.1,\ \frac{3}{2}h^2-4h+\frac{77}{30}=0$$

이때, $45h^2-120h+77=0$에서,

$h=\frac{60\pm3\sqrt{15}}{45}=\frac{4}{3}\pm\frac{\sqrt{15}}{15}$이 된다.

여기서 h는 $\frac{4}{3}$보다 작아야 하므로 $h=\frac{4}{3}-\frac{\sqrt{15}}{15}$가 된다.

따라서, 부츠의 높이는 $\frac{4}{3}-\frac{\sqrt{15}}{15}$인치로 제작하면 된다.

다른 답안

$\int_0^1 x^{\frac{1}{5}}dx=\frac{5}{6}$이므로,

$\int_1^h(-3x+4)dx=\frac{9}{10}-\frac{5}{6}=\frac{1}{15}$이다.

$$\int_1^h(-3x+4)dx=\left[-\frac{3}{2}x^2+4x\right]_1^h$$
$$=-\frac{3}{2}h^2+4h-\left(-\frac{3}{2}+4\right)=\frac{1}{15}$$

이므로 정리하면 $45h^2-120h+77=0$이다.

$1<h<\frac{4}{3}$이므로 $h=\frac{60-\sqrt{135}}{45}=\frac{20-\sqrt{15}}{15}$이다.

(2) 겨울 100일 중 눈이 올 것으로 예상되는 날은 30일이다. 연속확률분포에서의 기댓값은 확률밀도함수와 적설량을 곱한 함수를 적분하여 계산하므로, 1일 적설량의 기댓값은 다음과 같다.

$$\int_0^1 x\cdot x^{\frac{1}{5}}dx+\int_1^{\frac{4}{3}}x(-3x+4)dx$$
$$=\left[\frac{5}{11}x^{\frac{11}{5}}\right]_0^1+\left[-x^3+2x^2\right]_1^{\frac{4}{3}}=\frac{190}{297}$$

10인치 당 2톤의 염화칼슘이 필요하므로, 1일 염화칼슘 필요예상량은 $\frac{380}{297}$톤이다. 따라서, 이 도시는 30일분의 염화칼슘으로 $\frac{380}{297}\times30$에서 약 38.38톤의 염화칼슘이 필요할 것으로 기대된다.

10 (1) 치환적분법을 이용하자. $\frac{x^2}{2}=t$로 치환하면

$x\,dx=dt$이므로

$$\int_0^1 x\frac{1}{\sqrt{2\pi}}e^{-\frac{x^2}{2}}dx$$
$$=\frac{1}{\sqrt{2\pi}}\int_0^{\frac{1}{2}}e^{-t}dt=\frac{1}{\sqrt{2\pi}}\left[-e^{-t}\right]_0^{\frac{1}{2}}$$
$$=\frac{1}{\sqrt{2\pi}}(1-e^{-\frac{1}{2}})=\frac{\sqrt{e}-1}{\sqrt{2\pi e}}$$

(2) 부분적분법을 이용하자.

$$\int_0^1 g(t)dt=\int_0^1(t)'g(t)dt$$
$$=\left[tg(t)\right]_0^1-\int_0^1 tg'(t)dt$$

이다. 한편

$$g(1)=0,\ \frac{d}{dt}g(t)=\frac{d}{dt}\int_t^1 f(x)dx=-f(t)$$

이므로, 이를 위 식에 대입하여 정리하면 다음과 같다.

$$\int_0^1 g(t)dt=\int_0^1 tf(t)dt$$
$$=\mathrm{E}(0\le X\le1)=\frac{\sqrt{e}-1}{\sqrt{2\pi e}}$$

다른 답안

$\int f(t)dt=F(t)$라 하면

$$\int_0^1 g(t)dt=\int_0^1\left(\int_t^1 f(x)dx\right)dt$$
$$=\int_0^1\{F(1)-F(t)\}dt=F(1)-\int_0^1 F(t)dt$$

이다. 한편, 부분적분법을 이용하면 다음을 얻을 수 있다.

$$\mathrm{E}(0\le X\le1)=\int_0^1 tf(t)dt$$
$$=\left[tF(t)\right]_0^1-\int_0^1 F(t)dt$$
$$=F(1)-\int_0^1 F(t)dt$$

따라서 $\int_0^1 g(t)dt=\mathrm{E}(0\le X\le1)=\frac{\sqrt{e}-1}{\sqrt{2\pi e}}$

11 (1) 들어오는 물의 양과 나가는 물의 양이 같아야 하므로

$A+200+300=300+200+x_5$

가 성립한다. 따라서 제2학생회관 방면으로 흐르는 물의 양 x_5는 400이다.

(2) 다산관 지하로 들어오는 물의 양을 표준화한

$Z=\frac{A-500}{10}$은 표준정규분포 $\mathrm{N}(0,\ 1)$을 따른다. 제시문에 의하면 $\mathrm{P}(Z\le2.33)=0.99$이므로

$\frac{A-500}{10}=2.33$에서 A는 523.3 이하일 확률이 99 %이다. (참고로 $\mathrm{P}(Z\le-10)=0$이므로 $A>400$이다.)

x_4가 최대가 되는 경우는 $x_2=0$, $x_1=A$이다. 그리고 청운관에서 창학관 앞 지하 배관 교차점으로 들어오는 물의 양보다 대학본부 방향으로 나가는 물의 양이 100 많으므로, x_4의 최댓값은 $A-100$이다.

따라서 필요한 한계 용량은 최소 423.3이다.

다른 답안

x_4의 최댓값을 구하기 위하여 아래와 같이 연립방정식을 이용할 수도 있다.

$A=x_1+x_2$ … ㉠

$200+x_1=300+x_4$ … ㉡

$300+x_2=200+x_3$ … ㉢

에서 $500+A=500+x_3+x_4$이고 $x_3+x_4=x_5=A$가 성립한다. 왜냐하면 각 하수관 교차점별로 들어오는 물의 양과 나가는 물의 양이 같아야 하기 때문이다.

㉡으로부터

$x_1=100+x_4$ … ㉣

㉠과 ㉣로부터

$x_2=A-x_1=A-100-x_4$,

그리고 $x_3+x_4=A$으로부터 $x_3=A-x_4$

가 성립한다. 각 하수관을 따라 흐르는 물의 양은 음수가 될 수 없으므로 $0\le x_4\le A-100$이다.

(3) 물의 양을 나타내는 함수 $f(t)$를 미분하면

$$f'(t)=\frac{d}{dt}\left(200\frac{\ln(1+t)}{\sqrt{1+t}}\right)$$
$$=\frac{200}{(1+t)^{\frac{3}{2}}}\left(1-\frac{1}{2}\ln(1+t)\right)$$

이다. 따라서 증감표는 아래와 같다.

t	0	$\cdots$	e^2-1	$\cdots$	10
$f'(t)$		+	0	−	
$f(t)$	0	↗	극대	↘	$200\frac{\ln 11}{\sqrt{11}}$

따라서 $f(t)$는 $t=e^2-1$에서 극댓값이자 최댓값을 가진다. 그러므로 하수관을 통해서 흐르는 물의 양이 최대가 되는 시각은 e^2-1시간 후이고, 이때

$x_4=f(e^2-1)=\frac{400}{e}$이다. 문제 (2) 풀이와 마찬가지로

생각하면 $x_1=100+\frac{400}{e}$이므로 $x_2=400-\frac{400}{e}$이다.

($A=500$으로 일정하므로 연립방정식의 해

$x_2=A-100-x_4$로부터

$x_2=400-\frac{400}{e}$을 구할 수 있다.)

12 (1) 가입자수는 2008년부터 1.1배씩 일정하게 증가하는 등비수열을 이루고 사고건수는 가입자수에 영향을 받지만 표에 나와 있는 기록으로는 매년 10건이 일정하게 증가하는 등차수열을 이룬다.

그러므로 2012년에

가입자수는 $1331\times1.1=1464.1\fallingdotseq1464$(건)으로 예측되고 사고건수는 $390+10=400$(건)으로 예측된다.

따라서, 가입자 대비 사고건수의 비율은

$\frac{400}{1464}=0.27322\cdots\fallingdotseq27.32(\%)$

(2) 2012년에 예측된 사고건수는 400건, 보상금 수준은 평균 400만원, 표준편차가 100인 정규분포를 따른다.

즉 $N(m, \sigma^2)\Rightarrow N(400, 100^2)$

따라서 500만 원 이상이 되는 사고건수의 수는 전체 사고 건수 중에 500만원이 넘는 확률을 곱하여 구할 수 있다.

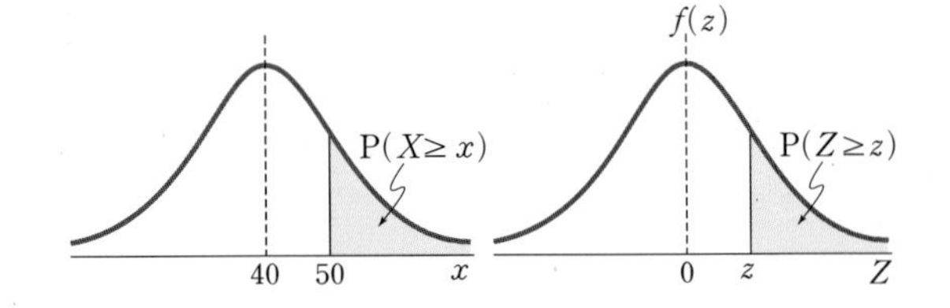

표준정규분포표를 이용하여 풀기 위해 표준화하면

$P(X\ge x)=P\left(\frac{X-m}{\sigma}\ge\frac{x-m}{\sigma}\right)$

$=P\left(Z\ge\frac{500-400}{100}\right)$

$=P(Z\ge1)$

$=0.5-P(0\le Z\le1)$

$=0.5-0.3413$

$=0.1587$

그러므로 500만 원이 넘는 사고건수는

$400\times0.1587=63.48\fallingdotseq64$

(3) 사고건수당 구급차 출동 확률이 $\frac{1}{10}$이므로 구급차 출동이 발생한 사고 수를 X라 할 때 X는 시행횟수가 $n=400$, 발생 확률 $p=0.1$, 그리고 발생하지 않을 확률이 $1-p=q=0.9$인 이항분포를 따른다고 할 수 있다. 즉 $B(n, p)=B(400, 0.1)$

이때 평균과 분산은 다음과 같다.

$E(X)=400\times0.1=40$

$V(X)=400\times0.1\times0.9=6^2$

그리고 시행횟수 $n=400$이 충분히 큰 수라고 생각하면 X는 근사적으로 정규분포

$N(np, npq)=N(40, 6^2)$을 따른다.

예산으로 준비한 5억 2천만 원을 초과되는 경우는 구급차 출동 사고건수가 52건이 넘어야 하는데 표준정규분포표를 이용하기 위해 표준화 할 수 있다.

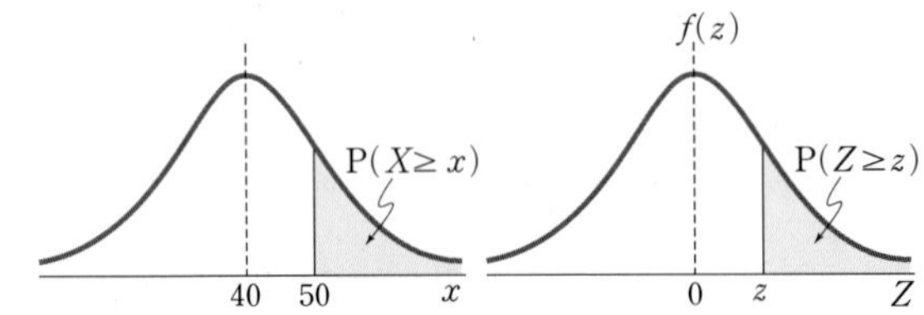

$P(X>x)=P\left(\frac{X-m}{\sigma}>\frac{x-m}{\sigma}\right)$

$=P\left(Z>\frac{52-40}{6}\right)$

$=P(Z>2)$

$=0.5-P(0\le Z\le2)$

$=0.5-0.4772$

$=0.0228$

그러므로 확률은 0.0228이다.

13 (1) 정규분포 $N(100, 10^2)$을 따르는 2009년도 장애인 임금의 확률변수 X를 $Z=\frac{X-100}{10}$으로 표준화하면 Z는 표준정규분포 $N(0, 1)$을 따른다. 따라서 비장애인의 임금 모평균인 120만 원보다 많은 임금을 받는 장애인의 비율은

$P(X\ge120)=P\left(Z\ge\frac{120-100}{10}\right)=P(Z\ge2)$

$=0.0228$

이다. 즉, 비장애인의 평균임금인 120만 원보다 더 많은 임금을 받는 비율은 약 2.28% 정도로 장애인과 비장애인의 임금 격차가 심각함을 알 수 있다.

(2) 95% 모평균에 대한 신뢰구간의 길이는

$2\times1.96\times\frac{\sigma}{\sqrt{n}}$이다. 문제에서 $\sigma=10$이므로 신뢰구간

의 길이가 4 이하가 되기 위해서는 $2\times1.96\times\frac{10}{\sqrt{n}}\le4$를 만족해야 한다.

이 부등식을 정리하면 $4\sqrt{n}\ge39.2$, $n\ge96.04$이다.

따라서 95 % 신뢰구간의 길이가 4 이하가 되기 위해서는 필요한 최소의 표본수는 $n=97$명이다.

(3) 2010년도 장애인 모집단의 임금의 분포가 주어진 가정에 의하면 정규분포 $N(100,\ 10^2)$을 따르며, 이때 표본의 크기가 $n=100$인 표본평균 $\overline{X}$는 정규분포 $N\left(100,\ \frac{10^2}{100}\right)$인 분포를 따른다. 이때, $Z=\frac{\overline{X}-100}{\frac{10}{\sqrt{100}}}$으로 표준화하면 Z는 표준정규분포 $N(0,\ 1)$이다.

따라서 다음이 성립한다.

$$P(\overline{X}\ge a)\le0.025$$

$$\Longleftrightarrow P\left(\frac{\overline{X}-100}{\frac{10}{\sqrt{100}}}\ge\frac{a-100}{\frac{10}{\sqrt{100}}}\right)\le0.025$$

$$\Longleftrightarrow P\left(Z\ge\frac{a-100}{\frac{10}{\sqrt{100}}}\right)\le0.025$$

위 부등식을 만족하기 위해서

$\frac{a-100}{\frac{10}{\sqrt{100}}}=a-100\ge1.96$, 즉, $a\ge101.96$을 만족해야 한다. 따라서 $a=101.96$만 원보다 크다면 2009년과 2010년의 장애인의 임금 모평균의 차이가 없다는 가정이 타당하지 않다고 결론을 내릴 수 있다.

14 (1) Y_i를 $i-1$번째 종류의 스티커가 나온 후 i번째 종류의 스티커가 나올 때까지 사게 될 초콜릿 봉지수라 하자. ($i=1,\ 2,\ 3,\ \cdots,\ 100$) 그러면 Y_i는 기존에 몇 개의 초콜릿 봉지를 구입하였는지와 관계없고, 또한 i번째 종류의 스티커가 나온 후에 사게 될 초콜릿 봉지 수와도 관계없으므로 Y_i들은 서로 독립이다. 100종류의 스티커를 모두 구할 때까지 사야 할 초콜릿 봉지수를 X라고 하면 $X=\sum_{i=1}^{100}Y_i$이다.

i종류의 스티커를 모은 상태에서 구입한 초콜릿 봉지에서 새로운 스티커가 나올 확률은 $\frac{100-i}{100}$, 기존에 이미 얻은 스티커가 나올 확률은 $\frac{i}{100}$이므로,

$P(Y_{i+1}=m)=\left(\frac{i}{100}\right)^{m-1}\left(1-\frac{i}{100}\right)$이다.

$S_1=\sum_{m=1}^{\infty}mr^{m-1}(1-r)$라고 하면 $(0<r<1)$,

$$rS_1=\sum_{m=1}^{\infty}mr^m(1-r)=(1-r)\sum_{k=1}^{\infty}(k-1)r^{k-1}$$
$$=(1-r)\left\{\sum_{k=1}^{\infty}kr^{k-1}-\sum_{k=1}^{\infty}r^{k-1}\right\}$$
$$=(1-r)\sum_{k=1}^{\infty}kr^{k-1}-(1-r)\sum_{k=1}^{\infty}r^{k-1}$$
$$=S_1-1$$

이므로, $S_1=\frac{1}{1-r}$이 된다.

이를 이용하여 Y_{i+1}의 평균을 계산하면,

$$E(Y_{i+1})=\sum_{m=1}^{\infty}m\left(\frac{i}{100}\right)^{m-1}\left(1-\frac{i}{100}\right)$$
$$=\frac{1}{1-\frac{i}{100}}=\frac{100}{100-i}$$

을 얻는다. 따라서,

$$E(X)=\sum_{i=0}^{99}E(Y_{i+1})=\sum_{i=0}^{99}\frac{100}{100-i}=100\sum_{i=1}^{100}\frac{1}{i}$$
$$=100a_{100}=100\times5.187=518.7$$

이 된다.

그러므로 100종류의 스티커를 모두 모으기 위하여 평균 519봉지를 구매하여야 한다.

(2) X의 확률분포가 정규분포에 가깝다고 했으므로 X의 표준편차 σ를 계산하여 $\frac{1000-E(X)}{\sigma}$의 값이 2.33보다 크다면 불공정하다고 결론을 내릴 것이다.

$S_2=(1-r)\sum_{m=1}^{\infty}m^2r^{m-1}$이라 하면 $(0<r<1)$,

$$rS_2=\sum_{m=1}^{\infty}m^2r^m(1-r)$$
$$=(1-r)\sum_{k=1}^{\infty}(k-1)^2r^{k-1}$$
$$=(1-r)\sum_{k=1}^{\infty}(k^2-2k+1)r^{k-1}$$
$$=(1-r)\sum_{k=1}^{\infty}k^2r^{k-1}-2(1-r)\sum_{k=1}^{\infty}kr^{k-1}+(1-r)\sum_{k=1}^{\infty}r^{k-1}$$
$$=S_2-2S_1+1$$

이므로 $S_1=\frac{1}{1-r}$을 대입하여 풀면

$S_2=\frac{1+r}{(1-r)^2}$이 된다. $S_2-{S_1}^2=\frac{r}{(1-r)^2}$이므로

$$V(Y_{i+1})$$
$$=\underline{\sum_{m=1}^{\infty}m^2\left(\frac{i}{100}\right)^{m-1}\left(1-\frac{i}{100}\right)-\{E(Y_{i+1})\}^2}_{㉠}$$
$$={S_2-S_1}^2\left(\frac{i}{100}=r\text{일 때}\right)$$
$$=\frac{\frac{i}{100}}{\left(1-\frac{i}{100}\right)^2}=\frac{100i}{(100-i)^2}$$

이다.

$$V(X)=\underline{\sum_{i=0}^{99}V(Y_{i+1})=100^2\sum_{i=1}^{100}\frac{1}{i^2}-100\sum_{i=1}^{100}\frac{1}{i}}_{㉠}$$
$$=100^2b_{100}-100a_{100}$$
$$=100^2\times1.6350-100\times5.187$$
$$=1.583\times10^4$$

따라서 <u>X의 표준편차는 126보다 작다.</u>㉡

ANSWER

$\frac{1000-\mathrm{E}(X)}{\sigma}>\frac{1000-519}{126}\fallingdotseq 3.82>2.33$이므로 가홍이는 불공정하다고 결론을 내릴 것이다.

참고

㉠ $\mathrm{V}(X)=\sum_{i=0}^{99}\mathrm{V}(Y_{i+1})=\sum_{i=0}^{99}\frac{100i}{(100-i)^2}$

$=\frac{0}{100^2}+\frac{1\times100}{99^2}+\frac{2\times100}{98^2}+\cdots+\frac{99\times100}{1^2}$

$=\sum_{i=1}^{100}\frac{(100-i)100}{i^2}$

$=\sum_{i=1}^{100}\frac{100^2-100i}{i^2}$

$=100^2\sum_{i=1}^{100}\frac{1}{i^2}-100\sum_{i=1}^{100}\frac{1}{i}$

㉡ $\mathrm{V}(X)=1.583\times10^4$, $126^2=15876$이므로 X의 표준편차는 126보다 작다.

15 (1) 모집단이 {0, 1, 2}이므로, 모집단의 개체의 값을 확률변수 X라 하면 모집단의 확률분포는 다음과 같다.

X=x	0	1	2
P(X=x)	$\frac{1}{3}$	$\frac{1}{3}$	$\frac{1}{3}$

이때 모집단의 모평균 μ와 σ^2은 다음과 같이 계산된다.

$\mu=\mathrm{E}(X)=0\times\frac{1}{3}+1\times\frac{1}{3}+2\times\frac{1}{3}=1$

$\sigma^2=\mathrm{V}(X)=\mathrm{E}(X^2)-\mu^2$

$=0^2\times\frac{1}{3}+1^2\times\frac{1}{3}+2^2\times\frac{1}{3}-1^2=\frac{2}{3}$

한편, 계산의 편리를 위하여 S_1^2은 다음과 같이 표현할 수 있다. $\overline{X}=\frac{X_1+X_2}{2}$이므로

$S_1^2=\sum_{i=1}^{2}(X_i-\overline{X})^2$

$=\frac{1}{4}(X_1-X_2)^2+\frac{1}{4}(X_2-X_1)^2=\frac{1}{2}(X_1-X_2)^2$

(♣ S_1^2을 위와 같이 표현하는 과정은 꼭 필요치 않음.)

표본분산 S_1^2의 확률분포는 임의 추출된 표본 (X_1, X_2)의 경우에 따라 다음과 같이 구해진다.

$(X_1, X_2)=(x_1, x_2)$	(0, 0)	(0, 1)	(0, 2)	(1, 0)	(1, 1)
$S_1^2=x$	0	$\frac{1}{2}$	2	$\frac{1}{2}$	0

$(X_1, X_2)=(x_1, x_2)$	(1, 2)	(2, 0)	(2, 1)	(2, 2)
$S_1^2=x$	$\frac{1}{2}$	2	$\frac{1}{2}$	0

$S_1^2=x$	0	$\frac{1}{2}$	2
$\mathrm{P}(S_1^2=x)$	$\frac{3}{9}$	$\frac{4}{9}$	$\frac{2}{9}$

(♣이 확률분포를 표를 이용하여 풀이하였지만, 그 표현들은 표, 그래프, 식 등으로 다양할 수 있음.)

구해진 S_1^2의 확률분포를 이용하여 $\mathrm{E}(S_1^2)$과 $\mathrm{V}(S_1^2)$을 다음과 같이 구할 수 있다.

$\mathrm{E}(S_1^2)=0\times\frac{3}{9}+\frac{1}{2}\times\frac{4}{9}+2\times\frac{2}{9}=\frac{6}{9}=\frac{2}{3}$

$\mathrm{V}(S_1^2)=\mathrm{E}\{(S_1^2)^2\}-\{\mathrm{E}(S_1^2)\}^2$

$=0^2\times\frac{3}{9}+\left(\frac{1}{2}\right)^2\times\frac{4}{9}+2^2\times\frac{2}{9}-\left(\frac{2}{3}\right)^2$

$=\frac{1+8-4}{9}=\frac{5}{9}$

(2) 두 표본분산 S_1^2과 S_2^2의 관계는 $S_2^2=\frac{1}{2}S_1^2$이다. (1)에서 $\mathrm{E}(S_1^2)=\frac{2}{3}$이므로 S_1^2과 S_2^2의 관계와 기댓값의 성질에 의해 $\mathrm{E}(S_2^2)$은 다음과 같이 계산된다.

$\mathrm{E}(S_2^2)=\mathrm{E}\left(\frac{1}{2}S_1^2\right)=\frac{1}{2}\mathrm{E}(S_1^2)=\frac{1}{2}\times\frac{2}{3}=\frac{1}{3}$

S_1^2의 기댓값은 $\sigma^2=\frac{2}{3}$가 되나, S_2^2의 기댓값은 $\sigma^2=\frac{2}{3}$보다 작은 $\frac{1}{3}$이 된다. 그러므로 기준 ㉠에 의하면 S_1^2이 S_2^2보다 σ^2의 추정이 우수하다.

두 표본분산들의 분산을 비교해 보자.

(1)에서 $\mathrm{V}(S_1^2)=\frac{5}{9}$이므로 S_1^2과 S_2^2의 관계와 분산의 성질에 의해 $\mathrm{V}(S_2^2)$은 다음과 같이 계산된다.

$\mathrm{V}(S_2^2)=\mathrm{V}\left(\frac{1}{2}S_1^2\right)=\frac{1}{4}\mathrm{V}(S_1^2)=\frac{1}{4}\times\frac{5}{9}=\frac{5}{36}$

두 표본분산의 분산들은 $\mathrm{V}(S_1^2)>\mathrm{V}(S_2^2)$이므로, 기준 ㉡에 의하면 S_2^2이 S_1^2보다 σ^2의 추정이 우수하다.

(♣ S_1^2과 S_2^2의 관계와 평균과 분산의 성질을 사용하지 않고 S_2^2의 확률분포를 직접 구하여 $\mathrm{E}(S_2^2)$과 $\mathrm{V}(S_2^2)$을 계산하여 설명하여도 무방함.)

(3) 이 모집단의 모평균은 (1)의 풀이에 의하면 1이다. 그러므로, 표본분산 S_3^2은 다음과 같이 표현된다.

$S_3^2=k_1(X_1-\mu)^2+k_2(X_2-\mu)^2$

$=k_1(X_1-1)^2+k_2(X_2-1)^2$

표본분산 S_3^2의 확률분포는 임의추출된 표본 (X_1, X_2)의 경우에 따라 다음과 같이 구해진다.

$(X_1, X_2)=(x_1, x_2)$	(0, 0)	(0, 1)	(0, 2)	(1, 0)	(1, 1)
$S_3^2=x$	k_1+k_2	k_1	k_1+k_2	k_2	0

$(X_1, X_2)=(x_1, x_2)$	(1, 2)	(2, 0)	(2, 1)	(2, 2)
$S_3^2=x$	k_2	k_1+k_2	k_1	k_1+k_2

$S_3^2=x$	0	k_1	k_2	k_1+k_2
$P(S_3^2=x)$	$\frac{1}{9}$	$\frac{2}{9}$	$\frac{2}{9}$	$\frac{4}{9}$

구해진 S_3^2의 확률분포를 이용하여 $E(S_3^2)$를 다음과 같이 구할 수 있다.

$$E(S_3^2)=0\times\frac{1}{9}+k_1\times\frac{2}{9}+k_2\times\frac{2}{9}+(k_1+k_2)\times\frac{4}{9}$$
$$=\frac{6}{9}(k_1+k_2)=\frac{2}{3}(k_1+k_2)$$

한편 모분산은 $\sigma^2=\frac{2}{3}$이므로 조건 ㉠을 만족하기 위해서 $E(S_3^2)=\sigma^2$이 되는 경우는

$k_1+k_2=1$ (*)

이다. 또한 (*)와 분산의 정의에 의해 $V(S_3^2)$은

$$V(S_3^2)=E\{(S_3^2)^2\}-\{E(S_3^2)\}^2$$
$$=0^2\times\frac{1}{9}+k_1^2\times\frac{2}{9}+k_2^2\times\frac{2}{9}+(k_1+k_2)^2\times\frac{4}{9}-\left(\frac{2}{3}\right)^2$$
$$=\frac{2}{9}k_1^2+\frac{2}{9}(1-k_1)^2+\frac{4}{9}-\frac{4}{9}$$
$$=\frac{1}{9}(4k_1^2-4k_1+2)=\frac{1}{9}\{(2k_1-1)^2+1\}$$

이므로 $V(S_3^2)$가 최소가 되려면 $k_1=\frac{1}{2}$이 되어야 한다.

또, (*)에 의해 역시 $k_2=\frac{1}{2}$이 된다.

(♣ 분산이 최솟값이 되도록 하는 k_1을 구하는 방법이 완전제곱, 미분 등 다양하니 어떤 방법을 사용하여도 무방함.)

16 (1) 확률변수 X가 정규분포 $N(m,\ \sigma^2)$을 따르는 모집단에서 크기가 n인 표본을 임의추출할 때 표본평균 $\overline{X}$는 정규분포 $N\left(m,\ \frac{\sigma^2}{n}\right)$을 따른다.

확률변수 X가 정규분포 $N(m,\ \sigma^2)$을 따르면 확률변수 $\frac{X-m}{\sigma}$은 표준정규분포 $N(0,\ 1)$을 따르고 표본평균 $\overline{X}$가 정규분포 $N\left(m,\ \frac{\sigma^2}{n}\right)$을 따르면 확률변수 $Z=\frac{\overline{X}-m}{\frac{\sigma}{\sqrt{n}}}$은 표준정규분포 $N(0,\ 1)$을 따른다.

$P(m-A\le\overline{X}\le m+A)$
$=1-\alpha$
이면

$\frac{\alpha}{2}$ $1-\alpha$ $\frac{\alpha}{2}$ $m-A$ m $m+A$ $\overline{X}$

$P(\overline{X}\ge m+A)=\frac{\alpha}{2}$

이므로

$$P(\overline{X}-m\ge A)=P\left(\frac{\overline{X}-m}{\frac{\sigma}{\sqrt{n}}}\ge\frac{A}{\frac{\sigma}{\sqrt{n}}}\right)=\frac{\alpha}{2}\text{이다.}$$

따라서, ㈏에서 $P(Z\ge c_\alpha)=\frac{\alpha}{2}$이므로

$c_\alpha=\frac{A}{\frac{\sigma}{\sqrt{n}}}$이고 $A=c_\alpha\frac{\sigma}{\sqrt{n}}$이다.

(2) $\overline{x}=12.5$이므로 $10.2=\overline{x}-2.3$, $14.8=\overline{x}+2.3$에서

$A=2.3=c_\alpha\frac{\sigma}{\sqrt{n}}=c_{0.05}\frac{\alpha}{10}$이다. 그러므로

$[10.2,\ 14.8]=\left[\overline{x}-c_{0.05}\frac{\alpha}{10},\ \overline{x}+c_{0.05}\frac{\alpha}{10}\right]$이다.

갑돌이가 제품을 100개 구매하여 그 제품들의 평균 무게를 $\overline{X}$라 하면

$$P(10.2\le\overline{X}\le14.8)$$
$$=P\left(\overline{x}-c_{0.05}\frac{\alpha}{10}\le X\le\overline{x}+c_{0.05}\frac{\alpha}{10}\right)$$
$$=P\left(\overline{x}-m-c_{0.05}\frac{\alpha}{10}\le\overline{X}-m\le\overline{x}-m+c_{0.05}\frac{\alpha}{10}\right)$$
$$=P\left(\frac{\overline{X}-m}{\frac{\alpha}{10}}-c_{0.05}\le\frac{\overline{X}-m}{\frac{\alpha}{10}}\le\frac{\overline{X}-m}{\frac{\alpha}{10}}+c_{0.05}\right)$$
$$=P\left(\frac{\overline{X}-m}{\frac{\alpha}{10}}-c_{0.05}\le Z\le\frac{\overline{X}-m}{\frac{\alpha}{10}}+c_{0.05}\right)$$

이다.

그런데, 이 값이 항상 0.95가 된다고 볼 수 없으므로 갑돌이의 판단은 옳지 않다.

주제별 강의 **제 23 장**

자연수의 최초(최고 자리)의 수 구하기

문제 1 • 341쪽 •

(1) $P(2)=\log_{10}\left(1+\frac{1}{2}\right)=\log 3-\log 2$
$=0.477-0.301=0.176$

$P(5)=\log_{10}\left(1+\frac{1}{5}\right)=\log 6-\log 5$
$=\log 2+\log 3-(1-\log 2)$
$=\log 3+2\log 2-1$
$=0.477+0.602-1=0.079$

(2) 어떤 수의 둘째 자리의 수가 2일 경우는, 첫째 자리의 수가 1부터 9까지의 수이고 둘째 자리의 수가 2인 경우로써 9가지가 있다.

첫째 자리의 수가 1이고 둘째 자리의 수가 2인 수를 x라 하면

$1.2\times10^n\le x<1.3\times10^n$

이 되고 제시문과 같이 각 항에 로그를 취하면

$\log(1.2\times10^n)\le\log x<\log(1.3\times10^n)$

$n+\log 1.2\le\log x<n+\log 1.3$

따라서 첫째 자리의 수가 1이고 둘째 자리의 수가 2가 될 확률은

$\log 1.3-\log 1.2=\log\frac{13}{12}$

같은 방법으로 첫째 자리의 수가 2이고 둘째 자리의 수도 2인 경우, 첫째 자리의 수가 3이고 둘째 자리의 수가 2인 경우, …, 첫째 자리의 수가 9이고 둘째 자리의 수가 2인 경우의 확률을 각각 구해보면 다음과 같다.

$\log \frac{23}{22}$, $\log \frac{33}{32}$, …, $\log \frac{93}{92}$

구하는 확률은 확률의 합의 법칙에 의해서 이들 확률의 합이므로 어떤 수의 둘째 자리의 수가 2일 확률은

$$\log \frac{13}{12}+\log \frac{23}{22}+\log \frac{33}{32}+\cdots+\log \frac{93}{92}$$
$$=\log \frac{13\times 23\times 33\times \cdots \times 93}{12\times 22\times 32\times \cdots \times 92}$$

이다. 따라서 구하는 X는

$$X=\frac{13\times 23\times 33\times \cdots \times 93}{12\times 22\times 32\times \cdots \times 92}$$

이다.

(3) 제시문에서 알 수 있듯이 불규칙적일 것 같은 회계 자료나 세금 자료도 각 자릿수가 어느 정도의 의미 있는 확률값을 가지고 각 자리가 다르게 나타나고 있다. 그렇다면 제시문에 나와 있는 각 자리수의 확률식을 대입해 보면 회계 자료와 세금 자료가 조작이 되었는지 아닌지의 여부를 판별할 수 있을 것이다. 일례로 위의 제시문에서 1이 첫째 자리에 올 빈도와 9가 첫째 자리에 올 빈도는 10배 이상의 차이가 난다. 첫째 자리 수뿐만 아니라 둘째 자리수, 셋째 자리수의 확률을 계속해서 확인한다면 조작 여부를 더 정확히 확인할 수 있을 것으로 생각된다.

문제 2 • 342쪽 •

(1) 달러의 가치가 매년 $\frac{2}{3}$씩 감소한다고 하였으므로 10년 후에는 1달러 대비 원화 금액은 $1,000\times\left(\frac{2}{3}\right)^{10}$이 되고 20년 후에는 그 값이 $1,000\times\left(\frac{2}{3}\right)^{20}$이 된다. 따라서 각각의 경우 1달러 대비 원화 금액의 상용로그값은

$3+10(\log 2-\log 3)$
$=3+10(0.3010-0.4771)=1.239$
$=1+0.239$,
$3+20(\log 2-\log 3)$
$=3+20(0.3010-0.4771)=-0.522$
$=-1+0.478$

이고 가수는 각각 0.239와 0.478이다.

어떤 양수 N의 첫 번째 자리의 숫자가 d라는 것은 $N=a\times 10^n$ (n은 정수, $1\le a<10$)의 꼴로 나타냈을 때 $d\le a<d+1$이라는 것이므로, $\log N$의 가수는 $\log d\le \log a<\log(d+1)$을 만족한다. 따라서 제시된 조건 $\log 2=0.3010$, $\log 3=0.4771$에 의하여

$\log 1=0<0.239<\log 2$
$\log 3<0.478<\log 4=2\log 2$

임을 알수 있으므로 첫 번째 자리의 숫자는 각각 1과 3이다. 즉,
10년 후의 달러 환율의 첫 번째 자리의 숫자는 1
20년 후의 달러 환율의 첫 번째 자리의 숫자는 3
이다.

(2) 자료의 단위를 다른 단위로 바꾸는 것은 자료의 값에 단위환산률을 곱한다는 것이다. 여기에 상용로그를 취하면 환산율의 로그를 더해준 값이 된다. 임의의 단위환산율을 곱하여 상용로그를 취해도 가수의 분포가 변하지 않는다고 ㈏를 통하여 가정하였으므로 상용로그 가수의 확률변수 X는 다음을 만족한다.

$\mathrm{P}(a\le X\le b)=\mathrm{P}(a+c\le X\le b+c)$
(단, a, b, $a+c$, $b+c\in[0,1)$)

주어진 가정에 의하여 X는 확률밀도함수 $f(x)$를 가진다고 하자. ㈑의 (ㄷ)에 의하여

$\int_a^b f(x)dx=\int_{a+c}^{b+c} f(x)dx$이고, 모든 a, $a+c\in[0,\ 1)$에 대하여

$$f(a)=\lim_{b\to a}\frac{1}{b-a}\int_a^b f(x)dx$$
$$=\lim_{b\to a}\frac{1}{b-a}\int_{a+c}^{b+c} f(x)dx$$
$$=f(a+c)$$

이다. 즉, $f(x)$는 상수함수이다.

$f(x)$는 ㈑의 (ㄴ)에서

$\int_{-\infty}^{\infty} f(x)dx=1$이고 $f(x)$는 $[0,\ 1)$에서 정의된 함수이므로, $f(x)=1(0\le x<1)$이다.

자료의 첫 번째 자리의 숫자가 2일 확률은 자료의 상용로그의 가수가 $\log 2$보다 크거나 같고 $\log 3$보다 작을 확률과 같으므로

$$\mathrm{P}(\log 2\le X<\log 3)=\int_{\log 2}^{\log 3} 1dx$$
$$=\log 3-\log 2$$

이다. 따라서 구하는 확률밀도함수는 $f(x)=1$, $0\le x<1$으로 주어진 확률밀도함수이고 이때 첫 번째 자리의 숫자가 2가 나올 확률은

$\log 3-\log 2\fallingdotseq 0.1761=17.61\ \%$이다.

다른 답안

통계자료에서 첫 번째 자리 숫자가 a인 수를 N라 하면 $a\times 10^n\le N<(a+1)\times 10^n$($n$은 정수, $1\le a<10$)로 나타낼 수 있으므로

$n+\log a\le \log N<n+\log(a+1)$
$\log a\le \log N-n<\log(a+1)$

이다. 여기에서 $\log N-n=X$로 놓으면 X는 $\log N$의 가수이므로 $0\le X<1$이다.

상용로그 가수의 확률변수 X는 0과 1 사이의 값 중 하나가 될 확률은 일정하므로 X의 확률밀도함수 $f(x)$는 $f(x)=1(0\le X<1)$이다.

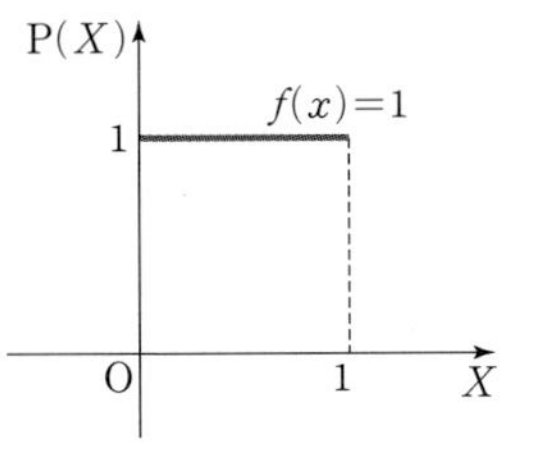

이때,

$\log a\le X<\log(a+1)$이므로

$$\begin{aligned}P(a)&=P(\log a\le X<\log(a+1))\\&=\int_{\log a}^{\log(a+1)} f(x)dx=\int_{\log a}^{\log(a+1)} 1\,dx\\&=\log(a+1)-\log a=\log\frac{a+1}{a}\\&=\log\left(1+\frac{1}{a}\right)\end{aligned}$$

이다. 따라서,

$$\begin{aligned}P(2)&=\log\left(1+\frac{1}{2}\right)=\log 3-\log 2\\&=0.4771-0.3010=0.1761\end{aligned}$$

이다.

주제별 강의 **제 24 장**

심프슨의 역설

문제 1 • 347쪽 •

전체 취업자 수의 증가율은 유형별 취업자 수 증가율에 유형별 취업자 구성비를 가중평균하여 구하면 된다.
따라서 전체 취업자의 수의 증가율 S는 다음과 같다.

$$S=5\times\frac{30}{100}+3\times\frac{40}{100}+7\times\frac{20}{100}+4\times\frac{10}{100}=4.5(\%)$$

문제 2 • 347쪽 •

연령별 표본수가 인구 구성비와 반대로 구성되었다. 예를 들면 20대의 찬성률은 상당히 높으나 인구 구성비에 비해 표본수를 작게 함으로써 실제 찬성자 수보다 작은 수만 찬성하는 것처럼 보이게 되었다. 따라서 결과가 왜곡되었다. 이러한 문제점은 찬성률을 연령별 구성비로 가중평균함으로써 어느 정도 완화시킬 수 있다.
(연령별 구성비로 가중평균한 찬성률)

$$\begin{aligned}&=0.30\times\frac{80}{100}+0.25\times\frac{140}{200}+0.20\times\frac{120}{300}\\&\quad+0.15\times\frac{140}{400}+0.10\times\frac{200}{500}\\&=0.5875\fallingdotseq 0.59\end{aligned}$$

단순 평균에 의한 찬성률은 45 %이나, 연령별 구성비로 가중평균한 찬성률은 59 %이므로 과반수 이상이 되어 A법안을 상정하여야 한다.

주제별 강의 **제 25 장**

통계의 왜곡

문제 1 • 352쪽 •

(A) 일반사원과 사장의 월급을 똑같이 7 %씩 인상하여도 기준이 되는 월급이 다르기 때문에 평등하지 않다. 예를 들어, 일반사원과 사장의 월급을 각각 200만 원, 500만 원이라 하면 7 %씩 인상한 금액은 각각 14만 원, 35만 원이 되어 21만 원의 차이가 나게 된다.

(B) 남자 직원 중 30 %, 여자 직원 중 20 %가 등산을 좋아한다고 해서 남자 직원이 여자 직원보다 더 많이 등산을 좋아한다고 할 수 없다. 예를 들어, 남자 직원의 수, 여자 직원의 수를 각각 10명, 30명이라고 하면 등산을 좋아하는 사람의 수는 각각 3명, 6명이 되므로 등산을 좋아하는 여자 직원이 더 많은 것을 알 수 있다.

(C) 67 %의 수치는 세 명 중 두 명, 여섯 명 중 네 명만 바라는대로 응답하여도 나올 수 있는 결과이다. 따라서 몇 명에게 질문하였는지에 대한 내용, 즉 표본의 크기에 대한 부정확함 때문에 결과를 신뢰할 수 없다.

문제 2 • 353쪽 •

제시문은 교통사고로 인한 사망 원인을 분석하기 위해 각 상황별로 사망자의 비율을 조사하였다.
두 가지 이상의 자료에서 퍼센트를 비교할 때에는 퍼센트를 계산하는 기준이 되는 자료의 상황이 같은 것끼리 비교를 해야 한다. 그러나 제시문에서는 일년 중 시간별로 오후 6~8시, 요일별로 토요일, 월별로 10월, 위반 행위별로 전방주시 태만의 사고가 가장 확률이 높다고 해서 이를 모두 합친 상황이 교통사고가 일어날 확률이 가장 높다고 하였으므로 이는 각각의 기준이 다른 자료의 결과를 합쳐서 자료의 결론으로 확정지은 오류를 범하고 있다. 따라서 제시문의 주장은 타당하지 않다.

문제 3 • 354쪽 •

(1) 모두 홀수번호를 선택하는 경우의 당첨확률은 $\frac{{}_{23}C_6}{{}_{45}C_6}=\frac{437}{35260}\fallingdotseq 0.012$이고, 홀수와 짝수가 각각 3개인 경우는 $\frac{{}_{23}C_3\times{}_{22}C_3}{{}_{45}C_6}=\frac{1771}{5289}\fallingdotseq 0.335$이다. 따라서 1등 당첨번호가 홀짝 반반인 경우에서 나올 확률이 더 높다.

(2) 경우의 수를 생각해보면 합이 23이 되는 경우는 (1, 2, 3, 4, 5, 8), (1, 2, 3, 4, 6, 7) 두 가지 경우가 있고, 합이 255가 되는 경우는 (40, 41, 42, 43, 44, 45) 한 가지 경우 밖에 없다. 그러므로 당첨번호의 합이 23이 되는 경우의 확률이 합이 255인 경우의 2배이므로 더 높다.

(3) 이미 복권을 구입하게 되면 6개의 숫자가 결정되게 되고, 임의의 6개의 숫자로 이루어진 조합이 뽑힐 확률은 각각 $\frac{1}{{}_{45}C_6}$로 똑같다.

(4) 토요일의 당첨 확률이 특별히 높지는 않다. 이런 일이 일어나는 가장 합리적인 설명은 토요일에 팔린 로또의 수가 가장 많기 때문이다.

(5) 이런 전략으로 1등에 당첨될 확률을 높일 수는 없다. 매회 추첨이 서로 독립이라고 가정했으므로, 전회에서 어떤 번호가 뽑혔는지가 이번 회에 어떤 번호가 뽑히는지에 영향을 미치지 않는다.

문제 4 • 355쪽 •

(1) 전체 유권자 중에서 자동차 소유자와 전화 소유자들이 모집단에 비해서 너무 많이 표본에 포함된 것이 문제이다. 제시문에서 제시된 바대로 1930년대의 미국에서는 많은 가정이 자동차와 전화를 소유하지는 못했다. 위 표본조사에서는 경제적으로 부유한 집단들이 과다추출(over-sampled)됨으로써 전체 유권자들의 대선주자 선호도가 왜곡된 채 추정되었을 것으로 판단된다. 해당 잡지사에서 시행한 여론조사 결과를 보면 경제적으로 부유한 집단이 공화당 후보(Landon 후보)를 지지하는 경향이 그렇지 못한 집단보다 훨씬 높다는 것을 알 수 있다. 하지만 실제 대선 투표에서는 경제적 부유함과는 상관없이 모든 유권자가 투표하게 되고, 그 결과는 위의 조사 결과와 반대로 나온 것이다.

(2) 추정오차의 한계를 0.05이하로 보장해야 하는 조건은 $2\sqrt{\frac{p(1-p)}{n}} \le 0.05$으로 표현이 된다. 양변을 제곱하면 $4\times\frac{p(1-p)}{n} \le 0.0025$를 얻게 되는데, 이로부터 표본의 크기 n은 $n \ge 1600\times p(1-p)$를 만족해야 한다.
여기서 $p(1-p)$는 $p=0.5$에서 가장 큰 값을 갖게 되고, $p=0.5$의 경우에도 보장해야 하므로 표본의 크기는 $n \ge 1600\times0.5\times0.5=400$을 만족해야 한다.
따라서 표본의 크기는 최소한 400개 이상이어야 한다.

(3) 전화여론조사에서는 모집단(전체유권자)에서 특정후보에 대한 선호도를 조사할 수 있지만 어느 후보가 당선될 것인지를 예측하는 데는 출구조사가 더 정확하다. 왜냐하면 모든 유권자가 투표에 참여하는 것이 아니고, 투표결과는 투표에 참여한 사람들에 의해서 결정되기 때문이다. 전화여론조사는 모든 유권자들의 어떤 후보에 대한 선호도를 조사하는 반면에, 출구조사는 투표에 참여한 사람들의 어떤 후보에 대한 선호도를 조사하기 때문에 더 정확한 결과를 예측할 수 있다. 다시 말해, 전화여론조사는 유권자를 모집단으로 하는 조사이고, 출구조사는 투표에 참여한 사람들만을 모집단으로 하는 조사이므로 출구조사가 선거결과를 더 정확하게 예측할 수 있는 표본추출이다.

문제 5 • 356쪽 •

(1) 주어진 조건을 사용하면 $N=10$이고,
$(x_1, y_1)=(1, 1)$, $(x_2, y_2)=(3, 2)$, $(x_3, y_3)=(4, 3)$, $(x_4, y_4)=(5, 4)$, $(x_5, y_5)=(7, 9)$
에서 $1\le i<j\le5$에 대하여

$S_{12}=\frac{2-1}{3-1}=\frac{1}{2}$, $S_{13}=\frac{3-1}{4-1}=\frac{2}{3}$, $S_{14}=\frac{4-1}{5-1}=\frac{3}{4}$

$S_{15}=\frac{9-1}{7-1}=\frac{4}{3}$, $S_{23}=\frac{3-2}{4-3}=1$, $S_{24}=\frac{4-2}{5-3}=1$

$S_{25}=\frac{9-2}{7-3}=\frac{7}{4}$, $S_{34}=\frac{4-3}{5-4}=1$, $S_{35}=\frac{9-3}{7-4}=2$

$S_{45}=\frac{9-4}{7-5}=\frac{5}{2}$

10개의 S_{ij}의 값은 $\frac{1}{2}$, $\frac{2}{3}$, $\frac{3}{4}$, $\frac{4}{3}$, 1, 1, $\frac{7}{4}$, 1, 2, $\frac{5}{2}$와 같이 얻어진다. 이 10개의 S_{ij} 값들을 사용한다면, 문제에서 주어진 5개 점 좌표로부터의 기울기에 대한 정보는 이들 10개의 S_{ij} 값들을 통하여 함축할 수 있다. 따라서 이러한 10개의 값(데이터)들은 모두 기울기를 추정하는 데 사용 가능한 값들이다. 또한 이 경우에는 10개의 값 가운데 지나치게 크거나 작은 소수의 값이 없다고 볼 수 있으므로 데이터의 대푯값으로 가장 널리 사용되는 10개 값들의 평균값인 $\frac{5}{4}$를 사용하는 것은 타당하다.

(2) 위에서 구한 10개의 S_{ij}의 값을 크기 순서로 나열하면
$\frac{1}{2}$, $\frac{2}{3}$, $\frac{3}{4}$, 1, 1, 1, $\frac{4}{3}$, $\frac{7}{4}$, 2, $\frac{5}{2}$와 같다.
이 10개 값의 중앙값은 1이므로 이 값을 기울기의 추정값으로 사용하는 것이 가능하다. 중앙값은 자료의 중심을 나타내는 대푯값으로서 평균과 함께 자주 사용된다. 또한 중앙값은 자료 가운데 지나치게 크거나 작은 값에 큰 영향을 받지 않는 장점이 있어 위와 같은 문제에서 만약 몇 개의 크거나 작은 값이 존재할 때 평균보다 더 자료의 중심을 잘 대표할 수 있게 된다.

다른 답안

찾고자 하는 직선을 $y^*=a^*x+b^*$라 하자. 실제로 관측된 다섯 개의 x좌표의 값을 이 식에 대입하여 얻어지는 다섯 개의 y^*값과 관측되었던 다섯 개 y값과의 차이의 절댓값(또는 제곱값)의 합을 최소로 해주는 a^*, b^* 값을 구한다.

(3) 주어진 다섯 개의 점의 x좌표의 값을 제곱한 것을 $t_i=x_i^2$, $i=1, 2, 3, 4, 5$라 하면, 이 문제는 다음과 같이 새로운 다섯 개의 점 $(t_1, y_1)=(1, 1)$, $(t_2, y_2)=(9, 2)$, $(t_3, y_3)=(16, 3)$, $(t_4, y_4)=(25, 4)$, $(t_5, y_5)=(49, 9)$에 관하여 $y=ct+d$(단, c와 d는 상수)라는 직선에서 기울기를 나타내는 c를 구하는 문제로 변형된다. 따라서 가장 간단한 답안은 ㉠에서 제시한 방법 또는 ㉡에서 제시한 방법에 근거하여 c를 구하면 된다.

memo

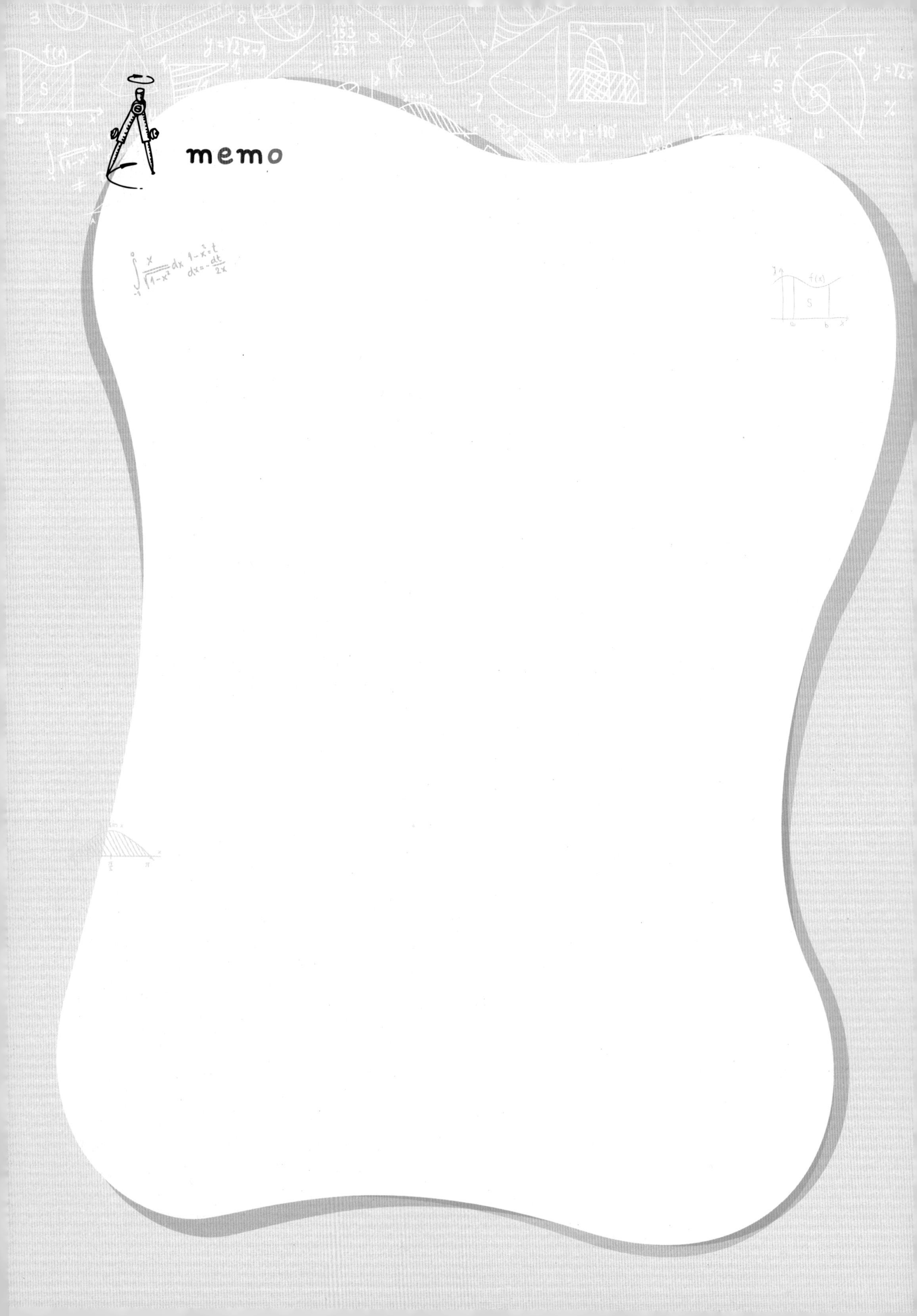
memo

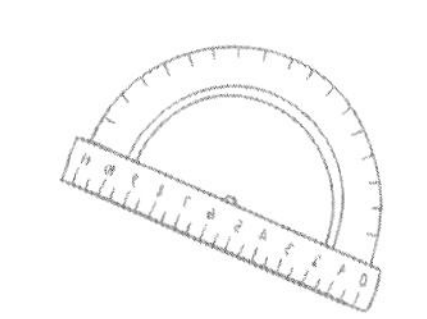

수리논술의 개념서

신통

수리논술 1권

수학 I·II, 확률과 통계 과정

사고의 차원을 높여주는 수리논술 공략법!

각 대학별 출제 유형 완벽 분석!

개념부터 주제별 강의까지 완전 정복!

수리논술 만점 예시 답안 수록!